普通高等教育与勘测及工程施工行业培训工匠型教材

控制网平差与工程测量

覃 辉　马 超　郭宝宇　朱茂栋　编著
陶本藻　主审

图书在版编目(CIP)数据

控制网平差与工程测量 / 覃辉等编著. —上海：同济大学出版社，2021.7

ISBN 978-7-5608-9709-7

Ⅰ.①控… Ⅱ.①覃… Ⅲ.①工程测量—控制网平差—高等学校—教材 Ⅳ.①P221

中国版本图书馆 CIP 数据核字(2021)第 127336 号

控制网平差与工程测量

覃 辉 马 超 郭宝宇 朱茂栋 **编著**

责任编辑 杨宁霞 李 杰 **责任校对** 徐春莲 **封面设计** 覃 辉

出版发行 同济大学出版社 www.tongjipress.com.cn

(地址：上海市四平路 1239 号 邮编：200092 电话：021-65985622)

经 销 全国各地新华书店、建筑书店、网络书店

印 刷 常熟市华顺印刷有限公司

开 本 787 mm×1092 mm 1/16

印 张 33

字 数 824 000

版 次 2021 年 7 月第 1 版 2021 年 7 月第 1 次印刷

书 号 ISBN 978-7-5608-9709-7

定 价 85.00 元

前 言

本教材按普通高等教育测绘、土建、交通类本、专科专业选修课程及行业培训工匠型教材的要求编写，建议学时数为48～54学时。

培养测量、计算、绘图(以下简称"测、算、绘")三大工匠型技能始终是测量系列课程的主要教学内容。不同的时代，测、算、绘的教学内容与方式是不同的。进入5G智能手机普及时代，借助手机App可以使测、算、绘的教学内容进入移动互联网信息化测量的新阶段。就像微信改变了人们的工作、生活与支付方式一样，南方MSMT手机软件的普及与应用也必将改变测量系列课程的教学内容与方式。南方MSMT极大地提高了测绘生产的质量与效率，这是传统测绘方法无法比拟的。

南方MSMT的英文全称是Measuring System Mobile Terminal(测量系统移动终端)，2018年11月1.0版上线，经过两年多的工程应用与持续改进，2021年7月上线3.0版。南方MSMT 3.0版改进了**坐标传输**程序的点位校正功能，**地形图测绘**程序引入南方Map数字测图软件源码识别命令，新增**水准网平差**、**平面网平差**、**秩亏网平差**三大严密平差程序，新增**导线测量**、**坐标线性变换**、**坐标正形变换**、**参考线放样**、**RTK设置**常用工程测量程序。

地形图测绘程序引入南方Map数字测图软件源码、注记码与连线码，用户在野外点击**蓝牙读数**按钮，启动全站仪，每测量一个碎部点三维坐标后，根据现场绘制的草图，使用图形化的点、线、面状地物地貌菜单和注记与连线菜单，现场实时赋所测碎部点源码、注记码与连线码，完成全部碎部点采集后，执行该数字测图文件的"导出南方Map源码识别文件(txt)"命令，通过移动互联网QQ或微信发送给好友；在用户PC机执行南方Map"绘图处理/源码识别"下拉菜单命令，展绘导出的源码识别文件，南方Map按碎部点的编码自动分图层放置点、线、面状地物地貌，自动完成注记与连线，将绘图员从繁重的碎部点分层、注记及连线中解放出来，极大地提高了数字测图的效率和质量。

导线测量程序是在一个导线测量文件中，对单一闭合、附合、单边无定向、双边无定向或支导线进行水平角、竖直角和距离观测，完成观测后自动从测量文件提取观测数据进行平面坐标与三角高程近似平差计算，导出的Excel成果文件含单一导线全部站点的观测手簿选项卡、平面坐标近似平差选项卡及三角高程近似平差选项卡，实现了导线三维坐标测量与近似平差的一体化。

水准网平差、**平面网平差**、**秩亏网平差**三大严密平差程序，能对除GNSS静态控制网之外的所有测量控制网进行严密平差计算。

RTK设置程序集成了南方系列GNSS接收机"工程之星"随机软件的GNSS RTK求坐标转换参数与坐标采集程序模块功能，完成RTK设置后，再点击南方MSMT有关程序的**蓝牙读数**按钮时，能自动从南方GNSS RTK提取碎部点的三维坐标。本教材出版时，**RTK设置**程序还在测试中，未能写入本教材，程序测试完成后，将在本教材课程网站发布PDF格式操作手册供用户使用。

本教材旨在推动测绘、土建、交通类本、专科专业测量课程教学进入移动互联网信息化测量时代，使野外测、算、绘三大工匠型技能培养的方式、质量与效率产生本质的提升，以适应我国飞速发展的基础设施建设事业对高技能工匠型人才的强大需求。

南方 MSMT 3.0 版有 28 个程序模块，右上角标记Ⓕ(Free)的 15 个程序模块为基础版，涵盖了常用工程测量和建筑施工测量的全部需求；右上角未标记Ⓕ的 13 个程序模块涵盖了道路、桥梁、隧道施工测量的全部需求。专业版包含了全部 28 个程序模块。

为满足学校教学的需求，专业版软件对学校教师永久免费，需求者请加入"南方 MSMT 教师交流群"(QQ 群号:866150437)，联系"高校服务专员"开通专业版授权服务。为满足在校学生学习的需要，南方测绘公司对在校学生有特殊优惠政策，请学生加入"南方 MSMT 学生交流群"(QQ 群号:644439561)联系"高校服务专员"开通专业版授权服务。

持续研发先进的测量技术并将成果及时引入测量课程，改革测绘、土建和交通类专业学生及工程施工企业测量员测、算、绘技能的培养内容，满足我国飞速发展的基础设施建设事业对工匠型人才培养的需求，是笔者坚持了 18 年的一项工作。本书为该项目的研究成果，不足之处，敬请读者批评指正。

我国测量数据处理领域的老前辈、著名的权威专家陶本藻教授认真审阅了本书"第 2 章控制网平差原理与工程案例"的内容，并提出了许多宝贵的修改意见，谨向陶老师求实务真的治学精神致以诚挚的感谢！

教材出版后，笔者将在同济大学出版社课程网站 https://press.tongji.edu.cn/download/show/173 陆续发布电子教学资料供读者免费下载，其中的练习题答案为加密 PDF 文件，只对学校教师和工程用户开放，不对在校学生开放，请符合要求的读者扫描本人证件发邮件到邮箱 qh-506@163.com 索取密码。

南方 MSMT 手机软件主要由南方测绘公司陈泽桂工程师编写代码实现，谨此对陈泽桂工程师的辛勤劳动及为测绘行业科技进步所作的贡献表示感谢！

编著者

2021 年 7 月 1 日

目 录

第 1 章　测量观测与常用测量程序

● **基本要求**　掌握国家一、二、三、四等水准测量观测与计算方法，掌握中平测量观测与计算方法；掌握测回法与方向观测法水平角测量原理与计算方法，中丝法竖直角观测原理与计算方法；掌握角度后方交会、边角后方交会原理与计算方法；了解椭球膨胀法抵偿高程面高斯投影原理，掌握椭球膨胀法抵偿高程面高斯投影计算方法；掌握 GNSS 寻点程序寻找测区控制点概略位置的方法；了解高斯平面坐标系正形变换原理，掌握两种大地坐标系正形变换计算方法；掌握施工坐标与测量坐标相互线性变换原理与计算方法；掌握坐标传输程序的功能及其使用方法，熟悉坐标差法和纵横差法校正放样点位的原理与方法。

1.1　一、二等水准测量

1. 一、二等水准测量的技术要求

《国家一、二等水准测量规范》(GB 12897—2006)[1] 规定，一、二等水准测量的主要技术要求，应符合表 1-1 和表 1-2 的规定。

表 1-1　一、二等水准测量每站视距限差的规定

等级	仪器类别	视线长度/m		前后视距差/m		前后视距差累积/m		视线高度/m		数字水准仪重复测量次数 n
		光学	数字	光学	数字	光学	数字	光学(下丝)	数字	
一等	DSZ05/DS05	≤30	≥4 且≤30	≤0.5	≤1.0	≤1.5	≤3.0	≥0.5	≤2.8 且≥0.65	≥3
二等	DSZ1/DS1	≤50	≥3 且≤50	≤1.0	≤1.5	≤3.0	≤6.0	≥0.3	≤2.8 且≥0.55	≥2

注：使用数字水准仪测量，地面震动较大时，应随时增加重复测量次数 n。

表 1-2　一、二等水准测量每站高差限差的规定

等级	上、下丝读数平均值与中丝读数的差/mm		基辅分划读数的差/mm	基辅分划所测高差的差/mm	检测间歇点高差的差/mm
	0.5 cm 标尺	1 cm 标尺			
一等	1.5	3.0	0.3	0.4	0.7
二等	1.5	3.0	0.4	0.6	1.0

注：使用数字水准仪进行一、二等水准测量时，因为视距是直接测量得到的，不需要读上、下丝读数，所以就没有灰底色部分的限差内容。这是数字水准仪记录程序与光学水准仪记录程序唯一不同的地方。

2. 一站观测顺序

一、二等水准测量，在相邻测站上，应按奇数、偶数测站的观测顺序进行。

(1) 往测观测顺序

奇数测站观测顺序为：后—前—前—后，偶数测站观测顺序为：前—后—后—前。

（2）返测观测顺序

奇数测站观测顺序为：前—后—后—前，偶数测站观测顺序为：后—前—前—后。

3. 南方 MSMT 蓝牙启动 DL-2003A 数字水准仪测量一等水准案例

（1）设置 DL-2003A 数字水准仪为蓝牙测量模式

在主菜单界面，按①（测量）④（串口/蓝牙测量）②（蓝牙设置）键，进入协议设置界面［图 1-1(d)］，缺省设置"结束标志"为 CRLF，点击下一步按钮，缺省设置蓝牙配对密码为"1234"，点击下一步按钮，进入蓝牙测量界面［图 1-1(f)］。

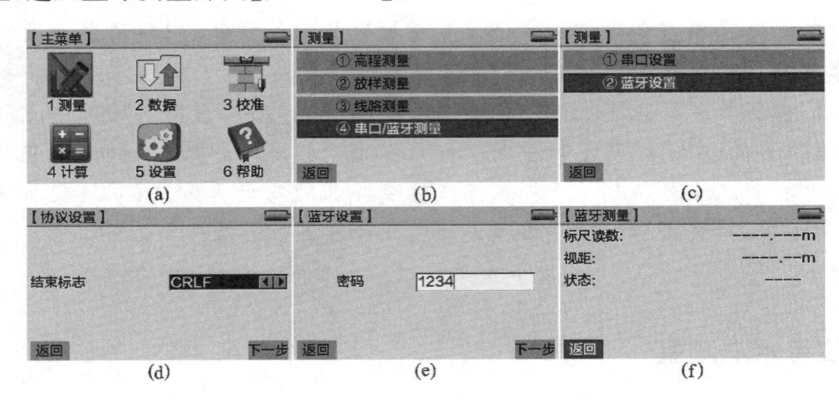

图 1-1 设置南方 DL-2003A 数字水准仪为蓝牙测量模式

（2）手机与 DL-2003A 数字水准仪蓝牙配对

点击手机设置按钮［图 1-2(a)］，点击蓝牙按钮［图 1-2(b)］，进入蓝牙界面［图 1-2(c)］；向右滑动使其显示为打开手机蓝牙，手机开始自动搜索附近的蓝牙设备，搜索到的蓝牙设备名显示在"可用设备"栏下，本例南方 DL-2003A 数字水准仪的内置蓝牙设备名为 DL-2003A_A000226［图 1-2(c)］。

图 1-2 在手机执行"设置"命令、打开手机蓝牙并与 DL-2003A_A000226 蓝牙设备配对

点击蓝牙设备名 **DL-2003A_A000226**，输入配对密码"1234"［图 1-2(d)］，点击 **确定** 按钮完成蓝牙配对，返回蓝牙界面［图 1-2(e)］。点击手机退出键两次，退出手机设置界面。

（3）新建一等水准(数字)测量文件

在项目主菜单［图 1-3(a)］，点击 **水准测量** 按钮，进入水准测量文件列表界面［图 1-3(b)］，点击 **新建文件** 按钮，弹出"新建水准测量文件"对话框，设置仪器为"数字水准仪"，输入水准路线信息，结果如图 1-3(c)，(d)所示。点击 **确定** 按钮，返回文件列表界面［图 1-3(e)］。

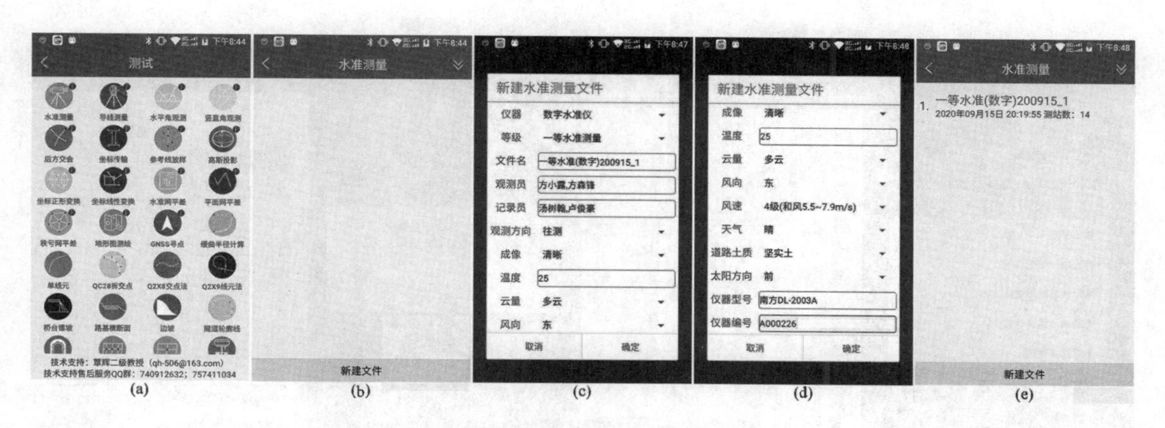

图 1-3　新建数字水准仪一等水准测量文件

在图 1-3(d)所示的界面中，“风速”列表框下的 8 级风速的描述内容列于表 1-3。

表 1-3　《国家一、二等水准测量规范》(GB 12897—2006)的风级表

风力等级	名称	地面上的动态	相当风速	
			m/s	km/h
0	无风	静，烟直上	0～0.2	0～1
1	软风	烟能表示风向，但风向标不能转动	0.3～1.5	1～5
2	轻风	人面感觉有风，树叶有微动，寻常的风向标转动	1.6～3.3	6～11
3	微风	树叶及微枝摇动不息，旌旗展开	3.4～5.4	12～19
4	和风	能吹起地面的灰尘和纸张，树的小枝摇动	5.5～7.9	20～28
5	清风	有叶的小树摇摆，内陆的水面有小波	8.0～10.7	29～38
6	强风	大树枝摇动，电线呼呼有声，举伞困难	10.8～13.8	39～49
7	疾风	全树摇动，迎风步行感觉不便	13.9～17.1	50～61
8	大风	微枝折毁，人向前行感觉阻力甚大	17.2～20.7	62～74

注：风向为风吹来的方向，例如风从东北方向吹来，称为东北风。

(4) 执行测量命令

下面以测量 K25→K10→K11→K25 一等闭合水准路线为例，介绍使用南方 MSMT 手机软件蓝牙启动 DL-2003A 数字水准仪的操作方法。

点击最近新建的文件名，在弹出的快捷菜单点击“测量”命令[图 1-4(a)]，进入水准测量观测界面[图 1-4(b)]。点击粉红色 蓝牙连接 按钮，进入蓝牙连接数字水准仪界面，数字水准仪品牌列表框的缺省设置为“南方”，用户应根据使用的仪器型号，在南方、徕卡、天宝、索佳、拓普康等五种数字水准仪中按实际情况选择一种。

点击已配对蓝牙设备名 DL-2003A_A000226，启动手机与 DL-2003A 数字水准仪的蓝牙连接[图 1-4(c)]，完成蓝牙连接后返回测量界面[图 1-4(d)]，此时，粉红色 蓝牙连接 按钮变成蓝色 蓝牙读数 按钮，表示该按钮的功能已起作用。

根据表 1-1 的规定，使用数字水准仪观测时，一等水准测量的重复测量次数 $n \geqslant 3$，一等水准缺省设置的重复观测次数为 3 次，可以点击 + 按钮增加 1 次或点击 - 按钮减少 1 次。

在第 1 站“后视点”栏输入闭合水准路线起点名 K25，往测第 1 站水准观测顺序为“后—前—前—后”，第 1 站 4 次读数的观测顺序如下：

图 1-4　对一等水准测量文件执行“测量”命令并进行蓝牙连接

① 一次后尺中丝与视距读数:使望远镜精确瞄准后视因瓦条码尺,点击蓝牙读数按钮启动水准仪测量[图 1-5(a)],完成后尺 3 次重复观测后,中丝读数与视距的均值自动填入表格的相应单元[图 1-5(b)]。

图 1-5　手机蓝牙启动 DL-2003A 数字水准仪按“后—前—前—后”顺序观测第 1 站,第 11～14 站观测结果

② 一次前尺中丝与视距读数：使望远镜精确瞄准前视因瓦条码尺，点击蓝牙读数按钮启动水准仪测量[图 1-5(c)]，完成前尺 3 次重复观测后，中丝读数与视距的均值自动填入表格的相应单元[图 1-5(d)]。

③ 二次前尺中丝读数：点击蓝牙读数按钮启动水准仪测量[图 1-5(e)]，完成前尺 3 次重复观测后，中丝读数自动以红色数字填入表格的相应单元[图 1-5(f)]。

④ 二次后尺中丝读数：使望远镜精确瞄准后视因瓦条码尺，点击蓝牙读数按钮启动水准仪测量[图 1-5(g)]，完成后尺 3 次重复观测后，中丝读数自动以红色数字填入表格的相应单元[图 1-5(h)]，点击保存搬站按钮进入第 2 站观测界面。

使用上述相同的方法完成该水准路线剩余各站的观测，图 1-6(a)为完成第 14 站的观测结果，屏幕底部数据的意义是：路线长 625.618 m，前后视距差累积−0.914 m，高差中数累积值 0.543 mm，因为是闭合导线，高差中数累积值即高差闭合差；点击结束测段按钮，返回文件列表界面[图 1-6(b)]。

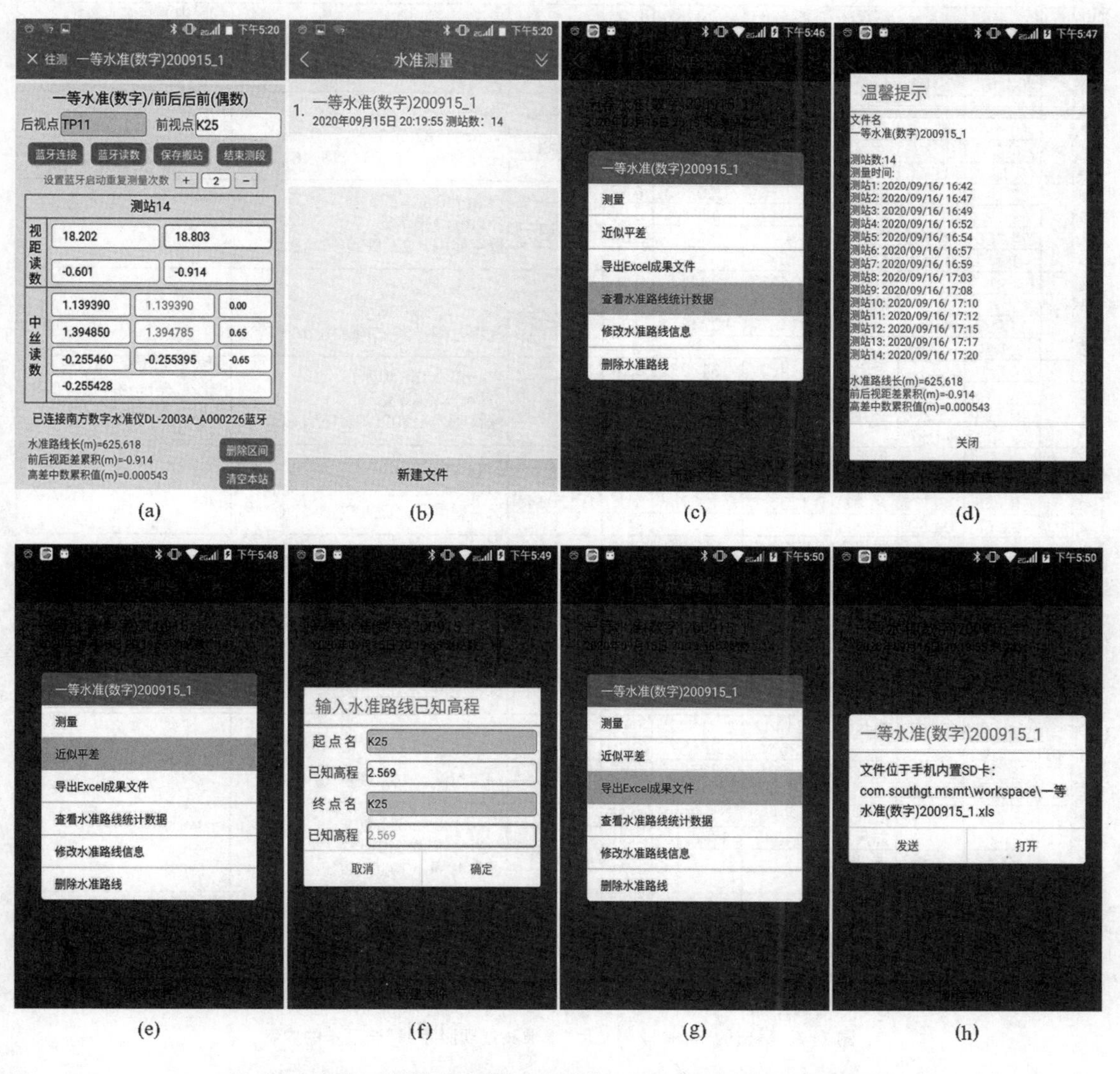

图 1-6 查看水准测量路线统计信息，进行近似平差，导出 Excel 成果文件

	A	B	C	D	E	F	G	H	I	J
1	一等水准测量观测手簿									
2	测自 K25 至 K25 日期：2020/09/16 开始时间：16:42:29 结束时间： 17:20:03 天气：晴 成象：清晰									
3	测量方向：往测 温度：25 云量：多云 风向风速：东 0级(无风0~0.2m/s) 道路土质：坚实土 太阳方向：前									
4	仪器型号：南方DL-2003A 仪器编号：A000226 观测者：方小露,方森锋 记录员：汤树翰,卢俊豪									
5–6	测站编号	后尺	前尺	方向及尺号	中丝读数		一次减二次	高差中数	高差中数累积值∑h(m) 路线长累积值∑d(m) 及保存时间	水准测段统计数据
7		后视距	前视距		一次	二次				
8		视距差d	Σd							
9				后尺A	1.48677	1.4867	0.70		∑h(m)=0.346934	
10				前尺B	1.139803	1.1398	0.03		∑d(m)=51.764	
11	1	25.996	25.768	后-前	0.346967	0.346900	0.67	0.346934	保存时间：2020/09/16/ 16:42	测段起点名：K25
12		0.228	0.228							
13				后尺B	1.21678	1.21677	0.10		∑h(m)=0.320100	
14				前尺A	1.243587	1.24363	-0.43		∑d(m)=85.997	
15	2	17.199	17.034	后-前	-	-	0.53	-0.026834	保存时间：2020/09/16/ 16:47	
16		0.165	0.393							
17				后尺A	1.290407	1.290377	0.30		∑h(m)=0.415546	
18				前尺B	1.194953	1.19494	0.13		∑d(m)=118.625	
19	3	16.212	16.416	后-前	0.095454	0.095437	0.17	0.095446	保存时间：2020/09/16/ 16:49	
20		-0.204	0.189							
21				后尺B	1.294367	1.29437	-0.03		∑h(m)=0.233190	测段中间点名：K10
22				前尺A	1.476727	1.47672	0.07		∑d(m)=153.406	测段高差h(m) =0.233190
23	4	17.5	17.281	后-前	-	-	-0.10	-0.182355	保存时间：2020/09/16/ 16:52	测段水准路线长L(m)
24		0.219	0.408							=153.406
25				后尺A	1.401117	1.40107	0.47		∑h(m)=0.333754	
26				前尺B	1.30052	1.30054	-0.20		∑d(m)=187.105	
27	5	16.946	16.753	后-前	0.100597	0.100530	0.67	0.100564	保存时间：2020/09/16/ 16:54	
28		0.193	0.601							
29				后尺B	1.2036	1.20362	-0.20		∑h(m)=0.118227	
30				前尺A	1.419127	1.419147	-0.20		∑d(m)=236.742	
31	6	24.796	24.841	后-前	-	-	0.00	-0.215527	保存时间：2020/09/16/ 16:57	
32		-0.045	0.556							
33				后尺A	1.294127	1.294127	0.00		∑h(m)=0.143102	
34				前尺B	1.26925	1.269253	-0.03		∑d(m)=286.236	
35	7	24.987	24.507	后-前	0.024877	0.024874	0.03	0.024876	保存时间：2020/09/16/ 16:59	
36		0.480	1.036							
37				后尺B	1.314007	1.313983	0.24		∑h(m)=0.156402	测段中间点名：K11
38				前尺A	1.300683	1.300707	-0.24		∑d(m)=324.633	测段高差h(m) =-0.076788
39	8	19.194	19.203	后-前	0.013324	0.013276	0.48	0.013300	保存时间：2020/09/16/ 17:03	测段水准路线长L(m)
40		-0.009	1.027							=171.227
41				后尺A	1.272885	1.272875	0.10		∑h(m)=0.283050	
42				前尺B	1.146235	1.14623	0.05		∑d(m)=382.920	
43	9	28.955	29.332	后-前	0.126650	0.126645	0.05	0.126648	保存时间：2020/09/16/ 17:08	
44		-0.377	0.650							
45				后尺B	1.2994	1.2994	0.00		∑h(m)=0.395390	
46				前尺A	1.18706	1.18706	0.00		∑d(m)=434.767	
47	10	25.734	26.113	后-前	0.112340	0.112340	0.00	0.112340	保存时间：2020/09/16/ 17:10	
48		-0.379	0.271							
49				后尺A	1.29483	1.29483	0.00		∑h(m)=0.474840	
50				前尺B	1.215395	1.215365	0.30		∑d(m)=475.565	
51	11	20.242	20.556	后-前	0.079435	0.079465	-0.30	0.079450	保存时间：2020/09/16/ 17:12	
52		-0.314	-0.043							
53				后尺B	1.31142	1.311425	-0.05		∑h(m)=0.800722	
54				前尺A	0.985505	0.985575	-0.70		∑d(m)=531.678	
55	12	28.136	27.977	后-前	0.325915	0.325850	0.65	0.325882	保存时间：2020/09/16/ 17:15	
56		0.159	0.116							
57				后尺A	0.895385	0.89542	-0.35		∑h(m)=0.255970	
58				前尺B	1.44015	1.44016	-0.10		∑d(m)=588.613	
59	13	28.253	28.682	后-前	-	-	-0.25	-0.544752	保存时间：2020/09/16/ 17:17	
60		-0.429	-0.313							
61				后尺B	1.13939	1.13939	0.00		∑h(m)=0.000543	测段终点名：K25
62				前尺A	1.39485	1.394785	0.65		∑d(m)=625.618	测段高差h(m) =-0.155860
63	14	18.202	18.803	后-前	-	-	-0.65	-0.255428	保存时间：2020/09/16/ 17:20	测段水准路线长L(m)
64		-0.601	-0.914							=300.985

水准测量观测手簿 / 近似平差L / 近似平差n

图 1-7 导出的 Excel 成果文件“水准测量观测手簿”选项卡的内容

✍ 程序自动将当前水准测量文件最近一次连接的蓝牙设备名保存在文件中，水准测量搬站过程中，如果仪器至手机的距离超过了南方 DL-2003A_A000226 数字水准仪蓝牙设备的有效距离 5 m，或中间有较多障碍物时，手机会断开与南方 DL-2003A_A000226 数字水准仪的蓝牙连接，此时，蓝色 蓝牙读数 按钮变成粉红色 蓝牙连接 按钮，表示该按钮功能已不起作用。一旦手机与南方 DL-2003A_A000226 数字水准仪内置蓝牙的距离小于其有效距离 5 m，手机接收到南方 DL-2003A_A000226 数字水准仪内置蓝牙信号时，程序自动恢复与南方 DL-2003A_A000226 数字水准仪内置蓝牙的连接，此时，粉红色 蓝牙连接 按钮变回蓝色 蓝牙读数 按钮，表示该按钮功能已起作用，点击 蓝牙读数 按钮即可开始正常测量。

(5) 查看水准路线统计数据

完成该闭合水准路线测量后，在水准测量文件列表界面[图 1-6(b)]，点击"一等水准(数字)_200915_1"文件名，在弹出的快捷菜单中点击"查看水准路线统计数据"命令[图 1-6(c)]，屏幕显示如图 1-6(d)所示，点击**关闭**按钮，返回文件列表界面。

(6) 单一水准路线近似平差计算

单一水准路线近似平差计算的目的是计算该闭合水准路线上 K10 与 K11 点的高程。

在水准测量文件列表界面，点击"一等水准(数字)_200915_1"文件名，在弹出的快捷菜单点击"近似平差"命令[图 1-6(e)]，在弹出的对话框中输入 K25 点的已知高程，点击**确定**按钮，返回文件列表界面。

(7) 导出 Excel 成果文件

点击"一等水准(数字)_200915_1"文件名，在弹出的快捷菜单点击"导出 Excel 成果文件"命令[图 1-6(g)]，在手机内置 SD 卡工作文件夹创建"一等水准(数字)200915_1.xls"文件[图 1-6(h)]；点击**发送**按钮，即可通过移动互联网 QQ 或微信发送给好友。

"一等水准(数字)200915_1.xls"文件有三个选项卡，图 1-7 为该文件"水准测量观测手簿"选项卡的内容，图 1-8(a)为"近似平差 L"选项卡的内容，图 1-8(b)为"近似平差 n"选项卡的内容。

	A	B	C	D	E	F
1	单一水准路线近似平差计算(按路线长L平差)					
2	点名	路线长L(km)	高差h(m)	改正数V(mm)	h+V(m)	高程H(m)
3	K25	0.1534	0.2332	-0.1330	0.2331	2.5690
4	K10	0.1712	-0.0768	-0.1485	-0.0769	2.8021
5	K11	0.3010	-0.1559	-0.2610	-0.1561	2.7251
6	K25					2.5690
7	∑	0.6256	0.0005	-0.5425		2.5690
8	闭合差fh(mm)	0.5425				
9	限差(mm)	1.5819				

水准测量观测手簿 / 近似平差L / 近似平差n

(a)"近似平差L"选项卡的内容

	A	B	C	D	E	F
1	单一水准路线近似平差计算(按测站数n平差)					
2	点名	测站数n	高差h(m)	改正数V(mm)	h+V(m)	高程H(m)
3	K25	4	0.2332	-0.1550	0.2330	2.5690
4	K10	4	-0.0768	-0.1550	-	2.8020
5	K11	6	-0.1559	-0.2325	-	2.7251
6	K25					2.5690
7	∑	14	0.0005	-0.5425		2.5690
8	闭合差fh(mm)	0.5425				

水准测量观测手簿 / 近似平差L / 近似平差n

(b)"近似平差n"选项卡的内容

图 1-8　导出的 Excel 成果文件"近似平差 L"与"近似平差 n"选项卡的内容

4. 蔡司 Ni007 光学精密水准仪测量 14 站二等水准案例

表 1-4 为采用蔡司 Ni007 光学精密水准仪观测的 4 站二等水准测量数据，表中灰底色单元数值为观测值，其余单元数值为计算结果。配套的因瓦水准尺分划值为 5 mm，基辅常数为 606.5 cm，计算出的视距与高差均应除以 2 才等于实际值。

表 1-4　　**二等水准测量观测手簿(5 mm 分划因瓦水准尺)**

返测自 BM5 至 BM7　成像 清晰　BM5 高程 301.212 m　BM7 高程 279.413 m

温度 28 ℃　云量 少云　风向 西北　风速 1 级　观测者 王贵满

天气 晴　道路土质 坚实土　太阳方向 前　记录者 林培效

测站编号	后尺 上丝	前尺 上丝	方向及尺号	中丝读数		基+K减辅 ①−②	点名
	后尺 下丝	前尺 下丝		基本分划 ①	辅助分划 ②		
	后距	前距					
	视距差 d	$\sum d$					
数据编号	(1)	(5)	后尺	(3)	(8)	(14)	
	(2)	(6)	前尺	(4)	(7)	(13)	
	(9)	(10)	后—前	(16)	(17)	(15)	
	(11)	(12)		(18)	(19)	(20)	
1	1 873	5 279	后 A	140.30	746.75	5	BM5
	933	4 319	前 B	479.92	1 086.43	−1	
	94	96	后—前	−339.62	−339.68	6	
	−2	−2		0	−2	−339.65	TP1
2	2 127	4 746	后 B	172.68	779.14	4	TP1
	1 327	3 946	前 A	434.58	1 041.06	2	
	80	80	后—前	−261.9	−261.92	2	
	0	−2		2	2	−261.91	TP2
3	2 224	4 631	后 A	182.39	788.88	1	TP2
	1 424	3 831	前 B	423.16	1 029.69	−3	
	80	80	后—前	−240.77	−240.81	4	
	0	−2		1	−6	−240.79	TP3
4	2 461	4 488	后 B	206.08	812.58	0	TP3
	1 660	3 688	前 A	408.87	1 015.34	3	
	80.1	80	后—前	−202.79	−202.76	3	
	0.1	−1.9		−3	−7	−202.775	TP4

(1) 新建光学水准仪二等水准(5 mm)测量文件

在水准测量文件列表界面，点击 **新建文件** 按钮，“仪器”的缺省设置为“光学水准仪”；点击“等级”列表框，在弹出的快捷菜单点击“二等(5 mm 基辅常数 606.5 cm)”选项[图 1-9(a)]，其余设置如图 1-9(b)，(c)所示，点击 **确定** 按钮，返回文件列表界面[图 1-9(d)]。

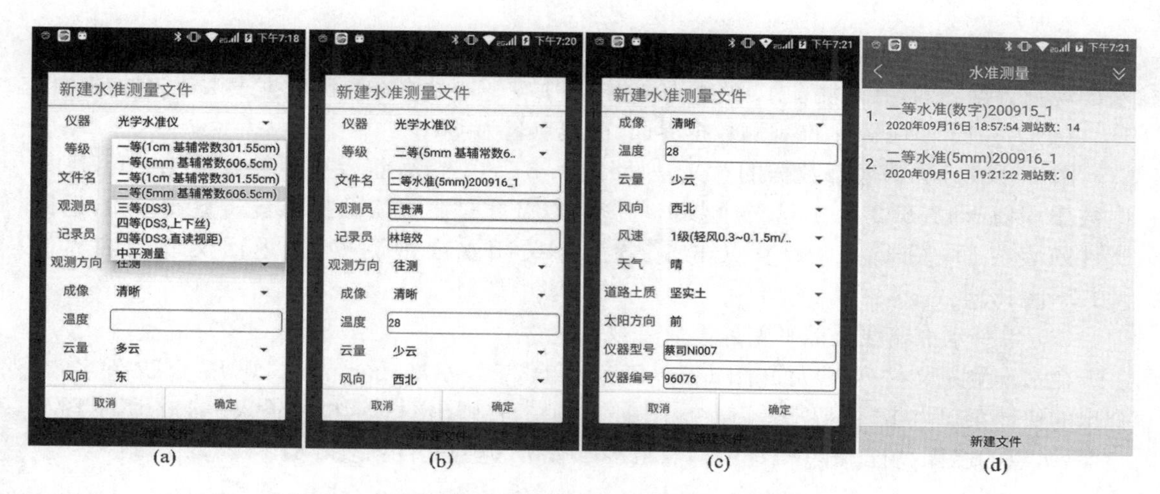

图 1-9　新建光学水准仪二等水准测量文件(5 mm 因瓦水准尺)

（2）执行测量命令

点击最近新建的文件名，在弹出的快捷菜单点击“测量”命令[图 1-10(a)]，进入光学水准仪观测界面[图 1-10(b)]。

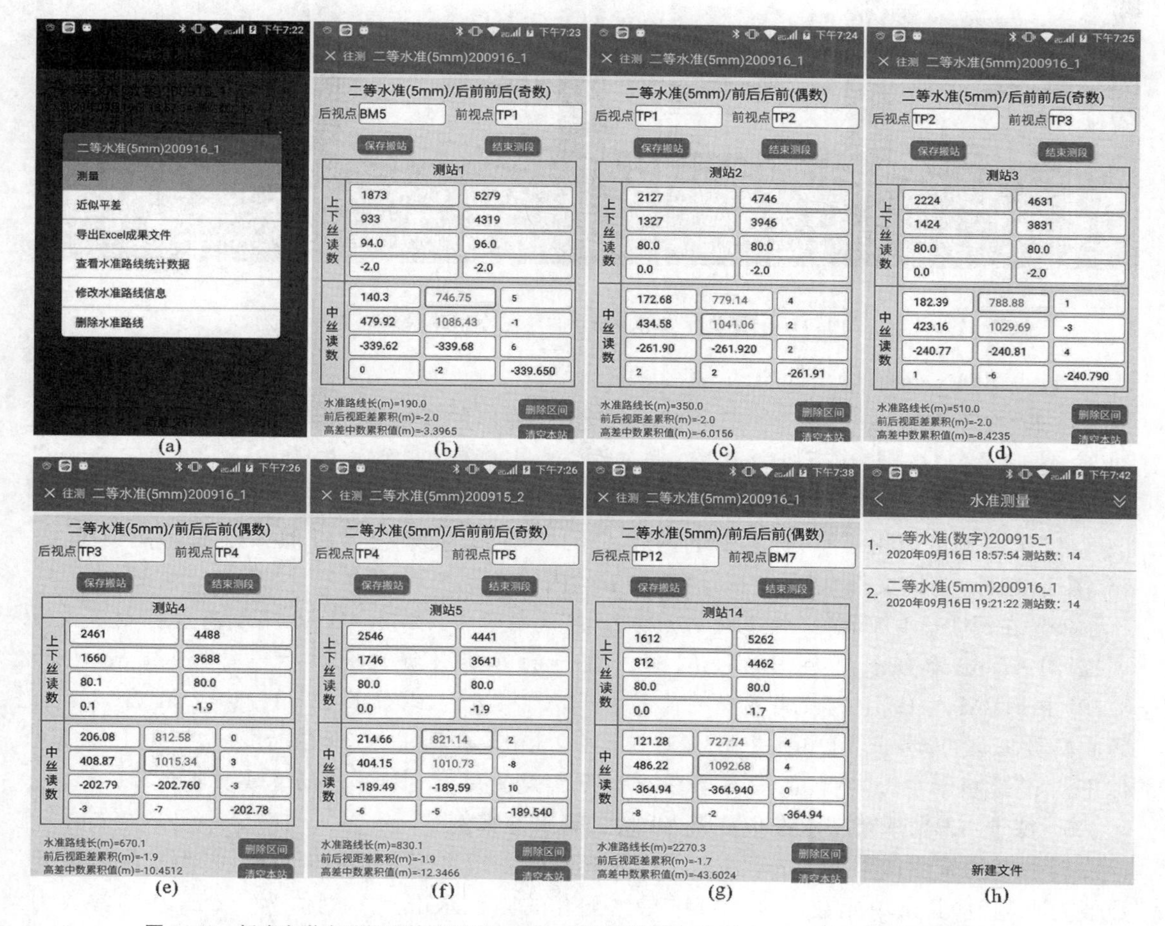

图 1-10　新建光学水准仪二等水准测量文件，执行“测量”命令，输入 1～5 站和第 14 站观测数据

图 1-10(b)—(e)为输入表 1-4 所列 1～4 站水准观测数据界面，图 1-10(f)为输入 5 站水准观测数据界面，共观测了 14 站水准数据(其中 5～14 站水准观测数据表 1-4 未给出)，图 1-10(g)为完成第 14 站水准观测数据界面，前视点名为 BM7。

图 1-10(g)屏幕底部数据的意义是：路线长 2 270.3 m，前后视距差累积 1.7 m，高差中数累积值−43.602 4 m，这三个数据均应除以 2 才是其真实数据；点击 结束测段 按钮，返回文件列表界面[图 1-10(h)]；点击 结束测段 按钮关闭水准观测界面，返回文件列表界面[图 1-10(h)]。

(3) 单一水准路线近似平差计算

在水准测量文件列表界面[图 1-10(h)]，点击“二等水准(5 mm)_200916_1”文件名，在弹出的快捷菜单点击“近似平差”命令[图 1-11(a)]，在弹出的对话框中输入表 1-4 所注 BM5 与 BM7 点的已知高程[图 1-11(b)]，点击 **确定** 按钮，返回文件列表界面。

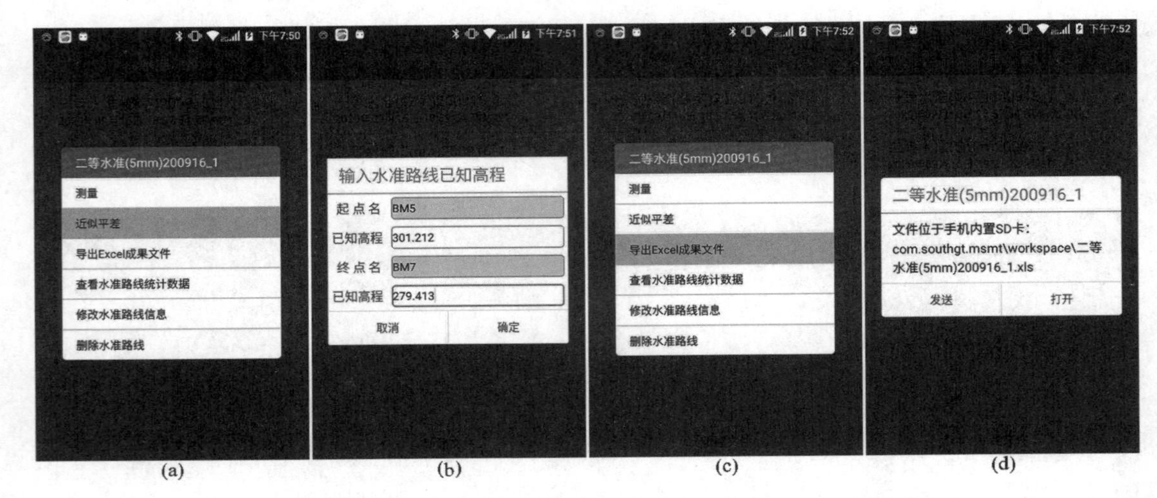

图 1-11 分别执行“近似平差”和“导出 Excel 成果文件”命令

(4) 导出 Excel 成果文件

点击“二等水准(5 mm)_200916_1”文件名，在弹出的快捷菜单点击“导出 Excel 成果文件”命令[图 1-11(c)]，在手机内置 SD 卡工作文件夹创建“二等水准(5 mm)_200916_1.xls”文件[图 1-11(d)]，点击 **发送** 按钮，即可通过移动互联网 QQ 或微信发送给好友。图 1-12 为该文件”水准测量观测手簿”选项卡的内容，图 1-13(a)为该文件“近似平差 L”选项卡的内容，图 1-13(b)为该文件“近似平差 n”选项卡的内容。

在图 1-12 所示的“水准测量观测手簿”选项卡中，BM5→BM6 测段高差观测值 $h=-14.319\ 7$ m，路线长 $L=990.1$ m，除以 2 后的真实数据应为 $h=-7.159\ 9$ m，$L=0.495$ km；BM6→BM7 测段高差观测值 $h=-29.282\ 6$ m，路线长 $L=1\ 280.2$ m，除以 2 后的真实数据应为 $h=-14.641\ 3$ m，$L=0.640\ 1$ km。在图 1-13 所示的“近似平差 L”和“近似平差 n”选项卡中，其测段高差 h 和路线长 L 都是使用上述换算后的真实数据计算。

5. 徕卡 N3 光学精密水准仪测量 10 站二等水准案例

表 1-2 为采用徕卡 N3 光学精密水准仪观测的 4 站二等水准测量数据，表中灰底色单元数值为观测值，其余单元数值为计算结果。配套的因瓦水准尺分划值为 1 cm，基辅常数为 301.55 cm。

	A	B C	D E	F	G	H	I	J	K	L
1	二等水准测量观测手簿(5mm 基辅常数606.5cm)									
2	测自 BM5 至 BM7 日期：2020/09/16 开始时间：19:23:30 结束时间：19:38:35 天气：晴 成象：清晰									
3	测量方向：往测 温度：28 云量：少云 风向风速：西北 1级(轻风0.3~0.1.5m/s) 道路土质：坚实土 太阳方向：前									
4	仪器型号：蔡司Ni007 仪器编号：96076 观测者：王贵满 记录员：林培效									
5–8	测站编号	后尺 上丝/下丝 后视距 视距差d	前尺 上丝/下丝 前视距 ∑d	方向及尺号	中丝读数 黑面	中丝读数 红面	K+黑-红	高差中数	高差中数累积值∑h(m) 路线长累积值∑d(m) 及保存时间	水准测段统计数据
9		1873	5279	后尺A	140.3	746.75	5		∑h(m)=-1.69825	
10	1	933	4319	前尺B	479.92	1086.43	-1		∑d(m)=95.0	
11		94	96	后-前	-339.62	-339.68	6	-339.65	保存时间：2020/09/16/ 19:23	测段起点名：BM5
12		-2.0	-2.0		0	-2				
13		2127	4746	后尺B	172.68	779.14	4		∑h(m)=-3.00780	
14	2	1327	3946	前尺A	434.58	1041.06	2		∑d(m)=175.0	
15		80	80	后-前	-261.9	-261.92	2	-261.91	保存时间：2020/09/16/ 19:24	
16		0.0	-2.0		2	2				
17		2224	4631	后尺A	182.39	788.88	1		∑h(m)=-4.21175	
18	3	1424	3831	前尺B	423.16	1029.69	-3		∑d(m)=255.0	
19		80	80	后-前	-240.77	-240.81	4	-240.79	保存时间：2020/09/16/ 19:25	
20		0.0	-2.0		1	-6				
21		2461	4488	后尺B	206.08	812.58	0		∑h(m)=-5.22562	
22	4	1660	3688	前尺A	408.87	1015.34	3		∑d(m)=335.0	
23		80.1	80	后-前	-202.79	-202.76	-3	-202.775	保存时间：2020/09/16/ 19:26	
24		0.1	-1.9		-3	-7				
25		2546	4441	后尺A	214.66	821.14	2		∑h(m)=-6.17332	
26	5	1746	3641	前尺B	404.15	1010.73	-8		∑d(m)=415.0	
27		80	80	后-前	-189.49	-189.59	10	-189.54	保存时间：2020/09/16/ 19:27	
28		0.0	-1.9		-6	-5				
29		2340	4314	后尺B	194.02	800.57	-5		∑h(m)=-7.15990	测段中间点名：BM6
30	6	1540	3514	前尺A	391.38	997.84	4		∑d(m)=495.0	测段高差h(m) =-14.3198
31		80	80	后-前	-197.36	-197.27	-9	-197.315	保存时间：2020/09/16/ 19:28	测段水准路线长L(m) =990.1
32		0.0	-1.9		-2	2				测段站数n = 6
33		1654	5277	后尺A	125.33	731.84	-1		∑h(m)=-8.97172	
34	7	853	4477	前尺B	487.71	1094.19	2		∑d(m)=575.1	
35		80.1	80	后-前	-362.38	-362.35	-3	-362.365	保存时间：2020/09/16/ 19:28	
36		0.1	-1.8		2	-1				
37		1625	5272	后尺B	122.51	728.99	2		∑h(m)=-10.79548	
38	8	825	4471	前尺A	487.24	1093.76	-2		∑d(m)=655.2	
39		80	80.1	后-前	-364.73	-364.77	4	-364.75	保存时间：2020/09/16/ 19:29	
40		-0.1	-1.9		-1	-9				
41		1650	5317	后尺A	125.01	731.5	1		∑h(m)=-12.62900	
42	9	850	4517	前尺B	491.71	1098.21	0		∑d(m)=735.2	
43		80	80	后-前	-366.7	-366.71	1	-366.705	保存时间：2020/09/16/ 19:30	
44		0.0	-1.9		-1	-1				
45		1639	5327	后尺B	123.94	730.42	2		∑h(m)=-14.47282	
46	10	839	4528	前尺A	492.72	1099.17	5		∑d(m)=815.1	
47		80	79.9	后-前	-368.78	-368.75	-3	-368.765	保存时间：2020/09/16/ 19:30	
48		0.1	-1.8		-4	3				
49		1667	5354	后尺A	126.69	733.15	4		∑h(m)=-16.31620	
50	11	866	4554	前尺B	495.37	1101.82	5		∑d(m)=895.2	
51		80.1	80	后-前	-368.68	-368.67	-1	-368.675	保存时间：2020/09/16/ 19:31	
52		0.1	-1.7		-4	3				
53		1638	5284	后尺B	123.87	730.37	0		∑h(m)=-18.13898	
54	12	838	4484	前尺A	488.45	1094.9	5		∑d(m)=975.2	
55		80	80	后-前	-364.58	-364.53	-5	-364.555	保存时间：2020/09/16/ 19:32	
56		0.0	-1.7		-7	-5				
57		1659	5334	后尺A	125.87	732.36	1		∑h(m)=-19.97648	
58	13	859	4534	前尺B	493.37	1099.86	1		∑d(m)=1055.2	
59		80	80	后-前	-367.5	-367.5	0	-367.5	保存时间：2020/09/16/ 19:37	
60		0.0	-1.7		3	3				
61		1612	5262	后尺B	121.28	727.74	4		∑h(m)=-21.80118	测段终点名：BM7
62	14	812	4462	前尺A	486.22	1092.68	4		∑d(m)=1135.2	测段高差h(m) =-29.2826
63		80	80	后-前	-364.94	-364.94	0	-364.94	保存时间：2020/09/16/ 19:38	测段水准路线长L(m) =1280.2
64		0.0	-1.7		-8	-2				测段站数n = 8

水准测量观测手簿 / 近似平差L / 近似平差n

图 1-12 导出的 Excel 成果文件“水准测量观测手簿”选项卡的内容

	A	B	C	D	E	F
1	单一水准路线近似平差计算(按路线长L平差)					
2	点名	路线长L(km)	高差h(m)	改正数V(mm)	h+V(m)	高程H(m)
3	BM5	0.4950	-7.1599	0.9485	-7.1590	301.2120
4	BM6	0.6401	-14.6413	1.2265	-14.6400	294.0530
5	BM7					279.4130
6	闭合差fh(mm)	1.1352	-21.8012	2.1750		279.4130
7	限差(mm)	4.2617				

水准测量观测手簿 / 近似平差L / 近似平差n

(a) “近似平差L”选项卡的内容

	A	B	C	D	E	F
1	单一水准路线近似平差计算(按测站数n平差)					
2	点名	测站数n	高差h(m)	改正数V(mm)	h+V(m)	高程H(m)
3	BM5	6	-7.1599	0.9321	-7.1590	301.2120
4	BM6	8	-14.6413	1.2429	-14.6400	294.0530
5	BM7					279.4130
6	闭合差fh(mm)	14.0	-21.8012	2.1750		279.4130

水准测量观测手簿 / 近似平差L / 近似平差n

(b) “近似平差n”选项卡的内容

图 1-13 导出的 Excel 成果文件“近似平差 L”与“近似平差 n”选项卡的内容

表 1-5 二等水准测量观测手簿(1 cm 因瓦水准尺)

往测自 BM506 至 BM508 成像 清晰 BM506 高程 89.121 m BM508 高程 90.235 m

温度 28℃ 云量 少云 风向 北 风速 1 级 观测者 王贵满

天气 晴 道路土质 坚实黏土 太阳方向 前 记录者 李 飞

测站编号	后尺 上丝/下丝	前尺 上丝/下丝	方向及尺号	中丝读数		基+K减辅 ①-②	点名
	后距	前距		基本分划 ①	辅助分划 ②		
	视距差 d	$\sum d$					
数据编号	(1)	(5)	后尺	(3)	(8)	(13)	
	(2)	(6)	前尺	(4)	(7)	(14)	
	(9)	(10)	后—前	(16)	(17)	(15)	
	(11)	(12)		(18)	(19)	(20)	
1	2 406	1 809	后 A	219.83	521.38	0	BM506
	1 986	1 391	前 B	160.06	461.63	−2	
	42.0	41.8	后—前	59.77	59.75	2	
	0.2	0.2		−23	−6	59.76	TP1
2	1 800	1 639	后 B	157.40	458.95	0	TP1
	1 351	1 189	前 A	141.40	442.92	3	
	44.9	45.0	后—前	16.00	16.03	−3	
	−0.1	0.1		15	0	16.015	TP2
3	1 825	1 962	后 A	160.32	461.88	−1	TP2
	1 383	1 523	前 B	174.27	475.82	0	
	44.2	43.9	后—前	−13.95	−13.94	−1	
	0.3	0.4		8	−2	−13.945	TP3
4	1 728	1 884	后 B	150.81	452.36	0	TP3
	1 285	1 439	前 A	166.19	467.74	0	
	44.3	44.5	后—前	−15.38	−15.38	0	
	−0.2	0.2		−16	−4	−15.38	BM507

(1) 新建光学水准仪二等水准(1 cm)测量文件

在水准测量文件列表界面,点击 **新建文件** 按钮,点击“等级”列表框,在弹出的快捷菜单点击“二等(1 cm 基辅常数 301.55 cm)”选项[图 1-14(a)],其余设置如图 1-14(b),(c)所示,点击 **确定** 按钮,返回文件列表界面[图 1-14(d)]。

(2) 执行测量命令

点击最近新建的文件名,在弹出的快捷菜单点击“测量”命令[图 1-15(a)],进入光学水准仪观测界面。图 1-15(b)—(e)为输入表 1-5 所列 1～4 站水准观测数据界面,图 1-15(f)为输入第 5 站水准观测界面,图 1-15(g)为输入第 10 站水准观测界面,前视点名为 BM508。

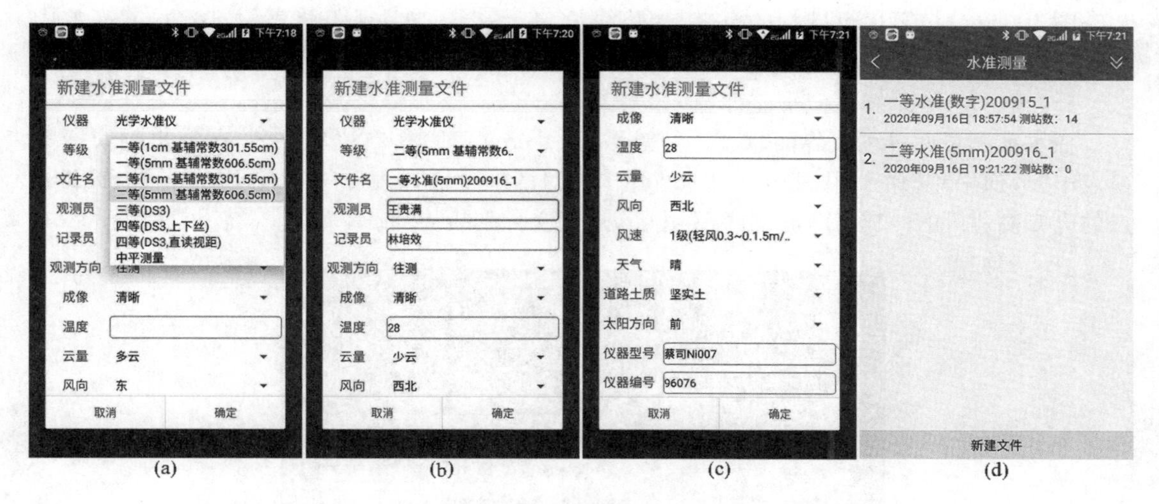

图 1-14 新建光学水准仪二等水准测量文件(1 cm 因瓦水准尺)

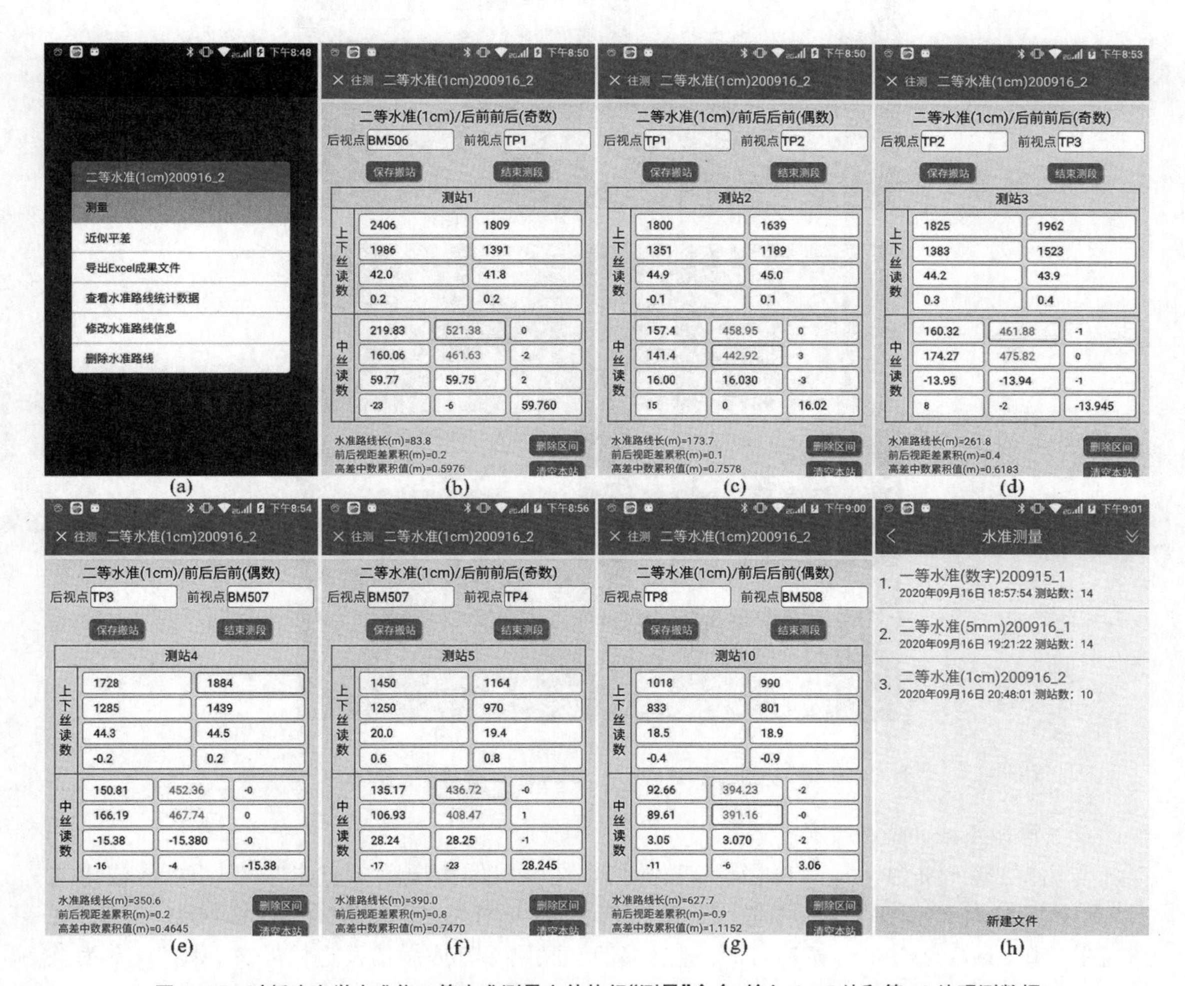

图 1-15 对新建光学水准仪二等水准测量文件执行“测量”命令，输入 1～5 站和第 10 站观测数据

图 1-15(g)屏幕底部数据的意义是:路线长 627.7 m,前后视距差累积−0.9 m,高差中数累积值 1.115 2 m;点击 结束测段 按钮关闭水准观测界面,返回文件列表界面[图 1-15(h)]。

(3) 单一水准路线近似平差计算

在水准测量文件列表界面,点击“二等水准(1 cm)_200916_2”文件名,在弹出的快捷菜单点击“近似平差”命令[图 1-16(e)],在弹出的对话框中输入表 1-5 所注 BM506 与 BM508 点的已知高程[图 1-16(f)],点击 **确定** 按钮,返回文件列表界面。

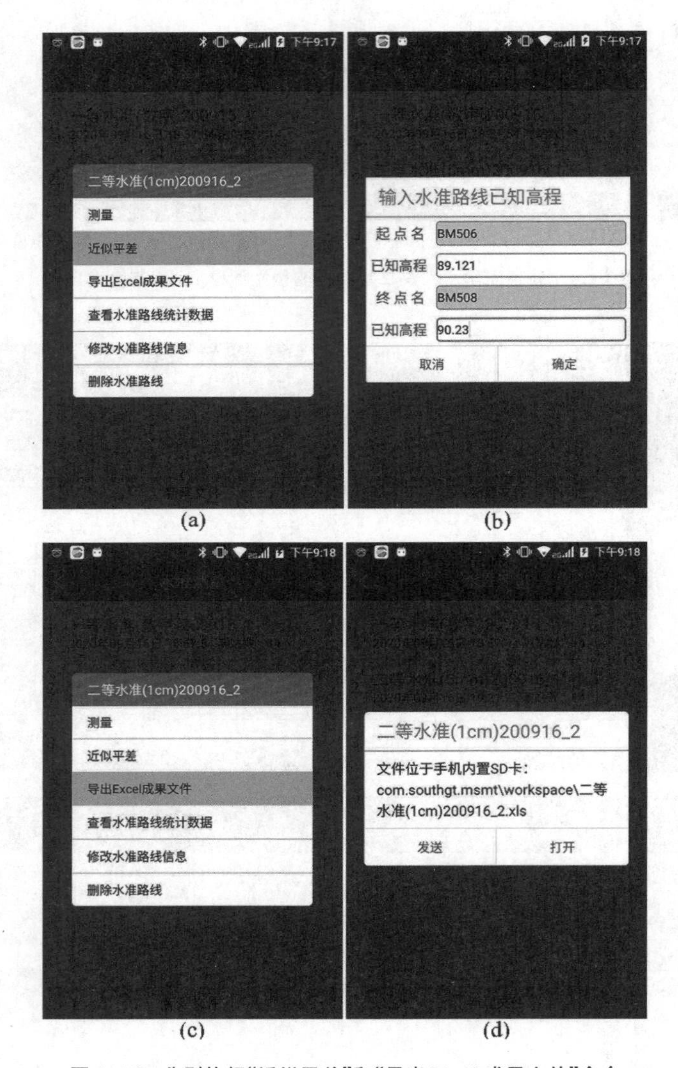

图 1-16　分别执行“近似平差”和“导出 Excel 成果文件”命令

(4) 导出 Excel 成果文件

点击“二等水准(1 cm)_200916_2”文件名,在弹出的快捷菜单点击“导出 Excel 成果文件”命令[图 1-16(c)],在手机内置 SD 卡工作文件夹创建“二等水准(1 cm)_200916_2.xls”文件[图 1-16(d)],点击 **发送** 按钮,即可通过移动互联网 QQ 或微信发送给好友。图 1-17 为该文件“水准测量观测手簿”选项卡的内容,图1-18(a)为“近似平差 L”选项卡的内容,图 1-18(b)为“近似平差 n”选项卡的内容。

二等水准测量观测手簿(1cm 基辅常数301.55cm)

测自 BM506 至 BM508 日期：2020/09/16 开始时间：20:50:23 结束时间：21:00:41 天气：晴 成象：

测量方向：往测 温度：28 云量：少云 风向风速：北 0级(无风0~0.2m/s) 道路土质：坚实土 太阳方向：前

仪器型号：徕卡新N3 仪器编号：59069 观测者：王贵满 记录员：李飞

测站编号	后尺 上丝/下丝/后视距/视距差d	前尺 上丝/下丝/前视距/∑d	方向及尺号	中丝读数 黑面	中丝读数 红面	K+黑-红	高差中数	高差中数累积值∑h(m) 路线长累积值∑d(m) 及保存时间	水准测段统计数据
1	2406	1809	后尺A	219.83	521.38	0		∑h(m)=0.59760	测段起点名：BM506
	1986	1391	前尺B	160.06	461.63	-2		∑d(m)=83.8	
	42	41.8	后-前	59.77	59.75	2	59.76	保存时间：2020/09/16/ 20:50	
	0.2	0.2		-23	-6				
2	1800	1639	后尺B	157.4	458.95	0		∑h(m)=0.75775	
	1351	1189	前尺A	141.4	442.92	3		∑d(m)=173.7	
	44.9	45	后-前	16	16.03	-3	16.015	保存时间：2020/09/16/ 20:51	
	-0.1	0.1		15	0				
3	1825	1962	后尺A	160.32	461.88	-1		∑h(m)=0.61830	
	1383	1523	前尺B	174.27	475.82	0		∑d(m)=261.8	
	44.2	43.9	后-前	-13.95	-13.94	-1	-13.945	保存时间：2020/09/16/ 20:53	
	0.3	0.4		8	-2				
4	1728	1884	后尺B	150.81	452.36	0		∑h(m)=0.46450	测段中间点名：BM507
	1285	1439	前尺A	166.19	467.74	0		∑d(m)=350.6	测段高差h(m) =0.4645
	44.3	44.5	后-前	-15.38	-15.38	0	-15.38	保存时间：2020/09/16/ 20:55	测段水准路线长L(m) =350.6
	-0.2	0.2		-16	-4				测段站数n = 4
5	1450	1164	后尺A	135.17	436.72	0		∑h(m)=0.74695	
	1250	970	前尺B	106.93	408.47	1		∑d(m)=390.0	
	20	19.4	后-前	28.24	28.25	-1	28.245	保存时间：2020/09/16/ 20:56	
	0.6	0.8		-17	-23				
6	1317	1050	后尺B	119.89	421.46	-2		∑h(m)=1.01340	
	1084	811	前尺A	93.26	394.8	1		∑d(m)=437.2	
	23.3	23.9	后-前	26.63	26.66	-3	26.645	保存时间：2020/09/16/ 20:57	
	-0.6	0.2		16	-21				
7	1090	1437	后尺A	98.16	399.71	0		∑h(m)=0.66550	
	870	1218	前尺B	132.96	434.49	2		∑d(m)=481.1	
	22	21.9	后-前	-34.8	-34.78	-2	-34.79	保存时间：2020/09/16/ 20:58	
	0.1	0.3		-16	-21				
8	1307	895	后尺B	111.03	412.57	1		∑h(m)=1.08140	
	912	496	前尺A	69.42	371	-3		∑d(m)=560.5	
	39.5	39.9	后-前	41.61	41.57	4	41.59	保存时间：2020/09/16/ 20:59	
	-0.4	-0.1		-8	13				
9	594	592	后尺A	52.22	353.76	1		∑h(m)=1.08460	
	447	441	前尺B	51.9	353.44	1		∑d(m)=590.3	
	14.7	15.1	后-前	0.32	0.32	0	0.32	保存时间：2020/09/16/ 21:00	
	-0.4	-0.5		-17	-25				
10	1018	990	后尺B	92.66	394.23	-2		∑h(m)=1.11520	测段终点名：BM508
	833	801	前尺A	89.61	391.16	0		∑d(m)=627.7	测段高差h(m) =0.6507
	18.5	18.9	后-前	3.05	3.07	-2	3.06	保存时间：2020/09/16/ 21:00	测段水准路线长L(m) =277.1
	-0.4	-0.9		-11	-6				测段站数n = 6

水准测量观测手簿 / 近似平差L / 近似平差n

图 1-17 导出的 Excel 成果文件“水准测量观测手簿”选项卡的内容

单一水准路线近似平差计算(按路线长L平差)

点名	路线长L(km)	高差h(m)	改正数V(mm)	h+V(m)	高程H(m)
BM506	0.3506	0.4645	-3.4630	0.4610	89.1210
BM507	0.2771	0.6507	-2.7370	0.6480	89.5820
BM508					90.2300
闭合差fh(mm)	0.6277	1.1152	-6.2000		90.2300
限差(mm)	3.1691				

水准测量观测手簿 / 近似平差L / 近似平差n

(a) “近似平差L”选项卡的内容

单一水准路线近似平差计算(按测站数n平差)

点名	测站数n	高差h(m)	改正数V(mm)	h+V(m)	高程H(m)
BM506	4	0.4645	-2.4800	0.4620	89.1210
BM507	6	0.6507	-3.7200	0.6470	89.5830
BM508					90.2300
闭合差fh(mm)	10.0	1.1152	-6.2000		90.2300

水准测量观测手簿 / 近似平差L / 近似平差n

(b) “近似平差n”选项卡的内容

图 1-18 导出的 Excel 成果文件“近似平差 L”和“近似平差 n”选项卡的内容

1.2 三、四等水准测量

1. 三、四等水准测量的技术要求

《国家三、四等水准测量规范》(GB/T 12898—2009)[2]规定，三、四等水准测量的主要技术要求，应符合表1-6和表1-7的规定，往返高差不符值、环线闭合差和检测高差之差的限差应符合表1-8的规定。

表1-6　　三、四等水准测量每站视距限差

等级	视线长度		前后视距差/m	每站的前后视距差累积/m	视线高度	数字水准仪重复测量次数	观测顺序*
	仪器类型	视距/m					
三等	DS3	≤75	≤2.0	≤5.0	三丝能读数	≥3次	后前前后(BFFB)
四等	DS3	≤100	≤3.0	≤10.0	三丝能读数	≥2次	后后前前(BBFF)

注："后"的英文单词为Back，用"B"表示观测后尺；"前"的英文单词为Front，用"F"表示观测前尺。

表1-7　　三、四等水准测量每站高差限差

等级	观测方法	黑红面读数的差/mm	黑红面所测高差的差/mm
三等	中丝读数法	2.0	3.0
四等	中丝读数法	3.0	5.0

表1-8　　三、四等水准测量往返高差不符值、环线闭合差和检测高差之差的限差

等级	测段、路线往返测高差不符值	测段、路线高差不符值	附合路线或环线闭合差		检测已测测段高差的差
			平原	山区	
三等	$\pm 12\sqrt{K}$	$\pm 8\sqrt{K}$	$\pm 12\sqrt{L}$	$\pm 15\sqrt{L}$	$\pm 20\sqrt{R}$
四等	$\pm 20\sqrt{K}$	$\pm 14\sqrt{K}$	$\pm 20\sqrt{L}$	$\pm 25\sqrt{L}$	$\pm 30\sqrt{R}$
图根	—	—	$\pm 40\sqrt{L}$	$\pm 12\sqrt{n}$	—

注：1. K—路线或测段长度(km)；L—附合路线(环线)长度(km)；R—检测测段长度(km)；n—水准测段测站数，要求$n>16$站。
2. 山区指高程超过1 000 m或路线中最大高程超过400 m的地区。
3. 图根水准测量的限差取自《城市测量规范》(CJJ/T 8—2011)[3]。

2. 三、四等水准观测方法

三等水准测量采用中丝读数法进行往返观测，四等水准测量采用中丝读数法单程观测，支水准路线应往返观测。各水准测段的测站数均应为偶数，由往测转向返测时，两把标尺应互换位置，并重新安置仪器。三、四等水准观测应在标尺分划线成像清晰稳定时进行。

三等水准测量每站观测顺序为：后—前—前—后；四等水准每站观测顺序为：后—后—前—前。

3. 国产DS03光学水准仪测量10站三等水准案例

表1-9为使用DS03光学水准仪观测的4站三等水准测量数据，表中灰底色单元数值为观测值，其余单元数值为计算结果。

表 1-9　　三等水准测量观测手簿(DS3 水准仪)

测自 BM1 至 BM2　BM1 高程 400.909 m　BM3 高程 401.848 m

天气 晴　成像 清晰　观测者 李　飞　记录者 林培效

测站编号	后尺 上丝 / 下丝	前尺 上丝 / 下丝	方向及尺号	中丝读数		K＋黑减红	高差中数	点名
	后　距	前　距		黑面	红面			
	视距差 d	$\sum d$						
数据编号	(1)	(5)	后	(3)	(8)	(10)		
	(2)	(6)	前	(4)	(7)	(9)		
	(12)	(13)	后—前	(16)	(17)	(11)	(18)	
	(14)	(15)						
1	1 847	1 599	后 A	1 510	6 198	−1		BM1
	1 173	931	前 B	1 265	6 052	0		
	67.4	66.8	后—前	245	146	−1	245.5	
	0.6	0.6						TP1
2	1 558	1 640	后 B	1 277	6 065	−1		TP1
	996	1 079	前 A	1 360	6 047	0		
	56.2	56.1	后—前	−82	19	−1	−82.5	
	0.1	0.7						TP2
3	1 417	1 447	后 A	1 105	5 793	−1		TP2
	792	815	前 B	1 131	5 918	0		
	62.5	63.2	后—前	−26	−125	−1	−25.5	
	−0.7	0						TP3
4	1 645	1 713	后 B	1 310	6 097	0		TP3
	974	1 046	前 A	1 380	6 067	0		
	67.1	66.7	后—前	−70	30	0	−70	
	0.4	0.4						TP4

(1) 新建光学水准仪三等水准测量文件

在水准测量文件列表界面，点击 **新建文件** 按钮，点击“等级”列表框，在弹出的快捷菜单点击“三等(DS3)”选项[图 1-19(a)]，其余设置如图 1-19(b)所示，点击 **确定** 按钮，返回文件列表界面[图 1-19(c)]。

(2) 执行测量命令

点击最近新建的文件名，在弹出的快捷菜单点击“测量”命令[图 1-19(d)]，进入光学水准仪观测界面。图 1-19(e)—(h)为输入表 1-9 所列 1～4 站水准观测数据界面，共观测了 10 站水准数据。

图 1-20(a)为输入第 10 站水准观测数据界面，前视点名为 BM508，屏幕底部数据的意义是：路线长 1 032.9 m，前后视距差累积−0.3 m，高差中数累积值 0.948 m；点击 **结束测段** 按钮关闭水准观测界面，返回文件列表界面[图 1-20(b)]。

图 1-19　新建光学水准仪三等水准测量文件，执行测量命令，输入 1～4 站观测数据

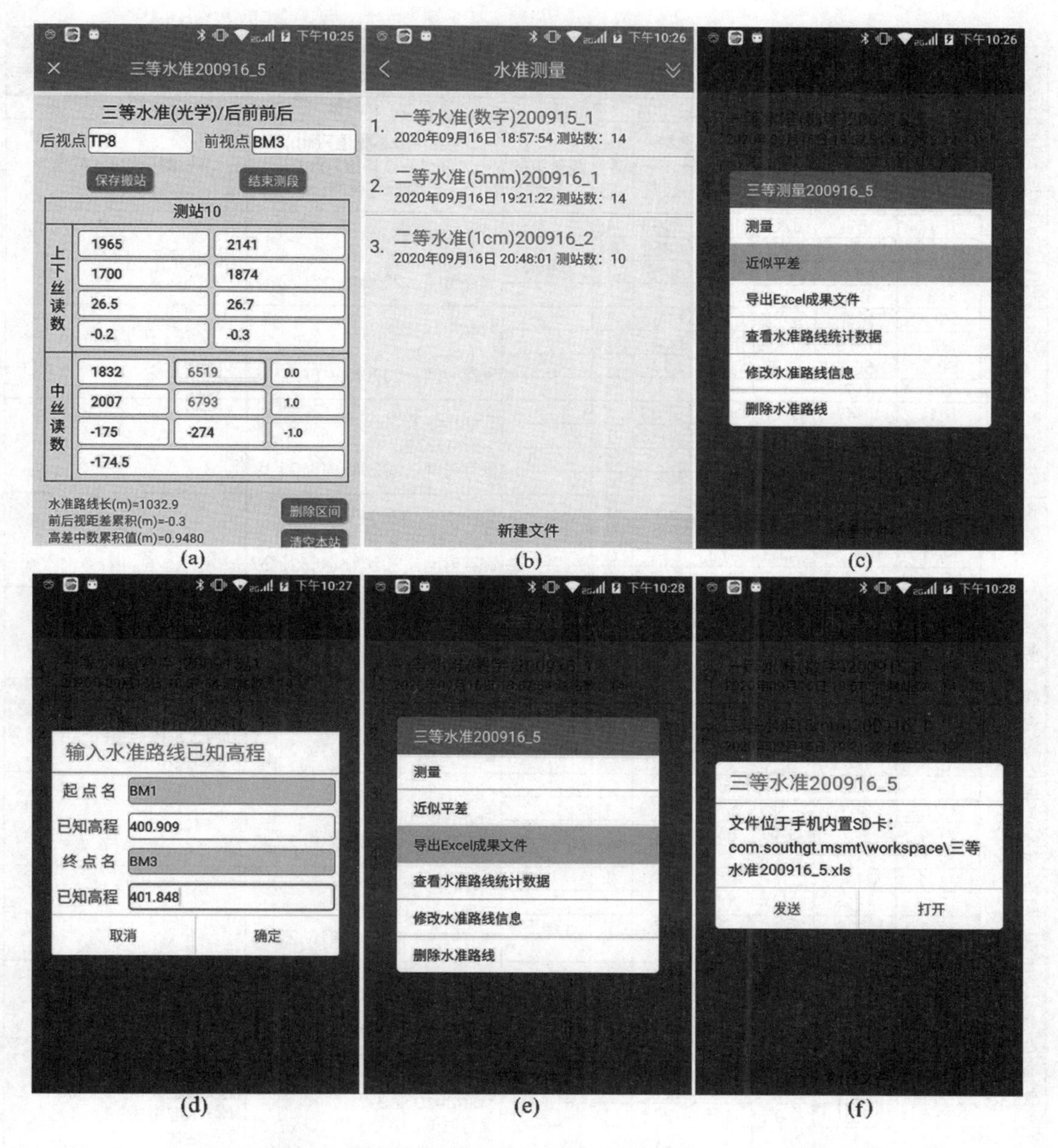

图 1-20　输入第 10 站观测数据，再分别执行“近似平差”和“导出 Excel 成果文件”命令

（3）单一水准路线近似平差计算

在水准测量文件列表界面，点击“三等水准 200916_5”文件名，在弹出的快捷菜单点击“近似平差”命令[图 1-20(c)]，在弹出的对话框中输入表 1-9 所注 BM1 与 BM3 点的已知高程[图 1-20(d)]，点击 **确定** 按钮，返回文件列表界面。

（4）导出 Excel 成果文件

点击“三等水准 200916_5”文件名，在弹出的快捷菜单点击“导出 Excel 成果文件”命令[图 1-20(e)]，在内置 SD 卡工作文件夹创建“三等水准 200916_5.xls”文件[图 1-20(f)]。图 1-21 为该文件”水准测量观测手簿”选项卡的内容，图 1-22(a)为该文件“近似平差 L”选项卡的内容，图 1-22(b)为该文件“近似平差 n”选项卡的内容。

三等水准测量观测手簿(DS3)

测自 BM1 至 BM3　日期：2020/09/16　开始时间：22:17:18　结束时间：22:25:26　天气：晴　成象：

仪器型号：DS3-Z　仪器编号：891201　观测者：李飞　记录员：林培效

测站编号	后尺 上丝/下丝 后视距 视距差d	前尺 上丝/下丝 前视距 Σd	方向及尺号	中丝读数 黑面	中丝读数 红面	K+黑-红	高差中数	高差中数累积值Σh(m) 路线长累积值Σd(m) 及保存时间	水准测段统计数据
1	1847	1599	后尺A	1510	6198	-1		Σh(m)=0.24550 Σd(m)=134.2 保存时间：2020/09/16/ 22:17	测段起点名：BM1
	1173	931	前尺B	1265	6052	0			
	67.4	66.8	后-前	245	146	-1	245.5		
	0.6	0.6							
2	1558	1640	后尺B	1277	6065	-1		Σh(m)=0.16300 Σd(m)=246.5 保存时间：2020/09/16/ 22:18	
	996	1079	前尺A	1360	6047	0			
	56.2	56.1	后-前	-83	18	-1	-82.5		
	0.1	0.7							
3	1417	1447	后尺A	1105	5793	-1		Σh(m)=0.13750 Σd(m)=372.2 保存时间：2020/09/16/ 22:19	
	792	815	前尺B	1131	5918	0			
	62.5	63.2	后-前	-26	-125	-1	-25.5		
	-0.7	0.0							
4	1645	1713	后尺B	1310	6097	0		Σh(m)=0.06750 Σd(m)=506.0 保存时间：2020/09/16/ 22:20	
	974	1046	前尺A	1380	6067	0			
	67.1	66.7	后-前	-70	30	0	-70		
	0.4	0.4							
5	1652	1564	后尺A	1374	6060	1		Σh(m)=0.15600 Σd(m)=617.4 保存时间：2020/09/16/ 22:21	
	1096	1006	前尺B	1285	6072	0			
	55.6	55.8	后-前	89	-12	1	88.5		
	-0.2	0.2							
6	1614	1264	后尺B	1271	6058	0		Σh(m)=0.50500 Σd(m)=754.6 保存时间：2020/09/16/ 22:22	测段中间点名：BM2 测段高差h(m) =0.5050 测段水准路线长L(m) =754.6 测段站数n = 6
	927	579	前尺A	922	5609	0			
	68.7	68.5	后-前	349	449	0	349		
	0.2	0.4							
7	1571	739	后尺A	1384	6171	0		Σh(m)=1.33750 Σd(m)=829.6 保存时间：2020/09/16/ 22:23	
	1197	363	前尺B	551	5239	-1			
	37.4	37.6	后-前	833	932	1	832.5		
	-0.2	0.2							
8	2121	2196	后尺B	1934	6621	0		Σh(m)=1.26300 Σd(m)=904.5 保存时间：2020/09/16/ 22:23	
	1747	1821	前尺A	2008	6796	-1			
	37.4	37.5	后-前	-74	-175	1	-74.5		
	-0.1	0.1							
9	1914	2055	后尺A	1726	6513	0		Σh(m)=1.12250 Σd(m)=979.7 保存时间：2020/09/16/ 22:24	
	1539	1678	前尺B	1866	6554	-1			
	37.5	37.7	后-前	-140	-41	1	-140.5		
	-0.2	-0.1							
10	1965	2141	后尺B	1832	6519	0		Σh(m)=0.94800 Σd(m)=1032.9 保存时间：2020/09/16/ 22:25	测段终点名：BM3 测段高差h(m) =0.4430 测段水准路线长L(m) =278.3 测段站数n = 4
	1700	1874	前尺A	2007	6793	1			
	26.5	26.7	后-前	-175	-274	-1	-174.5		
	-0.2	-0.3							

水准测量观测手簿 / 近似平差L / 近似平差n

图 1-21　导出的 Excel 成果文件“水准测量观测手簿”选项卡的内容

单一水准路线近似平差计算(按路线长L平差)

点名	路线长L(km)	高差	改正数V(mm)	h+V(m)	高程H(m)
BM1	0.7546	0.5050	-6.5751	0.4984	400.9090
BM2	0.2783	0.4430	-2.4249	0.4406	401.4074
BM3					401.8480
闭合差fh(mm)	1.0329	0.9480	-9.0000		401.8480
限差(mm)	平				

水准测量观测手簿 / 近似平差L / 近似平差n

(a) “近似平差L”选项卡的内容

单一水准路线近似平差计算(按测站数n平差)

点名	测站数n	高差h(m)	改正数V(mm)	h+V(m)	高程H(m)
BM1	6	0.5050	-5.4000	0.4996	400.9090
BM2	4	0.4430	-3.6000	0.4394	401.4086
BM3					401.8480
闭合差fh(mm)	10.0	0.9480	-9.0000		401.8480

水准测量观测手簿 / 近似平差L / 近似平差n

(b) “近似平差n”选项卡的内容

图 1-22　导出的 Excel 成果文件“近似平差 L”和“近似平差 n”选项卡的内容

1.3 中平测量

中平测量在《公路勘测规范》(JTJ C10—2007)[4]中称为中桩高程测量，测量结果用于绘制路线中线纵断面图，可采用水准测量、三角高程测量或 GNSS RTK 方法施测，并应起闭于路线高程控制点。《公路勘测规范》规定，高程应测至标志桩的底面，读数取位至 cm，其测量的精度指标应符合表 1-10 的规定。

表 1-10 中桩高程测量(中平测量)精度指数

公路等级	高差闭合差 f_h/mm	两次测量之差/cm
高速公路，一、二级公路	$\leqslant 30\sqrt{L}$	≤5
三级及三级以下公路	$\leqslant 50\sqrt{L}$	≤10

采用三角高程测定中桩高程时，每次测距应观测一测回 2 个读数，竖直角应观测一测回。采用 GNSS RTK 方法时，求解转换参数采用的高程控制点不应少于 4 个，且应涵盖整个中桩高程测量区域，流动站至最近高程控制点的距离不应大于 2 km，并应利用另外一个控制点进行检查，检查点的观测高程与理论值之差应小于表 1-10 中两次测量之差的 0.7 倍。

沿线需要特殊控制的建筑物、管线、铁路轨顶等，应按规定测出其高程，其两次测量之差应小于 2 cm。

1. 中平测量观测案例

如图 1-23 所示，水准仪安置在①站，后视水准点 BM05，读取后视尺视距 98.5 m，记入图 1-24 的 E6 单元(后视距)，读取中丝读数 1 521 mm，记入图 1-24 的 B6 单元(后视列)，计算①站视线高程为 $H_{i1}=H_{BM05}+a_1=26.834+1.521=28.355$ m，记入图 1-24 的 J6 单元。

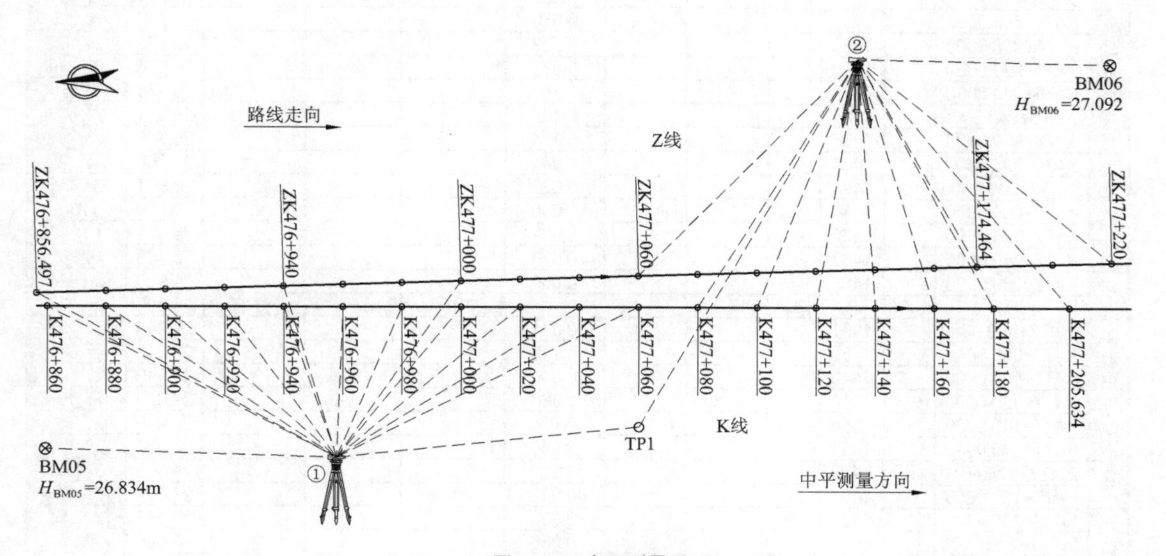

图 1-23 中平测量

中视标尺竖立在 K476+860 中桩地面，读取中丝读数 1 426 mm，记入图 1-24 的 C7 单元(中视列)，中视高差为 $h_1=1\ 521-1\ 426=95$ mm=0.095 m，记入图 1-24 的 G7 单元(中

视高差)；计算中视点高程为 $H_1=H_{BM05}+h_1=26.834+0.095=26.929$ m，记入图 1-24 的 K7 单元(高程列)。

同理，前视标尺分别竖立在 K476+880，K476+900，…，K477+060 等中桩地面，分别观测其中视读数，计算中视高差及其中视高程，记入图 1-24 的相应单元。

①站最后观测竖立在转点 TP1 的前视标尺，读取前视中丝读数 1 356 mm，记入图 1-24 的 D21 单元(前视列)，读取前视距 102.8 m，记入图 1-24 的 F21 单元(前视距)，计算①站转点高差为 $h_{BM05\text{-}TP1}=1\ 521-1\ 356=165$ mm $=0.165$ m，记入图 1-24 的 H21 单元(转点高差列)；TP1 点高程为 $H_{TP1}=H_{BM05}+h_{BM05\text{-}TP1}=26.834+0.165=26.999$ m，记入图 1-24 的 K21 单元(高程列)，①站观测完毕，仪器搬站至②站。

同理，②站先观测后视点 TP1，读取后视中丝读数 1 498 mm，记入图 1-24 的 B21 单元(后视列)，读取后视距 147.9 m，记入图 1-24 的 E21 单元(后视距)，计算②站视线高程为 $H_{i2}=H_{TP1}+a_2=26.999+1.498=28.497$ m，记入图 1-24 的 J21 单元(视线高程列)。

观测其余中视点的方法与①站相同，最后观测竖立在已知水准点 BM06 的前视标尺，读取中丝读数 1393 mm，记入图 1-24 的 D32 单元(前视列)，读取前视距 85.4 m，记入图 1-24 的 F32 单元(前视距)，计算②站高差为 $H_{TP1\text{-}BM06}=1\ 498-1\ 393=105$ mm $=0.105$ m，记入图 1-24 的 H32 单元(转点高差)；计算 BM06 点的高程为 $H'_{BM06}=H_{TP1}+h_{TP1\text{-}BM06}=26.999+0.105=27.104$ m，记入图 1-24 的 K32 单元(高程列)，②站观测完毕。

	A	B	C	D	E	F	G	H	I	J	K	L
1	中平测量观测手簿											
2	测自 BM05 至 BM06 日期：2020/09/17 开始时间：20:39:03 结束时间：20:49:07 天气：晴 成象：清晰											
3	仪器型号：DS3-Z 仪器编号：96076 观测者：王贵满 记录员：林培效											
4	点名或桩号	中丝读数/mm			后视距/m	前视距/m	中视高差/m	转点高差/m	改正数/mm	视线高程/m	高程/m	改后高程/m
5		后视	中视	前视								
6	BM05	1521			98.50					28.355	26.834	26.834
7	K476+860.0000		1426				0.095				26.929	26.923
8	ZK476+856.4970		1600				-0.079				26.755	26.749
9	K476+880.0000		1443				0.078				26.912	26.906
10	K476+900.0000		1482				0.039				26.873	26.867
11	K476+920.0000		1490				0.031				26.865	26.859
12	K476+940.0000		1379				0.142				26.976	26.970
13	ZK476+940.0000		1384				0.137				26.971	26.965
14	K476+960.0000		1367				0.154				26.988	26.982
15	K476+980.0000		1457				0.064				26.898	26.892
16	ZK477+000.0000		1494				0.027				26.861	26.855
17	K477+000.0000		1481				0.040				26.874	26.868
18	K477+020.0000		1439				0.082				26.916	26.910
19	K477+040.0000		1467				0.054				26.888	26.882
20	K477+060.0000		1455				0.066				26.900	26.894
21	TP1	1498		1356	147.900	102.80		0.165	-5.558	28.497	26.999	26.993
22	ZK477+060.0000		1457				0.041				27.040	27.028
23	K477+080.0000		1485				0.013				27.012	27.000
24	K477+100.0000		1449				0.049				27.048	27.036
25	K477+120.0000		1418				0.080				27.079	27.067
26	K477+140.0000		1558				-0.060				26.939	26.927
27	K477+160.0000		1450				0.048				27.047	27.035
28	ZK477+174.4640		1478				0.020				27.019	27.007
29	K477+180.0000		1438				0.060				27.059	27.047
30	K477+205.6340		1432				0.066				27.065	27.053
31	ZK477+220.0000		1412				0.086				27.085	27.073
32	BM06		限差	1393		85.40		0.105	-6.442		27.104	27.092
33	闭合差/mm	12	19.777	ΣL/m	246.400	188.200		ΣV/mm	-12	已知高程	27.092	

中平测量

图 1-24　中平测量观测手簿案例

2. 中平测量近似平差原理

(1) 计算中平测量闭合差

$$f_{\mathrm{h}}=H'_{\mathrm{BM06}}-H_{\mathrm{BM0}}=27.104-27.092=0.012\ \mathrm{m}=12\ \mathrm{mm}$$

记入图 1-24 的 B33 单元。图 1-24 只观测了 2 站，其中，①站视距长 $L_1=98.5+102.8=201.3$ m，②站视距长 $L_2=147.9+85.4=233.3$ m。两站后视距之和为 $L_{后}=98.5+147.9=246.4$ m，记入图 1-24 的 E33 单元；两站前视距之和为 $L_{前}=102.8+85.4=188.2$ m，记入图 1-24 的 F33 单元。两站路线长为 $\sum L=L_{后}+L_{前}=246.4+188.2=434.6$ m。

(2) 计算各站高差改正数

将高差闭合差 f_{h} 反号，根据路线长度按比例分配，其中，第 j 站高差改正数计算公式为

$$V_j=\frac{-f_{\mathrm{h}}}{\sum L}\times L_j \tag{1-1}$$

应用式(1-1)，计算①站高差改正数为

$$V_1=-12\times 201.3\div 434.6=-5.558\ \mathrm{mm}$$

结果记入图 1-24 的 I21 单元。②站高差改正为

$$V_2=-12\times 233.3\div 434.6=-6.442\ \mathrm{mm}$$

结果记入图 1-24 的 I32 单元。

(3) 计算中视点高程平差值

①站观测的中视点和前视点高程平差值计算公式为

$$\hat{H}_{①1}=H_{①1}+V_1/1\,000 \tag{1-2}$$

例如，中视点 K476+860 的高程平差值为

$$\hat{H}_{①1}=26.929+(-5.558/1\,000)=26.923\ \mathrm{m}$$

结果记入图 1-24 的 L7 单元；中视点 ZK476+856.497 的高程平差值为

$$\hat{H}_{①2}=26.755+(-5.558/1\,000)=26.749\ \mathrm{m}$$

结果记入图 1-24 的 L8 单元；前视点 TP1 的高程平差值为

$$\hat{H}_{\mathrm{TP1}}=26.999+(-5.558/1\,000)=26.993\ \mathrm{m}$$

结果记入图 1-24 的 L21 单元。

②站观测的中视点与前视点高程平差值计算公式为

$$\hat{H}_{②1}=H_{①1}+(V_1+V_2)/1\,000 \tag{1-3}$$

例如，中视点 ZK477＋060 的高程平差值为

$$\hat{H}_{②1}=27.04+(-5.558-6.442)/1\ 000=27.028\ \text{m}$$

结果记入图 1-24 的 L22 单元；中视点 K477＋080 的高程平差值为

$$\hat{H}_{②2}=27.012+(-5.558-6.442)/1\ 000=27.000\ \text{m}$$

结果记入图 1-24 的 L23 单元。前视点已知点 BM06 的高程平差值为

$$\hat{H}_{BM06}=27.104+(-5.558-6.442)/1\ 000=27.092\ \text{m}$$

结果记入图 1-24 的 L32 单元，它正好等于 BM06 水准点的已知高程，说明计算无误。

《公路勘测规范》规定，当路线中平测量的高差闭合差 f_h 满足表 1-10 的规定时，可以不分配高差闭合差，直接使用图 1-24 第 K 列的高程值作为中视点高程，但南方 MSMT 水准测量模块的中平测量程序，还是按式(1-1)，式(1-2)，式(1-3)计算中视点高程的平差值。

3. 中平测量案例

下面介绍输入图 1-24 所示两站中平测量观测数据的操作方法。在水准测量文件列表界面，点击 **新建文件** 按钮，在等级列表框选择中平测量，中平类型缺省设置为“高速/一、二级”，完成观测信息输入后[图 1-25(a)]，点击 **确定** 按钮，返回文件列表界面[图 1-25(b)]。点击最近新建的文件名，在弹出的快捷菜单点击“测量”命令[图 1-25(c)]，进入中平测量界面。

(1) 输入①站数据

输入①站起点名 BM05，起点高程 26.834 m，后视中丝读数 1 521 mm，后视距 98.5 m；输入 1 号中视中丝读数 1 426 mm，桩号 476 860 m，维持缺省设置 ◎中 单选框[图 1-25(d)]，点击 下一中视点 按钮存储当前中视数据，进入 2 号中视数据界面；输入 2 号中视中丝读数 1 600 mm，桩号 476 856.497 m，设置 ◎左 单选框[图 1-25(e)]，点击 下一中视点 按钮存储当前中视数据，进入 3 号中视数据界面。图 1-25(f)为输入①站 14 号中视中丝及其桩号界面，点击 下一中视点 按钮，在前视栏输入前视中丝读数 1 356，视距 102.8 m，前视点名使用缺省设置的 TP1，结果如图 1-25(g)所示；点击 保存搬站 按钮，结束①站观测，进入②站观测界面。

(2) 输入②站数据

输入②站后视中丝读数 1 498 mm，后视距 147.9 m；输入 1 号中视中丝读数 1 457 mm，桩号 477 060 m，设置 ◎左 单选框[图 1-25(h)]，点击 下一中视点 按钮存储当前中视数据，进入 2 号中视数据界面。输入 2 号中视中丝读数 1 485 mm，桩号 477 080 m，设置 ◎中 单选框[图 1-25(i)]，点击 下一中视点 按钮存储当前中视数据，进入 3 号中视数据界面。图 1-25(j)为输入②站 10 号中视中丝及其桩号界面，设置 ◎左 单选框，点击 下一中视点 按钮，在前视栏输入前视中丝读数 1 393，视距 85.4 m，前视点名 BM06，已知测段终点高程 27.092 m，界面如图 1-25(k)所示；点击 结束观测 按钮，结束水准测段观测，返回文件列表界面[图 1-25(l)]。图 1-24 为导出该观测文件 Excel 成果文件内容。

图 1-25　新建中平测量文件，执行测量命令，输入图 1-24 所示两站中平测量观测数据

1.4　水平角观测

水平角观测程序设置有测回法与方向观测法两种，为适应导线测量的观测需求，两种方法均可以观测觇点的平距。水平角观测程序是按全站仪水平盘为右旋角设计的，等价于水

平盘为顺时针注记，这也是南方 NTS-362LNB 系列全站仪的出厂设置。观测前，用户应确认全站仪水平盘为右旋角。水平角与平距观测数据可以手工输入，也可以手机连接全站仪蓝牙，由手机蓝牙启动全站仪测量，并自动提取观测数据。

1. 测回法

(1) 新建测回法水平角观测文件

在项目主菜单[图 1-26(a)]，点击 **水平角观测** 按钮，进入水平角观测文件列表界面[图 1-26(b)]；点击 **新建文件** 按钮，弹出“新建水平角观测文件”对话框，输入测站点名 E304，文件名由系统按“测站点名＋测量方法＋日期_序号”自动生成，设置觇点数为 4，观测方法使用缺省设置的“测回法”，输入其余观测信息[图 1-26(c)]，点击 **确定** 按钮，返回文件列表界面[图 1-26(d)]，系统生成 4 个觇点的测回法观测表格。

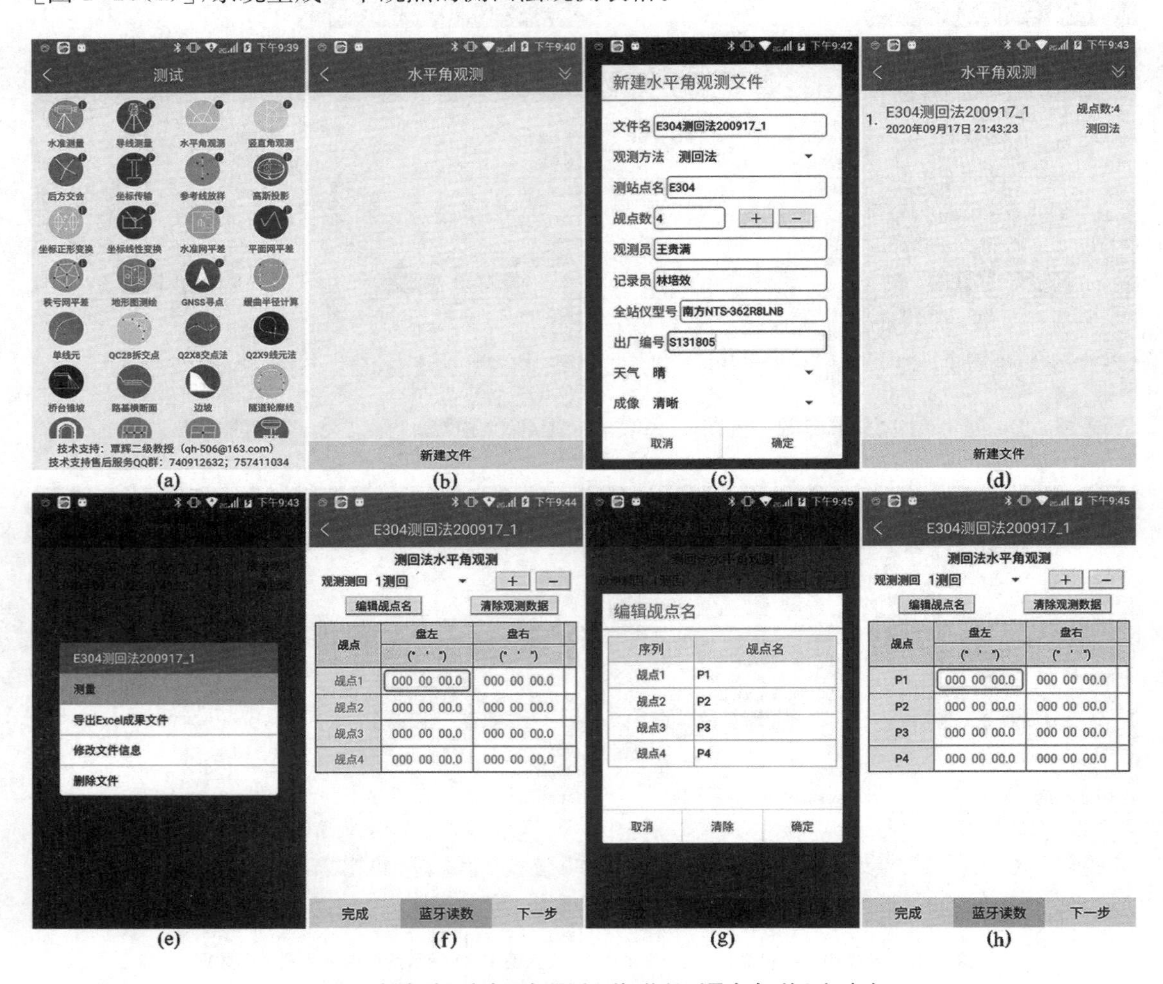

图 1-26　新建测回法水平角观测文件，执行测量命令，输入觇点名

(2) 执行测量命令

点击最近新建的文件名，在弹出的快捷菜单点击“测量”命令[图 1-26(e)]，进入测回法水平角 1 测回观测界面[图 1-26(f)]；点击 **编辑觇点名** 按钮，输入 4 个觇点名[图 1-26(g)]，点击 **确定** 按钮返回观测界面[图 1-26(h)]。

① 蓝牙连接全站仪

点击粉红色**蓝牙读数**按钮，进入“蓝牙连接全站仪”界面[图 1-27(a)]，点击**关闭**按钮关

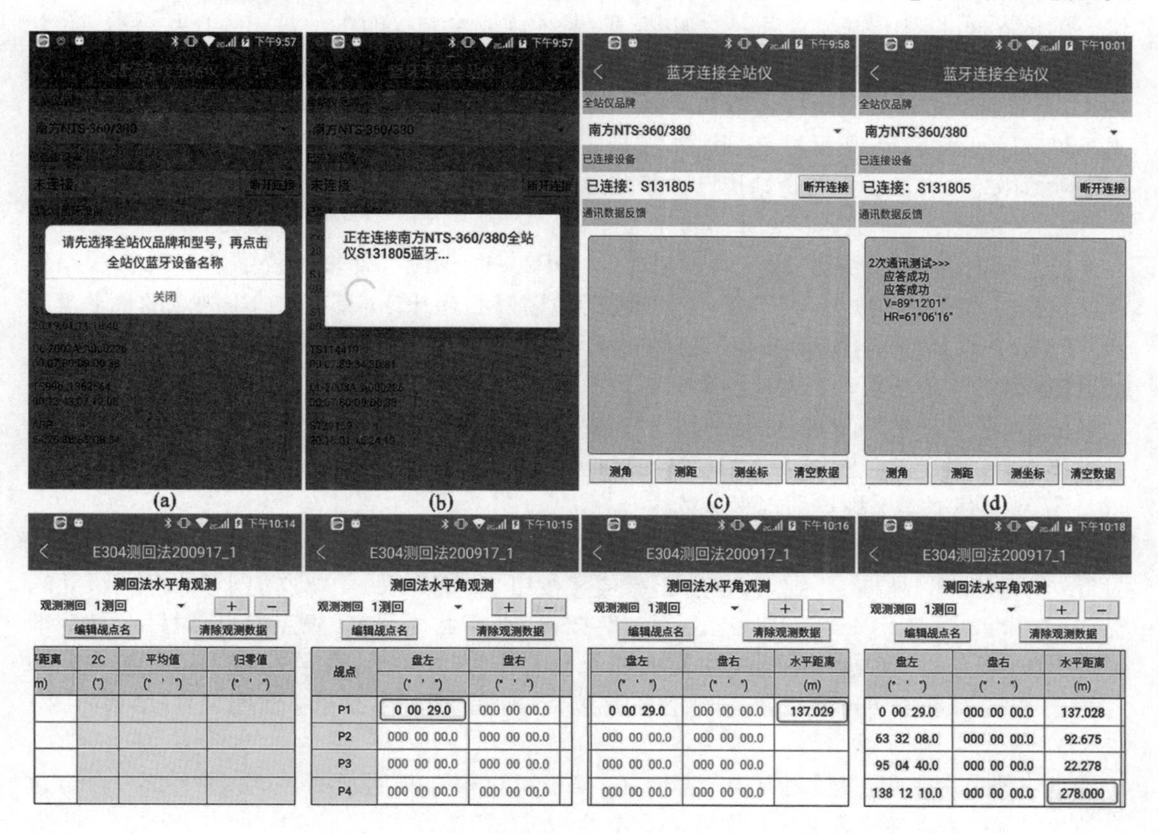

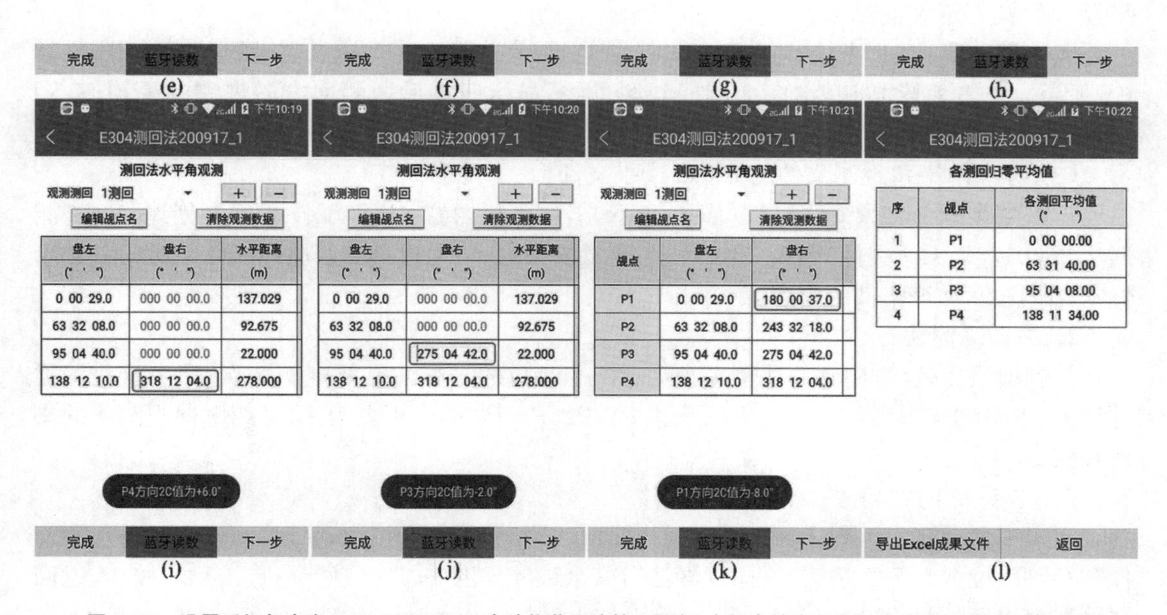

图 1-27 设置手机与南方 NTS-362R8LNB 全站仪蓝牙连接，观测 4 个觇点的水平方向值及其平距(第 1 测回)

闭提示框，缺省设置的全站仪品牌及型号为“南方NTS-360/380”，点击出厂号为S131805的全站仪，启动手机与南方 NTS-362R8LNB 全站仪蓝牙连接[图 1-27(b)]；完成蓝牙连接后，进入测量界面[图 1-27(c)]，点击 测角 按钮，蓝牙读取全站仪的水平盘和竖直盘读数[图 1-27(d)]，或点击 测距 按钮，蓝牙启动全站仪测距并读取两个读数及距离读数，或点击 测坐标 按钮，蓝牙启动全站仪测距并读取碎部点三维坐标。点击标题栏左侧的 < 按钮或点击手机退出键，返回水平角观测界面[图 1-27(e)]，此时，粉红色 蓝牙读数 按钮变成了蓝色 蓝牙读数 按钮，表示手机与全站仪已处于蓝牙连接状态。

② 盘左观测 4 个觇点的水平盘读数及平距

盘左顺时针转动照转部的观测顺序为 P1→P2→P3→P4。使全站仪瞄准 P1 觇点，操作全站仪配置水平盘读数为 0°00′30″，点击 蓝牙读数 按钮，蓝牙读取零方向 P1 觇点的水平盘读数[图 1-27(f)]，点击 下一步 按钮，光标右移至 P1 平距栏，确认望远镜已瞄准棱镜中心，点击 蓝牙读数 按钮，蓝牙启动全站仪测距并提取平距值；顺时针转动照准部，瞄准 P2 觇点，重复上述操作，直至完成 P4 觇点的水平盘读数与平距观测，点击 下一步 按钮，结束盘左观测，光标左移至 P4 觇点盘右栏。

③ 盘右观测 4 个觇点的水平盘读数

盘右逆时针转动照准部的观测顺序为 P4→P3→P2→P1。纵转望远镜至盘右位置，逆时针转动照准部，瞄准 P4 觇点，点击 蓝牙读数 按钮，蓝牙读取 P4 觇点的水平盘读数，并闪显该方向的 $2C$ 值[图 1-27(i)]；点击 下一步 按钮，光标上移至 P3 觇点栏；逆时针转动照准部，使望远镜瞄准 P3 觇点标志，重复上述操作[图 1-27(j)]，直至完成 P1 觇点的观测[图 1-27(k)]，点击 下一步 按钮，结束盘右观测，点击 完成 按钮，结束 1 测回观测，结果如图 1-27(l)所示。

点击 返回 按钮返回观测界面，点击 + 按钮新建第 2 测回观测界面[图 1-28(a)]，置全站仪于盘左位置，瞄准 P1 觇点，操作全站仪配置水平盘读数为 90°00′30″，点击 蓝牙读数 按钮，蓝牙读取零方向 P1 觇点的水平盘读数，图 1-28(c)为完成盘左 4 个觇点水平盘读数及平距观测结果。

点击 下一步 按钮，光标右移至盘右 P4 觇点栏，完成盘右 4 个觇点观测的界面，如图 1-28(d)所示。点击 完成 按钮，结束 2 测回观测，屏幕显示归零后两测回方向观测的平均值[图 1-28(e)]。

(3) 导出水平角观测文件的 Excel 成果文件

点击 导出Excel成果文件 按钮[图 1-28(e)]，在手机内置 SD 卡工作文件夹创建“E304 测回法 200917_1. xls”文件[图 1-28(f)]，点击 发送 按钮，可通过移动互联网 QQ 或微信发送给好友，图 1-29 为该文件的内容。

2. 方向观测法

与测回法比较，方向观测法盘左和盘右两个盘位的零方向需要观测 2 次，两个盘位均需计算上、下半测回归零差。下面仍以上述 P1，P2，P3，P4 四个觇点为例，介绍方向观测法的操作步骤。

(1) 新建方向观测法水平角观测文件

在水平角观测文件列表界面[图 1-30(a)]，点击 新建文件 按钮，弹出“新建水平角观测文件”对话框，设置观测方法为“方向观测法”，其余设置如图 1-30(b)所示；点击 确定 按钮，返回文件列表界面[图 1-30(c)]。

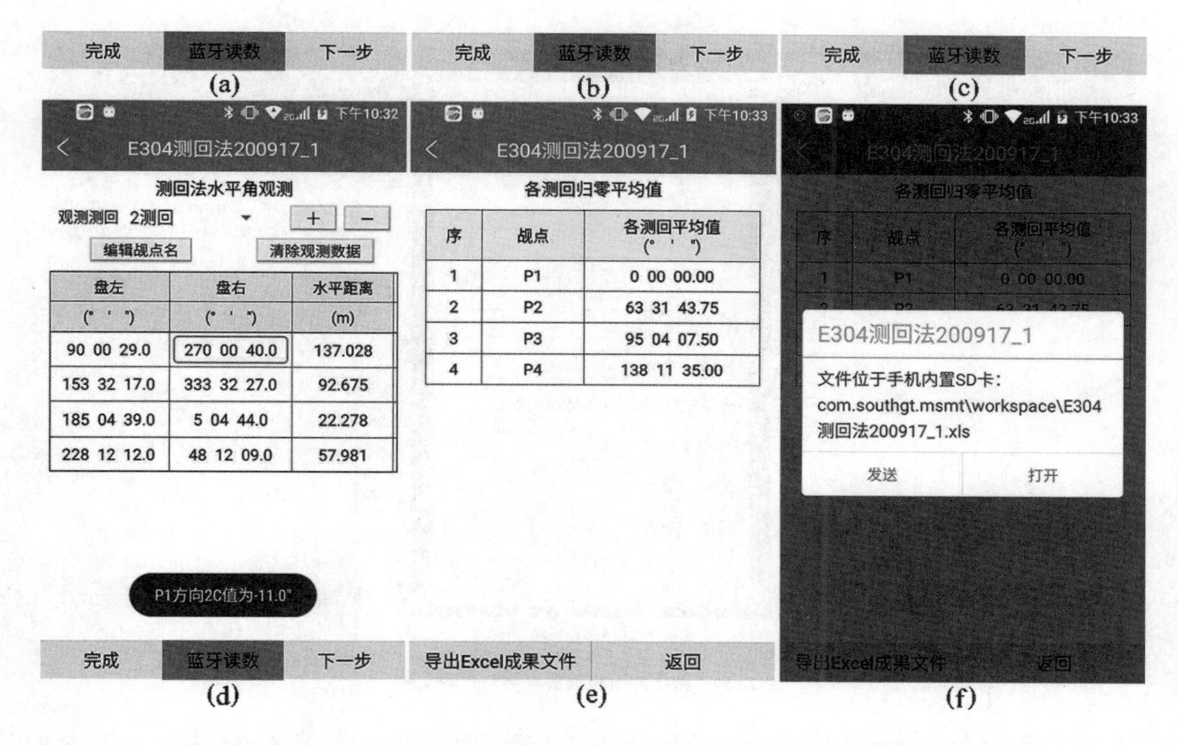

图 1-28　蓝牙启动南方 NTS-362R8LNB 全站仪观测 4 个觇点的水平方向值及其平距(第 2 测回)并导出 Excel 文件

(2) 执行测量命令

点击最近新建的文件名,在弹出的快捷菜单点击“测量”命令[图 1-31(a)],进入方向观测法水平角第 1 测回观测界面[图 1-31(b)];点击 编辑觇点名 按钮,在弹出的“编辑觇点名”对话框中输入 4 个觇点名[图 1-31(c)],点击 **确定** 按钮返回观测界面[图 1-31(d)]。

图 1-31(e)为顺时针转动照准部,按 P1→P2→P3→P4→P1 的顺序盘左观测水平盘读数及平距结果,图 1-31(f)为逆时针转动照准部,按 P1→P4→P3→P2→P1 的顺序盘右观测水平盘读数及平距结果。点击 **完成** 按钮,结束第 1 测回观测,结果如图 1-31(h)所示。

测回法水平角观测手簿								
测站点名：E304　观测员：王贵满　记录员：林培效　观测日期：2020年09月17日								
全站仪型号：南方NTS-362R8LNB　出厂编号：S131805　天气：晴　成像：清晰								
测回数	觇点	盘左	盘右	水平距离	2C	平均值	归零值	各测回平均值
		(° ′ ″)	(° ′ ″)	(m)	(″)	(° ′ ″)	(° ′ ″)	(° ′ ″)
1测回	P1	0 00 29.00	180 00 37.00	137.029	-8.0	0 00 33.00	0 00 00.00	
	P2	63 32 08.00	243 32 18.00	92.675	-10.0	63 32 13.00	63 31 40.00	
	P3	95 04 40.00	275 04 42.00	22.000	-2.0	95 04 41.00	95 04 08.00	
	P4	138 12 10.00	318 12 04.00	278.000	+6.0	138 12 07.00	138 11 34.00	
2测回	P1	90 00 29.00	270 00 40.00	137.028	-11.0	90 00 34.50	0 00 00.00	0 00 00.00
	P2	153 32 17.00	333 32 27.00	92.675	-10.0	153 32 22.00	63 31 47.50	63 31 43.75
	P3	185 04 39.00	5 04 44.00	22.278	-5.0	185 04 41.50	95 04 07.00	95 04 07.50
	P4	228 12 12.00	48 12 09.00	57.981	+3.0	228 12 10.50	138 11 36.00	138 11 35.00

水平角观测手簿

图 1-29　导出 Excel 成果文件“水平角观测手簿”选项卡的内容

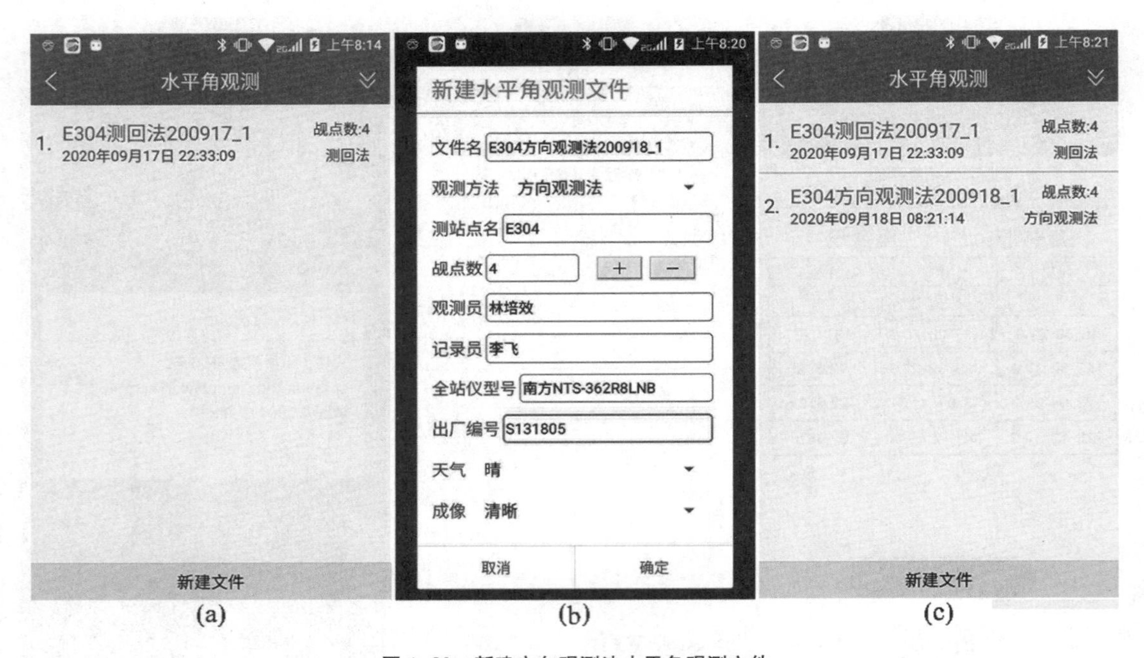

图 1-30　新建方向观测法水平角观测文件

点击**返回**按钮返回观测界面，点击 + 按钮新建第 2 测回观测界面。置全站仪为盘左位置，瞄准 P1 觇点，在全站仪配置水平盘读数为 90°00′30″，点击**蓝牙读数**按钮，蓝牙读取零方向 P1 觇点的水平盘读数，图 1-31(i) 为盘左完成 4 个觇点水平盘读数及平距观测结果，图 1-31(j) 为盘右完成 4 个觇点的水平盘读数。点击**完成**按钮，结束第 2 测回观测，结果如图 1-31(l)所示。

图 1-31　蓝牙启动南方 NTS-362R8LNB 全站仪观测 4 个觇点的水平方向值及其平距 2 个测回

(3) 导出水平角观测的 Excel 成果文件

点击 **导出Excel成果文件** 按钮[图 1-31(l)]，在手机内置 SD 卡工作文件夹创建“E304 方向观测法 200918_ 1.xls”文件，图 1-32 为该文件的内容。

	A	B	C	D	E	F	G	H	I
1	方向观测法水平角观测手簿								
2	测站点名：E304 观测员：林培效 记录员：李飞 观测日期：2020年09月18日								
3	全站仪型号：南方NTS-362R8LNB 出厂编号：S131805 天气：晴 成像：清晰								
4	测回数	觇点	盘左	盘右	水平距离	2C	平均值	归零值	各测回平均值
5			(° ' ")	(° ' ")	(m)	(")	(° ' ")	(° ' ")	(° ' ")
6	1测回		△L=0	△R+3.0			0 00 25.250		
7		P1	0 00 27.00	180 00 25.00	137.027	+2.0	0 00 26.00	0 00 00.00	
8		P2	63 32 08.00	243 32 07.00	92.674	+1.0	63 32 07.50	63 31 42.25	
9		P3	95 04 36.00	275 04 32.00	22.277	+4.0	95 04 34.00	95 04 08.75	
10		P4	138 12 08.00	318 12 05.00	57.982	+3.0	138 12 06.50	138 11 41.25	
11		P1	0 00 27.00	180 00 22.00	137.027	+5.0	0 00 24.50		
12	2测回		△L+3.0	△R+2.0			90 00 25.250		
13		P1	90 00 24.00	270 00 26.00	137.027	-2.0	90 00 25.00	0 00 00.00	0 00 00.00
14		P2	153 32 10.00	333 32 05.00	92.673	+5.0	153 32 07.50	63 31 42.25	63 31 42.25
15		P3	185 04 32.00	5 04 32.00	22.277	0	185 04 32.00	95 04 06.75	95 04 07.75
16		P4	228 12 07.00	48 12 03.00	57.983	+4.0	228 12 05.00	138 11 39.75	138 11 40.50
17		P1	90 00 27.00	270 00 24.00	137.027	+3.0	90 00 25.50		

水平角观测手簿

图 1-32 导出 Excel 成果文件“水平角观测手簿”选项卡的内容

1.5 竖直角观测

竖直角观测程序只能使用中丝法，因为市售很多全站仪的望远镜十字丝分划板已不再设置上、下丝，无法使用三丝法观测，用户应输入仪器高和每个觇点的觇标高，如果观测了平距，导出的 Excel 成果文件自动计算测站至各觇点的三角高差(图 1-35)。

竖直角观测程序是按全站仪竖盘读数为天顶零设计的，这也是南方 NTS-362LNB 系列全站仪的出厂设置，观测前，请用户确认全站仪竖盘读数为天顶零。竖直角观测数据，可以手工输入，也可以设置手机与全站仪蓝牙连接，通过蓝牙启动全站仪测量，并自动提取观测数据。

(1) 新建竖直角观测文件

在项目主菜单[图 1-33(a)]，点击 **竖直角观测** 按钮，进入竖直角观测文件列表界面[图 1-33(b)]；点击 **新建文件** 按钮，弹出“新建竖直角观测文件”对话框，系统自动生成文件名，命名规则为“测站点名＋竖直角＋日期_序号”，设置 4 个觇点；点击 **确定** 按钮，返回文件列表界面[图 1-33(d)]，系统已生成 4 个觇点的竖直角观测表格。

(2) 执行测量命令

点击最近新建的文件名，在弹出的快捷菜单点击“测量”命令[图 1-34(a)]，进入竖直角第 1 测回观测界面[图 1-34(b)]；点击 **编辑觇点名** 按钮，在弹出的“觇点名觇高”对话框中输入 4 个觇点名及其觇标高[图 1-34(c)]，点击 **确定** 按钮，返回观测界面。

使全站仪望远镜瞄准 P1 点棱镜，点击 **蓝牙读数** 按钮读取竖盘读数，点击 **下一步** 按钮，光标右移至 P1 平距栏，确认望远镜已瞄准棱镜中心，点击 **蓝牙读数** 按钮，蓝牙启动全站仪测距并读取平距值；瞄准 P2 觇点，重复上述操作，直至完成 P4 觇点的竖盘读数与平距观测，

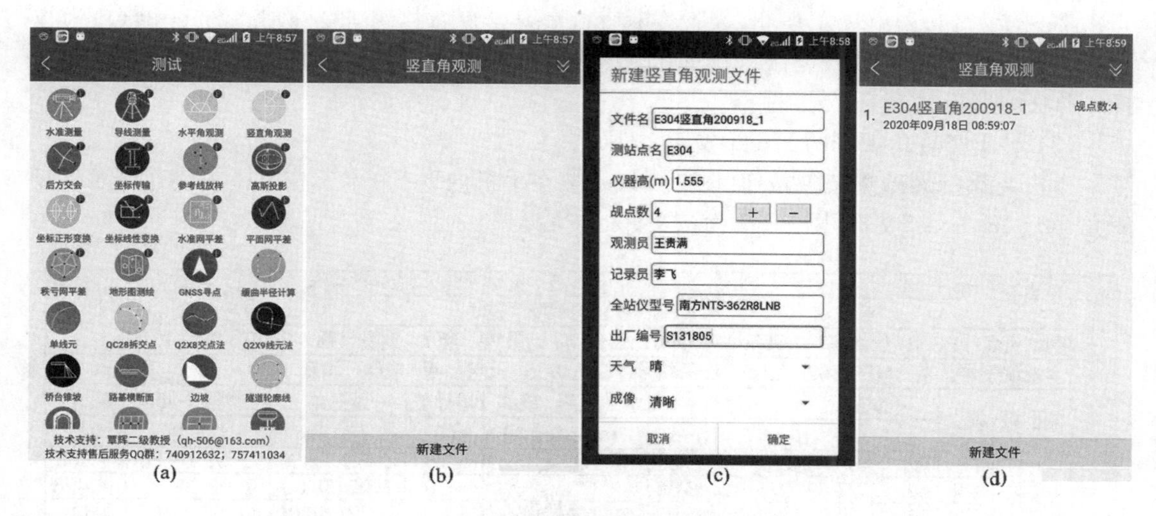

图 1-33　新建竖直角观测文件

图 1-34　蓝牙启动南方 NTS-362R8LNB 全站仪观测 4 个觇点的竖盘读数及其平距 1 测回

点击**下一步**按钮,结束盘左观测,光标左移至 P4 觇点盘右栏[1-34(e)]。图 1-34(f)为按 P4→P3→P2→P1 的顺序盘右观测竖盘读数结果,点击**完成**按钮,结束第 1 测回观测,结果如图 1-34(h)所示。

(3) 导出竖直角观测的 Excel 成果文件

点击**导出Excel成果文件**按钮[图 1-34(g)],在手机内置 SD 卡工作文件夹创建“E304 竖直角 200918_1.xls”文件,图 1-35 为该文件的内容。

	A	B	C	D	E	F	G	H	I	J
1	竖直角观测手簿									
2	测站点名:E304 仪器高:1.555m 观测员:王贵满 记录员:李飞 观测日期:2020年09月18日									
3	全站仪型号:南方NTS-362R8LNB 出厂编号:S131805 天气:晴 成像:清晰									
4	测回数	觇点	盘左	盘右	水平距离	觇高	指标差	竖直角	各测回平均值	高差
5			(° ' ")	(° ' ")	(m)	(m)	(")	(° ' ")	(° ' ")	(m)
6	1测回	P1	92 53 08.00	267 07 03.00	137.027	1.720	+5.5	-2 53 02.50	-2 53 02.50	-7.068
7		P2	82 57 27.00	277 02 43.00	92.673	1.580	+5.0	7 02 38.00	7 02 38.00	11.426
8		P3	78 00 25.00	281 59 45.00	22.277	1.650	+5.0	11 59 40.00	11 59 40.00	4.638
9		P4	85 18 23.00	274 41 50.00	57.981	1.760	+6.5	4 41 43.50	4 41 43.50	4.557

竖直角观测手簿

图 1-35 导出 Excel 成果文件“竖直角观测手簿”选项卡的内容

1.6 后方交会

后方交会也称自由设站,有角度后方交会、边角后方交会及测边后方交会三种,前两种后方交会因同时读取全站仪的竖盘读数,输入仪器高和觇标高,可以计算测站点的高程。将仪器安置在未知点上,角度后方交会至少应观测三个已知觇点的水平盘和竖盘读数,才能计算出测站点的三维坐标;边角后方交会至少应观测两个已知觇点的水平盘、竖盘及平距读数,才能计算出测站点的三维坐标;测边后方交会至少应观测两个已知觇点的平距读数,才能计算出测站点的平面坐标。

使用南方 MSMT 的后方交会程序,要求全站仪水平盘应设置为右旋角(等价于水平盘顺时针注记),竖盘应设置为天顶零,观测时,全站仪望远镜应为盘左位置。

1. 角度后方交会

如图 1-36 所示,角度后方交会是在任意未知点 P 安置全站仪,观测 A, B, C 三个已知点方向的水平盘读数 L_A, L_B, L_C,竖盘读数 V_A, V_B, V_C,计算出水平夹角 α, β, γ,就可以唯一确定测站点 P 的三维坐标。

称不在一条直线上的三个已知点 A, B, C 构成的圆为危险圆,当 P 点位于危险圆上时,无法计算 P 点的坐标。因此,在选定 P 点时,应避免使其位于危险圆上。

(1) 测站点平面坐标计算原理

后方交会的计算公式有多种,推导过程也比较复杂,下面只给出适合于编程计算的公式。

如图 1-36 所示,设由 A, B, C 三个已知点构成的三角形的内角分别为$\angle A$, $\angle B$, $\angle C$,在 P 点对 A, B, C 三点观测的水平方向值分别为 L_A, L_B, L_C,构成的三个水平角 α, β, γ 的计算公式为

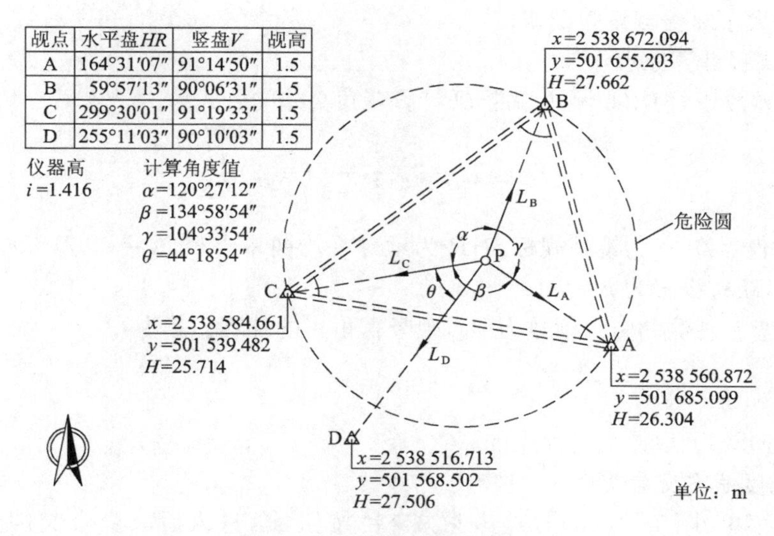

图 1-36　角度后方交会观测略图

$$\left.\begin{aligned}\alpha&=L_{\mathrm{B}}-L_{\mathrm{C}}\\\beta&=L_{\mathrm{C}}-L_{\mathrm{A}}\\\gamma&=L_{\mathrm{A}}-L_{\mathrm{B}}\end{aligned}\right\}\tag{1-4}$$

设 A，B，C 三个已知点的平面坐标分别为$(x_{\mathrm{A}},\ y_{\mathrm{A}})$，$(x_{\mathrm{B}},\ y_{\mathrm{B}})$，$(x_{\mathrm{C}},\ y_{\mathrm{C}})$，令

$$\left.\begin{aligned}P_{\mathrm{A}}&=\frac{1}{\cot\angle A-\cot\alpha}=\frac{\tan\alpha\tan\angle A}{\tan\alpha-\tan\angle A}\\P_{\mathrm{B}}&=\frac{1}{\cot\angle B-\cot\beta}=\frac{\tan\beta\tan\angle B}{\tan\beta-\tan\angle B}\\P_{\mathrm{C}}&=\frac{1}{\cot\angle C-\cot\gamma}=\frac{\tan\gamma\tan\angle C}{\tan\gamma-\tan\angle C}\end{aligned}\right\}\tag{1-5}$$

则测站点 P 的坐标计算公式为

$$\left.\begin{aligned}x_{\mathrm{P}}&=\frac{P_{\mathrm{A}}x_{\mathrm{A}}+P_{\mathrm{B}}x_{\mathrm{B}}+P_{\mathrm{C}}x_{\mathrm{C}}}{P_{\mathrm{A}}+P_{\mathrm{B}}+P_{\mathrm{C}}}\\y_{\mathrm{P}}&=\frac{P_{\mathrm{A}}y_{\mathrm{A}}+P_{\mathrm{B}}y_{\mathrm{B}}+P_{\mathrm{C}}y_{\mathrm{C}}}{P_{\mathrm{A}}+P_{\mathrm{B}}+P_{\mathrm{C}}}\end{aligned}\right\}\tag{1-6}$$

如果将 P_{A}，P_{B}，P_{C} 看作是三个已知点 A，B，C 的权，则待定点 P 的坐标就是三个已知点坐标的加权平均值。

(2) 检核计算

求出 P 点的坐标后，设用坐标反算出 P 点分别至 C，D 点的方位角为 α_{PC}，α_{PD}，则 θ 角的计算值与观测值之差为

$$\left.\begin{aligned}\theta&=L_{\mathrm{C}}-L_{\mathrm{D}}\\\Delta\theta&=\theta-(\alpha_{\mathrm{PC}}-\alpha_{\mathrm{PD}})\end{aligned}\right\}\tag{1-7}$$

其中，$\Delta\theta$ 不应大于 2 倍测角中误差。

(3) 三角高程计算原理

顾及球气差改正，使用观测边平距 D 计算三角高差的公式为

$$h = D\tan\alpha + i - v + (1-k)\frac{D^2}{2R} \tag{1-8}$$

式中，i 为测站仪器高；v 为镜站觇标高；R 为地球平均曲率半径，$R=6\ 371\ 000$ m；k 为大气垂直折光系数，缺省设置为 $k=0.14$。

设全站仪盘左观测的竖盘读数为 V_L，则竖直角 α 的计算公式为

$$\alpha = 90^\circ - V_L \tag{1-9}$$

(4) 南方 MSMT 后方交会程序计算

① 新建角度后方交会文件

在项目主菜单[图 1-37(a)]，点击 **后方交会** 按钮，进入后方交会文件列表界面；点击 **新建文件** 按钮，弹出“新建后方交会观测文件”对话框，缺省设置为“角度后交”，输入后方交会测量信息[图 1-37(b)]，点击 **确定** 按钮，返回文件列表界面[图 1-37(c)]。

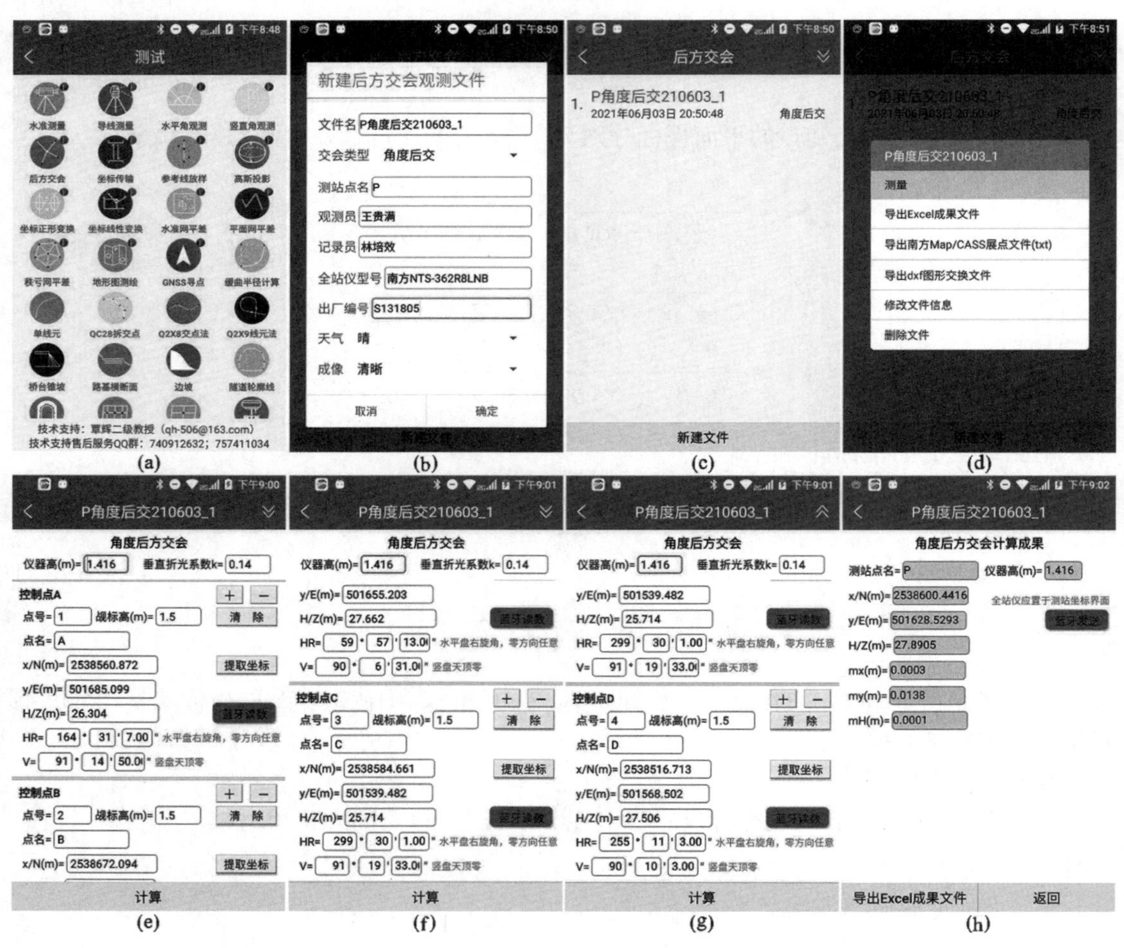

图 1-37　新建角度后方交会观测文件，执行文件的“测量”命令，计算测站点三维坐标

② 执行测量命令

点击最近新建的文件名，在弹出的快捷菜单点击“测量”命令[图 1-37(d)]，进入角度后方交会观测界面。输入测站仪器高 1.416m，大气垂直折光系数 k 使用缺省值 0.14。使全站仪望远镜瞄准已知点 A，输入 A 点的觇标高及三维坐标，点击 蓝牙读数 按钮，读取全站仪水平盘及竖盘值；同理，分别瞄准已知点 B，C，输入觇标高及三维坐标并观测。点击控制点 C 数据栏的 + 按钮新增控制点 D 数据栏，同理，瞄准已知点 D，输入觇标高及三维坐标并观测，观测 A，B，C，D 点的结果如图 1-37(e)—(g)所示。点击 **计算** 按钮，结果如图 1-37(h)所示。

如果用户使用南方 NTS-362LNB 系列全站仪观测，完成后方交会测站点坐标计算后，在全站仪坐标模式 P2 页功能菜单按 F3 (设站)键进入测站点坐标界面，在手机点击 蓝牙发送 按钮[图 1-37(h)]可发送计算出的角度后方交会点三维坐标到全站仪的测站点坐标界面。

角度后方交会只需要观测 A，B，C 三个已知点的水平盘读数，就可以采用式(1-6)计算出测站点 P 的平面坐标。当观测了第四个已知点的水平盘读数时，应用 B，C，D 点的观测数据又可以计算出一个测站点 P 的坐标，程序将测站点 P 的两个坐标取平均作为测站点 P 的最终坐标，m_x 与 m_y 为两次计算出的测站坐标标准差。

③ 导出 Excel 成果文件

点击 导出Excel成果文件 按钮[图 1-37(h)]，在手机内置 SD 卡工作文件夹导出“P 角度后交 210603_1.xls”文件，图 1-38 为该文件的内容。

角度后方交会观测手簿与计算成果

测站点名:P 观测员:王贵满 记录员:林培效 仪器高:1.416m 垂直折光系数:0.14 观测日期:2021年06月03日

全站仪型号：南方NTS-362R8LNB 出厂编号：S131805 天气：晴 成像：清晰

觇点	觇点已知坐标			水平盘读数	竖盘读数	觇标高	测站点坐标		测站点坐标差	
	x(m)	y(m)	H(m)	(° ′ ″)	(° ′ ″)	(m)				
A	2538560.872	501685.099	26.304	164 31 07	91 14 50	1.500	x(m)	2538600.4416	mx(m)	0.0003
B	2538672.094	501655.203	27.662	59 57 13	90 06 31	1.500	y(m)	501628.5293	my(m)	0.0138
C	2538584.661	501539.482	25.714	299 30 01	91 19 33	1.500	H(m)	27.8905	mH(m)	0.0001
D	2538516.713	501568.502	27.506	255 11 03	90 10 03	1.500				

角度后方交会观测手簿

图 1-38 导出的 Excel 成果文件“角度后方交会观测手簿”选项卡的内容

2. 边角后方交会

如图 1-39 所示，边角后方交会至少需要观测两个已知点的水平盘、竖盘及平距值，它要求在两个已知点安置棱镜，使用全站仪分别测量其水平盘、竖盘及平距值，即可求出测站点的三维坐标。边角后方交会需要观测两个或两个以上已知点，不存在危险圆，但选择两个已知点 A，B 时，应尽量避免测站点 P 位于直线 AB 上。

(1) 测站点平面坐标计算原理

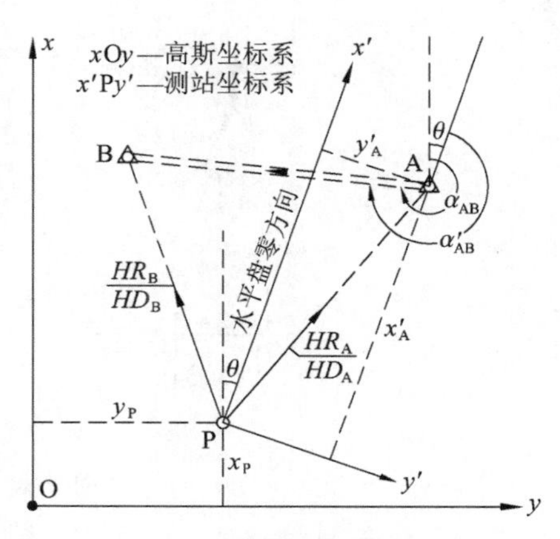

图 1-39 边角后方交会测站坐标系与高斯坐标系的线性变换原理

本节内容取自文献[5]。如图 1-39 所示，设全站仪安置在任意未知点 P，观测已知点 A 的棱镜，其水平盘读数为 HR_A，平距为 HD_A；观测已知点 B 的棱镜，

其水平盘读数为 HR_{B}，平距为 HD_{B}。本节使用复数坐标变换方法推导边角后方交会测站点平面坐标计算公式。

以测站点 P 为原点，设全站仪水平盘零方向为 x' 轴，由 x' 轴方向顺时针（右旋）旋转 90° 为 y' 轴，称 $x'Py'$ 坐标系为测站坐标系。HR_{A} 为 PA 边在测站坐标系的方位角，HR_{B} 为 PB 边在测站坐标系的方位角，则 A，B 两点在测站坐标系的坐标复数为

$$\left.\begin{aligned} z'_{A} &= HD_{A}\angle HR_{A} \\ z'_{B} &= HD_{B}\angle HR_{B} \end{aligned}\right\} \tag{1-10}$$

设由 A，B 两点的高斯坐标反算出其平距为 D_{AB}，坐标方位角为 α_{AB}；由 A，B 两点的测站坐标反算出其平距为 D'_{AB}，方位角为 α'_{AB}，则测站坐标系与高斯坐标系的尺度参数 k 与旋转参数 θ 为

$$\left.\begin{aligned} k &= \frac{D_{AB}}{D'_{AB}} \\ \theta &= \alpha_{AB} - \alpha'_{AB} \end{aligned}\right\} \tag{1-11}$$

由图 1-39 可知，旋转参数 θ 的几何意义为 x' 轴（全站仪水平盘零方向）在高斯坐标系的方位角，则测站坐标系变换为高斯坐标系的旋转尺度复数 z_{θ} 为

$$z_{\theta} = k\angle\theta \tag{1-12}$$

设测站点 P 的高斯坐标复数为 $z_{P} = x_{P} + y_{P}\mathrm{i}$，已知点 A 的高斯坐标复数为 $z_{A} = x_{A} + y_{A}\mathrm{i}$，根据复数定理，应有下式成立：

$$z_{A} = z_{P} + z_{\theta}z'_{A} \tag{1-13}$$

变换式(1-13)，求得测站点 P 的平面坐标复数为

$$z_{P} = z_{A} - z_{\theta}z'_{A} \tag{1-14}$$

(2) 使用卡西欧 fx-5800P 工程机计算边角后方交会案例

如图 1-40 所示，在任意未知点 P 安置全站仪，在已知点 A，B 安置棱镜，盘左观测了 A，B 点的水平盘读数及其平距（标于图中），使用 fx-5800P 工程机计算测站点 P 的平面坐标方法如下。

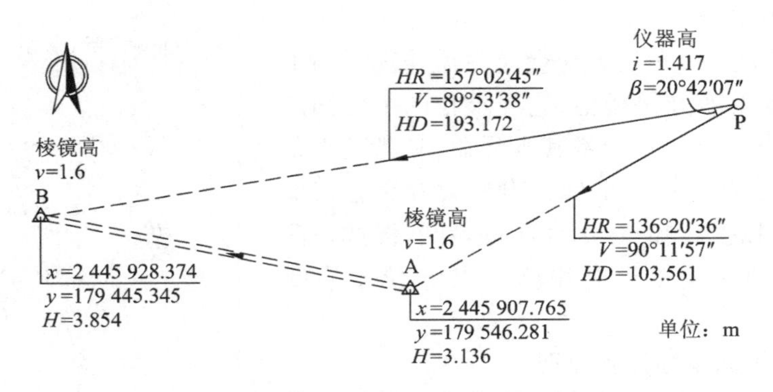

图 1-40　两个方向边角后方交会观测略图

① 按 SHIFT SETUP 3 键，设置角度单位为十进制度，屏幕状态栏显示 D。

② 存已知点 A 的高斯坐标复数到变量 A[图 1-41(a)]，存已知点 B 的高斯坐标复数到变量 B[图 1-41(b)]。

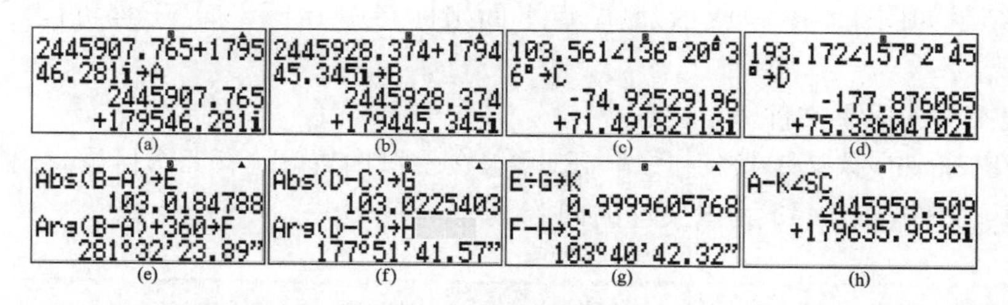

图 1-41　使用 fx-5800P 工程机复数功能计算边角后方交会测站点 P 平面坐标复数

③ 应用式(1-8)的第一式计算 A 点测站坐标复数并存入变量 C[图 1-41(c)]，应用式(1-8)的第二式计算 B 点测站坐标复数并存入变量 D[图 1-41(d)]。

④ 计算 A→B 点高斯坐标平距 D_{AB} 并存入变量 E，计算 A→B 点高斯坐标方位角 α_{AB} 并存入变量 F[图 1-41(e)]；计算 A→B 点测站坐标平距 D'_{AB} 并存入变量 G，计算 A→B 点测站坐标方位角 α'_{AB} 并存入变量 H[图 1-41(f)]。

⑤ 应用式(1-9)的第一式计算两个坐标系的尺度参数 k 并存入变量 K，应用式(1-9)的第二式计算两个坐标系的旋转参数 θ 并存入变量 S[图 1-41(g)]；应用式(1-14)计算测站点的平面坐标[图 1-41(h)]。

(3) 使用南方 MSMT 后方交会程序计算

① 新建边角后方交会文件

在后方交会文件列表界面，点击 **新建文件** 按钮，弹出“新建后方交会观测文件”对话框，交会类型选择“边角后交”，输入后方交会测量信息[图 1-42(a)]，点击 **确定** 按钮，返回文件列表界面[图 1-42(b)]。

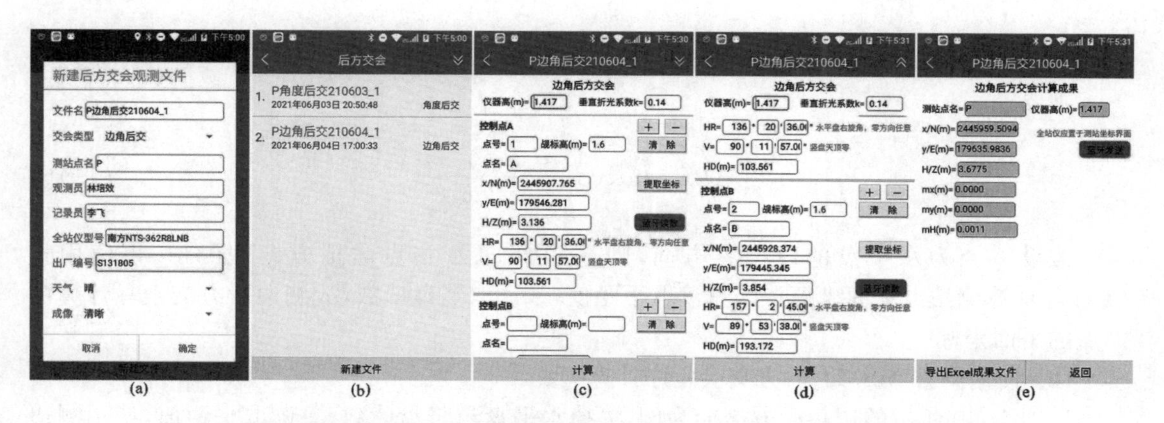

图 1-42　新建边角后方交会文件，观测 A，B 两点水平盘、竖盘及平距，计算测站点三维坐标

② 执行测量命令

点击最近新建的文件名，在弹出的快捷菜单点击“测量”命令，进入边角后方交会观测界面，缺省设置为观测 2 个已知点的水平盘、竖盘及平距值。

输入测站仪器高 1.417 m，大气垂直折光系数 k 使用缺省值 0.14。输入已知点 A 的三维坐标及觇标高，使全站仪望远镜瞄准 A 点棱镜中心，点击 **蓝牙读数** 按钮启动全站仪测距，并读取水平盘、竖盘及平距值；输入已知 B 点的三维坐标及觇标高，瞄准 B 点棱镜中心，点击 **蓝牙读数** 按钮启动全站仪测距，读取水平盘、竖盘及平距值，结果如图 1-42(d)所示。点击 **计算** 按钮，结果如图 1-42(e)所示，测站点平面坐标与用 fx-5800P 工程机计算的结果相同[图 1-41(h)]。

③ 导出 Excel 成果文件

点击 **导出Excel成果文件** 按钮[图 1-42(e)]，在手机内置 SD 卡工作目录导出“P 边角后交 210604_1.xls”文件，图 1-43 为该文件的内容。

	A	B	C	D	E	F	G	H	I	J	K	L
1	边角后方交会观测手簿与计算成果											
2	测站点名：P 观测员：林培效 记录员：李飞 仪器高：1.417m 垂直折光系数：0.14 观测日期：2021年06月04日											
3	全站仪型号：南方NTS-362R8LNB 出厂编号：S131805 天气：晴 成像：清晰											
4	觇点	觇点已知坐标			水平盘读数	竖盘读数	水平距离	觇标高	测站点坐标		测站点坐标差	
5		x(m)	y(m)	H(m)	(° ′ ″)	(° ′ ″)	(m)	(m)				
6	A	2445907.765	179546.281	3.136	136 20 36	90 11 57	103.561	1.600	x(m)	2445959.5094	mx(m)	0.0000
7	B	2445928.374	179445.345	3.854	157 02 45	89 53 38	193.172	1.600	y(m)	179635.9836	my(m)	0.0000
8									H(m)	3.6775	mH(m)	0.0011

边角后方交会观测手簿

图 1-43　导出的 Excel 成果文件“边角后方交会观测手簿”选项卡的内容

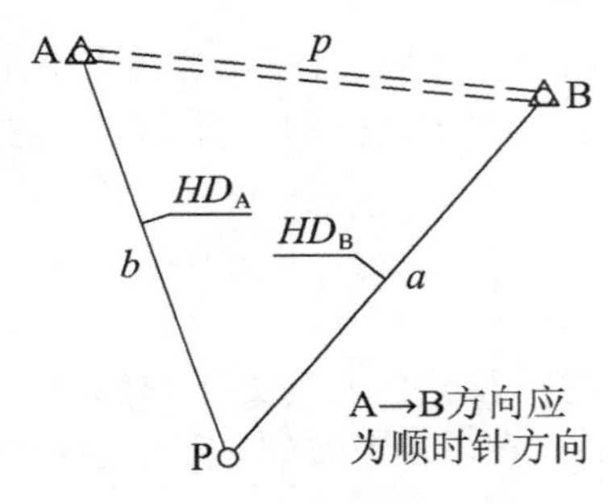

图 1-44　两条边长测边后方交会

3. 测边后方交会

(1) 测站点平面坐标计算原理

如图 1-44 所示，测边后方交会要求至少在 2 个已知点安置棱镜，使用全站仪分别测量其平距值（HD）即可求出测站点的平面坐标。测边后方交会测站点坐标计算公式与边角后方交会的计算公式相同，但由于未观测方向值，程序先用余弦定理反算出测站点的方向观测值。由余弦定理有：

$$p^2 = a^2 + b^2 - 2ab\cos\angle APB \tag{1-15}$$

则要求$\angle APB < 180°$。

$$\angle APB = \arccos\frac{a^2 + b^2 - p^2}{2ab} \tag{1-16}$$

假设 A 点为水平盘的虚拟零方向，则∠APB 即为 B 点虚拟方向观测值，再使用式(1-14)计算测站点平面坐标。因只读取平距值，未读取竖盘读数，故测边后方交会只计算测站点的平面坐标。

(2) 使用南方 MSMT 后方交会程序计算

以图 1-40 所示的边角后方交会为例，去掉水平盘与竖盘读数，只读取平距值，使用测边后方交会程序计算的操作过程如图 1-45 所示。

点击 **导出Excel成果文件** 按钮[图 1-45(d)]，在手机内置 SD 卡工作目录导出“P 测边后交 210604_ 1.xls”文件，图 1-46 为该文件的内容。

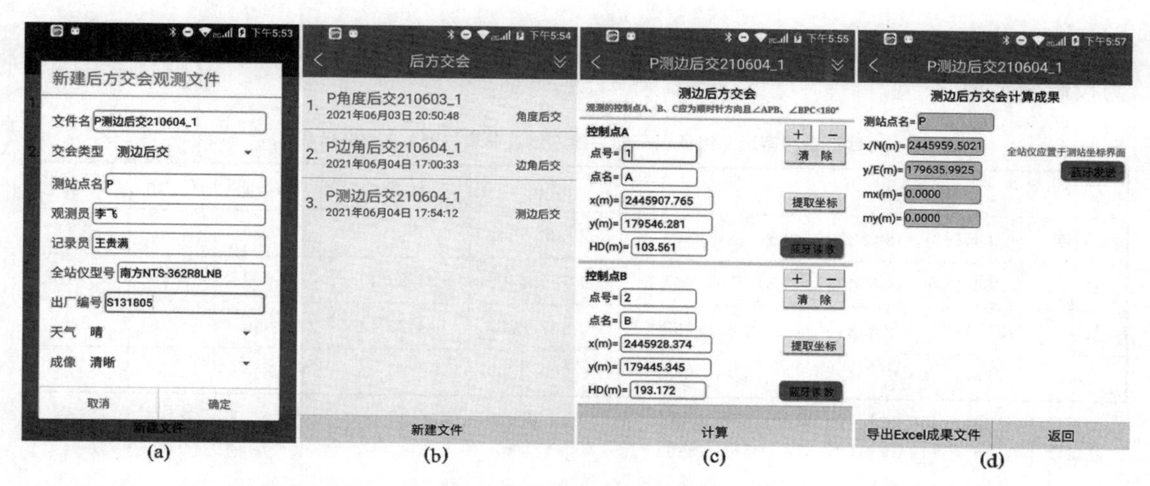

图 1-45　新建测边后方交会文件，观测 A，B 两点平距，计算测站点平面坐标

	A	B	C	D	E	F	G	H
1	测边后方交会观测手簿与计算成果							
2	测站点名：P　观测员：李飞　记录员：王贵满　观测日期：2021年06月04日							
3	全站仪型号：南方NTS-362R8LNB　出厂编号：S131805　天气：晴　成像：清晰							
4	觇点	觇点已知坐标		水平距离	测站点坐标		测站点坐标差	
5		x(m)	y(m)	(m)	x(m)	y(m)	mx(m)	my(m)
6	A	2445907.765	179546.281	103.561	2445959.5021	179635.9925	0.0000	0.0000
7	B	2445928.374	179445.345	193.172				

测边后方交会观测手簿

图 1-46　导出的 Excel 成果文件“测边后方交会观测手簿”选项卡的内容

1.7　抵偿高程面高斯投影换带计算案例

使用抵偿高程面高斯投影是为了减小距离变形，有两种计算方法：椭球膨胀法和椭球变形法，原理如下：

(1) 椭球膨胀法($\mathrm{d}a\neq0$, $\mathrm{d}f=0$)

设参考椭球的长半轴为 a，扁率为 f，投影面的大地高为 H，则抵偿投影面椭球长半轴的增量 $\mathrm{d}a=H$，长半轴为 $a'=a+\mathrm{d}a=a+H$，扁率增量 $\mathrm{d}f=0$，即 $f'=f$。

参考椭球面与抵偿高程面的参考椭球共球心，即无平移参数，也无旋转参数，两个大地坐标系的尺度差 $\Delta k=0$。我国高铁勘察设计使用的平面坐标系都是采用椭球膨胀法进行高斯投影计算。

(2) 椭球变形法($\mathrm{d}a\neq0$, $\mathrm{d}f\neq0$)

抵偿高程面参考椭球的长半轴为 $a'=a+\mathrm{d}a=a+H$，扁率为 $f'=f+\mathrm{d}f$。由于扁率增量 $\mathrm{d}f$ 有多种计算方法，所以，椭球变形法也有多种方法。南方 MSMT 的高斯投影程序只能使用椭球膨胀法计算，椭球变形法高斯投影程序还在研发中，暂时不能提供给用户使用。

1.7.1　武广铁路客运专线武汉至韶关段左线

表 1-11 和表 1-12 为按两个投影带高斯平面坐标给出的铁路路线直曲表，转角 $\Delta>0$ 为

右转角,转角 $\Delta<0$ 为左转角;R 为圆曲线半径,L_h 为缓和曲线长;L_0 为中央子午线经度;H_0 为投影面高程,下同。

表 1-11　　武广铁路客运专线武汉至韶关段左线直曲表(1954 北京坐标系)

交点号	设计桩号	x/m	y/m	转角 Δ	R/m	L_h/m	L_0
QD	ZDK1881+000.2	2 823 612.659	502 938.934				E113°
JD103	ZDK1886+808.588	2 818 097.607 1	504 761.450 9	−37°28′40.4″	9 000	490	H_0/m
JD110	ZDK1895+254.819	2 813 861.063	510 987.075 5	4°20′43.5″	11 000	370	295
ZD	ZDK1904+000	2 810 499.901 5	515 200.434 7				

断链 1:DK1890+364.121=DK1891+500,断链值=−1 135.879 m
断链 2:DK1895+944.17=DK1899+300,断链值=−3 355.83 m

表 1-12　　武广铁路客运专线武汉至韶关段左线直曲表(1954 北京坐标系)

交点号	设计桩号	x/m	y/m	转角 Δ	R/m	L_h/m	L_0
QD	DK1904+000	2 810 501.605	481 657.899				E113°20′
JD93	ZDK1906+097.292	2 809 189.608 8	483 294.144 7	4°38′45.7″	10 000	430	H_0/m
ZD	DK1918+000.269	2 801 015.435 9	491 947.217 7				290

表 1-11 的中央子午线经度 L_0=E113°,投影面高程 H_0=295 m,简称高斯平面坐标系①;表 1-12 的中央子午线经度 L_0=E113°20′,投影面高程 H_0=290 m,简称高斯平面坐标系②,两个高斯平面坐标系的关系如图 1-47 所示。

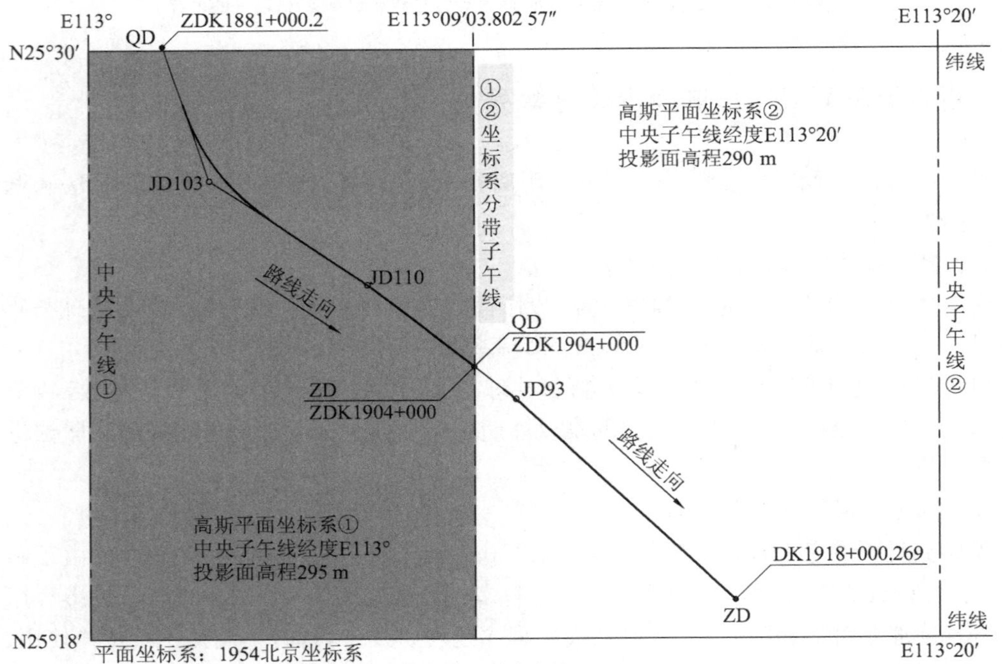

图 1-47　高斯平面坐标系①与高斯平面坐标系②的关系

表 1-11 的 ZD 设计桩号与表 1-12 的 QD 设计桩号均为 ZDK1904+000，这表明它们在实地是同一个点，两个高斯平面坐标的差异是两个投影带的投影参数不同所致。

1. 从表 1-11 投影带变换到表 1-12 投影带

(1) 在项目主菜单[图 1-48(a)]，点击 **高斯投影** 按钮，进入抵偿高程面高斯投影文件列表界面[图 1-48(b)]；点击 **新建文件** 按钮，输入文件名“武广高铁武韶段左线表 1-11”；设置计算类型为“高斯投影换带计算”[图 1-48(c)]；点击 **确定** 按钮，返回文件列表界面[图 1-48(d)]。

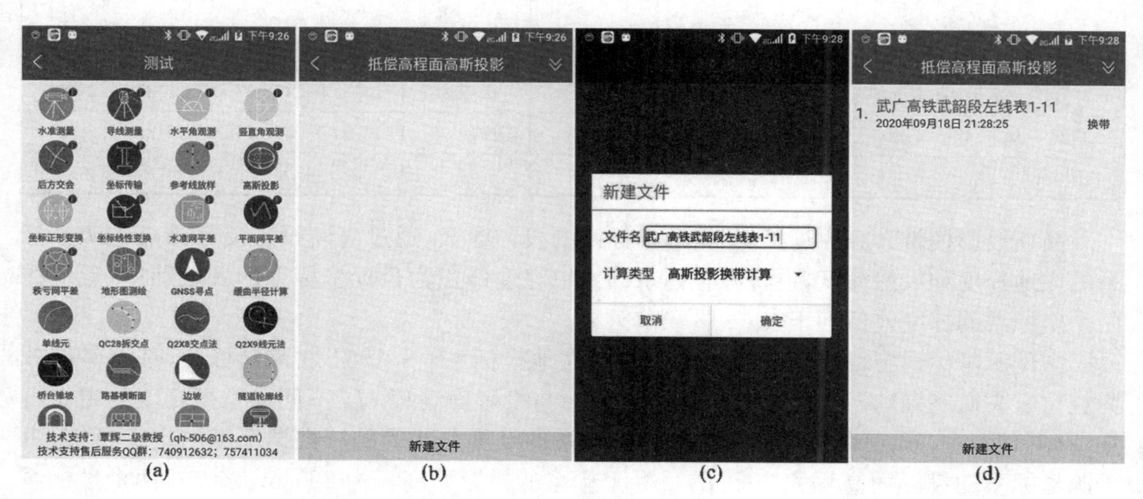

图 1-48 执行“高斯投影”程序新建“武广高铁武韶段左线表 1-11”换带计算文件

(2) 点击最近新建的文件名，在弹出的快捷菜单点击“输入数据及计算”命令[图 1-49(a)]，进入高斯投影换带计算界面；坐标系设置为“1954 北京坐标系”，在源坐标系投影参数区输入表 1-11 的投影参数：中央子午线 L_0=E113°，投影面高程 H_0=295 m；在目标坐标系投影参数区输入表 1-12 的投影参数：中央子午线 L_0=E113°20′，投影面高程 H_0=290 m；坐标加常数 $+x$，$+y$ 维持缺省值。

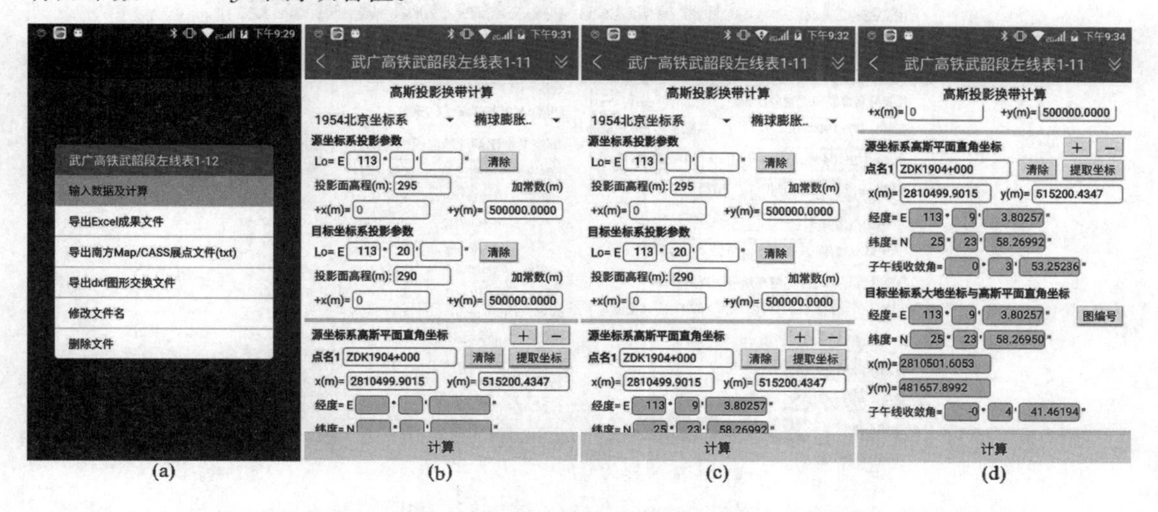

图 1-49 计算 ZDK1904+000 点高斯平面坐标由表 1-11 的坐标系换带到表 1-12 的坐标系

(3) 在源坐标系高斯平面直角坐标区，在“点名 1”中输入表 1-11 的终点桩号 ZDK1904＋000，在其高斯平面坐标栏输入该点的高斯平面坐标[图 1-49(b)]，点击 **计算** 按钮，结果如图 1-49(c)，(d)所示。

将换带计算的目标坐标系高斯平面坐标与表 1-12 的高斯平面坐标比较，结果列于表 1-13。

表 1-13　　武广铁路客运专线武汉至韶关段 ZDK1904＋000 高斯投影换带计算坐标比较

列号	1	2	3	4	5	6
说明	x/m	y/m	L_0	H_0/m	L	B
计算	2 810 501.605 3	481 657.899 2	E113°	295	E113°09′03.802 57″	N25°23′58.269 92″
图纸	2 810 501.605	481 657.899	E113°20′	290	E113°09′03.802 57″	N25°23′58.269 50″
差值/m	0.000 3	0.000 2		差值	0.000 00″	0.000 42″

高斯投影换带计算原理是：根据源坐标系的投影参数，通过高斯投影反算该点在源坐标系的大地经度和大地纬度，再将源坐标系的大地纬度修正为目标坐标系的大地纬度，点位在两个坐标系的纬度差值列于表 1-13 第 6 列。

本例源坐标系与目标坐标系同属于一个大地坐标系——1954 北京坐标系，其参考椭球为克拉索夫斯基椭球，只是中央子午线经度 L_0 与投影面高程 H_0 不同。根据经度的定义可知，ZDK1904＋000 点在目标坐标系和源坐标系的经度是相等的。根据纬度的定义可知，由于源坐标系的投影面高程为 295 m，目标坐标系的投影面高程为 290 m，该点在两个坐标系的纬度并不相等，在两个坐标系的纬度差为 0.000 42″。

(4) 计算国家基本比例尺地形图编号

点击 图编号 按钮[图 1-50(a)]，使用 ZDK1904＋000 点在目标坐标系的大地经纬度计算其在 11 种国家基本比例尺地形图的编号及其图幅西南角经纬度，结果如图 1-50(b)所示。点击标题栏左侧的 < 按钮，返回高斯投影换带计算界面。

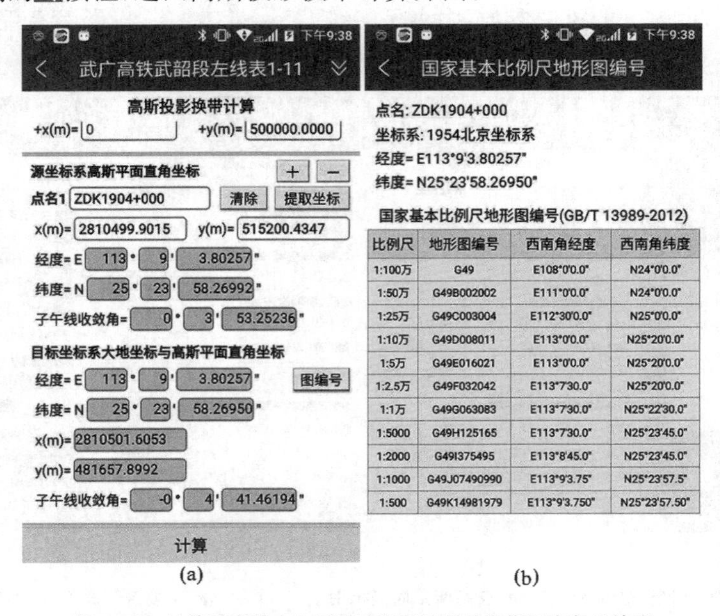

图 1-50　计算国家基本比例尺地形图编号及图幅西南角经纬度

《国家基本比例尺地形图分幅和编号》(GB/T 13989—92)[6]只定义了 1∶100 万～1∶5 000等 8 种基本比例尺地形图的图幅编号规则,《国家基本比例尺地形图分幅和编号》(GB/T 13989—2012)[7]定义了 1∶100 万～1∶500 等 11 种基本比例尺地形图的图幅编号规则,南方 MSMT 的高斯投影程序按文献[7]的分幅规定编写。

2. 从表 1-12 投影带变换到表 1-11 投影带

(1) 在抵偿高程面高斯投影文件列表界面,新建“武广高铁武韶段左线表 1-12”高斯投影换带计算文件。

(2) 点击最近新建的文件名,在弹出的快捷菜单点击“输入数据及计算”命令[图 1-51(a)],进入高斯投影换带计算界面;坐标系设置为“1954 北京坐标系”,在源坐标系投影参数区输入表 1-12 的投影参数:中央子午线 L_0=E113°20′,投影面高程 H_0=290 m;在目标坐标系投影参数区输入表 1-11 的投影参数:中央子午线 L_0=E113°,投影面高程 H_0=295 m;坐标加常数+x,+y 维持缺省值。

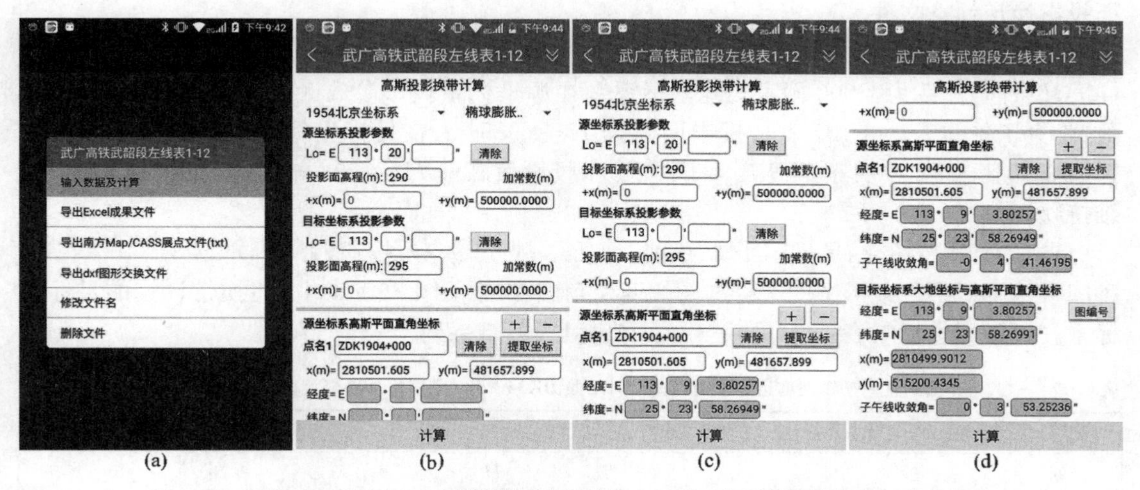

图 1-51　计算 ZDK1904+000 点高斯平面坐标由表 1-13 的坐标系换带到表 1-12 的坐标系

(3) 在源坐标系高斯平面直角坐标区,在“点名 1”中输入表 1-12 的起点桩号 ZDK1904+000,在其高斯平面坐标栏输入该点的高斯平面坐标[图 1-51(b)],点击**计算**按钮,结果如图 1-51(c),(d)所示。将换带计算的目标坐标系高斯平面坐标与表 1-11 的高斯平面坐标比较,结果列于表 1-14。

表 1-14　　武广铁路客运专线武汉至韶关段 ZDK1904+000 点高斯投影换带计算坐标比较

列号	1	2	3	4	5	6
说明	x/m	y/m	L_0	H_0/m	L	B
计算	2 810 499.901 5	515 200.434 7	E113°20′	290	E113°09′03.802 57″	N25°23′58.269 49″
图纸	2 810 499.901 2	515 200.434 5	E113°	295	E113°09′03.802 57″	N25°23′58.269 91″
差值/m	0.000 3	0.000 2		差值	0.000 00″	−0.000 42″

1.7.2　贵阳至南宁铁路客运专线贵州先期开工段

为了减少图书篇幅,从本例开始,只列出源坐标系 ZD 的设计坐标与目标坐标系 QD 的设计坐标,不再列出每个 JD 的设计坐标。表 1-15 的 ZD 设计桩号与表 1-16 的 QD 设计桩号均为 DK34+500，这表明它们在实地是同一个点，两个高斯平面坐标的差异是两个投影带的投影参数不同所致。

表 1-15　　贵阳至南宁铁路客运专线贵州先期开工段源坐标系设计坐标(2000 国家大地坐标系)

点名	设计桩号	x/m	y/m	L_0	H_0/m
ZD	DK34+500	2 910 760.503 9	474 133.203 5	E107°30′	925

表 1-16　　贵阳至南宁铁路客运专线贵州先期开工段目标坐标系设计坐标(2000 国家大地坐标系)

点名	设计桩号	x/m	y/m	L_0	H_0/m
QD	DK34+500	2 910 857.603 3	449 163.782 2	E107°45′	975

设计单位：中铁二院工程集团有限公司，施工单位：中铁广州工程局集团有限公司

(1) 在抵偿高程面高斯投影文件列表界面，新建“贵南高铁贵州先期开工段表 1-15”高斯投影换带计算文件。

(2) 点击最近新建的文件名，在弹出的快捷菜单点击“输入数据及计算”命令[图 1-52(a)]，设置坐标系为“2000 国家大地坐标系”，在源坐标系投影参数区输入表 1-15 的投影参数：中央子午线 L_0=E107°30′，投影面高程 H_0=925 m；在目标坐标系投影参数区输入表 1-16 的投影参数：中央子午线 L_0=E107°45′，投影面高程 H_0=975 m；坐标加常数 $+x$，$+y$ 维持缺省值。

点击**计算**按钮，结果如图 1-52(b)，(c)所示；点击 图编号 按钮，计算 DK34+500 点在 11 种国家基本比例尺地形图的编号与图幅西南角经纬度[图 1-52(d)]。将换带计算的目标坐标系高斯平面坐标与表 1-16 的高斯平面坐标比较，结果列于表 1-17。

表 1-17　　贵阳至南宁铁路客运专线贵州先期开工段 DK34+500 高斯投影换带计算坐标比较

列号	1	2	3	4	5	6
说明	x/m	y/m	L_0	H_0/m	L	B
计算	2 910 857.603 2	449 163.782 2	E107°30′	925	E107°14′27.628 75″	N26°18′07.826 44″
图纸	2 910 857.603 3	449 163.782 2	E107°45′	975	E107°14′27.628 75″	N26°18′07.830 76″
差值/m	−0.000 1	0		差值	0″	−0.004 32″

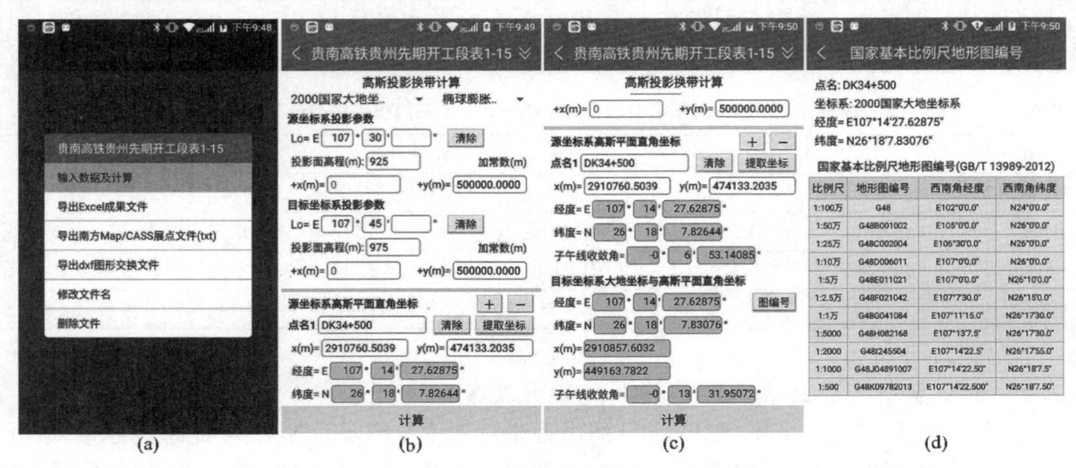

图 1-52　计算桩号 DK34+500 在目标坐标系的高斯平面坐标及国家基本比例尺地形图分幅

1.7.3 沪昆铁路客运专线杭州至长沙段

表 1-18 的 ZD 设计桩号与表 1-19 的 QD 设计桩号均为 DK364＋000，这表明它们在实地是同一个点，两个高斯平面坐标的差异是两个投影带的投影参数不同所致。

表 1-18　沪昆铁路客运专线杭州至长沙段源坐标系设计数据(WGS-84 坐标系)

交点号	设计桩号	x/m	y/m	H_0/m	L_0
ZD	DK364＋000	3 147 585. 368 4	479 758. 402 4	90	E118°

表 1-19　沪昆铁路客运专线杭州至长沙段目标坐标系设计数据(WGS-84 坐标系)

交点号	设计桩号	x/m	y/m	H_0/m	L_0
QD	DK364＋000	3 147 588. 135 7	528 737. 442 2	60	117°30′

设计单位：中铁第四勘察设计院集团有限公司

(1) 在抵偿高程面高斯投影文件列表界面，新建“沪昆高铁杭州至长沙段表 1-18”高斯投影换带计算文件。

(2) 点击最近新建的文件名，在弹出的快捷菜单点击“输入数据及计算”命令[图 1-53(a)]，坐标系设置为“WGS-84 坐标系”。在源坐标系投影参数区输入表 1-18 的投影参数：中央子午线 L_0＝E118°，投影面高程 H_0＝90 m；在目标坐标系投影参数区输入表 1-19 的投影参数：中央子午线 L_0＝E117°30′，投影面高程 H_0＝60 m；坐标加常数＋x，＋y 维持缺省值。

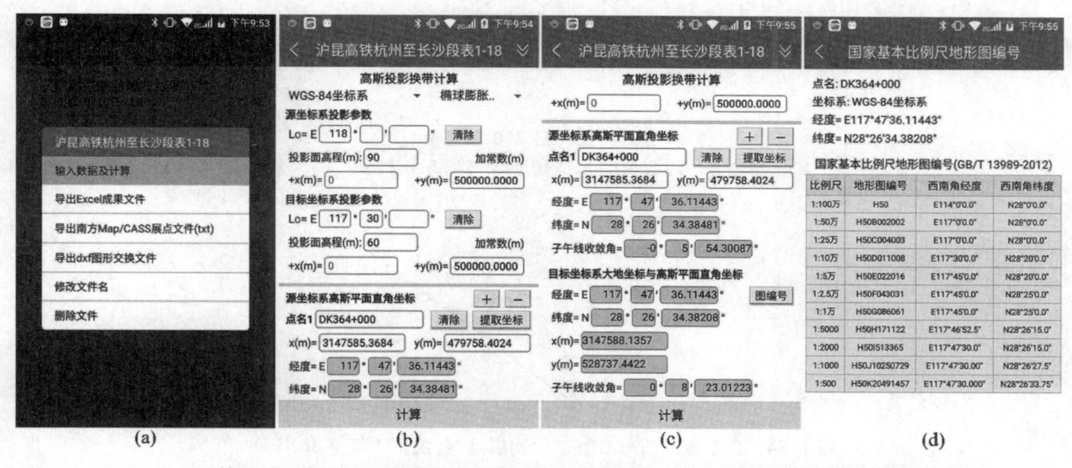

图 1-53　计算桩号 DK364＋000 在目标坐标系的高斯平面坐标及其国家基本比例尺地形图分幅

点击**计算**按钮，结果如图 1-53(b)，(c)所示；点击**图编号**按钮，计算 DK364＋000 点在 11 种国家基本比例尺地形图的编号与图幅西南角经纬度[图 1-53(d)]。

将换带计算的目标坐标系高斯平面坐标与表 1-19 的高斯平面坐标比较，结果列于表 1-20。

表 1-20　沪昆铁路客运专线杭州至长沙段 DK364＋000 高斯投影换带计算坐标比较

列号	1	2	3	4	5	6
说明	x/m	y/m	L_0	H_0/m	L	B
计算	3 147 588. 135 7	528 737. 442 2	E118°	90	E117°47′36. 114 43″	N28°26′34. 384 81″
图纸	3 147 588. 135 7	528 737. 442 2	E117°30′	60	E117°47′36. 114 43″	N28°26′34. 382 08″
差值/m	0	0		差值	0. 000 00″	0. 002 73″

1.8 零高程面高斯投影正算案例

1. 统一 3°带高斯投影正算及周长、面积计算

图 1-54 为广东省江门市 GPS-C 级网的 4 个点，其在 1980 西安坐标系的大地经纬度与在统一 3°带第 38 号带的高斯平面坐标列于表 1-21。为了计算多边形面积及周长的需要，点编号方向 1→2→3→4 为逆时针方向。

表 1-21　　广东省江门市 GPS-C 级网统一 3°带高斯投影正算案例

（1980 西安坐标系，投影面高程 $H=0$ m，x 坐标加常数=0 m，y 坐标加常数=500 000 m）

序	点名	大地经度	大地纬度	x/m	y/m	子午线收敛角 γ
1	鹅公山	E113°05′11.572 84″	N22°38′49.023 19″	2 505 729.753	406 105.944	−0°21′06.307 48″
2	大泽劳所	E112°55′54.761 57″	N22°31′16.556 04″	2 491 915.738	390 106.501	−0°24′32.975 06″
3	三江渔业	E113°04′32.933 25″	N22°25′02.795 62″	2 480 319.093	404 845.484	−0°21′08.878 66″
4	盛丰园酒家	E113°14′34.334 73″	N22°32′08.984 68″	2 493 333.329	422 112.671	−0°17′24.694 22″

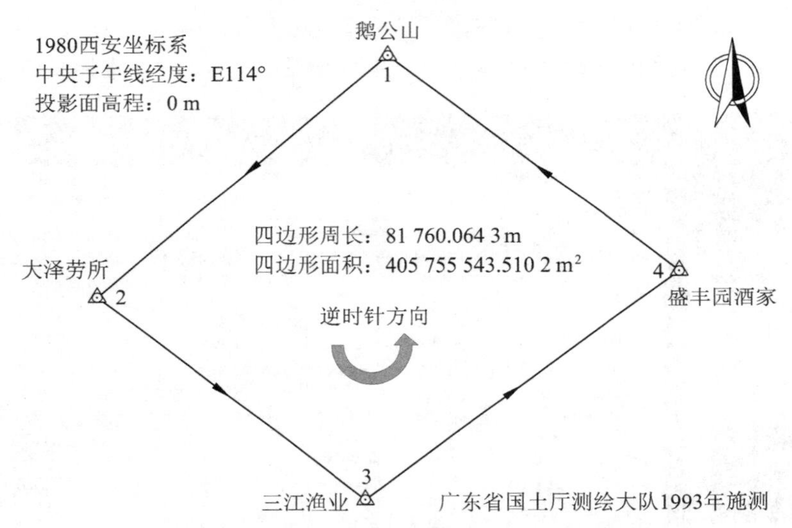

图 1-54　广东省江门市 GPS-C 级网展点图(统一 3°带第 38 号带)

(1) 新建高斯投影正算文件

在抵偿高程面高斯投影文件列表界面，新建“广东江门 GPS-C 级点”高斯投影正算文件。

(2) 执行文件输入数据及计算命令

点击最近新建的文件名，在弹出的快捷菜单点击“输入数据及计算”命令，设置坐标系为“1980 西安坐标系”，在投影参数区，投影面高程维持缺省值 0 m，中央子午线 L_0=E114°，坐标加常数 $+x$，$+y$ 维持缺省值。

(3) 输入 4 个 GPS-C 级点的大地坐标

先输入表 1-21 所列 1 号点的点名及其经纬度，点击 + 按钮，新增 2 号点数据栏，输入表 1-21 所列 2 号点的点名及其经纬度，按类似的方法输入表 1-21 所列 3，4 号点的点名及其经纬度。点击**计算**按钮，操作过程如图 1-55 所示。

将图 1-55 高斯投影正算计算的 4 个点的高斯平面坐标与表 1-21 的已知高斯平面坐标比较，结果列于表 1-22。

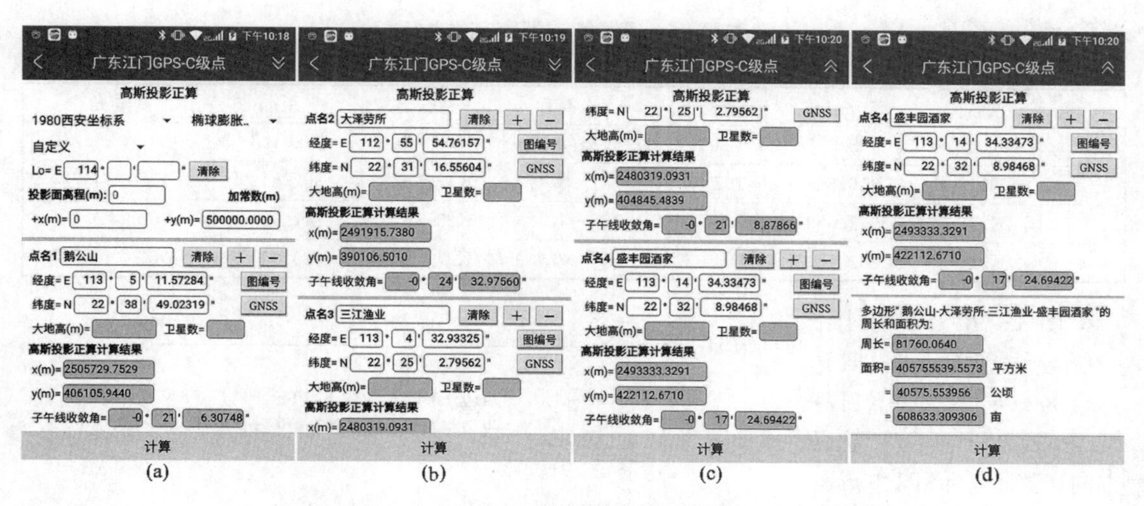

图 1-55　表 1-21 所示 4 个 GPS-C 级点零高程面高斯投影正算结果

表 1-22　　高斯投影正算成果与表 1-21 的已知高斯平面坐标比较

点名	x/m	y/m	子午线收敛角 γ	说明
鹅公山	2 505 729.752 9	406 105.944	−0°21′06.307 48″	正算
	2 505 729.753	406 105.944	−0°21′06.307 48″	已知值
	−0.000 1	0	0″	差值
大泽劳所	2 491 915.738	390 106.501	−0°24′32.975 60″	正算
	2 491 915.738	390 106.501	−0°24′32.975 6″	已知值
	0	0	0″	差值
三江渔业	2 480 319.093 1	404 845.483 9	−0°21′08.878 66″	正算
	2 480 319.093	404 845.484	−0°21′08.878 66″	已知值
	0.000 1	−0.000 1	0″	差值
盛丰园酒家	2 493 333.329 1	422 112.671	−0°17′24.694 22″	正算
	2 493 333.329	422 112.671	−0°17′24.694 22″	已知值
	0.000 1	0	0″	差值

当高斯投影正算点数≥3，且点名 1→2→3→4→…编号方向为逆时针或顺时针方向时，屏幕显示点位构成的多边形周长与面积，结果如图 1-55(d)所示，将其与图 1-54 标注的已知值比较，结果列于表 1-23。

表 1-23　　高斯投影程序正算计算的 1→2→3→4 多边形周长、面积与已知值比较

正算周长/m	已知周长/m	周长差/m	正算面积/m²	已知面积/m²	面积差/m²
81 760.064	81 760.064 3	−0.000 3	405 755 539.557 3	405 755 543.510 2	−3.952 9

2. 统一 6°带手机 GNSS 测量多边形顶点经纬度的高斯投影正算及面积计算

安卓手机或平板电脑内置的 GNSS 定位芯片，一般可以同时接收美国 GPS、俄罗斯 GLONASS、中国北斗(BeiDou)卫星信号来确定手机的当前位置。打开手机的定位开关，新建“高斯投影正算”文件，点击 GNSS 按钮，程序自动提取手机位置在 WGS-84 坐标系的经纬度到测点的经纬度输入栏。

表 1-24　　校园 4 个一级导线点的已知三维坐标

（平面坐标系：1954 北京坐标系，中央子午线经度 L_0=E113°21′）

序	点名	x/m	y/m	高程/m	边长名	平距/m	方位角
1	K10	47 955.638	104 977.218 2	3.514	K10→K11	165.196	103°34′49.26″
2	K11	47 916.848 5	105 137.795 6	3.177	K11→K23	362.842 4	11°16′14.77″
3	K23	48 272.693 3	105 208.711 6	4.336	K23→K24	141.364	265°59′29.26″
4	K24	48 262.811 2	105 067.693 4	3.739	K24→K10	320.220 5	196°24′42.78″

图 1-56 为校园 4 个一级导线点展点图，四边形点名方向 K10→K11→K23→K24 为逆时针旋转方向，已知坐标、四边形各边长的平距与方位角列于表 1-24。

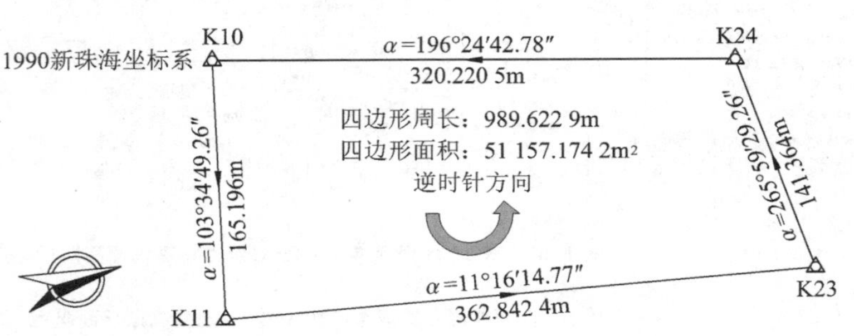

图 1-56　校园 4 个一级导线点展点图

（1）新建高斯投影正算文件

在抵偿高程面高斯投影文件列表界面，新建“手机 GNSS 定位高斯投影正算”高斯投影正算文件。

（2）执行文件输入数据及计算命令

点击最近新建的文件名，在弹出的快捷菜单点击“输入数据及计算”命令，设置坐标系为“1954 北京坐标系”，在投影参数区，投影面高程维持缺省值 0 m，中央子午线 L_0 =E113°21′，坐标加常数维持缺省值。

（3）提取手机位置的经纬度值

点击 GNSS 按钮[图 1-57(a)]，进入图 1-57(b)所示的“位置信息”界面，向右滑动图标，使其变成图标打开手机 GNSS，点击手机的退出按钮，返回高斯投影正算界面[图 1-57(d)]。

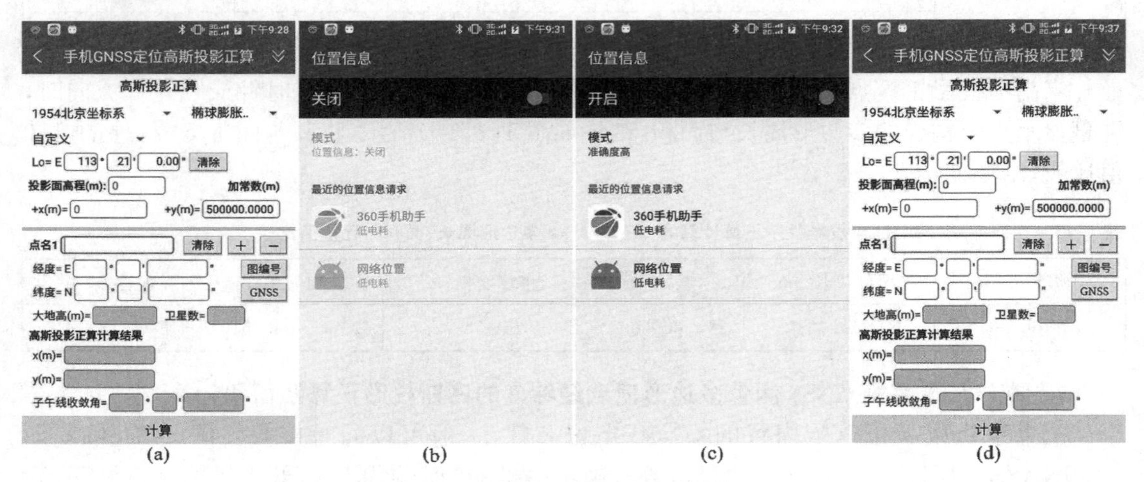

图 1-57　打开手机 GNSS 定位开关

在“点名 1”中输入第一个已知点名 K10，将手机放置在 K10 点，点击 GNSS 按钮，开始接收卫星信号[图 1-58(a)]，手机采集卫星信号时间设置为 3 s，提取手机当前点的经纬度自动填入 K10 点的经纬度栏，点击**计算**按钮，结果如图 1-58(b)所示。

图 1-58　点击 GNSS 按钮分别提取 K10，K11，K23，K24 点的大地坐标并计算其高斯平面坐标

点击“点名 1”右侧的 + 按钮，新增“点名 2”正算栏，输入第二个点名 K11，将手机放置在 K11 点，点击 GNSS 按钮开始接收卫星信号[图 1-58(c)]，点击**计算**按钮，结果如图 1-58(d)所示。

点击“点名 2”右侧的 + 按钮，新增“点名 3”正算栏，输入第三个点名 K23，将手机放置在 K23 点，点击 GNSS 按钮开始接收卫星信号[图 1-58(e)]，点击**计算**按钮，结果如图 1-58(f)所示。

点击“点名 3”右侧的 + 按钮，新增“点名 4”正算栏，输入第四个点名 K24，将手机放置在 K24 点，点击 GNSS 按钮开始接收卫星信号[图 1-58(g)]，点击**计算**按钮，结果如图 1-58(h)所示。

图 1-58 为使用酷派 5370 手机测量的界面，测量 K23 点时，手机定位最多可以接收 9 颗卫星信号，测量其余点可以接收 8 颗卫星信号。

应用 4 个已知点的平面坐标反算出的四边形边长、方位角、周长、面积值与手机 GNSS 测量的相应值比较，结果列于表 1-25。

表 1-25　　手机 GNSS 测量算出的 K10→K11 边长值、方位角与已知值比较

序	边长名	手机 GNSS 测量结果		已知坐标反算结果		已知值与 GNSS 测算值之差	
		平距/m	方位角	平距/m	方位角	平距差	方位角差
1	K10→K11	166.207 5	102°46′47.19″	165.196	103°34′49.26″	1.011 5	−0°48′02.07″
2	K11→K23	362.870 1	9°12′07.54″	362.842 4	11°16′14.77″	0.027 7	−2°04′07.23″
3	K23→K24	136.143 1	264°04′58″	141.364	265°59′29.26″	−5.220 9	−1°54′31.26″
4	K24→K10	318.855 1	195°24′18.57″	320.220 5	196°24′42.78″	−1.365 4	−1°00′24.21″
		周长/m	面积/m^2	周长/m	面积/m^2	周长差/m	面积差/m^2
		984.075 7	50 316.327 6	986.622 9	51 157.174 2	−2.547 2	−840.846 6

由表 1-25 可知，四边形边长最大差−5.220 9 m，方位角最大差−2°04′07.23″，周长差−2.547 2 m，面积差−840.846 6 m^2。这表明，手机 GNSS 单点定位测量结果的误差还是比较大的。

虽然程序设计的手机 GNSS 测量高斯投影正算功能，不能精确测量点位的高斯坐标，但可以测量点位的概略高斯坐标，计算测点构成的多边形周长、面积的概略值，计算手机点位所在 11 种国家基本比例尺地形图的图幅编号及西南角经纬度。

(4) 使用四种手机 GNSS 连续测量同一个测点 5 次进行高斯投影正算结果比较

为了比较不同手机 GNSS 单点定位的精度，笔者分别使用四种手机 GNSS，在笔者宿舍 6 楼楼顶的同一个时间(2021.01.18 9:55)连续测量同一个点的经纬度 5 次并进行高斯投影正算，坐标系选择 WGS-84 坐标系，中央子午线经度为 114°，坐标加常数使用缺省值，测量结果分别列于表 1-26—表 1-29。

表 1-26　　使用酷派 5370 手机 GNSS 测量同一个点经纬度的高斯投影正算结果

次数	大地经度 L	大地纬度 B	x/m	y/m	卫星数
1	113°21′08.400 60″	22°07′44.258 02″	2 448 222.695 2	433 180.176 0	10
2	113°21′08.490 20″	22°07′44.038 60″	2 448 215.934 8	433 182.715 1	10
3	113°21′08.564 18″	22°07′44.180 36″	2 448 220.286 4	433 184.853 9	10
4	113°21′08.640 11″	22°07′44.188 54″	2 448 220.528 8	433 187.031 1	10
5	113°21′08.645 29″	22°07′44.232 17″	2 448 221.870 2	433 187.185 3	10
标准差	σ_L=±0.104 02″	σ_B=±0.084 96″	σ_x=±2.612 6 m	σ_y=±2.981 9 m	

表 1-27　　使用 vivoX9 手机 GNSS 测量同一个点经纬度的高斯投影正算结果

次数	大地经度 L	大地纬度 B	x/m	y/m	卫星数
1	113°21′08.692 24″	22°07′44.617 62″	2 448 233.721 0	433 188.581 3	35
2	113°21′08.706 42″	22°07′44.482 01″	2 448 229.547 9	433 188.969 9	34
3	113°21′08.691 23″	22°07′44.441 51″	2 448 228.303 9	433 188.529 3	34
4	113°21′08.663 11″	22°07′44.393 38″	2 448 226.826 9	433 187.717 1	34
5	113°21′08.655 41″	22°07′44.384 09″	2 448 226.542 1	433 187.495 2	34
标准差	σ_L=±0.021 50″	σ_B=±0.094 61″	σ_x=±2.908 4 m	σ_y=±0.624 4 m	

表 1-28 使用三星 SM-T819C 手机 GNSS 测量同一个点经纬度的高斯投影正算结果

次数	大地经度 L	大地纬度 B	x/m	y/m	卫星数
1	113°21′08.379 83″	22°07′44.264 24″	2 448 222.889 1	433 179.581 3	31
2	113°21′08.517 06″	22°07′44.217 73″	2 448 221.441 7	433 183.508 4	33
3	113°21′08.526 82″	22°07′44.181 23″	2 448 220.317 7	433 183.783 3	33
4	113°21′08.507 56″	22°07′44.160 89″	2 448 219.694 4	433 183.228 7	32
5	113°21′08.534 59″	22°07′44.178 17″	2 448 220.222 6	433 184.105 6	32
标准差	$\sigma_L=\pm0.064\ 17''$	$\sigma_B=\pm0.041\ 23''$	$\sigma_x=\pm1.274\ 8$ m	$\sigma_y=\pm1.851\ 3$ m	

表 1-29 使用华为 P40 Pro 手机 GNSS 测量同一个点经纬度的高斯投影正算结果

次数	大地经度 L	大地纬度 B	x/m	y/m	卫星数
1	113°21′08.458 29″	22°07′44.306 89″	2 448 222.191 4	433 181.835 8	64
2	113°21′08.520 57″	22°07′44.247 81″	2 448 222.366 5	433 183.612 9	64
3	113°21′08.654 70″	22°07′44.213 37″	2 448 221.290 7	433 187.452 5	64
4	113°21′08.600 46″	22°07′44.137 85″	2 448 218.974 4	433 185.888 1	64
5	113°21′08.775 33″	22°07′44.064 17″	2 448 216.686 6	433 190.890 1	64
标准差	$\sigma_L=\pm0.122\ 58''$	$\sigma_B=\pm0.094\ 90''$	$\sigma_x=\pm2.431\ 2$ m	$\sigma_y=\pm3.501\ 9$ m	

结论：①华为 P40 Pro 手机测量的卫星数最多，为 64 颗，其次分别是 vivoX9 和三星 SM-T819C手机，两者的卫星数均超过 30 颗，酷派 5370 手机只有 10 颗卫星。②三星 SM-T819C 手机 GNSS 5 次测量的经度标准差与纬度标准差均较小，高斯平面 x 坐标标准差与 y 坐标标准差也较小。③华为 P40 Pro 手机 GNSS 5 次测量的经度标准差与纬度标准差均较大，高斯平面 x 坐标标准差与 y 坐标标准差也较大。

1.9 GNSS 寻点

手机 GNSS 单点定位的误差大约为±5 m，**GNSS寻点** 程序的功能是应用手机 GNSS 的单点定位功能，寻找测区控制点的概略位置。

(1) 新建 GNSS 寻点文件

在项目主菜单，点击 **GNSS寻点** 按钮，进入 GNSS 寻点文件列表界面；点击 **新建文件** 按钮，点击 **确定** 按钮[图 1-59(a)]，使用缺省文件名新建一个 GNSS 寻点文件[图 1-59(b)]。点击最近新建的文件名，在弹出的快捷菜单点击“输入数据及计算”命令[图 1-59(c)]，进入文件数据界面，缺省设置为 **高斯投影参数** 选项卡。

(2) 导入测区控制点坐标

点击 **已知点坐标** 选项卡[图 1-60(a)]，点击 **导入文件坐标** 按钮，在手机内置 SD 卡选择“测区控制点.txt”文件[图 1-60(b)]，点击 **确定** 按钮，结果如图 1-60(c)所示。

(3) 设置 X2 为校准点并计算平移参数

点击 **高斯投影参数** 选项卡，设置与测区控制点高斯平面坐标相同的投影参数[图 1-60(d)]，点击 **计算平移参数** 按钮，点击 **已知点坐标** 按钮，在已知点坐标列表框点击 X2 点[图 1-60

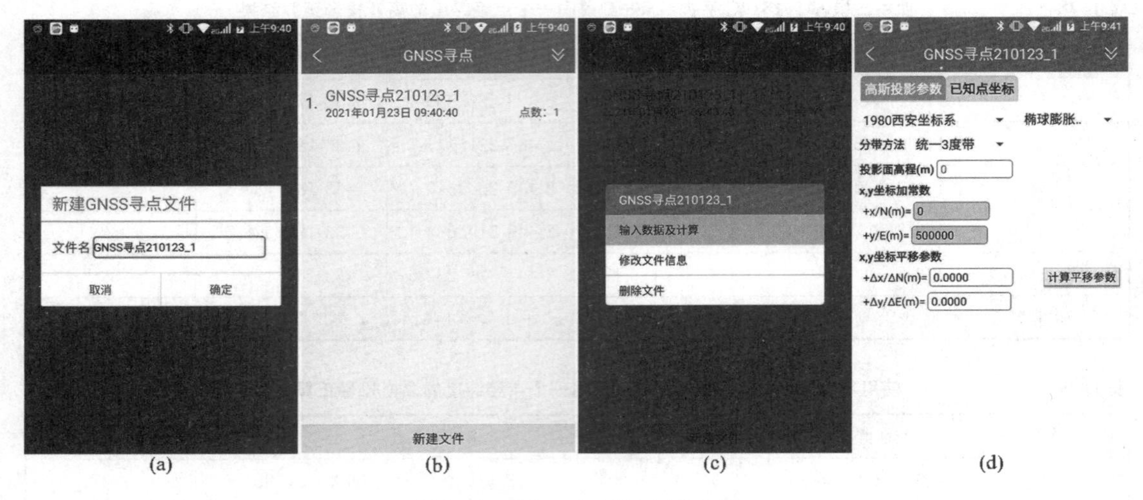

图 1-59　新建一个 GNSS 寻点文件

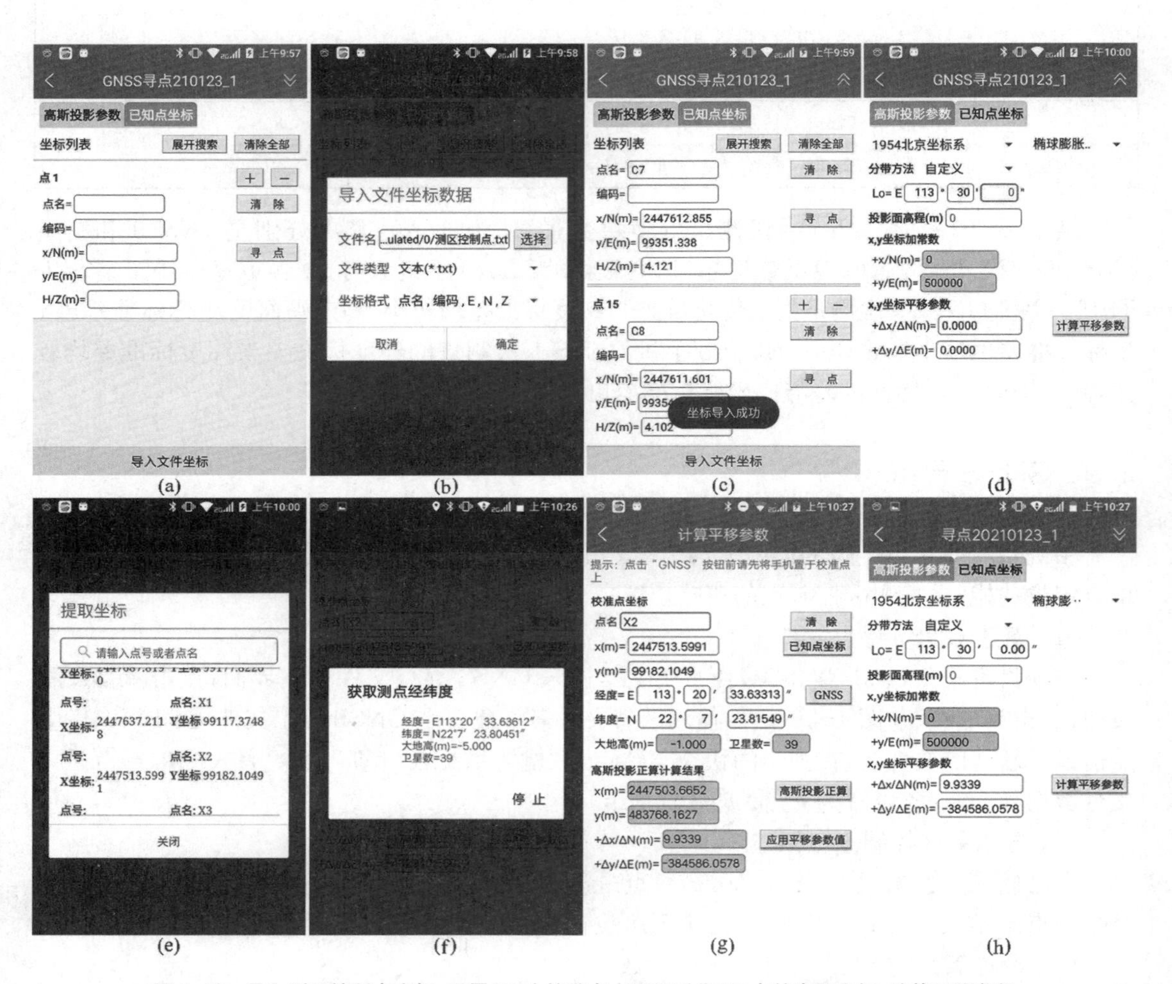

图 1-60　导入测区控制点坐标，设置 X2 为校准点，GNSS 采集 X2 点的高斯坐标，计算平移参数

(e)],设置 X2 点为校准点。将手机放置在 X2 点,点击 GNSS 按钮,启动手机 GNSS 采集 X2 点的经纬度[图 1-60(f)];点击 高斯投影正算 按钮,使用投影参数计算校准点 X2 的高斯平面坐标[图 1-60(g)];点击 应用平移参数值 按钮,存储算出的平移参数到 高斯投影参数 选项卡[图 1-60(h)]。

(4) 寻找 C1 的操作方法

点击 已知点坐标 选项卡,滑动屏幕到 C1 点[图 1-61(a)],点击 C1 点坐标栏右侧的 寻 点 按钮,进入罗盘寻点界面[图 1-61(b)],罗盘圆心点代表已知点 C1 的位置,外围圆环点为手机当前位置,左上角显示手机当前位置的经纬度,右上角显示其大地高和卫星数,屏幕底部的坐标差为 C1 点已知坐标减手机当前位置高斯平面坐标,$\Delta x>0$ 表示向 $+x$ 轴方向移动的距离,$\Delta x<0$ 表示向 $-x$ 轴方向移动的距离,$\Delta y>0$ 表示向 $+y$ 轴方向移动的距离,$\Delta y<0$ 表示向 $-y$ 轴方向移动的距离[图 1-61(b)]。

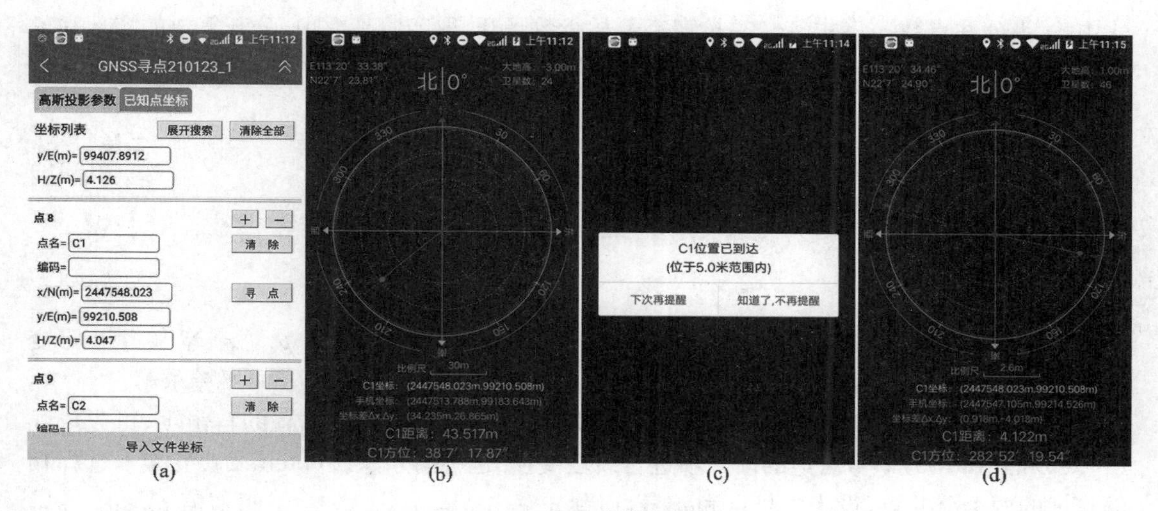

图 1-61 寻找 C1 点的操作过程

置手机于正北方向,此时屏幕顶部显示的方位角为 0°,参照屏幕底部显示的坐标差、距离及方位角移动手机,当手机至 C1 点的距离小于 5 m 时,手机振动并弹出提示框[图 1-61(c)];点击 **下次再提醒** 按钮关闭提示框,图 1-61(d)为手机很接近 C1 点时的屏幕显示。由于手机 GNSS 单点定位的误差大约为±5 m,当屏幕出现图 1-61(c)所示提示框时,就要用肉眼在地面搜索 C1 点了。

1.10 高斯平面坐标正形变换原理与案例

1. 正形变换原理

本节内容取自文献[8]。高斯投影全称为"高斯-克吕格正形投影",它是正形投影的一种,同一坐标系中的高斯投影换带计算公式是根据正形投影原理推导出的两个高斯平面坐标系之间的显函数式。

在同一大地坐标系中(例如 1954 北京坐标系、1980 西安坐标系或 2000 国家大地坐标系),如果两个高斯平面坐标系只是中央子午线经度不同,那么显函数式前的系数可以根据坐标系使用的椭球元素和中央子午线经度唯一确定。

如果两个高斯平面坐标系，除了中央子午线经度不同外，还存在其他线性关系，则将线性变换公式代入换带计算的显函数式中，仍然可以得到严密的坐标变换公式。此时显函数式前的系数等价于使用两个坐标系的中央子午线经度和线性变换参数联合求解得到，可以唯一确定。

理论上，根据正形投影原理总可以推导出两个高斯平面坐标系之间的显函数式，当已知两个坐标系公共点的坐标时，也可以根据它们反求坐标变换显函数式前的系数值，称这种坐标变换方法为正形变换。

设公共点 j 在源高斯平面坐标系的坐标为 $(x_j,\ y_j)$，在目标高斯平面坐标系的坐标为 $(x'_j,\ y'_j)$，根据正形投影原理应有下列复数函数存在：

$$x'_j + \mathrm{i}y'_j = f(x_j + \mathrm{i}y_j) \quad j=1,\ 2,\ \cdots,\ n \tag{1-17}$$

式中，n 为公共点数。将式(1-13)按麦克劳林级数展开，取四阶高次项，分开复数的实部和虚部得正形变换公式为

$$\begin{aligned} x'_j = {} & p_0 + x_j p_1 - y_j q_1 + (x_j^2 - y_j^2) p_2 - 2x_j y_j q_2 + (x_j^3 - 3x_j y_j^2) p_3 - (3x_j^2 y_j - y_j^3) q_3 + \\ & (x_j^4 - 6x_j^2 y_j^2 + y_j^4) p_4 + (4x_j y_j^3 - 4x_j^3 y_j) q_4 \end{aligned} \tag{1-18}$$

$$\begin{aligned} y'_j = {} & q_0 + y_j p_1 + x_j q_1 + 2x_j y_j p_2 + (x_j^2 - y_j^2) q_2 + (3x_j^2 y_j - y_j^3) p_3 + (x_j^3 - 3x_j y_j^2) q_3 + \\ & (4x_j^3 y_j - 4x_j y_j^3) p_4 + (x_j^4 - 6x_j^2 y_j^2 + y_j^4) q_4 \end{aligned} \tag{1-19}$$

在式(1-18)和式(1-19)中，有 p_0，q_0，p_1，q_1，p_2，q_2，p_3，q_3，p_4，q_4 等 10 个正形变换参数，只有当公共点数 $n=5$ 时才有唯一解，当 $n>5$ 时，应使用最小二乘平差求解。

当公共点的源坐标与目标坐标数值相差较大时，为了减小误差方程的自由项，可先取式(1-18)和式(1-19)等号右边的前 3 项进行线性变换[也称赫尔默特(Helmert)变换]，选择相隔较远的两个公共点(设为 1 号点和 n 号点)预先解出 p_0，q_0，p_1，q_1 的近似值 p_0^0，q_0^0，p_1^0，q_1^0，由式(1-18)和式(1-19)，得到使用公共点 1，n 的坐标进行第一次线性变换的矩阵形式公式为

$$\begin{bmatrix} (x'_1) \\ (y'_1) \\ (x'_n) \\ (y'_n) \end{bmatrix} = \begin{bmatrix} 1 & 0 & x_1 & -y_1 \\ 0 & 1 & y_1 & x_1 \\ 1 & 0 & x_n & -y_n \\ 0 & 1 & y_n & x_n \end{bmatrix} \begin{bmatrix} p_0^0 \\ q_0^0 \\ p_1^0 \\ q_1^0 \end{bmatrix} \tag{1-20}$$

方程的解为

$$\begin{bmatrix} p_0^0 \\ q_0^0 \\ p_1^0 \\ q_1^0 \end{bmatrix} = \begin{bmatrix} 1 & 0 & x_1 & -y_1 \\ 0 & 1 & y_1 & x_1 \\ 1 & 0 & x_n & -y_n \\ 0 & 1 & y_n & x_n \end{bmatrix}^{-1} \begin{bmatrix} (x'_1) \\ (y'_1) \\ (x'_n) \\ (y'_n) \end{bmatrix} \tag{1-21}$$

再将 $p_0 = p_0^0 + \delta p_0$，$q_0 = q_0^0 + \delta q_0$，$p_1 = p_1^0 + \delta p_1$，$q_1^0 = (q_1) + \delta q_1$ 代入式(1-18)和式(1-19)，得误差方程

$$v_{x_j'} = \delta p_0 + x_j \delta p_1 - y_j \delta q_1 + (x_j^2 - y_j^2) p_2 - 2x_j y_j q_2 + (x_j^3 - 3x_j y_j^2) p_3 - (3x_j^2 y_j - y_j^3) q_3 + (x_j^4 - 6x_j^2 y_j^2 + y_j^4) p_4 + (4x_j y_j^3 - 4x_j^3 y_j) q_4 - l_{x_j} \quad (1\text{-}22)$$

$$v_{y_j'} = \delta q_0 + y_j \delta p_1 + x_j \delta q_1 + 2x_j y_j p_2 + (x_j^2 - y_j^2) q_2 + (3x_j^2 y_j - y_j^3) p_3 + (x_j^3 - 3x_j y_j^2) q_3 + (4x_j^3 y_j - 4x_j y_j^3) p_4 + (x_j^4 - 6x_j^2 y_j^2 + y_j^4) q_4 - l_{y_j} \quad (1\text{-}23)$$

式中的自由项为

$$\left. \begin{aligned} l_{x_j} &= x'_j - p_0^0 - x_j p_1^0 + y_j q_1^0 \\ l_{y_j} &= y'_j - q_0^0 - y_j p_1^0 - x_j q_1^0 \end{aligned} \right\} \quad (1\text{-}24)$$

将式(1-22)和式(1-23)写成矩阵形式，得

$$\begin{bmatrix} v_{x_1'} \\ v_{y_1'} \\ \vdots \\ v_{x_n'} \\ v_{y_n'} \end{bmatrix} = \begin{bmatrix} 1 & 0 & x_1 & -y_1 & x_1^2-y_1^2 & -2x_1y_1 & x_1^3-3x_1y_1^2 & y_1^3-3x_1^2y_1 & x_1^4-6x_1^2y_1^2+y_1^4 & 4x_1y_1^3-4x_1^3y_1 \\ 0 & 1 & y_1 & x_1 & 2x_1y_1 & x_1^2-y_1^2 & 3x_1^2y_1-y_1^3 & x_1^3-3x_1y_1^2 & 4x_1^3y_1-4x_1y_1^3 & x_1^4-6x_1^2y_1^2+y_1^4 \\ \vdots & \vdots & \vdots & \vdots & \vdots & \vdots & \vdots & \vdots & \vdots & \vdots \\ 1 & 0 & x_n & -y_n & x_n^2-y_n^2 & -2x_ny_n & x_n^3-3x_ny_n^2 & y_n^3-3x_n^2y_n & x_n^4-6x_n^2y_n^2+y_n^4 & 4x_ny_n^3-4x_n^3y_n \\ 0 & 1 & y_n & x_n & 2x_ny_n & x_n^2-y_n^2 & 3x_n^2y_n-y_n^3 & x_n^3-3x_ny_n^2 & 4x_n^3y_n-4x_ny_n^3 & x_n^4-6x_n^2y_n^2+y_n^4 \end{bmatrix} \cdot$$

$$\begin{bmatrix} \delta p_0 \\ \delta q_0 \\ \delta p_1 \\ \delta q_1 \\ p_2 \\ q_2 \\ p_3 \\ q_3 \\ p_4 \\ q_4 \end{bmatrix} - \begin{bmatrix} l_{x_1} \\ l_{y_1} \\ \vdots \\ \vdots \\ l_{x_n} \\ l_{y_n} \end{bmatrix} = \mathbf{0} \quad (1\text{-}25)$$

令 $\underset{2n\times1}{\mathbf{V}} = \begin{bmatrix} v_{x_1'} & v_{y_1'} & \cdots & v_{x_n'} & v_{y_n'} \end{bmatrix}^{\mathrm{T}}$

$$\underset{2n\times10}{\boldsymbol{B}} = \begin{bmatrix} 1 & 0 & x_1 & -y_1 & x_1^2-y_1^2 & -2x_1y_1 & x_1^3-3x_1y_1^2 & y_1^3-3x_1^2y_1 & x_1^4-6x_1^2y_1^2+y_1^4 & 4x_1y_1^3-4x_1^3y_1 \\ 0 & 1 & y_1 & x_1 & 2x_1y_1 & x_1^2-y_1^2 & 3x_1^2y_1-y_1^3 & x_1^3-3x_1y_1^2 & 4x_1^3y_1-4x_1y_1^3 & x_1^4-6x_1^2y_1^2+y_1^4 \\ \vdots & \vdots & \vdots & \vdots & \vdots & \vdots & \vdots & \vdots & \vdots & \vdots \\ 1 & 0 & x_n & -y_n & x_n^2-y_n^2 & -2x_ny_n & x_n^3-3x_ny_n^2 & y_n^3-3x_n^2y_n & x_n^4-6x_n^2y_n^2+y_n^4 & 4x_ny_n^3-4x_n^3y_n \\ 0 & 1 & y_n & x_n & 2x_ny_n & x_n^2-y_n^2 & 3x_n^2y_n-y_n^3 & x_n^3-3x_ny_n^2 & 4x_n^3y_n-4x_ny_n^3 & x_n^4-6x_n^2y_n^2+y_n^4 \end{bmatrix}$$

$\underset{10\times1}{\boldsymbol{X}} = \begin{bmatrix} \delta p_0 & \delta q_0 & \delta p_1 & \delta q_1 & p_2 & q_2 & p_3 & q_3 & p_4 & q_4 \end{bmatrix}^{\mathrm{T}}$

$\underset{2n\times1}{\boldsymbol{f}} = \begin{bmatrix} l_{x_1} & l_{y_1} & \cdots & l_{x_n} & l_{y_n} \end{bmatrix}^{\mathrm{T}}$

式(1-25)的矩阵形式为

$$\underset{2n\times1}{\boldsymbol{V}}=\underset{2n\times10}{\boldsymbol{B}}\ \underset{10\times1}{\boldsymbol{X}}-\underset{2n\times1}{\boldsymbol{f}} \tag{1-26}$$

正形变换参数向量 X 的最小二乘解为

$$\boldsymbol{X}=(\boldsymbol{B}^{\mathrm{T}}\boldsymbol{B})^{-1}\boldsymbol{B}^{\mathrm{T}}\boldsymbol{f} \tag{1-27}$$

由于法方程系数矩阵 $\boldsymbol{B}$ 的前两列数据绝对值较小，后 8 列数据绝对值又太大，为了缩小各列数据绝对值的差异，以改善矩阵 $\boldsymbol{B}$ 的结构，可先将源坐标$(x,\ y)$分别减去一个常数$(x_0,\ y_0)$后再计算。源坐标的减常数$(x_0,\ y_0)$可分别取源坐标$(x,\ y)$的平均值，也即有

$$x_0=\frac{1}{n}\sum_{i=1}^{n}x_i,\ y_0=\frac{1}{n}\sum_{i=1}^{n}y_i \tag{1-28}$$

验后单位权中误差估值为

$$\hat{\sigma}_0=\sqrt{\frac{V^{\mathrm{T}}V}{2n-10}} \tag{1-29}$$

2. 大地坐标系正形变换案例

图 1-62 内表列出了广东省某市 6 个 GNSS C 级点和 2 个 D 级点分别在两个大地坐标系的高斯平面坐标，由 C1，C3，C6，C5，C4 点组成的五边形(灰底色)面积约为 520 km^2，因两个高斯平面坐标系之间不存在高斯投影换带关系，需要使用正形变换求出变换参数。

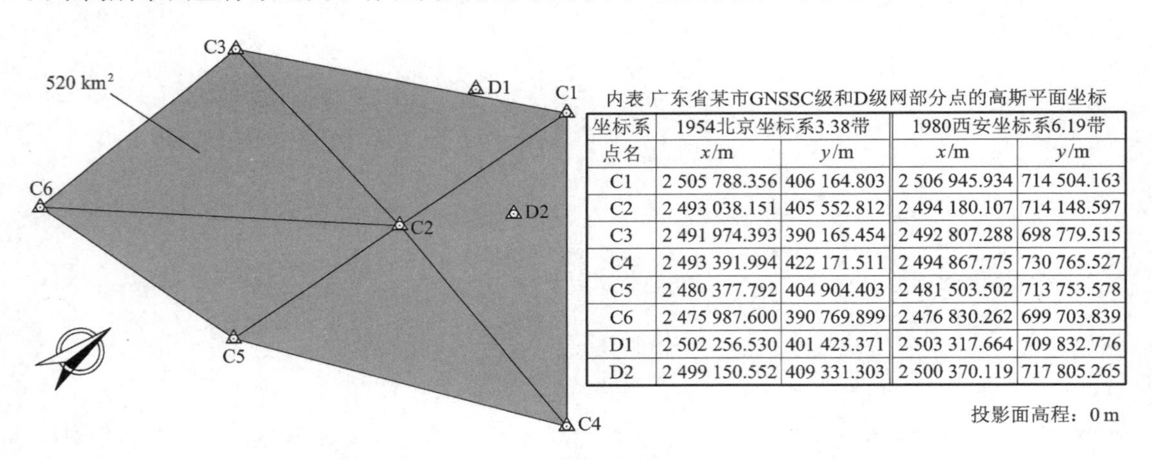

内表 广东省某市GNSSC级和D级网部分点的高斯平面坐标

坐标系	1954北京坐标系3.38带		1980西安坐标系6.19带	
点名	x/m	y/m	x/m	y/m
C1	2 505 788.356	406 164.803	2 506 945.934	714 504.163
C2	2 493 038.151	405 552.812	2 494 180.107	714 148.597
C3	2 491 974.393	390 165.454	2 492 807.288	698 779.515
C4	2 493 391.994	422 171.511	2 494 867.775	730 765.527
C5	2 480 377.792	404 904.403	2 481 503.502	713 753.578
C6	2 475 987.600	390 769.899	2 476 830.262	699 703.839
D1	2 502 256.530	401 423.371	2 503 317.664	709 832.776
D2	2 499 150.552	409 331.303	2 500 370.119	717 805.265

投影面高程：0 m

图 1-62 广东省某市大地坐标系正形变换案例数据

(1) 高斯投影换带计算 8 个 GNSS 点 1954 北京坐标系 6.19 带高斯平面坐标

为了验证坐标正形变换公式的正确性，先用**高斯投影**程序的换带功能计算图 1-62 内表 8 个 GNSS 点的 1954 北京坐标系 6.19 带坐标，再用**坐标正形变换**程序计算 1954 北京坐标系 3.38 带坐标变换到 1954 北京坐标系 6.19 带坐标的正形变换参数并比较坐标变换误差。

统一 3.38 带中央子午线经度为 $L_0=3°\times38=114°$，统一 6.19 带中央子午线经度为 $L_0=6°\times19-3°=111°$。新建一个高斯投影换带计算文件，输入上述两个坐标系的投影参数，结果如图 1-63(a)所示。在源坐标系高斯平面直角坐标栏输入图 1-62 内表 8 个 GNSS

点的1954北京坐标系3.38带坐标，点击屏幕底部的**计算**按钮，结果如图1-63(b)—(d)所示。图1-64为导出的Excel成果文件“高斯投影换带计算”选项卡的内容。

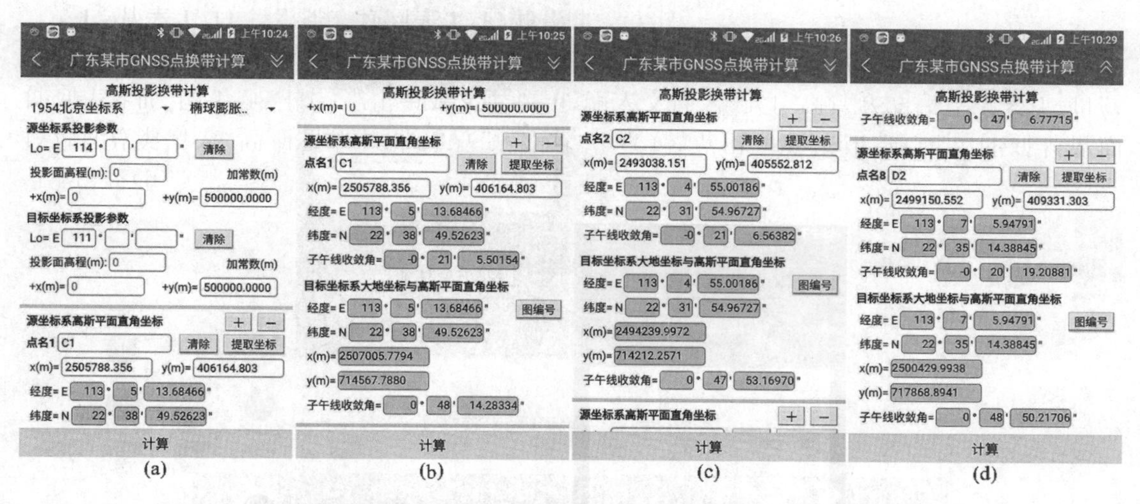

图1-63　应用“高斯投影”程序计算8个GNSS点的1954北京坐标系6.19带坐标

	A	B	C	D	E	F	G	H
1	抵偿高程面高斯投影换带计算成果(椭球膨胀法)							
2	坐标系：1954北京坐标系							
3	源坐标系投影参数：		中央子午线经度：E114°0'0.00"			投影面高程(m)：0.0000		
4			x坐标加常数(m)：0.0000			y坐标加常数(m)：500000.0000		
5	目标坐标系投影参数：		中央子午线经度：E111°0'0.00"			投影面高程(m)：0.0000		
6			x坐标加常数(m)：0.0000			y坐标加常数(m)：500000.0000		
7	序号	点名	源坐标系			目标坐标系		
8			x(m)	y(m)	子午线收敛角	x(m)	y(m)	子午线收敛角
9	1	C1	2505788.35600	406164.80300	-21'5.50154"	2507005.77943	714567.78802	48'14.28334"
10	2	C2	2493038.15100	405552.81200	-21'6.56382"	2494239.99719	714212.25712	47'53.16970"
11	3	C3	2491974.39300	390165.45400	-24'32.17156"	2492867.17856	698843.22689	44'25.56275"
12	4	C4	2493391.99400	422171.51100	-17'23.89513"	2494927.67857	730829.14030	51'36.77553"
13	5	C5	2480377.79200	404904.40300	-21'8.08119"	2481563.43285	713817.26347	47'31.72464"
14	6	C6	2475987.60000	390769.89900	-24'13.66672"	2476890.20217	699767.57202	44'18.93120"
15	7	D1	2502256.53000	401423.37100	-22'7.35501"	2503377.51796	709896.42928	47'6.77715"
16	8	D2	2499150.55200	409331.30300	-20'19.20881"	2500429.99375	717868.89408	48'50.21706"

高斯投影换带计算 / 地形图图幅编号

图1-64　导出的Excel成果文件“高斯投影换带计算”选项卡的内容

(2) 1954北京坐标系3.38带坐标正形变换到1954北京坐标系6.19带坐标

① 新建一个坐标正形变换文件

在项目主菜单[图1-65(a)]，点击**坐标正形变换**按钮，进入坐标正形变换文件列表界面[图1-65(b)]，点击**新建文件**按钮，使用缺省文件名创建一个坐标正形变换文件[图1-65(c)]，点击**确定**按钮，结果如图1-65(d)所示。

② 使用6个GNSS C级点计算10个坐标正形变换参数

启动Windows记事本，按南方Map坐标格式“点名,,y,x,0”输入图1-64源坐标C1～C6点的1954北京坐标系3.38带高斯平面坐标并保存，结果如图1-66(a)所示；按南方Map坐标格式“点名,,y',x',0”输入图1-64目标坐标C1～C6点1954北京坐标系6.19带高斯平面坐标并保存，结果如图1-66(b)所示。将这两个文件复制到手机内置SD卡根目录。

点击最近新建的文件名，在弹出的快捷菜单点击“坐标变换列表”命令[图1-67(a)]，进

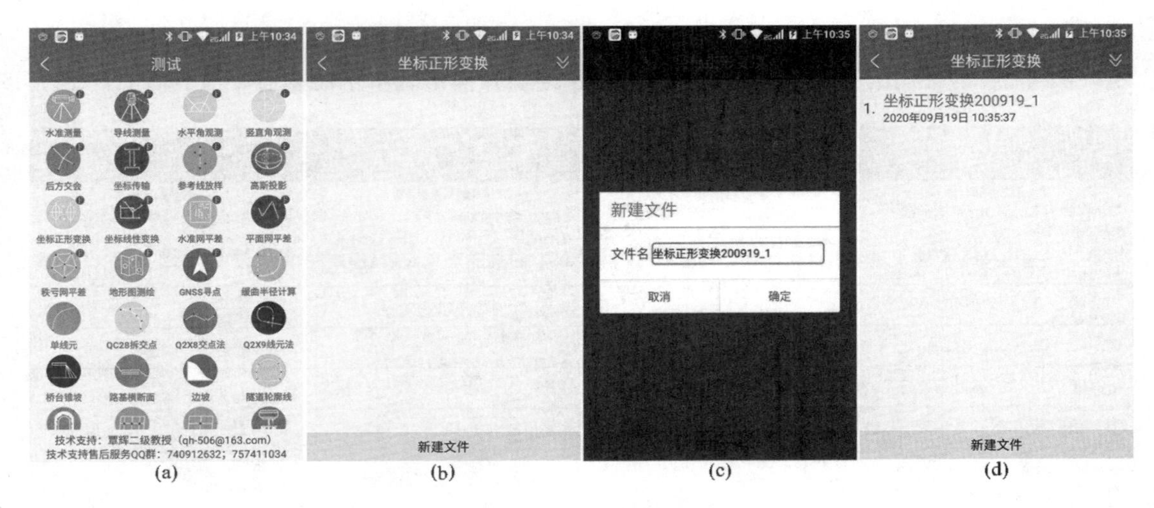

(a) (b) (c) (d)

图 1-65　新建坐标正形变换文件

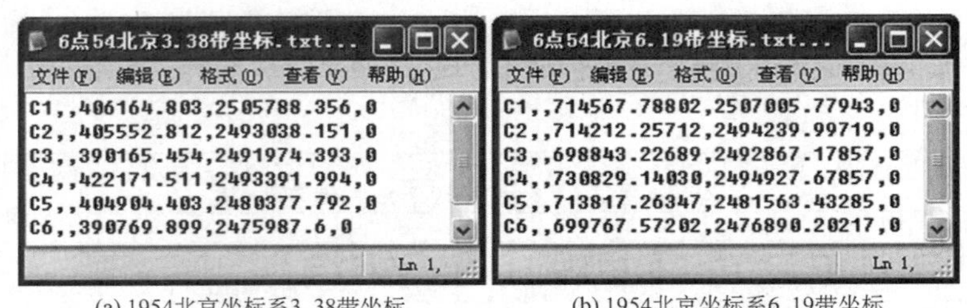
6点54北京3.38带坐标.txt...
文件(F) 编辑(E) 格式(O) 查看(V) 帮助(H)

```
C1,,406164.803,2505788.356,0
C2,,405552.812,2493038.151,0
C3,,390165.454,2491974.393,0
C4,,422171.511,2493391.994,0
C5,,404904.403,2480377.792,0
C6,,390769.899,2475987.6,0
```

6点54北京6.19带坐标.txt...
文件(F) 编辑(E) 格式(O) 查看(V) 帮助(H)

```
C1,,714567.78802,2507005.77943,0
C2,,714212.25712,2494239.99719,0
C3,,698843.22689,2492867.17857,0
C4,,730829.14030,2494927.67857,0
C5,,713817.26347,2481563.43285,0
C6,,699767.57202,2476890.20217,0
```

(a) 1954北京坐标系3.38带坐标　　(b) 1954北京坐标系6.19带坐标

图 1-66　在 Windows 记事本分别输入 C1～C6 点的两套坐标

入图 1-67(b)所示的坐标正形变换界面，它有“公共点”“需变换源坐标”和“目标坐标”三个选项卡，缺省设置为“公共点”选项卡，它有“源坐标”“目标坐标”和“变换参数”三个单选框，缺省设置为 ◎ **源坐标** 单选框。

点击**取消保护**按钮，在“源坐标备注”栏输入文字“1954 北京坐标系 3.38 带”，点击**导入文件坐标**按钮，选择手机内置 SD 卡“6 点 54 北京 3.38 带坐标.txt”文件，点击**确定**按钮，将该文件 6 个坐标导入源坐标栏，结果如图 1-67(c)，(d)所示。源坐标栏各点编码栏字符固定为“source”，表示为源坐标，用户不能修改。

点击 ◎ **目标坐标** 单选框，点击**导入文件坐标**按钮，选择手机内置 SD 卡“6 点 54 北京 6.19 带坐标.txt”文件，点击**确定**按钮，将该文件 6 个坐标导入目标坐标栏，结果如图 1-67(e)，(f)所示。目标坐标栏各点名固定为源坐标栏对应点名，编码栏字符固定为“target”，表示为目标坐标，用户不能修改。

点击 ◎ **变换参数** 单选框，点击屏幕底部的**计算正形变换参数**按钮，结果如图1-67(g)，(h)所示，验后单位权中误差仅为 0.003 5 mm。本案例的源坐标是 1954 北京坐标系 3.38 带，目标坐标是 1954 北京坐标系 6.19 带，两个坐标系具有严格的高斯投影换带关系，说明正形变换的结果与换带计算结果是相同的。

③ 使用最近计算的 10 个正形变换参数变换 8 个 GNSS 点的目标坐标

点击“需变换源坐标”选项卡，将 8 个 GNSS 点的 1954 北京坐标系 3.38 带坐标导入坐标列表，结果如图 1-68(a)，(b)所示。点击 计算全部 按钮，点击**确定**按钮[图 1-68(c)]，程序使用

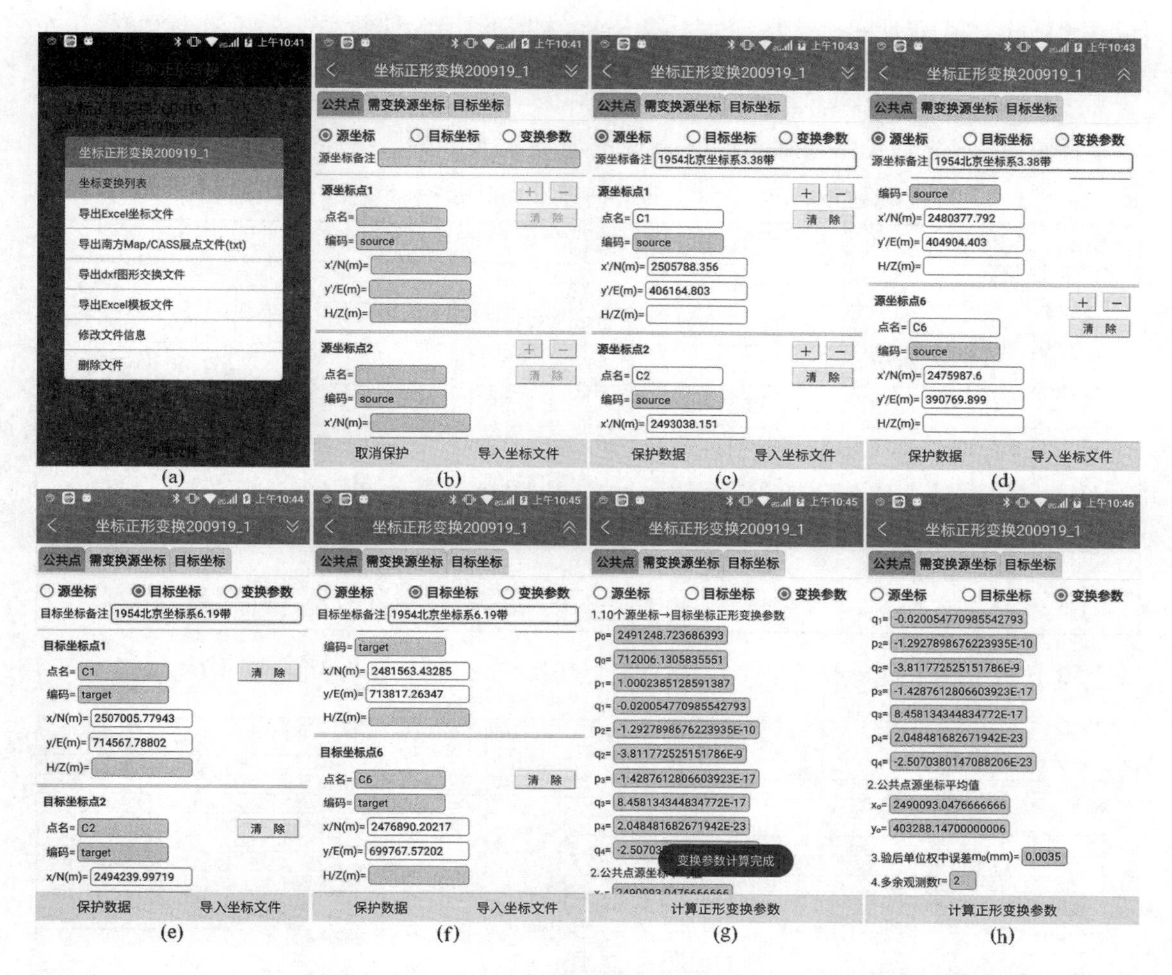

图 1-67　用 6 个 GNSS C 级点 1954 北京坐标系 3.38 带坐标和 6.19 带坐标作为公共点坐标计算正形变换参数

图 1-68　将 8 个 GNSS 点 1954 北京坐标系 3.38 带坐标正形变换到 1954 北京坐标系 6.19 带坐标

最近计算的10个正形变换参数、顺序计算8个点的1954北京坐标系6.19带坐标，结果存入“目标坐标”选项卡。点击“目标坐标”选项卡，结果如图1-68(d)所示。“目标坐标”选项卡中点的编码位字符统一为“target”，表示为目标坐标。8个点的目标坐标计算结果与图1-64高斯投影换带计算结果比较列于表1-30，两者完全一致。

表1-30　　8个GNSS点1954北京坐标系6.19带坐标正形变换与高斯投影换带计算结果比较

变换方式	3.38带正形变换为6.19带结果		3.38带高斯投影换带到6.19带结果		坐标差	
点名	x/m	y/m	x/m	y/m	Δx/m	Δy/m
C1	2 507 005.779 43	714 567.788 02	2 507 005.779 43	714 567.788 02	0.000 00	0.000 00
C2	2 494 239.997 19	714 212.257 12	2 494 239.997 19	714 212.257 12	0.000 00	0.000 00
C3	2 492 867.178 57	698 843.226 89	2 492 867.178 57	698 843.226 89	0.000 00	0.000 00
C4	2 494 927.678 57	730 829.140 30	2 494 927.678 57	730 829.140 30	0.000 00	0.000 00
C5	2 481 563.432 85	713 817.263 47	2 481 563.432 85	713 817.263 47	0.000 00	0.000 00
C6	2 476 890.202 17	699 767.572 02	2 476 890.202 17	699 767.572 02	0.000 00	0.000 00
D1	2 503 377.517 96	709 896.429 28	2 503 377.517 96	709 896.429 28	0.000 00	0.000 00
D2	2 500 429.993 75	717 868.894 08	2 500 429.993 75	717 868.894 08	0.000 00	0.000 00

图1-69为导出Excel成果文件“坐标正形变换200919_1.xls”两个选项卡的内容。

	A	B	C	D	E
1	高斯平面坐标正形变换参数间接平差计算成果				
2	1、公共点坐标				
3	源坐标备注：1954北京坐标系3.38带				
4	目标坐标备注：1954北京坐标系6.19带				
5	公共点名	源坐标		目标坐标	
6		x(m)	y(m)	x'(m)	y'(m)
7	C1	2505788.3560	406164.8030	2507005.77943	714567.78802
8	C2	2493038.1510	405552.8120	2494239.99719	714212.25712
9	C3	2491974.3930	390165.4540	2492867.17857	698843.22689
10	C4	2493391.9940	422171.5110	2494927.67857	730829.14030
11	C5	2480377.7920	404904.4030	2481563.43285	713817.26347
12	C6	2475987.6000	390769.8990	2476890.20217	699767.57202
13	2、间接平差计算的10个正形变换参数、验后单位权中误差、多余观测数				
14	参数名	参数值	参数名	参数值	验后m0(mm)
15	p0	2491248.724	p3	-1.42876E-17	0.0035
16	q0	712006.1306	q3	8.45813E-17	多余观测数
17	p1	1.000238513	p4	2.04848E-23	2
18	q1	-0.020054771	q4	-2.50704E-23	
19	p2	-1.29279E-10	x0	2490093.0477	
20	q2	-3.81177E-09	y0	403288.1470	

公共点 / 坐标正形变换成果

	A	B	C	D	E
1	点名	待变换源坐标		正形变换后的目标坐标	
2		x(m)	y(m)	x'(m)	y'(m)
3	C1	2505788.3560	406164.8030	2507005.77943	714567.78802
4	C2	2493038.1510	405552.8120	2494239.99719	714212.25712
5	C3	2491974.3930	390165.4540	2492867.17857	698843.22689
6	C4	2493391.9940	422171.5110	2494927.67857	730829.14030
7	C5	2480377.7920	404904.4030	2481563.43285	713817.26347
8	C6	2475987.6000	390769.8990	2476890.20217	699767.57202
9	D1	2502256.5300	401423.3710	2503377.51796	709896.42928
10	D2	2499150.5520	409331.3030	2500429.99375	717868.89408

公共点 / 坐标正形变换成果

图1-69　导出的Excel成果文件“公共点”选项卡和“坐标正形变换成果”选项卡的内容

在图1-68(a)所示的“需变换源坐标”选项卡中，有关手机与南方NTS-362LNB系列全站仪蓝牙传输坐标的几个按钮说明如下：发送全部按钮：蓝牙发送当前选项卡全部坐标数据到南方NTS-362LNB全站仪内存坐标文件；蓝牙发送按钮：蓝牙发送单点坐标到南方NTS-362LNB全站仪的测站点、后视点、放样点坐标界面；接收全站仪坐标按钮：蓝牙接收南方NTS-362LNB全站仪发送的坐标文件到当前选项卡。详细参见本书1.12节内容。

(3) 1954北京坐标系3.38带坐标正形变换到1980西安坐标系6.19带坐标

由于源坐标1954北京坐标系3.38带坐标与1980西安坐标系6.19带坐标属于两个大地坐标系，这两个坐标系之间不存在高斯投影换带关系，因此，正形变换即变为拟合变换。

① 使用 6 个 GNSS C 级点计算正形变换参数

新建“坐标正形变换 200919_2”文件，在“公共点”选项卡设置 **◉ 源坐标** 单选框，输入图 1-62 内表 6 个 GNSS C 级点的 1954 北京坐标系 3.38 带坐标[图 1-70(a)]；设置 **◉ 目标坐标** 单选框，输入图 1-62 内表 6 个 GNSS C 级点的 1980 西安坐标系 6.19 带坐标[图 1-70(b)]；设置 **◉ 变换参数** 单选框，点击 **计算正形变换参数** 按钮，结果如图 1-70(c)，(d)所示，其验后单位权中误差为 4.877 3 mm。两个没有换带关系的高斯平面坐标系，在 520 km^2 的范围内，坐标变换误差能达到毫米级，说明变换精度还是比较高的。

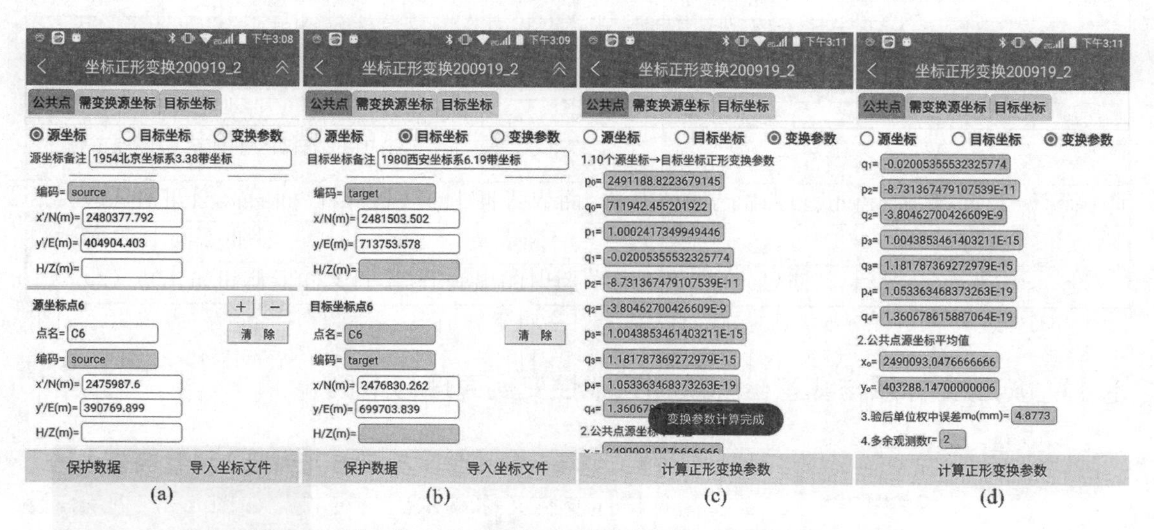

图 1-70　以 6 个 GNSS C 级点 1954 北京坐标系 3.38 带坐标为源坐标，1980 西安坐标系 6.19 带坐标为目标坐标计算正形变换参数

② 使用正形变换参数计算 8 个点的目标坐标

点击“需变换源坐标”选项卡，输入图 1-62 内表 8 个点的 1954 北京坐标系 3.38 带已知坐标，点击 计算全部 按钮，点击 **确定** 按钮[图 1-71(c)]，点击“目标坐标”选项卡，结果如图 1-71(d)所示。

图 1-71　将 8 个 GNSS 点 1954 北京坐标系 3.38 带坐标正形变换到 1980 西安坐标系 6.19 带坐标

8 个点的目标坐标计算结果与图 1-62 内表的 1980 西安坐标系 6.19 带已知坐标比较结果列于表 1-31，其中参与求解正形变换参数的 6 个公共点的坐标差较小，两个 D 级点的坐标差稍大。

表 1-31　　8 个 GNSS 点 1980 西安坐标系 6.19 带坐标正形变换与已知坐标结果比较

变换方式	正形变换结果		已知坐标		坐标差	
点名	x/m	y/m	x/m	y/m	Δx/m	Δy/m
C1	2 506 945.935 03	714 504.163 57	2 506 945.934	714 504.163	0.001 03	0.000 57
C2	2 494 180.102 56	714 148.593 22	2 494 180.107	714 148.597	−0.004 44	−0.003 78
C3	2 492 807.289 70	698 779.514 63	2 492 807.288	698 779.515	0.001 70	−0.000 37
C4	2 494 867.775 36	730 765.527 55	2 494 867.775	730 765.527	0.000 36	0.000 55
C5	2 481 503.502 55	713 753.580 77	2 481 503.502	713 753.578	0.000 55	0.002 77
C6	2 476 830.262 80	699 703.839 27	2 476 830.262	699 703.839	0.000 80	0.000 27
D1	2 503 317.670 86	709 832.763 98	2 503 317.664	709 832.776	0.006 86	−0.012 02
D2	2 500 370.111 36	717 805.254 82	2 500 370.119	717 805.265	−0.007 64	−0.010 18

1.11　施工坐标系与测量坐标系相互线性变换原理与案例

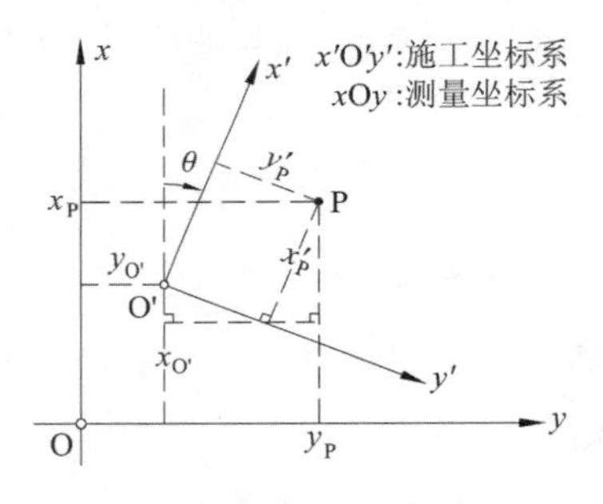

图 1-72　施工坐标与测量坐标线性变换原理

1. 施工坐标系与测量坐标系相互线性变换复数公式

坐标线性变换又称赫尔默特变换。如图 1-72 所示，设 $x'O'y'$为施工坐标系，xOy 为测量坐标系。将 P 点施工坐标变换为测量坐标的几何操作是：将 P 点绕原点 O′旋转θ 角，缩放尺度参数 k，再平移 $x_{O'}$，$y_{O'}$，即可变换为 P 点测量坐标。坐标变换前，需要已知两个公共点的施工坐标和测量坐标，才能唯一解算出上述四个坐标线性变换参数。

设平移参数复数为 $z_{O'}=x_{O'}+y_{O'}\mathrm{i}$，极坐标格式的旋转尺度复数为 $z_\theta=k\angle\theta$。

设任意点 P 的施工坐标复数为 $z'_P=x'_P+y'_P\mathrm{i}$，测量坐标复数为 $z_P=x_P+y_P\mathrm{i}$。根据复数定理一，将施工坐标系复平面上的点 z'_P乘以旋转尺度复数 z_θ，再加平移复数 $z_{O'}$，应等于 P 点测量坐标复数 z_P，故有下列方程式成立：

$$z_P=z_{O'}+z_\theta z'_P \tag{1-30}$$

设 1，2 两点的施工坐标复数分别为 $z'_1=x'_1+y'_1\mathrm{i}$，$z'_2=x'_2+y'_2\mathrm{i}$，测量坐标复数分别为$z_1=x_1+y_1\mathrm{i}$，$z_2=x_2+y_2\mathrm{i}$，将 1，2 两点的坐标分别代入式(1-30)，得到下列两个复数方程：

$$\left.\begin{aligned}z_1&=z_{O'}+z_\theta z'_1\\z_2&=z_{O'}+z_\theta z'_2\end{aligned}\right\} \tag{1-31}$$

将式(1-31)的第一式减第二式，消除平移复数 $z_{O'}$，解得旋转尺度复数为

$$z_\theta=\frac{z_1-z_2}{z'_1-z'_2}=k\angle\theta \tag{1-32}$$

由式(1-31)第一式解得平移复数为

$$z_{O'} = z_1 - z_\theta z'_1 \tag{1-33}$$

式(1-30)即由任意点 P 的施工坐标复数 z'_P 计算其测量坐标复数 z_P 的公式，由此得到由测量坐标复数 z_P 计算其施工坐标复数 z'_P 的公式为

$$z'_P = \frac{z_P - z_{O'}}{z_\theta} \tag{1-34}$$

2. 施工坐标与测量坐标相互变换案例

如图 1-73 所示，已知施工坐标系原点 O′的测量坐标及 $+x'$ 轴的测量方位角，尺度参数为 1，图中同时标注了 C1，C6，A6，B1～B6 等 9 个点的测量坐标及其施工坐标。下面介绍用这 9 点的施工坐标计算其测量坐标，以及用这 9 点的测量坐标计算其施工坐标的方法。

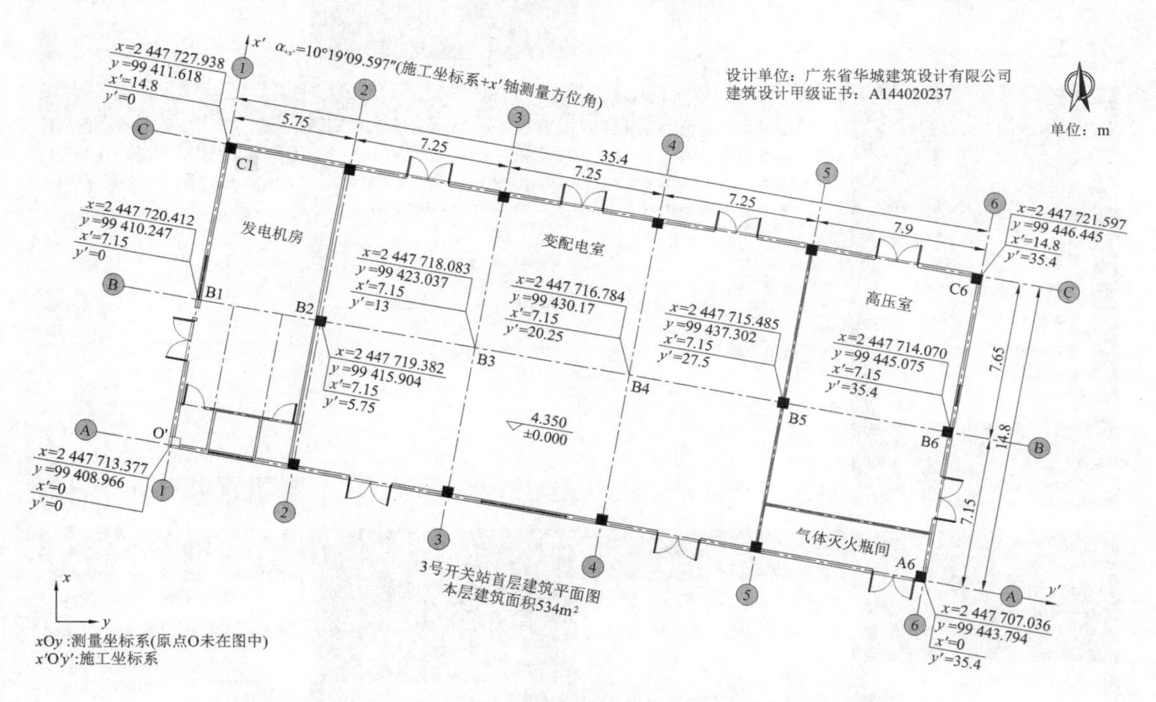

图 1-73　3 号开关站坐标线性变换参数和 B1～B6 点的施工坐标及测量坐标

启动 Windows 记事本，按南方 Map 展点坐标格式“点名,,y',x',0”输入图 1-73 所注 9 点的施工坐标并保存，结果如图 1-74(a)所示；输入图 1-73 所注 9 点的测量坐标并保存，结果如图 1-74(b)所示。将这两个文件复制到手机内置 SD 卡根目录。

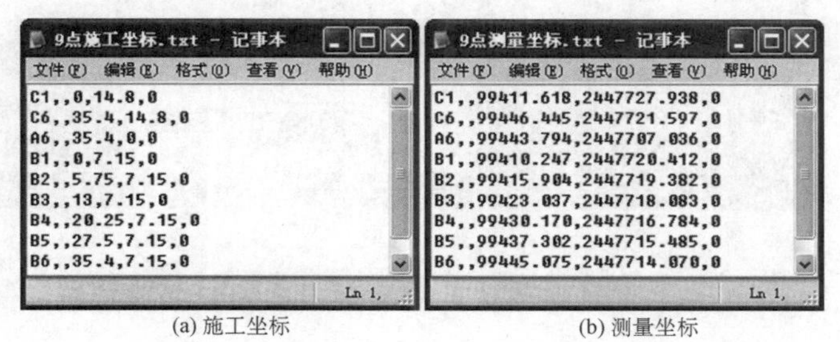

9点施工坐标.txt - 记事本

文件(F) 编辑(E) 格式(O) 查看(V) 帮助(H)

```
C1,,0,14.8,0
C6,,35.4,14.8,0
A6,,35.4,0,0
B1,,0,7.15,0
B2,,5.75,7.15,0
B3,,13,7.15,0
B4,,20.25,7.15,0
B5,,27.5,7.15,0
B6,,35.4,7.15,0
```

9点测量坐标.txt - 记事本

文件(F) 编辑(E) 格式(O) 查看(V) 帮助(H)

```
C1,,99411.618,2447727.938,0
C6,,99446.445,2447721.597,0
A6,,99443.794,2447707.036,0
B1,,99410.247,2447720.412,0
B2,,99415.904,2447719.382,0
B3,,99423.037,2447718.083,0
B4,,99430.170,2447716.784,0
B5,,99437.302,2447715.485,0
B6,,99445.075,2447714.070,0
```

(a) 施工坐标　(b) 测量坐标

图 1-74　在记事本分别输入 9 点的施工坐标及测量坐标

(1) 新建一个坐标线性变换文件

在项目主菜单[图 1-75(a)]，点击 **坐标线性变换** 按钮，进入坐标

线性变换文件列表界面[图 1-75(b)]；点击 **新建文件** 按钮，使用缺省文件名创建一个坐标线性变换文件[图 1-75(c)]，点击 **确定** 按钮，返回文件列表界面[图 1-75(d)]。

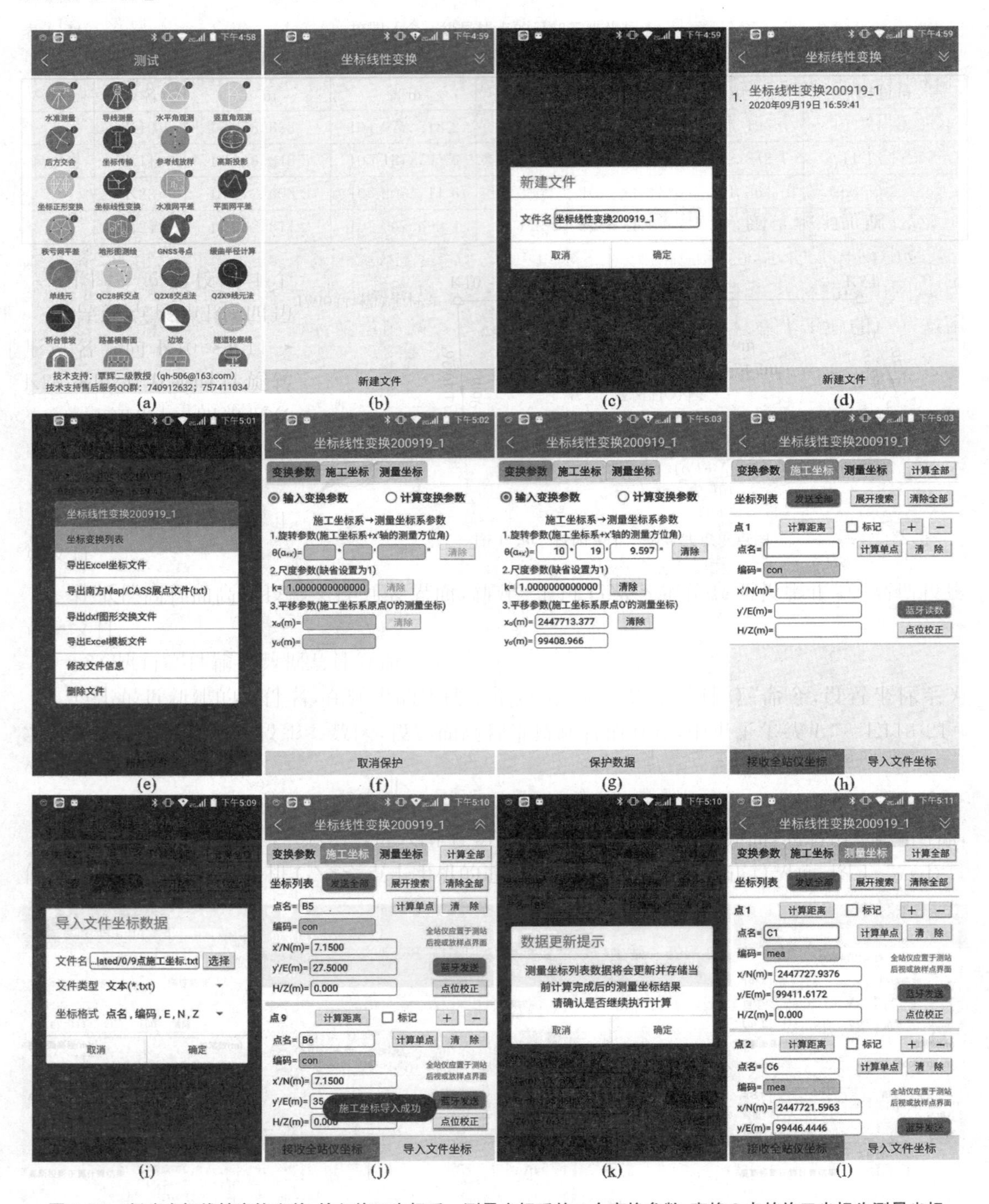

图 1-75　新建坐标线性变换文件，输入施工坐标系→测量坐标系的 4 个变换参数，变换 9 点的施工坐标为测量坐标

(2) 输入文件的 4 个坐标线性变换参数

点击最近新建的文件名，在弹出的快捷菜单点击"坐标变换列表"命令[图 1-75(e)]，进入坐标线性变换界面[图 1-75(f)]，它有“变换参数”“施工坐标”和“测量坐标”三个选项卡，缺省设置为“变换参数”选项卡，该选项卡有“输入变换参数”和“计算变换参数”两个单选框，缺省设置为◉ **输入变换参数**单选框。

点击**取消保护**按钮，在旋转参数 θ 栏输入图 1-73 所示施工坐标系 $+x'$ 轴的测量坐标方位角和施工坐标系原点 O′点的测量坐标，尺度参数 k 的缺省设置为 1，维持不变，结果如图 1-75(g)所示。

(3) 导入 9 点施工坐标并计算其测量坐标

点击“施工坐标”选项卡，进入施工坐标列表界面[图 1-75(h)]，编码位字符固定为“con”，表示为施工(construction)坐标，界面其余按键的功能与“图形对象”程序相同，详细参见本书 1.12 节。

点击**导入文件坐标**按钮，选择手机内置 SD 卡“9 点施工坐标.txt”文件[图 1-75(i)]，点击**确定**按钮，将该文件 9 个点的施工坐标导入施工坐标选项卡[图 1-75(j)]。

点击**计算全部**按钮，点击**确定**按钮[图 1-75(k)]，程序使用“变换参数”选项卡的坐标变换参数，应用式(1-30)依次计算 9 个点的测量坐标，结果存入“测量坐标”选项卡；点击“测量坐标”选项卡，结果如图 1-75(l)所示。“测量坐标”选项卡中点的编码位字符统一为“mea”，表示为测量(measuring)坐标，9 点的测量坐标计算结果与图 1-73 的标注结果比较列于表 1-32。

表 1-32　　9 点测量坐标程序计算值与 AutoCAD 标注值比较

序	点名	程序计算值		AutoCAD 标注值		坐标差	
		x/m	y/m	x/m	y/m	δx/m	δy/m
1	C1	2 447 727.937 6	99 411.617 2	2 447 727.938	99 411.618	−0.000 4	−0.000 8
2	C6	2 447 721.596 3	99 446.444 6	2 447 721.597	99 446.445	−0.000 7	−0.000 4
3	A6	2 447 707.035 6	99 443.793 4	2 447 707.036	99 443.794	−0.000 4	−0.000 6
4	B1	2 447 720.411 3	99 410.246 8	2 447 720.412	99 410.247	−0.000 7	−0.000 2
5	B2	2 447 719.381 3	99 415.903 8	2 447 719.382	99 415.904	−0.000 7	−0.000 2
6	B3	2 447 718.082 6	99 423.036 5	2 447 718.083	99 423.037	−0.000 4	−0.000 5
7	B4	2 447 716.783 9	99 430.169 3	2 447 716.784	99 430.170	−0.000 1	−0.000 7
8	B5	2 447 715.485 2	99 437.302 0	2 447 715.485	99 437.302	0.000 2	0
9	B6	2 447 714.070 0	99 445.074 2	2 447 714.070	99 445.075	0	−0.000 8

点的高程不参与坐标线性变换计算，程序将施工坐标点的高程直接赋值给同名点的测量坐标高程，以便于用户将点在两个坐标系的三维坐标蓝牙发送给南方 NTS-362LNB 全站仪的测站、后视或放样点坐标界面。

(4) 使用卡西欧 fx-5800P 工程机的复数功能手动变换 C1 点的坐标

按 SHIFT SETUP 3 键设置角度单位为十进制度，按 1 SHIFT ∠ 10 °′″ 19 °′″ 9.597 °′″ SHIFT STO Z 键存旋转尺度复数到 Z 变量[图 1-76(a)]，按 2 447 713.377 + 99 408.966 *i* SHIFT STO O 键存施工坐标系原点的测量坐标复数到 O 变量[图 1-76(b)]。

按 ALPHA O + ALPHA Z × 14.8 SHIFT STO A 键，应用式(1-30)，由 C1 点施工坐标计算其测量坐标，结果存入 A 变量[图 1-76(c)]。

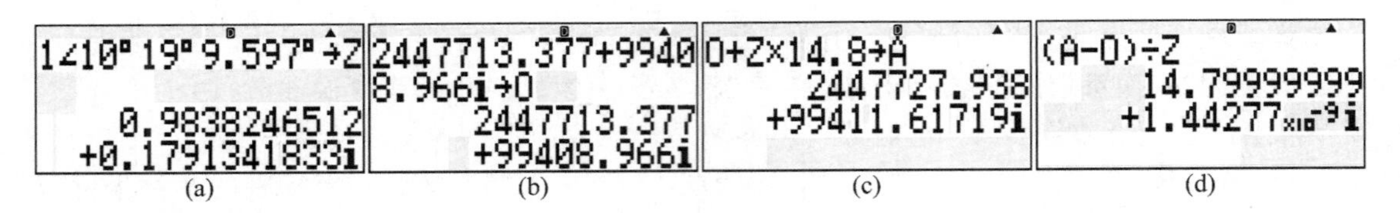

图 1-76　使用卡西欧 fx-5800P 工程机的复数功能进行 C1 点施工坐标与测量坐标的相互变换

按 (ALPHA A − ALPHA O) ÷ ALPHA Z EXE 键，应用式(1-34)，由 C1 点测量坐标计算其施工坐标[图 1-76(d)]。

(5) 使用测量坐标计算 C1→C6 点平距

在“测量坐标”选项卡，点击“C1”坐标栏的 计算距离 按钮[图 1-77(a)]，进入图 1-77(b)所示的界面；点击端点栏“点名”右侧的▼按钮，点击 C6 点[图 1-77(c)]，点击 计 算 按钮，结果如图 1-77(d)所示，C1→C6 点之间的平距为 35.4 m，与图 1-73 的标注值相同。点击 返 回 按钮，返回“测量坐标”选项卡。

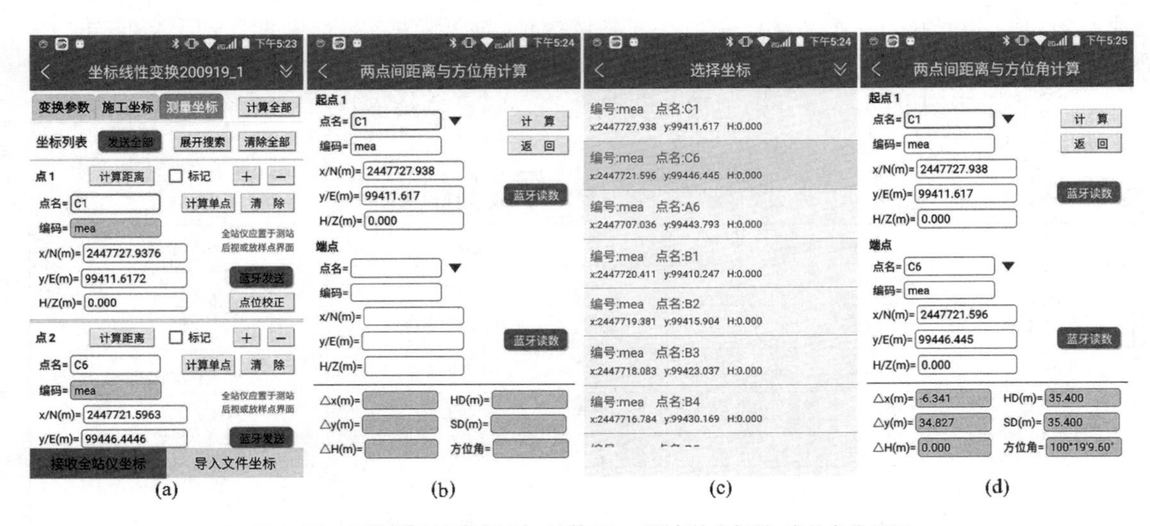

图 1-77　在“测量坐标”选项卡，计算 C1→C6 点的坐标差、方位角及平距

在图 1-77(d)所示的界面，也可点击起点或端点坐标栏右侧的 蓝牙读数 按钮启动全站仪实测其坐标后，再点击 计 算 按钮，计算全站仪实测任意两点的三维坐标差、方位角、平距及斜距，实现全站仪的对边测量功能。

(6) 导出 Excel 坐标文件

点击标题栏左侧的◀按钮或手机退出键，返回文件列表界面，点击“坐标线性变换200919_1”文件名，在弹出的快捷菜单点击“导出 Excel 坐标文件”命令，在手机内置 SD 卡工作文件夹生成“坐标线性变换 200919_1.xls”文件，该文件三个选项卡的内容如图 1-78 所示。

(7) 导出南方 Map 展点坐标文件

在文件列表界面，点击文件名“坐标线性变换 200919_1”，在弹出的快捷菜单点击“导出南方 Map/CASS 展点文件(txt)”命令，在工作文件夹依次生成“坐标线性变换 200919_1_施工.txt”和“坐标线性变换 200919_1_测量.txt”两个文件，两个坐标文件的内容如图 1-79 所示。

	A	B
1	变换参数	
2	参数名	参数值
3	θ	10°19'9.5970"
4	k	1.0000000000000
5	xo'(m)	2447713.3770
6	yo'(m)	99408.9660

变换参数 / 施工坐标 / 测

	A	B	C	D	E
1	点名	编码	y'/E	x'/N	H
2	C1	con	0.0000	14.8000	0.0000
3	C6	con	35.4000	14.8000	0.0000
4	A6	con	35.4000	0.0000	0.0000
5	B1	con	0.0000	7.1500	0.0000
6	B2	con	5.7500	7.1500	0.0000
7	B3	con	13.0000	7.1500	0.0000
8	B4	con	20.2500	7.1500	0.0000
9	B5	con	27.5000	7.1500	0.0000
10	B6	con	35.4000	7.1500	0.0000

变换参数 / 施工坐标 / 测量坐标

	A	B	C	D	E
1	点名	编码	y/E	x/N	H
2	C1	mea	99411.6172	2447727.9376	0.0000
3	C6	mea	99446.4446	2447721.5963	0.0000
4	A6	mea	99443.7934	2447707.0356	0.0000
5	B1	mea	99410.2468	2447720.4113	0.0000
6	B2	mea	99415.9038	2447719.3813	0.0000
7	B3	mea	99423.0365	2447718.0826	0.0000
8	B4	mea	99430.1693	2447716.7839	0.0000
9	B5	mea	99437.3020	2447715.4852	0.0000
10	B6	mea	99445.0742	2447714.0700	0.0000

变换参数 / 施工坐标 / 测量坐标

图 1-78　导出"坐标线性变换 200919_1.xls"文件三个选项卡的内容

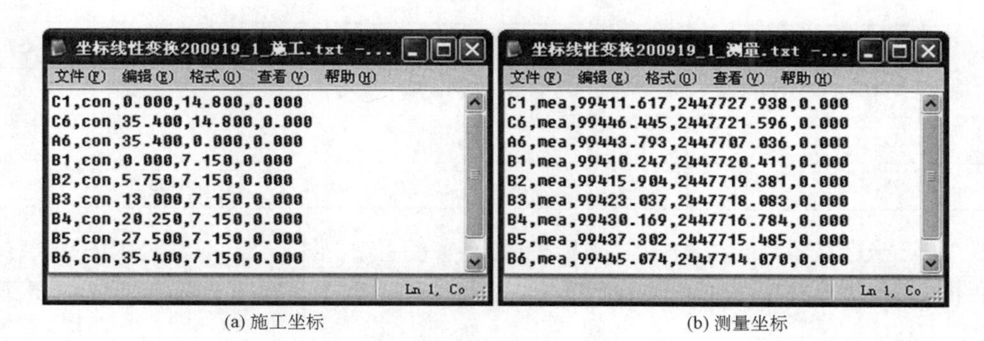

坐标线性变换200919_1_施工.txt

```
C1,con,0.000,14.800,0.000
C6,con,35.400,14.800,0.000
A6,con,35.400,0.000,0.000
B1,con,0.000,7.150,0.000
B2,con,5.750,7.150,0.000
B3,con,13.000,7.150,0.000
B4,con,20.250,7.150,0.000
B5,con,27.500,7.150,0.000
B6,con,35.400,7.150,0.000
```

坐标线性变换200919_1_测量.txt

```
C1,mea,99411.617,2447727.938,0.000
C6,mea,99446.445,2447721.596,0.000
A6,mea,99443.793,2447707.036,0.000
B1,mea,99410.247,2447720.411,0.000
B2,mea,99415.904,2447719.381,0.000
B3,mea,99423.037,2447718.083,0.000
B4,mea,99430.169,2447716.784,0.000
B5,mea,99437.302,2447715.485,0.000
B6,mea,99445.074,2447714.070,0.000
```

(a) 施工坐标　　(b) 测量坐标

图 1-79　导出南方 CASS 展点施工坐标系和测量坐标系坐标文件的内容

(8) 导出 dxf 图形交换文件

在坐标线性变换文件列表界面，点击文件名"坐标线性变换 200919_1"，在弹出的快捷菜单点击"导出 dxf 图形交换文件"命令，在工作文件夹依次生成"坐标线性变换 200919_1_施工.dxf"和"坐标线性变换 200919_1_测量.dxf"两个图形交换文件，用户可以启动 AutoCAD 打开这两个 dxf 文件。

(9) 测量坐标变换为施工坐标

图 1-80 为新建"坐标线性变换 200919_2"文件，输入图 1-73 所注的 4 个坐标线性变换参数(尺度参数 $k=1$)，点击 "测量坐标"选项卡，在"测量坐标"选项卡导入手机内置 SD 卡根目录的"9 点测量坐标.txt"文件，点击 计算全部 按钮，点击 **确定** 按钮，程序使用变换参数、应用式(1-34)依次计算 9 点施工坐标，结果存入"施工坐标"选项卡。点击"施工坐标"选项卡，结果如图 1-80(e)所示，9 点施工坐标计算结果与图 1-73 的标注结果比较列于表 1-33。

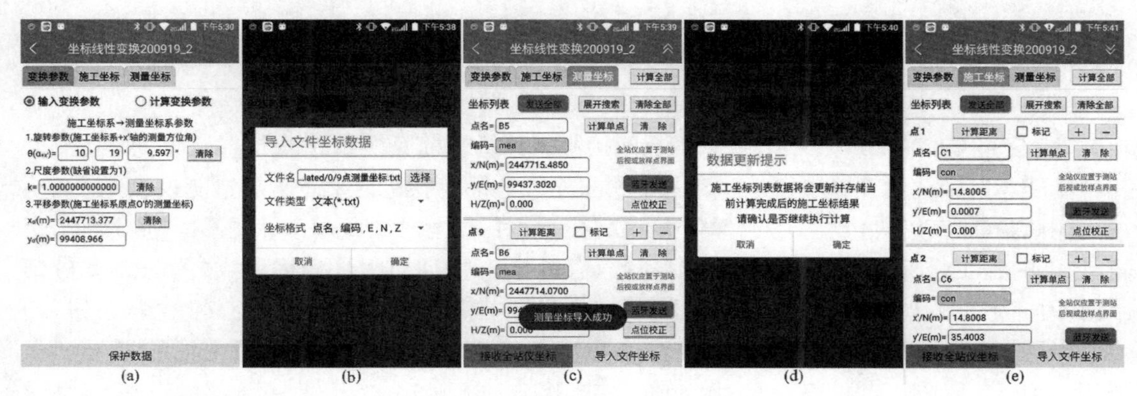

(a)　(b)　(c)　(d)　(e)

图 1-80　导入手机内置 SD 卡"9 点测量坐标.txt"文件数据到"测量坐标"选项卡并计算其施工坐标

表 1-33　　9 点施工坐标程序计算值与 AutoCAD 标注值比较

序	点名	程序计算值		AutoCAD 标注值		坐标差	
		x'/m	y'/m	x'/m	y'/m	$\delta x'$/m	$\delta y'$/m
1	C1	14.800 5	0.000 7	14.8	0	0.000 5	0.000 7
2	C6	14.800 8	35.400 3	14.8	35.4	0.000 8	0.000 3
3	A6	0.000 5	35.400 5	0	35.4	0.000 5	0.000 5
4	B1	7.150 7	0.000 1	7.15	0	0.000 7	0.000 1
5	B2	7.150 7	5.750 1	7.15	5.75	0.000 7	0.000 1
6	B3	7.150 5	13.000 4	7.15	13	0.000 5	0.000 4
7	B4	7.150 3	20.250 7	7.15	20.25	0.000 3	0.000 7
8	B5	7.149 8	27.5 000	7.15	27.5	−0.000 2	0
9	B6	7.150 1	35.400 8	7.15	35.4	0.000 1	0.000 8

在“施工坐标”选项卡，点击“C1”坐标栏的 计算距离 按钮[图 1-81(a)]，进入图 1-81(b)所示的界面，点击端点栏“点名”右侧的▼按钮，点击 C6 点[图 1-81(c)]，点击 计 算 按钮，结果如图 1-81(d)所示，C1→C6 点之间的平距为 35.4 m，与图 1-73 的标注值相同。点击 返 回 按钮，返回“施工坐标”选项卡。

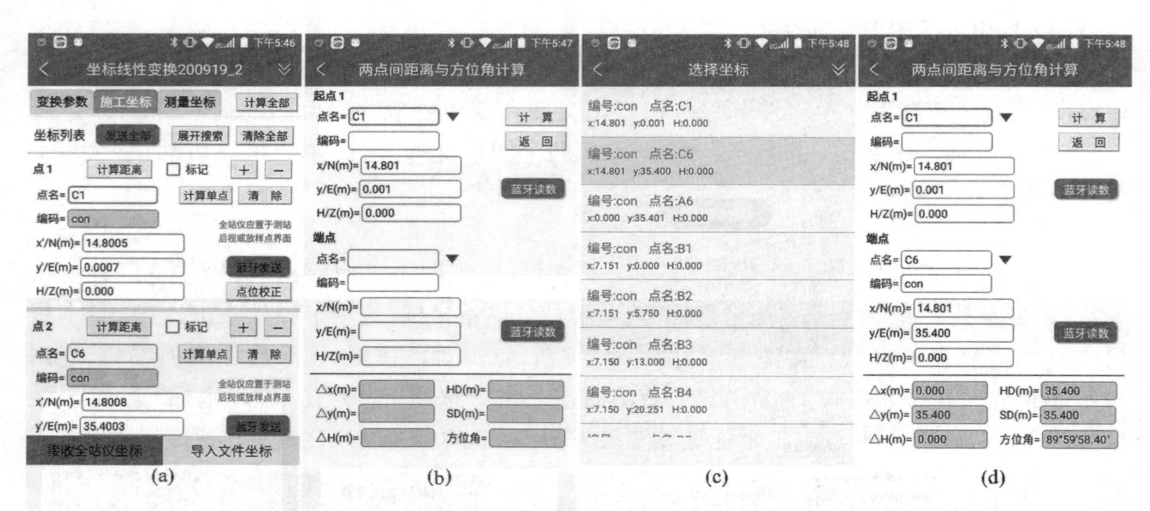

图 1-81　在“施工坐标”选项卡，计算 C1→C6 点的坐标差、方位角及平距

3. 应用 C1，C6，A6 三个公共点坐标间接平差计算坐标变换参数案例

新建“坐标线性变换 200919_3”文件并执行“坐标变换列表”命令，在“变换参数”选项卡点击**取消保护**按钮，点击 ⊙ **计算变换参数** 按钮。手动输入图 1-73 所注 C1，C6，A6 三个公共点的施工坐标及测量坐标，缺省设置只有两个公共点的两套坐标输入栏，完成 2 号公共点两套坐标的输入后，点击 + 按钮，新建 3 号公共点坐标输入栏。点击 计算参数 按钮，结果如图1-82(a)—(c)所示，算出的 4 个坐标变换参数与图 1-73 标注值比较的结果列于表 1-34。

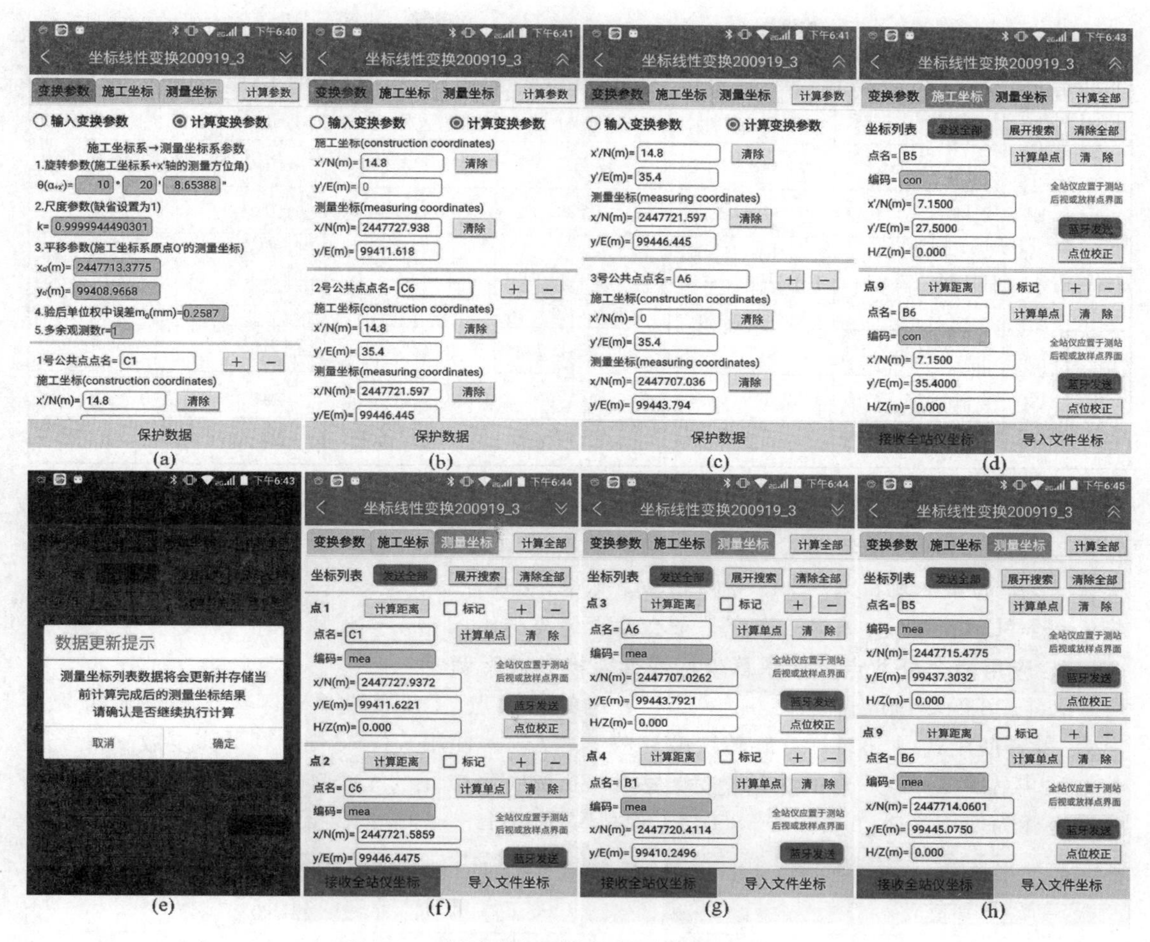

图 1-82　在“变换参数”选项卡，计算坐标变换参数

表 1-34　　应用三个公共点两套坐标平差计算的变换参数与 AutoCAD 标注值比较

点名	程序计算值	标注值	差值	验后单位权中误差
θ	10°20′8.653 38″	10°19′09.597″	59.056 38″	0.258 7 mm
k	0.999 994 449 030 1	1.000 000 000 000	−0.000 005 550 969 9	多余观测数
$x_{O'}$	2 447 713.377 5	2 447 713.377	0.000 5 m	2
$y_{O'}$	99 408.966 8	99 408.966	0.000 8 m	

点击“施工坐标”选项卡，导入手机内置 SD 卡根目录的“9 点施工坐标.txt”文件，点击 计算全部 按钮，点击 确定 按钮，计算 9 点测量坐标并存入“测量坐标”选项卡，操作过程如图 1-82(d)—(h)所示。9 点测量坐标计算结果与图 1-73 的标注结果比较列于表 1-35。

表 1-35　　9 点测量坐标程序计算值与 AutoCAD 标注值比较

序	点名	程序计算值		AutoCAD 标注值		坐标差	
		x/m	y/m	x/m	y/m	δx/m	δy/m
1	C1	2 447 727.937 2	99 411.622 1	2 447 727.938	99 411.618	−0.000 8	0.004 1
2	C6	2 447 721.585 9	99 446.447 5	2 447 721.597	99 446.445	−0.011 1	0.002 5

（续表）

序	点名	程序计算值		AutoCAD 标注值		坐标差	
		x/m	y/m	x/m	y/m	δx/m	δy/m
3	A6	2 447 707.026 2	99 443.792 1	2 447 707.036	99 443.794	−0.009 8	−0.001 9
4	B1	2 447 720.411 4	99 410.249 6	2 447 720.412	99 410.247	−0.000 6	0.002 6
5	B2	2 447 719.379 8	99 415.906 2	2 447 719.382	99 415.904	−0.002 2	0.002 2
6	B3	2 447 718.079 0	99 423.038 6	2 447 718.083	99 423.037	−0.004	0.001 6
7	B4	2 447 716.778 3	99 430.170 9	2 447 716.784	99 430.170	−0.005 7	0.000 9
8	B5	2 447 715.477 5	99 437.303 2	2 447 715.485	99 437.302	−0.007 5	0.001 2
9	B6	2 447 714.060 1	99 445.075 0	2 447 714.070	99 445.075	−0.009 9	0

坐标线性变换有 4 个参数，当只有 2 个公共点时，方程有唯一解；当公共点数大于 2 时，程序使用间接平差计算 4 个坐标线性变换参数，参数的平差计算精度可以从验后单位权中误差 m_0 的值体现出来[图 1-82(a)]，m_0 越小，表示计算精度越高；m_0 越大，表示计算精度越低。如果该值很大，说明至少有 1 个公共点的坐标输入错误。

4. 应用两个公共点直接解算坐标线性变换参数案例

表 1-36 的案例取自文献[9]第 12 页。已知公共点 1，2 在施工坐标系与测量坐标系的坐标，需要使用式(1-32)计算旋转尺度复数 $z_\theta=k\angle\theta$，使用式(1-33)计算平移复数 $z_{O'}=x_{O'}+y_{O'}\mathrm{i}$，再计算 3，4，5 点的测量坐标。表 1-36 灰底色单元的 4 个转换参数和 3，4，5 点的测量坐标为使用文献[9]的 fx-5800P 工程机程序 QH1-6 计算的结果。

表 1-36　计算施工坐标→测量坐标线性变换参数与坐标转换测试案例

点号	施工坐标			测量坐标		
	x′/m	y′/m		x/m	y/m	
1	2 505 788.356	406 164.803		55 500.563	48 677.583	
2	2 493 038.151	405 552.812		42 748.292	48 142.600	
参数名	计算出 4 个坐标线性变换参数值					
θ	−0°20′44.667 74″					
k	0.999 890 636 084 4					
$x_{O'}$	−2 452 418.778 9					
$y_{O'}$	−342 316.424 1					
	x′/m	y′/m	H/m	x/m	y/m	H/m
3	2 505 506.417	402 922.768	256.163	55 199.099	45 437.663	256.163
4	2 504 400.133	401 850.093	250.321	54 086.484	44 371.799	250.321
5	2 502 274.739	401 462.177	253.654	51 959.020	43 996.757	253.654

(1) 使用坐标线性变换程序计算

新建“坐标线性变换 200919_4”文件并执行“坐标变换列表”命令，在“变换参数”选项卡点击**取消保护**按钮，点击◎**计算变换参数**按钮，界面如图 1-83(a)所示。

图 1-83 输入 1, 2 公共点两套坐标计算变换参数,在“施工坐标”选项卡输入 3, 4, 5 点的施工坐标并计算其测量坐标

手动输入表 1-36 公共点 1, 2 的两套坐标值,结果如图 1-83(b)所示;点击 计算参数 按钮,结果如图 1-83(c)所示,算出的 4 个转换参数与表 1-36 的结果相同。

点击“施工坐标”选项卡,手动输入表 1-36 中 3, 4, 5 点的施工坐标,结果如图 1-83(d),(e)所示;点击 计算全部 按钮,点击 **确定** 按钮[图 1-83(f)],程序使用坐标变换参数、应用式(1-30)依次计算三个点的测量坐标,结果存入“测量坐标”选项卡;点击“测量坐标”选项卡,结果如图 1-83(g),(h)所示,算出三个点的测量坐标与表 1-36 的结果相符。

在“测量坐标”选项卡,点击“点 1”栏的 计算距离 按钮[图 1-84(a)],进入图 1-84(b)所示的界面,起点坐标为 3 号点,点击端点栏“点名”右侧的▼按钮,点击 4 号点[图 1-84(c)],点击 计 算 按钮,结果如图 1-84(d)所示,3→4 点之间的平距为 1 540.771 m。

图 1-85 为导出的“坐标线性变换 200919_4.xls”文件三个选项卡的内容。

(2) 使用卡西欧 fx-5800P 工程机的复数功能手动计算

按 SHIFT SETUP 3 键设置角度单位为十进制度,按 2 505 788.356 + 406 164.803 *i* SHIFT STO A 键存 1 号点施工坐标到 *A* 变量[图 1-86(a)],按 2 493 038.151 + 405 552.812 *i* SHIFT STO B 键存 2 号点施工坐标到 *B* 变量[图 1-86(b)],按 55 500.563 + 48 677.583 + SHIFT STO C 键存 1 号点测量坐标到 *C* 变量[图 1-86(c)],按 42 748.292 + 48 142.6 + SHIFT STO D 键存 2 号点测量坐标到 *D* 变量[图 1-86(d)]。

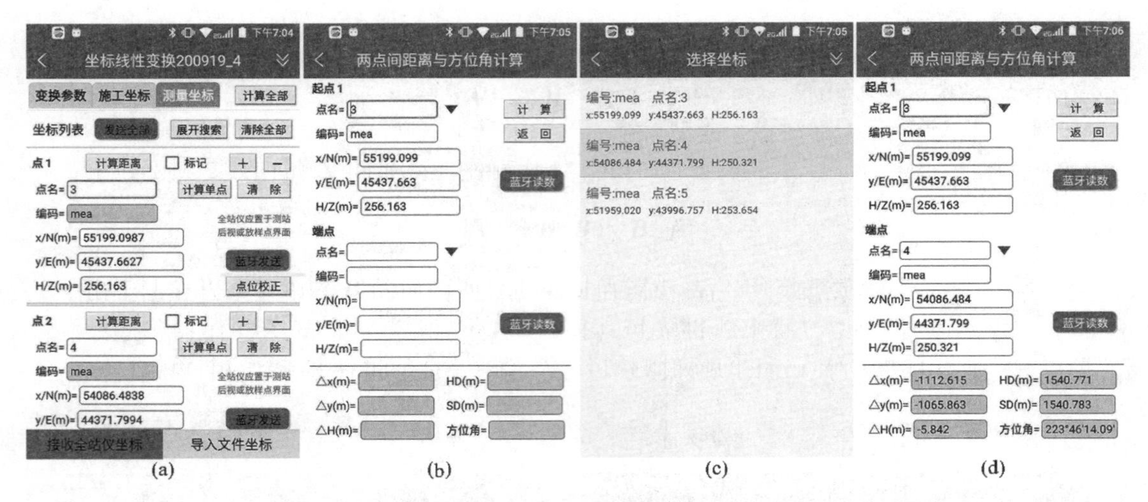

图 1-84　在“测量坐标”选项卡,计算 3→4 点的三维坐标差、方位角及平距

	A	B	C	D
1	变换参数			
2	参数名	参数值		
3	θ	-20'44.6677"		
4	k	0.9998906360844		
5	xo'(m)	-2452418.7789		
6	yo'(m)	-342316.4241		
7	两个公共点平面坐标			
8	点名	坐标系	y/E	x/N
9	1	施工坐标	406164.803	2505788.356
10		测量坐标	48677.583	55500.563
11	2	施工坐标	405552.812	2493038.151
12		测量坐标	48142.6	42748.292

变换参数 / 施工坐标 / 测量坐标

	A	B	C	D	E
1	点名	编码	y'/E	x'/N	H
2	3	con	402922.7680	2505506.4170	256.1630
3	4	con	401850.0930	2504400.1330	250.3210
4	5	con	401462.1770	2502274.7390	253.6540

变换参数 / 施工坐标 / 测量坐标

	A	B	C	D	E
1	点名	编码	y/E	x/N	H
2	3	mea	45437.6627	55199.0987	256.1630
3	4	mea	44371.7994	54086.4838	250.3210
4	5	mea	43996.7567	51959.0204	253.6540

变换参数 / 施工坐标 / 测量坐标

图 1-85　导出 Excel 坐标文件“坐标线性变换 200919_4.xls”三个选项卡的内容

```
2505788.356+406164.803i→A
2505788.356
+406164.803i
```
(a)

```
2493038.151+405552.812i→B
2493038.151
+405552.812i
```
(b)

```
55500.563+48677.583i→C
55500.563
+48677.583i
```
(c)

```
42748.292+48142.6i→D
42748.292
+48142.6i
```
(d)

```
(C-D)÷(A-B)→Z
0.9998724316
-6.033622934×10^-3 i
```
(e)

```
Z▸r∠θ
0.9998906361
∠-0.3457410389
```
(f)

```
C-Z×A→O
-2452418.779
-342316.4241i
```
(g)

```
O+Z(2505506.417+402922.768i)
55199.09875
+45437.66269i
```
(h)

图 1-86　使用卡西欧 fx-5800P 工程机的复数功能计算施工坐标至测量坐标的线性变换参数

按 (ALPHA C − ALPHA D) ÷ (ALPHA A − ALPHA B) ALPHA STO Z 键,应用式(1-32)计算旋转尺度复数并存入 Z 变量。图 1-86(e)是以直角坐标格式显示复数 Z,按 ALPHA Z FUNCTION 2 6 EXE 键,以极坐标格式显示复数 Z[图 1-86(f)]。

按 ALPHA C − ALPHA Z × ALPHA A SHIFT STO O 键,应用式(1-33),计算施工坐标系原点的测量坐标复数[图 1-86(g)],图 1-86(h)为应用式(1-30)计算的 3 号点测量坐标复数,它与图 1-84(a)的 3 号点测量坐标相符。

1.12 坐标传输程序在建筑施工测量中的应用

坐标传输程序有三大功能：一是与南方 NTS-362LNB 全站仪蓝牙相互传输坐标文件，二是手机蓝牙发送单点坐标到南方 NTS-362LNB 全站仪的测站点、后视点或放样点坐标界面，三是司镜员使用坐标差法和纵横差法精确校正放样点位。下面以放样图 1-87 所示建筑项目的 29 根管桩点位平面位置为例，介绍坐标传输程序的使用方法。

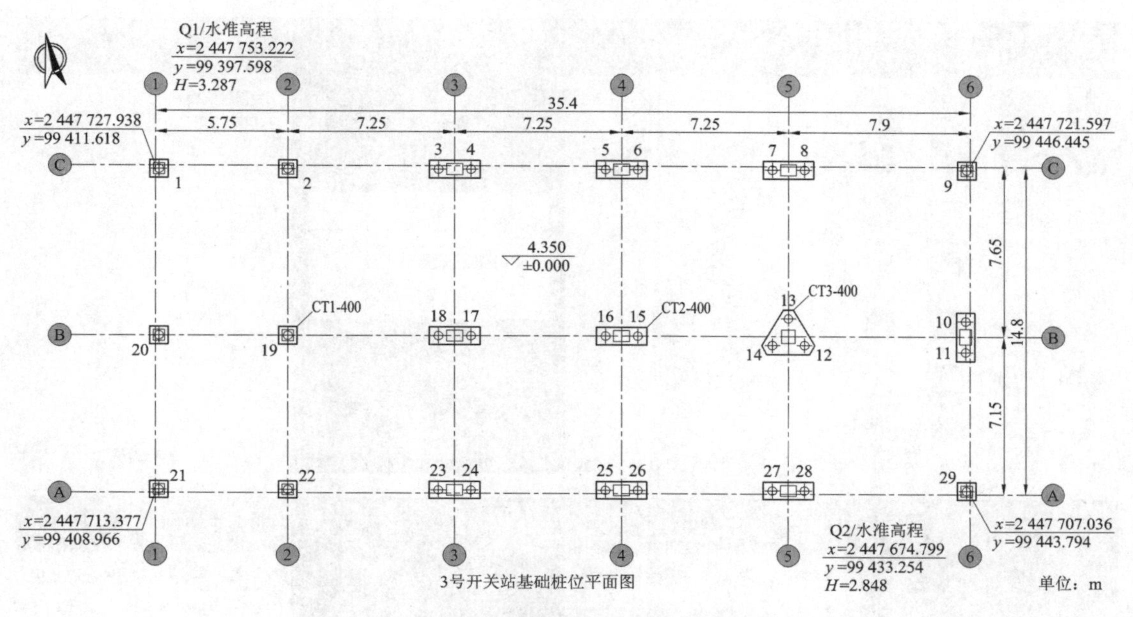

图 1-87　3 号开关站基础桩位平面图和已知控制点坐标

1. 全站仪放样建筑物管桩点位的坐标

(1) 采集 3 号开关站桩心设计坐标文件

如图 1-87 所示，3 号开关站设计有 29 根 ϕ400 mm 的管桩，建筑平面总图给出了 4 个轴线交点的设计坐标，Q1 和 Q2 点为规划局测定的场区控制点，其高程采用水准测量施测。

在 AutoCAD 中，执行对齐命令 align，将基础桩位平面图变换到测量坐标系；在南方 Map 软件中执行下拉菜单“工程应用/指定点生成数据文件”命令，采集 29 根管桩中心的设计坐标，生成的桩位坐标文件“3 号开关站桩位坐标.txt”如图 1-88 所示，复制该文件到手机内置 SD 卡根目录。

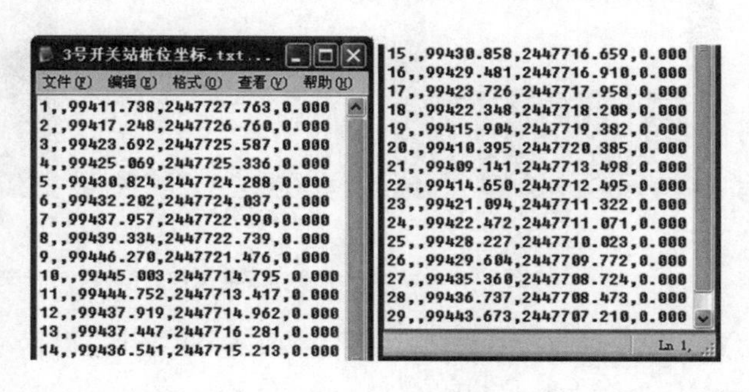
3号开关站桩位坐标.txt...
文件(F) 编辑(E) 格式(O) 查看(V) 帮助(H)

```
1,,99411.738,2447727.763,0.000
2,,99417.248,2447726.760,0.000
3,,99423.692,2447725.587,0.000
4,,99425.069,2447725.336,0.000
5,,99430.824,2447724.288,0.000
6,,99432.202,2447724.037,0.000
7,,99437.957,2447722.990,0.000
8,,99439.334,2447722.739,0.000
9,,99446.270,2447721.476,0.000
10,,99445.003,2447714.795,0.000
11,,99444.752,2447713.417,0.000
12,,99437.919,2447714.962,0.000
13,,99437.447,2447716.281,0.000
14,,99436.541,2447715.213,0.000
15,,99430.858,2447716.659,0.000
16,,99429.481,2447716.910,0.000
17,,99423.726,2447717.958,0.000
18,,99422.348,2447718.208,0.000
19,,99415.904,2447719.382,0.000
20,,99410.395,2447720.385,0.000
21,,99409.141,2447713.498,0.000
22,,99414.650,2447712.495,0.000
23,,99421.094,2447711.322,0.000
24,,99422.472,2447711.071,0.000
25,,99428.227,2447710.023,0.000
26,,99429.604,2447709.772,0.000
27,,99435.360,2447708.724,0.000
28,,99436.737,2447708.473,0.000
29,,99443.673,2447707.210,0.000
```

Ln 1,

图 1-88　生成的 3 号开关站桩位坐标文件

(2) 新建一个坐标传输文件

在项目主菜单，点击 **坐标传输** 按钮[图 1-89(a)]，进入坐标传输文件列表界面[图 1-89(b)]；点击 **新建文件** 按钮，使用缺省文件名创建一个坐标传输文件[图 1-89(c)]，点击

确定 按钮，返回坐标传输文件列表界面[图 1-89(d)]。

点击最近新建的文件名，在弹出的快捷菜单点击“坐标列表”命令[图 1-89(e)]，进入坐标列表界面[图 1-89(f)]；点击 **导入文件坐标** 按钮，弹出“导入文件坐标数据”对话框，文件类型选择 dat 格式文本文件，坐标格式使用缺省设置的“点名，编码，E，N，Z”，它是南方 Map 软件展点的坐标格式。点击 选择 按钮，在手机内置 SD 卡根目录选择“3 号开关站桩位坐标.dat”文件，点击标题栏右侧的✓按钮[图 1-89(g)]；点击 **确定** 按钮，导入 29 根管桩点位坐标到当前坐标列表[图 1-89(h)]。

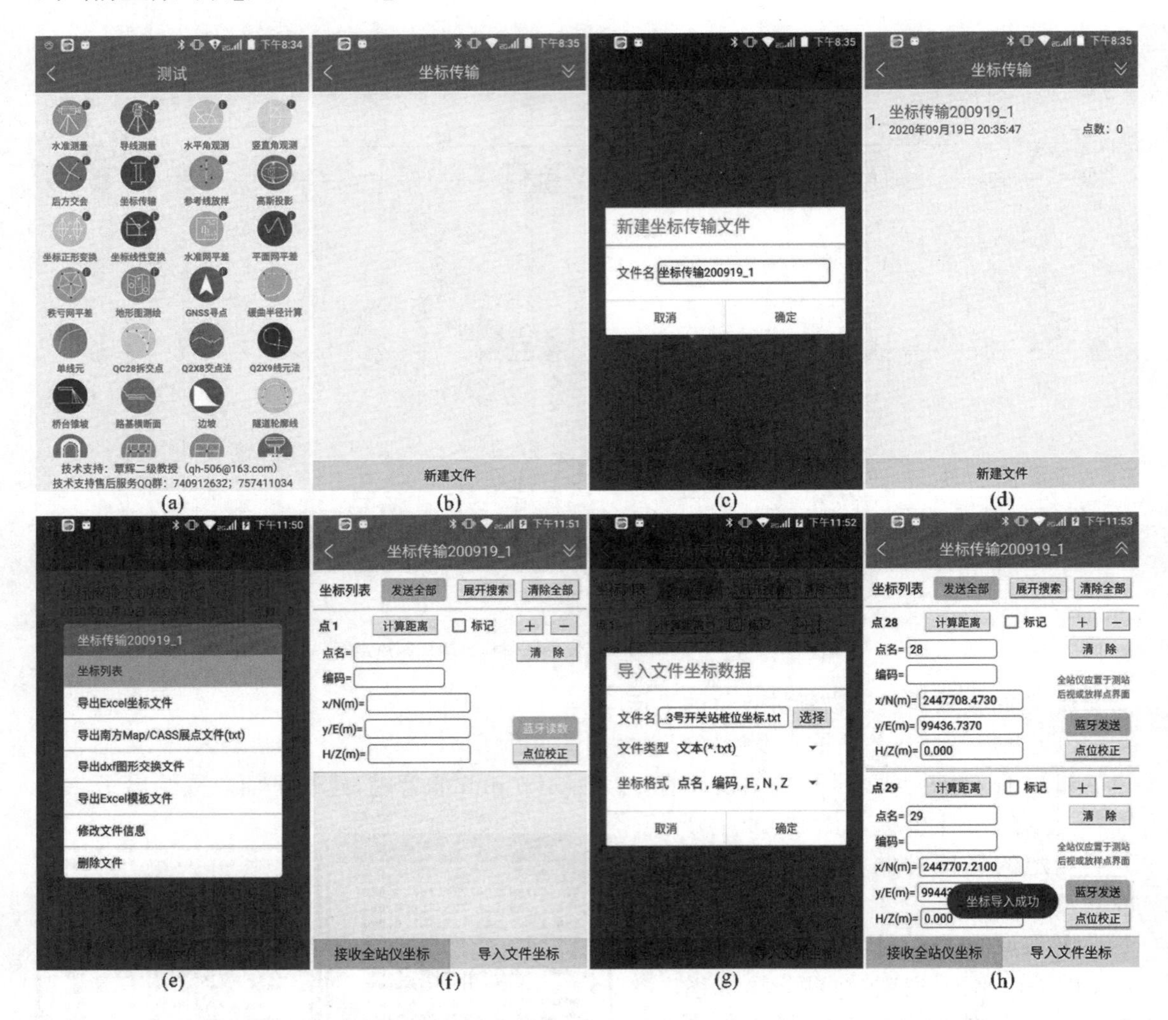

图 1-89　新建一个坐标传输文件，导入“3 号开关站桩位坐标.dat”文件到当前坐标列表

① 导入文件类型说明：在图 1-89(g)的界面中，文件类型有 xls，csv，txt，dat 四种扩展名，缺省设置为 xls 文件。xls 为 Excel 97—2003 文件格式，使用该格式的坐标文件时，应先在任意文件的快捷菜单点击“导出 Excel 模板文件”命令[图 1-89(e)]，导出一个 xls 格式的坐标模板文件，用户应在该模板文件输入点位坐标；csv 文件为文本格式的逗号分隔文件，在 Excel 中另存生成；txt 为使用南方 Map 采集的展点坐标文件；dat 为使用南方 CASS 软件采集的展点坐标格式文件。

② 导入坐标格式说明：在图 1-89(g)的界面中，坐标格式表示坐标文件每行坐标数据的排列顺序，有“点名，编码，E，N，Z”，“点名，编码，N，E，Z”，“点名，E，N，Z，编码”，“点名，N，E，Z，编码”四种，缺省设置为第 1 种，它是南方 Map 软件展点坐标格式。

(3) 蓝牙发送 29 点管桩中心点坐标到南方 NTS-362LNB 全站仪新建内存坐标文件

在图 1-89(h)所示的界面中，有 发送全部 ，蓝牙发送 ，接收全站仪坐标 三个蓝牙通讯按钮，当未与全站仪蓝牙连接时，这些按钮的背景色均为粉红色。

按⏻键打开南方 NTS-362LNB 全站仪电源，仪器自动打开内置蓝牙；点击手机 发送全部 ，蓝牙发送 或 接收全站仪坐标 中的任何一个按钮[图 1-89(h)]，进入图 1-90(a)所示的界面，点击全站仪蓝牙名 S131805(注记于全站仪正镜 U 形支架左侧的出厂编号)，启动手机与全站仪蓝牙连接[图 1-90(b)]，完成连接后返回坐标列表界面[图1-90(c)]。

图 1-90 手机与南方 NTS-362LNB 全站仪蓝牙连接，发送坐标列表全部数据到全站仪内存文件

全站仪出厂设置的开机模式为角度模式[图 1-91(a)]，按MENU键进入菜单模式[图 1-91(b)]，按③(存储管理)②(数据传输)②(接收数据)①(坐标数据)键，进入“选择坐

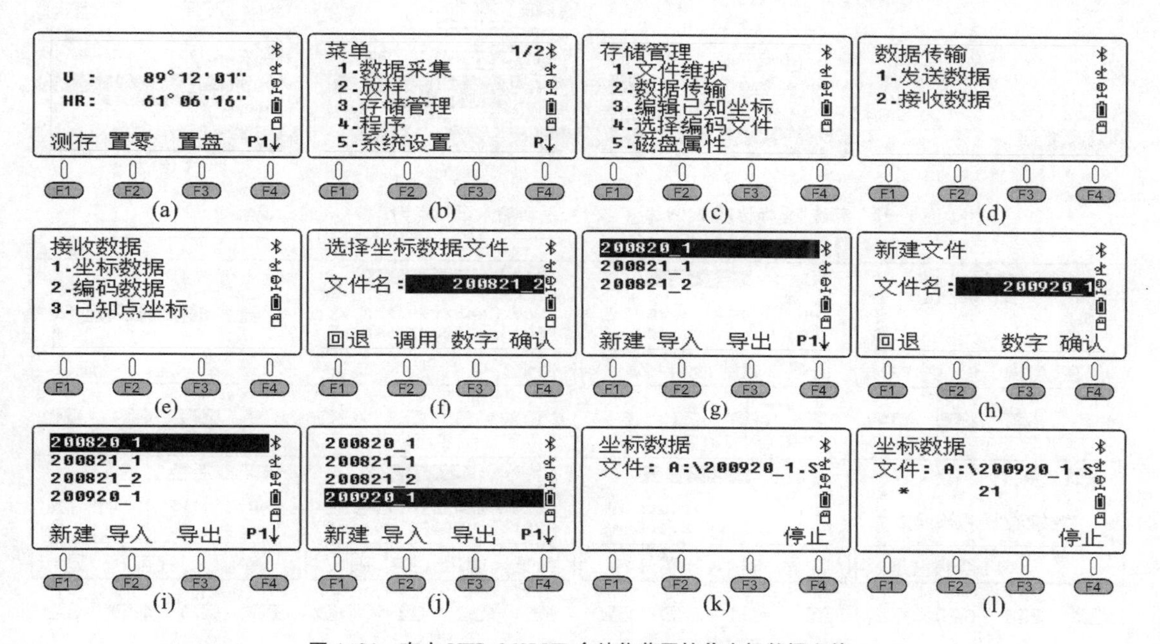

图 1-91 南方 NTS-362LNB 全站仪蓝牙接收坐标数据文件

标数据文件”界面[图 1-91(f)],屏幕显示最近一次设置的当前坐标文件;按 F2 (调用) F1 (新建)键,创建一个以当前日期+序号命名的坐标文件[图 1-91(h)],按 F4 (确定)键新建一个坐标文件并返回仪器内存坐标文件列表界面[图 1-91(i)];按 ▼ 键移动光标到最近新建的坐标文件名[图 1-91(j)],按 ENT 键启动全站仪接收坐标数据[图 1-91(k)]。文件名中的“A”代表仪器内存盘符,“B”代表外插 SD 卡盘符。

在手机上点击 发送全部 按钮[图 1-90(c)],点击**开始**按钮[图 1-90(d)],启动手机蓝牙发送坐标数据,手机实时显示发送坐标点数进程[图 1-90(e)],全站仪实时显示接收坐标点数进程[图 1-90(l)];完成蓝牙传输后,手机返回坐标列表界面[图 1-90(c)],全站仪返回图 1-90(e)所示的界面。

(4) 蓝牙发送单个已知点坐标到南方 NTS-362LNB 全站仪测站点和后视点坐标界面

在坐标传输文件列表界面,点击 **新建文件** 按钮,创建一个坐标传输文件并进入该文件的坐标列表界面[图 1-92(a)],手动输入图 1-87 所注已知点 Q1 和 Q2 的坐标[图 1-92(b)]。

① 蓝牙发送已知点 Q1 坐标到全站仪测站点坐标界面

在南方 NTS-362LNB 全站仪按 CORD F4 键,进入坐标模式 P2 页功能菜单[图 1-93(a)],按 F3 (设站)键,进入测站坐标界面[图 1-93(b)];点击手机屏幕 Q1 点坐标栏右侧的 蓝牙发送 按钮,手机屏幕显示如图 1-92(c)所示,全站仪屏幕显示如图 1-93(c)所示。

图 1-92　新建“坐标传输 200920_1”文件,手动输入已知点 Q1 和 Q2 的三维坐标

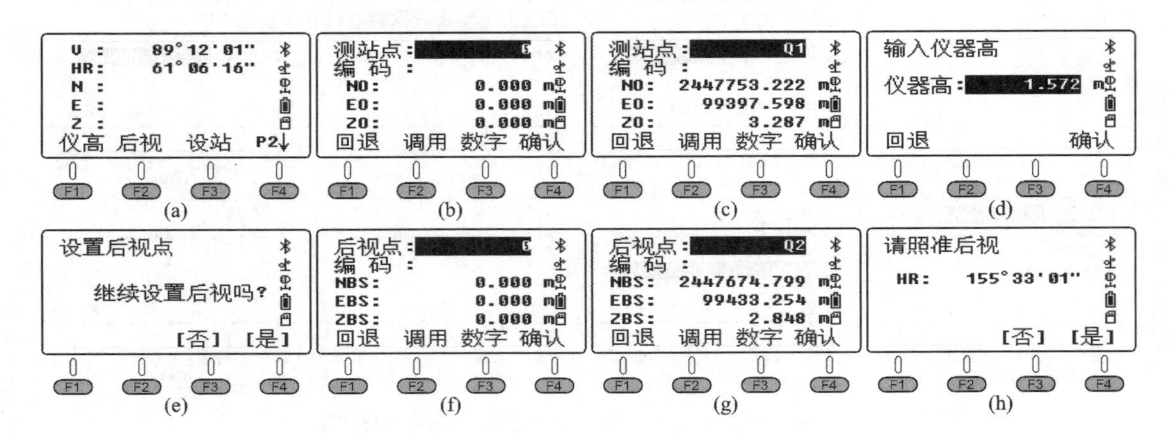

图 1-93　在坐标模式 P2 页功能菜单执行“设站”命令,设置测站点和后视点

② 蓝牙发送已知点 Q2 坐标到全站仪后视点坐标界面

在全站仪按 F4（确认）键，输入仪器高按 F4（确认）键[图 1-93(d)]，按 F4（是）键，进入后视点坐标界面[图 1-93(f)]；点击手机屏幕 Q2 点坐标栏右侧的 蓝牙发送 按钮，手机屏幕显示如图 1-92(d)所示，全站仪屏幕显示如图 1-93(g)所示；按 F4（确认）键，进入照准后视界面[图 1-93(h)]。

完成设站和后视定向操作后，即可在坐标模式 P3 页功能菜单按 F2（放样）键，从仪器内存坐标文件“200920_1”调用管桩点坐标放样。

在已有坐标文件列表点击 + 按钮新建一点坐标栏时，点位坐标栏无数据，其右侧的按钮为 蓝牙读数 [图 1-92(a)]，点击该按钮可蓝牙启动全站仪测量并自动读取觇点的三维坐标到该点位坐标栏，此时，其右侧的按钮自动变成 蓝牙发送 。

当施工场区已知点比较多时，可以新建一个坐标传输文件，再导入已知坐标文件到坐标传输文件的坐标列表界面，点击 发送全部 按钮，蓝牙发送当前坐标列表的已知点坐标到南方 NTS-362LNB 全站仪的已知坐标文件；在全站仪上的操作与图 1-91 基本相同，唯一区别是，在图 1-91(e)的界面，应按③（已知点坐标）键。南方 NTS-362LNB 全站仪的已知点坐标文件名固定为 FIX.LIB，它最多可以存储 200 个已知点的坐标数据。

2. 司镜员自主校正已放样管桩点坐标

完成 3 号开关站 29 根管桩点放样后，应实测全部管桩点的坐标并与其设计坐标比较，当偏差较大时，应重新放样或校正该管桩点。下面介绍司镜员根据测站观测员微信发送的手机截屏图像自主校正管桩点位偏差的方法。

(1) 实测 3 号开关站 26 号管桩点并微信发送截屏图像给司镜员

打开存有 3 号开关站 29 根管桩点的设计坐标文件“坐标传输 200919_1”，使全站仪望远镜瞄准竖立在 26 号管桩点的棱镜中心，在手机“坐标传输 200919_1”文件列表界面，点击 26 号管桩坐标栏右侧的 点位校正 按钮[图 1-94(a)]，进入 26 号管桩点校正界面[图 1-94(b)]，点击 蓝牙读数 按钮，启动全站仪测距并返回测点的平面坐标，屏幕实时显示设计坐标减实测坐标之差[图 1-94(c)]，$\Delta x=-0.047$ m 表示实测管桩点位应向 $-x$ 轴方向移动 4.7 cm，$\Delta y=0.039$ m 表示实测管桩点位应向 $+y$ 轴方向移动 3.9 cm。点击 发送截图 按钮，将图 1-94(c)的截屏图像微信发送给司镜员。

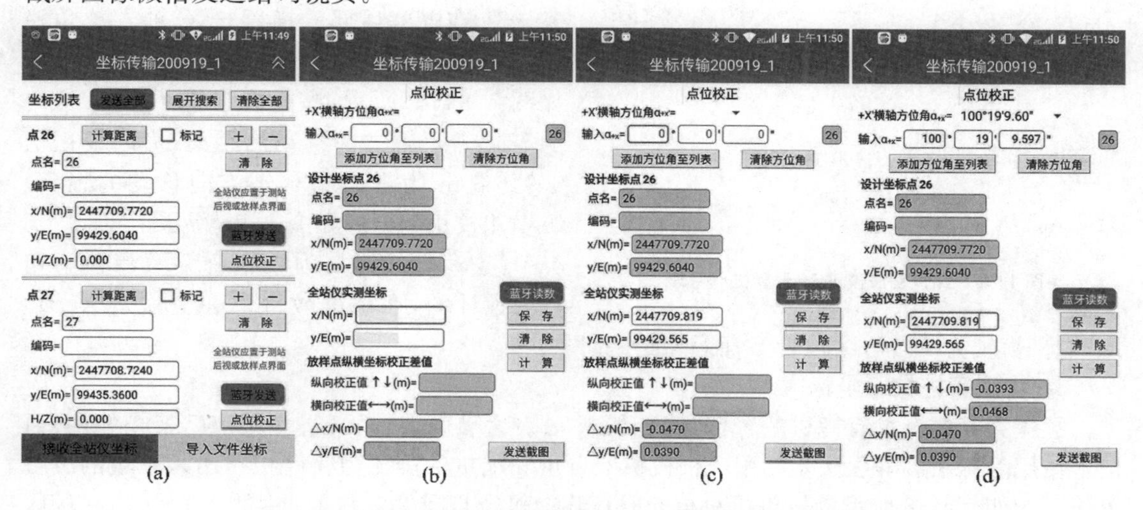

图 1-94　实测 3 号开关站 26 号管桩点位坐标差并实时显示其坐标差

(2) 司镜员用实测点坐标差自主校正 26 号管桩点

如图 1-95 所示，设 26 点为设计点位，26′点为全站仪实测点位，用螺丝将指南针固定在三角板面，使指南针的 W-E 轴与三角板的直角边 1 重合，将指南针与三角板一起转动，使 26′点在直角边 2 的刻度为 4.7 cm，此时，直角边 1 刻度为 3.9 cm 的位置即为 26 号管桩点的设计位置。

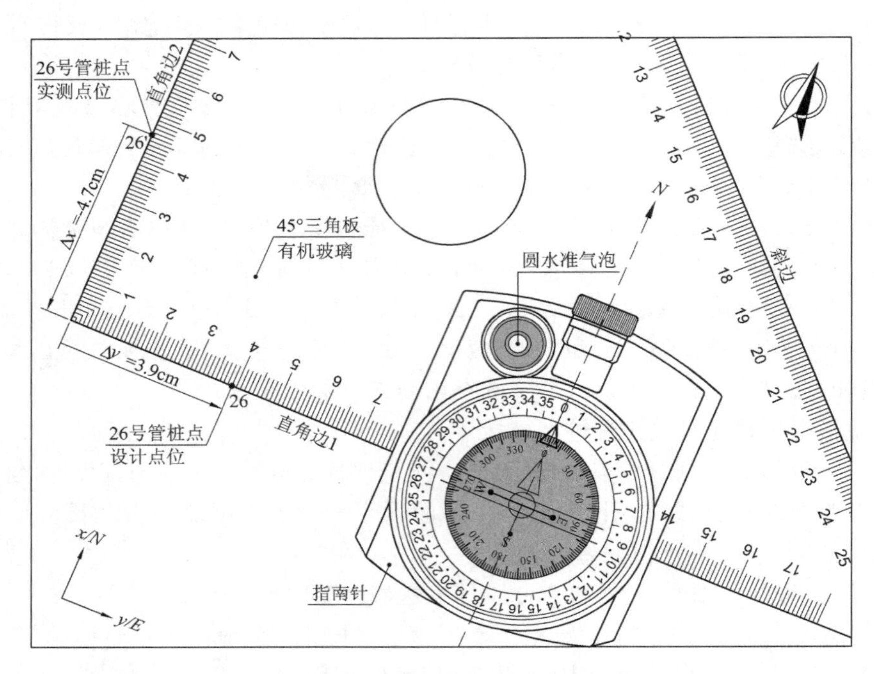

图 1-95 坐标差法校正管桩点原理

(3) 司镜员用实测点位的纵横差自主校正 26 号管桩点

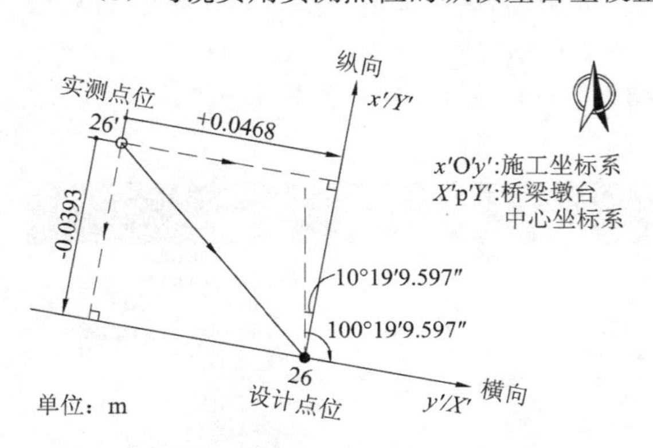

图 1-96 纵横差法校正 26 号管桩点原理

由图 1-73 可知，施工坐标系纵轴 $+x'$ 轴的测量方位角为 10°19′9.597″，则横轴 $+y'$ 轴的测量方位角为 10°19′9.597″+90°=100°19′9.597″，在屏幕顶部的横轴 $+X'$ 轴方位角栏输入 100°19′9.597″，点击 计 算 按钮，结果如图 1-94(d)所示，纵向校正值−0.039 3 m 为需向 $-x'$ 轴方向移动的距离，横向校正值 0.046 8 m 为需向 $+y'$ 轴方向移动的距离。纵横差校正的原理如图 1-96 所示。

点位校正 按钮是为校正桥梁墩台盖梁角点而设计的，在桥梁墩台中心坐标系 $X'pY'$ 中，定义横轴为 X' 轴，纵轴为 Y' 轴，详细参见图 5-1。

3. 实测管桩桩心坐标

预应力管桩沉桩有锤桩法和静压法，锤桩法因为噪声大扰民，很多城市已禁止使用，目前多使用静压法。静压法是利用压桩机桩架自重和配重的静压力将管桩挤压入土壤的沉桩方法。例如，DB-600 型静压桩机总重 600 t，其中机身自重 200 t，配重 400 t，静压机在场区移动过程中，会对基础土壤产生横向推力，从而使已放样桩位产生位移，静压机按位移后的桩位压桩后，桩位就会偏移其设计点位。因此，完成全部桩位的压桩及锯桩后，应测量全部管桩桩位的中心坐标，并与设计值比较，为设计院加宽承台签证提供设计依据。

打开存储有 3 号开关站 29 根管桩点位的设计坐标文件“坐标传输 200919_1”，使全站仪望远镜瞄准竖立在 1 号管桩点的棱镜中心，在“坐标传输 200919_1”文件列表界面，点击 1 号管桩坐标栏右侧的 点位校正 按钮[图 1-97(a)]，进入 1 号管桩点“点位校正”界面[图 1-97(b)]；点击 蓝牙读数 按钮，启动全站仪测距，并返回测点平面坐标，屏幕实时显示设计坐标减实测坐标之差[图 1-94(c)]；点击 保 存 按钮，进入“文件选择”界面[图 1-97(d)]；点击 **新建文件** 按钮，使用缺省文件名创建“坐标传输 200921_3”文件[图 1-97(e)]，点击 **确定** 按钮，返回“文件选择”列表界面，最近新建的文件自动选择为保存实测坐标数据文件[图 1-97(f)]；点击标题栏右侧的✓按钮保存 1 号管桩实测坐标到“坐标传输 200921_3”文件[图1-97(g)]。

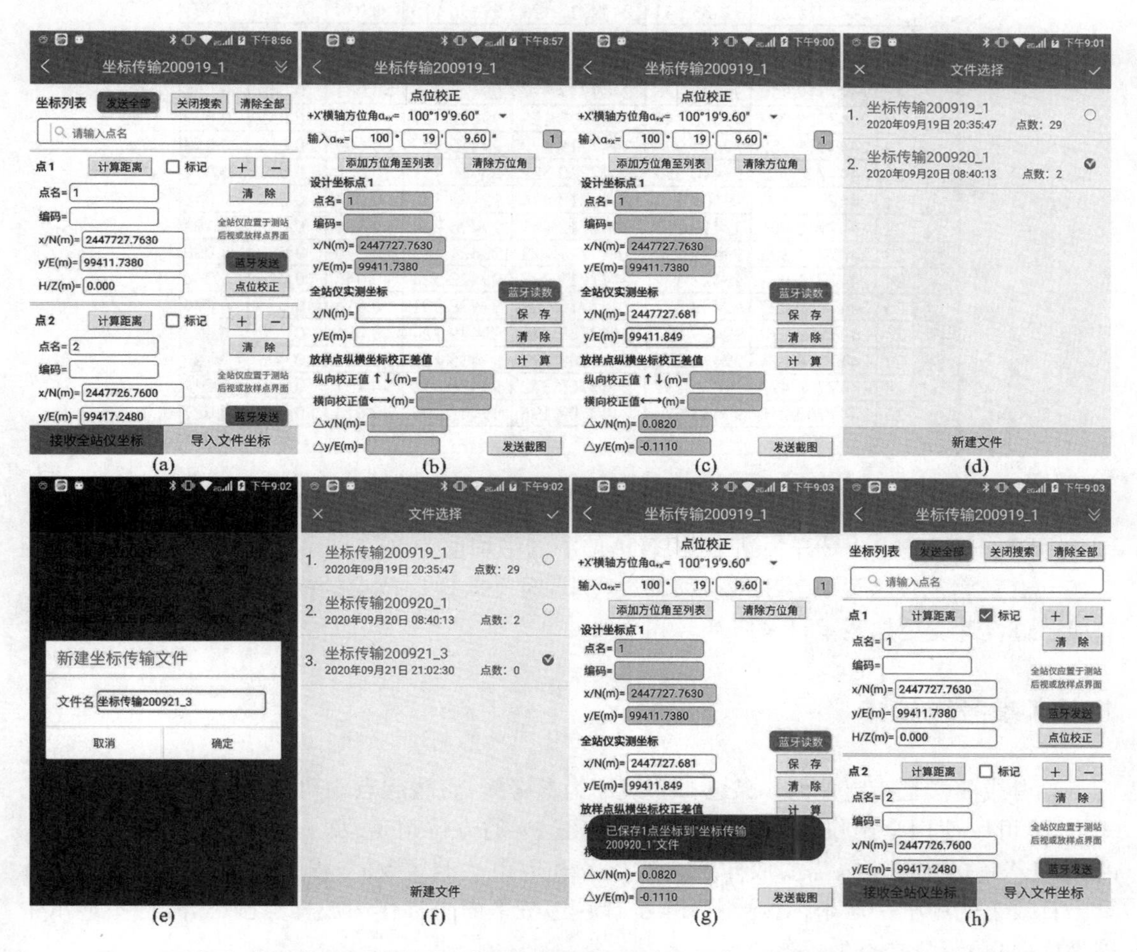

图 1-97　实测 3 号开关站 1 号管桩桩心点位坐标，实时显示坐标差，存入新建“坐标传输 200921_3”文件

点击标题栏左侧的<按钮或点击手机退出键，返回坐标列表界面[图 1-97(a)]。同理，完成剩余 28 根管桩桩心坐标的测量。在坐标传输程序文件列表界面，点击“坐标传输 200921_3”文件，在弹出的快捷菜单点击“导出 Excel 坐标文件”命令，导出“坐标传输 200921_3.xls”文件，在 Excel 中计算 3 号开关站 29 根管桩桩心实测坐标与设计坐标之差，结果如图1-98所示。

	A	B	C	D	E	F	G	H
1	桩号	管桩点设计坐标		管桩圆心实测检核坐标		检核坐标及平距差		
2		x(m)	y(m)	x(m)	y(m)	Δx(m)	Δy(m)	Δd(m)
3	1	2447727.763	99411.738	2447727.681	99411.849	-0.082	0.111	0.138
4	2	2447726.760	99417.248	2447726.761	99417.337	0.001	0.089	0.089
5	3	2447725.587	99423.692	2447725.588	99423.717	0.001	0.025	0.025
6	4	2447725.336	99425.069	2447725.317	99425.162	-0.019	0.093	0.095
7	5	2447724.288	99430.824	2447724.253	99430.891	-0.035	0.067	0.076
8	6	2447724.037	99432.202	2447724.058	99432.243	0.021	0.041	0.046
9	7	2447722.990	99437.957	2447722.930	99438.021	-0.060	0.064	0.088
10	8	2447722.739	99439.334	2447722.646	99439.354	-0.093	0.020	0.095
11	9	2447721.476	99446.270	2447721.469	99446.323	-0.007	0.053	0.053
12	10	2447714.795	99445.003	2447714.863	99445.036	0.068	0.033	0.076
13	11	2447713.417	99444.752	2447713.384	99444.868	-0.033	0.116	0.121
14	12	2447714.962	99437.919	2447714.880	99437.958	-0.082	0.039	0.091
15	13	2447716.281	99437.447	2447716.257	99437.572	-0.024	0.125	0.127
16	14	2447715.213	99436.541	2447715.179	99436.615	-0.034	0.074	0.081
17	15	2447716.659	99430.858	2447716.600	99430.944	-0.059	0.086	0.104
18	16	2447716.910	99429.481	2447716.869	99429.527	-0.041	0.046	0.062
19	17	2447717.958	99423.726	2447717.927	99423.775	-0.031	0.049	0.058
20	18	2447718.208	99422.348	2447718.155	99422.407	-0.053	0.059	0.079
21	19	2447719.382	99415.904	2447719.379	99415.957	-0.003	0.053	0.053
22	20	2447720.385	99410.395	2447720.322	99410.433	-0.063	0.038	0.074
23	21	2447713.498	99409.141	2447713.474	99409.180	-0.024	0.039	0.046
24	22	2447712.495	99414.650	2447712.461	99414.748	-0.034	0.098	0.104
25	23	2447711.322	99421.094	2447711.312	99421.183	-0.010	0.089	0.090
26	24	2447711.071	99422.472	2447711.023	99422.520	-0.048	0.048	0.068
27	25	2447710.023	99428.227	2447710.008	99428.301	-0.015	0.074	0.076
28	26	2447709.772	99429.604	2447709.746	99429.724	-0.026	0.120	0.123
29	27	2447708.724	99435.360	2447708.622	99435.456	-0.102	0.096	0.140
30	28	2447708.473	99436.737	2447708.372	99436.835	-0.101	0.098	0.141
31	29	2447707.210	99443.673	2447707.196	99443.696	-0.014	0.023	0.027
32							平均	0.084

图 1-98　在 Excel 中比较 29 根管桩桩心实测坐标与设计坐标之差

由图 1-98 可知，3 号开关站 29 根管桩偏距的平均值为 8.4 cm，其中有 7 根管桩的偏距 >10 cm(灰底色)，这说明静压桩机移动过程中，对已放样桩位点的横向挤压力还是很大的，只能通过设计变更加宽承台来修补。

1.13　参考线放样

参考线放样是指定地面一条已知直线作为参考线，直线起点 s 和端点 e 的坐标可以是已知点，也可以使用全站仪实测，程序计算出直线 se 的方位角 α_{se} 及平距 HD_{se}，设直线起点 s 的桩号 $Z_s=0$，用户输入需要放样点的桩号 Z 和边距 d 的代数值，程序先用放样点桩号 Z 计算出直线上的中桩平面坐标，再用边距 d 计算边桩平面坐标作为放样点坐标，程序不显示中桩坐标，只显示放样点坐标。

如图 1-99 所示，已知地面点 Q1 和 Q2 的平面坐标，设 Q1 为参考直线的起点 s，Q2 为参考直线的端点 e，计算出参考直线的方位角为 $\alpha_{se}=128°36'26.54''$，平距为 $HD_{se}=100$ m，计算 P1 和 P2 点的平面坐标并放样的操作步骤如下。

(1) 新建参考线放样文件

在项目主菜单[图 1-100(a)]，点击 **参考线放样** 按钮 ，进入参考线放样文件列表界面

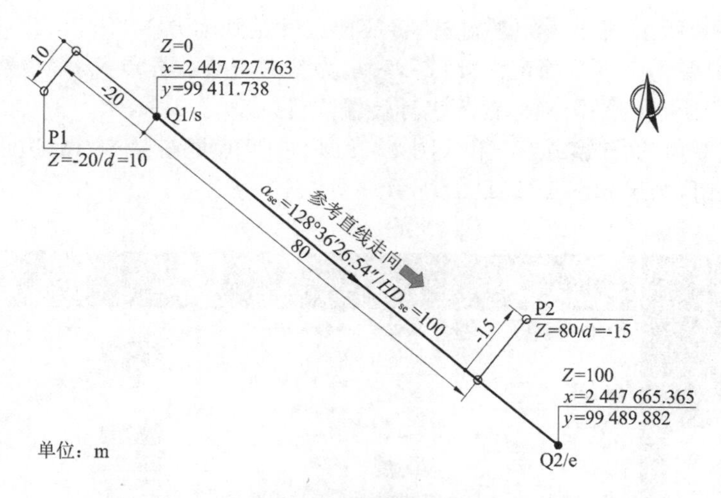

图 1-99　参考线放样计算原理

[图 1-100(b)]；点击 **新建文件** 按钮，点击 **确定** 按钮[图 1-100(c)]，以缺省文件名新建一个参考线放样文件[图 1-100(d)]。

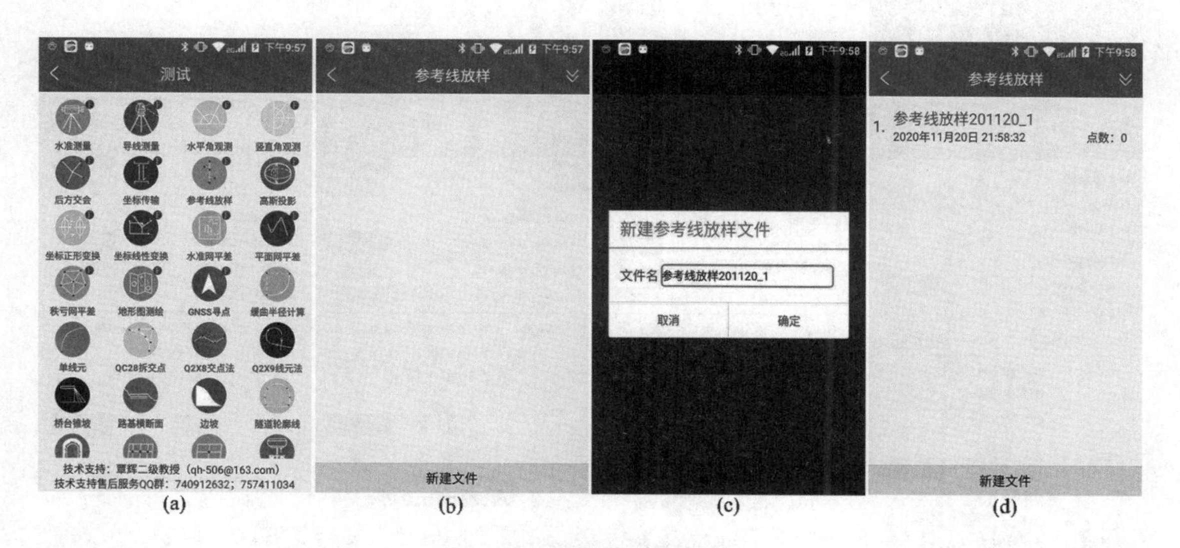

图 1-100　新建参考线放样文件

（2）输入参考线起点和端点的坐标

点击最近新建的参考线放样文件，在弹出的快捷主菜单点击“坐标列表”命令[图 1-101(a)]，进入文件的坐标列表界面，该界面与坐标传输文件的坐标列表界面相似。

输入图 1-99 所注 Q1，Q2 点的坐标[图 1-101(b)]，点击 Q1 点坐标栏的 **参考线放样** 按钮，设置 Q1 点位参考直线的起点 s[图 1-101(c)]，点击“参考直线端点”右侧的▼按钮；点击 Q2 点[图 1-101(d)]，设置 Q2 点位参考直线的端点 e，程序自动计算参考直线的方位角 α_{se} 及平距 HD_{se}，结果如图 1-101(e)所示。

（3）输入放样点桩号 Z、边距 d 和点名

在桩号栏输入图 1-99 所注 P1 点的桩号－20 m、边距 10 m 和点名 P1，点击 **计算** 按钮，

结果如图 1-101(f)所示；点击 蓝牙发送 按钮将放样点发送到南方 NTS-362LNB 全站仪的放样点坐标界面，其中编码位字符固定为“line”，表示为参考直线放样点，高程位数字固定为 0；点击 **保存** 按钮，将 P1 点的平面坐标存入坐标传输文件。

点击屏幕左下角的 **清除** 按钮，输入图 1-99 所注 P2 点的桩号 80 m、边距 −15 m 和点名 P2，点击 **计算** 按钮，结果如图 1-101(h)所示。

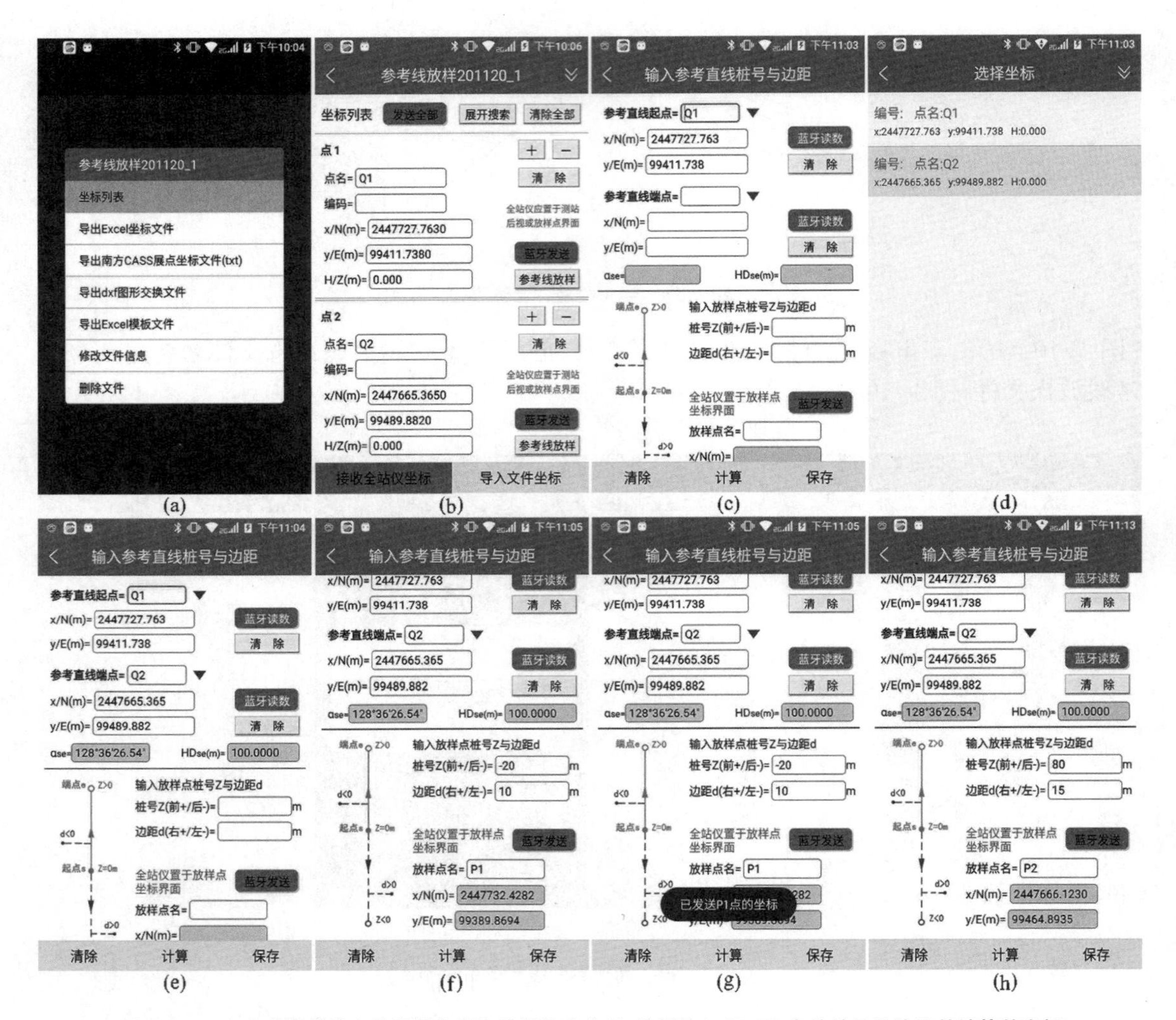

(a) (b) (c) (d) (e) (f) (g) (h)

图 1-101　在参考线放样文件设置参考直线起讫点坐标，分别输入 P1，P2 点的桩号及边距并计算其坐标

☞ *在图 1-101(c)所示的“输入参考直线桩号与边距”界面，也可以点击 蓝牙读数 按钮，启动全站仪实测任意两点的坐标为参考直线的起点 s 和端点 e。*

1.14　单一导线测量及近似平差

南方 MSMT **导线测量** 程序能对图 2-13 所示的五种类型单一导线，用测回法观测水平角及平距，自动从测量文件中提取观测数据进行近似平差计算。本节以图 2-27 所示含 4 个未知点的单一闭合导线为例，介绍 **导线测量** 程序的使用方法。

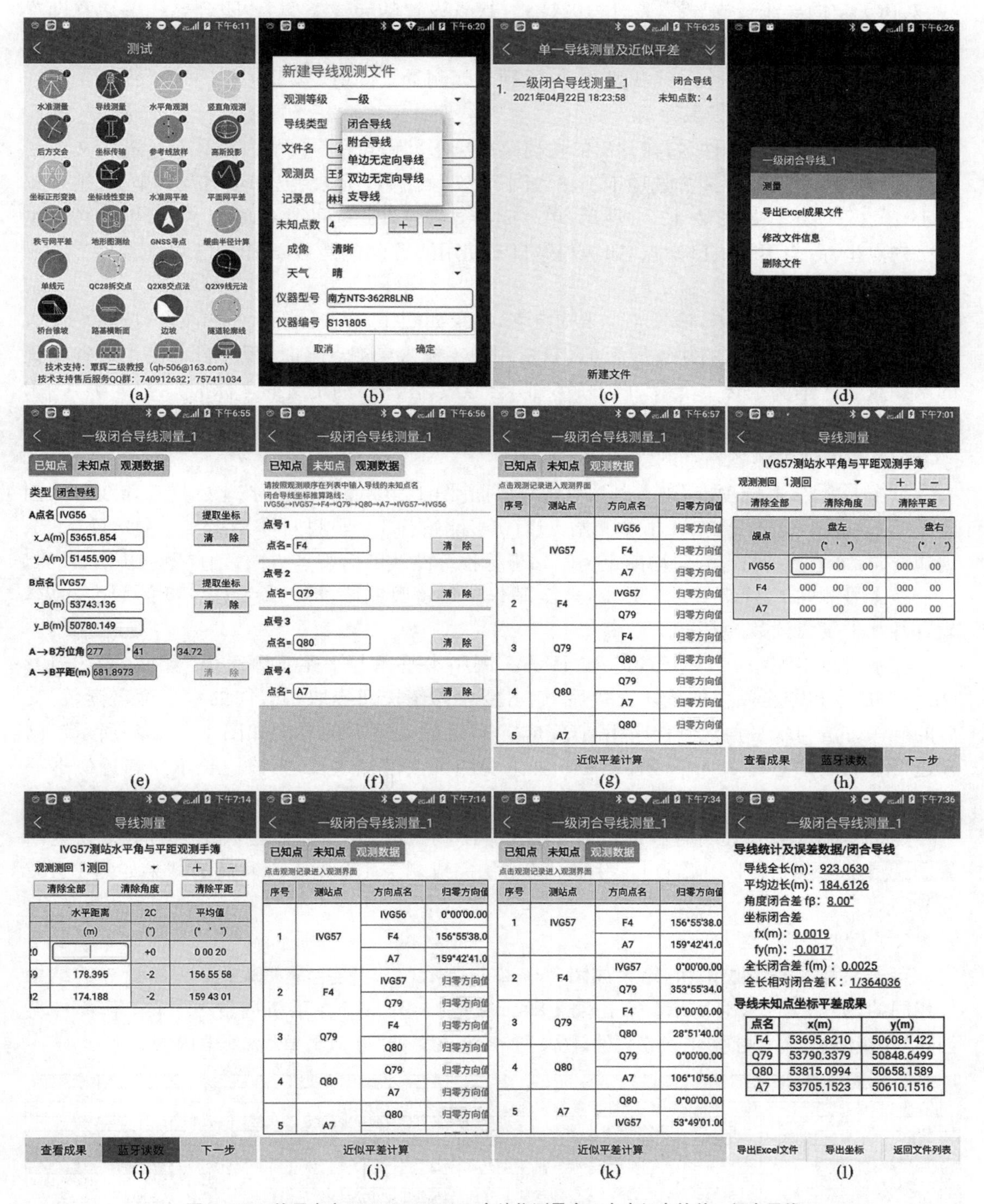

图 1-102　使用南方 NTS-362R8LNB 全站仪测量含 4 个未知点的单一闭合导线

(1) 新建导线测量文件

在项目主菜单[图 1-102(a)]，点击 **导线测量** 按钮；进入导线测量文件列表界面；点击 **新建文件** 按钮，用户可以选择的单一导线类型有五种：闭合导线、附合导线、单边无定向导线、双边无定向导线及支导线[图 1-102(b)]，缺省设置的导线类型为“闭合导线”；缺省设置的未知点数为 1，点击 + 按钮 3 次，设置未知点数为“4”，输入其余观测信息，点击 **确定** 按钮，使用缺省文件名新建一个导线测量文件，返回导线测量文件列表界面[图 1-102(c)]。

(2) 输入已知点名及其坐标

点击最近新建的文件名，在弹出的快捷菜单点击“测量”命令[图 1-102(d)]，进入文件测量界面，缺省设置为 **已知点** 选项卡。输入图 2-27 所注 A，B 点的已知点名及其坐标，结果如图 1-102(e)所示。如图 2-13(a)所示，单一闭合导线已知点名的缺省值为 A，B，用户必须输入已知点坐标，当不输入已知点名时，程序自动使用缺省设置的 A，B 作为已知点名。

(3) 输入未知点名

点击 **未知点** 选项卡，输入 4 个未知点名，结果如图 1-102(f)所示。如图 2-13(a)所示，单一闭合导线未知点名的缺省值为 1，2，…，用户不输入未知点名时，程序自动使用缺省设置的未知点名。本例是含 4 个未知点的单一闭合导线，程序自动定义的坐标推算路线为：A→B→1→2→3→4→B→A，并自动创建 B，1，2，3，4 五个测站的水平角与平距观测手簿。

(4) 测回法观测各站点的水平角与平距

点击 **观测数据** 选项卡，进入测站点观测界面[图 1-102(g)]，程序按坐标推算路线自动创建了 IVG57，F4，Q79，Q80，A7 五个测站，只有 1 号测站有 3 个观测方向，其余 4 个测站只有 2 个观测方向，每个测站的零方向均固定为本站坐标推算路线的后视点方向，用户不能更改。

在 1 号测站 IVG57 安置全站仪，使全站仪望远镜盘左瞄准后视点 IVG56 的照准标志，设置其水平度盘读数为 0°00′20″。

在手机点击测站点 IVG57，进入“IVG57 测站水平角与平距观测手簿”界面[图 1-102(h)]；完成手机与全站仪的蓝牙连接后，点击 **蓝牙读数** 按钮提取零方向的水平度盘读数，其后的操作方法与水平角观测程序相同，完成 IVG57 站观测后的界面如图 1-102(i)所示。已知边 IVG57→IVG56 方向不需要测距。如果观测了该已知边长，则该边长不参与近似平差计算。

点击 **查看成果** 按钮可查看本站水平角及平距测量成果，点击标题栏左侧的 < 按钮返回 **观测数据** 选项卡[图 1-102(j)]。参照上述方法完成剩余 4 个站点观测后的结果如图 1-102(k)所示。

(5) 近似平差

点击 **近似平差计算** 按钮，结果如图 1-102(l)所示，它与使用 **平面网平差** 程序计算的结果是相同的，如图 2-28(d)所示。点击 **导出Excel文件** 按钮，系统在手机内置 SD 卡工作文件夹创建“一级闭合导线测量_1.xls”文件，图 1-103 为该文件“近似平差”选项卡内容。

	A	B	C	D	E	F	G	H	I	J	K	L	M	N
1	近似平差计算成果													
2	测量员：王贵满 记录员：林培效 成像：清晰 天气：晴 仪器型号：南方NTS-362R8LNB 仪器编号：S131805 日期：2021-04-22													
3	点名	水平角β	水平角β	水平角β	导线边方位角	平距D(m)	坐标增量		坐标增量改正数		改正后坐标增量		坐标平差值	
4		+左角/-右角	改正数vβ	平差值			Δx(m)	Δy(m)	δΔx(m)	δΔy(m)	Δx(m)	Δy(m)	x(m)	y(m)
5	IVG56				277°41'34.72"								53651.8540	51455.9090
6	IVG57	156°55'38.00"	-1.33"	156°55'36.67"	254°37'11.39"	178.3960	-47.3146	-172.0071	-0.0004	0.0003	-47.315	-172.0068	53743.1360	50780.1490
7	F4	353°55'34.00"	-1.33"	353°55'32.67"	68°32'44.05"	258.4130	94.5174	240.5072	-0.0005	0.0005	94.5169	240.5077	53695.8210	50608.1422
8	Q79	28°51'40.00"	-1.33"	28°51'38.67"	277°24'22.72"	192.0940	24.7618	-190.4914	-0.0003	0.0004	24.7615	-190.491	53790.3379	50848.6499
9	Q80	106°10'56.00"	-1.33"	106°10'54.67"	203°35'17.39"	119.9710	-109.9469	-48.0076	-0.0002	0.0003	-109.947	-48.0073	53815.0994	50658.1589
10	A7	53°49'1.00"	-1.33"	53°48'59.67"	77°24'17.05"	174.1890	37.9841	169.9971	-0.0004	0.0003	37.9837	169.9974	53705.1523	50610.1516
11	IVG57	-159°42'41.00"	-1.33"	-159°42'42.33"	97°41'34.72"	ΣD(m)	ΣΔx(m)	ΣΔy(m)	ΣδΔx(m)	ΣδΔy(m)	ΣΔx(m)	ΣΔy(m)	53743.1360	50780.1490
12	IVG56	Σvβ	-8.00"			923.0630	0.0018	-0.0018	-0.0018	0.0018	0	-2.84E-14	53651.8540	51455.9090
13		角度闭合差fβ		全长闭合差f(m)	全长相对闭合差	平均边长(m)	fx(m)	fy(m)						
14		8.00"		0.0025	1/364036	184.6126	0.0019	-0.0017						

IVG57站 / F4站 / Q79站 / Q80站 / A7站 / 近似平差

图 1-103 成果文件“一级闭合导线_1.xls”近似平差选项卡内容

由于程序每站固定设置后视点为零方向，所以，本例前 5 个水平角均位于坐标推算路线的左侧，为左角，程序自动填入正数角度值，如图 1-103 的 B6～B10 单元所示；最后一个水平角固定为右角，程序自动填入负数角度值，如图 1-103 的 B11 单元所示。

图 1-104 为该文件 5 个测站点选项卡水平角与平距观测手簿内容。

	A	B	C	D	E	F	G	H	I	J
1	IVG57站水平角与平距观测手簿									
2	测回数	觇点	盘左	盘右	水平距离	2C	平均值	归零值	各测回平均值	保存时间
3			(° ′ ″)	(° ′ ″)	(m)	(″)	(° ′ ″)	(° ′ ″)	(° ′ ″)	
4	1测回	IVG56	0 00 20	180 00 20		+0	0 00 20	0 00 00	0 00 00	2021-04-22 21:26:13
5		F4	156 55 57	336 55 59	178.395	-2	156 55 58	156 55 38	156 55 38	
6		A7	159 43 00	339 43 02	174.188	-2	159 43 01	159 42 41	159 42 41	

IVG57站 / F4站 / Q79站 / Q80站 / A7站 / 近似平差

	A	B	C	D	E	F	G	H	I	J
1	F4站水平角与平距观测手簿									
2	测回数	觇点	盘左	盘右	水平距离	2C	平均值	归零值	各测回平均值	保存时间
3			(° ′ ″)	(° ′ ″)	(m)	(″)	(° ′ ″)	(° ′ ″)	(° ′ ″)	
4	1测回	IVG57	0 00 20	180 00 20	178.397	+0	0 00 20	0 00 00	0 00 00	2021-04-22 19:26:22
5		Q79	353 55 53	173 55 55	258.412	-2	353 55 54	353 55 34	353 55 34	

IVG57站 / F4站 / Q79站 / Q80站 / A7站 / 近似平差

	A	B	C	D	E	F	G	H	I	J
1	Q79站水平角与平距观测手簿									
2	测回数	觇点	盘左	盘右	水平距离	2C	平均值	归零值	各测回平均值	保存时间
3			(° ′ ″)	(° ′ ″)	(m)	(″)	(° ′ ″)	(° ′ ″)	(° ′ ″)	
4	1测回	F4	0 00 20	180 00 20	258.414	+0	0 00 20	0 00 00	0 00 00	2021-04-22 19:27:30
5		Q80	28 51 59	208 52 01	192.093	-2	28 52 00	28 51 40	28 51 40	

IVG57站 / F4站 / Q79站 / Q80站 / A7站 / 近似平差

	A	B	C	D	E	F	G	H	I	J
1	Q80站水平角与平距观测手簿									
2	测回数	觇点	盘左	盘右	水平距离	2C	平均值	归零值	各测回平均值	保存时间
3			(° ′ ″)	(° ′ ″)	(m)	(″)	(° ′ ″)	(° ′ ″)	(° ′ ″)	
4	1测回	Q79	0 00 20	180 00 20	192.095	+0	0 00 20	0 00 00	0 00 00	2021-04-22 19:29:09
5		A7	106 11 15	286 11 17	119.970	-2	106 11 16	106 10 56	106 10 56	

IVG57站 / F4站 / Q79站 / Q80站 / A7站 / 近似平差

	A	B	C	D	E	F	G	H	I	J
1	A7站水平角与平距观测手簿									
2	测回数	觇点	盘左	盘右	水平距离	2C	平均值	归零值	各测回平均值	保存时间
3			(° ′ ″)	(° ′ ″)	(m)	(″)	(° ′ ″)	(° ′ ″)	(° ′ ″)	
4	1测回	Q80	0 00 20	180 00 20	119.972	+0	0 00 20	0 00 00	0 00 00	2021-04-22 19:29:58
5		IVG57	53 49 20	233 49 22	174.190	-2	53 49 21	53 49 01	53 49 01	

IVG57站 / F4站 / Q79站 / Q80站 / A7站 / 近似平差

图 1-104　成果文件“一级闭合导线_1.xls”5 个测站点选项卡水平角及平距观测手簿

1.15　南方 Map 源码识别数字测图

南方数字测图软件南方 Map 新增“绘图处理/源码识别”下拉菜单命令。使用南方 MSMT **地形图测绘** 程序蓝牙读取全站仪或 GNSS RTK 移动站碎部点三维坐标后，根据草图为该碎部点实时赋源码、注记码与连线码，完成全部碎部点采集后，执行数字测图文件的“导出南方 Map 源码识别文件(txt)”命令，通过移动互联网发送到用户 PC 机；在 PC 机执行南方 Map “绘图处理/源码识别”下拉菜单命令，选择该源码文件，即可实现碎部点自动分层、注记及连线。

1. 新建数字测图文件

在项目主菜单[图 1-105(a)]，点击 **地形图测绘** 按钮；进入地形图测绘文件列表界面；点

击 **新建文件** 按钮，测图方法的缺省设置为“数字测图”，碎部点起始点号的缺省设置为 1，设全站仪安置在 G8 点，完成测量信息输入后[图 1-105(b)]，点击 **确定** 按钮，返回地形图测绘文件列表界面。

点击最近新建的文件名，在弹出的快捷菜单点击“测量”命令[图 1-105(c)]，进入图 1-105(d)所示的文件测量界面。

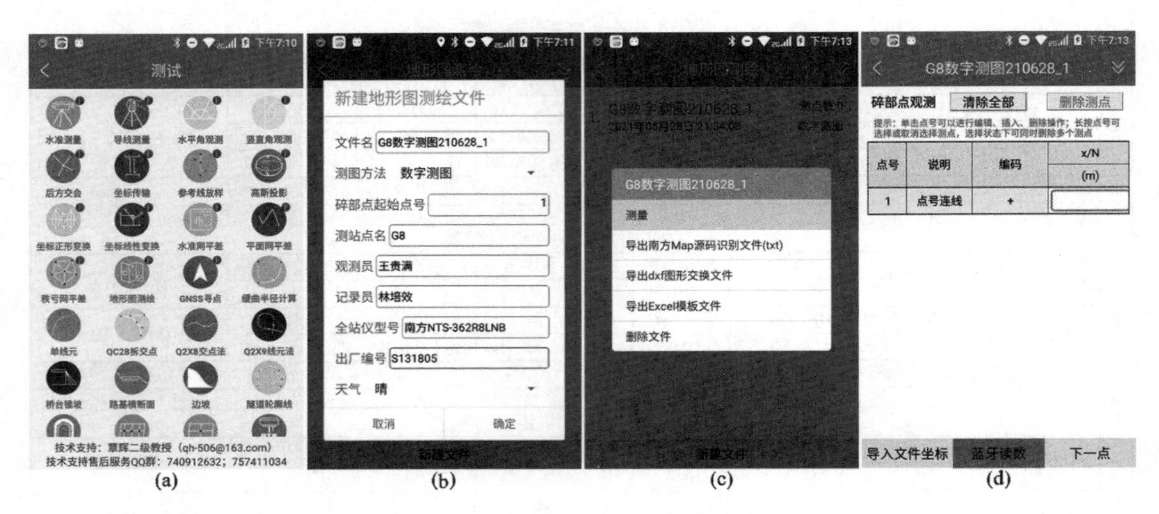

图 1-105　新建一个数字测图文件

2. 测量碎部点坐标并赋编码

为测绘图 1-106 所示校园小区的地形图，在 G8 点安置全站仪，分别采集 1～60 号碎部

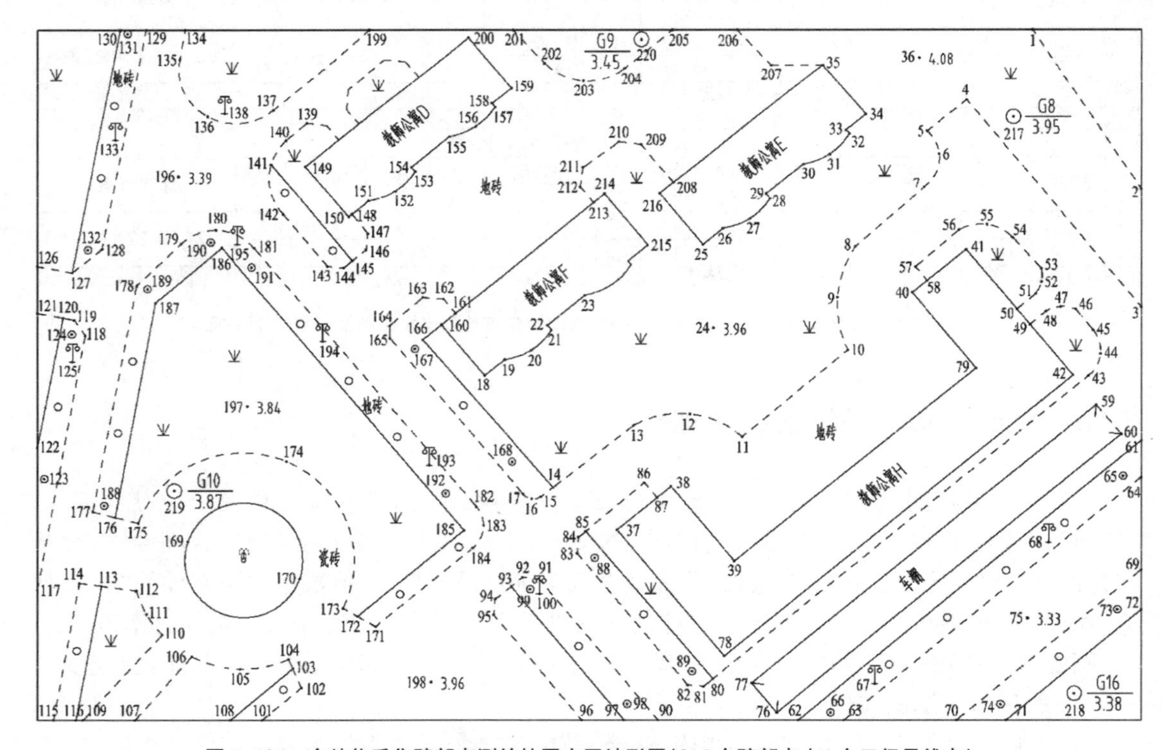

图 1-106　全站仪采集碎部点测绘校园小区地形图(216 个碎部点+4 个三级导线点)

点的坐标；在G16点安置全站仪，分别采集61～75号碎部点的坐标；在G10点安置全站仪，分别采集76～198号碎部点的坐标；在G9点安置全站仪，分别采集199～216号碎部点的坐标。可以使用图1-106新建的"G8数字测图210628_1"文件采集216个碎部点的坐标，也可以为每个测站点新建一个数字测图文件，每个新建数字测图文件的碎部点起始点号应保持与前一个文件的点号连续。

棱镜置于1号碎部点，全站仪望远镜瞄准1号点棱镜，点击**蓝牙读数**按钮测量1号碎部点的三维坐标[图1-107(a)]，当前碎部点缺省设置的连线码为"+"，表示当前点与最近测量的一个碎部点连线。

1号碎部点为校园内部道路，点击1号碎部点"地物类型"栏，在屏幕左侧弹出的快捷菜单点击"线面状地物"，在展开的菜单中点击"4.4 交通"[图1-107(b)]，进入线面状地物"4.4 交通"源码菜单，共有5页菜单131种线面状地物源码按钮，向左滑动菜单屏幕至第2页，点击"内部道路"按钮[图1-107(c)]，为1号碎部点编码赋值"164400&L"[图1-107(d)]。其中，"164400"为南方Map定制的"内部道路"源码，"&L"表示用直线连接其后的碎部点。

图1-107(e)为测量2号碎部点的坐标，缺省设置的连线码为"+"，表示1号点直线连接2号点。

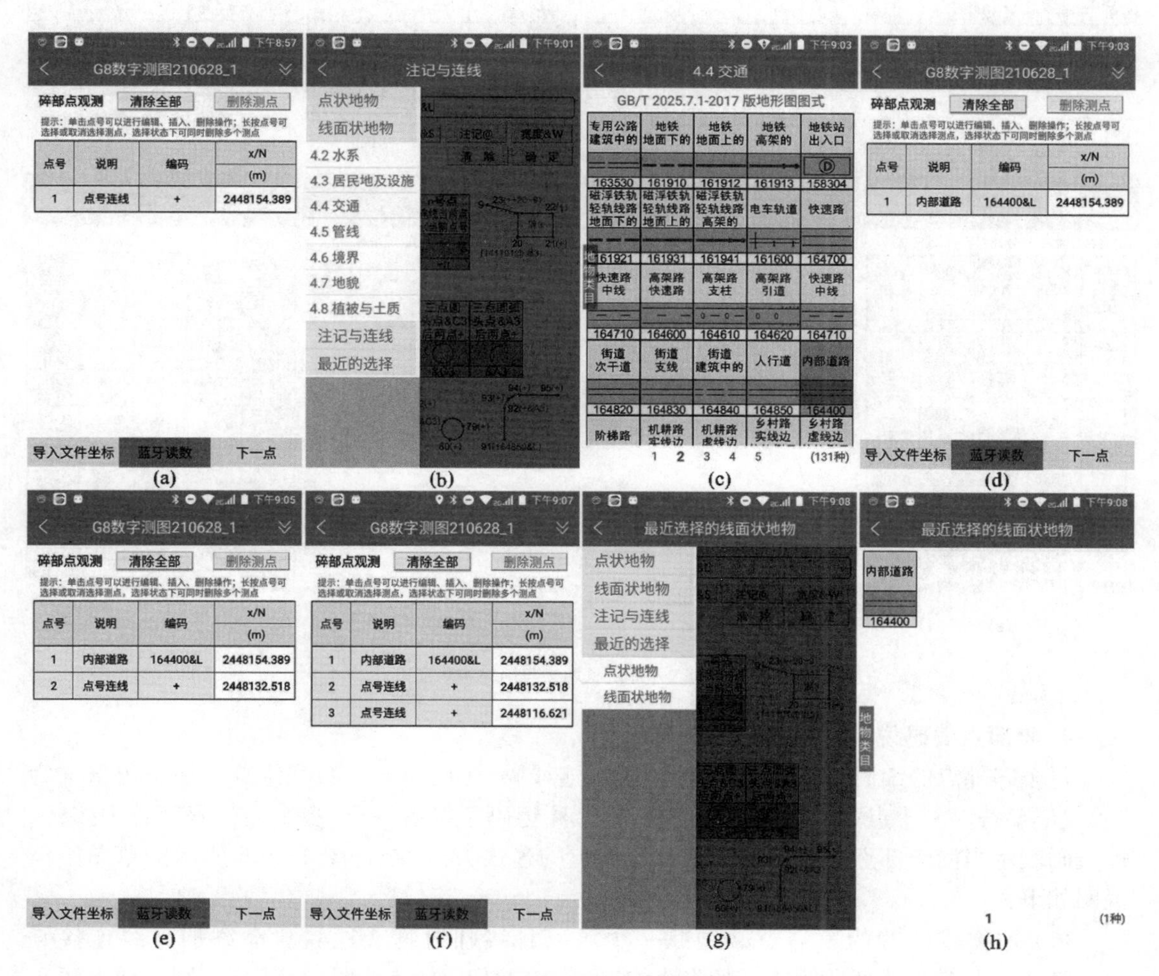

图1-107　分别测量1,2,3号碎部点的三维坐标并赋源码及连线码

图 1-107(f)为测量 3 号碎部点的坐标，缺省设置的连线码为“+”，点击该点地物地貌栏，点击“最近的选择”下的“线面状地物”命令[图 1-107(g)]，点击“内部道路”按钮，将 3 号碎部点的编码修改为“164400&L”。

3. 南方 MSMT 数字测图程序源码说明

按国家 2017 版地形图图式[26]的章节号编排地物与地貌源码按钮，图 1-108 为 8 种点状地物与地貌源码菜单，图 1-109(a)—(g)为 7 种线面状地物与地貌源码菜单，图 1-109(h)为注记与连线码菜单。

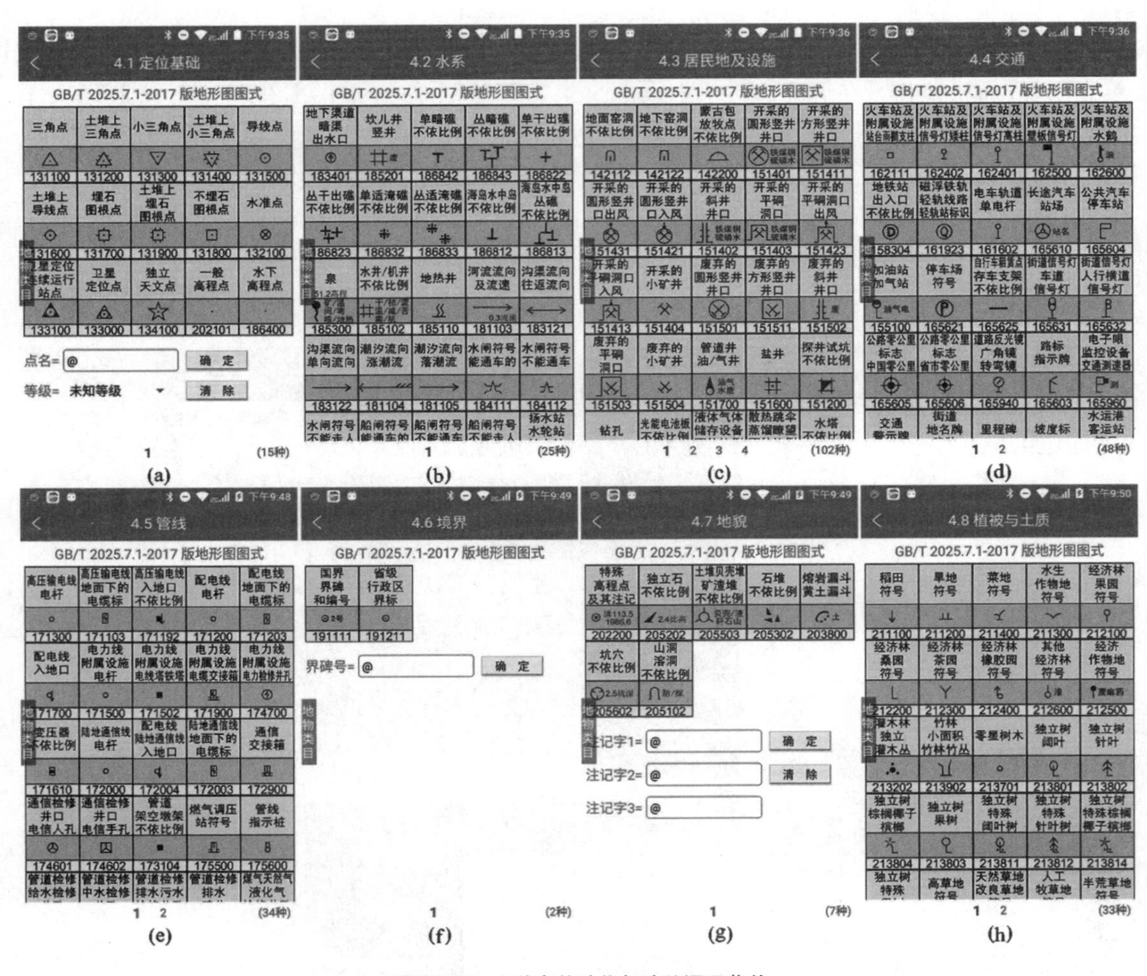

图 1-108　8 种点状地物与地貌源码菜单

4. 碎部点编码说明

每个碎部点的编码可以含源码、注记码与连线码，源码由 6 位数字组成。注记码格式为“@注记字符”，一个点可以含多个注记码，每个注记码字符占一行，多个注记码字符占多行。连线码表示当前碎部点与已测量的其余碎部点的连线方式，结合图 1-106 所示的草图案例说明如下：

(1) 地物或地貌的第一点必须赋一个源码且线状地物或地貌自动添加直线连接码“&L”，表示与其后连线码为“+”的点直线连接，如果其后的点为另一个源码，则当前点源码后的“&L”不起作用。若需修改当前点为曲线（样条曲线）连接码“&S”，应再次点击快捷菜单的“注记与连线”命令，在注记与连线菜单［图 1-109（h）］点击 曲线连&S 按钮，用“&S”替换既有的“&L”。

（2）一般在地物的第一点注记文字，在“注记与连线”菜单［图 1-109（h）］点击 注记@ 按钮输入@，再用手机键盘输入注记字符，@后的字符为注记字符，可以有多行注记文字，多行注记字符定位规则为：第一行注记文字左下角位于当前点位。例如，图 1-110 的 18 号碎部点编码为“141101&L@砼 6@教师公寓 F”，其含义如下：“141101”为一般房屋源码，“&L”表示与其后碎部点直线连接，“@砼 6”表示房屋结构与层数的注记字符，为第一行注记字符；“@教师公寓 F”表示房屋名称的注记字符，为第二行注记字符。程序对注记字符的行数没有规定，每个@至下一个@之间的字符占用一行注记。全部 220 个碎部点的编码赋值结果及其说明如图 1-110 和图 1-111 所示。

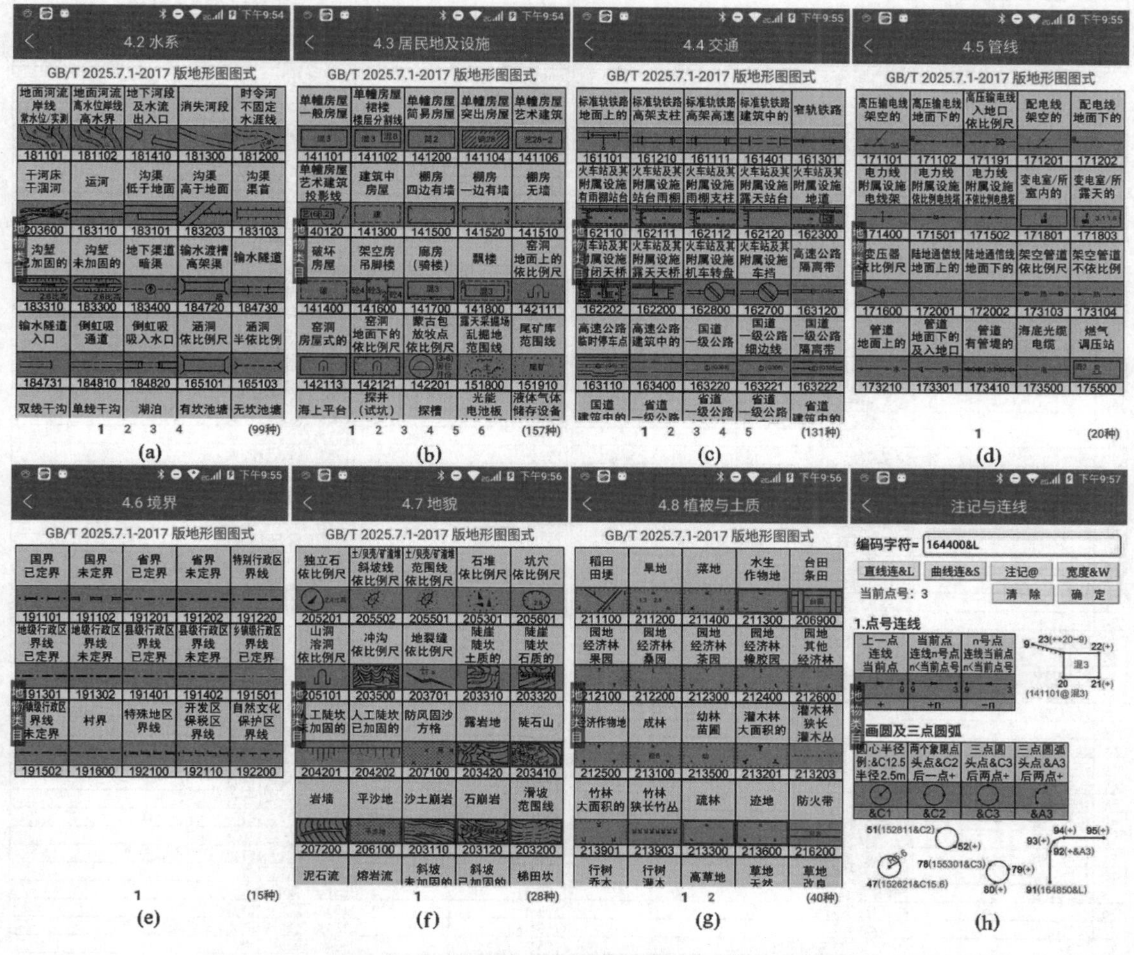

图 1-109　7 种线面状地物与地貌源码菜单及注记与连线码菜单

（3）新测碎部点的缺省连线码为“+”，表示已测量的前一个碎部点连线当前点，如果当前点还需要连线其余已测碎部点，应进入“注记与连线”菜单［图 1-109（h）］添加连线码：点击 +n 按钮，输入需要连线的已测碎部点点号 n，表示用当前点的源码连线 n 点；点击 −n 按钮，

点号	编码	说明
1	164400&L	内部道路/直线连
2	+	1点直线连2点
3	164400&L	内部道路/直线连
4	+	3点直线连4点
5	+&A3	4点直线连5点/三点圆弧起点
6	+	三点圆弧第二点
7	+	三点圆弧端点
8	+&A3	7点直线连8点/三点圆弧起点
9	+	三点圆弧第二点
10	+	三点圆弧端点
11	+&A3	10点直线连11点/三点圆弧起点
12	+	三点圆弧第二点
13	+	三点圆弧端点
14	+	13点直线连14点
15	+&A3	14点直线连15点/三点圆弧起点
16	+	三点圆弧第二点
17	+	三点圆弧端点
18	141101&L@砼6@教师公寓F	一般房屋/直线连/2行注记文字
19	+&A3	18点直线连19点/三点圆弧起点
20	+	三点圆弧第二点
21	+	三点圆弧端点
22	+	21点直线连22点
23	+	22点直线连23点
24	202101	一般高程点
25	141101&L@砼6@教师公寓E	一般房屋/直线连/2行注记文字
26	+&A3	25点直线连26点/三点圆弧起点
27	+	三点圆弧第二点
28	+	三点圆弧端点
29	+	28点直线连29点
30	+&A3	29点直线连30点/三点圆弧起点
31	+	三点圆弧第二点
32	+	三点圆弧端点
33	+	32点直线连33点
34	+	33点直线连34点
35	+	34点直线连35点
36	202101	一般高程点
37	141101&L@砼6@教师公寓H	一般房屋/直线连/2行注记文字
38	+	37点直线连38点
39	+	38点直线连39点
40	141101&L	一般房屋/直线连
41	+	40点直线连41点
42	+	41点直线连42点
43	164400&A3	内部道路/三点圆弧起点
44	+	三点圆弧第二点
45	+	三点圆弧端点
46	+&A3	45点直线连46点/三点圆弧起点
47	+	三点圆弧第二点
48	+	三点圆弧端点
49	+	48点直线连49点
50	164400&L	内部道路/直线连
51	+&A3	50点直线连51点/三点圆弧起点
52	+	三点圆弧第二点
53	+	三点圆弧端点
54	+&A3	53点直线连54点/三点圆弧起点
55	+	三点圆弧第二点
56	+	三点圆弧端点
57	+	56点直线连57点
58	+	57点直线连58点
59	141510&L@车棚	棚房/直线连/1行注记文字
60	+	59点直线连60点
61	164850&L	人行道/直线连
62	+	61点直线连62点
63	164400&L	内部道路/直线连
64	+	63点直线连64点
65	213702&L	行树/直线连
66	+	65点直线连66点
67	155210	路灯
68	155210	路灯
69	164400&L	内部道路/直线连
70	+	69点直线连70点
71	164850&L	人行道/直线连
72	+	71点直线连72点
73	213702&L	行树/直线连
74	+	73点直线连74点
75	202101	一般高程点
76	-60	60点(棚房)直线连76点
77	++59	76点直线连77点/77点直线连59点
78	-42+37	42点(一般房屋)直线连78点/78点直线连37点
79	-39+40	39点(一般房屋)直线连79点/79点直线连40点
80	-43&A3	43点(内部道路)直线连80点/三点圆弧起点
81	+	三点圆弧第二点
82	+	三点圆弧端点
83	+&A3	82点直线连83点/三点圆弧起点
84	+	三点圆弧第二点
85	+	三点圆弧端点
86	+	85点直线连86点
87	+	86点直线连87点
88	213702&L	行树/直线连
89	+	88点直线连89点
90	164400&L	内部道路/直线连
91	+	90点直线连91点
92	+	91点直线连92点
93	+	92点直线连93点
94	+	93点直线连94点
95	+	94点直线连95点
96	+	95点直线连96点
97	164850&L+93	人行道/97点直线连93点
98	213702&L	行树/直线连
99	+	98点直线连99点
100	155210	路灯
101	164400&L	内部道路/直线连
102	+	101点直线连102点
103	+	102点直线连103点
104	+&A3	103点直线连104点/三点圆弧起点
105	+	三点圆弧第二点
106	+	三点圆弧端点
107	+	106点直线连107点
108	164850&L+103	人行道/108点直线连103点
109	164400&L	内部道路/直线连
110	+&A3	109点直线连110点/三点圆弧起点
111	+	三点圆弧第二点
112	+	三点圆弧端点
113	+	112点直线连113点
114	+	113点直线连114点
115	+	114点直线连115点
116	164850&L+113	人行道/116点直线连113点
117	164400&L	内部道路/直线连
118	+	117点直线连118点
119	+	118点直线连119点
120	+	119点直线连120点
121	+	120点直线连121点
122	164850&L+120	人行道/122点直线连120点
123	213702&L	行树/直线连
124	+	123点直线连124点
125	155210	路灯
126	164400&L	内部道路/直线连
127	+	126点直线连127点
128	+	127点直线连128点
129	+	128点直线连129点
130	164850&L+127	人行道/130点直线连127点
131	213702&L	行树/直线连
132	+	131点直线连132点
133	155210	路灯
134	164400&L	内部道路/直线连
135	+&A3	134点直线连135点/三点圆弧起点
136	+	三点圆弧第二点
137	+	三点圆弧端点
138	155210	路灯
139	164400&L	内部道路/直线连
140	+&A3	139点直线连140点/三点圆弧起点
141	+	三点圆弧第二点
142	+	三点圆弧端点
143	+	142点直线连143点
144	+	143点直线连144点
145	+	144点直线连145点
146	+	145点直线连146点
147	+	146点直线连147点
148	+	147点直线连148点
149	141101&L@砼6@教师公寓D	一般房屋/直线连/2行注记文字
150	+	149点直线连150点
151	+&A3	150点直线连151点/三点圆弧起点
152	+	三点圆弧第二点
153	+	三点圆弧端点
154	+	153点直线连154点
155	+&A3	154点直线连155点/三点圆弧起点
156	+	三点圆弧第二点
157	+	三点圆弧端点
158	+	157点直线连158点
159	+	158点直线连159点
160	141101&L+18	一般房屋/160点直线连18点

图 1-110　第 1～160 号碎部点编码及说明

点号	编码	说明
161	164400&L	内部道路/直线连
162	+	161点直线连162点
163	+	162点直线连163点
164	+	163点直线连164点
165	++17	164点直线连165点/165点直线连17点
166	164850&L+14+160	人行道/166点直线连14点/166点直线连160点
167	213702&L	行树/直线连
168	+	167点直线连168点
169	155301&C2	喷水池/两点圆象限点1
170	+	两点圆象限点2
171	164400&L	内部道路/直线连
172	+	171点直线连172点
173	+&A3	172点直线连173点/三点圆弧起点
174	+	三点圆弧第二点
175	+	三点圆弧端点
176	+	175点直线连176点
177	+	176点直线连177点
178	+	177点直线连178点
179	+&A3	178点直线连179点/三点圆弧起点
180	+	三点圆弧第二点
181	+	三点圆弧端点
182	+&A3	181点直线连182点/三点圆弧起点
183	+	三点圆弧第二点
184	++171	三点圆弧端点/184点直线连171点
185	164850&L+172	人行道/185点直线连172点
186	+	185点直线连186点
187	++176	186点直线连187点/187点直线连176点
188	213702&L	行树/直线连
189	+	188点直线连189点
190	+	189点直线连190点
191	+	190点直线连191点
192	+	191点直线连192点
193	155210	路灯
194	155210	路灯
195	155210	路灯
196	202101	一般高程点
197	202101	一般高程点
198	202101	一般高程点
199	-137	137点(内部道路)直线连199点
200	-159+149	159点(一般房屋)直线连200点/200点直线连149点
201	164400&L	内部道路/直线连
202	+&A3	201点直线连202点/三点圆弧起点
203	+	三点圆弧第二点
204	+	三点圆弧端点
205	+	204点直线连205点
206	164400&L	内部道路/直线连
207	++35	206点直线连207点/207点直线连35点
208	164400&L	内部道路/直线连
209	+	208点直线连209点
210	+	209点直线连210点
211	+	210点直线连211点
212	+	211点直线连212点
213	+	212点直线连213点
214	-160	160点(一般房屋)直线连214点
215	+	214点直线连215点
216	-35+25	35点(一般房屋)直线连216点/216点直线连25点
217	131500@G8@三级	导线点/G8/三级
218	131500@G16@三级	导线点/G16/三级
219	131500@G10@三级	导线点/G10/三级
220	131500@G9@三级	导线点/G9/三级

图 1-111　第 161～220 号碎部点编码及说明

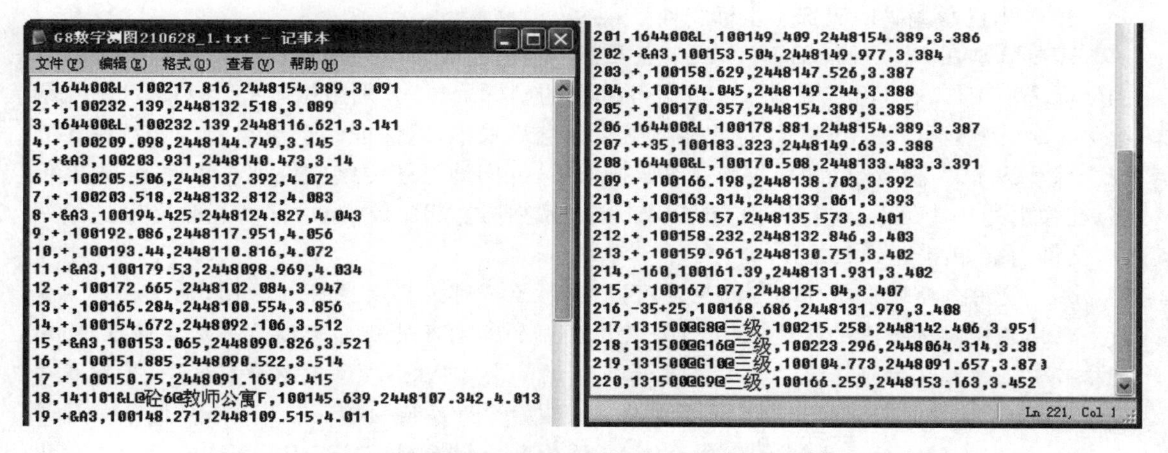

```
G8数字测图210628_1.txt - 记事本
文件(F) 编辑(E) 格式(O) 查看(V) 帮助(H)
1,164400&L,100217.816,2448154.389,3.091
2,+,100232.139,2448132.518,3.089
3,164400&L,100232.139,2448116.621,3.141
4,+,100209.098,2448144.749,3.145
5,+&A3,100203.931,2448140.473,3.14
6,+,100205.506,2448137.392,4.072
7,+,100203.518,2448132.812,4.083
8,+&A3,100194.425,2448124.827,4.043
9,+,100192.086,2448117.951,4.056
10,+,100193.44,2448110.816,4.072
11,+&A3,100179.53,2448098.969,4.034
12,+,100172.665,2448102.084,3.947
13,+,100165.284,2448100.554,3.856
14,+,100154.672,2448092.106,3.512
15,+&A3,100153.065,2448090.826,3.521
16,+,100151.885,2448090.522,3.514
17,+,100150.75,2448091.169,3.415
18,141101&L@砼6@教师公寓F,100145.639,2448107.342,4.013
19,+&A3,100148.271,2448109.515,4.011

201,164400&L,100149.409,2448154.389,3.386
202,+&A3,100153.504,2448149.977,3.384
203,+,100158.629,2448147.526,3.387
204,+,100164.045,2448149.244,3.388
205,+,100170.357,2448154.389,3.385
206,164400&L,100178.881,2448154.389,3.387
207,++35,100183.323,2448149.63,3.388
208,164400&L,100170.508,2448133.483,3.391
209,+,100166.198,2448138.703,3.392
210,+,100163.314,2448139.061,3.393
211,+,100158.57,2448135.573,3.401
212,+,100158.232,2448132.846,3.403
213,+,100159.961,2448130.751,3.402
214,-160,100161.39,2448131.931,3.402
215,+,100167.077,2448125.04,3.407
216,-35+25,100168.686,2448131.979,3.408
217,131500@G8@三级,100215.258,2448142.406,3.951
218,131500@G16@三级,100223.296,2448064.314,3.38
219,131500@G10@三级,100104.773,2448091.657,3.873
220,131500@G9@三级,100166.259,2448153.163,3.452
Ln 221, Col 1
```

图 1-112　南方 MSMT 地形图测绘程序导出的已赋编码碎部点坐标文件(局部)

输入需要连线的已测碎部点点号 n，表示用 n 点的源码连线当前点，n 应小于当前点号。例如，图 1-112 的 166 号点的编码为“164850&L＋14＋160”，其中，“164850”为人行道边线源码，用人行道边线的 166 号点直线连接 14 号点，166 号点再直线连接 160 号点，连线使用起点的源码并自动传递到连线的端点。

(4) 如图 1-106 所示，在 G8 点安置全站仪测量完“教师公寓 H”的 37 号碎部点后，为其赋编码“141101&L@砼 6@教师公寓 H”，继续测量 38，39 号碎部点，使用缺省设置的连线码“＋”，南方 Map 使用源码 141101 直线连接 37→38→39。因测站 G8 与 79 号房角点不通视，只能跳过 79 号房角点，继续测量 40 号碎部点，因 40 号碎部点不能使用连线码“＋”从 39 号碎部点连线，故 39 号碎部点的源码 141101 传递不过来，只能为其重新赋编码“141101&L”，继续测量的 41，42 号碎部点使用缺省设置的连线码“＋”。待仪器搬站到 G10 点，测量完 78 号碎部点后，为其赋编码“－42＋37”[图 1-111]，表示用 141101 源码，从 42 号碎部点直线连接78号碎部点，从78号碎部点直线连接37号碎部点。测量完79号碎部点后，为其赋编码“—39+40”，用141101源码，从39号碎部点直线连接79号碎部点，从79号碎部点直线连接40号碎部点，至此，完成“教师公寓H”的闭合。

(5) 三点圆弧连线码“&A3”：用当前点的源码，使用当前点和其后的两个碎部点画圆弧。例如，测量完8号碎部点的坐标后，其缺省设置的连线码为“+”，表示用7号点的源码直线连接8号点，再执行“注记与连线”命令，在图1-109(h)菜单点击 **&A3** 按钮添加“&A3”，以8号点为起点，用其后测量的9，10号碎部点画圆弧，9，10点的连线码应为缺省设置的“+”。

(6) 画圆连线码“&C1”：用当前点的源码，以当前点为圆心，“&C1”后的数字为半径画圆。画圆连线码“&C2”，用当前点的源码，以当前点为一个象限点，其后测量的碎部点为另一个象限点画圆，其后象限点的连线码应为缺省设置的“+”。画圆连线码“&C3”：用当前点的源码，以当前点为一个点，其后测量的两个碎部点画圆，其后测量的两个碎部点的连线码应为缺省设置的“+”。

例如，169号点的编码为“155301&C2”，其中“155301”为喷水池范围线源码，用喷水池源码，以169号碎部点为象限点1，170号碎部点为象限点2画圆，170号碎部点的连线码应为缺省设置的“+”。

5. 导出已赋编码的碎部点坐标文件

需要分别在G8，G16，G10，G9四个点安置全站仪才能完成图1-106所示216个碎部点的坐标采集工作，在G8点完成1～60号碎部点的坐标采集，分别搬站至G16，G10，G9点继续测量时，仍然可以使用G8点的数字测图文件继续采集，以保证碎部点点号的连续性。完成全部216个碎部点坐标的采集与赋编码操作后，返回地形图测绘文件列表界面，点击文件名，在弹出的快捷菜单点击“导出南方Map源码识别文件”命令，通过移动互联网发送给好友，文件内容如图1-112所示。

使用全站仪采集碎部点的坐标，因受测站至碎部点通视条件的限制，无法在一站完成一种地物所有碎部点的测量，这就要求现场绘制的草图及其碎部点编号一定要精准，同时也给碎部点赋编码带来了大量操作。笔者正在调试南方MSMT的 **RTK设置** *程序，待该程序调试完成后，可以在MSMT项目主菜单点击* **RTK设置** *程序按钮，完成坐标转换参数计算后，再在数字测图文件点击* **蓝牙读数** *按钮，直接读取南方系列GNSS RTK移动站的三维坐标。使用GNSS RTK移动站采集碎部点的坐标，因不受通视条件的限制，可以将一个地物的所有碎部点依次采集完，除了该地物的第一点需要赋源码外，其后的点可以使用程序缺省设置的连线码“+”，这就极大地提高了野外数字测图赋编码的效率。*

6. 在南方Map执行源码识别命令展绘碎部点坐标文件

启动南方Map，执行“绘图处理/源码识别”下拉菜单命令(图1-113左图)，在命令行输入测图比例尺分母值(缺省设置为1∶500)，在弹出的“选择文件”对话框选择“G8数字测图210628_1.txt”文件，鼠标左击 打开(O) 按钮，南方Map自动从该文件读入数据连线绘制地形图。如需标注碎部点点号，应再执行“绘图处理/展野外测点点号”下拉菜单命令，其后操作同上。图1-113右图为标注了碎部点点号的数字地形图。

7. 模拟练习赋碎部点编码的方法

虽然注记与连线菜单只有一页[图1-109(h)]，但要在野外环境下快速精准地为碎部点赋连线码，还是需要反复训练才能熟练掌握。模拟练习赋碎部点编码的方法是：用南方Map

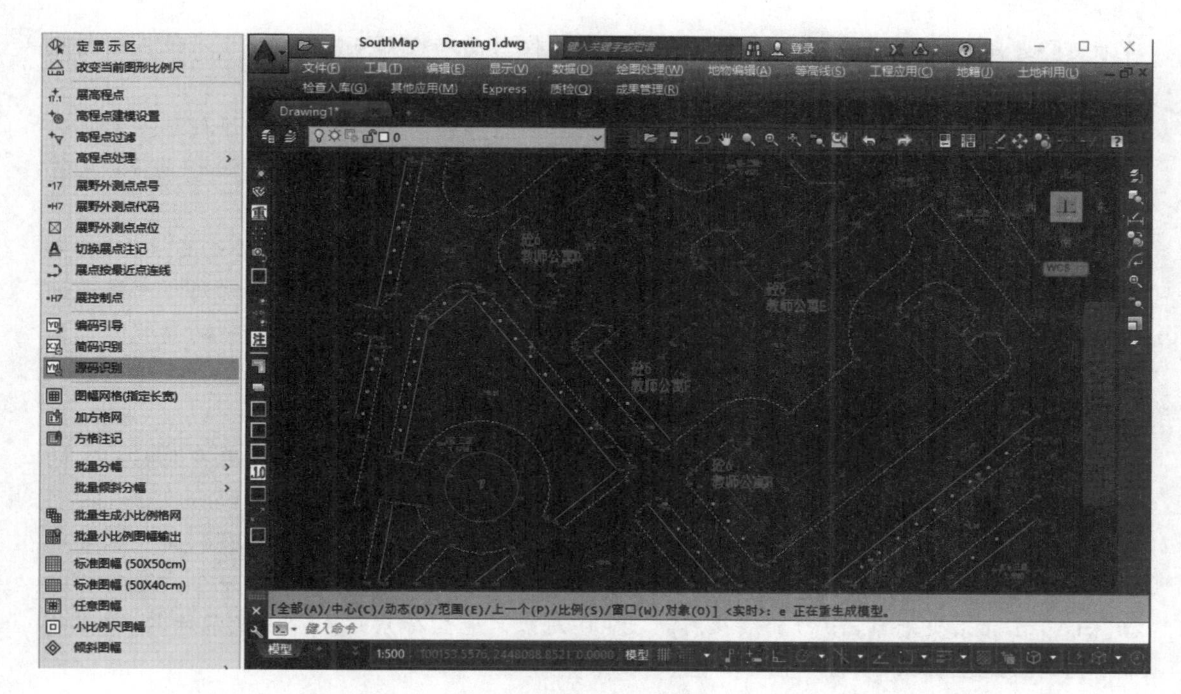

图 1-113　在南方 Map 执行“绘图处理/源码识别”下拉菜单命令展绘“G8 数字测图 210628_1.txt”文件

打开一张既有数字地形图，为每个碎部点编写点号 1，2，3，…，在南方 Map 执行下拉菜单“工程应用/指定点生成数据文件”命令，按点号顺序依次采集碎部点的三维坐标。

在 MSMT 新建一个数字测图文件，在文件测量界面点击**导入文件坐标**按钮，将碎部点坐标文件导入当前数字测图文件，此时，导入的全部碎部点的编码均为缺省设置的连线码“+”。将既有数字地形图当作草图，从 1 号点开始，依次为每个模拟碎部点赋源码、注记码和连线码。完成全部碎部点赋码操作后，导出该数字测图文件的源码识别文件，在南方 Map 执行下拉菜单“绘图处理/源码识别”命令自动绘制数字地形图。

本章小结

(1) 一、二等水准测量往测观测顺序为：奇数测站“后—前—前—后”，偶数测站“前—后—后—前”；返测观测顺序为：奇数测站“前—后—后—前”，偶数测站“后—前—前—后”。

(2) 三等水准测量每站观测顺序为“后—前—前—后”，四等水准测量每站观测顺序为“后—后—前—前”。为消除一对标尺零点差的影响，一、二、三、四等水准测量每测段的测站数应为偶数。

(3) 角度后方交会至少需要观测三个已知点的方向值，全站仪的水平盘读数应设置为右旋角 HR，测站不能位于三个已知点构成的危险圆上，使用式(1-6)计算测站点的坐标。

(4) 边角后方交会至少需要观测两个已知点的方向和距离值，全站仪的水平盘读数应设置为右旋角 HR，测站点和两个已知点尽量不要位于同一条直线上。边角后方交会的测站坐标系，是以测站点为原点，水平度盘零方向为 $+x'$ 轴方向，水平度盘 $+90°$ 方向为 $+y'$ 轴方向，应用式(1-10)计算已知点的测站坐标复数，应用式(1-11)和式(1-12)计算测站坐标变换到测量坐标的旋转尺度复数 z_θ，应用式(1-14)计算测站点的测量坐标。角度后方交会与边角后方交会还同时观测已知点的竖盘读数，输入测站仪器高和已知点觇标高，可以计算测站点的高程。

(5) 测边后方只观测已知点的平距，不观测水平盘和竖盘读数，只能计算测站点的平面坐标，计算公式与边角后方交会相同，公式中使用的角度值是程序使用余弦公式(1-16)反算求出。

(6) 高斯投影是横椭圆柱分带正形投影，参考椭球面上的物体投影到横椭圆柱上，其角度保持不变，除中央子午线外，其余距离变长。地面平距高程为 H，高程归化到参考椭球面的距离会变短，参考椭球面投影改化到高斯平面的距离会变长，可以将地面平距高程归化到高程为 H_0 的参考椭球面，再投影改化到高斯平面，使距离的高程归化值和投影改化值的代数和为0，称高程面 H_0 为抵偿高程面。

(7) 手机GNSS单点定位的误差大约为±5 m，GNSS寻点的功能是应用手机GNSS的单点定位功能，概略寻找测区控制点的平面位置。

(8) 高斯平面坐标正形变换可以在两个高斯平面坐标系之间进行相互变换，至少需要已知5个公共点的两套平面坐标才能唯一计算10个正形变换参数。对于同一个大地坐标系(例如1954北京坐标系，1980西安坐标系，2000国家大地坐标系)，等价于换带计算，对于两个不同的大地坐标系，相当于拟合变换。

(9) 施工坐标系与测量坐标系相互变换使用线性变换法，也称赫尔默特变换，常在小范围的施工场区使用，它有4个变换参数：2个平移参数、1个缩放参数和1个旋转参数。至少需要已知2个公共点的两套平面坐标才能唯一计算4个正形变换参数。

(10) 坐标传输程序：点击**导入文件坐标**按钮，从手机内置SD卡导入坐标文件，可以计算空间任意两点的三维坐标差、空间距离、平距及平面方位角。当前坐标栏无坐标数据时，点击**蓝牙读数**按钮启动全站仪测距并读取测点的三维坐标；当前坐标栏有坐标数据时，点击**蓝牙发送**按钮，单点发送坐标数据到南方NTS-362LNB全站仪的测站点、后视点或放样点坐标界面。点击**发送全部**按钮，将文件的全部坐标发送到全站仪的已知点坐标文件或内存坐标文件。点击**接收全站仪坐标**按钮，蓝牙接收NTS-362LNB全站仪发送的内存坐标文件或已知点坐标文件(FIX.LIB)。点击坐标栏的**点位校正**按钮，用坐标差法或纵横差法校正实测点位到设计点位。

(11) 参考线放样程序：指定一条直线作为参考线，直线起点的桩号为0，输入放样点在参考直线的桩号及其边距(左边距输入为负数，右边距输入为正数)，计算放样点的坐标；点击**蓝牙发送**按钮，将放样点坐标发送到南方NTS-362LNB全站仪的放样点坐标界面。参考直线两端点的坐标，可以从参考直线的文件列表指定，也可以点击**蓝牙读数**按钮启动全站仪测距并读取测点的三维坐标。

(12) 导线测量程序：新建导线测量文件，在五种单一导线中选择一种导线类型，输入未知点个数，程序自动生成各站的水平角及平距观测手簿，完成导线观测后，自动从观测手簿提取观测数据进行近似平差计算。

(13) 南方Map源码数字测图程序：野外蓝牙启动全站仪测量碎部点的三维坐标，为每个新测碎部点的编码位实时赋源码、连线码或注记码，完成全部碎部点坐标采集后，导出源码识别文件，在南方Map执行“绘图处理/源码识别”命令展绘该文件，实现草图法数字测图地物与地貌的自动分层、连线及注记。

练 习 题

[1-1] 在任意点 Q506 安置全站仪，观测 4 个已知点的水平盘读数及平距值列于表 1-37。①按角度后方交会计算测站 Q506 点的平面坐标及其标准差。②按边角后方交会计算测站 Q506 点的平面坐标及其标准差，结果填入表 1-37。

表 1-37 测站 Q506 后方交会已知点坐标及其观测数据

点名	x/m	y/m	方向观测值	平距/m	类型	测站 x/m	测站 y/m
N1	4 032 550.165	474 609.654	52°30′58″	96.687	角度		
N2	4 032 548.719	474 533.479	0°32′54″	57.392	m_x, m_y		
N3	4 032 496.675	474 393.663	272°11′56″	139.365	边角		
N4	4 032 394.031	474 575.425	156°24′25″	106.171	m_x, m_y		

[1-2] 表 1-38 的 ZD 设计桩号与表 1-39 的 QD 设计桩号均为 ZDK195+700，这表明它们在实地是同一个点，两个高斯平面坐标的差异是两个投影带的投影参数不同所致。试完成：①将表 1-38 所示 ZD 的源坐标换带至表 1-39 所示的目标坐标，并与目标坐标的设计值比较，结果填入表 1-40；②计算该点在国家 11 种基本比例尺地形图分幅的编号。

表 1-38 新建铁路黔江至张家界常德线左线源坐标系设计数据(2000 国家大地坐标系)

交点号	设计桩号	x/m	y/m	H_0/m	L_0
ZD	ZDK195+700	3 232 340.958	484 935.561	280	E110°35′

表 1-39 新建铁路黔江至张家界常德线左线目标坐标系设计数据(2000 国家大地坐标系)

交点号	设计桩号	x/m	y/m	H_0/m	L_0
QD	ZDK195+700	3 232 279.632	493 039.735	175	E110°30′

设计单位：中铁第一勘察设计院集团有限公司

表 1-40 新建铁路黔江至张家界常德线左线 DK195+700 高斯投影换带计算坐标比较

列号	1	2	3	4	5	6
说明	x/m	y/m	L_0	H_0/m	L	B
计算			E110°35′	280		
图纸	3 232 279.632	493 039.735	E110°30′	175		
差值/m				差值		

[1-3] 江门市中心血站施工坐标系的原点 O′设置在 1A 点，x'设置在 1 轴，原点 O′的测量坐标及$+x'$轴的测量方位角如图 1-114 所示，试用坐标线性变换程序完成下列

计算：

①手动输入 4 个变换参数计算表 1-41 所列 7 个设计点位的测量坐标，结果填入表 1-41 的第 3 列；②以 1A，9A，9E，1E 四个点为公共点，使用间接平差计算的 4 个变换参数计算表 1-41 所列 7 个设计点位的测量坐标，结果填入表 1-41 的第 4 列；③计算第 3，4 列的测量坐标差，结果填入表 1-41 的第 5 列。

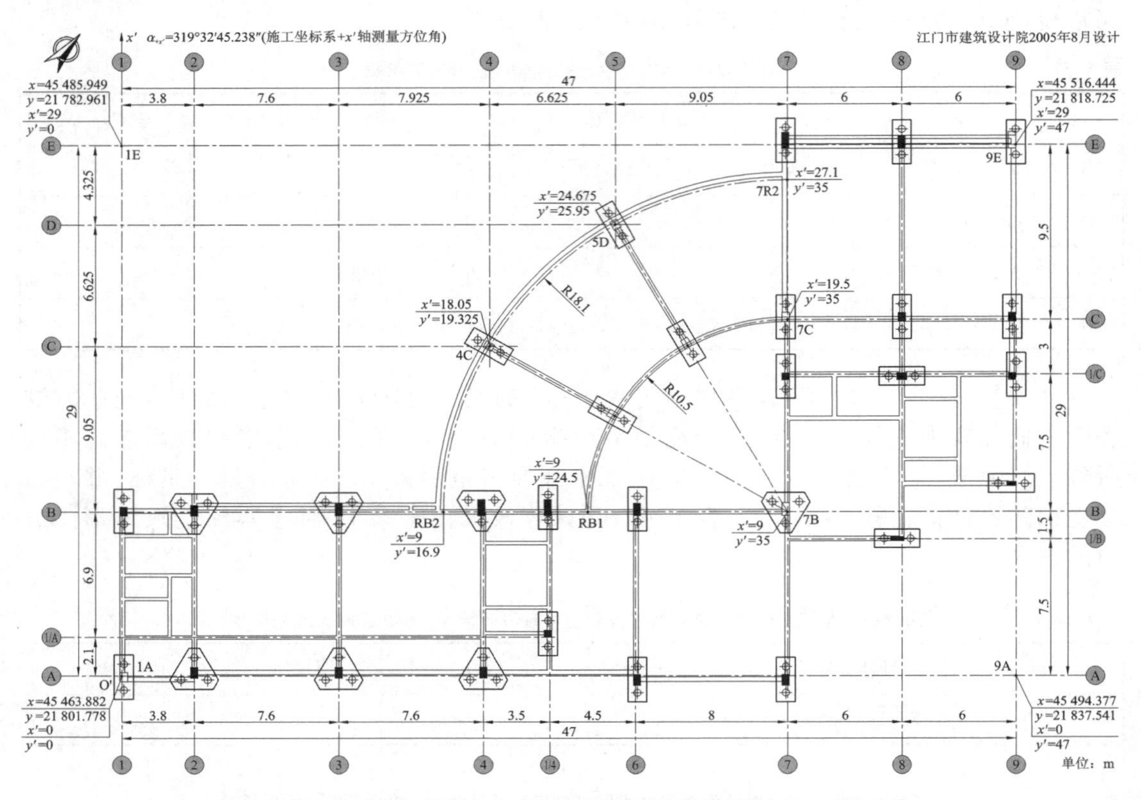

图 1-114　广东省江门市中心血站业务楼施工坐标系与测量坐标系的相互关系

表 1-41　江门市中心血站业务楼两种方法将 7 点施工坐标变换为测量坐标结果及其比较

列	1	2		3		4		5	
序	点名	施工坐标		测量坐标 1		测量坐标 2		测量坐标差	
		x'/m	y'/m	x/m	y/m	x/m	y/m	Δx/m	Δy/m
1	7B	9	35						
2	RB1	9	24.5						
3	RB2	9	16.9						
4	4C	18.05	19.325						
5	5D	24.675	25.95						
6	7R2	27.1	35						
7	7C	19.5	35						

第2章　控制网平差原理与工程案例

● **基本要求**　掌握单一闭(附)合水准路线近似平差的原理与方法;了解水准网间接平差原理,掌握水准网点编号规则和间接平差方法;掌握五种单一导线近似平差原理与方法;了解单一闭(附)合导线条件平差原理并掌握条件平差方法;熟悉平面网按方向间接平差原理、近似坐标计算原理、定向角未知数的几何意义,史赖伯(Schreiber)第一法则在组成法方程中的作用;掌握任意三角网、边角网、测边网及导线网点编号规则及平差方法;了解条件平差和间接平差误差椭圆元素计算原理和方法;了解秩亏自由网平差原理,熟悉水准网、边角网、测边网基准条件的形式,掌握秩亏网平差方法。

2.1　单一闭(附)合水准路线近似平差原理及案例

1. 原理

单一闭(附)合水准路线近似平差的原理是:按测段水准路线长或测站数比例反号分配水准路线闭合差。设某闭合或附合水准路线,第 i 测段的高差观测值为 h_i,路线长 L_i(或测站数 n_i),闭合水准路线的高差闭合差为

$$f_{\mathrm{h}}=\sum h \tag{2-1}$$

附合水准路线的高差闭合差为

$$f_{\mathrm{h}}=\sum h-(H_{终}-H_{起}) \tag{2-2}$$

当水准路线位于平原或丘陵地区时,第 i 测段的高差改正数 V_i 按路线长 L_i 分配,公式为

$$V_i=-\frac{L_i}{L}f_{\mathrm{h}} \tag{2-3}$$

式中,$L=\sum L_i$,为单一水准路线全长。

当为上山水准路线时,第 i 测段的高差改正数 V_i 按测站数 n_i 分配,公式为

$$V_i=-\frac{n_i}{n}f_{\mathrm{h}} \tag{2-4}$$

式中,$n=\sum n_i$,为单一水准路线测站总数。

高差平差值为

$$\hat{h}_i=h_i+V_i \tag{2-5}$$

2. 单一附合水准路线近似平差案例

[例 2-1] 试用近似平差程序计算图 2-1 所示单一附合水准路线 S1，S2，S3 点的高程。

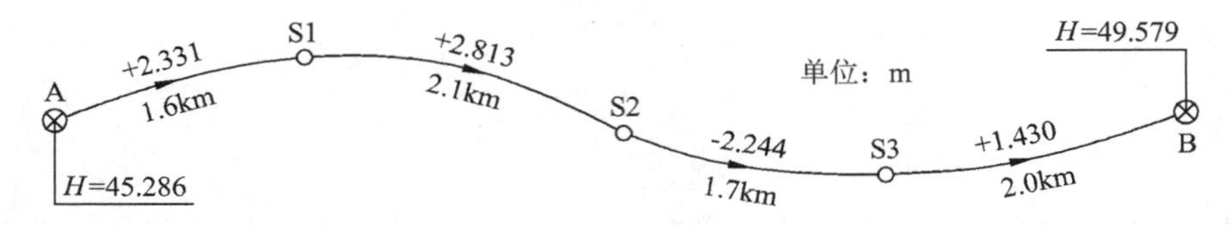

图 2-1　五等附合水准路线观测略图

在项目主菜单[图 2-2(a)]，点击 **水准网平差** 按钮，进入水准网平差文件列表界面[图 2-2(b)]；点击 **新建文件** 按钮，新建一个水准网平差文件[图 2-2(c)]，点击 **确定** 按钮，返回文件列表界面[图 2-2(d)]。

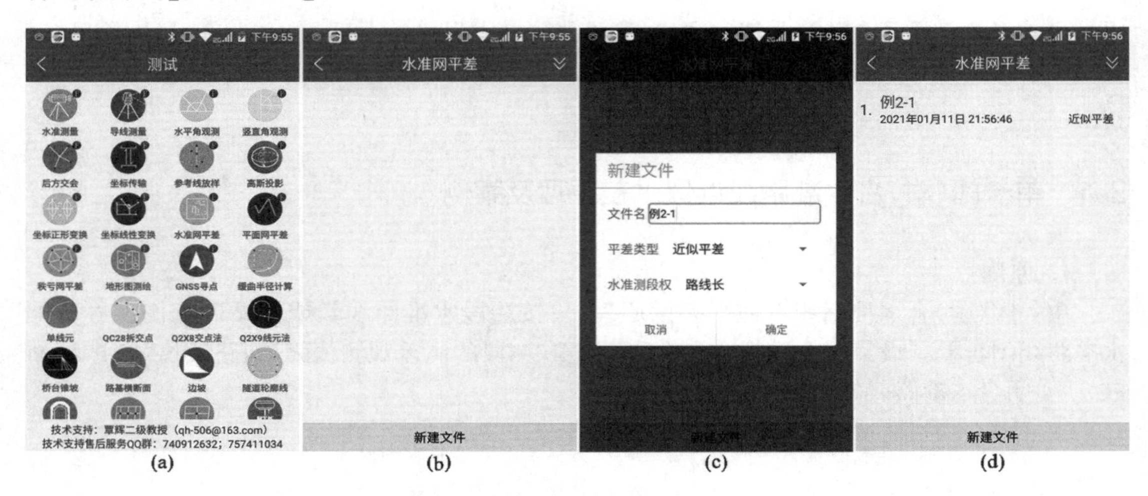

图 2-2　在项目主菜单点击“水准网平差”按钮新建水准网近似平差文件

点击最近新建的文件名，在弹出的快捷菜单点击“输入数据及计算”命令[图 2-3(a)]，进入图 2-3(b)所示的界面，观测等级设置为“五等水准”，输入图 2-1 标注的 A，B 两点已知高程，4 个测段路线长及观测高差，结果如图 2-3(b)，(c)所示；点击 **计算** 按钮，结果如图 2-3(d)所示，手指向左滑动屏幕查看其余内容，结果如图 2-3(e)所示。

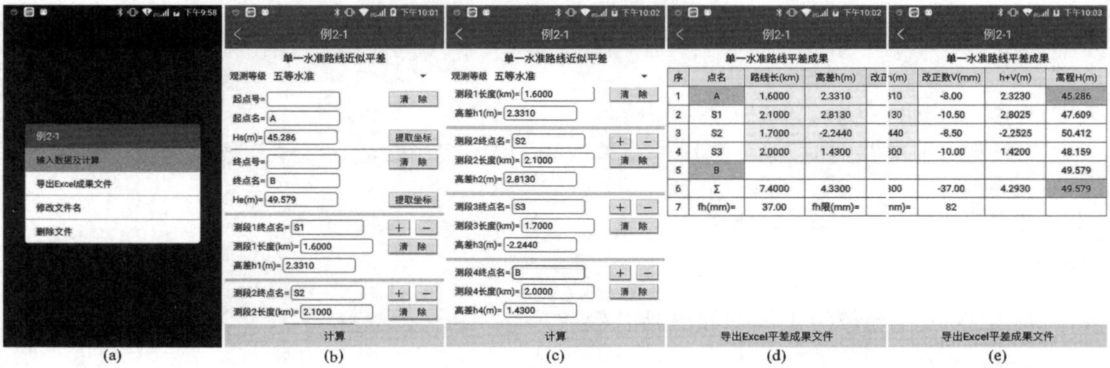

图 2-3　对水准网平差文件“例 2-1”执行“输入数据及计算”命令

点击屏幕底部的 **导出Excel平差成果文件** 按钮，程序在手机内置 SD 卡工作文件夹创建“例 2-1.xls”成果文件，图 2-4 为该文件的内容。

	A	B	C	D	E	F
1	单一水准路线近似平差计算(按路线长L平差)					
2	点名	路线长L(km)	高差h(m)	改正数V(mm)	h+V(m)	高程H(m)
3	A	1.6000	2.3310	-8.0000	2.3230	45.286
4	S1	2.1000	2.8130	-10.5000	2.8025	47.609
5	S2	1.7000	-2.2440	-8.5000	-2.2525	50.412
6	S3	2.0000	1.4300	-10.0000	1.4200	48.159
7	B					49.579
8	∑	7.4000	4.3300	-37.0000		49.579
9	闭合差fh(mm)	37.0000				
10	限差(mm)	82				

近似平差L

图 2-4　导出的“例 2-1.xls”成果文件内容

2.2　任意水准网间接平差原理及案例

1. 原理

水准网间接平差是以未知点的高程为未知数，通过列立测段高差观测值的误差方程，在最小二乘原理下求未知点高程的解。设水准网的间接平差模型为

$$\left.\begin{aligned}\underset{n\times1}{\boldsymbol{V}}&=\underset{n\times t}{\boldsymbol{B}}\underset{t\times1}{\hat{\boldsymbol{X}}}-\underset{n\times1}{\boldsymbol{h}}\\ \underset{1\times n}{\boldsymbol{V}^{\mathrm{T}}}\ \underset{n\times n}{\boldsymbol{P}}\ \underset{n\times1}{\boldsymbol{V}}&\rightarrow\min\end{aligned}\right\}\tag{2-6}$$

式中，n 为水准网测段的高差数；t 为未知点数。

当未知点高程 $\underset{t\times1}{\hat{\boldsymbol{X}}}$ 函数独立时，系数矩阵 $\underset{n\times t}{\boldsymbol{B}}$ 列满秩，即 $\mathrm{rank}(\boldsymbol{B})=t$，法方程为

$$\boldsymbol{N}\hat{\boldsymbol{X}}-\boldsymbol{f}=\boldsymbol{0}\tag{2-7}$$

式中

$$\left.\begin{aligned}\boldsymbol{N}&=\boldsymbol{B}^{\mathrm{T}}\boldsymbol{P}\boldsymbol{B}\\ \boldsymbol{f}&=\boldsymbol{B}^{\mathrm{T}}\boldsymbol{P}\boldsymbol{h}\end{aligned}\right\}\tag{2-8}$$

式中，$\boldsymbol{P}$ 为高差观测值 $\boldsymbol{h}$ 的权阵。

法方程的解为

$$\hat{\boldsymbol{X}}=\boldsymbol{N}^{-1}\boldsymbol{f}\tag{2-9}$$

高差观测值的平差值为

$$\hat{\boldsymbol{h}}=\boldsymbol{h}+\boldsymbol{V}\tag{2-10}$$

验后单位权中误差的估值为

$$\hat{\sigma}_0=\sqrt{\frac{\boldsymbol{V}^{\mathrm{T}}\boldsymbol{P}\boldsymbol{V}}{n-t}}\tag{2-11}$$

未知点高程平差值的协方差矩阵为

$$\boldsymbol{D}_{\hat{X}\hat{X}}=\hat{\sigma}_0^2\boldsymbol{N}^{-1}\tag{2-12}$$

由于测段高差观测的误差方程本身已是线性形式，因此，水准网间接平差可以不必先计算未知点的近似高程，而是解算法方程式(2-7)，直接求出未知点高程平差值。

设每公里高差观测中误差为 m_{km}，第 i 测段路线长为 L_i(km)，中误差为 $m_i=\sqrt{L_i}m_{km}$，权的计算公式为

$$p_i=\frac{m_{km}^2}{m_i^2}=\frac{m_{km}^2}{(\sqrt{L_i}m_{km})^2}=\frac{m_{km}^2}{L_i m_{km}^2}=\frac{1}{L_i} \tag{2-13}$$

2. 四等水准网间接平差案例 1

图 2-5 所示的四等水准网，有 1 个已知点，19 个未知点，观测了 22 个水准测段。水准网间接平差之前，应对水准点和测段高差观测值编号。水准点的编号规则是：按 1, 2, 3, …的顺序，先编已知点号，再编未知点号，未知点的编号顺序没有限制；测段高差的编号规则是：按 1, 2, 3, …的顺序，水准测段的编号顺序没有限制。本例水准点和水准测段编号结果如图 2-5 所示。

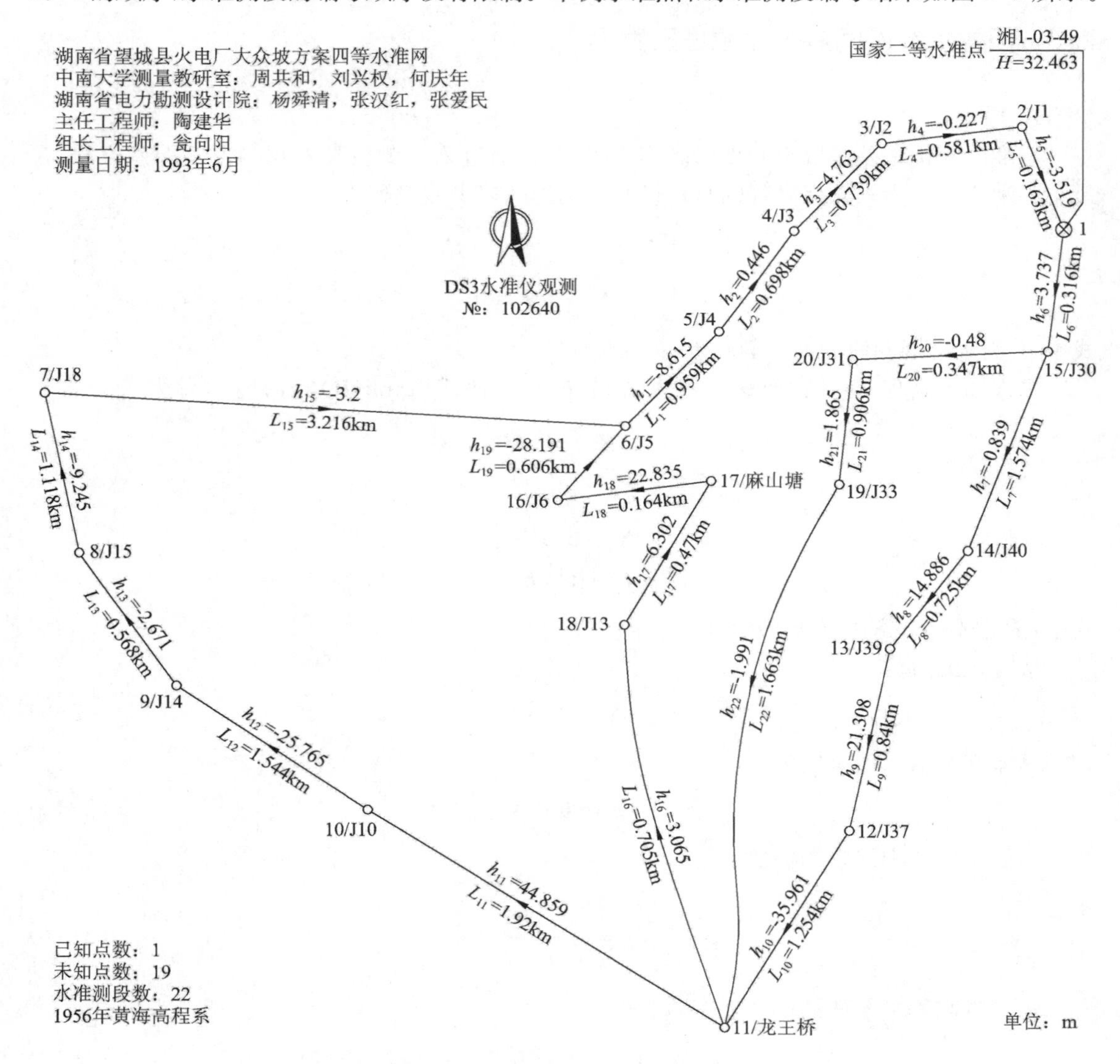

图 2-5　湖南省长沙市望城火电厂大众坡方案四等水准网观测略图

(1) 新建一个水准网间接平差文件

在水准网平差文件列表界面[图 2-6(a)],点击 **新建文件** 按钮,输入文件名,点击"平差类型"列表框,在弹出的快捷菜单点击"间接平差"[图 2-6(b)],"水准测段权"维持缺省设置的"路线长"[图 2-6(c)],点击 **确定** 按钮,返回文件列表界面[图 2-6(d)]。

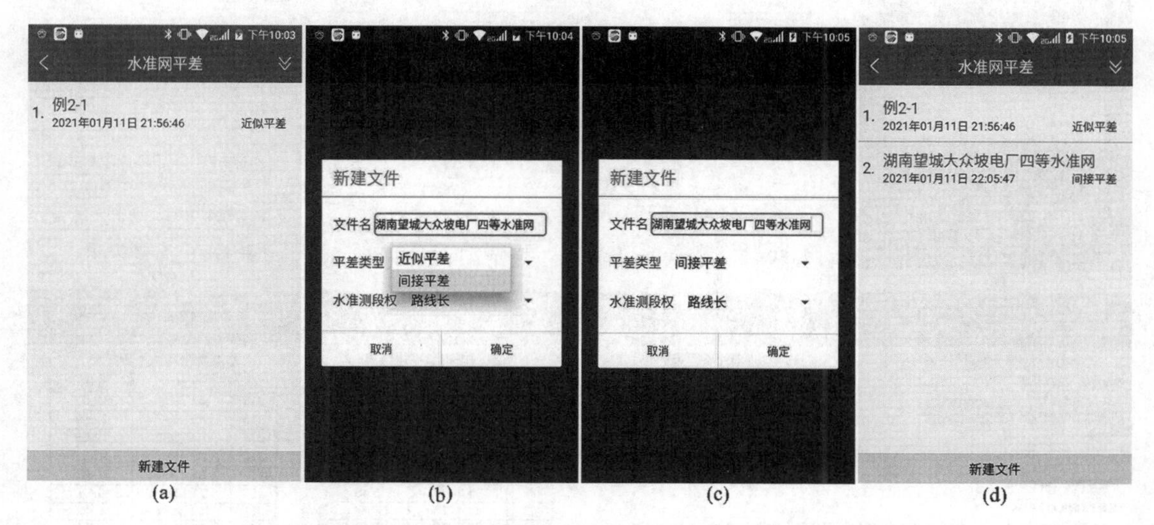

图 2-6 在"水准网平差"文件列表界面点击"新建文件"按钮新建水准网间接平差文件

(2) 输入水准网已知数据、未知点名、测段高差观测值并进行间接平差计算

点击最近新建的文件名,在弹出的快捷菜单点击"输入数据及计算"命令[图 2-7(a)],进入水准网间接平差界面,有"已知点高程""未知点名""测段高差"三个选项卡,缺省设置为"已知点高程"选项卡,观测等级选择"四等",输入已知水准点名及其高程,结果如图 2-7(b)所示。

点击"未知点名"选项卡,输入 19 个未知点点名,结果如图 2-7(c),(d)所示。点击"测段高差"选项卡,输入 22 个水准测段的高差观测值及其路线长,结果如图 2-7(e),(f)所示。点击 **计算** 按钮进行间接平差计算,屏幕显示平差计算成果,结果如图 2-7(g),(h)所示,验后单位权中误差为 $m_0=6.92$ mm/km。

本例未知点数 $t=19$,水准测段观测高差数 $n=22$,式(2-6)第一式的误差方程系数矩阵 $\boldsymbol{B}$ 的维数是 22 行×19 列;式(2-7)的法方程系数矩阵 $\boldsymbol{N}$ 的维数是 19 行×19 列,使用式(2-9)解算未知点高程平差值 $\hat{\boldsymbol{X}}$ 时,需要计算 19 行×19 列方阵 $\boldsymbol{N}$ 的逆矩阵 $\boldsymbol{N}^{-1}$。

(3) 导出 Excel 平差成果文件

在平差成果界面[图 2-7(h)],点击 **导出Excel平差成果文件** 按钮,导出本例间接平差计算的 Excel 成果文件"湖南望城大众坡电厂四等水准网.xls",该文件有两个选项卡,图 2-8 为"水准网间接平差"选项卡的内容,图 2-9 为"未知点高程协因数矩阵"选项卡的内容,该矩阵为式(2-7)的法方程系数矩阵的逆矩阵 $\boldsymbol{N}^{-1}$。本例有 19 个未知点,未知点高程协因数矩阵 $\boldsymbol{N}^{-1}$ 为 19 行×19 列的方阵。

3. 四等水准网间接平差案例 2

图 2-10 所示的四等水准网取自文献[10]第 439 页,该水准网有 6 个已知点,3 个未知点,观测了 12 个水准测段,水准点和水准测段编号标于图中。

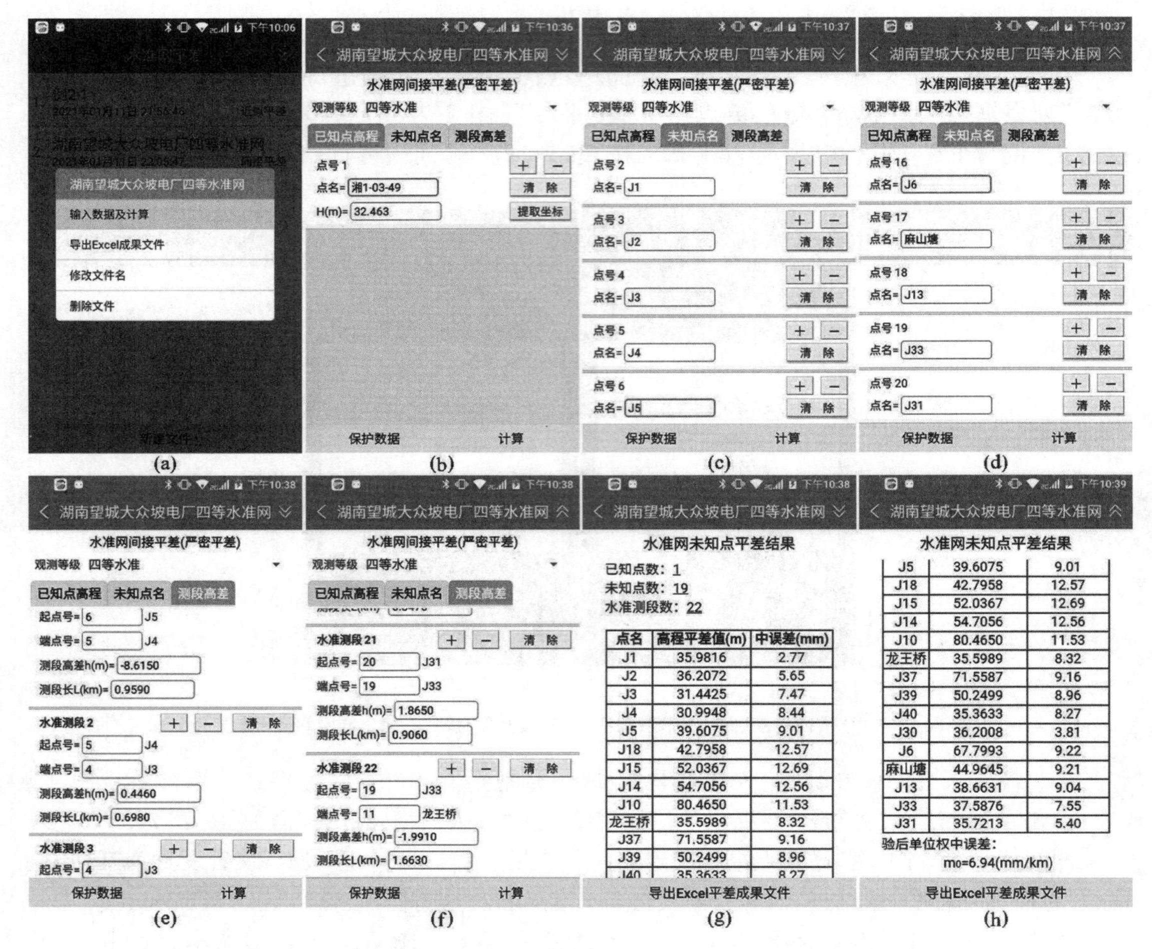

图 2-7 输入 1 个点的已知数据、19 个未知点名、22 个测段高差观测值并进行间接平差计算

	A	B	C	D	E	F
1	水准网间接平差(严密平差)计算成果					
2	水准等级：四等 已知点数：1 未知点数：19 测段高差数：22					
3	1、水准测段高差观测值及其平差值					
4	测段号	测段起讫点号	路线长L(km)	高差h(m)	改正数v(mm)	高差平差值(m)
5	1	6→5	0.9590	-8.6150	2.2927	-8.6127
6	2	5→4	0.6980	0.4460	1.6687	0.4477
7	3	4→3	0.7390	4.7630	1.7667	4.7648
8	4	3→2	0.5810	-0.2270	1.3890	-0.2256
9	5	2→1	0.1630	-3.5190	0.3897	-3.5186
10	6	1→15	0.3160	3.7370	0.7555	3.7378
11	7	15→14	1.5740	-0.8390	1.5013	-0.8375
12	8	14→13	0.7250	14.8860	0.6915	14.8867
13	9	13→12	0.8400	21.3080	0.8012	21.3088
14	10	12→11	1.2540	-35.9610	1.1960	-35.9598
15	11	11→10	1.9200	44.8590	7.0107	44.8660
16	12	10→9	1.5440	-25.7650	5.6378	-25.7594
17	13	9→8	0.5680	-2.6710	2.0740	-2.6689
18	14	8→7	1.1180	-9.2450	4.0823	-9.2409
19	15	7→6	3.2160	-3.2000	11.7430	-3.1883
20	16	11→18	0.7050	3.0650	-0.8888	3.0641
21	17	18→17	0.4700	6.3020	-0.5926	6.3014
22	18	17→16	0.1640	22.8350	-0.2068	22.8348
23	19	16→6	0.6060	-28.1910	-0.7640	-28.1918
24	20	15→20	0.3470	-0.4800	0.4986	-0.4795
25	21	20→19	0.9060	1.8650	1.3018	1.8663
26	22	19→11	1.6630	-1.9910	2.3896	-1.9886

	A	B	C	D	E	F
27	2、未知点高程平差成果					
28	点号	点名	高程H(m)	中误差(mm)		
29	1	湘1-03-49	32.4630	已知点		
30	2	J1	35.9816	2.77		
31	3	J2	36.2072	5.65		
32	4	J3	31.4425	7.47		
33	5	J4	30.9948	8.44		
34	6	J5	39.6075	9.01		
35	7	J18	42.7958	12.57		
36	8	J15	52.0367	12.69		
37	9	J14	54.7056	12.56		
38	10	J10	80.4650	11.53		
39	11	龙王桥	35.5989	8.32		
40	12	J37	71.5587	9.16		
41	13	J39	50.2499	8.96		
42	14	J40	35.3633	8.27		
43	15	J30	36.2008	3.81		
44	16	J6	67.7993	9.22		
45	17	麻山塘	44.9645	9.21		
46	18	J13	38.6631	9.04		
47	19	J33	37.5876	7.55		
48	20	J31	35.7213	5.40		
49	3、验后单位权中误差：m0=6.94(mm/km)					

水准网间接平差 / 未知点高程协因数矩阵

图 2-8 导出的 Excel 成果文件“水准网间接平差”选项卡的内容

	A	B	C	D	E	F	G	H	I	J
1	0.159085160	0.145131038	0.127382163	0.110618002	0.087585294	0.073015236	0.067950148	0.065376830	0.058381752	0.049683211
2	0.145131038	0.662438602	0.581425331	0.504906707	0.399775819	0.333272000	0.310152824	0.298407124	0.266478674	0.226774901
3	0.127382163	0.581425331	1.158943234	1.006420224	0.796864972	0.664304268	0.618221287	0.594808824	0.531166496	0.452025778
4	0.110618002	0.504906707	1.006420224	1.480109581	1.171923469	0.976970741	0.909197995	0.874766046	0.781169338	0.664779650
5	0.087585294	0.399775819	0.796864972	1.171923469	1.687225902	1.406551181	1.308978315	1.259406412	1.124654618	0.957087621
6	0.073015236	0.333272000	0.664304268	0.976970741	1.406551181	3.284580224	2.819452261	2.583143958	1.940784767	1.141996135
7	0.067950148	0.310152824	0.618221287	0.909197995	1.308978315	2.819452261	3.344548614	3.043323863	2.224501653	1.206277143
8	0.065376830	0.298407124	0.594808824	0.874766046	1.259406412	2.583143958	3.043323863	3.277118305	2.368644042	1.238935114
9	0.058381752	0.266478674	0.531166496	0.781169338	1.124654618	1.940784767	2.224501653	2.368644042	2.760467720	1.327709600
10	0.049683211	0.226774901	0.452025778	0.664779650	0.957087621	1.141996135	1.206277143	1.238935114	1.327709600	1.438102743
11	0.037667389	0.171929676	0.342703911	0.504003527	0.725617182	0.865805805	0.914540532	0.939300214	1.006604702	1.090299402
12	0.029618513	0.135191248	0.269473953	0.396306603	0.570565214	0.680797928	0.719118878	0.738587840	0.791510511	0.857321087
13	0.022671566	0.103482486	0.206269525	0.303353900	0.436740599	0.521118511	0.550451380	0.565353946	0.605863740	0.656238613
14	0.007589505	0.034641669	0.069050531	0.101550377	0.146202744	0.174448989	0.184268424	0.189257189	0.202818198	0.219681628
15	0.075776213	0.345874248	0.689424071	1.013913621	1.459738088	1.324124262	1.276979904	1.253028208	1.187920078	1.106956600
16	0.072580356	0.331287024	0.660347656	0.971151880	1.398173729	1.301817307	1.268320268	1.251302094	1.205041423	1.147515201
17	0.063421498	0.289482175	0.577018905	0.848602988	1.221739286	1.237888838	1.243503018	1.246355302	1.254108694	1.263750218
18	0.025677096	0.117200976	0.233614312	0.343568991	0.494638529	0.590202273	0.623423748	0.640301922	0.686182027	0.743235008
19	0.012598599	0.057505260	0.114624060	0.168573888	0.242696932	0.289585773	0.305886060	0.314167422	0.336678731	0.364672069

	K	L	M	N	O	P	Q	R	S
1	0.037667389	0.029618513	0.022671566	0.007589505	0.075776213	0.072580356	0.063421498	0.025677096	0.012598599
2	0.171929676	0.135191248	0.103482486	0.034641669	0.345874248	0.331287024	0.289482175	0.117200976	0.057505260
3	0.342703911	0.269473953	0.206269525	0.069050531	0.689424071	0.660347656	0.577018905	0.233614312	0.114624060
4	0.504003527	0.396306603	0.303353900	0.101550377	1.013913621	0.971151880	0.848602988	0.343568991	0.168573888
5	0.725617182	0.570565214	0.436740599	0.146202744	1.459738088	1.398173729	1.221739286	0.494638529	0.242696932
6	0.865805805	0.680797928	0.521118511	0.174448989	1.324124262	1.301817307	1.237888838	0.590202273	0.289585773
7	0.914540532	0.719118878	0.550451380	0.184268424	1.276979904	1.268320268	1.243503018	0.623423748	0.305886060
8	0.939300214	0.738587840	0.565353946	0.189257189	1.253028208	1.251302094	1.246355302	0.640301922	0.314167422
9	1.006604702	0.791510511	0.605863740	0.202818198	1.187920078	1.205041423	1.254108694	0.686182027	0.336678731
10	1.090299402	0.857321087	0.656238613	0.219681628	1.106956600	1.147515201	1.263750218	0.743235008	0.364672069
11	1.744467985	1.342667036	0.995874550	0.242976105	0.839240537	0.869990092	0.958113816	0.607069415	0.343806415
12	1.342667036	1.667779155	1.223381877	0.258580061	0.659909203	0.684088105	0.753381298	0.515858012	0.329829422
13	0.995874550	1.223381877	1.419742367	0.272047761	0.505129183	0.523636985	0.576677636	0.437133885	0.317765946
14	0.242976105	0.258580061	0.272047761	0.301286603	0.169096422	0.175292071	0.193047894	0.266221091	0.291575723
15	0.839240537	0.659909203	0.505129183	0.169096422	1.767012339	1.686169067	1.454484080	0.572093268	0.280700496
16	0.869990092	0.684088105	0.523636985	0.175292071	1.686169067	1.764108399	1.517471120	0.593054616	0.290985290
17	0.958113816	0.753381298	0.576677636	0.193047894	1.454484080	1.517471120	1.697982759	0.653126773	0.320460001
18	0.607069415	0.515858012	0.437133885	0.266221091	0.572093268	0.593054616	0.653126773	1.185781255	0.520879811
19	0.343806415	0.329829422	0.317765946	0.291575723	0.280700496	0.290985290	0.320460001	0.520879811	0.605981564

水准网间接平差 / 未知点高程协因数矩阵

图 2-9　导出的 Excel 成果文件“未知点高程协因数矩阵”选项卡的内容

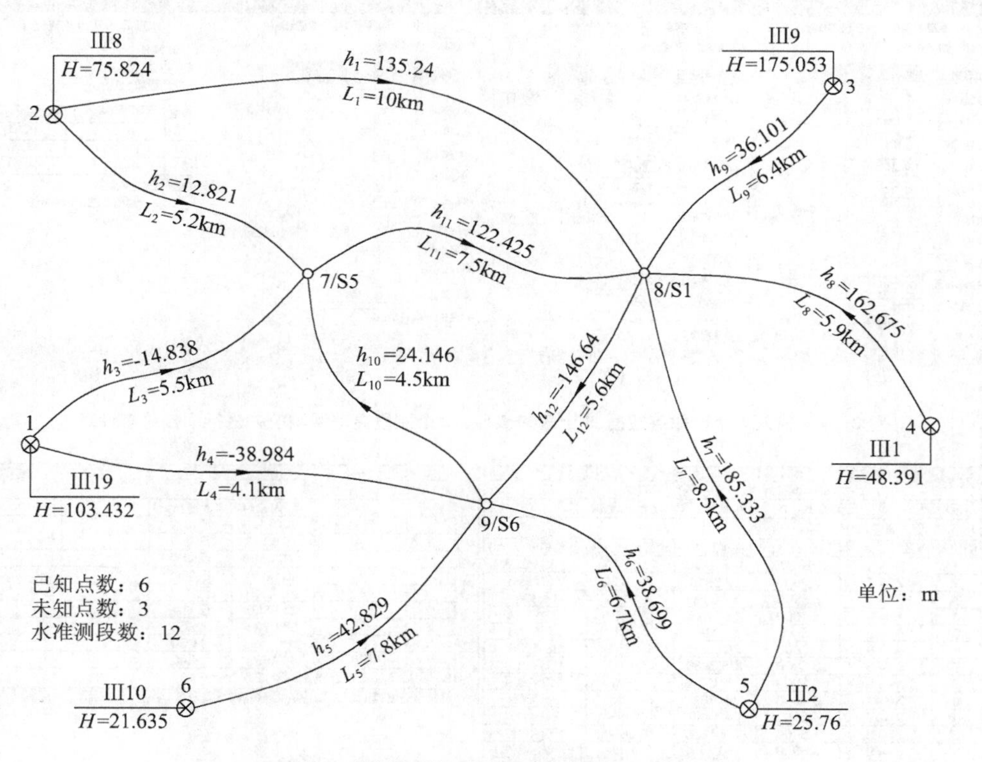

图 2-10　文献[10]第 439 页四等水准网观测略图

新建水准网间接平差文件“文献[10]第439页四等水准网”，执行“输入数据及计算”命令[图2-11(a)]，输入6个已知点名及其已知高程[图2-11(b)，(c)]，输入3个未知点名[图2-11(d)]，输入12个测段的高差观测值及其路线长[图2-11(e)—(g)]，点击**计算**按钮进行间接平差计算，结果如图2-11(h)所示，验后单位权中误差为 $m_0=12.5$ mm/km，与文献[10]的计算结果相同。

点击**导出Excel平差成果文件**按钮[图2-11(h)]，导出本例Excel成果文件“文献[10]第439页四等水准网.xls”，图2-8为该文件“水准网间接平差”选项卡的内容，它与文献[10]用PC-1500程序计算的结果完全相同。

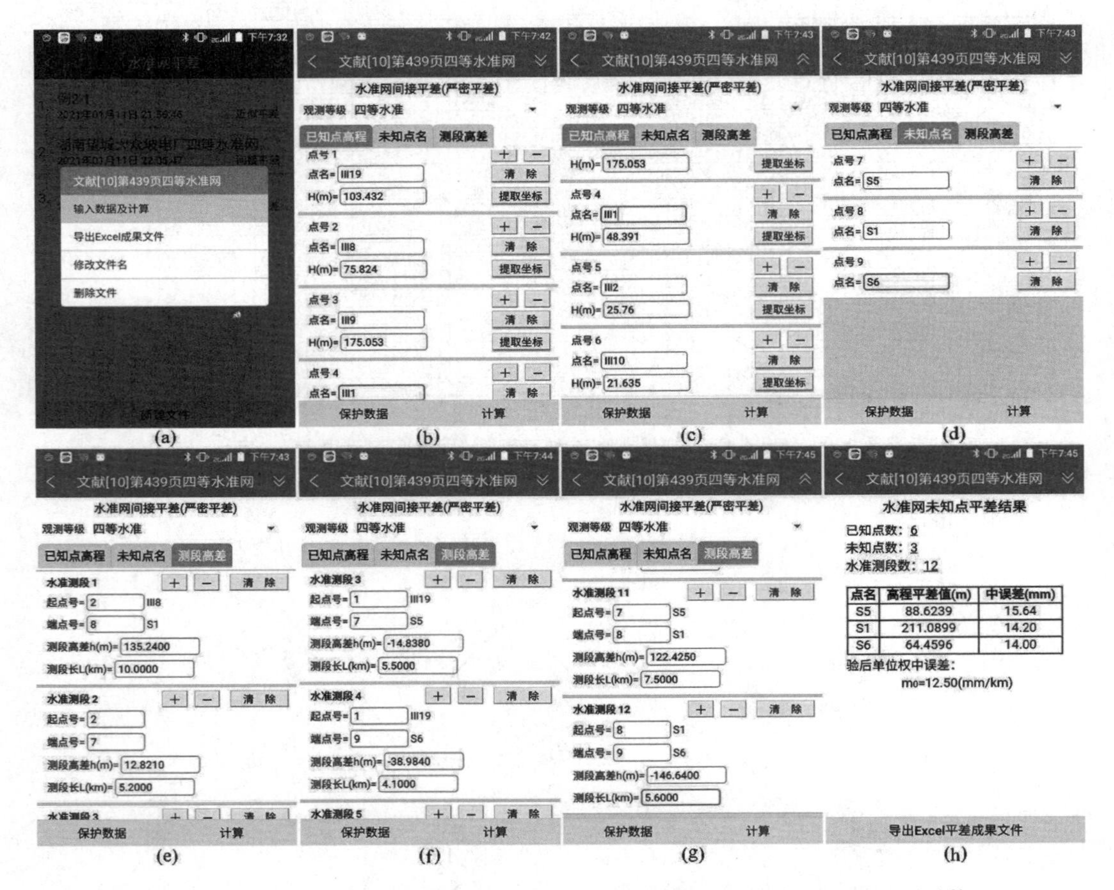

图2-11　输入6个已知点数据、3个未知点名、12个测段高差观测值并进行间接平差计算

	A	B	C	D	E	F
1	水准网间接平差(严密平差)计算成果					
2	水准等级：一等　已知点数：6　未知点数：3　测段高差数：12					
3	1、水准测段高差观测值及其平差值					
4	测段号	测段起讫点号	路线长L(km)	高差h(m)	改正数v(mm)	高差平差值(m)
5	1	2→8	10.0000	135.2400	25.9069	135.2659
6	2	2→7	5.2000	12.8210	-21.0739	12.7999
7	3	1→7	5.5000	-14.8380	29.9261	-14.8081
8	4	1→9	4.1000	-38.9840	11.5857	-38.9724
9	5	6→9	7.8000	42.8290	-4.4143	42.8246
10	6	5→9	6.7000	38.6990	0.5857	38.6996
11	7	5→8	8.5000	185.3330	-3.0931	185.3299
12	8	4→8	5.9000	162.6750	23.9069	162.6989
13	9	3→8	6.4000	36.1010	-64.0931	36.0369
14	10	9→7	4.5000	24.1460	18.3404	24.1643
15	11	7→8	7.5000	122.4250	40.9808	122.4660
16	12	8→9	5.6000	-146.6400	9.6788	-146.6303

	A	B	C	D	E	F
17	2、未知点高程平差成果					
18	点号	点名	高程H(m)	中误差(mm)		
19	1	Ⅲ19	103.4320	已知点		
20	2	Ⅲ8	75.8240	已知点		
21	3	Ⅲ9	175.0530	已知点		
22	4	Ⅲ1	48.3910	已知点		
23	5	Ⅲ2	25.7600	已知点		
24	6	Ⅲ10	21.6350	已知点		
25	7	S5	88.6239	15.64		
26	8	S1	211.0899	14.20		
27	9	S6	64.4596	14.00		
28	3、验后单位权中误差：m0=12.50(mm/km)					

水准网间接平差 / 未知点高程协因数矩阵 /

图2-12　导出的Excel成果文件“水准网间接平差”选项卡内容

2.3 单一导线近似平差原理及案例

单一导线近似平差程序能对闭合导线、附合导线、单边无定向导线、双边无定向导线、支导线等五种类型的单一导线进行近似平差计算。用户创建一个平差文件，在上述五种导线类型中选择其一，分别输入未知点数、已知数据、观测数据，平差完成后，可导出含全部平差计算中间数据的 Excel 成果文件，可以通过移动互联网 QQ、微信发送给好友。

设导线未知点数为 p，五种单一导线对应的已知点数、水平角数、边长数与 p 的关系列于表 2-1。

表 2-1　五种单一导线类型与已知点数、未知点数及观测值数的关系

序	导线类型	已知点数	未知点数	水平角数	边长数
1	闭合导线	2	p	$p+2$	$p+1$
2	附合导线	4	p	$p+2$	$p+1$
3	支导线	2	p	p	p
4	单边无定向导线	3	p	$p+1$	$p+1$
5	双边无定向导线	2	p	p	$p+1$

五种类型的单一导线已知点编号与未知点编号规则如图 2-13 所示，以用户确定的坐标推算路线为基准，水平角位于坐标推算路线左侧时，应输入正数角值；水平角位于坐标推算路线右侧时，应输入负数角值，简称“左正右负”，边长值必须输入正数值。

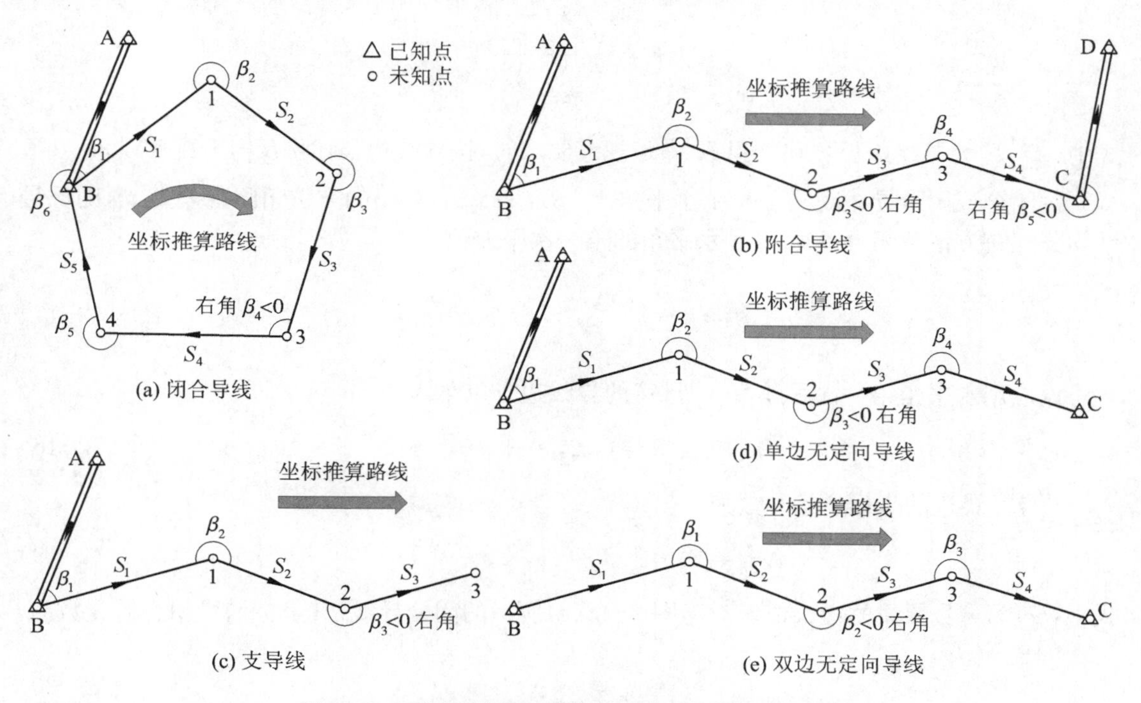

图 2-13　五种类型的单一导线已知点与未知点的编号规则

2.3.1 复数形式单一导线近似平差原理

1. 单一闭(附)合导线近似平差原理

如图 2-13(a),(b)所示,确定 1 号点的坐标(x_1,y_1),需要观测水平角 β_1 与平距 S_1,即 1 号点的平面坐标为两个未知数,需要两个观测值,1 号点的坐标则有唯一解。B1 边的方位角计算公式为

$$\alpha_{B1}=\alpha_{AB}+\beta_1\pm180° \tag{2-14}$$

式中的"±"号,$\alpha_{AB}+\beta_1\geqslant180°$时取"-",$\alpha_{AB}+\beta_1<180°$时取"+",以保证 B1(B→1)边的方位角满足 $0°\leqslant\alpha_{B1}<360°$。

1 号点的坐标复数为

$$z_1=z_B+S_1\angle\alpha_{B1} \tag{2-15}$$

在图 2-13(a)所示的闭合导线中,未知点个数 $p=4$,至少需要观测 $t=2\times p=8$ 个观测值(称 t 为必要观测数),才可以唯一计算出 4 个未知点的坐标;而实际观测了 6 个水平角,5 条边长,共观测了 $n=6+5=11$ 个观测值,多余观测数 $r=n-t=11-8=3$。

在图 2-13(b)所示的附合导线中,未知点个数 $p=3$,至少需要观测 $t=2\times p=6$ 个观测值,才可以唯一计算出 3 个未知点的坐标,而实际观测了 5 个水平角和 4 条边长,共观测了 $n=5+4=9$ 个观测值,则多余观测数 $r=n-t=9-6=3$。

3 个多余观测数对应 3 个闭合差,它们是 1 个方位角闭合差 f''_β 和 2 个坐标增量闭合差 f_x,f_y。导线方位角闭合差 f''_β 满足规范限差要求时,按水平角数反号平均分配 f''_β,再用改正后的水平角重新推算导线边的方位角,计算导线边的坐标增量 Δx,Δy 及坐标增量闭合差 f_x,f_y,再按下式计算导线全长相对闭合差:

$$K=\frac{\sqrt{f_x^2+f_y^2}}{\sum S} \tag{2-16}$$

式中,$\sum S$ 为导线边长之和。当 K 满足规范要求时,按导线边长比例反号分配 f_x,f_y。

设闭合或附合导线观测了 n 个水平角β_1,β_2,…,β_n,算出的方位角闭合差为 f_β,则反号平均分配完方位角闭合差后,j 号水平角的第一次平差值为

$$\hat{\beta}'_j=\beta_j-\frac{f_\beta}{n},\ j=1,\ 2,\ \cdots,\ n \tag{2-17}$$

设应用水平角第一次平差值 $\hat{\beta}'_j$ 推算的导线边方位角为

$$\hat{\alpha}'_j,\ j=1,\ 2,\ \cdots,\ n-1 \tag{2-18}$$

j 号导线边的坐标增量复数为

$$\Delta z_j=S_j\angle\hat{\alpha}'_j,\ j=1,\ 2,\ \cdots,\ n-1 \tag{2-19}$$

式中,S_j 为 j 号导线的边长值。对于图 2-13(a)所示的闭合导线,其坐标增量闭合差复数为

$$f_z=\sum_{j=1}^{n-1}\Delta z_j \tag{2-20}$$

对于图 2-13(b)所示的附合导线，其坐标增量闭合差复数为

$$f_z = z_B + \sum_{j=1}^{n-1} \Delta z_j - z_C \tag{2-21}$$

式中，z_B，z_C 分别为已知点 B 和 C 的坐标复数。按导线边长比例反号分配坐标增量闭合差，j 号导线边坐标增量复数的平差值应为

$$\Delta \hat{z}_j = \Delta z_j - \frac{S_j}{\sum S_j} f_z \tag{2-22}$$

未知点坐标复数的平差值为

$$\left.\begin{aligned} z_1 &= z_B + \Delta \hat{z}_1 \\ z_2 &= z_1 + \Delta \hat{z}_2 \\ &\vdots \\ z_{n-1} &= z_{n-2} + \Delta \hat{z}_{n-1} \end{aligned}\right\} \tag{2-23}$$

作为检核，对于图 2-13(a)所示的闭合导线，应有 $z_{n-1} = z_B$ 式成立；对于图 2-13(b)所示的附合导线，应有式 $z_{n-1} = z_C$ 成立。

2. 支导线

图 2-13(c)所示的支导线，未知点数 $p=3$，必要观测数 $t=2\times p=6$，观测了 3 个水平角和 3 条边长，$n=3+3=6$，多余观测数 $r=n-t=6-6=0$。这说明，支导线只需要应用下式计算未知点坐标即可，无需平差。

$$\left.\begin{aligned} z_1 &= z_B + S_1 \angle \alpha_{B1} \\ z_2 &= z_1 + S_2 \angle \alpha_{12} \\ z_3 &= z_2 + S_3 \angle \alpha_{23} \end{aligned}\right\} \tag{2-24}$$

3. 单边无定向导线

图 2-13(d)所示的单边无定向导线，未知点数 $p=3$，必要观测数 $t=2\times p=6$，观测了 4 个水平角和 4 条边长，$n=4+4=8$，多余观测数 $r=n-t=8-6=2$。2 个多余观测数，对应有 2 个闭合差，它们是 C 点的坐标闭合差 f_x，f_y。

设用起始边的方位角 α_{AB}，由已知点 B 的坐标，按支导线计算出 1，2，3，C 点的坐标复数为 z_1'，z_2'，z_3'，z_C'，则 C 点的坐标闭合差复数为

$$f_z = z'_C - z_C \tag{2-25}$$

其实数形式为

$$\left.\begin{aligned} f_x &= x'_C - x_C \\ f_y &= y'_C - y_C \end{aligned}\right\} \tag{2-26}$$

全长相对闭合差仍按式(2-16)计算，当 K 满足规范要求时，按导线边长比例反号分配 f_x，f_y。

使用复数计算单边无定向导线未知点坐标近似平差值的方法是，先应用已知点 C 的坐标复数 z_C 与支导线计算出的坐标复数 z_C'，计算导线的旋转尺度复数 z_θ：

$$z_\theta = \frac{z_C - z_B}{z'_C - z_B} = \lambda \angle \theta \tag{2-27}$$

式中，λ 为尺度参数；θ 为旋转参数。

设第一次计算的 j 点坐标复数为 z_j'，j 点坐标复数的平差值为 z_j，因 z_j 同样满足式(2-27)，则有

$$z_\theta = \frac{z_j - z_B}{z_j' - z_B} \tag{2-28}$$

化简式(2-28)，得 j 点近似平差后的坐标复数为

$$z_j = z_B + z_\theta(z_j' - z_B) \tag{2-29}$$

图 2-14 所示的单边无定向导线，有 3 个未知点，观测了 4 个水平角，4 条边长，其中 β_3 位于坐标推算路线右侧，为右角，应输入负数角；其余 3 个水平角均位于坐标推算路线左侧，应输入正数角。多余观测数 $r=n-t=8-6=2$，对应 2 个坐标增量闭合差 f_x，f_y。

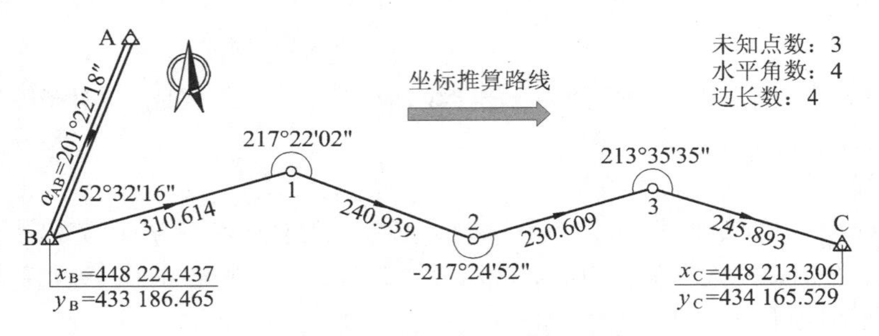

图 2-14 三级单边无定向导线观测略图

(1) 使用卡西欧 fx-5800P 工程机复数功能手动计算

设计表 2-2 所示的表格，第 1 列为 4 个水平角观测值，第 2 列为 4 条边长观测值，第 3 列为使用水平角观测值第一次推算的导线边方位角，第 4，5 列为使用第 2 列的导线边长与第 3 列的导线边方位角计算出的未知点第一次坐标值，第 6，7 列为未知点坐标平差值。

表 2-2 使用卡西欧 fx-5800P 工程机复数功能手动计算单边无定向导线未知点坐标平差值

列号	1	2	3	4	5	6	7
点名	β	d/m	α'	x'/m	y'/m	x/m	y/m
A			201°22′18″				
B	52°32′16″	310.614	73°54′34″			448 224.437	433 186.465
1	217°22′02″	240.939	111°16′36″	448 310.525 6	433 484.910 7	448 310.487 5	433 484.925 4
2	−217°24′52″	230.609	73°51′44″	448 223.095 7	433 709.427	448 223.027	433 709.432 9
3	213°35′35″	245.893	107°27′19″	448 287.193	433 930.949 1	448 287.096	433 930.966
C				448 213.434 6	434 165.519 1	448 213.306	434 165.529
$\sum$		1 028.055					
备注	坐标闭合差：$f_x=0.128\ 6$ m，$f_y=-0.009\ 9$ m； 全长闭合差：$f=0.128\ 986\ 642\ 1$ m；全长相对闭合差：$K=1/7\ 970$ 旋转尺度复数：$z_\theta=1.000\ 011\ 588+1.312\ 272\ 521\times10^{-4}i$ 尺度参数：$\lambda=1.000\ 011\ 596$，旋转参数：$\theta=0°00'27.07''$						

① 基本设置:按 SHIFT SETUP 3 键,设置角度单位为十进制度,屏幕状态栏显示 D;按 SHIFT SETUP 8 1 键设置数值显示格式为 Norm 1。

② 计算导线边方位角:应用式(2-14)依次计算 4 条导线边的方位角,结果分别存入变量 E, F, G, H,操作过程如图 2-15 所示,结果填入表 2-2 的第 3 列。

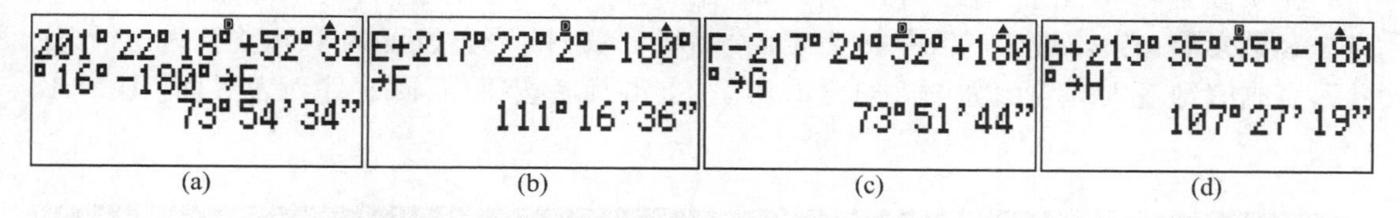

图 2-15 按坐标推算路线依次计算 4 条导线边的方位角并分别存入变量 E, F, G, H

③ 第一次计算未知点坐标:分别存储 B, C 点的坐标复数到变量 B, C[图 2-16(a),(b)];应用式(2-15)依次计算 1, 2, 3, C 点的坐标复数,结果分别存入变量 I, J, K, L,操作过程如图 2-15(c)—(f)所示,结果填入表 2-2 的第 4,5 列。

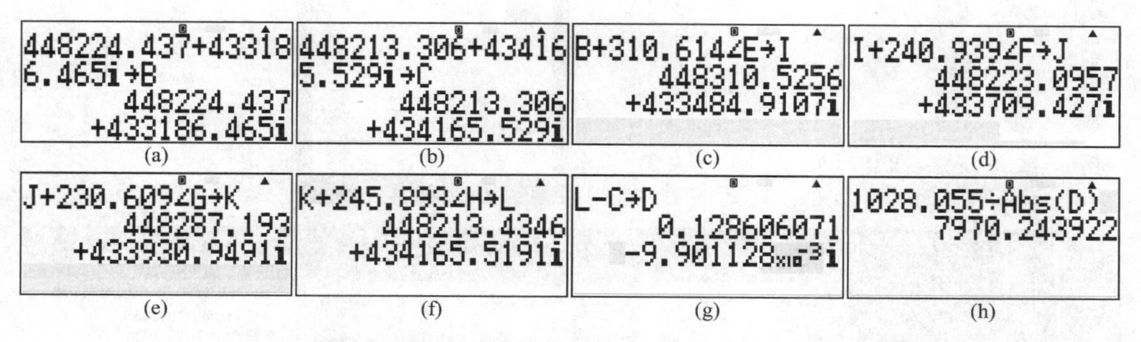

图 2-16 按坐标推算路线依次计算 4 个未知点的坐标复数并分别存入变量 I, J, K, L

④ 计算坐标闭合差:应用式(2-25)计算坐标闭合差复数[图 2-16(g)],应用式(2-16)计算导线全长相对闭合差分母值 K[图 2-16(h)],结果填入表 2-2 备注行。

⑤ 计算旋转尺度复数:应用式(2-27)计算单边无定向导线的旋转尺度复数 z_θ 并存入变量 Z[图 2-17(a)],旋转尺度复数的模 Abs(Z)即为式(2-27)的尺度参数 λ,旋转尺度复数的辐角 Arg(Z)即为式(2-27)的旋转参数 θ[图 2-17(b)],结果填入表 2-2 的备注行。

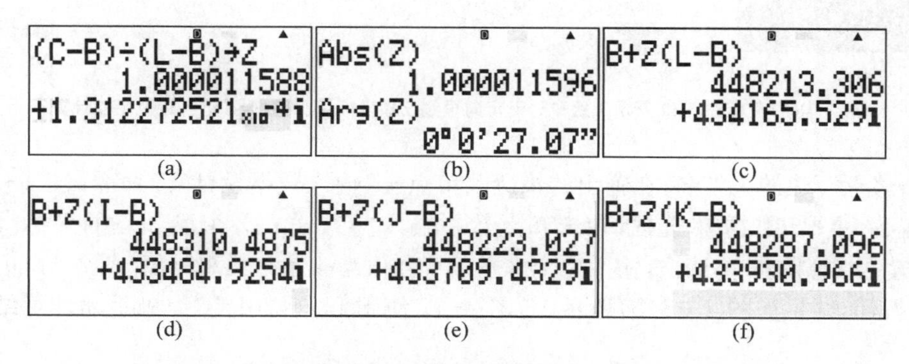

图 2-17 计算旋转尺度复数、尺度参数、旋转参数、未知点的坐标平差值

⑥ 计算未知点坐标平差值复数：应用式(2-29)先计算 C 点坐标平差值复数[图 2-17(c)]，如果与 C 点的已知坐标值相等，说明旋转尺度复数 z_θ 正确，再计算 1，2，3 点的坐标平差值，结果如图 2-17(d)—(f)所示，填入表 2-2 的 6,7 列。

(2) 使用南方 MSMT 平面网平差程序计算

在项目主菜单，点击 **平面网平差** 按钮[图 2-18(a)]，进入文件列表界面[图 2-18(b)]；点击 **新建文件** 按钮，新建“三级单边无定向导线_1”文件，缺省设置的平差类型为“近似平差”，完成信息输入的界面如图 2-18(c)所示；点击 **确定** 按钮，返回文件列表界面[图 2-18(d)]。

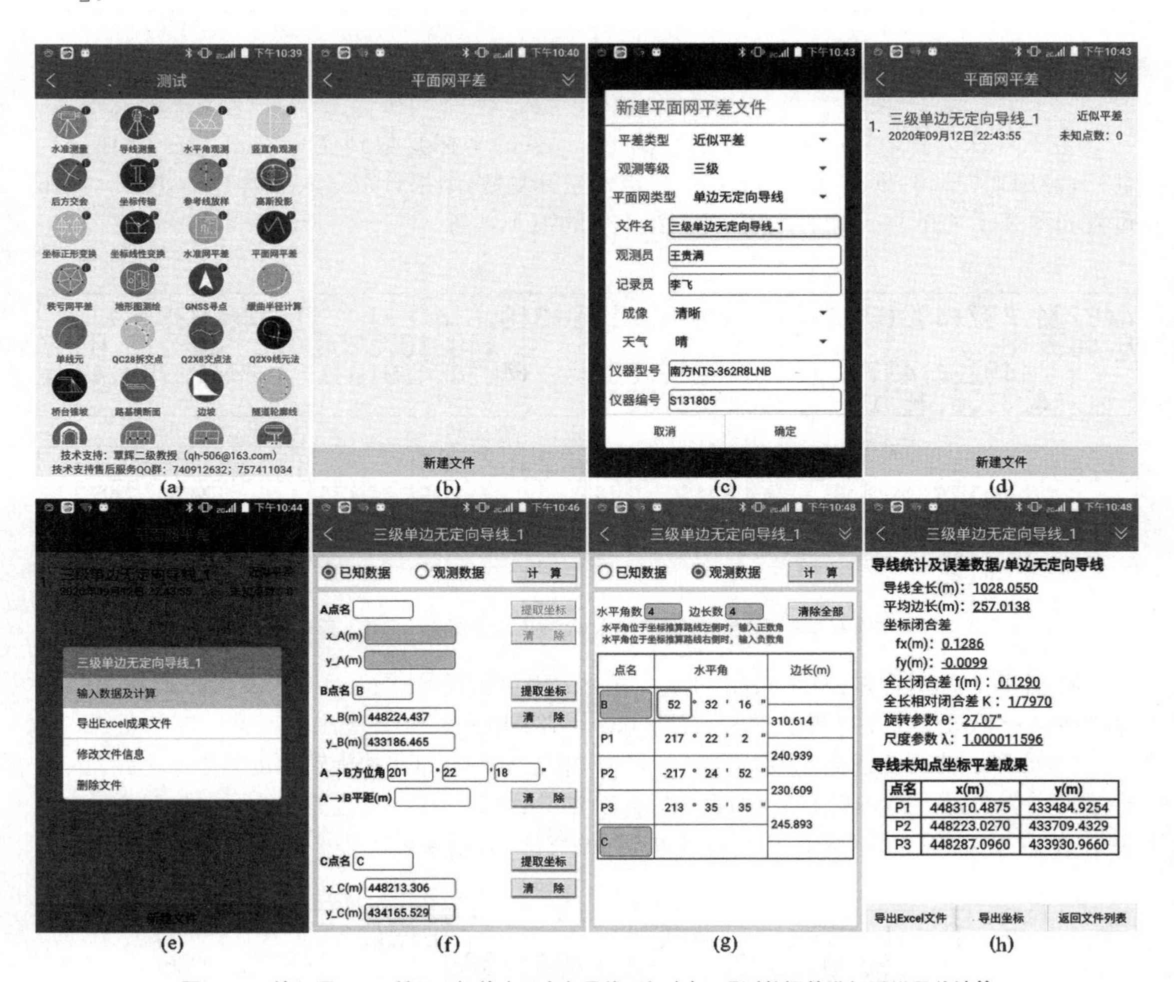

图 2-18　输入图 2-14 所示三级单边无定向导线已知坐标、观测数据并进行近似平差计算

点击最近新建的文件名，在弹出的快捷菜单点击“输入数据及计算”命令[图 2-18(e)]，缺省设置为 ◉ **已知数据** 单选框，在未知点数栏输入“3”，输入 3 个已知点的坐标[图 2-18(f)]；设置 ◉ **观测数据** 单选框，输入 4 个水平角观测值与 4 条边长观测值[图 2-18(g)]；点击 **计 算** 按钮，结果如图 2-18(h)所示，与图 2-17 使用 fx-5800P 工程机手动计算结果完全相同。

点击 **导出坐标** 按钮，点击 ◉ **导出至dxf图形交换文件** 单选框[图 2-19(a)]，点击 **确定** 按钮，在手机内置 SD 卡工作文件夹生成“三级单边无定向导线_1.dxf”图形交换文件[图 2-19(b)]；点击 **发送** 按钮，点击“发送到我的电脑”按钮[图 2-19(c)]，通过手机 QQ 发送到用户 PC 机[图 2-19(d)]，图 2-20 为在 PC 机启动 AutoCAD 打开该文件的内容。

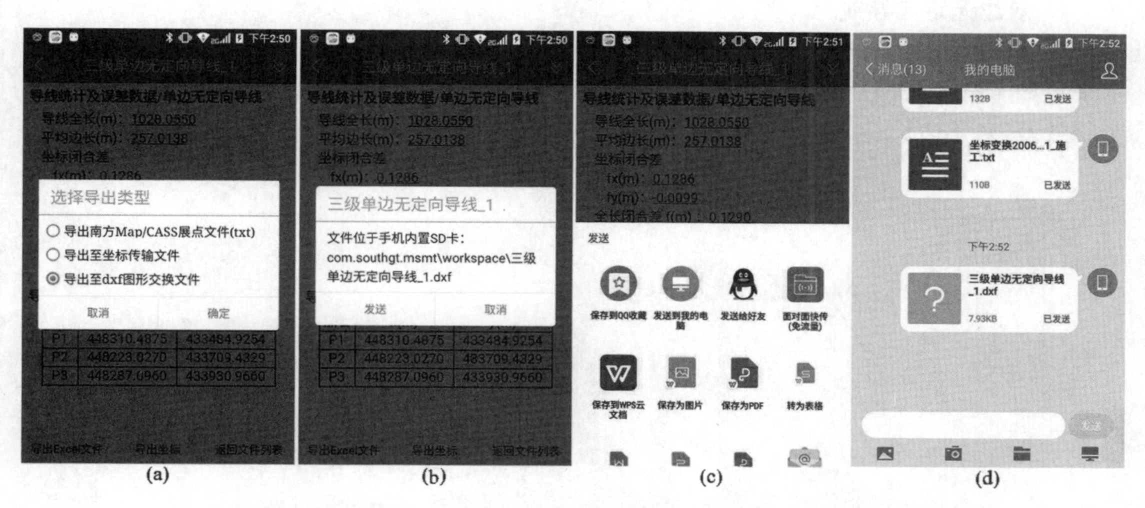

图 2-19　点击“导出坐标”按钮，导出 dxf 图形交换文件并通过手机 QQ 发送至用户 PC 机

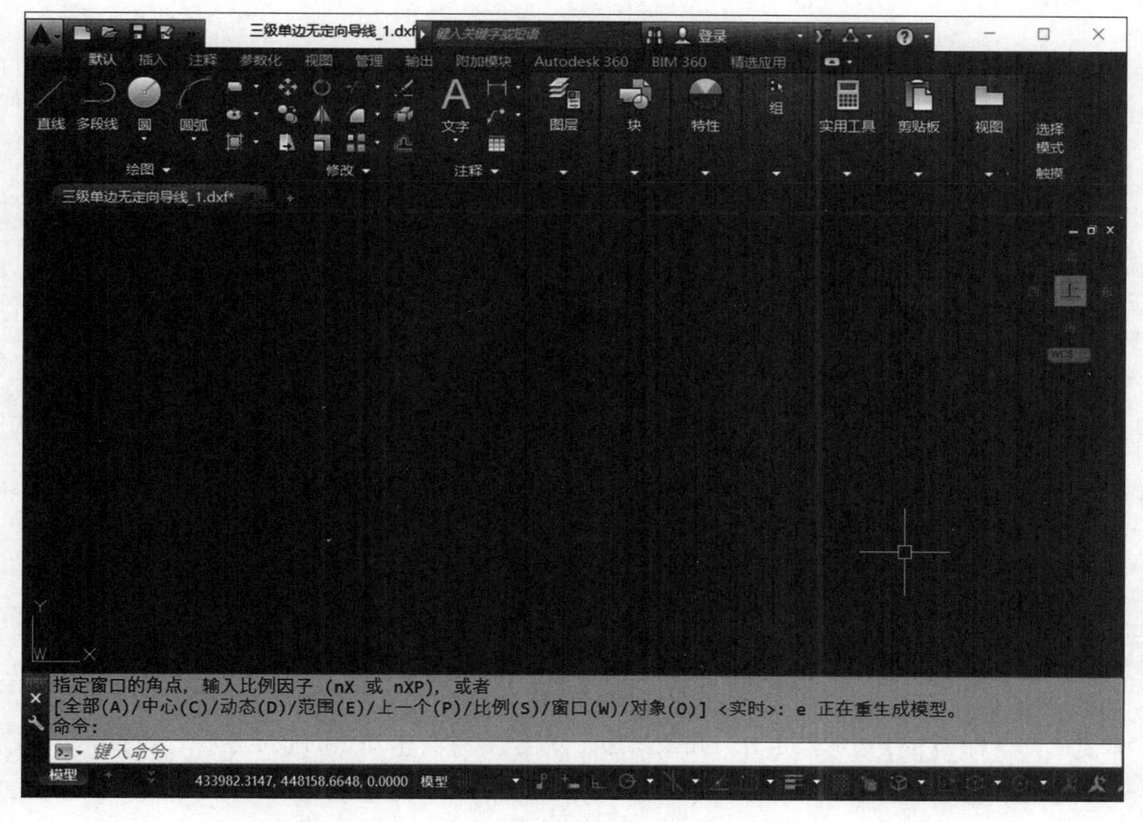

图 2-20　在 PC 机启动 AutoCAD 打开导出的“三级单边无定向导线_1.dxf”文件

☞ dxf 是英文 Drawing eXchange Format(图形交换格式)的缩写，是美国 Autodesk 公司开发的用于 AutoCAD 与其他绘图软件之间进行 CAD 数据交换的文件格式，用户可以启动 AutoCAD 打开 dxf 文件，并另存为 dwg 格式文件。

4. 双边无定向导线

图 2-21 所示的双边无定向导线，未知点数 $p=3$，必要观测数 $t=2\times p=6$，观测了 3 个水平角和 4 条边长，$n=3+4=7$，多余观测数 $r=n-t=7-6=1$。1 个多余观测数，对应有 1 个闭合差，它是边长 BC 的闭合差 f_{BC}。

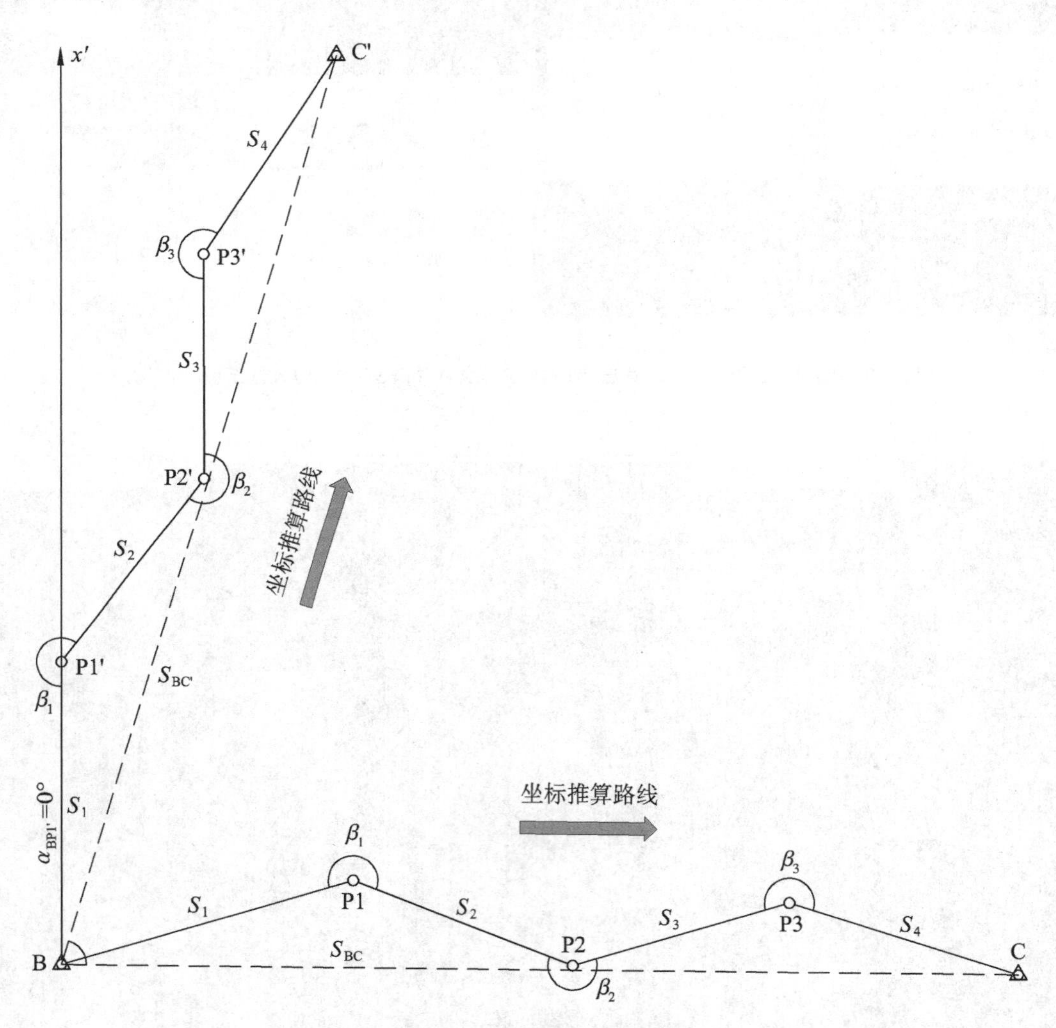

图 2-21　双边无定向导线近似平差原理

如图 2-21 所示，由于双边无定向导线没有已知起始方位角，需要先设第一条导线边 BP1 的假定方位角 $\alpha'_{BP1}=0$，应用 3 个水平角观测值，推算其余 3 条导线边的假定方位角；再应用 B 点已知坐标和导线边的假定方位角及其边长观测值，计算未知点的假定坐标。设推算到 C 点的假定坐标复数为 $z'_C=x'_C+y'_C\mathrm{i}$，则 BC 边长的闭合差为

$$f_{BC}=S_{BC'}-S_{BC}=\mathrm{Abs}(z_{C'}-z_B)-\mathrm{Abs}(z_C-z_B) \tag{2-30}$$

导线全长相对闭合差为

$$K=\frac{|f_{BC}|}{\sum S} \tag{2-31}$$

其后的计算内容与单边无定向导线相同。

图 2-22 所示的双边无定向导线，是将图 2-14 所示的单边无定向导线删除 B 点的水平角观测值而成。

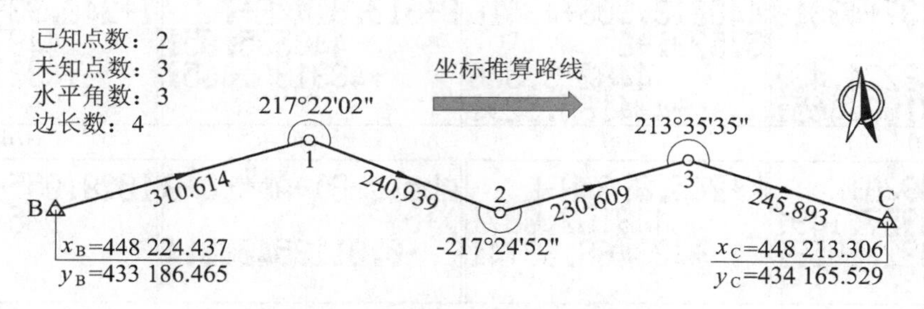

图 2-22　三级双边无定向导线观测略图

(1) 使用卡西欧 fx-5800P 工程机复数功能手动计算

设计表 2-3 所示的表格，第 1 列为 3 个水平角观测值，第 2 列为 4 条边长观测值，第 3 列为使用水平角观测值推算的导线边假定方位角，第 4,5 列为使用第 2 列的导线边长与第 3 列的假定方位角计算的未知点假定坐标值，第 6,7 列为未知点坐标平差值。

表 2-3　　使用 fx-5800P 工程机的复数功能手动计算双边无定向导线未知点的坐标

列号	1	2	3	4	5	6	7
点名	β	S/m	α'	x'/m	y'/m	x/m	y/m
B		310.614	0°00′00″			448 224.437	433 186.465
1	217°22′02″	240.939	37°22′02″	448 535.051	433 186.465	448 310.487 5	433 484.925 4
2	−217°24′52″	230.609	359°57′10″	448 726.540 2	433 332.696	448 223.027	433 709.432 9
3	213°35′35″	245.893	33°32′45″	448 957.149 1	433 332.505 9	448 287.096	433 930.966
C				449 162.087 1	433 468.387 4	448 213.306	434 165.529
$\sum$		1 028.055					
备注	边长：$S_{BC'}$＝979.115 9 m，S_{BC}＝979.127 3 m；边长闭合差：f_{BC}＝－0.011 35 m；全长相对闭合差：K＝1/90 544 旋转尺度复数：z_θ＝0.277 033 403 1＋0.960 872 356 9i 尺度参数：λ＝1.000 011 596，旋转参数：θ＝73°55′01.07″						

① 计算导线边假定方位角：应用式(2-14)依次计算 4 条导线边的假定方位角，结果分别存入变量 E，F，G，H，操作过程如图 2-23 所示，结果填入表 2-3 的第 3 列。

② 计算未知点假定坐标：分别存储已知点 B，C 的坐标复数到变量 B，C[图 2-24(a)，(b)]；应用式(2-15)依次计算 1，2，3，C 点的假定坐标复数，结果分别存入变量 I，J，K，L，操作过程如图 2-24(c)—(f)所示，结果填入表 2-3 的第 4,5 列。

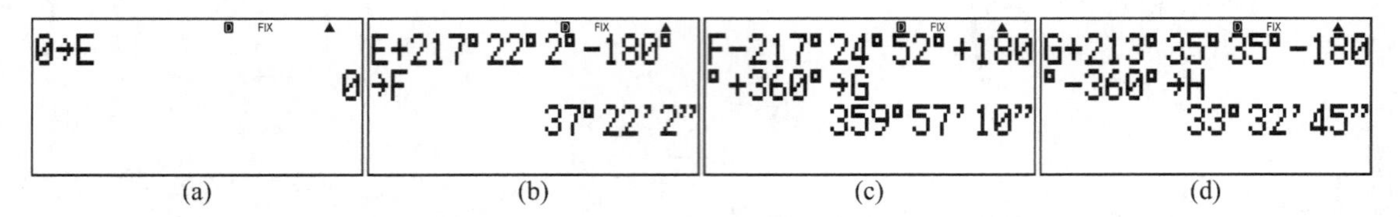

图 2-23　按坐标推算路线依次计算 4 条导线边的方位角并分别存入变量 E，F，G，H

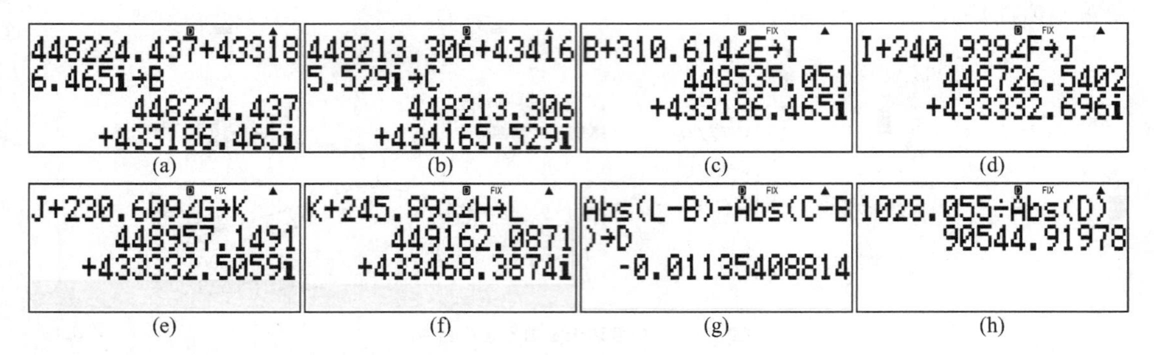

图 2-24　按坐标推算路线依次计算 4 个未知点的假定坐标复数并分别存入变量 I，J，K，L

③ 计算边长闭合差：应用式(2-30)计算边长闭合差 f_{BC}[图 2-24(g)]，应用式(2-31)计算导线全长相对闭合差分母值 K[图 2-24(h)]，结果填入表 2-3 备注行。

④ 计算旋转尺度复数：应用式(2-27)计算双边无定向导线的旋转尺度复数 z_θ 并存入变量 Z[图 2-25(a)]，计算旋转尺度复数的模，即式(2-27)的尺度参数 λ，计算旋转尺度复数的辐角，即式(2-27)的旋转参数 θ[图 2-25(b)]，结果填入表 2-3 的备注行。

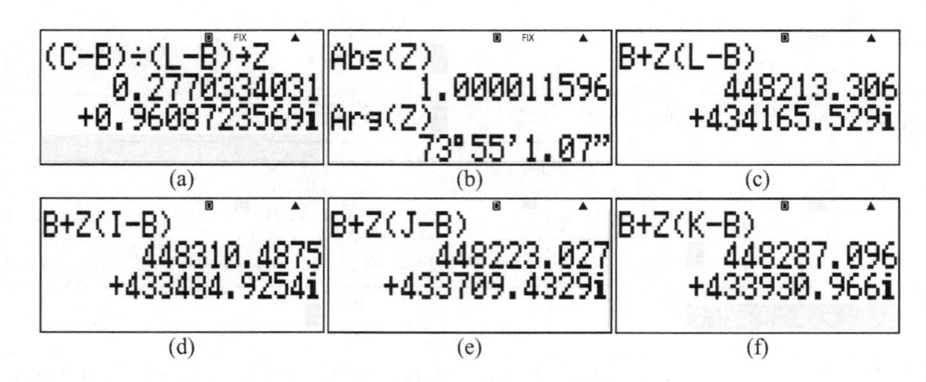

图 2-25　计算旋转尺度复数、尺度参数、旋转参数、未知点的坐标平差值

⑤ 计算未知点坐标平差值复数：应用式(2-29)先计算 C 点坐标平差值复数[图 2-25(c)]，如果与 C 点的已知坐标值相等，说明旋转尺度复数 z_θ 正确，再计算 1，2，3 点坐标平差值复数，结果如图 2-25(d)—(f)所示，填入表 2-3 的 6，7 列。

(2) 使用南方 MSMT 平面网平差程序计算

在平面网平差文件列表界面，点击 **新建文件** 按钮，新建“三级双边无定向导线_2”文件；点击最近新建的文件名，在弹出的快捷菜单点击“输入数据及计算”命令[图 2-26(a)]，输入未知点个数“3”和 2 个已知点坐标[图 2-26(b)];设置 ◎ **观测数据** 单选框,输入 3 个水平角和 4 条边长观测值[图 2-26(c)];点击 计 算 按钮,结果如图 2-26(d)所示,与图 2-25 的计算结果完全相同。

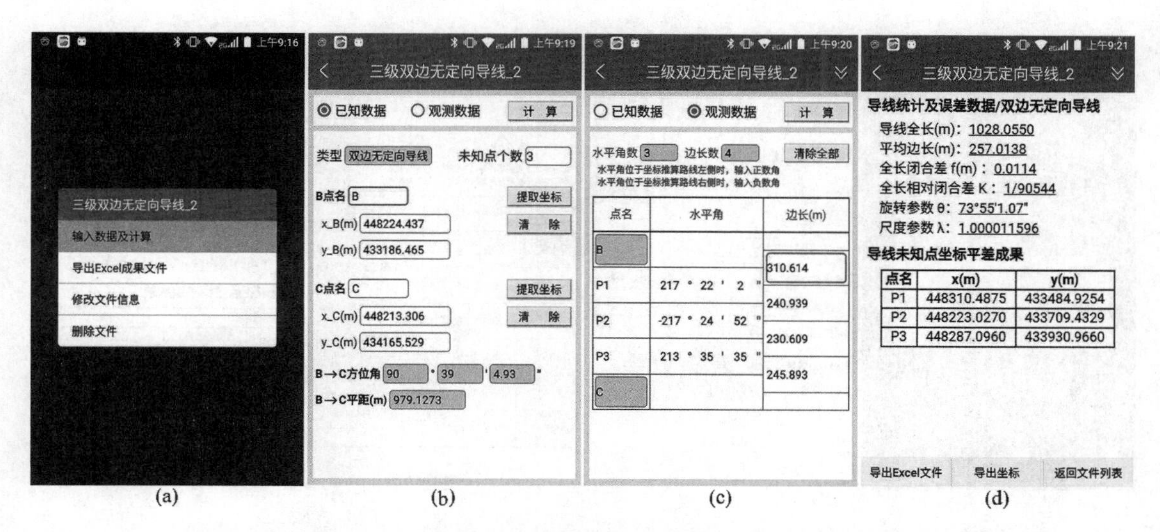

图 2-26 输入图 2-22 所示三级双边无定向导线已知坐标、观测数据并进行近似平差计算

2.3.2 单一闭合导线近似平差案例

图 2-27 所示的一级闭合导线有 4 个未知点,观测了 6 个水平角(均位于坐标推算路线右侧,应输入负数角)和 5 条边长。

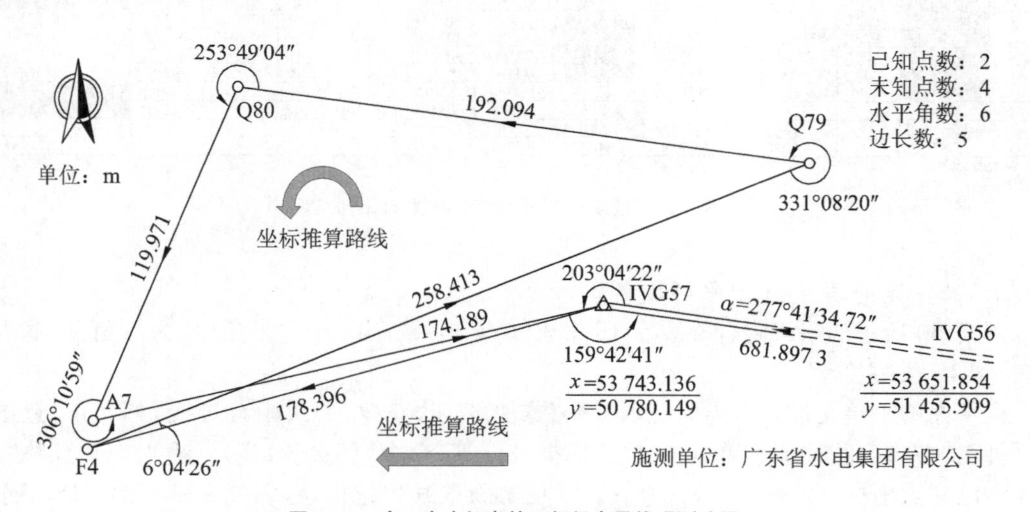

图 2-27 含 4 个未知点的一级闭合导线观测略图

在平面网平差文件列表界面,点击 **新建文件** 按钮,新建“一级闭合导线_3”文件。

点击最近新建的文件名,在弹出的快捷菜单点击“输入数据及计算”命令[图 2-28(a)],进入导线数据输入界面;输入“未知点个数”“4”和 2 个已知点坐标[图 2-28(b)];设置 ◎ **观测数据** 单选框,输入图 2-27 所示的 6 个水平角、5 条边长值,6 个水平角均位于坐标推算路线的右侧，应输入负数角[图 2-28(c)]；点击 计 算 按钮，结果如图 2-28(d)所示；点击 **导出Excel文件** 按钮，系统在手机内置 SD 卡工作文件夹创建“一级闭合导线_3.xls”文件，图 2-29为该文件的内容。

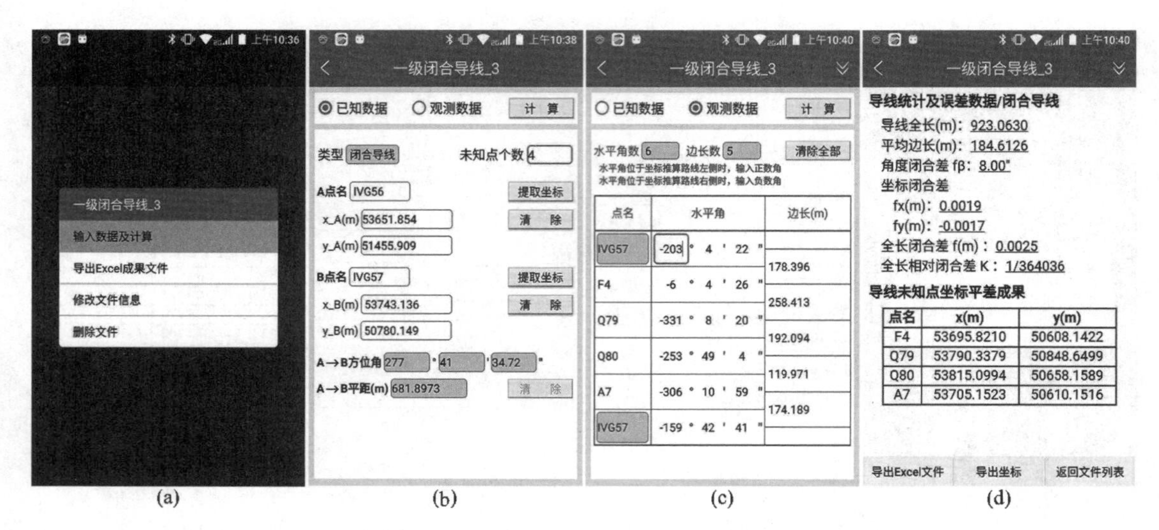

图 2-28　新建“一级闭合导线_3”文件，输入已知坐标、观测数据，进行近似平差计算

	A	B	C	D	E	F	G	H	I	J	K	L	M	N
1	一级闭合导线计算成果													
2	测量员：林培效 记录员：李飞 成像：清晰 天气：晴 仪器型号：南方NTS-362R8LNB 仪器编号：S131805													
3	点名	水平角β	水平角β	水平角β	导线边方位角	平距D(m)	坐标增量		坐标增量改正数		改正后坐标增量		坐标平差值	
4		+左角/-右角	改正数vβ	平差值			Δx(m)	Δy(m)	δΔx(m)	δΔy(m)	Δx(m)	Δy(m)	x(m)	y(m)
5	ⅣG56				277°41′34.72″								53651.8540	51455.9090
6	ⅣG57	-203°4′22.00″	-1.33″	-203°4′23.33″	254°37′11.39″	178.3960	-47.3146	-172.0071	-0.0004	0.0003	-47.315	-172.007	53743.1360	50780.1490
7	F4	-6°4′26.00″	-1.33″	-6°4′27.33″	68°32′44.05″	258.4130	94.5174	240.5072	-0.0005	0.0005	94.5169	240.5077	53695.8210	50608.1422
8	Q79	-331°8′20.00″	-1.33″	-331°8′21.33″	277°24′22.72″	192.0940	24.7618	-190.4914	-0.0003	0.0004	24.7615	-190.491	53790.3379	50848.6499
9	Q80	-253°49′4.00″	-1.33″	-253°49′5.33″	203°35′17.39″	119.9710	-109.9469	-48.0076	-0.0002	0.0003	-109.9471	-48.0073	53815.0994	50658.1589
10	A7	-306°10′59.00″	-1.33″	-306°11′0.33″	77°24′17.05″	174.1890	37.9841	169.9971	-0.0004	0.0003	37.9837	169.9974	53705.1523	50610.1516
11	ⅣG57	-159°42′41.00″	-1.33″	-159°42′42.33″	97°41′34.72″	ΣD(m)	ΣΔx(m)	ΣΔy(m)	ΣδΔx(m)	ΣδΔy(m)	ΣΔx(m)	ΣΔy(m)	53743.1360	50780.1490
12	ⅣG56	Σvβ	-8.00″			923.0630	0.0018	-0.0018	-0.0018	0.0018	0	-2.8E-14	53651.8540	51455.9090
13		角度闭合差fβ		全长闭合差f(m)	全长相对闭合差	平均边长(m)	fx(m)	fy(m)						
14		8.00″		0.0025	1/364036	184.6126	0.0019	-0.0017						

一级闭合导线

图 2-29　成果文件“一级闭合导线_3.xls”内容

2.3.3　单一附合导线近似平差案例

图 2-30 所示的一级附合导线有 16 个未知点，观测了 18 个水平角(均为左角，应输入正数角)和 17 条边长。

在平面网平差文件列表界面，点击 **新建文件** 按钮，新建“一级附合导线_4”文件；点击新建文件名，在弹出的快捷菜单点击“输入数据及计算”命令[图 2-31(a)]，输入未知点数“16”和 4 个已知点坐标[图 2-31(b)，(c)]；设置 ◉ **观测数据** 单选框，输入图 2-30 所注 18 个水平角观测值与 17 条边长观测值[图 2-31(d)—(f)]；点击 计 算 按钮，结果如图 2-31(g)，(h)所示；点击 **导出Excel文件** 按钮，系统在手机内置 SD 卡工作文件夹创建“一级附合导线_4.xls”文件，图 2-32 为该文件的内容。

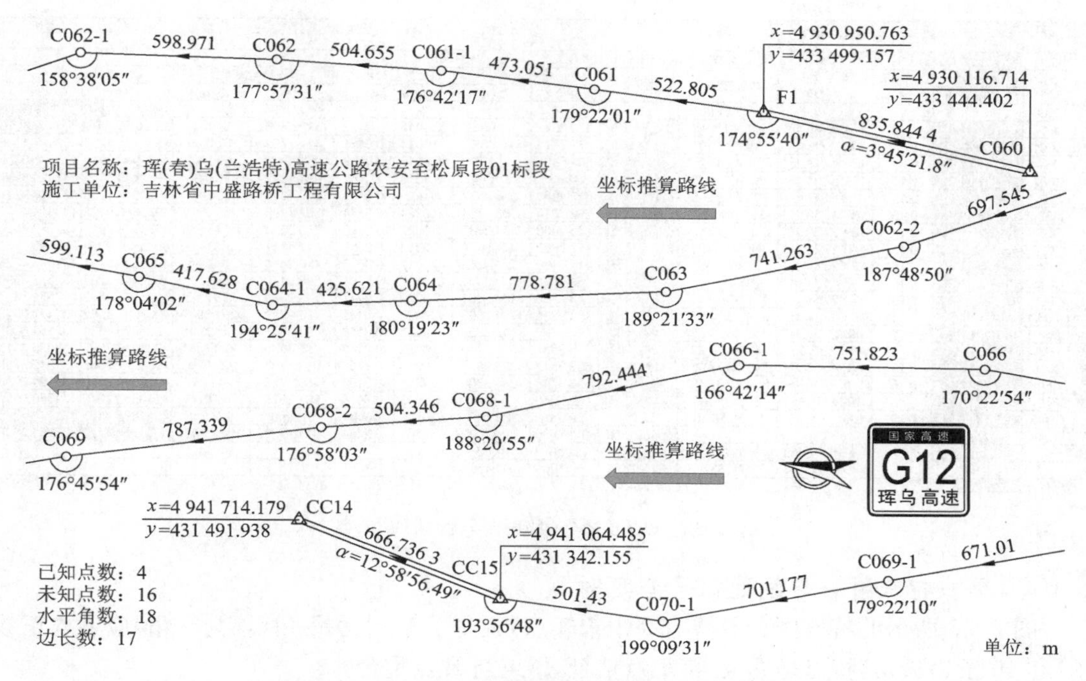

图 2-30　含 16 个未知点的一级附合导线观测略图

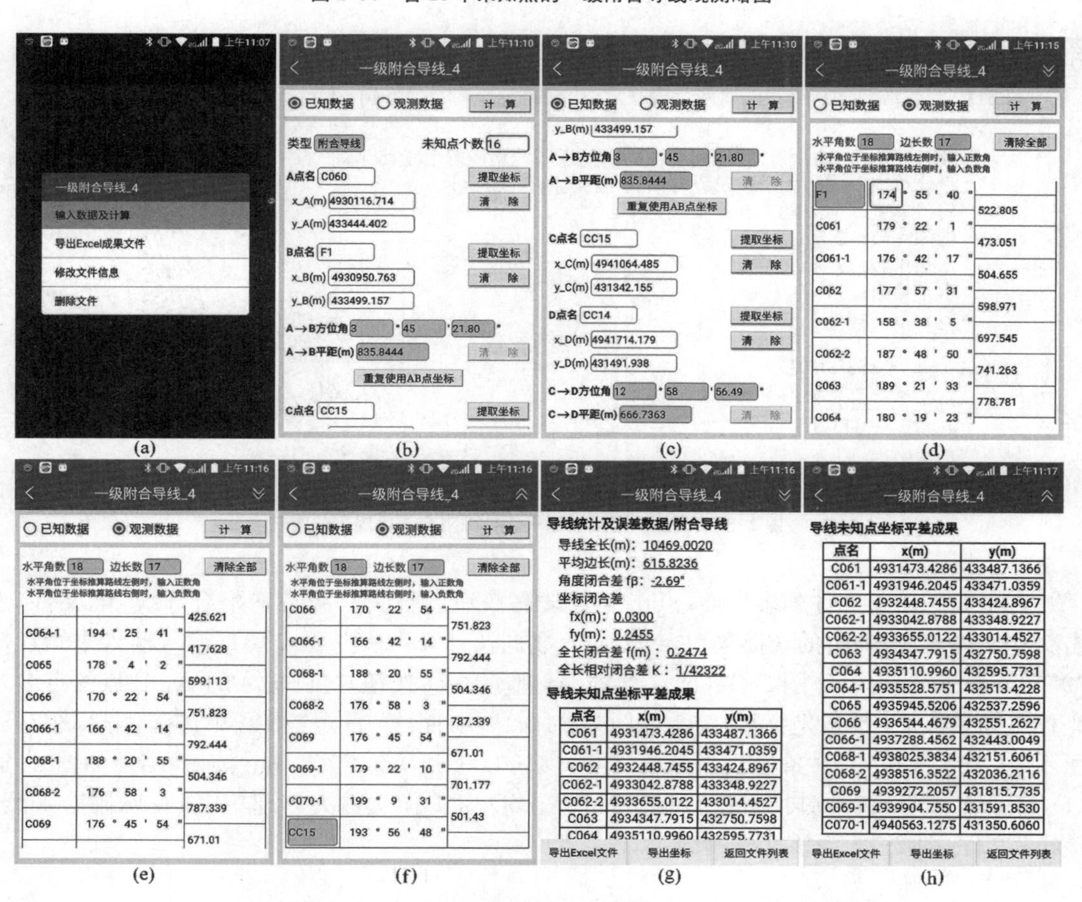

图 2-31　输入图 2-30 所示一级附合导线已知数据与观测数据并进行近似平差计算

	A	B	C	D	E	F	G	H	I	J	K	L	M	N
1	一级附合导线计算成果													
2	测量员：李飞 记录员：王贵满 成像：清晰 天气：晴 仪器型号：南方NTS-362R8LNB 仪器编号：S131805													
3	点名	水平角β	水平角β	水平角β	导线边方位角	平距D(m)	坐标增量		坐标增量改正数		改正后坐标增量		坐标平差值	
4		+左角/-右角	改正数vβ	平差值			Δx(m)	Δy(m)	δΔx(m)	δΔy(m)	Δx(m)	Δy(m)	x(m)	y(m)
5	C060				3°45′21.80″								4930116.7140	433444.4020
6	F1	174°55′40.00″	0.15″	174°55′40.15″	358°41′1.95″	522.8050	522.6671	-12.0081	-0.0015	-0.0123	522.6656	-12.0204	4930950.7630	433499.1570
7	C061	179°22′1.00″	0.15″	179°22′1.15″	358°3′3.10″	473.0510	472.7773	-16.0896	-0.0014	-0.0111	472.7759	-16.1007	4931473.4286	433487.1366
8	C061-1	176°42′17.00″	0.15″	176°42′17.15″	354°45′20.25″	504.6550	502.5425	-46.1274	-0.0015	-0.0118	502.541	-46.1392	4931946.2045	433471.0359
9	C062	177°57′31.00″	0.15″	177°57′31.15″	352°42′51.40″	598.9710	594.135	-75.96	-0.0018	-0.014	594.1332	-75.974	4932448.7455	433424.8967
10	C062-1	158°38′5.00″	0.15″	158°38′5.15″	331°20′56.55″	697.5450	612.1354	-334.4537	-0.002	-0.0163	612.1334	-334.47	4933042.8788	433348.9227
11	C062-2	187°48′50.00″	0.15″	187°48′50.15″	339°9′46.70″	741.2630	692.7814	-263.6754	-0.0021	-0.0174	692.7793	-263.6928	4933655.0122	433014.4527
12	C063	189°21′33.00″	0.15″	189°21′33.15″	348°31′19.85″	778.7810	763.2068	-154.9685	-0.0022	-0.0183	763.2046	-154.9868	4934347.7915	432750.7598
13	C064	180°19′23.00″	0.15″	180°19′23.15″	348°50′43.00″	425.6210	417.5803	-82.3403	-0.0012	-0.0099	417.5791	-82.3502	4935110.9960	432595.7731
14	C064-1	194°25′41.00″	0.15″	194°25′41.15″	3°16′24.15″	417.6280	416.9466	23.8466	-0.0012	-0.0098	416.9454	23.8368	4935528.5751	432513.4228
15	C065	178°4′2.00″	0.15″	178°4′2.15″	1°20′26.30″	599.1130	598.949	14.0171	-0.0017	-0.0141	598.9473	14.003	4935945.5206	432537.2596
16	C066	170°22′54.00″	0.15″	170°22′54.15″	351°43′20.45″	751.8230	743.9905	-108.2401	-0.0021	-0.0177	743.9884	-108.2578	4936544.4679	432551.2627
17	C066-1	166°42′14.00″	0.15″	166°42′14.15″	338°25′34.60″	792.4440	736.9295	-291.3802	-0.0023	-0.0185	736.9272	-291.3987	4937288.4562	432443.0049
18	C068-1	188°20′55.00″	0.15″	188°20′55.15″	346°46′29.75″	504.3460	490.9702	-115.3827	-0.0015	-0.0118	490.9687	-115.3945	4938025.3834	432151.6061
19	C068-2	176°58′3.00″	0.15″	176°58′3.15″	343°44′32.90″	787.3390	755.8557	-220.4196	-0.0022	-0.0185	755.8535	-220.4381	4938516.3522	432036.2116
20	C069	176°45′54.00″	0.15″	176°45′54.15″	340°30′27.05″	671.0100	632.5512	-223.9048	-0.0019	-0.0157	632.5493	-223.9205	4939272.2057	431815.7735
21	C069-1	179°22′10.00″	0.15″	179°22′10.15″	339°52′37.19″	701.1770	658.3745	-241.2306	-0.002	-0.0164	658.3725	-241.247	4939904.7550	431591.8530
22	C070-1	199°9′31.00″	0.15″	199°9′31.15″	359°2′8.34″	501.4300	501.359	-8.4392	-0.0015	-0.0118	501.3575	-8.451	4940563.1275	431350.6060
23	CC15	193°56′48.00″	0.15″	193°56′48.15″	12°58′56.49″	ΣD(m)	ΣΔx(m)	ΣΔy(m)	ΣδΔx(m)	ΣδΔy(m)	ΣΔx(m)	ΣΔy(m)	4941064.4850	431342.1550
24	CC14	Σvβ	2.69″			10469.0020	10113.75	-2156.7565	-0.0301	-0.2454	10113.7219	-2157.0019	4941714.1790	431491.9380
25		角度闭合差fβ		全长闭合差f(m)	全长相对闭合差	平均边长(m)	fx(m)	fy(m)						
26		-2.69″		0.2474	1/42322	615.8236	0.0300	0.2455						

一级附合导线

图 2-32 成果文件“一级附合导线_4.xls”内容

2.3.4 单一特殊附合导线近似平差案例

图 2-33 所示的特殊附合导线有 9 个未知点，观测了 11 个水平角(均为左角，应输入正数角)和 10 条边长，其特点是 C 点与 A 点重合，D 点与 B 点重合。

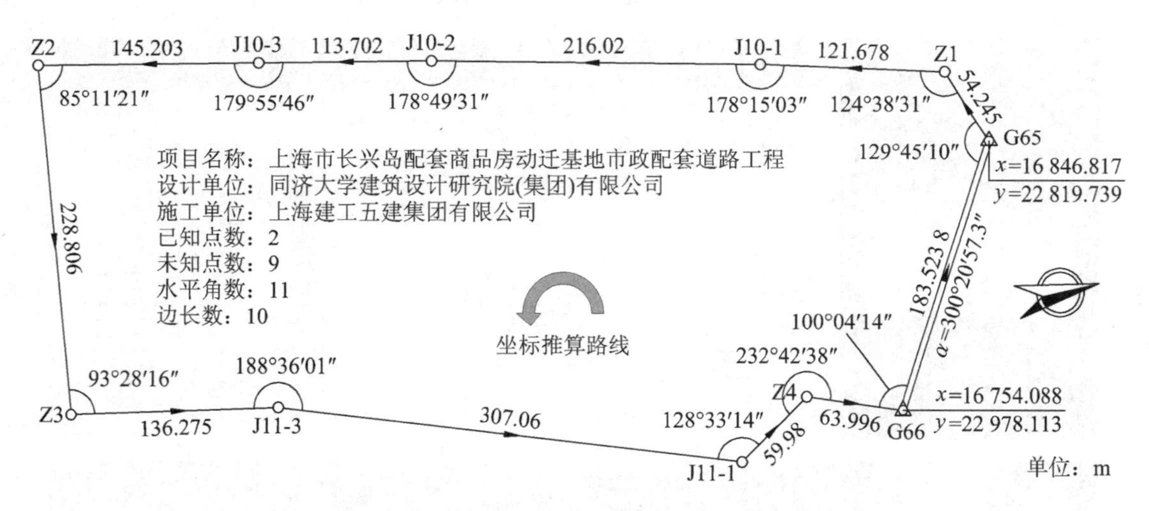

图 2-33 含 9 个未知点的一级特殊附合导线观测略图

在平面网平差文件列表界面，点击 **新建文件** 按钮，新建“一级特殊附合导线_5”文件，点击新建文件名，在弹出的快捷菜单点击“输入数据及计算”命令[图 2-34(a)]，输入未知点数“9”和 2 个已知点坐标[图 2-34(b)]，点击 **重复使用AB点坐标** 按钮，将已输入的 A，B 点的点名及坐标自动填入 C，D 点坐标栏，结果如图 2-34(c)所示；设置 ◉ **观测数据** 单选框，输入图 2-33 所示 11 个水平角和 10 条边长观测值[图 2-34(d)，(e)]；点击 **计 算** 按钮，结果如图 2-34(f)所示；点击 **导出Excel文件** 按钮，在手机内置 SD 卡工作文件夹创建“一级特殊附合导线_5.xls”文件，图 2-35 为该文件的内容。

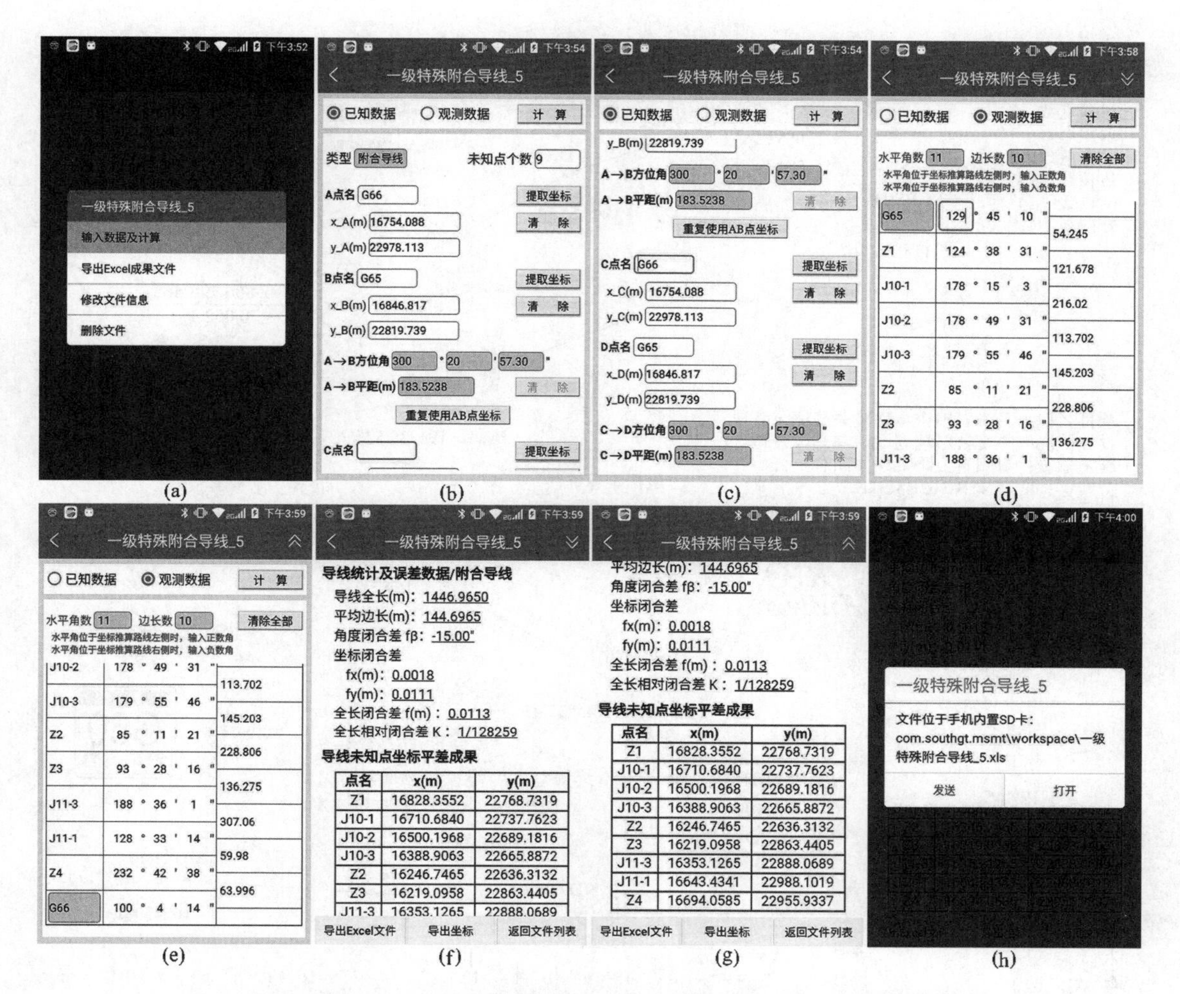

图 2-34 输入图 2-33 所示一级特殊附合导线已知数据与观测数据并进行近似平差计算

	A	B	C	D	E	F	G	H	I	J	K	L	M	N
1	一级附合导线计算成果													
2	测量员：王贵满 记录员：林培效 成像：清晰 天气：晴 仪器型号：南方NTS-362R8LNB 仪器编号：S1318058													
3	点名	水平角β	水平角β	水平角β	导线边方位角	平距D(m)	坐标增量		坐标增量改正数		改正后坐标增量		坐标平差值	
4		+左角/-右角	改正数vβ	平差值			Δx(m)	Δy(m)	δΔx(m)	δΔy(m)	Δx(m)	Δy(m)	x(m)	y(m)
5	G66				300°20′57.30″								16754.0880	22978.1130
6	G65	129°45′10.00″	1.36″	129°45′11.36″	250°6′8.66″	54.2450	-18.4617	-51.0067	-1E-04	-0.0004	-18.4618	-51.0071	16846.8170	22819.7390
7	Z1	124°38′31.00″	1.36″	124°38′32.36″	194°44′41.02″	121.6780	-117.6711	-30.9686	-0.0001	-0.001	-117.6712	-30.9696	16828.3552	22768.7319
8	J10-1	178°15′3.00″	1.36″	178°15′4.36″	192°59′45.39″	216.0200	-210.4869	-48.579	-0.0002	-0.0017	-210.4871	-48.5807	16710.6840	22737.7623
9	J10-2	178°49′31.00″	1.36″	178°49′32.36″	191°49′17.75″	113.7020	-111.2904	-23.2936	-1E-04	-0.0008	-111.2905	-23.2944	16500.1968	22689.1816
10	J10-3	179°55′46.00″	1.36″	179°55′47.36″	191°45′5.11″	145.2030	-142.1596	-29.5729	-0.0002	-0.0011	-142.1598	-29.574	16388.9063	22665.8872
11	Z2	85°11′21.00″	1.36″	85°11′22.36″	96°56′27.48″	228.8060	-27.6504	227.1291	-0.0003	-0.0017	-27.6507	227.1274	16246.7465	22636.3132
12	Z3	93°28′16.00″	1.36″	93°28′17.36″	10°24′44.84″	136.2750	134.0309	24.6294	-0.0002	-0.0011	134.0307	24.6283	16219.0958	22863.4405
13	J11-3	188°36′1.00″	1.36″	188°36′2.36″	19°0′47.20″	307.0600	290.308	100.0354	-0.0003	-0.0024	290.3077	100.033	16353.1265	22888.0689
14	J11-1	128°33′14.00″	1.36″	128°33′15.36″	327°34′2.57″	59.9800	50.6245	-32.1677	-1E-04	-0.0005	50.6244	-32.1682	16643.4341	22988.1019
15	Z4	232°42′38.00″	1.36″	232°42′39.36″	20°16′41.93″	63.9960	60.0295	22.1798	0	-0.0005	60.0295	22.1793	16694.0585	22955.9337
16	G66	100°4′14.00″	1.36″	100°4′15.36″	300°20′57.30″	ΣD(m)	ΣΔx(m)	ΣΔy(m)	ΣδΔx(m)	ΣδΔy(m)	ΣΔx(m)	ΣΔy(m)	16754.0880	22978.1130
17	G65	Σvβ	15.00″			1446.9650	-92.7272	158.3852	-0.0016	-0.0112	-92.7288	158.374	16846.8170	22819.7390
18		角度闭合差fβ		全长闭合差f(m)	全长相对闭合差	平均边长(m)	fx(m)	fy(m)						
19		-15.00″		0.0113	1/128260	144.6965	0.0018	0.0111						

一级附合导线

图 2-35 成果文件“一级特殊附合导线_5.xls”内容

2.3.5 单一单边无定向导线近似平差案例

图 2-36 所示的单边无定向导线有 13 个未知点，观测了 14 个水平角(均为左角)和 14 条边长。

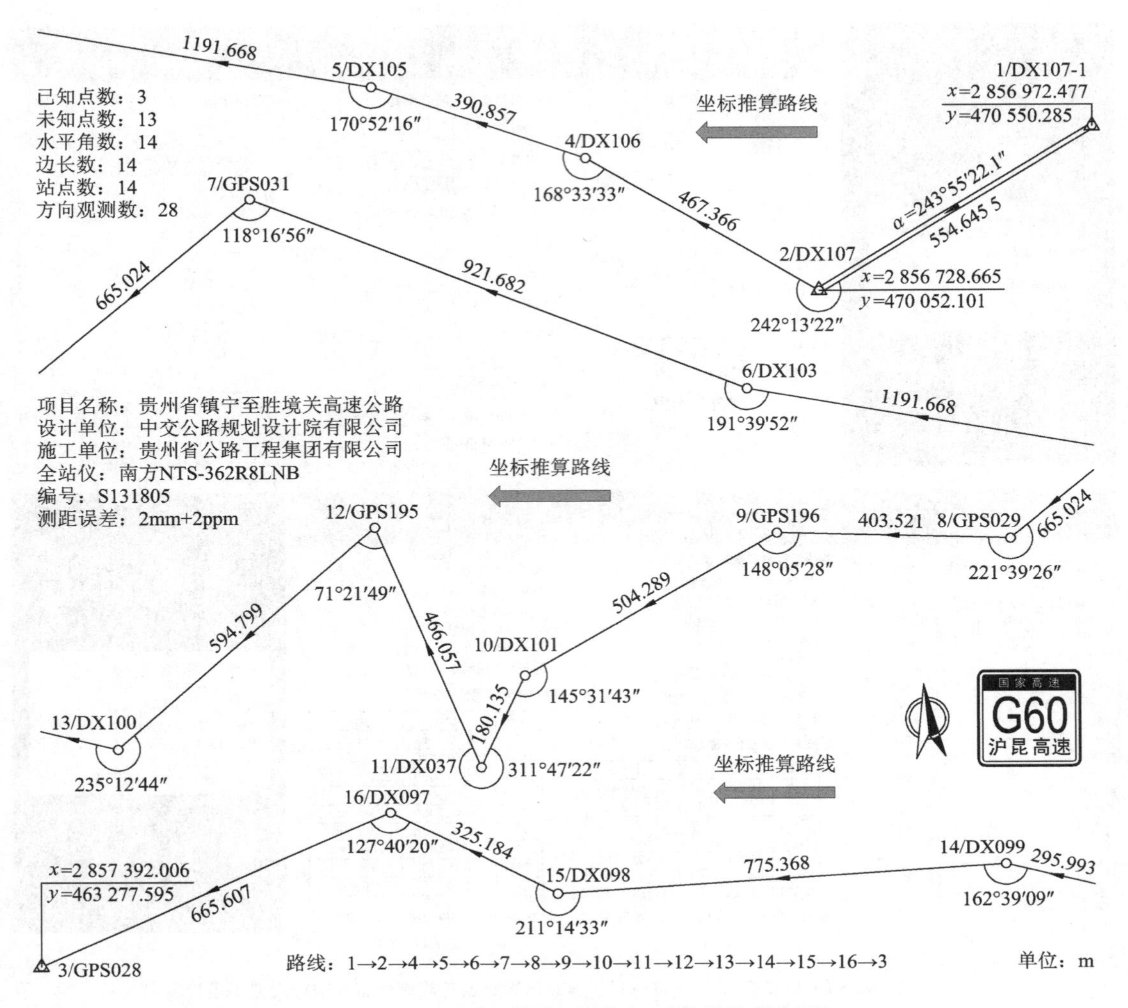

图 2-36　含 13 个未知点的三级单边无定向导线观测略图

在平面网平差文件列表界面，点击 **新建文件** 按钮，新建“三级单边无定向导线_6”文件；点击新建文件名，在弹出的快捷菜单点击“输入数据及计算”命令[图 2-37(a)]，输入未知点数“13”和 3 个已知点坐标[图 2-37(b)]；设置 ◎ **观测数据** 单选框，输入图 2-36 所注 14 个水平角和 14 条边长观测值[图 2-37(c)，(d)]；点击 计 算 按钮，结果如图 2-37(e)，(f)所示；点击 **导出Excel文件** 按钮，在手机内置 SD 卡工作文件夹创建“三级单边无定向导线_6.xls”文件，图 2-38 为该文件的内容。

2.3.6　单一双边无定向导线近似平差案例

图 2-39 所示的双边无定向有 8 个未知点，观测了 8 个水平角(均为左角)和 9 条边长。

在平面网平差文件列表界面，点击 **新建文件** 按钮，新建“三级双边无定向导线_7”文件，点击新建文件名，在弹出的快捷菜单点击“输入数据及计算”命令，输入未知点数“8”和 2 个已知点坐标[图 2-40(a)]；设置 ◎ **观测数据** 单选框，输入图 2-39 所注 8 个水平角和 9 条边长观测值[图 2-40(b)，(c)]；点击 计 算 按钮，结果如图 2-40(d)所示；点击 **导出Excel文件** 按钮，在手机内置 SD 卡工作文件夹创建“三级双边无定向导线_7.xls”文件，图 2-41 为该文件的内容。

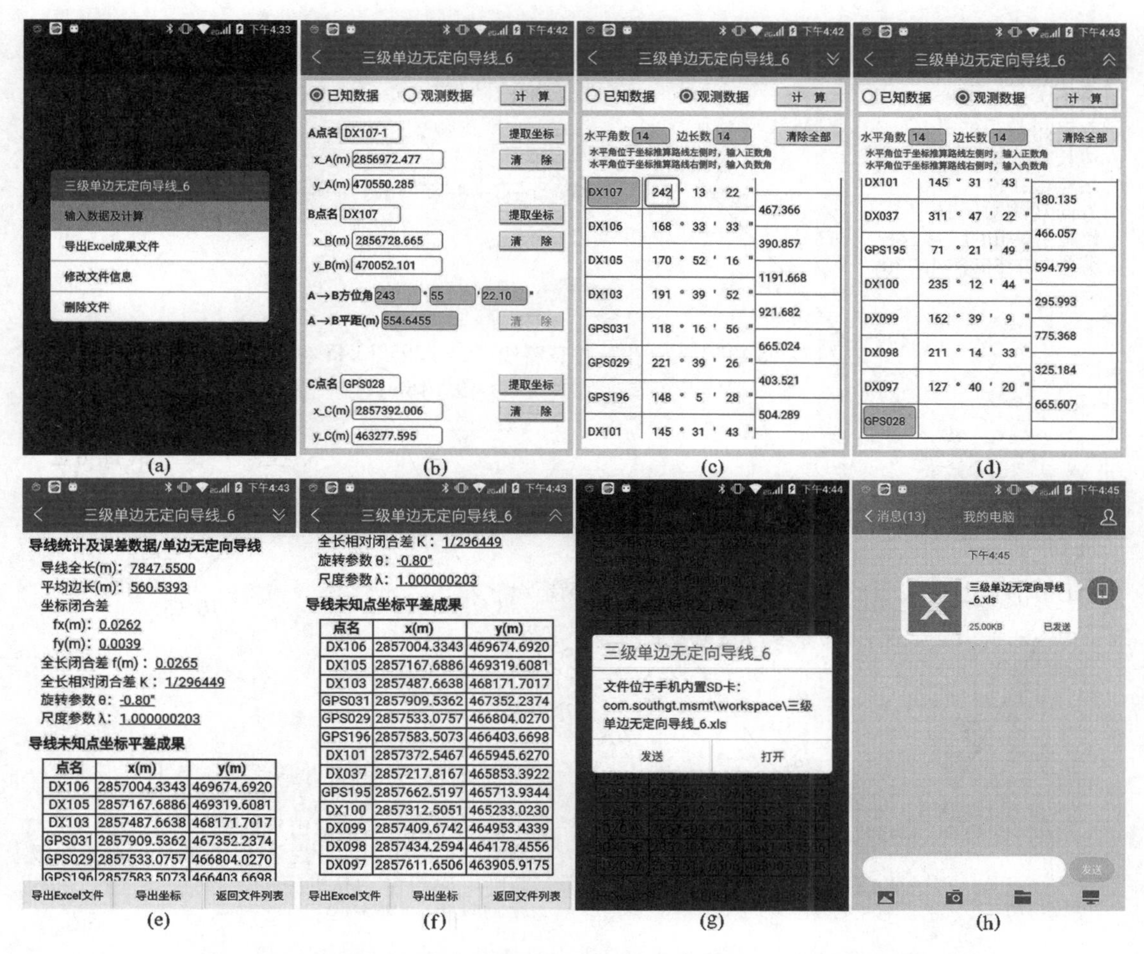

图 2-37　输入图 2-36 所示三级单边无定向导线已知数据与观测数据并进行近似平差计算

	A	B	C	D	E	F	G	H	I	J
1	三级单边无定向导线计算成果									
2	测量员：贵州公路集团 记录员：贵州公路集团 成像：清晰 天气：晴 仪器型号：南方NTS-362R8LNB 仪器编号：S131805									
3	点名	水平角β	导线边方位角	平距D(m)	坐标增量		改正后坐标增量		坐标平差值	
4		+左角/-右角			Δx(m)	Δy(m)	Δx(m)	Δy(m)	x(m)	y(m)
5	DX107-1		243°55′22.10″						2856972.4770	470550.2850
6	DX107	242°13′22.00″	306°8′44.10″	467.3660	275.6707	-377.4078	275.6693	-377.4090	2856728.6650	470052.1010
7	DX106	168°33′33.00″	294°42′17.10″	390.8570	163.3557	-355.0832	163.3544	-355.0839	2857004.3343	469674.6920
8	DX105	170°52′16.00″	285°34′33.10″	1191.6680	319.9795	-1147.9049	319.9751	-1147.9064	2857167.6886	469319.6081
9	DX103	191°39′52.00″	297°14′25.10″	921.6820	421.8755	-819.4625	421.8724	-819.4643	2857487.6638	468171.7017
10	GPS031	118°16′56.00″	235°31′21.10″	665.0240	-376.4582	-548.2117	-376.4604	-548.2104	2857909.5362	467352.2374
11	GPS029	221°39′26.00″	277°10′47.10″	403.5210	50.4331	-400.3570	50.4315	-400.3572	2857533.0757	466804.0270
12	GPS196	148°5′28.00″	245°16′15.10″	504.2890	-210.9588	-458.0434	-210.9606	-458.0427	2857583.5073	466403.6698
13	DX101	145°31′43.00″	210°47′58.10″	180.1350	-154.7296	-92.2354	-154.7300	-92.2348	2857372.5467	465945.6270
14	DX037	311°47′22.00″	342°35′20.10″	466.0570	444.7034	-139.4561	444.7030	-139.4578	2857217.8167	465853.3922
15	GPS195	71°21′49.00″	233°57′9.10″	594.7990	-350.0127	-480.9127	-350.0146	-480.9114	2857662.5197	465713.9344
16	DX100	235°12′44.00″	289°9′53.10″	295.9930	97.1702	-279.5886	97.1692	-279.5891	2857312.5051	465233.0230
17	DX099	162°39′9.00″	271°49′2.10″	775.3680	24.5882	-774.9780	24.5852	-774.9783	2857409.6742	464953.4339
18	DX098	211°14′33.00″	303°3′35.10″	325.1840	177.3922	-272.5374	177.3912	-272.5382	2857434.2594	464178.4556
19	DX097	127°40′20.00″	250°43′55.10″	665.6070	-219.6421	-628.3232	-219.6446	-628.3225	2857611.6506	463905.9175
20	GPS028			ΣD(m)	ΣΔx(m)	ΣΔy(m)	ΣΔx(m)	ΣΔy(m)	2857392.0060	463277.5950
21				7847.5500	663.3672	-6774.5021	663.3410	-6774.5060		
22		全长闭合差f(m)	全长相对闭合差	平均边长(m)	fx(m)	fy(m)			尺度参数λ	旋转参数θ
23		0.0265	1/296450	560.5393	0.0262	0.0039			1.000000203	-0.80″

三级单边无定向导线

图 2-38　成果文件“三级单边无定向导线_6.xls”内容

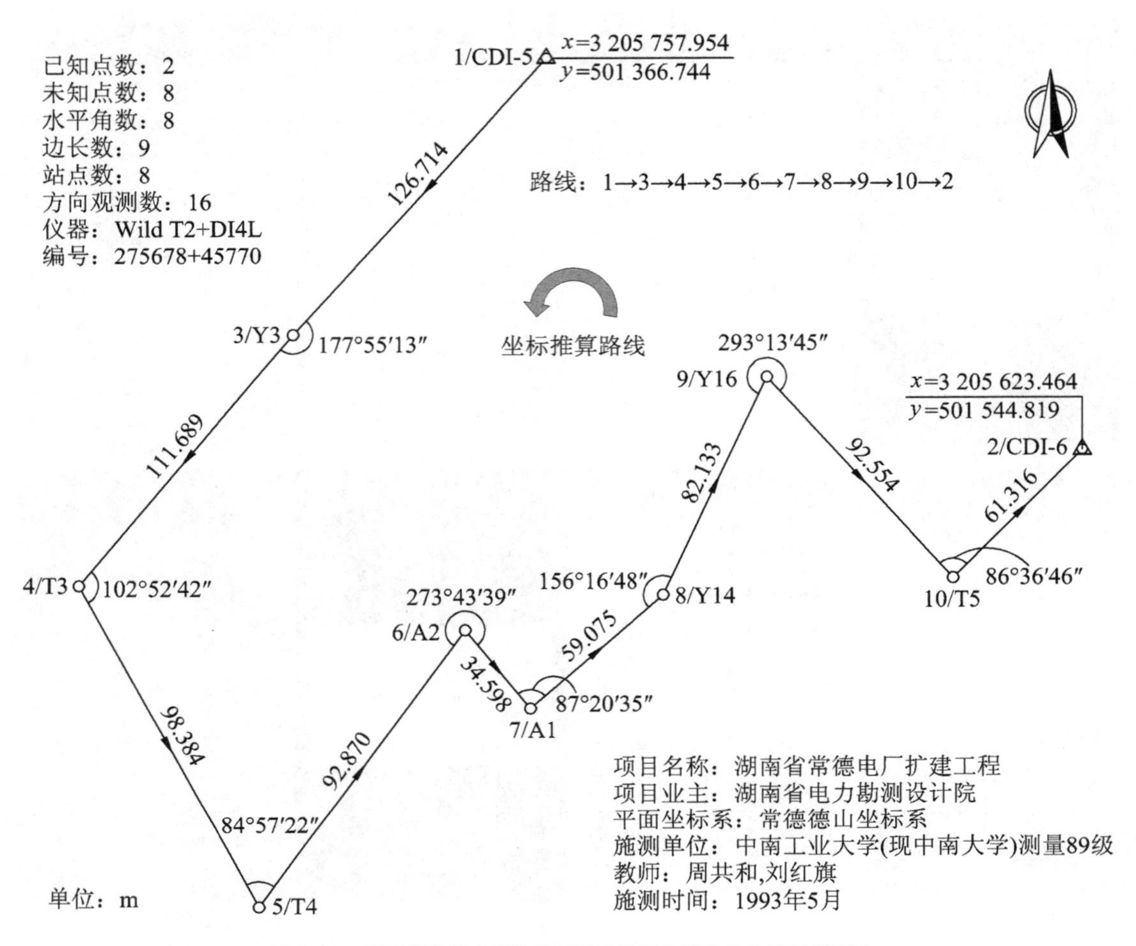

图 2-39　湖南省常德电厂扩建工程三级双边无定向导线观测略图

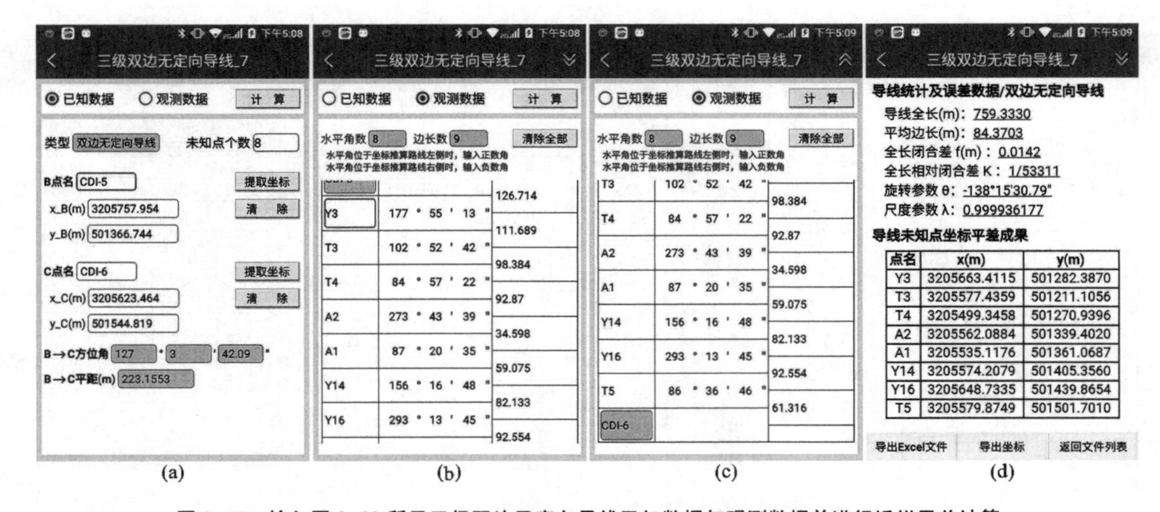

图 2-40　输入图 2-39 所示三级双边无定向导线已知数据与观测数据并进行近似平差计算

	A	B	C	D	E	F	G	H	I	J
1	三级双边无定向导线计算成果									
2	测量员：李飞 记录员：林培效 成像：清晰 天气：晴 仪器型号：南方NTS-362R8LNB 仪器编号：S131805									
3	点名	水平角β	导线边方位角	平距D(m)	假定坐标增量		改正后坐标增量		坐标平差值	
4		+左角/-右角			Δx(m)	Δy(m)	Δx(m)	Δy(m)	x(m)	y(m)
5	CDI-5		0	126.7140	126.7140	0.0000	-94.5425	-84.3570	3205757.9540	501366.7440
6	Y3	177°55′13.00″	357°55′13.00″	111.6890	111.6154	-4.0532	-85.9756	-71.2814	3205663.4115	501282.3870
7	T3	102°52′42.00″	280°47′55.00″	98.3840	18.4330	-96.6418	-78.0901	59.8340	3205577.4359	501211.1056
8	T4	84°57′22.00″	185°45′17.00″	92.8700	-92.4020	-9.3121	62.7426	68.4624	3205499.3458	501270.9396
9	A2	273°43′39.00″	279°28′56.00″	34.5980	5.6997	-34.1253	-26.9708	21.6667	3205562.0884	501339.4020
10	A1	87°20′35.00″	186°49′31.00″	59.0750	-58.6563	-7.0206	39.0902	44.2873	3205535.1176	501361.0687
11	Y14	156°16′48.00″	163°6′19.00″	82.1330	-78.5882	23.8690	74.5256	34.5094	3205574.2079	501405.3560
12	Y16	293°13′45.00″	276°20′4.00″	92.5540	10.2117	-91.9889	-68.8586	61.8356	3205648.7335	501439.8654
13	T5	86°36′46.00″	182°56′50.00″	61.3160	-61.2349	-3.1526	43.5891	43.1180	3205579.8749	501501.7010
14	CDI-6			ΣD(m)	ΣΔx(m)	ΣΔy(m)	ΣΔx(m)	ΣΔy(m)	3205623.4640	501544.8190
15				759.3330	-18.2076	-222.4255	-134.4900	178.0750		
16		全长闭合差f(m)	全长相对闭合差	平均边长(m)					尺度参数λ	旋转参数θ
17		0.0142	1/53311	84.3703					0.999936177	-138°15′30.79″

三级双边无定向导线

图 2-41　成果文件“三级双边无定向导线_7.xls”内容

2.3.7　单一图根支导线坐标计算案例

图 2-42 所示的图根支导线取自文献[5]，该案例有 4 个未知点，观测了 4 个水平角和 4 条边长，T3 点的第一个水平角为右角，应输入负数角，其余 3 个水平角均为左角，应输入正数角。

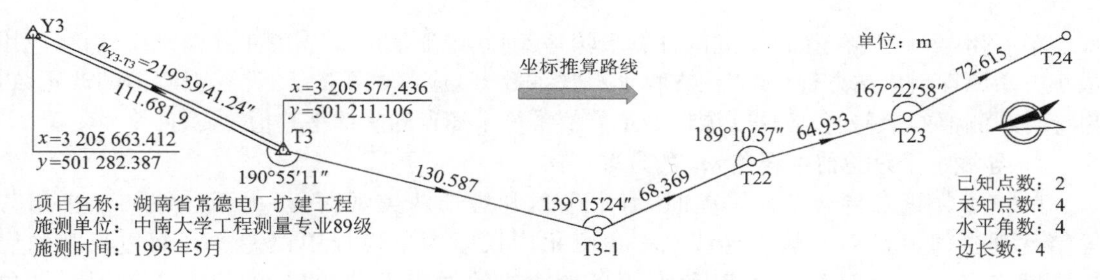

图 2-42　含 4 个未知点的图根支导线观测略图

在平面网平差文件列表界面，点击 **新建文件** 按钮，新建“图根支导线_8”文件；点击新建文件名，在弹出的快捷菜单点击“输入数据及计算”命令，输入未知点数“4”和 2 个已知点坐标[图 2-43(a)]；设置 ◎ **观测数据** 单选框，输入图 2-42 所示 4 个水平角与 4 条边长观测值[图

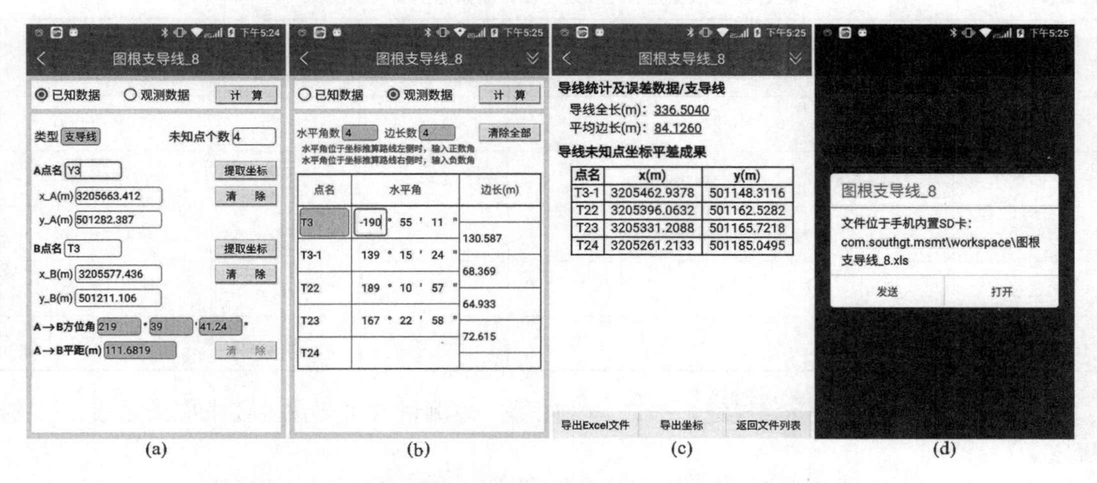

图 2-43　输入图 2-42 所示图根支导线已知数据与观测数据并计算未知点坐标

2-43(b)];点击 计 算 按钮,结果如图 2-43(c)所示;点击 导出Excel文件 按钮,在手机内置 SD 卡工作文件夹创建“图根支导线_8.xls”文件,图 2-44 为该文件的内容。

	A	B	C	D	E	F	G	H
1	图根支导线计算成果							
2	测量员:周共和 记录员:刘红旗 成像:清晰 天气:晴 仪器型号:WildT2_DI4L 仪器编号:T62110							
3	点名	水平角β	导线边方位角	平距D(m)	坐标增量		坐标平差值	
4		+左角/-右角			Δx(m)	Δy(m)	x(m)	y(m)
5	Y3		219°39′41.24″				3205663.4120	501282.3870
6	T3	-190°55′11.00″	208°44′30.24″	130.5870	-114.4982	-62.7944	3205577.4360	501211.1060
7	T3-1	139°15′24.00″	167°59′54.24″	68.3690	-66.8746	14.2166	3205462.9378	501148.3116
8	T22	189°10′57.00″	177°10′51.24″	64.9330	-64.8544	3.1936	3205396.0632	501162.5282
9	T23	167°22′58.00″	164°33′49.24″	72.6150	-69.9955	19.3277	3205331.2088	501165.7218
10	T24			ΣD(m)	ΣΔx(m)	ΣΔy(m)	3205261.2133	501185.0495
11				336.5040	-316.2227	-26.0565		
12				平均边长(m)				
13				84.1260				

图根支导线

图 2-44 成果文件“图根支导线_8.xls”内容

2.4 单一闭(附)合导线条件平差原理及案例

单一闭(附)合导线条件平差的计算步骤是:列立观测值的 3 个条件方程并线性化,应用最小二乘原理组成法方程,解算法方程求得联系数 K,应用联系数 K 计算观测值的改正数,再计算观测值的平差值,应用观测值的平差值推算未知点的坐标平差值。

1. 导线水平角验前中误差 m_0 的选取

单一闭(附)合导线条件平差时,有水平角和边长两类观测值,由于导线的水平角为等精度观测值,所以,一般设导线水平角测角中误差为单位权中误差 m_0;而边长观测误差由固定误差和比例误差组成,因此每条导线边的误差不同,边长的权需要使用水平角的验前中误差 m_0 计算。水平角的验前中误差 m_0 与导线网的等级有关,由程序按国家规范自动选取。《城市测量规范》[3]规定,各等级导线测量的主要技术要求应符合表 2-4 的规定。

表 2-4 全站仪导线测量方法布设平面控制网的主要技术指标

等级	导线长度/km	平均边长/m	测距中误差/mm	测角中误差/(″)	方位角闭合差/(″)	导线全长相对闭合差
三等	15	3 000	18	1.8	$\leqslant 3\sqrt{n}$	≤1/60 000
四等	10	1 000	18	2.5	$\leqslant 5\sqrt{n}$	≤1/40 000
一级	3.6	300	15	5	$\leqslant 10\sqrt{n}$	≤1/14 000
二级	2.4	200	15	8	$\leqslant 16\sqrt{n}$	≤1/10 000
三级	1.2	120	15	12	$\leqslant 24\sqrt{n}$	≤1/6 000

《国家三角测量规范》[12]规定,一、二、三、四等三角测量的主要技术要求应满足表 2-5 的规定。

表 2-5　　三角测量平面控制网的主要技术指标

等级	三角形最小内角	平均边长/km	边长相对误差	测角中误差/(″)	三角形闭合差/(″)	全组合测角法(一等)方向观测测回数
一等	40°	20～25	1/20 万	0.7	2.5	DJ07
二等	30°	9～13	1/12 万	1.0	3.5	DJ07/12，DJ1/15
三等	30°	4～10	1/7 万	1.8	7.0	DJ07/6，DJ1/9，DJ2/12
四等	30°	1～6	1/4 万	2.5	9.0	DJ07/4，DJ1/6，DJ2/9

由表 2-4 可知，《城市测量规范》规定的导线最高等级为三等，没有一、二等导线，故一、二等导线水平角的验前中误差 m_0 取表 2-5 的一、二等三角测量的测角中误差。综合表 2-4 与表 2-5 的规定，平面控制网验前测角中误差的限值规定列于表 2-6，表中的方向观测中误差限值为测角中误差限值除以 $\sqrt{2}$ 而来。

表 2-6　　平面控制网验前测角中误差与方向观测中误差限值

等级	测角中误差/(″)	方向中误差/(″)	等级	测角中误差/(″)	方向中误差/(″)
一等	0.7	0.495 0	一级	5	3.535 5
二等	1.0	0.707 1	二级	8	5.656 9
三等	1.8	1.272 8	三级	12	8.485 3
四等	2.5	1.767 8			

2. 原理

单一闭(附)合导线的多余观测数 $r=3$，表示有 3 个条件，它们是 1 个方位角条件与 2 个坐标条件，方位角条件是线性形式，而 2 个坐标条件为非线性形式，需要线性化。下面以图 2-45所示的二级附合导线为例，介绍条件方程线性化公式的推导过程。

(1) 条件方程线性化

如图 2-45 所示，假设全部水平角观测值位于坐标推算路线的左侧，以角度 β_i 及边长 S_i 为观测量的条件方程可以写成：

$$\begin{cases}\alpha_{\mathrm{AB}}+\sum_{i=1}^{n}\hat{\beta}_i-\alpha_{\mathrm{CD}}=0\\ x_{\mathrm{B}}+\sum_{i=1}^{n-1}\hat{S}_{\mathrm{i}}\cos\hat{\alpha}_i-x_{\mathrm{C}}=0\\ y_{\mathrm{B}}+\sum_{i=1}^{n-1}\hat{S}_{\mathrm{i}}\sin\hat{\alpha}_i-y_{\mathrm{C}}=0\end{cases}\tag{2-32}$$

式中，n 为水平角观测数，边长观测数为 $n-1$，未知点数为 $n-2$，角度与边长观测总数为 $2n-1$；$\hat{\alpha}_i=\alpha_{\mathrm{AB}}+\sum_{j=1}^{i}\hat{\beta}_j$，为第 i 条导线边的方位角平差值，$\hat{\beta}_i=\beta_i+v_i$ 为第 i 个水平角平差值，$\hat{S}_i=S_i+v_{\mathrm{S}_i}$ 为第 i 条边长平差值。设方位角条件方程的线性形式为

$$\sum_{i=1}^{n}v_i-w_j=0\tag{2-33}$$

式中，$w_j=-\left(\alpha_{\mathrm{AB}}+\sum_{i=1}^{n}\beta_i-\alpha_{\mathrm{CD}}\right)$，是以秒(″)为单位的角度闭合差。

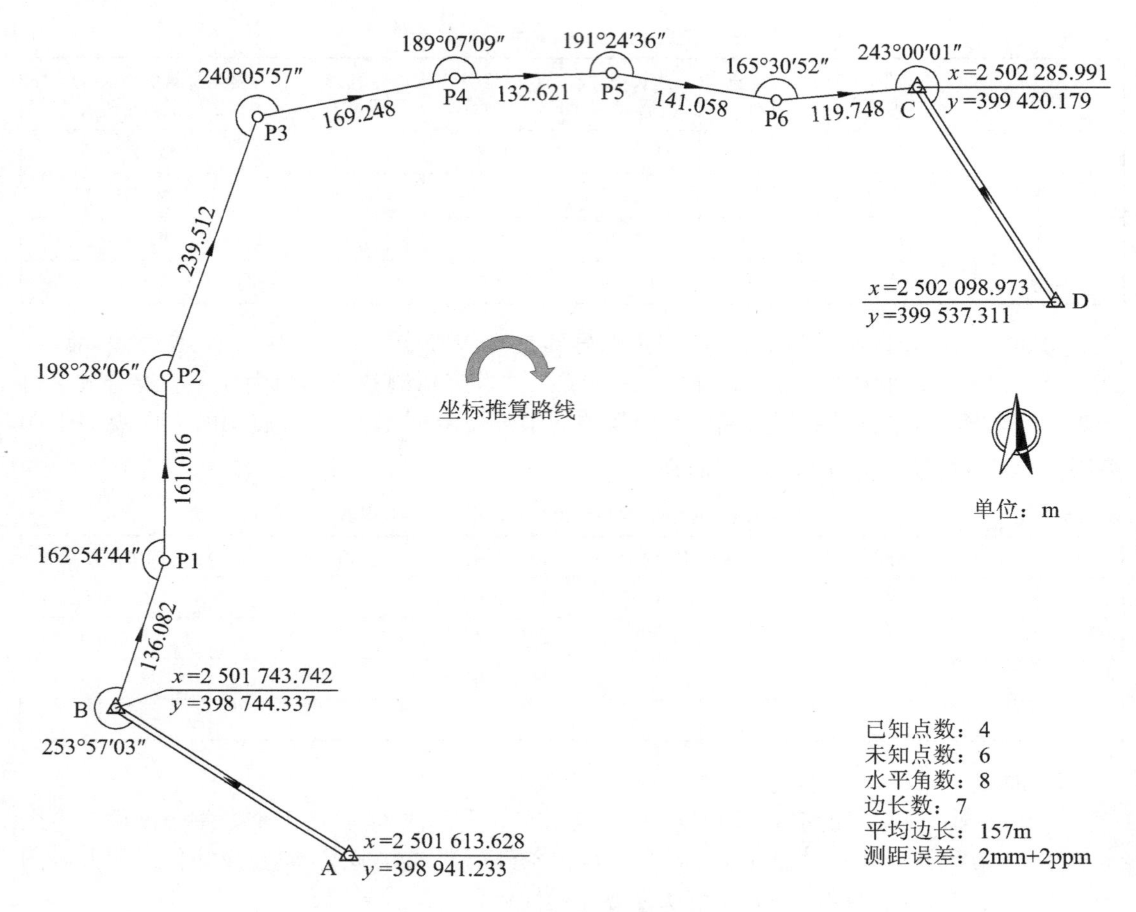

图 2-45　二级附合导线观测略图

应用泰勒级数展开式(2-32)第二式，即 x 坐标条件方程，并取一次项，其线性形式为

$$\sum_{i=1}^{n-1}\left(\frac{\Delta x_i}{S_i}v_{S_i}-\frac{100\Delta y_i}{\rho''}v_{\alpha_i}\right)-100\left(x_C-x_B-\sum_{i=1}^{n-1}\Delta x_i\right)=0 \tag{2-34}$$

式中，$\rho''=206\ 265$，为弧秒值；边长改正数 v_{S_i} 以 cm 为单位，方位角改正数 v_{α_i} 以(″)为单位。

设

$$\left.\begin{aligned} a_i&=\frac{\Delta x_i}{S_i}\\ b_i&=\frac{100\Delta y_i}{\rho''}\\ w_x&=100\left(x_C-x_B-\sum_{i=1}^{n-1}\Delta x_i\right)\end{aligned}\right\} \tag{2-35}$$

式中，系数 a_i 无量纲，系数 b_i 的单位为 cm/s，x 坐标闭合差 w_x 的单位为 cm。

将式(2-35)代入式(2-34)，得

$$\sum_{i=1}^{n-1}a_iv_{S_i}+\sum_{i=1}^{n-1}b_iv_{\alpha_i}-w_x=0 \tag{2-36}$$

因 $v_{\alpha_i}=\sum_{j=1}^{i}v_j$，所以有 $\sum_{i=1}^{n-1}b_iv_{\alpha_i}=\sum_{i=1}^{n-1}(b_i\sum_{j=1}^{i}v_j)$，展开得

$$
\begin{aligned}
\sum_{i=1}^{n-1}b_iv_{\alpha_i}&=b_1v_1+b_2v_1+b_2v_2+b_3v_1+b_3v_2+b_3v_3+\cdots+b_{n-1}v_1+b_{n-1}v_2+\cdots+b_{n-1}v_{n-1}\\
&=\sum_{i=1}^{n-1}b_iv_1+\sum_{i=2}^{n-1}b_iv_2+\sum_{i=3}^{n-1}b_iv_3+\cdots+b_{n-1}v_{n-1}
\end{aligned}
\tag{2-37}
$$

将式(2-37)代入式(2-36)，得

$$
\sum_{i=1}^{n-1}b_iv_1+\sum_{i=2}^{n-1}b_iv_2+\sum_{i=3}^{n-1}b_iv_3+\cdots+b_{n-1}v_{n-1}+a_1v_{S_1}+a_2v_{S_2}+\cdots+a_{n-1}v_{S_{n-1}}-w_x=0
\tag{2-38}
$$

同理，可以写出式(2-32)第三式，即 y 坐标条件方程的线性形式为

$$
\sum_{i=1}^{n-1}d_iv_1+\sum_{i=2}^{n-1}d_iv_2+\sum_{i=3}^{n-1}d_iv_3+\cdots+d_{n-1}v_{n-1}+c_1v_{S_1}+c_2v_{S_2}+\cdots+c_{n-1}v_{S_{n-1}}-w_y=0
\tag{2-39}
$$

式中

$$
\left.
\begin{aligned}
c_i&=\frac{\Delta y_i}{S_i}\\
d_i&=\frac{100\Delta x_i}{\rho''}\\
w_y&=100(y_C-y_B-\sum_{i=1}^{n-1}\Delta y_i)
\end{aligned}
\right\}
\tag{2-40}
$$

式中，系数 c_i 无量纲，系数 b_i 的单位为 cm/s，y 坐标闭合差 w_y 的单位为 cm。

(2) 条件平差公式

设三个条件方程式(2-33)，式(2-38)，式(2-39)的矩阵形式为

$$
\underset{3\times(2n-1)}{\mathbf{A}}\ \underset{(2n-1)\times1}{\mathbf{V}}-\underset{3\times1}{\mathbf{W}}=\mathbf{0}
\tag{2-41}
$$

式中

$$
\underset{3\times(2n-1)}{\mathbf{A}}=\begin{bmatrix}1&1&\cdots&1&1&0&0&\cdots&0\\ \sum_{i=1}^{n-1}b_i&\sum_{i=2}^{n-1}b_i&\cdots&b_{n-1}&0&a_1&a_2&\cdots&a_{n-1}\\ \sum_{i=1}^{n-1}d_i&\sum_{i=2}^{n-1}d_i&\cdots&d_{n-1}&0&c_1&c_2&\cdots&c_{n-1}\end{bmatrix},\ \underset{(2n-1)\times1}{\mathbf{V}}=\begin{bmatrix}v_1\\v_2\\\vdots\\v_n\\v_{S_1}\\v_{S_2}\\\vdots\\v_{S_{n-1}}\end{bmatrix},\ \underset{3\times1}{\mathbf{W}}=\begin{bmatrix}w_\beta\\w_x\\w_y\end{bmatrix}
\tag{2-42}
$$

设全站仪出厂标称测距误差公式为 a_0(mm)$+b_0$(ppm)，则边长 S_i 的中误差为

$$m_{S_i}=0.1\times\left(a_0+b_0\times\frac{S_i}{1\ 000}\right)(\mathrm{cm}) \tag{2-43}$$

设角度观测中误差 m_0 为单位权中误差，则边长观测值 S_i 的权为

$$P_{S_i}=\frac{m_0^2}{m_{S_i}^2}(\mathrm{s^2/cm^2}) \tag{2-44}$$

设角度观测与边长观测误差独立，则权阵 $\boldsymbol{P}$ 为对角方阵：

$$\underset{(2n-1)\times(2n-1)}{\boldsymbol{P}}=\mathrm{diag}(1\quad 1\quad \cdots\quad 1\quad p_{S_1}\quad p_{S_2}\quad \cdots\quad p_{S_{n-1}}) \tag{2-45}$$

其协因数阵为

$$\boldsymbol{Q}=\boldsymbol{P}^{-1}=\mathrm{diag}(1\quad 1\quad \cdots\quad 1\quad 1/p_{S_1}\quad 1/p_{S_2}\quad \cdots\quad 1/p_{S_{n-1}}) \tag{2-46}$$

在最小二乘原理 $\boldsymbol{V}^{\mathrm{T}}\boldsymbol{PV}\rightarrow\min$ 下，条件方程式(2-41)的法方程为

$$\boldsymbol{NK}-\boldsymbol{W}=\boldsymbol{0} \tag{2-47}$$

式中，$\boldsymbol{N}=\boldsymbol{AQA}^{\mathrm{T}}$，联系数 $\boldsymbol{K}$ 的解为

$$\boldsymbol{K}=\boldsymbol{N}^{-1}\boldsymbol{W} \tag{2-48}$$

改正数为

$$\boldsymbol{V}=\boldsymbol{QA}^{\mathrm{T}}\boldsymbol{K} \tag{2-49}$$

观测量的平差值为

$$\hat{\boldsymbol{L}}=\boldsymbol{L}+\boldsymbol{V} \tag{2-50}$$

验后单位权中误差估值为

$$\hat{\sigma}_0=\sqrt{\frac{\boldsymbol{V}^{\mathrm{T}}\boldsymbol{PV}}{3}}=\sqrt{\frac{\boldsymbol{W}^{\mathrm{T}}\boldsymbol{K}}{3}} \tag{2-51}$$

由式(2-44)可知，边长的权是使用导线的验前测角中误差 m_0 计算，完成第一次条件平差后，应用式(2-51)算出的第一次平差的验后单位权中误差估值 $\hat{\sigma}_{01}$ 一般不等于验前测角中误差 m_0。为了保证边长权值的准确性，程序自动用 $\hat{\sigma}_{01}$ 代替 m_0，代入式(2-44)计算边长的第二次权，进行第二次条件平差，并应用式(2-51)计算第二次平差的验后单位权中误差估值 $\hat{\sigma}_{02}$。

(3) 未知点坐标的中误差

条件平差是先计算出观测量——水平角和边长的平差值向量 $\hat{L}$，再用观测量的平差值向量 $\hat{L}$ 推算未知点的坐标，因此，$n-2$ 个未知点坐标平差值是观测量平差值向量 $\hat{L}$ 的函数，要计算未知点坐标平差值的中误差需要先列立未知点坐标平差值与观测量平差值 $\hat{L}$ 的函数关系。设第 i 个未知点的坐标为

$$\begin{cases} \hat{x}_i = x_{\mathrm{B}} + \sum\limits_{j=1}^{i} \hat{S}_j \cos\hat{\alpha}_j \\ \hat{y}_i = x_{\mathrm{B}} + \sum\limits_{j=1}^{i} \hat{S}_j \sin\hat{\alpha}_j \end{cases} \tag{2-52}$$

对式(2-52)求全微分，仿照式(2-32)的线性化方法，得

$$\begin{cases} \delta\hat{x}_i = \sum\limits_{j=1}^{i} b_j \delta\hat{\alpha}_j + \sum\limits_{j=1}^{i} a_j \delta\hat{S}_j \\ \delta\hat{y}_i = \sum\limits_{j=1}^{i} d_j \delta\hat{\alpha}_j + \sum\limits_{j=1}^{i} c_j \delta\hat{S}_j \end{cases} \tag{2-53}$$

将 $\delta\hat{\alpha}_j = \sum\limits_{k=1}^{j} \delta\hat{\beta}_k$ 代入式(2-53)第一式，得

$$\begin{aligned} \delta\hat{x}_i &= \sum_{j=1}^{i} b_j \delta\hat{\alpha}_j + \sum_{j=1}^{i} a_j \delta\hat{S}_j \\ &= b_1\delta\hat{\alpha}_1 + b_2\delta\hat{\alpha}_2 + \cdots + b_i\delta\hat{\alpha}_i + a_1\delta\hat{S}_1 + a_2\delta\hat{S}_2 + \cdots + a_i\delta\hat{S}_i \\ &= b_1\delta\hat{\beta}_1 + b_2(\delta\hat{\beta}_1 + \delta\hat{\beta}_2) + \cdots + b_i(\delta\hat{\beta}_1 + \delta\hat{\beta}_2 + \cdots + \delta\hat{\beta}_i) + a_1\delta\hat{S}_1 + a_2\delta\hat{S}_2 + \cdots + a_i\delta\hat{S}_i \\ &= \sum_{j=1}^{i} b_j \delta\hat{\beta}_1 + \sum_{j=2}^{i} b_j \delta\hat{\beta}_2 + \cdots + b_i\delta\hat{\beta}_i + a_1\delta\hat{S}_1 + a_2\delta\hat{S}_2 + \cdots + a_i\delta\hat{S}_i \end{aligned} \tag{2-54}$$

同理，得

$$\delta\hat{y}_i = \sum_{j=1}^{i} d_j \delta\hat{\beta}_1 + \sum_{j=2}^{i} d_j \delta\hat{\beta}_2 + \cdots + d_i\delta\hat{\beta}_i + c_1\delta\hat{S}_1 + c_2\delta\hat{S}_2 + \cdots + c_i\delta\hat{S}_i \tag{2-55}$$

由式(2-54)和式(2-55)，得未知点坐标平差值函数的系数矩阵为

$$\underset{2(n-2)\times(2n-1)}{\boldsymbol{f}^{\mathrm{T}}} = \begin{bmatrix} b_1 & 0 & 0 & \cdots & 0 & 0 & 0 & a_1 & 0 & \cdots & 0 & 0 \\ d_1 & 0 & 0 & \cdots & 0 & 0 & 0 & c_1 & 0 & \cdots & 0 & 0 \\ \sum\limits_{i=1}^{2} b_i & b_2 & 0 & \cdots & 0 & 0 & 0 & a_1 & a_2 & \cdots & 0 & 0 \\ \sum\limits_{i=1}^{2} d_i & d_2 & 0 & \cdots & 0 & 0 & 0 & c_1 & c_2 & \cdots & 0 & 0 \\ \vdots & \vdots & \vdots & \ddots & \vdots & \vdots & \vdots & \vdots & \vdots & \ddots & \vdots & \vdots \\ \sum\limits_{i=1}^{n-2} b_i & \sum\limits_{i=2}^{n-2} b_i & \sum\limits_{i=3}^{n-2} b_i & \cdots & b_{n-2} & 0 & 0 & a_1 & a_2 & \cdots & a_{n-2} & 0 \\ \sum\limits_{i=1}^{n-2} d_i & \sum\limits_{i=2}^{n-2} d_i & \sum\limits_{i=3}^{n-2} d_i & \cdots & d_{n-2} & 0 & 0 & c_1 & c_2 & \cdots & c_{n-2} & 0 \end{bmatrix} \tag{2-56}$$

式中，$n-2$ 为未知点个数，因每个未知点有 x，y 两个坐标，所以，未知数个数为 $2(n-2)$。

设未知点坐标平差值函数微分方程的矩阵形式为

$$\underset{2(n-2)\times1}{\delta\hat{\boldsymbol{\varphi}}} = \underset{2(n-2)\times(2n-1)}{\boldsymbol{f}^{\mathrm{T}}} \underset{(2n-1)\times1}{\delta\hat{\boldsymbol{L}}} \tag{2-57}$$

未知点坐标平差值的协因数矩阵为

$$\boldsymbol{Q}_{\hat{\varphi}\hat{\varphi}} = \boldsymbol{f}^{\mathrm{T}}\boldsymbol{Q}\boldsymbol{f} - \boldsymbol{f}^{\mathrm{T}}\boldsymbol{Q}\mathbf{A}^{\mathrm{T}}\mathbf{N}^{-1}\boldsymbol{A}\boldsymbol{Q}\boldsymbol{f} \tag{2-58}$$

其协方差矩阵为

$$\mathrm{Var}(\hat{\boldsymbol{\varphi}}) = \hat{\sigma}_0^2\boldsymbol{Q}_{\hat{\varphi}\hat{\varphi}} \tag{2-59}$$

(4) 未知点误差椭圆元素

第 i 个未知点($i \leqslant n-2$)的误差椭圆元素的计算公式[11]为

$$K_i = \sqrt{(Q_{x_ix_i} - Q_{y_iy_i})^2 + 4Q_{x_iy_i}^2} \tag{2-60}$$

$$Q_{E_iE_i} = \frac{1}{2}(Q_{x_ix_i} + Q_{y_iy_i} + K_i) \tag{2-61}$$

$$Q_{F_iF_i} = \frac{1}{2}(Q_{x_ix_i} + Q_{y_iy_i} - K_i) \tag{2-62}$$

$$\left.\begin{aligned} E_i &= \hat{\sigma}_0\sqrt{Q_{E_i}} \\ F_i &= \hat{\sigma}_0\sqrt{Q_{F_i}} \end{aligned}\right\} \tag{2-63}$$

$$\varphi_{E_i} = \tan^{-1}\frac{Q_{E_iE_i} - Q_{x_ix_i}}{Q_{x_iy_i}} \tag{2-64}$$

式中,E 为误差椭圆长半轴;F 为误差椭圆短半轴;φ_E 为长半轴方位角。

3. 二级附合导线条件平差案例

(1) 新建条件平差文件

在平面网平差文件列表界面[图 2-46(a)],点击 **新建文件** 按钮,在"平差类型"列表框选择"条件平差"[图 2-46(b)],完成设置后的界面如图 2-46(c)所示;点击 **确定** 按钮,返回文件列表界面[图 2-46(d)]。

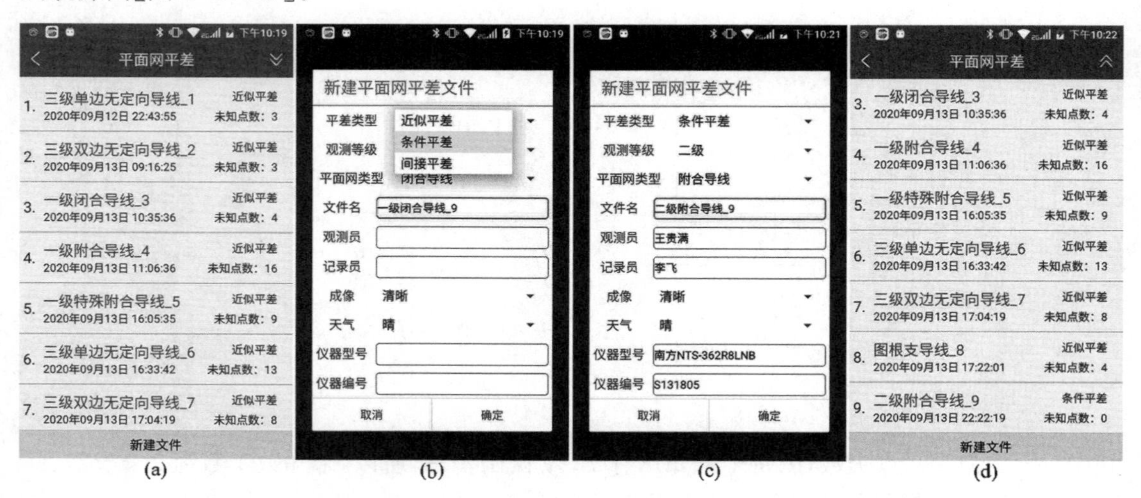

图 2-46 在平面网平差文件列表界面新建"二级附合导线_9"条件平差文件

(2) 输入已知坐标、观测数据、测距误差并进行条件平差

点击最近新建的文件名，在弹出的快捷菜单点击“输入数据及计算”命令[图 2-47(a)]，进入缺省设置的已知数据界面，输入未知点数“6”和 4 个已知点坐标[图 2-47(b)，(c)]。

设置 ◎ **观测数据** 单选框，缺省设置的测距误差为 2 mm+2 ppm[图 2-47(d)]，与图2-45所注的测距误差相同，不需要修改，否则需要点击 测距误差 按钮输入测距误差的实际值；输入图 2-45 所注 8 个水平角与 7 条边长观测值，结果如图 2-47(d)，(e)所示。

点击 计 算 按钮开始进行两次条件平差计算，结果如图 2-47(f)，(g)所示。由表 2-6 可知，二级导线的验前测角中误差 $m_0=8''$，本例第一次验后单位权中误差 $m_{01}=8.307''$，第二次验后单位权中误差 $m_{02}=8.317''$，略大于规范限差。

(3) 导出条件平差 Excel 成果文件

点击 **导出Excel文件** 按钮[图 2-47(g)]，导出本例 Excel 成果文件“二级附合导线_9.xls”[图 2-47(h)]，图 2-48 为该文件“附合导线条件平差”选项卡内容，图 2-49 为“未知点坐标协因数矩阵”选项卡内容，本例有 6 个未知点，未知点坐标协因数矩阵 $\boldsymbol{Q}_{\hat{\varphi}\hat{\varphi}}$ 为 12 行×12 列方阵。

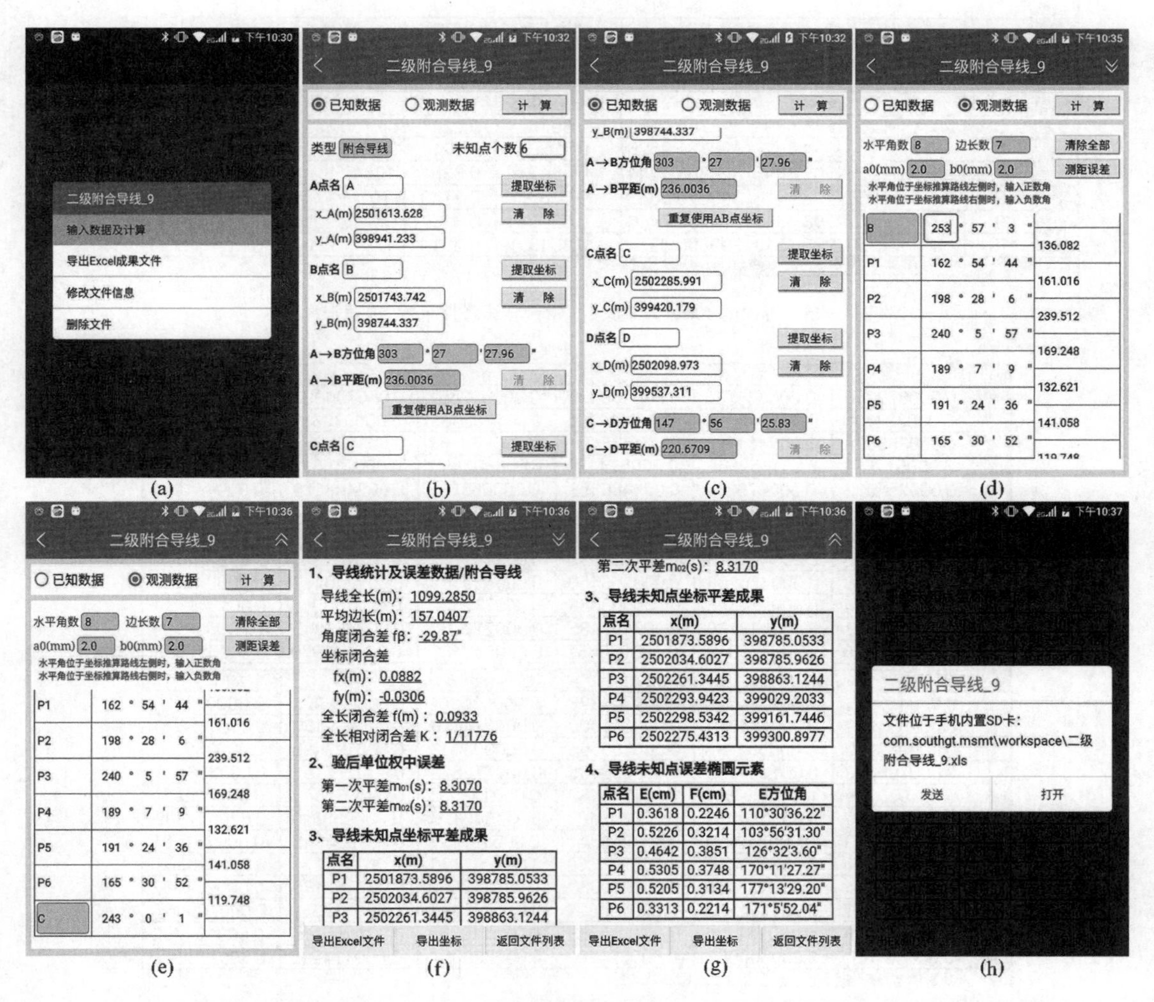

图 2-47 输入未知点个数、4 个已知点坐标、测距误差、8 个水平角、7 条边长观测值并进行条件平差计算

	A	B	C	D	E	F	G	H	I
1	二级单一附合导线条件平差(严密平差)计算成果								
2	测量员：王贵满　记录员：李飞　成像：清晰　天气：晴								
3	仪器型号：南方NTS-362R8LNB　仪器编号：S131805　计算日期：2020-09-13 22:36:30								
4	1、已知点坐标、边长及其方位角、全站仪标称测距误差、两次验后单位权中误差								
5	点号	点名	x(m)	y(m)	起讫点名	边长(m)	方位角	全站仪测距误差	
6	1	A	2501613.6280	398941.2330	A→B	236.0036	303°27'27.96"	a0(mm)	b0(ppm)
7	2	B	2501743.7420	398744.3370				2.0	2.0
8	3	C	2502285.9910	399420.1790	C→D	220.6709	147°56'25.83"	m01(s)	m02(s)
9	4	D	2502098.9730	399537.3110				8.3070	8.3170
10	2、水平角观测值、边长观测值、改正数、平差值、边长权								
11	点号	点名	水平角β	改正数(s)	平差值	边长(m)	改正数(cm)	平差值(m)	边长权
12			+左角/-右角						(s2/cm2)
13	1	A							
14	2	B	253°57'3.0"	4.56	253°57'7.56"	136.0820	-0.0335	136.0817	1336.6355
15	5	P1	162°54'44.0"	5.22	162°54'49.22"	161.0160	-0.0312	161.0157	1279.8408
16	6	P2	198°28'6.0"	6.99	198°28'12.99"	239.5120	-0.0401	239.5116	1122.8736
17	7	P3	240°5'57.0"	8.01	240°6'5.01"	169.2480	-0.0239	169.2478	1261.8830
18	8	P4	189°7'9.0"	5.17	189°7'14.17"	132.6210	-0.0180	132.6208	1344.8168
19	9	P5	191°24'36.0"	2.66	191°24'38.66"	141.0580	-0.0121	141.0579	1325.0032
20	10	P6	165°30'52.0"	-0.28	165°30'51.72"	119.7480	-0.0191	119.7478	1375.9155
21	3	C	243°0'1.0"	-2.47	242°59'58.53"				
22	4	D	∑vβ(s)	29.87"					
23	3、闭合差								
24	fx(m)	fy(m)	f(m)	∑S(m)	平均边长(m)	f/∑S	fβ(s)		
25	0.0882	-0.0306	0.0933	1099.2850	157.0407	1/11776	-29.87"		
26	4、未知点坐标平差成果及其误差椭圆元素								
27	点号	点名	x(m)	y(m)	E(cm)	F(cm)	E方位角		
28	5	P1	2501873.5896	398785.0533	0.3618	0.2246	110°30'36.22"		
29	6	P2	2502034.6027	398785.9626	0.5226	0.3214	103°56'31.30"		
30	7	P3	2502261.3445	398863.1244	0.4642	0.3851	126°32'3.60"		
31	8	P4	2502293.9423	399029.2033	0.5305	0.3748	170°11'27.27"		
32	9	P5	2502298.5342	399161.7446	0.5205	0.3134	177°13'29.20"		
33	10	P6	2502275.4313	399300.8977	0.3313	0.2214	171°5'52.04"		

附合导线条件平差 / 未知点坐标协因数矩阵

图 2-48　导出的 Excel 成果文件“附合导线条件平差”选项卡内容

	A	B	C	D	E	F
1	0.000872256	-0.000381738	0.000868629	-0.000512651	0.000754092	-0.000157937
2	-0.000381738	0.001749913	-0.000411286	0.001852568	-0.000079332	0.000628106
3	0.000868629	-0.000411286	0.001635490	-0.000574188	0.001480858	-0.000147431
4	-0.000512651	0.001852568	-0.000574188	0.003805853	-0.000065638	0.001694521
5	0.000754092	-0.000079332	0.001480858	-0.000065638	0.002488170	-0.000464924
6	-0.000157937	0.000628106	-0.000147431	0.001694521	-0.000464924	0.002771235
7	0.000455152	0.000331512	0.000983219	0.000706818	0.001970789	-0.000224157
8	-0.000070573	0.000404560	-0.000031219	0.001141102	-0.000259887	0.002014564
9	0.000244398	0.000336108	0.000565556	0.000699585	0.001240482	-0.000048167
10	-0.000035661	0.000274696	0.000003033	0.000772544	-0.000128956	0.001340339
11	0.000080923	0.000139130	0.000193485	0.000277752	0.000457842	-0.000058649
12	-0.000033906	0.000115849	-0.000035657	0.000338489	-0.000140979	0.000657399

	G	H	I	J	K	L
1	0.000455152	-0.000070573	0.000244398	-0.000035661	0.000080923	-0.000033906
2	0.000331512	0.000404560	0.000336108	0.000274696	0.000139130	0.000115849
3	0.000983219	-0.000031219	0.000565556	0.000003033	0.000193485	-0.000035657
4	0.000706818	0.001141102	0.000699585	0.000772544	0.000277752	0.000338489
5	0.001970789	-0.000259887	0.001240482	-0.000128956	0.000457842	-0.000140979
6	-0.000224157	0.002014564	-0.000048167	0.001340339	-0.000058649	0.000657399
7	0.004008949	-0.000342054	0.003241544	-0.000157627	0.001354548	-0.000261651
8	-0.000342054	0.002089680	-0.000238260	0.001391170	-0.000157133	0.000690963
9	0.003241544	-0.000238260	0.003910030	-0.000120699	0.001863183	-0.000254582
10	-0.000157627	0.001391170	-0.000120699	0.001425949	-0.000119368	0.000700057
11	0.001354548	-0.000157133	0.001863183	-0.000119368	0.001565915	-0.000134292
12	-0.000261651	0.000690963	-0.000254582	0.000700057	-0.000134292	0.000729597

附合导线条件平差 / 未知点坐标协因数矩阵

图 2-49　导出的 Excel 成果文件“未知点坐标协因数矩阵”选项卡内容

4. 三等闭合导线条件平差案例

图 2-50 所示的三等闭合导线有 8 个未知点，观测了 10 个水平角和 6 条边长。

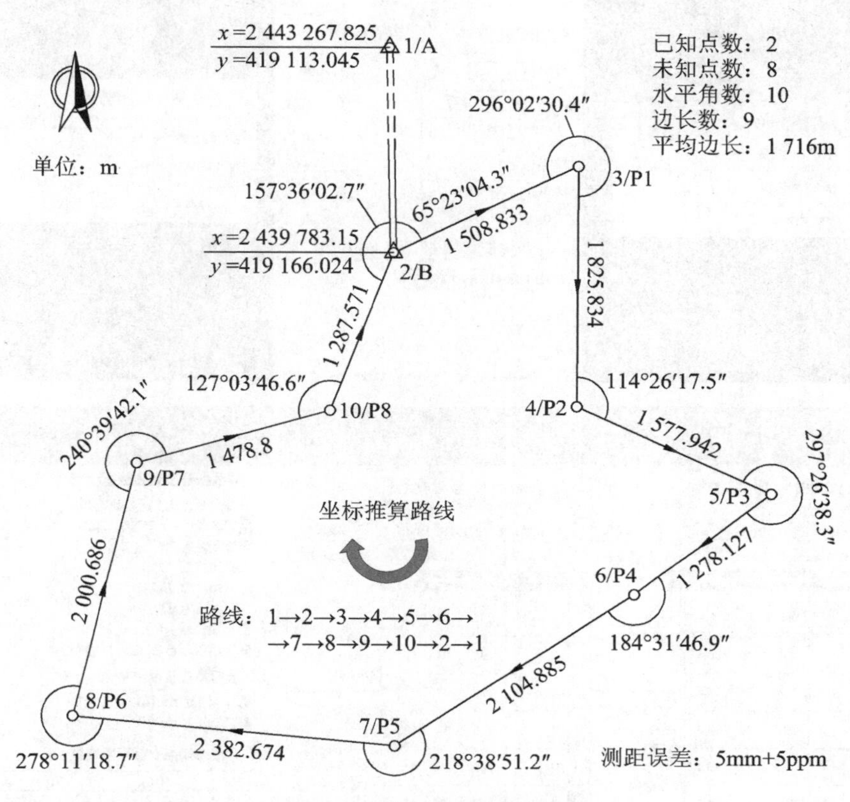

图 2-50　三等闭合导线观测略图

在平面网平差文件列表界面，点击 **新建文件** 按钮，新建“三等闭合导线_10”条件平差文件。点击最近新建的文件名，在弹出的快捷菜单点击“输入数据及计算”命令[图 2-51(a)]，输入未知点数“8”和 2 个已知点坐标[图 2-51(b)]；设置 ◎ **观测数据** 单选框，点击 测距误差 按钮，输入测距误差 5 mm+5 ppm[图 2-51(c)]，点击 **确定** 按钮；输入图 2-50 所注 10 个水平角和 9 条边长观测值，结果如图 2-51(d)，(e)所示。

点击 计算 按钮开始进行两次条件平差计算，结果如图 2-51(f)，(g)所示。由表 2-6 可知，三等导线的验前测角中误差 $m_0=1.8''$，本例第一次平差的验后单位权中误差 $m_{01}=1.2611''$，第二次平差的验后单位权中误差 $m_{02}=1.0407''$，小于规范限差。

点击 **导出Excel文件** 按钮，系统在手机内置 SD 卡工作文件夹创建“三等闭合导线_10.xls”文件，图 2-52 为该文件“闭合导线条件平差”选项卡内容，未知点坐标协因数矩阵 $\boldsymbol{Q}_{\hat{\varphi}\hat{\varphi}}$ 为 16 行×16 列方阵，“未知点坐标协因数矩阵”选项卡内容请读者自行计算获取。

图 2-51　输入未知点个数、2 个已知点坐标、测距误差、10 个水平角、9 条边长观测值并进行条件平差计算

	A	B	C	D	E	F	G	H	I
1	三等单一闭合导线条件平差(严密平差)计算成果								
2	测量员：王贵满　记录员：李飞　成像：清晰　天气：晴								
3	仪器型号：Wild T2+DI4L　仪器编号：275678　计算日期：2020-09-14 07:39:05								
4	1、已知点坐标、边长及其方位角、全站仪标称测距误差、两次验后单位权中误差								
5	点号	点名	x(m)	y(m)	起讫点名	边长(m)	方位角	全站仪测距误差	
6	1	A	2443267.8250	419113.0450	A→B	3485.0777	179°7'44.31"	a0(mm)	b0(ppm)
7	2	B	2439783.1500	419166.0240				5.0	5.0
8					B→A		359°7'44.31"	m01(s)	m02(s)
9								1.2611	1.0407
10	2、水平角观测值、边长观测值、改正数、平差值、边长权								
11	点号	点名	水平角β	改正数(s)	平差值	边长(m)	改正数(cm)	平差值(m)	边长权
12			+左角/-右角						(s2/cm
13	1	A							
14	2	B	65°23'4.3"	0.45	65°23'4.75"	1508.8330	-0.4943	1508.8281	1.0107
15	3	P1	296°2'30.4"	0.32	296°2'30.72"	1825.8340	0.4797	1825.8388	0.7966
16	4	P2	114°26'17.5"	-0.01	114°26'17.49"	1577.9420	-0.1860	1577.9401	0.9572
17	5	P3	297°26'38.3"	-0.39	297°26'37.91"	1278.1270	0.4295	1278.1313	1.2257
18	6	P4	184°31'46.9"	-0.35	184°31'46.55"	2104.8850	0.7865	2104.8929	0.6599
19	7	P5	218°38'51.2"	-0.23	218°38'50.97"	2382.6740	0.6010	2382.6800	0.5559
20	8	P6	278°11'18.7"	0.24	278°11'18.94"	2000.6860	-0.6463	2000.6795	0.7065
21	9	P7	240°39'42.1"	0.51	240°39'42.61"	1478.8000	-0.4450	1478.7955	1.0353
22	10	P8	127°3'46.6"	0.32	127°3'46.92"	1287.5710	-0.4023	1287.5670	1.2156
23	2	B	157°36'2.7"	0.45	157°36'3.15"				
24	1	A	∑vβ(s)	1.30"					
25	3、闭合差								
26	fx(m)	fy(m)	f(m)	∑S(m)	平均边长(m)	f/∑S	fβ(s)		
27	0.0381	0.0328	0.0503	15445.3520	1716.1502	1/307179	-1.30"		
28	4、未知点坐标平差成果及其误差椭圆元素								
29	点号	点名	x(m)	y(m)	E(cm)	F(cm)	E方位角		
30	3	P1	2440432.3933	420528.0245	0.9904	0.6980	70°25'0.06"		
31	4	P2	2438606.6403	420510.3229	1.4464	0.9737	37°55'41.72"		
32	5	P3	2437939.9316	421940.4958	2.0539	1.2699	31°17'7.34"		
33	6	P4	2437160.7498	420927.3348	2.0490	1.2216	55°3'21.85"		
34	7	P5	2436013.3309	419162.6808	2.2956	1.3267	87°15'54.66"		
35	8	P6	2436246.4454	416791.4318	2.4281	1.4047	134°39'0.39"		
36	9	P7	2438189.3470	417268.7704	1.4183	1.1567	165°44'50.48"		
37	10	P8	2438585.4066	418693.5416	0.9062	0.5982	19°16'27.83"		

闭合导线条件平差 / 未知点坐标协因数矩阵

图 2-52　导出的 Excel 成果文件“闭合导线条件平差”选项卡内容

2.5　平面网按方向观测间接平差原理

平面网间接平差的计算步骤是：设未知点坐标为未知数，列立观测值与未知数之间函数关系的观测方程，线性化后得误差方程，应用最小二乘原理组成法方程，解算法方程求得未知数的平差值。按方向观测时，每个测站还有一个零方向定向角未知数。

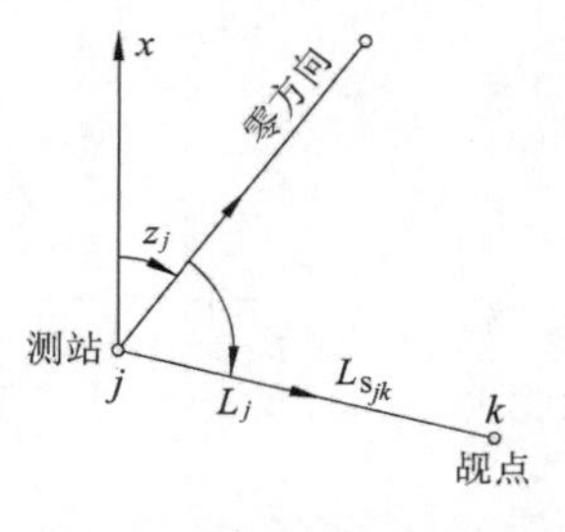

图 2-53　测站方向观测略图

1. 方向观测误差方程

如图 2-53 所示，设测站点 j 的坐标平差值、近似值及其改正数的关系为

$$\left.\begin{aligned}\hat{x}_j &= x_j^0 + \delta x_j \\ \hat{y}_j &= y_j^0 + \delta y_j\end{aligned}\right\} \tag{2-65}$$

方向点 k 的坐标平差值、近似值及其改正数的关系为

$$\left.\begin{aligned}\hat{x}_k &= x_k^0 + \delta x_k \\ \hat{y}_k &= y_k^0 + \delta y_k\end{aligned}\right\} \tag{2-66}$$

测站点 j 的零方向方位角平差值、近似值及其改正数的关系为

$$\hat{z}_j = z_j^0 + \delta z_j \tag{2-67}$$

式中，δz_j 也称测站 j 的定向角改正数。

设 jk 方向观测值 L_{jk} 的平差值为 $\hat{L}_{jk}$，改正数为 v_{jk}，则有观测方程：

$$\hat{L}_{jk} = L_{jk} + v_{jk} = \hat{\alpha}_{jk} - z_j \tag{2-68}$$

其误差方程为

$$v_{jk} = -z_j + \hat{\alpha}_{jk} - L_{jk} \tag{2-69}$$

式中

$$\hat{\alpha}_{jk} = \arctan\frac{\hat{y}_k - \hat{y}_j}{\hat{x}_k - \hat{x}_j} \tag{2-70}$$

将式(2-70)按泰勒级数展开并取一次项，得

$$\hat{\alpha}_{jk} = \alpha_{jk}^0 + \left(\frac{\partial\alpha_{jk}}{\partial x_j}\right)^0 \delta x_j + \left(\frac{\partial\alpha_{jk}}{\partial y_j}\right)^0 \delta y_j + \left(\frac{\partial\alpha_{jk}}{\partial x_k}\right)^0 \delta x_k + \left(\frac{\partial\alpha_{jk}}{\partial y_k}\right)^0 \delta y_k \tag{2-71}$$

式中

$$\alpha_{jk}^0 = \arctan\frac{y_k^0 - y_j^0}{x_k^0 - x_j^0} \tag{2-72}$$

$$\left(\frac{\partial\alpha_{jk}}{\partial x_j}\right)^0 = \frac{1}{1+\left(\dfrac{y_k^0 - y_j^0}{x_k^0 - x_j^0}\right)^2} \times \left[-\frac{-(y_k^0 - y_j^0)}{(x_k^0 - x_j^0)^2}\right] = \frac{y_k^0 - y_j^0}{(x_k^0 - x_j^0)^2 + (y_k^0 - y_j^0)^2} \tag{2-73}$$

$$\left(\frac{\partial\alpha_{jk}}{\partial y_j}\right)^0 = \frac{1}{1+\left(\dfrac{y_k^0 - y_j^0}{x_k^0 - x_j^0}\right)^2} \times \frac{-1}{x_k^0 - x_j^0} = -\frac{x_k^0 - x_j^0}{(x_k^0 - x_j^0)^2 + (y_k^0 - y_j^0)^2} \tag{2-74}$$

$$\left(\frac{\partial\alpha_{jk}}{\partial x_k}\right)^0 = \frac{1}{1+\left(\dfrac{y_k^0 - y_j^0}{x_k^0 - x_j^0}\right)^2} \times \left[-\frac{(y_k^0 - y_j^0)}{(x_k^0 - x_j^0)^2}\right] = -\frac{y_k^0 - y_j^0}{(x_k^0 - x_j^0)^2 + (y_k^0 - y_j^0)^2} \tag{2-75}$$

$$\left(\frac{\partial\alpha_{jk}}{\partial y_k}\right)^0 = \frac{1}{1+\left(\dfrac{y_k^0 - y_j^0}{x_k^0 - x_j^0}\right)^2} \times \frac{1}{x_k^0 - x_j^0} = \frac{x_k^0 - x_j^0}{(x_k^0 - x_j^0)^2 + (y_k^0 - y_j^0)^2} \tag{2-76}$$

设由 j，k 点近似坐标反算的 $jk(j \to k)$ 边长值为

$$S_{jk}^0=\sqrt{(x_k^0-x_j^0)^2+(y_k^0-y_j^0)^2} \tag{2-77}$$

则有

$$\frac{x_k^0-x_j^0}{(x_k^0-x_j^0)^2+(y_k^0-y_j^0)^2}=\frac{\Delta x_{jk}^0}{S_{jk}^0 \times S_{jk}^0}=\frac{\cos\alpha_{jk}^0}{S_{jk}^0} \tag{2-78}$$

$$\frac{y_k^0-y_j^0}{(x_k^0-x_j^0)^2+(y_k^0-y_j^0)^2}=\frac{\Delta y_{jk}^0}{S_{jk}^0 \times S_{jk}^0}=\frac{\sin\alpha_{jk}^0}{S_{jk}^0} \tag{2-79}$$

顾及式(2-71)—式(2-79)，式(2-69)变成

$$\begin{aligned} v_{jk} &= -z_j^0-\delta z_j+\alpha_{jk}^0+\frac{\sin\alpha_{jk}^0}{S_{jk}^0}\delta x_j-\frac{\cos\alpha_{jk}^0}{S_{jk}^0}\delta y_j-\frac{\sin\alpha_{jk}^0}{S_{jk}^0}\delta x_k+\frac{\cos\alpha_{jk}^0}{S_{jk}^0}\delta y_k-L_{jk} \\ &= -\delta z_j+\frac{\sin\alpha_{jk}^0}{S_{jk}^0}\delta x_j-\frac{\cos\alpha_{jk}^0}{S_{jk}^0}\delta y_j-\frac{\sin\alpha_{jk}^0}{S_{jk}^0}\delta x_k+\frac{\cos\alpha_{jk}^0}{S_{jk}^0}\delta y_k-l_{jk} \end{aligned} \tag{2-80}$$

式中

$$l_{jk}=L_{jk}+z_j^0-\alpha_{jk}^0 \tag{2-81}$$

考虑到 jk 方向观测值改正数 v_{jk} 以(″)为单位，坐标改正数 δx 和 δy 以 cm 为单位，设

$$\left.\begin{aligned} a_{jk} &= \frac{\rho''\sin\alpha_{jk}^0}{100S_{jk}^0} \\ b_{jk} &= -\frac{\rho''\cos\alpha_{jk}^0}{100S_{jk}^0} \end{aligned}\right\} \tag{2-82}$$

式中，$\rho''=206\ 265$，为弧秒值，系数 a，b 的单位为(″)/cm，则式(2-80)变成

$$v_{jk}=-\delta z_j+a_{jk}\delta x_j+b_{jk}\delta y_j-a_{jk}\delta x_k-b_{jk}\delta y_k-l_{jk} \tag{2-83}$$

设测站 j 有 n_j 个观测方向，每个方向的观测中误差均为 m_0，其权为 1，则测站点 j 有 n_j 个方向观测方程：

$$\left.\begin{aligned} v_{j1} &= -\delta z_j+a_{j1}\delta x_j+b_{j1}\delta y_j-a_{j1}\delta x_1-b_{j1}\delta y_1-l_{j1} \\ v_{j2} &= -\delta z_j+a_{j2}\delta x_j+b_{j2}\delta y_j-a_{j2}\delta x_2-b_{j2}\delta y_2-l_{j2} \\ &\vdots \\ v_{jn_j} &= -\delta z_j+a_{jn_j}\delta x_j+b_{jn_j}\delta y_j-a_{jn_j}\delta x_{n_j}-b_{jn_j}\delta y_{n_j}-l_{jn_j} \end{aligned}\right\} \tag{2-84}$$

按史赖伯第一法则[11]，由式(2-84)组成测站 j 的法方程，在消去定向角改正数 δz_j 后，与下列测站点 j 的虚拟误差方程组成的法方程相同。

$$
\left.\begin{array}{ll}
v'_{j1}=a_{j1}\delta x_j+b_{j1}\delta y_j-a_{j1}\delta x_1-b_{j1}\delta y_1-l_{j1} & p=1 \\
v'_{j2}=a_{j2}\delta x_j+b_{j2}\delta y_j-a_{j2}\delta x_2-b_{j2}\delta y_2-l_{j2} & p=1 \\
\vdots & \\
v'_{jn_j}=a_{jn_j}\delta x_j+b_{jn_j}\delta y_j-a_{jn_j}\delta x_{n_j}-b_{jn_j}\delta y_{n_j}-l_{jn_j} & p=1 \\
v'_j=\sum_{k=1}^{n_j}a_{jk}\delta x_j+\sum_{k=1}^{n_j}b_{jk}\delta y_j-\sum_{k=1}^{n_j}(a_{jk}\delta x_k+b_{jk}\delta y_k)-\sum_{k=1}^{n_j}l_{jk} & p=-\dfrac{1}{n_j}
\end{array}\right\} \tag{2-85}
$$

2. 边长观测误差方程

设 jk 方向的边长观测值为 $L_{S_{jk}}$，改正数为 $v_{S_{jk}}$，则边长观测方程为

$$L_{S_{jk}}+v_{S_{jk}}=\sqrt{(\hat{x}_k-\hat{x}_j)^2+(\hat{y}_k-\hat{y}_j)^2} \tag{2-86}$$

其误差方程为

$$v_{S_{jk}}=\sqrt{(\hat{x}_k-\hat{x}_j)^2+(\hat{y}_k-\hat{y}_j)^2}-L_{S_{jk}}=S_{jk}-L_{S_{jk}} \tag{2-87}$$

式中

$$S_{jk}=\sqrt{(\hat{x}_k-\hat{x}_j)^2+(\hat{y}_k-\hat{y}_j)^2} \tag{2-88}$$

用泰勒级数展开式(2-88)并取一次项，得

$$
\begin{aligned}
S_{jk}&=S_{jk}^0+\frac{-2(x_k^0-x_j^0)}{2S_{jk}^0}\delta x_j+\frac{-2(y_k^0-y_j^0)}{2S_{jk}^0}\delta y_j+\frac{2(x_k^0-x_j^0)}{2S_{jk}^0}\delta x_k+\frac{2(y_k^0-y_j^0)}{2S_{jk}^0}\delta y_k \\
&=S_{jk}^0-\cos\alpha_{jk}^0\delta x_j-\sin\alpha_{jk}^0\delta y_j+\cos\alpha_{jk}^0\delta x_{\mathrm{k}}+\sin\alpha_{jk}^0\delta y_k \\
&=S_{jk}^0+c_{jk}\delta x_j+d_{jk}\delta y_j-c_{jk}\delta x_k-d_{jk}\delta y_k
\end{aligned} \tag{2-89}
$$

式中，c，d 均为无量纲系数。

$$\left.\begin{array}{l} c_{jk}=-\cos\alpha_{jk}^0 \\ d_{jk}=-\sin\alpha_{jk}^0 \end{array}\right\} \tag{2-90}$$

顾及式(2-89)，式(2-87)变成

$$v_{S_{jk}}=c_{jk}\delta x_j+d_{jk}\delta y_j-c_{jk}\delta x_k-d_{jk}\delta y_k-l_{S_{jk}}$$

式中，误差方程自由项为

$$l_{S_{jk}}=L_{S_{jk}}-S_{jk}^0 \tag{2-91}$$

设等级平面网验前测角中误差为 m_0'，则方向观测中误差为

$$m_0=\frac{m'_0}{\sqrt{2}}('') \tag{2-92}$$

设全站仪标称测距误差公式为 a_0(mm)$+b_0$(ppm)，则边长 S_{jk} 的中误差为

$$m_{S_{jk}}=0.1\left(a_0+b_0\times\frac{L_{S_{jk}}}{1\ 000}\right)(\mathrm{cm}) \tag{2-93}$$

设方向观测中误差 m_0 为单位权中误差，则边长观测值 $L_{S_{jk}}$ 的权为

$$p_{S_{jk}}=\frac{m_0^2}{m_{S_{jk}}^2}[('')^2/\mathrm{cm}^2] \tag{2-94}$$

设方向观测数为 n_L，边长观测数为 n_S，则总观测数为 $n=n_L+n_S$，总测站点数为 t，未知点数为 t_1。因为每个未知点有 x，y 两个未知数，每个测站有一个定向角 z，所以，边角网的多余观测数为

$$r=n-(2t_1+t) \tag{2-95}$$

设方向观测与边长观测误差方程的矩阵形式为

$$\underset{(n+t)\times 1}{\boldsymbol{V}'}=\underset{(n+t)\times 2t_1}{\boldsymbol{B}}\ \underset{2t_1\times 1}{\boldsymbol{X}}-\underset{(n+t)\times 1}{\boldsymbol{l}} \tag{2-96}$$

由于每个测站方向观测还需要增加一个本站方向观测的和误差方程，所以，误差方程的行数为 $n+t$；权阵为 $\underset{(n+t)\times(n+t)}{\boldsymbol{P}}$，第 j 站方向观测和误差方程的权为 $-1/n_j$。

3. 未知点近似坐标改正数

在最小二乘原理 $\boldsymbol{V}'^{\mathrm{T}}\boldsymbol{P}\boldsymbol{V}'\rightarrow\min$ 下，式(2-96)的法方程为

$$\boldsymbol{B}^{\mathrm{T}}\boldsymbol{P}\boldsymbol{B}\hat{\boldsymbol{X}}-\boldsymbol{B}^{\mathrm{T}}\boldsymbol{P}\boldsymbol{l}=\boldsymbol{N}\boldsymbol{X}-\boldsymbol{f}=\boldsymbol{0} \tag{2-97}$$

式中

$$\boldsymbol{N}=\boldsymbol{B}^{\mathrm{T}}\boldsymbol{P}\boldsymbol{B},\ \boldsymbol{f}=\boldsymbol{B}^{\mathrm{T}}\boldsymbol{P}\boldsymbol{l} \tag{2-98}$$

法方程的解为

$$\boldsymbol{X}=\boldsymbol{N}^{-1}\boldsymbol{f} \tag{2-99}$$

4. 测站定向角改正数

将式(2-99)算出的未知点近似坐标改正数代入误差方程式(2-96)，求出观测值改正数虚拟列向量 $\boldsymbol{V}'$，它包含方向观测值的虚拟改正数与边长改正数，为了算出方向观测值的真实改正数，还需要计算各测站的定向角改正数 δz。以第 j 站 n_j 个观测方向的误差方程式(2-84)为例，取式(2-84)的 n_j 个误差方程的和，得

$$\sum_{k=1}^{n_j}v_{jk}=-n_j\delta z_j+\sum_{k=1}^{n_j}a_{jk}\delta x_j+\sum_{k=1}^{n_j}b_{jk}\delta y_j-\sum_{k=1}^{n_j}(a_{jk}\delta x_k+b_{jk}\delta y_k)-\sum_{k=1}^{n_j}l_{jk} \tag{2-100}$$

因测站 j 的方向改正数之和等于0，则有下式成立：

$$\sum_{k=1}^{n_j}v_{jk}=0 \tag{2-101}$$

将式(2-101)代入式(2-100)，得 j 站定向角改正数为

$$\delta z_j=\frac{1}{n_j}\left[\sum_{k=1}^{n_j}a_{jk}\delta x_j+\sum_{k=1}^{n_j}b_{jk}\delta y_j-\sum_{k=1}^{n_j}(a_{jk}\delta x_k+b_{jk}\delta y_k)-\sum_{k=1}^{n_j}l_{jk}\right] \tag{2-102}$$

式(2-102)实际是使用每个测站方向观测的和误差方程计算其定向角改正数。将算出

的各测站点定向角改正数代入式(2-84)算出全部观测方向的真实改正数。设真实改正数列矩阵为**V**，则验后单位权中误差为

$$\hat{\sigma}_0=\sqrt{\frac{\boldsymbol{V}^{\mathrm{T}}\boldsymbol{P}\boldsymbol{V}}{n-(2t_1+t)}} \tag{2-103}$$

与单一闭(附)合导线条件平差类似，程序根据边角网的等级，按表 2-6 选取验前测角中误差 m_0'，应用式(2-92)换算为方向中误差 m_0，再应用式(2-93)和式(2-94)计算各边长的初始权进行第一次间接平差，应用式(2-103)算出第一次平差的验后单位权中误差估值 $\hat{\sigma}_{01}$，再用 $\hat{\sigma}_{01}$ 代替 m_0，用式(2-94)计算边长的第二次权，进行第二次间接平差，并应用式(2-103)计算第二次平差的验后单位权中误差估值 $\hat{\sigma}_{02}$。 未知点坐标的协方差矩阵为

$$\mathrm{Var}(\boldsymbol{X})=\hat{\sigma}_0^2\boldsymbol{Q}_{\hat{X}\hat{X}} \tag{2-104}$$

其中，第 i 个未知点($i\leqslant t_1$)误差椭圆元素的计算公式为

$$K_i=\sqrt{(Q_{x_ix_i}-Q_{y_iy_i})^2+4Q_{x_iy_i}^2} \tag{2-105}$$

$$Q_{E_iE_i}=\frac{1}{2}(Q_{x_ix_i}+Q_{y_iy_i}+K_i) \tag{2-106}$$

$$Q_{F_iF_i}=\frac{1}{2}(Q_{x_ix_i}+Q_{y_iy_i}-K_i) \tag{2-107}$$

$$\left.\begin{aligned}E_i&=\hat{\sigma}_0\sqrt{Q_{E_iE_i}}\\F_i&=\hat{\sigma}_0\sqrt{Q_{F_iF_i}}\end{aligned}\right\} \tag{2-108}$$

$$\varphi_{E_i}=\tan^{-1}\frac{Q_{E_iE_i}-Q_{x_ix_i}}{Q_{x_iy_i}} \tag{2-109}$$

式中，E 为误差椭圆长半轴；F 为误差椭圆短半轴；φ_E 为长半轴的方位角。

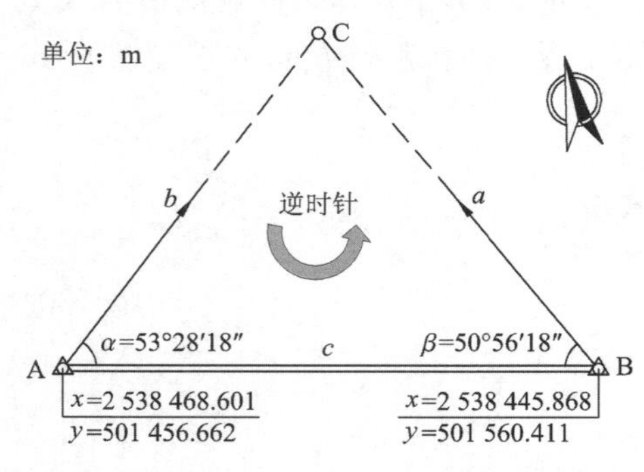

图 2-54 应用余切公式计算测角前方交会点 C 的坐标

5. 三角网未知点近似坐标推算

(1) 余切公式

如图 2-54 所示，前方交会是分别在已知点 A，B 安置经纬仪向待定点 C 观测水平角 α，β，以确定未知点 C 的坐标，使用余切公式计算 C 点坐标的公式为

$$\left.\begin{aligned}x_C&=\frac{x_A\cot\beta+x_B\cot\alpha+y_B-y_A}{\cot\alpha+\cot\beta}\\y_C&=\frac{y_A\cot\beta+y_B\cot\alpha+x_A-x_B}{\cot\alpha+\cot\beta}\end{aligned}\right\} \tag{2-110}$$

点位编号时，应保证 A→B→C 三点构成的旋转方向为逆时针方向并与实地情况相符。

(2) 使用卡西欧 fx-5800P 工程机手动计算案例

使用卡西欧 fx-5800P 工程机，应用式(2-110)计算图 2-54 前方交会 C 点坐标的方法

如下：

按[SHIFT][SETUP][3]键设置角度单位为十进制度，按 2 538 468.601 [SHIFT][STO][A]键存 x_A 到变量 A，按 501456.662 [SHIFT][STO][B]键存 y_A 到变量 B，结果如图 2-55(a)所示；按 2538445.868 [SHIFT][STO][C]键存 x_B 到变量 C，按 501560.411 [SHIFT][STO][D]键存 y_B 到变量 D，结果如图 2-55(b)所示。

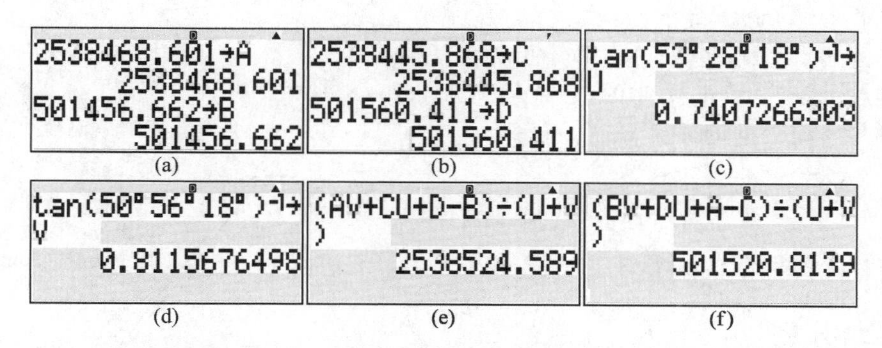

图 2-55 使用卡西欧 fx-5800P 工程机，应用余切公式计算图 2-54 所示前方交会点 C 的坐标

按[tan] 53 [°'"] 28 [°'"] 18 [°'"] [)] [SHIFT] [x^{-1}] [SHIFT] [STO] [U]键存 $\cot\alpha$ 到变量 U[图 2-55(c)]，按[tan] 50 [°'"] 56 [°'"] 18 [°'"] [)] [SHIFT] [x^{-1}] [STO] [V]键存 $\cot\beta$ 到变量 V[图 2-55(d)]。

按[(][ALPHA][A][ALPHA][V][+][ALPHA][C][ALPHA][U][+][ALPHA][D][−][ALPHA][B][)][÷][(][ALPHA][U][+][ALPHA][V][)][EXE]键计算 C 点 x 坐标[图 2-55(e)]。

按[(][ALPHA][B][ALPHA][V][+][ALPHA][D][ALPHA][U][+][ALPHA][A][−][ALPHA][C][)][÷][(][ALPHA][U][+][ALPHA][V][)][EXE]键计算 C 点 y 坐标[图 2-55(f)]。

(3) 推算边角网未知点近似坐标三角形点编号案例

图 2-56 所示的边角网，有 2 个已知点，11 个未知点，可以组成 13 个三角形。按 1，2，3，…的顺序编号，先编已知点，再连续编未知点，未知点的编号顺序没有限制。

每输入完推算路线一个三角形的 3 个点号，程序立即计算该三角形的闭合差及其中一个未知点的近似坐标，理论上，推算路线只需要输入未知点个数的三角形点号即可完成全部未知点的近似坐标计算，但考虑到完成推算路线全部三角形点号输入后，还需要使用菲列罗公式(2-111)计算角度中误差，所以，推算路线的三角形个数一般输入为边角网的三角形个数。设第 i 个三角形闭合差为 ω_i，闭合差之间相互独立，计算测角中误差 m_β 的菲列罗公式为

$$m_\beta=\sqrt{\frac{[\omega\omega]}{3n}} \tag{2-111}$$

式中，n 为相互独立的三角形闭合差个数。如果用户只输入推算路线未知点的三角形顶点数，对平差结果没有影响，但会使菲列罗公式计算的测角中误差有误。

例如，在图 2-56 所示的边角网中，(1)号三角形的 3 个坐标推算点号为 1，2，4，且 1→2→4 方向为逆时针方向。因 1，2 号点为已知点，程序以 1 号点为 A 点，2 号点为 B 点，4 号点为 C 点，按上述3 个点号在方向观测值中搜索并计算出 α，β 角，再应用余切公式(2-110)计算 4 号点的近似坐标。

(2) 号三角形的 3 个坐标推算点号为：4，2，3，且 4→2→3 方向为逆时针方向。因 4 号点的近似坐标之前已计算出，程序以 4 号点为 A 点，2 号点为 B 点，3 号点为 C 点，按上述

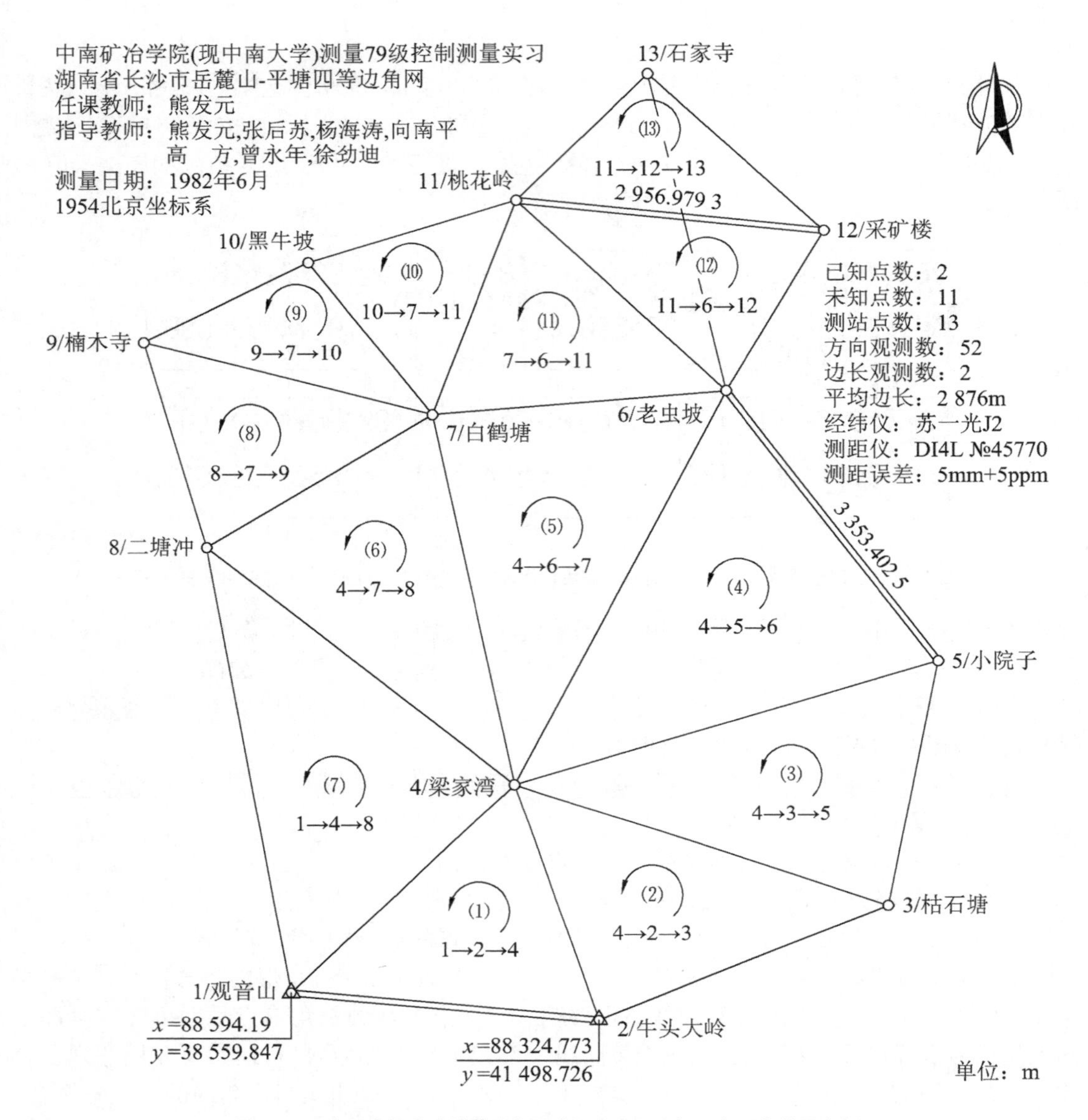

图 2-56　应用余切公式计算边角网未知点近似坐标三角形点编号案例

3 个点号在方向观测值中搜索并计算出 α，β 角，再应用余切公式(2-110)计算 3 号点的近似坐标。

(4) 推算线形锁未知点近似坐标三角形点编号案例

图 2-57 所示的线形锁，2 个已知点不在同一个三角形内，5 个未知点组成 5 个三角形。

例如，(1)号三角形的 3 个坐标推算点号为 2，6，7，且 2→6→7 方向为逆时针方向。2 号点为已知点，程序以 2 号点为 A 点，6 号点为 B 点，但 6 号点坐标未知，程序设 2→6 边的假定方位角为 0°00′00″，假定边长为 100 m，算出 6 号点的假定坐标为(x_2+100，y_2)，7 号点为 C 点，按上述 3 个点号在方向观测值中搜索并计算出 α，β 角，再应用余切公式(2-110)计算 7 号点的假定坐标。

(2) 号三角形的 3 个坐标推算点号为 7，6，5，且 7→6→5 方向为逆时针方向。因 7，6 号点的假定坐标之前已推算出，程序以 7 号点为 A 点，6 号点为 B 点，5 号点为 C 点，按上述 3

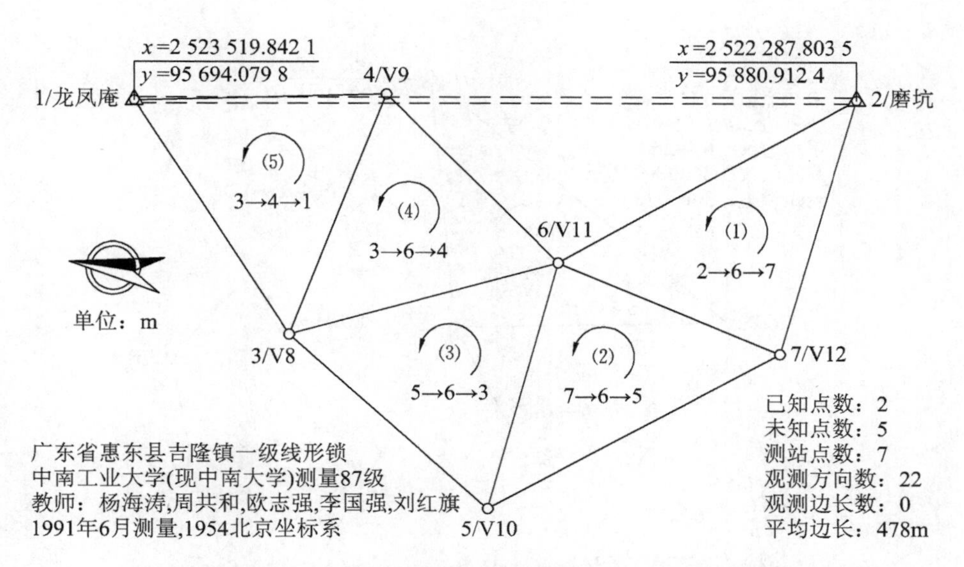

图 2-57　应用余切公式计算线形锁(三角网)未知点近似坐标三角形点编号案例

个点号在方向观测值中搜索并计算出 α，β 角，再应用式(2-110)计算 5 号点的假定坐标。

完成(5)号三角形的计算后，设算出的 1 号已知点的假定坐标复数为 $z_1'=x_1'+y_1'\mathrm{i}$，其测量坐标复数为 $z_1=x_1+y_1\mathrm{i}$，2 号点的假定坐标与测量坐标相等，均为 $z_2'=z_2=x_2+y_2\mathrm{i}$，故假定坐标的平移复数为 $z_{O'}=z_2$，假定坐标变换为测量坐标的旋转尺度复数为

$$z_\theta=\frac{z_1-z_2}{z_1'-z_2}=k\angle\theta \tag{2-112}$$

设线形锁任意点 j 的假定坐标复数为$z_j'=x_j'+y_j'\mathrm{i}$，测量坐标复数为 $z_j=x_j+y_j\mathrm{i}$，将j 点假定坐标复数转换为测量坐标复数的公式为

$$z_j=z_2+z_\theta(z_j'-z_2) \tag{2-113}$$

(5) 推算测边网未知点近似坐标三角形点编号案例

图 2-58 所示的测边网，2 个已知点不在同一个三边形内，6 个未知点可以组成 8 个三角形。

由于测边网观测了网内所有边长，未观测水平角，所以，需要先应用余弦定理算出三边形的两个水平角，再应用余切公式(2-110)计算未知点的近似坐标。

如图 2-54 所示，设△ABC 观测的三条边长分别为 a，b，c，应用余弦定理计算图中水平角 α，β 的公式为

$$\left.\begin{aligned}\alpha&=\arccos\left(\frac{b^2+c^2-a^2}{2bc}\right)\\ \beta&=\arccos\left(\frac{a^2+c^2-b^2}{2ac}\right)\end{aligned}\right\} \tag{2-114}$$

因为测边网未进行方向观测，所以，不需要使用菲列罗公式计算验前测角中误差，推算未知点近似坐标的三边形点号，只需要遍历未知点个数，即可完成全部未知点近似坐标计

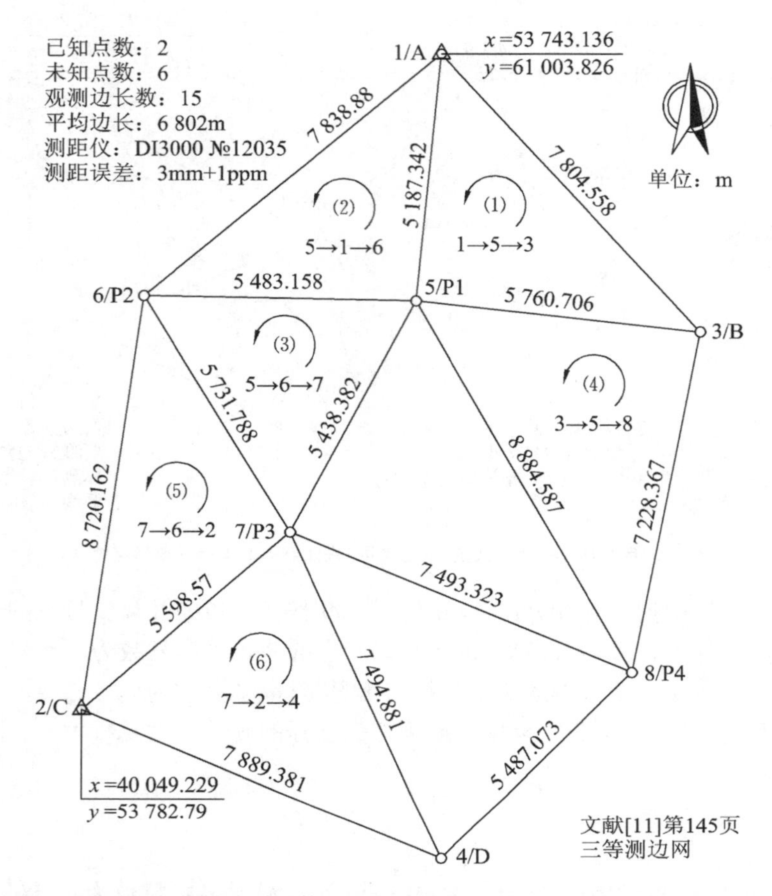

图 2-58　应用余切公式计算测边网未知点近似坐标点三边形点编号案例

算，不必为每个三边形都编号。图 2-58 的测边网有 6 个未知点，8 个三边形，只需要编写 6 个三边形点号即可推算出全网 6 个未知点的近似坐标。

2.6　平面网间接平差案例

南方 MSMT 的间接平差程序可以对任意平面网进行间接平差计算，平面网的类型可以是导线网、三角网、边角网、测边网四种[图 2-60(b)]。

2.6.1　四等边角网按方向观测间接平差案例

图 2-56 所示的边角网，是笔者 1982 年在中南矿冶学院(现中南大学)读大三时，测量 79 级两个班的同学进行控制测量实习布设的长沙岳麓山—平塘四等边角控制网，使用学校的蔡司 010 和苏一光 J2 经纬仪观测了 52 个方向，结果如图 2-59 所示；使用 Wild DI4L 红外测距仪观测了两条边长“小院子—老虫坡”和“采矿楼—石家寺”。

程序对站点方向观测值的输入顺序没有要求，可以按任意站点号排列，例如，图 2-59所示方向观测值站点的输入顺序为 4，6，7，11，8，9，1，2，3，5，10，12，13。为了避免漏输入站点方向观测值，也可以按站点号 1，2，3，…，12，13 输入，无论采用什么顺序输

入站点方向观测值，平差计算结果都是相同的。

序	站点名	站点号	方向观测值	觇点名	觇点号	序	站点名	站点号	方向观测值	觇点名	觇点号
1	梁家湾	4	0°00'00"	牛头大岭	2	27			145°09'23.72"	梁家湾	4
2			64°38'34.2"	观音山	1	28			186°06'46.19"	观音山	1
3			147°36'53.16"	二塘冲	8	29	楠木寺	9	0°00'00"	黑牛坡	10
4			186°50'31.5"	白鹤塘	7	30			41°15'18.94"	白鹤塘	7
5			226°18'22.44"	老虫坡	6	31			100°18'01.49"	二塘冲	8
6			272°02'29.42"	小院子	5	32	观音山	1	0°00'00"	二塘冲	8
7			307°33'12.59"	枯石塘	3	33			56°04'21.72"	梁家湾	4
8	老虫坡	6	0°00'00"	石家寺	13	34			105°34'32.26"	牛头大岭	2
9			43°49'53.71"	采矿楼	12	35	牛头大岭	2	0°00'00"	观音山	1
10			156°11'23.15"	小院子	5	36			65°51'17.4"	梁家湾	4
11			220°44'00.26"	梁家湾	4	37			152°17'30.95"	枯石塘	3
12			278°37'59"	白鹤塘	7	38	枯石塘	3	0°00'00"	牛头大岭	2
13			326°40'27.04"	桃花岭	11	39			41°06'55.54"	梁家湾	4
14	白鹤塘	7	0°00'00"	黑牛坡	10	40			123°30'57.67"	小院子	5
15			58°58'07.74"	桃花岭	11	41	小院子	5	0°00'00"	老虫坡	6
16			123°36'54.07"	老虫坡	6	42			228°11'22.86"	枯石塘	3
17			206°15'03.4"	梁家湾	4	43			290°16'39.51"	梁家湾	4
18			277°04'26.55"	二塘冲	8	44	黑牛坡	10	0°00'00"	桃花岭	11
19			322°49'21.66"	楠木寺	9	45			68°58'49.69"	白鹤塘	7
20	桃花岭	11	0°00'00"	老虫坡	6	46			170°32'48.91"	楠木寺	9
21			67°18'47.29"	白鹤塘	7	47	采矿楼	12	0°00'00"	老虫坡	6
22			119°21'55.17"	黑牛坡	10	48			65°23'22.61"	桃花岭	11
23			271°56'14.74"	石家寺	13	49			102°13'34.48"	石家寺	13
24			322°32'44.74"	采矿楼	12	50	石家寺	13	0°00'00"	采矿楼	12
25	二塘冲	8	0°00'00"	楠木寺	9	51			33°56'32.17"	老虫坡	6
26			75°12'27.05"	白鹤塘	7	52			92°33'14.73"	桃花岭	11

图 2-59　湖南省长沙市岳麓山—平塘四等边角网方向观测值

1. 新建四等边角网间接平差文件

在项目主菜单[图 2-60(a)]，点击 **平面网平差** 按钮，点击 **新建文件** 按钮，“平差类型”选择间接平差，“观测等级”选择四等，“平面网类型”选择边角网[图 2-60(b)]，输入文件名及其他信息[图 2-60(c)]，点击 **确定** 按钮，返回平面网平差文件列表界面[图 2-60(d)]。

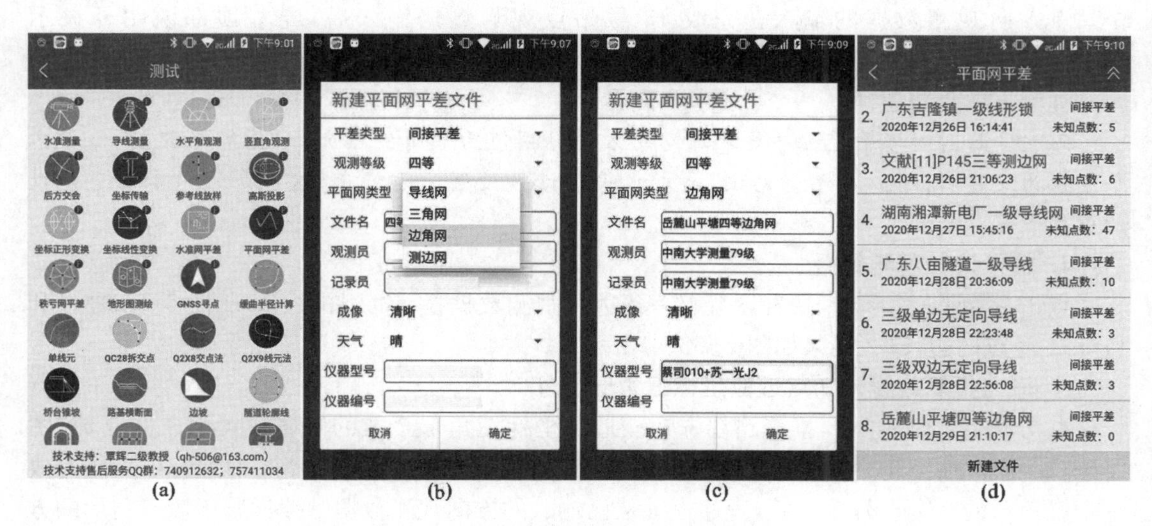

图 2-60　新建四等边角网间接平差文件

2. 输入已知数据

点击最近新建的文件名，在弹出的快捷菜单点击“输入数据及计算”命令[图 2-61(a)]，进入数据输入界面，缺省设置为 已知数据 选项卡的◎ **观测误差** 单选框，输入测距固定误差 5 mm，比例误差 5 ppm[图 2-61(b)]；设置◎ **已知点** 单选框，输入图 2-56 所注 1，2 号已知点点名及平面坐标[图 2-61(c)]；设置◎ **未知点** 单选框，输入 3～13 号点点名[图 2-61(d)，(e)]。

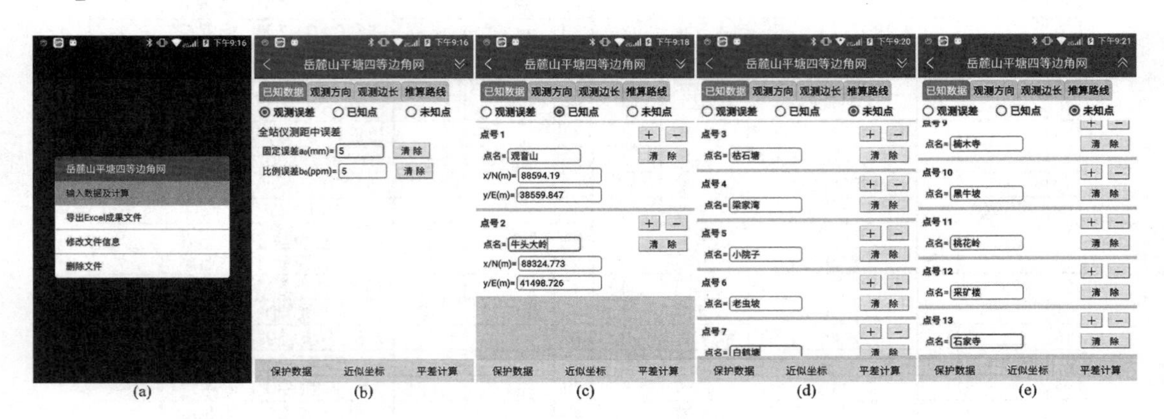

图 2-61　输入平差文件“已知数据”选项卡数据

3. 输入方向观测数据

点击 **观测方向** 选项卡，缺省设置没有测站点。点击 + 按钮，在弹出的“添加测站”对话框中输入站点号 4，系统自动添加 4 号站点点名“梁家湾”[图 2-62(a)]，点击 **确定** 按钮，为 4 号站点缺省设置两个方向观测数据栏，其中零方向的观测值固定为0°0′0″，用户不能修改。

按图 2-59 所注的数据，输入 4 号站点的 2 个方向观测值(零方向除外)及其觇点号后，点击 + 按钮添加 1 个觇点方向观测数据栏，完成 7 个觇点观测数据输入，结果如图 2-62(c)，(d)所示。图 2-62(e)—(g)为输入 6 号站点 6 个方向观测数据的结果。同理，可完成其余 11 个站点方向观测数据的输入。完成 13 号站点观测数据输入后，屏幕顶部说明行显示 **测站总数:13** 和 **观测方向总数:52**，与图 2-59 中序号表示的观测方向总数相符，说明用户输入的观测方向总数正确。

平面网间接平差程序要求每站的方向观测值为顺时针增大，对于经纬仪，等价于水平度盘为顺时针注记，对于全站仪，要求水平盘读数设置为右旋角，这也是国内市售全站仪的出厂设置。

4. 输入边长观测数据

点击 观测边长 选项卡，缺省设置有一条边长观测数据栏，输入图 2-56 所注 5→6 号点和 11→12 号点的边长值，结果如图 2-63(a)所示。

5. 输入推算路线未知点近似坐标三角形点号

点击 推算路线 选项卡，推算路线未知点近似坐标三角形个数的缺省设置为未知点数[图 2-63(b)]，本例未知点数为 11。按图 2-56 标注的三角形序号输入 13 个三角形点号，每完成一个三角形的 3 个点号输入后，程序自动从已输入的方向观测数据中搜索属于该三角形的方向观测值，并实时计算该三角形的角度闭合差 ω。完成 13 个三角形点号输入后，实时计算的三角形角度闭合差，结果如图 2-63(c)—(d)所示。

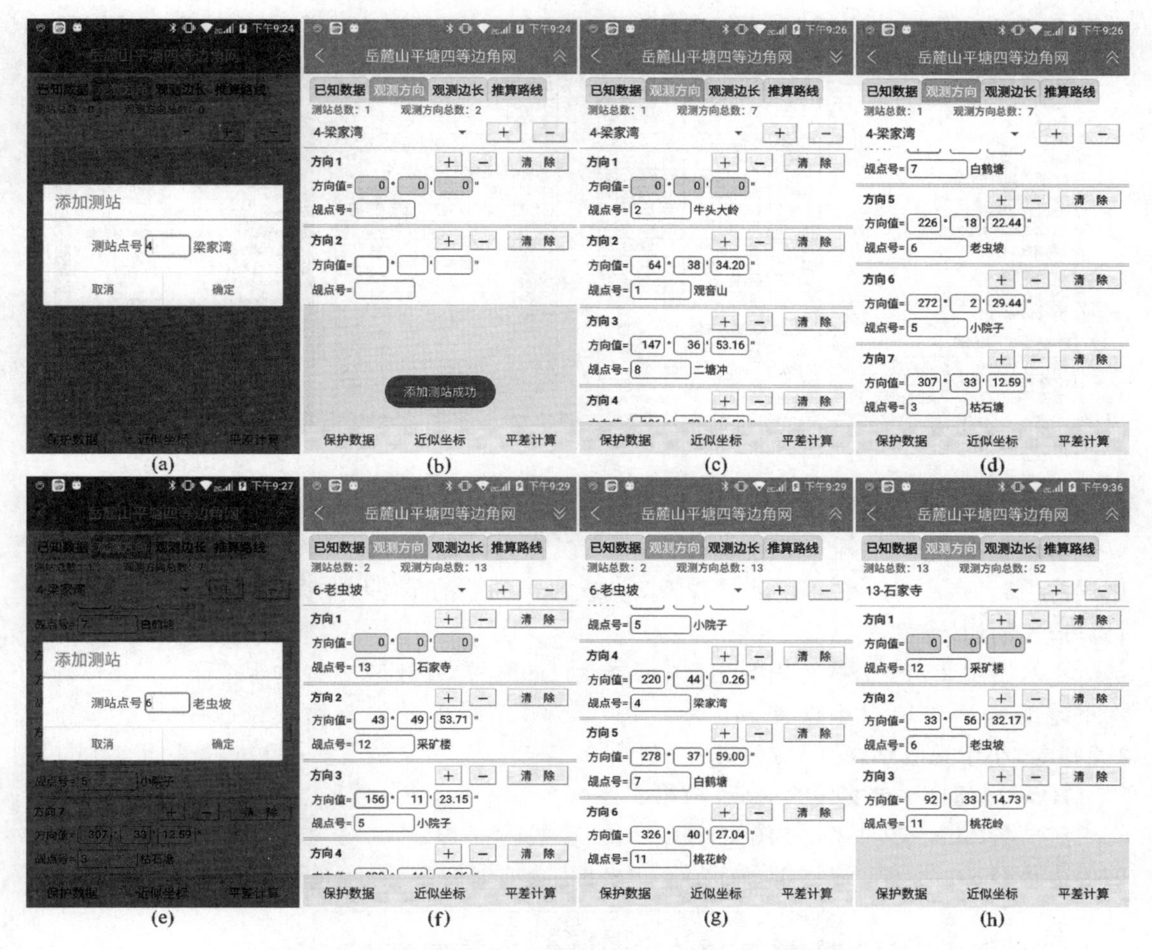

图 2-62　输入平差文件的"观测方向"选项卡 4，6 号站点方向观测数据以及边长观测数据

未知点近似坐标/边角网

点名	x(m)	y(m)
枯石塘	89469.1224	44265.5148
梁家湾	90674.2475	40693.9772
小院子	91900.9882	44740.2516
老虫坡	94574.0733	42715.3691
白鹤塘	94343.3452	39909.7191
二塘冲	93033.3055	37750.1579
楠木寺	95056.6611	37152.7695
黑牛坡	95847.2521	38721.3178
桃花岭	96466.4994	40709.9689
采矿楼	96163.2636	43651.3542
石家寺	97715.2334	41970.8509

(a)　(b)　(c)　(d)　(e)

图 2-63　输入近似坐标推算路线三角形点号并实时计算三角形闭合差

6. 间接平差计算

为检查已输入数据的正确性，建议先点击**近似坐标**按钮，计算未知点的近似坐标，结果如图 2-63(e)所示。检查近似坐标正确无误后，点击手机退出键或标题栏左侧的<按钮，返回数据输入界面，再点击**平差计算**按钮开始进行两次间接平差计算，结果如图 2-64(a)—(c)所示。

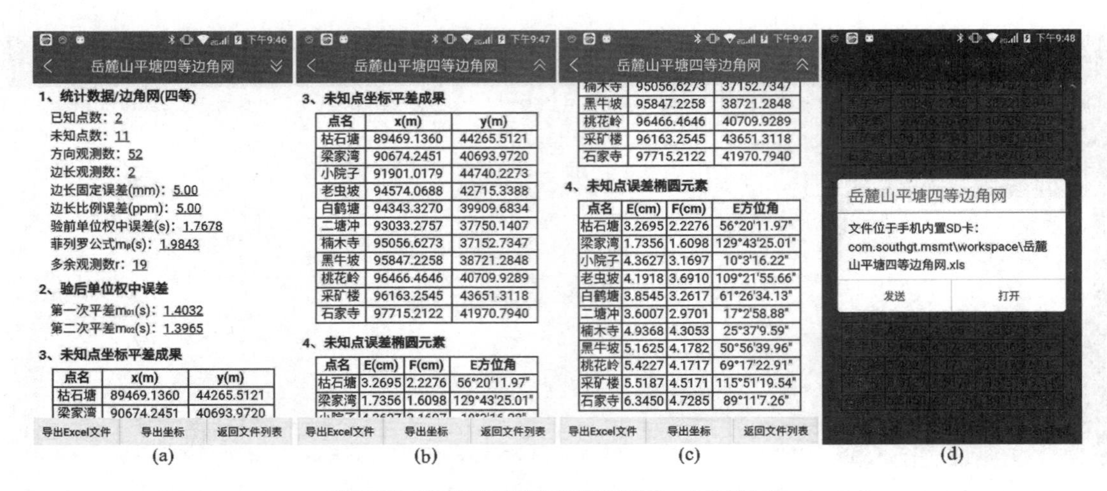

图 2-64　间接平差计算成果,导出 Excel 成果文件

由表 2-5 可知,四等三角网的验前测角中误差 $m_0'=2.5''$,代入式(2-92)算出的方向观测中误差为 $m_0=1.767\ 8''$,程序将其作为第一次平差的验前单位权中误差 m_0,依据式(2-93)计算边长的初始权。

本例使用菲列罗公式算出的测角中误差为 1.984 3″,小于表 2-6 的规范限差 2.5″;第一次平差的验后单位权中误差 $m_{01}=1.403\ 2''$,第二次平差的验后单位权中误差 $m_{02}=1.396\ 5''$,小于规范允许值 1.767 8″。

7. 导出间接平差文件的 Excel 成果文件

点击 **导出Excel文件** 按钮[图 2-64(a)],在手机内置 SD 卡工作文件夹创建“岳麓山平塘四等边角网.xls”文件,图 2-65 为该文件“坐标”选项卡内容,图 2-66 为“边长值”选项卡内

	A	B	C	D	E	F	G
1	四等边角网方向观测间接平差(严密平差)计算成果						
2	测量员：中南大学测量79级 记录员：中南大学测量79级 成像：清晰 天气：晴						
3	仪器型号：蔡司010+苏一光J2 仪器编号： 日期：2020-12-30 22:12:24						
4	1、已知点坐标、全站仪标称测距误差、验后单位权中误差						
5	点号	点名	x(m)	y(m)	全站仪测距误差		菲列罗公式
6	1	观音山	88594.1900	38559.8470	a0(mm)	b0(ppm)	mβ(s)
7	2	牛头大岭	88324.7730	41498.7260	5.00	5.00	1.9843
8					多余观测数	两次验后单位权中误差	
9					r	m01(s)	m02(s)
10					19	1.4032	1.3965
11	2、未知点近似坐标推算线路及其三级形闭合差						
12	序	推算点号	A点名	B点名	C点名	闭合差(s)	
13	1	1→2→4	观音山	牛头大岭	梁家湾	2.14"	
14	2	4→2→3	梁家湾	牛头大岭	枯石塘	-3.50"	
15	3	4→3→5	梁家湾	枯石塘	小院子	1.93"	
16	4	4→5→6	梁家湾	小院子	老虫坡	4.60"	
17	5	4→6→7	梁家湾	老虫坡	白鹤塘	-0.99"	
18	6	4→7→8	梁家湾	白鹤塘	二塘冲	-1.84"	
19	7	1→4→8	观音山	梁家湾	二塘冲	3.15"	
20	8	8→7→9	二塘冲	白鹤塘	楠木寺	4.71"	
21	9	9→7→10	楠木寺	白鹤塘	黑牛坡	-3.50"	
22	10	10→7→11	黑牛坡	白鹤塘	桃花岭	5.31"	
23	11	7→6→11	白鹤塘	老虫坡	桃花岭	1.66"	
24	12	11→6→12	桃花岭	老虫坡	采矿楼	4.54"	
25	13	11→12→13	桃花岭	采矿楼	石家寺	-3.40"	
26	3、未知点坐标平差成果及其误差椭圆元素						
27	点号	点名	x(m)	y(m)	E(cm)	F(cm)	E方位角
28	3	枯石塘	89469.1360	44265.5121	3.2695	2.2276	56°20'11.97"
29	4	梁家湾	90674.2451	40693.9720	1.7356	1.6098	129°43'25.01"
30	5	小院子	91901.0179	44740.2273	4.3627	3.1697	10°03'16.22"
31	6	老虫坡	94574.0688	42715.3388	4.1918	3.6910	109°21'55.66"
32	7	白鹤塘	94343.3270	39909.6834	3.8545	3.2617	61°26'34.13"
33	8	二塘冲	93033.2757	37750.1407	3.6007	2.9701	17°02'58.88"
34	9	楠木寺	95056.6273	37152.7347	4.9368	4.3053	25°37'09.59"
35	10	黑牛坡	95847.2258	38721.2848	5.1625	4.1782	50°56'39.96"
36	11	桃花岭	96466.4646	40709.9289	5.4227	4.1717	69°17'22.91"
37	12	采矿楼	96163.2545	43651.3118	5.5187	4.5171	115°51'19.54"
38	13	石家寺	97715.2122	41970.7940	6.3450	4.7285	89°11'07.26"

坐标 / 方向值 / 边长值 / 未知点坐标协因数矩阵

图 2-65　导出的 Excel 成果文件“坐标”选项卡内容

容，图 2-67 为“方向值”选项卡内容。

	A	B	C	D	E	F	G	H	I
1	5、边长观测值、改正数、平差值、二次平差权								
2	序	起点名	起点号	端点名	端点号	边长(m)	改正数(cm)	平差值(m)	权(s2/cm2)
3	1	小院子	5	老虫坡	6	3353.4025	0.9913	3354.3938	0.4156
4	2	桃花岭	11	采矿楼	12	2956.9793	-0.9609	2956.0184	0.5030

坐标 / 方向值 / 边长值 / 未知点坐标协因数矩阵

图 2-66　导出的 Excel 成果文件“边长值”选项卡内容

	A	B	C	D	E	F	G	H	I	J
1	4、方向观测值、改正数、平差值、权									
2	序	站点名	站点号	方向值	觇点名	觇点号	改正数(s)	平差值	归零平差值	权
3	1	梁家湾	4	0°00'00"	牛头大岭	2	0.71	0°00'00.71"	0°00'00"	1.00
4	2			64°38'34.20"	观音山	1	0.34	64°38'34.54"	64°38'33.82"	1.00
5	3			147°36'53.16"	二塘冲	8	-0.33	147°36'52.83"	147°36'52.12"	1.00
6	4			186°50'31.50"	白鹤塘	7	0.04	186°50'31.54"	186°50'30.83"	1.00
7	5			226°18'22.44"	老虫坡	6	1.19	226°18'23.63"	226°18'22.92"	1.00
8	6			272°02'29.44"	小院子	5	-1.10	272°02'28.34"	272°02'27.62"	1.00
9	7			307°33'12.59"	枯石塘	3	-0.85	307°33'11.74"	307°33'11.03"	1.00
10	8	老虫坡	6	0°00'00"	石家寺	13	0.04	0°00'00.04"	0°00'00"	1.00
11	9			43°49'53.71"	采矿楼	12	-1.11	43°49'52.60"	43°49'52.56"	1.00
12	10			156°11'23.15"	小院子	5	1.16	156°11'24.31"	156°11'24.27"	1.00
13	11			220°44'00.26"	梁家湾	4	0.19	220°44'00.45"	220°44'00.41"	1.00
14	12			278°37'59.00"	白鹤塘	7	0.55	278°37'59.55"	278°37'59.51"	1.00
15	13			326°40'27.04"	桃花岭	11	-0.84	326°40'26.20"	326°40'26.16"	1.00
16	14	白鹤塘	7	0°00'00"	黑牛坡	10	1.18	0°00'01.18"	0°00'00"	1.00
17	15			58°58'07.74"	桃花岭	11	-0.12	58°58'07.62"	58°58'06.44"	1.00
18	16			123°36'54.07"	老虫坡	6	-0.03	123°36'54.04"	123°36'52.87"	1.00
19	17			206°15'03.40"	梁家湾	4	-0.55	206°15'02.85"	206°15'01.67"	1.00
20	18			277°04'26.55"	二塘冲	8	0.29	277°04'26.84"	277°04'25.66"	1.00
21	19			322°49'21.66"	楠木寺	9	-0.76	322°49'20.90"	322°49'19.72"	1.00
22	20	桃花岭	11	0°00'00"	老虫坡	6	0.03	0°00'00.03"	0°00'00"	1.00
23	21			67°18'47.29"	白鹤塘	7	-0.33	67°18'46.96"	67°18'46.93"	1.00
24	22			119°21'55.17"	黑牛坡	10	-1.68	119°21'53.49"	119°21'53.46"	1.00
25	23			271°56'14.74"	石家寺	13	0.05	271°56'14.79"	271°56'14.77"	1.00
26	24			322°32'44.74"	采矿楼	12	1.92	322°32'46.66"	322°32'46.64"	1.00
27	25	二塘冲	8	0°00'00"	楠木寺	9	1.11	0°00'01.11"	0°00'00"	1.00
28	26			75°12'27.05"	白鹤塘	7	-0.30	75°12'26.75"	75°12'25.63"	1.00
29	27			145°09'23.72"	梁家湾	4	0.33	145°09'24.05"	145°09'22.93"	1.00
30	28			186°06'46.19"	观音山	1	-1.14	186°06'45.05"	186°06'43.94"	1.00
31	29	楠木寺	9	0°00'00"	黑牛坡	10	0.23	0°00'00.23"	0°00'00"	1.00
32	30			41°15'18.94"	白鹤塘	7	1.01	41°15'19.95"	41°15'19.72"	1.00
33	31			100°18'01.49"	二塘冲	8	-1.24	100°18'00.25"	100°18'00.02"	1.00
34	32	观音山	1	0°00'00"	二塘冲	8	0.87	0°00'00.87"	0°00'00"	1.00
35	33			56°04'21.72"	梁家湾	4	-0.15	56°04'21.57"	56°04'20.70"	1.00
36	34			105°34'32.26"	牛头大岭	2	-0.73	105°34'31.53"	105°34'30.66"	1.00
37	35	牛头大岭	2	0°00'00"	观音山	1	0.56	0°00'00.56"	0°00'00"	1.00
38	36			65°51'17.40"	梁家湾	4	-0.63	65°51'16.77"	65°51'16.22"	1.00
39	37			152°17'30.95"	枯石塘	3	0.07	152°17'31.02"	152°17'30.47"	1.00
40	38	枯石塘	3	0°00'00"	牛头大岭	2	-0.22	-0°00'00.22"	0°00'00"	1.00
41	39			41°06'55.54"	梁家湾	4	1.01	41°06'56.55"	41°06'56.77"	1.00
42	40			123°30'57.67"	小院子	5	-0.79	123°30'56.88"	123°30'57.11"	1.00
43	41	小院子	5	0°00'00"	老虫坡	6	-1.02	-0°00'01.02"	0°00'00"	1.00
44	42			228°11'22.86"	枯石塘	3	0.70	228°11'23.56"	228°11'24.58"	1.00
45	43			290°16'39.51"	梁家湾	4	0.31	290°16'39.82"	290°16'40.84"	1.00
46	44	黑牛坡	10	0°00'00"	桃花岭	11	1.51	0°00'01.51"	0°00'00"	1.00
47	45			68°58'49.69"	白鹤塘	7	-1.15	68°58'48.54"	68°58'47.03"	1.00
48	46			170°32'48.91"	楠木寺	9	-0.36	170°32'48.55"	170°32'47.03"	1.00
49	47	采矿楼	12	0°00'00"	老虫坡	6	1.18	0°00'01.18"	0°00'00"	1.00
50	48			65°23'22.61"	桃花岭	11	-1.19	65°23'21.42"	65°23'20.23"	1.00
51	49			102°13'34.48"	石家寺	13	0.01	102°13'34.49"	102°13'33.31"	1.00
52	50	石家寺	13	0°00'00"	采矿楼	12	-0.76	-0°00'00.76"	0°00'00"	1.00
53	51			33°56'32.17"	老虫坡	6	1.20	33°56'33.37"	33°56'34.14"	1.00
54	52			92°33'14.73"	桃花岭	11	-0.44	92°33'14.29"	92°33'15.06"	1.00

坐标 / 方向值 / 边长值 / 未知点坐标协因数矩阵

图 2-67　导出的 Excel 成果文件“方向值”选项卡内容

本例有 11 个未知点，其坐标协因数矩阵 $\boldsymbol{Q}_{\hat{X}\hat{X}}$ 为 22 行×22 列方阵，图 2-68 为“未知点坐标协因数矩阵”选项卡内容。

	A	B	C	D	E	F	G	H	I	J	K
1	3.446861365	1.354965639	0.944359479	-1.063247808	3.597908836	-0.713705207	2.341606119	-2.702468951	0.704859626	-2.800126804	-0.429215129
2	1.354965639	4.578967567	1.055474029	0.616239252	2.702270699	3.694831986	2.753440346	2.070026036	2.349227877	0.803155194	1.791560592
3	0.944359479	1.055474029	1.416956787	-0.106058809	2.209717560	0.824533573	2.141077823	0.142148778	1.842896955	-0.297418038	1.480012524
4	-1.063247808	0.616239252	-0.106058809	1.456472581	-1.603437542	1.585650715	-0.721021374	2.790012769	0.443367496	2.637333662	1.180210849
5	3.597908836	2.702270699	2.209717560	-1.603437542	9.619056996	0.792072260	6.982723479	-3.335081321	3.643187442	-4.524698786	1.010470093
6	-0.713705207	3.694831986	0.824533573	1.585650715	0.792072260	5.292286891	2.076637227	5.045639447	2.937094732	3.337079293	3.066731373
7	2.341606119	2.753440346	2.141077823	-0.721021374	6.982723479	2.076637227	7.208248098	-0.633196124	5.082609060	-2.289534531	2.843888513
8	-2.702468951	2.070026036	0.142148778	2.790012769	-3.335081321	5.045639447	-0.633196124	8.787216999	2.551596836	6.920896209	4.038389909
9	0.704859626	2.349227877	1.842896955	0.443367496	3.643187442	2.937094732	5.082609060	2.551596836	5.949550471	0.908106832	4.962015146
10	-2.800126804	0.803155194	-0.297418038	2.637333662	-4.524698786	3.337079293	-2.289534531	6.920896209	0.908106832	7.123865652	2.688280370
11	-0.429215129	1.791560592	1.480012524	1.180210849	1.010470093	3.066731373	2.843888513	4.038389909	4.962015146	2.688280370	6.465318916
12	-2.091260880	-0.260145156	-0.644861378	1.768044626	-4.273457476	1.195376297	-3.348275337	3.580866969	-1.445346900	4.401300382	0.595602192
13	-0.703037755	2.723559139	1.808037946	1.579008020	1.463178692	4.694573033	4.302552436	6.380442115	7.147267722	4.129812483	7.300778299
14	-3.134882666	-0.452741550	-0.859454090	2.557697056	-6.322019802	1.776431219	-4.771249285	5.430172670	-1.465137042	6.537373219	2.109863317
15	0.105947360	3.033045135	2.036908426	1.043139358	3.203355187	4.458910508	5.626704791	5.137943129	7.383859881	2.700864650	6.378298314
16	-3.621497821	0.357364876	-0.563780712	3.157988202	-6.410257324	3.392342612	-3.812410740	7.981250579	0.644132505	8.584931348	3.521041959
17	1.244921105	3.254459396	2.227292639	0.204765647	5.421343099	3.784175615	6.970538026	2.907957558	6.815847650	0.146253282	4.940988916
18	-3.858394356	1.413475803	-0.200353358	3.524636561	-5.913651706	5.153225298	-2.396335903	10.488096314	2.313659821	9.435234207	4.755332933
19	2.890717749	3.154198948	2.347038243	-1.043044516	8.285042167	2.159910870	8.202551244	-1.261396244	5.471008758	-3.406313048	2.604084680
20	-3.625450835	1.995816772	0.034241920	3.458271982	-5.047583087	5.784040553	-1.446693181	10.969264047	3.135203844	8.865796367	5.153000958
21	1.970150572	3.423321223	2.358658714	-0.311670378	6.843043166	3.382029457	7.803731849	1.486512284	6.581093049	-1.492652239	4.155376344
22	-4.540633417	1.578844172	-0.206245211	4.053882503	-7.013908919	6.012352197	-2.737426094	12.480295970	3.045834916	10.80327190	5.854768435

	L	M	N	O	P	Q	R	S	T	U	V
1	-2.091260880	-0.703037755	-3.134882666	0.105947360	-3.621497821	1.244921105	-3.858394356	2.890717749	-3.625450835	1.970150572	-4.540633417
2	-0.260145156	2.723559139	-0.452741550	3.033045135	0.357364876	3.254459396	1.413475803	3.154198948	1.995816772	3.423321223	1.578844172
3	-0.644861378	1.808037946	-0.859454090	2.036908426	-0.563780712	2.227292639	-0.200353358	2.347038243	0.034241920	2.358658714	-0.206245211
4	1.768044626	1.579008020	2.557697056	1.043139358	3.157988202	0.204765647	3.524636561	-1.043044516	3.458271982	-0.311670378	4.053882503
5	-4.273457476	1.463178692	-6.322019802	3.203355187	-6.410257324	5.421343099	-5.913651706	8.285042167	-5.047583087	6.843043166	-7.013908919
6	1.195376297	4.694573033	1.776431219	4.458910508	3.392342612	3.784175615	5.153225298	2.159910870	5.784040553	3.382029457	6.012352197
7	-3.348275337	4.302552436	-4.771249285	5.626704791	-3.812410740	6.970538026	-2.396335903	8.202551244	-1.446693181	7.803731849	-2.737426094
8	3.580866969	6.380442115	5.430172670	5.137943129	7.981250579	2.907957558	10.488096314	-1.261396244	10.96926404	1.486512284	12.48029597
9	-1.445346900	7.147267722	-1.465137042	7.383859881	0.644132505	6.815847650	2.313659821	5.471008758	3.135203844	6.581093049	3.045834916
10	4.401300382	4.129812483	6.537373219	2.700864650	8.584931348	0.146253282	9.435234207	-3.406313048	8.865796367	-1.492652239	10.80327190
11	0.595602192	7.300778299	2.109863317	6.378298314	3.521041959	4.940988916	4.755332933	2.604084680	5.153000958	4.155376344	5.854768435
12	4.705876196	0.090717873	6.382851094	-1.358394646	5.821761480	-2.709565881	5.247139190	-4.317733467	4.524860694	-3.603374755	5.824641943
13	0.090717873	11.93761207	1.166784000	10.62046460	4.474439707	8.194334285	7.561988618	4.181083237	8.310738326	6.825664433	9.340935244
14	6.382851094	1.166784000	10.06396629	-1.429314605	9.136227605	-3.724772540	8.055638341	-6.382315809	6.931593914	-5.179903583	9.039887464
15	-1.358394646	10.62046460	-1.429314605	10.82298653	2.306557231	9.183259829	5.554158411	6.038053968	6.634490640	8.288296020	7.006191039
16	5.821761480	4.474439707	9.136227605	2.306557231	11.79418597	-1.339144234	11.346619114	-5.649251307	10.28405045	-3.464771076	12.99048077
17	-2.709565881	8.194334285	-3.724772540	9.183259829	-1.339144234	9.693300688	2.035815658	8.329377174	3.616748158	9.733290779	2.813938537
18	5.247139190	7.561988618	8.055638341	5.554158411	11.34661911	2.035815658	14.308313175	-3.959041438	13.64499082	-0.669771847	16.59520177
19	-4.317733467	4.181083237	-6.382315809	6.038053968	-5.649251307	8.329377174	-3.959041438	11.44270856	-2.022891739	10.18827438	-4.382223374
20	4.524860694	8.310738326	6.931593914	6.634490640	10.28405045	3.616748158	13.644990822	-2.022891739	14.63663152	1.857342253	16.55972888
21	-3.603374755	6.825664433	-5.179903583	8.288296020	-3.464771076	9.733290779	-0.669771847	10.18827438	1.857342253	11.46678757	0.130485124
22	5.824641943	9.340935244	9.039887464	7.006191039	12.99048077	2.813938537	16.595201779	-4.382223374	16.55972888	0.130485124	20.64155274

坐标 / 方向值 / 边长值 / 未知点坐标协因数矩阵

图 2-68 导出的 Excel 成果文件“未知点坐标协因数矩阵”选项卡内容

如果对本例进行三角网平差，应将 5→6 点和 11→12 点的边长值作为已知边长不加改正数，这需要使用附有限制条件的间接平差计算，但程序是按间接平差编写的，不能处理这种情形。用户可以将图 2-61(b)的测距固定误差 a_0 及比例误差 b_0 设置为一个比较小的数值，例如均设置为 0.1，此时，依据式(2-93)算出的边长权会比较大，平差时算出的 5→6 点边长值改正数为 0.005 mm，11→12 点边长值改正数为 −0.005 mm，等价于使用了附有边长限制条件的间接平差，用户可以自行修改测距误差重新计算验证。

2.6.2 一级线形锁间接平差案例

图 2-57 所示的线形锁，观测了 22 个方向值，按站点号顺序排列的观测结果如图 2-69 所示。

在平面网平差文件列表界面，点击 **新建文件** 按钮，新建“广东吉隆镇一级线形锁”文件，平面网类型选择“三角网”[图 2-70(a)]，点击 **确定** 按钮。

点击最近新建的文件名，在弹出的快捷菜单点击“输入数据及计算”命令，进入数据输入界面，缺省设置为 **已知数据** 选项卡的 ◎ **已知点** 单选框[图 2-70(c)]。与边角网比较，三角网没有 **观测边长** 选项卡，**已知数据** 选项卡没有 ◎ **观测误差** 单选框。

输入图 2-57 所注两个已知点名及其坐标[图 2-70(c)]；点击 ◎ **已知点** 单选框，输入 5 个未知点名[图 2-70(d)]；设置 **观测方向** 选项卡，输入图 2-69 所示 22 个方向观测值[图 2-70

	A	B	C	D	E	F	G	H	I	J	K	L
1	序	站点名	站点号	方向值	觇点名	觇点号	序	站点名	站点号	方向值	觇点名	觇点号
2	1	龙凤庵	1	0°00'00"	V9	4	12	V10	5	0°00'00"	V8	3
3	2			58°38'19.2"	V8	3	13			63°07'08.8"	V11	6
4	3	磨坑	2	0°00'00"	V12	7	14			108°56'20.3"	V12	7
5	4			44°22'48.6"	V11	6	15	V11	6	0°00'00"	V10	5
6	5	V8	3	0°00'00"	龙凤庵	1	16			59°20'39.8"	V8	3
7	6			54°14'20.9"	V9	4	17			119°58'15.6"	V9	4
8	7			107°35'07"	V11	6	18			225°14'37.1"	磨坑	2
9	8			165°07'10.1"	V10	5	19			277°26'58.6"	V12	7
10	9	V9	4	0°00'00"	V11	6	20	V12	7	0°00'00"	V10	5
11	10			66°01'33.4"	V8	3	21			51°37'42.9"	V11	6
12	11			133°09'02.7"	龙凤庵	1	22			135°02'37"	磨坑	2

图 2-69　广东省惠东县吉隆镇一级线形锁方向观测值

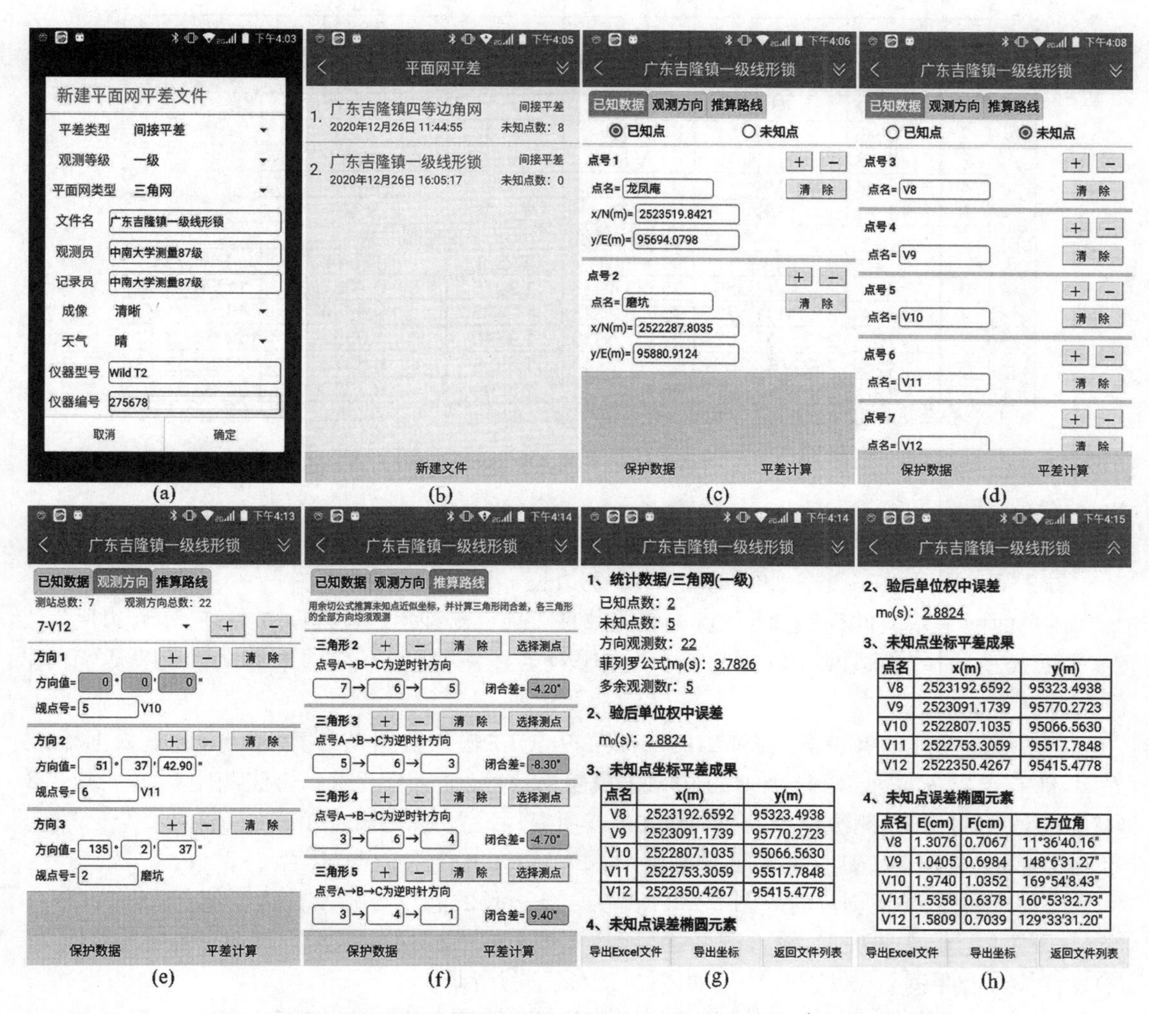

图 2-70　新建三角网间接平差文件，输入图 2-57 观测数据，并进行间接平差计算

(e)]；设置 推算路线 选项卡，输入图 2-57 所注 5 个未知点近似坐标推算三角形点号[图 2-70(f)]，点击**平差计算**按钮，结果如图 2-70(g)，(h)所示。

因为三角网只有方向观测值，没有边长观测值，只需平差一次，验后单位权中误差 $m_0=$

2.882 4″为方向观测中误差，代入式(2-92)反求其测角中误差为 $m_0'=4.076\ 3''<5''$。

点击 **导出Excel文件** 按钮[图 2-70(g)]，在手机内置 SD 卡工作文件夹创建“广东吉隆镇一级线形锁.xls”文件，为节省图书篇幅，只列出了该文件“坐标”选项卡内容[图 2-71]。

	A	B	C	D	E	F	G
1	一级三角网方向观测间接平差(严密平差)计算成果						
2	测量员：中南大学测量87级　记录员：中南大学测量87级　成像：清晰　天气：晴						
3	仪器型号：Wild T2　仪器编号：275678　日期：2020-12-26 16:14:41						
4	1、已知点坐标、全站仪标称测距误差、验后单位权中误差						
5	点号	点名	x(m)	y(m)	全站仪测距误差		菲列罗公式
6	1	龙凤庵	2523519.8421	95694.0798	a0(mm)	b0(ppm)	mβ(s)
7	2	磨坑	2522287.8035	95880.9124			3.7826
8					多余观测数	验后单位权中误差	
9					r	m0(s)	
10					5	2.8824	
11	2、未知点近似坐标推算线路及其三级形闭合差						
12	序	推算点号	A点名	B点名	C点名	闭合差(s)	
13	1	2→6→7	磨坑	V11	V12	4.20″	
14	2	7→6→5	V12	V11	V10	-4.20″	
15	3	5→6→3	V10	V11	V8	-8.30″	
16	4	3→6→4	V8	V11	V9	-4.70″	
17	5	3→4→1	V8	V9	龙凤庵	9.40″	
18	3、未知点坐标平差成果及其误差椭圆元素						
19	点号	点名	x(m)	y(m)	E(cm)	F(cm)	E方位角
20	3	V8	2523192.6592	95323.4938	1.3076	0.7067	11°36′40.16″
21	4	V9	2523091.1739	95770.2723	1.0405	0.6984	148°06′31.27″
22	5	V10	2522807.1035	95066.5630	1.9740	1.0352	169°54′08.43″
23	6	V11	2522753.3059	95517.7848	1.5358	0.6378	160°53′32.73″
24	7	V12	2522350.4267	95415.4778	1.5809	0.7039	129°33′31.20″

坐标 / 方向值 / 边长值 / 未知点坐标协因数矩阵

图 2-71　导出的 Excel 成果文件“坐标”选项卡内容

2.6.3　三等测边网间接平差案例

图 2-58 所示的三等测边网，观测了 15 条边长。

在平面网平差文件列表界面，点击 **新建文件** 按钮，新建“文献[11]P145 三等测边网”文件，平面类型选择“测边网”[图 2-72(a)]，点击 **确定** 按钮，返回平面网平差文件列表界面[图 2-72(b)]。

点击最近新建的文件名，在弹出的快捷菜单点击“输入数据及计算”命令，进入数据输入界面，缺省设置为 **已知数据** 选项卡的◎ **观测误差**单选框，输入图 2-58 所注测距误差[图2-72(c)]，与边角网比较，测边网没有 **观测方向** 选项卡。设置◎ **已知点** 单选框，输入 2 个已知点名及其坐标[图 2-72(d)]；设置◎ **未知点**单选框，输入 6 个未知点名[图 2-72(e)]。

设置 **观测边长** 选项卡，输入图 2-58 所注 15 条边长的起讫点号及其边长值[图 2-72(f)—(h)]；设置 **推算路线** 选项卡，输入图 2-58 所注 6 个未知点近似坐标推算三边形点号[图 2-72(i)，(j)]，点击 **平差计算** 按钮，结果如图 2-72(k)，(l)所示。

因为测边网只有边长观测值，没有方向观测值，只需平差一次，验后单位权中误差 $m_0=$ 1.763 7 cm/km 为每公里边长观测中误差。

点击 **导出Excel文件** 按钮[图 2-721(k)]，在手机内置 SD 卡工作文件夹创建“文献[11]P145 三等测边网.xls”文件，图 2-73 为该文件“坐标”选项卡内容，图 2-74 为“边长值”选项卡内容。

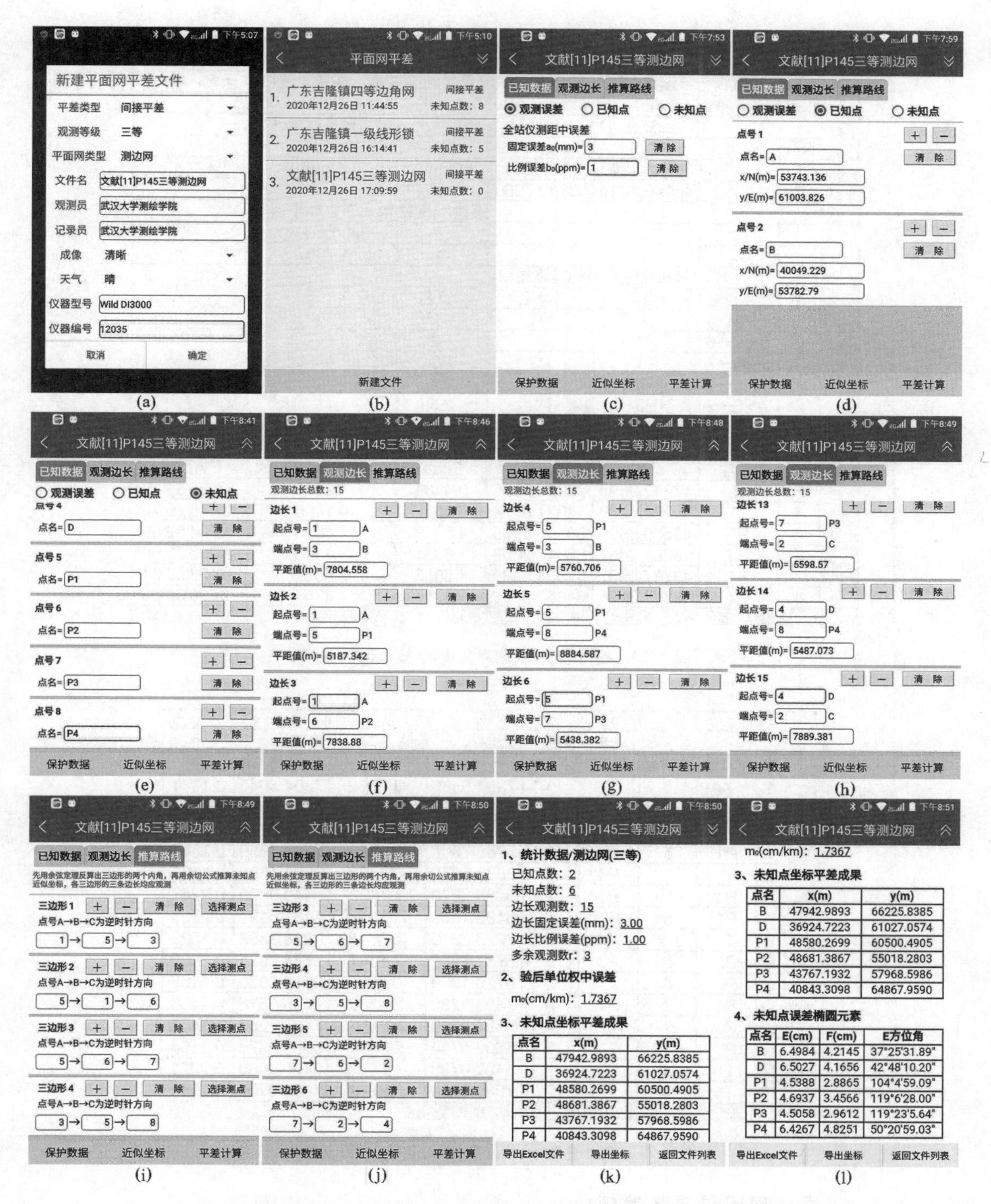

图 2-72 新建测边网间接平差文件，输入图 2-58 所注观测数据，并进行间接平差计算

	A	B	C	D	E	F	G
1	三等测边网间接平差(严密平差)计算成果						
2	测量员：武汉大学测绘学院　记录员：武汉大学测绘学院　成像：清晰　天气：晴						
3	仪器型号：Wild DI3000　仪器编号：12035　日期：2020-12-26 21:06:23						
4	1、已知点坐标、全站仪标称测距误差、验后单位权中误差						
5	点号	点名	x(m)	y(m)	全站仪测距误差		
6	1	A	53743.1360	61003.8260	a0(mm)	b0(ppm)	
7	2	C	40049.2290	53782.7900	3.00	1.00	
8					多余观测数	验后单位权中误差	
9					r	m0(cm/km)	
10					3	1.7367	
11	2、未知点近似坐标推算线路						
12	序	推算点号	A点名	B点名	C点名		
13	1	1→5→3	A	P1	B		
14	2	5→1→6	P1	A	P2		
15	3	5→6→7	P1	P2	P3		
16	4	3→5→8	B	P1	P4		
17	5	7→6→2	P3	P2	C		
18	6	7→2→4	P3	C	D		
19	3、未知点坐标平差成果及其误差椭圆元素						
20	点号	点名	x(m)	y(m)	E(cm)	F(cm)	E方位角
21	3	B	47942.9893	66225.8385	6.4984	4.2145	37°25'31.89"
22	4	D	36924.7223	61027.0574	6.5027	4.1656	42°48'10.20"
23	5	P1	48580.2699	60500.4905	4.5388	2.8865	104°04'59.09"
24	6	P2	48681.3867	55018.2803	4.6937	3.4566	119°06'28.00"
25	7	P3	43767.1932	57968.5986	4.5058	2.9612	119°23'05.64"
26	8	P4	40843.3098	64867.9590	6.4267	4.8251	50°20'59.03"

坐标 / 方向值 / 边长值 / 未知点坐标协因数矩阵

图 2-73　导出的 Excel 成果文件“坐标”选项卡内容

	A	B	C	D	E	F	G	H	I
1	5、边长观测值、改正数、平差值、二次平差权								
2	序	起点名	起点号	端点名	端点号	边长(m)	改正数(cm)	平差值(m)	权
3	1	A	1	B	3	7804.5580	-0.0532	7804.5048	0.1371
4	2	A	1	P1	5	5187.3420	0.1580	5187.5000	0.2387
5	3	A	1	P2	6	7838.8800	0.1458	7839.0258	0.1362
6	4	P1	5	B	3	5760.7060	0.0279	5760.7339	0.2085
7	5	P1	5	P4	8	8884.5870	-3.1177	8881.4693	0.1133
8	6	P1	5	P3	7	5438.3820	1.7003	5440.0823	0.2247
9	7	P1	5	P2	6	5483.1580	-1.5386	5481.6194	0.2223
10	8	B	3	P4	8	7228.3670	-0.0318	7228.3352	0.1529
11	9	P2	6	P3	7	5731.7880	2.4641	5734.2521	0.2099
12	10	P2	6	C	2	8720.1620	-3.6790	8716.4830	0.1165
13	11	P3	7	P4	8	7493.3230	2.5286	7495.8516	0.1453
14	12	P3	7	D	4	7494.8810	2.2454	7497.1264	0.1453
15	13	P3	7	C	2	5598.5700	2.3679	5600.9379	0.2164
16	14	D	4	P4	8	5487.0730	-1.0650	5486.0080	0.2221
17	15	D	4	C	2	7889.3810	-2.4109	7886.9701	0.1349

坐标 / 方向值 / 边长值 / 未知点坐标协因数矩阵

图 2-74　导出的 Excel 成果文件“边长值”选项卡内容

2.6.4　一级导线网间接平差案例

1. 导线网概述

图 2-75 所示的一级导线网，有 4 个已知点，47 个未知点，总点数为 51 个。先编 4 个已知点点号为 1，2，3，4，再从 5 开始顺序编 47 个未知点的点号，可以按任意顺序编未知点号。图 2-75 基本按 6 条坐标推算路线的顺序编号。

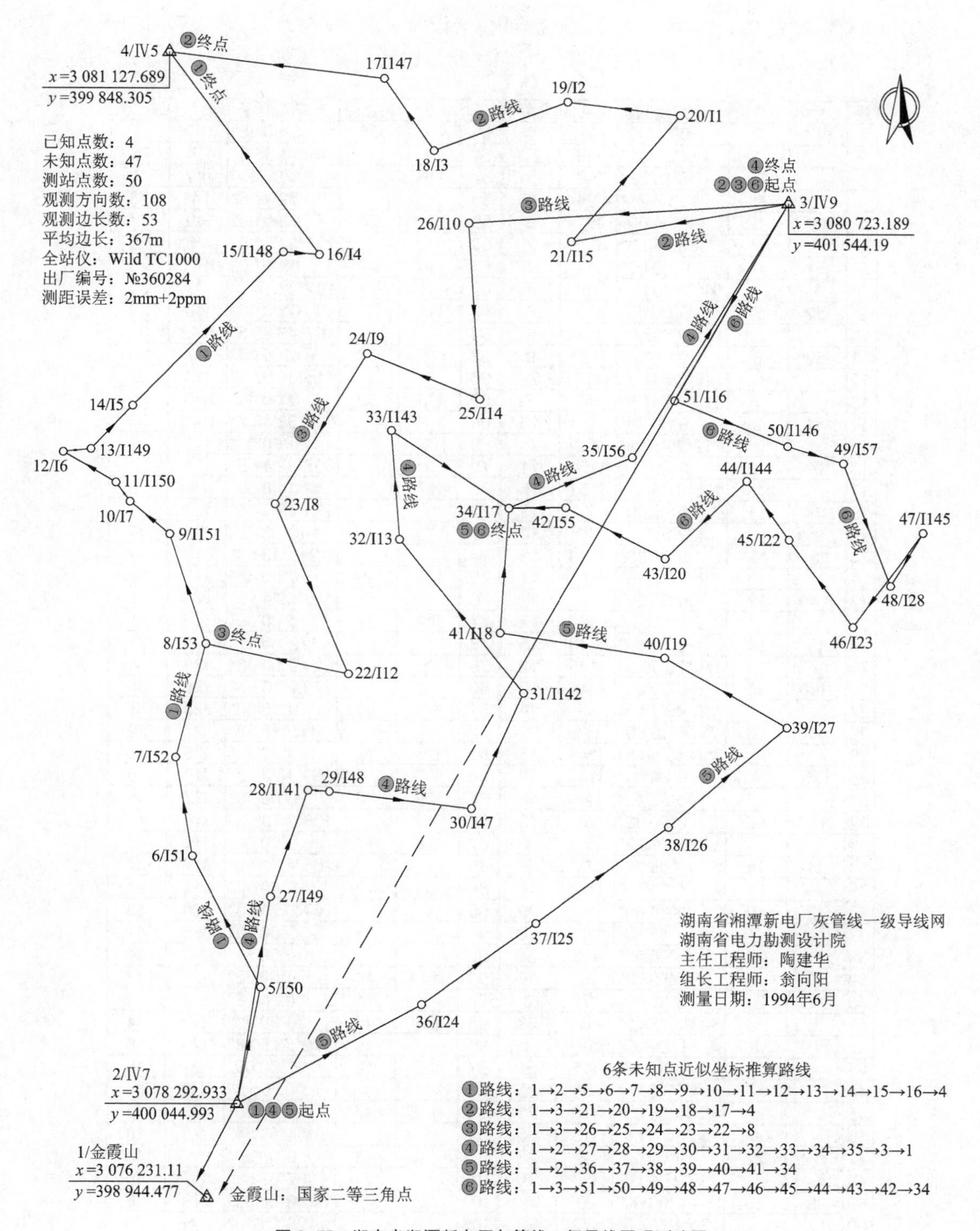

图 2-75　湖南省湘潭新电厂灰管线一级导线网观测略图

方向观测数为 108 个，其中 1 号点(金霞山)未设站观测，仅在 2 号点(Ⅳ7)和 3 号点(Ⅳ9)的方向观测零方向，50 个测站的 108 个方向观测数据如图 2-76 所示。

序	站点名	站点号	方向观测值	觇点名	觇点号	序	站点名	站点号	方向观测值	觇点名	觇点号
1	Ⅳ7	2	0°00'00"	金霞山	1	55	I10	26	0°00'00"	Ⅳ9	3
2			161°01'31"	I49	27	56			89°51'38.8"	I14	25
3			163°15'32"	I50	5	57	I49	27	0°00'00"	Ⅳ7	2
4			213°58'20"	I24	36	58			190°39'47.8"	I141	28
5	I50	5	0°00'00"	I51	6	59	I141	28	0°00'00"	I49	27
6			219°34'48.3"	Ⅳ7	2	60			254°04'54.8"	I48	29
7	I51	6	0°00'00"	I52	7	61	I48	29	0°00'00"	I141	28
8			161°45'01.5"	I50	5	62			182°38'17.5"	I47	30
9	I52	7	0°00'00"	I53	8	63	I47	30	0°00'00"	I48	29
10			155°21'33.8"	I51	6	64			107°46'38.5"	I142	31
11	I53	8	0°00'00"	I151	9	65	I142	31	0°00'00"	I47	30
12			120°08'44.8"	I12	22	66			116°36'07.5"	I13	32
13			213°10'51.8"	I52	7	67	I13	32	0°00'00"	I142	31
14	I51	9	0°00'00"	I7	10	68			214°33'48.8"	I143	33
15			212°29'50.5"	I53	8	69	I143	33	0°00'00"	I13	32
16	I7	10	0°00'00"	I150	11	70			307°32'44.5"	I17	34
17			166°07'32.3"	I151	9	71	I17	34	0°00'00"	I143	33
18	I150	11	0°00'00"	I6	12	72			124°43'47.3"	I56	35
19			202°59'53"	I7	10	73			146°33'40"	I55	42
20	I6	12	0°00'00"	I149	13	74			240°48'53"	I18	41
21			35°39'21.5"	I150	11	75	I56	35	0°00'00"	I17	34
22	I149	13	0°00'00"	I5	14	76			143°59'43.5"	Ⅳ9	3
23			220°06'25.3"	I6	12	77	I24	36	0°00'00"	Ⅳ7	2
24	I5	14	0°00'00"	I148	15	78			172°56'13"	I25	37
25			179°25'59.3"	I149	13	79	I25	37	0°00'00"	I24	36
26	I148	15	0°00'00"	I4	16	80			179°28'33.3"	I26	38
27			130°49'42.5"	I5	14	81	I26	38	0°00'00"	I25	37
28	I4	16	0°00'00"	Ⅳ5	4	82			175°46'52"	I27	39
29			310°55'56.8"	I148	15	83	I27	39	0°00'00"	I26	38
30	Ⅳ5	4	0°00'00"	I147	17	84			69°16'28.3"	I19	40
31			46°06'42"	I4	16	85	I19	40	0°00'00"	I27	39
32	I147	17	0°00'00"	I3	18	86			158°34'05.3"	I18	41
33			131°39'16.3"	Ⅳ5	4	87	I18	41	0°00'00"	I19	40
34	I3	18	0°00'00"	I2	19	88			265°42'19.3"	I17	34
35			254°56'30.5"	I147	17	89	I55	42	0°00'00"	I17	34
36	I2	19	0°00'00"	I1	20	90			207°05'08.3"	I20	43
37			153°43'32"	I3	18	91	I20	43	0°00'00"	I55	42
38	I1	20	0°00'00"	I15	21	92			109°58'31"	I144	44
39			55°32'05.8"	I2	19	93	I144	44	0°00'00"	I20	43
40	I15	21	0°00'00"	Ⅳ9	3	94			277°01'46.8"	I22	45
41			320°57'25.5"	I1	20	95	I22	45	0°00'00"	I144	44
42	Ⅳ9	3	0°00'00"	金霞山	1	96			179°53'50.8"	I23	46
43			0°08'12"	I16	51	97	I23	46	0°00'00"	I22	45
44			1°39'25.5"	I56	35	98			73°05'05.8"	I145	47
45			49°55'05"	I15	21	99	I145	47	0°00'00"	I23	46
46			56°16'09.8"	I10	26	100			354°54'54"	I28	48
47	I12	22	0°00'00"	I8	23	101	I28	48	0°00'00"	I145	47
48			305°21'19.8"	I53	8	102			307°07'58"	I57	49
49	I8	23	0°00'00"	I9	24	103	I57	49	0°00'00"	I28	48
50			124°46'07.8"	I12	22	104			128°21'10"	I146	50
51	I9	24	0°00'00"	I14	25	105	I146	50	0°00'00"	I57	49
52			99°41'04.2"	I8	23	106			184°33'15"	I16	51
53	I14	25	0°00'00"	I10	26	107	I16	51	0°00'00"	I146	50
54			295°37'40.5"	I9	24	108			278°37'11.8"	Ⅳ9	3

图 2-76　湖南省湘潭新电厂灰管线一级导线网方向观测值

边长观测数为 53 个,观测数据如图 2-77 所示。

序	起点名	起点号	端点名	端点号	边长(m)	序	起点名	起点号	端点名	端点号	边长(m)
1	Ⅳ7	2	I50	5	319.6503	28	I141	28	I48	29	58.4701
2	I50	5	I51	6	397.0736	29	I48	29	I47	30	391.8476
3	I51	6	I52	7	267.7119	30	I47	30	I142	31	342.4288
4	I52	7	I53	8	319.0384	31	I142	31	I13	32	539.2973
5	I53	8	I151	9	314.2223	32	I13	32	I143	33	294.5456
6	I151	9	I7	10	139.1892	33	I143	33	I17	34	383.984
7	I7	10	I150	11	64.7098	34	I17	34	I56	35	364.2278
8	I150	11	I6	12	166.6333	35	I56	35	Ⅳ9	3	806.9212
9	I6	12	I149	13	75.9015	36	Ⅳ7	2	I24	36	570.2962
10	I149	13	I5	14	164.45	37	I24	36	I25	37	380.0457
11	I5	14	I148	15	582.7205	38	I25	37	I26	38	445.1538
12	I148	15	I4	16	98.663	39	I26	38	I27	39	419.753
13	I4	16	Ⅳ5	4	683.9514	40	I27	39	I19	40	385.2331
14	Ⅳ5	4	I147	17	593.5977	41	I19	40	I18	41	454.2206
15	I147	17	I3	18	237.2545	42	I18	41	I17	34	340.4658
16	I3	18	I2	19	389.5266	43	I17	34	I55	42	155.8665
17	I2	19	I1	20	309.6492	44	I55	42	I20	43	303.7556
18	I1	20	I15	21	452.0751	45	I20	43	I144	44	306.0929
19	I15	21	Ⅳ9	3	602.0512	46	I144	44	I22	45	195.7986
20	I53	8	I12	22	399.7655	47	I22	45	I23	46	295.8262
21	I12	22	I8	23	502.7409	48	I23	46	I145	47	319.9921
22	I8	23	I9	24	478.9418	49	I145	47	I28	48	169.4469
23	I9	24	I14	25	332.1089	50	I28	48	I57	49	356.142
24	I14	25	I10	26	475.1273	51	I57	49	I146	50	160.1985
25	I10	26	Ⅳ9	3	875.339	52	I146	50	I16	51	332.5201
26	Ⅳ7	2	I49	27	562.5473	53	I16	51	Ⅳ9	3	614.8354
27	I49	27	I141	28	301.3286						

图 2-77　湖南省湘潭新电厂灰管线一级导线网边长观测值

2. 新建一级导线网间接平差文件并输入已知数据

在平面平差文件列表界面,点击 **新建文件** 按钮,平面网类型选择“导线网”[图 2-78(a)],点击 **确定** 按钮,返回文件列表界面[图 2-78(b)]。点击最近新建的文件名,在弹出的快捷菜单点击“输入数据及计算”命令,进入数据输入界面,在 **已知数据** 选项卡◎ **观测误差** 单选框输入全站仪测距误差[图 2-78(c)];设置 ◎ **已知点** 单选框,输入 4 个已知点名及其坐标[图 2-78(d),(e)]。

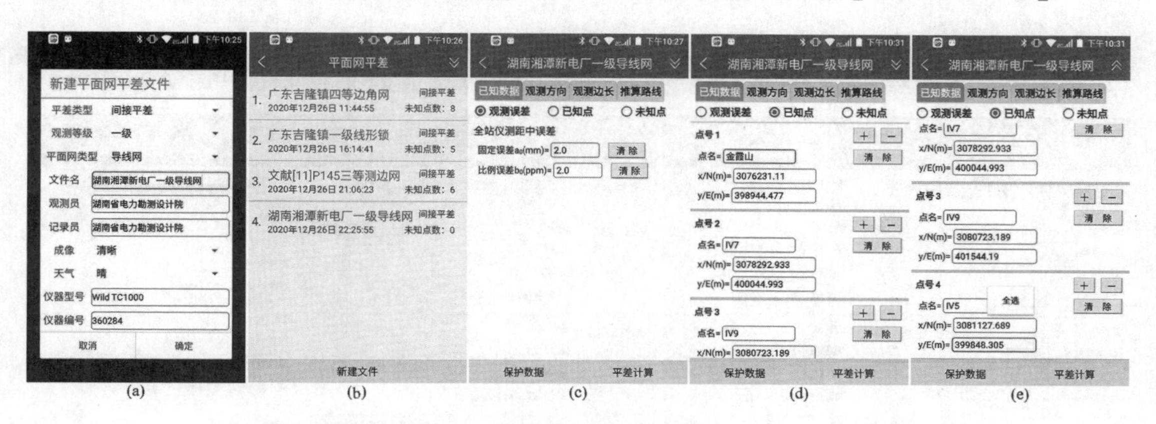

图 2-78　新建导线网间接平差文件,输入测距误差和 4 个已知点名及其坐标

设置◎ **未知点**单选框,输入 47 个未知点名[图 2-79(a),(b)]。

3. 输入方向观测数据

点击 **观测方向** 选项卡,点击 **+** 按钮,新增 2 号站点(Ⅳ7)方向观测数据栏,输入图2-76

所注 4 个方向观测数据[图 2-79(c)]。图 2-79[d]为输入完 5 号站点(I50)方向观测数据结果,图 2-79[e]为输入完 6 号站点(I51)方向观测数据结果,图 2-79[f]为输入完 7 号站点(I52)方向观测数据结果,图 2-79[g]为输入完 8 号站点(I53)方向观测数据结果,图 2-79[h]为输入完最后的 51 号站点(I16)方向观测数据结果。此时,屏幕顶部说明行显示 **测站总数:50 观测方向总数:108** 。

图 2-79 输入未知点名、108 个方向观测数据、53 条边长观测数据

用户输入大型导线网站点的方向观测数据时，为了避免漏输，建议在输入过程中，每输入完一站的观测数据后，及时检查屏幕顶部说明行显示的已输入“测站总数”和“观测方向总数”是否与实际值相符。如果漏输站点方向观测数据，只能添加在已输入站点数据的最末。

4. 输入边长观测数据

点击 观测边长 选项卡，按图 2-77 输入 53 条边长观测数据，结果如图 2-79(i)—(l)所示。

5. 输入未知点近似坐标推算路线

三角网、边角网、测边网是使用余切定理计算未知点的近似坐标，一个三角形只能计算一个未知点的近似坐标。导线网是使用支导线方式计算未知点的近似坐标，推算路线为支导线点号。

导线推算路线点编号时，应便于程序计算路线的起始方位角，一般使每条推算路线的前两个点为已知点，当推算路线的最后一点为已知点，倒数第二个点为未知点时，程序只计算该路线的坐标闭合差 f_x，f_y(图 2-75 路线①)。当推算路线的最后一点为未知点，但已在之前的推算路线中算出了其坐标时，程序也计算该路线的坐标闭合差 f_x，f_y(图 2-75 路线③)。只有当推算路线的最后两个点均为已知点时，才同时计算坐标闭合差 f_x，f_y 和方位角闭合差 f_β(图 2-75 路线④)。

设置 推算路线 选项卡，缺省设置只有一条推算路线[图 2-80(a)]。点击 选择测点 按钮，进入全部点号列表界面[图 2-80(b)]，输入图 2-75 所注路线①的点号，结果如图 2-80(c)—(e)所示，点击标题栏右侧的✓按钮返回推算路线界面[图 2-80(f)]。同理完成路线②，③的点号输入[图 2-80(g)]。

路线④的起始点号为 1，2，最后两个点号为 3，1，均为已知点，也是 6 条推算路线中唯一一条计算方位角闭合差的路线，且 1 号点要输入两次。点击路线 3 右侧的 + 按钮，新增路线 4；点击 选择测点 按钮，顺序点击 1，2 点[图 2-80(h)]，向上滑动屏幕，顺序点击 27～35 点[图 2-80(i)]；向下滑动屏幕，顺序点击 3，1 点[图 2-80(j)]，点击标题栏右侧的✓按钮返回推算路线界面[图 2-80(k)]。同理完成图 2-75 所注路线⑤，⑥的点号输入[图 2-80(l)]。

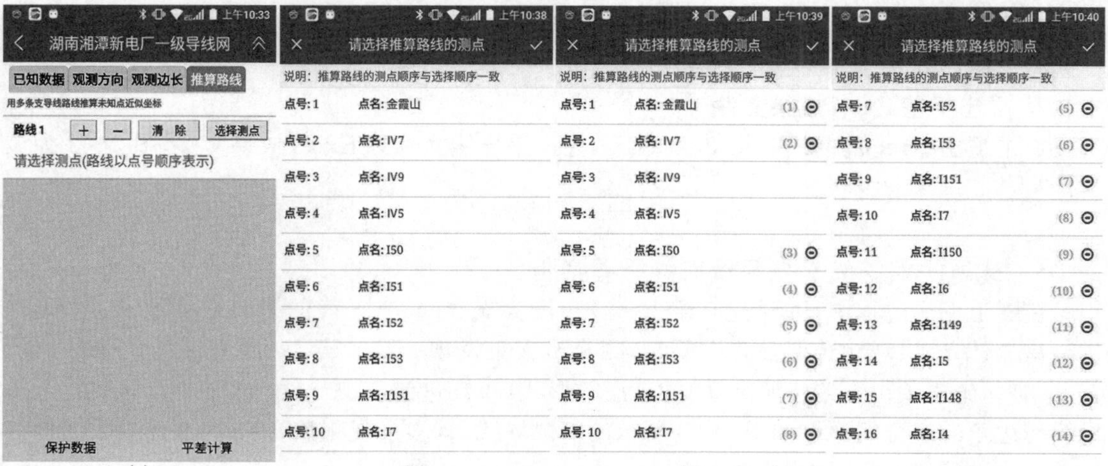

(a) (b) (c) (d)

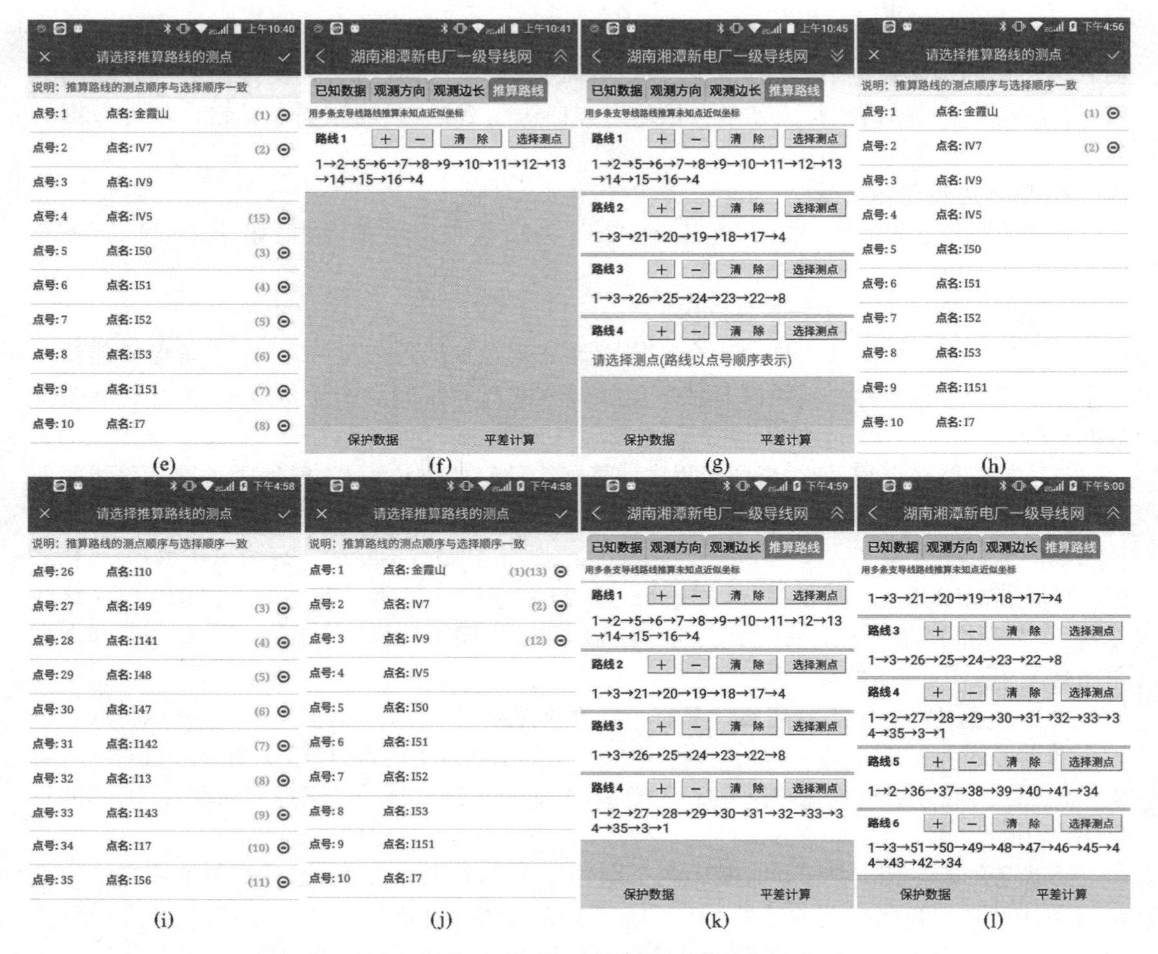

图 2-80　输入 6 条未知点近似坐标推算路线点号

在推算路线点号选择界面[图 2-80(i)]，点击点号最右侧的⊖按钮可取消该点号。

6. 间接平差计算

点击**平差计算**按钮进行间接平差计算，结果如图 2-81 所示。只有路线 4 有坐标闭合差 f_x，f_y 和角度闭合差 f_β，其余 5 条推算路线只有坐标闭合差 f_x，f_y。因导线有方向和边长两类观测数据，程序进行两次间接平差计算。

7. 导出平差 Excel 成果文件

点击**导出Excel文件**按钮[图 2-81(h)]，导出该导线文件的 Excel 成果文件，图 2-82 为该文件“坐标”选项卡内容。

2.6.5　隧道进洞一级双侧导线间接平差案例

在隧道掘进过程中，进洞施工导线一般布设为支导线，支导线的多余观测数 $r=0$，无法进行检核计算，当观测数据含有粗差时，测量员很难发现。2000 年后，随着高精度全站仪的普及，有些施工单位开始仿照高铁 CPⅢ点的形式，布设进洞双侧导线，这种平面网实际上是导线与边角的组合网。例如图 2-83 所示的双侧导线，其多余观测数 $r=39$，当观测数据含有粗差时，可以通过平差计算检核出来。

图 2-81　执行“平差计算”命令进行间接平差

一级导线网间接平差(严密平差)计算成果							
测量员：湖南省电力勘测设计院 记录员：湖南省电力勘测设计院 成像：清晰 天气：晴							
仪器型号：Wild TC1000　仪器编号：360284　日期：2020-12-27 15:45:16							
1、已知点坐标、全站仪标称测距误差、验后单位权中误差							
点号	点名	x(m)	y(m)	全站仪测距误差			
1	金霞山	3076231.1100	398944.4770	a0(mm)	b0(mm)		
2	Ⅳ7	3078292.9330	400044.9930	2.00	2.00		
3	Ⅳ9	3080723.1890	401544.1900	多余观测数	两次验后单位权中误差		
4	Ⅳ5	3081127.6890	399848.3050	r	m01(s)	m02(s)	
		.		17	3.6204	3.6278	
2、未知点近似坐标推算路线及其闭合差							
路线1：1→2→5→6→7→8→9→10→11→12→13→14→15→16→4							
路线2：1→3→21→20→19→18→17→4							
路线3：1→3→26→25→24→23→22→8							
路线4：1→2→27→28→29→30→31→32→33→34→35→3→1							
路线5：1→2→36→37→38→39→40→41→34							
路线6：1→3→51→50→49→48→47→46→45→44→43→42→34							
路线	fx(m)	fy(m)	f(m)	∑S(m)	平均边长(m)	f/∑S	fβ(s)
1	0.0116	-0.0229	0.0257	3593.9152	276.4550	1/140068	
2	0.0226	0.0036	0.0228	2584.1543	430.6924	1/113118	
3	-0.0281	-0.0448	0.0529	3064.0234	510.6706	1/57960	
4	0.0598	-0.0148	0.0616	4045.5983	404.5598	1/65667	-8.78
5	-0.0053	-0.0257	0.0263	2995.1682	427.8812	1/114091	
6	-0.0032	-0.0307	0.0309	3210.4748	291.8613	1/103938	
3、未知点坐标平差成果及其误差椭圆元素							
点号	点名	x(m)	y(m)	长半轴(cm)	短半轴(cm)	长轴方位角	
5	I50	3078606.3321	400107.8968	0.5541	0.2605	102°58′50.42″	
6	I51	3078956.1709	399920.0671	0.9708	0.4166	79°56′19.30″	
7	I52	3079219.8301	399873.6646	1.1648	0.4743	80°12′59.94″	
8	I53	3079528.4814	399954.4080	1.2828	0.5594	86°40′47.27″	
9	I151	3079826.4311	399854.6002	1.4052	0.5868	87°16′21.00″	
10	I7	3079913.9940	399746.4042	1.4472	0.6484	85°21′30.45″	
11	I150	3079965.5767	399707.3329	1.4610	0.6955	84°43′36.31″	
12	I6	3080048.5409	399562.8214	1.4766	0.9003	80°26′53.64″	
13	I149	3080056.2055	399638.3351	1.4774	0.7964	81°03′13.61″	
14	I5	3080174.3065	399752.7729	1.4434	0.7040	77°10′16.63″	
15	I148	3080588.7584	400162.3984	1.2940	0.3677	57°30′57.38″	
16	I4	3080582.1583	400260.8405	1.3673	0.3338	52°42′56.14″	
17	I147	3081057.5024	400437.7386	0.9988	0.3036	6°29′10.78″	
18	I3	3080862.8332	400573.3612	1.0708	0.4271	11°59′57.93″	
19	I2	3080994.8203	400939.8451	0.9757	0.5186	13°06′20.32″	
20	I1	3080959.9358	401247.5229	0.9073	0.5317	174°52′01.35″	
21	I15	3080618.4107	400951.3265	1.0444	0.3072	169°30′05.35″	
22	I12	3079447.9221	400345.9719	1.3206	1.0124	73°17′25.05″	
23	I8	3079908.1536	400143.6481	1.1107	0.8232	126°46′57.12″	
24	I9	3080316.5129	400393.9017	1.1421	0.7892	138°08′30.88″	
25	I14	3080193.0830	400702.2217	1.1461	0.8991	148°34′13.11″	
26	I10	3080667.1593	400670.6472	1.0980	0.3720	175°32′29.02″	
27	I49	3078848.3745	400134.1185	0.9876	0.3086	99°18′51.13″	
28	I141	3079131.9249	400236.0876	1.3979	0.3998	102°55′38.67″	
29	I48	3079127.9871	400294.4247	1.4134	0.4215	105°01′01.15″	
30	I47	3079083.6276	400683.7530	1.4342	0.9851	110°45′25.10″	
31	I142	3079395.7750	400824.5401	1.4667	0.9492	131°08′27.54″	
32	I13	3079814.1648	400484.2589	1.4477	0.7846	138°19′44.71″	
33	I143	3080107.7787	400460.8558	1.3574	1.0039	139°11′25.11″	
34	I17	3079898.7015	400782.9279	1.3225	0.5044	129°42′30.86″	
35	I56	3080036.7834	401119.9661	1.1293	0.3468	121°01′49.16″	
36	I24	3078560.1126	400548.8310	0.8932	0.3122	151°39′01.06″	
37	I25	3078778.0939	400860.1488	1.2033	0.4147	149°04′28.64″	
38	I26	3079036.7435	401222.4501	1.4198	0.4997	147°56′23.39″	
39	I27	3079305.1074	401545.2090	1.6988	0.5614	147°04′14.25″	
40	I19	3079494.9900	401210.0238	1.5576	0.6391	134°55′51.82″	
41	I18	3079558.9863	400760.3341	1.4494	0.5325	127°21′50.38″	
42	I55	3079899.9244	400938.7894	1.2788	0.5100	125°25′28.59″	
43	I20	3079763.7520	401210.3116	1.2857	0.7912	109°27′08.23″	
44	I144	3079974.0311	401432.7428	1.0921	0.9109	114°14′49.59″	
45	I22	3079816.3573	401548.8285	1.2499	0.9974	77°45′44.83″	
46	I23	3079578.4474	401724.6458	1.8740	0.9844	65°04′44.06″	
47	I145	3079835.2752	401915.5242	1.7137	1.0250	33°33′04.54″	
48	I28	3079690.8540	401826.8975	1.8001	0.9210	52°53′17.62″	
49	I57	3080022.5996	401697.3506	1.1069	0.9669	52°47′56.81″	
50	I146	3080069.4974	401544.1702	1.0179	0.7433	95°35′22.88″	
51	I16	3080191.7811	401234.9509	0.9986	0.3211	121°11′32.93″	

坐标 / 方向值 / 边长值 / 未知点坐标协因数矩阵

图 2-82　导出的 Excel 成果文件“坐标”选项卡内容

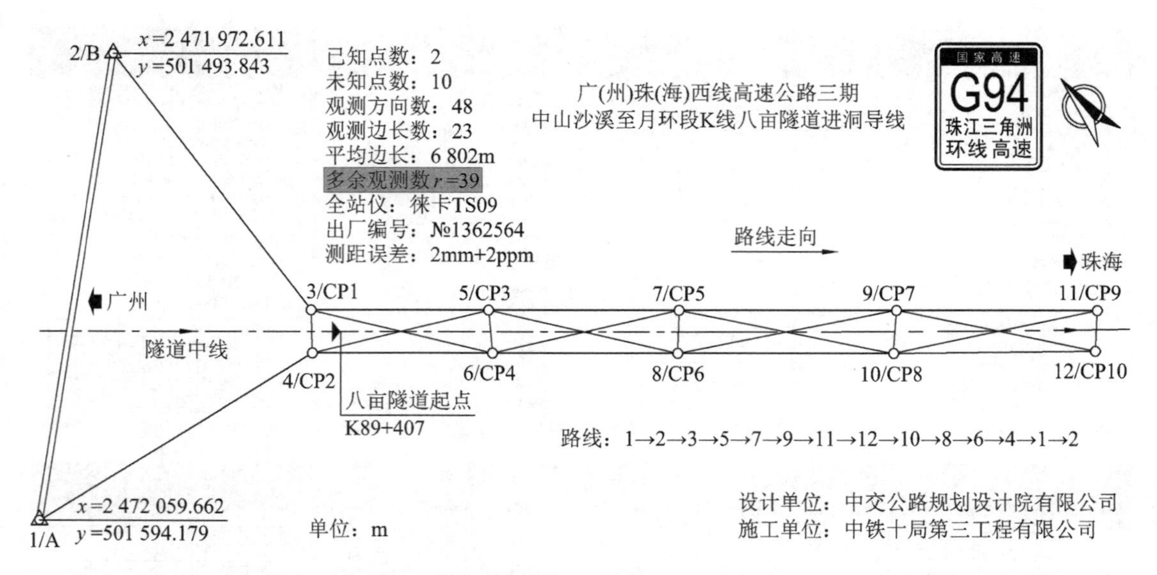

图 2-83　广(州)珠(海)西线高速公路三期中山沙溪至月环段 K 线八亩隧道进洞双侧导线观测略图

根据隧道平曲线的曲率半径，向前每掘进 50～100 m，在掌子面附近新增一对导线点，只需要重新观测最后一对点和新增一对点共 4 站的方向和边长并重新平差，直至隧道贯通。例如，图 2-83 所示的进洞双侧导线，如果沿掘进方向新增 CP11 和 CP12 点时，只需要重新观测 CP9，CP10，CP11，CP12 等四站的方向和边长即可重新平差计算。

图 2-83 所示进洞双侧导线的 48 个方向观测值如图 2-84 所示，23 条边长观测值如图 2-85 所示。

序	站点名	站点号	方向观测值	觇点名	觇点号	序	站点名	站点号	方向观测值	觇点名	觇点号
1	A	1	0°00'00"	CP2	4	25			192°37'57"	CP7	9
2			310°10'52"	B	2	26			203°47'35"	CP8	10
3	B	2	0°00'00"	A	1	27			284°26'58"	CP6	8
4			312°54'29"	CP1	3	28	CP6	8	0°00'00"	CP4	6
5	CP1	3	0°00'00"	B	2	29			12°31'11"	CP3	5
6			128°03'30"	CP3	5	30			91°44'56"	CP5	7
7			141°05'58"	CP4	6	31			169°02'10"	CP7	9
8			216°06'48"	CP2	4	32			180°00'02"	CP8	10
9	CP2	4	0°00'00"	A	1	33	CP7	9	0°00'00"	CP5	7
10			119°12'09"	CP1	3	34			180°08'29"	CP9	11
11			197°42'47"	CP3	5	35			191°22'34"	CP10	12
12			211°08'51"	CP4	6	36			273°37'34"	CP8	10
13	CP3	5	0°00'00"	CP1	3	37			349°06'13"	CP6	8
14			180°00'02"	CP5	7	38	CP8	10	0°00'00"	CP6	8
15			192°31'09"	CP6	8	39			11°05'35"	CP5	7
16			264°27'46"	CP4	6	40			93°33'28"	CP7	9
17			346°33'58"	CP2	4	41			168°21'16"	CP9	11
18	CP4	6	0°00'00"	CP2	4	42			179°19'31"	CP10	12
19			13°02'27"	CP1	3	43	CP9	11	0°00'00"	CP7	9
20			84°27'47"	CP3	5	44			272°24'53"	CP10	12
21			167°17'56"	CP5	7	45			348°16'50"	CP8	10
22			180°00'01"	CP6	8	46	CP10	12	0°00'00"	CP8	10
23	CP5	7	0°00'00"	CP4	6	47			11°58'57"	CP7	9
24			12°42'04"	CP3	5	48			93°09'39"	CP9	11

图 2-84　广东八亩隧道进洞双侧导线方向观测值

序	起点名	起点号	端点名	端点号	边长(m)	序	起点名	起点号	端点名	端点号	边长(m)
1	CP1	3	B	2	91.674	13	CP5	7	CP8	10	62.369
2	CP1	3	CP2	4	12.009	14	CP5	7	CP7	9	61.955
3	CP1	3	CP3	5	50.643	15	CP5	7	CP6	8	12.007
4	CP1	3	CP4	6	53.182	16	CP6	8	CP8	10	61.571
5	CP2	4	A	1	90.877	17	CP6	8	CP7	9	63.484
6	CP2	4	CP3	5	51.653	18	CP7	9	CP9	11	57.475
7	CP2	4	CP4	6	51.404	19	CP7	9	CP10	12	58.104
8	CP3	5	CP6	8	55.356	20	CP7	9	CP8	10	12.094
9	CP3	5	CP5	7	54.409	21	CP8	10	CP9	11	59.444
10	CP3	5	CP4	6	12.057	22	CP8	10	CP10	12	57.737
11	CP4	6	CP6	8	52.879	23	CP9	11	CP10	12	11.333
12	CP4	6	CP5	7	54.582						

图 2-85　广东八亩隧道进洞双侧导线边长观测值

在平面网平差文件列表界面，点击 **新建文件** 按钮，平面网类型选择“导线网”[图 2-86(a)]；点击 **确定** 按钮，返回文件列表界面[图 2-86(b)]。点击最近新建的文件名，在弹出的快捷菜单点击“输入数据及计算”命令，进入数据输入界面。在 **已知数据** 选项卡 ◎ **观测误差** 单选框输入全站仪测距误差[图 2-86(c)]；设置 ◎ **已知点** 单选框，输入 2 个已知点名及其坐标[图 2-86(d)]；设置 ◎ **未知点** 单选框，输入 10 个未知点名[图 2-86(e)]。

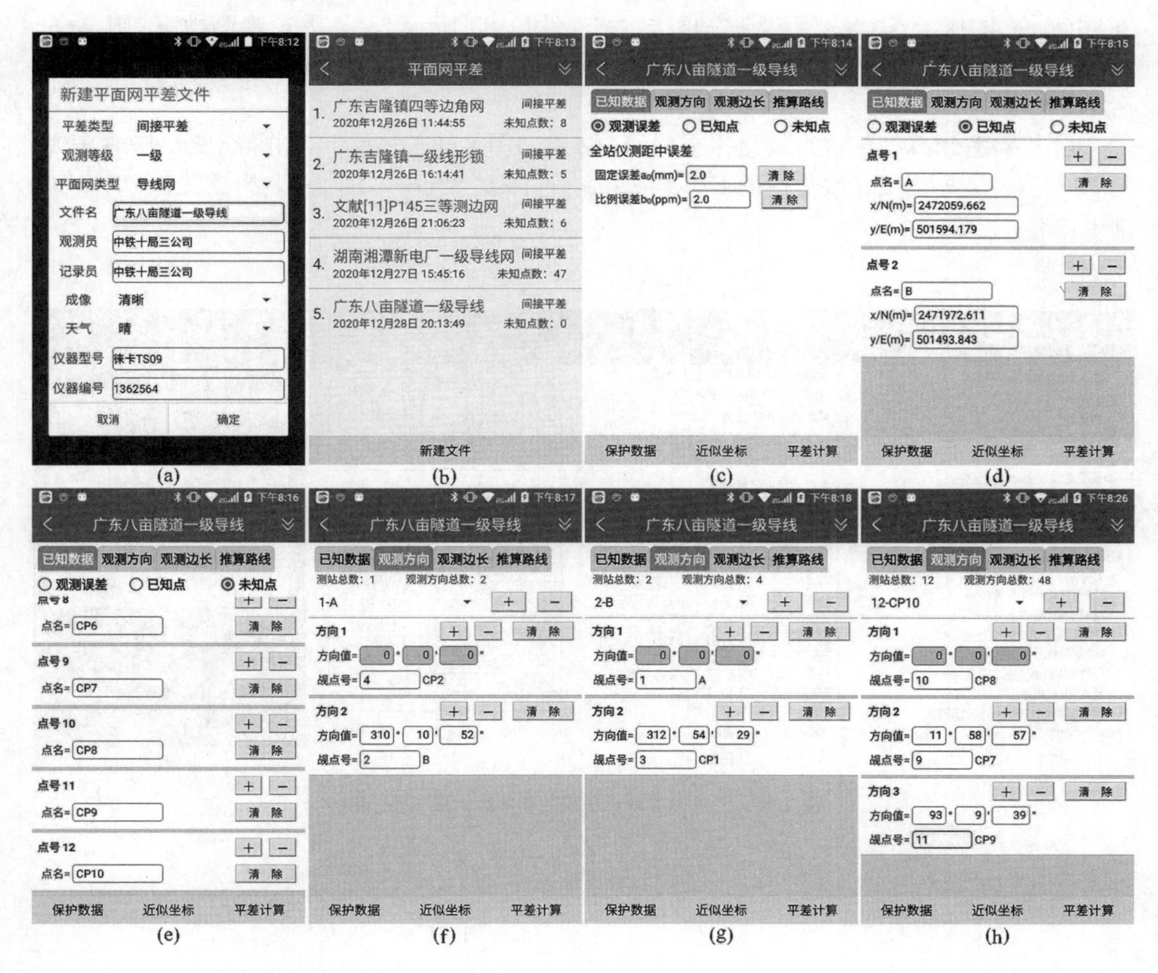

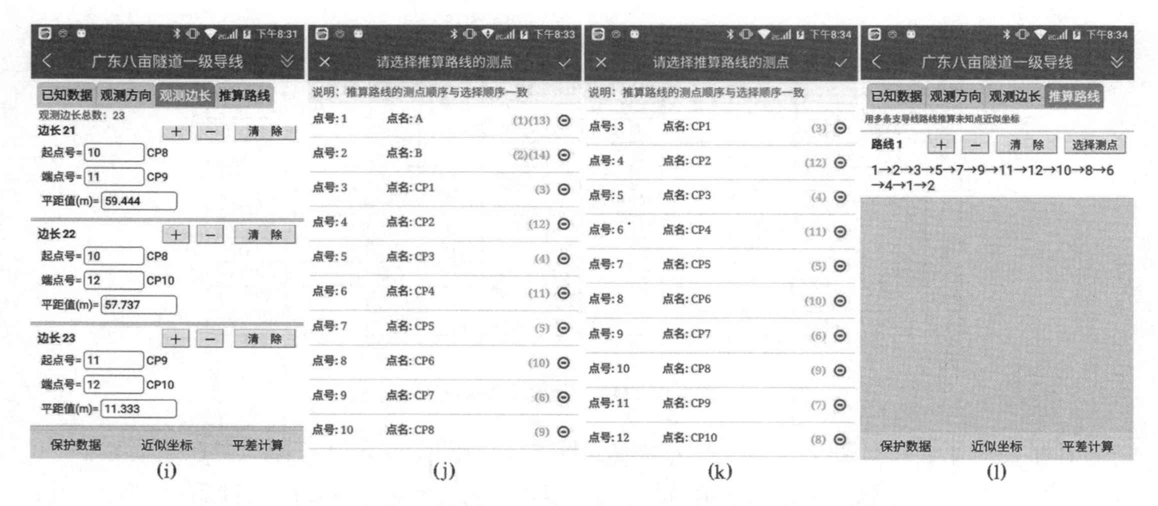

图 2-86 新建一级导线网间接平差文件，输入已知数据、观测数据、推算路线点号

设置 **观测方向** 选项卡，输入图 2-84 所示 12 个站点的 48 个方向观测数据，结果如图 2-86(f)—(h)所示；设置 **观测边长** 选项卡，输入图 2-85 所示 23 条边长观测数据[图 2-86(i)]；设置 **推算路线** 选项卡，输入图 2-83 所示近似坐标推算路线点号，结果如图 2-86(j)—(l)所示。

点击 **平差计算** 按钮进行间接平差计算，结果如图 2-87 所示。点击 **导出Excel文件** 按钮[图 2-87(c)]，导出该导线文件的 Excel 成果文件[图 2-87(d)]，图 2-88 为该文件“坐标”选项卡内容。

图 2-87 广东八亩隧道进洞双侧导线间接平差计算

	A	B	C	D	E	F	G	H
1	一级导线网间接平差(严密平差)计算成果							
2	测量员：中铁十局三公司　记录员：中铁十局三公司　成像：清晰　天气：晴							
3	仪器型号：徕卡TS09　仪器编号：1362564　日期：2020-12-28 20:36:09							
4	1、已知点坐标、全站仪标称测距误差、验后单位权中误差							
5	点号	点名	x(m)	y(m)	全站仪测距误差			
6	1	A	2472059.6620	501594.1790	a0(mm)	b0(mm)		
7	2	B	2471972.6110	501493.8430	2.00	2.00		
8					多余观测数	两次验后单位权中误差		
9					r	m01(s)	m02(s)	
10					39	2.7414	2.2128	
11	2、未知点近似坐标推算路线及其闭合差							
12	路线1：1→2→3→5→7→9→11→12→10→8→6→4→1→2							
13	路	fx(m)	fy(m)	f(m)	∑S(m)	平均边长	f/∑S	fβ(s)
14	1	-0.0057	-0.0003	0.0057	641.9570	58.3597	1/112343	4.00
15	3、未知点坐标平差成果及其误差椭圆元素							
16	点	点名	x(m)	y(m)	长半轴(cm)	短半轴(cm)	长轴方位角	
17	3	CP1	2472064.2300	501496.9841	0.1113	0.0872	35°07'55.75"	
18	4	CP2	2472073.6819	501504.3892	0.1127	0.0844	63°24'17.54"	
19	5	CP3	2472096.7998	501458.1992	0.1584	0.1163	45°42'10.09"	
20	6	CP4	2472106.7377	501465.0254	0.1609	0.1169	52°03'26.55"	
21	7	CP5	2472131.7890	501416.5334	0.2231	0.1438	42°56'55.42"	
22	8	CP6	2472140.7430	501424.5309	0.2238	0.1434	48°07'06.52"	
23	9	CP7	2472171.5751	501369.0403	0.3090	0.1673	41°17'01.98"	
24	10	CP8	2472180.3383	501377.3794	0.3088	0.1667	45°24'57.17"	
25	11	CP9	2472208.5901	501325.0758	0.3984	0.1879	40°49'35.37"	
26	12	CP10	2472216.9433	501332.7325	0.3982	0.1874	43°40'35.75"	

坐标 / 方向值 / 边长值 / 未知点坐标协因数矩阵 /

图 2-88　导出的 Excel 成果文件“坐标”选项卡内容

2.6.6　无定向导线间接平差案例

无定向导线分为单边无定向导线和双边无定向导线两种。

1. 单边无定向导线间接平差案例

将图 2-36 所示单边无定向导线的 14 个水平角观测数据改编为方向观测数据，结果如图 2-89 所示。新建间接平差导线网文件[图 2-90(a)]，输入测距误差[图 2-90(c)]，输入 3 个已知点名及其平面坐标[图 2-90(d)]，输入 13 个未知点名[图 2-90(e)]，输入 14 个站点的 28 个方向观测数据[图 2-90(g)]，输入 14 条边长观测数据[图 2-90(h)]，输入 1 条近似坐标推算路线点号[图 2-91(a)]，点击**平差计算**按钮，结果如图 2-91(b)—(d)所示。

序	站点名	站点号	方向观测值	觇点名	觇点号	序	站点名	站点号	方向观测值	觇点名	觇点号
1	DX107	2	0°00'00"	DX107-1	1	15	DX101	10	0°00'00"	GPS196	9
2			242°13'22"	DX106	4	16			145°31'43"	DX037	11
3	DX106	4	0°00'00"	DX107	2	17	DX037	11	0°00'00"	DX101	10
4			168°33'33"	DX105	5	18			311°47'22"	GPS195	12
5	DX105	5	0°00'00"	DX106	4	19	GPS195	12	0°00'00"	DX037	11
6			170°52'16"	DX103	6	20			71°21'49"	DX100	13
7	DX103	6	0°00'00"	DX105	5	21	DX100	13	0°00'00"	GDP195	12
8			191°39'52"	GPS031	7	22			235°12'44"	DX099	14
9	GPS031	7	0°00'00"	DX103	6	23	DX099	14	0°00'00"	DX100	13
10			118°16'56"	GPS029	8	24			162°39'09"	DX098	15
11	GPS029	8	0°00'00"	GPS031	7	25	DX098	15	0°00'00"	DX099	14
12			221°39'26"	GPS196	9	26			211°14'33"	DX097	16
13	GPS196	9	0°00'00"	GPS029	8	27	DX097	16	0°00'00"	DX098	15
14			148°05'28"	DX101	10	28			127°40'20"	GPS028	3

图 2-89　图 2-36 所示三级单边无定向导线方向观测数据

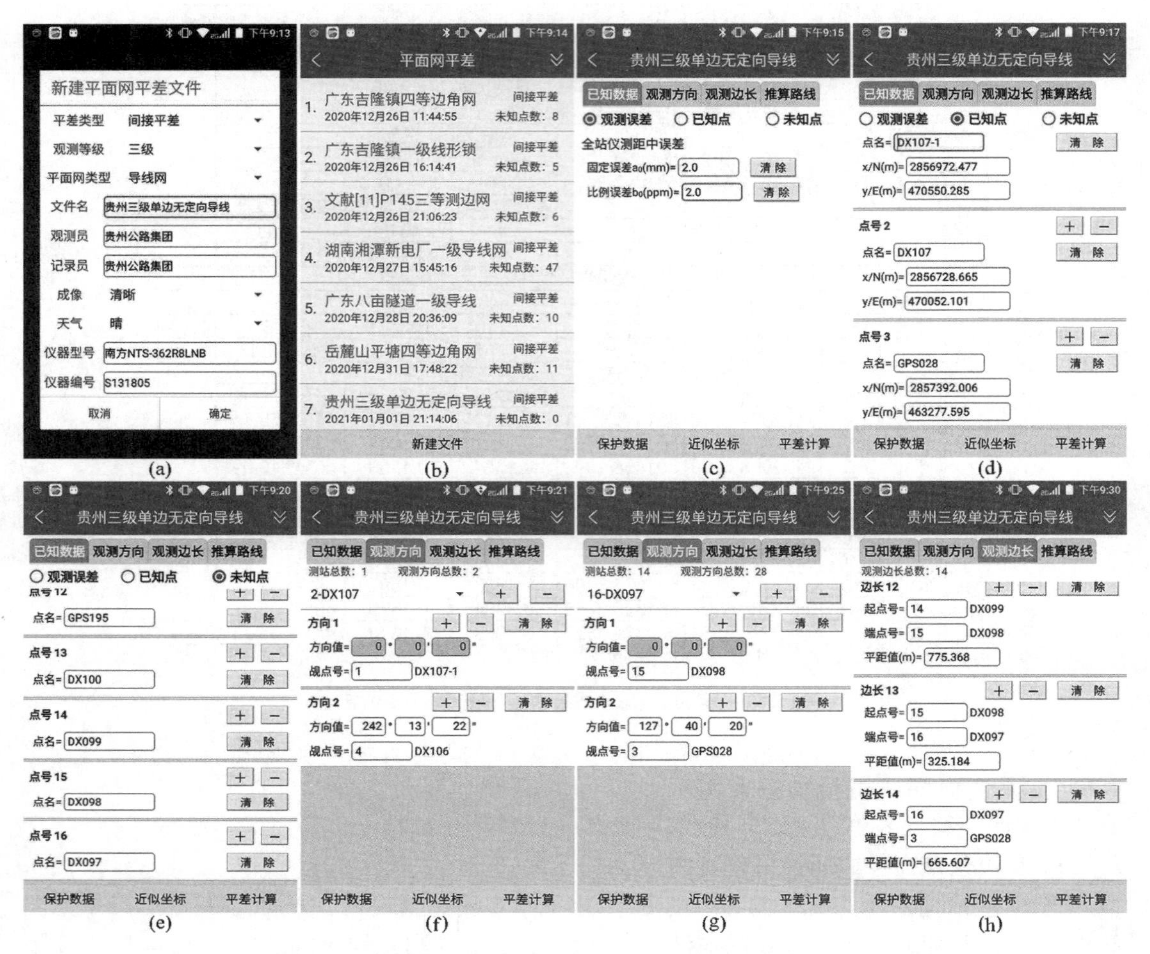

图 2-90 新建三级导线网间接平差文件，输入已知数据、方向观测与边长观测数据

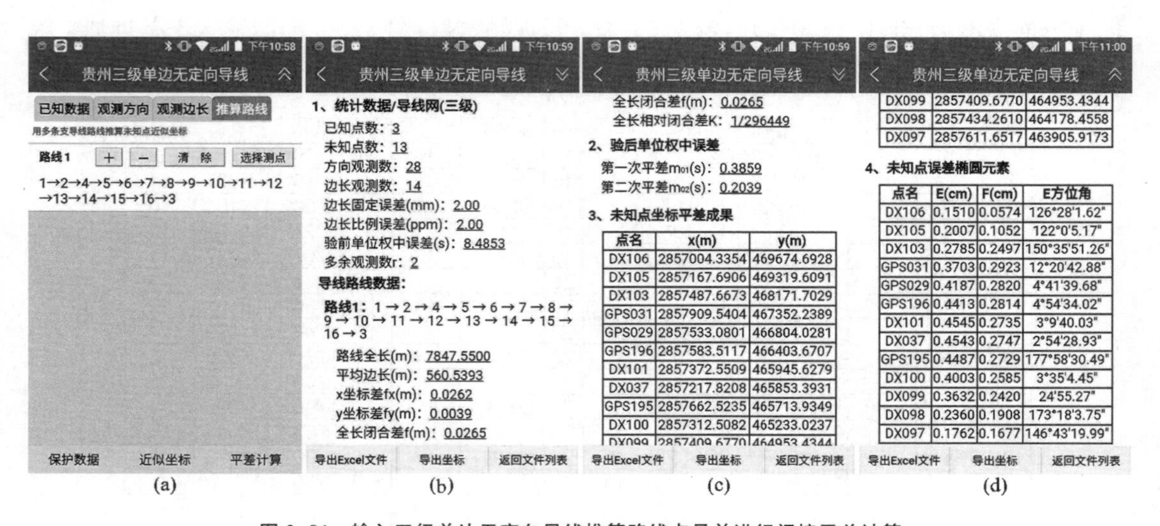

点名	x(m)	y(m)
DX106	2857004.3354	469674.6928
DX105	2857167.6906	469319.6091
DX103	2857487.6673	468171.7029
GPS031	2857909.5404	467352.2389
GPS029	2857533.0801	466804.0281
GPS196	2857583.5117	466403.6707
DX101	2857372.5509	465945.6279
DX037	2857217.8208	465853.3931
GPS195	2857662.5235	465713.9349
DX100	2857312.5082	465233.0237
DX099	2857409.6770	464953.4344
DX098	2857434.2610	464178.4558
DX097	2857611.6517	463905.9173

点名	E(cm)	F(cm)	E方位角
DX106	0.1510	0.0574	126°28′1.62″
DX105	0.2007	0.1052	122°0′5.17″
DX103	0.2785	0.2497	150°35′51.26″
GPS031	0.3703	0.2923	12°20′42.88″
GPS029	0.4187	0.2820	4°41′39.68″
GPS196	0.4413	0.2814	4°54′34.02″
DX101	0.4545	0.2735	3°9′40.03″
DX037	0.4543	0.2747	2°54′28.93″
GPS195	0.4487	0.2729	177°58′30.49″
DX100	0.4003	0.2585	3°35′4.45″
DX099	0.3632	0.2420	24′55.27″
DX098	0.2360	0.1908	173°18′3.75″
DX097	0.1762	0.1677	146°43′19.99″

图 2-91 输入三级单边无定向导线推算路线点号并进行间接平差计算

2. 双边无定向导线间接平差案例

将图 2-39 所示双边无定向导线的 8 个水平角观测数据改编为方向观测数据，结果如图 2-92 所示。

序	站点名	站点号	方向观测值	觇点名	觇点号	序	站点名	站点号	方向观测值	觇点名	觇点号
1	Y3	3	0°00'00"	CDI-5	1	9	A1	7	0°00'00"	A2	6
2			177°55'13"	T3	4	10			87°20'35"	Y14	8
3	T3	4	0°00'00"	Y3	3	11	Y14	8	0°00'00"	A1	7
4			102°52'42"	T4	5	12			156°16'48"	Y16	9
5	T4	5	0°00'00"	T3	4	13	Y16	9	0°00'00"	Y14	8
6			84°57'22"	A2	6	14			293°13'45"	T5	10
7	A2	6	0°00'00"	T4	5	15	T5	10	0°00'00"	Y16	9
8			273°43'39"	A1	7	16			86°36'46"	CDI-6	2

图 2-92　图 2-39 所示湖南省常德电厂扩建工程三级双边无定向导线方向观测数据

新建间接平差导线网文件[图 2-93(a)]，输入测距误差[图 2-93(c)]，输入 2 个已知点名及其平面坐标[图 2-93(d)]，输入 8 个未知点名[图 2-94(a)]，输入 8 个站点的 16 个方向观测数据[图 2-94(b)]，输入 9 条边长观测数据[图 2-94(d)]，输入 1 条近似坐标推算路线点号[图 2-94(f)]，点击**平差计算**按钮，结果如图 2-91(g)，(h)所示。

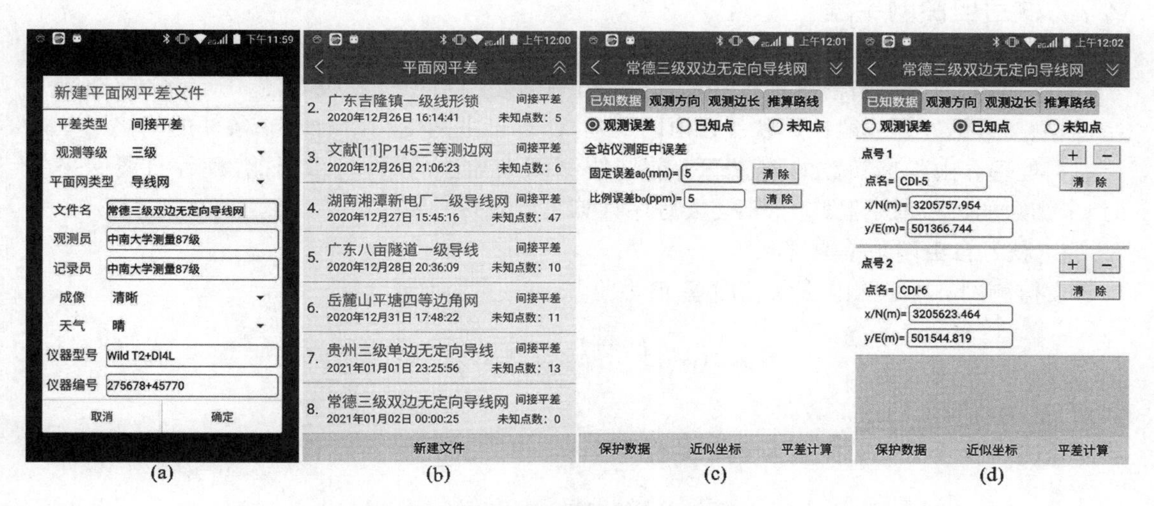

图 2-93　新建三级导线网间接平差文件，输入测距误差和已知点坐标

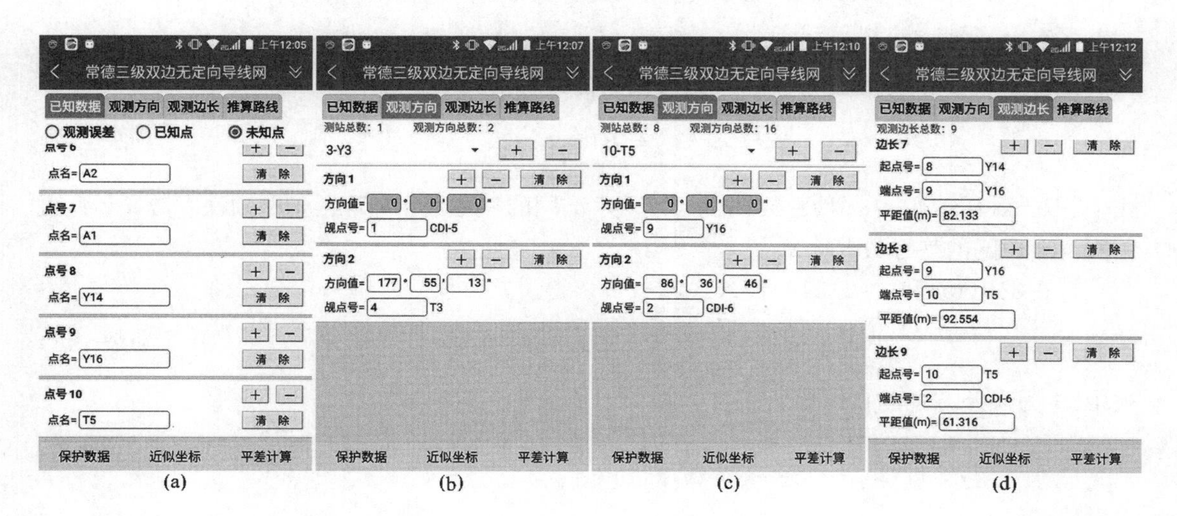

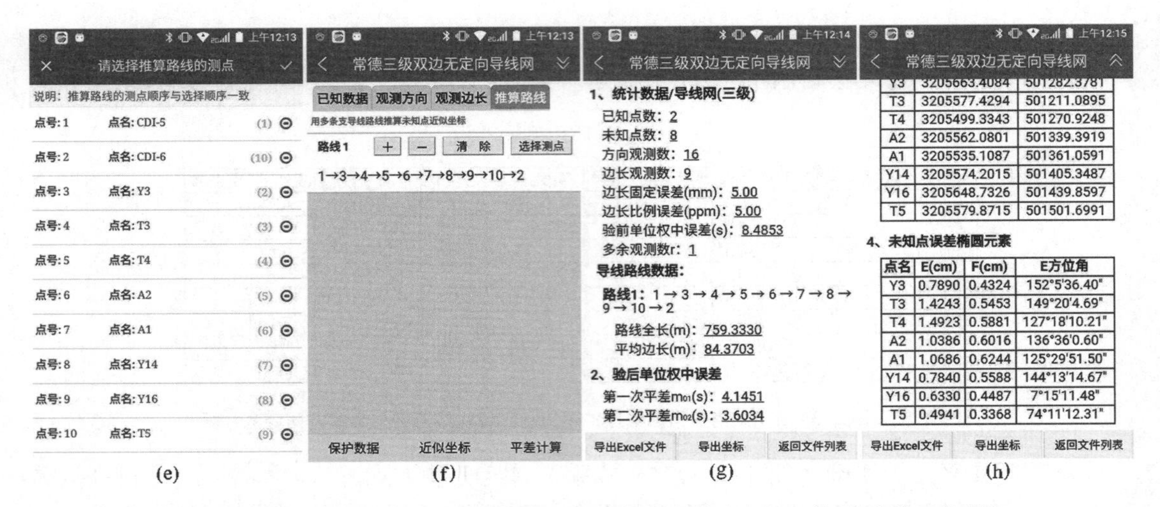

图 2-94　输入未知点名、方向观测数据、边长观测数据、推算路线点号，并进行间接平差计算

2.7　秩亏自由网平差

沉降监测网使用精密水准仪观测，位移监测网使用精密全站仪观测。从第二期观测开始，监测网数据处理一般使用秩亏自由网平差，秩亏自由网使用附有限制条件的间接平差进行数据处理。由于未知数的近似值为前期监测网未知数的平差值，因此，秩亏自由网平差时，未知数的近似值是已知的，不需要程序计算。

1. 秩亏自由网平差原理

设监测网 n 个观测向量 $\boldsymbol{L}$ 的平差值为

$$\underset{n\times 1}{\hat{\boldsymbol{L}}}=\underset{n\times 1}{\boldsymbol{L}}+\underset{n\times 1}{\boldsymbol{V}} \tag{2-115}$$

式中，$\boldsymbol{V}$ 为观测值的改正数向量。

监测网 u 个未知数向量 $\boldsymbol{X}$ 的平差值为

$$\underset{u\times 1}{\hat{\boldsymbol{X}}}=\underset{u\times 1}{\boldsymbol{X}^0}+\underset{u\times 1}{\hat{\boldsymbol{x}}} \tag{2-116}$$

式中，$\boldsymbol{X}^0$ 为监测网未知数的前期平差值，$\hat{\boldsymbol{x}}$ 为未知数的改正数向量。

设观测向量 $\boldsymbol{L}$ 与未知数向量 $\boldsymbol{X}$ 函数模型的线性形式为

$$\underset{n\times 1}{\hat{\boldsymbol{L}}}=\underset{n\times u}{\boldsymbol{B}}\,\underset{u\times 1}{\hat{\boldsymbol{X}}}+\underset{n\times 1}{\boldsymbol{C}} \tag{2-117}$$

式中，$\mathrm{Rank}(\boldsymbol{B})=t<u$，秩亏数 $d=u-t$。水准网的秩亏数 $d=1$，三角网的秩亏数 $d=4$，边角网与测边网的秩亏数 $d=3$。

将式(2-115)和式(2-116)代入式(2-117)，得误差方程

$$\boldsymbol{V}=\boldsymbol{B}\hat{\boldsymbol{x}}-\boldsymbol{l} \tag{2-118}$$

式中，$\boldsymbol{l}$ 为误差方程的自由项。

$$\boldsymbol{l}=\boldsymbol{L}-\boldsymbol{B}\boldsymbol{X}^0-\boldsymbol{C} \tag{2-119}$$

在最小二乘原理$\boldsymbol{V}^{\mathrm{T}}\boldsymbol{P}\boldsymbol{V} \rightarrow \min$下，误差方程式(2-118)的法方程为

$$\underset{u\times u}{\boldsymbol{N}}\ \underset{u\times 1}{\hat{\boldsymbol{x}}} - \underset{u\times 1}{\boldsymbol{f}} = \boldsymbol{0} \tag{2-120}$$

式中

$$\left.\begin{aligned} \boldsymbol{N} &= \boldsymbol{B}^{\mathrm{T}}\boldsymbol{P}\boldsymbol{B} \\ \boldsymbol{f} &= \boldsymbol{B}^{\mathrm{T}}\boldsymbol{P}\boldsymbol{l} \end{aligned}\right\} \tag{2-121}$$

式中，$\boldsymbol{P}$ 为观测向量$\boldsymbol{L}$ 的权阵。

法方程式(2-120)有 u 个未知数，因$\mathrm{Rank}(\boldsymbol{B}) = t < u$，故$\mathrm{Rank}(\boldsymbol{N}) = t < u$，即$\boldsymbol{N}$ 也是秩亏矩阵，秩亏矩阵的行列式$|\boldsymbol{N}| = 0$，故矩阵$\boldsymbol{N}$ 奇异，其凯利逆$\boldsymbol{N}^{-1}$ 不存在，法方程式(2-120)有无穷组解。为了获得法方程式(2-120)的唯一解，必须附加$d = u - t$ 个约束条件，以改善法方程系数矩阵$\boldsymbol{N}$ 的奇异性。

设为法方程 u 个未知数$\hat{\boldsymbol{x}}$ 附加 d 个基准条件的矩阵形式[11]为

$$\underset{d\times u}{\boldsymbol{S}^{\mathrm{T}}}\ \underset{u\times 1}{\hat{\boldsymbol{x}}} = \boldsymbol{0} \tag{2-122}$$

式中，$\mathrm{Rank}(\boldsymbol{S}) = d$，且基准条件式(2-122)与误差方程式(2-118)线性无关，即有

$$\underset{n\times u}{\boldsymbol{B}}\ \underset{n\times d}{\boldsymbol{S}} = \boldsymbol{0} \tag{2-123}$$

成立。为便于计算，还可要求矩阵$\boldsymbol{S}$ 满足下列条件：

$$\underset{d\times n}{\boldsymbol{S}^{\mathrm{T}}}\ \underset{n\times d}{\boldsymbol{S}} = \underset{d\times d}{\boldsymbol{E}} \tag{2-124}$$

式中，$\boldsymbol{E}$ 为d 行$\times d$ 列的单位矩阵。设附加 d 个基准条件的秩亏自由网函数模型为

$$\left.\begin{aligned} \underset{n\times 1}{\boldsymbol{V}} &= \underset{n\times u}{\boldsymbol{B}}\ \underset{u\times 1}{\hat{\boldsymbol{x}}} - \underset{n\times 1}{\boldsymbol{l}} \\ \underset{d\times u}{\boldsymbol{S}^{\mathrm{T}}}\ \underset{u\times d}{\hat{\boldsymbol{x}}} &= \boldsymbol{0} \end{aligned}\right\} \tag{2-125}$$

它是附有限制条件的间接平差，在最小二乘原理$\boldsymbol{V}^{\mathrm{T}}\boldsymbol{P}\boldsymbol{V} \rightarrow \min$下，函数模型式(2-125)的法方程为

$$\left.\begin{aligned} \boldsymbol{B}^{\mathrm{T}}\boldsymbol{P}\boldsymbol{B}\hat{\boldsymbol{x}} + \boldsymbol{S}\boldsymbol{K} &= \boldsymbol{B}^{\mathrm{T}}\boldsymbol{P}\boldsymbol{l} \\ \boldsymbol{S}^{\mathrm{T}}\hat{\boldsymbol{x}} &= \boldsymbol{0} \end{aligned}\right\} \tag{2-126}$$

式中，$\boldsymbol{K}$ 为d 行$\times 1$ 列的联系数向量。

将式(2-126)第一式等号两边左乘矩阵$\boldsymbol{S}^{\mathrm{T}}$，得

$$(\boldsymbol{B}\boldsymbol{S})^{\mathrm{T}}\boldsymbol{P}\boldsymbol{B}\hat{\boldsymbol{x}} + \boldsymbol{S}^{\mathrm{T}}\boldsymbol{S}\boldsymbol{K} = (\boldsymbol{B}\boldsymbol{S})^{\mathrm{T}}\boldsymbol{P}\boldsymbol{l} \tag{2-127}$$

顾及式(2-123)，式(2-127)变成

$$\boldsymbol{S}^{\mathrm{T}}\boldsymbol{S}\boldsymbol{K} = \boldsymbol{0} \tag{2-128}$$

顾及式(2-124)，有联系数向量$\boldsymbol{K} = \boldsymbol{0}$。

将式(2-126)第二式等号两边左乘矩阵$\boldsymbol{S}$，并与式(2-126) 第一式相加，顾及$\boldsymbol{K} = \boldsymbol{0}$，得

$$(\boldsymbol{B}^{\mathrm{T}}\boldsymbol{P}\boldsymbol{B} + \boldsymbol{S}\boldsymbol{S}^{\mathrm{T}})\hat{\boldsymbol{x}} = \boldsymbol{B}^{\mathrm{T}}\boldsymbol{P}\boldsymbol{l} \tag{2-129}$$

设

$$\boldsymbol{N}' = \boldsymbol{B}^{\mathrm{T}}\boldsymbol{P}\boldsymbol{B} + \boldsymbol{S}\boldsymbol{S}^{\mathrm{T}} = \boldsymbol{N} + \boldsymbol{S}\boldsymbol{S}^{\mathrm{T}} \tag{2-130}$$

则式(2-129)的解为

$$\hat{\boldsymbol{x}} = \boldsymbol{N}'^{-1}\boldsymbol{B}^{\mathrm{T}}\boldsymbol{P}\boldsymbol{l} = \boldsymbol{Q}'\boldsymbol{B}^{\mathrm{T}}\boldsymbol{P}\boldsymbol{l} \tag{2-131}$$

式中，$\boldsymbol{Q}' = \boldsymbol{N}'^{-1}$。

应用协因数传播律，得未知数改正数 $\hat{\boldsymbol{x}}$ 的协因数矩阵为

$$\boldsymbol{Q}_{\hat{x}\hat{x}} = \boldsymbol{Q}'\boldsymbol{B}^{\mathrm{T}}\boldsymbol{P}\boldsymbol{Q}_{\mathrm{LL}}\boldsymbol{P}\boldsymbol{B}\boldsymbol{Q}' = \boldsymbol{Q}'\boldsymbol{B}^{\mathrm{T}}\boldsymbol{P}\boldsymbol{B}\boldsymbol{Q}' = \boldsymbol{Q}'\boldsymbol{N}\boldsymbol{Q}' \tag{2-132}$$

验后单位权中误差为

$$\hat{\sigma}_0 = \sqrt{\frac{\boldsymbol{V}^{\mathrm{T}}\boldsymbol{P}\boldsymbol{V}}{r}} \tag{2-133}$$

式中，r 为多余观测数。

$$r = n - u + d \tag{2-134}$$

2. 秩亏自由网基准条件方程系数矩阵 $\boldsymbol{S}$ 的形式

秩亏自由网平差基准条件有多种取法，常用重心基准条件[10]。

(1) 秩亏水准网

秩亏水准网的秩亏数 $d=1$，满足式(2-124)的系数矩阵 $\boldsymbol{S}$ 为

$$\underset{1\times u}{\boldsymbol{S}^{\mathrm{T}}} = \begin{bmatrix} 1/\sqrt{u} & 1/\sqrt{u} & \cdots & 1/\sqrt{u} \end{bmatrix} \tag{2-135}$$

将式(2-135)代入式(2-122)，得基准条件方程的纯量形式为

$$(\hat{x}_1 + \hat{x}_2 + \cdots + \hat{x}_u)/\sqrt{u} = 0 \tag{2-136}$$

即所有点的高程改正数之和等于 0。

(2) 秩亏边角网、导线网或测边网

秩亏边角网的秩亏数 $d=3$，边角网的总点数 $m=u/2$，满足式(2-124)的系数矩阵 $\boldsymbol{S}$ 为

$$\underset{3\times u}{\boldsymbol{S}^{\mathrm{T}}} = \begin{bmatrix} 1/\sqrt{m} & 0 & 1/\sqrt{m} & 0 & \cdots & 1/\sqrt{m} & 0 \\ 0 & 1/\sqrt{m} & 0 & 1/\sqrt{m} & \cdots & 0 & 1/\sqrt{m} \\ -Y'_1/\sqrt{\lambda} & X'_1/\sqrt{\lambda} & -Y'_2/\sqrt{\lambda} & X'_2/\sqrt{\lambda} & \cdots & -Y'_m/\sqrt{\lambda} & X'_m/\sqrt{\lambda} \end{bmatrix} \tag{2-137}$$

将式(2-137)代入式(2-122)，得基准条件方程的纯量形式为

$$\left.\begin{aligned} (\hat{x}_1 + \hat{x}_2 + \cdots + \hat{x}_m)/\sqrt{m} = 0 \\ (\hat{y}_1 + \hat{y}_2 + \cdots + \hat{y}_m)/\sqrt{m} = 0 \\ (-Y'_1\hat{x}_1 + X'_1\hat{y}_1 + \cdots - Y'_m\hat{x}_m + X'_m\hat{y}_m)/\sqrt{\lambda} = 0 \end{aligned}\right\} \tag{2-138}$$

式中，第一个方程的几何意义为未知点纵坐标改正数之和等于 0，第二个方程的几何意义为未知点横坐标改正数之和等于 0，第三个方程为方位角基准条件。X'_i，Y'_i 为网点近似坐标 X_i^0，Y_i^0 的重心坐标，计算公式为

$$\left.\begin{aligned}X'_i&=X_i^0-\bar{X}_i^0\\Y'_i&=Y_i^0-\bar{Y}_i^0\\\lambda&=\sum_{i=1}^{m}(X'^2_i+Y'^2_i)\end{aligned}\right\}\tag{2-139}$$

式中

$$\left.\begin{aligned}\bar{X}^0&=\frac{1}{m}\sum_{i=1}^{m}X_i^0\\\bar{Y}^0&=\frac{1}{m}\sum_{i=1}^{m}Y_i^0\end{aligned}\right\}\tag{2-140}$$

(3) 秩亏三角网

秩亏三角网的秩亏数 $d=4$，三角网的总点数 $m=u/2$，满足式(2-122)的系数矩阵 $\boldsymbol{S}$ 为

$$\underset{4\times u}{\boldsymbol{S}^{\mathrm{T}}}=\begin{bmatrix}1/\sqrt{m} & 0 & 1/\sqrt{m} & 0 & \cdots & 1/\sqrt{m} & 0\\0 & 1/\sqrt{m} & 0 & 1/\sqrt{m} & \cdots & 0 & 1/\sqrt{m}\\-Y'_1/\sqrt{\lambda} & X'_1/\sqrt{\lambda} & -Y'_2/\sqrt{\lambda} & -X'_2/\sqrt{\lambda} & \cdots & -Y'_m/\sqrt{\lambda} & X'_m/\sqrt{\lambda}\\X'_1/\sqrt{\lambda} & Y'_2/\sqrt{\lambda} & X'_2/\sqrt{\lambda} & Y'_2/\sqrt{\lambda} & \cdots & X'_m/\sqrt{\lambda} & Y'_m/\sqrt{\lambda}\end{bmatrix}\tag{2-141}$$

将式(2-141)代入式(2-122)，得基准条件方程的纯量形式为

$$\left.\begin{aligned}(\hat{x}_1+\hat{x}_2+\cdots+\hat{x}_m)/\sqrt{m}&=0\\(\hat{y}_1+\hat{y}_2+\cdots+\hat{y}_m)/\sqrt{m}&=0\\(-Y'_1\hat{x}_1+X'_1\hat{y}_1+\cdots-Y'_m\hat{x}_m+X'_m\hat{y}_m)/\sqrt{\lambda}&=0\\(X'_1\hat{x}_1+Y'_1\hat{y}_1+\cdots+X'_m\hat{x}_m+Y'_m\hat{y}_m)/\sqrt{\lambda}&=0\end{aligned}\right\}\tag{2-142}$$

式(2-142)的前三个方程与测边网一样，第 4 个方程为边长基准条件。

3. 秩亏水准网平差案例

图 2-95 所示的沉降观测水准网取自文献[10]，该水准网测段数 $n=11$，监测总点数 $u=$

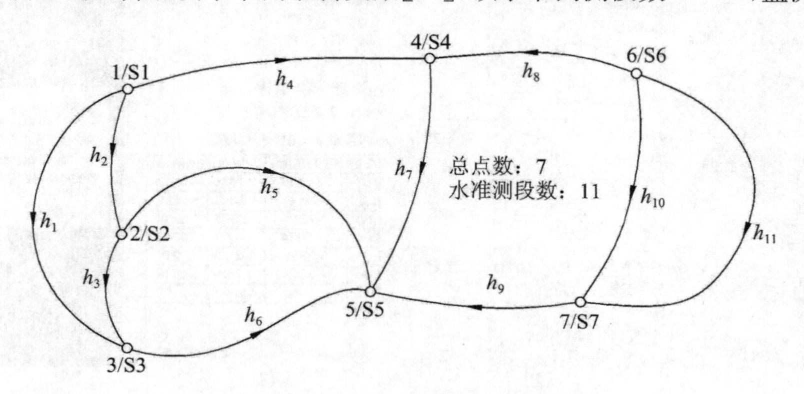

图 2-95　文献[10]第 473 页沉降观测一等水准网略图

7，秩亏数 $d=1$，代入式(2-134)，得多余观测数 $r=5$，监测点高程前期平差值及本期观测数据如图 2-96 所示。

在项目主菜单[图 2-97(a)]，点击 **秩亏网平差** 按钮，进入秩亏自由网文件列表界面；点击 **新建文件** 按钮，网形列表框有四种网形：秩亏水准网、秩亏三角网、秩亏测边网、秩亏导线网/边角网[图 2-97(b)]，缺省设置为“秩亏水准网”，点击 **确定** 按钮，返回秩亏自由网文件列表界面[图 2-97(c)]。

序	点名	点号	前期H(m)	序	起点名	起点号	端点名	端点号	h(m)	L(km)
1	S1	1	32.623	1	S1	1	S3	3	-24.878	20
2	S2	2	16.672	2	S1	1	S2	2	-15.95	10
3	S3	3	7.735	3	S2	2	S3	3	-8.937	10
4	S4	4	13.497	4	S1	1	S4	4	-19.116	20
5	S5	5	3.034	5	S2	2	S5	5	-13.626	20
6	S6	6	4.615	6	S3	3	S5	5	-4.696	10
7	S7	7	2.05	7	S4	4	S5	5	-10.473	20
				8	S6	6	S4	4	8.878	10
				9	S7	7	S5	5	0.976	20
				10	S6	6	S7	7	-2.577	10
				11	S6	6	S7	7	-2.565	20

图 2-96　文献[10]第 473 页沉降观测一等水准网观测值

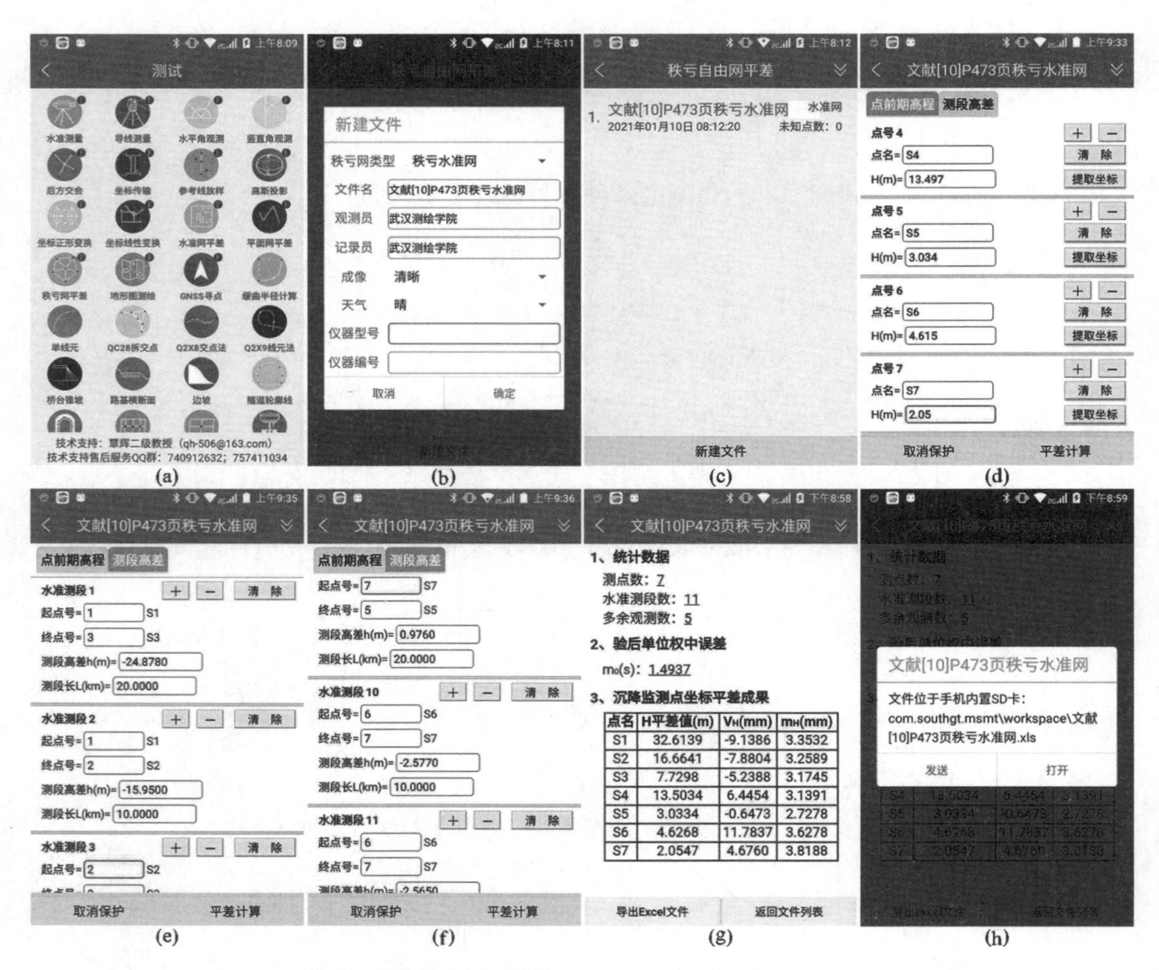

图 2-97　新建秩亏水准网平差文件，输入沉降监测点前期高程、水准测段数据，进行平差计算

点击最近新建的文件名，在弹出的快捷菜单点击“输入数据及计算”命令，点击**取消保护**按钮，缺省设置为 **点前期高程** 选项卡，输入图 2-96 所列 7 个沉降监测点点名及其前期高程值［图 2-97(d)］。

设置 **测段高差** 选项卡，输入图 2-96 所列 11 个测段的水准观测数据，结果如图 2-97(e)，(f)所示。

点击**平差计算**按钮，结果如图 2-97(g)所示。由图 2-97(g)的平差结果容易验算，7 个点的前期高程改正数之和等于 0，这说明，秩亏水准网平差成果满足基准条件方程式(2-136)的基准条件，监测点平差高程为前期 5 个点高程值的重心基准。

点击 **导出Excel文件** 按钮，导出该秩亏水准网文件的 Excel 成果文件［图 2-97(h)］，图 2-98为该文件“沉降监测点高程”选项卡内容，图 2-99 为该文件“沉降监测点高程协因数矩阵”选项卡内容。

	A	B	C	D	E	F
1	秩亏水准网平差(严密平差)计算成果					
2	测量员：武汉测绘学院 记录员：武汉测绘学院 成像：清晰 天气：晴					
3	仪器型号： 仪器编号： 日期：2021-01-10					
4	1、水准测段高差观测值及其平差值					
5	测段号	起讫点号	路线长L(km)	高差h(m)	改正数v(mm)	平差值(m)
6	1	1→3	20.0000	-24.8780	-6.100	-24.8841
7	2	1→2	10.0000	-15.9500	0.258	-15.9497
8	3	2→3	10.0000	-8.9370	2.642	-8.9344
9	4	1→4	20.0000	-19.1160	5.584	-19.1104
10	5	2→5	20.0000	-13.6260	-4.767	-13.6308
11	6	3→5	10.0000	-4.6960	-0.409	-4.6964
12	7	4→5	20.0000	-10.4730	2.907	-10.4701
13	8	6→4	10.0000	8.8780	-1.338	8.8767
14	9	7→5	20.0000	0.9760	2.677	0.9787
15	10	6→7	10.0000	-2.5770	4.892	-2.5721
16	11	6→7	20.0000	-2.5650	-7.108	-2.5721
17	2、沉降监测点高程平差成果					
18	点号	点名	前期H(m)	改正数(mm)	平差值(m)	中误差(mm)
19	1	S1	32.6230	-9.139	32.6139	3.3532
20	2	S2	16.6720	-7.880	16.6641	3.2589
21	3	S3	7.7350	-5.239	7.7298	3.1745
22	4	S4	13.4970	6.445	13.5034	3.1391
23	5	S5	3.0340	-0.647	3.0334	2.7278
24	6	S6	4.6150	11.784	4.6268	3.6278
25	7	S7	2.0500	4.676	2.0547	3.8188
26	3、验后单位权中误差：m0=±1.4937(mm/km)					

沉降监测点高程 / 沉降监测点高程协因数矩阵

图 2-98　导出的 Excel 成果文件“沉降监测点高程”选项卡内容

	A	B	C	D	E	F	G
1	5.039128433	1.616285612	0.792798322	-1.011712956	-0.725282594	-2.751777403	-2.959439415
2	1.616285612	4.759858831	1.680732443	-1.878164800	0.062400900	-3.167101427	-3.074011560
3	0.792798322	1.680732443	4.516393023	-1.849521764	0.642422382	-2.988082451	-2.794741957
4	-1.011712956	-1.878164800	-1.849521764	4.416142397	-0.811211703	1.172318551	-0.037849726
5	-0.725282594	0.062400900	0.642422382	-0.811211703	3.334867782	-1.498644571	-1.004552197
6	-2.751777403	-3.167101427	-2.988082451	1.172318551	-1.498644571	5.898419518	3.334867782
7	-2.959439415	-3.074011560	-2.794741957	-0.037849726	-1.004552197	3.334867782	6.535727073

沉降监测点高程 / 沉降监测点高程协因数矩阵

图 2-99　导出的 Excel 成果文件“沉降监测点高程协因数矩阵”选项卡内容

4. 秩亏边角网平差案例

图 2-100 所示的位移监测边角网取自文献[10]，该网方向观测数＋边长观测数 $n=25$，总未知数 $u=12+6=18$，秩亏数 $d=3$，代入式(2-134)，得多余观测数 $r=10$，监测点前期坐标平差值和边长观测值如图 2-100 所示，本期方向观测数据如图 2-101 所示。

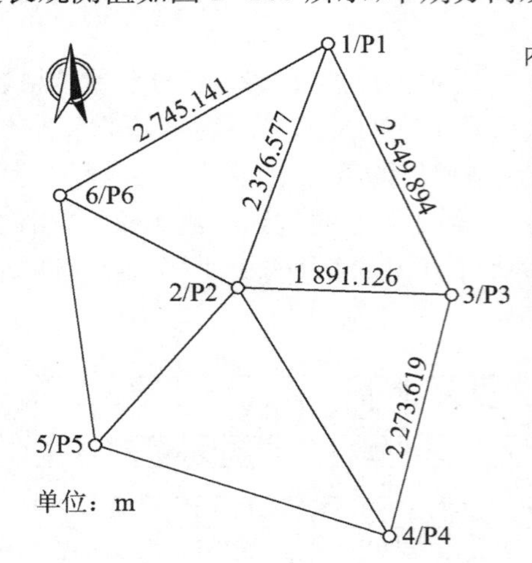

内表 位移监测网前期平差坐标

点名	x/m	y/m
P1	14 394.124	7 229.403
P2	12 155.049	6 432.748
P3	12 090.540	8 322.773
P4	9 883.880	7 775.060
P5	10 724.302	5 174.550
P6	13 001.127	4 863.953

总点数：6
站点数：6
方向观测数：20
边长观测数：5
平均边长：2 318
验前方向中误差：1.6″
测距误差：5mm+5ppm

图 2-100 文献[10]第 656 页秩亏边角网

序	站点名	站点号	方向值	觇点名	觇点号	序	站点名	站点号	方向值	觇点名	觇点号
1	P1	1	0°00'00"	P6	6	11			281°59'03.7"	P4	4
2			275°06'10.13"	P3	3	12	P4	4	0°00'00"	P5	5
3			320°04'42.41"	P2	2	13			41°30'24"	P2	2
4	P2	2	0°00'00"	P5	5	14			86°01'47"	P3	3
5			77°00'37.2"	P6	6	15	P5	5	0°00'00"	P6	6
6			158°15'30"	P1	1	16			49°05'44.6"	P2	2
7			230°37'40"	P3	3	17			115°40'41.8"	P4	4
8			288°05'17"	P4	4	18	P6	6	0°00'00"	P1	1
9	P3	3	0°00'00"	P2	2	19			58°49'54.3"	P2	2
10			62°39'15.5"	P1	1	20			112°43'31.6"	P5	5

图 2-101 文献[10]第 656 页位移监测边角网方向观测值

在秩亏自由网文件列表界面，点击 **新建文件** 按钮，网形选择“秩亏导线网/边角网”[图 2-102(a)]，点击 **确定** 按钮，返回秩亏自由网文件列表界面[图 2-102(b)]。

点击最近新建的文件名，在弹出的快捷菜单点击“输入数据及计算”命令，点击 **取消保护** 按钮，缺省设置为 **先验误差** 选项卡，输入图 2-100 所注先验方向观测中误差和测距误差[图 2-102(c)]。

设置 **点前期坐标** 选项卡，输入图 2-100 所注 6 个监测点的前期坐标值[图 2-102(d)]；设置 **观测方向** 选项卡，输入图 2-101 所列 20 个方向观测值[图 2-102(e)]；设置 **观测边长** 选项卡，输入图 2-100 所注 5 条边长观测值[图 2-102(f)]。

点击 **平差计算** 按钮，结果如图 2-102(g)，(h)所示。由图 2-102(h)的平差结果容易验算，5 个点的 x 坐标改正数之和等于 0，5 个点的 y 坐标改正数之和也等于 0，这说明，秩亏边角网平差成果满足基准条件方程式(2-138)的前两个基准条件，监测点平差坐标为前期 5 个点坐标的重心基准。

点击 **导出Excel文件** 按钮[图 2-102(h)]，导出该秩亏边角网文件的 Excel 成果文件，图 2-103 为该文件“位移监测点坐标”选项卡内容，图 2-104 为该文件“位移监测点坐标协因数矩阵”选项卡内容。

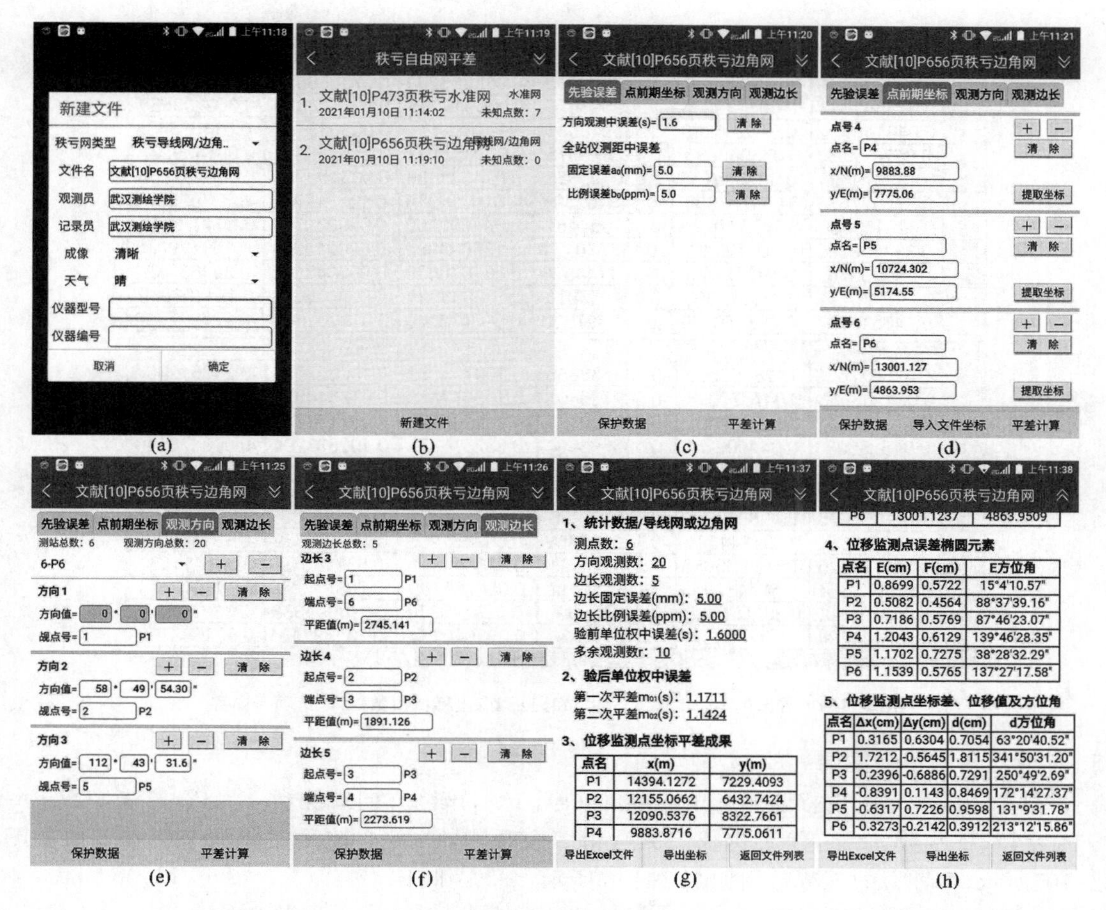

图 2-102　新建秩亏边角网平差文件，输入先验误差、监测点前期坐标、方向与边长观测数据，进行平差计算

	A	B	C	D	E	F	G
1	秩亏导线网/边角网方向观测间接平差(严密平差)计算成果						
2	测量员：武汉测绘学院　记录员：武汉测绘学院　成像：清晰　天气：晴						
3	仪器型号：　仪器编号：　日期：2021-01-10 22:52:41						
4	1、位移监测点前期坐标平差值、全站仪标称测距误差、两次平差后单位权中误差						
5	点号	点名	x(m)	y(m)	全站仪测距误差		先验方向误差
6	1	P1	14394.1240	7229.4030	a0(mm)	b0(ppm)	mβ(s)
7	2	P2	12155.0490	6432.7480	5.00	5.00	1.6000
8	3	P3	12090.5400	8322.7730	多余观测	两次验后单位权中误差	
9	4	P4	9883.8800	7775.0600	r	m01(s)	m02(s)
10	5	P5	10724.3020	5174.5500	10	1.1711	1.1424
11	6	P6	13001.1270	4863.9530			
12	2、位移监测点坐标秩亏网平差成果及其误差椭圆元素						
13	点号	点名	x(m)	y(m)	E(cm)	F(cm)	E方位角
14	1	P1	14394.1272	7229.4093	0.8699	0.5722	15°04'10.57"
15	2	P2	12155.0662	6432.7424	0.5082	0.4564	88°37'39.16"
16	3	P3	12090.5376	8322.7661	0.7186	0.5769	87°46'23.07"
17	4	P4	9883.8716	7775.0611	1.2043	0.6129	139°46'28.35"
18	5	P5	10724.2957	5174.5572	1.1702	0.7275	38°28'32.29"
19	6	P6	13001.1237	4863.9509	1.1539	0.5765	137°27'17.58"
20	3、位移监测点坐标改正数、位移值及其方位角						
21	点号	点名	Δx(cm)	Δy(cm)	d(cm)	d方位角	
22	1	P1	0.3165	0.6304	0.7054	63°20'40.52"	
23	2	P2	1.7212	-0.5645	1.8115	341°50'31.20"	
24	3	P3	-0.2396	-0.6886	0.7291	250°49'02.69"	
25	4	P4	-0.8391	0.1143	0.8469	172°14'27.37"	
26	5	P5	-0.6317	0.7226	0.9598	131°09'31.78"	
27	6	P6	-0.3273	-0.2142	0.3912	213°12'15.86"	

位移监测点坐标 / 方向值 / 边长值 / 位移监测点坐标协因数矩阵 /

图 2-103　导出的 Excel 成果文件“位移监测点坐标”选项卡内容

	A	B	C	D	E	F
1	0.557595579	0.082590401	0.013541343	0.040146414	-0.052897535	0.196379304
2	0.082590401	0.273092630	-0.001149965	-0.016206260	0.073066683	-0.002526135
3	0.013541343	-0.001149965	0.159593677	0.000918035	0.027573676	0.050209656
4	0.040146414	-0.016206260	0.000918035	0.197889491	0.008053192	-0.014533134
5	-0.052897535	0.073066683	0.027573676	0.008053192	0.255226048	0.005459232
6	0.196379304	-0.002526135	0.050209656	-0.014533134	0.005459232	0.395401766
7	-0.375627636	0.034703383	-0.148492398	-0.016256938	-0.135312224	-0.277623076
8	0.128156650	0.047377093	0.087664461	-0.044000269	-0.029932798	0.204275031
9	-0.334538865	-0.202725406	-0.113370171	-0.135693994	-0.090914901	-0.155529085
10	-0.200753762	-0.103477488	-0.101744528	-0.032676679	-0.085847975	-0.304689822
11	0.191927114	0.013514903	0.061153873	0.102833291	-0.003675064	0.181103969
12	-0.246519007	-0.198259839	-0.035897660	-0.090473148	0.029201664	-0.277927706

	G	H	I	J	K	L
1	-0.375627636	0.128156650	-0.334538865	-0.200753762	0.191927114	-0.246519007
2	0.034703383	0.047377093	-0.202725406	-0.103477488	0.013514903	-0.198259839
3	-0.148492398	0.087664461	-0.113370171	-0.101744528	0.061153873	-0.035897660
4	-0.016256938	-0.044000269	-0.135693994	-0.032676679	0.102833291	-0.090473148
5	-0.135312224	-0.029932798	-0.090914901	-0.085847975	-0.003675064	0.029201664
6	-0.277623076	0.204275031	-0.155529085	-0.304689822	0.181103969	-0.277927706
7	0.767854575	-0.406037996	0.274917045	0.373074324	-0.383339362	0.292140304
8	-0.406037996	0.631244372	-0.162005656	-0.507432955	0.382155338	-0.331463271
9	0.274917045	-0.162005656	0.800072491	0.313542311	-0.536165599	0.342411830
10	0.373074324	-0.507432955	0.313542311	0.654736769	-0.298270370	0.293540174
11	-0.383339362	0.382155338	-0.536165599	-0.298270370	0.670099038	-0.381337131
12	0.292140304	-0.331463271	0.342411830	0.293540174	-0.381337131	0.604583790

位移监测点坐标 / 方向值 / 边长值 / 位移监测点坐标协因数矩阵

图 2-104　导出的 Excel 成果文件“位移监测点坐标协因数矩阵”选项卡内容

5. 秩亏三角网平差案例

图 2-105 所示的位移监测三角网取自文献[10]，该网方向观测数 $n=12$，总未知数 $u=8+4=12$，秩亏数 $d=4$，代入式(2-134)，得多余观测数 $r=4$，监测点前期坐标平差值如图 2-105所示，本期方向观测数据如图 2-106 所示。

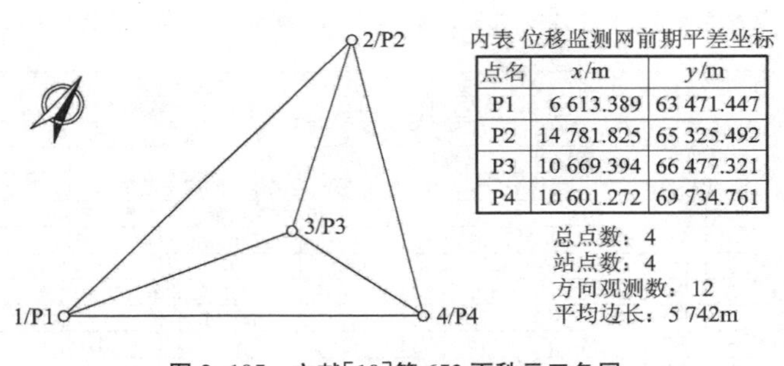

点名	x/m	y/m
P1	6 613.389	63 471.447
P2	14 781.825	65 325.492
P3	10 669.394	66 477.321
P4	10 601.272	69 734.761

图 2-105　文献[10]第 652 页秩亏三角网

序	站点名	站点号	方向值	觇点名	觇点号	序	站点名	站点号	方向值	觇点名	觇点号
1	P1	1	0°00'00"	P2	2	7	P3	3	0°00'00"	P1	1
2			23°45'13.4"	P3	3	8			127°48'39"	P2	2
3			44°43'36.1"	P4	4	9			234°39'20.2"	P4	4
4	P2	2	0°00'00"	P4	4	10	P4	4	0°00'00"	P1	1
5			30°52'42.5"	P3	3	11			33°40'52.6"	P3	3
6			59°18'48.1"	P1	1	12			75°57'31.5"	P2	2

图 2-106　文献[10]第 652 页位移监测三角网方向观测值

在秩亏自由网文件列表界面，点击 **新建文件** 按钮，网形选择“秩亏三角网”[图 2-107(a)]，点击 **确定** 按钮，返回秩亏自由网文件列表界面[图 2-107(b)]。

点击最近新建的文件名，在弹出的快捷菜单点击“输入数据及计算”命令，点击**取消保护**按钮，缺省设置为**点前期坐标**选项卡，输入图 2-105 所注 4 个监测点的前期坐标[图 2-107(c)]；设置**观测方向**选项卡，输入图 2-106 所列 12 个方向观测值[图 2-107(d)]。

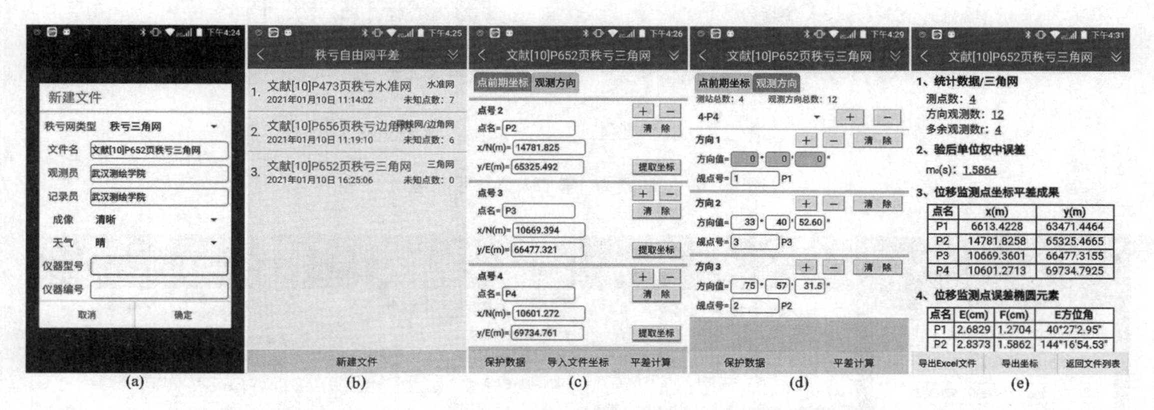

图 2-107　新建秩亏三角网平差文件，输入监测点前期坐标、方向观测数据，进行平差计算

点击**平差计算**按钮，结果如图 2-107(e)所示；点击**导出Excel文件**按钮，导出该秩亏水准网文件的 Excel 成果文件，图 2-108 为该文件“位移监测点坐标”选项卡内容。

	A	B	C	D	E	F	G
1	秩亏三角网方向观测间接平差(严密平差)计算成果						
2	测量员：武汉测绘学院　记录员：武汉测绘学院　成像：清晰　天气：晴						
3	仪器型号：　仪器编号：　日期：2021-01-10 23:13:56						
4	1、位移监测点前期坐标平差值、全站仪标称测距误差、两次平差后单位权中误差						
5	点号	点名	x(m)	y(m)	全站仪测距误差		先验方向误差
6	1	P1	6613.3890	63471.4470	a0(mm)	b0(ppm)	mβ(s)
7	2	P2	14781.8250	65325.4920	—	—	—
8	3	P3	10669.3940	66477.3210	多余观测	验后单位权中误	
9	4	P4	10601.2720	69734.7610	r	m0(s)	
10					4	1.5864	
11	2、位移监测点坐标秩亏网平差成果及其误差椭圆元素						
12	点号	点名	x(m)	y(m)	E(cm)	F(cm)	E方位角
13	1	P1	6613.4228	63471.4464	2.6829	1.2704	40°27′02.95″
14	2	P2	14781.8258	65325.4665	2.8373	1.5862	144°16′54.53″
15	3	P3	10669.3601	66477.3155	2.3502	1.7386	34°43′22.30″
16	4	P4	10601.2713	69734.7925	2.6090	2.0443	125°48′40.29″
17	3、位移监测点坐标改正数、位移值及其方位角						
18	点号	点名	Δx(cm)	Δy(cm)	d(cm)	d方位角	
19	1	P1	3.3801	-0.0573	3.3806	359°01′45.38″	
20	2	P2	0.0777	-2.5518	2.5529	271°44′35.80″	
21	3	P3	-3.3881	-0.5450	3.4316	189°08′19.01″	
22	4	P4	-0.0697	3.1541	3.1548	91°15′55.52″	

位移监测点坐标 / 方向值 / 边长值 / 位移监测点坐标协因数矩阵

图 2-108　导出的 Excel 成果文件“位移监测点坐标”选项卡内容

6. 秩亏测边网平差案例

图 2-109 所示的位移监测三角网取自文献[25]，该网边长观测数 $n=6$，总未知数 $u=8$，秩亏数 $d=3$，代入式(2-134)，得多余观测数 $r=1$，监测点前期坐标平差值如图 2-109 所示，本期 6 条边长观测数据如图 2-109 所示。

在秩亏自由网文件列表界面，点击**新建文件**按钮，网形选择“秩亏测边网”[图 2-110(a)]，点击**确定**按钮，返回秩亏自由网文件列表界面[图 2-110(b)]。

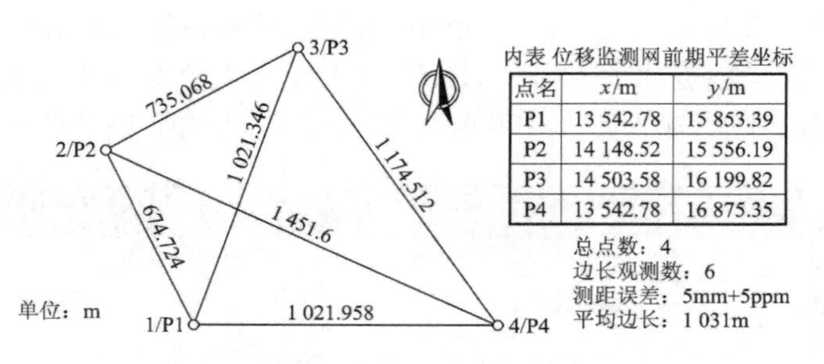

图 2-109　文献[25]第 283 页秩亏测边网

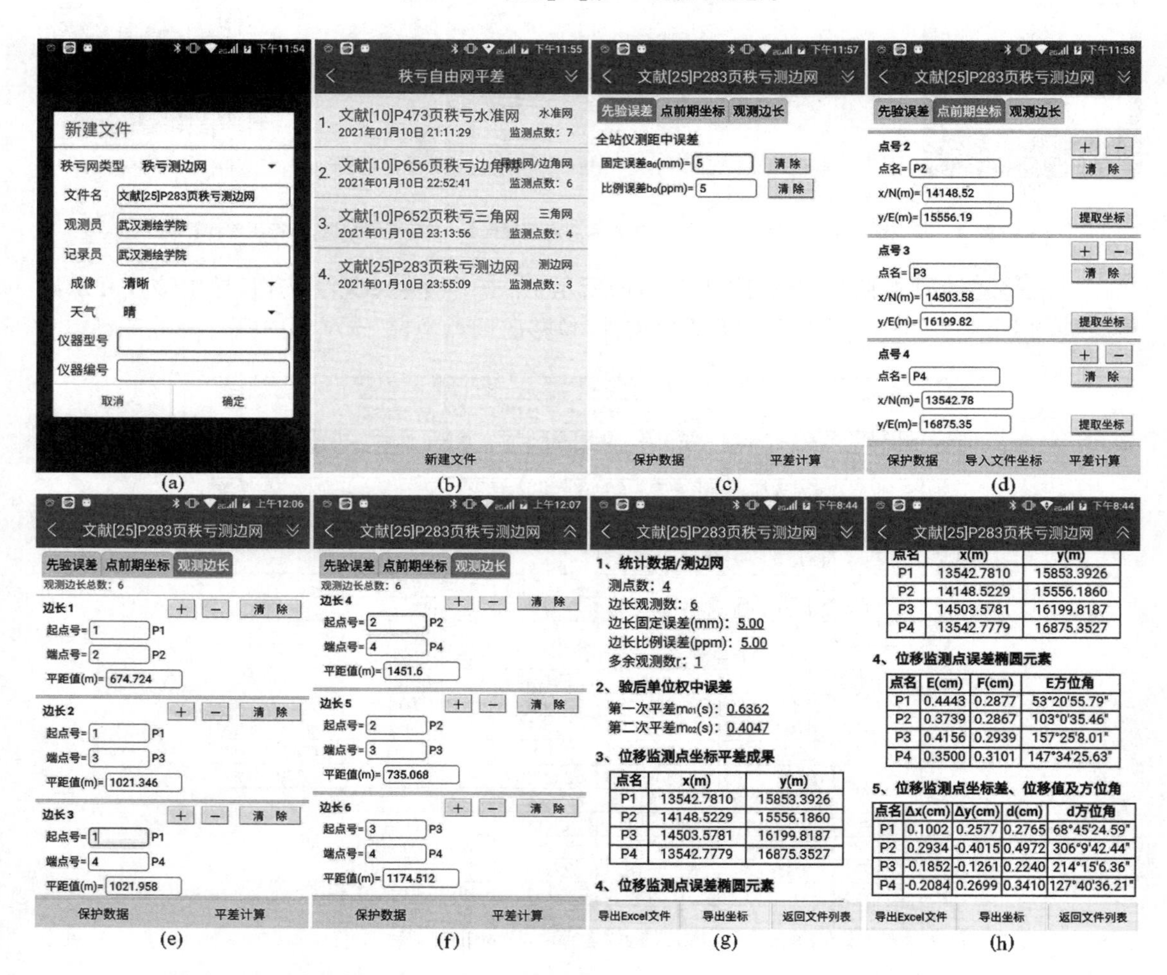

图 2-110　新建秩亏测边网平差文件，输入测距误差、监测点前期坐标、边长观测数据，进行平差计算

点击最近新建的文件名，在弹出的快捷菜单点击“输入数据及计算”命令，点击**取消保护**按钮，缺省设置为**先验误差**选项卡，输入图 2-109 所注测距误差值[图 2-110(c)]；设置**点前期坐标**选项卡，输入图 2-109 所注 4 个监测点的前期坐标[图 2-110(d)]；设置**观测边长**选项卡，输入图 2-109 所注 6 条边长观测值[图 2-110(e)，(f)]。

点击**平差计算**按钮，结果如图 2-110(g)，(h)所示；点击**导出Excel文件**按钮，导出该秩亏水准网文件的 Excel 成果文件，图 2-111 为该文件“位移监测点坐标”选项卡内容。

	A	B	C	D	E	F	G
1	秩亏测边网边长观测间接平差(严密平差)计算成果						
2	测量员：武汉测绘学院　记录员：武汉测绘学院　成像：清晰　天气：晴						
3	仪器型号：　仪器编号：　日期：2021-01-10 23:55:09						
4	1、位移监测点前期坐标平差值、全站仪标称测距误差、两次平差后单位权中误差						
5	点号	点名	x(m)	y(m)	全站仪测距误差		先验方向误差
6	1	P1	13542.7800	15853.3900	a0(mm)	b0(ppm)	mβ(s)
7	2	P2	14148.5200	15556.1900	5.00	5.00	—
8	3	P3	14503.5800	16199.8200	多余观测	两次验后单位权中误差	
9	4	P4	13542.7800	16875.3500	r	m01(s)	m02(s)
10					1	0.6362	0.4047
11	2、位移监测点坐标秩亏网平差成果及其误差椭圆元素						
12	点号	点名	x(m)	y(m)	E(cm)	F(cm)	E方位角
13	1	P1	13542.7810	15853.3926	0.4443	0.2877	53°20'55.79"
14	2	P2	14148.5229	15556.1860	0.3739	0.2867	103°00'35.46"
15	3	P3	14503.5781	16199.8187	0.4156	0.2939	157°25'08.01"
16	4	P4	13542.7779	16875.3527	0.3500	0.3101	147°34'25.63"
17	3、位移监测点坐标改正数、位移值及其方位角						
18	点号	点名	Δx(cm)	Δy(cm)	d(cm)	d方位角	
19	1	P1	0.1002	0.2577	0.2765	68°45'24.59"	
20	2	P2	0.2934	-0.4015	0.4972	306°09'42.44"	
21	3	P3	-0.1852	-0.1261	0.2240	214°15'06.36"	
22	4	P4	-0.2084	0.2699	0.3410	127°40'36.21"	

位移监测点坐标 / 方向值 / 边长值 / 位移监测点坐标协因数矩阵 /

图 2-111　导出的 Excel 成果文件"位移监测点坐标"选项卡内容

7. 新建项目场区平面控制网秩亏边角网平差的几何意义

大中型城市一般都建有自己的城市连续运行参考站系统（Continuously Operating Reference System，CORS），城市规划部门为新建项目布设的场区平面控制网，一般是在场区范围内布设一个三角形，先使用 CORS 采集三角形 3 个点的平面坐标，再用全站仪测量三角形的水平角和边长，这种网比较适合用秩亏边角网平差，因为秩亏边角网平差的基准条件方程式(2-138)是 CORS 测量的 3 点坐标的重心基准。

图 2-112 所示的新建项目场区平面控制网，使用城市 CORS 测量的 3 个点的平面坐标列于内表，使用全站仪观测了 6 个方向和 3 条边长。

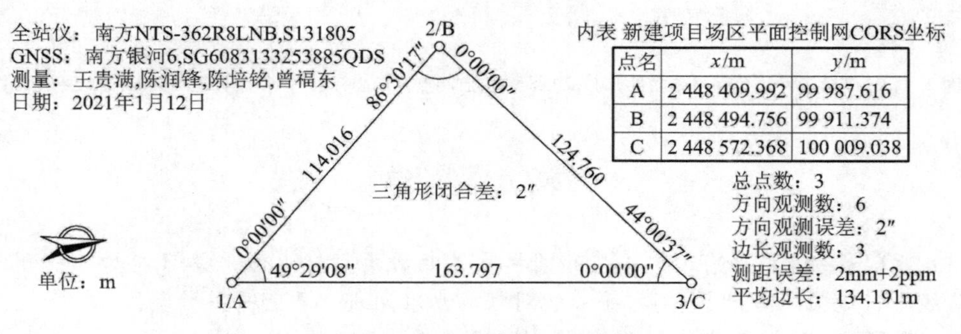

图 2-112　某新建项目场区边角控制网

在秩亏自由网文件列表界面，点击 **新建文件** 按钮，网形选择"秩亏导线网/边角网"[图 2-113(a)]，点击 **确定** 按钮，返回秩亏自由网文件列表界面[图 2-113(b)]。

点击最近新建的文件名，在弹出的快捷菜单点击"输入数据及计算"命令，点击 **取消保护** 按钮，缺省设置为 **先验误差** 选项卡，输入图 2-112 所注方向观测误差和测距误差[图 2-113(c)]；设置 **点前期坐标** 选项卡，输入图 2-112 所注 3 个控制点的 CORS 坐标[图 2-113(d)]；设

置 观测方向 选项卡，输入图 2-112 所注 6 个方向观测值[图 2-113(e)]；设置 观测边长 选项卡，输入图 2-112 所注 3 条边长观测值[图 2-110(f)]。点击 **平差计算** 按钮，结果如图 2-113(g)，(h)所示。

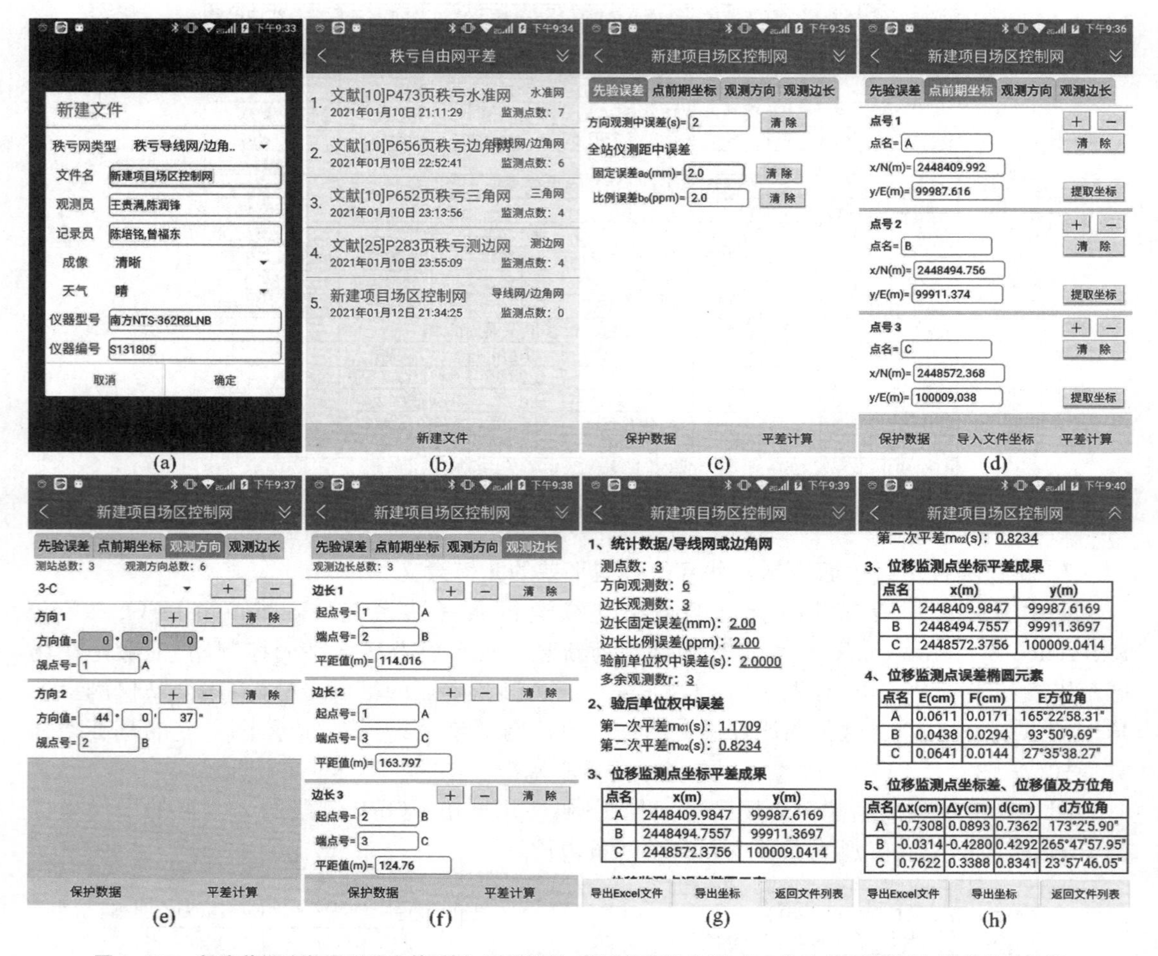

图 2-113　新建秩亏边角网平差文件，输入测距误差、监测点前期坐标、方向和边长观测数据，进行平差计算

本 章 小 结

（1）**水准网平差** 程序有近似平差和间接平差两种类型。近似平差只能对单一闭（附）合水准路线进行近似平差计算，间接平差能对任意水准网进行严密平差计算。

（2）**平面网平差** 程序有近似平差、条件平差、间接平差三种类型。近似平差能对五种形式的单一导线进行近似平差计算，它们是闭合导线、附合导线、单边无定向导线、双边无定向导线、支导线，支导线没有多余观测数，不存在平差问题，只计算其未知点的坐标。条件平差是以水平角和边长为观测数据，只能对单一闭（附）合导线进行平差计算。间接平差是以方向和边长为观测数据，可以对任意导线网、三角网、边角网、测边网进行平差计算。

（3）**秩亏网平差** 程序能对水准网、三角网、测边网、导线网/边角网等四种网型进行秩亏自由网平差计算。秩亏水准网的秩亏数 $d=1$，需要附加 1 个基准条件式(2-136)，法方程式才有唯一解；秩亏边角网、导线网、测边网的秩亏数 $d=3$，需要附加 3 个基准条件式(2-137)，法方程式才有唯一解；秩亏三角网的秩亏数 $d=4$，需要附加 4 个基准条件式(2-141)，法方程式才有唯一解。

(4) 单一闭(附)合导线条件平差，有角度和边长两类观测值，各角度为等精度独立观测，以角度观测中误差 m_0 为单位权中误差，各角度观测的权均为 1。各边长观测中误差 m_s 是将用户输入的测距误差代入式(2-43)计算，它与边长值有关，代入式(2-44)计算各边长的权 P_s 时，需要使用验前角度观测中误差 m_0。程序应用用户在新建平面网平差文件时设置的平面网等级，根据表 2-6 选择验前角度观测中误差 m_0，完成第一次平差后，程序算出的验后单位权中误差 $\hat{\sigma}_{01}$ 一般不等于其验前值 m_0，这就需要进行第二次平差。第二次平差以第一次平差的验后单位权中误差 $\hat{\sigma}_{01}$ 作为单位权中误差 m_0，应用式(2-94)重新计算各边长的权 P_s。

(5) 三角网按方向观测间接平差时，各方向观测为等精度独立观测，以方向观测中误差为单位权中误差 m_0，各方向观测的权均为 1，即确定各方向的权时，不需要知道方向观测验前中误差，完成间接平差后计算出的验后单位权中误差 $\hat{\sigma}_0$ 就是方向观测中误差的估值。如果对三角网进行第二次间接平差计算，各方向的权仍为 1，与第一次平差各方向的权相同，平差成果也相同。所以，三角网按方向间接平差计算只需要进行一次。

(6) 边角网按方向间接平差时，有方向和边长两类观测值，各方向观测为等精度独立观测，以方向观测中误差 m_0 为单位权中误差，各方向观测的权均为 1。各边长观测中误差 m_s 是将用户输入的测距误差代入式(2-93)计算，它与边长值有关，代入式(2-94)计算各边长的权 P_s 时，需要使用验前方向观测中误差 m_0。程序应用用户在新建平面网平差文件时设置的平面网等级，根据表 2-6 选择验前方向观测中误差 m_0，完成第一次平差后，程序算出的验后单位权中误差 $\hat{\sigma}_{01}$ 一般不等于其验前值 m_0，这就需要进行第二次平差。第二次平差以第一次平差的验后单位权中误差 $\hat{\sigma}_{01}$ 作为单位权中误差 m_0，应用式(2-94)重新计算各边长的权 P_s。

(7) 测边网按方向间接平差时，是将用户输入的测距误差，代入式(2-93)算出 1 km 的测距误差为单位权中误差 m_0，代入式(2-94)计算各边长的权 P_s，完成第一次平差后，程序算出的验后单位权中误差 $\hat{\sigma}_{01}$ 一般不等于其验前值 m_0，这就需要进行第二次平差。第二次平差以第一次平差的验后单位权中误差 $\hat{\sigma}_{01}$ 作为单位权中误差 m_0，应用式(2-94)重新计算各边长的权 P_s。

(8) 三角网与边角网间接平差是采用余切公式(2-110)计算未知点的近似坐标，测边网先使用余弦定理(2-114)反算三边形的两个内角，再用余切公式(2-110)计算未知点的近似坐标。近似坐标推算路线由三角形或三边形的三个点号组成，每个三角形或三边形只能计算一个未知点的近似坐标。由于线形锁的已知点不在一个三角形内，程序先计算未知点的假定坐标，再用复数变换为测量坐标。

(9) 为减小法方程未知数的个数，平面网间接平差和秩亏网平差程序均使用了史赖伯第一法则。对站点 j 的 n_j 个方向观测误差方程列立一个和方程，其权为 $-1/n_j$ [详见式(2-85)]，消除定向角改正数 δz_j；法方程解算完成后，将未知点坐标改正数代入站点 j 的和误差方程解算其定向角改正数 δz_j，进而计算站点 j 各方向观测值的改正数。

练习题

[2-1] 试用水准网间接平差程序计算图 2-114 所示的三等水准网。

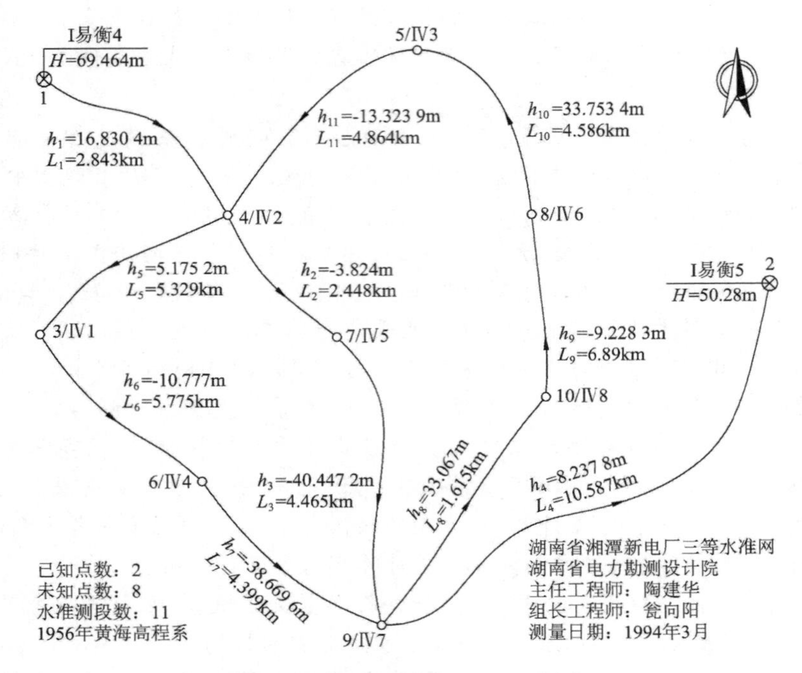

图 2-114　湖南省湘潭新电厂三等水准网观测略图

[2-2]　图 2-115 为一级附合导线观测略图，图 2-116 为 18 个方向观测值，试用平面网条件平差和间接平差分别计算，比较这两种平差方法计算的未知点坐标平差值、验后单位权中误差和误差椭圆元素的差异。

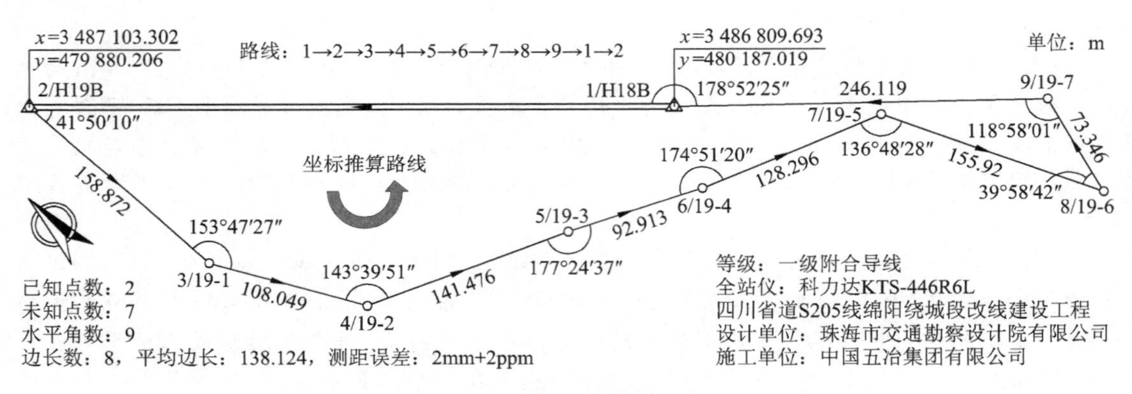

图 2-115　四川省道 205 线绵阳绕城段改线建设工程一级附合导线观测略图

序	站点名	站点号	方向观测值	觇点名	觇点号	序	站点名	站点号	方向观测值	觇点名	觇点号
1	H18B	1	0°00′00″	H19B	2	10			177°24′37″	19-2	4
2			178°52′25″	19-7	9	11	19-4	6	0°00′00″	19-3	5
3	H19B	2	0°00′00″	H18B	1	12			174°51′20″	19-5	7
4			41°50′10″	19-1	3	13	19-5	7	0°00′00″	19-6	8
5	19-1	3	0°00′00″	H19B	2	14			136°48′28″	19-4	6
6			153°47′27″	19-2	4	15	19-6	8	0°00′00″	19-5	7
7	19-2	4	0°00′00″	19-1	3	16			39°58′42″	19-7	9
8			143°39′51″	19-3	5	17	19-7	9	0°00′00″	19-6	8
9	19-3	5	0°00′00″	19-4	6	18			118°58′01″	H18B	1

图 2-116　四川省道 205 线绵阳绕城段改线建设工程一级附合导线方向观测值

［**2-3**］ 图 2-117 为一级闭合导线观测略图，图 2-118 为 23 个方向观测值，试用平面网条件平差和间接平差分别计算，比较这两种平差方法计算的未知点坐标平差值、验后单位权中误差和误差椭圆元素的差异。

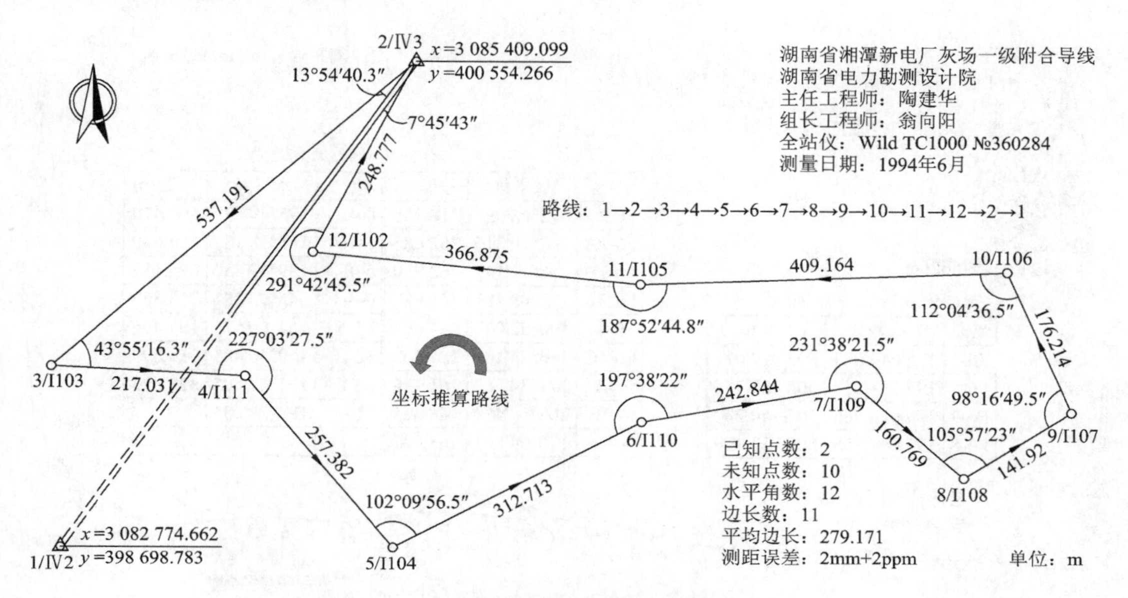

图 2-117　湖南省湘潭新电厂一级闭合导线观测略图

序	站点名	站点号	方向观测值	觇点名	觇点号	序	站点名	站点号	方向观测值	觇点名	觇点号
1	Ⅳ3	2	0°00′00″	Ⅳ2	1	13			231°38′21.5″	I108	8
2			13°54′40.3″	I103	3	14	I108	8	0°00′00″	I109	7
3			352°14′17″	I102	12	15			105°57′23″	I107	9
4	I103	3	0°00′00″	Ⅳ3	2	16	I107	9	0°00′00″	I108	8
5			43°55′16.3″	I111	4	17			98°16′49.5″	I106	10
6	I111	4	0°00′00″	I103	3	18	I106	10	0°00′00″	I107	9
7			227°03′27.5″	I104	5	19			112°04′36.5″	I105	11
8	I104	5	0°00′00″	I111	4	20	I105	11	0°00′00″	I106	10
9			102°09′56.5″	I110	6	21			187°52′44.8″	I102	12
10	I110	6	0°00′00″	I104	5	22	I102	12	0°00′00″	I105	11
11			197°38′22″	I109	7	23			291°42′45.5″	Ⅳ3	2
12	I109	7	0°00′00″	I110	6						

图 2-118　湖南省湘潭新电厂一级闭合导线方向观测值

［**2-4**］ 图 2-119 为本书图 2-50 所示三等闭合导线的 19 个方向观测值，试用平面网间接平差程序计算该三等闭合导线，结合本书的条件平差计算成果，比较两种方法计算的未知点坐标平差值、验后单位权中误差和误差椭圆元素的差异。

序	站点名	站点号	方向观测值	觇点名	觇点号	序	站点名	站点号	方向观测值	觇点名	觇点号
1	B	2	0°00′00″	A	1	11			184°31′46.9″	P5	7
2			65°23′04.3″	P1	3	12	P5	7	0°00′00″	P4	6
3			202°23′57.3″	P8	10	13			218°38′51.2″	P6	8
4	P1	3	0°00′00″	B	2	14	P6	8	0°00′00″	P5	7
5			296°02′30.4″	P2	4	15			278°11′18.7″	P7	9
6	P2	4	0°00′00″	P1	3	16	P7	9	0°00′00″	P6	8
7			114°26′17.5″	P3	5	17			240°39′42.1″	P8	10
8	P3	5	0°00′00″	P2	4	18	P8	10	0°00′00″	P7	9
9			297°26′38.3″	P4	6	19			127°03′46.6″	B	2
10	P4	6	0°00′00″	P3	5						

图 2-119　三等闭合导线方向观测值

［2-5］ 试用平面网条件平差程序计算图 2-120 所示的一级闭合导线并导出 dxf 图形交换文件。

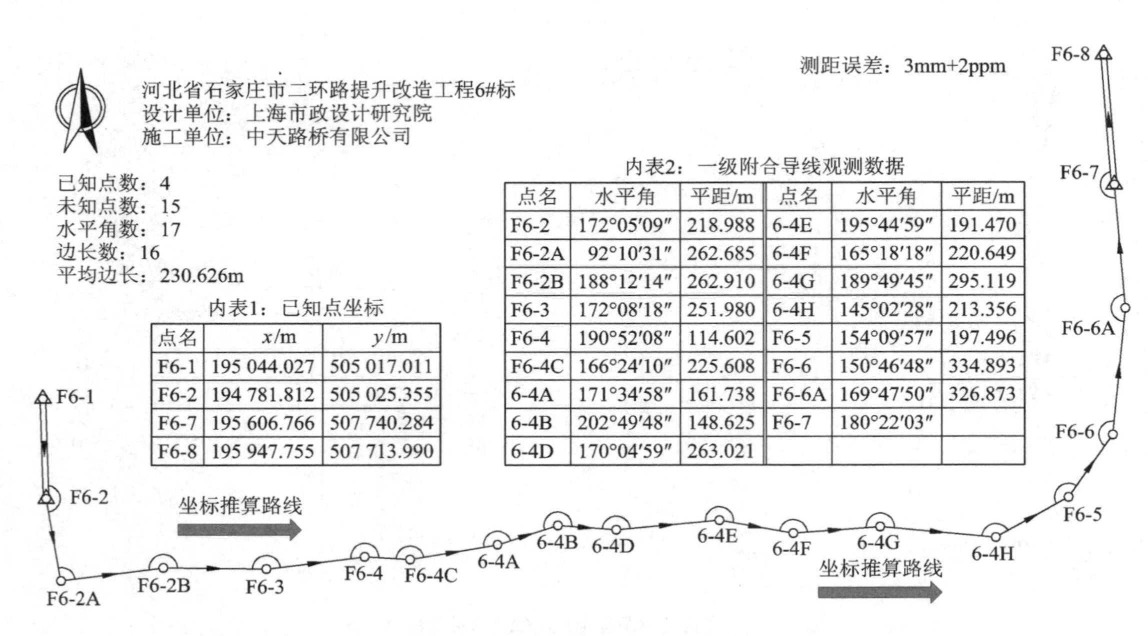

内表1：已知点坐标

点名	*x*/m	*y*/m
F6-1	195 044.027	505 017.011
F6-2	194 781.812	505 025.355
F6-7	195 606.766	507 740.284
F6-8	195 947.755	507 713.990

内表2：一级附合导线观测数据

点名	水平角	平距/m	点名	水平角	平距/m
F6-2	172°05′09″	218.988	6-4E	195°44′59″	191.470
F6-2A	92°10′31″	262.685	6-4F	165°18′18″	220.649
F6-2B	188°12′14″	262.910	6-4G	189°49′45″	295.119
F6-3	172°08′18″	251.980	6-4H	145°02′28″	213.356
F6-4	190°52′08″	114.602	F6-5	154°09′57″	197.496
F6-4C	166°24′10″	225.608	F6-6	150°46′48″	334.893
6-4A	171°34′58″	161.738	F6-6A	169°47′50″	326.873
6-4B	202°49′48″	148.625	F6-7	180°22′03″	
6-4D	170°04′59″	263.021			

图 2-120　河北省石家庄市二环路提升改造工程 6＃标一级附合施工导线观测略图

［2-6］ 试用平面网近似平差程序计算图 2-121 所示单边无定向导线并导出 dxf 图形交换文件。

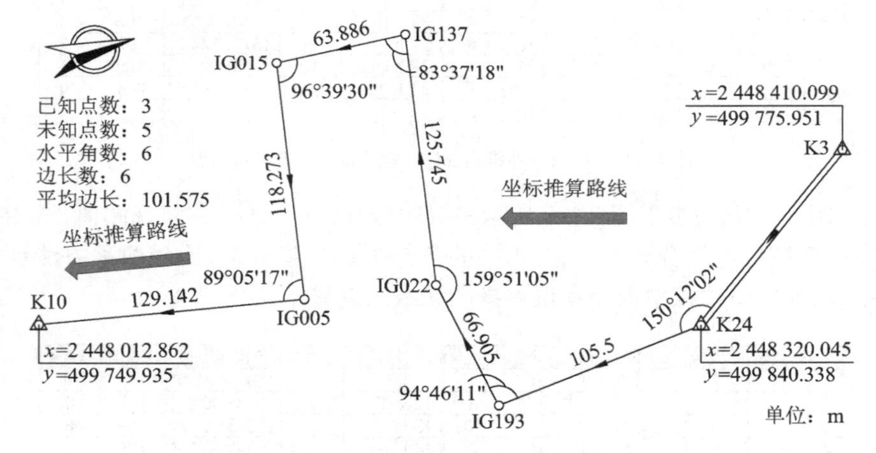

图 2-121　三级单边无定向导线观测略图

［2-7］ 试用平面网近似平差程序计算图 2-122 所示特殊附合导线并导出 dxf 图形交换文件。

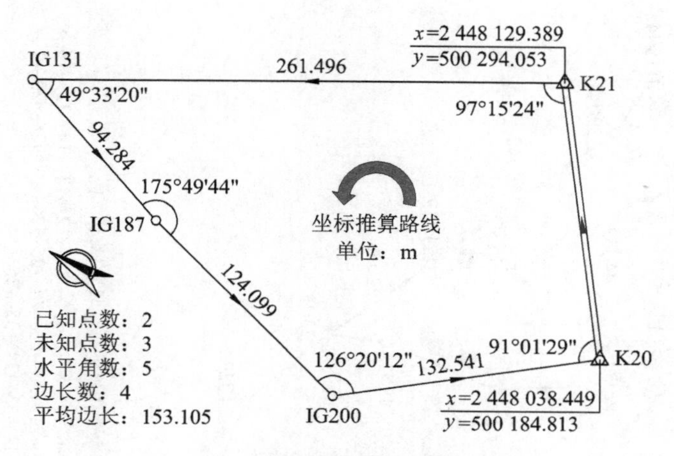

图 2-122　技能大赛特殊附合导线观测略图

[2-8]　试用平面网近似平差程序计算图 2-123 所示双边无定向导线并导出 dxf 图形交换文件。

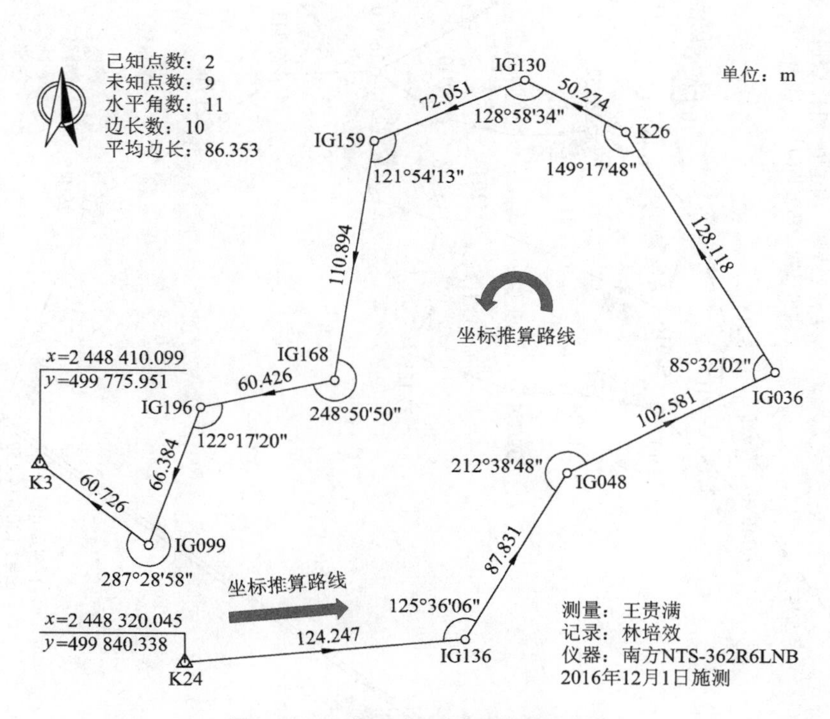

图 2-123　三级双边无定向导线观测略图

[2-9]　图 2-124 所示的一级导线有 2 个已知点，51 个未知点，116 个方向观测值列于图 2-125，57 条边长观测值列于图 2-126，试用平面网间接平差程序计算并导出 dxf 图形交换文件。

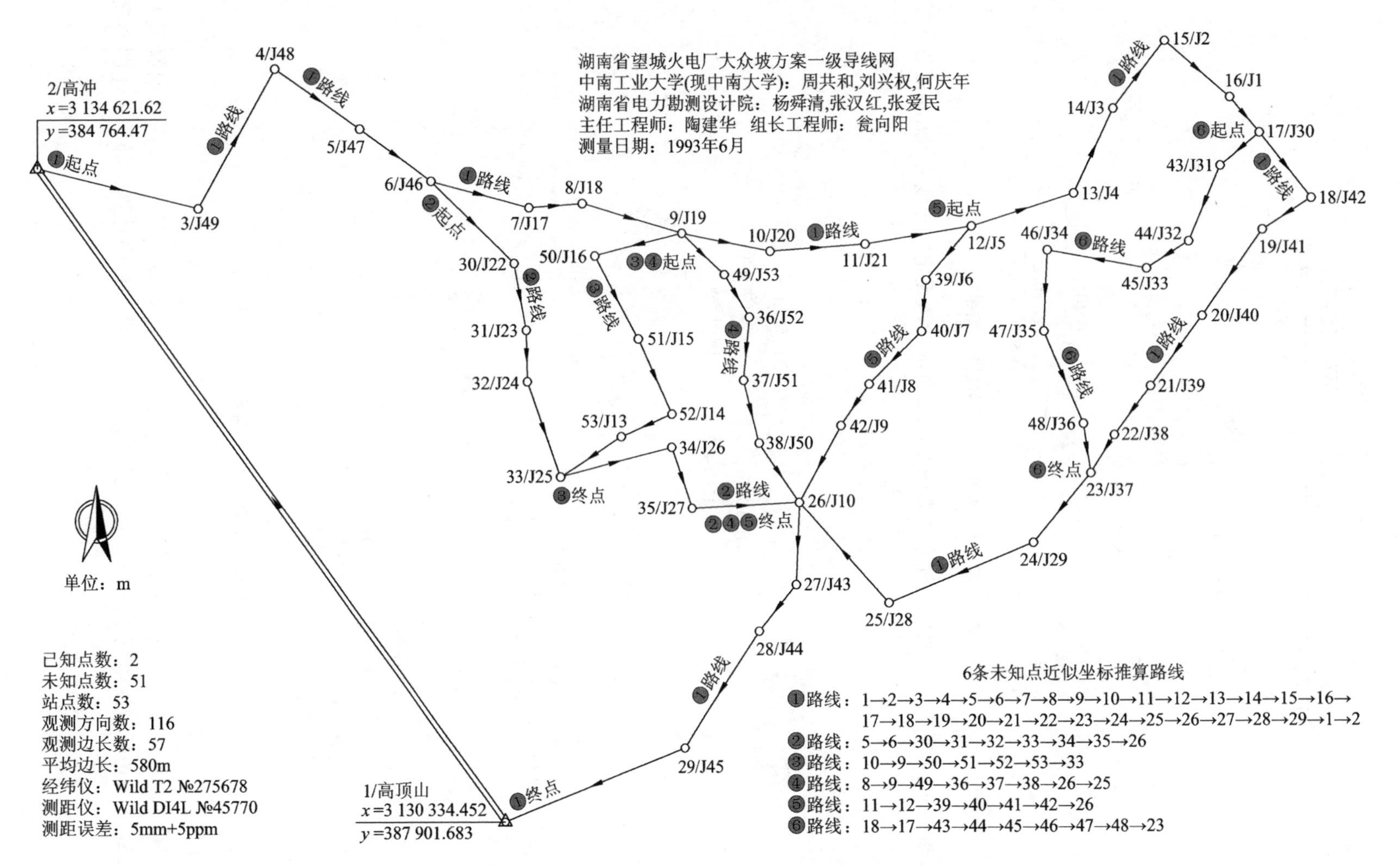

图 2-124　湖南省望城火电厂大众坡方案一级导线网

序	站点名	站点号	方向观测值	觇点名	觇点号	序	站点名	站点号	方向观测值	觇点名	觇点号
1	高顶山	1	0°00'00"	高冲	2	59			129°37'53"	J27	35
2			104°47'01"	J45	29	60			187°14'09"	J50	38
3	高冲	2	0°00'00"	J49	3	61			252°04'05"	J9	42
4			40°08'41"	高顶山	1	62	J43	27	0°00'00"	J44	28
5	J49	3	0°00'00"	J48	4	63			142°50'29"	J10	26
6			254°02'13"	高冲	2	64	J44	28	0°00'00"	J45	29
7	J48	4	0°00'00"	J47	5	65			185°48'40"	J43	27
8			84°58'19"	J49	3	66	J45	29	0°00'00"	高顶山	1
9	J47	5	0°00'00"	J46	6	67			145°17'11"	J44	28
10			178°47'55"	J48	4	68	J22	30	0°00'00"	J23	31
11	J46	6	0°00'00"	J17	7	69			144°45'01"	J46	6
12			29°18'07"	J22	30	70	J23	31	0°00'00"	J22	30
13			201°07'04"	J47	5	71			189°19'03"	J24	32
14	J17	7	0°00'00"	J18	8	72	J24	32	0°00'00"	J23	31
15			198°55'40"	J46	6	73			161°45'45"	J25	33
16	J18	8	0°00'00"	J19	9	74	J25	33	0°00'00"	J24	32
17			159°34'35"	J17	7	75			77°34'05"	J13	53
18	J19	9	0°00'00"	J20	10	76			95°26'19"	J26	34
19			31°26'20"	J53	49	77	J26	34	0°00'00"	J25	33
20			155°06'25"	J16	50	78			264°35'24"	J27	35
21			185°12'10"	J18	8	79	J27	35	0°00'00"	J10	26
22	J20	10	0°00'00"	J21	11	80			253°14'06"	J26	34
23			194°52'30"	J19	9	81	J52	36	0°00'00"	J51	37
24	J21	11	0°00'00"	J5	12	82			143°28'06"	J53	49
25			185°18'10"	J20	10	83	J51	37	0°00'00"	J50	38
26	J5	12	0°00'00"	J4	13	84			199°45'01"	J52	36
27			148°04'45"	J6	39	85	J50	38	0°00'00"	J10	26
28			187°54'27"	J21	11	86			201°08'19"	J51	37
29	J4	13	0°00'00"	J3	14	87	J6	39	0°00'00"	J5	12
30			227°02'34"	J5	12	88			144°27'36"	J7	40
31	J3	14	0°00'00"	J2	15	89	J7	40	0°00'00"	J6	39
32			167°28'06"	J4	13	90			220°28'00"	J8	41
33	J2	15	0°00'00"	J1	16	91	J8	41	0°00'00"	J7	40
34			88°26'48"	J3	14	92			169°11'26"	J9	42
35	J1	16	0°00'00"	J2	15	93	J9	42	0°00'00"	J8	41
36			189°23'22"	J30	17	94			174°27'31"	J10	26
37	J30	17	0°00'00"	J1	16	95	J31	43	0°00'00"	J30	17
38			181°57'24"	J42	18	96			153°18'08"	J32	44
39			271°06'52"	J31	43	97	J32	44	0°00'00"	J31	43
40	J42	18	0°00'00"	J30	17	98			214°41'50"	J33	45
41			276°23'39"	J41	19	99	J33	45	0°00'00"	J32	44
42	J41	19	0°00'00"	J42	18	100			221°39'06"	J34	46
43			158°16'22"	J40	20	101	J34	46	0°00'00"	J33	45
44	J40	20	0°00'00"	J41	19	102			82°42'44"	J35	47
45			181°33'14"	J39	21	103	J35	47	0°00'00"	J34	46
46	J39	21	0°00'00"	J40	20	104			153°31'30"	J36	48
47			179°54'42"	J38	22	105	J36	48	0°00'00"	J35	47
48	J38	22	0°00'00"	J39	21	106			195°06'08"	J37	23
49			175°59'38"	J37	23	107	J53	49	0°00'00"	J52	36
50	J37	23	0°00'00"	J29	24	108			163°20'38"	J19	9
51			131°01'45"	J36	48	109	J16	50	0°00'00"	J15	51
52			173°00'24"	J38	22	110			284°36'56"	J19	9
53	J29	24	0°00'00"	J37	23	111	J15	51	0°00'00"	J14	52
54			207°40'50"	J28	25	112			175°49'00"	J16	50
55	J28	25	0°00'00"	J29	24	113	J14	52	0°00'00"	J15	51
56			249°23'48"	J10	26	114			270°38'50"	J13	53
57	J10	26	0°00'00"	J28	25	115	J13	53	0°00'00"	J14	52
58			45°00'06"	J43	27	116			171°35'14"	J25	33

图 2-125　湖南省望城火电厂大众坡方案一级导线网方向观测值

序	起点名	起点号	端点名	端点号	边长(m)	序	起点名	起点号	端点名	端点号	边长(m)
1	高冲	2	J49	3	1117.2108	30	J22	30	J23	31	444.3028
2	J49	3	J48	4	1049.3416	31	J23	31	J24	32	337.8144
3	J48	4	J47	5	692.627	32	J24	32	J25	33	662.9548
4	J47	5	J46	6	589.5272	33	J25	33	J26	34	777.685
5	J46	6	J17	7	684.5412	34	J26	34	J27	35	423.7826
6	J17	7	J18	8	361.3279	35	J27	35	J10	26	733.1202
7	J18	8	J19	9	703.9132	36	J10	26	J50	38	475.0227
8	J19	9	J20	10	618.0364	37	J50	38	J51	37	425.4804
9	J20	10	J21	11	647.5679	38	J51	37	J52	36	414.9048
10	J21	11	J5	12	728.0565	39	J52	36	J53	49	327.0124
11	J5	12	J4	13	721.6105	40	J53	49	J19	9	401.516
12	J4	13	J3	14	618.4238	41	J5	12	J6	39	468.0155
13	J3	14	J2	15	565.546	42	J6	39	J7	40	337.3733
14	J2	15	J1	16	579.0089	43	J7	40	J8	41	492.9954
15	J1	16	J30	17	303.9768	44	J8	41	J9	42	332.7213
16	J30	17	J42	18	550.4231	45	J9	42	J10	26	577.9262
17	J42	18	J41	19	387.4854	46	J30	17	J31	43	342.9402
18	J41	19	J40	20	695.9436	47	J31	43	J32	44	537.8107
19	J40	20	J39	21	577.8079	48	J32	44	J33	45	337.9392
20	J39	21	J38	22	405.2804	49	J33	45	J34	46	682.4082
21	J38	22	J37	23	296.5992	50	J34	46	J35	47	532.8656
22	J37	23	J29	24	599.4671	51	J35	47	J36	48	660.2863
23	J29	24	J28	25	1051.1717	52	J36	48	J37	23	326.5856
24	J28	25	J10	26	894.9957	53	J19	9	J16	50	609.1468
25	J10	26	J43	27	538.1947	54	J16	50	J15	51	619.8333
26	J43	27	J44	28	395.6719	55	J15	51	J14	52	541.2895
27	J44	28	J45	29	921.0074	56	J14	52	J13	53	368.3583
28	J45	29	高顶山	1	1314.7306	57	J13	53	J25	33	491.9883
29	J46	6	J22	30	775.1948						

图 2-126　湖南省望城火电厂大众坡方案一级导线网边长观测值

［**2-10**］　图 2-127 所示的四等三角网有 2 个已知点，9 个未知点，43 个方向观测值列于图 2-128，试用平面网间接平差程序计算并导出 dxf 图形交换文件。

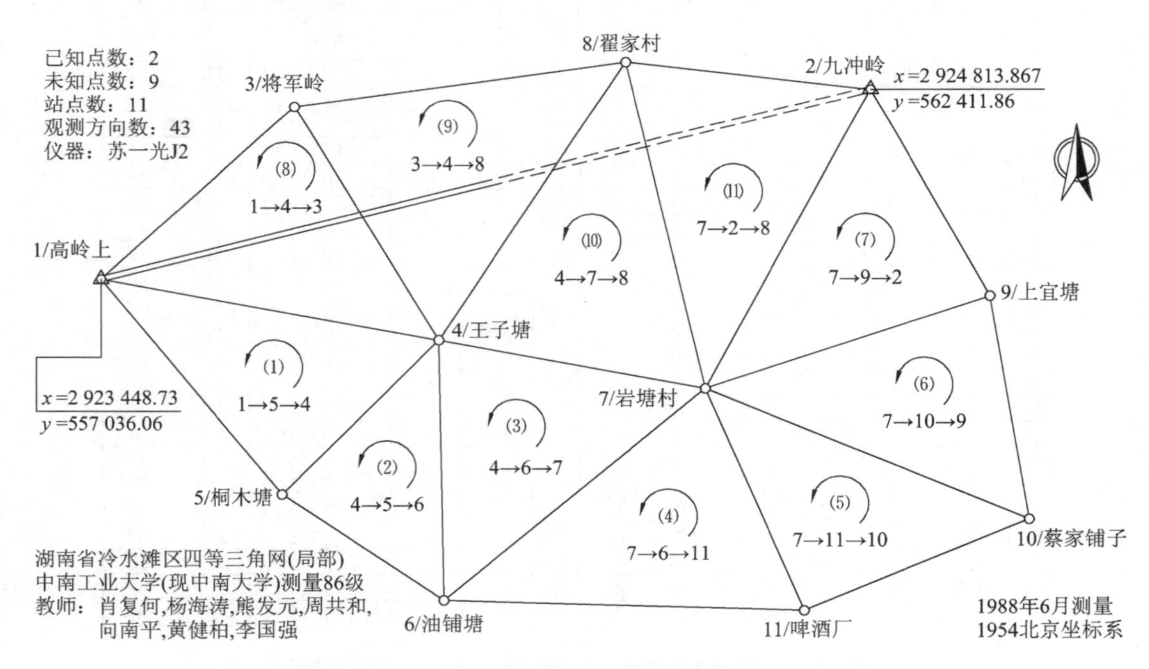

图 2-127　湖南省冷水滩区四等三角网(局部)观测略图

序	站点名	站点号	方向观测值	觇点名	觇点号	序	站点名	站点号	方向观测值	觇点名	觇点号
1	高岭上	1	0°00'00"	将军岭	3	23			308°51'02.77"	王子塘	4
2			28°13'32.82"	九冲岭	2	24	岩塘村	7	0°00'00"	油铺塘	6
3			53°03'29.36"	王子塘	4	25			50°20'36.54"	王子塘	4
4			93°14'35.92"	桐木塘	5	26			116°33'01.95"	翟家村	8
5	九冲岭	2	0°00'00"	翟家村	8	27			158°08'53.54"	九冲岭	2
6			234°04'12.5"	上宜塘	9	28			201°29'11.79"	上宜塘	9
7			291°38'24.61"	岩塘村	7	29			242°29'03.84"	蔡家铺子	10
8	将军岭	3	0°00'00"	翟家村	8	30			286°30'28.05"	啤酒厂	11
9			67°03'33.37"	王子塘	4	31	翟家村	8	0°00'00"	九冲岭	2
10			145°32'29.11"	高岭上	1	32			70°02'33.15"	岩塘村	7
11	王子塘	4	0°00'00"	将军岭	3	33			116°28'11.25"	王子塘	4
12			64°02'05.56"	翟家村	8	34			165°22'37.62"	将军岭	3
13			131°24'02.43"	岩塘村	7	35	上宜塘	9	0°00'00"	蔡家铺子	10
14			209°54'30.08"	油铺塘	6	36			81°13'56.3"	岩塘村	7
15			255°39'07.39"	桐木塘	5	37			160°19'33.09"	九冲岭	2
16			311°32'22.58"	高岭上	1	38	蔡家铺子	10	0°00'00"	啤酒厂	11
17	桐木塘	5	0°00'00"	王子塘	4	39			45°15'41.71"	岩塘村	7
18			79°24'40.32"	油铺塘	6	40			103°01'58.88"	上宜塘	9
19			276°04'19.19"	高岭上	1	41	啤酒厂	11	0°00'00"	油铺塘	6
20	油铺塘	6	0°00'00"	岩塘村	7	42			65°02'33.71"	岩塘村	7
21			41°27'57.62"	啤酒厂	11	43			155°45'23.15"	蔡家铺子	10
22			254°00'23.41"	桐木塘	5						

图 2-128　湖南省冷水滩区四等三角网(局部)方向观测值

第 3 章　Q2X8 交点法计算原理与工程案例

● **基本要求**　理解缓和曲线的几何意义、原点偏角的定义、切线支距坐标系的定义、切线支距坐标的积分公式和级数公式的适用范围、拟合圆弧半径计算原理；掌握第一、第二缓和曲线为完整缓和曲线的基本型曲线切线长、圆曲线内移值、切线增量的计算原理与方法；熟悉第一、第二缓和曲线为非完整缓和曲线的基本型曲线切线长、圆曲线内移值、切线增量的计算方法；掌握第一缓和曲线起点半径 R_{ZH}、第二缓和曲线终点半径 R_{HZ} 的计算原理与方法；掌握回头曲线、直转点的定义与计算方法；掌握竖曲线的计算原理与方法；熟悉断链对坐标正、反算的影响规律；熟悉高速公路和市政道路横断面、挖填边坡的编号方法及其设计数据的几何意义，项目共享设计数据的内容及输入方法；掌握 Q2X8 交点法文件调用项目共享设计数据的原理；掌握超高横坡、路基编号、边坡编号、硬路肩加宽、侧分带加宽、辅道加宽文件设计数据在计算边桩测点设计高程中的作用；理解坐标正算、正交反算的几何意义，坐标正算的偏角 θ 与边桩直线的定义，三维坐标反算，测点位于边坡时，程序计算出的坡口坡距 δS、坡口平距 δd、挖填高差 δh 的施工意义；掌握 Q2X8 交点法程序与南方 NTS-362LNB 全站仪蓝牙交换数据的方法。掌握卡西欧 fx-5800P 工程机复数函数的使用方法。

路线中线平曲线设计图纸为直线、曲线及转角表(简称直曲表)时，说明图纸是采用交点法设计的；路线中线平曲线设计图纸为线位数据表时，说明图纸是采用线元法设计的。本章只介绍交点法平曲线计算原理，线元法平曲线计算原理参见本书第 4 章。

3.1　缓和曲线计算原理

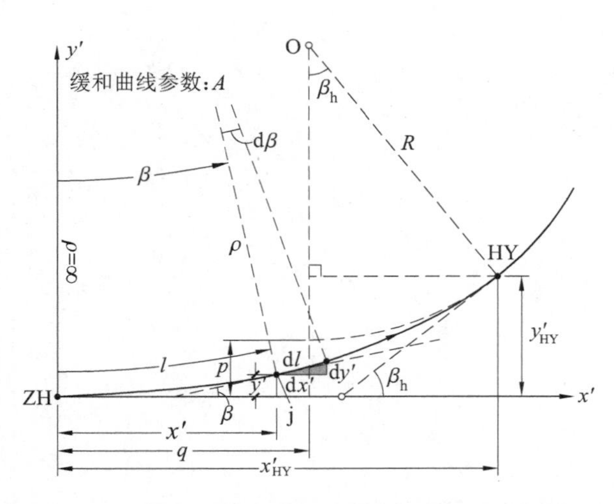

图 3-1　缓和曲线的几何意义及其切线支距坐标计算原理

《公路路线设计规范》[14]规定，公路平面线形由直线、圆曲线和缓和曲线三种线形要素组成。

1. 缓和曲线方程

如图 3-1 所示，缓和曲线的几何意义是：曲线上任意点 j 的曲率半径 ρ 与该点至曲线起点 ZH 的曲线长 l(简称原点线长)成反比，曲线方程为

$$\rho=\frac{A^2}{l} \tag{3-1}$$

式中，A 为缓和曲线参数(spiral parameter)。

在缓和曲线终点 HY，曲线长为 $l=L_h$，曲率半径为 R，代入式(3-1)，求得缓和曲线参数为

$$A=\sqrt{RL_h} \tag{3-2}$$

将式(3-2)代入式(3-1)，得

$$\rho=\frac{RL_h}{l} \tag{3-3}$$

在缓和曲线起点 ZH 处，曲线长 $l=0$，代入式(3-3)，求得 $\rho\to\infty$，缓和曲线的曲率半径等于直线的曲率半径；在缓和曲线终点 HY 处，$l=L_h$，代入式(3-3)，求得 $\rho=R$，缓和曲线的曲率半径等于圆曲线的半径 R。因此，缓和曲线的作用是使路线中线的曲率半径由∞逐渐变化到圆曲线半径 R。

设缓和曲线任意点 j 的曲率半径为 ρ，其偏离纵轴 y'的角度为 β，称 β 为 j 点的原点偏角。设 j 点的微分弧长为 $\mathrm{d}l$，则缓和曲线的微分方程为

$$\mathrm{d}l=\rho\mathrm{d}\beta \tag{3-4}$$

将式(3-1)代入式(3-4)，得

$$\mathrm{d}\beta=\frac{\mathrm{d}l}{\rho}=\frac{l}{A^2}\mathrm{d}l \tag{3-5}$$

对式(3-5)积分并顾及式(3-1)，得 j 点原点偏角的计算公式为

$$\beta=\frac{l^2}{2A^2}=\frac{A^4/\rho^2}{2A^2}=\frac{A^2}{2\rho^2} \tag{3-6}$$

式中，β 的单位为弧度。

在 ZH 点，$l=0$，代入式(3-6)，得 $\beta_{ZH}=0$；在 HY 点，$l=L_h$，$\rho=R$，代入式(3-6)并顾及式(3-2)，得 HY 点的原点偏角为

$$\beta_{HY}=\frac{A^2}{2R^2}=\frac{RL_h}{2R^2}=\frac{L_h}{2R}=\beta_h \tag{3-7}$$

2. 缓和曲线碎部点的切线支距坐标计算

缓和曲线碎部点坐标的计算一般在图 3-1 所示的切线支距坐标系 x'ZHy'中进行。设缓和曲线任意点 j 的微分弧长 $\mathrm{d}l$ 在切线支距坐标系的投影分别为 $\mathrm{d}x'$，$\mathrm{d}y'$，则有

$$\left.\begin{aligned}\mathrm{d}x'&=\cos\beta\mathrm{d}l\\ \mathrm{d}y'&=\sin\beta\mathrm{d}l\end{aligned}\right\} \tag{3-8}$$

(1) 切线支距坐标的积分公式

将式(3-6)代入式(3-8)并积分，得

$$\left.\begin{aligned} x' &= \int_0^l \cos \frac{l^2}{2A^2} \mathrm{d}l \\ y' &= \int_0^l \sin \frac{l^2}{2A^2} \mathrm{d}l \end{aligned}\right\} \tag{3-9}$$

(2) 切线支距坐标的级数展开式

将式(3-4)代入式(3-8),得

$$\left.\begin{aligned} \mathrm{d}x' &= \rho \cos \beta \mathrm{d}\beta \\ \mathrm{d}y' &= \rho \sin \beta \mathrm{d}\beta \end{aligned}\right\} \tag{3-10}$$

由式(3-6),得 $l = A\sqrt{2\beta}$,代入式(3-1),得

$$\rho = \frac{A^2}{A\sqrt{2\beta}} = \frac{A}{\sqrt{2\beta}} \tag{3-11}$$

将式(3-11)代入式(3-10),得

$$\left.\begin{aligned} \mathrm{d}x' &= \frac{A}{\sqrt{2\beta}} \cos \beta \mathrm{d}\beta \\ \mathrm{d}y' &= \frac{A}{\sqrt{2\beta}} \sin \beta \mathrm{d}\beta \end{aligned}\right\} \tag{3-12}$$

$\cos \beta$, $\sin \beta$ 的幂级数展开式为

$$\left.\begin{aligned} \cos \beta &= 1 - \frac{\beta^2}{2!} + \frac{\beta^4}{4!} - \frac{\beta^6}{6!} + \cdots = 1 - \frac{\beta^2}{2} + \frac{\beta^4}{24} - \frac{\beta^6}{720} + \cdots \\ \sin \beta &= \beta - \frac{\beta^3}{3!} + \frac{\beta^5}{5!} - \frac{\beta^7}{7!} + \cdots = \beta - \frac{\beta^3}{6} + \frac{\beta^5}{120} - \frac{\beta^7}{5\,040} + \cdots \end{aligned}\right\} \tag{3-13}$$

将式(3-13)代入式(3-12)积分,并顾及式(3-6),略去高次项,经整理后,得

$$\left.\begin{aligned} x' &= l - \frac{l^5}{40A^4} + \frac{l^9}{3\,456A^8} - \frac{l^{13}}{599\,040A^{12}} + \cdots \\ y' &= \frac{l^3}{6A^2} - \frac{l^7}{336A^6} + \frac{l^{11}}{42\,240A^{10}} - \frac{l^{15}}{9\,676\,800A^{14}} + \cdots \end{aligned}\right\} \tag{3-14}$$

将 $l = L_h$ 代入式(3-14)并顾及式(3-2),得 HY 点的切线支距坐标计算公式为

$$\left.\begin{aligned} x'_{HY} &= L_h - \frac{L_h^3}{40R^2} + \frac{L_h^5}{3\,456R^4} - \frac{L_h^7}{599\,040R^6} \\ y'_{HY} &= \frac{L_h^2}{6R} - \frac{L_h^4}{336R^3} + \frac{L_h^6}{42\,240R^5} - \frac{L_h^8}{9\,676\,800R^7} \end{aligned}\right\} \tag{3-15}$$

因式(3-14)与式(3-15)为省略了高次项的近似公式,文献[15]首次证明了:设切线支距坐标的计算误差为±1 mm,采用式(3-14)第一式计算切线坐标 x'的原点偏角应满足 $\beta \leqslant 50°$,使用式(3-14)第二式计算支距坐标 y'的原点偏角应满足 $\beta \leqslant 65°$。对于起点(或终点)半径为∞的完整缓和曲线,其最大原点偏角一般均满足 $\beta < 50°$的要求。

3. 切线支距坐标计算案例

图 3-2 所示的案例有三个交点，下面介绍使用 fx-5800P 工程机，分别采用积分公式(3-9)和级数展开公式(3-15)计算 JD1 第一缓和曲线终点 HY 的切线支距坐标的方法。

大庆至广州高速公路湖北省黄石至通山段第10合同段
龙港互通式立交A匝道直线、曲线及转角表(局部)
设计单位：中铁第四勘察设计院集团有限公司
施工单位：核工业西南建设集团有限公司

交点号	交点桩号及交点坐标		转角	曲线要素/m						
				半径	缓和曲线参数	缓和曲线长	切线长	曲线长	外距	切曲差(校正值)
QD	桩	-AK0-001.37								
	N	276 158.968								
	E	493 969.384								
JD1	桩	AK0+216.6	33°51'58.7"(Z)*	420	130	40.238	153.942	361.707	20.958	8.434
	N	276 291.075			280	186.667	216.198			
	E	493 796.009								
JD2	桩	AK0+833.664	123°05'34"(Y)	300	230	176.333	409.298	401.963	142.595	210.627
	N	276 328.608			100	148.485	203.291			
	E	493 171.638								
JD3	桩	AK0+847.108	41°23'52.7"(Y)	55	0	0	20.782	39.739	3.795	1.824
	N	276 508.654			0	0	20.782			
	E	493 305.025								
ZD	桩	AK0+866.065								
	N	276 512.999								
	E	493 325.346								

注：转角括号内的Z表示为左转角，Y表示为右转角。

图 3-2 大庆至广州高速公路湖北省黄石至通山段第 10 合同段龙港互通式立交 A 匝道平曲线设计图纸(局部)

(1) 验算 JD1 第一缓和曲线起点半径

JD1 第一缓和曲线参数 $A_1=130$，缓曲线长 $L_{h1}=40.238$ m，圆曲线半径 $R=420$ m，假设它是完整缓和曲线，应满足式(3-2)，得

$$\sqrt{RL_{h1}}=\sqrt{420\times40.238}=129.999\,846\,2\approx A_1=130$$

说明 JD1 的第一缓和曲线为完整缓和曲线。

(2) 使用卡西欧 fx-5800P 工程机的积分函数计算 HY 点的切线支距坐标

按 SHIFT SETUP 4 键设置角度单位为弧度 Rad，屏幕顶部的状态栏显示 R。

按 130 SHIFT STO A 键存储第一缓和曲线参数到字母变量 A，按 40.238 SHIFT STO L 键存储第一缓和曲线长到字母变量 L[图 3-3(a)]。

按 FUNCTION 1 1 cos ALPHA X x^2 ÷ (2 ALPHA A x^2)) , 0 , ALPHA L) SHIFT STO U 键计算 HY 点的切线坐标并存入字母变量 U[图 3-3(b)]。

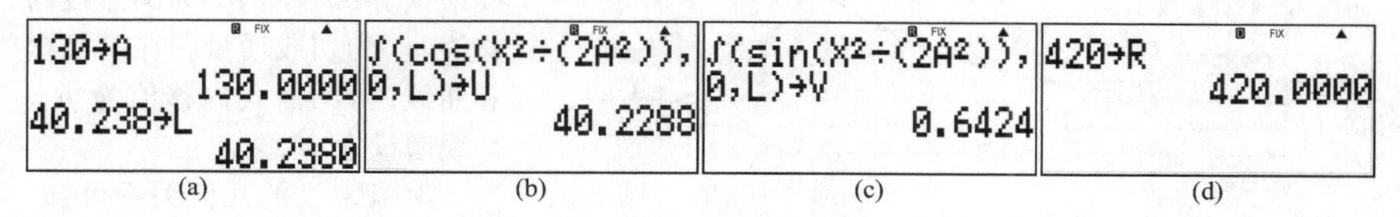

图 3-3 使用积分公式(3-9)计算 JD1 第一缓和曲线终点 HY 的切线支距坐标

按▶键重演表达式，光标自动位于上述表达式第一个字符位置，按▶键移动光标到 cos(函数位置，按 SHIFT INS 键设置光标为覆盖模式，按 sin 键；移动光标到变量 U 的位置，按 ALPHA V EXE 键计算 HY 点的支距坐标并存入字母变量 V[图 3-3(c)]。

fx-5800P 工程机的积分函数∫的自变量只能是字母变量 X，当积分表达式含有三角函数时，应将角度单位设置为弧度 Rad。

(3) 使用级数公式(3-15)计算 HY 点的切线支距坐标

按 420 SHIFT STO R 键存储 JD3 的圆曲线半径到字母变量 R[图 3-3(d)]，使用式(3-15)计算 JD1 第一缓和曲线终点 HY 的切线支距坐标的过程如图 3-4 所示，按 x■ 键输入指数函数^(。

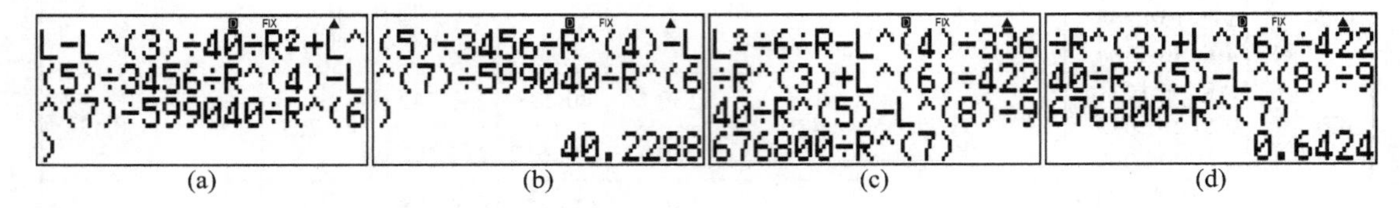

图 3-4 使用级数公式(3-15)计算 JD1 第一缓和曲线终点 HY 的切线支距坐标

将 JD1 第一缓和曲线设计数据代入式(3-6)，得 HY 点的原点偏角为

$$\beta_{HY}=\frac{A_1^2}{2R^2}=\frac{130^2}{2\times 420^2}=0.047\ 902\ 494\ 33\text{ 弧度}=2°44'40.6''$$

由于 $\beta_{HY}<50°$，所以，采用积分公式(3-9)与级数公式(3-15)计算的 HY 点的切线支距坐标是相等的。

3.2 交点法非对称基本型曲线计算原理

如图 3-5 所示，由“第一缓和曲线 A_1＋圆曲线 R＋第二缓和曲线 A_2”组成的交点平曲线称为基本型曲线。

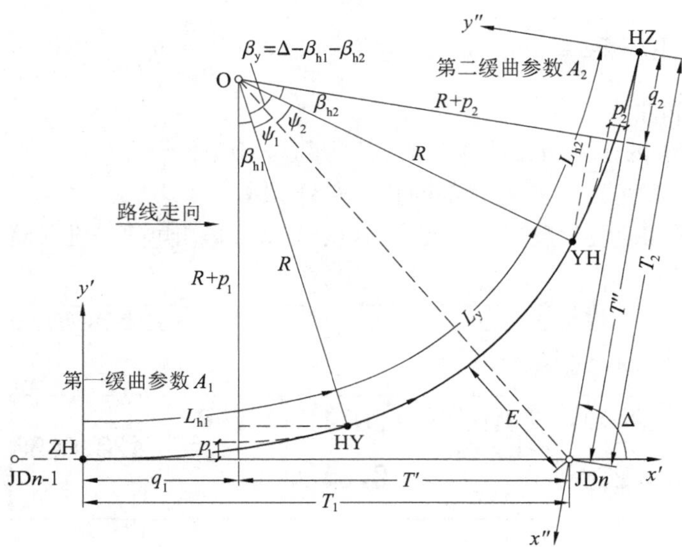

图 3-5 非对称基本型曲线要素计算原理

1. 切线长计算

(1) 圆曲线内移值与切线增量公式

如图 3-5 所示，当在直线与圆曲线之间插入缓和曲线时，在第一缓和曲线端，应将原有圆曲线向内移动距离 p_1，才能使圆曲线与第一缓和曲线衔接，此时，切线增长了 q_1。称 p_1 为圆曲线内移值，q_1 为切线增量。在第二缓和曲线端，圆曲线内移值为 p_2，切线增量为 q_2。

由图 3-5 的几何关系可知，圆曲线在第一缓和曲线端的内移

值 p_1 与切线增量 q_1 的计算公式为

$$\left.\begin{aligned} p_1 &= y'_{\mathrm{HY}} - R(1-\cos\beta_{\mathrm{h1}}) \\ q_1 &= x'_{\mathrm{HY}} - R\sin\beta_{\mathrm{h1}} \end{aligned}\right\} \tag{3-16}$$

圆曲线在第二缓和曲线端的内移值 p_2 与切线增量 q_2 为

$$\left.\begin{aligned} p_2 &= y''_{\mathrm{YH}} - R(1-\cos\beta_{\mathrm{h2}}) \\ q_2 &= x''_{\mathrm{YH}} - R\sin\beta_{\mathrm{h2}} \end{aligned}\right\} \tag{3-17}$$

(2) 切线长公式

由式(3-2),得第一、第二缓和曲线长为

$$\left.\begin{aligned} L_{\mathrm{h1}} &= \frac{A_1^2}{R} \\ L_{\mathrm{h2}} &= \frac{A_2^2}{R} \end{aligned}\right\} \tag{3-18}$$

由式(3-6),得 HY 点与 YH 点的原点偏角为

$$\left.\begin{aligned} \beta_{\mathrm{h1}} &= \frac{L_{\mathrm{h1}}}{2R} \\ \beta_{\mathrm{h2}} &= \frac{L_{\mathrm{h2}}}{2R} \end{aligned}\right\} \tag{3-19}$$

由图 3-5 所示的几何关系,可以列出切线方程为

$$\left.\begin{aligned} T_1 &= T' + q_1 = (R+p_1)\tan(\psi_1+\beta_{\mathrm{h1}}) + q_1 \\ T_2 &= T'' + q_2 = (R+p_2)\tan(\psi_2+\beta_{\mathrm{h2}}) + q_2 \end{aligned}\right\} \tag{3-20}$$

角度方程为

$$\left.\begin{aligned} &\psi_1+\beta_{\mathrm{h1}} = \Delta - (\psi_2+\beta_{\mathrm{h2}}) \\ &\frac{\cos(\psi_1+\beta_{\mathrm{h1}})}{\cos(\psi_2+\beta_{\mathrm{h2}})} = \frac{R+p_1}{R+p_2} \end{aligned}\right\} \tag{3-21}$$

将式(3-21)的第一式代入其第二式消去($\psi_1+\beta_{\mathrm{h1}}$)项,展开并化简,得

$$\tan(\psi_2+\beta_{\mathrm{h2}}) = \frac{R+p_1}{R+p_2}\csc\Delta - \cot\Delta \tag{3-22}$$

将式(3-22)代入式(3-20)的第二式,得

$$T_2 = (R+p_1)\csc\Delta - (R+p_2)\cot\Delta + q_2 \tag{3-23}$$

将式(3-21)变换为

$$\left.\begin{aligned} &\psi_2+\beta_{h2}=\Delta-(\psi_1+\beta_{h1}) \\ &\frac{\cos(\psi_2+\beta_{h2})}{\cos(\psi_1+\beta_{h1})}=\frac{R+p_2}{R+p_1} \end{aligned}\right\} \tag{3-24}$$

同理，得第一切线长计算公式为

$$T_1=(R+p_2)\csc\Delta-(R+p_1)\cot\Delta+q_1 \tag{3-25}$$

fx-5800P 工程机没有 $\csc\Delta$ 和 $\cot\Delta$ 函数，可以使用 $\csc\Delta=1\div\sin\Delta$，$\cot\Delta=1\div\tan\Delta$ 计算。

作为特例，当 $A_1=A_2$ 时，非对称基本型曲线变为对称基本型曲线，有 $p_1=p_2=p$，$q_1=q_2=q$ 成立，将其代入式(3-25)，并顾及式(3-26)所示半角三角函数恒等式：

$$\tan\frac{\Delta}{2}=\frac{1-\cos\Delta}{\sin\Delta}=\csc\Delta-\cot\Delta \tag{3-26}$$

得

$$T_1=T_2=T=(R+p)\tan\frac{\Delta}{2}+q \tag{3-27}$$

(3) 使用 fx-5800P 工程机手动计算切线长案例

为便于计算，将图 3-2 所示 JD1 的转角，第一、第二缓和曲线参数，线长，之前已算出的 HY 点与 YH 点切线，支距坐标列于表 3-1 的 1～4 行。

表 3-1　湖北龙港互通式立交 A 匝道 JD1 第一、第二切线长计算数据

(JD1 的转角 $\Delta=33°51'58.7''$，$R=420$ m)

序	第一缓和曲线/m			第二缓和曲线/m		
1	缓曲参数	A_1	130	缓曲参数	A_2	280
2	缓曲线长	L_{h1}	40.238	缓曲线长	L_{h2}	186.667
3	切线坐标	x'_{HY}	40.228 8	切线坐标	x''_{YH}	185.747 3
4	支距坐标	y'_{HY}	0.642 4	支距坐标	y''_{YH}	13.778 5
5	偏角	β_{h1}	2°44′40.58″	偏角	β_{h2}	12°43′56.71″
6	内移值	p_1	0.160 6	内移值	p_2	3.450 7
7	切线增量	q_1	20.117 5	切线增量	q_2	93.180 1
8	第一切线长	T_1	153.941 8	第二切线长	T_2	216.197 8

设 JD1 的圆曲半径已存入字母变量 R，按 SHIFT SETUP 3 键设置角度单位为 Deg，屏幕顶部状态栏显示 D。应用式(3-7)计算第一缓和曲线偏角 β_{h1} 并存入字母变量 B，按 ⋯ 键以六十进制单位显示[图 3-6(a)]，计算第二缓和曲线偏角 β_{h2} 并存入字母变量 C，按 ⋯ 键以六十进制单位显示[图 3-6(b)]。

应用式(3-7)计算的缓和曲线偏角，单位为弧度，应变换为六十进制单位度。

应用式(3-16)的第一式计算圆曲线在第一缓和曲线端的内移值 p_1[图 3-6(c)]，第二式计算圆曲线在第一缓和曲线端的切线增量 q_1，将 JD1 的转角存入字母变量 D[图 3-6(d)]。

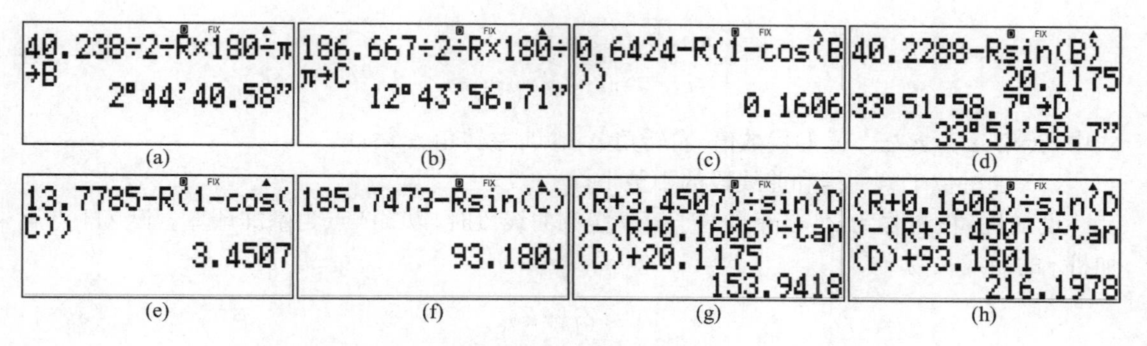

图 3-6 计算图 3-2 所示 JD1 的第一、第二切线长

应用式(3-17)的第一式计算圆曲线在第二缓和曲线端的内移值 p_2[图 3-6(e)]，第二式计算圆曲线在第二缓和曲线端的切线增量 q_2[图 3-6(f)]。

应用式(3-25)计算 JD1 的第一切线长 T_1[图 3-6(g)]，应用式(3-23)计算 JD1 的第二切线长 T_2[图 3-6(h)]，全部计算结果列于表 3-1 的 5～8 行。JD1 第一、第二切线长的计算结果与图 3-2 所示的图纸设计值相符。

2. 主点桩号计算

由图 3-5 所示的几何关系，可以列出曲线长公式为

$$\left.\begin{aligned} L_y &= R(\Delta - \beta_{h1} - \beta_{h2}) \\ L &= L_{h1} + L_{h2} + L_y \end{aligned}\right\} \tag{3-28}$$

式中，Δ，β_{h1}，β_{h2} 的单位为弧度，L_y 为圆曲线长，切曲差为

$$J = T_1 + T_2 - L \tag{3-29}$$

4 个主点桩号为

$$\left.\begin{aligned} Z_{ZH} &= Z_{JD} - T_1 \\ Z_{HY} &= Z_{ZH} + L_{h1} \\ Z_{YH} &= Z_{HY} + L_y \\ Z_{HZ} &= Z_{YH} + L_{h2} = Z_{JD} + T_2 - J \end{aligned}\right\} \tag{3-30}$$

外距计算公式为

$$E = \sqrt{(R + p_1)^2 + (T_1 - q_1)^2} - R \tag{3-31}$$

3. 主点与加桩中桩坐标计算

(1) ZH 点与 HZ 点的中桩坐标

设由 JD(n-1)与 JDn 的坐标算出的 JD(n-1)→JDn 的方位角为 $\alpha_{(n-1)n}$，则 ZH 点的走向方位角及其中桩坐标复数为

$$\left.\begin{aligned} \alpha_{ZH} &= \alpha_{(n-1)n} \\ z_{ZH} &= z_{JDn} - T_1 \angle \alpha_{ZH} \end{aligned}\right\} \tag{3-32}$$

HZ 点的走向方位角及其中桩坐标复数为

$$\left.\begin{aligned}\alpha_{HZ} &= \alpha_{(n-1)n} + \Delta \\ z_{HZ} &= z_{JDn} + T_2 \angle \alpha_{HZ}\end{aligned}\right\} \tag{3-33}$$

式中，转角 Δ 为含"±"号的代数值，右转角 $\Delta > 0$，左转角 $\Delta < 0$。

(2) 加桩位于第一缓和曲线段的中桩坐标

设加桩 j 的桩号为 Z_j，当 j 点位于第一缓和曲线段时，以 ZH 点为基准计算。设 ZH 点至加桩 j 的曲线长为

$$l_j = Z_j - Z_{ZH} \tag{3-34}$$

将 l_j 代入式(3-9)或式(3-14)算出 j 点的切线支距坐标复数为 $z'_j = x'_j + y'_j \mathrm{i}$，则 ZH→j 点的弦长 c_{ZH-j} 及其弦切角 γ_{ZH-j} 分别为复数 z'_j 的模(absolute)及其辐角(argument)

$$\left.\begin{aligned}c_{ZH-j} &= \mathrm{Abs}(z'_j) \\ \gamma_{ZH-j} &= \mathrm{Arg}(z'_j)\end{aligned}\right\} \tag{3-35}$$

ZH→j 点弦长的方位角与 j 点走向方位角为

$$\left.\begin{aligned}\alpha_{ZH-j} &= \alpha_{ZH} \pm \gamma_{ZH-j} \\ \alpha_j &= \alpha_{ZH} \pm \beta_j\end{aligned}\right\} \tag{3-36}$$

式中，β_j 为 j 点的原点偏角，将 A_1 与 l_j 代入式(3-6)计算。

j 点的中桩坐标为

$$z_j = z_{ZH} + c_{ZH-j} \angle \alpha_{ZH-j} \tag{3-37}$$

当 $l_j = L_{h1}$ 时，j 点即为 HY 点。

(3) 加桩位于圆曲线段的中桩坐标

以 HY 点为基准计算，HY 点→加桩 j 的弧长为

$$l_j = Z_j - Z_{HY} \tag{3-38}$$

HY→j 点的弦切角 γ_{HY-j} 及其弦长 c_{HY-j} 为

$$\left.\begin{aligned}\gamma_{HY-j} &= \frac{l_j}{2R} \\ c_{HY-j} &= 2R\sin\gamma_{HY-j}\end{aligned}\right\} \tag{3-39}$$

HY→j 点弦长的方位角与 j 点走向方位角为

$$\left.\begin{aligned}\alpha_{HY-j} &= \alpha_{HY} \pm \gamma_{HY-j} \\ \alpha_j &= \alpha_{HY} \pm 2\gamma_{HY-j}\end{aligned}\right\} \tag{3-40}$$

j 点中桩坐标复数为

$$z_j = z_{HY} + c_{HY-j} \angle \alpha_{HY-j} \tag{3-41}$$

当 $l_j = L_y$ 时，j 点即为 YH 点。

(4) 加桩位于第二缓和曲线段的中桩坐标

如图 3-7 所示，有以 YH 点为基准和以 HZ 点为基准两种计算方法，本书采用前者，原理

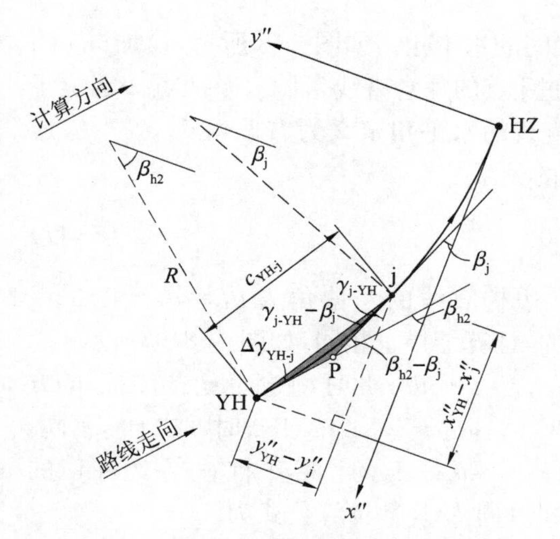

图 3-7　以 YH 点为基准计算加桩 j 的中桩坐标

取自文献[9]，它需要在第二缓和曲线的切线支距坐标系 $x''\mathrm{HZ}y''$ 中算出 YH→j 点的弦长 $c_{\mathrm{YH-j}}$ 及其弦切角 $\Delta\gamma_{\mathrm{YH-j}}$。

将 $A=A_2$ 及 $l=L_{\mathrm{h2}}$ 代入式(3-9)或式(3-14)与式(3-6)，分别算出 YH 点的切线支距坐标复数 $z''_{\mathrm{YH}}=x''_{\mathrm{YH}}+y''_{\mathrm{YH}}\mathrm{i}$ 及其原点偏角 β_{h2}，则 j→HZ 点的曲线长为

$$l_{\mathrm{j}}=Z_{\mathrm{HZ}}-Z_{\mathrm{j}} \tag{3-42}$$

同理计算出 j 点的切线支距坐标 $z''_{\mathrm{j}}=x''_{\mathrm{j}}+y''_{\mathrm{j}}\mathrm{i}$ 及其原点偏角 β_{j}，则有

$$\left.\begin{aligned} c_{\mathrm{j-YH}} &= \mathrm{Abs}(z''_{\mathrm{YH}}-z''_{\mathrm{j}}) \\ \gamma_{\mathrm{j-YH}} &= \mathrm{Arg}(z''_{\mathrm{YH}}-z''_{\mathrm{j}}) \end{aligned}\right\} \tag{3-43}$$

在图 3-7 所示灰底色三角形 YH－P－j 中，外角($\beta_{\mathrm{h2}}-\beta_{\mathrm{j}}$)等于不相邻的两个内角之和，则有

$$\beta_{\mathrm{h2}}-\beta_{\mathrm{j}}=\Delta\gamma_{\mathrm{YH-j}}+(\gamma_{\mathrm{j-YH}}-\beta_{\mathrm{j}})$$

化简后，得

$$\Delta\gamma_{\mathrm{YH-j}}=\beta_{\mathrm{h2}}-\gamma_{\mathrm{j-YH}} \tag{3-44}$$

YH→j 点弦长的方位角与 j 点走向方位角为

$$\left.\begin{aligned} \alpha_{\mathrm{YH-j}} &= \alpha_{\mathrm{YH}} \pm \Delta\gamma_{\mathrm{YH-j}} \\ \alpha_{\mathrm{j}} &= \alpha_{\mathrm{YH}} \pm (\beta_{\mathrm{h2}}-\beta_{\mathrm{j}}) \end{aligned}\right\} \tag{3-45}$$

式中的“±”号，缓和曲线右偏取“＋”，左偏取“－”，下同。

j 点中桩坐标为

$$z_{\mathrm{j}}=z_{\mathrm{YH}}+c_{\mathrm{j-YH}}\angle\alpha_{\mathrm{YH-j}} \tag{3-46}$$

(5) 加桩边桩坐标计算原理

如图 3-8 所示，算出加桩 j 的中桩坐标复数 z_{j} 及其走向方位角 α_{j} 后，只需要指定边桩直线的偏角 θ 与边距 d，即可算出边桩点的平面坐标。

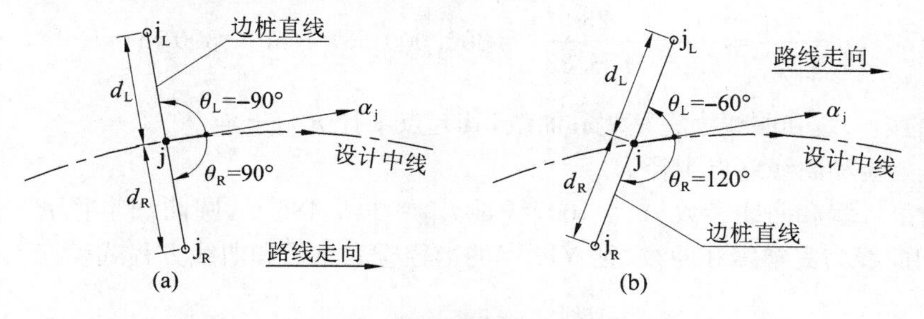

图 3-8　边桩直线偏角 θ 的定义

边桩直线偏角 θ 定义为边桩直线与加桩走向之间的水平角。如图 3-8 所示，设加桩 j 的左边桩点为 j_L，右边桩点为 j_R，j 点边桩直线定义为过 j 点的任意直线，且 j_L，j_R 两点一定位于边桩直线上。以 j 点走向为零方向，顺时针到边桩直线的水平角定义为右偏角 θ_R，$\theta_R>0$；逆时针到边桩直线的水平角为左偏角 θ_L，$\theta_L<0$，二者的关系为

$$\theta_R-\theta_L=180° \tag{3-47}$$

设偏角 $\theta=90°$，为右偏角 θ_R，代入式(3-47)，边桩直线的左偏角为 $\theta_L=\theta_R-180°=-90°$，也就是说，偏角 $\theta=\pm90°$的几何意义是相同的，计算结果也相同，如图 3-8(a)所示。

当偏角 $\theta<0$ 时，中桩 j→左边桩 j_L 的方位角为 $\alpha_{j\to jL}=\alpha_j+\theta_L$，此时，中桩 j→右边桩 j_R 的方位角为 $\alpha_{j\to jR}=\alpha_{j\to jL}\pm180°$。式中的"±"号，$\alpha_{j\to jL}\leqslant180°$时，取"+"；$\alpha_{j\to jL}>180°$时，取"−"，下同。

当偏角 $\theta>0$ 时，中桩 j→右边桩 j_R 的方位角为 $\alpha_{j\to jR}=\alpha_j+\theta_R$，此时，中桩 j→左边桩 j_L 的方位角为 $\alpha_{j\to jL}=\alpha_{j\to jR}\pm180°$。边桩直线左、右边桩点的坐标复数计算公式为

$$\left.\begin{aligned}z_{jL}&=z_j+d_L\angle\alpha_{j\to jL}\\z_{jR}&=z_j+d_R\angle\alpha_{j\to jR}\end{aligned}\right\} \tag{3-48}$$

3.3 非完整缓和曲线起讫半径计算原理

起点或终点半径为∞的缓和曲线为完整缓和曲线，起讫点半径均不等于∞的缓和曲线为非完整缓和曲线。在直曲表中，第一缓和曲线终点 HY 的半径 R_{HY}、圆曲线半径 R、第二缓和曲线起点 YH 的半径 R_{YH}是相等的，它们都等于圆曲线半径 R，即有下列关系：

$$R_{HY}=R=R_{YH} \tag{3-49}$$

但直曲表不会给出第一缓和曲线起点半径 R_{ZH}与第二缓和曲线终点半径 R_{HZ}，它们的值需要施工员使用设计数据，应用缓和曲线线长方程式(3-1)与偏角方程式(3-6)自行计算确定。

1. 工程案例 1

计算图 3-2 所示 JD2 的第一缓和曲线起点半径 R_{ZH}，第二缓和曲线终点半径 R_{HZ}。

(1) 第一缓和曲线起点半径 R_{ZH}

JD2 的第一缓和曲线参数 $A_1=230$，线长 $L_{h1}=176.333$ m，圆曲线半径 $R=300$ m。假设第一缓和曲线为完整缓和曲线，则 HY 点的半径应满足缓和曲线方程式(3-1)：

$$\rho=\frac{A_1^2}{l_{HY}}=\frac{A_1^2}{L_{h1}}=\frac{230^2}{176.333}=300.000\,567\,1\text{ m}\approx300\text{ m}=R$$

所以，JD2 的第一缓和曲线为完整缓和曲线，其起点半径 $R_{ZH}\to\infty$。

(2) 第二缓和曲线终点半径 R_{HZ}

JD2 的第二缓和曲线参数 $A_2=100$，线长 $L_{h2}=148.485$ m，圆曲线半径 $R=300$ m。假设第二缓和曲线为完整缓和曲线，则 YH 点的半径应满足缓和曲线方程式(3-1)：

$$\rho=\frac{A_2^2}{l_{YH}}=\frac{A_2^2}{L_{h2}}=\frac{100^2}{148.485}=67.346\,870\,05\text{ m}\neq300\text{ m}=R$$

所以，JD2 的第二缓和曲线为非完整缓和曲线，需要计算其终点半径 R_{HZ}。

变换式(3-1)，得

$$l=\frac{A^2}{\rho} \tag{3-50}$$

因 JD2 的第二缓和曲线终点是连接 JD3、半径 $R=55$ m 的单圆曲线，可以假设第二缓和曲线终点半径 $R_{\mathrm{HZ}}<R=300$ m，由式(3-50)可以列出线长方程为

$$l_{\mathrm{HZ}}-l_{\mathrm{YH}}=\frac{A_2^2}{R_{\mathrm{HZ}}}-\frac{A_2^2}{R}=L_{\mathrm{h2}} \tag{3-51}$$

解式(3-51)，得

$$R_{\mathrm{HZ}}=\left(\frac{L_{\mathrm{h2}}}{A_2^2}+R^{-1}\right)^{-1} \tag{3-52}$$

将 JD2 的第二缓和曲线设计数据代入式(3-52)，得

$$R_{\mathrm{HZ}}=\left(\frac{148.485}{100^2}+300^{-1}\right)^{-1}=54.999\ 954\ 17\approx 55\ \mathrm{m} \tag{3-53}$$

(3) 第二缓和曲线起讫点的原点偏角及其切线支距坐标

将 JD2 的第二缓和曲线设计数据代入式(3-6)，分别计算 YH 点与 HZ 点的原点偏角：

$$\beta_{\mathrm{YH}}=\frac{A_2^2}{2R^2}=\frac{100^2}{2\times 300^2}=0.055\ 555\ 555\ 56\ \text{弧度}=3°10'59.16''<50°$$

$$\beta_{\mathrm{HZ}}=\frac{A_2^2}{2R_{\mathrm{HZ}}^2}=\frac{100^2}{2\times 55^2}=1.652\ 892\ 562\ \text{弧度}=94°42'13.56''>65°$$

因 YH 点的原点偏角远小于 50°，分别采用积分公式(3-9)与级数公式(3-15)计算的切线支距坐标基本是相同的，使用 fx-5800P 工程机计算的结果列于表 3-2 的 YH 行。而 HZ 点的原点偏角大于 65°，需要采用积分公式计算。

在 fx-5800P 工程机中，按 SHIFT SETUP 4 键设置角度单位为弧度 Rad，屏幕顶部的状态栏显示 R；应用积分公式(3-9)计算 HZ 点的切线支距坐标过程如图 3-9(a)—(c)所示，应用级数公式(3-15)计算 HZ 点的切线支距坐标过程如图 3-9(d)—(h)所示，两种公式计算的 HZ 点切线支距坐标的差异列于表 3-2 的 HZ 行。

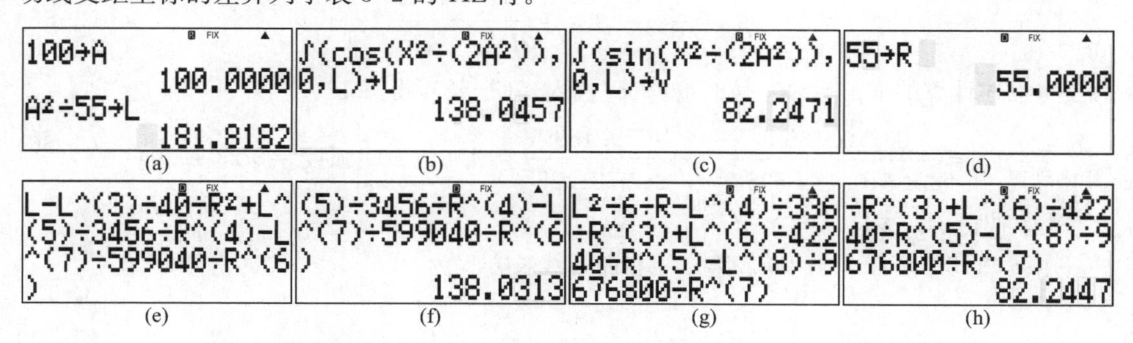

图 3-9　分别使用积分公式(3-9)与级数公式(3-15)计算 HZ 点的切线支距坐标

表 3-2　　湖北龙港互通式立交 A 匝道 JD2 第二缓和曲线起讫点切线支距坐标

点名	R/m	原点偏角	积分公式(3-9)		级数公式(3-15)		坐标差	
			x''/m	y''/m	x''/m	y''/m	$\delta x''$/m	$\delta y''$/m
YH	300	3°10′59.16″	33.323	0.617 1	33.323	0.617 1	0.000 0	0.000 0
HZ	55	94°42′13.56″	138.045 7	82.247 1	138.031 3	82.244 7	0.014 4	0.002 4

2. 工程案例 2

计算图 3-10 所示 JD17 第二缓和曲线终点半径 R_{HZ}。由图可知，JD17 的圆曲线半径 $R=621.25$ m，无法判断第二缓和曲线终点半径 R_{HZ} 是满足 $R_{HZ}<R$，还是满足 $R_{HZ}>R$，需要使用缓和曲线线长方程式(3-1)分别计算这两种情形的 R_{HZ} 值，再应用缓和曲线偏角方程式(3-6)最终确定正确的 R_{HZ} 值。

广东省河源市滨江大道改造工程JD17直线、曲线及转角表(局部)

设计单位：中国华西工程设计建设有限公司

施工单位：广东省基础工程集团有限公司

交点号	交点桩号及交点坐标		转角	曲线要素/m						
				半径	缓和曲线参数	缓和曲线长	切线长	曲线长	外距	切曲差(校正值)
QD	桩	K11+349.420								
	N	2 626 870.231								
	E	50 354.882								
JD17	桩	K11+485.969	24°46′36.2″(Z)	621.25	0	0	136.549	269.448	14.830	4.273
	N	2 626 953.156			1 779.189 5	90.159	137.172			
	E	50 246.397								
ZD	桩	K11+714.614								
	N	2 627 004.034								
	E	50 019.103								

图 3-10　广东省河源市滨江大道改造工程 JD17 平曲线设计图纸(局部)

(1) 假设 $R_{HZ}<R$

将 JD17 的第二缓和曲线参数 $A_2=1\,779.189\,5$，线长 $L_{h2}=90.159$ m，圆曲线半径 $R=621.25$ m 代入式(3-52)，得

$$R_{HZ}=\left(\frac{90.159}{1\,779.189\,5^2}+621.25^{-1}\right)^{-1}=610.448\,596\,9\ \text{m} \tag{3-54}$$

顾及 $R_{HZ}<R$，由式(3-6)可以列出 JD17 第二缓和曲线偏角差方程为

$$\beta_{h2}=\beta_{HZ}-\beta_{YH}=\frac{A_2^2}{2R_{HZ}^2}-\frac{A_2^2}{2R^2} \tag{3-55}$$

将上述计算的 $R_{HZ}=610.448\,596\,9$ m 代入式(3-55)，得

$$\beta_{h2}=\frac{1\,779.189\,5^2}{2\times 610.448\,596\,9^2}-\frac{1\,779.189\,5^2}{2\times 621.25^2}=0.146\,409\ \text{弧度}=8°23'19.04'' \tag{3-56}$$

(2) 假设 $R_{HZ}>R$

由式(3-50)可以列出 JD17 第二缓和曲线线长方程为

$$l_{YH}-l_{HZ}=\frac{A_2^2}{R}-\frac{A_2^2}{R_{HZ}}=L_{h2} \tag{3-57}$$

解式(3-57)，得

$$R_{\mathrm{HZ}}=\left(R^{-1}-\frac{L_{\mathrm{h2}}}{A_2^2}\right)^{-1} \tag{3-58}$$

将 JD17 的第二缓和曲线设计数据代入式(3-58)，得

$$R_{\mathrm{HZ}}=\left(621.25^{-1}-\frac{90.159}{1\ 779.189\ 5^2}\right)^{-1}=632.440\ 532\ 9\ \mathrm{m} \tag{3-59}$$

顾及 $R_{\mathrm{HZ}}>R$，由式(3-6)可以列出 JD17 第二缓和曲线偏角差方程为

$$\beta_{\mathrm{h2}}=\beta_{\mathrm{YH}}-\beta_{\mathrm{HZ}}=\frac{A_2^2}{2R^2}-\frac{A_2^2}{2R_{\mathrm{HZ}}^2} \tag{3-60}$$

将上述计算的 $R_{\mathrm{HZ}}=632.440\ 532\ 9$ m 代入式(3-60)，得

$$\beta_{\mathrm{h2}}=\frac{1\ 779.189\ 5^2}{2\times621.25^2}-\frac{1\ 779.189\ 5^2}{2\times632.440\ 532\ 9^2}=0.143\ 841\ 213\ 2\text{ 弧度}=8°14'29.38'' \tag{3-61}$$

(3) 计算 JD17 第二缓和曲线偏角差的设计值

由图 3-10 可知，JD17 的圆曲线长为

$$L_{\mathrm{y}}=L-L_{\mathrm{h2}}=269.448-90.159=179.289\ \mathrm{m}$$

圆心角为

$$\beta_{\mathrm{y}}=\frac{L_{\mathrm{y}}}{R}=\frac{179.289}{621.25}=0.288\ 593\ 963\ 8\text{ 弧度}=16°32'06.78'' \tag{3-62}$$

则第二缓和曲线偏角差的设计值为

$$\beta_{\mathrm{h2}}=|\Delta|-\beta_{\mathrm{y}}=24°46'36.3''-16°32'06.78''=8°14'29.52'' \tag{3-63}$$

显然，只有式(3-61)的偏角差满足式(3-62)，其对应的终点半径为 $R_{\mathrm{HZ}}\approx632.441$ m$>R=621.25$ m。

(4) 第二缓和曲线起讫点的原点偏角及其切线支距坐标

将 JD17 的第二缓和曲线设计数据代入式(3-6)，分别计算 YH 点与 HZ 点的原点偏角：

$$\beta_{\mathrm{YH}}=\frac{A_2^2}{2R^2}=\frac{1\ 779.189\ 5^2}{2\times621.25^2}=4.100\ 922\ 997\text{ 弧度}=234°57'56.09''>65°$$

$$\beta_{\mathrm{HZ}}=\frac{A_2^2}{2R_{\mathrm{HZ}}^2}=\frac{1\ 779.189\ 5^2}{2\times632.440\ 5^2}=3.957\ 082\ 196\text{ 弧度}=226°43'26.79''>60°$$

在 fx-5800P 工程机中，按 SHIFT SETUP 4 键设置角度单位为弧度 Rad，屏幕顶部的状态栏显示 R。

应用积分公式(3-9)计算 YH 点的切线支距坐标过程如图 3-11(a)—(c)所示，应用级数公式(3-15)计算 YH 点的切线支距坐标过程如图 3-11(d)—(h)所示。

两种公式计算的 HZ 点切线支距坐标差列于表 3-3 的 YH 行。因 $\beta_{YH}=234°57'56.09''$，远大于 65°，所以，两种公式计算的切线支距坐标相差很大，也可以说，使用级数公式(3-15)计算的 YH 点的切线支距坐标是错误的。

表 3-3　　广东河源市滨江大道改造工程 JD17 第二缓和曲线起讫点切线支距坐标

点名	R/m	原点偏角	积分公式(3-9)		级数公式(3-15)		坐标差	
			x''/m	y''/m	x''/m	y''/m	$\delta x''$/m	$\delta y''$/m
YH	621.25	234°57′56.09″	1 122.342 4	1 975.201 5	608.739 6	1 760.759 3	513.602 8	214.442 2
HZ	632.440 5	226°43′26.79″	1 179.236 5	2 045.041 7	796.345 4	1 891.023 9	382.891 1	154.017 8

在 fx-5800P 工程机中，分别采用积分公式(3-9)与级数公式(3-15)计算 HZ 点的切线支距坐标，结果及其差值列于表 3-3 的 HZ 行，请读者自行计算。

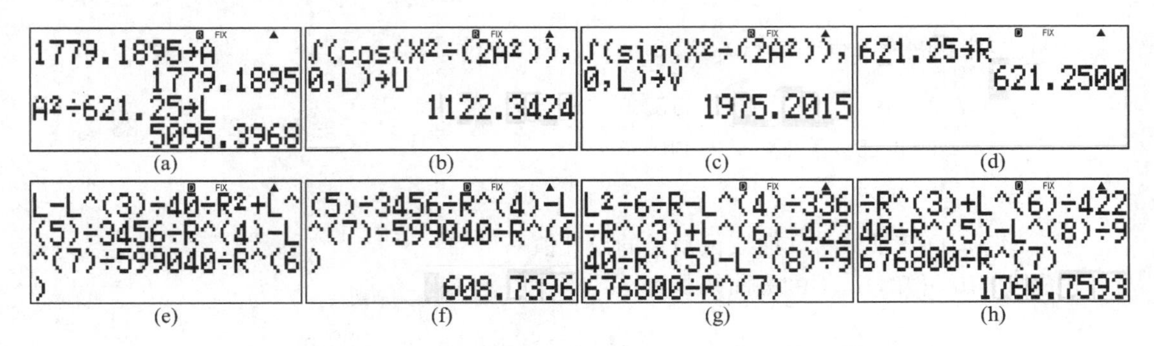

图 3-11　分别采用积分公式(3-9)与级数公式(3-15)计算 YH 点的切线支距坐标

3. 使用 缓曲半径计算 程序计算

(1) 计算案例 1 的 JD2 第二缓和曲线终点半径 R_{HZ}

在项目主菜单[图 3-12(a)]，点击 **缓曲半径计算** 按钮，进入“缓曲线元起讫半径计算器”界面[图 3-12(b)]；设置◉ **Rs>Re**单选框，输入 JD2 第二缓和曲线参数 $A=100$，缓曲线长 $L_h=148.485$ m，起点半径 $R_s=300$ m[图 3-12(c)]，点击 计 算 按钮，结果如图 3-12(d)所示，它与式(3-53)的计算结果相同。

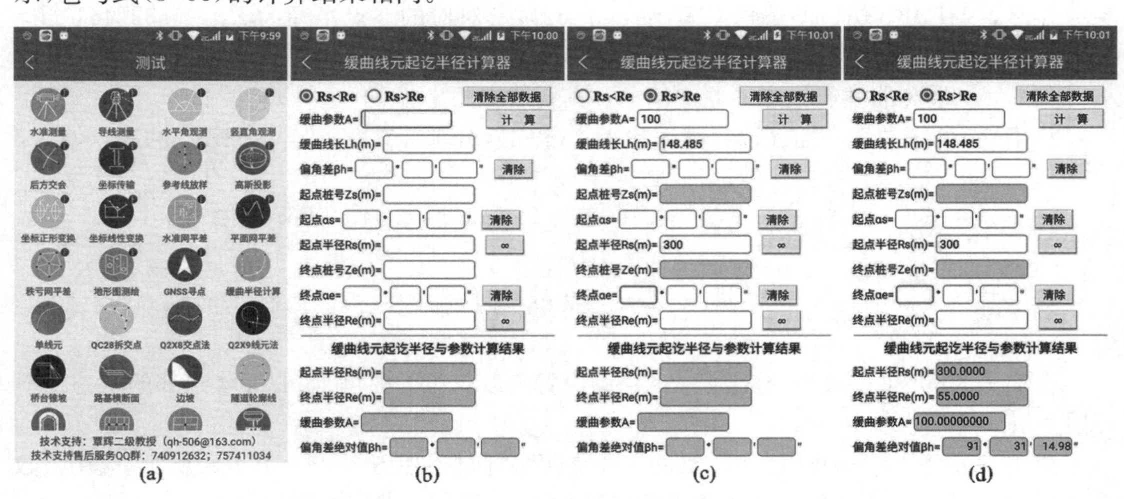

图 3-12　计算图 3-2 所示案例 JD2 第二缓和曲线终点半径 R_{HZ}

(2) 计算案例 2 的 JD17 第二缓和曲线终点半径 R_{HZ}

点击 清除全部数据 按钮，设置 ◉ **Rs>Re** 单选框，输入 JD17 的第二缓和曲线参数 $A=$ 1 779.189 5，缓曲线长 $L_h=90.159$ m，起点半径 $R_s=621.25$ m[图 3-13(a)]，点击 计 算 按钮，结果如图 3-13(b)所示，终点半径 R_e 与式(3-54)的计算结果相同，偏角差 β_h 与式(3-56)的计算结果相同。

设置 ◉ **Rs<Re** 单选框[图 3-13(c)]，点击 计 算 按钮，结果如图 3-13(d)所示，终点半径 R_e 与式(3-59)的计算结果相同，偏角差 β_h 与式(3-61)的计算结果相同。

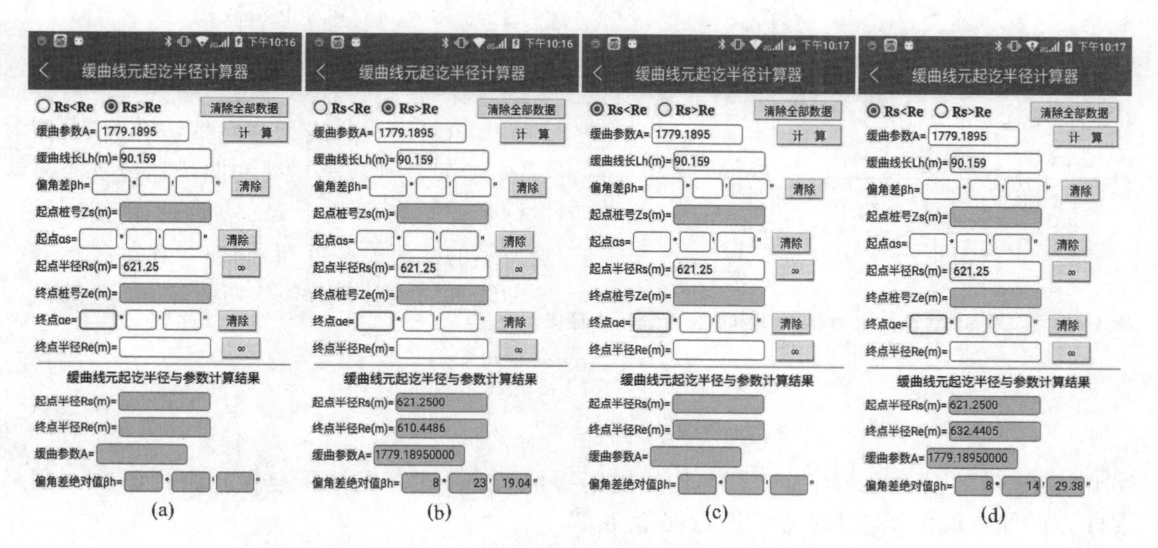

图 3-13　计算图 3-10 所示案例 JD17 第二缓和曲线终点半径 R_{Hz}

3.4　含非完整缓和曲线的基本型曲线切线长计算原理

本节内容取自文献[15]。交点法基本型曲线的第一、第二缓和曲线为非完整缓和曲线时，可以有下列 3 种组合：

① 第一缓和曲线和第二缓和曲线均为非完整缓和曲线；

② 第一缓和曲线为非完整缓和曲线，第二缓和曲线为完整缓和曲线；

③ 第一缓和曲线为完整缓和曲线，第二缓和曲线为非完整缓和曲线。

无论是第一缓和曲线还是第二缓和曲线，因其一端是与半径为 R 的圆曲线径相连接，所以，就非完整缓和曲线另一端的半径 R_X 而言，只有 $R_X>R$ 与 $R_X<R$ 两种情形。

本节只讨论第一缓和曲线为完整缓和曲线(即有 $R_{ZH}=\infty$)，第二缓和曲线为非完整缓和曲线的切线长计算原理。它又有 $R<R_{HZ}$ 与 $R>R_{HZ}$ 两种情形，其他情形的计算公式，容易由这两种情形的公式导出。

1. 第二缓和曲线终点半径 $R_{HZ}>R$ 的情形

如图 3-14 所示，设第一缓和曲线为完整缓和曲线，缓曲参数为 A_1，ZH 点的曲率半径 $R_{ZH}=\infty$，缓曲线长为 L_{h1}；圆曲线半径为 R；第二缓和曲线为非完整缓和曲线，缓曲参数为 A_2，HZ 点的曲率半径满足 $R_{HZ}>R$，缓曲线长为 L_{h2}。设第一缓和曲线切线支距坐标系的原

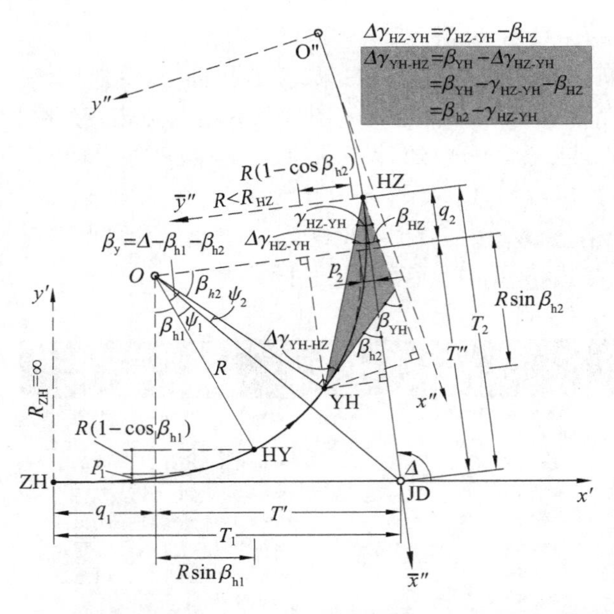

图 3-14　第二缓和曲线 $R_{HZ}>R$ 时非完整缓和曲线切线长计算原理

点为 ZH,第二缓和曲线切线支距坐标系的原点为 O″。

(1) 第一缓和曲线内移值与切线增量的计算

因第一缓和曲线为完整缓和曲线,所以,圆曲线在第一缓和曲线端的内移值 p_1 与切线增量 q_1 使用式(3-16)计算,算出的 p_1 与 q_1 值均为正实数。

(2) 第二缓和曲线内移值与切线增量的计算

第二缓和曲线为非完整缓和曲线,因 $R_{HZ}>R$,所以,第二缓和曲线切线支距坐标系的原点 O″位于 HZ 点附近,由图3-14 所示的几何关系可知,圆曲线在第二缓和曲线端的内移值 p_2 与切线增量 q_2 的公式为

$$\left.\begin{aligned} p_2 &= \bar{y}''_{YH}-R(1-\cos\beta_{h2}) \\ q_2 &= \bar{x}''_{YH}-R\sin\beta_{h2} \end{aligned}\right\} \tag{3-64}$$

式中,$\bar{z}''_{YH}=\bar{x}''_{YH}+\bar{y}''_{YH}\mathrm{i}$ 为 YH 点在切线支距坐标系 $\bar{x}''\mathrm{HZ}\bar{y}''$ 的坐标复数。由式(3-6),得 YH 点的原点偏角 β_{YH},HZ 点的原点偏角 β_{HZ} 为

$$\left.\begin{aligned} \beta_{YH} &= \frac{A_2^2}{2R^2} \\ \beta_{HZ} &= \frac{A_2^2}{2R_{HZ}^2} \end{aligned}\right\} \tag{3-65}$$

则第二缓和曲线偏角差为

$$\beta_{h2}=\beta_{YH}-\beta_{HZ} \tag{3-66}$$

由式(3-50),得 HZ 点与 YH 点的原点线长为

$$\left.\begin{aligned} l_{HZ} &= \frac{A_2^2}{R_{HZ}} \\ l_{YH} &= \frac{A_2^2}{R} \end{aligned}\right\} \tag{3-67}$$

将式(3-67)分别代入式(3-9),求出 HZ 点与 YH 点的切线支距坐标复数为

$$\left.\begin{aligned} z''_{HZ} &= x''_{HZ}+y''_{HZ}\mathrm{i} \\ z''_{YH} &= x''_{YH}+y''_{YH}\mathrm{i} \end{aligned}\right\} \tag{3-68}$$

由图 3-14 的几何关系可知,$+\bar{x}''$ 轴相对于 $+x''$ 轴的偏角为 HZ 点的原点偏角 β_{HZ},设 $\bar{z}''_{YH}$ 为 YH 点在切线支距坐标系 $\bar{x}''\mathrm{HZ}\bar{y}''$ 中的坐标复数,将其变换为切线支距坐标系 $x''\mathrm{O}''y''$

的坐标公式为

$$z''_{YH}=z''_{HZ}+\bar{z}''_{YH}\times 1\angle\beta_{HZ} \tag{3-69}$$

解式(3-69),得

$$\bar{z}''_{YH}=\frac{z''_{YH}-z''_{HZ}}{1\angle\beta_{HZ}} \tag{3-70}$$

将式(3-66)与式(3-70)代入式(3-64),即可求得 p_2 与 q_2 的值。

由图 3-14 的几何关系可知,因 $\bar{y}''_{YH}>R(1-\cos\beta_{h2})$,由式(3-64)算出的 p_2 与 q_2 值均为正实数。仿照式(3-25)与式(3-23),可写出交点曲线的第一、第二切线长为

$$\left.\begin{aligned}T_1=(R+p_2)\csc\Delta-(R+p_1)\cot\Delta+q_1\\T_2=(R+p_1)\csc\Delta-(R+p_2)\cot\Delta+q_2\end{aligned}\right\} \tag{3-71}$$

作为特例,当第二缓和曲线为完整缓和曲线时,$R_{HZ}=\infty$,$l_{HZ}=0$,$\beta_{HZ}=0$,$1\angle\beta_{HZ}=1\angle 0=1$,$z''_{HZ}=0$,将其代入式(3-69),得

$$\bar{z}''_{YH}=z''_{YH} \tag{3-72}$$

(3) 使用 fx-5800P 工程机计算图 3-10 所示案例 JD17 的第一、第二切线长

图 3-10 所示的 JD17 平曲线无第一缓和曲线,第二缓和曲线的起点半径为 $R=621.25$ m,终点半径为 $R_{HZ}=632.4405$ m,满足 $R_{HZ}>R$。将平曲线设计数据、之前已算出的 YH,HZ 点的原点偏角及其积分公式(3-9)计算的切线支距坐标列于表 3-4。下面介绍使用 fx-5800P 工程机,应用式(3-64)、式(3-70)、式(3-71)计算第一、第二切线长的方法。

表 3-4　　广东河源市滨江大道改造工程 JD17 第一、第二切线长计算数据

(JD17 的转角 $\Delta=24°46'36.2''$,$R=621.25$ m,$R_{HZ}=632.4405$ m)

第一缓和曲线/m				第二缓和曲线/m				
1	缓曲参数	A_1	0	缓曲参数	A_2	1 779.189 5	β_{YH}	234°57′56.09″
2	缓曲线长	L_{h1}	0	缓曲线长	L_{h2}	50.159	β_{HZ}	226°43′26.79″
3	切线坐标	x'_{HY}	0	切线坐标	x''_{YH}	1 122.342 4	x''_{HZ}	1 179.236 5
4	支距坐标	y'_{HY}	0	支距坐标	y''_{YH}	1 975.201 5	y''_{HZ}	2 045.041 7
5	偏角	β_{h1}	0°	偏角	β_{h2}	8°14′29.38″	$\bar{x}''_{YH}$	89.849 5
6	内移值	p_1	0	内移值	p_2	0.038 1	$\bar{y}''_{YH}$	6.453 9
7	切线增量	q_1	0	切线增量	q_2	0.796		
8	第一切线长	T_1	136.549 2	第二切线长	T_2	137.171 9		

① 按 SHIFT SETUP 3 键设置角度单位为 Deg,屏幕顶部状态栏显示D。

② 存 YH 点切线支距坐标复数到字母变量 U[图 3-15(a)],存 HZ 点切线支距坐标复数到字母变量 V[图 3-15(b)]。

③ 应用式(3-70)计算 YH 点在切线支距坐标系 $x''\mathrm{HZ}y''$ 的坐标复数并存入字母变量 X[图 3-15(c)]。

④ 存 JD17 圆曲线半径到字母变量 R,存 JD17 第二缓和曲线偏角差 β_{h2} 到字母变量 B[图 3-15(d)]。

⑤ 应用式(3-64)第一式计算圆曲线在第二缓和曲线端的内移值 p_2 并存入字母变量 P[图 3-15(e)],应用式(3-64)第二式计算圆曲线在第二缓和曲线端的切线增量 q_2 并存入字母变量 Q[图 3-15(f)]。

⑥ 存 JD17 转角到字母变量 D[图 3-15(g)],应用式(3-71)第一式计算第一切线长,应用式(3-71)第二式计算第二切线长[图 3-15(h)],结果填入表 3-4。与图 3-10 所示的图纸设计值比较,结果相符。

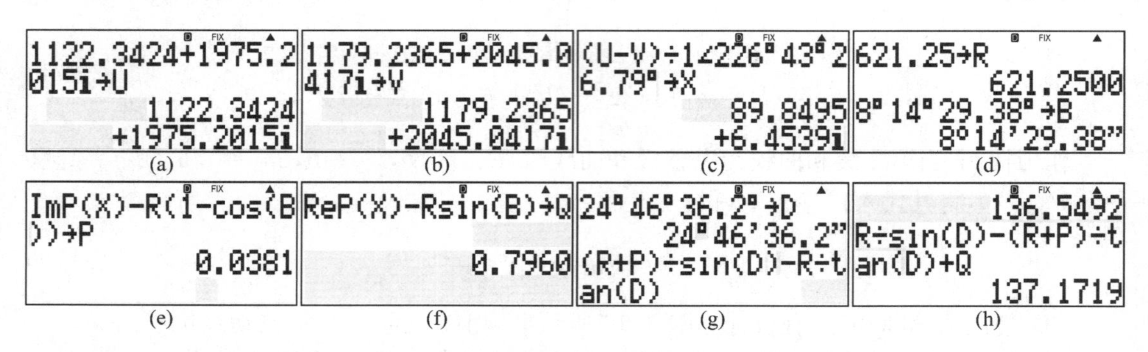

图 3-15 使用 fx-5800P 工程机手动计算 JD17 平曲线的第一、第二切线长

(4) 使用**Q2X8交点法**程序计算图 3-10 所示案例主点数据

① 新建 Q2X8 交点法文件

在项目主菜单[图 3-16(a)],点击**Q2X8交点法**按钮,进入“Q2X8 交点法”文件列表界面[图 3-16(b)],点击**新建文件**按钮,输入文件名“广东河源滨江大道改造工程 JD17”[图 3-16(c)],点击**确定**按钮,返回文件列表界面[图 3-16(d)]。

② 输入平曲线设计数据

点击最近新建的文件名,在弹出的快捷菜单点击“进入文件主菜单”命令[图 3-16(e)],进入文件主菜单[图 3-16(f)]。点击**设计数据**按钮,进入设计数据输入界面,缺省设置的“平曲线”界面只有一个交点数据栏[图 3-16(g)];点击**取消保护**按钮,输入图 3-10 所示设计数据,结果如图 3-16(h),(i)所示。

平曲线设计数据的输入规则是:只需要输入起点的设计桩号,各交点与终点的设计桩号不需要输入;交点转角由程序计算,不需要输入。第一缓和曲线起点半径 R_{ZH}、第二缓和曲线终点半径 R_{HZ}的缺省值均为 1.0E+30,代表 3×10^{30},表示为∞。

③ 计算平曲线主点数据

点击**计算**按钮计算平曲线主点数据,结果如图 3-16(j)所示;点击**保护**按钮,进入设计数据保护模式,屏幕显示各交点的曲线要素、交点转角及其设计桩号,结果如图 3-16(k),(l)所示。

与图 3-10 所示的图纸设计值比较,其终点设计桩号与图纸的差值为:(K11+714.614 2)-(K11+714.614)=0.2 mm。只要终点设计桩号与图纸相符,就说明用户输入的平曲线设计数据正确无误。**Q2X8交点法**程序计算结果与 fx-5800P 工程机手动计算结果(表 3-4)的比较列于表 3-5。

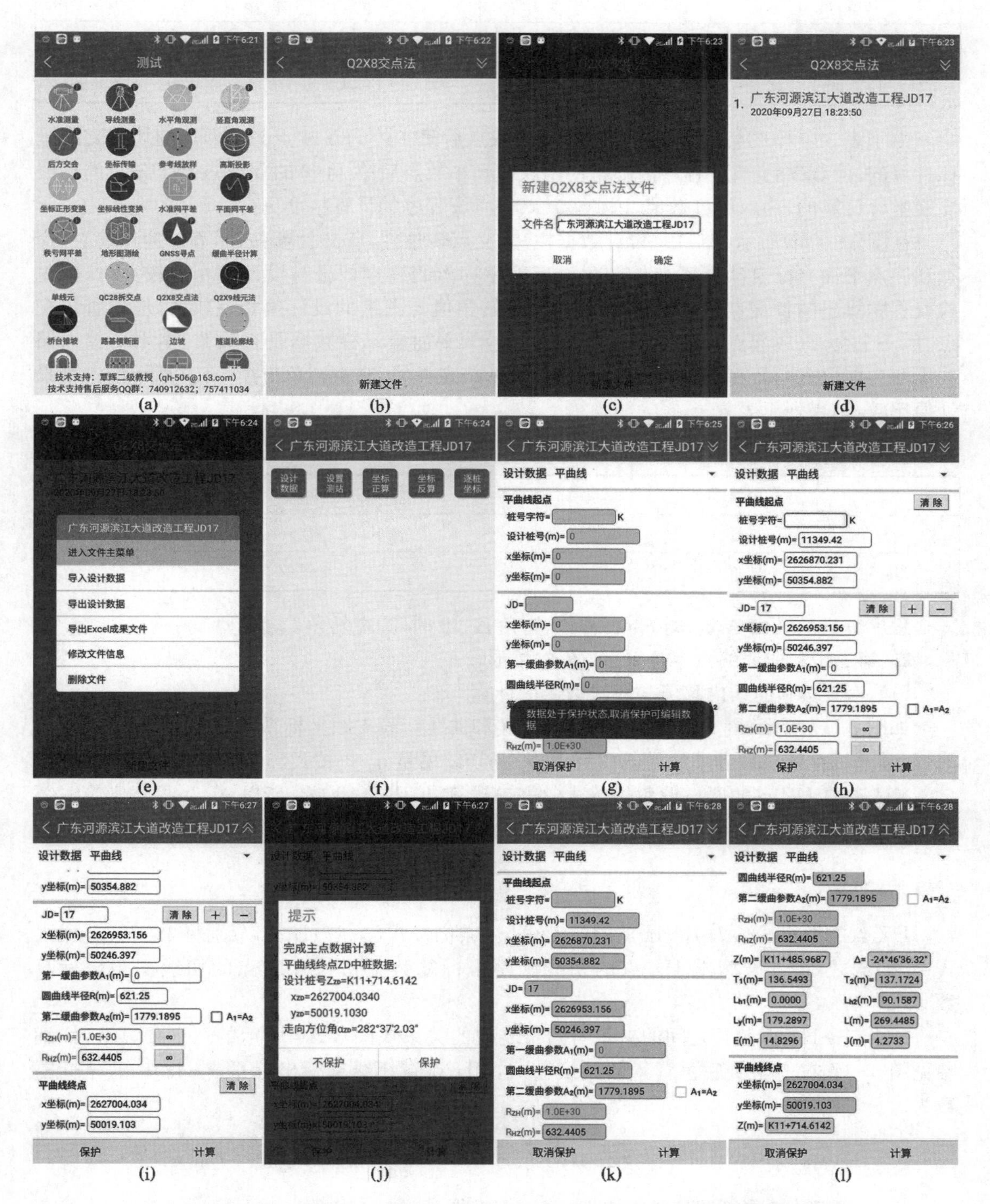

图 3-16　新建“广东河源滨江大道改造工程 JD17”文件，输入平曲线设计数据并计算主点数据

表 3-5　　广东河源市滨江大道 JD17 第一、第二切线长计算结果比较

切线长	Q2X8 交点法程序	fx-5800P 手动计算	差值
T_1/m	136.549 3	136.549 2	0.000 1
T_2/m	137.172 4	137.171 9	0.000 5

由于表 3-4 中的切线长是使用取位到小数点后第 4 位的 YH 点与 HZ 点的切线支距坐标计算的，而 **Q2X8交点法** 程序内部是使用取位到小数点后第 14 位的 YH 点与 HZ 点的切线支距坐标计算的，为双精度数值，因此，**Q2X8交点法** 程序的计算精度更高。

在图 3-16(i)所示的 JD17 设计数据栏，无交点转角栏，点击 **计算** 按钮，程序应用起点、交点和终点平面坐标自动计算交点转角。当程序算出的终点桩号与设计值相差较大时，应先检查程序算出的各交点转角值，如果某个交点转角值与图纸的设计值相差较大，应检查该交点、后一个交点（或起点）、前一个交点（或终点）的平面坐标栏数据是否输错，本书一律以路线走向为前进方向。将 **Q2X8交点法** 程序计算的终点桩号、交点转角与图 3-10 所示的图纸设计值比较，结果列于表 3-6。

表 3-6　　广东河源是滨江大道 JD17 计算结果与设计值比较

点名	内容	Q2X8 程序	设计图纸	差值
ZD	桩号	K11+714.614 2	K11+714.614	0.2 mm
JD17	转角	−24°46′36.32″	24°46′36.2″(Z)	0.12″

程序算出的转角 $\Delta>0$ 时，为右转角，转角 $\Delta<0$ 时，为左转角。

2. 第二缓和曲线终点半径 $R_{HZ}<R$ 的情形

(1) 第二缓和曲线内移值与切线增量的计算

如图 3-17 所示，因 $R_{HZ}<R$，所以，第二缓和曲线切线支距坐标系的原点 O″位于 YH 点附近，圆曲线在第二缓和曲线端的内移值 p_2 与切线增量 q_2 仍按式(3-64)计算。

YH 点与 HZ 点的原点偏角仍按式(3-65)计算，但因 $R_{HZ}<R$，所以 $\beta_{HZ}>\beta_{YH}$，则第二缓和曲线偏角差为

$$\beta_{h2}=\beta_{HZ}-\beta_{YH} \tag{3-73}$$

HZ 点的原点线长 l_{HZ}，YH 点的原点线长 l_{YH} 仍按式(3-67)计算，分别将 l_{HZ} 与 l_{YH} 代入式(3-9)或式(3-14)算出 HZ 点的切线支距坐标复数 z''_{HZ} 与 YH 点的切线支距坐标复数 z''_{YH}。

YH 点→HZ 点弦长之间的夹角与偏角之间的关系比图 3-14 所示的情形要复杂，详细参见图 3-17 右上角 **灰底色** 背景的角度公式，YH 点在切线支距坐标系 $x''HZy''$ 的坐标复数为

$$\bar{z}''_{YH}=\text{Abs}(z''_{HZ}-z''_{YH})\angle\Delta\gamma_{HZ-YH}=\text{Abs}(z''_{HZ}-z''_{YH})\angle(\beta_{HZ}-\gamma_{YH-HZ}) \tag{3-74}$$

将式(3-73)与式(3-74)代入式(3-64)，可求得 p_2 与 q_2 的值。

由图 3-17 所示的几何关系可知，因 $\bar{y}''_{YH}<R(1-\cos\beta_{h2})$，$\bar{x}''_{YH}<R\sin\beta_{h2}$，所以，由式(3-64)算出的 p_2 与 q_2 值均为负数。

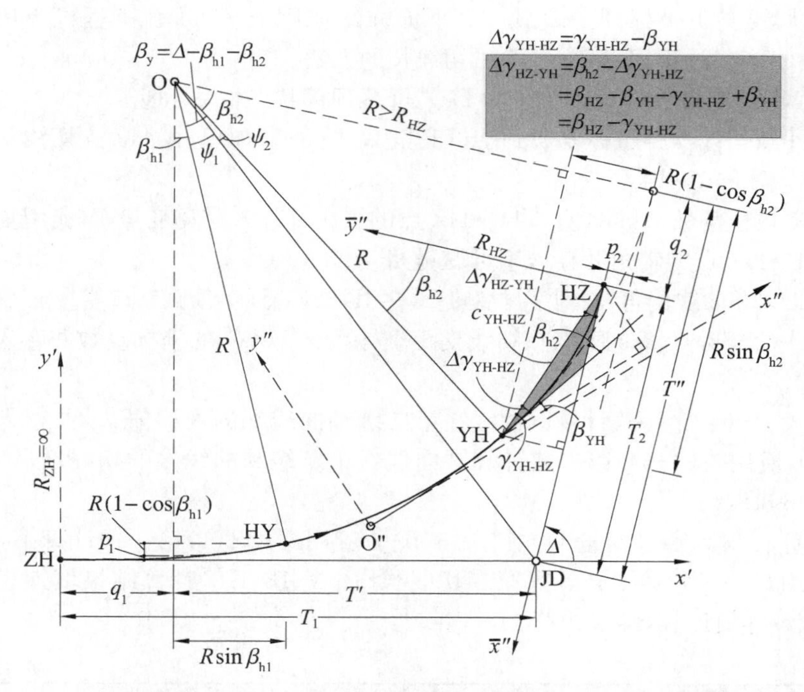

图 3-17　第二缓和曲线 $R_{HZ}<R$ 时非完整缓和曲线单交点曲线要素的计算原理

(2) 使用 fx-5800P 工程机计算图 3-2 所示案例 JD2 的第一、第二切线长

图 3-2 所示的 JD2 平曲线，第一缓和曲线为完整缓和曲线，第二缓和曲线的起点半径为 $R=300$ m，终点半径为 $R_{HZ}=55$ m，满足 $R_{HZ}<R$。因第一缓和曲线为完整缓和曲线，请读者使用 fx-5800P 工程机自行计算 HY 点的切线支距坐标 z'_{HY}、第一缓和曲线偏角 β_{h1}、圆曲线在第一缓和曲线端的内移值 p_1、切线增量 q_1 值，结果列于表 3-7。

表 3-7　　湖北龙港互通式立交 A 匝道 JD2 第一、第二切线长计算数据

(JD2 的转角 $\Delta=123°05'34''$, $R=300$ m, $R_{HZ}=55$ m)

第一缓和曲线/m				第二缓和曲线/m				
1	缓曲参数	A_1	230	缓曲参数	A_2	100	β_{YH}	3°10′59.16″
2	缓曲线长	L_{h1}	176.333	缓曲线长	L_{h2}	148.485	β_{HZ}	94°42′13.56″
3	切线坐标	x'_{HY}	174.816 4	切线坐标	x''_{YH}	33.323	x''_{HZ}	138.045 7
4	支距坐标	y'_{HY}	17.167 9	支距坐标	y''_{YH}	0.617 1	y''_{HZ}	82.247 1
5	偏角	β_{h1}	16°50′18.93″	偏角	β_{h2}	91°31′14.4″	$\bar{x}''_{YH}$	72.767 4
6	内移值	p_1	4.305 2	内移值	p_2	−196.897 3	$\bar{y}''_{YH}$	111.064
7	切线增量	q_1	87.913 4	切线增量	q_2	−227.127	c_{YH-HZ}	132.779 1
8	第一切线长	T_1	409.298 3	第二切线长	T_2	203.291 1	γ_{YH-HZ}	37°56′9.45″

将 JD2 的第二缓和曲线设计数据、之前已算出的 YH，HZ 点的原点偏角及其积分公式

(3-9)计算的切线支距坐标列于表 3-7。下面介绍使用 fx-5800P 工程机应用式(3-64)、式(3-73)、式(3-74)计算 JD2 第一、第二切线长的方法。

① 按 SHIFT SETUP 3 键设置角度单位为 Deg，屏幕顶部状态栏显示 D。

② 存 YH 点切线支距坐标复数到字母变量 U[图 3-18(a)]，存 HZ 点切线支距坐标复数到字母变量 V[图 3-18(b)]。

③ 应用复数模函数 Abs 计算 YH→HZ 点的平距并存入字母变量 C，应用复数辐角函数 Arg 计算 YH→HZ 点的辐角并存入字母变量 G[图 3-18(c)]。

④ 存第二缓和曲线偏角 β_{h2} 到字母变量 B，存 JD2 圆曲线半径到字母变量 R[图 3-18(d)]。

⑤ 应用式(3-74)计算 YH 点在切线支距坐标系 x''HZy'' 的坐标复数并存入字母变量 X[图 3-18(e)]。

⑥ 应用式(3-64)第一式计算圆曲线在第二缓和曲线端的内移值 p_2 并存入字母变量 P[图 3-18(f)]，应用式(3-64)第二式计算圆曲线在第二缓和曲线端的切线增量 q_2 并存入字母变量 Q[图 3-18(g)]。

⑦ 存 JD2 转角到字母变量 D[图 3-18(h)]，应用式(3-71)第一式计算第一切线长[图 3-18(i)]，应用式(3-71)第二式计算第二切线长[图 3-18(j)]，计算结果填入表 3-7。与图 3-2 所示图纸设计值比较，结果相符。

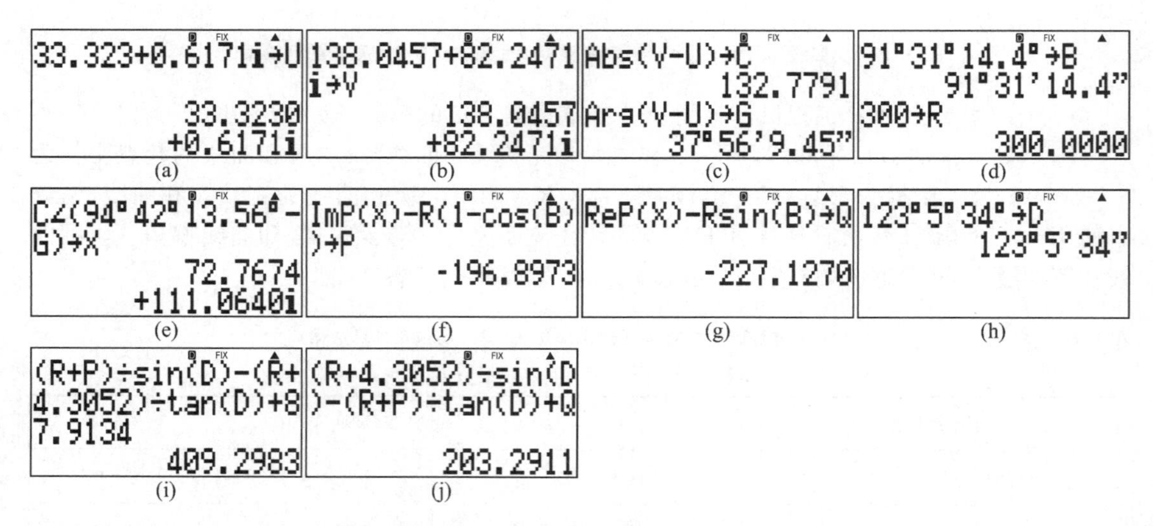

图 3-18　使用 fx-5800P 工程机手动计算 JD2 平曲线的第一、第二切线长

(3) 使用 **Q2X8交点法** 程序计算图 3-2 所示案例的主点数据

① 新建 Q2X8 交点法文件

在项目主菜单，点击 **Q2X8交点法** 按钮，点击 **新建文件** 按钮，输入文件名“湖北龙港互通式立交 A 匝道”，点击 **确定** 按钮，返回文件列表界面。

② 输入平曲线设计数据

点击最近新建的文件名，在弹出的快捷菜单点击“进入文件主菜单”命令，点击 **设计数据** **取消保护** 按钮，输入图 3-2 所示三个交点的平曲线设计数据，结果如图 3-19(a)—(c)所示。

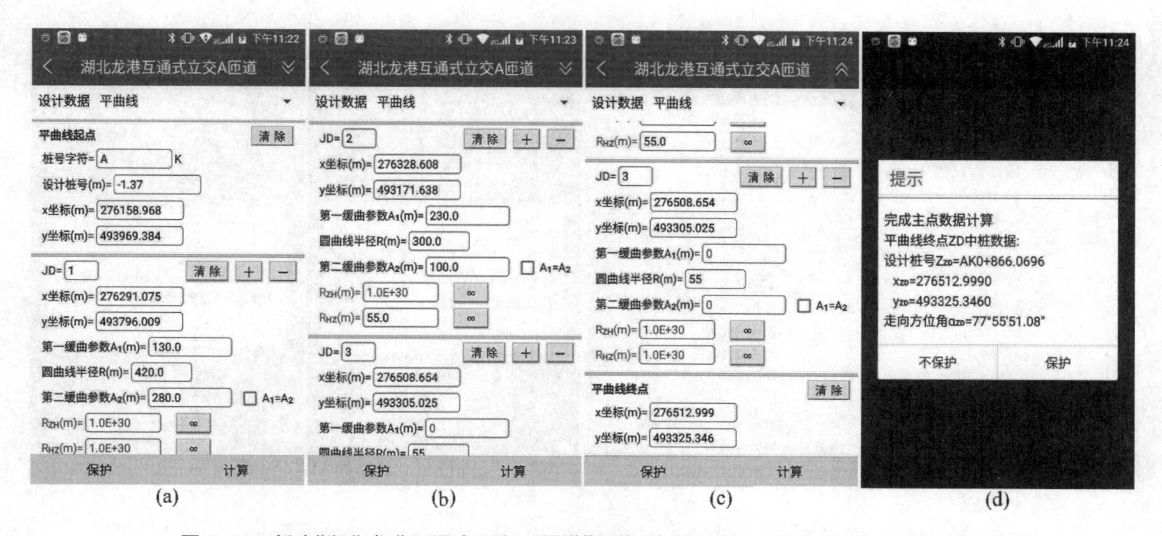

(a) (b) (c) (d)

图 3-19 新建"湖北龙港互通式立交 A 匝道"文件，输入平曲线设计数据并计算主点数据

③ 计算平曲线主点数据

点击**计算**按钮计算平曲线主点数据，结果如图 3-19(d)所示，与图 3-2 所示的图纸设计值比较，结果列于表 3-8。

表 3-8　湖北龙港互通式立交 A 匝道计算结果与设计值比较

点名	内容	Q2X8 程序	设计图纸	差值
ZD	桩号	AK0+866.069 6	AK0+866.065	4.6 mm
JD1	转角	−33°51′58.71″	33°51′58.7″(Z)	0.01″
JD2	转角	123°05′34.02″	123°05′34″(Y)	0.02″
JD3	转角	41°23′52.71″	41°23′52.7″(Y)	0.01″

④ 计算逐桩坐标并导出 dxf 图形交换文件

点击屏幕标题栏左侧的<按钮，返回文件主菜单界面[图 3-20(a)]；点击逐桩坐标按钮，输入逐桩间距 5 m；点击**计算坐标**按钮，结果如图 3-20(b)所示。

点击屏幕底部的**导出逐桩坐标**按钮，设置 ◉ **导出至dxf图形交换文件**单选框[图 3-20(c)]，点击**确定**按钮，系统在手机内置 SD 卡工作文件夹创建"湖北龙港互通式立交 A 匝道.dxf"图形交换文件[图 3-20(d)]；点击**发送**按钮，通过移动互联网发送给好友。图 3-21 为在 PC 机启动 AutoCAD 打开该文件的界面。

⑤ 蓝牙发送逐桩坐标文件数据到南方 NTS-362LNB 全站仪内存坐标文件

在图 3-20(c)所示的界面，设置 ◉ **导出至坐标传输文件**单选框[图 3-22(a)]，点击**确定**按钮，进入文件选择界面[图 3-22(b)]；点击**新建文件**按钮新建坐标传输文件[图 3-22(c)]，点击**确定**按钮，返回文件选择界面并自动选择新建坐标文件[图 3-22(d)]；点击屏幕标题栏右侧的✓按钮，将逐桩坐标文件数据导入最近新建的坐标传输文件并返回逐桩坐标界面[图 3-20(b)]。

点击屏幕标题栏左侧的<按钮 3 次，返回项目主菜单。点击**坐标传输**按钮，点击最近

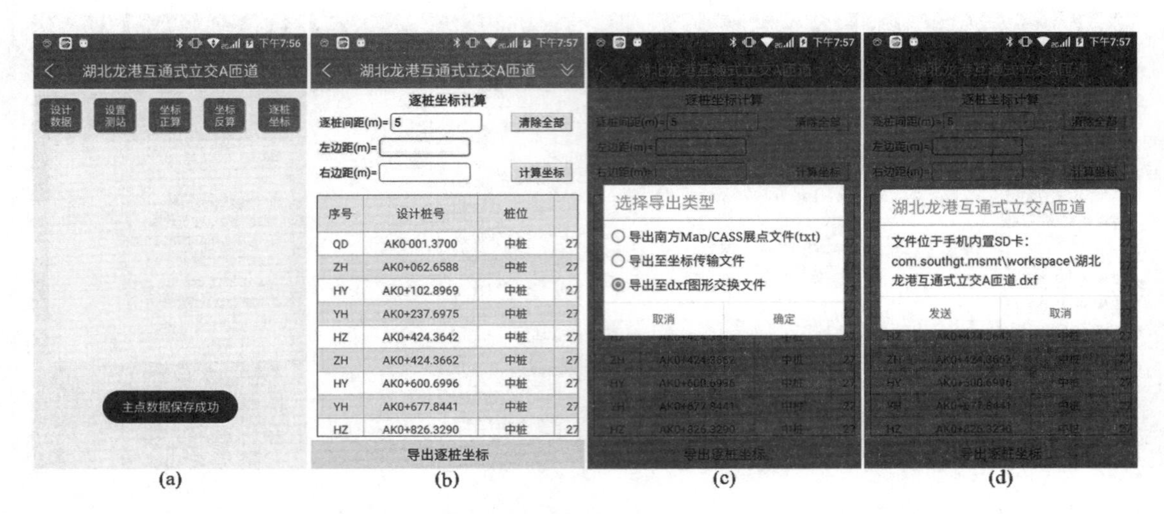

图 3-20　执行"逐桩坐标"命令进行计算，并导出逐桩坐标 dxf 图形交换文件

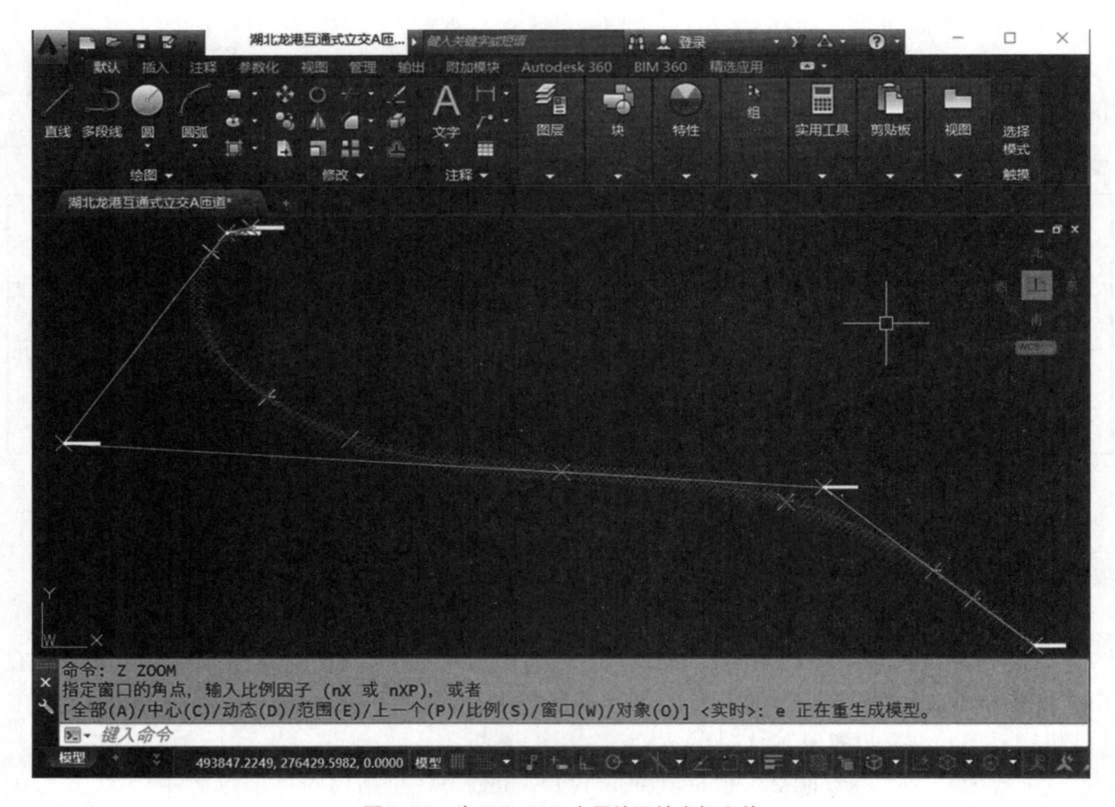

图 3-21　在 AutoCAD 中展绘逐桩坐标文件

新建的"坐标传输 200927_6"文件，进入该文件的坐标列表界面，完成手机与南方 NTS-362LNB 全站仪蓝牙连接，结果如图 3-23(a)所示。

在南方 NTS-362LNB 全站仪按MENU键进入"菜单1/2"界面[图 3-24(a)]，按③(存储管理)②(数据传输)②(接收数据)①(坐标数据)键，屏幕显示最近一次设置的坐标文件名[图 3-24(e)]；按F2(调用)F1(新建)键，仪器以当前日期加序号新建一个坐标文件[图

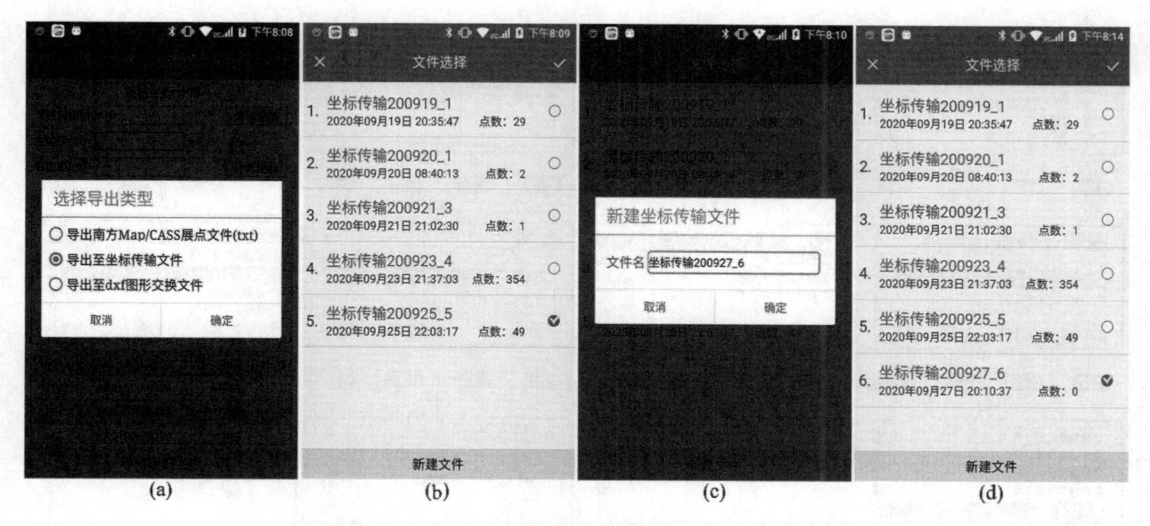

(a) (b) (c) (d)

图 3-22　选择“导出至坐标传输文件”单选框，新建坐标传输文件

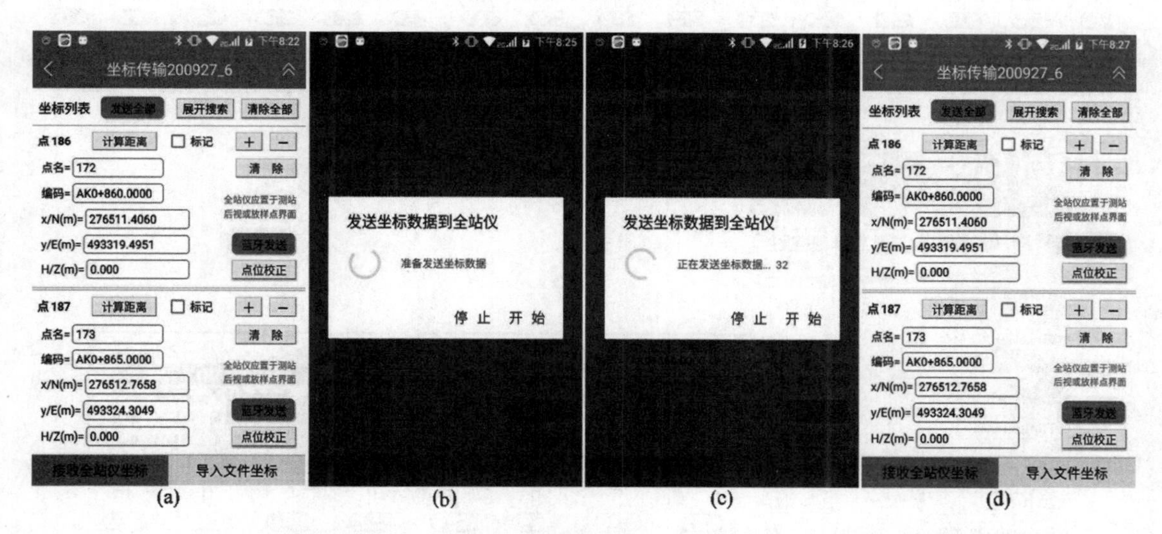

(a) (b) (c) (d)

图 3-23　将导出的逐桩坐标文件蓝牙发送到南方 NTS-362LNB 全站仪内存坐标文件

3-24(g)]；按F4(确认)键，按▼键移动光标到新建坐标文件[图 3-24(i)]，按ENT键启动全站仪蓝牙接收手机发送的逐桩坐标文件数据[图 3-24(j)]。

在图 3-23(a)所示的界面，点击发送全部按钮，点击**开 始**按钮[图 3-23(b)]，启动手机蓝牙发送坐标列表的全部坐标数据，手机屏幕显示当前发送的坐标序号[图 3-23(c)]，全站仪屏幕显示当前接收的坐标序号[图 3-24(k)]。全站仪蓝牙接收完手机发送的全部逐桩坐标数据后，返回图3-24(l)所示的界面，手机返回坐标列表界面[图 3-23(d)]。

⑥ 蓝牙发送单个坐标数据到南方 NTS-362LNB 全站仪放样点坐标界面

南方 NTS-362LNB 全站仪具有蓝牙接收手机发送的单点坐标数据功能。按CORD键进入坐标模式 P1 页功能菜单，按F4 F4键翻页到 P3 页功能菜单，按F2(放样)③(设置放样点)键进入放样点坐标界面。

在图 3-25(a)所示的界面，点击 ZH 点右侧的蓝牙发送按钮，蓝牙发送该点的坐标数据到南方 NTS-362LNB 全站仪放样点坐标界面，手机屏幕提示如图 3-25(a)所示，全站仪屏幕显

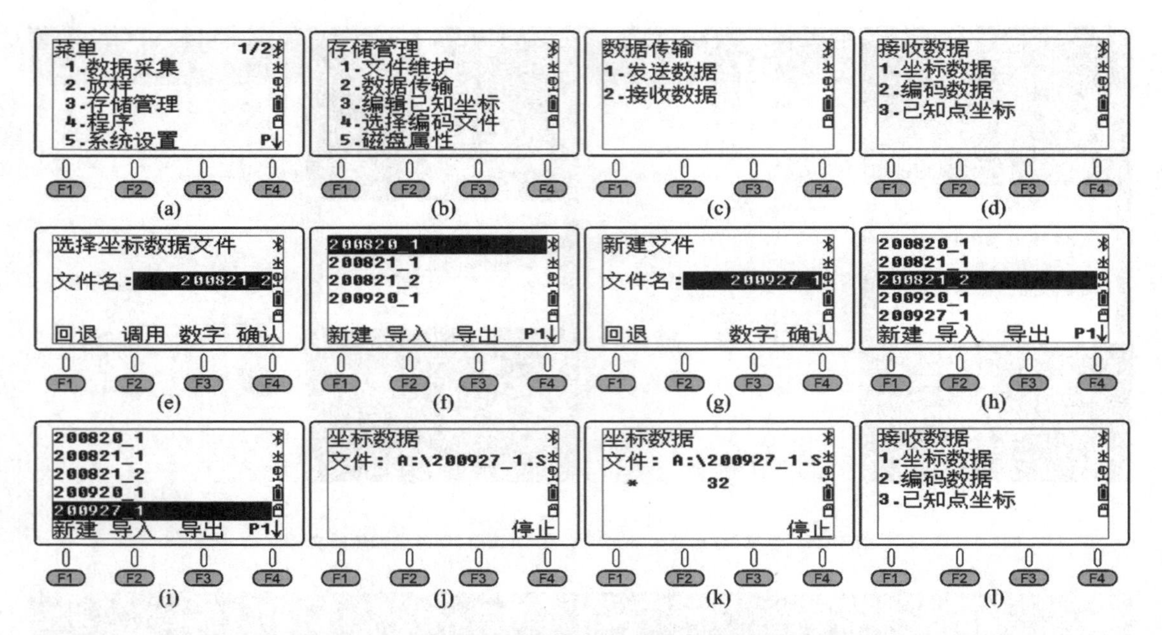

图 3-24 在南方 NTS-362LNB 全站仪执行接收坐标数据命令，蓝牙接收坐标传输程序发送的逐桩坐标文件数据

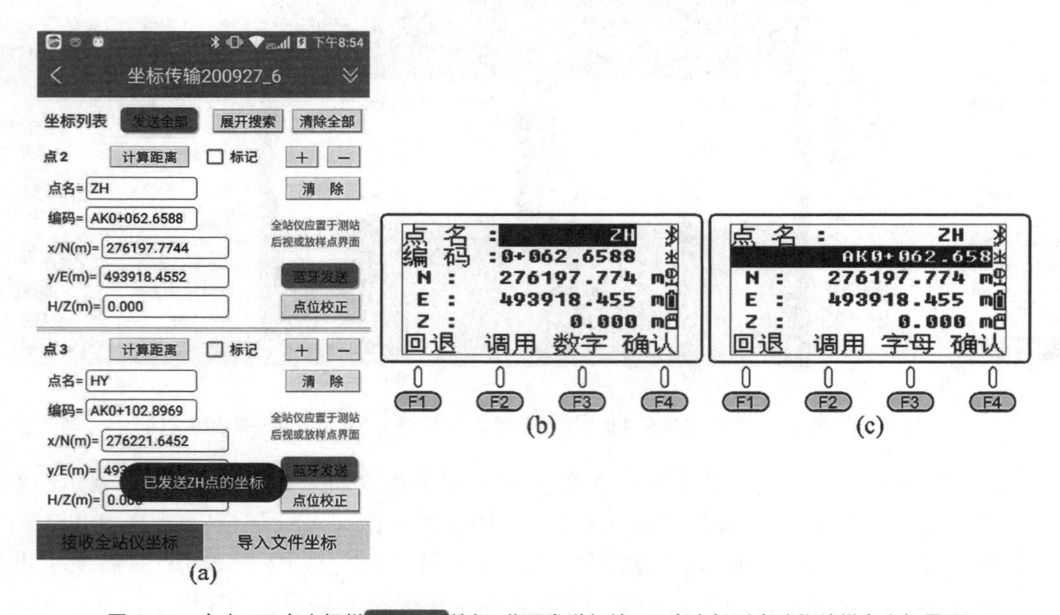

图 3-25 点击 ZH 点坐标栏 蓝牙发送 按钮，蓝牙发送加桩 ZH 点坐标到全站仪放样点坐标界面

示如图 3-25(b)所示，光标自动位于点名行；按▼键下移光标到编码行，结果如图 3-25(c)所示。南方 NTS-362LNB 全站仪最多可以显示 21 位编码字符。

3.5 坐标正交反算原理

路线施工测量坐标反算的几何意义是：全站仪实测边桩点的坐标，由边桩点向路线中线作垂线，计算垂点的设计桩号、中桩坐标、走向方位角及其边距。坐标反算的基准是平曲线主点的桩号、中桩坐标及其走向方位角。

1. 直线线元坐标反算原理

如图 3-26(a)所示，设直线线元起点 s 的桩号为 Z_s，中桩坐标复数为 $z_s = x_s + y_s i$，走向方位角为 α_s，终点为 e，设垂点 p 的中桩坐标复数为 $z_p = x_p + y_p i$，则直线 se 的点斜式方程为

$$y - y_p = \tan\alpha_s (x - x_p) \tag{3-75}$$

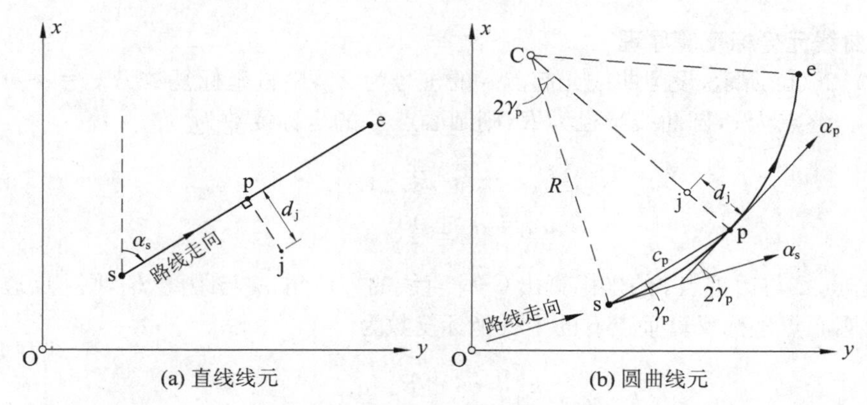

图 3-26　直线线元与圆曲线元坐标反算原理

将起点 s 的中桩坐标代入式(3-75)，解得

$$y_p = y_s - \tan\alpha_s (x_s - x_p) \tag{3-76}$$

因直线 jp⊥se，故垂点 p 的中桩坐标应满足垂线 jp 的下列点斜式方程：

$$y_p - y_j = -\frac{x_p - x_j}{\tan\alpha_s} \tag{3-77}$$

将式(3-76)代入式(3-77)，解得

$$y_s - \tan\alpha_s (x_s - x_p) - y_j = -\frac{x_p - x_j}{\tan\alpha_s}$$

$$\tan\alpha_s (y_s - y_j) - \tan^2\alpha_s x_s + \tan^2\alpha_s x_p = -x_p + x_j$$

化简后，得

$$\left.\begin{aligned} x_p &= \frac{x_j + \tan^2\alpha_s x_s - \tan\alpha_s (y_s - y_j)}{\tan^2\alpha_s + 1} \\ y_p &= y_j - \frac{x_p - x_j}{\tan\alpha_s} \end{aligned}\right\} \tag{3-78}$$

再由算出的 p 点坐标与全站仪实测的 j 点坐标反算出边距 d_j，p 点桩号为

$$Z_p = Z_s + \mathrm{Abs}(z_p - z_s) \tag{3-79}$$

下面介绍边桩点位于直线线元左、右侧的判断方法。

设由垂点 p 的坐标与边桩点 j 的坐标反算出的 p→j 直线的方位角为 α_{pj}，而 p 点的走向方位角为 $\alpha_p=\alpha_s$，以 α_p 为零方向，将 α_{pj}归零为

$$\alpha'_{pj}=\alpha_{pj}-\alpha_p\pm 360° \tag{3-80}$$

当 $\alpha'_{pj}>180°$时，j 点位于直线线元走向的左侧；$\alpha'_{pj}<180°$时，j 点位于直线线元走向的右侧。

2. 圆曲线元坐标反算原理

如图 3-26(b)所示，设圆曲线元起点 s 的桩号为 Z_s，中桩坐标复数为 $z_s=x_s+y_s\mathrm{i}$，走向方位角为 α_s，终点为 e，圆曲线半径为 R，则圆心点 C 的坐标复数为

$$\left.\begin{aligned} z_C&=z_s+R\angle\alpha_{sC}\\ \alpha_{sC}&=\alpha_s\pm 90°\end{aligned}\right\} \tag{3-81}$$

由圆心点 C 与边桩点 j 的坐标算出 C→j 直线的方位角 α_{Cj}与距离 d_{Cj}，则 j 点边距为 $d_j=R-d_{Cj}$，由圆心点坐标反算垂点 p 的中桩坐标复数为

$$z_p=z_C+R\angle\alpha_{Cj} \tag{3-82}$$

s→p 直线的弦长及弦切角为

$$\left.\begin{aligned} c_{sp}&=\mathrm{Abs}(z_p-z_s)\\ \gamma_{sp}&=\sin^{-1}\frac{c_{sp}}{2R}\end{aligned}\right\} \tag{3-83}$$

垂点 p 的桩号及其走向方位角为

$$\left.\begin{aligned} Z_p&=Z_s+\frac{2\gamma_{sp}\pi}{180}R\\ \alpha_p&=\alpha_s\pm 2\gamma_{sp}\end{aligned}\right\} \tag{3-84}$$

判断边桩点位于圆曲线元左侧还是右侧的方法是：当交点转角 $\Delta<0$ 时，边距 $d_j>0$，j 点位于圆曲线元走向的左侧，边距 $d_j<0$，j 点位于圆曲线元走向的右侧；当交点转角 $\Delta>0$ 时，边距 $d_j>0$，j 点位于圆曲线元走向的右侧，边距 $d_j<0$，j 点位于圆曲线元走向的左侧。

3. 缓曲线元坐标反算原理

缓和曲线属于积分曲线，边桩点 j 在缓和曲线垂点 p 的桩号及其中桩坐标无法通过方程解算出，只能迭代计算，本书介绍拟合圆弧法[9]，取计算误差 $\varepsilon=0.001$ m 时，一般只需要计算 2 次即可。

(1) 拟合圆弧的曲率半径

设任意非完整缓和曲线的起点半径为 R_s，原点线长为 l_s；终点半径为 R_e，原点线长为 l_e，$R_s>R_e$，则缓和曲线长为 $L_h=l_e-l_s$，由式(3-1)得缓和曲线中点 m 的曲率半径 ρ_m为

$$\rho_m=\frac{A^2}{l_s+\dfrac{L_h}{2}}=\frac{A^2}{\dfrac{2l_s+L_h}{2}}=\frac{2}{\dfrac{l_s}{A^2}+\dfrac{l_e}{A^2}}=\frac{2}{R_s^{-1}+R_e^{-1}} \tag{3-85}$$

对于正向完整缓和曲线，将 $R_s \to \infty$，$R_e = R$ 代入式(3-85)，得 $\rho_m = 2R$；同理，对于反向完整缓和曲线，将 $R_s = R$，$R_e \to \infty$ 代入式(3-85)，也得 $\rho_m = 2R$，R 为圆曲线的半径。由此可知，完整缓和曲线中点的曲率半径 ρ_m 为圆曲线半径 R 的 2 倍。设 $R' = 2R$，对于第一缓和曲线，以 ZH 点和 HY 点为端点，以 R' 为半径作圆弧；对于第二缓和曲线，以 YH 点和 HZ 点为端点，以 R' 为半径作圆弧，称该圆弧为缓和曲线的拟合圆弧，简称拟合圆弧。

(2) 拟合圆弧的圆心坐标

如图 3-27 所示，由 ZH 点和 HY 点的中桩坐标，可以算出弦长 c_{ZH-HY} 及其方位角 α_{ZH-HY}，则弦长中点 m′的坐标复数为

$$z_{m'} = (z_{ZH} + z_{HY})/2 \tag{3-86}$$

设拟合圆弧的圆心为 O′，则直线 m′O′的平距及其方位角为

$$\left.\begin{aligned} d_{m'O'} &= \sqrt{R'^2 - c_{ZH-HY}^2/4} \\ \alpha_{m'O'} &= \alpha_{ZH-HY} \pm 90^\circ \end{aligned}\right\} \tag{3-87}$$

式中的“±”号，缓和曲线左偏取“−”，右偏取“+”。

拟合圆弧的圆心 O′点的坐标复数为

$$z_{O'} = z_{m'} + d_{m'O'} \angle \alpha_{m'O'} \tag{3-88}$$

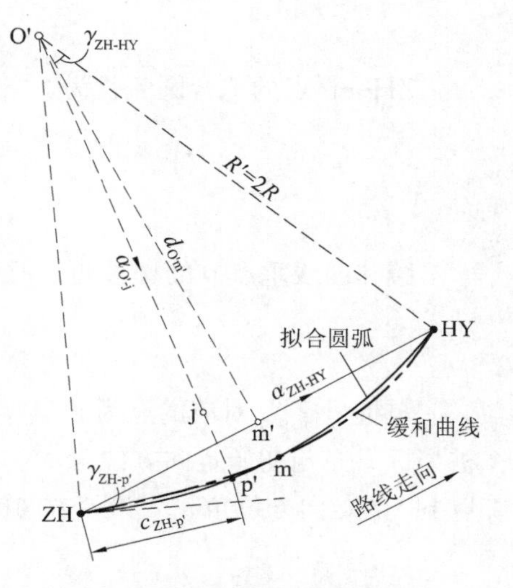

图 3-27　拟合圆弧圆心坐标计算原理

(3) 垂点 p 应满足的方程

设边桩点 j 在缓和曲线垂点 p 的坐标复数为 $z_p = x_p + y_p \mathrm{i}$，p 点走向方位角为 α_p，则垂线 jp 的点斜式方程为

$$y - y_j = -\frac{x - x_j}{\tan \alpha_p} \tag{3-89}$$

将 p 点坐标代入式(3-89)，得

$$y_p - y_j = -\frac{x_p - x_j}{\tan \alpha_p} \tag{3-90}$$

化简后，得

$$\begin{aligned} f(l_p) &= \tan \alpha_p (y_p - y_j) + x_p - x_j \\ &= \tan \alpha_p \Delta y_{jp} + \Delta x_{jp} \\ &= \tan \alpha_p \mathrm{ImP}(z_p - z_j) + \mathrm{ReP}(z_p - z_j) \end{aligned} \tag{3-91}$$

式中，$\mathrm{ImP}(z_p - z_j)$ 为复数 $(z_p - z_j)$ 的虚部，$\mathrm{ReP}(z_p - z_j)$ 为复数 $(z_p - z_j)$ 的实部，称 $f(l_p)$ 为垂线方程残差。在式(3-91)中，z_p 与 α_p 都是垂点桩号 Z_p 的函数，而 $Z_p = Z_{ZH} + l_p$，故它们也是 ZH→p 点曲线长 l_p 的函数，用 $f(l_p)$ 表示。

(4) 垂点的初始桩号及其改正数

如图 3-27 所示，由拟合圆弧圆心坐标 $z_{O'}$ 算出直线 O′j 的方位角 $\alpha_{O'j}$ 及其平距 $d_{O'j}$，则

边桩点 j 在拟合圆弧垂点 p' 的坐标复数为

$$z_{p'} = z_{O'} + R' \angle \alpha_{O'j} \tag{3-92}$$

在拟合圆弧上，ZH→p′点弦长的弦切角为

$$\gamma_{ZH-p'} = \sin^{-1} \frac{c_{ZH-p'}}{2R'} \tag{3-93}$$

ZH→p′点的拟合圆弧长为

$$l_{p'} = \frac{\pi \gamma_{ZH-p'} R'}{90} \tag{3-94}$$

缓和曲线垂点 p 的桩号初始值为

$$Z_p^{(0)} = Z_{ZH} + l_{p'} \tag{3-95}$$

与桩号 $Z_p^{(0)}$ 对应的点为 $p^{(0)}$，$l_{p'}$ 为 $p^{(0)}$ 点的缓曲线长，简称初始线长。由此算出初始中桩坐标 $z_p^{(0)}$ 与初始走向方位角 $\alpha_p^{(0)}$，$p^{(0)}$→j 的边距为 $d_{p(0)j}$，方位角为 $\alpha_{p(0)j}$，则边距直线 $p^{(0)}j$ 以 $p^{(0)}$ 的走向方位角 $\alpha_p^{(0)}$ 为零方向的走向归零方位角为

$$\alpha'_{p(0)j} = \alpha_{p(0)j} - \alpha_p^{(0)} \tag{3-96}$$

走向归零方位角 $\alpha_{p(0)j}$ 的标准值，右边桩点应为 90°，左边桩点应为 270°，由此得边距直线 $p^{(0)}j$ 的偏角改正数为

$$\left.\begin{aligned} \delta_L &= \alpha'_{p(0)j} - 270^\circ \\ \delta_R &= 90^\circ - \alpha'_{p(0)j} \end{aligned}\right\} \tag{3-97}$$

如图 3-28 所示，偏角改正数 $\delta(\delta_L$ 或 $\delta_R) > 0$ 时，垂点初始线长 $l_p^{(0)}$ 的改正数 $dl > 0$，反之，$dl < 0$。下面讨论线长改正数 dl 的计算公式。如图 3-28(a)所示，线长改正数 dl 对直线 $p^{(0)}j$ 方位角的影响值为

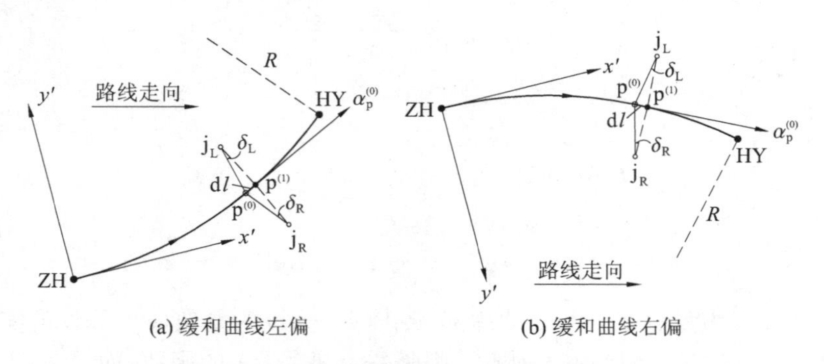

(a) 缓和曲线左偏　　(b) 缓和曲线右偏

图 3-28　缓和曲线垂点初始桩号改正数与角度改正数的关系

$$d\beta_1 = \frac{dl}{c_{p(0)j}} \tag{3-98}$$

由式(3-5)，得 dl 对 $p^{(0)}$ 点走向方位角的影响值为

$$d\beta_2=\frac{l}{A^2}dl \tag{3-99}$$

式(3-98)与式(3-99)的代数和应等于式(3-97)的偏角改正数：

$$\delta=\frac{dl}{c_{p^{(0)}j}}\pm\frac{l}{A^2}dl \tag{3-100}$$

式中的“±”号，与缓和曲线的偏转方向(左偏或右偏)、边桩点的位置(路线左侧或右侧)有关，规律如下：

右边桩 $\begin{cases}\text{缓和曲线左偏取“+”号}\\ \text{缓和曲线右偏取“−”号}\end{cases}$ 　　左边桩 $\begin{cases}\text{缓和曲线左偏取“−”号}\\ \text{缓和曲线右偏取“+”号}\end{cases}$

解微分方程式(3-100)，得缓和曲线初始线长改正数为

$$dl=\frac{\delta}{c_{p^{(0)}j}^{-1}\pm l/A^2} \tag{3-101}$$

改正后的垂点桩号为 $Z_p=Z_p^{(0)}+dl$，由 Z_p 算出垂点中桩坐标 z_p 及其走向方位角 α_p，将其代入式(3-91)计算垂线方程残差值 $f(l_p)$，如果 $|f(l_p)|<0.001$ m，则结束计算，否则还需再重复计算一次。

4. 坐标正、反算案例

(1) 坐标正算案例

在“湖北龙港互通式立交 A 匝道”文件主菜单[图 3-29(a)]，点击坐标正算按钮，输入加桩号 815 m 与左边距 2.75 m[图 3-29(b)]，点击计算坐标按钮，结果如图 3-29(b)所示。该加桩位于 JD2 的第二非完整缓和曲线段。

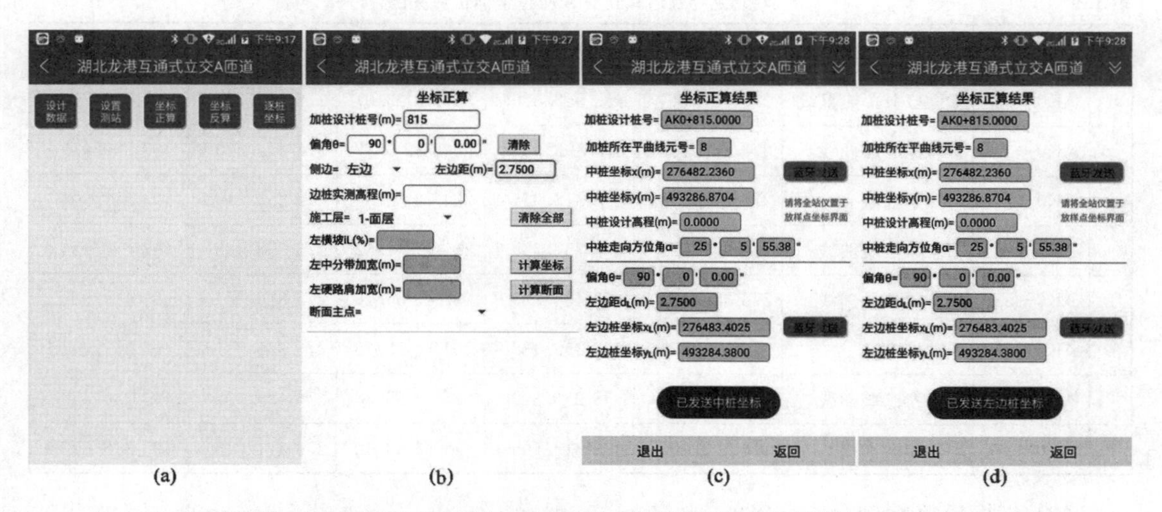

图 3-29　坐标正算加桩 AK0+815 的中桩和左边桩坐标，并蓝牙发送单点坐标到南方 NTS-362LNB 全站仪

在南方 NTS-362LNB 全站仪按 CORD F4 F4 键，进入坐标模式 P3 页功能菜单[图 3-30(a)]，按 F2 (放样)③(设置放样点)键，进入放样点坐标界面[图 3-30(b)]，屏幕显示最近一

次设置的放样点坐标[图 3-30(c)]。

在手机点击加桩中桩坐标右侧的蓝牙发送按钮[图 3-30(e)],蓝牙发送加桩 AK0+815 的中桩坐标数据到 NTS-362LNB 全站仪的放样点坐标界面[图 3-30(d)],点名 C1 表示 1 号中桩点,在全站仪按▼键移动光标到编码行,最多可以显示 21 位编码字符[图 3-30(e)]。

按F4(确认)键,输入棱镜高[图 3-30(f)],按F4(确认)键,屏幕显示测站→AK0+815 中桩点的方位角及其平距[图 3-30(g)];按F3(指挥)键,转动照准部,使水平较差值等于 0[图 3-30(h)],此时,AK0+815 中桩点位于望远镜视准轴方向。

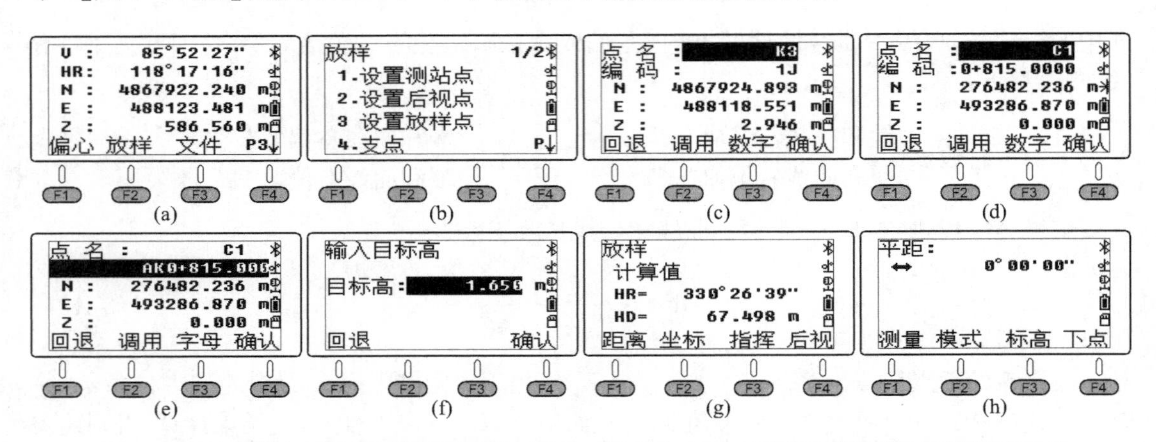

图 3-30 在坐标模式下执行“放样/设置放样点”命令,蓝牙接收 MSMT 手机软件发送的中桩坐标数据放样

在图 3-29(c)所示的坐标正算成果界面,点击左边桩坐标栏右侧的蓝牙发送按钮,可蓝牙发送左边桩坐标到 NTS-362LNB 全站仪的放样点坐标界面[图 3-29(d)]。

本例有 8 个平曲线元,每个平曲线元计算一个加桩的中桩和左边桩坐标,结果列于表 3-9,左边距统一取 2.75 m。

表 3-9　　湖北龙港互通式立交 A 匝道坐标正算案例

序	设计桩号	点位置	x/m	y/m	走向方位角 α	x_L/m	y_L/m
1	AK0+020	QD 与 JD1 夹直线	276 171.919 9	493 952.386 2	307°18′23.07″	276 169.732 5	493 950.719 5
2	AK0+095	JD1 第一缓曲线	276 217.108 5	493 892.531	305°32′0.12″	276 214.870 6	493 890.932 8
3	AK0+180	JD1 圆曲线	276 259.328 3	493 818.924 4	294°02′36.6″	276 256.816 9	493 817.804
4	AK0+245	JD1 第二缓曲线	276 281.122 3	493 757.755 7	285°11′44.82″	276 278.468 4	493 757.034 9
5	AK0+555	JD2 第一缓曲线	276 348.864 3	493 450.559 9	282°40′54.16″	276 316.181 4	493 449.956 2
6	AK0+660	JD2 圆曲线	276 357.573 8	493 353.488 9	301°36′15.26″	276 355.231 6	493 352.047 8
7	AK0+815	JD2 第二缓曲线	276 482.236	493 286.870 4	25°05′55.38″	276 483.402 5	493 284.380 0
8	AK0+860	JD3 单元曲线	276 511.406	493 319.495 1	71°36′33.49″	276 514.015 5	493 318.627 5

(2) 坐标反算案例

在文件主菜单[图 3-31(a)],点击坐标反算按钮进入坐标反算界面,可以手工输入测点坐标,也可以点击蓝牙读数按钮,启动全站仪测距并自动读取测点的三维坐标。

手工输入坐标正算得出的 AK0+815 的左边桩坐标[图 3-31(b)],点击计算坐标按钮,结果如图 3-31(c)所示，点击垂点坐标右侧的 蓝牙发送 按钮，蓝牙发送垂点中桩坐标到 NTS-362LNB 全站仪的放样点坐标界面[图 3-31(d)]。

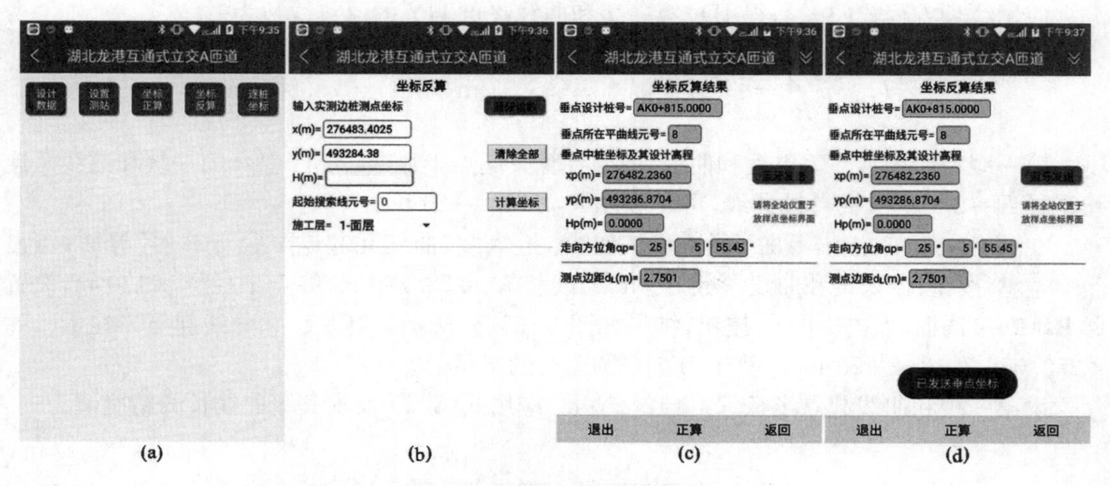

图 3-31　坐标反算边桩点的垂点数据

3.6　含非完整缓和曲线的基本型曲线工程案例

本节介绍的 4 个高速公路匝道工程案例取自文献[16]，其交点平曲线至少含有一条非完整缓和曲线，且设计图纸均未给出非完整缓和曲线的起点或终点半径，需要施工员自行计算。

1. 四川省松垭互通式立交 D 匝道

图 3-32 所示的案例有 3 个交点，该案例的特点是 JD3 的第一、第二缓和曲线均为非完整缓和曲线。

四川省绵阳至遂宁高速公路绵阳段一期土建工程LJ04标
松垭互通式立交D匝道直线、曲线及转角表(局部)
设计单位：华杰工程咨询有限公司
施工单位：南京东部路桥工程有限公司

交点号	交点桩号及交点坐标		转角	曲线要素/m						
				半径	缓和曲线参数	缓和曲线长	切线长	曲线长	外距	切曲差(校正值)
QD	桩	DK0+000								
	N	3 473 541.830								
	E	488 018.722 8								
JD1	桩	DK0+092.552			0	0	92.551			
	N	3 473 485.251	4°42′39.6″(Y)	2 250				184.998	1.903	0.143
	E	488 091.967 1			0	0	92.551			
JD2	桩	DK0+236.611			100	78.889	51.611			
	N	3 473 388.049	19°50′16″(Y)	120				78.889	3.211	0.669
	E	488 198.432 1			0	0	27.947			
JD3	桩	DK0+658.459			80	35.556	394.569			
	N	3 473 014.183	157°33′27.4″(Y)	72				245.568	322.314	573.703
	E	488 395.268 2			102.289	108.445	424.701			
ZD	桩	DK0+509.457								
	N	3 473 285.989								
	E	488 068.935 9								

图 3-32　四川省绵阳至遂宁高速公路绵阳段松垭互通式立交 D 匝道直线、曲线及转角表(局部)

(1) 验算缓和曲线起讫半径

① JD2 第一缓和曲线起点半径验算

应用线长方程式(3-1),得 JD2 第一缓和曲线终点 HY 的原点线长为

$$l_{YH}=\frac{A_1^2}{R}=\frac{100^2}{120}=83.333\ 333\ 33\ \text{m}\neq L_{h1}=78.889\ \text{m}$$

第一缓和曲线为非完整缓和曲线,需要计算其起点半径 R_{ZH}。因 JD2 第一缓和曲线是连接半径 $R=2\ 250$ m 的单圆曲线,可以假设 $R_{ZH}>R=120$ m。

在项目主菜单,点击**缓曲半径计算**按钮,进入“缓曲线元起讫半径计算器”界面;点击 清除全部数据 按钮;输入缓和曲线参数 $A=100$,线长 $L_h=78.889$ m,终点半径$R_e=120$ m,设置 ◎ **Rs>Re**单选框,点击 计 算 按钮,结果如图 3-33(a)所示。第一缓和曲线起点半径 $R_{ZH}=2\ 250.056\ 3$ m≈2 250 m,它等于 JD1 单圆曲线的半径。

设第一缓和曲线起点半径 $R_{ZH}=2\ 250$ m,应用式(3-1) 反求其缓曲线长的精确值为

$$L_{h1}=l_{YH}-l_{ZH}=\frac{A_1^2}{R}-\frac{A_1^2}{R_{ZH}}=\frac{100^2}{120}-\frac{100^2}{2\ 250}=78.888\ 888\ 89\ \text{m}$$

由此可知,程序算出 JD2 的第一缓和曲线起点半径 $R_{ZH}=2\ 250.056\ 3$ m,不等于 JD1 的单圆曲线半径的原因是,图纸的第一缓和曲线长 L_{h1} 取位太少。将图 3-33(a)所示 L_{h1} 栏的值修改为 78.888 888 89 m,点击 计 算 按钮,结果如图 3-33(b)所示,此时 $R_e=2\ 250$ m。

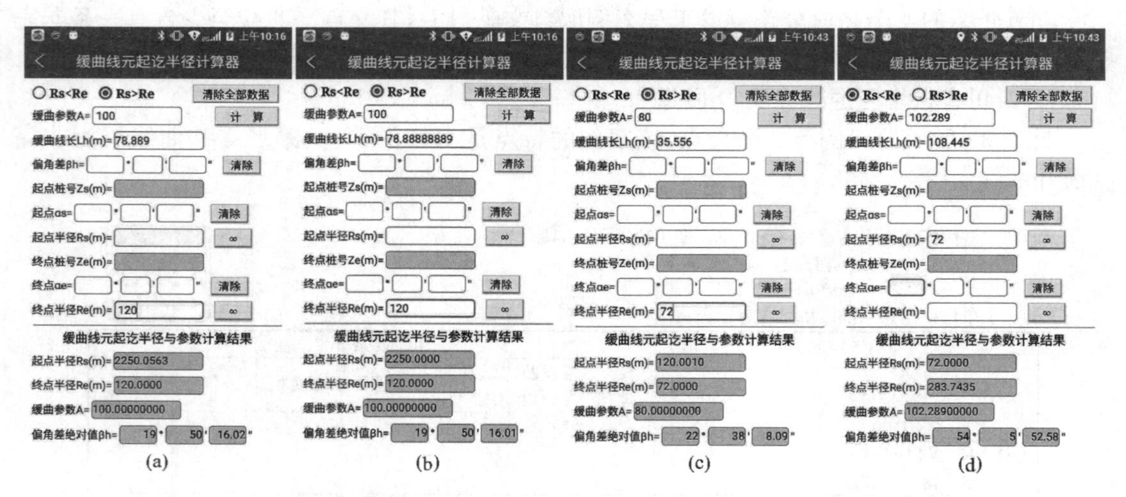

(a) (b) (c) (d)

图 3-33　计算 JD2 第一缓和曲线起点半径,JD3 第一缓和曲线起点半径、第二缓和曲线终点半径

② JD3 第一缓和曲线起点半径验算

因 JD2 无第二缓和曲线,JD3 第一缓和曲线连接 JD2 的圆曲线,可以假设 JD3 第一缓和曲线起点半径满足 $R_{ZH}>R=72$ m。点击 清除全部数据 按钮,输入缓和曲线参数 $A=80$,线长 $L_h=35.556$ m,终点半径 $R_e=72$ m,设置◎ **Rs>Re**单选框,点击 计 算 按钮,结果如图 3-33(c)所示。第一缓和曲线起点半径 $R_{ZH}=120.001$ m≈120 m。

③ JD3 第二缓和曲线终点半径验算

JD3 第二缓和曲线终点连接的曲线半径情况不明,由于其起点半径等于圆曲线半径 $R=72$ m,已经较小,可以假设 JD3 第二缓和曲线终点半径满足 $R_{HZ}>R=72$ m。点击 清除全部数据

按钮，输入缓和曲线参数 $A=102.289$，线长 $L_h=108.445$ m，起点半径 $R_s=72$ m，设置 **◉ Rs<Re**单选框，点击**计 算**按钮，结果如图 3-33(d)所示，第二缓和曲线终点半径 $R_{HZ}=283.743\,5$ m。本例 3 个交点的平曲线设计数据列于表 3-10。

表 3-10　　四川省松垭互通式立交 D 匝道缓和曲线起讫半径计算结果

交点号	第一缓和曲线		圆曲线	第二缓和曲线	
	A_1	R_{ZH}/m	R/m	A_2	R_{HZ}/m
JD1	0		2 250	0	
JD2	100	2 250	120	0	
JD3	80	120	72	102.289	283.743 5

(2) 使用**Q2X8交点法**程序计算

① 输入平曲线设计数据并计算主点数据

输入本例 3 个交点的平曲线设计数据，结果如图 3-34(a)—(c)所示，点击**计算**按钮，结果如图 3-34(d)所示。与图 3-32 所示的图纸设计值比较，结果列于表 3-11。

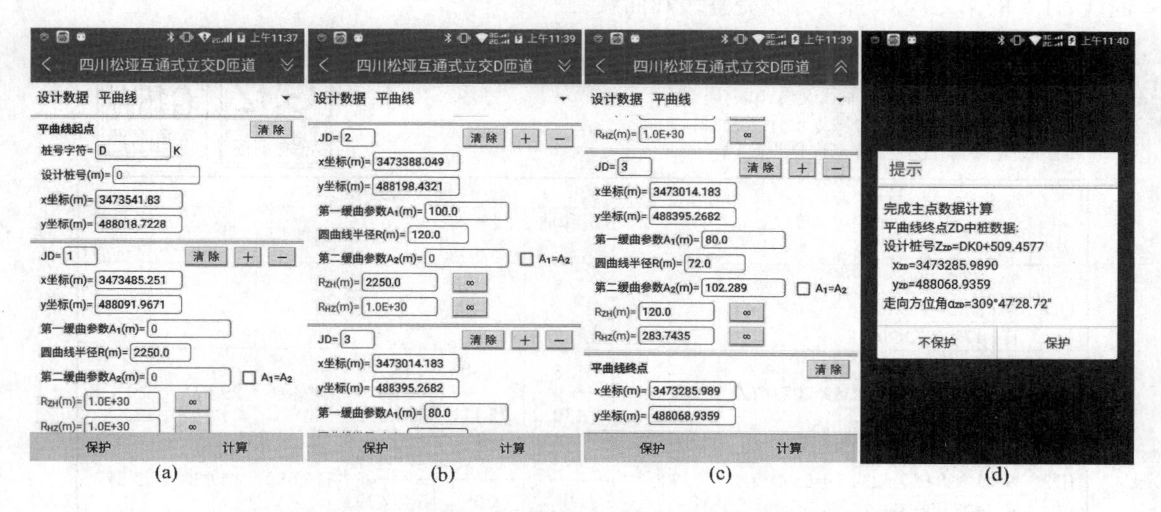

图 3-34　输入四川松垭互通式立交 D 匝道平曲线设计数据并计算主点数据

表 3-11　　四川省松垭互通式立交 D 匝道计算结果与设计值比较

点名	内容	Q2X8 程序	设计图纸	差值
ZD	桩号	DK0+509.457 7	DK0+509.457	0.7 mm
JD1	转角	4°42′39.32″	4°42′39.6″(Y)	−0.28″
JD2	转角	19°50′16.07″	19°50′16″(Y)	0.07″
JD3	转角	157°33′27.34″	157°33′27.4″(Y)	−0.06″

② 非完整缓和曲线模拟测点坐标反算及正算案例

如表 3-10 所示，本例 JD2 第一缓和曲线，JD3 第一、第二缓和曲线为非完整缓和曲线。在 AutoCAD 展点图上，在这 3 条非完整缓和曲线段各采集一个测点，执行坐标反算功能，计算这 3 个模拟测点的垂点数据，结果列于表 3-12 的前三行。再执行坐标正算功能，计算这 3 个垂点桩号的中桩数据，结果列于表 3-12 的后三行，以相互验证**Q2X8交点法**坐标反算及正算结果的正确性。

表 3-12　　四川省松垭互通式立交 D 匝道坐标反算及正算检核案例

序	x/m	y/m	垂点桩号	x_p/m	y_p/m	d/m	走向方位角 α_p
1	3 473 363.427 8	488 211.393 6	DK0+263.766 9	3 473 363.428 3	488 211.394 5	0.001 1	152°10′31.6″
2	3 473 329.733 9	488 221.998 3	DK0+299.321 8	3 473 329.734 1	488 222.000 4	0.002 2	174°46′15.97″
3	3 473 253.397 2	488 168.058 5	DK0+401.046 2	3 473 253.396 7	488 168.058 7	0.000 6	255°43′14.69″

序	垂点桩号	点位置	x/m	y/m	走向方位角 α
1	DK0+263.766 9	JD2 第一缓曲	3 473 363.428 3	488 211.394 5	152°10′31.62″
2	DK0+299.321 8	JD3 第一缓曲	3 473 329.734 1	488 222.000 4	174°46′15.9″
3	DK0+401.046 2	JD3 第二缓曲	3 473 253.396 7	488 168.058 8	255°43′14.59″

2. 浙江省沽渚枢纽 F 匝道

图 3-35 所示的案例有 5 个交点，该案例的特点是 JD1 的第二缓和曲线、JD3 的第一缓和曲线、JD4 的第二缓和曲线为非完整缓和曲线。

浙江省嘉兴至绍兴跨江公路通道南岸连接线第5合同段
沽渚枢纽F匝道直线、曲线及转角表(局部)
设计单位：浙江省交通规划设计研究院
施工单位：浙江省交通工程建设集团

交点号	交点桩号及交点坐标		转角	曲线要素/m						
				半径	缓和曲线参数	缓和曲线长	切线长	曲线长	外距	切曲差(校正值)
QD	桩	FK0+000								
	N	3 327 913 672								
	E	477 887.890								
JD1	桩	FK0+571.666	59°20′20″(Z)	180	125	86.806	146.769	259.866	29.121	20.438
	N	3 327 856.638								
	E	478 456.704			130	75.111	133.535			
JD2	桩	FK0+844.242	20°05′49″(Z)	900	0	0	159.479	315.680	14.020	3.277
	N	3 328 092.523								
	E	478 630.530			0	0	159.479			
JD3	桩	FK1+120.912	38°11′11″(Z)	280	160	62.984	120.468	262.996	17.660	8.022
	N	3 328 361.231								
	E	478 709.055			175	109.375	150.550			
JD4	桩	FK1+404.456	13°48′13″(Y)	800	265	87.781	141.016	262.543	6.273	1.030
	N	3 328 631.764								
	E	478 600.321			320	81.454	122.557			
JD5	桩	FK1+784.348	13°23′46″(Y)	2 199.985	0	0	258.362	514.367	15.119	2.356
	N	3 329 008.893								
	E	478 546.696			0	0	258.362			
ZD	桩	FK2+040.358								
	N	3 329 266.153								
	E	478 570.576								

图 3-35　浙江省嘉兴至绍兴跨江公路通道南岸连接线沽渚枢纽 F 匝道直线、曲线及转角表(局部)

(1) 验算缓和曲线起讫半径

容易验算 JD1 的第二缓和曲线、JD3 的第一缓和曲线与 JD4 的第二缓和曲线为非完整缓和曲线。使用**缓曲半径计算**程序计算这三条非完整缓和曲线起讫半径，结果如图3-36所示，本例5个交点的曲线设计数据列于表3-13。

表 3-13　　浙江省沽渚枢纽 F 匝道缓和曲线起讫半径计算结果

交点号	第一缓和曲线		圆曲线	第二缓和曲线	
	A_1	R_{ZH}/m	R/m	A_2	R_{HZ}/m
JD1	125	∞	180	130	900
JD2	0		900	0	
JD3	160	900	280	175	∞
JD4	265	∞	800	320	2 199.985
JD5	0		2 199.985	0	

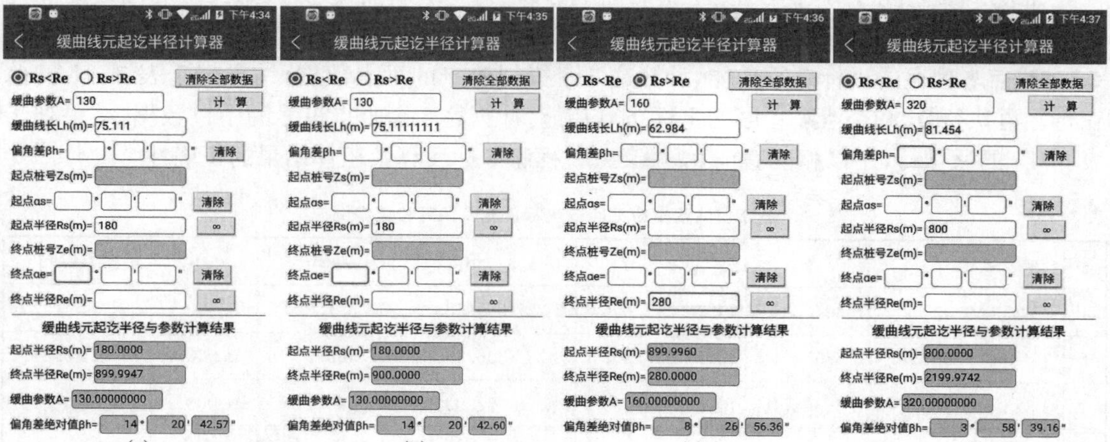

图 3-36　计算 JD1 第二缓和曲线终点半径，JD3 第一缓和曲线起点半径，JD4 第二缓和曲线终点半径

(2) 使用**Q2X8交点法**程序计算

① 输入平曲线设计数据并计算主点数据

输入本例5个交点的平曲线设计数据，结果如图3-37(a)—(d)所示，点击**计算**按钮计算平曲线主点数据，结果如图3-37(e)所示。与图3-35所示的图纸设计值比较，结果列于表3-14。

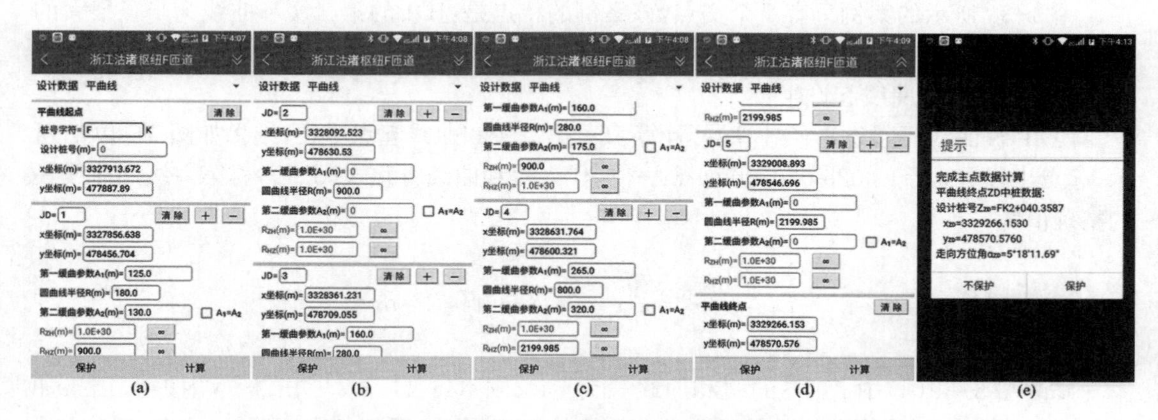

图 3-37　输入浙江沽渚枢纽 F 匝道 5 个交点的平曲线设计数据并计算平曲线主点数据

表 3-14　　浙江省沽渚枢纽 F 匝道计算结果与设计值比较

点名	内容	Q2X8 程序	设计图纸	差值
ZD	桩号	FK2+040.358 7	FK2+040.358	0.7 mm
JD1	转角	−59°20′20.19″	59°20′20″(Z)	−0.19″
JD2	转角	−20°05′48.6″	20°05′49″(Z)	0.4″
JD3	转角	−38°11′11.29″	38°11′11″(Z)	−0.29″
JD4	转角	13°48′13.1″	13°48′13″(Y)	0.1″
JD5	转角	13°23′45.75″	13°23′46″(Y)	−0.25″

② 非完整缓和曲线模拟测点坐标反算及正算案例

如表 3-13 所示，本例 JD1 第二缓和曲线、JD3 第一缓和曲线、JD4 第二缓和曲线为非完整缓和曲线。在 AutoCAD 展点图上，在这 3 条非完整缓和曲线段各采集一个测点，执行 **Q2X8交点法** 程序的坐标反算功能，计算这 3 个模拟测点的垂点数据，结果列于表 3-15 的前三行。再执行 **Q2X8交点法** 程序的坐标正算功能，计算这 3 个垂点桩号的中桩数据，结果列于表 3-15 的后三行，用以相互验证 **Q2X8交点法** 程序坐标反算及正算结果的正确性。

表 3-15　　浙江省沽渚枢纽 F 匝道坐标反算及正算检核案例

序	x/m	y/m	垂点桩号	x_p/m	y_p/m	d/m	走向方位角 α_p
1	3 327 869.583 1	478 397.226 2	FK0+511.696 8	3 327 869.583 2	478 397.226 2	0.000 1	81°54′44.2″
2	3 328 306.894 9	478 689.201 8	FK1+063.362 7	3 328 306.895 3	478 689.202 0	0.000 5	7°51′15.88″
3	3 328 672.920 5	478 596.874 1	FK1+444.606 9	3 328 672.920 5	478 596.874 1	0.000 0	347°56′06.70″
序	垂点桩号	点位置	x/m	y/m	走向方位角 α		
1	FK0+511.696 8	JD1 第一缓曲	3 327 869.583 2	478 397.226 2	81°54′44.19″		
2	FK1+063.362 7	JD3 第一缓曲	3 328 306.895 4	478 689.202 1	7°51′15.85″		
3	FK1+444.606 9	JD4 第二缓曲	3 328 672.920 5	478 596.874 1	347°56′06.71″		

3. 河南省南乐南互通式立交 G 匝道

图 3-38 所示的案例只有 1 个交点，该案例的特点是：JD1 的第二缓和曲线为半径很大的非完整缓和曲线。

(1) 验算缓和曲线起讫半径

使用“缓曲线元起讫半径计算器”计算 JD1 第一缓和曲线起点半径，结果如图 3-39(a)所示，起点半径 R_{ZH}=11 025 000.000 1 m→∞，代入缓和曲线方程式(3-1)，得第一缓和曲线长的精确值为

$$L_{h1}=\frac{A_1^2}{R}=\frac{70^2}{90}=54.444\ 444\ 44\ \text{m}$$

修改图 3-39(a)中 L_h 栏的缓和曲线长为 54.444 444 44 m，点击 计算 按钮，结果如图 3-39(b)所示。验算 JD1 第二缓和曲线终点半径，结果如图 3-39(c)所示，本例 1 个交点

的曲线设计数据列于表 3-16。

河南省南乐至林州高速公路
南乐南互通式立交G匝道直线、曲线及转角表(局部)
设计单位：河南省交通规划勘察设计院有限责任公司
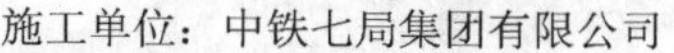
施工单位：中铁七局集团有限公司

交点号	交点桩号及交点坐标		转角	曲线要素/m						
				半径	缓和曲线参数	缓和曲线长	切线长	曲线长	外距	切曲差(校正值)
QD	桩	GK0+000								
	N	3 990 371.296								
	E	494 670.045								
JD1	桩	GK0+719.096	163°57′01″(Y)	90	70	54.444	719.096	371.440	607.962	1 121.964
	N	3 990 983.421			125	173.491	774.308			
	E	495 047.407								
ZD	桩	GK0+371.440								
	N	3 990 237.648								
	E	494 839.138								

图 3-38　河南省南乐至林州高速公路南乐南互通式立交 G 匝道直线、曲线及转角表(局部)

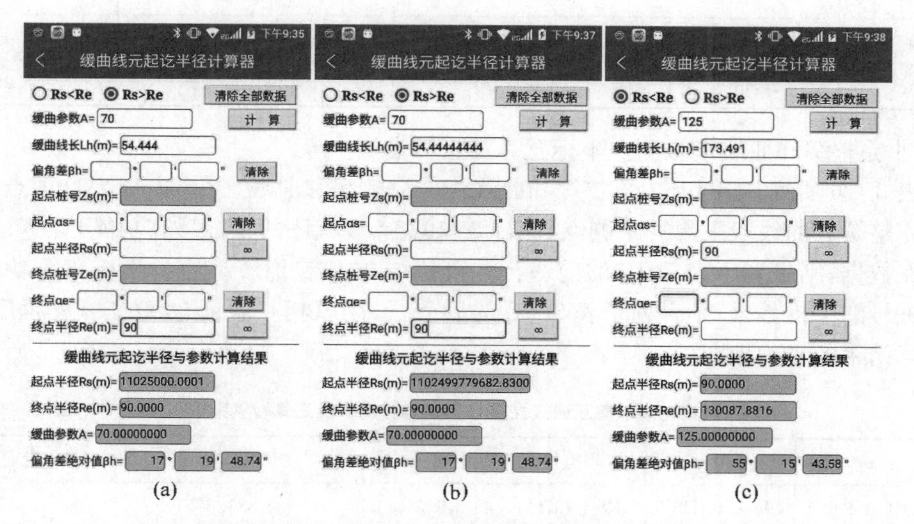

图 3-39　计算 JD1 第一缓和曲线起点半径与第二缓和曲线终点半径

表 3-16　　　河南省南乐南互通式立交 G 匝道缓和曲线起讫半径计算结果

交点号	第一缓和曲线		圆曲线	第二缓和曲线	
	A_1	R_{ZH}/m	R/m	A_2	R_{HZ}/m
JD1	70	∞	90	125	130 087.881 6

(2) 使用 **Q2X8交点法** 程序计算

① 输入平曲线设计数据并计算主点数据

输入本例 1 个交点的平曲线设计数据,结果如图 3-40(a),(b)所示,点击 **计算** 按钮计算平曲线主点数据,结果如图 3-40(c)所示;点击 **保护** 按钮,进入设计数据保护模式[图 3-40(d)]。与图 3-38 所示的图纸设计值比较,结果列于表 3-17。

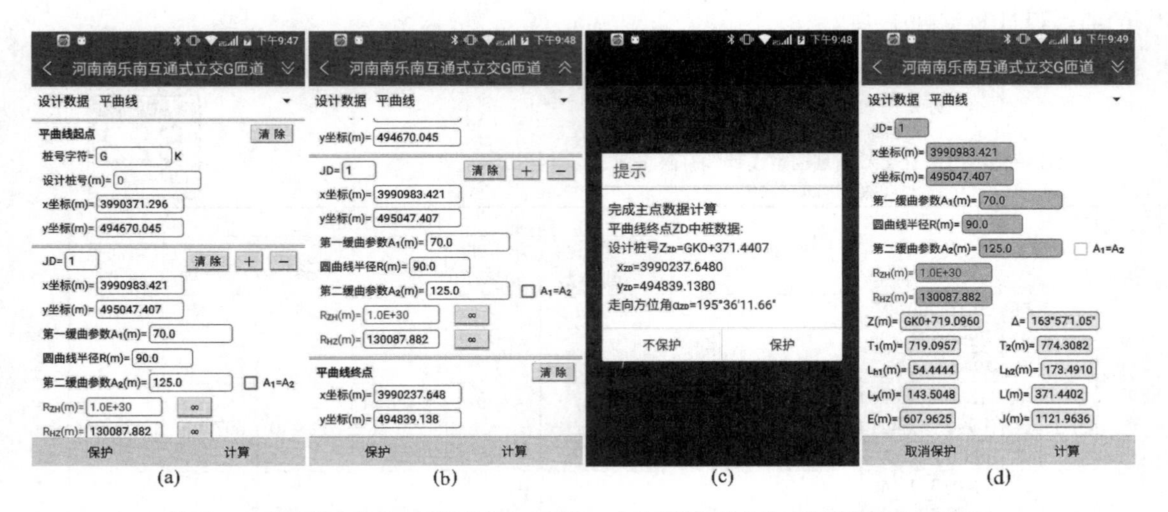

图 3-40 输入河南南乐南互通式立交 G 匝道一个交点的平曲线设计数据并计算主点数据

表 3-17　　河南省南乐南互通式立交 G 匝道计算结果与设计值比较

点名	内容	Q2X8 程序	设计图纸	差值
ZD	桩号	GK0+371.440 7	GK0+371.440	0.7 mm
JD1	转角	163°57′01.05″	163°57′01″(Y)	0.05″

② 非完整缓和曲线模拟测点坐标反算及正算案例

如表 3-16 所列，本例 JD1 第二缓和曲线为非完整缓和曲线。在 AutoCAD 展点图上，在该条非完整缓和曲线段采集一个测点，执行 **Q2X8交点法** 程序的坐标反算功能，计算该模拟测点的垂点数据，结果列于表 3-18 的前一行。再执行 **Q2X8交点法** 程序的坐标正算功能，计算该垂点桩号的中桩数据，结果列于表 3-18 的后一行，用以相互验证 **Q2X8交点法** 程序坐标反算及正算结果的正确性。

表 3-18　　河南省南乐南互通式立交 G 匝道坐标反算及正算检核案例

序	x/m	y/m	垂点桩号	x_p/m	y_p/m	d/m	走向方位角 α_p
1	3 990 403.860 1	494 831.375 5	GK0+197.988 4	3 990 403.860 6	494 831.375 4	0.000 5	140°21′57.06″
序	垂点桩号	点位置	x/m	y/m	走向方位角 α		
1	GK0+197.988 4	JD4 第二缓曲	3 990 403.860 6	494 831.375 4	140°21′57.10″		

4. 广西茅岭互通式立交 H 匝道

图 3-41 所示案例的特点是：JD1 的圆曲线长接近于 0，它实际上只有第二缓和曲线，且其终点半径较大但又不等于∞，JD2 的第二缓和曲线及 JD4 的第一、第二缓和曲线为非完整缓和曲线。

(1) 验算缓和曲线起讫半径

使用 **缓曲半径计算** 程序计算 JD1 第二缓和曲线终点半径，结果如图 3-42(a)所示，起点半径 R_{ZH}=7 199.977 m≈7 200 m，JD2 的第一缓和曲线为完整缓和曲线，与 JD1 的第二缓和曲线连接时半径为非连续过渡。

广西壮族自治区防城港至东兴高速公路第1合同段
茅岭互通式立交H匝道直线、曲线及转角表(局部)
设计单位：广西壮族自治区交通规划勘察设计研究院
施工单位：广西壮族自治区公路桥梁工程总公司

交点号	交点桩号及交点坐标		转角	曲线要素/m						
				半径	缓和曲线参数	缓和曲线长	切线长	曲线长	外距	切曲差(校正值)
QD	桩	HK0+001.520								
	N	414 928.193								
	E	542 966.915								
JD1	桩	HK0+085.414	2°37′49.7″(Z)	3 000	0	0	83.894	194.445	1.173	0.033
	N	414 853.048								
	E	542 929.611			1 000	194.444	110.584			
JD2	桩	HK0+320.556	26°50′25.3″(Y)	350	170	82.571	124.592	223.324	10.571	3.374
	N	414 637.824								
	E	542 834.818			200	64.286	102.107			
JD3	桩	HK0+558.238	19°42′23.1″(Y)	800	0	0	138.950	275.155	11.977	2.745
	N	414 484.854								
	E	542 648.517			0	0	138.950			
JD4	桩	HK0+834.450	33°46′17.3″(Y)	400	240	72	140.007	283.414	18.845	7.504
	N	414 390.899								
	E	542 385.859			210	80.85	150.911			
JD5	桩	HK1+151.636	13°13′00.5″(Y)	1 500	0	0	173.780	346.017	10.033	1.543
	N	414 469.937								
	E	542 070.936			0	0	173.780			
ZD	桩	HK1+323.872								
	N	414 549.656								
	E	541 916.521								

图 3-41　广西壮族自治区防城港至东兴高速公路茅岭互通式立交 H 匝道直线、曲线及转角表(局部)

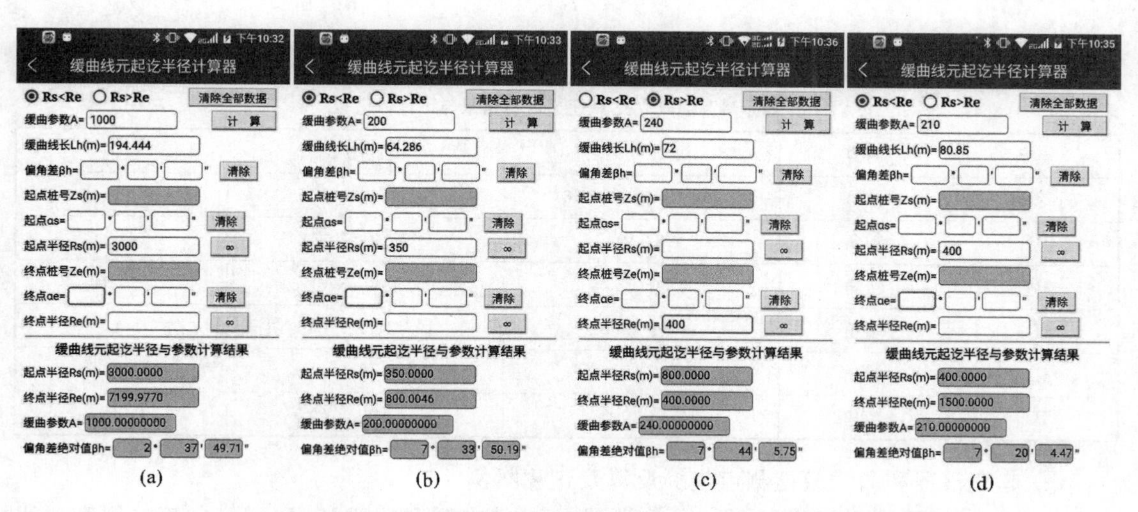

图 3-42　计算 JD1，JD2 第二缓和曲线终点半径，JD4 第一、第二缓和曲线起讫半径

JD2 第二缓和曲线终点半径计算结果如图 3-42(b)所示，JD4 第一缓和曲线起点半径计算结果如图 3-42(c)所示，JD4 第二缓和曲线终点半径计算结果如图 3-42(d)所示，本例 5 个交点的平曲线设计数据列于表 3-19。

表 3-19　　　　**广西茅岭互通式立交 H 匝道缓和曲线起讫半径计算结果**

交点号	第一缓和曲线		圆曲线	第二缓和曲线	
	A_1	R_{ZH}/m	R/m	A_2	R_{HZ}/m
JD1	0		3 000	1 000	7 200
JD2	170	∞	350	200	800
JD3	0		800	0	
JD4	240	800	400	210	1 500
JD5	0		1 500	0	

(2) 使用**Q2X8交点法**程序计算

① 输入平曲线设计数据并计算主点数据

输入本例 5 个交点的平曲线设计数据，结果如图 3-43(a)—(d)所示，点击**计算**按钮计算平曲线主点数据，结果如图 3-43(e)所示。与图 3-41 所示的图纸设计值比较，结果列于表 3-20。

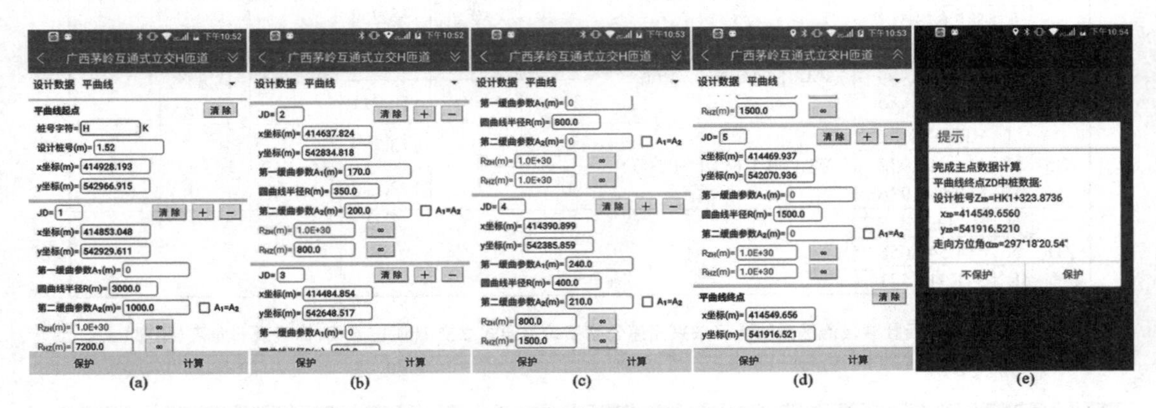

图 3-43　输入广西茅岭互通式立交 H 匝道 5 个交点的平曲线设计数据并计算平曲线主点数据

表 3-20　　　　**广西茅岭互通式立交 H 匝道计算结果与设计值比较**

点名	内容	Q2X8 程序	设计图纸	差值
ZD	桩号	HK1+323.873 6	HK1+323.872	1.6 mm
JD1	转角	−2°37′49.74″	2°37′49.7″(Z)	−0.04″
JD2	转角	26°50′25.26″	26°50′25.3″(Y)	−0.04″
JD3	转角	19°42′23.52″	19°42′23.1″(Y)	0.42″
JD4	转角	33°46′17.06″	33°46′17.3″(Y)	−0.24″
JD5	转角	13°13′00.71″	13°13′00.5″(Y)	0.21″

② 非完整缓和曲线模拟测点坐标反算及正算案例

如表 3-19 所列，本例 JD1 第二缓和曲线、JD2 第二缓和曲线及 JD4 第一、第二缓和曲线为非完整缓和曲线。在 AutoCAD 展点图上，在这 4 条非完整缓和曲线段各采集一个测点坐标，执行**Q2X8交点法**程序的坐标反算功能，计算这 4 个模拟测点的垂点数据，结果列于表 3-21的前四行。再执行**Q2X8交点法**程序的坐标正算功能，计算这 4 个垂点桩号的中桩数据，结果列于表 3-21 的后四行，用以相互验证**Q2X8交点法**程序坐标反算及正算结果的正确性。

表 3-21　　　　　　　　　　　　　　广西茅岭互通式立交 H 匝道坐标反算及正算检核案例

序	x/m	y/m	垂点桩号	x_p/m	y_p/m	d/m	走向方位角 α_p
1	414 751.883 9	542 885.054 4	HK0+195.923 6	414 751.883 9	542 885.054 4	0	203°46′15.2″
2	414 616.556 7	542 803.114 7	HK0+355.027 9	414 616.556 6	542 803.114 8	0.000 1	223°03′03.48″
3	414 417.962 4	542 448.773 5	HK0+766.278 9	414 417.962 4	542 448.773 9	0.000 4	258°01′43.87″
4	414 412.058 6	542 318.601 5	HK0+897.168 3	414 412.058 4	542 318.601 5	0.000 2	276°46′38.47″
序	垂点桩号	点位置	x/m	y/m	走向方位角 α		
1	HK0+195.923 6	JD1 第二缓曲	414 751.883 9	542 885.054 4	203°46′15.2″		
2	HK0+355.027 9	JD2 第二缓曲	414 616.556 6	542 803.114 7	223°03′03.51″		
3	HK0+766.278 9	JD4 第一缓曲	414 417.962 4	542 448.773 9	258°01′43.88″		
4	HK0+897.168 3	JD4 第二缓曲	414 412.058 4	542 318.601 5	276°46′38.47″		

3.7　非对称基本型回头曲线计算原理及工程案例

称交点转角绝对值$|\Delta|>180°$的基本型曲线为回头曲线。由于 **Q2X8交点法** 程序是应用起点、交点、终点的平面坐标自动反算交点转角，因此，必须有一个控制数值告诉程序，当前交点的转角是大于 180°，否则程序无法反算出回头曲线的正确交点转角值。文献[7]的交点法程序 Q2X8 是将圆曲线半径输入为负数值作为回头曲线的控制数值，**Q2X8交点法** 程序仍然沿用该控制数值。

1. 非对称基本型回头曲线计算原理

(1) 交点转角计算原理

图 3-44 所示为单交点基本型回头曲线，根据终点 ZD 的位置不同，分为 ZD 位于 JD 与 HZ 点之间[图 3-44(a)]，ZD 位于 JD 与 HZ 点之外[图 3-44(b)]两种情形。

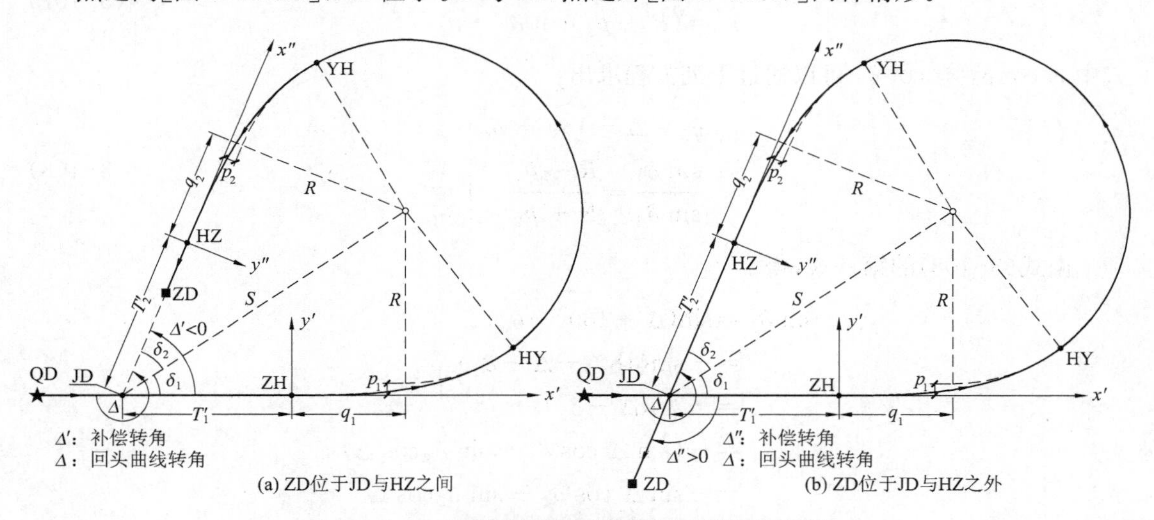

图 3-44　非对称基本型回头曲线转角与切线长计算原理

① ZD 位于 JD 与 HZ 点之间

如图 3-44(a)所示，设由 QD, JD, ZD 的平面坐标分别求得 QD→JD 的方位角为 α_{QD-JD}，

JD→ZD 的方位角为 α_{JD-ZD}，将 α_{JD-ZD} 归算为以 α_{QD-JD} 为零方向的方位角为

$$\alpha'_{JD-ZD}=\alpha_{JD-ZD}-\alpha_{QD-JD} \tag{3-102}$$

α'_{JD-ZD} 为方位角，其值应满足 $0°\leqslant\alpha'_{JD-ZD}<360°$，当 $\alpha'_{JD-ZD}<0$ 时，应加 360°。则 α'_{JD-ZD} 与补偿转角 Δ' 的关系为

$$\left.\begin{aligned}\Delta'&=\alpha'_{JD-ZD},\ \alpha'_{JD-ZD}<180°\\ \Delta'&=\alpha'_{JD-ZD}-360°,\ \alpha'_{JD-ZD}>180°\end{aligned}\right\} \tag{3-103}$$

应用式(3-103)算出的补偿转角 $\Delta'<180°$。对于图 3-44(a)所示的图形，$\Delta'<0$，为左补偿转角。补偿转角 Δ' 与转角 Δ 之间的关系为

$$\left.\begin{aligned}\Delta&=\Delta'-180°,\ \Delta'<0\\ \Delta&=\Delta'+180°,\ \Delta'>0\end{aligned}\right\} \tag{3-104}$$

② ZD 位于 JD 与 HZ 点之外

如图 3-44(b)所示，设应用式(3-102)与式(3-103)算出的补偿转角为 Δ''，本例 $\Delta''>0$，为右补偿转角。Δ'' 与 Δ' 的关系为

$$\Delta''-\Delta'=180° \tag{3-105}$$

由此得

$$\Delta'=\Delta''-180° \tag{3-106}$$

将式(3-106)代入式(3-104)求得回头曲线交点转角 Δ。

(2) 切线长计算原理

由图 3-44(a)的几何关系，可以写出非对称基本型交点回头曲线的切线方程为

$$\left.\begin{aligned}T'_1&=(R+p_1)\cot\delta_1-q_1\\ T'_2&=(R+p_2)\cot\delta_2-q_2\end{aligned}\right\} \tag{3-107}$$

式中的 $\cot\delta_1$ 与 $\cot\delta_2$ 可以通过下列方程求出：

$$\left.\begin{aligned}&\delta_1=\Delta-180°-\delta_2\\ &\frac{\sin\delta_1}{\sin\delta_2}=\frac{R+p_1}{R+p_2}\end{aligned}\right\} \tag{3-108}$$

由式(3-108)的第一式，得

$$\begin{aligned}\sin\delta_1&=\sin(\Delta-180°-\delta_2)\\ &=-\sin(180°-\Delta+\delta_2)\\ &=-\sin(\Delta-\delta_2)\\ &=-(\sin\Delta\ \cos\delta_2-\sin\delta_2\cos\Delta)\\ &=-\sin\Delta\ \cos\delta_2+\sin\delta_2\cos\Delta\end{aligned}$$

将其代入式(3-108)的第二式，得

$$\frac{R+p_1}{R+p_2}=\frac{\sin\delta_1}{\sin\delta_2}=\frac{-\sin\Delta\ \cos\delta_2+\sin\delta_2\cos\Delta}{\sin\delta_2}=-\sin\Delta\ \cot\delta_2+\cos\Delta \tag{3-109}$$

化简式(3-109),得

$$
\begin{aligned}
R+p_1 &= -\sin\Delta(R+p_2)\cot\delta_2+(R+p_2)\cos\Delta \\
\sin\Delta(R+p_2)\cot\delta_2 &= (R+p_2)\cos\Delta-(R+p_1) \\
(R+p_2)\cot\delta_2 &= (R+p_2)\cot\Delta-(R+p_1)\csc\Delta
\end{aligned} \tag{3-110}
$$

将式(3-110)代入式(3-107)的第二式,得

$$
\begin{aligned}
T'_2 &= (R+p_2)\cot\Delta-(R+p_1)\csc\Delta-q_2 \\
&= -[(R+p_1)\csc\Delta-(R+p_2)\cot\Delta+q_2] = -T_2
\end{aligned} \tag{3-111}
$$

采用同样方法化简,得

$$
\begin{aligned}
T'_1 &= (R+p_1)\cot\Delta-(R+p_2)\csc\Delta-q_1 \\
&= -[(R+p_2)\csc\Delta-(R+p_1)\cot\Delta+q_1] = -T_1
\end{aligned} \tag{3-112}
$$

分别比较式(3-111)与式(3-23),式(3-112)与式(3-25)可知,基本型回头曲线的切线长公式为基本型曲线切线长公式的反号。由于 **Q2X8交点法** 程序是使用统一公式(3-25)和式(3-23)计算交点平曲线的两个切线长,因此,算出的基本型回头曲线的切线长应为负数。

切曲差为

$$J = |T_1+T_2| - L_{h1} - L_y - L_{h2} \tag{3-113}$$

外距为

$$E = \sqrt{(R+p_1)^2+(T_1+q_1)^2} - R \tag{3-114}$$

(3) 主点数据计算原理

① 主点桩号计算

设由 QD 坐标与 JD 坐标算出的两点间的平距为 d_{QD-JD},则 JD 桩号 Z_{JD} 为

$$Z_{JD} = Z_{QD} + \mathrm{Abs}(z_{JD} - z_{QD}) \tag{3-115}$$

式中,z_{JD},z_{QD}分别为 QD 与 JD 平面坐标复数。回头曲线主点桩号为

$$
\left.\begin{aligned}
Z_{ZH} &= Z_{JD} - T_1 \\
Z_{HY} &= Z_{ZH} + L_{h1} \\
Z_{YH} &= Z_{HY} + L_y \\
Z_{HZ} &= Z_{YH} + L_{h2}
\end{aligned}\right\} \tag{3-116}
$$

ZD 的桩号 Z_{ZD} 为

$$Z_{ZD} = Z_{HZ} + \mathrm{Abs}(z_{ZD} - z_{HZ}) \tag{3-117}$$

式中,z_{ZD},z_{HZ}分别为 ZD 与 HZ 平面坐标复数。

② 主点走向方位角计算

设由 z_{JD},z_{QD}求得 QD→JD 的方位角为 $\alpha_{QD-JD} = \alpha_{ZH}$,其余主点走向方位角为

$$
\left.\begin{aligned}
\alpha_{HY} &= \alpha_{ZH} \pm \beta_{h1} \\
\alpha_{YH} &= \alpha_{HY} \pm \beta_y \\
\alpha_{HZ} &= \alpha_{YH} \pm \beta_{h2} = \alpha_{ZH} + \Delta
\end{aligned}\right\} \tag{3-118}
$$

式中的“±”号,交点转角 $\Delta > 0$ 时取“+”号,$\Delta < 0$ 时取“−”号;转角 Δ 为带符号的代数值。

③ 主点中桩坐标复数的计算

由图 3-44 可得 ZH 点中桩坐标复数为

$$z_{ZH}=z_{JD}-T_1\angle\alpha_{ZH} \tag{3-119}$$

使用极坐标格式的复数“$r\angle\alpha$”计算边长的坐标增量复数时，要求模 $r>0$，而回头曲线的切线长 $T_1<0$，所以，应将式(3-119)变换为

$$z_{ZH}=z_{JD}+|T_1|\angle\alpha_{ZH} \tag{3-120}$$

HZ 点中桩坐标复数为

$$z_{HZ}=z_{JD}-|T_2|\angle\alpha_{HZ} \tag{3-121}$$

HY 点中桩坐标复数为

$$z_{HY}=z_{ZH}+c_{ZH-HY}\angle\alpha_{ZH-HY} \tag{3-122}$$

式中，c_{ZH-HY}为 ZH→HY 的弦长，α_{ZH-HY}为 ZH→HY 弦长的方位角。

YH 点中桩坐标复数为

$$z_{YH}=z_{HY}+c_{HY-YH}\angle\alpha_{HY-YH} \tag{3-123}$$

式中，c_{HY-YH}为 HY→YH 的弦长，α_{HY-YH}为 HY→YH 弦长的方位角。

2. 江苏省苏州市福临路立交 WN 匝道

如图 3-45 所示，JD1 的转角值大于 180°，为右转回头曲线。容易验算，其第一、第二缓和曲线为完整缓和曲线。

江苏省苏州市京沪高铁快速路(东环北延)工程六标段福临路立交WN匝道直线、曲线及转角表(局部)
设计单位：苏州市政工程设计院有限责任公司
施工单位：中铁十局集团有限公司

交点号	交点桩号及交点坐标		转角	曲线要素/m						
				半径	缓和曲线参数	缓和曲线长	切线长	曲线长	外距	切曲差(校正值)
QD	桩	WNK0+000								
	N	55 482.939								
	E	57 945.250								
JD1	桩	WNK0+408.995	247°32′02″(Y)	70	80	91.428 6	-66.953	393.848	64.758	-259.943
	N	55 267.696								
	E	58 293.025			80	91.428 6	-66.953			
ZD	桩	WNK0+869.795								
	N	55 201.620								
	E	58 282.219								

图 3-45 江苏苏州市福临路立交 WN 匝道直线、曲线及转角表(局部)

(1) 输入平曲线设计数据并计算主点数据

输入 QD 与 JD1 的平面坐标、JD1 第一缓和曲线参数 $A_1=80$[图 3-46(a)]，输入圆曲线半径 $R=-70$ m[图 3-46(b)]，此时，在圆曲线半径栏下自动新增“转向”列表框，需要用户选择当前交点的转向，缺省设置为“左转”；新增当前交点桩号与后交点或起点桩号关系复选框(以路线走向为前进方向)，本例的缺省设置为 $Z_{QD}<Z_{JD1}$，表示 JD1 桩号>QD 桩号，不需要勾选☐ $Z_{QD}>Z_{JD1}$复选框；起点走向方位角为 QD→JD1 边长的方位角，不需要勾选☐ $\alpha_{QD\leftarrow JD1}$复选框。

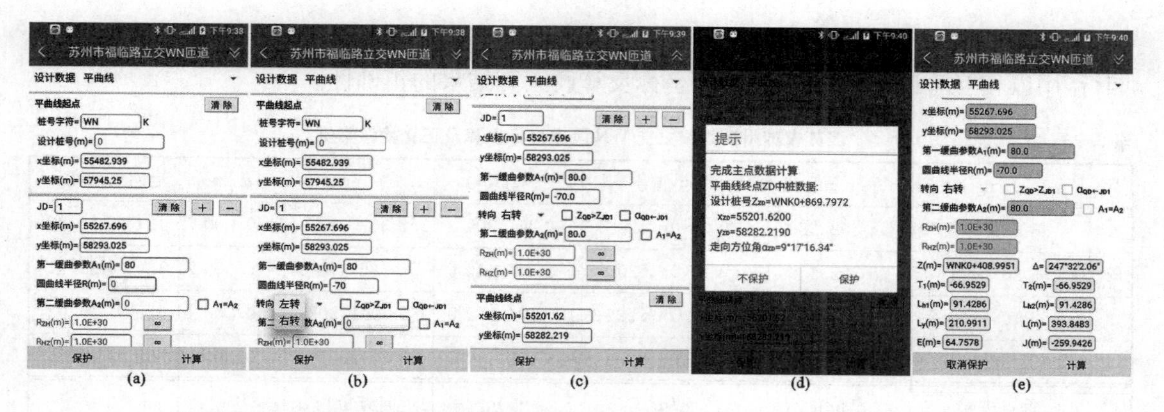

图 3-46　输入苏州市福临路立交 WN 匝道一个交点的回头曲线设计数据并计算主点数据

本例 JD1 为右转角，点击“转向”列表框，在弹出的快捷菜单点击“右转”[图 3-46(b)]，输入第二缓和曲线参数 $A_2=80$ 与终点平面坐标[图 3-46(c)]；点击 **计算** 按钮计算平曲线主点数据[图 3-46(d)]，点击 **保护** 按钮，进入设计数据保护模式，结果如图 3-46(e)所示。与图 3-45所示的图纸设计值比较，结果列于表 3-22。

表 3-22　　江苏省苏州市福临路立交 WN 匝道计算结果与设计值比较

点名	内容	Q2X8 程序	设计图纸	差值
ZD	桩号	WNK0＋869.797 2	WNK0＋869.795	2.2 mm
JD1	转角	247°32′02.06″	247°32′02″	0.06″

(2) 四个平曲线元测点坐标反算及正算案例

图 3-47 为 WN 匝道平曲线展点图，ZD 与 HZ 点重合，等价于 ZD 位于 JD1 与 HZ 点之间。图中标注的①～⑤分别代表 5 个线元号，其中，QD→ZH 的夹直线为①号线元、JD1 第一缓和曲线为②号线元、圆曲线为③号线元、第二缓和曲线为④号线元 HZ→ZH 的夹直线为⑤号线元。本例⑤号线元的线长基本等于 0。

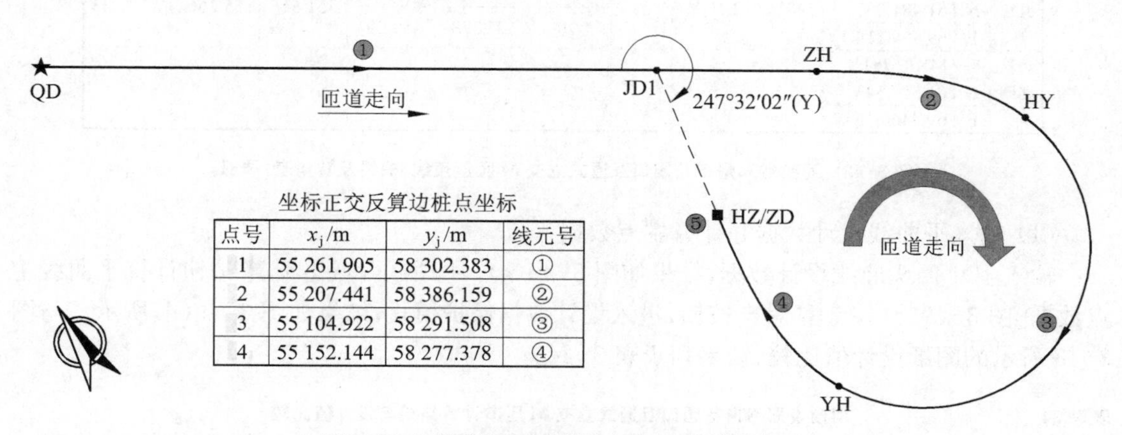

坐标正交反算边桩点坐标

点号	x_j/m	y_j/m	线元号
1	55 261.905	58 302.383	①
2	55 207.441	58 386.159	②
3	55 104.922	58 291.508	③
4	55 152.144	58 277.378	④

图 3-47　江苏省苏州市福临路立交 WN 匝道展点图

在 AutoCAD 展点图上，在这 4 条平曲线元各采集一个测点坐标，执行 **Q2X8交点法** 程序的坐标反算功能，计算这 4 个模拟测点的垂点数据，结果列于表 3-23 的前四行。再执行

Q2X8交点法 程序的坐标正算功能，计算这 4 个垂点桩号的中桩数据，结果列于表 3-23 的后四行，用以相互验证 **Q2X8交点法** 程序坐标反算及正算结果的正确性。

表 3-23　　江苏省苏州福临路立交 WN 匝道坐标反算及正算检核案例

序	x/m	y/m	垂点桩号	x_p/m	y_p/m	d/m	走向方位角 α_p
1	55 261.905	58 302.383	WNK0+420	5 5261.904 4	58 302.382 6	−0.000 7	121°45′14.28″
2	55 207.441	58 386.159	WNK0+520	55 207.440 5	58 386.158 6	−0.000 7	130°26′25.71″
3	55 104.922	58 291.508	WNK0+769.999 9	55 104.922 0	58 291.508	0.000 1	325°01′16.02″
4	55 152.144	58 277.378	WNK0+820	55 152.144 0	58 277.377 3	0.000 7	358°11′17.86″
序	垂点桩号	点位置	x/m	y/m	走向方位角 α		
1	WNK0+420	QD 直线	55 261.904 4	58 302.382 6	121°45′14.28″		
2	WNK0+520	JD1 第一缓曲	55 207.440 5	58 386.158 5	130°26′25.67″		
3	WNK0+769.9999	JD1 圆曲	55 104.922	58 291.508 0	325°01′15.96″		
4	WNK0+820	JD1 第二缓曲	55 152.144	58 277.377 3	358°11′17.91″		

3. 河南省郑州市花园口互通式立交 M 匝道

如图 3-48 所示，JD1 的转角值大于 180°，为右转回头曲线。容易验算，其第一、第二缓和曲线为完整缓和曲线。

河南省郑州市花园口互通式立交新建工程TJ-No.2标段M匝道直线、曲线及转角表(局部)
设计单位：中铁二院工程集团有限公司
施工单位：中交一公局第一工程有限公司

交点号	交点桩号及交点坐标		转角	曲线要素/m						
				半径	缓和曲线参数	缓和曲线长	切线长	曲线长	外距	切曲差(校正值)
QD	桩	MK0+000								
	N	61 492.374								
	E	69 283.929								
JD1	桩	MK0+190.523	248°57′12.5″(Y)	63	70	77.778	−59.093	351.516	55.266	−233.33
	N	61 481.033								
	E	69 474.114			70	77.778	−59.093			
ZD	桩	MK0+751								
	N	61 567.543								
	E	69 446.615								

图 3-48　河南省郑州市花园口互通式立交 M 匝道直线、曲线及转角表(局部)

(1) 输入平曲线设计数据并计算主点数据

输入 JD1 回头曲线设计数据，结果如图 3-49(a)，(b)所示，点击 **计算** 按钮计算平曲线主点数据[图 3-49(c)]，点击 **保护** 按钮，进入设计数据保护模式，结果如图 3-49(d)所示。与图 3-48 所示的图纸设计值比较，结果列于表 3-24。

表 3-24　　河南省郑州市花园口互通式立交 M 匝道计算结果与设计值比较

点名	内容	Q2X8 程序	设计图纸	差值
ZD	桩号	MK0+751.000 6	MK0+751	0.6 mm
JD1	转角	248°57′12.51″	248°57′12.5″(Y)	0.01″

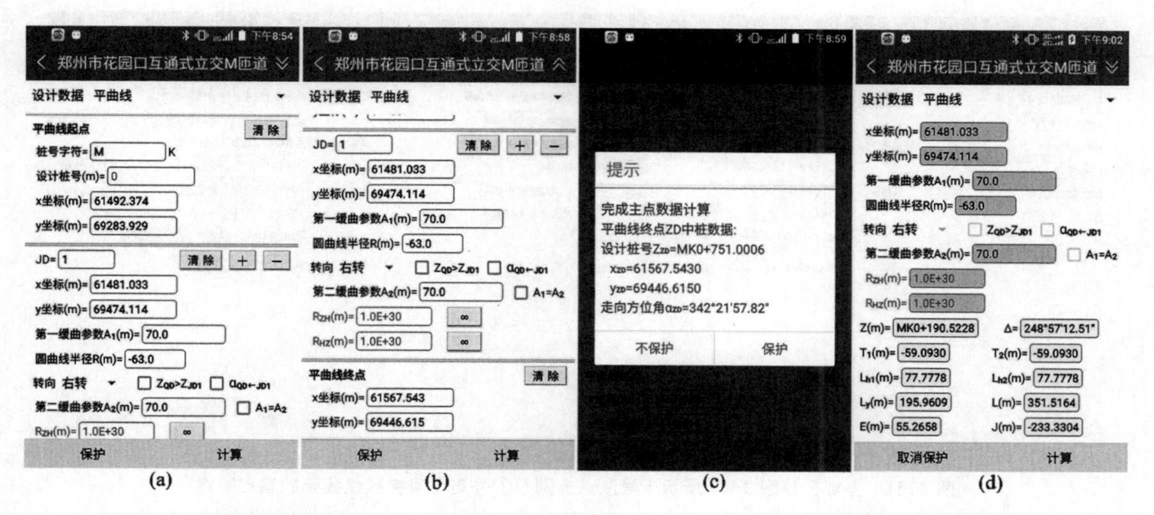

图 3-49　输入河南省郑州市花园口互通式立交 M 匝道一个交点的回头曲线设计数据并计算主点数据

(2) 指定平曲线元号的坐标反算案例

图 3-50 为 M 匝道平曲线展点图，ZD 位于 JD1 与 HZ 点之外，图中的 1 号边桩测点在①号与⑤号夹直线线元均有垂点，当“起始搜索线元号”使用缺省值 0 时，程序自动搜索边距绝对值最小的①号线元垂点。结果如图 3-51(a)，(b)所示。

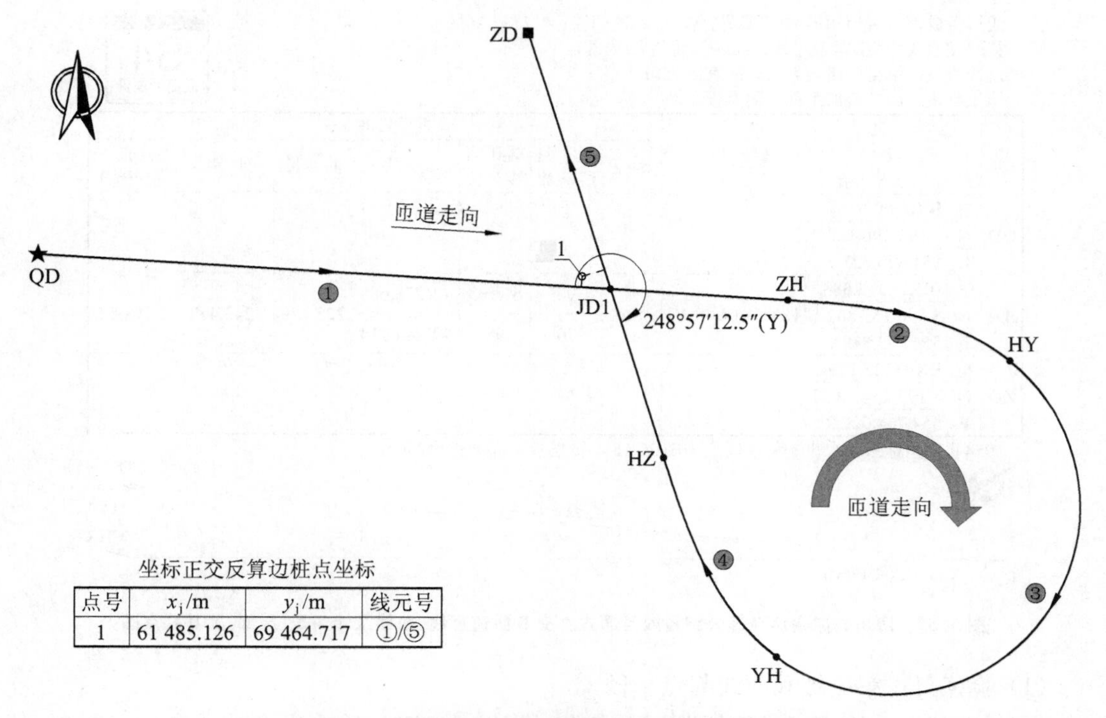

坐标正交反算边桩点坐标

点号	x_j/m	y_j/m	线元号
1	61 485.126	69 464.717	①/⑤

图 3-50　河南省郑州市花园口互通式立交 M 匝道展点图

点击**返回**按钮，在“起始搜索线元号”输入 5，结果如图 3-51(c)所示，点击**计算坐标**按钮，结果如图 3-51(d)所示。

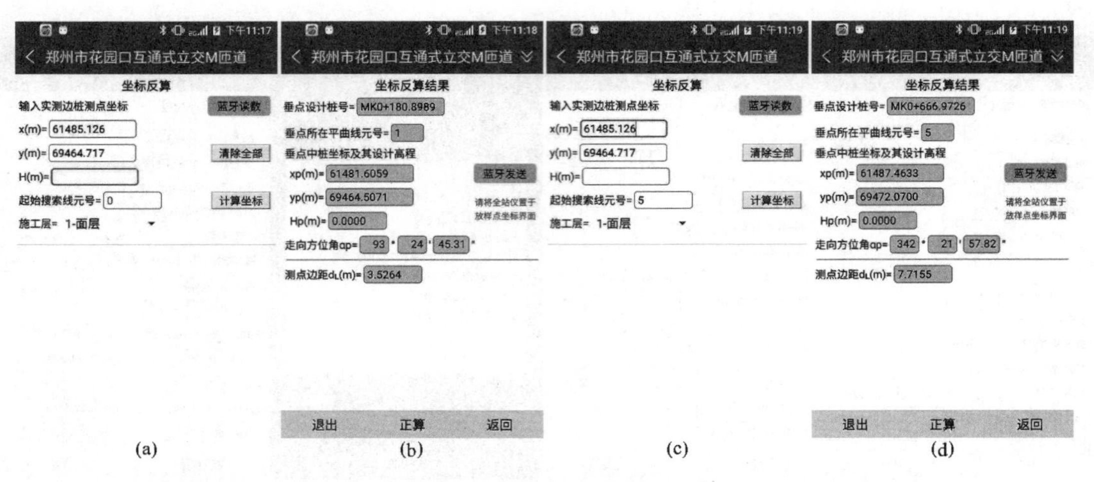

图 3-51　坐标反算图 3-50 所示 1 号测点分别在①号与⑤号夹直线线元的垂点数据

4. 四川省黄舣互通式立交 B 匝道

图 3-52 所示的回头曲线有两个特点：JD1 的第一缓和曲线为非完整缓和曲线，JD1 的桩号<QD 的桩号。图 3-47、图 3-50 所示案例的 JD1 位于匝道中线上，所以一定满足 $Z_{JD1}>Z_{QD}$，而本例的 JD1 不在中线上，故有 $Z_{JD1}<Z_{QD}$，需要勾选☑ $Z_{QD}>Z_{JD1}$复选框；起点走向方位角为 QD←JD1 边长的方位角，需勾选☑ $\alpha_{QD\leftarrow JD1}$复选框。

四川省成都自贡泸州赤水(川黔界)高速公路泸州段第一标段A5区
黄舣互通式立交B匝道直线、曲线及转角表(局部)
设计单位：中交公路规划设计院有限公司
施工单位：山东黄河工程集团有限公司

川高速
S4
成自泸高速

交点号	交点桩号及交点坐标		转角	曲线要素/m						
				半径	缓和曲线参数	缓和曲线长	切线长	曲线长	外距	切曲差(校正值)
QD	桩	BK0+000								
	N	3 195 196.128 7								
	E	554 870.821 2								
JD1	桩	-BK1-278.688	184°58′06.1″(Y)	50	90	69.163	−1 278.688	225.179	1 243.477	−2 298.223
	N	3 196 162.862 1								
	E	554 033.880 9			70	98	−1 244.714			
ZD	桩	BK0+225.179								
	N	3 195 154.791 7								
	E	554 764.022 9								

1954北京坐标系，中央子午线经度为E105°15′，抵偿投影面高程为250m。

QD
匝道走向
HY
JD1
匝道走向
YH
184°58′06.1″(Y)
ZD

图 3-52　四川省成自泸高速公路黄舣互通式立交 B 匝道直线、曲线及转角表(局部)及其展点图

(1) 验算 JD1 第一缓和曲线起点半径

在“缓曲线元起讫半径计算器”界面，点击 清除全部数据 按钮，输入缓和曲线参数 $A=90$，线长 $L_h=69.163$ m，终点半径 $R_e=50$ m，设置◉ **Rs>Re**单选框，点击 计 算 按钮，结果如图 3-53(a)所示。第一缓和曲线起点半径 $R_{ZH}=87.249\ 7$ m≈87.25 m。本例一个交点的曲线设计数据列于表 3-25。

表 3-25　　　　四川省黄舣互通式立交 B 匝道缓和曲线起讫半径计算结果

交点号	第一缓和曲线		圆曲线	第二缓和曲线	
	A_1	R_{ZH}/m	R/m	A_2	R_{HZ}/m
JD1	90	87.25	50	70	∞

(2) 输入平曲线设计数据并计算主点数据

输入 JD1 回头曲线设计数据，结果如图 3-53(b)所示，注意半径应输入为负数及勾选 ☑ $Z_{QD}>Z_{JD1}$和☑ $\alpha_{QD\leftarrow JD1}$复选框，点击 **计算** 按钮计算平曲线主点数据[图 3-53(c)]，点击 **保护** 按钮，进入设计数据保护模式，结果如图 3-53(d)所示。与图 3-52 所示的图纸设计值比较，结果列于表 3-26。

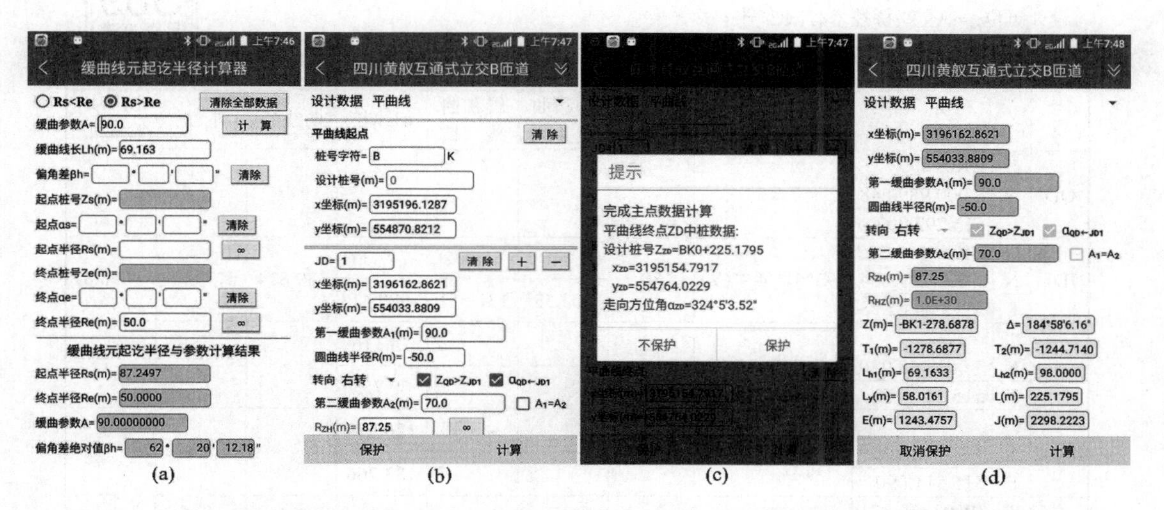

图 3-53　计算四川黄舣互通式立交 B 匝道 JD1 第一缓和曲线起点半径，输入回头曲线设计数据并计算主点数据

表 3-26　　　　四川省黄舣互通式立交 B 匝道计算结果与设计值比较

点名	内容	Q2X8 程序	设计图纸	差值
ZD	桩号	BK0+225.179 5	BK0+225.179	0.5 mm
JD1	转角	184°58′06.16″	184°58′06.1″(Y)	0.06″

(3) 非完整缓和曲线模拟测点坐标反算及正算案例

如表 3-25 所列，本例 JD1 第一缓和曲线为非完整缓和曲线。在 AutoCAD 展点图上，在该非完整缓和曲线段起讫点附近各采集一个测点，执行 **Q2X8交点法** 程序的坐标反算功能，计算这 2 个模拟测点的垂点数据，结果列于表 3-26 的前两行。再执行 **Q2X8交点法** 程序的坐标正算功能，计算这 2 个垂点桩号的中桩数据，结果列于表 3-26 的后两行，用以相互验证 **Q2X8交点法** 程序坐标反算及正算结果的正确性。

表 3-27　　　　四川省黄舣互通式立交 B 匝道坐标反算及正算检核案例

序	x/m	y/m	垂点桩号	x_p/m	y_p/m	d/m	走向方位角 α_p
1	3 195 195.961 6	554 870.961 1	BK0+000.217 9	3 195 195.963 8	554 870.963 6	0.003 3	139°15′33.32″
2	3 195 131.984 4	554 885.184 9	BK0+069.100 2	3 195 131.983 2	554 885.186 9	0.002 3	201°22′50.44″

（续表）

序	垂点桩号	点位置	x/m	y/m	走向方位角 α		
1	BK0+000.217 9	JD1 第一缓曲	3 195 195.963 8	554 870.963 6	139°15′33.29″		
2	BK0+069.100 2	JD1 第一缓曲	3 195 131.983 2	554 885.186 9	201°22′50.30″		

5. 江西省吉安南互通式立交 B 匝道

图 3-54 所示回头曲线有三个特点：JD1 的第一、第二缓和曲线均为非完整缓和曲线，JD1 的桩号<QD 的桩号，图纸同时给出了将 JD1 拆分为两个非回头曲线交点 JD1-1 和 JD1-2 的平面坐标。

江西省昌(傅镇)至泰(和县)高速公路技改工程
吉安南互通式立交B匝道直线、曲线及转角表(局部)
设计单位：中交路桥技术有限公司
施工单位：江西赣粤高速公路工程有限责任公司

交点号	交点桩号及交点坐标		转角	曲线要素/m						
				半径	缓和曲线参数	缓和曲线长	切线长	曲线长	外距	切曲差(校正值)
QD	桩	BK0+000								
	N	3 000 989.648								
	E	515 292.007								
JD1	桩	BK0−747.333	192°51′34.9″(Y)	80	82.046 3	31.962	−747.331	339.874	677.655	1096.87
	N	3 000 299.864			103.58	131.551	−689.413			
	E	515 004.423 8								
JD1-1	桩		81°41′51.9″(Y)				75.116			
	N	3 001 058.980					69.755			
	E	515 320.913								
JD1-2	桩		111°09′42.9″(Y)				126.529			
	N	3 001 010.399					183.266			
	E	515 511.090								
ZD	桩	BK0+339.873								
	N	3 000 861.184								
	E	515 404.688 7								

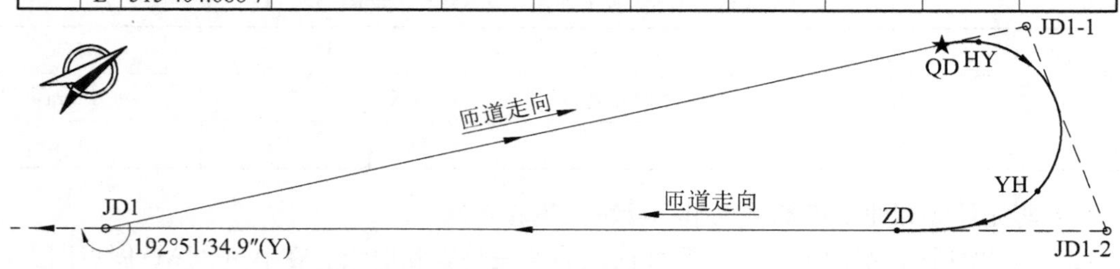

图 3-54 江西省昌泰高速公路吉安南互通式立交 B 匝道直线、曲线及转角表(局部)及其展点图

(1) 验算 JD1 缓和曲线起讫半径

在“缓曲线元起讫半径计算器”界面，点击 清除全部数据 按钮，输入第一缓和曲线参数 $A=$ 82.046 3，线长 $L_h=31.962$ m，终点半径 $R_e=80$ m，设置◉ **Rs>Re**单选框，点击 计 算 按钮，结果如图 3-55(a)所示。第一缓和曲线起点半径 $R_{ZH}=128.999\ 9$ m≈129 m。

点击 清除全部数据 按钮，输入第二缓和曲线参数 $A=103.58$，线长 $L_h=131.551$ m，起点半径 $R_s=80$ m，设置◉ **Rs<Re**单选框，点击 计 算 按钮，结果如图3-55(b) 所示。本例 1 个交点的曲线设计数据列于表 3-28。

(a) (b)

图 3-55　计算吉安南互通式立交 B 匝道缓和曲线起讫半径

表 3-28　江西省吉安南互通式立交 B 匝道缓和曲线起讫半径计算结果

交点号	第一缓和曲线		圆曲线	第二缓和曲线	
	A_1	R_{ZH}/m	R/m	A_2	R_{HZ}/m
JD1	82.046 3	129	80	103.58	4 192.245 8

（2）按一个交点的回头曲线输入平曲线设计数据并计算主点数据

输入 JD1 回头曲线设计数据，结果如图 3-56(a)，(b)所示，注意半径应输入为负数及勾选☑ $Z_{QD}>Z_{JD1}$和☑ $\alpha_{QD\leftarrow JD1}$复选框，点击**计算**按钮计算平曲线主点数据[图 3-56(c)]，点击**保护**按钮，进入设计数据保护模式，结果如图 3-56(d)所示。与图 3-54 所示的图纸设计值比较，结果列于表 3-29。

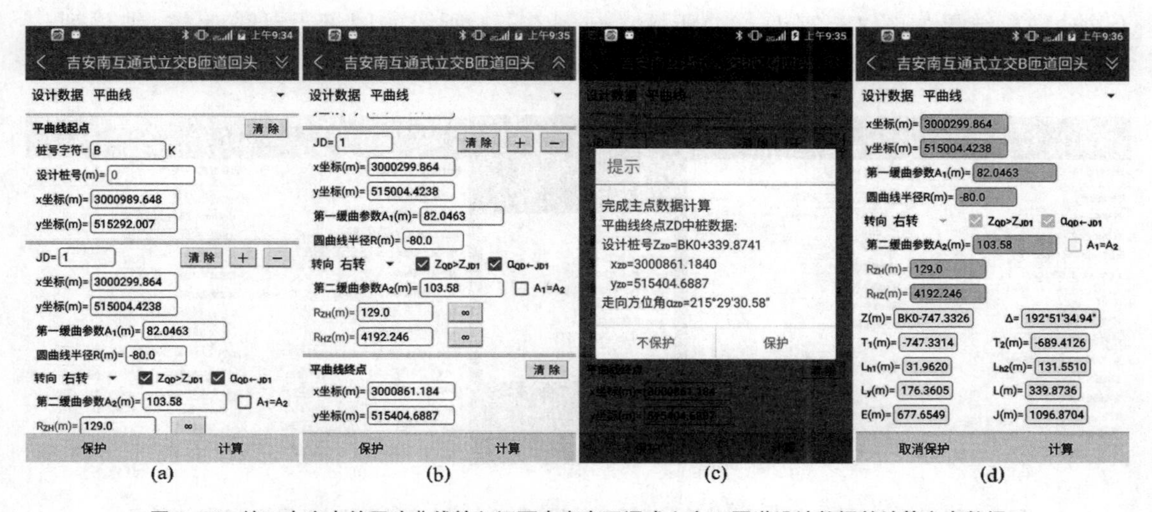

图 3-56　按 1 个交点的回头曲线输入江西吉安南互通式立交 B 匝道设计数据并计算主点数据

表 3-29　　江西省吉安南互通式立交 B 匝道计算结果与设计值比较

点名	内容	Q2X8 程序	设计图纸	差值
ZD	桩号	BK0+339.874 1	BK0+339.873	1.1 mm
JD1	转角	192°51′34.94″	192°51′34.9″(Y)	0.04″

(3) 非完整缓和曲线模拟测点坐标反算及正算案例

如表 3-28 所列，本例 JD1 第一缓和曲线为非完整缓和曲线。在 AutoCAD 展点图上，在这两条非完整缓和曲线各采集一个测点，执行 **Q2X8交点法** 程序的坐标反算功能，计算这 2 个模拟测点的垂点数据，结果列于表 3-30 的前两行。再执行 **Q2X8交点法** 程序的坐标正算功能，计算这2 个垂点桩号的中桩数据，结果列于表 3-30 的后两行，用以相互验证 **Q2X8交点法** 程序坐标反算及正算结果的正确性。

表 3-30　　江西省吉安南互通式立交 B 匝道坐标反算及正算检核案例

序	x/m	y/m	垂点桩号	x_p/m	y_p/m	d/m	走向方位角 α_p
1	3 001 016.840 1	515 308.452 8	BK0+031.917 2	3 001 016.839 9	515 308.452 2	0.000 6	41°08′40.29″
2	3 000 981.462 1	515 446.812 1	BK0+208.399 5	3 000 981.462 9	515 446.812 3	0.000 8	167°32′26.29″
序	垂点桩号	点位置	x/m	y/m	走向方位角 α		
1	BK0+031.917 2	JD1 第一缓曲	3 001 016.839 9	515 308.452 2	41°08′40.22″		
2	BK0+208.399 5	JD1 第二缓曲	3 000 981.462 9	515 446.812 3	167°32′26.22″		

(4) 拆分为两个交点的基本型曲线输入平曲线设计数据并计算主点数据

如图 3-54 中展点图所示，将 JD1 拆分为 JD1-1 与 JD1-2 两个交点后，JD1-1 无第二缓和曲线，JD1-2 无第一缓和曲线，因 JD1-1 与 JD1-2 的转角绝对值均小于 180°，两个交点的圆曲线半径应输入为正数。输入 2 个交点的平曲线设计数据，结果如图 3-57(a)，(b)所示，点击 **计算** 按钮计算平曲线主点数据[图 3-57(c)]，点击 **保护** 按钮，进入设计数据保护模式，结果如图 3-57(d)，(e)所示。与图 3-54 所示的图纸设计值比较，结果列于表 3-31。

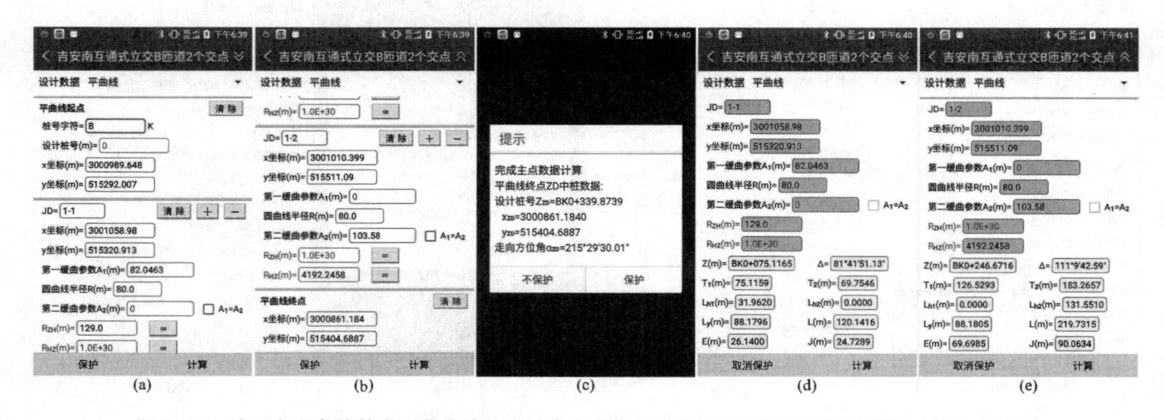

图 3-57　按 2 个交点的基本型曲线输入江西省吉安南互通式立交 B 匝道设计数据并计算主点数据

表 3-31　　江西省吉安南互通式立交 B 匝道计算结果与设计值比较(基本型曲线)

点名	内容	Q2X8 程序	设计图纸	差值
ZD	桩号	BK0＋339.873 9	BK0＋339.873	0.9 mm
JD1-1	转角	81°41′51.13″	81°41′51.9″(Y)	−0.77″
JD1-2	转角	111°09′42.59″	111°09′42.9″(Y)	−0.31″

6. 四川省桃园(川陕界)至巴中高速公路下两互通式立交 A 匝道

图 3-58 所示案例,回头曲线位于 JD2,容易验算 JD3 的第二缓和曲线为非完整缓和曲线,其终点半径 $R_{HZ}=600$ m,其余缓和曲线均为完整缓和曲线。

四川省桃园(川陕界)至巴中高速公路
LJ16合同段下两互通式立交A匝道直线、曲线及转角表(局部)
设计单位:四川省交通厅公路规划勘察设计研究院
施工单位:广西路桥集团有限公司

交点号	交点桩号及交点坐标		转角	曲线要素/m 半径	缓和曲线参数	缓和曲线长	切线长	曲线长	外距	切曲差(校正值)
QD	桩	AK0−026.58								
	N	3 548 463.028								
	E	384 448.758								
JD1	桩	AK0+076.011	105°31′18″(Z)	60	50	41.667	102.591	161.336	42.192	51.875
	N	3 548 436.109			60	60	110.621			
	E	384 349.762								
JD2	桩	AK0+042.295	235°23′08″(Y)	60	60	60	-92.460	319.695	77.256	-148.858
	N	3 548 420.499			72	86.4	-78.377			
	E	384 359.043								
JD3	桩	AK0+552.280	55°54′10″(Z)	120	90	67.5	97.829	172.433	17.472	11.628
	N	3 548 438.177			90	54	86.232			
	E	384 367.156								
ZD	桩	AK0+626.884								
	N	3 548 511.897								
	E	384 322.420								

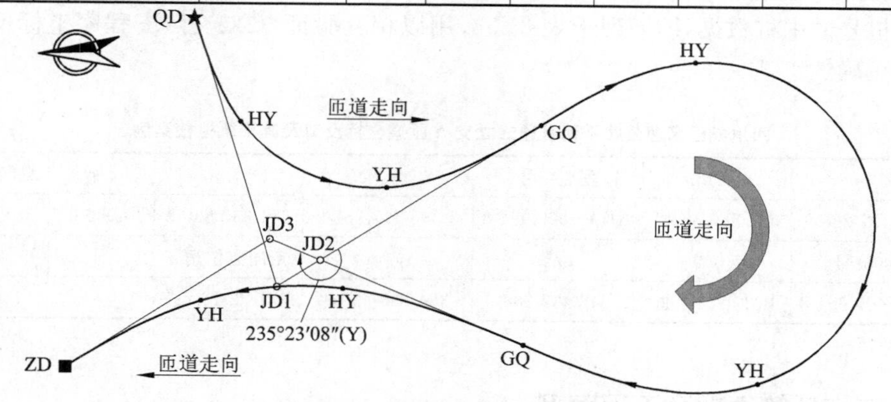

图 3-58　四川成巴高速公路下两互通式立交 A 匝道直线、曲线及转角表(局部)

(1) 输入平曲线设计数据并计算主点数据

输入 3 个交点的平曲线设计数据,结果如图 3-59(a)—(c)所示。注意:JD2 圆曲线半径应输入为负数及勾选☑ $Z_{JD1}>Z_{JD2}$ 复选框,JD2 回头曲线起点走向方位角为 JD1→JD2 边长的方位角,不需要勾选☐ $\alpha_{JD1\leftarrow JD2}$ 复选框。点击**计算**按钮计算平曲线主点数据[图 3-59(d)],

与图 3-58 所示的图纸设计值比较，结果列于表 3-32。

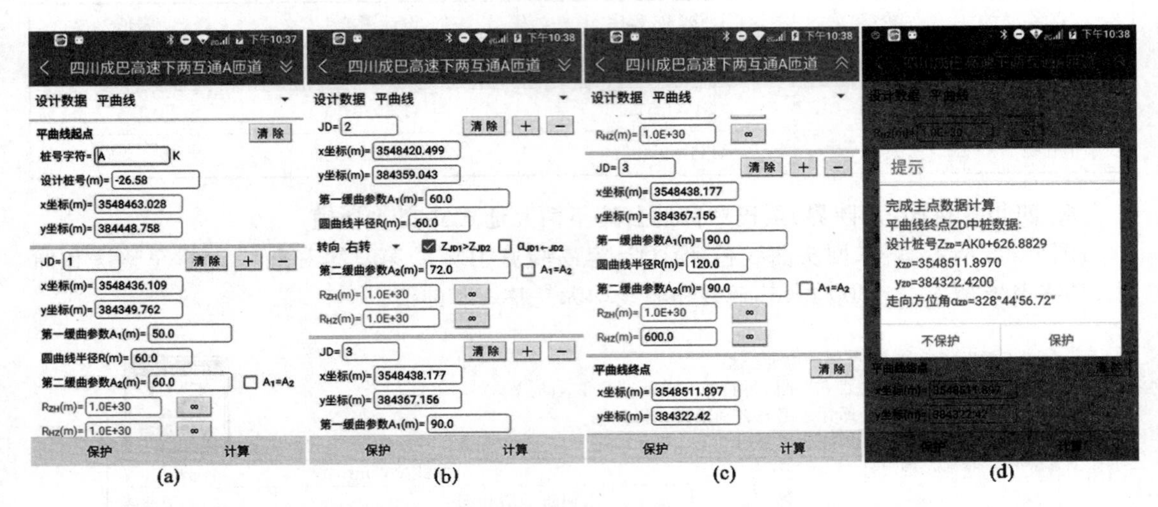

图 3-59　输入四川成巴高速公路下两互通式立交 A 匝道平曲线设计数据并计算主点数据

表 3-32　　四川省成巴高速公路下两互通式立交 A 匝道计算结果与设计值比较

点名	内容	Q2X8 程序	设计图纸	差值
ZD	桩号	AK0＋626.882 9	AK0＋626.884	－1.1mm
JD1	转角	－105°31′18.26″	105°31′18″(*Z*)	－0.26″
JD2	转角	235°23′08.55″	235°23′08″(*Y*)	0.55″
JD3	转角	－55°54′10.14″	55°54′10″(*Z*)	－0.14″

（2）缓和曲线测点坐标反算及正算案例

本例只有 JD3 的第二缓和曲线为非完整缓和曲线，在该曲线采集 1 个测点，执行 **Q2X8交点法** 程序坐标反算功能，计算其垂点数据；再执行 **Q2X8交点法** 程序坐标正算功能，计算该垂点桩号的中桩数据，结果列于表 3-33，用以相互验证 **Q2X8交点法** 程序坐标反算及正算结果的正确性。

表 3-33　　四川成巴高速公路下两互通式立交 A 匝道坐标反算及其正算检核案例

序	x/m	y/m	垂点桩号	x_p/m	y_p/m	d/m	走向方位角 α_p
1	3 548 497.288 9	384 330.890 9	AK0＋609.994 8	3 548 497.288 9	384 330.890 8	0.000 0	331°22′13.74″
序	垂点桩号	点位置	x/m	y/m	走向方位角 α		
1	AK0＋609.994 8	JD3 第二缓曲	3 548 497.288 9	384 330.890 9	331°22′13.72″		

3.8　直转点计算原理及工程案例

未敷设曲线的交点称为直转点，图 3-60 所示案例的 JD3 为直转点，其圆曲线半径 $R=0$，此时，JD3 位于路线中线上。《公路路线设计规范》[14] 规定，各级公路不论转角大小均应敷设曲线，在市政道路改造中，当交点转角较小时，为了减少拆迁量、降低工程造价，有时将其设置为直转点。

(1) 输入平曲线设计数据并计算主点数据

本例只有 JD3 为直转点,其余 5 个交点的平曲线均为单圆曲线,为了节省图书篇幅,只截取了 JD3 的平曲线设计数据界面,如图 3-61(a)所示。

点击 **计算** 按钮计算平曲线主点数据[图 3-61(b)],点击 **保护** 按钮,进入设计数据保护模式,直转点 JD3 的曲线要素如图 3-61(c)所示。与图 3-60 所示的图纸设计值比较,结果列于表 3-34。

贵州省碧江经济开发区灯塔园区5号道路工程二标段直线、曲线及转角表(局部)
设计单位:广东中天市政工程设计有限公司
施工单位:中国第四冶金建设有限责任公司

交点号	交点桩号及交点坐标		转角	曲线要素/m						
				半径	缓和曲线参数	缓和曲线长	切线长	曲线长	外距	切曲差(校正值)
QD	桩	K0+561.275								
	N	3 068 607.566								
	E	505 221.533								
JD1	桩	K1+004.768			0	0	94.249			
	N	3 068 971.769	21°20′59″(Z)	500				186.312	8.805	2.186
	E	505 474.598			0	0	94.249			
JD2	桩	K1+362.643			0	0	73.243			
	N	3 069 321.964	4°11′41″(Y)	2 000				146.421	1.341	0.065
	E	505 558.308			0	0	73.243			
JD3	桩	K2+087.914			0	0	0			
	N	3 070 013.202	3°40′03″(Y)	0				0	0	0
	E	505 778.090			0	0	0			
JD4	桩	K2+535.761			0	0	178.706			
	N	3 07 0430.440	39°20′06″(Z)	500				343.262	30.976	14.149
	E	505 940.813			0	0	178.706			
JD5	桩	K3+325.726			0	0	422.172			
	N	3 071 195.072	70°15′43″(Y)	600				735.782	133.641	108.563
	E	505 691.939			0	0	422.172			
JD6	桩	K4+323.190			0	0	288.625			
	N	3 071 872.462	51°22′44″(Z)	600						
	E	506 566.260			0	0	288.625			
ZD	桩	K5+573.221								
	N	3 073 161.560								
	E	506 585.474								

图 3-60 贵州省碧江经济开发区灯塔园区 5 号道路工程二标段直线、曲线及转角表(局部)

表 3-34 贵州省碧江经济开发区灯塔园区 5 号道路工程计算结果与设计值比较

点名	内容	Q2X8 程序	设计图纸	差值
ZD	桩号	K5+573.220 6	K5+573.221	−0.4 mm
JD1	转角	−21°20′59.03″	21°20′59″(Z)	−0.03″
JD2	转角	4°11′40.78″	4°11′41″(Y)	−0.22″
JD3	转角	3°40′03.09″	3°40′03″(Y)	0.09″
JD4	转角	−39°20′05.8″	39°20′06″(Z)	0.2″
JD5	转角	70°15′43.21″	70°15′43″(Y)	0.21″
JD6	转角	−51°22′44.16″	51°22′44″(Z)	−0.16″

(2) 坐标正算直转点附近两个加桩的中桩数据

如图 3-62(a)所示,直转点 JD3 的设计桩号为 K2+087.914 3,坐标正算直转点后

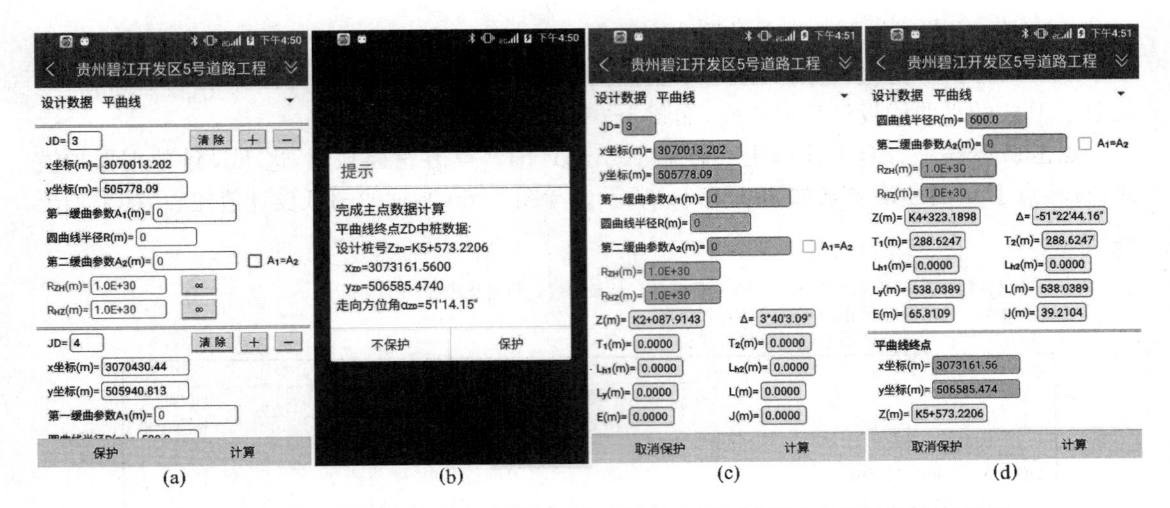

图 3-61　输入贵州碧江经济开发区灯塔园区 5 号道路工程平曲线设计数据并计算主点数据

0.000 1 m加桩 K2+087.914 2 的结果如图 3-62(b)所示,其走向方位角为 $\alpha=17°38'17.8''$;坐标正算直转点前 0.000 1 m 加桩 K2+087.914 4 的结果如图 3-62(c)所示,其走向方位角为 $\alpha=21°18'20.9''$,两个加桩的走向方位角的差值为 JD3 的转角 3°40′03.09″。

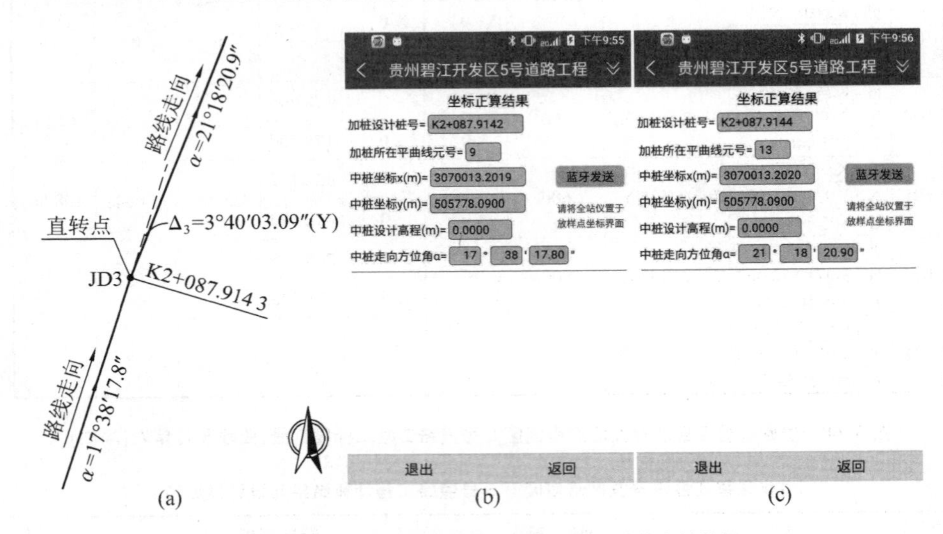

图 3-62　坐标正算直转点 JD3 附近两个加桩的中桩数据

3.9　单交点卵形曲线拆分为双交点基本型曲线工程案例

本节内容取自文献[15]。如图 3-63 所示,由“第一缓和曲线 A_1+第一圆曲线 R_1+第二缓和曲线 A_2+第二圆曲线 R_2+第三缓和曲线 A_3”组成的交点平曲线称为卵形曲线,其中的第二缓和曲线恒为非完整缓和曲线,其起点半径 R_s 等于第一圆曲线半径 R_1,终点半径 R_e 等于第二圆曲线半径 R_2。因 **Q2X8交点法** 程序只能计算基本型平曲线,当图纸的某个交点曲线是单交点卵形曲线时,应先拆分为双交点基本型曲线才能计算。

如图 3-63 所示,QC28 程序是将 JD1 拆分为 JD1-1 与 JD1-2,其中 JD1-1 的曲线为“第

一缓和曲线 A_1＋第一圆曲线 R_1＋第二缓和曲线 A_2”，JD1-2 的曲线为“第二圆曲线 R_2＋第三缓和曲线 A_3”，两个交点都是基本型曲线，其中 JD1-1 的第二缓和曲线一定是非完整缓和曲线，JD1-2 无第一缓和曲线。

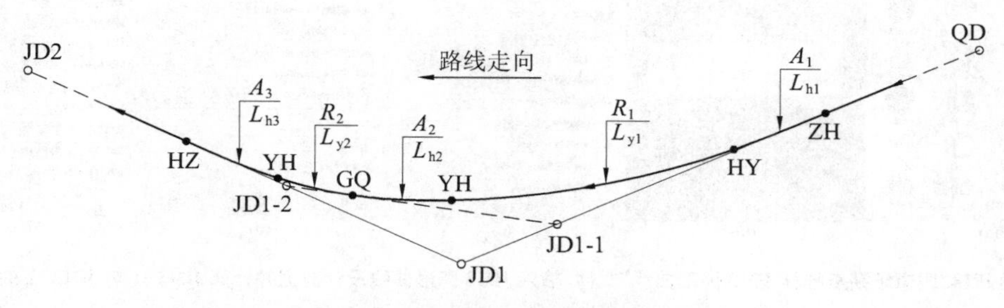

图 3-63　单交点卵形曲线要素

1. 国道 321 线广西阳朔至桂林段 JD13 卵形曲线拆分

图 3-64 所示的 JD13 为单交点卵形曲线，需要根据设计数据计算 JD13-1 与 JD13-2 的坐标，才能使用 **Q2X8交点法** 程序计算。

国道321线广西阳朔至桂林段扩建工程No.1标段直线、曲线及转角表(局部)
设计单位：招商局重庆交通科研设计院有限公司
施工单位：湖南省建筑工程集团总公司

G321

交点号	交点桩号及交点坐标		转角	曲线要素/m					
				第一缓和曲线	第一圆曲线	第二缓和曲线	第二圆曲线	第三缓和曲线	切曲差(校正值)
				参数 A_1 线长 L_{h1}	半径 R_1 线长 L_{y1}	参数 A_2 线长 L_{h2}	半径 R_2 线长 L_{y2}	参数 A_3 线长 L_{h3}	
JD12	桩	K14+082.471	7°06′38″(Z)	0	4 429.418	0			0.706
	N	750 993.757							
	E	13 925.115		0	549.698	0			
JD13	桩	K14+852.759	45°29′42″(Y)	379.473 3	900	600	1 800	600	50.012
	N	751 718.708							
	E	13 662.668		160	315.956	200	237.356	200	
JD14	桩	K15+690.682	18°09′13″(Z)	367.423 5	900	402.492 2			2.769
	N	752 519.519							
	E	14 046.245		150	120.157	180			

图 3-64　国道 321 线阳广西阳朔至桂林段扩建工程 No.1 标段 JD13 卵形曲线设计图(局部)

(1) 新建文件

在项目主菜单[图 3-65(a)]，点击 **QC28拆交点** 按钮，点击 **新建文件** 按钮，新建“国道阳朔至桂林 JD13 卵形曲线”文件。

(2) 输入 JD13 卵形曲线设计数据并计算 JD13-1 与 JD13-2 的平面坐标

点击最近新建的文件名，在弹出的快捷菜单点击“输入数据及计算”命令[图 3-65(b)]，进入单交点卵形曲线设计数据界面，输入图 3-64 所示 JD13 卵形曲线设计数据[图 3-65(c)，(d)]，点击 **计算** 按钮，结果如图 3-65(e)所示。

JD13 的第一缓和曲线为完整缓和曲线，其起点半径 R_{ZH} 维持缺省值 1.0E＋30，代表 1×10^{30}；第三缓和曲线为完整缓和曲线，其终点半径 R_{HZ} 维持缺省值 1.0E＋30。

拆分为 JD13-1 与 JD13-2 两个交点的直曲表列于表 3-35。

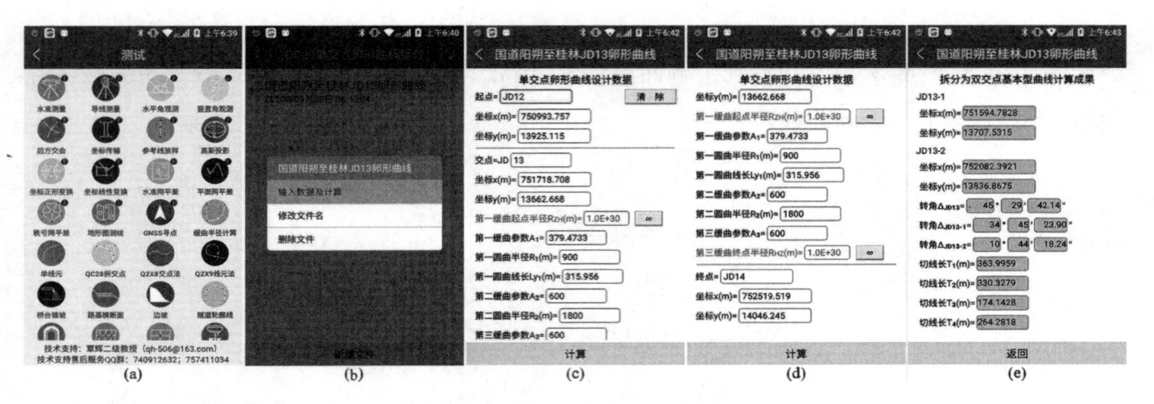

图 3-65　新建“国道阳朔至桂林 JD13 卵形曲线”文件，输入 JD13 卵形曲线设计数据并计算 JD13-1 与 JD13-2 的平面坐标

表 3-35　　国道阳朔至桂林 JD13 单交点卵形曲线拆分为双交点基本型曲线直曲表

点名	x/m	y/m	转角	A_1	R/m	A_2		JD13 转角
JD12	750 993.757	13 925.115					计算	45°29′42.14″
JD13-1	751 594.782 8	13 707.531 5	34°45′23.9″(Y)	379.473 3	900	600	图纸	45°29′42″
JD13-2	752 082.392 1	13 836.867 5	10°44′18.24″(Y)	0	1 800	600	差值	0.14″
JD14	752 519.519	14 046.245						

JD13-1 的第二缓和曲线恒为非完整缓和曲线，其终点半径 R_{HZ}＝1 800 m，等于 JD13-2 的圆曲线半径；JD13-2 恒无第一缓和曲线，其缓曲参数 A_1＝0。

本例 JD13 单交点卵形曲线的第一、第三缓和曲线为完整缓和曲线，所以第一缓和曲线起点半径 R_{ZH}、第三缓和曲线终点半径 R_{HZ} 使用缺省值 1.0E+30。QC28 程序允许第一、第三缓和曲线为非完整缓和曲线。

(3) 使用 **Q2X8交点法** 程序计算拆分后的两个交点平曲线主点数据

输入 JD13-1 与 JD13-2 的平曲线设计数据，结果如图 3-66(a)，(b)所示，注意，JD13-1 第二缓和曲线的终点半径栏 R_{HZ} 应输入 1 800 m。由于 JD12 不在中线上，其桩号不能作为起点桩号，如果要用作起点桩号，应减去 JD12 的切曲差值 0.706 m，也即 JD12 作为起点的桩号应为 14 082.471－0.706＝14 081.765 m。

点击 **计算** 按钮计算平曲线主点数据[图 3-66(c)]，点击 **保护** 按钮，结果如图 3-66(d)，(e)所示。与图 3-64 的图纸设计值比较，结果列于表 3-36。

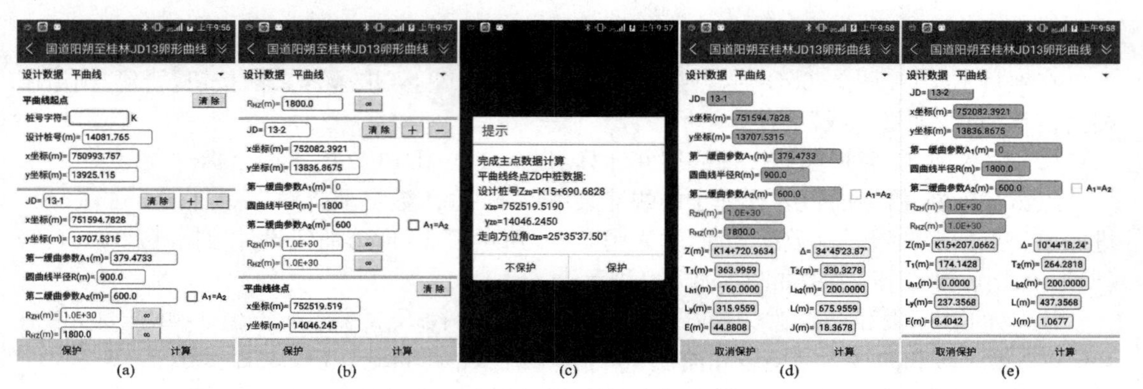

图 3-66　输入国道阳朔至桂林 JD13-1 与 JD13-2 平曲线设计数据并计算主点数据

表 3-36　　国道阳朔至桂林 JD13 卵形曲线计算结果与设计值比较

点名	内容	Q2X8 程序	设计图纸	差值
JD14	桩号	K15＋690.682 8	K15＋690.682	0.8 mm
JD13-1	转角	34°45′23.87″	34°45′23.9″(Y)	−0.03″
JD13-2	转角	10°44′18.24″	10°44′18.24″(Y)	0.00″

2. 广东省珠海市凤凰山公路隧道工程 JD2 卵形曲线拆分

图 3-67 的 JD2 为单交点卵形曲线，需要根据设计数据，计算出 JD2-1 和 JD2-2 的坐标，才能使用 **Q2X8交点法** 程序计算。该案例的特点是，JD2 的卵形曲线无第三缓和曲线，拆分后的 JD2-2 为单圆曲线。

广东省珠海市凤凰山公路隧道工程直线、曲线及转角表(局部)
设计单位：中铁二院工程集团有限责任公司
施工单位：路桥国际建设股份有限公司

交点号	交点桩号及交点坐标		转角	曲线要素/m 第一缓和曲线 参数 A_1 线长 L_{h1}	第一圆曲线 半径 R_1 线长 L_{y1}	第二缓和曲线 参数 A_2 线长 L_{h2}	第二圆曲线 半径 R_2 线长 L_{y2}	第三缓和曲线 参数 A_3 线长 L_{h3}	切曲差(校正值)
QD	桩	YK3+837.000							
	N	1 011 338.058							
	E	399 210.713							
JD1	桩	YK4+107.404		424.264 1	1 000	424.264 1			
	N	1 011 076.264	18°31′54.3″(Z)						3.241 3
	E	399 143.021		180	143.443 7	180			
JD2	桩	YK5+553.842		546.808 9	1 300	665.554 6	4000	0	
	N	1 009 630.177	42°41′45.6″(Y)						93.792 5
	E	399 245.017		230	277.953	230	1302.810 8	0	
ZD	桩	YK7+903.555							
	N	1 007 722.164							
	E	397 718.515							

图 3-67　广东省珠海市凤凰山公路隧道工程平曲线设计图(局部)

(1) 计算 JD2-1 与 JD2-2 的平面坐标

使用缓和曲线方程式(3-1)容易验证，JD2 的第一缓和曲线为完整缓和曲线，输入 JD2 卵形曲线设计数据，结果如图 3-68(a)，(b)所示，点击 **计算** 按钮，结果如图 3-68(c)所示。JD2 拆分为 JD2-1 与 JD2-2 两个交点的直曲表列于表 3-37。

表 3-37　　广东省珠海市凤凰山公路隧道工程 JD2 单交点卵形曲线拆分为双交点基本型曲线直曲表

点名	x/m	y/m	转角	A_1	R/m	A_2	JD2 转角	
JD1	1 011 076.264	399 143.021					计算	42°41′45.65″
JD2-1	1 010 105.872	399 211.465 1	24°02′04.59″(Y)	546.808 9	1 300	277.953	图纸	42°41′45.6″
JD2-2	1 009 156.196 7	398 865.810	18°39′41.06″(Y)	0	4 000	0	差值	0.05″
ZD	1 007 722.164	397 718.515						

JD2-1 的第二缓和曲线恒为非完整缓和曲线，其终点半径 R_{HZ}＝4 000 m，等于 JD2-2 的圆曲线半径；JD2-2 为单圆曲线。

广东珠海市凤凰山公路隧道JD2

单交点卵形曲线设计数据

起点=JD1　清 除

坐标x(m)=1011076.264

坐标y(m)=399143.021

交点=JD 2

坐标x(m)=1009630.177

坐标y(m)=399245.017

第一缓曲起点半径RZH(m)=1.0E+30　∞

第一缓曲参数A1=546.8089

第一圆曲半径R1(m)=1300

第一圆曲线长Ly1(m)=277.953

第二缓曲参数A2=665.5546

第二圆曲半径R2(m)=4000

第三缓曲参数A3=0

计算

(a)

广东珠海市凤凰山公路隧道JD2

单交点卵形曲线设计数据

第一缓曲起点半径RZH(m)=1.0E+30　∞

第一缓曲参数A1=546.8089

第一圆曲半径R1(m)=1300

第一圆曲线长Ly1(m)=277.953

第二缓曲参数A2=665.5546

第二圆曲半径R2(m)=4000

第三缓曲参数A3=0

第三缓曲终点半径RHZ(m)=1.0E+30　∞

终点=ZD

坐标x(m)=1007722.164

坐标y(m)=397718.515

计算

(b)

广东珠海市凤凰山公路隧道JD2

拆分为双交点基本型曲线计算成果

JD2-1

坐标x(m)=1010105.8720

坐标y(m)=399211.4651

JD2-2

坐标x(m)=1009156.1967

坐标y(m)=398865.8100

转角ΔJD2=42°41′45.65″

转角ΔJD2-1=24°2′4.59″

转角ΔJD2-2=18°39′41.06″

切线长T1(m)=393.4497

切线长T2(m)=353.3977

切线长T3(m)=657.2262

切线长T4(m)=657.2262

返回

(c)

图 3-68　输入 JD2 卵形曲线设计数据并计算 JD2-1 与 JD2-2 的平面坐标

(2) 使用 **Q2X8交点法** 程序计算拆分后的两个交点平曲线主点数据

输入 JD2-1 与 JD2-2 的平曲线设计数据，结果如图 3-69(a)—(c)所示，注意，JD2-1 第二缓和曲线的终点半径栏 R_{HZ} 应输入 4 000 m。点击 **计算** 按钮计算平曲线主点数据[图 3-69(d)]，点击 **保护** 按钮，结果如图 3-69(e)—(h)所示。与图 3-67 所示的图纸设计值比较，结果列于表 3-38。

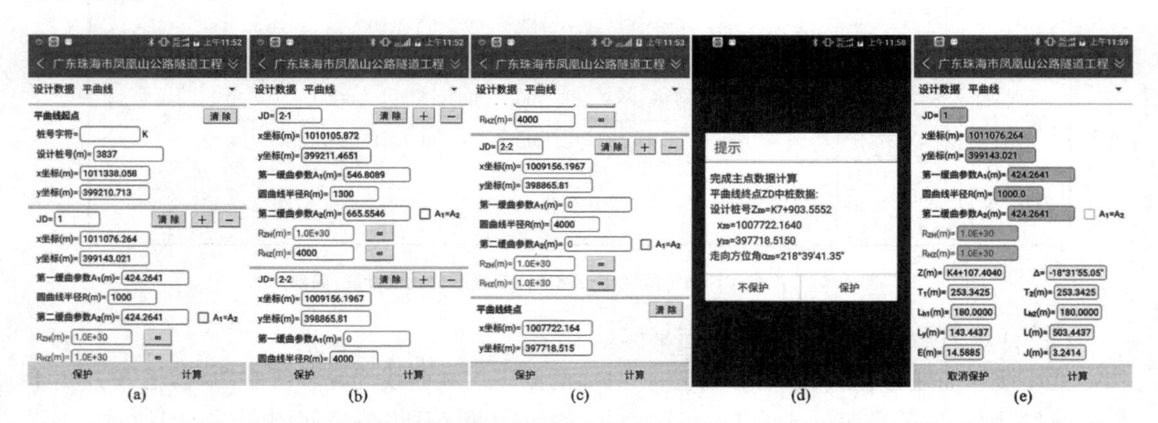

图 3-69　输入广东省珠海市凤凰山公路隧道工程三个交点的平曲线设计数据并计算主点数据

表 3-38　　广东省珠海市凤凰山公路隧道工程计算结果与设计值比较

点名	内容	Q2X8 程序	设计图纸	差值
ZD	桩号	K7+903.555 2	K7+903.555	0.2 mm
JD1	转角	−18°31′55.05″	18°31′55.05″(Z)	−0.03″
JD2-1	转角	24°02′04.6″	24°02′04.59″(Y)	0.01″
JD2-2	转角	18°39′41.05″	18°39′41.06″(Y)	−0.01″

3. 京港澳高速公路河南省驻马店互通式立交 E 匝道 JD1 卵形曲线拆分

图 3-70 所示的 JD1 为单交点卵形曲线，需要根据设计数据，计算出 JD1-1 和 JD1-2 的

坐标，才能使用**Q2X8交点法**程序计算。该案例的特点是，JD1 的卵形曲线无第一缓和曲线，第三缓和曲线为非完整缓和曲线，需要先计算其终点半径 R_{HZ}。

京港澳高速公路河南驻马店北互通式立交E匝道直线、曲线及转角表(局部)
设计单位：河南省交通规划勘察设计研究院有限责任公司
施工单位：中交一公局第五工程有限公司
平面坐标系：1954北京坐标系，中央子午线经度：E114°

交点号	交点桩号及交点坐标		转角	曲线要素/m 第一缓和曲线参数 A_1 线长 L_{h1}	第一圆曲线半径 R_1 线长 L_{y1}	第二缓和曲线参数 A_2 线长 L_{h2}	第二圆曲线半径 R_2 线长 L_{y2}	第三缓和曲线参数 A_3 线长 L_{h3}	切曲差(校正值)
QD	桩	EK0+000							
	N	3 660 747.880							
	E	507 977.527							
JD1	桩	EK1+051.68	167°56′57.1″(Y)	0	900	67.550 9	60	111.745 9	1 239.571
	N	3 661 737.693							
	E	507 622.140		0	180.328 5	70.982	71.147 5	65	
ZD	桩	EK0+532.494							
	N	3 661 125.452							
	E	508 001.763							

图 3-70　京港澳高速公路河南驻马店互通式立交 E 匝道平曲线设计图(局部)

(1) 验算 JD1 第三缓和曲线终点半径

如图 3-70 所示，JD1 第二圆曲线半径为 $R_2=60$ m，已经较小，可以假定第三缓和曲线终点半径 $R_{HZ}>R_2$。在“缓曲线元起讫半径计算器”界面，输入第三缓和曲线参数 $A=111.745\,9$，线长 $L_h=65$ m，起点半径 $R_s=60$ m，设置◉ **Rs<Re**单选框，点击 计 算 按钮，结果如图 3-71(a)所示。第二缓和曲线终点半径 $R_{HZ}=87.25$ m。

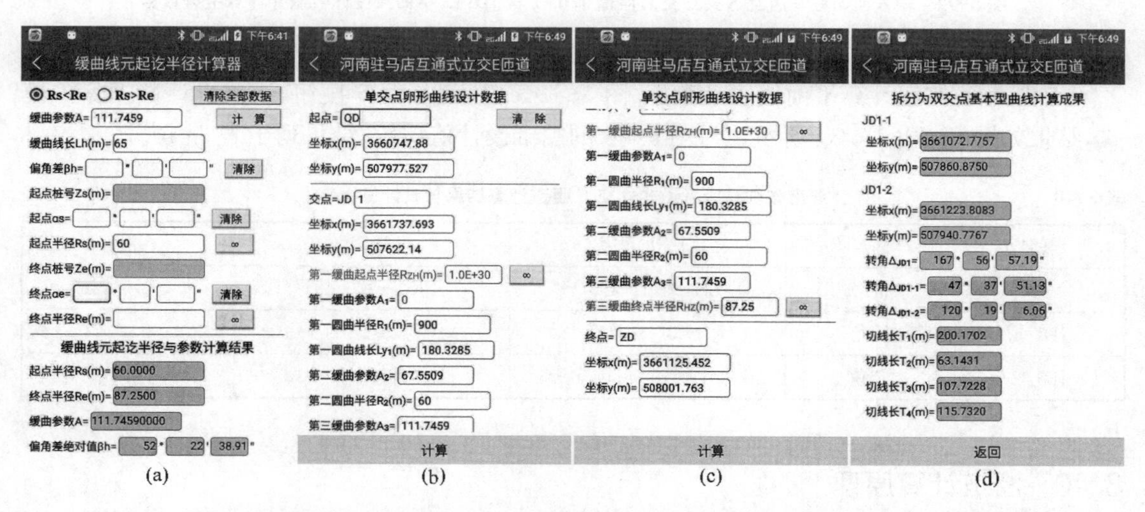

图 3-71　验算 JD1 第三缓和曲线终点半径，输入 JD1 卵形曲线设计数据并计算 JD1-1 与 JD1-2 的平面坐标

(2) 计算 JD1-1 与 JD1-2 的平面坐标

输入 JD1 卵形曲线设计数据，结果如图 3-71(b)，(c)所示，点击**计算**按钮，结果如图 3-71(d)所示。JD1 拆分为 JD1-1 与 JD1-2 两个交点的直曲表列于表 3-39。

表 3-39　　河南省驻马店互通式立交 E 匝道 JD1 单交点卵形曲线拆分为双交点基本型曲线直曲表

点名	x/m	y/m	转角	A_1	R/m	A_2		JD1 转角
QD	3 660 747.88	507 977.527					计算	167°56′57.19″
JD1-1	3 661 072.775 7	507 860.875	47°37′51.13″(Y)	0	900	67.550 9	图纸	167°56′57.1″
JD1-2	3 661 223.808 3	507 940.776 7	120°19′06.06″(Y)	0	60	111.745 9	差值	0.09″
ZD	3 661 125.452	508 001.763						

(3) 使用**Q2X8交点法**程序计算拆分后的两个交点平曲线主点数据

输入 JD1-1 与 JD1-2 的平曲线设计数据，结果如图 3-72(a)—(c)所示，注意，JD1-1 第二缓和曲线的终点半径栏 R_{HZ}应输入 60 m，JD1-2 第二缓和曲线的终点半径栏 R_{HZ}应输入 87.25 m。

图 3-72　输入河南驻马店互通式立交 E 匝道 JD1-1 与 JD1-2 平曲线设计数据并计算主点数据

点击**计算**按钮计算平曲线主点数据[图 3-72(c)]，点击**保护**按钮，进入设计数据保护模式，结果如图 3-72(d)，(e)所示。与图 3-70 的图纸设计值比较，结果列于表 3-40。

表 3-40　　河南省驻马店互通式立交 E 匝道计算结果与设计值比较

点名	内容	Q2X8 程序	设计图纸	差值
ZD	桩号	EK0＋532.493 1	EK0＋532.494	−0.9 mm
JD1-1	转角	47°37′51.13″	47°37′51.07″(Y)	0.06″
JD1-2	转角	120°19′06.06″	120°19′06.1″(Y)	−0.04″

3.10　断链计算原理

因局部改线或分段测量等原因造成的桩号不相连接的现象称为断链，桩号重叠的称长链，桩号间断的称短链。桩号不相连接的中桩称为断链桩，设计图纸应注明断链桩的后、前桩号和断链值(以路线走向为前进方向)，格式为：后桩号＝前桩号，断链值＝后桩号－前桩号。长链的断链值＞0，案例如图 3-73 所示；短链的断链值＜0，案例如图 3-74 所示。

广西壮族自治区河池至都安高速公路3-1标段直线、曲线及转角表(局部)
设计单位：广西交通规划勘察设计研究院
施工单位：北京路桥国际集团股份有限公司

交点号	交点桩号及交点坐标		转角	曲线要素/m						
				半径	缓和曲线参数	缓和曲线长	切线长	曲线长	外距	切曲差(校正值)
QD	桩	K51+779.792								
	N	683 066.66								
	E	505 123.728								
JD43	桩	K52+375.069	67°08'47.3"(Z)	713.33	413.762 3	240	595.275	1 070.971	146.694	115.007
	N	682 562.738								
	E	504 806.844			405.050 5	230	590.702			
JD44	桩	K53+225.534	29°59'48.7"(Y)	1 092.843	424.64	165	374.770	719.652	39.414	13.865
	N	681 771.709								
	E	505 360.386			376.921 2	130	358.747			
JD45	桩	K54+162.788	48°22'52.2"(Z)	720	328.633 5	150	398.996	757.975	70.738	40.017
	N	680 817.277								
	E	505 443.661			328.633 5	150	398.996			
ZD	桩	K54+724.089	断链：K53+570.416=K53+563.478 断链值：(K53+570.416)−(K53+563.478)=6.938m(长链)							
	N	680 458.485								
	E	505 926.205								

图 3-73　广西壮族自治区河池至都安高速公路 3-1 标段平曲线设计图纸(局部)

重庆市涪陵至丰都高速公路A1标段直线、曲线及转角表(局部)
建设单位：路桥建设重庆丰涪高速公路发展有限公司
设计单位：中交公路规划设计院有限公司
施工单位：路桥集团国际建设股份有限公司

交点号	交点桩号及交点坐标		转角	曲线要素/m						
				半径	缓和曲线参数	缓和曲线长	切线长	曲线长	外距	切曲差(校正值)
QD	桩	K24+918.423								
	N	92 297.495 3								
	E	85 249.646 9								
JD19	桩	K26+046.883	26°57'23.1"(Y)	1 000	387.298 3	150	314.889	620.481	29.286	9.297
	N	92 889.309								
	E	86 210.469			387.298 3	150	314.889			
JD20	桩	K26+699.798	45°35'58.1"(Z)	600	279.284 8	130	317.681	607.517	52.127	27.845
	N	92 940.857								
	E	86 840.935			279.284 8	130	317.681			
ZD	桩	K26+989.632	断链：K26+490.358=K26+520 断链值：(K26+490.358)−(K26+520)=−29.642m(短链)							
	N	93 185.188 5								
	E	87 043.972 6								

图 3-74　重庆市涪陵至丰都高速公路 A1 标段平曲线设计图纸(局部)

1. 桩号处理

(1) 坐标正算桩号的处理方法

图 3-75(a)所示，每个长链存在两个重桩区间，分别为长链桩后重桩区间与长链桩前重桩区间，后、前重桩区间的总宽度为两倍长链值，以路线走向为前进方向。坐标正算时，如果用户输入的加桩号位于长链重桩区间 K53＋563.478—K53＋570.416 内，应提示用户在长链桩后重桩区与前重桩区之间选择其一计算，缺省设置为后重桩区。

如图 3-75(b)所示，每个短链存在一个空桩区间 K26＋490.358—K26＋520，区间宽度

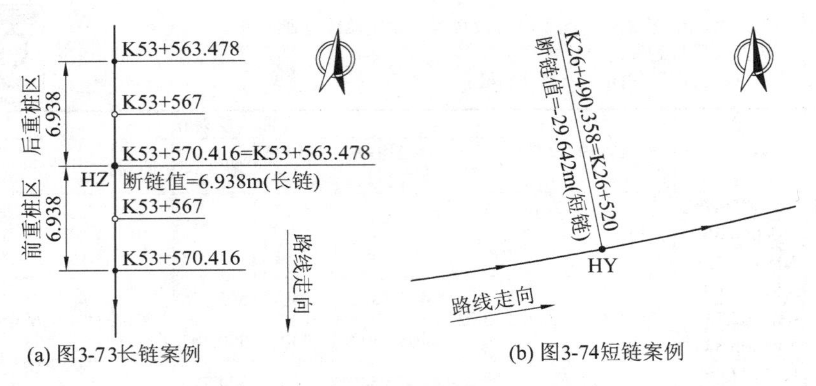

(a) 图3-73长链案例　　(b) 图3-74短链案例

图 3-75　长链桩与短链桩的中线位置

为短链值，该区间内的桩号在实际路线中是不存在的。坐标正算时，如果用户输入的加桩号位于短链空桩区间 K26＋490.358—K26＋520 内，程序不能计算并提示用户重新输入加桩号。

称不考虑断链的桩号为连续桩号，顾及断链的桩号为设计桩号，完成平曲线主点数据计算后，文件内部数据库存储的是主点的连续桩号。执行坐标正算命令时，用户输入加桩的设计桩号，程序内部先将其变换为连续桩号，再从文件数据库调用主点数据计算加桩的中桩坐标。

(2) 坐标反算桩号的处理方法

坐标反算求出的桩号为连续桩号，程序将其变换为设计桩号后，才发送到屏幕显示。

2. 长链案例

(1) 输入平曲线与断链桩设计数据

在 **Q2X8交点法** 文件列表界面新建“广西河池至都安高速公路 3-1 标”文件，在文件主菜单界面点击 设计数据 按钮，输入图 3-73 所示 3 个交点的设计数据，结果如图 3-76(a)—(c)所示。点击设计数据列表框，在弹出的快捷菜单点击“断链桩”选项[图 3-76(d)]，点击 **编辑** 按钮，输入一个长链桩设计数据[图 3-76(f)]，点击 **计算** 按钮计算平曲线主点数据，结果如图 3-76(g)所示。与图 3-73 所示图纸给出的终点设计桩号比较，差值为：(K54＋724.086 6)－(K54＋724.089)＝－2.4 mm。

(2) 坐标正算长链重桩区加桩中桩坐标

在坐标正算界面，输入图 3-75(a)所示的长链重桩区加桩号 K53＋567，程序自动探测到加桩号位于长链重桩区，缺省设置为“后重桩区”[图 3-77(a)]，点击 计算坐标 按钮，结果如图 3-77(b)所示；点击 **返回** 按钮，选择“前重桩区”[图 3-77(c)]，点击 计算坐标 按钮，结果如图 3-77(d)所示。虽然这两个点的设计桩号完全相同，但中桩坐标显然不同，是地面上两个不同的点。

(3) 坐标反算长链重桩区测点的垂点数据

在坐标反算界面，输入图 3-77(b)所示的中桩坐标[图 3-78(a)]，点击 计算坐标 按钮，结果如图 3-78(b)所示。点击 **返回** 按钮，输入图 3-77(d)所示中桩坐标[图 3-78(c)]，点击 计算坐标 按钮，结果如图 3-78(d)所示。两个测点的坐标不同，但算出的垂点设计桩号都是 K53＋567，前者位于后重桩区，后者位于前重桩区，但坐标反算结果界面并不显示测点所在的重桩区。

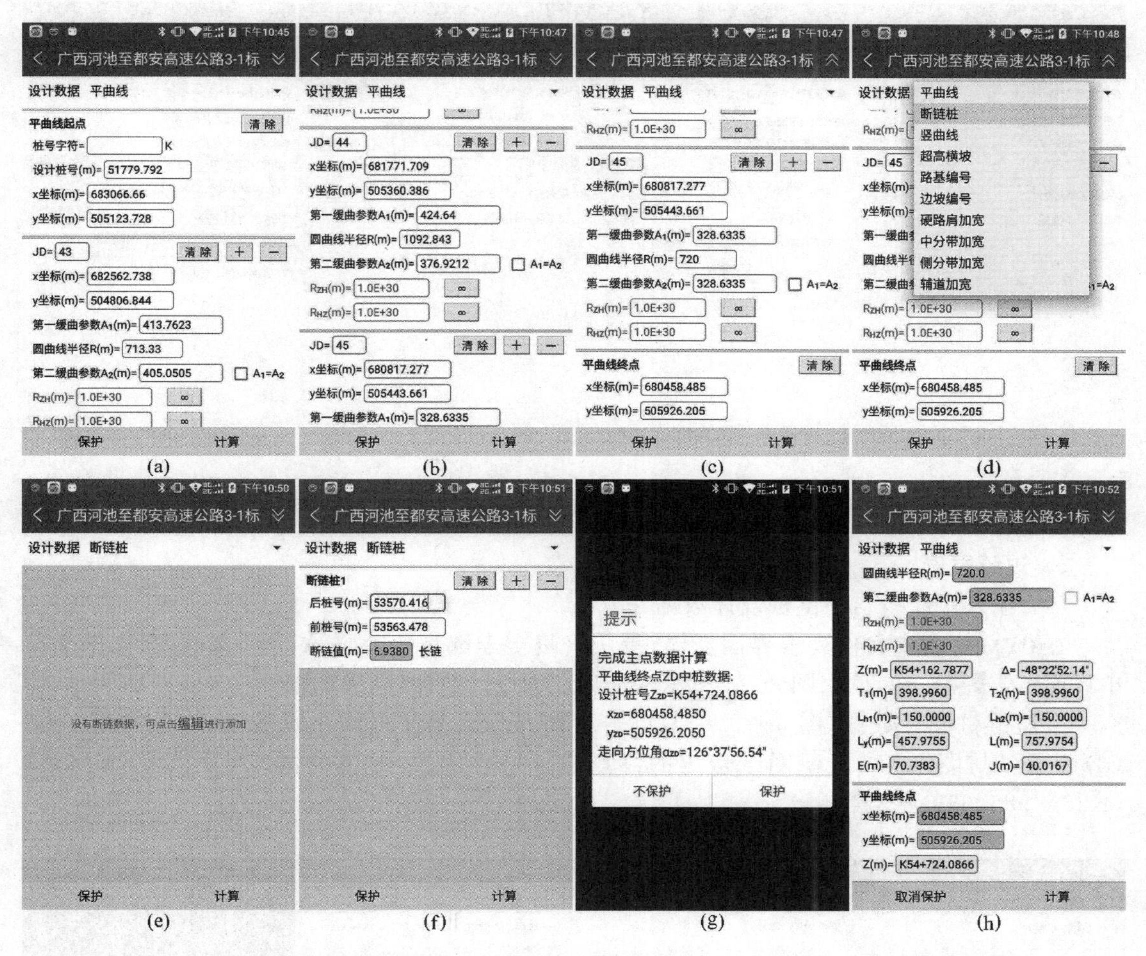

图 3-76　输入广西河池至都安高速公路 3-1 标段平曲线与断链桩设计数据并计算平曲线主点数据

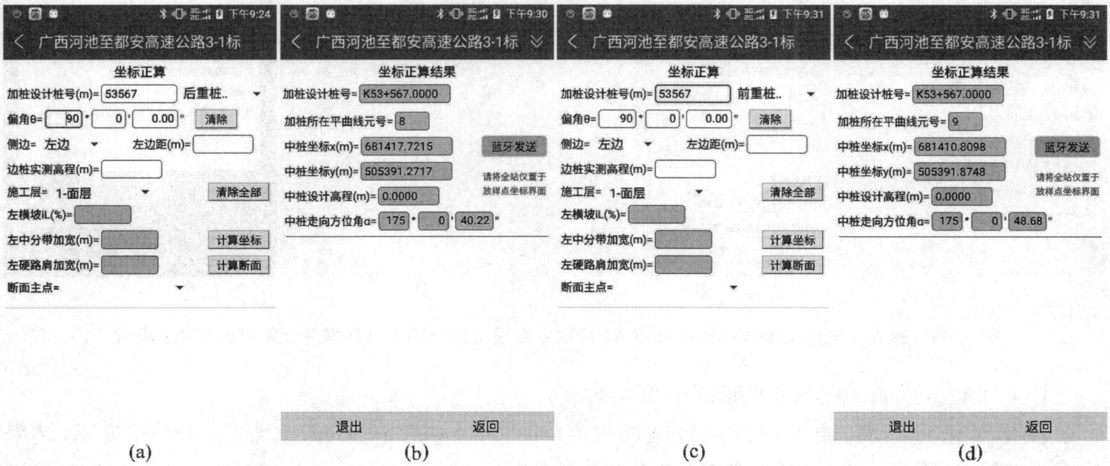

广西河池至都安高速公路3-1标
坐标正算
加桩设计桩号(m)= 53567 后重桩..
偏角θ= 90 ° 0 ′ 0.00 ″ 清除
侧边= 左边 左边距(m)=
边桩实测高程(m)=
施工层= 1-面层 清除全部
左横坡iL(%)=
左中分带加宽(m)= 计算坐标
左硬路肩加宽(m)= 计算断面
断面主点=

(a)

坐标正算结果
加桩设计桩号= K53+567.0000
加桩所在平曲线元号= 8
中桩坐标x(m)= 681417.7215 蓝牙发送
中桩坐标y(m)= 505391.2717 请将全站仪置于放样点坐标界面
中桩设计高程(m)= 0.0000
中桩走向方位角α= 175 ° 0 ′ 40.22 ″
退出 返回

(b)

坐标正算
加桩设计桩号(m)= 53567 前重桩..
偏角θ= 90 ° 0 ′ 0.00 ″ 清除
侧边= 左边 左边距(m)=
边桩实测高程(m)=
施工层= 1-面层 清除全部
左横坡iL(%)=
左中分带加宽(m)= 计算坐标
左硬路肩加宽(m)= 计算断面
断面主点=

(c)

坐标正算结果
加桩设计桩号= K53+567.0000
加桩所在平曲线元号= 9
中桩坐标x(m)= 681410.8098 蓝牙发送
中桩坐标y(m)= 505391.8748 请将全站仪置于放样点坐标界面
中桩设计高程(m)= 0.0000
中桩走向方位角α= 175 ° 0 ′ 48.68 ″
退出 返回

(d)

图 3-77　坐标正算长链重桩区加桩 K53＋567 的后、前重桩区两个中桩坐标

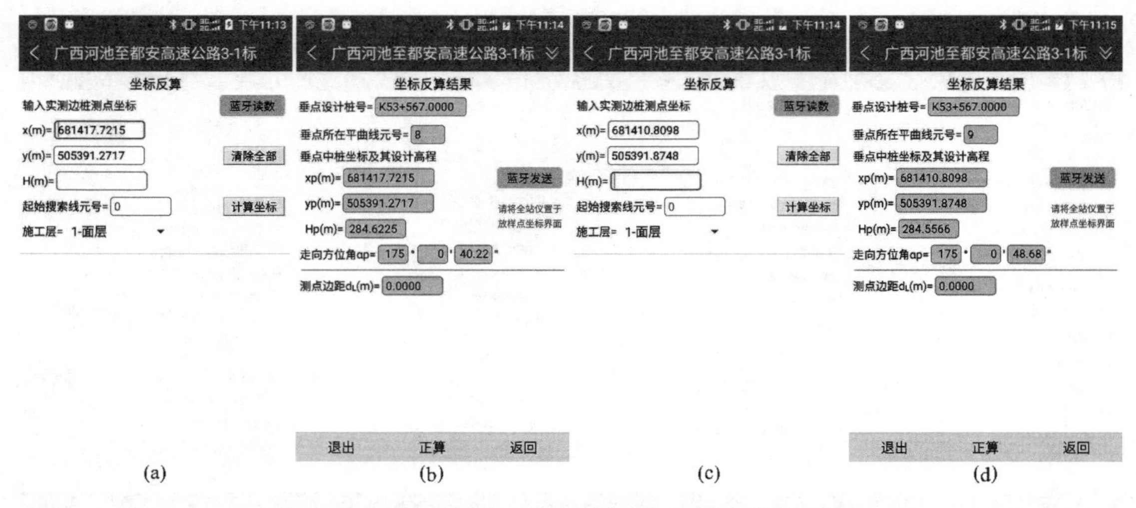

图 3-78 坐标反算长链后、前重桩区两个中桩坐标的设计桩号

3. 短链案例

(1) 输入平曲线与断链桩设计数据

在 **Q2X8交点法** 文件列表界面新建“重庆涪陵至丰都高速公路 A1 标”文件，在文件主菜单界面点击 设计数据 按钮，输入图 3-74 所示两个交点的设计数据，结果如图 3-79(a)，(b)所示，输入一个短链桩设计数据[图 3-79(c)]，点击 **计算** 按钮计算平曲线主点数据，结果如图 3-79(d)所示。与图 3-74 所示图纸给出的终点设计桩号比较，差值为：(K26＋989.635 4)－(K26＋986.632)＝3.4 mm。

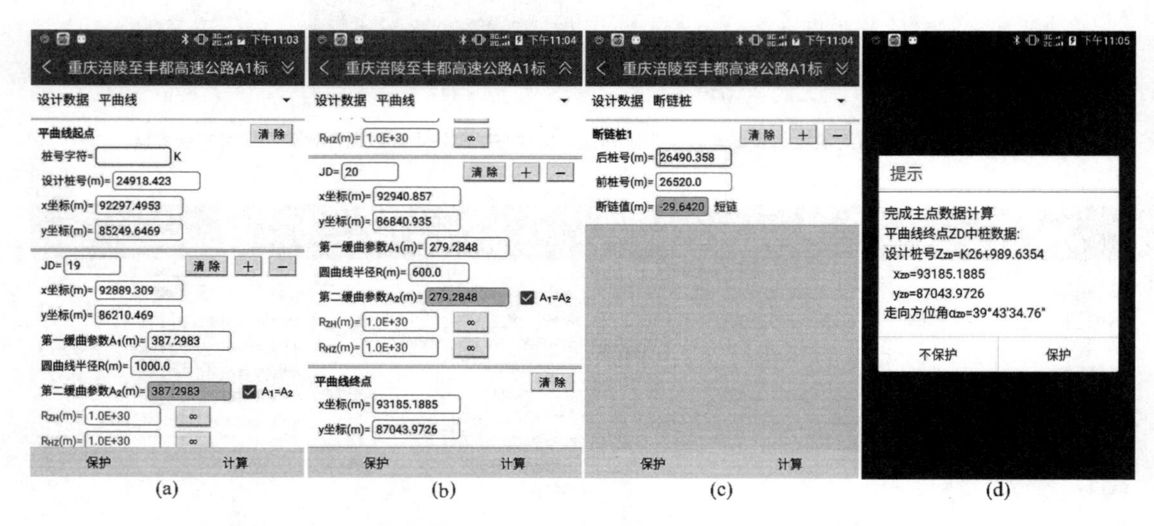

图 3-79 输入重庆涪陵至丰都高速公路 A1 标段平曲线与断链桩设计数据并计算平曲线主点数据

(2) 坐标正算短链空桩区加桩中桩坐标

在坐标正算界面，输入短链空桩区加桩号 26 500 m[图 3-80(a)]，点击 计算坐标 按钮，结果如图 3-80(b)所示；点击 **返回** 按钮，点击 清除全部 按钮，输入加桩号 26 490.357 9 m(比短链桩后桩号小 0.1 mm)，点击 计算坐标 按钮，结果如图 3-80(c)所示；点击 **返回** 按钮，点击 清除全部 按钮，输入加桩号 26 520.000 1 m(比短链桩前桩号大 0.1 mm)，点击 计算坐标 按钮，结果如图

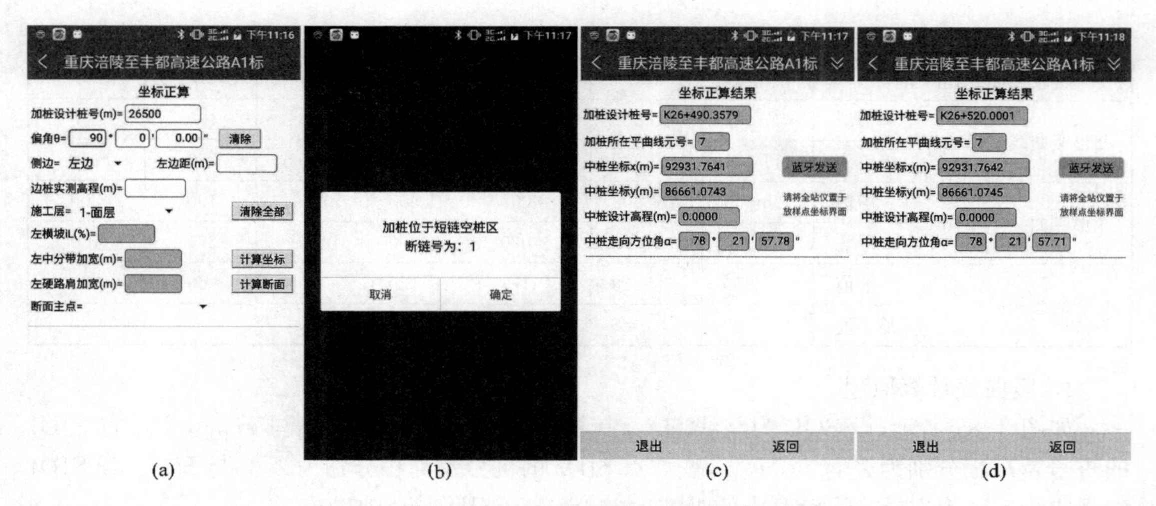

图 3-80　坐标正算长链重桩区加桩 K26＋500 的中桩坐标

3-80(d)所示。

上述两个加桩号之差＝26 490.357 9－26 520.000 1＝－29.642 2 m，而两点的中桩坐标最大只相差 0.2 mm，这是因为这两个加桩号之间相隔一个长度为 29.642 m 的空桩区。

3.11　竖曲线计算原理

为了行车的平稳和满足视距的要求，路线纵坡变更处应以圆曲线相接，称这种曲线为竖曲线，纵坡变更处称为变坡点，也称竖交点，用 SJD 表示。竖曲线按其变坡点 SJD 在曲线的上方或下方分别称为凸形竖曲线或凹形竖曲线。

如图 3-81 所示，路线上有三条相邻纵坡 i_1(＋)，i_2(－)，i_3(＋)，在 i_1 和 i_2 之间设置凸形竖曲线；在 i_2 和 i_3 之间设置凹形竖曲线。

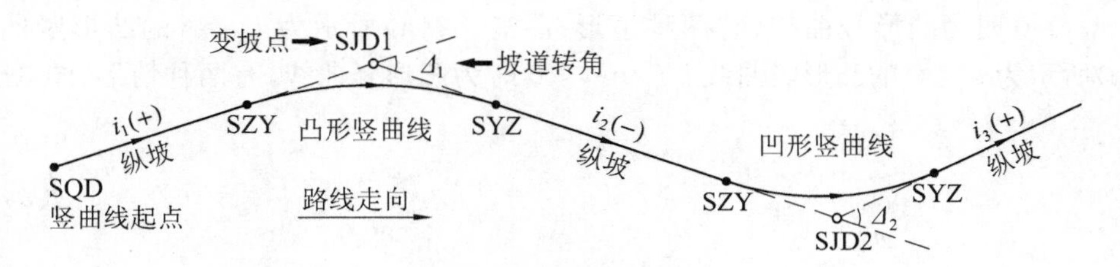

图 3-81　竖曲线及其类型

《公路路线设计规范》[14]规定，路线最大纵坡应符合表 3-41 的规定。

表 3-41　　最大纵坡的规定

设计速度/(km·h^{-1})	120	100	80	60	40	30	20
最大纵坡/%	3	4	5	6	7	8	9

竖曲线的最小半径与竖曲线长度应符合表 3-42 的规定。

表 3-42　　竖曲线最小半径与竖曲线长度的规定

设计速度/(km·h^{-1})		120	100	80	60	40	30	20
凸形竖曲线半径/m	一般值	17 000	10 000	4 500	2 000	700	400	200
	极限值	11 000	6 500	3 000	1 400	450	250	100
凹形竖曲线半径/m	一般值	6 000	4 500	3 000	1 500	700	400	200
	极限值	4 000	3 000	2 000	1 000	450	250	100
竖曲线长度/m	一般值	250	210	170	120	90	60	50
	最小值	100	85	70	50	35	25	20

1. 竖曲线计算原理

如图 3-82 所示，设 SQD 为路线起点，其桩号及高程分别为 Z_{SQD} 与 H_{SQD}，变坡点 SJD1 的桩号及高程分别为 Z_{SJD1} 与 H_{SJD1}，变坡点 SJD2 的桩号及高程分别为 Z_{SJD2} 与 H_{SJD2}；设 SJD1 的竖曲线半径为 R，SQD→SJD1 的纵坡为 i_1，SJD1→SJD2 的纵坡为 i_2。

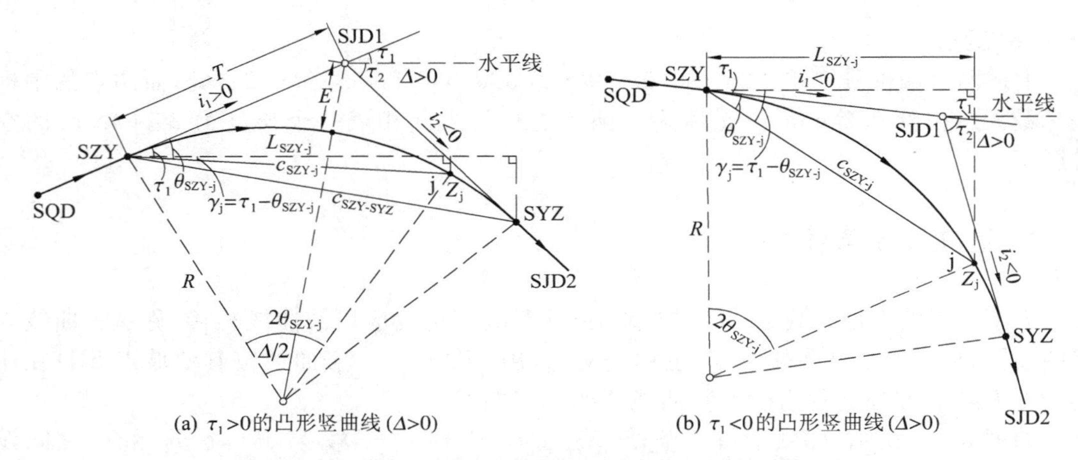

(a) $\tau_1>0$的凸形竖曲线($\Delta>0$)　　(b) $\tau_1<0$的凸形竖曲线($\Delta>0$)

图 3-82　两种情形凸形竖曲线的主点桩号及其设计高程计算原理

$i_1-i_2>0$ 时为凸形竖曲线，有两种情形：图 3-82(a)所示为 $i_1>0$ 的凸形竖曲线，图 3-82(b)所示为 $i_1<0$ 的凸形竖曲线。$i_1-i_2<0$ 时为凹形竖曲线，有两种情形：图 3-83(a)

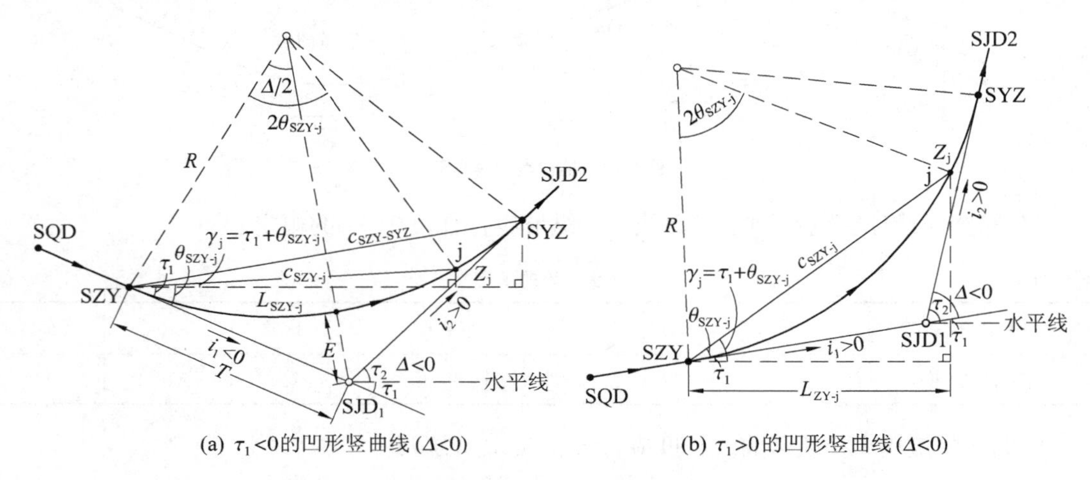

(a) $\tau_1<0$的凹形竖曲线($\Delta<0$)　　(b) $\tau_1>0$的凹形竖曲线($\Delta<0$)

图 3-83　两种情形凹形竖曲线的主点桩号及其设计高程计算原理

所示为 $i_1<0$ 的凹形竖曲线，图 3-83(b)所示为 $i_1>0$ 的凹形竖曲线。

(1) 竖曲线要素计算

在竖曲线设计图纸中，虽然同时给出了 Z_{SQD}，H_{SQD}，Z_{SJD1}，H_{SJD1}，Z_{SJD2}，H_{SJD2}，i_1，i_2 等数据，但在使用**Q2X8交点法**程序或**Q2X9线元法**程序计算时，纵坡 i_1 与 i_2 是不需要输入的，它们可以由式(3-124)反算出：

$$\left.\begin{aligned} i_1 &= \frac{H_{SJD1}-H_{SQD}}{Z_{SJD1}-Z_{SQD}} \\ i_2 &= \frac{H_{SJD2}-H_{SJD1}}{Z_{SJD2}-Z_{SJD1}} \end{aligned}\right\} \tag{3-124}$$

变坡点 SJD1 的竖曲线要素包括竖曲线长 L_y、切线长 T、外距 E 及坡道转角 Δ。由图 3-82或图 3-83 所示的几何关系，得

$$\left.\begin{aligned} \Delta &= \tau_1-\tau_2 \\ \tau_1 &= \tan^{-1} i_1 \\ \tau_2 &= \tan^{-1} i_2 \end{aligned}\right\} \tag{3-125}$$

式中的坡道转角 Δ，对于凸形竖曲线，$\Delta>0$；对于凹形竖曲线，$\Delta<0$。

竖曲线其余要素的计算公式为

$$\left.\begin{aligned} L_y &= \frac{\pi}{180^\circ}\,|\,\Delta\,|\,R \\ T &= R\tan\frac{|\,\Delta\,|}{2} \\ E &= R\left(\sec\frac{|\,\Delta\,|}{2}-1\right) \end{aligned}\right\} \tag{3-126}$$

(2) 竖曲线主点桩号及其设计高程计算

在图 3-82 所示的凸形竖曲线或图 3-83 所示的凹形竖曲线中，SJD1 的竖曲线起点 SZY 的桩号及其设计高程为

$$\left.\begin{aligned} Z_{SZY} &= Z_{SJD1}-T\cos\tau_1 \\ H_{SZY} &= H_{SJD1}-T\sin\tau_1 \end{aligned}\right\} \tag{3-127}$$

SJD1 的竖曲线终点 SYZ 的桩号及其设计高程为

$$\left.\begin{aligned} Z_{SYZ} &= Z_{SJD1}+T\cos\tau_2 \\ H_{SYZ} &= H_{SJD1}+T\sin\tau_2 \end{aligned}\right\} \tag{3-128}$$

(3) 竖曲线圆曲线段加桩设计高程计算

设加桩 j 的桩号为 Z_j，则 $L_{SZY-j}=Z_j-Z_{SZY}$ 即为 SZY→j 点的平距。设 ZY→j 点的弦长为 c_{SZY-j}，弦长与水平线的夹角为 $\gamma_j=\tau_1\mp\theta_{SZY-j}$，则加桩 j 的设计高程为

$$H_j=H_{SZY}+L_{SZY-j}\tan(\tau_1\mp\theta_{SZY-j}) \tag{3-129}$$

式中，θ_{SZY-j} 为恒大于零的正角，其中的“$\mp$”号，对凸形竖曲线取“$-$”号；对凹形竖曲线取“$+$”号。θ_{SZY-j} 的公式推导过程如下：

$$
\begin{aligned}
L_{\text{SZY-j}} &= c_{\text{SZY-j}}\cos(\tau_1 \mp \theta_{\text{SZY-j}}) \\
&= 2R\sin\theta_{\text{SZY-j}}(\cos\tau_1\cos\theta_{\text{SZY-j}} \pm \sin\tau_1\sin\theta_{\text{SZY-j}}) \\
&= 2R(\cos\tau_1\sin\theta_{\text{SZY-j}}\cos\theta_{\text{SZY-j}} \pm \sin\tau_1\sin^2\theta_{\text{SZY-j}}) \\
&= 2R\cos^2\theta_{\text{SZY-j}}(\cos\tau_1\tan\theta_{\text{SZY-j}} \pm \sin\tau_1\tan^2\theta_{\text{SZY-j}})
\end{aligned} \tag{3-130}
$$

将三角函数恒等式 $\cos^2\theta_{\text{SZY-j}} = \dfrac{1}{1+\tan^2\theta_{\text{SZY-j}}}$ 代入上式，得

$$
L_{\text{SZY-j}} = \frac{2R}{1+\tan^2\theta_{\text{SZY-j}}}(\cos\tau_1\tan\theta_{\text{SZY-j}} \pm \sin\tau_1\ \tan^2\theta_{\text{SZY-j}})
$$

化简，得

$$
\begin{aligned}
& L_{\text{SZY-j}} + L_{\text{SZY-j}}\ \tan^2\theta_{\text{SZY-j}} \\
={}& 2R\cos\tau_1\tan\theta_{\text{SZY-j}} \pm 2R\sin\tau_1\ \tan^2\theta_{\text{SZY-j}}(\pm 2R\sin\tau_1 - L_{\text{SZY-j}})\ \tan^2\theta_{\text{SZY-j}} + \\
& 2R\cos\tau_1\tan\theta_{\text{SZY-j}} - L_{\text{SZY-j}} = 0
\end{aligned} \tag{3-131}
$$

式(3-131)为一元二次方程，其中的“±”号，对凸形竖曲线取“+”号；对凹形竖曲线取“−”号。设方程式的系数为

$$
\left.
\begin{aligned}
a &= \pm 2R\sin\tau_1 - L_{\text{SZY-j}} \\
b &= 2R\cos\tau_1 \\
c &= -L_{\text{SZY-j}}
\end{aligned}
\right\} \tag{3-132}
$$

则方程式(3-131)的两个解为

$$
\tan\theta_{\text{SZY-j}} = \frac{-b \pm \sqrt{b^2-4ac}}{2a} \tag{3-133}
$$

应取满足条件 $0 < \theta_{\text{SZY-j}} \leqslant \dfrac{|\Delta|}{2}$ 的解为方程式(3-131)的解。

(4) 竖曲线直线坡道加桩设计高程计算

当加桩位于 SYZ 前、纵坡为 i_2 的直线坡道时(以路线走向为前进方向)，其设计高程为

$$
H_{\text{j}} = H_{\text{SYZ}} + (Z_{\text{j}} - Z_{\text{SYZ}})i_2 \tag{3-134}
$$

2. 竖曲线设计数据输入案例

图 3-73 所示平曲线的竖曲线设计数据列于表 3-43。

表 3-43　　广西河池至都安高速公路 3-1 标段竖曲线及纵坡表

点名	设计桩号	高程 H/m	竖曲半径 R/m	纵坡 i/%	切线长 T/m	外距 E/m
SQD	K51+350	287.867		−0.3		
SJD1	K52+150	285.467	120 000	0.3	359.762	0.539
SJD2	K53+160	288.493	49 000	−0.951	306.388	0.958
SJD3	K54+600	274.733	15 000	0.7	123.846	0.511
SZD	K54+724.089	275.602				

在“广西河池至都安高速公路 3-1 标”文件设计数据界面，点击设计数据列表框，在弹出的快捷菜单点击“竖曲线”选项[图 3-84(a)]，点击 **取消保护** 按钮，点击 **编辑** 按钮，新建一个变坡点的竖曲线栏，点击变坡点栏右侧的 **+** 按钮两次，新增两个变坡点栏。

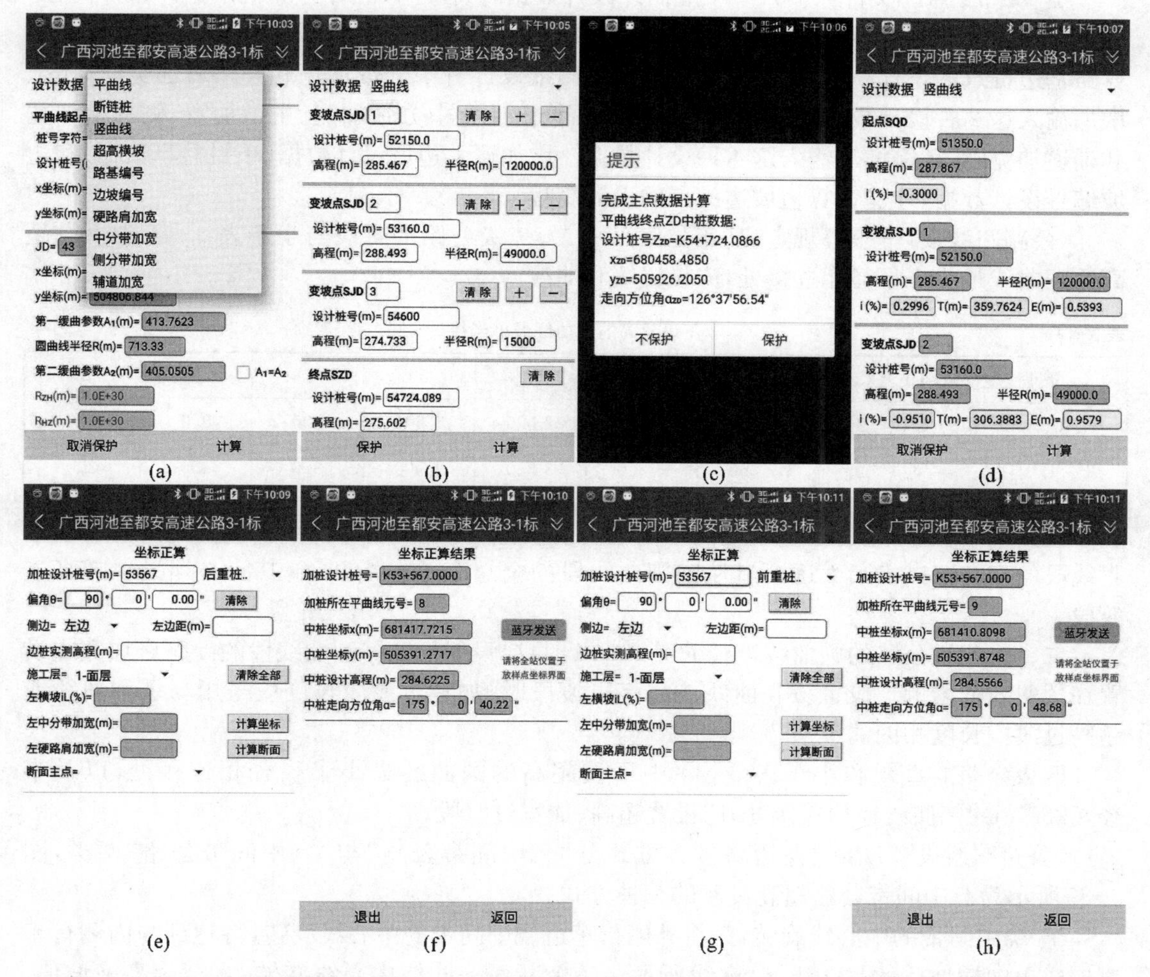

图 3-84　输入广西河池至都安高速公路 3-1 标三个变坡点设计数据并计算加桩 K53+567 后、前重桩区中桩坐标

输入表 3-43 所列 3 个变坡点设计数据结果如图 3-84(b)，(c)所示，每个变坡点只需要输入设计桩号、高程、竖曲线半径 3 个设计数据。点击 **计算** 按钮，重新计算平竖曲线主点数据，结果如图 3-84(d)所示。点击 **保护** 按钮进入保护模式，屏幕以黄底色背景显示起点与每个变坡点的纵坡 i、切线长 T、外距 E，结果如图 3-84(e)，(f)所示，将其与表 3-43 的设计值比较，可以检验竖曲线设计数据输入的正确性。

图 3-84(g)所示为计算长链重桩区加桩 K53+567 在后重桩区的中桩三维设计坐标，图 3-84(h)所示为计算该加桩在前重桩区的中桩三维设计坐标，由于加桩位于竖曲线起、终点桩号范围内，所以，屏幕显示中桩的设计高程。由图可知，两个点的设计高程也不相等。

3.12 高速公路横断面边桩设计高程计算原理及案例

当 **Q2X8交点法** 文件只输入了平竖曲线设计数据时，程序只能计算加桩中桩的设计高程，至少应增加输入路基横断面(项目共享数据)、路基编号和超高横坡等 3 种设计数据，才能计算路基边桩点的设计高程。对于高速公路，当图纸设计有中分带加宽和硬路肩加宽时，还须增加输入这 2 种设计数据；对于市政道路，当图纸设计有中分带加宽、主道加宽、侧分带加宽和辅道加宽时，还需增加输入这 4 种设计数据。增加输入边坡设计数据(项目共享数据)和边坡编号设计数据，才能计算边坡边桩点的设计高程。

《公路路线设计规范》规定，高速公路、一、二、三级公路的直线与小于表 3-44 中不设超高的圆曲线最小半径径相连接处，应设置缓和曲线。

表 3-44　不设超高的圆曲线最小半径

设计速度/($km \cdot h^{-1}$)		120	100	80	60	40	30	20
不设超高圆曲线最小半径/m	路拱≤2%	5 500	4 000	2 500	1 500	600	350	150
	路拱>2%	7 550	5 250	3 350	1 900	800	450	200

圆曲线半径小于表 3-44 规定的不设超高的最小半径时，应在曲线段设置超高。路基由直线段的双向路拱横断面逐渐过渡到圆曲线段的全超高单向横断面，其间必须设置超高过渡段。

二、三、四级公路的圆曲线半径 $R \leqslant 250$ m 时，应设置加宽。圆曲线段的硬路肩加宽应设置在圆曲线的内侧。设置缓和曲线或超高过渡段时，加宽过渡段长度应采用与缓和曲线或超高过渡段长度相同的数值。

四级公路的直线和小于表 3-44 中不设超高的圆曲线最小半径径相连接处，以及半径≤250 m的圆曲线径相连接处，应设置超高、加宽过渡段。

《公路路线设计规范》将超高过渡方式分"无中间带公路"与"有中间带公路"两类，图 3-85所示为有中间带公路超高过渡的三种方式。

① 绕中间带的中心线旋转：先将外侧行车道绕中间带的中心线旋转，待达到与内侧行车道构成单向横坡后[图 3-85(a)虚线所示]，整个断面一同绕中心线旋转，直至超高横坡值。此时，中央分隔带呈倾斜状，中间带宽度≤4.5 m 的公路可采用。

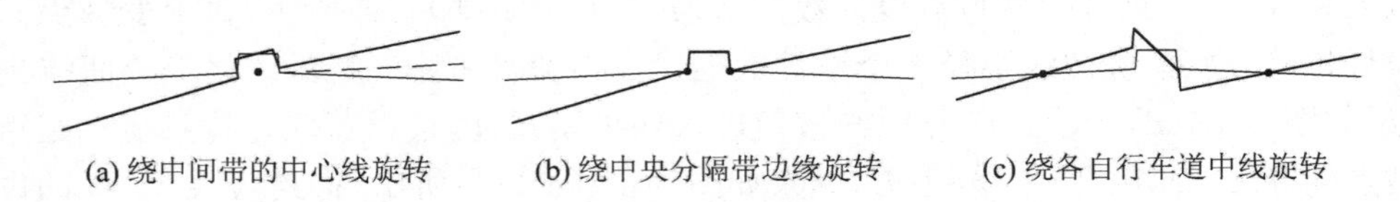

(a) 绕中间带的中心线旋转　(b) 绕中央分隔带边缘旋转　(c) 绕各自行车道中线旋转

图 3-85　有中间带公路的三种超高过渡方式

② 绕中央分隔带边缘旋转：将两侧行车道分别绕中央分隔带边缘旋转，使之各自成为独立的单向超高断面，此时，中央分隔带维持原水平状态，各种宽度中间带的公路均可采用。

③ 绕各自行车道中线旋转：将两侧行车道分别绕各自行车道中线旋转，使之各自成为独立的单向超高断面，此时，中央分隔带两边缘分别升高和降低而成为倾斜断面，车道数大于 4 条的公路可采用。

本节只讨论图 3-85(b)所示绕中央分隔带边缘旋转的超高过渡方式,这是我国高速公路与市政道路普遍采用的方式,**Q2X8交点法** 程序与 **Q2X9线元法** 程序都是按这种方式设计的。

在路线设计图纸中,纵、横坡正负值的定义是相反的,纵坡>0 时为升坡,纵坡<0 时为降坡;横坡>0 时为降坡,横坡<0 时为升坡。

图 3-86 为广西河池至都安高速公路 3-1 标段整体式路基标准横断面设计图,我国双向四车道高速公路基本都是采用的这个标准横断面,其中的 2 m 宽的中分带为水平线,使用竖曲线计算的中线设计高程位于中分带外缘。

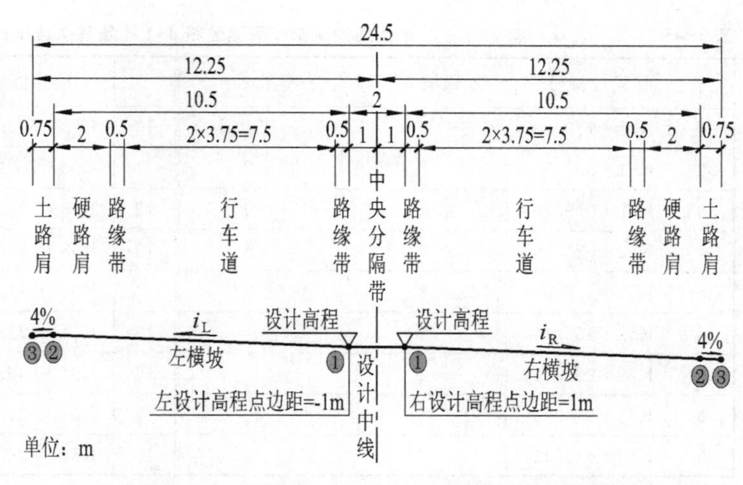

图 3-86　广西河池至都安高速公路 3-1 标段整体式路基设计图纸

1. 路基超高及其渐变方式

(1) 路基超高设计图纸

路基超高设计数据位于纵断面图底部,为节省图书篇幅,笔者将广西河池至都安高速公路 3-1 标段纵断面底部的超高设计图集中编绘于图 3-87。图 3-87 共有 18 个超高横坡断面,由图 3-87 整理的 18 个超高横坡设计数据列于表 3-45。

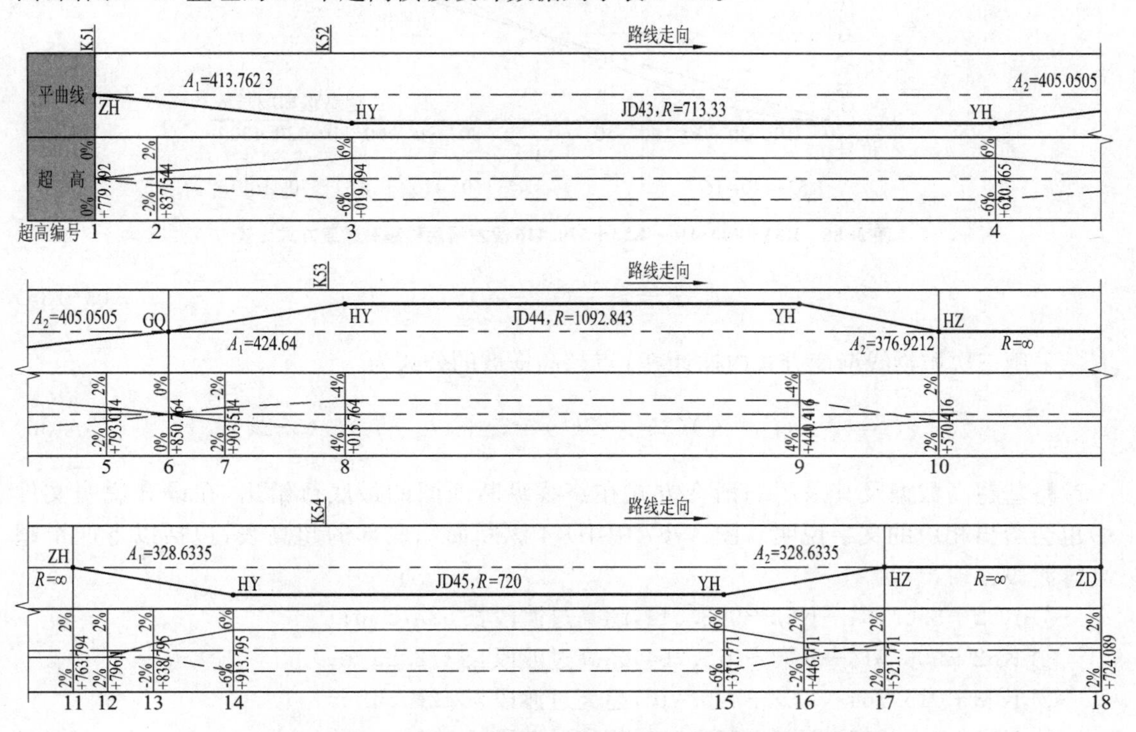

图 3-87　广西河池至都安高速公路 3-1 标段纵断面图底部的超高设计图纸

表 3-45　　广西河池至都安高速公路 3-1 标超高横坡设计数据

序	设计桩号	左横坡 i_L/%	右横坡 i_R/%	序	设计桩号	左横坡 i_L/%	右横坡 i_R/%
1	K51＋779.792	0	0	10	K53＋570.416	2	2
2	K51＋837.554	2	−2	11	K53＋763.794	2	2
3	K52＋019.794	6	−6	12	K53＋796.1	2	2
4	K52＋620.765	6	−6	13	K53＋838.795	2	−2
5	K52＋793.014	2	−2	14	K53＋913.795	6	−6
6	K52＋850.764	0	0	15	K54＋371.771	6	−6
7	K52＋903.514	−2	2	16	K54＋446.771	2	−2
8	K53＋015.764	−4	4	17	K54＋521.771	2	2
9	K53＋440.416	−4	4	18	K54＋724.089	2	2

（2）超高渐变方式

当加桩号不等于表 3-45 所列 18 个超高横坡断面桩号时，应使用内插的方式计算加桩断面的超高横坡值，内插方式有线性渐变和三次抛物线渐变两种方式。

如图 3-88 所示，设 i_s 为路基超高过渡段的起点横坡，i_e 为终点横坡，L_C 为超高过渡段长，l 为超高过渡段内任意点 j→起点 s 的线长，$k=l/L_C$ 为 0～1 之间的系数。采用线性渐变方式内插计算 j 点超高横坡的公式为

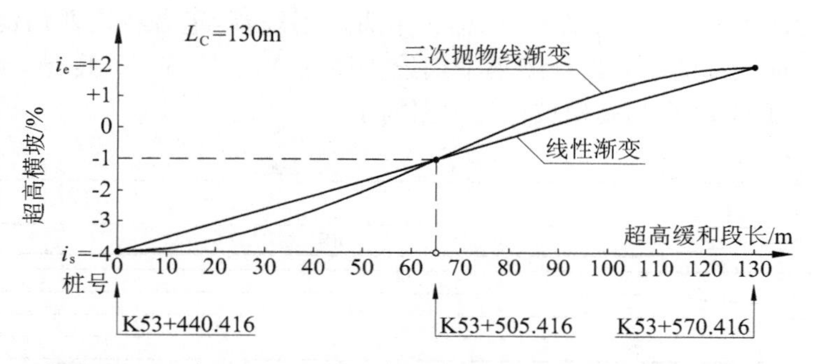

图 3-88　K53＋440.416—K53＋570.416 段左幅两种超高过渡方式比较

$$i_j=i_s+(i_e-i_s)k \tag{3-135}$$

采用三次抛物线渐变方式内插计算 j 点超高横坡的公式为

$$i_j=i_s+(i_e-i_s)(3k^2-2k^3)=i_s+(i_e-i_s)k^2(3-2k) \tag{3-136}$$

路基超高数据及其采用的渐变方式在路线纵断面图的最底行给出，在设计说明文件中也会给出相应的文字说明。图 3-87 中 JD44 纵断面图底部的超高表，包括以下四个超高过渡段：

① K52＋850.764—K52＋903.514，超高过渡段长 52.75 m；

② K52＋903.514—K53＋015.764，超高过渡段长 112.25 m；

③ K53＋015.764—K53＋440.416，超高过渡段长 424.652 m；

④ K53＋440.416—K53＋570.416，超高过渡段长 130 m。

因图 3-87 的超高线为折线连接，所以其超高渐变方式应为线性渐变(曲线连接为三次抛物线渐变)。为比较超高横坡线性渐变与三次抛物线渐变的差异，分别用式(3-135)与式(3-136)计算超高过渡段 K53＋440.416—K53＋570.416 左幅的超高横坡，结果如图 3-88 所示。

2. 边坡

(1) 边坡设计数据

边坡分为填方边坡与挖方边坡两种，每级边坡有四个设计数据：坡率 n，坡高 H，平台宽 d，平台横坡 i。几何意义如图 3-89 所示。

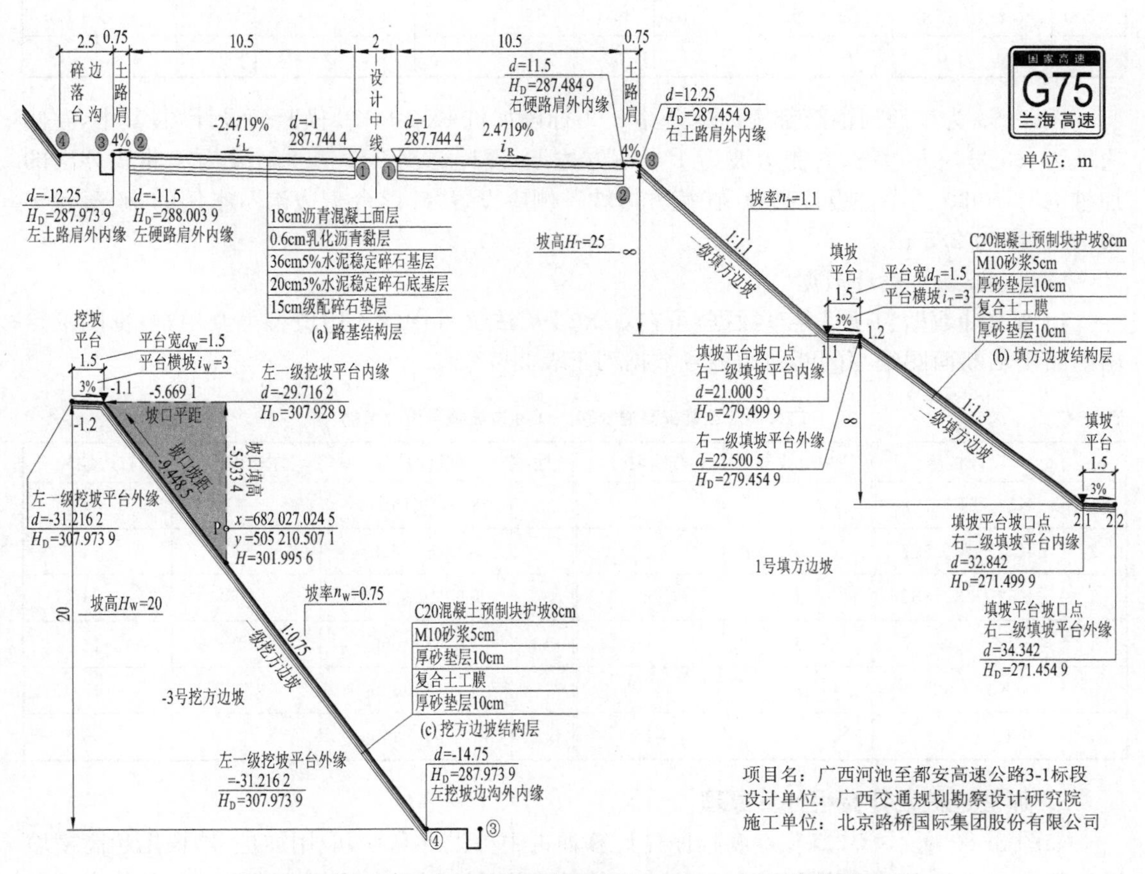

图 3-89　广西河池至都安高速公路 3-1 标段加桩 K52＋930 横断面设计图

填方边坡从 1 开始以正整数顺序编号，挖方边坡从－1 开始以负整数顺序编号，图纸给出的边坡设计数据列于表 3-46。

表 3-46　　广西河池至都安高速公路 3-1 标边坡设计数据

坡级		一级填方边坡				二级填方边坡				三级填方边坡			
参数		n_{T1}	H_{T1}	i_{T1}	d_{T1}	n_{T2}	H_{T2}	i_{T2}	d_{T2}	n_{T3}	H_{T3}	i_{T3}	d_{T3}
单位			m	%	m		m	%	m		m	%	m
1号		1.1	8	3	1.5	1.3	8	3	1.5				

(续表)

坡级		一级挖方边坡				二级挖方边坡				三级挖方边坡			
参数	边沟	n_{W1}	H_{W1}	i_{W1}	d_{W1}	n_{W2}	H_{W2}	i_{W2}	d_{W2}	n_{W3}	H_{W3}	i_{W3}	d_{W3}
单位	m		m	%	m		m	%	m		m	%	m
−1号	2.5	0.3	5	3	1.5								
−2号	2.5	1	10	3	1.5								
−3号	2.5	0.75	20	3	1.5								
−4号	2.5	0.3	15	3	1.5	0.5	10	3	1.5				
−5号	2.5	0.3	15	3	1.5	0.3	15	3	1.5	0.5	15	3	1.5
−6号	2.5	0.5	10	3	1.5	0.5	10	3	1.5	0.75	15	3	1.5

图 3-89 为广西河池至都安高速公路 3-1 标段加桩 K52+930 横断面设计图，其中，左侧边坡为−3 号挖方边坡，右侧边坡为 1 号填方边坡，设计标高 287.744 4 m 为竖曲线算出的加桩 K52+930 的中桩设计高程，在挖方边坡一侧应设置"碎落台+边沟"，本例的"碎落台+边沟"宽度为 2.5 m。

(2) 边坡编号设计数据

边坡设计数据为项目共享数据，可在**Q2X8交点法**文件中输入边坡编号调用，根据图纸给出的路基横断面图编写的断面边坡号数据列于表 3-47。

表 3-47　　广西河池至都安高速公路 3-1 标边坡编号设计数据

序	设计桩号	左边坡号	右边坡号	序	设计桩号	左边坡号	右边坡号
1	K51+779.792	−1	1	7	K53+416.885	1	−4
2	K52+100.527	1	1	8	K53+476.934	−4	−4
3	K52+583.882	1	−2	9	K53+537.937	−5	−4
4	K52+603.957	1	1	10	K53+650	−5	1
5	K52+925	−3	1	11	K53+690	1	1
6	K53+130	1	1	12	K54+440	1	−6

3. 加桩边桩设计高程计算原理

如图 3-89 所示，**Q2X8交点法**程序先计算加桩中桩设计高程，应用加桩号，根据超高横坡设计数据内插计算加桩路基横断面的左、右幅超高横坡 i_L 与 i_R；在横断面路基号数据库提取路基号，计算左幅或右幅路基横断面主点①，②，③，④边距及其设计高程；在断面边坡号数据库提取左幅或右幅边坡号，根据边坡设计数据计算左幅或右幅边坡平台主点边距及其设计高程，一级挖方边坡平台主点编号为−1.1，−1.2，二级挖方边坡平台主点编号为−2.1，−2.2，依次类推；一级填方边坡平台主点编号为 1.1，1.2，二级填方边坡平台主点编号为 2.1，2.2，依次类推。最后，应用边距值及其加桩横断面主点数据，使用线性内插法计算边桩的设计高程。

《公路路线设计规范》规定：土路肩横坡为 4%，当路基横坡 i_L(或 i_R)<4%时，土路肩横坡取 4%；当 i_L(或 i_R)>4%时，土路肩横坡应取路基横坡 i_L(或 i_R)，以防止在硬路肩与土路肩衔接处形成积水，满足路面排水的需要。

4. 输入路基与边坡设计数据

完成竖曲线数据输入后，还应输入路基横断面、边坡、超高横坡、路基编号、边坡编号等五种设计数据才能正确计算边桩设计高程。其中，路基横断面与边坡属于项目共享数据，可以被项目下的 **Q2X8交点法** 与 **Q2X9线元法** 的所有文件调用。而超高横坡、路基编号、边坡编号等三种设计数据需要在 **Q2X8交点法** 或 **Q2X9线元法** 文件中输入。

(1) 输入项目共享设计数据——路基

在项目主菜单[图 3-90(a)]，点击 **路基横断面** 按钮，点击 + 按钮，缺省设置为 **◉ 高速公路**单选框[图 3-90(b)]，点击 **确定** 按钮新建 1 号路基断面；输入图 3-89 所示路基横断面及其结构层设计数据，结果如图 3-90(c)，(d)所示。点击屏幕标题栏左侧的 < 按钮，返回项目主菜单。

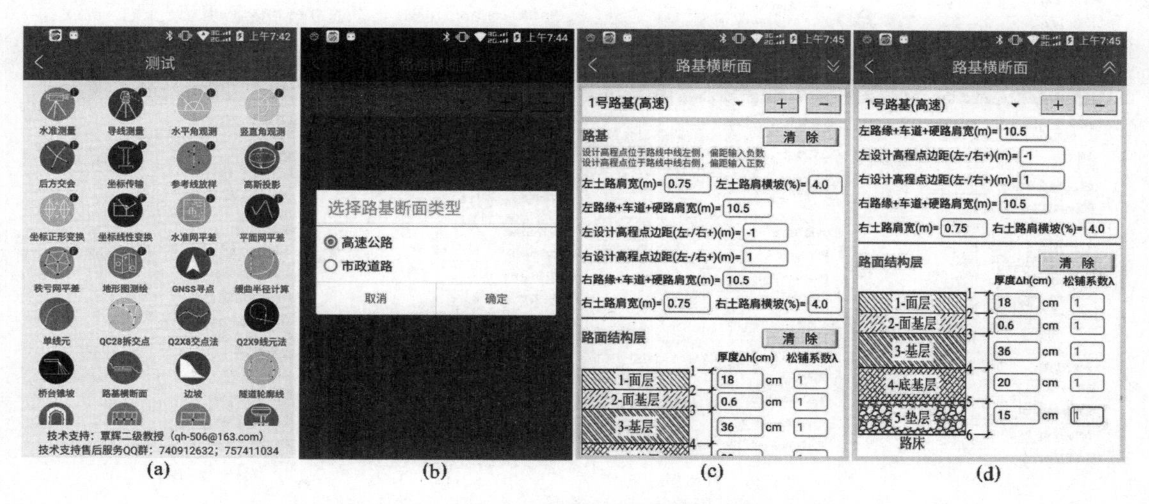

图 3-90　输入图 3-89 所示整体式路基横断面设计数据

每个路基最多允许输入 5 层路面结构层，每个结构层有厚度 Δh 与松铺系数 λ，λ 的缺省值为 1。

(2) 输入项目共享设计数据——边坡

在项目主菜单[图 3-90(a)]，点击**边坡**按钮，缺省设置进入填方边坡设计数据界面，输入表 3-46 的 1 号填方边坡设计数据，结果如图 3-91(a)，(b)所示。

点击边坡类型列表框，点击“挖方边坡”，进入挖方边坡设计数据界面，输入表 3-46 的 −1 号挖方边坡设计数据，结果如图 3-91(c)所示，点击 + 按钮新建 −2 号挖方边坡，输入表 3-46 的 −2 号挖方边坡设计数据，结果如图 3-91(d)所示。同理，输入表 3-46 的 −3，−4，−5，−6 号挖方边坡设计数据，结果如图 3-91(e)—(h)所示。点击屏幕标题栏左侧的 < 按钮，返回项目主菜单。

每个边坡最多可以输入 4 层边坡结构层，每个结构层只有厚度 Δh 可以输入，其松铺系数 λ 内部固定为 1，不允许用户输入。

(3) 输入文件设计数据——超高横坡

在项目主菜单[图 3-90(a)]，点击 **Q2X8交点法** 按钮，点击“广西河池至都安高速公路 3-1 标”文件名，在弹出的快捷菜单点击“进入文件主菜单”命令，点击 设计数据 按钮，点击“设计数据”类型列表框，在弹出的快捷菜单点击“超高横坡”选项[图 3-92(a)]。输入表 3-45 所列第

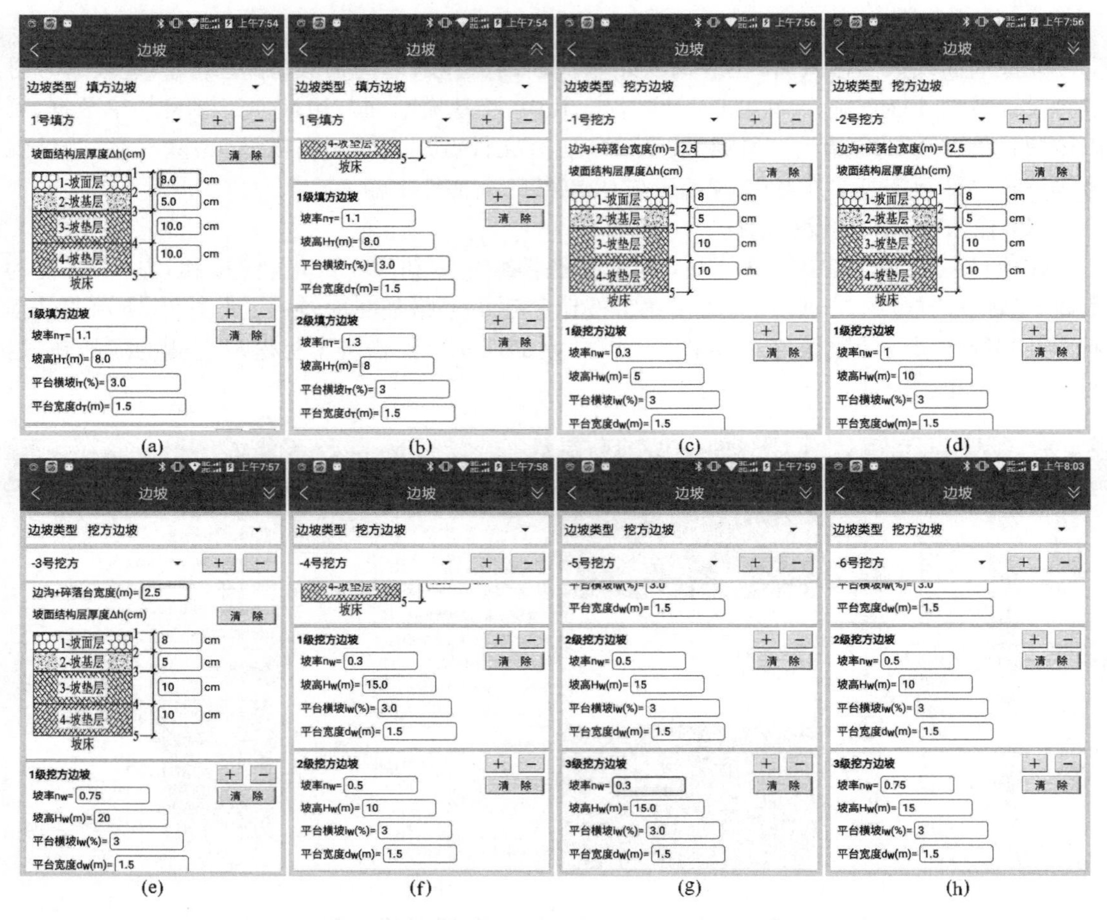

图 3-91　输入表 3-46 所列 1 个填方边坡、6 个挖方边坡设计数据

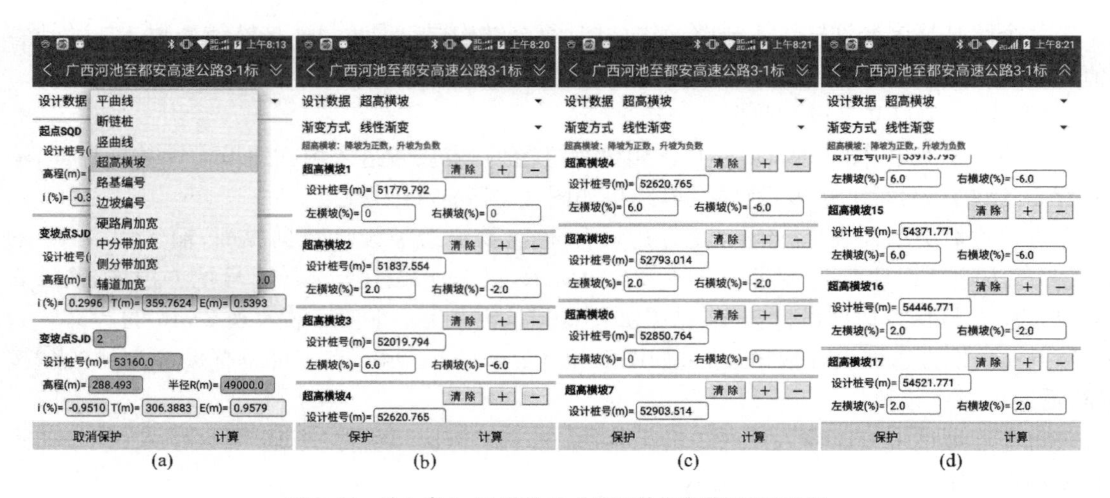

图 3-92　输入表 3-45 所列 17 个断面的超高横坡设计数据

1～17 号横断面的超高横坡数据，结果如图 3-92(b)—(d)所示，在表 3-45 中，由于 17 号横断面与 18 号横断面的超高横坡数据相同，均为路拱路基，所以，可以不输入 18 号横断面的超高横坡数据。

（4）输入文件设计数据——路基编号

在文件设计数据界面，点击“设计数据”类型列表框，在弹出的快捷菜单点击“路基编号”选项[图 3-93(a)]，输入 1 号路基编号，结果如图 3-93(b)所示。

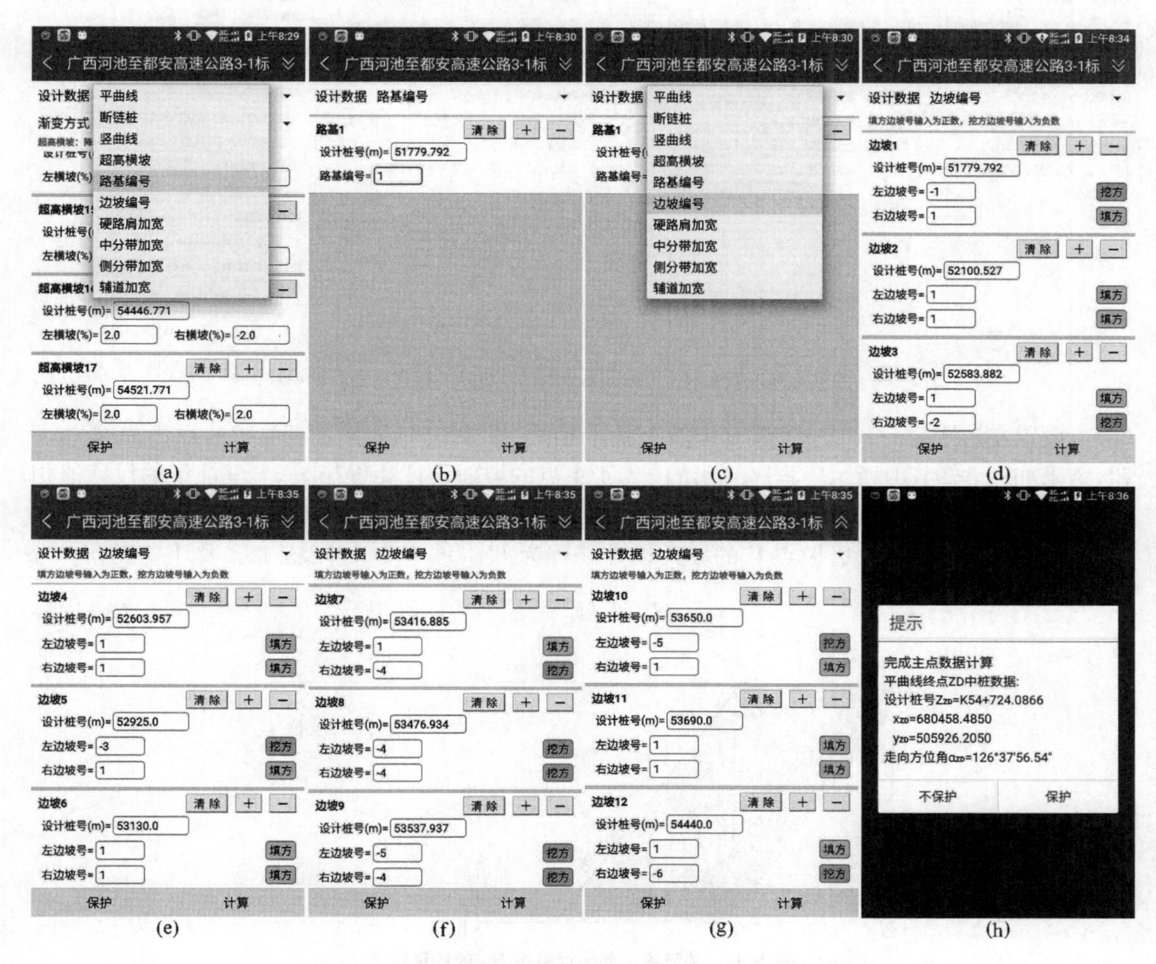

图 3-93　输入路基编号与表 3-47 所列 12 个边坡编号设计数据

（5）输入文件设计数据——边坡编号

点击“设计数据”类型列表框，在弹出的快捷菜单点击“边坡编号”选项[图 3-93(c)]，输入表 3-47 所列 12 个边坡编号设计数据，结果如图 3-93(d)—(g)所示。完成文件全部设计数据输入后，应点击**计算**按钮，重新计算平竖曲线主点数据，目的是将当前文件新输入的超高横坡、路基编号、边坡编号中的设计桩号全部变换为连续桩号并存入文件内部数据库，结果如图 3-93(h)所示。

5. 坐标正算

在**Q2X8交点法**文件“广西河池至都安高速公路 3-1 标”主菜单界面，点击**坐标正算**按钮，输入加桩号 52 930 m，设置施工层号为“4 -底基层”，点击**计算断面**按钮，计算加桩 K52+930 左幅路基及其边坡断面的主点数据，且自动设置“左设计高程点”的边距[图 3-94(a)]，它是图 3-89(a)所示的左幅①号路基主点。

点击断面主点列表框，点击“−1.1 左 1 级挖方平台内缘点(−29.716 m)”选项[图 3-94

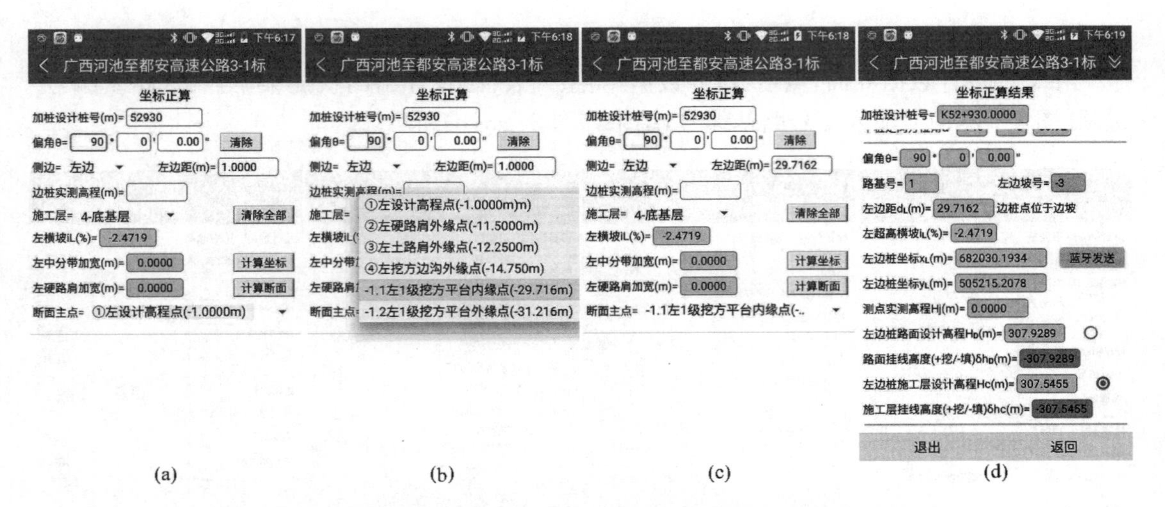

图 3-94　坐标正算加桩 K52+930 左幅一级挖方边坡平台内缘点三维设计坐标

(b)]，设置左边距为−1.1一级挖方边坡主点的边距 29.716 2 m[图 3-94(c)]，点击 计算坐标 按钮，结果如图 3-94(d)所示。程序算出的−1.1主点的坡面设计高程与图 3-89 注记的设计值相符，边坡施工层设计高程为 H_C=307.545 5 m。下面介绍边坡施工层设计高程的计算原理。

如图 3-95 所示，设边坡点 P 的坡面设计高程为 H_D，坡率为 n，则施工层设计高程 H_C 为

$$H_C = H_D - h'_C \tag{3-137}$$

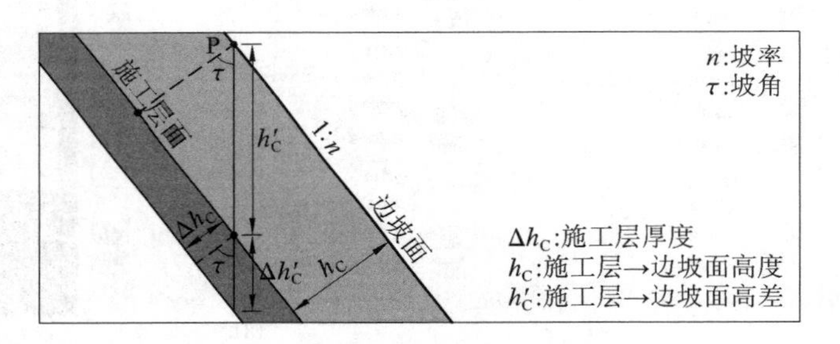

图 3-95　边坡施工层设计高程 H_C 的计算原理

式中，h'_C的计算公式容易由图 3-95 的几何关系得到

$$\left.\begin{aligned} h'_C &= \frac{h_C}{\cos\tau} \\ \Delta h'_C &= \frac{\Delta h_C}{\cos\tau} \end{aligned}\right\} \tag{3-138}$$

式中，

$$\tau = \tan^{-1}\frac{1}{n} \tag{3-139}$$

由图 3-95 可知，边坡施工层“4 -底基层”的 h_C=0.08+0.05+0.1=0.23 m，Δh_C=0.1 m，P 点位于一级挖方边坡坡面，坡率 n_W=0.75，将坡率代入式(3-139)，得

$$\tau=\tan^{-1}\frac{1}{0.75}=53°07'48.37''$$

将 h_C 与 τ 代入式(3-138)的第一式，得

$$h'_C=\frac{h_C}{\cos\tau}=\frac{0.23}{\cos 53°07'48.37''}=0.383\ 3\ \text{m}$$

则 P 点的施工层设计高程为：$H_C=H_D-h'_C=307.928\ 9-0.383\ 3=307.545\ 6$ m，与图 3-94(d)的计算结果相差 0.1 mm。计算加桩 K52+930 左幅横断面全部路基与边坡主点三维设计坐标结果列于表 3-48，请读者自行验算。

表 3-48　坐标正算加桩 K52+930 左幅横断面路基主点与边坡主点三维设计坐标结果

（施工层号=4，中桩坐标 x=682 013.582 4 m，y=505 190.567 9 m，H=287.744 4 m，α=146°00′50.92″）

点名	d_L/m	x_L/m	y_L/m	H_{LD}/m	H_{LC}/m	h_C/m	备注
①	1	682 014.141 4	505 191.397 1	287.744 4	287.198 4	0.546	左设计高程点
②	11.5	682 020.010 8	505 200.103 4	288.003 9	287.457 9	0.546	左硬路肩外缘点
③	12.25	682 020.430	505 200.725 3	287.973 9	287.427 9	0.546	左土路肩外缘点
④	14.75	682 021.827 5	505 202.798 2				左边沟外缘点
−1.1	29.716 2	682 030.193 4	505 215.207 8	307.928 9	307.545 5	0.383 3	一级挖方平台内缘点
−1.2	31.216 2	682 031.031 9	505 216.451 6	307.973 9	307.743 9	0.23	一级挖方平台外缘点

图 3-96 为计算加桩 K52+930 右幅二级填方边坡平台内缘点(2.1)三维设计坐标的操作过程，填方边坡主点 2.1 点的边距及设计高程值与图 3-89 的设计值相符。

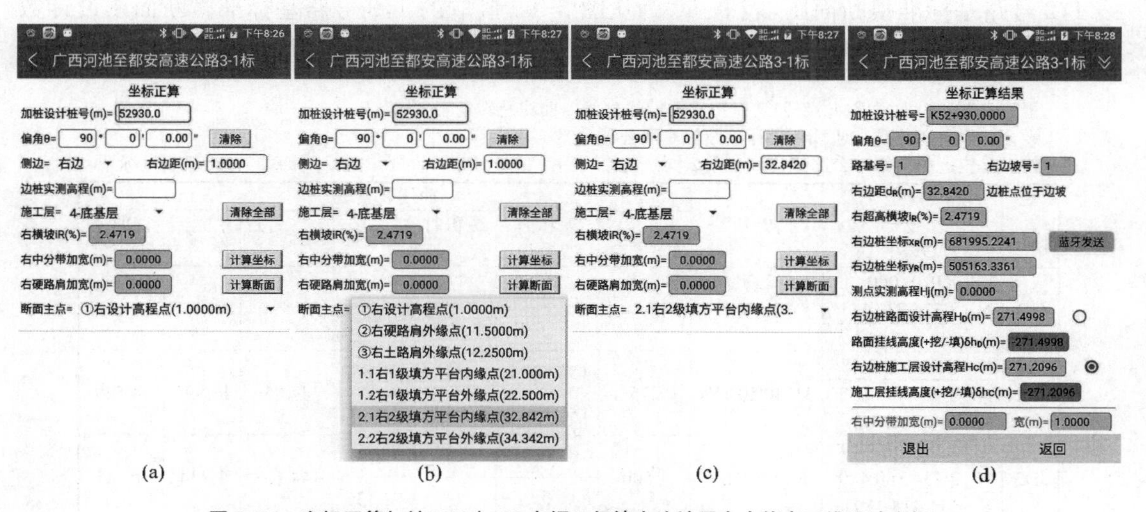

图 3-96　坐标正算加桩 K52+930 右幅二级填方边坡平台内缘点三维设计坐标

6. 坐标反算

在文件主菜单界面，点击 坐标反算 按钮，输入图 3-89 所注 P 点的三维坐标[图 3-97(a)]，点击 计算坐标 按钮，结果如图 3-97(b)—(d)所示。

如图 3-89 所示，测点 P 位于左幅一级挖方边坡，程序算出 P 点距离坡口主点 −1.1 点的坡口坡距、平距及其挖填高差，以便于用户快速确定离测点最近的坡口位置。

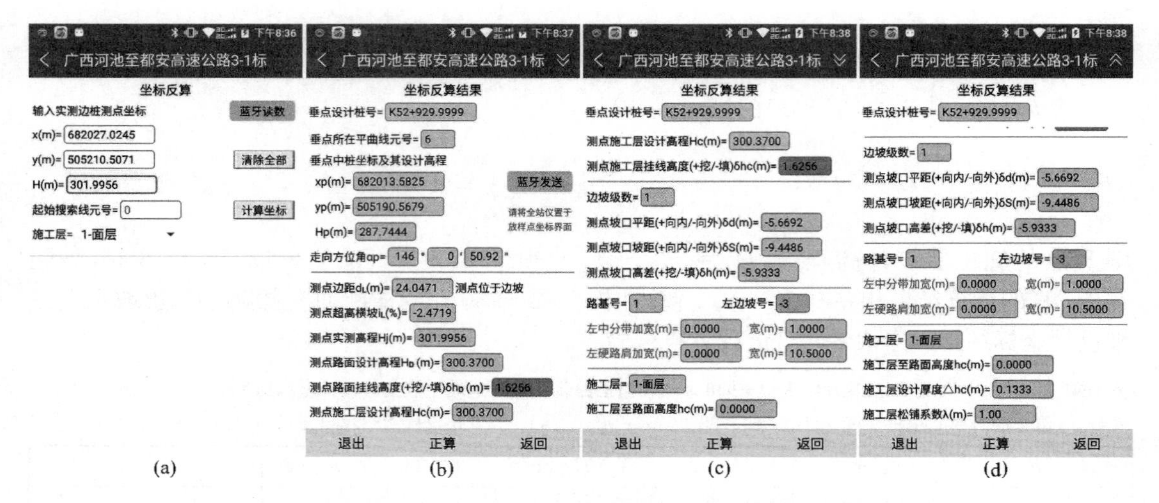

图 3-97　坐标正算加桩 K52+930 右幅二级填方边坡平台内缘点三维设计坐标

3.13　市政道路横断面边桩设计高程计算原理及工程案例

福建省晋江市龙狮路(龙湖段)工程含新建段 XJ 线与既有道路改造段 GZ 线。

1. 福建省晋江市龙狮路(龙湖段)工程新建段 XJ 线

(1) 平竖曲线设计图纸

图 3-98 为新建段 XJ 线的平曲线设计图纸,表 3-49 为竖曲线及纵坡表,图 3-99 为 XJ 线 1,2 号路基标准横断面图,表 3-50 为从图 3-99 摘取的 1,2 号路基标准横断面图设计数据,图 3-100 为路基结构层设计数据,表 3-51 为 XJ 线横断面编号设计数据。

福建省晋江市龙狮路(龙湖段)工程新建段XJ线直线、曲线及转角表(局部)
设计单位:江苏省交通规划设计院股份有限公司
施工单位:中交第一公路工程局有限公司　　　　平面坐标系:1980西安坐标系

交点号	交点桩号及交点坐标		转角	曲线要素/m						
				半径	缓和曲线参数	缓和曲线长	切线长	曲线长	外距	切曲差(校正值)
QD	桩	XJK0+000								
	N	2 734 737.111								
	E	511 436.612								
JD1	桩	XJK0+282.486	31°40′50″(Y)	275	152.888 8	85	120.802	237.056	11.992	4.549
	N	2 734 455.092								
	E	511 420.362			152.888 8	85	120.802			
JD2	桩	XJK0+637.497	5°30′23″(Z)	1 500	0	0	72.135	144.158	1.734	0.111
	N	2 734 160.480								
	E	511 214.239			0	0	72.135			
JD3	桩	XJK1+242.160	10°22′22″(Y)	1 500	0	0	136.152	271.560	6.167	0.744
	N	2 733 633.965								
	E	510 916.693			0	0	136.152			
ZD	桩	XJK1+420								
	N	2 733 496.850								
	E	510 802.272								

图 3-98　福建省晋江市龙狮路(龙湖段)工程新建段 XJ 线平曲线设计图(局部)

表 3-49　　福建省晋江市龙狮路工程新建段 XJ 线竖曲线及纵坡表

点名	设计桩号	高程 H/m	竖曲半径 R/m	纵坡 i/%	切线长 T/m	外距 E/m
SQD	XJK0+000	20.818		2		
SJD1	XJK0+072.084	22.260	6 000	3	29.972	0.075
SJD2	XJK0+311.174	29.433	6 000	0.7	68.917	0.396
SJD3	XJK0+727.776	32.358 8	8 000	2.3	63.900	0.255
SJD4	XJK1+072.084	40.277	12 000	2.8	29.982	0.038
SJD5	XJK1+272.084	45.877	9 000	1.66	51.287	0.146
SZD	XJK1+420	48.332				

（2）市政道路路基标准横断面设计图纸

图 3-99 为图纸给出的 1，2 号市政道路标准横断面设计图，与图 3-86 所示的高速公路标准横断面设计图比较，有以下四点差异：

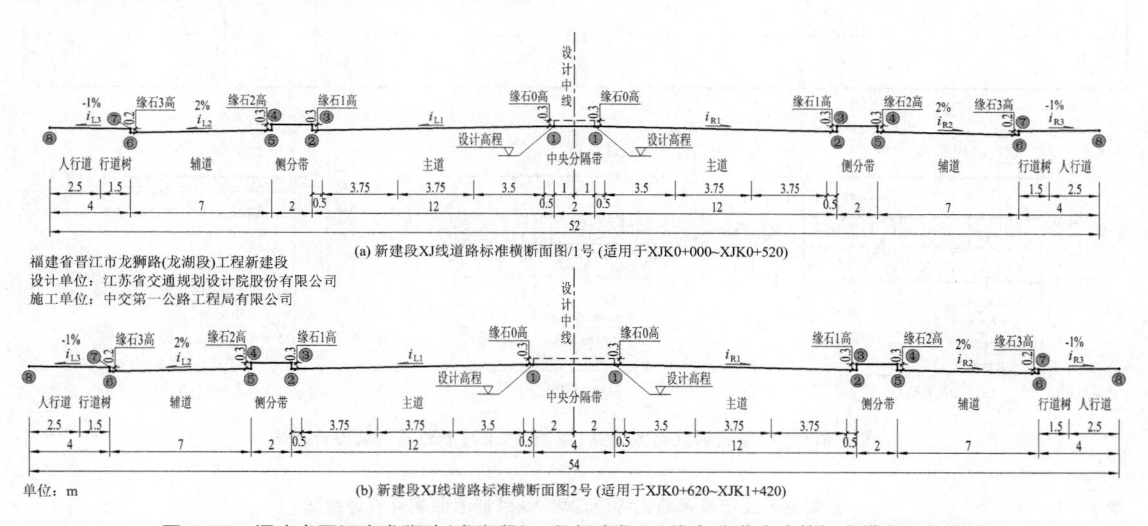

(a) 新建段XJ线道路标准横断面图/1号 (适用于XJK0+000~XJK0+520)

(b) 新建段XJ线道路标准横断面图2号 (适用于XJK0+620~XJK1+420)

图 3-99　福建省晋江市龙狮路(龙湖段)工程新建段 XJ 线市政道路路基标准横断面设计图

① 新增侧分带、辅道和“人行道＋行道树”(以下简称人行道)，路基有①—⑧号 8 个主点，设计 **Q2X8交点法** 程序时，中分带左右幅①号主点不考虑缘石高，③，④，⑦号三个主点的设计高程为②，⑤，⑥号三个主点的设计高程分别加缘石 1 高、缘石 2 高、缘石 3 高的主点，这三对主点的高程相差缘石高，边距对应相同。

② 有 6 个超高横坡值，它们分别为左幅主道 i_{L1}、辅道 i_{L2}、人行道 i_{L3}，右幅主道 i_{R1}、辅道 i_{R2}、人行道 i_{R3}，其中主道超高横坡 i_{L1} 与 i_{R1} 由纵断面图纸的超高表内插计算，辅道超高横坡 i_{L2} 与 i_{R2} 为图纸给出的固定值。本例为 2%的降坡，人行道超高横坡 i_{L3} 与 i_{R3} 为图纸给出的固定值，本例为－1%的升坡。

③ 人行道外缘点未设置土路肩，如果设计有边坡，边坡起点直接连接人行道外缘点⑧。因此，每个市政道路横断面需要输入 20 个设计参数，图 3-99 所示的 1，2 号横断面设计数据列于表 3-50。

④ 主道、辅道、人行道(简称三道)均设计有底基层、基层、面层三个结构层,主道与辅导还设计有 0.6 cm 厚的稀浆封层,设计参数如图 3-100 所示。

表 3-50　　福建省晋江市龙狮路工程市政道路横断面新建段 XJ 线 1,2 号路基横断面设计数据

市政道路左幅横断面参数/m										
列号	1	2	3	4	5	6	7	8	9	10
断面号	人行道	i_{L3}/%	缘石 3	辅道	i_{L2}/%	缘石 2	侧分带	缘石 1	主道	左设计高程边距
1	4	−1	0.2	7	2	0.3	2	0.3	12	−1
2	4	−1	0.2	7	2	0.3	2	0.3	12	−2
市政道路右幅横断面参数/m										
列号	20	19	18	17	16	15	14	13	12	11
断面号	人行道	i_{R2}/%	缘石 3	辅道	i_{R2}/%	缘石 2	侧分带	缘石 1	主道	右设计高程边距
1	4	−1	0.2	7	2	0.3	2	0.3	12	1
2	4	−1	0.2	7	2	0.3	2	0.3	12	2

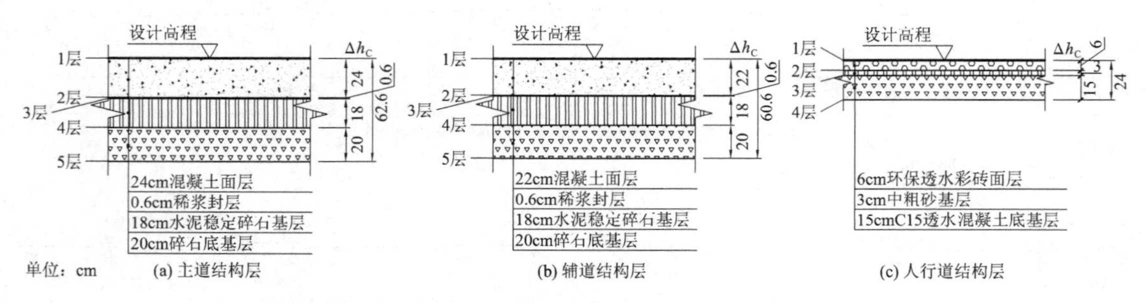

图 3-100　福建省晋江市龙狮路(龙湖段)工程道路结构层设计参数

表 3-51　　福建省晋江市龙狮路工程新建段 XJ 线横断面编号设计数据

序	设计桩号	断面号
1	XJK0+000	1
2	XJK0+520	1
3	XJK0+620	2

(3) 中分带加宽设计数据

图 3-99(a)所示的 1 号横断面中分带宽为 2 m,适用于 XJK0+000—XJK0+520 桩号区间,图 3-99(b)所示的 2 号横断面中分带宽为 4 m,适用于 XJK0+620—XJK1+420 桩号区间,在 XJK0+520—XJK0+620 桩号区间的 100 m 为中分带加宽过渡段,左、右中分带均加宽了 1 m,图纸要求中分带加宽过渡段使用三次抛物线渐变,中分带加宽设计数据列于表 3-52。

表 3-52　福建省晋江市龙狮路工程新建段 XJ 线中分带加宽设计数据

序	设计桩号	断面号	左中分带加宽	右中分带加宽	加宽渐变方式
1	XJK0+520	1	0	0	三次抛物线
2	XJK0+620	2	1	1	三次抛物线
3	XJK0+620	2	0	0	三次抛物线

(4) 超高横坡设计数据

由纵断面设计图纸摘取的 XJK0+000—XJK1+420 区间，主道超高横坡设计数据列于表 3-53。

表 3-53　福建省晋江市龙狮路工程新建段 XJ 线超高横坡设计数据(三次抛物线渐变)

序	设计桩号	左横坡 i_L/%	右横坡 i_R/%	序	设计桩号	左横坡 i_L/%	右横坡 i_R/%
1	XJK0+000	1.5	1.5	5	XJK0+418.739	−2	2
2	XJK0+161.684	1.5	1.5	6	XJK0+502.739	2	2
3	XJK0+246.684	−7	7	7	XJK1+420	2	2
4	XJK0+313.739	−7	7				

(5) 边坡设计数据

如图 3-101 所示，新建段 XJ 线设计有三个边坡，均为一级边坡，图 3-101(a)为 1 号一级填方边坡，边坡设计有四个结构层。与道路路基不同，施工边坡结构层时，因无法使用压路机碾压，因此其松铺系数 λ 内部固定为 1，不允许用户输入。边坡编号设计数据列于表 3-54。

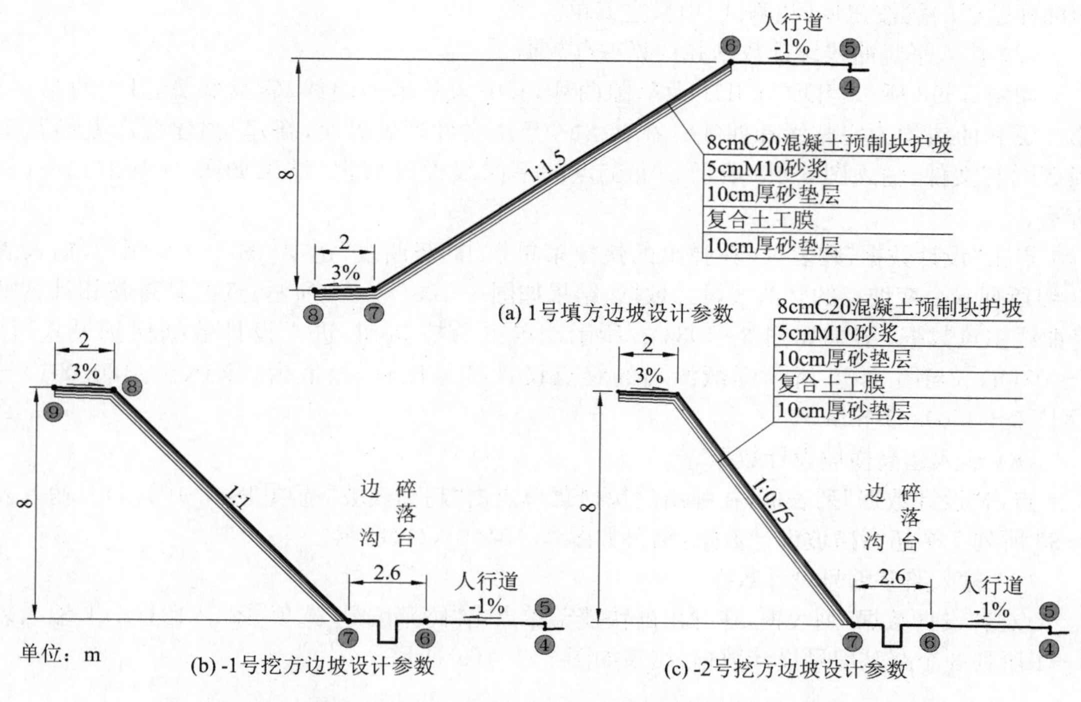

图 3-101　新建段 XJ 线 1 号填方边坡与−1，−2 号挖方边坡及其结构层设计数据

表 3-54　福建省晋江市龙狮路工程新建段 XJ 线边坡编号设计数据

序	设计桩号	左边坡号	右边坡号	序	设计桩号	左边坡号	右边坡号
1	XJK0+000	1	−1	5	XJK0+840	−1	1
2	XJK0+520	1	1	6	XJK1+100	−2	1
3	XJK0+540	1	−1	7	XJK1+140	−1	1
4	XJK0+580	−1	−1				

(6) 输入项目共享数据——1，2 号路基横断面设计数据

在“测试”项目主菜单[图 3-102(a)]，点击 **路基横断面** 按钮，点击 + 按钮新增 1 号路基横断面，在弹出的对话框中，设置◎ **市政道路** 单选框[图 3-102(b)]，点击 **确定** 按钮，进入“1 号路基(市政)”横断面界面，输入图 3-99(a)所示 1 号路基横断面设计数据，结果如图 3-102(c)—(e)所示。

同理，点击 + 按钮新增 2 号路基横断面，在弹出的对话框中，设置◎ **市政道路** 单选框，点击 **确定** 按钮，进入“2 号路基(市政)”横断面界面，输入图 3-99(b)所示 2 号路基横断面设计数据，结果如图 3-102(f)—(h)所示。

点击屏幕顶部标题栏的 < 按钮返回“测试”项目主菜单[图 3-102(i)]；点击 **边坡** 按钮，“边坡类型”的缺省设置为“填方边坡”，点击 + 按钮新增 1 号填方边坡数据栏，输入图 3-101(a)所示的 1 号填方边坡设计数据，结果如图 3-102(j)所示。点击“边坡类型”列表框，在弹出的快捷菜单点击“挖方边坡”选项，点击 + 按钮新增−1 号挖方边坡数据栏，输入图 3-101(b)所示的−1 号挖方边坡设计数据，结果如图 3-102(k)所示；点击 + 按钮新增−2 号挖方边坡数据栏，输入图 3-101(c)所示的−2 号挖方边坡设计数据，结果如图 3-102(l)所示。点击屏幕顶部标题栏的 < 按钮返回“测试”项目主菜单。

(7) 输入平竖曲线设计数据并计算主点数据

如图 3-98 所示，JD2 与 JD3 为单圆曲线，JD1 为基本型曲线，容易验算，JD1 的第一、第二缓和曲线均为完整缓和曲线。在 **Q2X8交点法** 文件列表界面，新建“福建晋江龙狮路工程 XJ 线”文件，输入图 3-98 所示 3 个交点的平曲线设计数据，结果如图 3-103(a)—(c)所示。

点击“设计数据”列表框，在弹出的快捷菜单点击“竖曲线”选项[图 3-103(d)]，输入表 3-49 所列 5 个变坡点的竖曲线设计数据，结果如图 3-103(e)，(f)所示；点击 **计算** 按钮计算平竖曲线主点数据，结果如图 3-103(g)所示。点击 **保护** 按钮，进入设计数据保护模式[图 3-103(h)]。与图 3-98 所示图纸给出的终点设计桩号比较，差值为：(XJK1＋420.001)－(XJK1＋420)＝1 mm。

(8) 输入超高横坡设计数据

点击“设计数据”列表框，在弹出的快捷菜单点击“超高横坡”选项[图 3-104(a)]，输入表 3-53 所列 7 个超高横坡设计数据，结果如图 3-104(b)，(c)所示。

(9) 输入路基编号设计数据

点击“设计数据”列表框，在弹出的快捷菜单点击“路基编号”选项[图 3-104(d)]，输入表 3-51 所列 3 个路基编号设计数据，结果如图 3-104(e)所示。

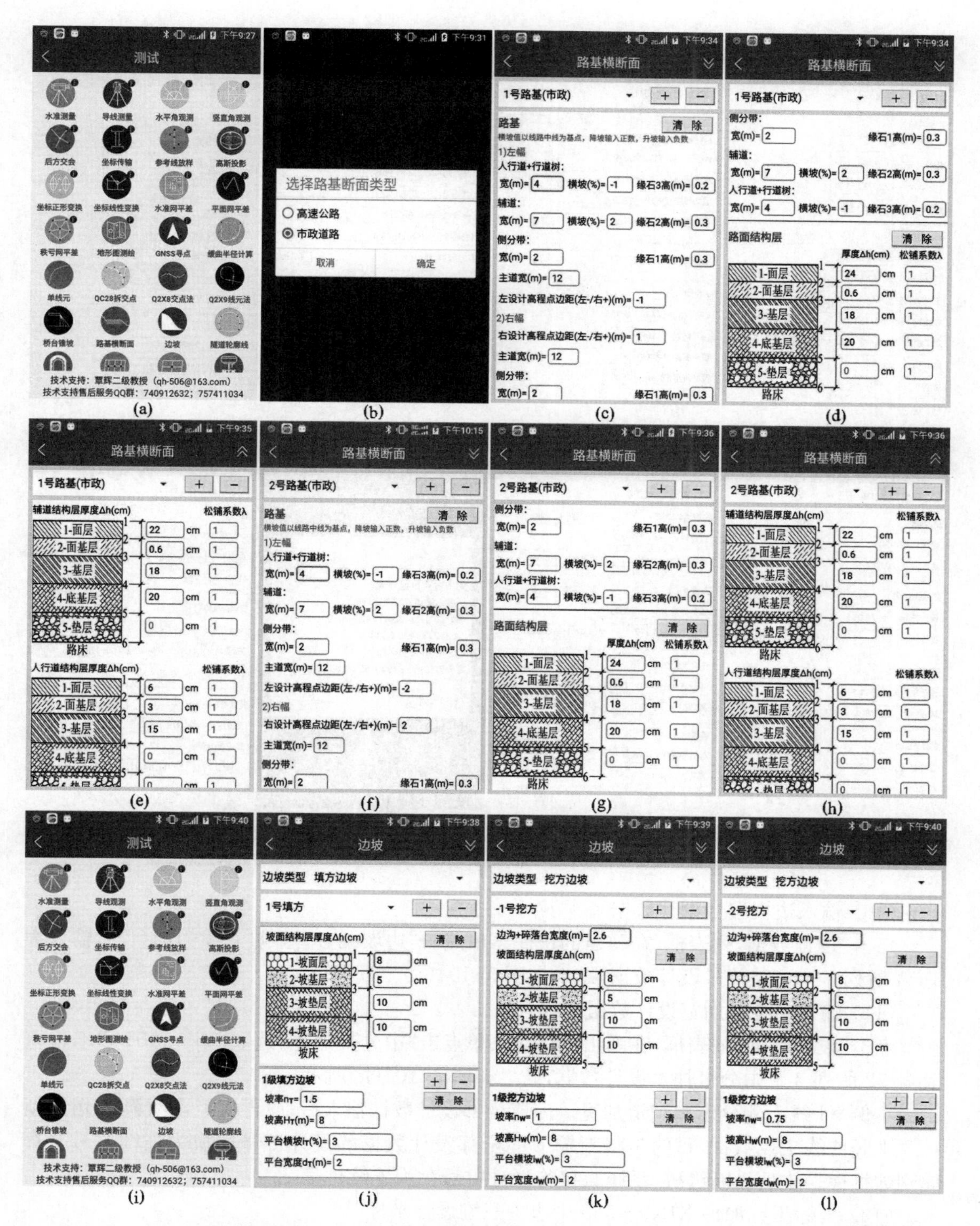

图 3-102　输入项目共享数据——1，2 号市政道路横断面设计数据，1 号填方边坡，−1，−2 号挖方边坡设计数据

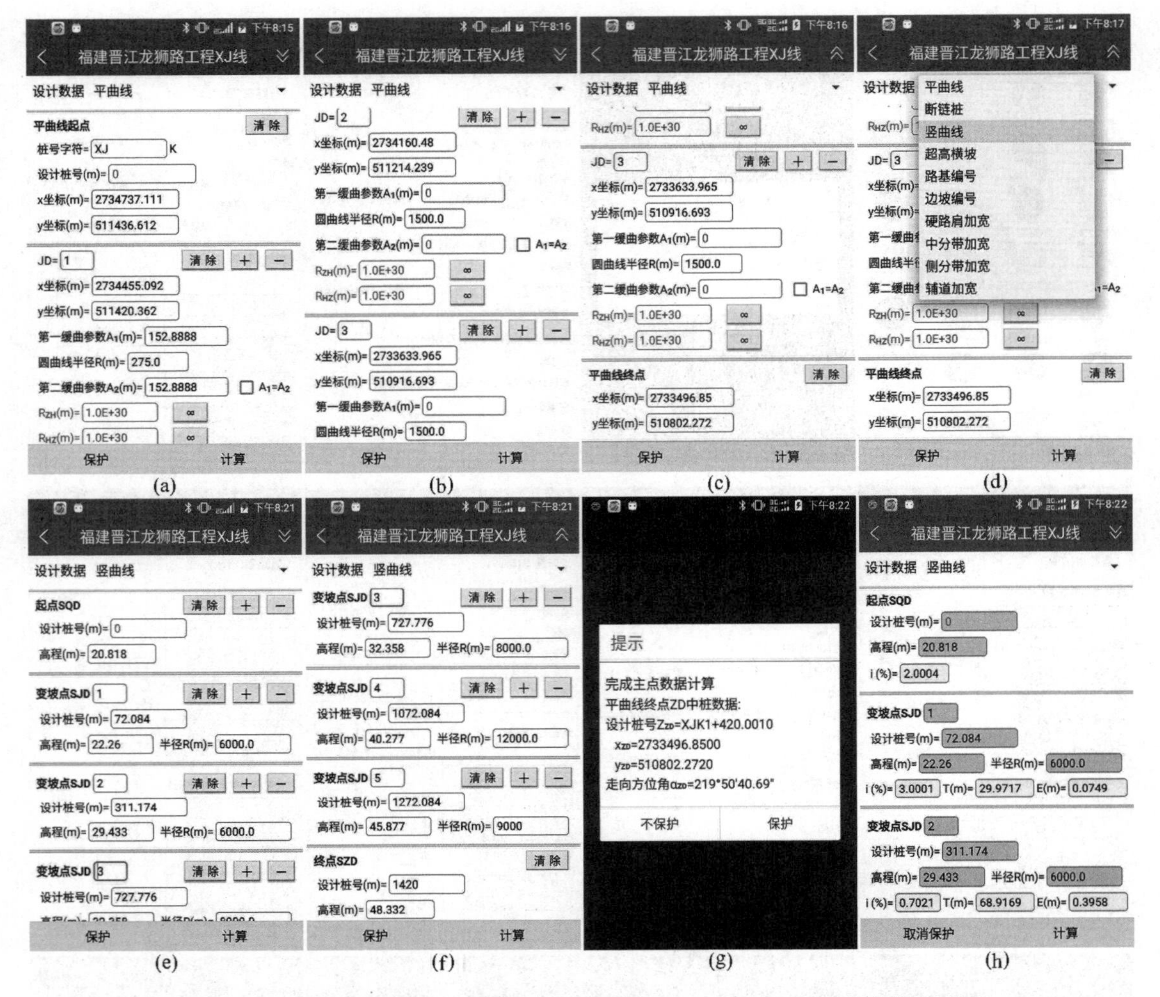

图 3-103 输入福建省晋江市龙狮路工程新建段 XJ 线平竖曲线设计数据并计算主点数据

(10) 输入边坡编号设计数据

点击“设计数据”列表框，在弹出的快捷菜单点击“边坡编号”选项[图 3-104(f)]，输入表 3-54 所列 7 个边坡编号设计数据，结果如图 3-104(g)—(i)所示。

(11) 输入中分带加宽设计数据

点击“设计数据”列表框，在弹出的快捷菜单点击“中分带加宽”选项[图 3-104(j)]，输入表 3-52 所列 3 个中分带加宽设计数据，结果如图 3-104(k)所示。

本例 XJ 线无侧分带和辅道加宽。完成全部设计数据输入后，应再次点击**计算**按钮重新计算平竖曲线主点数据，目的是将新输入的全部设计数据的设计桩号变换为连续桩号并存储到数据库。本例无断链桩，系统直接将设计桩号存为连续桩号。

(12) 坐标正算加桩 XJK0+560 中边桩三维设计坐标

① 计算左幅横断面主点与边坡测点三维设计坐标

图 3-105(a)所示为图纸给出的 XJK0+560 左幅横断面主点边距 d 及其路面或边坡面设计高程 H。

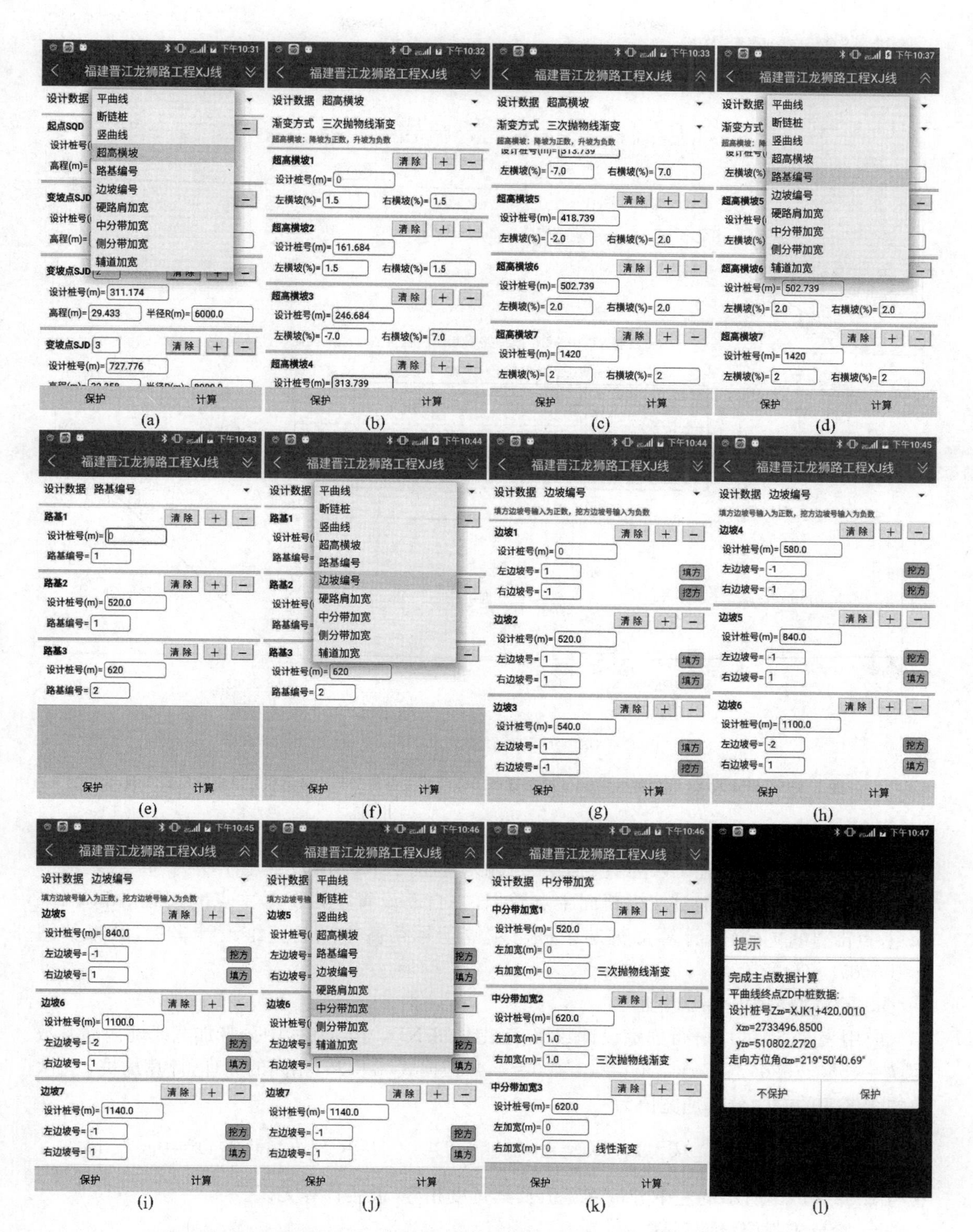

图 3-104 输入福建省晋江市龙狮路工程新建段 XJ 线平竖曲线设计数据并计算主点数据

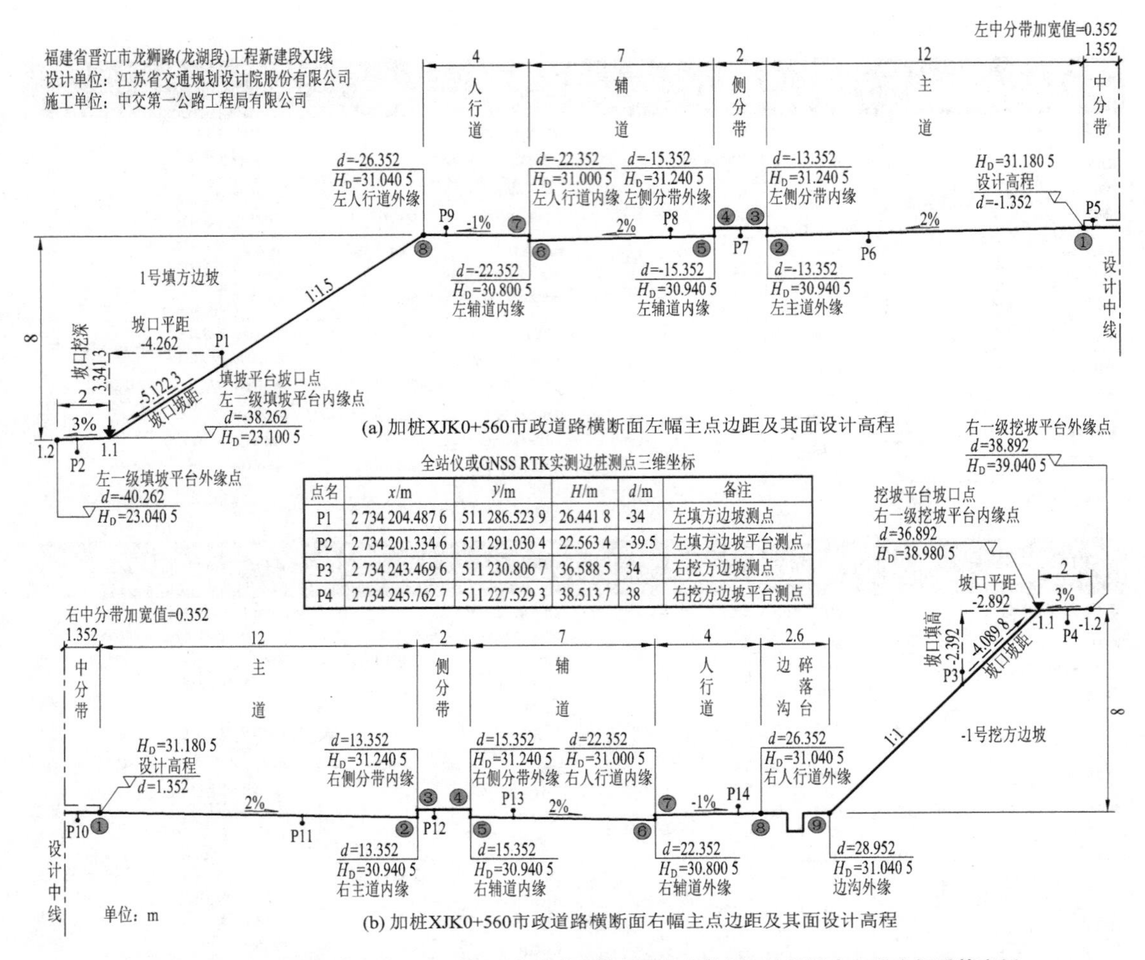

点名	x/m	y/m	H/m	d/m	备注
P1	2 734 204.487 6	511 286.523 9	26.441 8	-34	左填方边坡测点
P2	2 734 201.334 6	511 291.030 4	22.563 4	-39.5	左填方边坡平台测点
P3	2 734 243.469 6	511 230.806 7	36.588 5	34	右挖方边坡测点
P4	2 734 245.762 7	511 227.529 3	38.513 7	38	右挖方边坡平台测点

图 3-105　新建段 XJ 线加桩 XJK0+560 市政道路横断面主点数据与边坡测点三维坐标反算案例

在文件主菜单[图 3-106(a)]，点击[坐标正算]按钮，进入坐标正算界面[图 3-106(b)]，缺省设置为计算左边桩坐标，施工层为“1-面层”。输入加桩号 560 m，设置施工层为“4-底基层”，点击[计算断面]按钮，计算加桩左幅断面主点数据，并自动设置左幅①号主点的边距[图 3-106(c)]；点击[计算坐标]按钮，计算加桩的中桩与左幅①号路基主点的三维设计坐标，结果如图 3-106(d)—(f)所示。

a. 验算加桩中分带加宽值

应用表 3-52 的中分带加宽设计数据，可得加桩 XJK0+560 的中分带加宽线性内插系数为：$k=(560-520)/(620-520)=40/100=0.4$，根据式(3-136)相同的原理，计算加桩 j 三次抛物线渐变的左中分带加宽值为

$$C_j=C_s+(C_e-C_s)k^2(3-2k)=0+(1-0)\times 0.4^2\times(3-2\times 0.4)=0.352\ \text{m}$$

它与图 3-106(c)所示的左中分带加宽值及其宽度相等，说明计算无误。

b. 验算施工层设计高程

本例设置的施工层号为“4-底基层”[图 3-106(c)]，如图 3-106(e)、(f)所示，屏幕显示的左幅路基①号主点面设计高程 $H_D=31.1805$ m，施工层设计高程为 $H_C=30.7545$ m，施工

图 3-106　坐标正算加桩 XJK0+560 中桩与左幅路基①,②主点三维设计坐标

层至路面高度 h_C＝0.426 m。

本例主道、辅道与人行道结构层的松铺系数全部为缺省值 1(图 3-102)。由图 3-100(a)可知,主道施工层至路面高度为 h_C＝24＋0.6＋18＝42.6 cm＝0.426 m,与屏幕显示的 h_C 值相等,施工层设计高程为 $H_C＝H_D－h_C$＝31.180 5－0.426＝30.754 5 m,与屏幕显示的 H_C

值相等。

如图 3-106(e)所示,设计高程单选框◉缺省设置位于施工层设计高程,点击蓝牙发送按钮可通过蓝牙发送左幅①号主点的边桩平面坐标及其施工层设计高程到南方 NTS-362LNB 全站仪的放样坐标界面;如果左幅①号主点设计高程单选框◉设置为路面设计高程,点击蓝牙发送按钮可通过蓝牙发送左幅①号主点的边桩平面坐标及其路面设计高程到南方 NTS-362LNB 全站仪的放样坐标界面。

点击蓝牙发送按钮之前,应先在南方 NTS-362LNB 全站仪按CORD键进入坐标模式,按F4 F4键翻页到 P3 页功能菜单,按F2(放样)③(设置放样点)键进入放样点坐标界面[图 3-107(b)],等待手机蓝牙发送的放样点坐标。

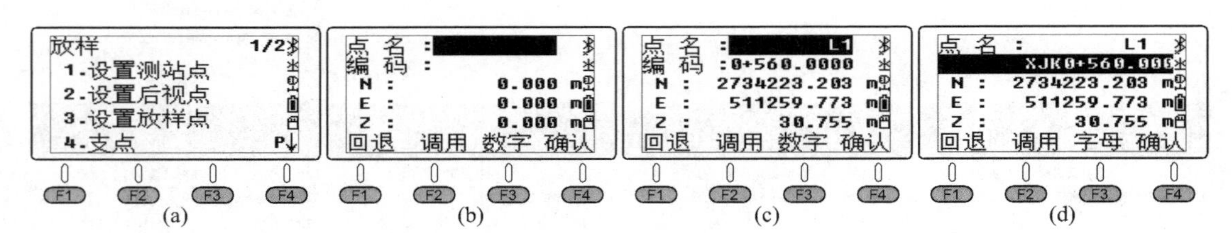

图 3-107 南方 NTS-362LNB 全站仪放样点坐标界面自动接收加桩 XJK0+560 左设计高程点三维设计坐标

南方 NTS-362LNB 全站仪蓝牙接收到的左幅①号主点施工层设计高程界面如图 3-107(c)所示,光标自动位于“点名”栏,点名 L1 表示为左边桩坐标,按▼键移动光标到“编码”栏[图 3-107(d)],显示加桩桩号,全站仪最多可以显示 21 位编码字符。

点击返回按钮,点击断面主点列表框,在弹出的快捷菜单点击②号路基主点[图 3-106(g)],点击计算坐标按钮,计算加桩中桩与左幅②号路基主点的三维设计坐标,结果如图 3-106(i),(j)所示。同理,图 3-106(l)所示为计算加桩中桩与左幅③号路基主点的三维设计坐标。由图 3-105(a)可知,左幅③号路基主点为侧分带内缘点,因侧分带无结构层,所以它只有面设计高程,无施工层设计高程,此时,系统自动设置设计高程单选框◉位于路面设计高程栏[图 3-106(l)]。

计算 XJK0+560 加桩左幅①—⑧号路基主点、一级填方边坡的两个平台主点 1.1,1.2 的三维设计坐标,一级填方边坡面测点 P1 及边坡平台测点 P2 的三维设计坐标,结果列于表 3-55。

表 3-55 坐标正算加桩 XJK0+560 左幅横断面主点与边坡测点三维设计坐标结果

(施工层号=4,中桩坐标 x=2 734 223.978 6 m, y=511 258.665 3 m, H=31.180 5 m, α=214°58′41.74″)

左中分带加宽$+C_L$=0.352 m,左中分带边距值 C_L=−1.352 m,左主道超高横坡 i_{L1}=2%							
点名	d_L/m	x_L/m	y_L/m	H_D/m	H_C/m	h_C/m	点位置说明
①	1.352	2 734 223.203 5	511 259.773 1	31.180 5	30.754 5	0.426	左主道内缘点
②	13.352	2 734 216.324 4	511 269.605 5	30.940 5	30.514 5	0.426	左主道外缘点
③	13.352 1	2 734 216.324 3	511 269.605 6	31.240 5			左侧分带内缘点
④	15.351 9	2 734 215.177 9	511 271.244 2	31.240 5			左侧分带外缘点
⑤	15.352	2 734 215.177 8	511 271.244 2	30.940 5	30.534 5	0.406	左辅道内缘点
⑥	22.352	2 734 211.164 9	511 276.979 8	30.800 5	30.394 5	0.406	左辅道外缘点

(续表)

点名	d_L/m	x_L/m	y_L/m	H_D/m	H_C/m	h_C/m	点位置说明
⑦	22.352 1	2 734 211.164 9	511 276.979 9	31.000 5	30.760 5	0.24	左人行道内缘点
⑧	26.352	2 734 208.871 9	511 280.257 3	31.040 5	30.800 5	0.24	左人行道外缘点
1.1	38.262	2 734 202.044 3	511 290.016	23.100 5	22.824 1	0.276 4	一级填坡平台内缘点
1.2	40.262	2 734 200.897 7	511 291.654 7	23.040 5	22.810 5	0.23	一级填坡平台外缘点
P1	34	2 734 204.487 5	511 286.523 8	25.941 8	25.665 4	0.276 4	一级填坡测点
P2	39.5	2 734 201.334 6	511 291.030 4	23.063 4	22.833 4	0.23	一级填坡平台测点

注:1.1 为一级填方边坡平台内缘点,1.2 为一级填方边坡平台外缘点。

由图 3-105(a)可知,P1 测点位于加桩左幅断面一级填方边坡坡面,下面手工验算 P1 测点的 h'_C值的正确性。由图 3-101 可知,边坡施工层“4-底基层”的 $h_C=8+5+10=23$ cm$=0.23$ m,一级挖方边坡坡率 $n_T=1.5$,将 n_T 值代入式(3-139),得

$$\tau=\tan^{-1}\frac{1}{n_T}=\tan^{-1}\frac{1}{1.5}=23°41'24.24''$$

将 h_C 与 τ 代入式(3-138)的第一式,得

$$h'_C=\frac{h_C}{\cos\tau}=\frac{0.23}{\cos 23°41'24.24''}=0.276\ 4\ \text{m}$$

它与表 3-55 测点 P1 行的 h_C 值相等,P1 点的坡面设计高程为 $H_D=25.941\ 8$ m,则施工层设计高程为

$$H_C=H_D-h_C=25.941\ 8-0.276\ 4=25.665\ 4\ \text{m}$$

与测点 P1 行的施工层设计高程 H_C 值相等。

② 计算右幅横断面主点与边坡测点三维设计坐标

点击**返回**按钮,点击侧边列表框,点击“右边”,点击**计算断面**按钮,计算加桩右幅断面主点数据,并自动设置右幅①号主点的边距[图 3-108(a)];点击**计算坐标**按钮,计算加桩中桩与右幅①号路基主点的三维设计坐标,结果如图 3-108(b),(c)所示。

点击**返回**按钮,点击断面主点列表框,在弹出的快捷菜单点击②号路基主点[图 3-108(d)],点击**计算坐标**按钮,计算加桩中桩与右幅②号路基主点的三维设计坐标,结果如图 3-108(f),(g)所示。同理,图 3-108(h)为计算加桩中桩与右幅③号路基主点的三维设计坐标。

计算加桩 XJK0+560 右幅①—⑨号路基主点、一级挖方边坡的两个平台主点−1.1,−1.2的三维设计坐标,一级挖方边坡面测点 P2 及边坡平台测点 P4 的三维设计坐标,结果列于表 3-56。

(13) 坐标反算加桩 XJK0+560 横断面测点案例

图 3-105 中列出了全站仪或 GNSS RTK 实测 P1—P4 点的三维坐标,其中,P1 点为左幅填方边坡测点,P2 点为左幅填方边坡平台测点,P3 点为右幅挖方边坡测点,P4 点为右幅挖方边坡平台测点。

在文件主菜单[图 3-106(a)],点击**坐标反算**按钮进入坐标反算界面,设置施工层为“4-底基层”,输入 P1 点的三维坐标,或使全站仪瞄准 P1 测点棱镜,点击**蓝牙读数**按钮启动全站仪测距,

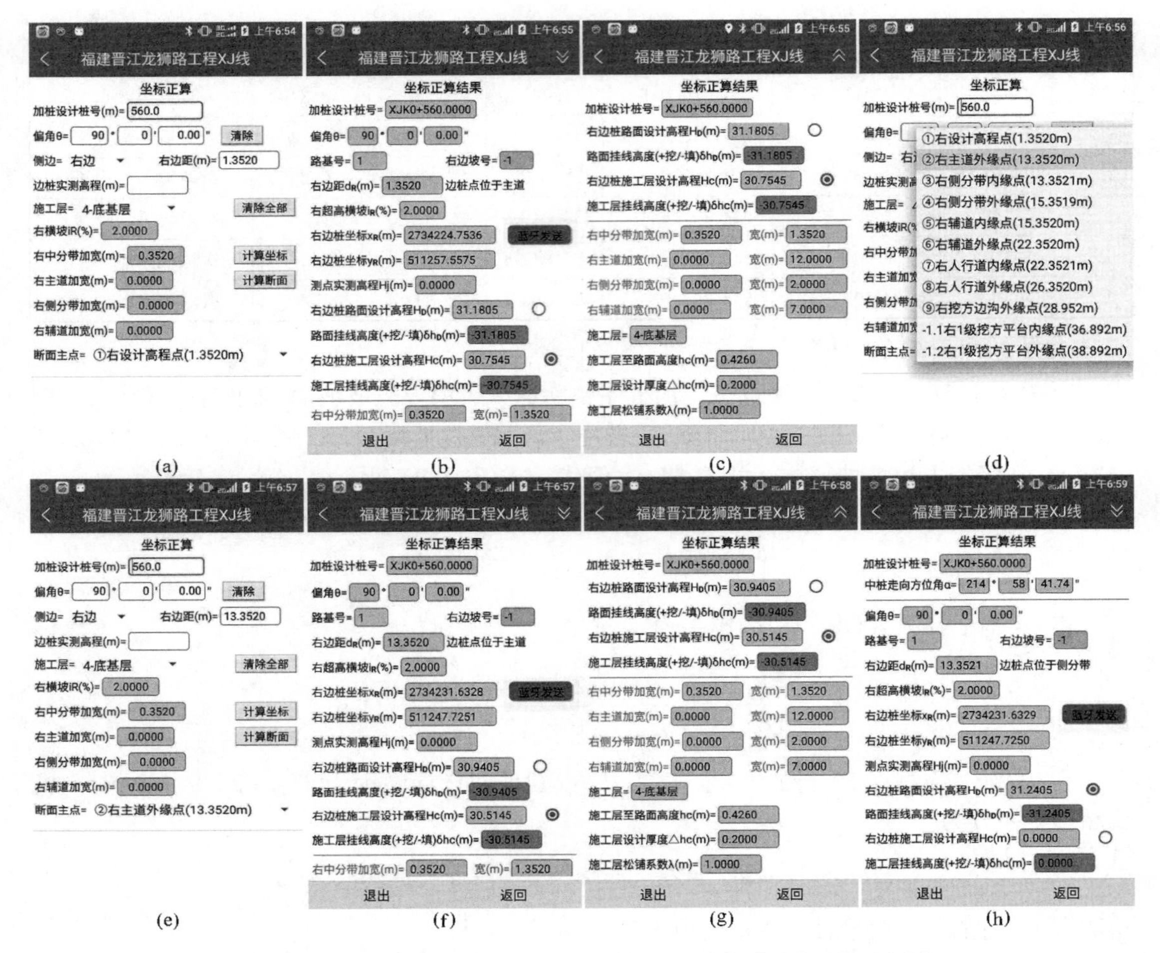

图 3-108　坐标正算加桩 XJK0＋560 中桩与左幅路基①,②主点三维设计坐标

表 3-56　　坐标正算加桩 XJK0＋560 右幅横断面主点与边坡测点三维设计坐标结果

(施工层号＝4,中桩坐标 x＝2 734 223.978 6 m,y＝511 258.665 3 m,H＝31.180 5 m,α＝214°58′41.74″)

右中分带加宽＋C_R＝0.352 m,右中分带边距值 C_R＝1.352 m,右主道横坡 i_{R1}＝2%							
点名	d_R/m	x_R/m	y_R/m	H_D/m	H_C/m	h_C/m	点位置说明
①	1.352	2 734 224.753 6	511 257.557 5	31.180 5	30.754 5	0.426	右主道内缘点
②	13.352	2 734 231.632 8	511 247.725 1	30.940 5	30.514 5	0.426	右主道外缘点
③	13.352 1	2 734 231.632 9	511 247.725	31.240 5			右侧分带内缘点
④	15.351 9	2 734 232.779 3	511 246.086 4	31.240 5			右侧分带外缘点
⑤	15.352	2 734 232.779 3	511 246.086 3	30.940 5	30.534 5	0.406	右辅道内缘点
⑥	22.352	2 734 236.792 2	511 240.350 7	30.800 5	30.394 5	0.406	右辅道外缘点
⑦	22.352 1	2 734 236.792 3	511 240.350 6	31.000 5	30.760 5	0.24	右人行道内缘点
⑧	26.352	2 734 239.085 3	511 237.073 3	31.040 5	30.800 5	0.24	右人行道外缘点
⑨	28.952	2 734 240.575 8	511 234.942 9	31.040 5			边沟＋碎落台外缘点

（续表）

点名	d_R/m	x_R/m	y_R/m	H_D/m	H_C/m	h_C/m	点位置说明
−1.1	36.892	2 734 245.127 5	511 228.437 1	38.980 5	38.655 2	0.325 3	一级挖坡平台内缘点
−1.2	38.892	2 734 246.274	511 226.798 4	39.040 5	38.810 5	0.23	一级挖坡平台外缘点
P3	34	2 734 243.469 6	511 230.806 7	36.088 5	35.763 2	0.325 3	一级挖坡测点
P4	38	2 734 245.762 7	511 227.529 2	39.013 7	38.783 7	0.23	一级挖坡平台测点

注：−1.1 为一级挖方边坡平台内缘点，−1.2 为一级挖方边坡平台外缘点。

测点三维坐标自动填入坐标栏；点击 计算坐标 按钮，计算测点的垂点数据，结果如图 3-109(b)—(d)所示。

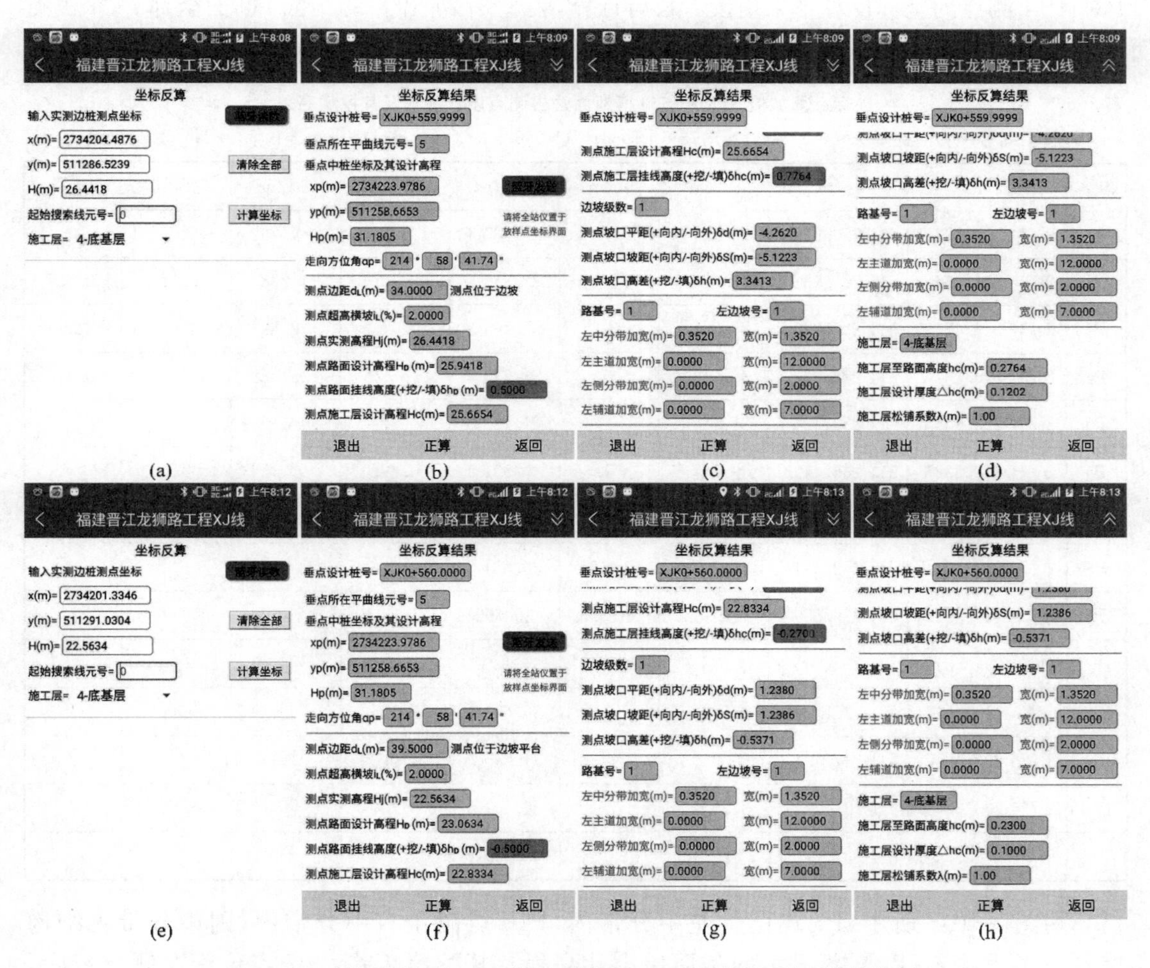

图 3-109　坐标反算加桩 XJK0+560 横断面 P1，P2 测点边距的三维设计坐标

如图 3-105(a)所示，测点 P1 位于左幅填方边坡坡面，实测高程 $H_j=26.441\ 8$ m，屏幕显示其坡面设计高程为 $H_D=25.941\ 8$ m，施工层设计高程 $H_C=25.665\ 4$ m，测点 P1 相对于施工层的挖填高差计算公式为 $\delta h_C=H_j-H_C=26.441\ 8-25.665\ 4=0.776\ 4$ m，与屏幕显示结果相等[图 3-109(b)，(c)]，$\delta h_C>0$ 为测点挖深，$\delta h_C<0$ 为测点填高。

如图 3-105(a)所示，δd 为边坡测点 P1 至测点所在边坡平台内缘点（坡口）的平距，简称坡口平距，$\delta d<0$ 为向离开设计中线方向的移动平距，$\delta d>0$ 为向靠近设计中线方向移动的平距；δS 为边坡测点 P1 在边坡面或边坡平台的投影点至测点所在边坡平台内缘点的坡距，简称坡口坡距，移动方向与 δd 相同；δh 为边坡测点 P1 至测点所在边坡平台内缘点的挖填高差，$\delta h>0$ 为挖深，$\delta h<0$ 为填高。屏幕显示 P1 测点的 $\delta d=-4.262$ m，$\delta S=-5.1223$ m，$\delta h=3.3413$ m，与图 3-105(a)所示的标注值相同。

屏幕显示边坡测点三个数据 δd，δS，δh 的施工意义是：使用全站仪或 GNSS RTK 实测边坡附近任意点的三维坐标，通过三维坐标反算求出测点的 δd，δS，δh 值，即可快速确定边坡坡口的准确位置，用于指导边坡施工。

图 3-109(e)—(h)所示为计算 XJ＋560 断面左幅填方边坡平台测点 P2 的垂点数据，P3—P14 测点的坐标反算结果请读者自行计算，表 3-57 列出了 XJ＋560 断面全部 14 个测点的三维坐标反算结果。

表 3-57　坐标反算加桩 XJK0＋560 横断面边桩测点设计高程及其挖填高差

（施工层号＝4，中桩坐标 $x=2\ 734\ 223.978\ 6$ m，$y=511\ 258.665\ 3$ m，$H=31.180\ 5$ m，$\alpha=214°58'41.74''$）

点名	x/m	y/m	H/m	d/m	H_C/m	δh_C/m	δd/m	δS/m	δh/m
P1	2 734 204.487 6	511 286.523 9	26.441 8	−34	25.665 4	0.776 4	−4.262	−5.122 3	3.341 3
P2	2 734 201.334 6	511 291.030 4	22.563 4	−39.5	22.833 4	−0.27	1.238	1.238 6	−0.537 1
P3	2 734 243.469 6	511 230.806 7	36.588 5	34	35.763 3	0.825 2	−2.892	−4.089 8	−2.392
P4	2 734 245.762 7	511 227.529 3	38.513 7	38	38.783 7	−0.27	1.108	1.108 5	−0.466 8
P5	2 734 223.405 3	511 259.484 7	31.480 5	−1	31.180 5	0.3			
P6	2 734 218.532 6	511 266.449 3	30.717 5	−9.5	30.591 5	0.126			
P7	2 734 215.751 1	511 270.424 9	30.940 5	−14.352	31.240 5	−0.3			
P8	2 734 214.233 1	511 272.594 6	31.207 5	−17	30.501 5	0.706			
P9	2 734 209.360 3	511 279.559 2	31.332	−25.5	30.792	0.54			
P10	2 734 224.551 9	511 257.845 9	30.880 5	1	31.180 5	−0.3			
P11	2 734 229.138	511 251.291	30.727 5	9	30.601 5	0.126			
P12	2 734 232.004 3	511 247.194 1	30.940 5	14	31.240 5	−0.3			
P13	2 734 233.724 1	511 244.736	31.207 5	17	30.501 5	0.706			
P14	2 734 238.596 9	511 237.771 4	31.332	25.5	30.792	0.54			

如图 3-105 所示，P5 点位于左中分带内，P10 点位于右中分带内，因中分带无结构层且不考虑缘石高，屏幕显示的是面层设计高程及其挖填高差。P7 点位于左侧分带内，P12 点位于右侧分带内，侧分带无结构层，屏幕显示的是侧分带面层设计高程及其挖填高差。

2. 福建省晋江市龙狮路（龙湖段）工程改造段 GZ 线

(1) 平竖曲线设计图纸

图 3-110 为改建段 GZ 线的平曲线设计图纸，表 3-58 为竖曲线及纵坡表。

表 3-58　　福建省晋江市龙狮路工程改造段 GZ 线竖曲线及纵坡表

点名	设计桩号	高程 H/m	竖曲半径 R/m	纵坡 i/%	切线长 T/m	外距 E/m
SQD	GZK1＋420	48.332		1.66		
SJD1	GZK1＋525.868	50.090	4 500	−0.3	44.03	0.215
SJD2	GZK1＋967.452	48.781	23 000	−0.87	65.532	0.093
SJD3	GZK2＋290.551	45.982	5 600	−4.27	95.188	0.809
SJD4	GZK2＋751.410	26.312	8 000	−0.95	132.633	1.099
SJD5	GZK3＋960.201	14.828	16 000	1.3	180.176	1.014
SJD6	GZK4＋680.462	24.207	9 000	2.5	53.801	0.161
SJD7	GZK5＋100.808	34.708	6 800	−0.3	95.156	0.666
SZD	GZK5＋257	34.239				

福建省晋江市龙狮路(龙湖段)工程改造段GZ线直线、曲线及转角表(局部)
设计单位：江苏省交通规划设计院股份有限公司
施工单位：中交第一公路工程局有限公司
平面坐标系：1980西安坐标系

交点号	交点桩号及交点坐标		转角	曲线要素/m 半径	缓和曲线参数	缓和曲线长	切线长	曲线长	外距	切曲差(校正值)
QD	桩	GZK1+420								
	N	2 733 498.132								
	E	510 800.737								
JD1	桩	GZK2+046.244	5°32′32″(Y)	2500	0	0	121.006	241.824	2.927	0.189
	N	2 733 017.310								
	E	510 399.499			0	0	121.006			
JD2	桩	GZK2+755.145	25°33′13″(Z)	460	224.944 4	110	159.536	315.158	12.803	3.914
	N	2 732 519.303								
	E	509 894.725			224.944 4	110	159.536			
JD3	桩	GZK3+492.053	7°45′55″(Y)	1 150	239.791 6	50	103.057	205.863	2.736	0.251
	N	2 731 822.422								
	E	509 643.380			239.791 6	50	103.957			
JD4	桩	GZK4+703.95	1°44′40″(Y)	12 000	0	0	182.684	365.340	1.391	0.028
	N	2 730 748.196								
	E	509 081.827			0	0	182.684			
ZD	桩	GZK5+160.365								
	N	2 730 350.313								
	E	508 858.155								

图 3-110　福建省晋江市龙狮路(龙湖段)工程改造段 GZ 线平曲线直曲表与竖曲线及纵坡表

(2) 市政道路路基标准横断面设计图纸

图 3-111 所示为图纸给出的改造段 GZ 线 3,4 号路基标准横断面设计图,路基结构层设计数据与图 3-100 相同,表 3-59 为从图 3-111 摘取的 3,4 号路基标准横断面设计数据,表 3-60 为 GZ 线路基横断面编号。

与图 3-99 所示新建段 XJ 线 1,2 号路基标准横断面比较,改造段 GZ 线路基横断面存在下列两点差异:

① 改造段 GZ 线是对既有道路进行改造,既有道路未设置中分带,改造后道路新增的中分带采用了既有道路的左幅路基,所以中分带平台横坡与左侧主道横坡相同,应全部设置在

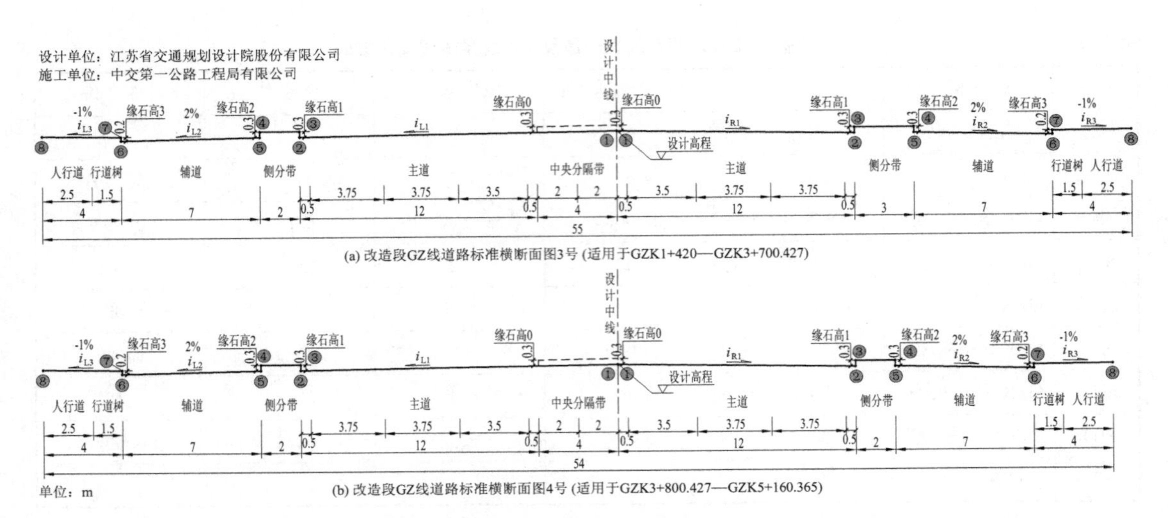

图 3-111　福建省晋江市龙狮路(龙湖段)工程新建段 GZ 线路基标准横断面设计图

表 3-59　　福建省晋江市龙狮路工程市政道路横断面改造段 GZ 线 3，4 号路基横断面设计数据

市政道路左幅横断面参数/m										
列号	1	2	3	4	5	6	7	8	9	10
断面号	人行道	i_{L3}/%	缘石 3	辅道	i_{L2}/%	缘石 2	侧分带	缘石 1	主道	左设计高程边距
3	4	−1	0.2	7	2	0.3	2	0.3	16	0
4	4	−1	0.2	7	2	0.3	2	0.3	16	0
市政道路右幅横断面参数/m										
列号	20	19	18	17	16	15	14	13	12	11
断面号	人行道	i_{R2}/%	缘石 3	辅道	i_{R2}/%	缘石 2	侧分带	缘石 1	主道	右设计高程边距
3	4	−1	0.2	7	2	0.3	3	0.3	12	0
4	4	−1	0.2	7	2	0.3	2	0.3	12	0

表 3-60　　福建省晋江市龙狮路工程改造段 GZ 线路基横断面编号设计数据

序	设计桩号	断面号
1	GZK1＋420	3
2	GZK3＋700.427	3
3	GZK3＋800.427	4

GZ 线中线左侧，因此，4 m 中分带应计算在左主道宽内，故 3，4 号路基横断面的左主道宽应为 4＋12＝16 m，而左、右设计高程边距应输入 0。

② 图 3-111(a)所示 3 号路基横断面右侧分带宽为 3 m，图 3-111(b)所示 4 号路基横断面右侧分带宽为 2 m，3，4 号横断面过渡段桩号为 GZK3＋700.427—GZK3＋800.427，右侧分带加宽过渡段长 100 m，图纸设计使用三次抛物线渐变。

(3) 超高横坡设计数据

由纵断面设计图摘取的 GZK1＋420—GZK5＋160.36 区间，主道路基超高横坡设计数据列于表 3-61。

表 3-61　　福建省晋江市龙狮路工程改造段 GZ 线超高横坡设计数据(三次抛物线渐变)

序	设计桩号	左横坡 i_L/%	右横坡 i_R/%	序	设计桩号	左横坡 i_L/%	右横坡 i_R/%
1	GZK1+420	1.5	1.5	6	GZK3+388.997	1.5	1.5
2	GZK2+595.608	1.5	1.5	7	GZK3+438.997	−2	2
3	GZK2+705.608	4	−4	8	GZK3+544.858	−2	2
4	GZK2+800.766	4	−4	9	GZK3+594.858	1.5	1.5
5	GZK2+910.766	1.5	1.5				

(4) 侧分带加宽设计数据

根据图 3-111 编写的侧分带加宽设计数据列于表 3-62。

表 3-62　　福建省晋江市龙狮路工程改造段 GZ 线侧分带加宽设计数据

序	设计桩号	断面号	左侧分带加宽/m	右侧分带加宽/m	渐变方式
1	GZK3+700.427	3	0	0	三次抛物线
2	GZK3+800.427	4	0	−1	三次抛物线
3	GZK3+800.427	4	0	0	三次抛物线

(5) 辅道加宽设计数据

由平面设计图纸摘取的辅道加宽设计数据列于表 3-63。

表 3-63　　福建省晋江市龙狮路工程改造段 GZ 线辅道加宽设计数据

序	设计桩号	断面号	左辅道加宽/m	右辅道加宽/m	渐变方式
1	GZK4+900	4	0	0	三次抛物线
2	GZK4+920	4	0	2	三次抛物线
3	GZK4+940	4	0	2	三次抛物线
4	GZK4+960	4	0	0	三次抛物线

(6) 边坡编号设计数据

改造段 GZ 线的边坡设计参数与图 3-101 所示相同,边坡编号设计数据列于表 3-64。

表 3-64　　福建省晋江市龙狮路工程改造段 GZ 线边坡编号设计数据

序	设计桩号	左边坡号	右边坡号	序	设计桩号	左边坡号	右边坡号
1	GZK1+420	−1	−1	5	GZK2+640	1	−1
2	GZK1+780	−1	1	6	GZK2+780	1	−2
3	GZK2+319.806	−1	−1	7	GZK2+820	1	−1
4	GZK2+520	−1	1	8	GZK3+655.365	1	1

(7) 输入项目共享数据——3,4 号路基横断面设计数据

在项目主菜单[图 3-102(a)],点击 **路基横断面** 按钮,点击 + 按钮新增 3 号路基横断面,在弹出的对话框中,设置◎ **市政道路** 单选框,点击 **确定** 按钮,输入图 3-111(a)所示 3 号路基横断面设计数据,结果如图 3-112(a)—(c)所示。

同理,点击 + 按钮新增 4 号路基横断面,在弹出的对话框中,设置◎ **市政道路** 单选框,点击 **确定** 按钮,输入图 3-111(b)所示 4 号路基横断面设计数据,结果如图 3-112(d),(e)所示。

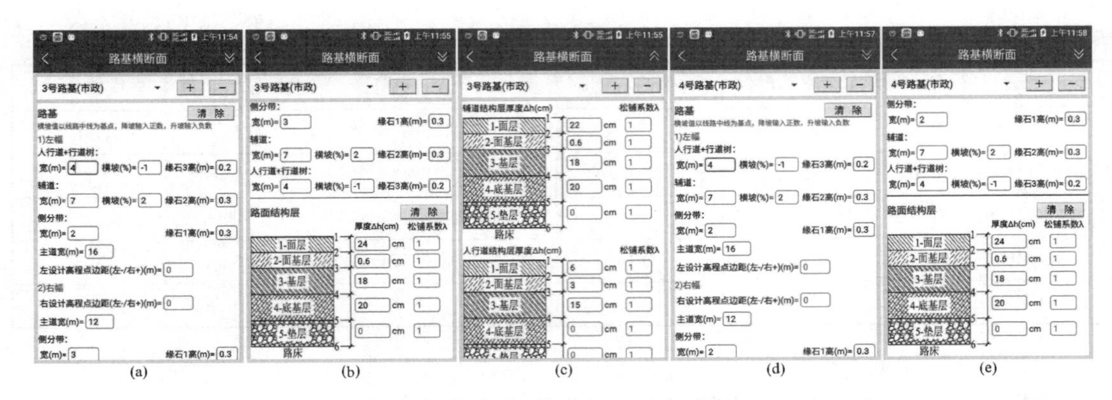

图 3-112　输入项目共享数据——3，4 号市政道路横断面设计数据

（8）输入平竖曲线设计数据并计算主点数据

如图 3-110 所示，JD1 与 JD4 为单圆曲线，JD2 与 JD3 为基本型曲线，容易验算，JD2 与 JD3 的第一、第二缓和曲线均为完整缓和曲线。在 **Q2X8交点法** 文件列表，新建“福建晋江龙狮路工程 GZ 线”文件，输入图 3-110 所示 4 个交点的平曲线设计数据，结果如图 3-113(a)—(c)所示。

点击“设计数据”列表框，在弹出的快捷菜单点击“竖曲线”选项[图 3-113(d)]，输入表 3-58 所列 7 个变坡点的竖曲线设计数据，结果如图 3-113(e)—(g)所示；点击 **计算** 按钮计算平竖曲

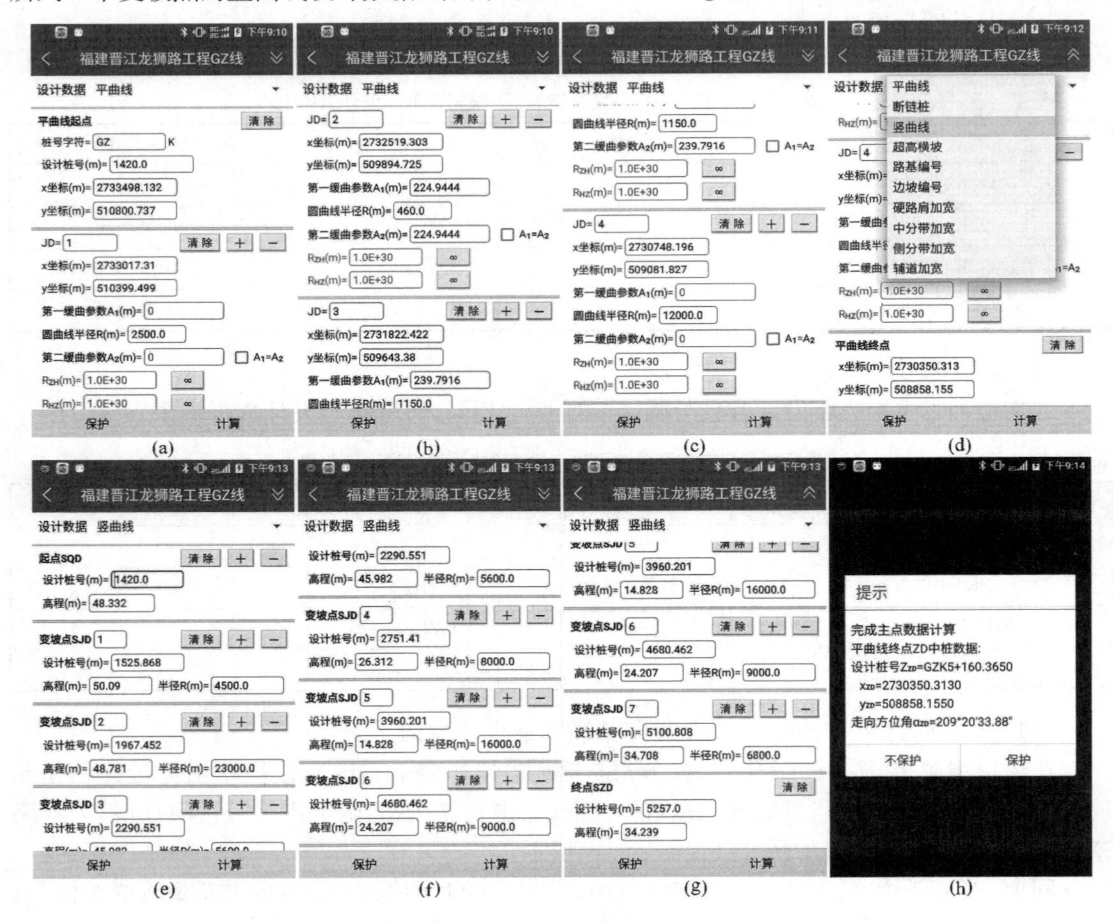

图 3-113　输入福建省晋江市龙狮路工程改造段 GZ 线平竖曲线设计数据并计算主点数据

线主点数据，结果如图 3-113(h)所示。点击 **保护** 按钮，进入设计数据保护模式。与图 3-110 所示图纸给出的终点设计桩号比较，差值为：(GZK5＋160.365)－(GZK5＋160.365)＝0 mm。

(9) 输入超高横坡设计数据

输入表 3-61 所列 9 个超高横坡设计数据，结果如图 3-114(a)—(c)所示。

(10) 输入路基编号设计数据

输入表 3-60 所列 3 个路基编号设计数据，结果如图 3-114(d)所示。

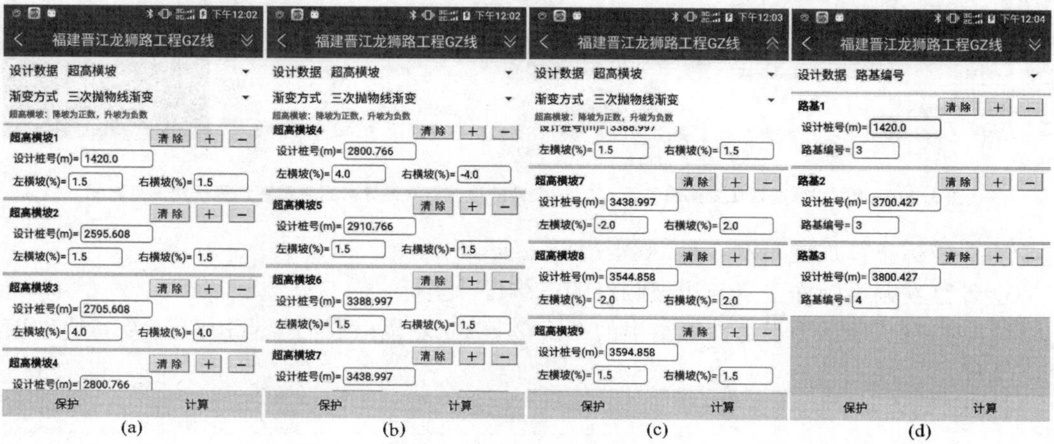

(a) (b) (c) (d)

图 3-114　输入“福建晋江龙狮路工程 GZ 线”文件的超高横坡与路基编号设计数据

(11) 输入侧分带加宽设计数据

点击“设计数据”列表框，在弹出的快捷菜单点击“侧分带加宽”选项[图 3-115(a)]，输入表 3-62 所列 3 个侧分带加宽设计数据，结果如图 3-115(b)所示。

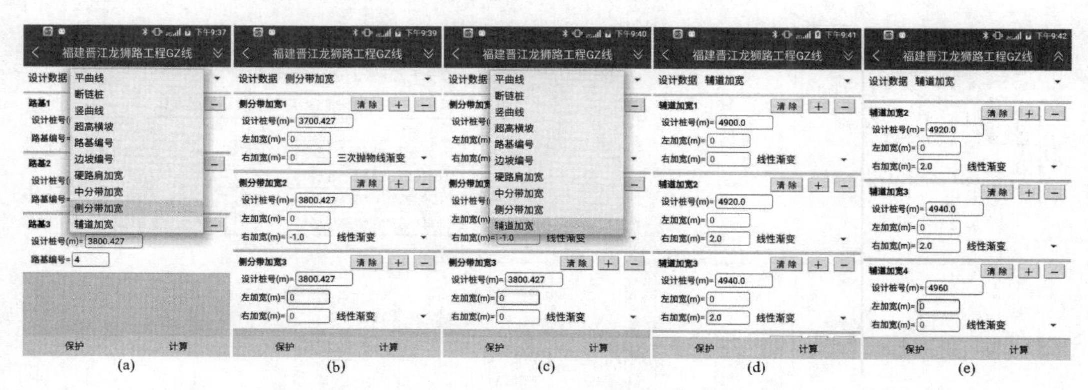

图 3-115　输入“福建晋江龙狮路工程 GZ 线”文件的侧分带加宽、辅道加宽设计数据

(12) 输入辅道加宽设计数据

点击“设计数据”列表框，在弹出的快捷菜单点击“辅道加宽”选项[图 3-115(c)]，输入表 3-63 所列 3 个辅道加宽设计数据，结果如图 3-115(d)，(e)所示。

(13) 输入边坡编号设计数据

输入表 3-64 所列 8 个边坡编号设计数据，结果如图 3-116(a)—(j)所示。完成全部设计数据输入后，应再次点击 **计算** 按钮重新计算平竖曲线主点数据，目的是将新输入的全部设计数据的设计桩号变换为连续桩号并存储到数据库。本例无断链桩，系统直接将设计桩号存为连续桩号。

图 3-116　输入“福建晋江龙狮路工程 GZ 线”文件的边坡编号设计数据并重新计算一次主点数据

（14）坐标正算加桩 GZK3＋750 中边桩三维设计坐标

① 计算左幅横断面主点与边坡测点的三维设计坐标

图 3-117(a)所示为设计图纸给出的 GZK3＋750 左幅横断面主点边距 d 及其边坡面设计高程 H。

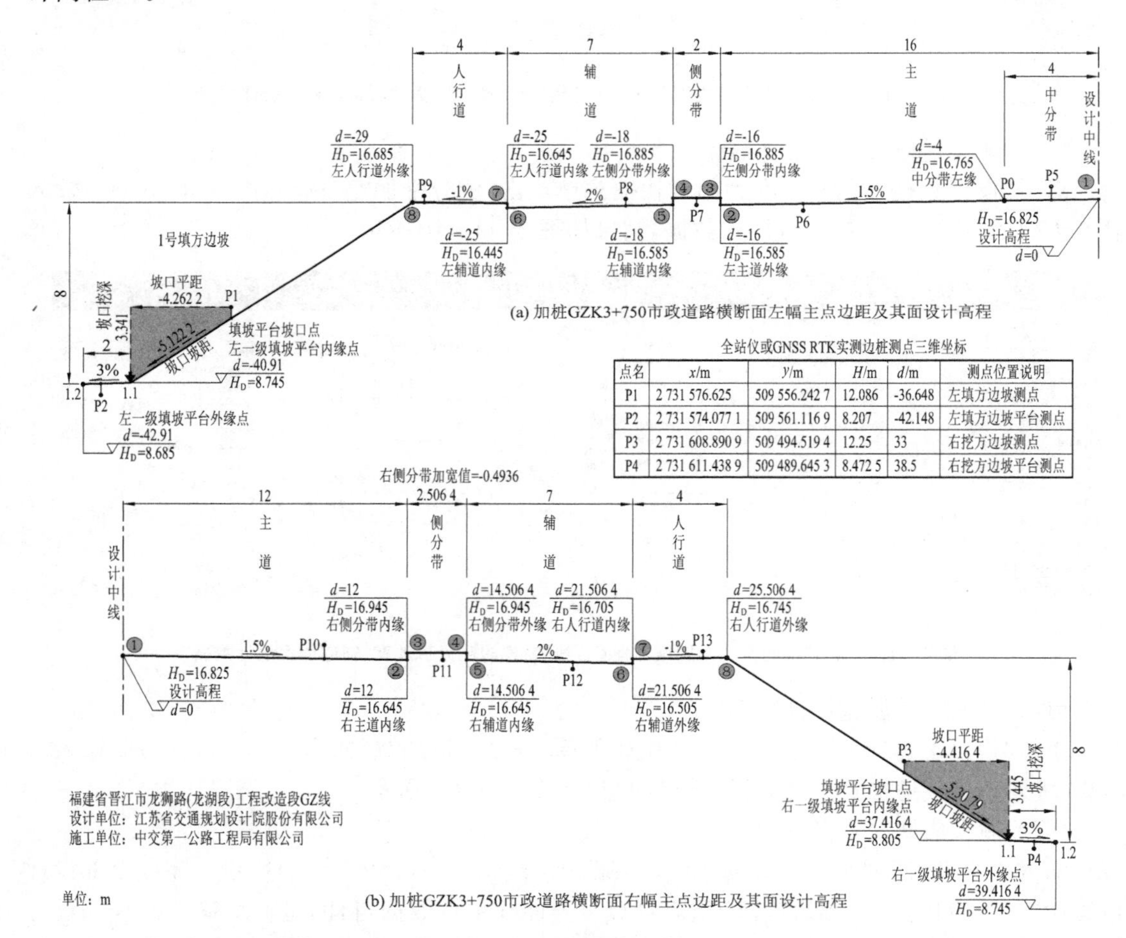

全站仪或GNSS RTK实测边桩测点三维坐标

点名	x/m	y/m	H/m	d/m	测点位置说明
P1	2 731 576.625	509 556.242 7	12.086	-36.648	左填方边坡测点
P2	2 731 574.077 1	509 561.116 9	8.207	-42.148	左填方边坡平台测点
P3	2 731 608.890 9	509 494.519 4	12.25	33	右挖方边坡测点
P4	2 731 611.438 9	509 489.645 3	8.472 5	38.5	右挖方边坡平台测点

图 3-117　改造段 GZ 线加桩 GZK3＋750 横断面主点数据与边坡测点三维坐标反算案例

在文件主菜单[图 3-118(a)]，点击 坐标正算 按钮，进入坐标正算界面[图 3-118(b)]，输入加桩号 3 750 m，设置施工层为“4 -底基层”，点击 计算断面 按钮，计算加桩左幅断面主点数据，并自动设置左幅①号主点的边距[图 3-118(c)]。

图 3-118　坐标正算 GZK3+750 加桩中桩与左幅路基实际左中分带外缘点，②，③主点三维设计坐标

如图 3-117 所示，改造段 GZ 线左、右幅路面的设计高程点的边距均为 0，所以加桩路基①号主点的设计高程等于中桩设计高程。输入实际左中分带外缘点的左边距 4 m[图 3-118(d)]，点击 **计算坐标** 按钮，计算其三维设计坐标，结果如图 3-118(e)—(g)所示。

点击 **返回** 按钮，点击断面主点列表框，在弹出的快捷菜单点击②号路基主点[图 3-118(h)]，点击 **计算坐标** 按钮，计算加桩中桩与左幅②号路基主点的三维设计坐标，结果如图 3-118(j)所示。同理，图 3-118(l)所示为计算加桩中桩与左幅③号路基主点的三维设计坐标。由图 3-117(a)可知，左幅③号路基主点为侧分带内缘点，因侧分带无结构层，所以它只有面设计高程，无施工层设计高程，此时，系统自动设置设计高程单选框◉位于路面设计高程栏[图 3-118(l)]。

计算 GZK3+750 加桩左幅②—⑧号路基主点、一级填方边坡的两个平台主点 1.1，1.2 的三维设计坐标，一级填方边坡面测点 P1 及边坡平台测点 P2 的三维设计坐标，结果列于表 3-65。

表 3-65　坐标正算加桩 GZK3+750 左幅横断面主点与边坡测点三维设计坐标结果

（施工层号=4，中桩坐标 x=2 731 593.602 8 m，y=509 523.764 5 m，H=16.825 m，α=207°35′54.15″）

点名	d_L/m	x_L/m	y_L/m	H_{LD}/m	H_{LC}/m	h_C/m	备注
P0	4	2 731 591.749 7	509 527.309 3	16.765	16.339	0.426	实际左中分带外缘点
②	16	2 731 586.190 5	509 537.942 9	16.585	16.159	0.426	左主道外缘点
③	16.000 1	2 731 586.190 4	509 537.944	16.885			左侧分带内缘点
④	17.999 9	2 731 585.264	509 539.716 3	16.885			左侧分带外缘点
⑤	18	2 731 585.263 9	509 539.716 4	16.585	16.179	0.406	左辅道内缘点
⑥	25	2 731 582.021	509 545.919 9	16.445	16.039	0.406	左辅道外缘点
⑦	25.000 1	2 731 582.021	509 545.920	16.645	16.405	0.24	左人行道内缘点
⑧	29	2 731 580.168	509 549.464 8	16.685	16.445	0.24	左人行道外缘点
1.1	40.91	2 731 574.650 4	509 560.019 6	8.745	8.468 6	0.276 4	左一级填坡平台内缘点
1.2	42.91	2 731 573.723 9	509 561.792	8.685	8.455	0.23	左一级填坡平台外缘点
P1	36.648	2 731 576.624 9	509 556.242 5	11.586 3	11.309 9	0.276 4	左一级填坡测点
P2	42.148	2 731 574.076 9	509 561.116 7	8.707 9	8.477 9	0.23	左一级填坡平台测点

② 计算右幅横断面主点与边坡测点三维设计坐标

点击 **返回** 按钮，设置“侧边”列表框为“右边”，点击 **计算断面** 按钮，计算加桩右幅断面主点数据，并自动设置右幅①号主点的边距[图 3-119(a)]。点击断面主点列表框，在弹出的快捷菜单点击②号主点[图 3-119(b)]，点击 **计算坐标** 按钮，计算加桩中桩与右幅②号路基主点的三维设计坐标，结果如图 3-119(d)—(f)所示。

应用表 3-62 的侧分带加宽设计数据，可得加桩 GZK3+750 的侧分带加宽线性内插系数为：k=(3 750−3 700.427)/(3 800.427−3 700.427)=0.495 73，根据式(3-136)相同的原理，计算加桩 j 三次抛物线渐变的右侧分带加宽值为

$$S_j = S_s + (S_e - S_s)k^2(3-2k)$$
$$= 0 + (-1-0)\times 0.495\,73^2 \times (3 - 2\times 0.495\,73) = -0.493\,6\text{ m}$$

3 号横断面的右侧分带宽为 3 m，加宽后的右侧分带宽为 $S_R=3-0.4936=2.5064$ m，与图 3-119(c)所示的右侧分带加宽值及其宽度相等，说明计算无误。

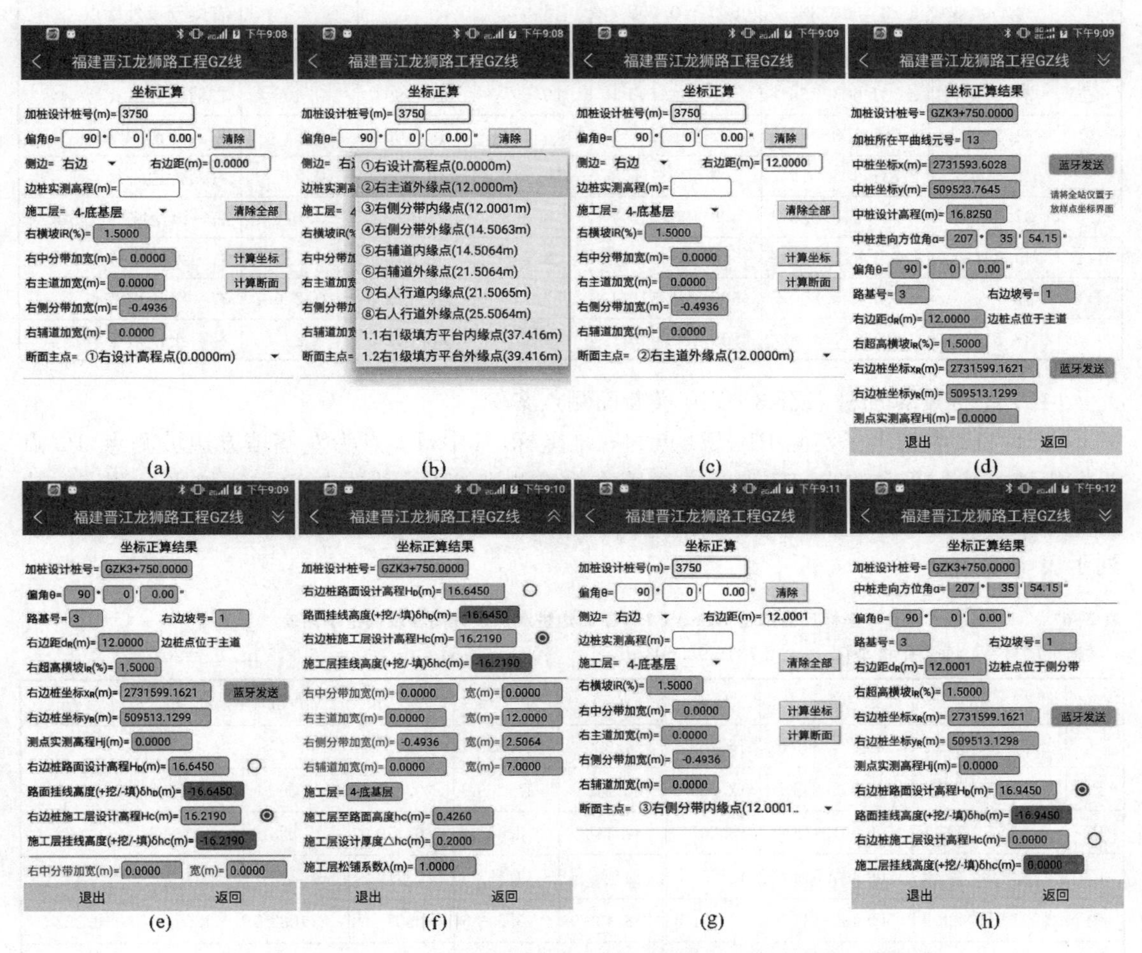

图 3-119 坐标正算 GZK3+750 加桩中桩与左幅路基②,③主点三维设计坐标

点击**返回**按钮，点击断面主点列表框，在弹出的快捷菜单点击③号路基主点[图 3-119(g)]，点击**计算坐标**按钮，计算加桩中桩与右幅③号路基主点的三维设计坐标，结果如图 3-119(h)所示。

计算 GZK3+750 加桩右幅②—⑧号路基主点、一级填方边坡的两个平台主点 1.1，1.2 的三维设计坐标，一级填方边坡面测点 P3 及边坡平台测点 P4 的三维设计坐标，结果列于表 3-66。

表 3-66　　坐标正算加桩 GZK3+750 右边桩三维设计坐标案例

(施工层号=4，中桩坐标 $x=2\,731\,593.602\,8$ m，$y=509\,523.764\,5$ m，$H=16.825$ m，$\alpha=207°35'54.15''$)

右侧分带加宽$+S_R=-0.4936$ m，右侧分带宽 $S_R=2.5064$ m，右主道横坡 $i_{R1}=1.5\%$							
点名	d_R/m	x_R/m	y_R/m	H_{RD}/m	H_{RC}/m	h_C/m	备注
②	12	2 731 599.162 1	509 513.129 9	16.645	16.219	0.426	右主道外缘点
③	12.000 1	2 731 599.162 1	509 513.129 8	16.945			右侧分带内缘点

(续表)

点名	d_R/m	x_R/m	y_R/m	H_{RD}/m	H_{RC}/m	h_C/m	备注
④	14.506 3	2 731 600.323 2	509 510.908 7	16.945			右侧分带外缘点
⑤	14.506 4	2 731 600.323 2	509 510.908 7	16.645	16.239	0.406	右辅道内缘点
⑥	21.506 4	2 731 603.566 1	509 504.705 1	16.505	16.099	0.406	右辅道外缘点
⑦	21.506 5	2 731 603.566 1	509 504.705 1	16.705	16.465	0.24	右人行道内缘点
⑧	25.506 4	2 731 605.419 2	509 501.160 3	16.745	16.505	0.24	右人行道外缘点
1.1	37.416 4	2 731 610.936 7	509 490.605 4	8.805	8.528 6	0.276 4	右一级挖坡平台内缘点
1.2	39.416 4	2 731 611.863 3	509 488.833	8.745	8.515	0.23	右一级挖坡平台外缘点
P3	33	2 731 608.890 7	509 494.519 3	11.749 3	11.472 8	0.276 4	右一级挖坡测点
P4	38.5	2 731 611.438 7	509 489.645 1	8.772 5	8.542 5	0.23	右一级挖坡平台测点

(15) 坐标反算加桩 GZK3+750 横断面测点案例

图 3-117 中列出了实测 P1—P4 点的三维坐标,其中,P1 点为左幅填方边坡测点,P2 点为左幅填方边坡平台测点,P3 点为右幅填方边坡测点,P4 点为右幅填方边坡平台测点。执行坐标反算命令,分别输入 P1—P4 点的实测三维坐标,进行这 4 个点的三维坐标反算,结果列于表 3-67。

表 3-67　坐标反算加桩 GZK3+750 断面边桩测点设计高程及其挖填高差

(施工层号=4,垂点中桩坐标 x_p= 2 731 593.603 m, y_p= 509 523.764 6 m, H_p=16.825 m, α_p=207°35′54.15″)

点名	x/m	y/m	H/m	d/m	H_C/m	δh_C/m	δd/m	δS/m	δh/m
P0	2 731 591.749 9	509 527.309 5	16.765	−4.000 1	16.339	0.426			
P1	2 731 576.625	509 556.242 7	12.086	−36.648 1	11.309 9	0.776 1	−4.261 9	−5.122 2	3.341
P2	2 731 574.077 1	509 561.116 9	8.207	−42.148	8.477 9	−0.270 9	1.238	1.238 6	−0.538
P3	2 731 608.890 9	509 494.519 4	12.25	33	11.472 8	0.777 2	−4.416 4	−5.307 9	3.445
P4	2 731 611.438 9	509 489.645 3	8.472 5	38.499 9	8.542 5	−0.07	1.083 5	1.084	−0.332 5
P5	2 731 592.676 5	509 525.537	17.395	−2	16.369	1.026			
P6	2 731 587.812 1	509 534.842 3	16.337 5	−12.5	16.211 5	0.126			
P7	2 731 585.727 4	509 538.830 3	16.585	−17	16.885	−0.3			
P8	2 731 584.337 6	509 541.488 9	16.845	−20	16.139	0.706			
P9	2 731 580.399 8	509 549.021 8	16.98	−28	16.44	0.54			
P10	2 731 597.540 8	509 516.231 8	17.297 5	8.499 9	16.271 5	1.026			
P11	2 731 599.857 2	509 511.800 7	16.645	13.5	16.945	−0.3			
P12	2 731 602.405 1	509 506.926 5	16.255 1	18.999 9	16.149 1	0.106			
P13	2 731 604.953 1	509 502.052 3	17.034 9	24.5	16.494 9	0.54			

如图 3-117 所示,P5 点位于实际的左中分带内,中分带无结构层,程序算出的结果是未考虑缘石高的面层设计高程及其挖填高差,但因改造段的中分带实际位于左主道内,其结构层参数与主道相同,所以,屏幕同时显示 P5 点的面设计高程及其挖填高程,施工层设计高程及其挖填高差。

P7 点位于左侧分带内，P11 点位于右侧分带内，因侧分带无结构层，只有面设计高程，无施工层设计高程。在表 3-67 中，P7,P11 两点的施工层设计高程及其挖填高差用灰底色背景表示。

（16）坐标正算加桩 GZK4＋915 右辅道外缘点三维设计坐标

在文件的坐标正算界面，输入加桩号 4 915 m，设置“右边”，点击 计算断面 按钮，计算加桩右幅断面主点数据[图 3-120(a)]；点击断面主点列表框，在弹出的快捷菜单点击⑥号主点[图 3-120(b)]，点击 计算坐标 按钮，结果如图 3-120(c),(d)所示。

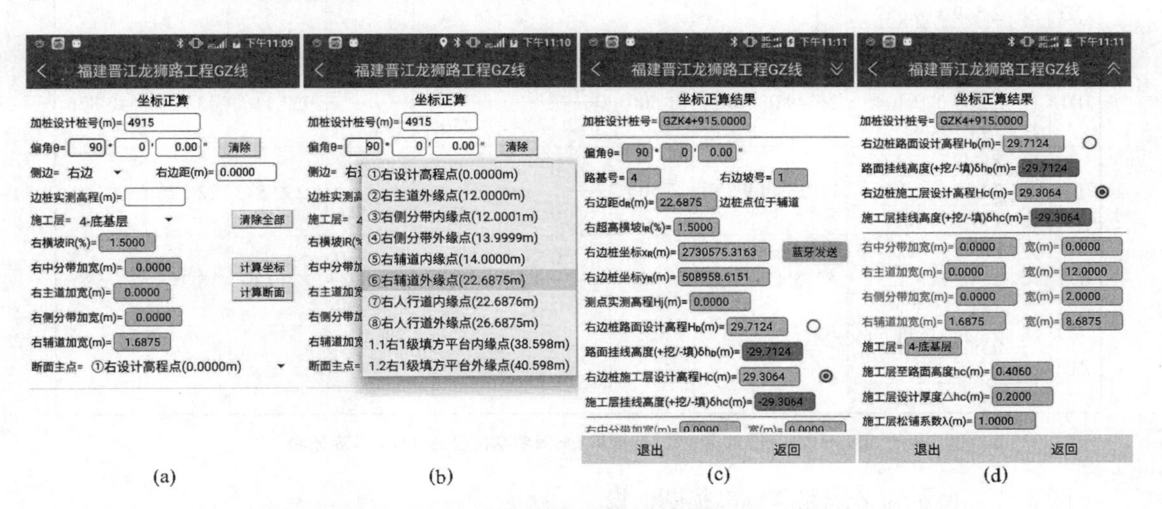

图 3-120　坐标正算 GZK4＋915 加桩右幅辅道外缘点⑥的三维设计坐标

下面验算程序计算的右辅道加宽值。应用表 3-63 中的右辅道加宽设计数据，得加桩 j 的右辅道加宽线性内插系数为：$k=(4\ 915-4\ 900)/(4\ 920-4\ 900)=15/20=0.75$，根据与式(3-136)相同的原理，计算加桩 GZK4＋915 三次抛物线渐变的右辅道加宽值为

$$A_{j}=A_{s}+(A_{e}-A_{s})k^{2}(3-2k)=0+(2-0)\times 0.75^{2}\times(3-2\times 0.75)=1.687\ 5\ \mathrm{m}$$

4 号横断面右辅道宽为 7 m，加宽后的右辅道宽为 $A_{R}=7+1.687\ 5=8.687\ 5$ m，与图 3-120(d)所示的右辅道加宽值及其宽度相等，说明计算无误。

3.14　广东省仁化(湘粤界)至博罗高速公路 TJ24 标段 Z 线

平曲线设计图纸如图 3-121 所示，竖曲线及纵坡表列于表 3-68。

表 3-68　广东省仁化至博罗高速公路 TJ24 标段 Z 线竖曲线及纵坡表

点名	设计桩号	高程 H/m	竖曲半径 R/m	纵坡 i/%	切线长 T/m	外距 E/m
SQD	ZK476＋530	104.8		2		
SJD1	ZK477＋970	133.6	25 000	−0.5	313.046	1.99
SJD2	ZK478＋950	128.655 8	30 000	−1.64	170.133	0.482
SZD	ZK479＋594.252	118.097 4				

广东省仁化(湘粤界)至博罗高速公路TJ24标段主线Z线直线、曲线及转角表(局部)
设计单位：广东省公路勘察规划设计院股份有限公司
施工单位：中铁七局集团有限公司
平面坐标系：1980西安坐标系，中央子午线经度E114°16′，抵偿投影面高程160m
高程系：1985国家高程基准

<table>
<tr><th rowspan="2">交点号</th><th rowspan="2" colspan="2">交点桩号及交点坐标</th><th rowspan="2">转角</th><th colspan="7">曲线要素/m</th></tr>
<tr><th>半径</th><th>缓和曲线参数</th><th>缓和曲线长</th><th>切线长</th><th>曲线长</th><th>外距</th><th>切曲差(校正值)</th></tr>
<tr><td rowspan="3">QD</td><td>桩</td><td>ZK475+904.378</td><td rowspan="3"></td><td rowspan="3"></td><td rowspan="3"></td><td rowspan="3"></td><td rowspan="3"></td><td rowspan="3"></td><td rowspan="3"></td><td rowspan="3"></td></tr>
<tr><td>N</td><td>2 569 514.659</td></tr>
<tr><td>E</td><td>493 913.322 8</td></tr>
<tr><td rowspan="3">JD1</td><td>桩</td><td>ZK476+387.376</td><td rowspan="3">26°49′08.3″(Z)</td><td rowspan="3">1 500</td><td rowspan="2">612.372 4</td><td rowspan="2">250</td><td rowspan="2">482.998</td><td rowspan="3">952.119</td><td rowspan="3">43.824</td><td rowspan="3">13.876</td></tr>
<tr><td>N</td><td>2 569 079.404</td></tr>
<tr><td>E</td><td>493 703.942 3</td><td>612.372 4</td><td>250</td><td>482.998</td></tr>
<tr><td rowspan="3">JD2</td><td>桩</td><td>ZK477+823.010</td><td rowspan="3">11°23′44.9″(Y)</td><td rowspan="3">6 500</td><td rowspan="2">0</td><td rowspan="2">0</td><td rowspan="2">648.546</td><td rowspan="3">1 292.813</td><td rowspan="3">32.275</td><td rowspan="3">4.279</td></tr>
<tr><td>N</td><td>2 567 630.175</td></tr>
<tr><td>E</td><td>493 732.502</td><td>0</td><td>0</td><td>648.546</td></tr>
<tr><td rowspan="3">JD3</td><td>桩</td><td>ZK479+822.466</td><td rowspan="3">8°55′41.6″(Y)</td><td rowspan="3">5 000</td><td rowspan="2">0</td><td rowspan="2">0</td><td rowspan="2">390.360</td><td rowspan="3">779.139</td><td rowspan="3">15.215</td><td rowspan="3">1.580</td></tr>
<tr><td>N</td><td>2 565 658.523</td></tr>
<tr><td>E</td><td>493 375.371</td><td>0</td><td>0</td><td>390.360</td></tr>
<tr><td rowspan="3">ZD</td><td>桩</td><td>ZK480+211.243</td><td rowspan="3"></td><td rowspan="3"></td><td rowspan="3"></td><td rowspan="3"></td><td rowspan="3"></td><td rowspan="3"></td><td rowspan="3"></td><td rowspan="3"></td></tr>
<tr><td>N</td><td>2 565 289.868</td></tr>
<tr><td>E</td><td>493 247.027</td></tr>
</table>

图 3-121 广东省仁化(湘粤界)至博罗高速公路 TJ24 标段 Z 线

图 3-122 所示为 Z 线路基标准横断面设计图纸，路面结构层如图 3-123(a)所示，其特点是：单幅路基无中分带，左、右幅路基设计高程点的边距均为−1 m，右幅路基只有 0.25 m宽的硬路肩与 0.75 m 宽的土路肩，且右幅路基的硬路肩外缘点②与土路肩外缘点③均位于 Z 线中线的左侧，无法计算右幅路基断面主点，右幅路基三个主点①，②，③的左边距分别为−1 m，−0.75 m 与 0 m。

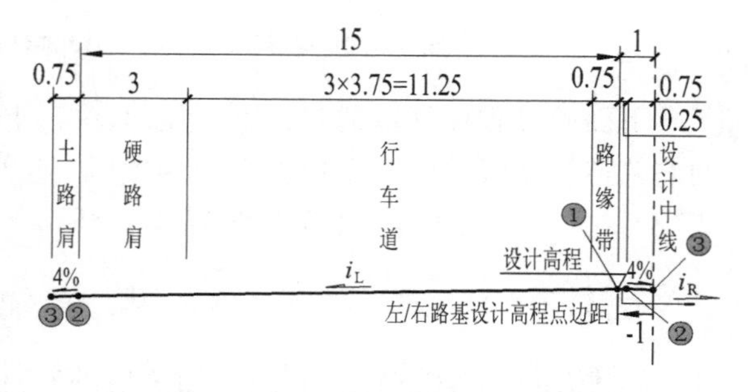

图 3-122 广东仁化至博罗高速公路 TJ24 标段 Z 线路基标准横断面设计图(3 号路基)

Z 线采用的填、挖方边坡设计参数列于表 3-69，边坡结构层参数如图 3-123(b)所示。

表 3-69 广东省仁化至博罗高速公路 TJ24 标段 Z 线边坡设计参数

坡级		一级填方边坡				二级填方边坡				三级填方边坡				四级填方边坡			
参数		n_{T1}	H_{T1}	i_{T1}	d_{T1}	n_{T2}	H_{T2}	i_{T2}	d_{T2}	n_{T3}	H_{T3}	i_{T3}	d_{T3}	n_{T4}	H_{T4}	i_{T4}	d_{T4}
单位			m	%	m		m	%	m		m	%	m		m	%	m
4 号		1.5	8	3	2	1.75	8	3	2	2	8	3	2	2	8	3	2
坡级		一级挖方边坡				二级挖方边坡				三级挖方边坡				四级挖方边坡			
参数	边沟	n_{W1}	H_{W1}	i_{W1}	d_{W1}	n_{W2}	H_{W2}	i_{W2}	d_{W2}	n_{W3}	H_{W3}	i_{W3}	d_{W3}	n_{W4}	H_{W4}	i_{W4}	d_{W4}
单位	m		m	%	m		m	%	m		m	%	m		m	%	m
−3 号	2.6	1	10	3	2	1.25	15	3	2								
−4 号	2.6	1	10	3	2	1.25	10	3	2	1.25	10	3	2	1.25	10	3	2
−5 号	2.6	1	10	3	2	1	10	3	2	1.25	10	3	2	1.25	10	3	2

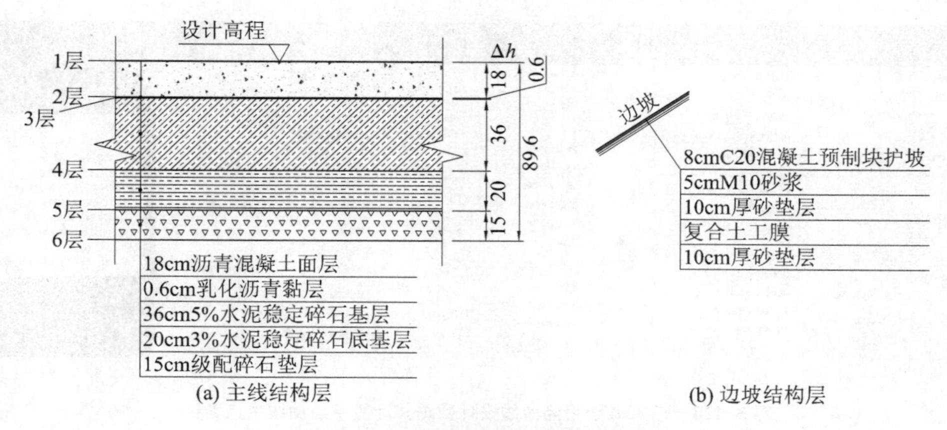

图 3-123　Z 线与边坡结构层设计参数

Z 线超高横坡设计数据、路基编号设计数据和边坡编号设计数据分别列于表 3-70—表 3-72。

表 3-70　广东省仁化至博罗高速公路 TJ24 标段 Z 线超高横坡设计数据

序	设计桩号	左横坡 i_L/%	右横坡 i_R/%
1	ZK476＋559.784	4	−4
2	ZK476＋608.998	4	−4
3	ZK476＋691.498	2	−2

表 3-71　广东省仁化至博罗高速公路 TJ24 标段 Z 线路基编号设计数据

序	设计桩号	路基号	备注
1	ZK476＋559.784	3	Z 线起点

表 3-72　广东省仁化至博罗高速公路 TJ24 标段 Z 线边坡编号设计数据

序	设计桩号	左边坡号	右边坡号	序	设计桩号	左边坡号	右边坡号
1	ZK476＋559.784	4	0	5	ZK478＋700	4	0
2	ZK476＋820	−5	0	6	ZK479＋160	−4	0
3	ZK477＋168	4	0	7	ZK479＋360	4	0
4	ZK478＋660	4	−3	8	ZK479＋420	−3	0

1. 输入平竖曲线设计数据

在 **Q2X8交点法** 程序文件列表界面，新建“广东仁化至博罗高速 TJ24 标 Z 线”文件并进入该文件主菜单界面。

点击 **设计数据** 按钮进入平曲线设计数据界面，输入图 3-121 所示三个交点的平曲线设计数据，结果如图 3-124(a)—(c)所示；输入表 3-68 所列两个变坡点的竖曲线设计数据，结果如图 3-124(d)所示；点击 **计算** 按钮计算平竖曲线主点数据，结果如图 3-124(e)所示。与图 3-123所示的图纸终点设计桩号比较，差值为：(ZK480＋211.248 6)－(ZK480＋211.483)＝5.3 mm。点击屏幕标题栏左侧的 **<** 按钮 3 次，返回项目主菜单。

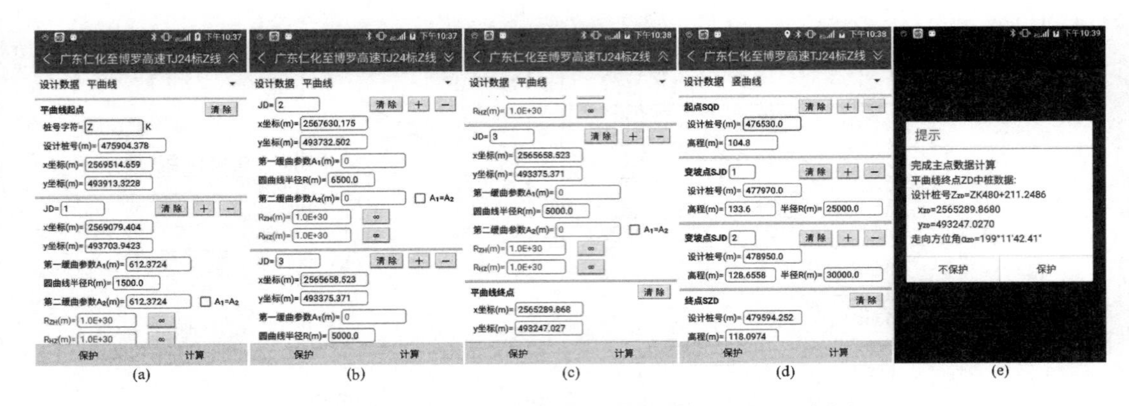

图 3-124 输入 Z 线平竖曲线设计数据并计算平竖曲线主点数据

2. 输入项目共享数据

(1) 输入路基横断面设计数据

在项目主菜单[图 3-125(a)],点击 **路基横断面** 按钮,进入路基横断面设计数据界面;点击 + 按钮,新建 3 号高速公路路基断面;输入图 3-122 所示的 3 号路基断面设计数据,结果如图3-125(b),(c)所示。点击屏幕标题栏左侧的 < 按钮,返回项目主菜单。

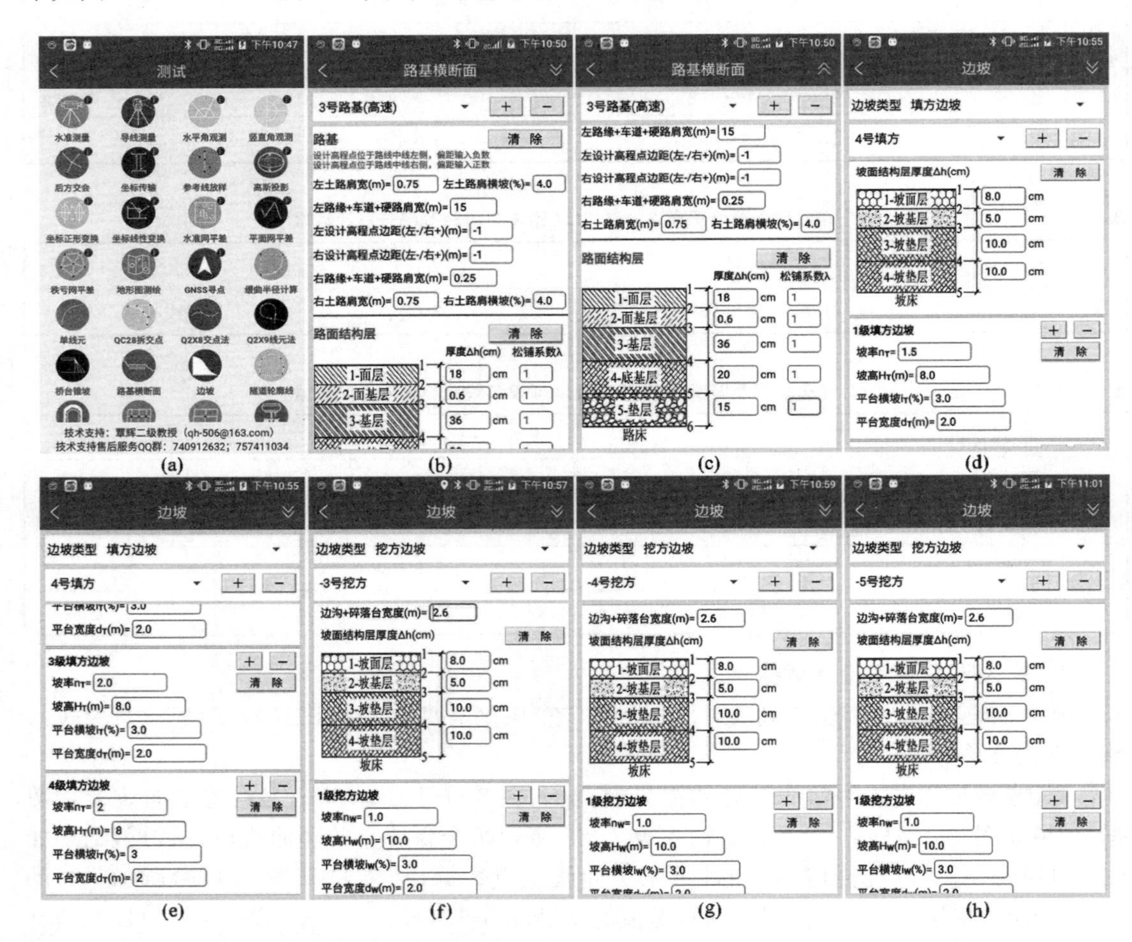

图 3-125 输入图 3-122 所注 3 号高速公路路基横断面设计数据与表 3-69 所列 4,-3,-4,-5 号边坡设计数据

(2) 输入边坡设计数据

在项目主菜单[图 3-125(a)]，点击**边坡**按钮，进入填方边坡设计数据界面，点击+按钮新建 4 号填方边坡，输入表 3-69 所列的 4 号填方边坡设计数据，结果如图 3-125(d)，(e)所示。

点击边坡类型列表框，点击“挖方边坡”，点击+按钮新建－3 号挖方边坡，输入表 3-69 所列的－3 号挖方边坡设计数据，结果如图 3-125(f)所示，同理，输入表 3-69 所列的－4，－5 号挖方边坡设计数据，结果如图 3-125(g)，(h)所示。

3. 输入文件其余设计数据

(1) 超高横坡

在 **Q2X8交点法** 程序文件“广东仁化至博罗高速 TJ24 标 Z 线”设计数据界面，点击“设计数据”列表框，在弹出的快捷菜单点击“超高横坡”命令，进入超高横坡设计数据输入界面；点击编辑按钮创建一个超高横坡设计数据输入栏。输入表 3-70 所列 3 个超高横坡设计数据，结果如图 3-126(a)所示。

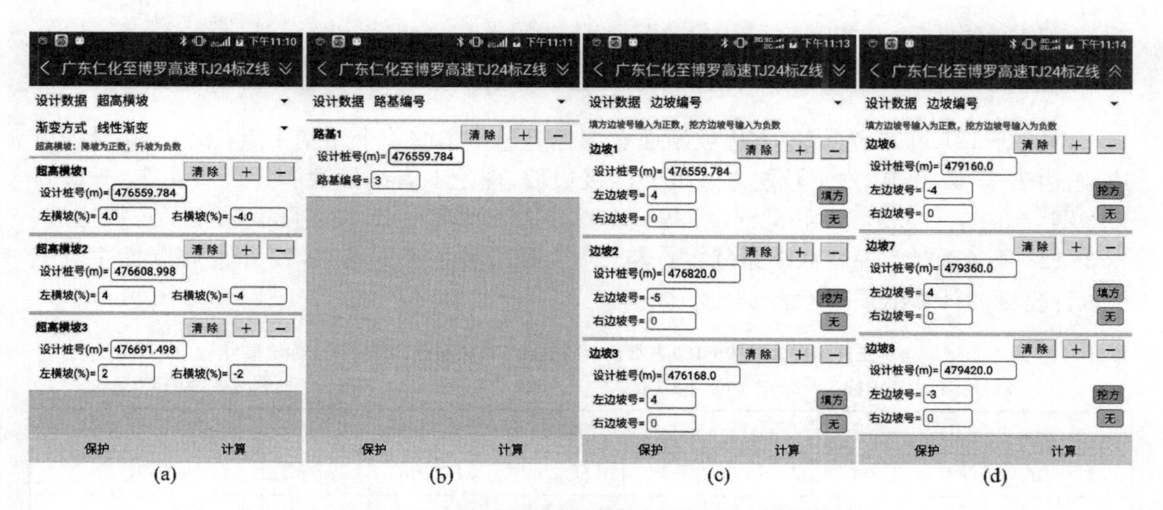

图 3-126 输入超高横坡、路基编号和边坡编号设计数据

(2) 路基编号

点击“设计数据”列表框，在弹出的快捷菜单点击“路基编号”命令，进入路基编号设计数据输入界面；点击编辑按钮，创建一个路基编号设计数据输入栏，输入表 3-71 所列 1 个路基编号设计数据，结果如图 3-126(b)所示。

(3) 边坡编号

点击“设计数据”列表框，在弹出的快捷菜单点击“边坡编号”命令，进入边坡编号设计数据输入界面；点击编辑按钮，创建一个边坡编号设计数据输入栏，输入表 3-72 所列 8 个边坡编号设计数据，结果如图 3-126(c)，(d)所示。

4. 坐标正算加桩 ZK479＋180 中边桩三维设计坐标

(1) 计算左幅断面主点的三维设计坐标

图 3-127 所示为图纸给出的 ZK479＋180 横断面主点边距 d 及其路面或边坡面设计高程 H。在文件主菜单，点击坐标正算按钮，输入加桩号 479 180 m，设置施工层号为 4，点击计算断面按钮，计算加桩 ZK479＋180 左幅路基与边坡断面的主点边距，且自动设置“左中分带外缘点”的边距[图 3-128(a)]，它是图 3-127 所示的①号路基主点，点击计算坐标按钮，结果如图3-128(b) 所示。

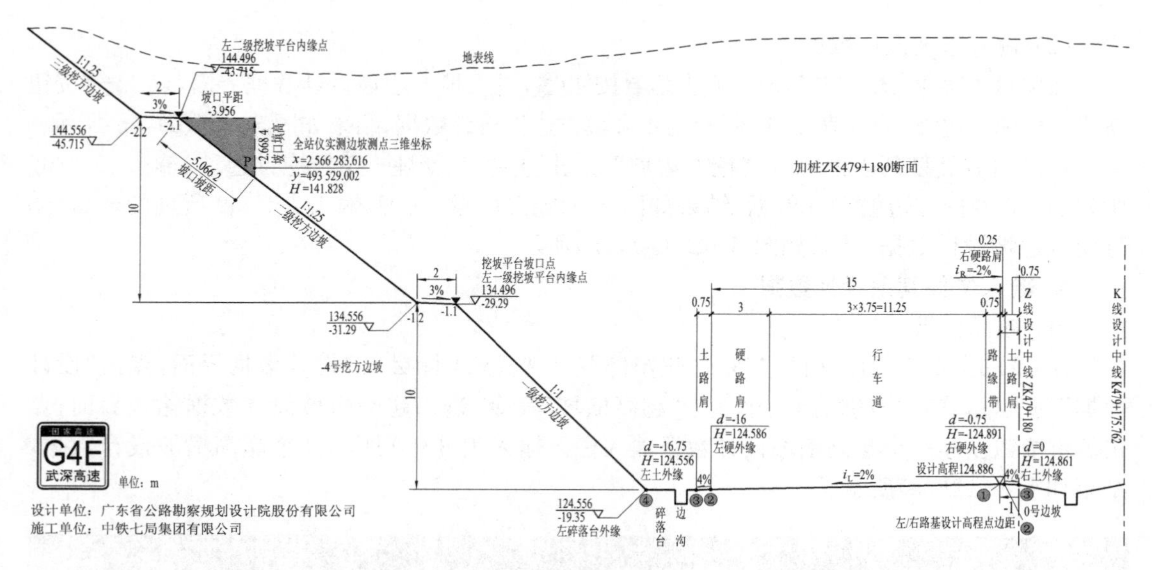

图 3-127　Z 线加桩 ZK479＋180 高速公路横断面主点数据与挖方边坡测点三维坐标反算挂线测量案例

由图 3-127 可知，左幅挖方边坡断面有编号为①—④的 4 个路基主点，采用－4 号挖方边坡，由表 3-69 可知，－4 号挖方边坡为四级边坡，理论上有编号为－1.1，－1.2，－2.1，－2.2，－3.1，－3.2，－4.1，－4.2 等 8 个挖方边坡平台主点，而实际只采用了三级边坡。图 3-128 所示为计算左幅四个路基主点与－1.1 号边坡主点的结果，12 个左幅断面主点三维设计坐标的计算结果列于表 3-73。

表 3-73　　坐标正算加桩 ZK479＋180 左幅横断面主点与边坡测点三维设计坐标结果

（施工层号＝4，中桩坐标 x＝2 566 290.702 4 m，y＝493 489.879 5 m，H＝124.886 4 m，α＝190°16′0.6″）

左行车道横坡 i_L＝2%							
点名	d_L/m	x_L/m	y_L/m	H_{LD}/m	H_{LC}/m	h_C/m	备注
①	1	2 566 290.524 1	493 490.863 5	128.886 4	124.340 4	0.546	左中分带外缘点
②	16	2 566 287.850 6	493 505.623 3	124.586 4	124.140 4	0.546	左硬路肩外缘点
③	16.75	2 566 287.717	493 506.361 3	124.556 4	124.010 4	0.549	左土路肩外缘点
④	19.35	2 566 287.253 6	483 508.919 6	124.556 4			边沟＋碎落台外缘点
－1.1	29.29	2 566 285.481 9	493 518.700 5	134.496 4	134.171 1	0.325 3	一级挖坡平台内缘点
－1.2	31.29	2 566 285.125 5	493 520.668 5	134.556 4	134.326 4	0.23	一级挖坡平台外缘点
－2.1	43.715	2 566 282.910 9	493 532.894 5	144.496 4	144.201 9	0.294 5	二级挖坡平台内缘点
－2.2	45.715	2 566 282.554 5	493 594.862 5	144.556 4	144.326 4	0.23	二级挖坡平台外缘点
－3.1	58.14	2 566 280.339 9	493 547.088 6	154.496 4	154.201 9	0.294 5	三级挖坡平台内缘点
－3.2	60.14	2 566 279.983 4	493 549.056 5	154.556 4	154.326 4	0.23	三级挖坡平台外缘点
－4.1	72.565	2 566 277.768 9	493 561.282 6	164.496 4	164.201 9	0.294 5	四级挖坡平台内缘点
－4.2	74.565	2 566 277.412 4	493 563.250 6	164.556 4	164.326 4	0.23	四级挖坡平台外缘点

（2）计算右幅路基断面两个主点的三维设计坐标

由于本例的右幅路基位于 Z 线中线的左侧，因此，不能采用右侧计算断面主点的方式进行坐标正算，而应在左侧界面，直接输入右幅路基主点的边距计算。本例左、右幅设计高程

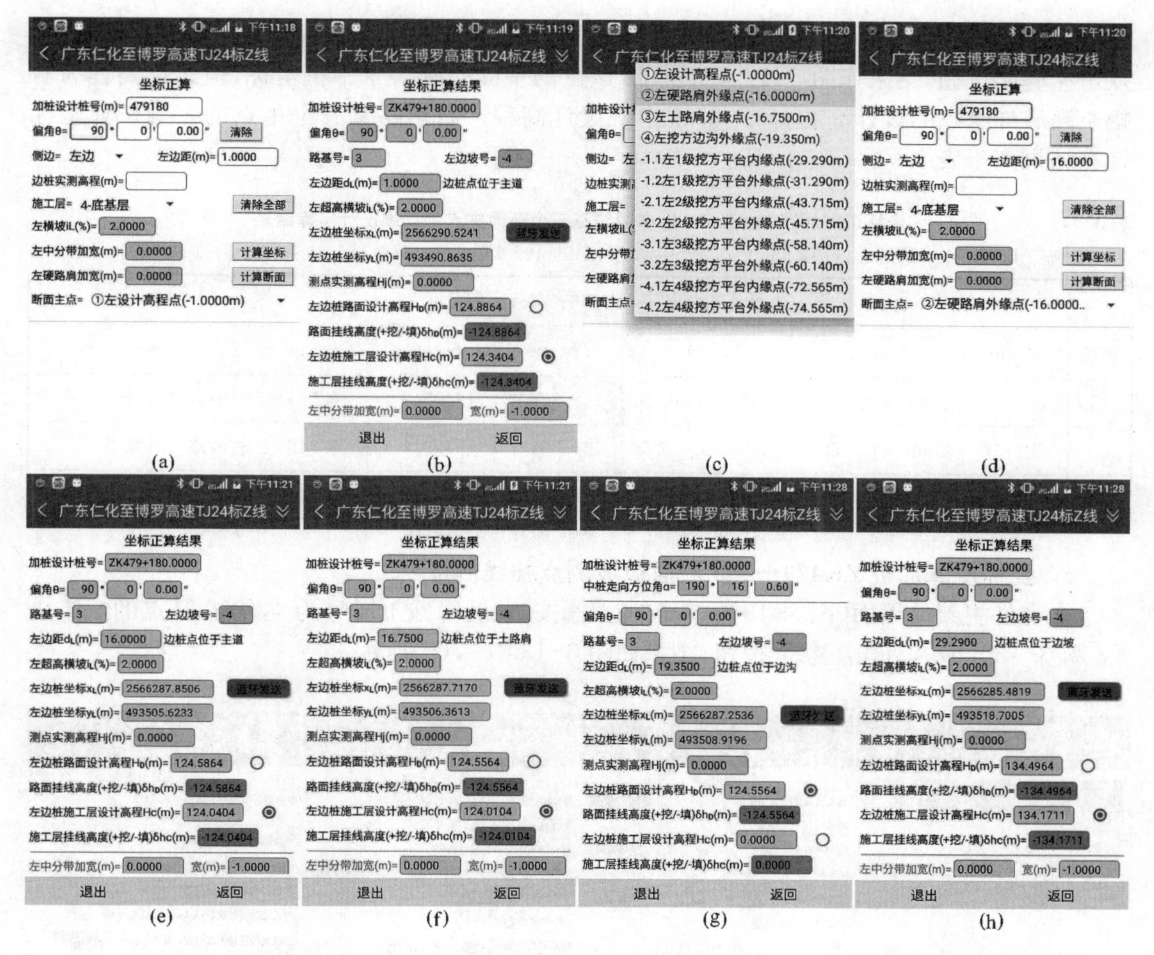

图 3-128　坐标正算加桩 ZK479＋180 左幅路基①—④号主点与挖方边坡－1.1 主点三维设计坐标

点重复，所以，右幅设计高程点①与左幅设计高程点的三维设计坐标相同。

在坐标正算左侧界面，输入右幅路基②号主点的边距 0.75[图 3-129(a)]，点击 计算坐标 按

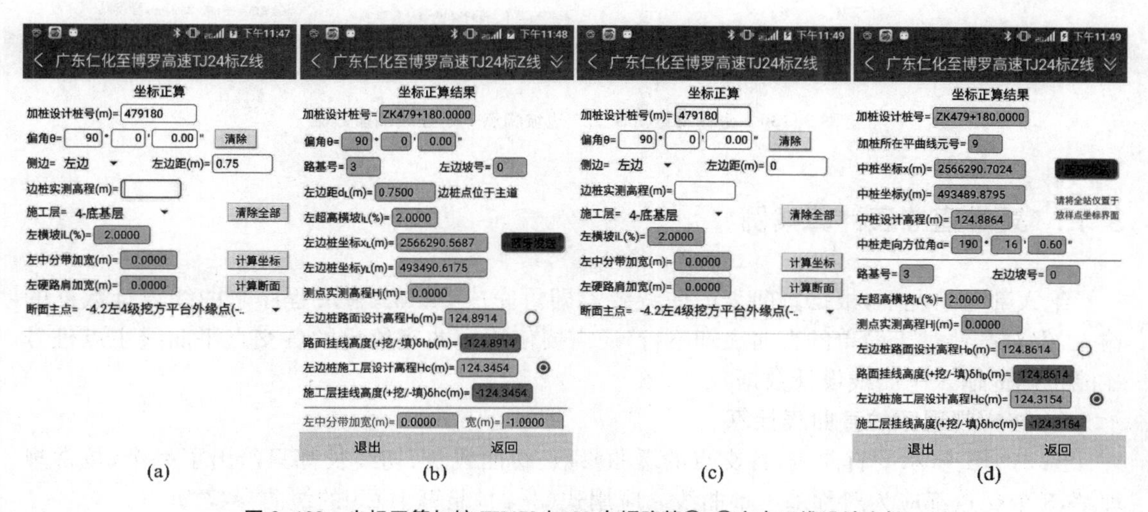

图 3-129　坐标正算加桩 ZK479＋180 右幅路基②,③主点三维设计坐标

钮，结果如图 3-129(b)所示；点击**返回**按钮，输入右幅路基③号主点的边距 0[图 3-129(c)]，点击 计算坐标 按钮，结果如图 3-129(d)所示，该点的平面坐标等于中桩坐标，但设计高程为右幅土路肩外缘点的设计高程，并不等于中桩设计高程。右幅路基三个主点的三维设计坐标计算结果列于表 3-74。

表 3-74　　坐标正算加桩 ZK479+180 右幅路基三个断面主点的三维设计坐标结果

（施工层号=4，中桩坐标 x=2 566 290.702 4 m，y=493 489.879 5 m，H=124.886 4 m，α=190°16′0.6″）

右行车道横坡 i_R=−2%，右行车道宽 0.25 m							
点名	d_L/m	x_L/m	y_L/m	H_{LD}/m	H_{LC}/m	h_C/m	备注
①	1	2 566 290.524 1	493 490.863 5	128.886 4	124.340 4	0.546	右中分带外缘点
②	0.75	2 566 290.568 7	493 490.617 5	124.891 4	124.345 4	0.546	右硬路肩外缘点
③	0	2 566 290.702 4	493 489.879 5	124.861 4	124.315 4	0.546	右土路肩外缘点

5. 坐标反算加桩 ZK479+180 断面边坡测点挂线测量

在文件主菜单界面[图 3-130(a)]，点击 坐标反算 按钮，设置施工层号为 4，输入 P 点的三维坐标[图 3-130(b)]，点击 计算坐标 按钮，结果如图 3-130(c)，(d)所示。

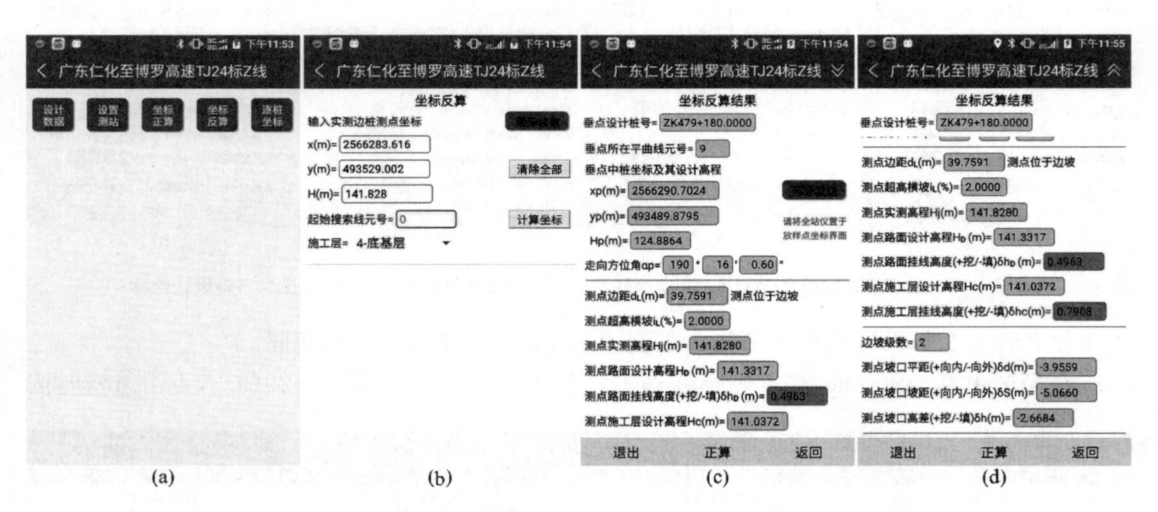

图 3-130　坐标反算图 3-127 边坡测点 P 的挂线测量数据

3.15　疑难直曲表计算案例

绝大部分情况下，根据直曲表的曲线要素即可完成 **Q2X8交点法** 程序平曲线设计数据的输入，但对某些过于简单的直曲表却不行，还需要使用直曲表给出的各交点平曲线主点桩号才能正确地输入平曲线设计数据。

1. 按常规理解的直曲表计算

图 3-131 所示的直曲表，各交点的缓曲参数、缓曲线长、切线长都只给出了一个，按常规理解，3 个交点都应为对称基本型曲线。应用式(3-2)，验算 JD23 的缓曲参数为

贵州省国道G212线罗甸县七道拐至罗甸县城公路改扩建工程二标直线、曲线及转角表
设计单位：贵州省公路勘察设计院有限公司
施工单位：贵州省黔南州交通建设集团有限公司

交点号	交点桩号及交点坐标		转角	曲线要素/m						
				半径	缓曲参数	缓曲线长	切线长	曲线长	外距	切曲差(校正值)
QD	桩	K32+000								
	N	363 071.540 4								
	E	2 826 821.669								
JD23	桩	K32+085.160								
	N	363 105.096 2	36°32′54.9″(Y)	120	73.485	45	62.332	121.548	7.113	3.117
	E	2 826 743.399								
JD24a	桩	K32+254.069								
	N	363 253.704 8	28°37′46.8″(Z)	160	80	40	61	107.586	5.576	1.896
	E	2 826 656.748								
JD24b	桩	K32+349.741								
	N	363 304.137 5	21°09′50.3″(Z)	258.921	0	0	49.085	115.642	4.612	1.147
	E	2 826 573.226								
JD25	桩	K32+471.863								
	N	363 325.459 6								
	E	2 826 451.815								

图 3-131　贵州省国道 G212 线罗甸县七道拐至罗甸县城公路改扩建工程二标直线、曲线及转角表

$$A=\sqrt{RL_{\mathrm{h}}}=\sqrt{120\times 45}=73.485$$

因此，JD23 的第一、第二缓和曲线均为完整缓和曲线。

应用式(3-2)，验算 JD24a 的缓曲参数为

$$A=\sqrt{RL_{\mathrm{h}}}=\sqrt{160\times 40}=80$$

因此，JD24a 的第一、第二缓和曲线均为完整缓和曲线，JD24b 为单圆曲线。

在 **Q2X8交点法** 文件列表界面，新建“G212 线罗甸县七道拐公路 1”文件，按上述常规理解，输入图 3-131 所示 3 个交点的平曲线设计数据[图 3-132(a)—(c)]，点击 **计算** 按钮，结果

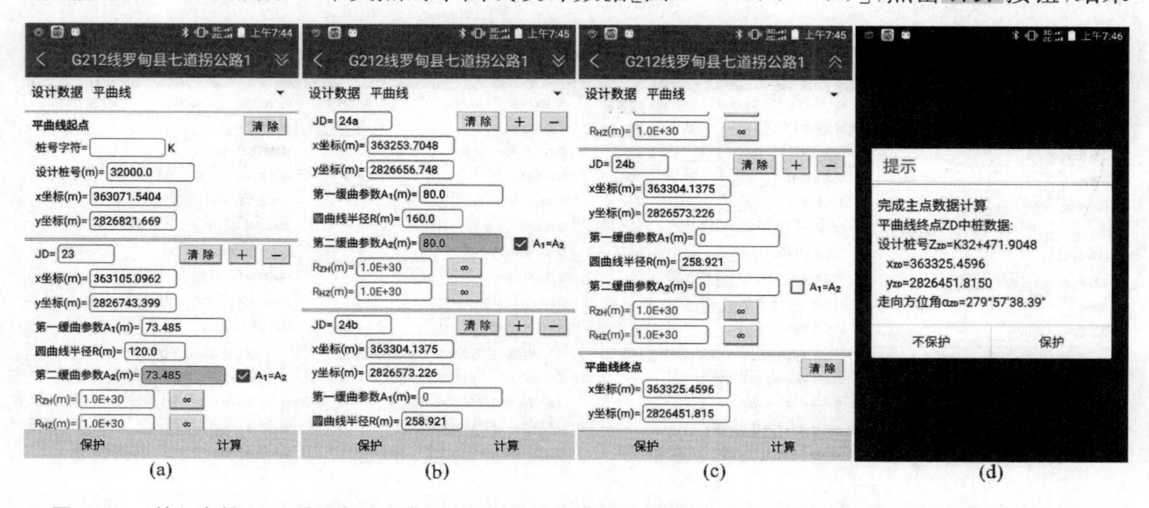

图 3-132　输入贵州 G212 线罗甸县七道拐至罗甸县城公路改扩建工程 3 个交点的平曲线设计数据并计算主点数据

如图 3-132(d)所示。终点桩号的程序计算值与设计值之差为:(K32+471.904 8)-(K32+471.863)=0.041 8 m,差值明显偏大,说明未能正确理解及输入图纸的设计数据。

2. 应用平曲线主点桩号反求各交点曲线长计算

表 3-75 所列为从图纸直曲表摘取的 3 个交点平曲线主点数据并反求出的曲线长,与图 3-131 的曲线要素比较,差别为:JD24a 的第二缓和曲线长 $L_{h2}=39.979\ \text{m}\neq L_{h1}=40\ \text{m}$,JD24b 的第二缓和曲线长 $L_{h2}=40$ m,而图纸并未给出其参数 A_2 的值,需要反求。

表 3-75　贵州省罗甸县七道拐至罗甸县城公路改扩建工程二标平曲线主点桩号

数据名	主点桩号				曲线长/m		
交点号	ZH	HY	YH	HZ	L_{h1}	L_y	L_{h2}
JD23	K23+022.828	K32+067.828	K32+099.376	K32+144.376	45	31.548	45
JD24a	K32+193.069	K32+233.069	K32+260.678	K32+300.657	40	27.609	39.979
JD24b	K32+300.657	K32+300.657	K32+376.296	K32+416.296	0	75.639	40

(1) JD24a 的曲线要素计算

在"缓曲线元起讫半径计算器"界面,输入第一缓和曲线的参数 $A=80$,线长 $L_h=40$ m,终点半径 $R_s=160$ m,设置◉ **Rs>Re**单选框,点击[计 算]按钮,结果如图 3-133(a)所示。第一缓和曲线为完整缓和曲线,其偏角差为 $\beta_{h1}=7°9'43.1''$,圆曲线的圆心角为

$$\beta_y=\frac{180L_y}{\pi R}=\frac{180\times 27.609}{\pi\times 160}=9°53'12.28''$$

则第二缓和曲线的偏角差为

$$\beta_{h2}=\Delta_{24a}-\beta_{h1}-\beta_y=28°37'46.8''-7°9'43.1''-9°53'12.28''=11°34'51.42''$$

在"缓曲线元起讫半径计算器"界面,点击[清除全部数据]按钮,输入第二缓和曲线长 $L_h=39.979$ m,偏角差 $\beta_h=11°34'51.42''$,起点半径 $R_s=160$ m,设置◉ **Rs<Re** 单选框,点击

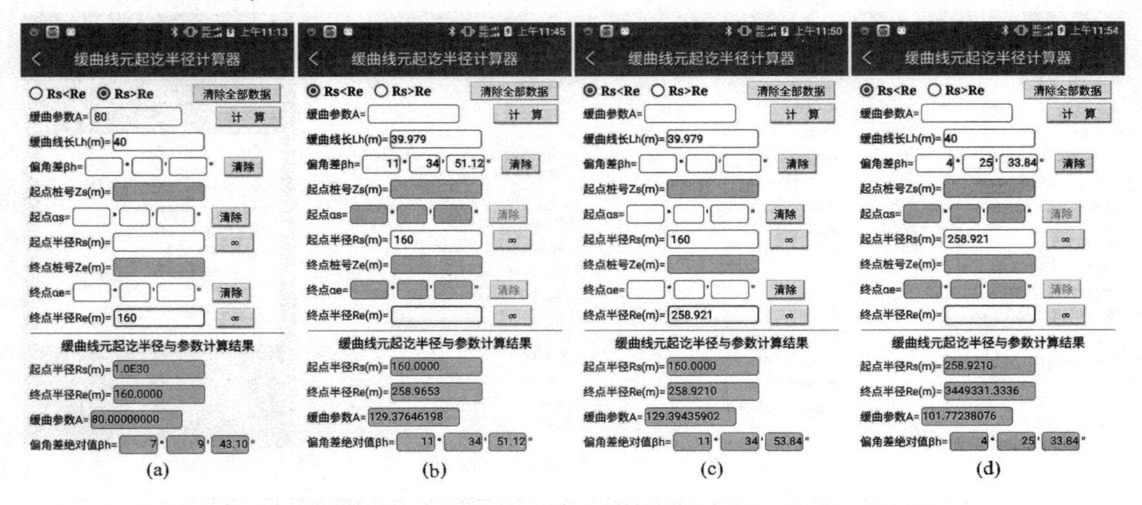

图 3-133　计算 JD24a 和 JD24b 第一、第二缓和曲线起讫半径及其缓和曲线参数

计 算 按钮，结果如图 3-133(b)所示。第二缓和曲线参数 A_2＝129.395 6，终点半径 R_e＝258.918 m。

由表 3-75 可知，JD24b 无第一缓和曲线；由图 3-131 可知，JD24b 的圆曲线半径 R＝258.921 m。按 JD24a 第二缓和曲线终点半径连续过渡为 JD24b 圆曲线半径的原则，JD24a 的第二缓和曲线终点半径的设计值应为 R_e＝258.921 m。

为了计算 JD24a 第二缓和曲线参数的准确值，点击 清除全部数据 按钮，输入第二缓和曲线长 L_h＝39.979 m，起点半径 R_s＝160 m，终点半径 R_e＝160 m，维持◎ **Rs<Re** 单选框，点击 计 算 按钮，求出第二缓和曲线参数的准确值 A_2＝129.394 4[图 3-133(c)]。

(2) JD24b 的曲线要素计算

由表 3-75 可知，JD24b 无第一缓和曲线，圆曲线的圆心角为

$$\beta_y=\frac{180L_y}{\pi R}=\frac{180\times 75.639}{\pi\times 258.921}=16°44'16.46''$$

则第二缓和曲线偏角差为

$$\beta_{h2}=\Delta_{24b}-\beta_y=21°09'50.3''-16°44'16.46''=4°25'33.84''$$

在 **缓曲半径计算** 界面，点击 清除全部数据 按钮，输入第二缓和曲线长 L_h＝40 m，偏角差 β_h＝4°25′33.84″，起点半径 R_s＝258.921 m，维持◎ **Rs<Re** 单选框，点击 计 算 按钮，结果如图 3-133(d)所示。第二缓和曲线参数 A_2＝101.770 7，终点半径 R_e＝∞。

综上所述，3 个交点第一、第二缓曲参数及其起讫半径计算结果列于表 3-76。

表 3-76　贵州省罗甸县七道拐至罗甸县城公路改扩建工程二标缓和曲线起讫半径

交点号	第一缓和曲线			圆曲线	第二缓和曲线		
	A_1	L_{h1}/m	R_{ZH}/m	R/m	A_2	L_{h2}/m	R_{HZ}/m
JD23	73.485	45	∞	120	73.485	45	
JD24a	80	40	∞	160	129.394 4	39.979	258.921
JD24b	0	0		258.921	101.772 4	40	∞

在 **Q2X8交点法** 文件列表界面，新建“G212 线罗甸县七道拐公路 2”文件，按表 3-76 的设计数据，输入图 3-131 所示 3 个交点的平曲线设计数据[图 3-134(a)—(c)]，点击 **计算** 按钮，结果如图 3-134(d)所示。终点桩号的程序计算值与设计值之差为：(K32＋471.862 3)－(K32＋471.863)＝－0.000 7 m。

点击 **保护** 按钮，进入设计数据保护模式，结果如图 3-134(e)—(h)所示。JD24a 和 JD24b 的第一、第二切线长并不相等，图 3-132 所示的直曲表实际上只给出了 JD24a 和 JD24b 的第一切线长，并未给出这两个交点的第二切线长。

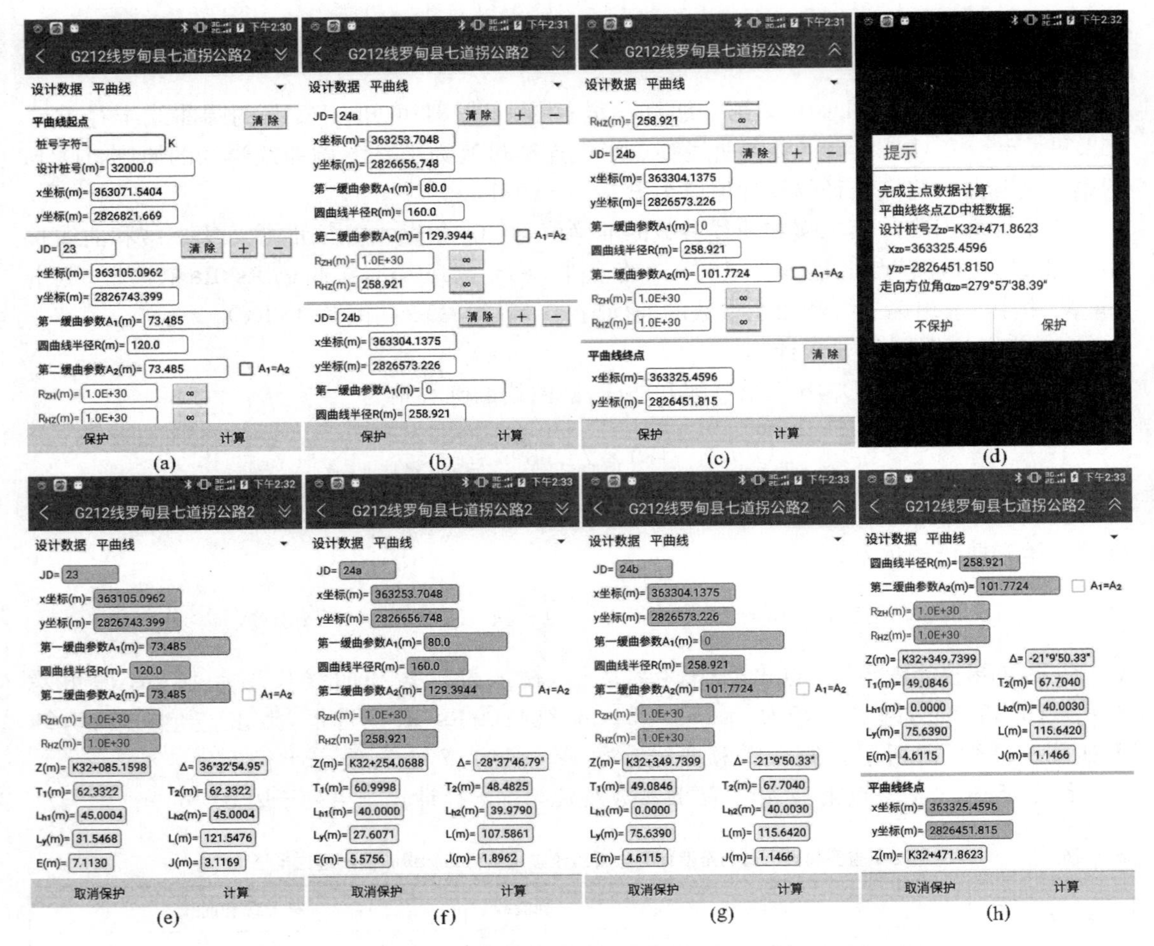

图 3-134 输入表 3-76 所列 3 个交点的平曲线设计数据并计算主点数据

本章小结

(1) 路线中线平曲线设计图纸为直线、曲线及转角表(直曲表)时，才能使用 **Q2X8交点法** 程序计算。

(2) 缓和曲线参数定义为 $A=\sqrt{RL_{\mathrm{h}}}$，缓和曲线任意点 j 的原点偏角为 $\beta_{\mathrm{j}}=\dfrac{l_{\mathrm{j}}^2}{2A^2}$，其中 l_{j} 为缓和曲线原点至 j 点的线长。级数形式切线支距坐标公式(3-14)的第一式适用于 j 点原点偏角 $\beta_{\mathrm{j}}<50°$ 的切线坐标计算，式(3-14)的第二式适用于 j 点原点偏角 $\beta_{\mathrm{j}}<65°$ 的支距坐标计算，否则应使用积分公式(3-9)计算。

(3) 由“第一缓和曲线 A_1 + 圆曲线 R + 第二缓和曲线 A_2”组成的交点平曲线称为基本型曲线，每个基本型曲线有 4 个平曲线元，它们是第一缓和曲线、圆曲线、第二缓和曲线、本交点与前交点或终点的夹直线。当路线有 n 个交点时，平曲线的总线元数为 $4n+1$，其中的“1”为路线起点至第一个交点的夹直线。

(4) 基本型曲线的第一缓和曲线终点半径与第二缓和曲线起点半径一定等于圆曲线半

径R，也即在HY点与YH点，半径为连续过渡。当第一缓和曲线与第二缓和曲线为完整缓和曲线时，第一缓和曲线起点半径R_{ZH}与第二缓和曲线终点半径R_{HZ}均等于∞，**Q2X8交点法**程序模块缺省设置为1.0E+30，表示为∞。当第一缓和曲线或第二缓和曲线为非完整缓和曲线时，直曲表一般不会给出R_{ZH}和R_{HZ}的值，需要施工员使用缓和曲线线长方程式(3-1)和偏角方程式(3-6)自行计算，也可以使用**缓曲半径计算**程序模块计算。

(5) **Q2X8交点法**程序模块能计算第一、第二缓和曲线为任意非完整缓和曲线的基本型曲线，每个交点R_{ZH}和R_{HZ}栏的缺省值均为1.0E+30，表示为∞。当第一缓和曲线为非完整缓和曲线时，应在交点R_{ZH}栏输入设计值；当第二缓和曲线为非完整缓和曲线时，应在交点R_{HZ}栏输入设计值。

(6) 设任意缓和曲线的起点半径为R_s、终点半径为R_e，其拟合圆弧的曲率半径计算公式为

$$\rho_m=\frac{2}{R_s^{-1}+R_e^{-1}}$$

(7) 称交点转角$\Delta>180°$的基本型曲线为回头曲线，回头曲线的圆曲线半径应输入为负数值，还应根据图纸设置转角方向以及本交点桩号与后交点桩号的关系才能正确计算。**Q2X8交点法**程序模块能计算第一、第二缓和曲线为任意非完整缓和曲线的回头曲线。

(8) 由“第一缓和曲线A_1+第一圆曲线R_1+第二缓和曲线A_2+第二圆曲线R_2+第三缓和曲线A_3”组成的交点曲线称为卵形曲线，且第二缓和曲线是起点半径等于R_1、终点半径等于R_2的非完整缓和曲线。需要先使用**QC28拆交点**程序模块将该交点拆分为两个交点才能使用**Q2X8交点法**程序模块计算，其中，第一个交点曲线由“第一缓和曲线A_1+第一圆曲线R_1+第二缓和曲线A_2”组成，第二个交点曲线由“第二圆曲线R_2+第三缓和曲线A_3”组成。

(9) 未敷设曲线的转点称为直转点，直转点位于路线中线上，使用**Q2X8交点法**程序模块计算时，圆曲线半径应输入0。

(10) 称路线中线投影至竖直面内并展开的曲线为竖曲线，它用于敷设路线中线的高程，纵坡变更处称为变坡点或竖交点，在变坡点处应设置圆曲线，平、竖曲线联系的纽带为桩号。

(11) 因局部改线或分段测量等原因造成的桩号不相连接的现象称为断链，桩号重叠的称长链，桩号间断的称短链，桩号不相连接的中桩称为断链桩。称考虑断链的桩号为设计桩号，不考虑断链的桩号为连续桩号，完成程序文件主点数据计算后，存储在内部数据库的平竖曲线主点桩号一律为连续桩号。

(12) 每个长链存在一个重桩区，其长度为长链值。坐标正算，当加桩位于长链重桩区内时，在实地有两个点，需要用户在前重桩区与后重桩区之间手工选择其一；坐标反算，测点垂点的设计桩号由程序自动计算，无须用户手工干预。

(13) 每个短链存在一个空桩区，其长度为短链值，空桩区内的点在实地是不存在的。坐标正算，当加桩位于短链空桩区内时，程序给出不能计算的提示；坐标反算，测点垂点的设计桩号从原理上说，不会落入实地并不存在的短链空桩区。

(14) **Q2X8交点法**程序文件至少应输入平曲线设计数据。当文件未输入竖曲线设计数据时，程序只能计算加桩中桩平面坐标；当文件输入了竖曲线设计数据时，程序能计算加桩中桩平面坐标及其设计高程。即**Q2X8交点法**程序模块可以单独计算平曲线，但不能单独计算竖曲线。

(15) 路线中线以外的点称为边桩，计算边桩设计高程，应在已输入平竖曲线设计数据后，再增加输入下列设计数据：

① 项目共享数据有路基横断面设计数据和边坡设计数据两种，它们可以被 **Q2X8交点法** 程序或 **Q2X9线元法** 程序文件按编号调用。其中，路基横断面按 1, 2, 3, …顺序编号，新增路基横断面时，应按设计图纸在高速公路路基或市政道路路基中选择一个并连续编号；填方边坡按 1, 2, 3, …顺序编号，挖方边坡按−1, −2, −3, …顺序编号，每级边坡有坡率 n、坡高 H、平台横坡 i、平台宽 d 等 4 个正实数设计数据，每个挖方边坡还有一个“碎落台＋边沟”宽度。

② **Q2X8交点法** 程序文件数据至少应有超高横坡、路基编号和边坡编号等三种设计数据，根据设计图纸还可以增加硬路肩加宽与中分带加宽设计数据。当路基断面为市政道路断面时，根据设计图纸还可以增加侧分带加宽与辅道加宽设计数据。

(16) 计算指定加桩的中、边桩设计坐标称为坐标正算，采用全站仪或 GNSS RTK 实测路线附近任一测点的坐标，反求测点垂点的中桩数据称为坐标反算。当测点位于边坡时，**Q2X8交点法** 程序能计算出测点相对于边坡施工层面的坡口坡距 δS、坡口平距 δd、挖填高差 δh，便于测量员快速判断最近坡口的准确位置。路线施工测量中，坐标正反算是测量员需要频繁进行的计算工作。

练 习 题

[3-1] 图 3-135 所示铁路平曲线直曲表的特点是，有两个短链，每个交点的第一、第二缓和曲线均为完整缓和曲线，缓和曲线长均为整数。①计算平曲线主点数据；②按 20 m 间距计算逐桩坐标、导出 dxf 图形交换文件、在 AutoCAD 中精确绘制路线中线图；③完成表 3-77 所列坐标正、反算，结果填入表格的相应单元。

贵阳至广州铁路客运专线
贺州至广州段11标第3项目部直线、曲线及转角表(局部)
设计单位：中铁第四勘察设计院集团有限公司
施工单位：中铁十六局集团有限公司第二工程有限公司

交点号	交点桩号及交点坐标		转角	曲线要素/m						
				半径	缓和曲线参数	缓和曲线长	切线长	曲线长	外距	切曲差(校正值)
QD	桩	DK717+509.507								
	N	2 595 414.727 6								
	E	496 042.734 6								
JD7	桩	DK720+078.612	5°53′20″(Y)	7 000	1 565.247 6	350	535.084	1 069.467	9.984	0.702
	N	2 593 404.869								
	E	497 642.976			1 565.247 6	350	535.084			
JD8	桩	DK721+722.227	9°23′51″(Z)	5 500	1 519.868 4	420	662.166	1 322.104	19.888	2.227
	N	2 592 020.411								
	E	498 529.66			1 519.868 4	420	662.166			
JD9	桩	DK724+399.129	9°02′48″(Y)	5 500	1 519.868 4	420	645.214	1 288.428	18.525	2
	N	2 590 030.536								
	E	500 323.576			1 519.868 4	420	645.214			
ZD	桩	DK725+635.894	断链1：DK720+999.744=DK721+000，断链值=−0.256m(短链)							
	N	2 589 006.166 8	断链2：DK725+382.498=DK725+400，断链值=−17.502m(短链)							
	E	500 988.518 7								

WGS-84坐标系，中央子午线经度为E112°30′，抵偿投影面高程为15m。

图 3-135 贵广高铁贺州至广州段 11 标第 3 项目部直线、曲线及转角表(局部)

表 3-77　　贵广高铁贺州至广州段 11 标第 3 项目部坐标正反算数据

点号	Z	x/m	y/m	α	加桩位置	
1	DK719+893				JD7 第一缓曲	
2	DK720+263				JD7 第二缓曲	
3	DK720+999.744				断链 1 后桩号	
4	DK721+000				断链 1 前桩号	
点号	x/m	y/m	Z_p	x_p/m	y_p/m	d/m
5	2 589 201.307 2	500 855.887 3				
6	2 589 201.308 1	500 855.886 8				
7	2 589 839.821 7	500 443.383 7				

［3-2］ 图 3-136 所示案例有 4 个交点，其中，JD1 与 JD4 为单圆曲线，JD2 为非对称基本型曲线，JD3 为无第一缓和曲线的基本型曲线。①计算 JD2 第一缓和曲线起点半径 R_{ZH} 与第二缓和曲线终点半径 R_{HZ}，JD3 第二缓和曲线终点半径 R_{HZ}，结果填入表 3-78；②计算平曲线主点数据；③按 10 m 间距计算逐桩坐标、导出 dxf 图形交换文件、在 AutoCAD 中精确绘制路线中线图；④完成表 3-79 所列坐标正、反算，结果填入表格的相应单元。

四川省南充大竹梁平(川渝界)高速公路建设项目TJ-A合同段
潭家沟互通式立交C匝道直线、曲线及转角表(局部)
设计单位：辽宁省交通规划设计院
施工单位：四川永茂建设有限公司

交点号	交点桩号及交点坐标		转角	曲线要素/m 半径	缓和曲线参数	缓和曲线长	切线长	曲线长	外距	切曲差(校正值)
QD	桩	CK0+000								
	N	3 405 781.870								
	E	474 965.534								
JD1	桩	CK0+105.761	4°36′31″(Z)	2 628.241	0	0	105.766	211.418	2.127	0.114
	N	3 405 798.644								
	E	474 861.111			0	0	105.766			
JD2	桩	CK0+320.067	48°38′57″(Y)	180	100	55.556	108.659	181.971	17.997	10.245
	N	3 405 815.530								
	E	474 647.357			420	51.579	83.557			
JD3	桩	CK0+478.264	46°36′13″(Y)	190	0	0	84.885	196.780	18.099	9.958
	N	3 405 950.346								
	E	474 546.377			140	93.349	121.854			
JD4	桩	CK0+656.307	3°47′31″(Y)	1 998.25	0	0	66.152	132.256	1.095	0.048
	N	3 406 135.621								
	E	474 578.278			0	0	66.152			
ZD	桩	CK0+722.406								
	N	3 406 199.924								
	E	474 593.789								

图 3-136　四川省潭家沟互通式立交 C 匝道直线、曲线及转角表(局部)

表 3-78　　四川省潭家沟互通式立交 C 匝道缓和曲线起讫半径

交点号	第一缓和曲线		圆曲线	第二缓和曲线	
	A_1	R_{ZH}/m	R/m	A_2	R_{HZ}/m
JD2	100		180	420	
JD3	0		190	140	

表 3-79　　四川省潭家沟互通式立交 C 匝道坐标正反算数据

点号	Z	x/m	y/m	α	加桩位置	
1	CK0+266				JD2 第一缓曲	
2	CK0+342				JD2 第二缓曲	
3	CK0+590				JD3 第二缓曲	
点号	x/m	y/m	Z_p	x_p/m	y_p/m	d/m
4	3 405 818.832 2	474 702.719 9				
5	3 405 838.057 7	474 627.252				
6	3 406 068.579 7	474 576.881 9				

［3-3］　图 3-137 所示案例有 5 个交点，其中，JD2 为单圆曲线，其余 4 个交点为基本型曲线，其第一、第二缓和曲线均为完整缓和曲线，JD4 为回头曲线。①计算平曲线主点数据；②按 10 m 间距计算逐桩坐标、导出 dxf 图形交换文件、在 AutoCAD 中精确绘制路线中线图；③完成表 3-80 所列坐标正、反算，结果填入表格的相应单元。

广东省佛山市顺德区佛陈路东延线道路工程C匝道直线、曲线及转角表(局部)

设计单位：天津城建设计院

施工单位：广东省建筑工程集团有限公司　　　　平面坐标系：1954北京坐标系

交点号	交点桩号及交点坐标		转角	曲线要素/m						
				半径	缓和曲线参数	缓和曲线长	切线长	曲线长	外距	切曲差(校正值)
QD	桩	CK0+000								
	N	2539985.049								
	E	421620.735								
JD1	桩	CK0+362.767	64°41′17″(Y)	426	277.2997	180.505	358.722	599.414	80.305	60.64
	N	2540012.910								
	E	421982.430			155	56.397	301.332			
JD2	桩	CK0+653.140	9°28′01″(Z)	600	0	0	49.684	99.143	2.054	0.226
	N	2539708.059								
	E	422156.431			0	0	49.684			
JD3	桩	CK0+769.963	20°04′56″(Y)	240	110	50.417	67.366	130.162	4.111	0.989
	N	2539617.332								
	E	422230.384			100	41.667	63.784			
JD4	桩	CK0+687.908	221°00′27″(Z)	60	50	41.667	−144.851	288.272	116.548	-2.05
	N	2539693.935								
	E	422203.855			60	60	−135.371			
JD5	桩	CK1+210.517	41°05′32″(Y)	180	100	55.556	95.489	184.653	12.99	6.325
	N	2539674.059								
	E	422238.434			100	55.556	95.489			
ZD	桩	CK1+299.683								
	N	2539764.335								
	E	422207.320								

图 3-137　广东省佛山市顺德区佛陈路东延线道路工程 C 匝道直线、曲线及转角表(局部)

表 3-80　　广东省佛山市顺德区佛陈路东延线道路工程 C 匝道坐标正反算数据

点号	Z	x/m	y/m	α	加桩位置	
1	CK0+874				JD4 第一缓曲	
2	CK0+960				JD4 圆曲线	
3	CK1+115				JD4 第二缓曲	
点号	x/m	y/m	Z_p	x_p/m	y_p/m	d/m
4	2 539 509.435 9	422 302.031 7				
5	2 539 586.643 7	422 373.968 8				
6	2 539 927.393 4	421 992.643 6				

[3-4]　图 3-138 所示案例有 4 个交点，其中，JD4 为单圆曲线，其余 3 个交点为基本型曲线，其中，JD1 和 JD2 均无第一缓和曲线，JD3 无第二缓和曲线。①计算 JD1 第二缓和曲线终点半径 R_{HZ}，JD2 第二缓和曲线终点半径 R_{HZ}，JD3 第一缓和曲线起点半径 R_{ZH}，结果填入表 3-81；②计算平曲线主点数据；③按 5 m 间距计算逐桩坐标、导出 dxf 图形交换文件、在 AutoCAD 中精确绘制路线中线图；④完成表 3-82 所列坐标正、反算，结果填入表格的相应单元。

G320国道进贤至南昌段公路(南昌县境内)改建工程C标段直线、曲线及转角表(局部)
设计单位：南昌市公路勘察设计院
施工单位：中国第四冶金建设有限责任公司

G320

交点号	交点桩号及交点坐标		转角	曲线要素/m 半径	缓和曲线参数	缓和曲线长	切线长	曲线长	外距	切曲差(校正值)
QD	桩	K0+000								
	N	3 154 005.703								
	E	396 605.678 1								
JD1	桩	K0−346.589			0	0	−346.589			
	N	3 153 659.218	189°54′24.2″(Y)	30				100.593	317.884	591.422
	E	396 614.151 9			27.575	7.663	−345.427			
JD2	桩	K0+106.733			0	0	6.139			
	N	3 153 994.774	12°15′53.4″(Y)	43				18.338	0.436	0.056
	E	396 664.335 6			28.026	18.266	12.255			
JD3	桩	K0+175.245			92.563	61.681	56.314			
	N	3 153 930.662	22°57′43.6″(Z)	138.904 4				86.509	3.445	0.938
	E	396 640.019 4			0	0	31.133			
JD4	桩	K0+414.182			0	0	15.328			
	N	3 153 703.967	54°07′45.9″(Z)	30				28.342	3.689	2.315
	E	396 648.694 5			0	0	15.328			
ZD	桩	K0+414.182								
	N	3 153 695.467								
	E	396 661.449 8								

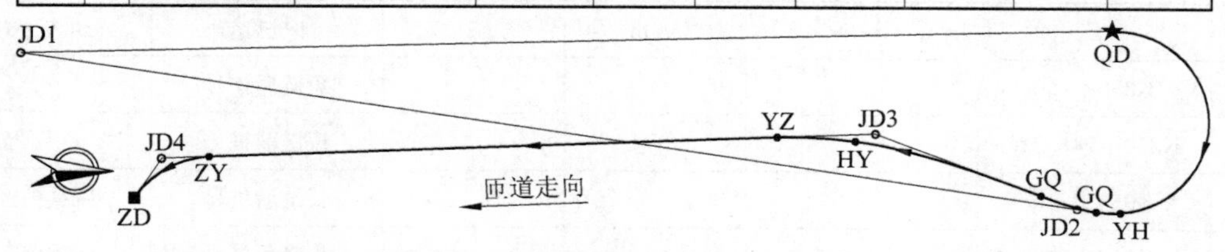

图 3-138　G320 国道进贤至南昌段公路(南昌县境内)改建工程 C 标段直线、曲线及转角表(局部)

表 3-81 G320 国道进贤至南昌段公路改建工程 C 标段缓和曲线起讫半径

交点号	第一缓和曲线		圆曲线	第二缓和曲线	
	A_1	R_{ZH}/m	R/m	A_2	R_{HZ}/m
JD1	0		30	27.575	
JD2	0		43	28.026	
JD3	92.563		138.904 4	0	

表 3-82 G320 国道进贤至南昌段公路改建工程 C 标段坐标正反算数据

点号	Z	x/m	y/m	α	加桩位置	
1	K0+092				JD1 圆曲线	
2	K0+093				JD1 第二缓曲	
3	K0+119				JD3 第一缓曲	
点号	x/m	y/m	Z_p	x_p/m	y_p/m	d/m
4	3 154 042.392 3	396 644.395 7				
5	3 154 006.428 1	396 670.671 1				
6	3 153 926.363 3	396 632.668 6				

[3-5] 图 3-139 所示案例有 2 个断链，7 个交点均为基本型曲线，各交点第一、第二缓和曲线长为整数，缓和曲线参数不是整数，其中，JD35 和 JD37 均无第一缓和曲线，JD39 无第二缓和曲线。①计算 JD34 和 JD36 第二缓和曲线终点半径 R_{HZ}，JD40 第一缓和曲线起点半径 R_{ZH}，结果填入表 3-83；②计算平曲线主点数据；③按 20 m 间距计算逐桩坐标、导出 dxf 图形交换文件、在 AutoCAD 中精确绘制路线中线图；④完成表3-84 所列坐标正、反算，结果填入表格的相应单元。

表 3-83 陕西省定汉线宝鸡至汉中(陕川界)公路 HC-08 合同段缓和曲线起讫半径

交点号	第一缓和曲线		圆曲线	第二缓和曲线	
	A_1	R_{ZH}/m	R/m	A_2	R_{HZ}/m
JD34	367.423 5		900	861.684 4	
JD36	346.410 2		800	490.299 3	
JD40	387.2983		750	312.249 9	

表 3-84 陕西省定汉线宝鸡至汉中(陕川界)公路 HC-08 合同段坐标正反算数据

点号	Z	x/m	y/m	α	加桩位置	重桩区
1	K350+700				短链后桩号	
2	K350+746.216				短链前桩号	
3	K356+710				长链后桩号	后重桩区
4	K356+710				长链后桩号	前重桩区

(续表)

点号	Z	x/m	y/m	α	加桩位置	重桩区
5	K356+708.826				长链前桩号	后重桩区
点号	x/m	y/m	Z_p	x_p/m	y_p/m	d/m
6	3 630 932.285 9	481 509.864 7				
7	3 630 932.284 1	481 509.864				
8	3 625 730.204 9	482 636.287 3				

陕西省定汉线宝鸡至汉中(陕川界)公路HC-08合同段直线、曲线及转角表(局部)

设计单位：中交第一公路勘察设计研究院有限公司

S211

施工单位：中铁十二局集团有限公司　　　　独立坐标系，中央子午线经度：E107°07'

交点号	交点桩号及交点坐标		转角	曲线要素/m						
				半径	缓和曲线参数	缓和曲线长	切线长	曲线长	外距	切曲差(校正值)
QD	桩	K347+881.672								
	N	3 633 183.814								
	E	482 129.972								
JD34	桩	K348+847.809			367.423 5	150	966.137			
	N	3 632 629.655	89°23′33.9″(Y)	900				1 492.815	367.293	378.481
	E	482 921.381 6			861.684 4	150	905.159			
JD35	桩	K349+527.919			0	0	153.432			
	N	3 631 756.127	15°17′38.2″(Y)	1 100				393.623	10.649	1.932
	E	482 323.417 8			469.041 6	200	242.123			
JD36	桩	K350+841.614			346.410 2	150	547.676			
	N	3 630 934.866	61°05′57.5″(Z)	800				956.228	130.225	92.480
	E	481 355.463 6			490.299 3	130	501.031			
JD37	桩	K351+474.423			0	0	224.257			
	N	3 630 223.918	17°54′09.4″(Z)	1 410				515.568	17.722	3.717
	E	481 498.974 1			459.891 3	150	295.029			
JD38	桩	K354+105.981			883.176 1	300	913.350			
	N	3 627 926.109	32°42′27.3″(Y)	2 600				1 784.223	111.131	42.477
	E	482 789.227 8			883.176 1	300	913.350			
JD39	桩	K356+174.460			441.588	130	149.201			
	N	3 625 818.853	6°43′44.5″(Y)	1 500				241.165	2.830	0.226
	E	482 664.302 3			0	0	92.190			
JD40	桩	K356+503.308			387.298 3	100	236.885			
	N	3 625 494.899	31°27′34.6″(Y)	750				501.805	30.028	11.096
	E	482 606.470 5			312.249 9	130	276.016			
JD41	桩	K357+096.969	断链1：K350+700=K350+746.216，断链值=−46.216m(短链)							
	N	3 625 041.655	断链2：K356+710=K356+708.826，断链值=1.174m(长链)							
	E	482 204.325 4								

图 3-139　陕西省定汉线宝鸡至汉中(陕川界)公路 HC-08 合同段直线、曲线及转角表(局部)

［3-6］　图 3-140 所示案例的 JD8 和 JD9 均为卵形曲线，高速公路主线设计为卵形曲线一般是比较少见的。①计算 JD8 拆分为基本型曲线 JD8-1，JD8-2 的坐标，JD9 拆分为基本型曲线 JD9-1，JD9-2 的坐标，结果填入表 3-85；②计算平曲线主点数据；③按 20 m 间距计算逐桩坐标、导出 dxf 图形交换文件、在 AutoCAD 中精确绘制路线中线图；④完成表 3-86 所列坐标正、反算，结果填入表格的相应单元。

大庆至广州高速公路粤境连平至从化段
S30合同段直线、曲线及转角表(局部)
设计单位：中铁二院工程集团有限责任公司
施工单位：中铁十二局集团有限公司第三工程公司

<table>
<tr><td rowspan="4">交点号</td><td colspan="2" rowspan="4">交点桩号
及
交点坐标</td><td rowspan="4">转角</td><td colspan="6">曲线要素/m</td></tr>
<tr><td>第一缓和曲线</td><td>第一圆曲线</td><td>第二缓和曲线</td><td>第二圆曲线</td><td>第三缓和曲线</td><td rowspan="3">切曲差(校正值)</td></tr>
<tr><td>参数 A_1</td><td>半径 R_1</td><td>参数 A_2</td><td>半径 R_2</td><td>参数 A_3</td></tr>
<tr><td>线长 L_{h1}</td><td>线长 L_{y1}</td><td>线长 L_{h2}</td><td>线长 L_{y2}</td><td>线长 L_{h3}</td></tr>
<tr><td rowspan="3">QD</td><td>桩</td><td>K153+412.649</td><td rowspan="3"></td><td rowspan="3"></td><td rowspan="3"></td><td rowspan="3"></td><td rowspan="3"></td><td rowspan="3"></td><td rowspan="3"></td></tr>
<tr><td>N</td><td>621 548.308 4</td></tr>
<tr><td>E</td><td>465 150.479 4</td></tr>
<tr><td rowspan="3">JD8</td><td>桩</td><td>K154+320.964</td><td rowspan="3">63°33′05.8″(Z)</td><td>536.656 3</td><td>1 200</td><td>948.683 3</td><td>2 000</td><td>692.140 2</td><td rowspan="3">177.888</td></tr>
<tr><td>N</td><td>620 872.170</td><td rowspan="2">240</td><td rowspan="2">685.646</td><td rowspan="2">300</td><td rowspan="2">355.862</td><td rowspan="2">239.529</td></tr>
<tr><td>E</td><td>464 543.954</td></tr>
<tr><td rowspan="3">JD9</td><td>桩</td><td>K157+370.244</td><td rowspan="3">43°47′45.9″(Y)</td><td>666.368 9</td><td>1 707.875</td><td>1 387.405</td><td>2 220</td><td>759.736 8</td><td rowspan="3">81.440</td></tr>
<tr><td>N</td><td>617 872.832</td><td rowspan="2">260</td><td rowspan="2">275.541</td><td rowspan="2">260</td><td rowspan="2">740.807</td><td rowspan="2">260</td></tr>
<tr><td>E</td><td>465 734.998</td></tr>
<tr><td rowspan="3">JD10</td><td>桩</td><td>K158+788.780</td><td rowspan="3"></td><td rowspan="3"></td><td rowspan="3"></td><td rowspan="3"></td><td rowspan="3"></td><td rowspan="3"></td><td rowspan="3"></td></tr>
<tr><td>N</td><td>616 483.436</td></tr>
<tr><td>E</td><td>465 169.751</td></tr>
</table>

图 3-140　大庆至广州高速公路粤境连平至从化段 S30 合同段直线、曲线及转角表(局部)

表 3-85　　大广高速公路粤境连平至从化段 S30 合同段 JD8,JD9 卵形曲线拆分结果

交点号	拆分后的交点坐标		第一缓和曲线		圆曲线	第二缓和曲线	
	x/m	y/m	A_1	R_{ZH}/m	R/m	A_2	R_{HZ}/m
JD8-1			536.656 3	∞	1 200	948.683 3	∞
JD8-2			0		2 000	692.140 2	∞
JD9-1			666.368 9	∞	1 707.875	1 387.405	∞
JD9-2			0		2 200	759.736 8	∞

表 3-86　　大广高速公路粤境连平至从化段 S30 合同段坐标正反算数据

点号	Z	x/m	y/m	α	加桩位置	
1	K154+340				JD8 第二缓曲	
2	K155+000				JD8 第三缓曲	
3	K156+720				JD9 第一缓曲	
4	K157+020				JD9 第二缓曲	
点号	x/m	y/m	Z_p	x_p/m	y_p/m	d/m
5	617 174.238 8	465 460.193 6				
6	617 607.210	465 537.843 9				
7	621 367.189 5	465 013.863 3				

［3-7］　图 3-141 所示案例的 JD1 为回头曲线，但图纸同时又给出了将其拆分为两个交点的非回头曲线 JD1-1 和 JD1-2 点的坐标。①计算 JD1 和 JD2 第一缓和曲线起点半径 R_{ZH}，JD1 第二缓和曲线终点半径 R_{HZ}，结果填入表 3-87；②JD1 按回头曲线计算 C 匝道平曲线主点数据；③按 JD1 拆分为 JD1-1 与 JD1-2 计算 C 匝道平曲线主点数据；④按 5 m 间距计

算逐桩坐标、导出 dxf 图形交换文件、在 AutoCAD 中精确绘制路线中线图；⑤完成表 3-88 所列坐标正、反算，结果填入表格的相应单元。

陕西省级高速公路西咸北环线
新市互通式立交C匝道直线、曲线及转角表(局部)
设计单位：陕西省交通规划设计研究院
施工单位：中铁十局集团西北工程有限公司

交点号	交点桩号及交点坐标		转角	曲线要素/m						
				半径	缓和曲线参数	缓和曲线长	切线长	曲线长	外距	切曲差(校正值)
QD	桩	CK0+000								
	N	3 823 425.220								
	E	522 737.527								
JD1	桩	CK0−515.503	192°26′13.8″(Y)	53.5	84.471 1	60	−515.504	233.185	477.886	771.221
	N	3 823 608.512			65.421 7	80	−488.902			
	E	522 255.711								
JD1-1	桩		99°42′04.8″(Y)				76.82			
	N	3 823 397.906								
	E	522 809.327								
JD1-2	桩		92°44′09″(Y)							
	N	3 823 287.897					95.617			
	E	522 744.452								
JD2	桩	CK0+286.518	0°56′55.2″(Z)	2 415.875	439.624 8	80	53.347	80.02	0.147	0.001 5
	N	3 823 369.599			0	0	26.674			
	E	522 619.907								
ZD	桩	CK0+313.184								
	N	3 823 383.855								
	E	522 597.370								

图 3-141　陕西省级高速公路西咸北环线新市互通式立交 C 匝道直线、曲线及转角表(局部)

表 3-87　　陕西省西咸北环线新市互通式立交 C 匝道缓和曲线起讫半径

交点号	第一缓和曲线		圆曲线	第二缓和曲线	
	A_1	R_{ZH}/m	R/m	A_2	R_{HZ}/m
JD1	84.471 1		53.5	65.421 7	
JD2	439.624 8		2 415.875	0	

表 3-88　　陕西省西咸北环线新市互通式立交 C 匝道坐标正反算数据

点号	Z	x/m	y/m	α	加桩位置	
1	CK0+005				JD1 第一缓曲	
2	CK0+055				JD1 第一缓曲	
3	CK0+125				JD1 圆曲线	
4	CK0+155				JD1 第二缓曲	

点号	x/m	y/m	Z_p	x_p/m	y_p/m	d/m
5	3 823 406.430 5	522 766.711 9				
6	3 823 349.700 4	522 668.471 3				
7	3 823 362.364 5	522 617.043 3				

[3-8] 图 3-142 所示案例的 3 个交点均为基本型曲线。①计算 JD1—JD3 第一、第二缓和曲线起讫半径,结果填入表 3-89;②计算平曲线主点数据;③按 5 m 间距计算逐桩坐标、导出 dxf 图形交换文件、在 AutoCAD 中精确绘制路线中线图;④完成表 3-90 所列坐标正、反算,结果填入表格的相应单元。

表 3-89　　内蒙古三岔口互通式立交 D 匝道缓和曲线起讫半径

交点号	第一缓和曲线		圆曲线	第二缓和曲线	
	A_1	R_{ZH}/m	R/m	A_2	R_{HZ}/m
JD1	137.025 4		280	407.357 3	
JD2	0		340	130.434 9	
JD3	157.342 9		494.75	0	

表 3-90　　内蒙古三岔口互通式立交 C 匝道坐标正反算数据

点号	Z	x/m	y/m	α	加桩位置	
1	DK0+570				JD1 第二缓曲	
2	DK0+670				JD1 第二缓曲	
点号	x/m	y/m	Z_p	x_p/m	y_p/m	d/m
3	4 558 576.323 5	435 991.440 9				
4	4 558 533.618 6	436 166.135 7				

内蒙古自治区乌兰察布市集宁东绕城高速公路
三岔口互通式立交D匝道直线、曲线及转角表(局部)
设计单位:内蒙古交通设计研究院有限责任公司
施工单位:内蒙古新大地建设集团股份有限公司

交点号	交点桩号及交点坐标		转角	曲线要素/m						
				半径	缓和曲线参数	缓和曲线长	切线长	曲线长	外距	切曲差(校正值)
QD	桩	DK0+000								
	N	4 558 235.44								
	E	435 498.861 7								
JD1	桩	DK0+549.631	49°31′36.8″(Y)	280	137.025 4	67.057	163.406	284.790	29.269	16.956
	N	4 558 593.861			407.357 3	104.584	138.340			
	E	435 915.549 2								
JD2	桩	DK0+731.195	19°46′42.5″(Y)	340	0	0	60.180	142.388	5.285	1.229
	N	4 558 563.402			130.434 9	50.039	83.436			
	E	436 111.719 4								
JD3	桩	DK0+857.418	4°57′34.7″(Y)	494.75	157.342 9	50.039	44.014	67.845	0.575	0.034
	N	4 558 502.384			0	0	23.865			
	E	436 223.614 4								
ZD	桩	DK0+881.25								
	N	4 558 489.189								
	E	436 243.501 7								

图 3-142　内蒙古自治区乌兰察布市集宁东绕城高速公路三岔口互通式立交 D 匝道直线、曲线及转角表(局部)

［3-9］ 图 3-143 所示案例的 JD1 为回头曲线，且第一、第二缓和曲线均为非完整缓和曲线，JD2 和 JD3 为单圆曲线。①计算 JD1 第一、第二缓和曲线的起讫半径，结果填入表 3-91；②计算平曲线主点数据；③按 5 m 间距计算逐桩坐标、导出 dxf 图形交换文件、在 AutoCAD 中精确绘制路线中线图；④完成表 3-92 所列坐标正、反算，结果填入表格的相应单元。

贵州省独山县北二环路建设工程苗渊互通式立交B匝道直线、曲线及转角表(局部)
设计单位：泛亚建设集团有限公司
施工单位：贵州建工集团有限公司

交点号	交点桩号及交点坐标		转角	曲线要素/m						
				半径	缓和曲线参数	缓和曲线长	切线长	曲线长	外距	切曲差(校正值)
QD	桩	BK0+000								
	N	2 870 219.624								
	E	456 897.272								
JD1	桩	BK0−026.451			85	109.068	−26.452			
	N	2 870 194.771	266°31′16.8″(Z)	60				383.983	41.331	−337.448
	E	456 888.218			85	115.6	−20.083			
JD2	桩	BK0+538.684			0	0	154.696			
	N	2 870 141.102	11°46′34.6″(Z)	1 500				308.302	7.956	1.09
	E	457 011.675			0	0	154.696			
JD3	桩	BK0+706.148			0	0	13.85			
	N	2 870 106.866	1°35′23.2″(Y)	998.25				27.698	0.096	0.002
	E	457 176.716			0	0	13.85			
ZD	桩	BK0+720								
	N	2 870 103.677								
	E	457 190.197								

图 3-143　贵州独山县北二环路建设工程苗渊互通式立交 B 匝道直线、曲线及转角表(局部)

表 3-91　贵州省独山县苗渊互通式立交 B 匝道缓和曲线起讫半径

交点号	第一缓和曲线		圆曲线	第二缓和曲线	
	A_1	R_{ZH}/m	R/m	A_2	R_{HZ}/m
JD1	85		280	85	
JD2	0		1 500	0	
JD3	0		998.25	0	

表 3-92　贵州省独山县苗渊互通式立交 B 匝道坐标正反算数据

点号	Z	x/m	y/m	α	加桩位置	
1	BK0+005				JD1 第一缓曲	
2	BK0+380				JD1 第二缓曲	
点号	x/m	y/m	Z_p	x_p/m	y_p/m	d/m
3	2 870 272.892 7	456 910.106 9				
4	2 870 210.689 7	456 852.547 3				

［3-10］ 图 3-144 所示案例平曲线有 3 个交点，图 3-145 所示为路基横断面设计图，

竖曲线设计数据列于表 3-93，超高横坡设计数据列于表 3-94，边坡设计参数列于表 3-95，边坡编号设计数据列于表 3-96。①计算 3 个交点第一、第二缓和曲线的起讫半径，结果填入表3-97；②输入路基和边坡项目共享设计数据；③输入平曲线、竖曲线、路基超高横坡、路基编号、边坡编号设计数据，计算平竖曲线主点数据；④按 5 m 间距计算逐桩坐标、导出 dxf 图形交换文件、在 AutoCAD 中精确绘制路线中线图；⑤计算加桩 EK0＋269 断面左幅路基和边坡主点数据，结果填入表 3-98，计算右幅路基和边坡主点数据，结果填入表 3-99。

四川省成都自贡泸州赤水(川黔界)高速公路泸州段第一标段A5区
黄舣互通式立交B匝道直线、曲线及转角表(局部)
设计单位：中交公路规划设计院有限公司
施工单位：山东黄河工程集团有限公司

交点号	交点桩号及交点坐标		转角	曲线要素/m 半径	缓和曲线参数	缓和曲线长	切线长	曲线长	外距	切曲差(校正值)
QD	桩	EK0-010								
	N	3 195 247.397 8								
	E	554 461.052 4								
JD1	桩	EK0+013.626			0	0	23.627			
	N	3 195 236.587 2	7°26′16.2″(Z)	306.25				69.511	0.91	0.078
	E	554 482.060 4			135	59.51	45.962			
JD2	桩	EK0+186.656			190	60.167	127.146			
	N	3 195 177.971 2	18°22′44″(Y)	600				230.673	8.049	1.739
	E	554 644.941 5			395	65.01	105.266			
JD3	桩	EK0+408.213			0	0	118.03			
	N	3 195 039.971 4	14°40′37″(Y)	800				340.069	8.66	1.489
	E	554 820.489 6			465	270.281	223.529			
ZD	桩	EK0+634.559								
	N	3 194 858.377 9								
	E	554 958.086 4								

1954北京坐标系，中央子午线经度为E105°15′，抵偿投影面高程为250m。

图 3-144　四川成自泸赤高速公路黄舣互通式立交 E 匝道直线、曲线及转角表(局部)

表 3-93　四川省成自泸赤高速公路泸州段黄舣互通式立交 E 匝道竖曲线及纵坡表

点名	设计桩号	高程 H/m	竖曲半径 R/m	纵坡 i/%	切线长 T/m	外距 E/m
SQD	EK0＋080.264	290.993		－0.737		
SJD1	EK0＋122.67	290.68	1 955.564	3.6	42.406	0.460
SJD2	EK0＋400	300.664	8 626.835	2.02	68.079	0.269
SZD	EK0＋468.152	302.041				

表 3-94　四川省成自泸赤高速公路泸州段黄舣互通式立交 E 匝道超高横坡设计数据

序	设计桩号	左横坡 i_L/%	右横坡 i_R/%	序	设计桩号	左横坡 i_L/%	右横坡 i_R/%
1	EK0＋080.264	－2	2	4	EK0＋290.183	－2	2
2	EK0＋119.677	－2	2	5	EK0＋468.152	－2	2
3	EK0＋225.173	－2	2				

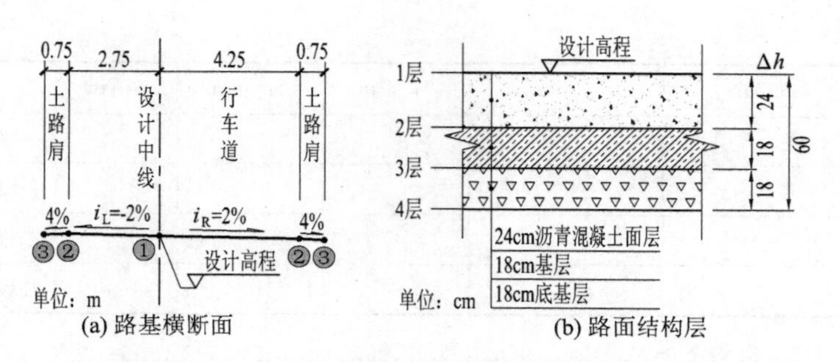

图 3-145　四川省黄舣互通式立交 E 匝道路基横断面设计图(1 号路基)

表 3-95　　四川省成自泸赤高速公路泸州段黄舣互通式立交 E 匝道边坡设计参数

坡级		一级填方边坡				二级填方边坡			
参数		n_{T1}	H_{T1}	i_{T1}	d_{T1}	n_{T2}	H_{T2}	i_{T2}	d_{T2}
单位			m	%	m		m	%	m
1号		1.5	8.06	3	2	1.75	8	3	2
2号		5	2.5	3	2				
坡级		一级挖方边坡				二级挖方边坡			
参数	边沟	n_{W1}	H_{W1}	i_{W1}	d_{W1}	n_{W2}	H_{W2}	i_{W2}	d_{W2}
单位	m		m	%	m		m	%	m
−1号	1.5	1	8	3	2				

表 3-96　　四川省成自泸赤高速公路泸州段黄舣互通式立交 E 匝道边坡编号设计数据

序	设计桩号	左边坡号	右边坡号	序	设计桩号	左边坡号	右边坡号
1	EK0＋080.264	0	1	4	EK0＋132	1	1
2	EK0＋100	2	−1	5	EK0＋279	2	1
3	EK0＋110	−1	1				

表 3-97　　四川省黄舣互通式立交 E 匝道缓和曲线起讫半径

交点号	第一缓和曲线		圆曲线	第二缓和曲线	
	A_1	R_{ZH}/m	R/m	A_2	R_{HZ}/m
JD1	0		306.25	134	
JD2	190		600	395	
JD3	0		800	465	

表 3-98　　坐标正算加桩 EK0＋269 左幅横断面主点与边坡测点三维设计坐标结果

(施工层号＝2,中桩坐标 x＝3 195 125.776 6 m，y＝554 710.867 4 m，H＝295.947 9 m，α＝126°34′18″)

左行车道横坡 i_L＝−2%							
点名	d_L/m	x_L/m	y_L/m	H_{LD}/m	H_{LC}/m	h_C/m	备注
②							左硬路肩外缘点
③							左土路肩外缘点

（续表）

点名	d_L/m	x_L/m	y_L/m	H_{LD}/m	H_{LC}/m	h_C/m	备注
1.1							一级填坡平台内缘点
1.2							一级填坡平台外缘点
2.1							二级填坡平台内缘点
2.2							二级填坡平台外缘点

表 3-99　　坐标正算加桩 EK0＋269 右幅横断面主点与边坡测点三维设计坐标结果

（施工层号＝2，中桩坐标 x＝3 195 125.776 6 m，y＝554 710.867 4 m，H＝295.947 9 m，α＝126°34′18″）

右行车道横坡 i_R＝2%							
点名	d_R/m	x_R/m	y_R/m	H_{RD}/m	H_{RC}/m	h_C/m	备注
②							右硬路肩外缘点
③							右土路肩外缘点
1.1							一级填坡平台内缘点
1.2							一级填坡平台外缘点
2.1							二级填坡平台内缘点
2.2							二级填坡平台外缘点

［3-11］　图 3-146 所示案例平曲线的 3 个交点均为单圆曲线，图 3-147 所示为路基横断面设计图（市政道路），竖曲线设计数据列于表 3-100，超高横坡设计数据列于表 3-101。①输入路基项目共享设计数据；②输入平曲线、竖曲线、路基超高横坡、路基编号设计数据，计算平竖曲线主点数据；③按 50 m 间距计算逐桩坐标、导出 dxf 图形交换文件、在 AutoCAD

河北省唐山市曹妃甸中小企业园区十里海南路宏途路至通港东路工程直线、曲线及转角表(局部)
设计单位：唐山市交通规划设计院有限公司
施工单位：中铁十八局集团第五工程有限公司路面公司

交点号	交点桩号及交点坐标		转角	曲线要素/m						
				半径	缓和曲线参数	缓和曲线长	切线长	曲线长	外距	切曲差(校正值)
QD	桩	K1+234.852								
	N	4 333 365.376								
	E	495 841.858 7								
JD5	桩	K1+591.5568	1°18′12.3″(Y)	5 000	0	0	56.875	113.745	0.323	0.005
	N	4 333 515.678 9								
	E	496 165.350 7			0	0	56.875			
JD6	桩	K1+812.767	1°21′19.8″(Y)	3 600	0	0	42.587	85.170	0.252	0.004
	N	4 333 604.303 7								
	E	496 368.037			0	0	42.587			
JD7	桩	K1+993.853	1°33′17.7″(Z)	3 150	0	0	42.746	85.486	0.29	0.005
	N	4 333 672.908								
	E	496 535.629			0	0	42.746			
ZD	桩	K2+580.891	断链：K2+100=K2+100.006 断链值：(K2+100)−(K2+100.006)=−0.006m(短链)							
	N	4333909.9617								
	E	497072.6751								

1954北京坐标系，中央子午线经度为E118°30′，1985国家高程基准。

图 3-146　河北省唐山市曹妃甸中小企业园区十里海南路宏途路至通港东路工程直线、曲线及转角表(局部)

中精确绘制路线中线图；④计算加桩 K2+500 断面左幅路基主点数据，结果填入表 3-102，计算右幅路基主点数据，结果填入表 3-103。

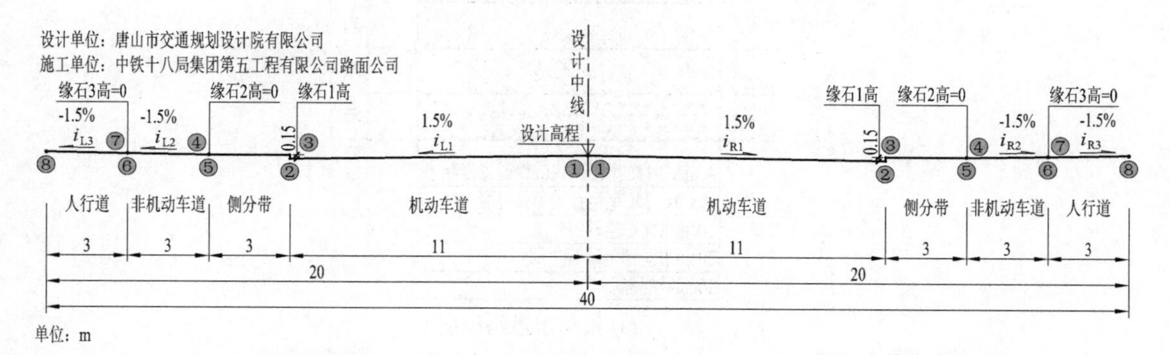

图 3-147　河北省唐山市曹妃甸中小企业园区十里海南路宏途路至通港东路路基标准横断面设计图

表 3-100　　河北省唐山市曹妃甸中小企业园区十里海南路竖曲线及纵坡表

点名	设计桩号	高程 H/m	竖曲半径 R/m	纵坡 i/%	切线长 T/m	外距 E/m
SQD	K0+820	3.063		−0.15		
SJD1	K1+300	2.343	22 069.9	0.303	50.009	0.057
SJD2	K1+656.872	3.425	0	−0.164	0	0
SJD3	K2+160	2.6	36 499.79	0.11	50	0.034
SJD4	K2+460	2.93	38 474.99	−0.15	50.018	0.033
SZD	K2+790	2.435				

表 3-101　　河北省唐山市曹妃甸中小企业园区十里海南路超高横坡设计数据

序	设计桩号	左横坡 i_L/%	右横坡 i_R/%
1	K1+234.852	1.5	1.5

表 3-102　　坐标正算加桩 K1+800 左幅横断面主点与边坡测点三维设计坐标结果

（施工层号=3，中桩坐标 x=4 333 599.075 8 m，y=496 356.388 9 m，H=3.190 3 m，α=66°51′25.91″）

点名	d_L/m	x_L/m	y_L/m	H_{LD}/m	H_{LC}/m	h_C/m	备注
②							左机动车道外缘点
③							左侧分带内缘点
④							左侧分带外缘点
⑤							左非机动车道内缘点
⑥							左非机动车道外缘点
⑦							左人行道内缘点
⑧							左人行道外缘点

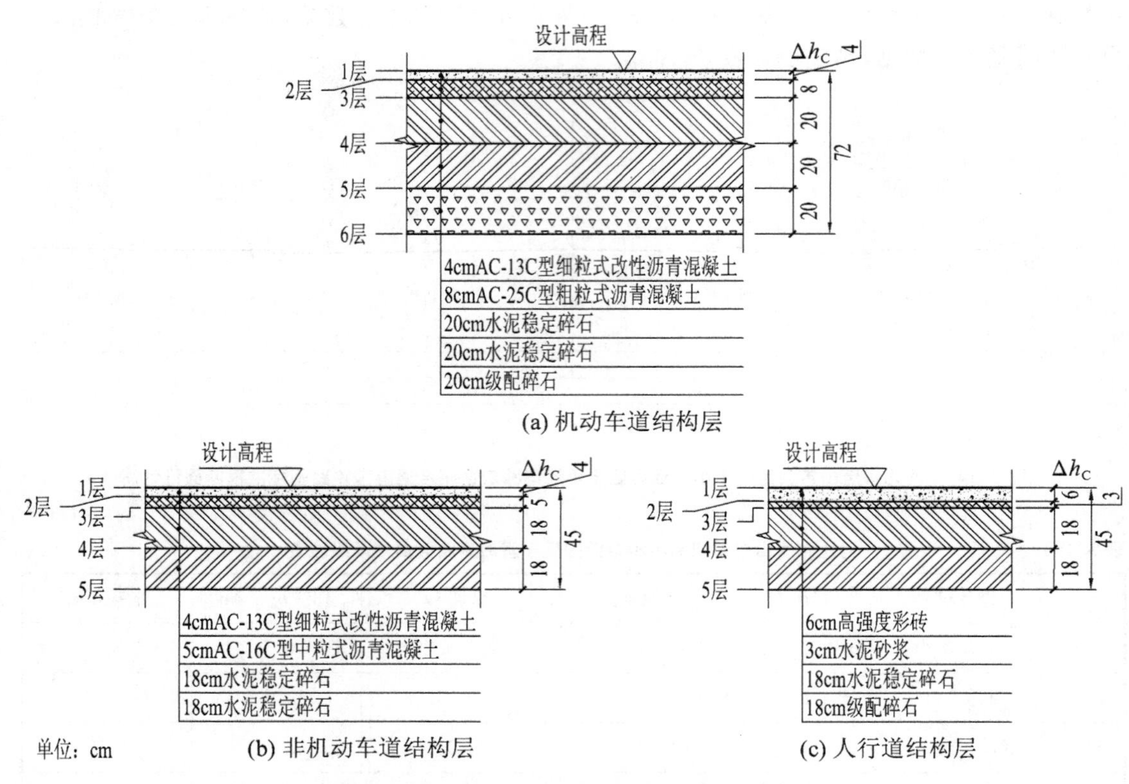

图 3-148　河北省唐山市曹妃甸中小企业园区十里海南路结构层设计参数

表 3-103　　坐标正算加桩 K1+800 右边桩三维设计坐标案例

（施工层号=3，中桩坐标 x=4 333 599.075 8 m，y=496 356.388 9 m，H=3.190 3 m，α=66°51′25.91″）

点名	d_R/m	x_R/m	y_R/m	H_{RD}/m	H_{RC}/m	h_C/m	备注
②							左机动车道外缘点
③							左侧分带内缘点
④							左侧分带外缘点
⑤							左非机动车道内缘点
⑥							左非机动车道外缘点
⑦							左人行道内缘点
⑧							左人行道外缘点

［3-12］　如图 3-149 和图 3-150 所示，JD3 为左转回头曲线，其圆曲线半径 R=180 m，圆曲线长为 $L_y=L-L_{h1}-L_{h2}=765.665-55-100=610.665$ m，半圆弧长为 $L_{1/2}=\pi R=\pi\times 180=565.4867$ m，故有 $L_y>L_{1/2}$。①计算平曲线主点数据；②按 10 m 间距计算逐桩坐标、导出 dxf 图形交换文件、在 AutoCAD 中精确绘制路线中线图；③完成表 3-104 所列坐标正、反算，结果填入表格的相应单元。

湖南省怀化至芷江高速公路第1合同段
朱溪互通式立交C匝道直线、曲线及转角表(局部)
设计单位：湖南省交通规划勘察设计院
施工单位：成都华川公路建设集团有限公司

交点号	交点桩号及交点坐标		转角	曲线要素/m						
				半径	缓和曲线参数	缓和曲线长	切线长	曲线长	外距	切曲差(校正值)
QD	桩	CK0+000								
	N	3 052 563.279								
	E	514 660.215								
JD1	桩	CK0+027.755			0	0	27.740			
	N	3 052 589.856	2°28′04″(Z)	1 172.75				77.976	0.328	0.01
	E	514 668.214			253.971	55	50.246			
JD2	桩	CK0+164.029			93.808 3	55	86.018			
	N	3 052 721.926	40°00′54″(Y)	160				166.743	11.114	5.294
	E	514 701.84			93.808 3	55	86.018			
JD3	桩	CK0−759.103			99.498 7	55	−484.651			
	N	3 052 489.304	219°03′(Z)	180				765.665	363.074	180.674
	E	514 378.121			134.164 1	100	−461.687			
JD4	桩	CK1+217.875			212.132	100	207.456			
	N	3 052 734.582	38°16′05″(Y)	450				415.556	27.633	12.493
	E	514 444.989			241.867 7	130	220.592			
ZD	桩	CK1+469.047								
	N	3 052 577.813								
	E	514 232.993								

1980西安坐标系，中央子午线经度为E109°45′，投影面高程为300m，1985国家高程基准。

图 3-149　湖南省怀化至芷江高速公路第 1 合同段朱溪互通式立交 C 匝道直线、曲线及转角表(局部)

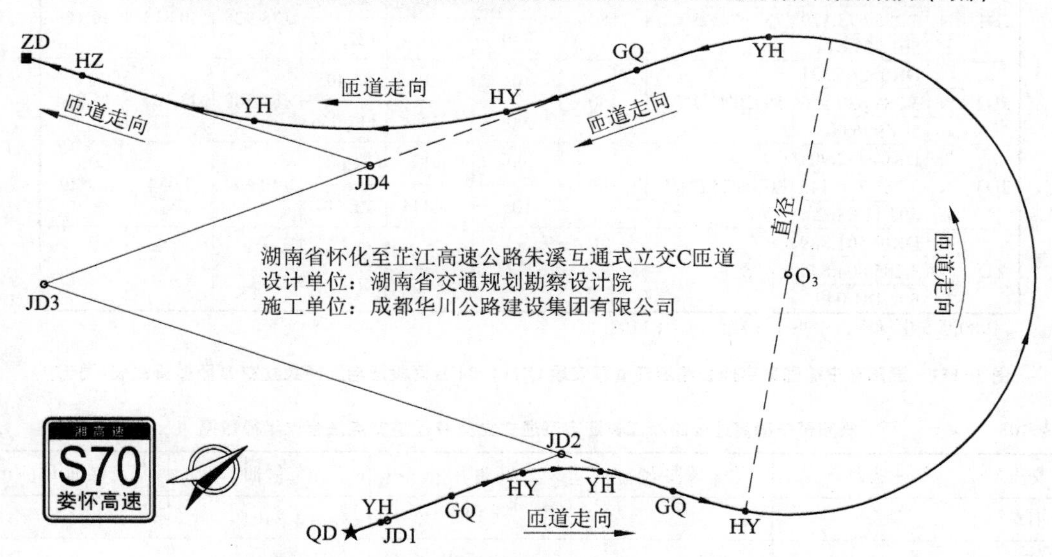

图 3-150　湖南省怀化至芷江高速公路第 1 合同段朱溪互通式立交 C 匝道展点图

表 3-104　　湖南省怀化至芷江高速公路朱溪互通式立交 C 匝道坐标正反算数据

点号	Z	x/m	y/m	α	加桩位置
1	CK0＋485				JD3 圆曲线
2	CK0＋760				JD3 圆曲线

（续表）

点号	x/m	y/m	Z_p	x_p/m	y_p/m	d/m
3	3 053 061.497 3	514 571.389 3				
4	3 053 066.959 1	514 551.958 7				
5	3 053 025.552 5	514 539.456 5				

[3-13] 图 3-151 所示的 D 匝道有 3 个交点，该案例的特点是，JD1 的第一、第二缓和曲线均为非完整缓和曲线，且满足 $R_{ZH}<R=180$ m 和 $R_{HZ}<R=180$ m。①计算 3 个交点第一、第二缓和曲线起讫半径，结果填入表 3-105；②计算平曲线主点数据；③按 5 m 间距计算逐桩坐标、导出 dxf 图形交换文件、在 AutoCAD 中精确绘制路线中线图；④完成表 3-106 所列坐标正、反算，结果填入表格的相应单元。

溧阳至宁德国家高速公路浙江省淳安段QHTJ-04合同段
汪宅互通式立交D匝道直曲表(局部)
设计单位：浙江省交通规划设计研究院，杭州市交通规划设计研究院
施工单位：徐州市公路工程总公司

交点号	交点桩号及交点坐标		转角	曲线要素/m						
				半径	缓和曲线参数	缓和曲线长	切线长	曲线长	外距	切曲差(校正值)
QD	桩	DK0+000								
	N	3 285 765.396								
	E	501 786.018								
JD1	桩	DK0+092.287	78°30′45.5″(Z)	180	85	70.166 5	92.288	178.926	40.813	36.159
	N	3 285 673.179								
	E	501 789.614			240	64	122.797			
JD2	桩	DK0+265.331	59°20′45.7″(Z)	150	0	0	86.405	182.368	23.107	15.994
	N	3 285 639.536								
	E	501 996.093			90	54	111.956			
JD3	桩	DK0+432.903	30°03′25.9″(Y)	180	90	45	71.609	140.594	7.034	2.529
	N	3 285 780.345								
	E	502 113.862			105	53.844	71.514			
ZD	桩	DK0+501.889								
	N	3 285 804.845								
	E	502 181.049								

1980西安坐标系，中央子午线经度为E119°。

图 3-151 溧阳至宁德国家高速公路浙江省淳安段 QHTJ-04 合同段汪宅互通式立交 D 匝道直曲表(局部)

表 3-105 溧阳至宁德高速公路浙江省汪宅互通式立交 D 匝道交点法起讫半径数据

交点	第一缓曲 A_1	第一缓曲 R_{ZH}/m	圆曲 R/m	第二缓曲 A_2	第二缓曲 R_{HZ}/m
JD7	85		180	240	
JD8	0		150	90	
JD9	90		180	105	

表 3-106 溧阳至宁德高速公路浙江省汪宅互通式立交 D 匝道坐标正反算数据

点号	Z	x/m	y/m	α	加桩位置	
1	DK0＋015				JD1 第一缓曲	
2	DK0＋175				JD1 第二缓曲	

（续表）

点号	Z	x/m	y/m	α	加桩位置	
3	DK0＋485				JD3 第二缓曲	
点号	x/m	y/m	Z_p	x_p/m	y_p/m	d/m
4	3 285 712.794	501 818.570 6				
5	3 285 657.205 1	501 881.591				
6	3 285 793.403 5	502 140.121 6				

［**3-14**］ 图 3-152 所示案例只有 1 个交点。①计算 JD1 第一缓和曲线起点半径 R_{ZH}，第二缓和曲线终点半径 R_{HZ}，结果填入表 3-107；②计算平曲线主点数据；③按 5 m 间距计算逐桩坐标、导出 dxf 图形交换文件、在 AutoCAD 中精确绘制路线中线图；④完成表 3-108 所列坐标正、反算，结果填入表格的相应单元。

日(照)至兰(考)高速公路
郓城南立交改造工程F匝道直线、曲线及转角表(局部)
设计单位：山东省交通规划设计院
施工单位：中铁十八局集团轨道交通工程有限公司

交点号	交点桩号及交点坐标		转角	曲线要素/m 半径	缓和曲线参数	缓和曲线长	切线长	曲线长	外距	切曲差(校正值)
QD	桩	FK0+000								
	N	3 925 219.909								
	E	502 599.949								
JD1	桩	FK4+267.317	178°07′15″(Y)	60	90	135	4 147.108	262.637	4 022.994	7 975.298
	N	3 921 170.256			96.425 6	51.655	4 090.827			
	E	503 945.425								
ZD	桩	FK0+382.874								
	N	3 925 008.063								
	E	502 528.974								

图 3-152 日兰高速公路郓城南立交改造工程 F 匝道直线、曲线及转角表(局部)

表 3-107 日兰高速公路郓城南立交改造工程 F 匝道缓和曲线起讫半径

交点号	第一缓和曲线		圆曲线	第二缓和曲线	
	A_1	R_{ZH}/m	R/m	A_2	R_{HZ}/m
JD1	90		60	96.425 6	

表 3-108 日兰高速公路郓城南立交改造工程 F 匝道坐标正反算数据

点号	Z	x/m	y/m	α	加桩位置	
1	FK0＋210				JD1 第一缓曲	
2	FK0＋335				JD1 第二缓曲	
3	FK0＋380				JD1 第二缓曲	
点号	x/m	y/m	Z_p	x_p/m	y_p/m	d/m
4	3 924 982.202 8	502 635.057 7				
5	3 924 987.869 5	502 539.596 4				

［3-15］ 图 3-153 所示案例只有 1 个交点。①计算 JD1 第一缓和曲线起点半径 R_{ZH}，第二缓和曲线终点半径 R_{HZ}，结果填入表 3-109；②计算平曲线主点数据；③按 5 m 间距计算逐桩坐标、导出 dxf 图形交换文件、在 AutoCAD 中精确绘制路线中线图；④完成表 3-110 所列坐标正、反算，结果填入表格的相应单元。

内蒙古宗别力(张家房)至查哈尔滩高速公路
张家房互通式立交B匝道直线、曲线及转角表(局部)
设计单位：内蒙古交通设计研究院有限责任公司
施工单位：内蒙古九泰龙集团有限公司

交点号	交点桩号及交点坐标		转角	曲线要素/m						
				半径	缓和曲线参数	缓和曲线长	切线长	曲线长	外距	切曲差(校正值)
QD	桩	BK0+000								
	N	4 343 957.022								
	E	517 508.576 5								
JD1	桩	BK1+315.038	170°54′27.3″(Y)	80	104.123 4	135.521	1 186.735	340.926	1 044.117	1 998.913
	N	4 344 580.592			125.051	116.193	1 153.104			
	E	518 666.370								
ZD	桩	BK0+469.227								
	N	4 343 880.248								
	E	517 750.312 9								

图 3-153 内蒙古张查高速公路张家房互通式立交 B 匝道直线、曲线及转角表(局部)

表 3-109 内蒙古张查高速公路张家房互通式立交 B 匝道缓和曲线起讫半径

交点号	第一缓和曲线		圆曲线	第二缓和曲线	
	A_1	R_{ZH}/m	R/m	A_2	R_{HZ}/m
JD1	90		60	96.425 6	

表 3-110 内蒙古张查高速公路张家房互通式立交 B 匝道坐标正反算数据

点号	Z	x/m	y/m	α	加桩位置	
1	BK0+190				JD1 第一缓曲	
2	BK0+350				JD1 圆曲线	
3	BK0+450				JD1 第二缓曲	
点号	x/m	y/m	Z_p	x_p/m	y_p/m	d/m
4	4 344 049.750 9	517 701.663 3				
5	4 344 018.411 9	517 786.291 2				
6	4 343 886.268 4	517 757.300 3				

第 4 章　Q2X9 线元法计算原理与工程案例

● **基本要求**　掌握线元法 4 个参数的内容及其几何意义，由 4 个参数反算缓和曲线参数 A 的原理及方法；熟悉采用缓和曲线线长方程和偏角方程计算起点半径 R_s 和终点半径 R_e 的原理与方法；了解单线元主点数据计算方法，坐标斜交反算的几何意义及计算方法；熟悉全站仪横轴高程法测量碎部点高程的工程意义；掌握直曲表设计数据转换为线元法设计数据的原理与方法。

Q2X9线元法 程序具有与 **Q2X8交点法** 程序完全相同的功能，只是输入的平曲线数据类型不同，**Q2X8交点法** 程序是通过输入交点设计数据来计算平曲线的，而 **Q2X9线元法** 程序是通过输入线元设计数据来计算平曲线的。高速公路匝道平曲线，有些是采用交点法设计的，有些同时给出了交点法和线元法的设计数据，而绝大多数匝道平曲线是使用线位数据表给出平曲线设计数据，无法使用 **Q2X8交点法** 程序计算。

路线与匝道平曲线是由直线、圆曲线、缓和曲线三种线元根据设计需要径相连接组合而成，可以将这三种线元的设计数据统一为 4 个：起点(start)半径 R_s、终点(end)半径 R_e、线长 L、偏转系数±1。三种线元的起点与终点半径特点如下：

① 缓曲线元：正向完整缓和曲线的 $R_s=\infty$，$R_s>R_e$；反向完整缓和曲线的 $R_e=\infty$，$R_s<R_e$；正向非完整缓和曲线 $\infty>R_s>R_e$，反向非完整缓和曲线 $R_s<R_e<\infty$；线元左偏时，偏转系数为－1，线元右偏时，偏转系数为 1。

② 圆曲线元：$R_s=R_e<\infty$，线元左偏时，偏转系数为－1，线元右偏时，偏转系数为 1。

③ 直线线元：$R_s=R_e=\infty$，直线线元起点与相邻线元径相连接时，偏转系数为 0；直线线元起点与相邻线元非径相连接时，偏转系数输入为偏转角，左偏角输入负数角，右偏角输入正数角。当与直线线元起点连接的线元也是直线时，该起点就是交点法的直转点。

注：**Q2X8交点法** 程序和 **Q2X9线元法** 程序内部统一使用 1×10^{30} 代替∞。

R_s 或 R_e 有一个为∞的缓和曲线称为完整缓和曲线，两个均不为∞的缓和曲线为非完整缓和曲线。与 **Q2X8交点法** 程序不同，**Q2X9线元法** 程序不需要输入缓曲线元参数 A，A 由程序根据缓曲线元的设计数据 R_s，R_e，L_h 依据式(4-1)反算求出：

$$A=\sqrt{\frac{L_h}{|R_s^{-1}-R_e^{-1}|}} \tag{4-1}$$

为保证缓曲线元参数 A 的反算精度，在可能的情况下，缓曲线元的 R_s，R_e 和 L_h 应尽可能取位到 0.000 1 m。

4.1　缓曲线元起讫半径计算原理

使用线位数据表设计的高速公路匝道平曲线，当含有缓曲线元时，应先确定各缓曲线元

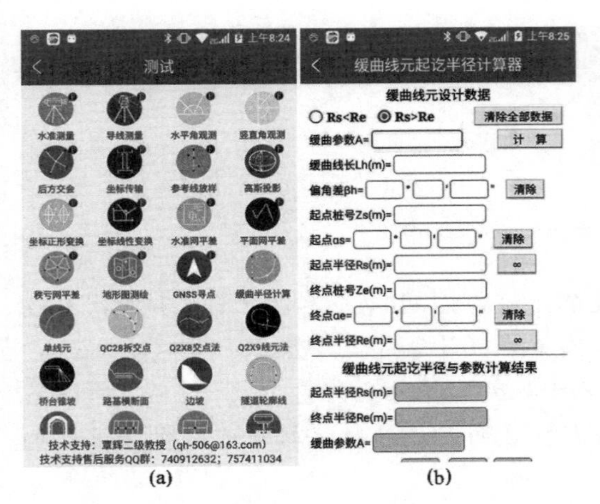

图 4-1 “缓曲半径计算”程序界面

的起讫半径，绝大部分线位数据表都不给出缓曲线元的起讫半径，需要施工员自行计算。当图纸的缓曲线元设计数据不全时，手动计算缓曲线元起讫半径是一件非常麻烦的事情。文献[16][17]收集了大量典型案例介绍手动计算非完整缓曲线元起讫半径的原理与方法，**缓曲半径计算** 程序就是为了解决该问题开发的。

在项目主菜单[图 4-1(a)]，点击 **缓曲半径计算** 按钮，进入“缓曲线元起讫半径计算器”界面[图 4-1(b)]。程序的功能是：计算缓曲线元起点半径 R_s 和终点半径 R_e 中的任意一个，还可以计算缓曲参数 A 和偏角 β_h。

在交点法设计的直曲表中，每个交点的第一缓和曲线终点半径与第二缓和曲线起点半径均等于圆曲线半径，即缓和曲线有一端的半径是已知的，且第一缓和曲线参数 A_1 及其线长 L_{h1}、第二缓和曲线参数 A_2 及其线长 L_{h2} 也是已知的，只需要使用线长方程式(3-1)反求第一缓和曲线起点半径 R_{ZH} 与第二缓和曲线终点半径 R_{HZ}。应用 **缓曲半径计算** 程序模块计算时，只需要根据图纸设置◉ **Rs<Re**或◉ **Rs>Re**单选框即可完成。

在线元法设计的线位数据表中，经常出现几条缓和曲线径相连接的线形，此时，某条缓和曲线的起点半径 R_s 与终点半径 R_e 可能都未知，此时，需要同时列出该缓和曲线的线长方程式(3-1)和偏角方程式(3-6)才能解算出 R_s 和 R_e 两个未知数。由线长方程式(3-1)和偏角方程式(3-6)列出任意缓和曲线的线长及偏角差方程如下：

$$\left.\begin{array}{l}\dfrac{A^2}{R_s}-\dfrac{A^2}{R_e}=L_h\\ \dfrac{A^2}{2R_s^2}-\dfrac{A^2}{2R_e^2}=\beta_h\end{array}\right\},\ R_s<R_e \tag{4-2}$$

$$\left.\begin{array}{l}\dfrac{A^2}{R_e}-\dfrac{A^2}{R_s}=L_h\\ \dfrac{A^2}{2R_e^2}-\dfrac{A^2}{2R_s^2}=\beta_h\end{array}\right\},\ R_s>R_e \tag{4-3}$$

$$\beta_h=|\alpha_e-\alpha_s| \tag{4-4}$$

式中，α_s 为缓曲线元起点走向方位角；α_e 为缓曲线元终点走向方位角；β_h 为缓和曲线偏角差，单位为弧度。

显然，两个方程只能解算两个未知数，当设计图纸未给出缓曲线元参数 A 时，应用缓曲线元的线长与偏角差方程就只能解算 A 与 R_s(或 R_e)。

列线长方程需要已知缓曲线长 L_h，用户也可以输入起点桩号 Z_s 与终点桩号 Z_e，由程序反求线长 $L_h=Z_e-Z_s$。列偏角差方程需要已知起点走向方位角 α_s 与终点走向方位角 α_e，由程序反求偏角差的绝对值 $\beta_h=|\alpha_e-\alpha_s|$。

如果待计算的缓曲线元只需要求解一个未知数，则**缓曲半径计算**程序自动使用线长方程，用户只需要在“缓曲半径计算器”中输入缓曲线长 L_h（或起点桩号 Z_s 与终点桩号 Z_e）；当待计算的缓曲线元需要求解 2 个未知数时，才需要增加输入缓曲线元的起点走向方位角 α_s 与终点走向方位角 α_e，用于程序计算偏角差 β_h。

4.2 新疆伊宁县互通式立交 AB 匝道平曲线计算

1. 设计图纸

图 4-2 所示的 AB 匝道是一个十分经典的工程案例[17]，正是这个案例的出现，才使笔者认识到缓和曲线起讫半径计算的重要性。该匝道有 5 条平曲线元，只有 3 号平曲线元为圆曲线元，其余 4 条平曲线元均为缓曲线元，图纸给出了 4 条缓曲线元的参数 A，必须先确定这 4 条缓曲线元的起讫半径，才能使用**Q2X9线元法**程序计算。

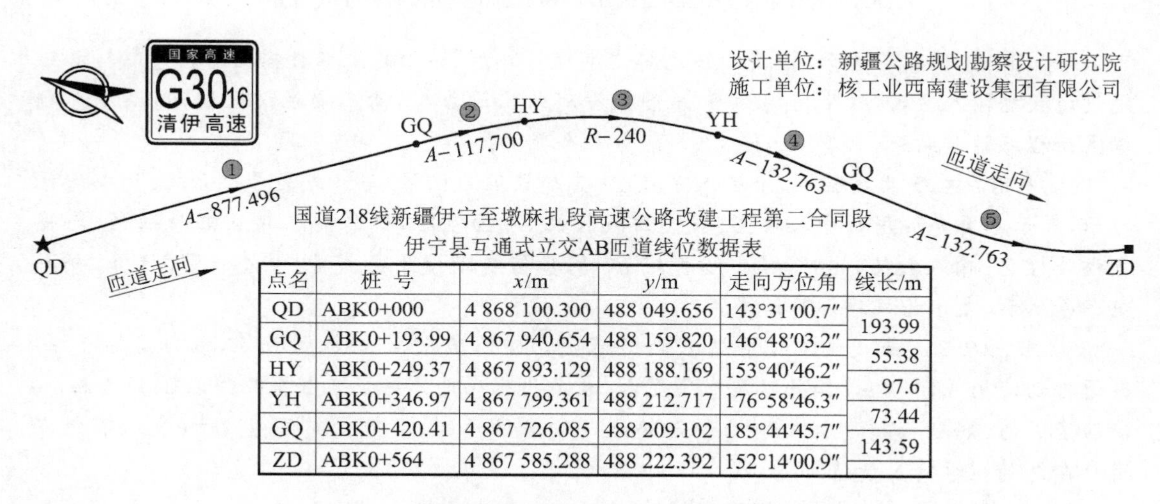

点名	桩 号	x/m	y/m	走向方位角	线长/m
QD	ABK0+000	4 868 100.300	488 049.656	143°31′00.7″	193.99
GQ	ABK0+193.99	4 867 940.654	488 159.820	146°48′03.2″	55.38
HY	ABK0+249.37	4 867 893.129	488 188.169	153°40′46.2″	97.6
YH	ABK0+346.97	4 867 799.361	488 212.717	176°58′46.3″	73.44
GQ	ABK0+420.41	4 867 726.085	488 209.102	185°44′45.7″	143.59
ZD	ABK0+564	4 867 585.288	488 222.392	152°14′00.9″	

图 4-2 新疆伊宁县互通式立交 AB 匝道平曲线设计图

2. 计算缓曲线元的起讫半径

(1) 计算 1 号缓曲线元的起讫半径

因为 1 号缓曲线元终点连接的是 2 号缓曲线元，所以 1 号缓曲线元的起点半径 R_s 与终点半径 R_e 都不确定，必须同时解算线长方程与偏角方程才能求出 R_s 与 R_e 两个未知数。从图 4-2 所示的图纸看，不能确定该缓曲线元满足两个条件 $R_s<R_e$ 与 $R_s>R_e$ 中的哪一个条件，此时，可以分别计算 $R_s<R_e$ 与 $R_s>R_e$ 两种条件下的起讫半径值。

设置◉ **Rs<Re**单选框，输入 1 号缓曲线元设计数据：参数 $A=877.496$，线长 $L_h=193.99$ m，起点走向方位角 $\alpha_s=143°31'00.7''$，终点走向方位角 $\alpha_e=146°48'03.2''$[图 4-3(a)]；点击 计 算 按钮，结果如图 4-3(b)所示，程序采用式(4-4)计算偏角差绝对值。

设置◉ **Rs>Re**单选框[图 4-3(c)]，点击 计 算 按钮，结果如图 4-3(d)所示，此时偏角差绝对值 β_h 不变。

比较图 4-3(b)与图 4-3(d)的计算结果，二者的起点半径与终点半径为互换关系，具体取哪个结果，还需要算出 2 号缓曲线元的起点半径值后才能最终确定。

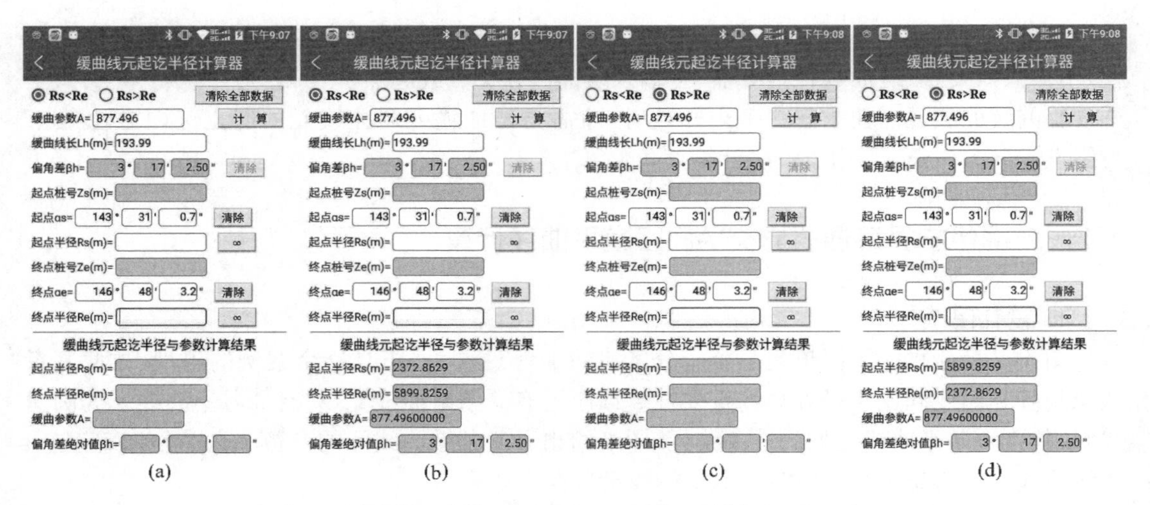

图 4-3　计算新疆伊宁县互通式立交 AB 匝道 1 号缓曲线元的 R_s 与 R_e

☞ ① 图 4-3(a)所示的“缓曲线元起讫半径计算器”界面的上部数据区为待计算缓曲线元设计数据输入区，其缺省值均为 0，凡图纸没有给出的数据，请不要在该区域输入；下部数据区为程序计算结果，只有 R_s,R_e,A，β_h 等四个数据。

② 当用户在缓曲线长栏 L_h 输入了数值，其起点桩号栏 Z_s 与终点桩号栏 Z_e 变为灰底色显示，表示不再允许用户输入数值；当缓曲线长栏 L_h 为空时，就需要在起点桩号栏 Z_s 与终点桩号栏 Z_e 输入数值，此时，缓曲线长栏 L_h 的数值自动使用公式 $L_h=Z_e-Z_s$ 计算，并以灰底色显示，表示为程序计算结果。

③ 当用户在起点走向方位角栏 α_s 与终点走向方位角栏 α_e 输入了数值，偏角差栏 β_h 的数值自动使用式(4-4)计算并以灰底色显示，表示为程序计算结果。如果用户在偏角差栏 β_h 输入了数值，则起点走向方位角栏 α_s 与终点走向方位角栏 α_e 变成灰底色显示，表示不允许用户在这两栏再输入数值。

(2) 计算 2 号缓曲线元的起讫半径

因 2 号缓曲线元终点是连接半径 $R=240$ m 的圆曲线元，所以 2 号缓曲线元终点半径 $R_e=240$ m，只需要计算起点半径 R_s，且可以确定 $R_s>R_e$。

点击 清除全部数据 按钮，设置◉ **Rs>Re** 单选框，输入 2 号缓曲线元设计数据：参数 $A=117.7$，线长 $L_h=55.38$ m，终点半径 $R_e=240$ m[图 4-4(a)]；点击 计 算 按钮，结果如图4-4(b)所示。

或许有读者会提出这样的问题，笔者是如何确定 2 号缓曲线元的起讫半径一定满足 $R_s>R_e$ 呢？回答这个问题其实很容易，只要设置◉ **Rs<Re** 单选框[图 4-4(c)]，点击 计 算 按钮，结果如图 4-4(d)所示。

使用图 4-2 中 2 号缓曲线元起讫点走向方位角反算的设计偏角差绝对值 $\beta_h=|\alpha_e-\alpha_s|=|153°40'46.2''-146°48'03.2''|=6°52'43''$，设置◉ **Rs>Re** 单选框算出的偏角差 β_h 与设计值相符[图 4-4(b)]，而设置◉ **Rs<Re** 单选框算出的偏角差 $\beta_h=19°33'47.82''$ 与设计值不相符[图 4-4(d)]。因此，只能使用图 4-4(b)的计算结果。

结论：2 号缓曲线元的起点半径 $R_s=5\,915.048\,5$ m，为非完整缓和曲线。

按 1,2 号缓曲线元公切点 GQ 的半径连续过渡为原则，1 号缓曲线元的起讫半径应取

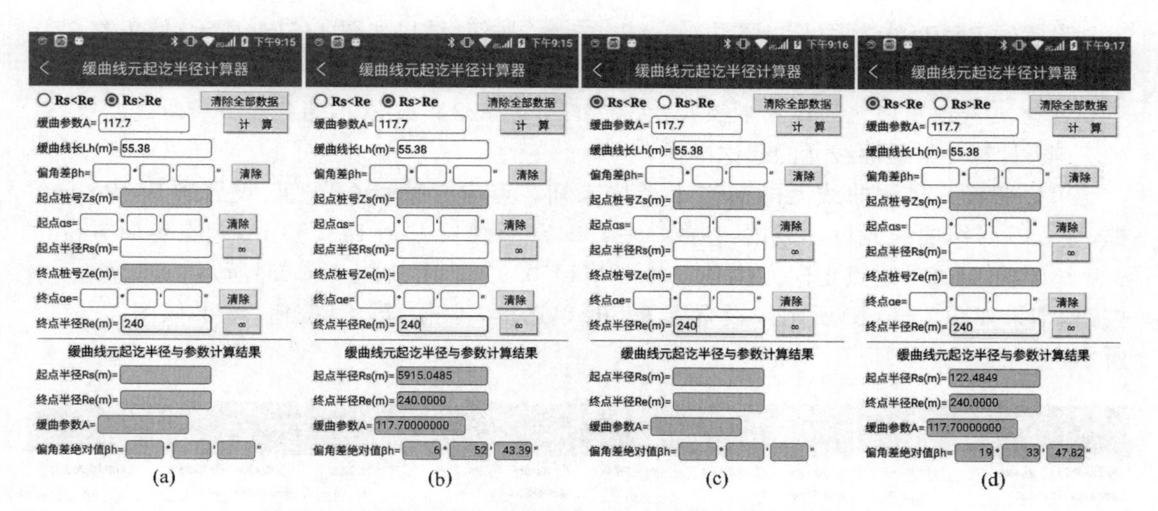

图 4-4　计算新疆伊宁县互通式立交 AB 匝道 2 号缓曲线元的 R_s

◎ **Rs<Re**的计算结果[图 4-3(b)]，即 1 号缓曲线元的起点半径 R_s＝2 372.862 9 m，终点半径 R_e＝ 5 899.825 9 m，为非完整缓和曲线，1，2 号缓曲线元在 GQ 的半径不相等。

(3) 计算 4 号缓曲线元的起讫半径

因 4 号缓曲线元起点是连接半径 R＝240 m 的圆曲线元，所以 4 号缓曲线元的起点半径 R_s＝240 m，只需要计算终点半径 R_e，可以确定 $R_s<R_e$。

点击 清除全部数据 按钮，设置◎ **Rs<Re** 单选框，输入 4 号缓曲线元设计数据：参数 A＝132.763，线长 L_h＝73.44 m，起点半径 R_s＝240 m[图 4-5(a)]，点击 计 算 按钮，结果如图 4-5(b)所示。

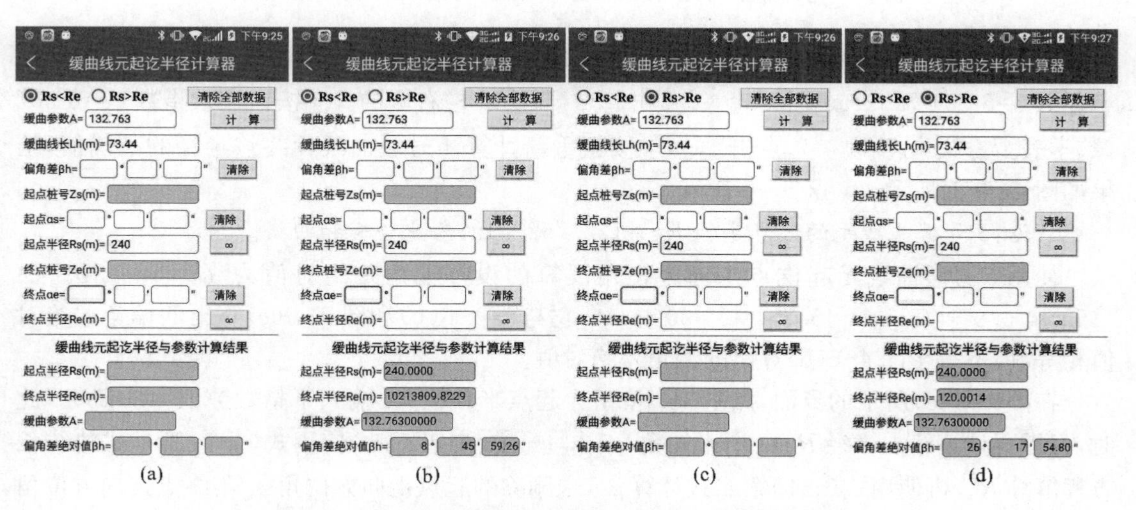

图 4-5　计算新疆伊宁县互通式立交 AB 匝道 4 号缓曲线元的 R_e

使用图 4-2 给出的 4 号缓曲线元起讫点走向方位角反算的设计偏角差绝对值为 $\beta_h=|\alpha_e-\alpha_s|=|185°44'45.7''-176°58'46.3''|=8°45'59.4''$，它与图 4-5(b)算出的偏角差 β_h 相符。

设置◎ **Rs>Re**单选框[图 4-5(c)],点击 计 算 按钮,结果如图 4-5(d)所示,偏角差 $\beta_h=26°17'54.8''$,与 4 号缓曲线元设计偏角差的绝对值不符。

结论:4 号缓曲线元的终点半径 $R_e=10\ 213\ 809.822\ 9$ m$\approx\infty$,为完整缓和曲线。

(4) 计算 5 号缓曲线元的起讫半径

可以假设 5 号缓曲线元的起讫半径均未知。点击 清除全部数据 按钮,设置◎ **Rs<Re**单选框,输入 5 号缓曲线元设计数据:参数 $A=132.763$,线长 $L_h=143.59$ m,起点走向方位角 $\alpha_s=185°44'45.7''$,终点走向方位角 $\alpha_e=152°14'0.9''$,结果如图 4-6(a)所示;点击 计 算 按钮,结果如图 4-6(b)所示。设置◎ **Rs>Re**单选框,点击 计 算 按钮,结果如图 4-6(c)所示。

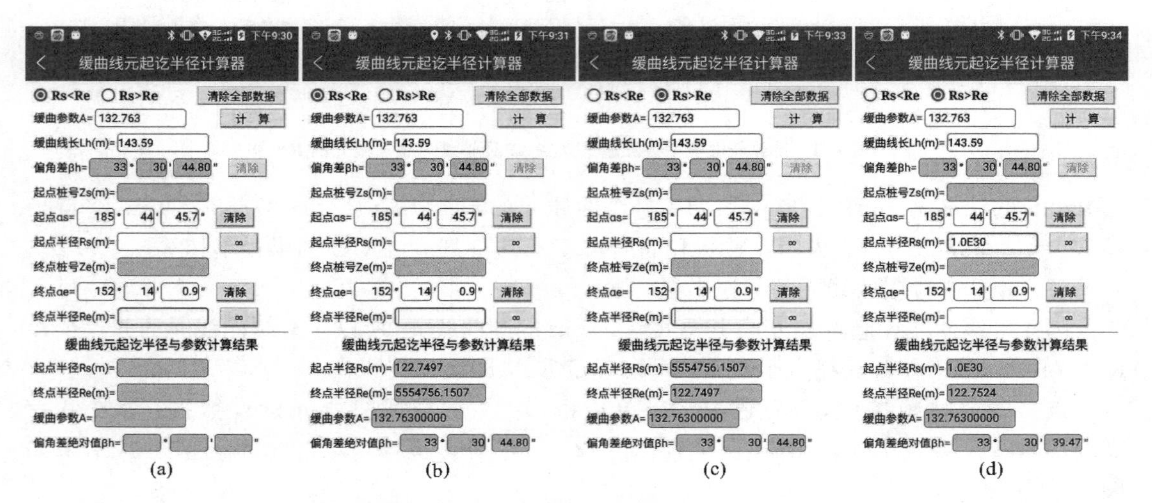

图 4-6　计算新疆伊宁县互通式立交 AB 匝道 5 号缓曲线元的终点半径 R_e

因 4 号缓曲线元的终点半径 $R_e=\infty$,应取图 4-6(c)的计算结果,即 5 号缓曲线元的起点半径 $R_s=5\ 554\ 756.150\ 7$ m$\approx\infty$。点击起点半径 R_s 栏右侧的 ∞ 按钮输入指数"1.0E30"(数学表示方式为 1×10^{30}),点击 计 算 按钮重新计算 4 号缓曲线元终点半径的准确值,结果如图 4-6(d)所示。

结论:5 号缓曲线元的终点半径 $R_e=122.752\ 4$ m,为完整缓和曲线。

使用 5 号缓曲线元起讫点走向方位角反算的设计偏角差绝对值为 $\beta_h=|\alpha_e-\alpha_s|=|152°14'0.9''-185°44'45.7''|=33°30'44.8''$,它与图 4-6(b)和图 4-6(c)算出的偏角差绝对值相等,但不等于图 4-6(d)算出的偏角差绝对值。

在图 4-6(d)所示的界面,点击 ∞ 按钮为起点半径栏 R_s 输入了指数数值"1.0E30",此时,只需要计算终点半径 R_e 一个未知数,点击 计 算 按钮,程序使用式(4-3)第一式的线长方程解算 R_e,再使用式(4-3)第二式计算 β_h,未删除的起点走向方位角 α_s 与终点走向方位角 α_e 不参与计算。即使用户点击 α_s 栏右侧的 清除 按钮清除 α_s 的值[图 4-7(a)],或点击 α_e 栏右侧的 清除 按钮清除 α_e 的值[图 4-7(b)],或同时清除 α_s 与 α_e[图 4-7(c)],再点击 计 算 按钮,计算的 β_h 值仍然与图 4-6(d)的结果相同。

综合上述 1, 2, 4, 5 号缓曲线元起讫半径的计算结果,将 AB 匝道线元法设计数据列于表 4-1。

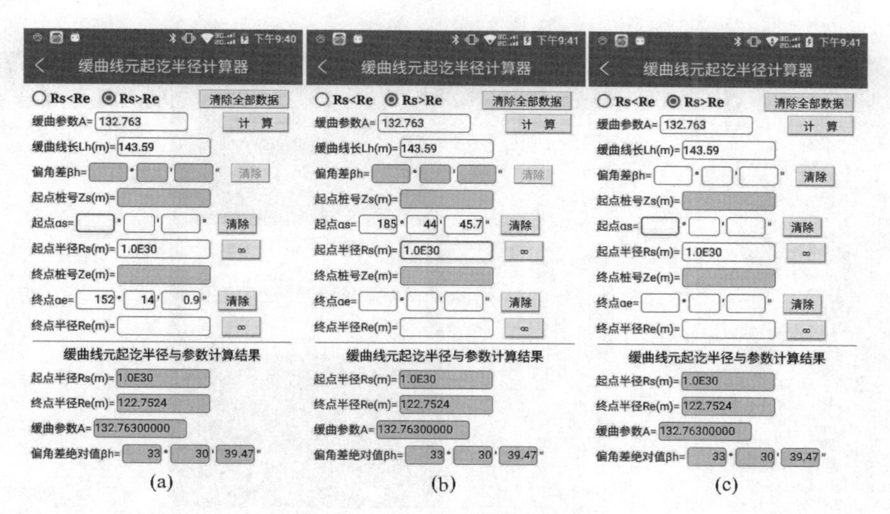

(a) (b) (c)

图 4-7 计算新疆伊宁县互通式立交 AB 匝道 5 号缓曲线元的 R_e(删除 α_s 与 α_e 的影响)

表 4-1 新疆伊宁县互通式立交 AB 匝道线元法设计数据

点名	设计桩号	x/m	y/m	走向方位角 α	
QD	ABK0+000	4 868 100.300	488 049.656	143°31′00.7″	
ZD	ABK0+564	4 867 585.288	488 222.392	152°14′00.9″	
序	起点半径/m	终点半径/m	线长/m	偏向	线元类型
1	2 372.862 9	5 899.825 9	193.99	右偏	反向非完整缓和曲线
2	5 915.048 5	240	55.38	右偏	正向非完整缓和曲线
3	240	240	97.6	右偏	圆曲线
4	240	∞	73.44	右偏	反向完整缓和曲线
5	∞	122.752 4	143.59	左偏	正向完整缓和曲线

☞ ① **Q2X9线元法** 程序内部使用 −1 代表线元左偏，1 代表线元右偏，半径为∞时输入 1×10^{30}，点击半径栏右侧的 ∞ 按钮输入“1.0E30”。

② 因 1 号缓曲线元起讫点的偏角差比较小，由图 4-3 所示的 AB 匝道中线平面设计图似乎不容易判断 1 号缓曲线元是左偏还是右偏，此时，可以根据该线元起讫点的走向方位角 α_s 与 α_e 来判断偏转方向，原则是：$\alpha_e>\alpha_s$ 为右偏，$\alpha_e<\alpha_s$ 为左偏。

3. 输入平曲线设计数据与计算主点数据

在项目主菜单[图 4-8(a)]，点击 **Q2X9线元法** 按钮●进入 **Q2X9线元法** 程序文件列表界面[图 4-8(b)]，点击 **新建文件** 按钮，输入文件名，点击 **确定** 按钮[图 4-8(c)]，返回文件列表界面[图 4-8(d)]。

(1) 输入 AB 匝道平曲线设计数据

点击新建文件名，在弹出的快捷菜单点击“进入文件主菜单”命令[图 4-9(a)]，点击 **设计数据** 按钮[图 4-9(b)]，进入设计数据界面；点击 **取消保护** 按钮，输入表 4-1 的起点设计数据 5 条平曲线元设计数据，结果如图 4-9(c)—(e)所示。缺省设置只有 1 个线元的设计数据栏，点击 **+** 按钮新增 1 个线元数据栏。

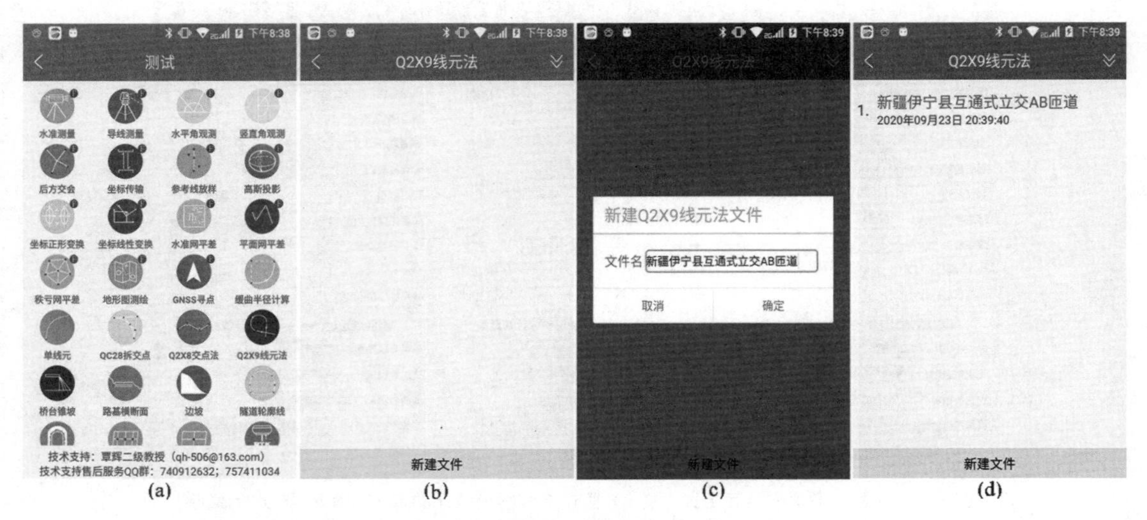

图 4-8 执行 Q2X9 线元法程序新建“新疆伊宁县互通式立交 AB 匝道”文件

(2) 计算 AB 匝道平曲线主点数据

点击 **计算** 按钮计算平曲线主点数据，结果如图 4-9(f)所示，与表 4-1 中的终点设计数据比较，结果列于表 4-2。

表 4-2 新疆伊宁县互通式立交 AB 匝道终点数据计算结果

计算方法	设计桩号	x/m	y/m	走向方位角 α
MSMT 计算	ABK0+564	4 867 585.289 7	488 222.391 9	152°14′06.67″
设计图纸	ABK0+564	4 867 585.288	488 222.392	152°14′00.9″
差值	0	0.001 7	−0.000 1	5.77″

点击 **保护** 按钮，进入保护模式[图 4-9(g)]，上下滑动屏幕，可以查看各线元终点设计桩号及其走向方位角。对于缓曲线元，屏幕显示程序应用起讫半径及线长反求出的缓曲参数 A。点击屏幕标题栏左侧的 **<** 按钮或点击手机退出键，返回文件主菜单[图 4-9(h)]。

(3) 设置测站坐标

测站坐标的作用是，执行程序的正算或反算命令，算出加桩的中、边桩坐标后，能同时计算测站→加桩中、边桩点的放样方位角及平距，便于使用全站仪放样。

在文件主菜单[图 4-10(a)]，点击 **设置测站** 按钮，进入测站点坐标界面[图 4-10(b)]，输入场区控制点 A1 的坐标[图 4-10(c)]，点击 **保存退出** 按钮，返回文件主菜单[图 4-10(d)]。

4. 坐标正算与反算

(1) 坐标正算加桩中桩、边桩坐标

在文件主菜单[图 4-10(c)]，点击 **坐标正算** 按钮，进入坐标正算界面[图 4-11(a)]，输入加桩设计桩号 190 m 与左边距 5 m。“侧边”的缺省设置为“左边”，偏角 $\theta=90°$，也即中桩→边桩直线与加桩走向方位角的偏角 $\theta=90°$。

点击 **计算坐标** 按钮，结果如图 4-11(c)，(d)所示。本例未输入竖曲线设计数据，加桩中桩设计高程显示为缺省值 0，未输入路基横断面及超高设计数据，不显示边桩设计高程。

图 4-9 用 Q2X9 线元法程序计算新疆伊宁县互通式立交 AB 匝道平曲线主点数据

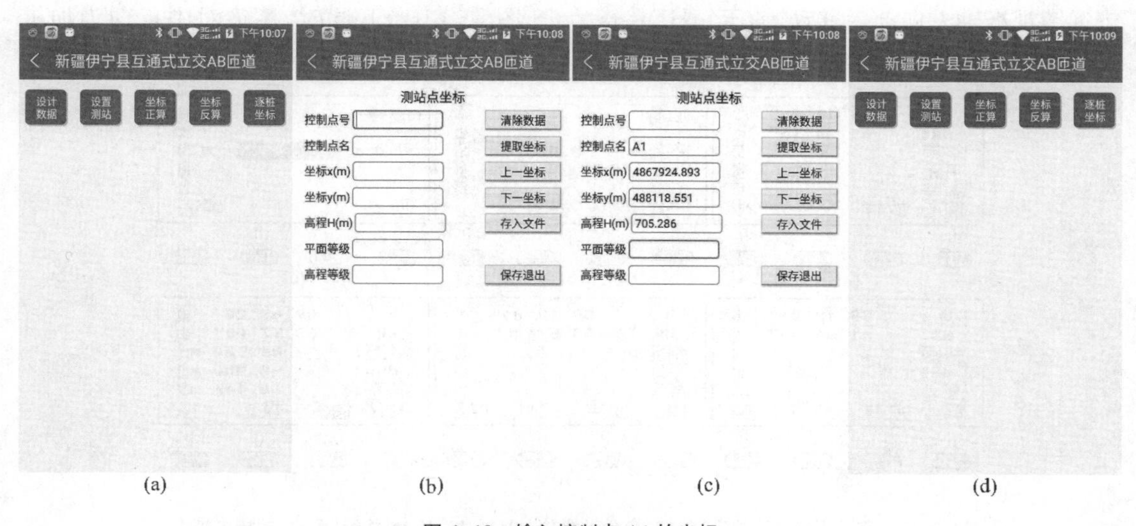

图 4-10 输入控制点 A1 的坐标

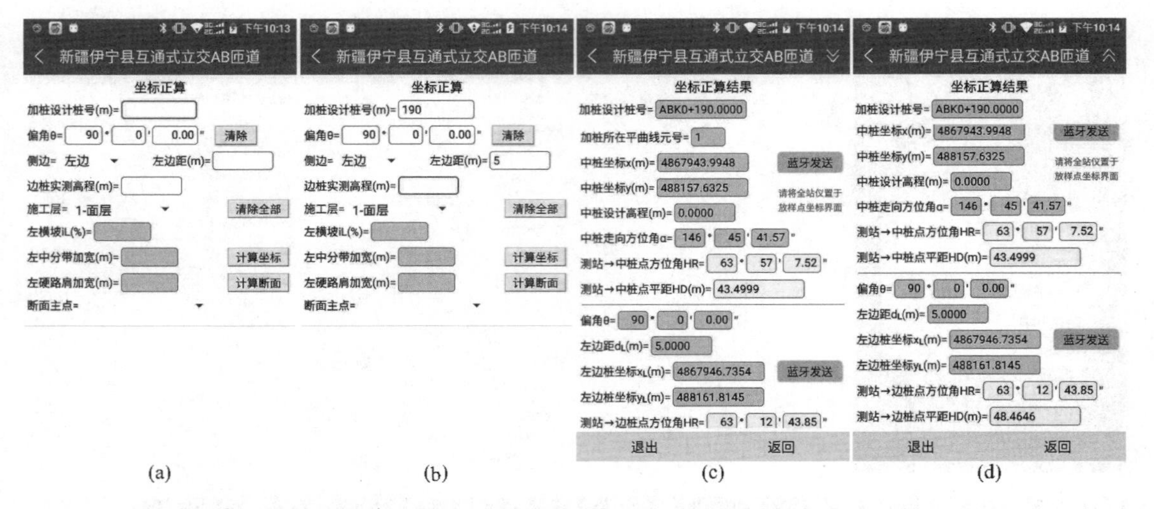

图 4-11　执行“坐标正算”命令计算加桩 ABK0+190 的中桩坐标及其左边桩坐标(左边距 d_L=5 m)

黄底色栏为测站 A1 分别至加桩 ABK0+190 中桩与左边桩的方位角及平距，用于执行全站仪距离放样命令放样中、边桩坐标。使用南方 NTS-362LNB 全站仪放样 ABK0+190 中桩点时，有下列两种方法。

① 使用程序计算的测站→中桩点方位角及平距放样

在控制点 A1 安置南方 NTS-362LNB 全站仪，按 CORD F4 键进入坐标模式 P2 页功能菜单，按 F3 (设站)键完成测站与后视定向后，水平盘读数 HR 即为望远镜视准轴方向的方位角。

按 DIST F4 键进入距离模式 P2 页功能菜单[图 4-12(a)]，按 F2 (放样)键，按 F1 (平距)键[图 4-12(b)]，输入放样平距 43.5 m[图 4-12(c)]，按 ENT 键[图 4-12(d)]，按 F4 F4 键翻页到距离模式 P1 页功能菜单，转动照准部，使水平盘读数为 63°57′08″[图 4-12(e)]，指挥镜站司镜员，将棱镜对中杆移动到望远镜视线方向，安置棱镜对中杆，上下仰俯望远镜瞄准棱镜中心，按 F2 (测量)键测距，根据屏幕显示的放样平距差 dHD 的值，指挥镜站棱镜在望远镜视准轴方向前后移动，直至 dHD=0 为止[图 4-12(f)]，此时，棱镜对中点即为加桩 ABK0+190 中桩的设计位置。

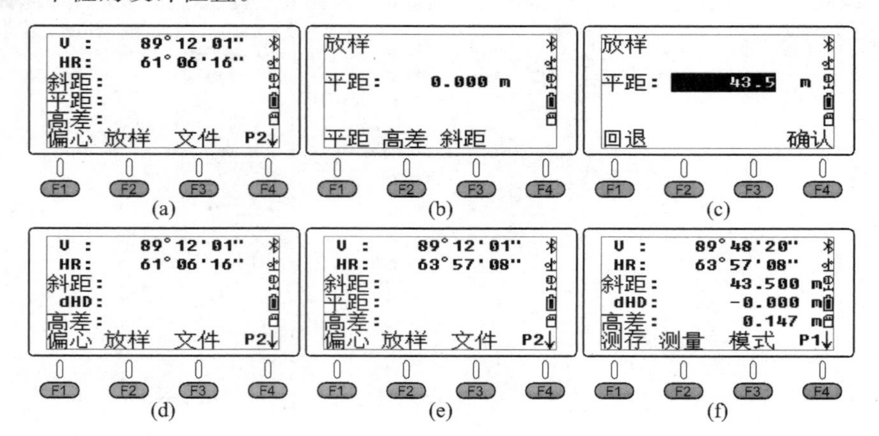

图 4-12　在距离模式下执行“放样”命令设置放样平距 43.45 m，执行“测量”放样中桩点

② 蓝牙发送中桩点坐标到 NTS-362LNB 全站仪放样点坐标界面

在坐标正算结果界面[图 4-13(a)]，点击 蓝牙发送 按钮，进入蓝牙连接全站仪界面[图 4-13(b)]，缺省设置为南方 NTS-360 全站仪，点击全站仪的蓝牙设备号“S131805”（全站仪出厂编号），启动手机蓝牙与全站仪内置蓝牙连接[图 4-13(c)]。完成蓝牙连接后，返回“坐标正算结果”界面，此时，粉红底色 蓝牙发送 按钮变成了蓝底色 蓝牙发送 按钮[图 4-13(d)]。

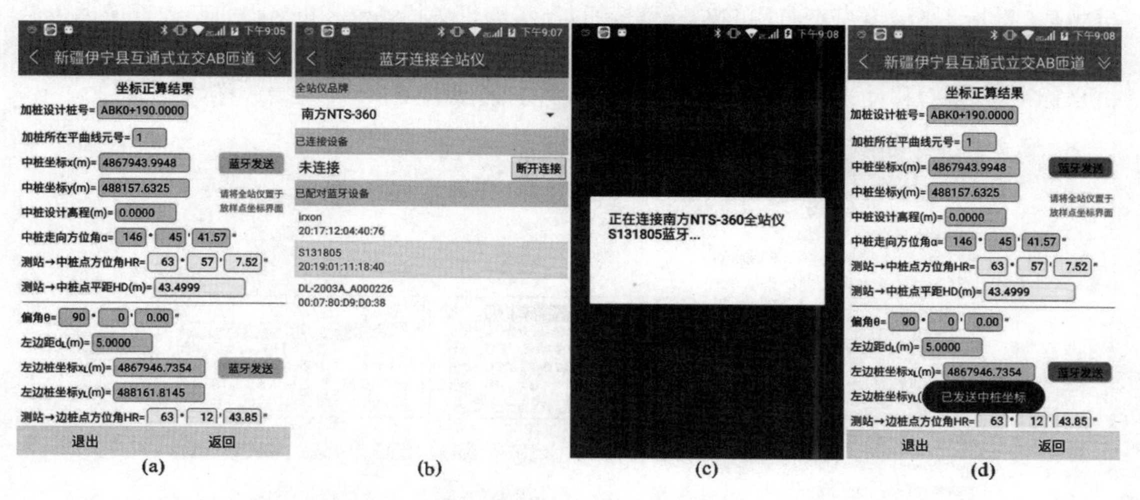

图 4-13　执行“坐标正算”命令计算加桩 ABK0+190 的中桩坐标及其左边桩坐标(左边距 d_L=5 m)

在南方 NTS-362LNB 全站仪按 CORD F4 F4 键进入坐标模式 P3 页功能菜单[图 4-14(a)]，按 F2（放样）③（设置放样点）键[图 4-14(b)]，进入放样点坐标界面，屏幕显示最近一次设置的放样点坐标[图 4-14(c)]。

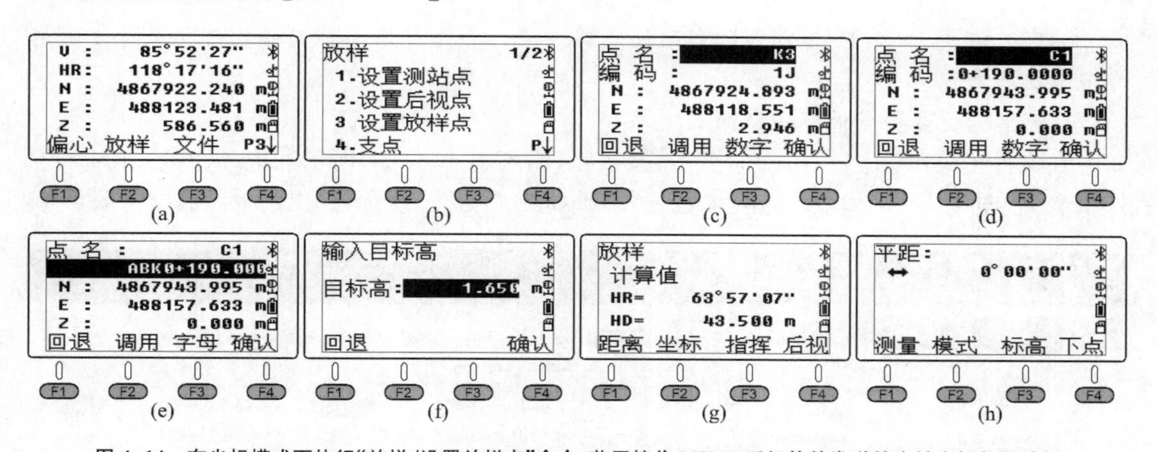

图 4-14　在坐标模式下执行“放样/设置放样点”命令，蓝牙接收 MSMT 手机软件发送的中桩坐标数据放样

在手机点击加桩中桩坐标右侧的 蓝牙发送 按钮[图 4-13(d)]，发送加桩 ABK0+190 的中桩坐标数据到 NTS-362LNB 全站仪的放样点坐标界面[图 4-14(d)]，点名 C1 表示为 1 号中桩点，编码为 ABK0+190.000，在全站仪按 ▼ 键移动光标到编码行，最多可以显示 21 位编码字符[图 4-14(e)]。

按 F4（确认）键，输入棱镜高[图 4-14(f)]，按 F4（确认）键，屏幕显示测站→ABK0+190.000 中桩点的方位角及平距[图 4-14(g)]，它与图 4-13(d)黄底色单元的数据相同。按

F3(指挥)键,转动照准部,使水平角差值等于 0[图 4-13(h)],此时,ABK0+190.000 中桩点位于望远镜视准轴方向。测站指挥镜站,将棱镜对中杆移动到望远镜视准轴方向,上、下仰俯望远镜瞄准棱镜中心,按F1(测量)键测距,根据全站仪屏幕显示的放样平距差,指挥镜站棱镜在望远镜视准轴方向前后移动,直至放样平距差等于 0 为止[图 4-14(h)]。

完成 ABK0+190.000 中桩点放样后,向上滑动屏幕,显示加桩 ABK0+190.000 的左边桩坐标[图 4-15(a)],点击右侧的蓝牙发送按钮,发送加桩 ABK0+190.000 的左边桩坐标数据到 NTS-362LNB 全站仪的放样点坐标界面,此时,点名为 L1[图 4-15(b)],表示为 1 号左边桩坐标。按▼键移动光标到编码行[图 4-15(c)],按F4(确认)键开始放样,方法同上。

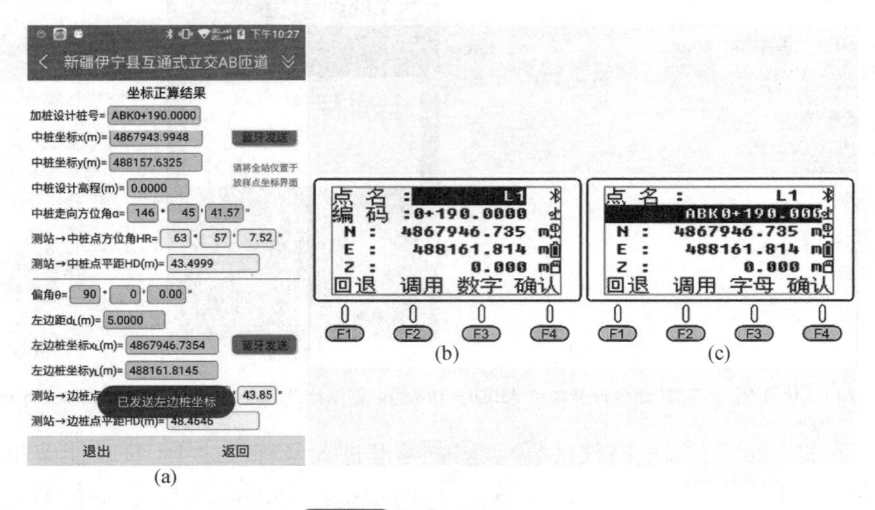

图 4-15　点击左边桩坐标右侧蓝牙发送按钮蓝牙发送加桩 ABK0+190 左边桩坐标到全站仪

只有南方 NTS-362LNB 全站仪能够在放样点坐标界面自动接收手机蓝牙发送的单点坐标数据。

(2) 坐标反算测点垂点的坐标

在文件主菜单[图 4-16(a)],点击坐标反算按钮,输入图 4-15(a)所示加桩 ABK0+190 的左边桩坐标[图 4-16(b)],点击计算坐标按钮,结果如图 4-16(c)所示,算出的垂点数据与图 4-15

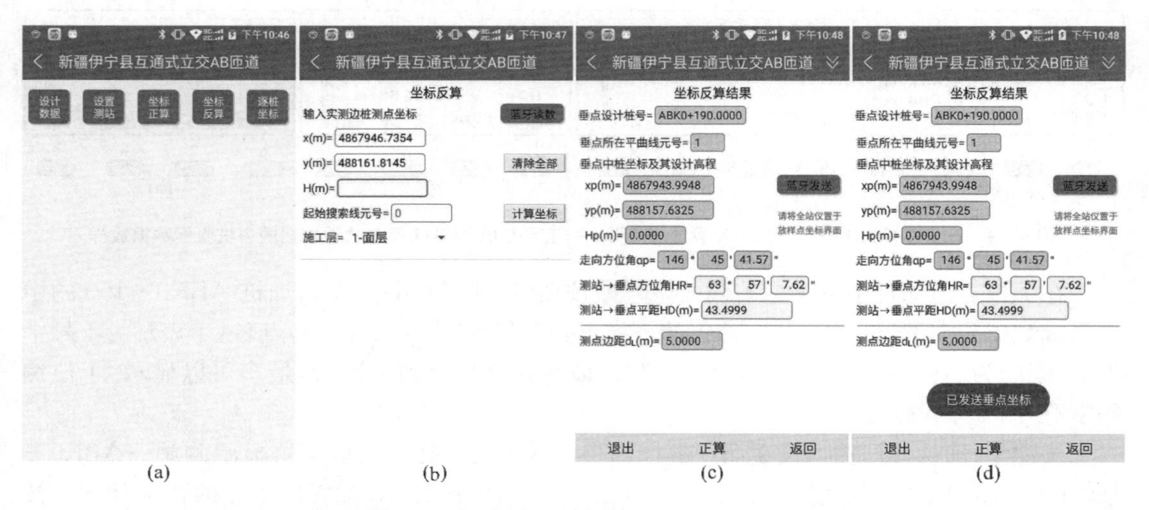

图 4-16　输入加桩 ABK0+190 的左边桩坐标(左边距 d_L=5 m)进行坐标反算

(a)所示加桩 ABK0+190 的正算中桩数据完全相同。

在 NTS-362LNB 全站仪按 CORD F4 F4 F4 F2 (放样)③(设置放样点)键,进入放样点坐标界面,点击垂点坐标右侧的 蓝牙发送 按钮,发送边桩垂点坐标数据到 NTS-362LNB 全站仪的放样点坐标界面[图 4-16(d)]。

(3) 坐标反算结果的正算检核

在坐标反算结果界面[图 4-16(d)],点击屏幕底部的 **正算** 按钮,进入坐标正算界面[图 4-17(a)],坐标反算的垂点桩号自动填入加桩设计桩号栏,测点边距自动填入边距栏,结果如图 4-17(a)所示;点击 计算坐标 按钮,结果如图 4-17(b),(c)所示,屏幕显示的加桩边桩坐标与坐标反算界面输入的测点坐标[图 4-16(b)]相同。

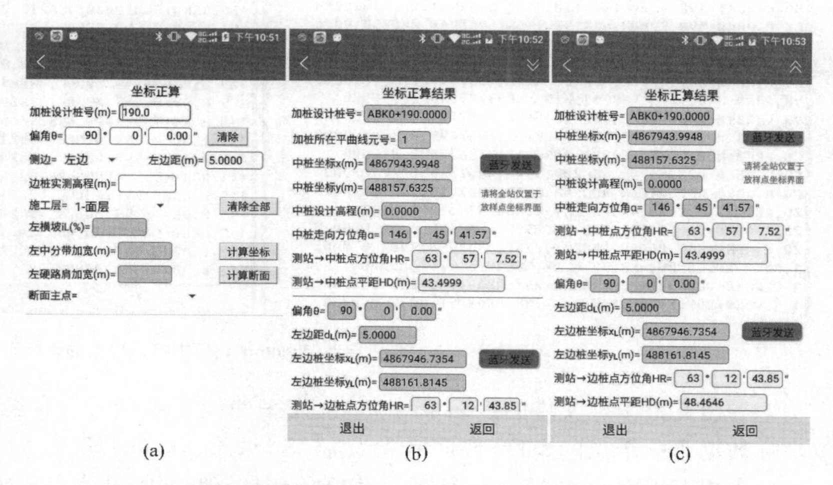

图 4-17　在坐标反算界面执行"正算"命令计算垂点的中边桩坐标检核

5. 计算逐桩坐标

在文件主菜单界面[图 4-16(a)],点击 逐桩坐标 按钮,输入逐桩间距 5 m,左边距 0.75 m,右边距 9.75 m[图 4-18(a)],点击 计算坐标 按钮,结果如图 4-18(b)所示。

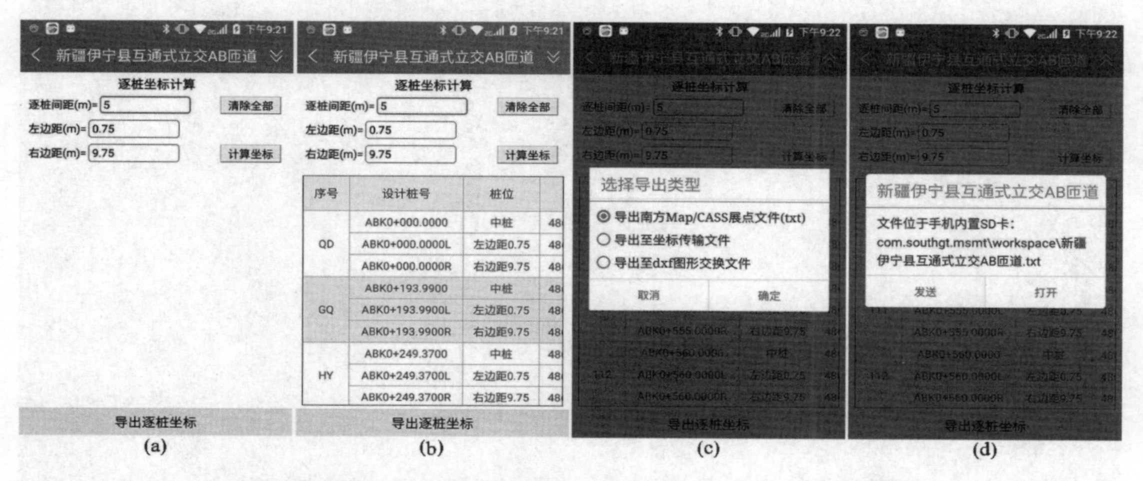

图 4-18　在文件主菜单执行"逐桩坐标"命令,导出南方 Map/CASS 展点坐标文件(txt)

① 导出南方 Map/CASS 展点坐标文件

点击 **导出逐桩坐标** 按钮,缺省设置为 **导出南方Map/CASS展点文件(txt)** 单选框[图 4-18(c)],点击 **确定** 按钮,在手机内置 SD 卡工作文件夹创建"新疆伊宁县互通式立交 AB 匝道.txt"文件;点击 **发送** 按钮[图 4-18(e)],通过移动互联网发送给好友。图 4-19 为该坐标文件的内容，本例没有输入竖曲线，所以，中桩点的设计高程为缺省值 0。

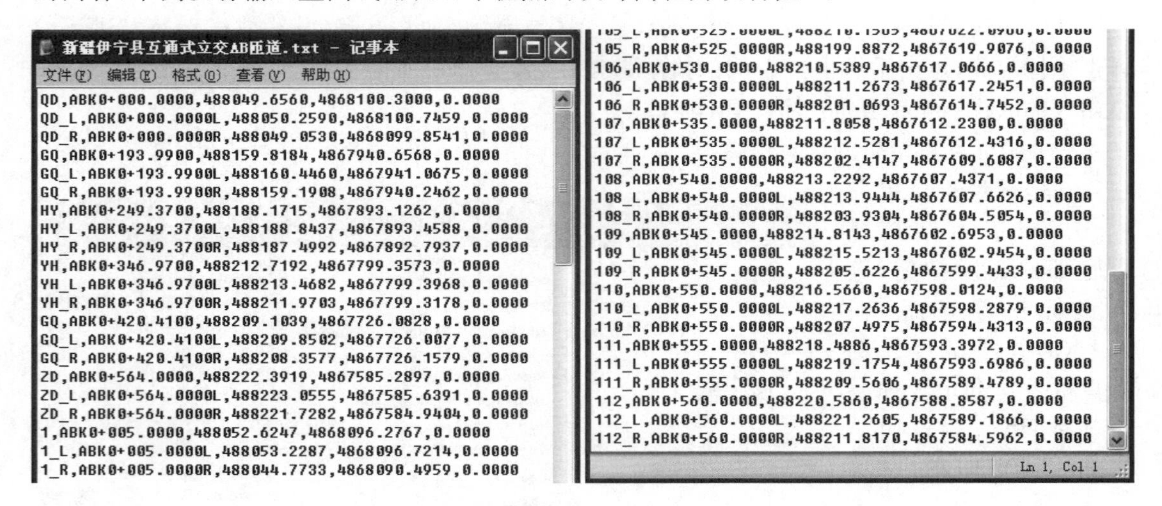

新疆伊宁县互通式立交AB匝道.txt - 记事本

文件(F) 编辑(E) 格式(O) 查看(V) 帮助(H)

```
QD,ABK0+000.0000,488049.6560,4868100.3000,0.0000
QD_L,ABK0+000.0000L,488050.2590,4868100.7459,0.0000
QD_R,ABK0+000.0000R,488049.0530,4868099.8541,0.0000
GQ,ABK0+193.9900,488159.8184,4867940.6568,0.0000
GQ_L,ABK0+193.9900L,488160.4460,4867941.0675,0.0000
GQ_R,ABK0+193.9900R,488159.1908,4867940.2462,0.0000
HY,ABK0+249.3700,488188.1715,4867893.1262,0.0000
HY_L,ABK0+249.3700L,488188.8437,4867893.4588,0.0000
HY_R,ABK0+249.3700R,488187.4992,4867892.7937,0.0000
YH,ABK0+346.9700,488212.7192,4867799.3573,0.0000
YH_L,ABK0+346.9700L,488213.4682,4867799.3968,0.0000
YH_R,ABK0+346.9700R,488211.9703,4867799.3178,0.0000
GQ,ABK0+420.4100,488209.1039,4867726.0828,0.0000
GQ_L,ABK0+420.4100L,488209.8502,4867726.0077,0.0000
GQ_R,ABK0+420.4100R,488208.3577,4867726.1579,0.0000
ZD,ABK0+564.0000,488222.3919,4867585.2897,0.0000
ZD_L,ABK0+564.0000L,488223.0555,4867585.6391,0.0000
ZD_R,ABK0+564.0000R,488221.7282,4867584.9404,0.0000
1,ABK0+005.0000,488052.6247,4868096.2767,0.0000
1_L,ABK0+005.0000L,488053.2287,4868096.7214,0.0000
1_R,ABK0+005.0000R,488044.7733,4868090.4959,0.0000
```

```
105_R,ABK0+525.0000R,488199.8872,4867619.9076,0.0000
106,ABK0+530.0000,488210.5389,4867617.0666,0.0000
106_L,ABK0+530.0000L,488211.2673,4867617.2451,0.0000
106_R,ABK0+530.0000R,488201.0693,4867614.7452,0.0000
107,ABK0+535.0000,488211.8058,4867612.2300,0.0000
107_L,ABK0+535.0000L,488212.5281,4867612.4316,0.0000
107_R,ABK0+535.0000R,488202.4147,4867609.6087,0.0000
108,ABK0+540.0000,488213.2292,4867607.4371,0.0000
108_L,ABK0+540.0000L,488213.9444,4867607.6626,0.0000
108_R,ABK0+540.0000R,488203.9304,4867604.5054,0.0000
109,ABK0+545.0000,488214.8143,4867602.6953,0.0000
109_L,ABK0+545.0000L,488215.5213,4867602.9454,0.0000
109_R,ABK0+545.0000R,488205.6226,4867599.4433,0.0000
110,ABK0+550.0000,488216.5660,4867598.0124,0.0000
110_L,ABK0+550.0000L,488217.2636,4867598.2879,0.0000
110_R,ABK0+550.0000R,488207.4975,4867594.4313,0.0000
111,ABK0+555.0000,488218.4886,4867593.3972,0.0000
111_L,ABK0+555.0000L,488219.1754,4867593.6986,0.0000
111_R,ABK0+555.0000R,488209.5606,4867589.4789,0.0000
112,ABK0+560.0000,488220.5860,4867588.8587,0.0000
112_L,ABK0+560.0000L,488221.2605,4867589.1866,0.0000
112_R,ABK0+560.0000R,488211.8170,4867584.5962,0.0000
```

Ln 1, Col 1

图 4-19　在 PC 机启动 Windows 记事本打开导出的坐标文件

导出逐桩坐标文件的点名顺序，是按先平曲线主点坐标，再逐桩坐标的顺序排列，每行坐标数据为一个点的坐标，数据格式为：点名，桩号，y，x，H。

用户可以在南方 Map 执行下拉菜单"绘图处理/展野外测点代码"命令，展绘导出的坐标文件"新疆伊宁县互通式立交 AB 匝道.txt"，结果如图 4-20 所示。

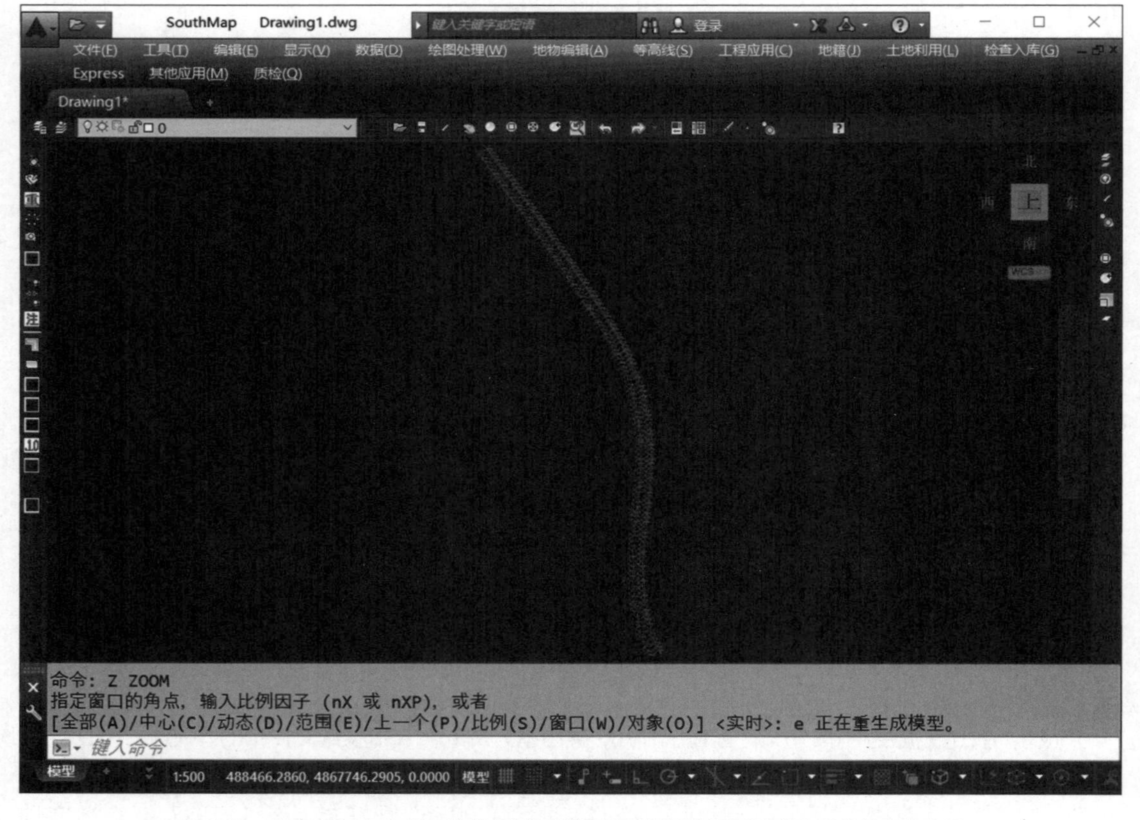

图 4-20　在南方 Map 执行下拉菜单"绘图处理/展野外测点代码"命令展绘导出的坐标

② 导出至坐标传输文件

在图 4-18(c)所示的界面，设置 ◎ **导出至坐标传输文件** 单选框，点击 **确定** 按钮，将逐桩坐标发送到一个新建的坐标传输文件或一个既有的坐标传输文件。然后再在项目主菜单点击 **坐标传输** 按钮，进入该坐标传输文件的坐标列表界面，点击 **发送全部** 按钮，将坐标列表的全部逐桩坐标蓝牙发送到南方 NTS-362LNB 全站仪的内存文件，详细操作方法参见本书图 3-23与图 3-24，本节不再重复介绍。

③ 导出至 dxf 图形交换文件

在图 4-18(c)所示的界面，设置 ◎ **导出至dxf图形交换文件** 单选框，点击 **确定** 按钮，用逐桩坐标创建一个 dxf 图形交换文件，用户可以在 PC 机启动 AutoCAD 打开该文件。

4.3 重庆市涪陵至丰都高速公路清溪互通式立交 A 匝道平曲线计算

图 4-21 所示的 A 匝道也是一个半径不连续过渡的经典工程案例[17]，它有 13 条平曲线元，其中 2,4,6,10,12 号线元为缓曲线元，使用 **Q2X9线元法** 程序计算之前，需要确定这 5 条缓曲线元的起讫半径。

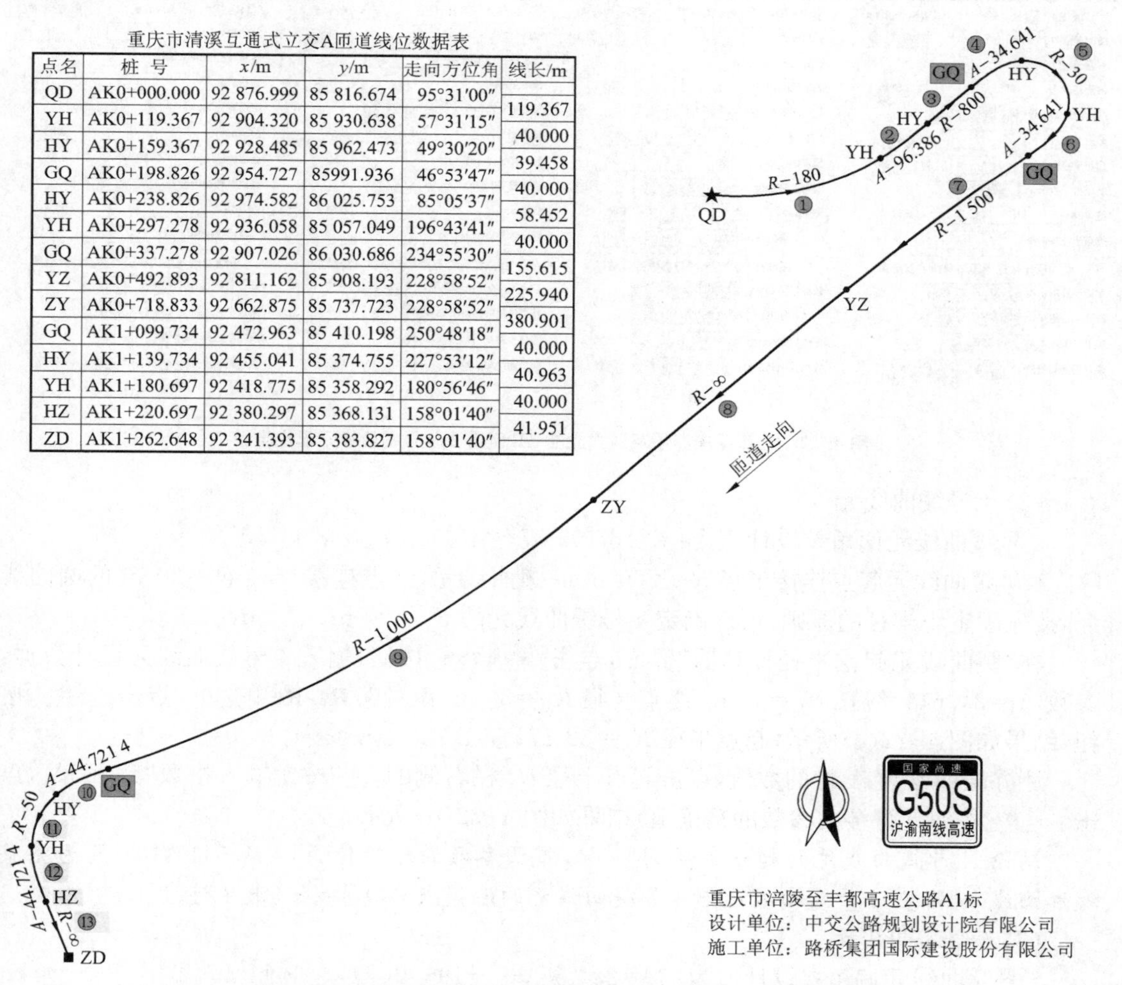

重庆市清溪互通式立交A匝道线位数据表

点名	桩 号	x/m	y/m	走向方位角	线长/m
QD	AK0+000.000	92 876.999	85 816.674	95°31′00″	
					119.367
YH	AK0+119.367	92 904.320	85 930.638	57°31′15″	
					40.000
HY	AK0+159.367	92 928.485	85 962.473	49°30′20″	
					39.458
GQ	AK0+198.826	92 954.727	85991.936	46°53′47″	
					40.000
HY	AK0+238.826	92 974.582	86 025.753	85°05′37″	
					58.452
YH	AK0+297.278	92 936.058	85 057.049	196°43′41″	
					40.000
GQ	AK0+337.278	92 907.026	86 030.686	234°55′30″	
					155.615
YZ	AK0+492.893	92 811.162	85 908.193	228°58′52″	
					225.940
ZY	AK0+718.833	92 662.875	85 737.723	228°58′52″	
					380.901
GQ	AK1+099.734	92 472.963	85 410.198	250°48′18″	
					40.000
HY	AK1+139.734	92 455.041	85 374.755	227°53′12″	
					40.963
YH	AK1+180.697	92 418.775	85 358.292	180°56′46″	
					40.000
HZ	AK1+220.697	92 380.297	85 368.131	158°01′40″	
					41.951
ZD	AK1+262.648	92 341.393	85 383.827	158°01′40″	

图 4-21　重庆市涪(陵)丰(都)高速公路 A1 标清溪互通立交 A 匝道平曲线设计图

1. 计算缓曲线元起讫半径

(1) 2 号缓曲线元

2 号缓曲线元偏角差设计值的绝对值为：$|\beta_h|=|49°30'20''-57°31'15''|=8°00'55''$。它的起点连接半径 $R=180$ m 的圆曲线元，终点连接半径 $R=800$ m 的圆曲线元，不能简单地认为 2 号缓曲线元的 $R_s=180$ m，$R_e=800$ m，需要验算。按先固定小半径的原则，可以先确定 2 号缓曲线元的 $R_s=180$ m，$R_s<R_e$。

在“缓曲线元起讫半径计算器”界面，点击 清除全部数据 按钮，输入 2 号缓曲线元设计数据：参数 $A=96.386$，线长 $L_h=40$ m，起点半径 $R_s=180$ m，设置 ◎ **Rs<Re** 单选框，点击 计 算 按钮，结果如图 4-22(a)所示。

删除缓曲参数 A 栏的数值，在终点半径 R_e 栏输入 800，点击 计 算 按钮计算缓曲参数的精确值，结果如图 4-22(b)所示。

结论：2 号缓曲线元的终点半径 $R_e=800$ m，缓曲参数的精确值 $A=96.386\ 319\ 47$，为非完整缓和曲线。

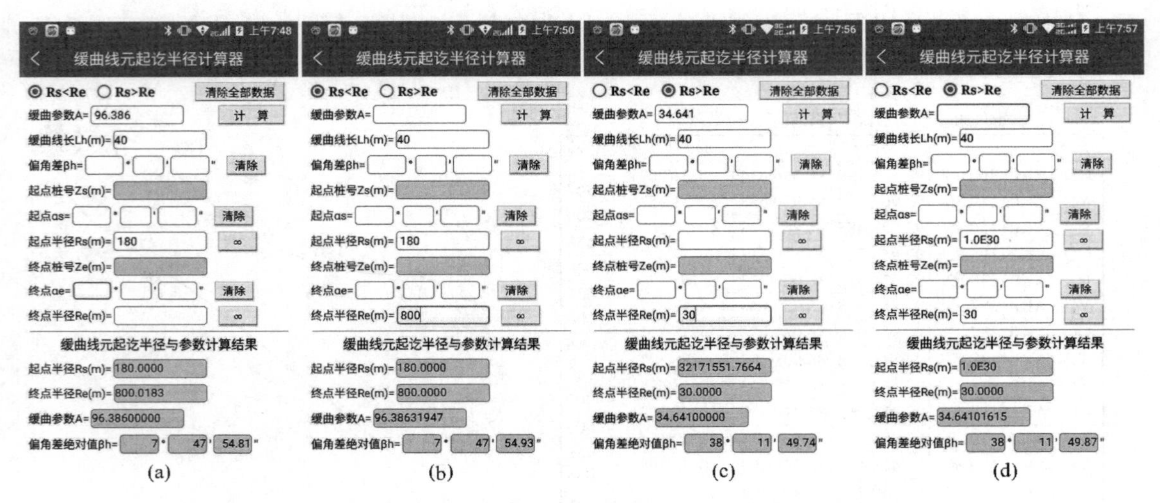

图 4-22 计算重庆清溪互通式立交 AB 匝道 2,4 号缓曲线元起讫半径

(2) 4 号缓曲线元

4 号缓曲线元偏角差设计值为：$\beta_h=85°05'37''-46°53'47''=38°11'50''$。

4 号缓曲线元起点连接半径 $R=800$ m 的圆曲线元，终点连接半径 $R=30$ m 的圆曲线元，按先固定小半径的原则，可以确定 4 号缓曲线元的 $R_e=30$ m，$R_s>R_e$。

在“缓曲线元起讫半径计算器”界面，点击 清除全部数据 按钮，输入 4 号缓曲线元设计数据：参数 $A=34.641$，线长 $L_h=40$ m，终点半径 $R_e=30$ m，设置 ◎ **Rs>Re** 单选框；点击 计 算 按钮，结果如图 4-22(c)所示，起点半径 $R_s=32\ 171\ 551.766\ 4$ m$\approx\infty$。

删除缓曲参数 A 栏的数值，点击起点半径 R_s 栏右侧的 ∞ 按钮输入指数“1.0E30”，点击 计 算 按钮计算缓曲参数的精确值，结果如图 4-22(d)所示。

结论：4 号缓曲线元的起点半径 $R_s=\infty$，缓曲参数的精确值 $A=34.641\ 016\ 15$，为完整缓和曲线，也即在 3 号圆曲线元与 4 号缓曲线元的连接点 GQ，半径过渡不连续。

(3) 6 号缓曲线元

6 号缓曲线元偏角差设计值为：$\beta_h=234°55'30''-196°43'41''=38°11'49''$。

6 号缓曲线元起点连接半径 $R=30$ m 的圆曲线元，终点连接半径 $R=1\ 500$ m 的圆曲线元，按先固定小半径的原则，可以确定 6 号缓曲线元的 $R_s=30$ m，$R_s<R_e$。

在“缓曲线元起讫半径计算器”界面，点击 清除全部数据 按钮，输入 6 号缓曲线元设计数据：参数 $A=34.641$，线长 $L_h=40$ m，起点半径 $R_s=30$ m，设置◎ **Rs<Re**单选框；点击 计 算 按钮，结果如图 4-23(a)所示，终点半径 $R_e=-32\ 171\ 551.766\ 4$ m≈∞。

删除缓曲参数 A 栏的数据，点击终点半径 R_e 栏右侧的 ∞ 按钮输入指数“1.0E30”，点击 计 算 按钮计算缓曲参数的精确值，结果如图 4-23(b)所示。

结论：6 号缓曲线元的终点半径 $R_e=\infty$，缓曲参数的精确值 $A=34.641\ 016\ 15$，为完整缓和曲线，即在 6 号缓曲线元与 7 号圆曲线元的连接点 GQ，半径过渡不连续。

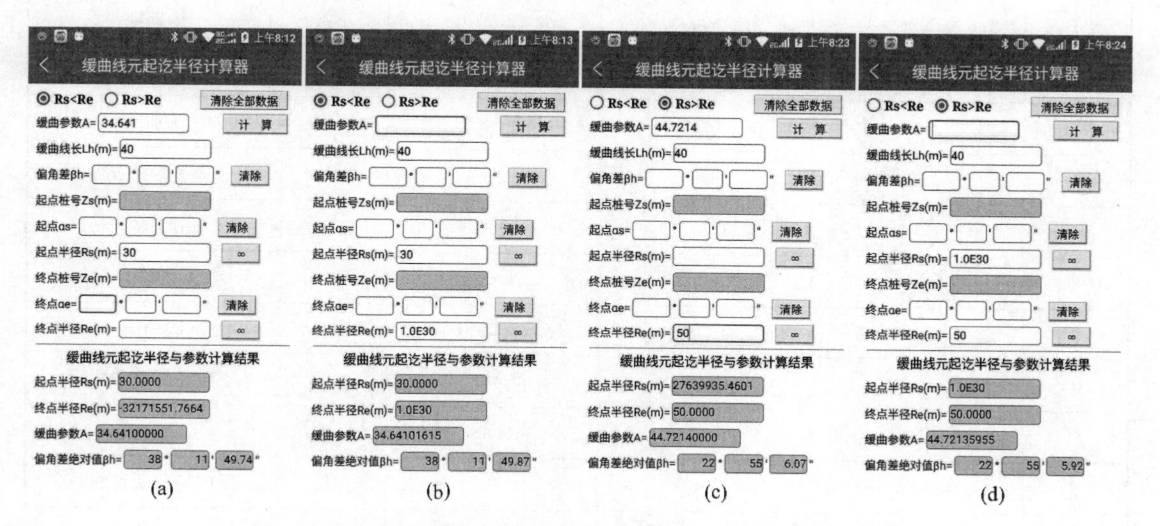

(a) (b) (c) (d)

图 4-23　计算重庆清溪互通式立交 AB 匝道 6,10 号缓曲线元起讫半径

(4) 10 号缓曲线元

10 号缓曲线元偏角差设计值的绝对值为：$|\beta_h|=|227°53'12''-250°48'18''|=22°55'06''$。

10 号缓曲线元起点连接半径 $R=1\ 500$ m 的圆曲线元，终点连接半径 $R=50$ m 的圆曲线元，按先固定小半径的原则，可以确定 10 号缓曲线元的 $R_e=50$ m，$R_s>R_e$。

在“缓曲线元起讫半径计算器”界面，点击 清除全部数据 按钮，输入 10 号缓曲线元设计数据：参数 $A=44.721\ 4$，线长 $L_h=40$ m，终点半径 $R_e=50$ m，设置◎ **Rs>Re**单选框，点击 计 算 按钮，结果如图 4-23(c)所示，起点半径 $R_s=27\ 639\ 935.460\ 1$ m≈∞。

删除缓曲参数 A 栏的数据，点击起点半径 R_s 栏右侧的 ∞ 按钮输入指数“1.0E30”，点击 计 算 按钮计算缓曲参数的精确值，结果如图 4-23(d)所示。

结论：10 号缓曲线元的起点半径 $R_s=\infty$，缓曲参数的精确值 $A=44.721\ 359\ 55$，为完整缓和曲线，即在 9 号圆曲线元与 10 号缓曲线元的连接点 GQ，半径过渡不连续。

(5) 12 号缓曲线元

由图 4-21 可知，12 号缓曲线元的参数和线长与 10 号缓曲线元相同，且 12 号缓曲线元终点连接 13 号直线线元，故 12 号缓曲线元的终点半径 $R_e=\infty$，为完整缓和曲线。

综合上述 2, 4, 6, 10, 12 号缓曲线元起讫半径的计算结果，将 A 匝道线元法设计数据列于表 4-3。

表 4-3　　重庆市清溪互通式立交 A 匝道线元法设计数据

点名	设计桩号	x/m	y/m	走向方位角 α	
QD	AK0＋000	92 876.999	85 816.674	95°31′00″	
ZD	AK1＋262.648	92 341.393	85 383.827	158°01′40″	
序	起点半径/m	终点半径/m	线长/m	偏向	线元类型
1	180	180	119.367	左偏	圆曲线
2	180	800	40	左偏	反向非完整缓和曲线
3	800	800	39.459	左偏	圆曲线
4	∞	30	40	右偏	正向完整缓和曲线
5	30	30	58.452	右偏	圆曲线
6	30	∞	40	右偏	反向完整缓和曲线
7	1 500	1 500	155.615	左偏	圆曲线
8	∞	∞	225.94		直线
9	1 000	1 000	380.901	右偏	圆曲线
10	∞	50	40	左偏	正向完整缓和曲线
11	50	50	40.963	左偏	圆曲线
12	50	∞	40	左偏	反向完整缓和曲线
13	∞	∞	41.951		直线

2. 输入平曲线设计数据并计算主点数据

在 **Q2X9线元法** 程序文件列表界面，新建“重庆清溪互通式立交 A 匝道”文件并进入该文件主菜单，点击 设计数据 按钮进入平曲线设计数据界面，输入表 4-3 所列平曲线设计数据，结果如图 4-24(a)—(f)所示。点击 **计算** 按钮计算平曲线主点数据，结果如图 4-24(g)所示，与表 4-3 中的终点设计数据比较，结果列于表 4-4。

表 4-4　　重庆市清溪互通式立交 A 匝道终点计算结果与设计图纸比较

终点数据	桩号	x/m	y/m	α
Q2X9 程序	AK1＋126.648	92 341.401 2	85 383.818 6	158°01′44.42″
设计图纸	AK1＋126.648	92 341.393	85 383.827	158°01′40″
差值	0	0.008 2	−0.008 4	4.42″

本例终点数据计算结果与设计图纸相差较大，原因主要是 5，11 号两条圆曲线元的线长取位只到毫米位的缘故，因为 5 号圆曲线元的半径 $R=30$ m，11 号圆曲线元的半径 $R=50$ m，都比较小，线长四舍五入的取位误差产生的偏角误差比较大。例如，假设 5 号圆曲线元线长的取位误差为±0.5 mm，传播到终点走向方位角的误差为

图 4-24 输入重庆清溪互通式立交 A 匝道平曲线设计数据并计算主点数据

$$\delta\alpha''=\frac{0.000\,5}{30}\times 206\,265=3.437\,75''$$

可见,半径越小,线长取位误差传播到终点走向方位角的误差就越大。

4.4 广西梧州市官成互通式立交 A 匝道平曲线计算

图 4-25 所示的 A 匝道有 6 条平曲线元,其中,2, 4, 6 号线元为缓曲线元,使用 **Q2X9线元法** 程序计算之前,需要确定这 3 条缓曲线元的起讫半径。

1. 计算缓曲线元起讫半径

(1) 2 号缓曲线元

偏角差设计值为:$\beta_h=31°33'22.1''-334°03'41.1''+360°=57°29'41''$。

2 号缓曲线元起点连接半径 $R=1\,511.5$ m 的圆曲线元,终点连接半径 $R=60$ m 的圆曲线元,按先固定小半径的原则,可以确定 2 号缓曲线元的 $R_e=60$ m, $R_s>R_e$。

在"缓曲线元起讫半径计算器"界面,点击 清除全部数据 按钮,输入 2 号缓曲线元设计数据:

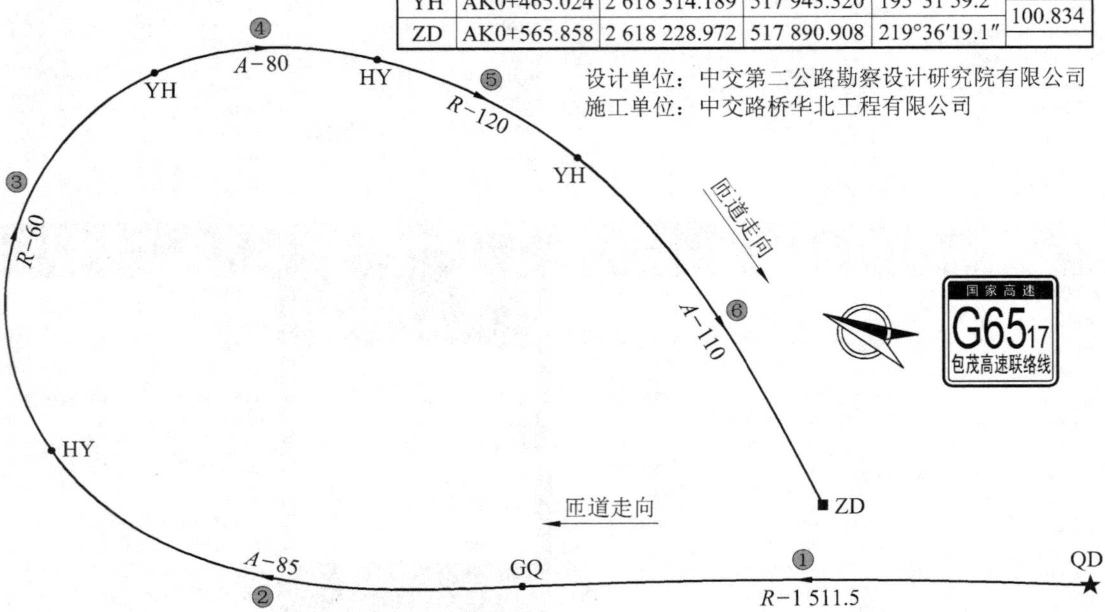

广西梧州市官成互通式立交A匝道线位数据表

点名	桩 号	x/m	y/m	走向方位角	线长/m
QD	AK0+000	2 618 163.688	517 897.992	339°06′37.7″	133.197
GQ	AK0+133.197	2 618 285.878	517 845.080	334°03′41.1″	120.417
HY	AK0+253.614	2 618 400.147	517 831.168	31°33′22.1″	105.356
YH	AK0+358.970	2 618 413.221	517 922.571	132°09′47.8″	53.333
HY	AK0+412.303	2 618 366.418	517 946.008	170°21′37.7″	52.721
YH	AK0+465.024	2 618 314.189	517 943.320	195°31′59.2″	100.834
ZD	AK0+565.858	2 618 228.972	517 890.908	219°36′19.1″	

广西梧(州)柳(州)高速公路第五合同段

设计单位：中交第二公路勘察设计研究院有限公司
施工单位：中交路桥华北工程有限公司

图 4-25　广西梧州市官成互通式立交 A 匝道线元法设计图

参数 $A=85$，线长 $L_h=120.417$ m，终点半径 $R_e=60$ m，设置◉ **Rs>Re**单选框；点击 计 算 按钮，结果如图 4-26(a)所示。

结论：2 号缓曲线元的起点半径 $R_s=21\ 675\ 000.000\ 6$ m$\approx\infty$，为完整缓和曲线。

(2) 4 号缓曲线元

偏角差设计值为：$\beta_h=170°21'37.1''-132°09'47.8''=38°11'49.3''$。

4 号缓曲线元起点连接半径 $R=60$ m 的圆曲线元，终点连接半径 $R=120$ m 的圆曲线元，按先固定小半径的原则，可以确定 4 号缓曲线元的 $R_s=60$ m，$R_s<R_e$。

在“缓曲线元起讫半径计算器”界面，点击 清除全部数据 按钮，输入 4 号缓曲线元设计数据：参数 $A=80$，线长 $L_h=53.333$ m，起点半径 $R_s=60$ m，设置◉ **Rs<Re**单选框，点击 计 算 按钮，结果如图 4-26(b)所示。

结论：4 号缓曲线元的终点半径 $R_e=119.999\ 9$ m≈ 120 m，为非完整缓和曲线。

(3) 6 号缓曲线元

偏角差设计值为：$\beta_h=219°36'19.1''-195°31'59.2''=24°04'19.9''$。

6 号缓曲线元起点连接半径 $R=120$ m 的圆曲线元，终点半径的大小不详，可以假设 6 号缓曲线元的 $R_s=120$ m，分别设置◉ **Rs<Re** 与◉ **Rs>Re** 单选框计算其终点半径 R_e。

在“缓曲线元起讫半径计算器”界面，点击 清除全部数据 按钮，输入 6 号缓曲线元设计数据：参数 $A=110$，线长 $L_h=100.834$ m，起点半径 $R_s=120$ m。设置◉ **Rs<Re** 单选框，点击 计 算 按钮，结果如图 4-26(c)所示；设置◉ **Rs>Re** 单选框，点击 计 算 按钮重新计算，结果如图 4-26(d)所示。显然，只有图 4-26(c)的偏角差 $\beta_h=24°04'19.87''$ 与设计值相符。

结论：6 号缓曲线元的终点半径 $R_e=18\ 150\ 000$ m$\approx\infty$，为完整缓和曲线。

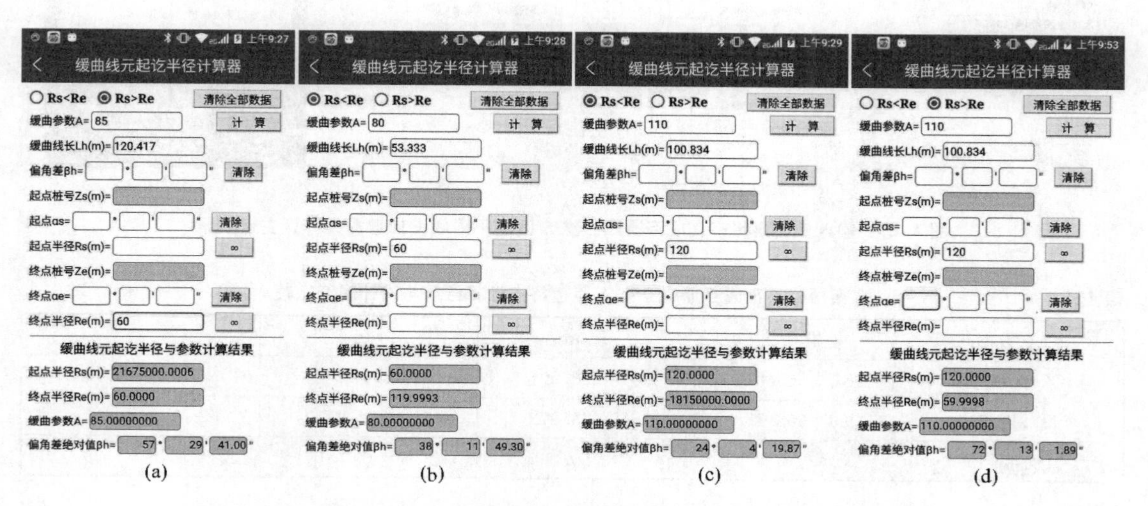

图 4-26　计算广西梧州市官成互通式立交 A 匝道 2，4，6 号缓曲线元起讫半径

综合上述 2,4,6 号缓曲线元起讫半径的计算结果，将 A 匝道线元法设计数据列于表 4-5。

表 4-5　　广西梧州市官成互通式立交 A 匝道线元法设计数据

点名	设计桩号	x/m	y/m	走向方位角 α	
QD	AK0+000	2 618 163.688	517 897.992	339°06′37.7″	
ZD	AK0+565.858	2 618 228.972	517 890.908	219°36′19.1″	
序	起点半径/m	终点半径/m	线长/m	偏向	线元类型
1	1 511.5	1 511.5	133.197	左偏	圆曲线
2	∞	60	120.417	右偏	正向完整缓和曲线
3	60	60	105.356	右偏	圆曲线
4	60	120	53.333	右偏	反向非完整缓和曲线
5	120	120	52.721	右偏	圆曲线
6	120	∞	100.834	右偏	反向完整缓和曲线

2. 输入平曲线设计数据并计算主点数据

在 **Q2X9线元法** 程序文件列表界面，新建“广西梧州市官成互通式立交 A 匝道”文件并进入该文件主菜单，点击 设计数据 按钮进入平曲线设计数据界面，输入表 4-5 所列平曲线设计数据，结果如图 4-27(a)—(c)所示。点击 **计算** 按钮计算平曲线主点数据，结果如图 4-27(d)所示，与表 4-5 中的终点设计数据比较，结果列于表 4-6。

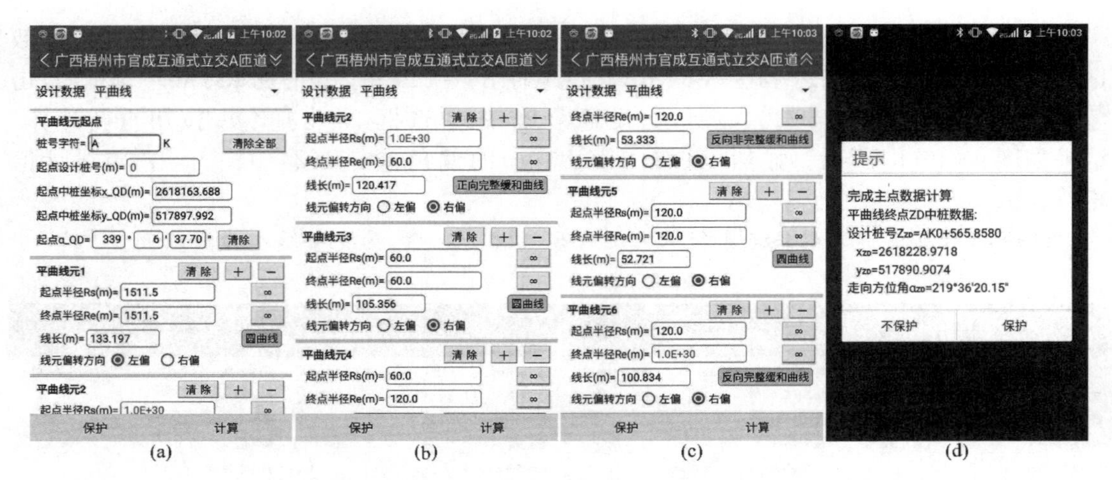

图 4-27　输入广西梧州市官成互通式立交 A 匝道平曲线设计数据并计算主点数据

表 4-6　　广西梧州市官成互通式立交 A 匝道终点计算结果与设计图纸比较

终点数据	桩号	x/m	y/m	α
Q2X9 程序	AK0+565.858	2 618 228.971 8	517 890.907 4	219°36′20.15″
设计图纸	AK0+565.858	2 618 228.972	517 890.908	219°36′19.1″
差值	0	−0.000 2	−0.000 6	1.05″

4.5 江西省德兴市德兴互通式立交 E 匝道平曲线计算

图 4-28 所示的 E 匝道，有 3 条平曲线元，其中，1，3 号线元为缓曲线元，使用 **Q2X9线元法** 程序计算之前，需要确定这 2 条缓曲线元的起讫半径。

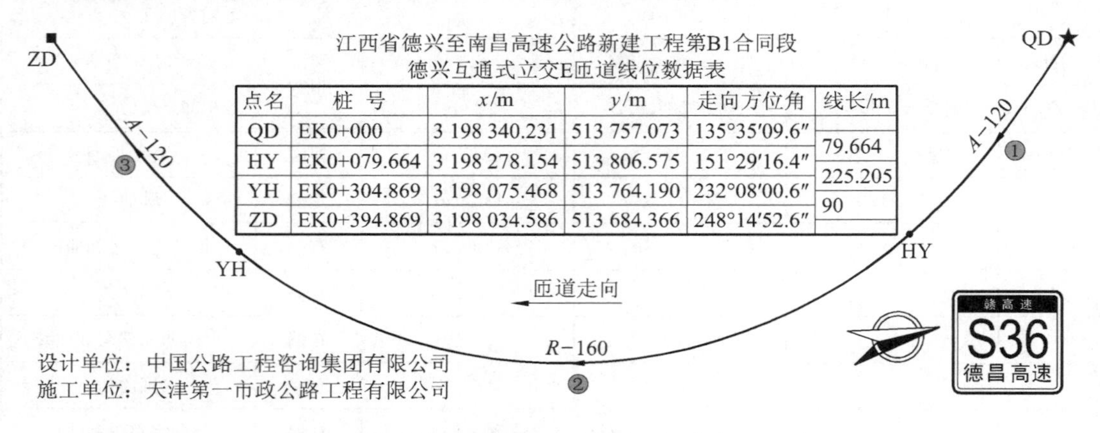
江西省德兴至南昌高速公路新建工程第B1合同段

德兴互通式立交E匝道线位数据表

点名	桩 号	x/m	y/m	走向方位角	线长/m
QD	EK0+000	3 198 340.231	513 757.073	135°35′09.6″	
					79.664
HY	EK0+079.664	3 198 278.154	513 806.575	151°29′16.4″	
					225.205
YH	EK0+304.869	3 198 075.468	513 764.190	232°08′00.6″	
					90
ZD	EK0+394.869	3 198 034.586	513 684.366	248°14′52.6″	

图 4-28　江西省德兴市德兴互通式立交 E 匝道线元法设计图

1. 计算缓曲线元起讫半径

(1) 1 号缓曲线元

偏角差设计值为：$\beta_h = 151°29'16.4'' - 135°35'09.6'' = 15°54'06.8''$。

1 号缓曲线元终点连接半径 $R=160$ m 的圆曲线元，起点半径的大小不详，可以假设 $R_e=160$ m，分别设置◎ **Rs<Re**与◎ **Rs>Re**单选框计算其起点半径 R_s。

在“缓曲线元起讫半径计算器”界面，点击 清除全部数据 按钮，输入 1 号缓曲线元设计数据：参数 $A=120$，线长 $L_h=79.664$ m，终点半径 $R_e=160$ m。设置◉ **Rs<Re** 单选框，点击 计 算 按钮，结果如图 4-29(a)所示；设置◉ **Rs>Re** 单选框，点击 计 算 按钮重新计算，结果如图 4-29(b)所示。只有图 4-29(b)中的 $\beta_h=15°54'06.84''$ 与设计值相符。

结论：1 号缓曲线元的起点半径 $R_s=1\ 393.188\ 9$ m，为非完整缓和曲线。

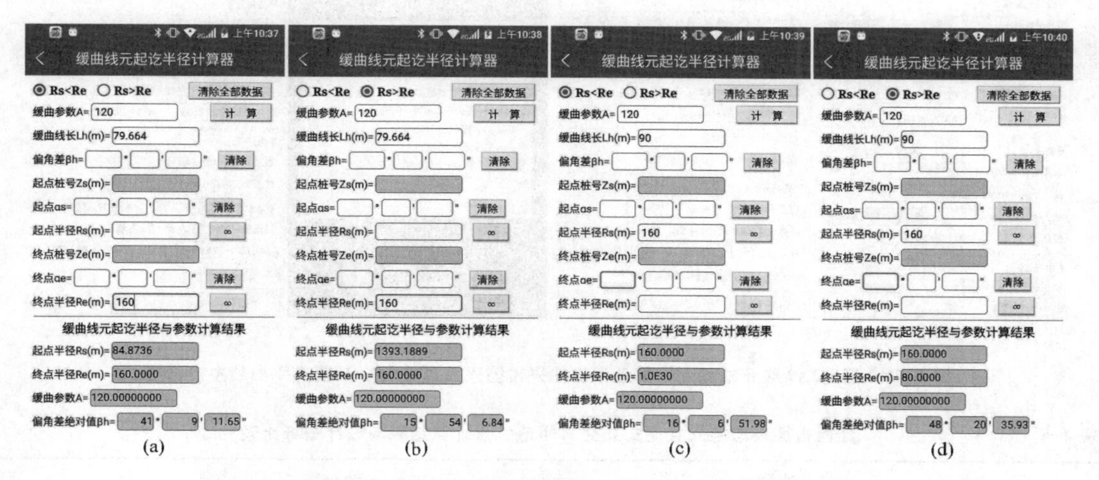

图 4-29 计算江西德兴市德兴互通式立交 E 匝道 1,3 号缓曲线元起讫半径

(2) 3 号缓曲线元

偏角差设计值为：$\beta_h=248°14'52.6''-232°08'00.6''=16°06'52''$。

3 号缓曲线元起点连接半径 $R=160$ m 的圆曲线元，终点半径的大小不详，可以假设 $R_s=160$ m，分别设置◉ **Rs<Re** 与◉ **Rs>Re** 单选框计算其终点半径 R_e。

在“缓曲线元起讫半径计算器”界面，点击 清除全部数据 按钮，输入 3 号缓曲线元设计数据：参数 $A=120$，线长 $L_h=90$ m，起点半径 $R_s=160$ m，设置◉ **Rs<Re** 单选框，点击 计 算 按钮，结果如图 4-29(b)所示；设置◉ **Rs>Re** 单选框，点击 计 算 按钮重新计算，结果如图 4-29(d)所示。只有图 4-29(c)中的 $\beta_h=16°06'51.98''$ 与设计值相符。

结论：3 号缓曲线元的终点半径 $R_e=\infty$，为完整缓和曲线。

综合上述 1,3 号缓曲线元起讫半径的计算结果，将 E 匝道线元法设计数据列于表 4-7。

表 4-7 江西省德兴市德兴互通式立交 E 匝道线元法设计数据

点名	设计桩号	x/m	y/m	走向方位角 α	
QD	EK0+000	3 198 340.231	513 757.073	135°35′09.6″	
ZD	EK0+394.869	3 198 034.586	513 684.366	248°14′52.6″	
序	起点半径/m	终点半径/m	线长/m	偏向	线元类型
1	1 393.188 9	160	79.664	右偏	正向非完整缓和曲线
2	160	160	225.205	右偏	圆曲线
3	160	∞	90	右偏	反向完整缓和曲线

2. 输入平曲线设计数据并计算主点数据

在 **Q2X9线元法** 程序文件列表界面，新建“江西德兴市德兴互通式立交 E 匝道”文件并进入该文件主菜单，点击 设计数据 按钮进入平曲线设计数据界面，输入表 4-7 所列平曲线设计数据，结果如图 4-30(a),(b)所示。点击**计算**按钮计算平曲线主点数据,结果如图 4-30(c)所示,与表 4-7 中的终点设计数据比较,结果列于表 4-8。

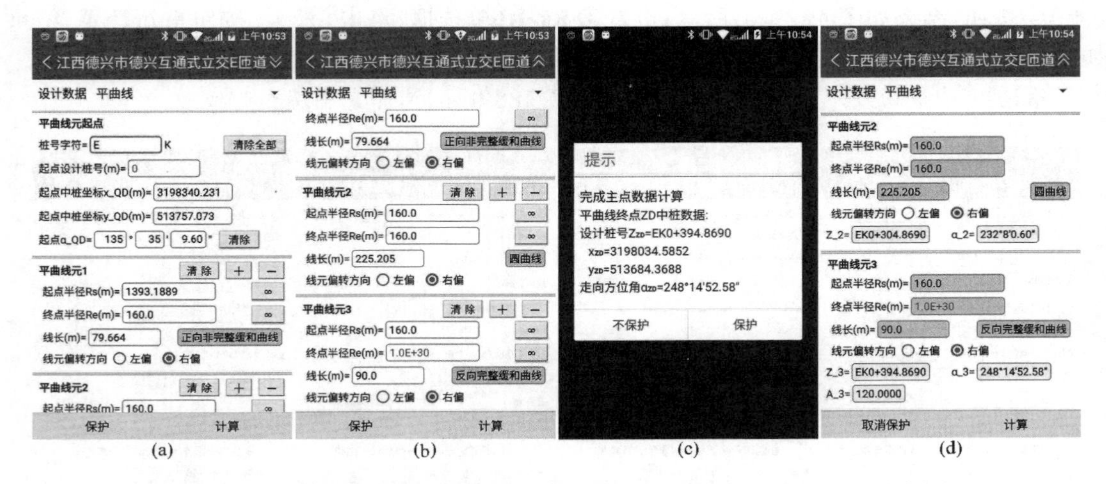

图 4-30 用 Q2X9 线元法程序计算江西省德兴市德兴互通式立交 E 匝道平曲线主点数据

表 4-8 江西省德兴市德兴互通式立交 E 匝道终点计算结果与设计图纸比较

终点数据	桩号	x/m	y/m	α
Q2X9 程序	EK0+394.869	3 198 034.585 2	513 684.368 8	248°14′52.58″
设计图纸	EK0+394.869	3 198 034.586	513 684.366	248°14′52.6″
差值	0	−0.000 8	0.002 8	−0.02″

4.6 福建省厦门市马青路互通式立交 AB 匝道平曲线计算

图 4-31 所示的 AB 匝道,有 7 条平曲线元,其中,2,3,5,7 号线元为缓曲线元,使用**Q2X9线元法**程序计算之前,需要确定这 4 条缓曲线元的起讫半径。

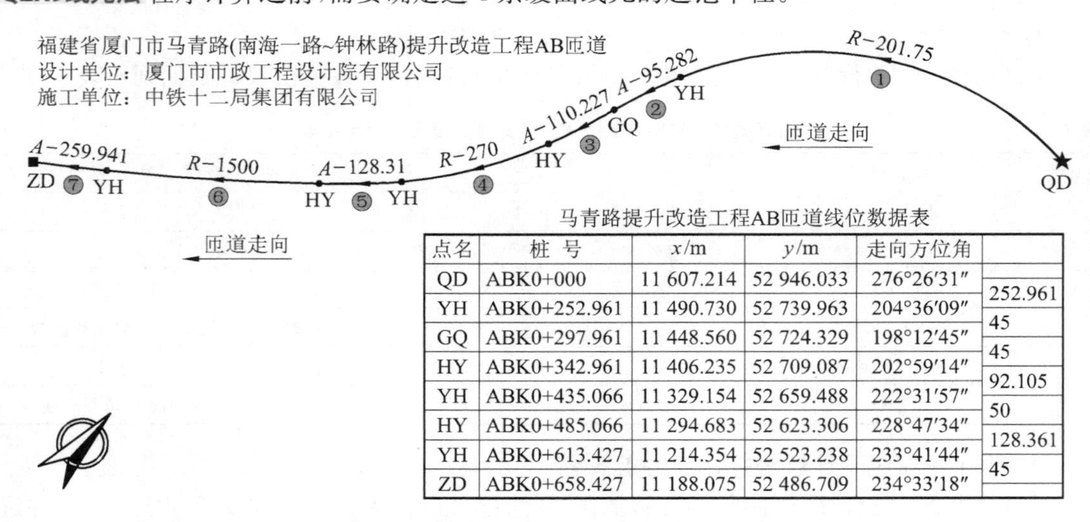

点名	桩 号	x/m	y/m	走向方位角
QD	ABK0+000	11 607.214	52 946.033	276°26′31″
YH	ABK0+252.961	11 490.730	52 739.963	204°36′09″
GQ	ABK0+297.961	11 448.560	52 724.329	198°12′45″
HY	ABK0+342.961	11 406.235	52 709.087	202°59′14″
YH	ABK0+435.066	11 329.154	52 659.488	222°31′57″
HY	ABK0+485.066	11 294.683	52 623.306	228°47′34″
YH	ABK0+613.427	11 214.354	52 523.238	233°41′44″
ZD	ABK0+658.427	11 188.075	52 486.709	234°33′18″

图 4-31 福建省厦门市马青路改造工程 AB 匝道线元法设计图

1. 计算缓曲线元起讫半径

(1) 2 号缓曲线元

偏角差设计值的绝对值为：$|\beta_h| = |198°12'45'' - 204°36'09''| = 6°23'24''$。

2 号缓曲线元起点连接半径 $R = 201.75$ m 的圆曲线元，可以设 $R_s = 201.75$ m，由图纸的几何形状可以判断终点半径满足 $R_s < R_e$。

在“缓曲线元起讫半径计算器”界面，点击 清除全部数据 按钮，输入 2 号缓曲线元设计数据：参数 $A = 95.282$，线长 $L_h = 45$ m，起点半径 $R_s = 201.75$ m，设置 ◉ **Rs<Re** 单选框，点击 计 算 按钮，结果如图 4-32(a)所示，其 $\beta_h = 6°23'23.28''$ 与设计值相符。

结论：2 号缓曲线元的终点半径 $R_e = -20\ 244\ 258.797\ 4 \approx \infty$，为完整缓和曲线。

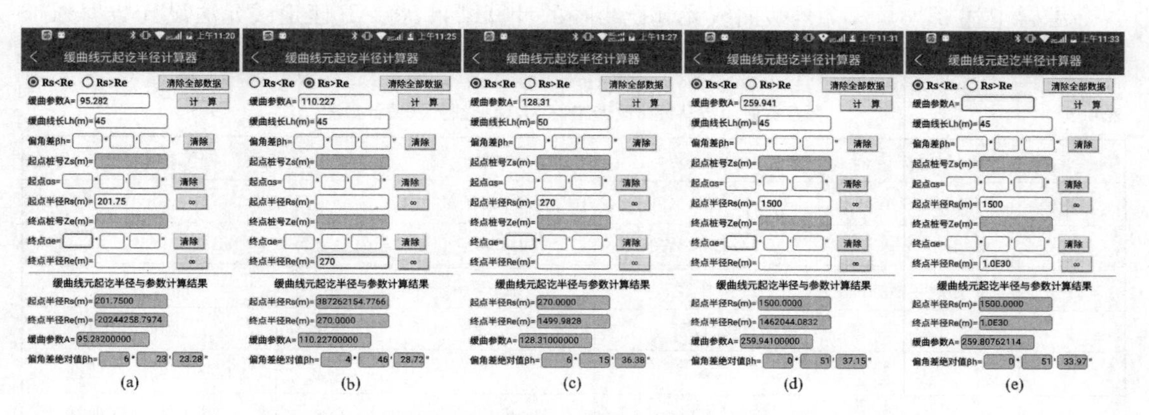

图 4-32 计算福建省厦门市马青路 AB 匝道 2,3,5,7 号缓曲线元起讫半径

(2) 3 号缓曲线元

偏角差设计值为：$\beta_h = 202°59'14'' - 198°12'45'' = 4°46'29''$。

3 号缓曲线元终点连接半径 $R = 270$ m 的圆曲线元，可以设 $R_e = 270$ m，由图纸可以判断起点半径满足 $R_s > R_e$。

在“缓曲线元起讫半径计算器”界面，点击 清除全部数据 按钮，输入 3 号缓曲线元设计数据：参数 $A = 110.227$，线长 $L_h = 45$ m，终点半径 $R_e = 270$ m，设置 ◉ **Rs<Re** 单选框，点击 计 算 按钮，结果如图 4-32(b)所示。

结论：3 号缓曲线元的起点半径 $R_s = 387\ 262\ 154.776\ 6 \approx \infty$，为完整缓和曲线。

(3) 5 号缓曲线元

偏角差设计值为：$\beta_h = 228°47'34'' - 222°31'57'' = 6°15'37''$。

5 号缓曲线元起点连接半径 $R = 270$ m 的圆曲线元，终点连接半径 $R = 1\ 500$ m 的圆曲线元，按先固定小半径的原则，可以假设 5 号缓曲线元的 $R_s = 270$ m，$R_s < R_e$。

在“缓曲线元起讫半径计算器”界面，点击 清除全部数据 按钮，输入 5 号缓曲线元设计数据：参数 $A = 128.31$，线长 $L_h = 50$ m，起点半径 $R_s = 270$ m，设置 ◉ **Rs<Re** 单选框，点击 计 算 按钮，结果如图 4-32(c)所示。

结论：5 号缓曲线元的终点半径 $R_e = 1\ 499.982\ 8$ m $\approx 1\ 500$ m，为非完整缓和曲线。

(4) 7 号缓曲线元

偏角差设计值为：$\beta_h = 234°33'18'' - 233°41'44'' = 0°51'34''$。

7 号缓曲线元起点连接半径 $R = 1\ 500$ m 的圆曲线元，可以设 $R_s = 1\ 500$ m，由图纸的几何形状可以判断终点半径满足 $R_s < R_e$。

在“缓曲线元起讫半径计算器”界面，点击 清除全部数据 按钮，输入 7 号缓曲线元设计数据：参数 $A=259.941$，线长 $L_h=45$ m，起点半径 $R_s=1\ 500$ m，设置◉ **Rs<Re**单选框，点击 计 算 按钮，结果如图 4-32(d)所示，计算的偏角差 $\beta_h=0°51'37.15''$与设计值相符。

7 号缓曲线元的终点半径 $R_e=1\ 462\ 044.083\ 2$ m，它不是一个足够大的数值，如果将其看作∞，就是完整缓和曲线，如果不看作∞，就是非完整缓和曲线。删除缓曲参数 A 栏的数值，点击终点半径 R_e 栏右侧的 ∞ 按钮输入指数“1.0E30”，点击 计 算 按钮重新计算，结果如图 4-32(e)所示，可见，反求出缓曲参数 $A=259.807\ 621\ 14 \neq 259.941$。

结论：7 号缓曲线元终点半径 $R_e=1\ 462\ 044.083\ 2$ m，为非完整缓和曲线。

综合上述 2，3，5，7 号缓曲线元起讫半径的计算结果，将 AB 匝道线元法设计数据列于表 4-9。

表 4-9　　福建省厦门市马青路改造工程 AB 匝道线元法设计数据

点名	设计桩号	x/m	y/m	走向方位角 α	
QD	ABK0+000	11 607.214	52 946.033	276°26′31″	
ZD	ABK0+658.427	11 188.075	52 486.709	234°33′18″	
序	起点半径/m	终点半径/m	线长/m	偏向	曲线类型
1	201.75	201.75	252.961	左偏	圆曲线
2	201.75	∞	45	左偏	反向完整缓和曲线
3	∞	270	45	右偏	正向完整缓和曲线
4	270	270	92.105	右偏	圆曲线
5	270	1 500	50	右偏	反向非完整缓和曲线
6	1 500	1 500	128.361	右偏	圆曲线
7	1 500	1 462 044.083 2	45	右偏	反向非完整缓和曲线

2. 输入平曲线设计数据并计算主点数据

在 **Q2X9线元法** 程序文件列表界面，新建“福建厦门马青路改造工程 AB 匝道”文件并进入该文件主菜单，点击 设计数据 按钮进入平曲线设计数据界面，输入表 4-9 所列平曲线设计数据，结果如图 4-33(a)—(d)所示。点击 **计算** 按钮计算平曲线主点数据，结果如图 4-33(e)所示，

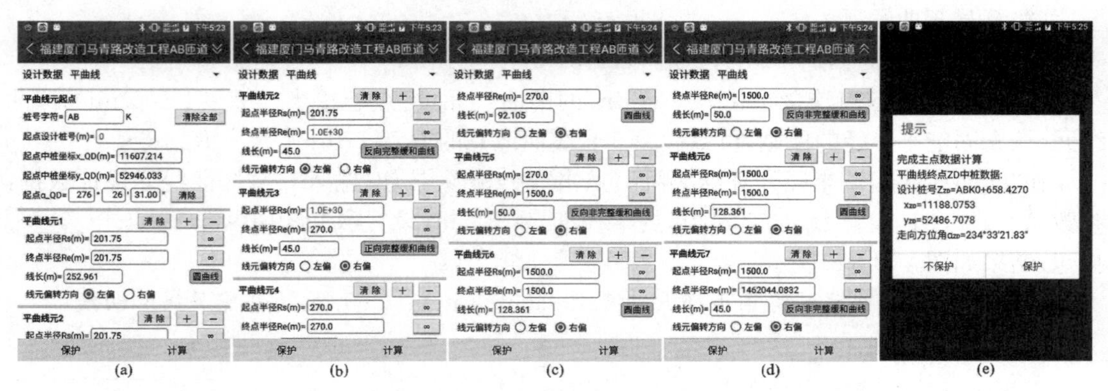

图 4-33　用 Q2X9 线元法程序计算福建省厦门市马青路改造工程 AB 匝道平曲线主点数据

与表 4-9 中的终点设计数据比较,结果列于表 4-10。

表 4-10 福建省厦门市马青路改造工程 AB 匝道终点计算结果与设计图纸比较

终点数据	桩号	x/m	y/m	α
Q2X9 程序	ABK0+658.427	11 188.075 3	52 486.707 8	234°33′21.83″
设计图纸	ABK0+658.427	11 188.075	52 486.709	234°33′18″
差值	0	0.000 3	−0.001 2	3.83″

4.7 重庆市陈食互通式立交 E 匝道平曲线计算

图 4-34 所示的 E 匝道有 7 条平曲线元,其中,1, 3, 5, 6 号线元为缓曲线元,使用 **Q2X9线元法** 程序计算之前,需要确定这 4 条缓曲线元的起讫半径。

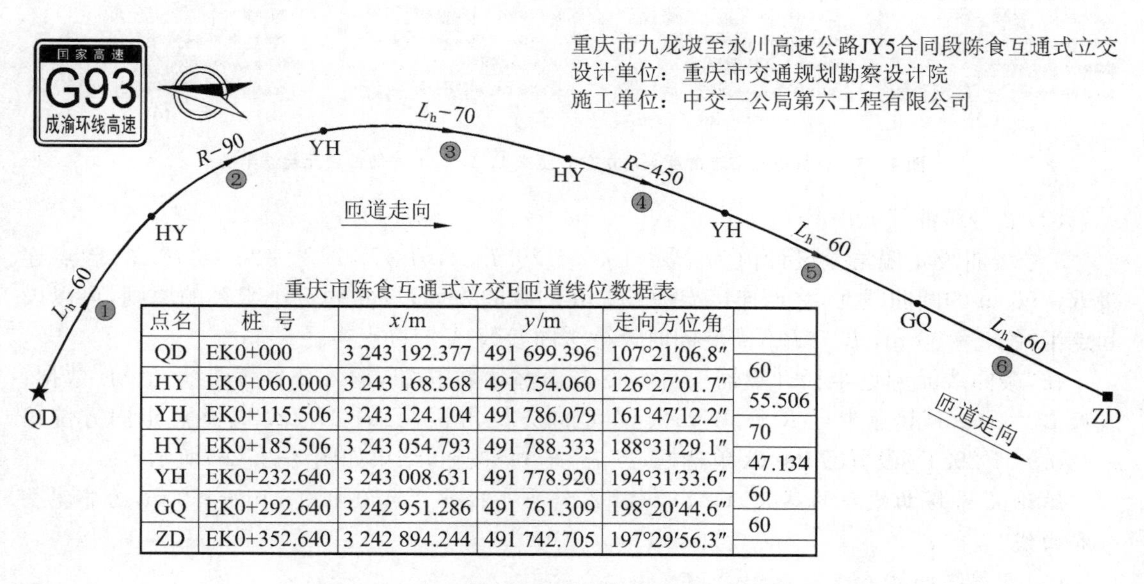

点名	桩 号	x/m	y/m	走向方位角	
QD	EK0+000	3 243 192.377	491 699.396	107°21′06.8″	
HY	EK0+060.000	3 243 168.368	491 754.060	126°27′01.7″	60
YH	EK0+115.506	3 243 124.104	491 786.079	161°47′12.2″	55.506
HY	EK0+185.506	3 243 054.793	491 788.333	188°31′29.1″	70
YH	EK0+232.640	3 243 008.631	491 778.920	194°31′33.6″	47.134
GQ	EK0+292.640	3 242 951.286	491 761.309	198°20′44.6″	60
ZD	EK0+352.640	3 242 894.244	491 742.705	197°29′56.3″	60

图 4-34 重庆市陈食互通式立交 E 匝道线元法设计图

该案例的特点是:图纸只重复给出了 1, 3, 5, 6 号缓曲线元的线长 L_h,未给出缓曲参数 A,而缓曲线长 L_h 在线位数据表中已经给出。应用图纸的设计数据,只能反求 R_s 与 R_e 中的一个未知数,计算每条缓曲线元的 A, R_s 或 R_e 都需要同时解算线长方程与偏角方程,因此,计算每条缓曲线元时都应输入该线元的起点走向方位角 α_s 与终点走向方位角 α_e。

1. 计算缓曲线元起讫半径

(1) 1 号缓曲线元

1 号缓曲线元偏角差设计值为:$\beta_h = 126°27'01.7'' - 107°21'06.8'' = 19°05'54.9''$,终点连接半径 $R=90$ m 的圆曲线元,由图 4-34 可以确定 $R_s > R_e$,需要同时计算缓曲参数 A 与起点半径 R_s。

在"缓曲线元起讫半径计算器"界面,点击 清除全部数据 按钮,输入 1 号缓曲线元设计数据:

线长 L_h=60 m,终点半径 R_e=90 m,起点走向方位角 α_s=107°21′6.8″,终点走向方位角α_e=126°27′01.7″,设置◎ **Rs>Re**单选框,点击 计 算 按钮,结果如图 4-35(a)所示。

结论:1 号缓曲线元的参数 A=73.484 7,起点半径 R_s=174 723 199.397 m≈∞,为完整缓和曲线。

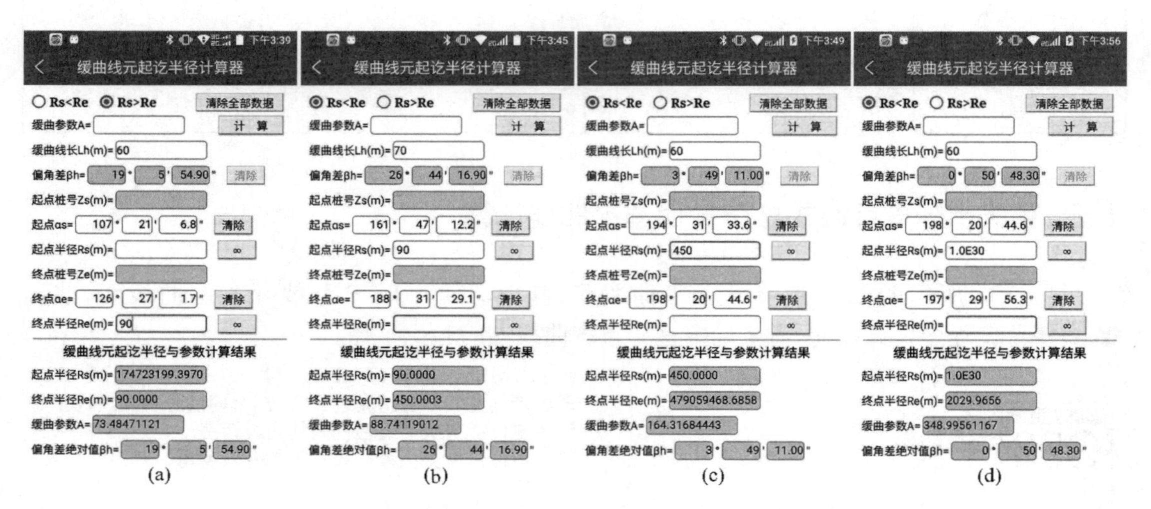

图 4-35 计算重庆市陈食互通式立交 E 匝道 1, 3, 5, 6 号缓曲线元起讫半径

(2) 3 号缓曲线元

3 号缓曲线元偏角差设计值为:β_h=188°31′29.1″−161°47′12.2″=26°44′16.9″,起点连接 R=90 m 的圆曲线元,终点连接 R=450 m 的圆曲线元,按先固定小半径的原则,可以设起点半径 R_s=90 m, $R_s<R_e$,需要同时计算缓曲参数 A 与终点半径 R_e。

在“缓曲线元起讫半径计算器”界面,点击 清除全部数据 按钮,输入 3 号缓曲线元设计数据:线长 L_h=70 m,起点半径 R_s=90 m,起点走向方位角 α_s=161°47′12.2″,终点走向方位角 α_e=188°31′29.1″,设置◎ **Rs<Re**单选框,点击 计 算 按钮,结果如图 4-35(b)所示。

结论:3 号缓曲线元的参数 A=88.741 2,终点半径 R_e=450.000 3 m≈450 m,为非完整缓和曲线。

(3) 5 号缓曲线元

5 号缓曲线元偏角差设计值为:$\Delta\beta_h$=198°20′44.6″−194°31′33.6″=3°49′11″,起点连接半径 R=450 m 的圆曲线元,终点半径不详,由图 4-34 可以判断 $R_s<R_e$,需要同时计算缓曲参数 A 与终点半径 R_e。

在“缓曲线元起讫半径计算器”界面,点击 清除全部数据 按钮,输入 5 号缓曲线元设计数据:线长 L_h=60 m,起点半径 R_s=450 m,起点走向方位角 α_s=194°31′33.6″,终点走向方位角 α_e=198°20′44.6″,设置◎ **Rs<Re**单选框,点击 计 算 按钮,结果如图 4-35(c)所示。

结论:5 号缓曲线元的缓曲参数 A=164.316 8,终点半径 R_e=479 059 468.685 8 m≈∞,为完整缓和曲线。

(4) 6 号缓曲线元

6 号缓曲线元偏角差设计值的绝对值为:$|\beta_h|$=|197°29′56.3″−198°20′44.6″|=0°50′48.3″,可以设其起点半径 R_s=∞,$R_s>R_e$,需要同时计算缓曲参数 A 与终点半径 R_e。

在“缓曲线元起讫半径计算器”界面，点击 清除全部数据 按钮，输入 6 号缓曲线元设计数据：线长 $L_h=60$ m，起点半径 $R_s=\infty$，起点走向方位角 $\alpha_s=198°20'44.6''$，终点走向方位角 $\alpha_e=197°29'56.3''$，设置◉ **Rs>Re**单选框，点击 计 算 按钮，结果如图 4-35(d)所示。

结论：6 号缓曲线元的缓曲参数 $A=348.995\,6$，终点半径 $R_e=2\,029.965\,6$ m，为完整缓和曲线。

综合上述 1，3，5，6 号缓曲线元起讫半径的计算结果，将 E 匝道线元法设计数据列于表 4-11。

表 4-11　重庆市陈食互通式立交 E 匝道线元法设计数据

点名	设计桩号	x/m	y/m	走向方位角 α	
QD	EK0+000	3 243 192.377	491 699.396	107°21′06.8″	
ZD	EK0+352.64	3 242 894.244	491 742.705	197°29′56.3″	
序	起点半径/m	终点半径/m	线长/m	偏向	缓曲线元参数
1	∞	90	60	右偏	73.484 7
2	90	90	55.506	右偏	
3	90	450	70	右偏	88.741 2
4	450	450	47.134	右偏	
5	450	∞	60	右偏	164.316 8
6	∞	2 029.965 6	60	左偏	348.995 6

2. 输入平曲线设计数据并计算主点数据

在 **Q2X9线元法** 程序文件列表界面，新建“重庆市陈食互通式立交 E 匝道”文件并进入该文件主菜单，点击 设计数据 按钮进入平曲线设计数据界面，输入表 4-11 所列平曲线设计数据，结果如图 4-36(a)—(d)所示。点击 **计算** 按钮计算平曲线主点数据，结果如图 4-36(e)所示，与表 4-11 中的终点设计数据比较，结果列于表 4-12。

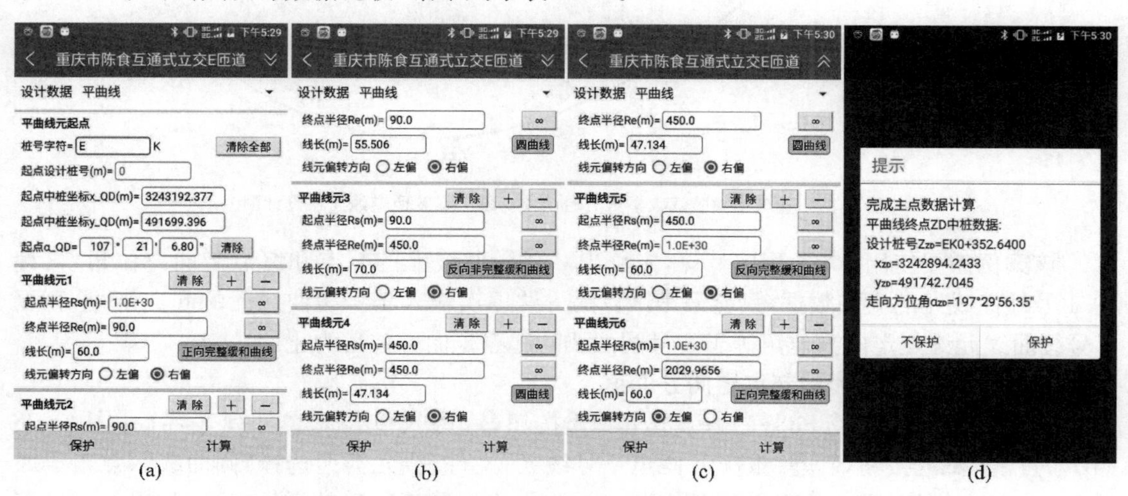

图 4-36　用 Q2X9 线元法程序计算重庆市陈食互通式立交 E 匝道平曲线主点数据

表 4-12　　重庆市陈食互通式立交 E 匝道终点计算结果与设计图纸比较

终点数据	桩号	x/m	y/m	α
Q2X9 程序	EK0＋352.64	3 242 894.243 3	491 742.704 5	197°29′56.35″
设计图纸	EK0＋352.64	3 242 894.244	491 742.705	197°29′56.3″
差值	0	−0.000 7	−0.000 5	0.05″

4.8　重庆市嘉陵江大桥至五台山立交段 B 匝道平曲线计算

图 4-37 所示的 E 匝道，有 4 条平曲线元，其中 1 号，4 号线元为缓曲线元。该案例的特点是，图纸只给出了缓曲线元的线长 L_h，未给出缓曲参数 A，线位数据表未给出平曲线各匝道起点、终点和主点的走向方位角，尤其是 1 号缓曲线元，只知道线长 $L_h=25$ m 和终点半径 $R_e=35$ m，需要同时确定其起点半径 R_s 和起点走向方位角 α_s。

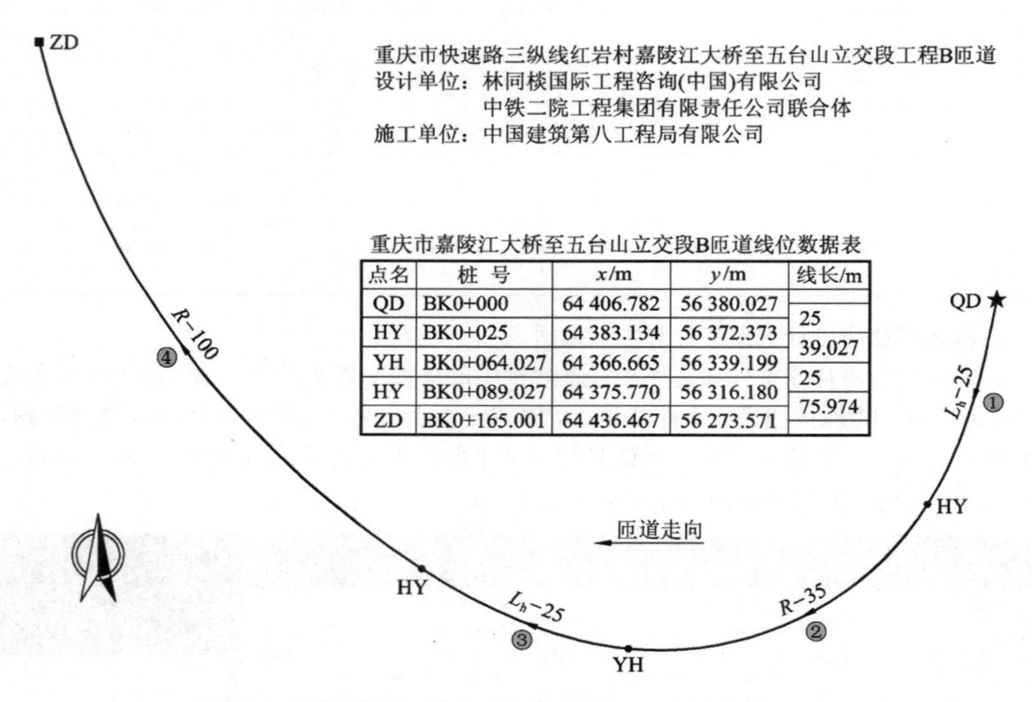

点名	桩 号	x/m	y/m	线长/m
QD	BK0+000	64 406.782	56 380.027	
				25
HY	BK0+025	64 383.134	56 372.373	
				39.027
YH	BK0+064.027	64 366.665	56 339.199	
				25
HY	BK0+089.027	64 375.770	56 316.180	
				75.974
ZD	BK0+165.001	64 436.467	56 273.571	

图 4-37　重庆市嘉陵江大桥至五台山立交段工程 B 匝道线元法设计图

该案例需要使用**单线元**程序计算，先算出 2 号圆曲线元的起点和终点走向方位角，再计算 1 号缓曲线元的主点数据，只能采用试算的方法逐次输入 1 号缓曲线元的起点半径，直至 1 号缓曲线元终点走向方位角等于 2 号圆曲线的起点走向方位角为止。

1. 计算 2 号圆曲线的起点走向方位角

在项目主菜单［图 4-38(a)］，点击**单线元**按钮，进入单线元文件列表界面［图 4-38(b)］；点击**单线元**按钮，新建“重庆 B 匝道 2 号线元”文件，线元类型选择“圆曲线”，点击**确定**按钮，进入**单线元**程序文件列表界面［图 4-38(d)］；点击最近新建的文件名，在弹出的快捷菜单点击“进入文件主菜单”命令［图 4-38(e)］，进入文件主菜单［图 4-38(f)］；点击 设计数据 按钮，进入圆曲线设计数据界面，输入 2 号圆曲线起点桩号、中桩坐标、终点桩号、中桩坐标、半径，设置线元偏转方向为 ◎ **右偏** [图 4-38(g)]，点击 计 算 按钮计算其主点数据，结果如图 4-38(h)所示。2 号圆曲线元起点走向方位角为 211°39′12.67″，它应等于 1 号缓和曲线的终点走向方位角。

2. 计算 1 号缓和曲线的起点半径及其走向方位角

在**单线元**程序文件列表界面，新建“重庆 B 匝道 1 号缓曲线元”文件，输入 1 号缓和曲线的设计数据，其中，终点半径为 35 m，起点半径需要多次修改试算才能求出。由图 4-37 可知，当 1 号缓曲线元在起点半径满足 $R_s > R_e = 35$ m 时，可以先输入一个比较大的半径值，例如 5 000 m[图 4-39(a)]，点击 计 算 按钮计算其主点数据，结果如图 4-39(b)所示；再将起点半径修改为 4 000 m 试算，结果如图 4-39(c)所示，通过两次输入起点半径试算可知终点走向方位角随起点半径大小变化的规律是：减小起点半径值，其终点走向方位角增大。

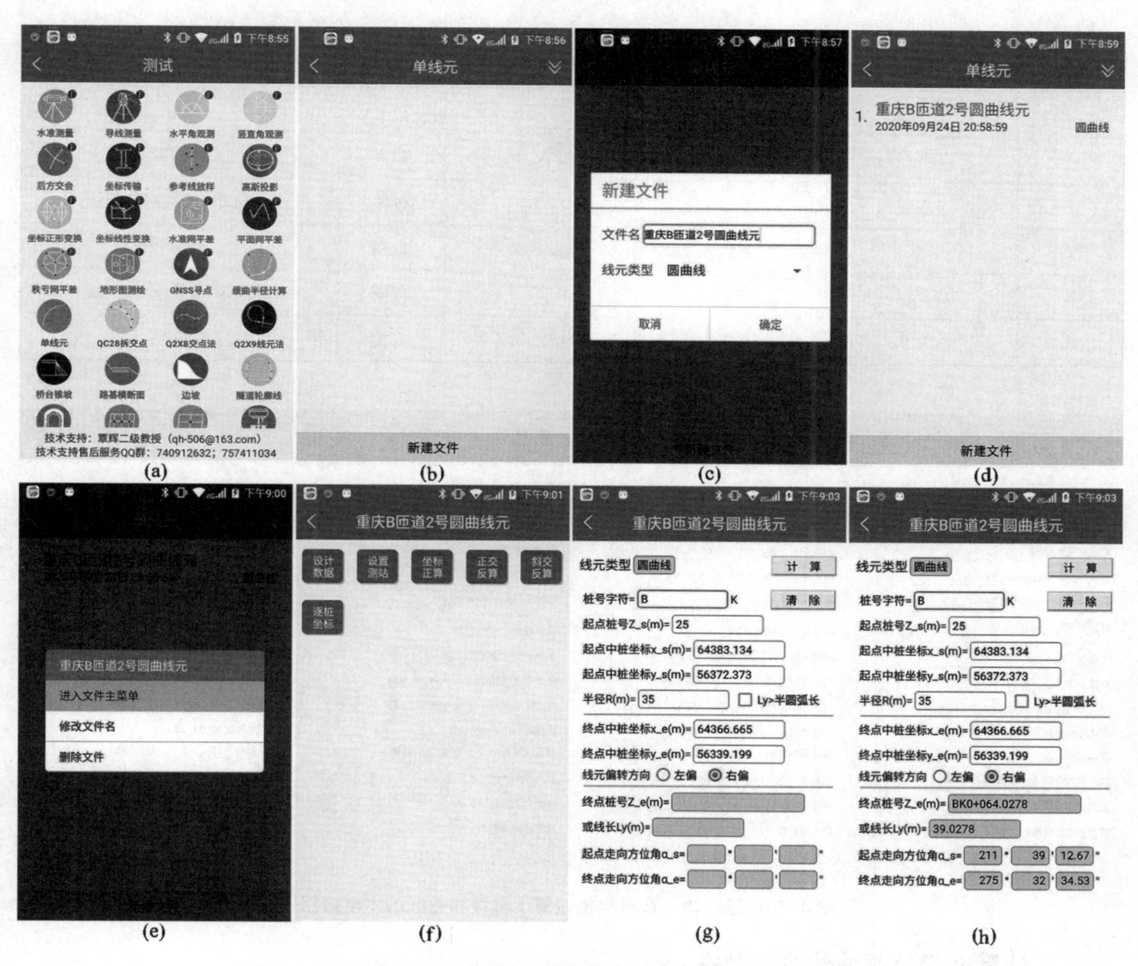

图 4-38 计算“重庆 B 匝道 2 号圆曲线元”文件主点数据

再次修改起点半径值，直至其终点走向方位角等于 2 号圆曲线元的起点走向方位角 211°39′12.67″为止，修改 1 号缓曲线元起点半径的趋近过程列于表 4-13，其起点半径的最终值为 3 443.8 m[图 4-39(d)]。

表 4-13　　计算 B 匝道 1 号缓曲线元起点半径的趋近过程

序	R_s/m	α_e	角差	序	R_s/m	α_e	角差
1	5 000	211°37′54.92″	−0°01′17.75″	5	3 440	211°39′12.95″	0°00′00.28″
2	4 000	211°38′37.93″	−0°00′34.74″	6	3 443	211°39′12.73″	0°00′00.06″
3	3 500	211°39′08.66″	−0°00′04.01″	7	3 443.5	211°39′12.69″	0°00′00.02″
4	3 400	211°39′15.89″	0°00′03.22″	8	3 443.8	211°39′12.67″	0°00′00.00″
2 号缓和曲线起点走向方位角 α_s=140°48′04.36″							

综合图 4-39(d)的计算结果，将 B 匝道的线元法设计数据列于表 4-14。

表 4-14　　重庆市嘉陵江大桥至五台山立交段 B 匝道线元法设计数据

点名	设计桩号	x/m	y/m	走向方位角	
QD	BK0+000	64 406.782	56 380.027	190°59′06″	
ZD	BK0+165.001	64 436.467	56 273.571		
序	起点半径/m	终点半径/m	线长/m	偏向	线元类型
1	3 500	35	25	右偏	正向非完整缓和曲线
2	35	35	39.072	右偏	圆曲线
3	35	100	25	右偏	反向非完整缓和曲线
4	100	100	75.974	右偏	圆曲线

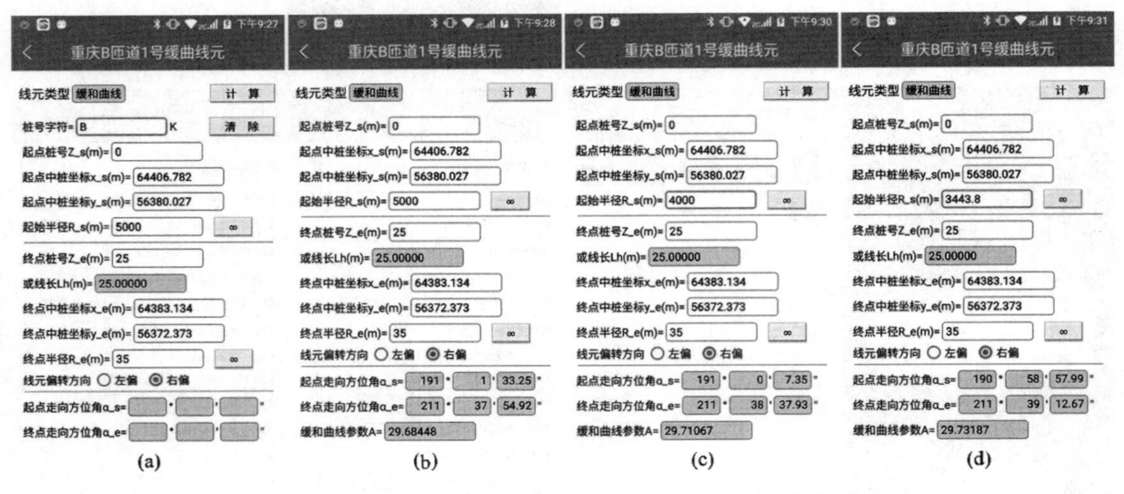

图 4-39　逐次输入起点半径试算 1 号缓和曲线的主点数据

3. 计算 B 匝道平曲线主点数据

在 **Q2X9线元法** 程序文件列表界面，新建“重庆五台山立交段 B 匝道”文件，输入表 4-14 所列平曲线设计数据，结果如图 4-40(a)，(b)所示。点击 **计算** 按钮计算平曲线主点数据，结果如图 4-40(c)所示，点击 **保护** 按钮，进入设计数据保护模式[图 4-40(d)]。与表 4-14 的终点设计数据比较，结果列于表 4-15。

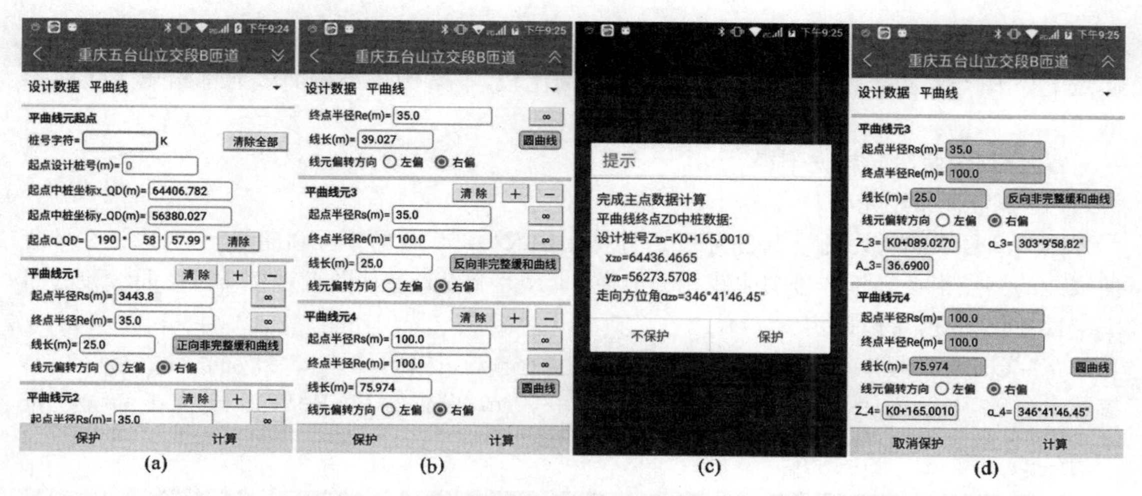

图 4-40　用 Q2X9 线元法程序计算重庆市嘉陵江至五台山立交段 B 匝道平曲线主点数据

表 4-15　　**重庆市嘉陵江大桥至五台山立交段 B 匝道终点计算结果与设计图纸比较**

终点数据	桩号	x/m	y/m	α
Q2X9 程序	BK0+165.001	64 436.466 5	56 273.570 8	346°41′46.45″
设计图纸	BK0+165.001	64 436.467	56 273.571	
差值	0	−0.000 5	−0.000 2	

4.9　辽宁省甜水互通式立交 D 匝道平曲线计算及坐标斜交反算

图 4-41 所示的 D 匝道，有 7 条平曲线元，其中 1，2，4，6 号线元为缓曲线元。该案例的特点是，线位数据表未给出平曲线各主点的走向方位角，无法得到缓曲线元偏角差，因

内表1 辽宁省甜水互通式立交D匝道坐标斜交反算数据

测点	x/m	y/m	斜交方位角 α	线元号	线元类型
P1	4 576 785.372	467 799.621	71°41′39.6″	3	圆曲线
P2	4 576 739.187	467 856.265	24°50′02.2″	4	缓和曲线
P3	4 576 529.093	467 988.658	94°08′41.5″	7	直线

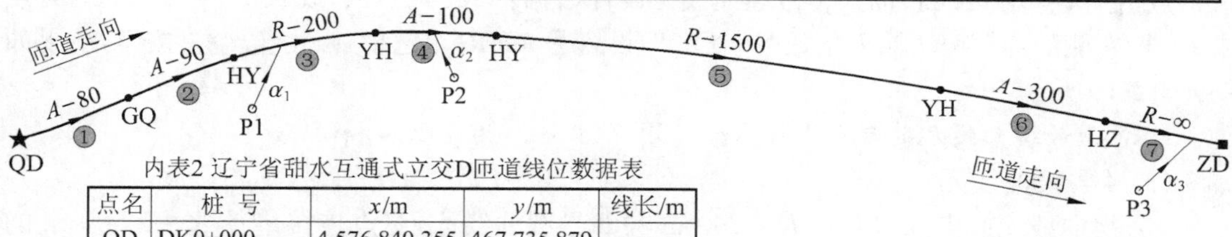

内表2 辽宁省甜水互通式立交D匝道线位数据表

点名	桩 号	x/m	y/m	线长/m
QD	DK0+000	4 576 840.355	467 735.879	
				41.899
GQ	DK0+041.899	4 576 821.161	467 773.083	
				40.5
HY	DK0+082.399	4 576 803.031	467 809.278	
				51.728
YH	DK0+134.127	4 576 771.356	467 849.991	
				43.333
HY	DK0+177.46	4 576 738.326	467 877.997	
				160.274
YH	DK0+337.734	4 576 606.481	467 968.993	
				60
HZ	DK0+397.734	4 576 554.938	467 999.704	
				42.841
ZD	DK0+440.575	4 576 517.989	468 021.386	

辽宁省阜新至盘锦高速公路
设计单位：辽宁省交通规划设计院
施工单位：辽宁五洲公路工程有限责任公司

图 4-41　辽宁省甜水互通式立交 D 匝道线元法设计图、边桩测点坐标及其斜交方向方位角

此，每条缓曲线元只能使用线长方程确定起讫半径中的一个半径，不能同时确定缓曲线元的起点半径 R_s 与终点半径 R_e。与图 4-37 的案例比较，本案例 4 条缓曲线元都给出了缓曲参数 A。

1. 计算缓曲线元起讫半径

(1) 2 号缓曲线元

因为 2 号缓曲线元的终点名为 HY，连接半径 $R=200$ m 的 3 号圆曲线元，可以设 2 号缓曲线元的终点半径等于 3 号圆曲线元的半径，即 $R_e=200$ m。从图纸观察 2 号缓曲线元的曲率半径变化情况，可以确定 $R_s>R_e$。

在"缓曲线元起讫半径计算器"界面，点击 清除全部数据 按钮，输入 2 号缓曲线元设计数据：参数 $A=90$，线长 $L_h=40.5$ m，终点半径 $R_e=200$ m，设置◉ **Rs>Re** 单选框，点击 计 算 按钮，结果如图 4-42(a)所示。

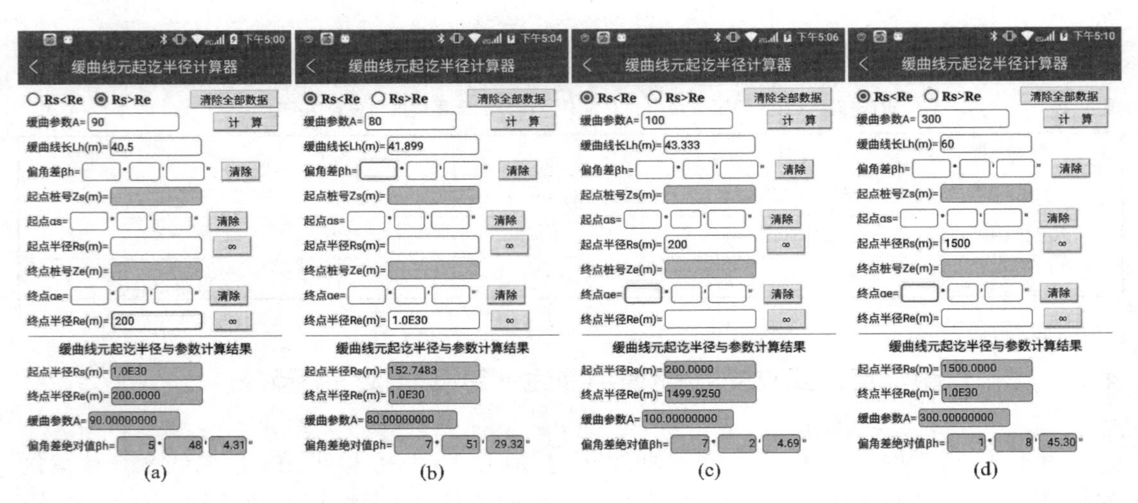

图 4-42 计算辽宁甜水互通式立交 E 匝道 2, 1, 4, 6 号缓曲线元起讫半径

结论：2 号缓曲线元的起点半径 $R_s=\infty$，为完整缓和曲线。

(2) 1 号缓曲线元

可以假设 1 号缓曲线元的终点半径 $R_e=\infty$，需要反求 1 号缓曲线元起点半径。

点击 清除全部数据 按钮，输入 1 号缓曲线元设计数据：参数 $A=80$，线长 $L_h=41.899$ m，点击 R_e 栏右侧的 ∞ 按钮输入指数"1.0E30"，设置◉ **Rs<Re** 单选框，点击 计 算 按钮，结果如图 4-42(b)所示。

结论：1 号缓曲线元的起点半径 $R_s=152.748\,3$ m，为完整缓和曲线。

(3) 4 号缓曲线元

4 号缓曲线元起点连接半径 $R=200$ m 的 3 号圆曲线元，终点连接半径 $R=1\,500$ m 的 5 号圆曲线元，按先固定小半径的原则，可以假设 4 号缓曲线元的起点半径等于 3 号圆曲线元的半径，即 $R_s=200$ m。

点击 清除全部数据 按钮，输入 4 号缓曲线元设计数据：参数 $A=100$，线长 $L_h=43.333$ m，起点半径 $R_s=200$ m，设置◉ **Rs<Re** 单选框，点击 计 算 按钮，结果如图 4-42(c)所示。

结论：4 号缓曲线元的终点半径 $R_e=1\,500$ m，为非完整缓和曲线。

(4) 6 号缓曲线元

6 号缓曲线元起点连接半径 R=1 500 m 的 5 号圆曲线元，终点连接半径 $R=\infty$ 的 7 号直线线元，按先固定小半径的原则，可以假设 6 号缓曲线元的起点半径等于 5 号圆曲线元的半径，即 R_s=1 500 m。

点击 清除全部数据 按钮，输入 6 号缓曲线元设计数据：参数 A=300，线长 L_h= 60 m，起点半径 R_s=1 500 m，设置◉ **Rs<Re** 单选框，点击 计 算 按钮，结果如图 4-42(d)所示。

结论：6 号缓曲线元的终点半径 $R_e=\infty$，为完整缓和曲线。

2. 计算起点走向方位角

新建单线元文件计算 1 号缓曲线元主点数据。在**单线元**程序文件列表界面，新建"辽宁甜水立交 D 匝道 1 号缓曲线元"文件，点击最近新建的文件名，在弹出的快捷菜单点击"进入文件主菜单"命令，进入文件主菜单界面[图 4-43(b)]。点击 设计数据 按钮，进入缓和曲线设计数据界面，输入 1 号缓曲线元的设计数据[图 4-43(g)]，点击 计 算 按钮计算主点数据，结果如图 4-43(d)所示，起点走向方位角 $\alpha_s=\alpha_{QD}=122°31'44.2''$ 即为 D 匝道的起点走向方位角。

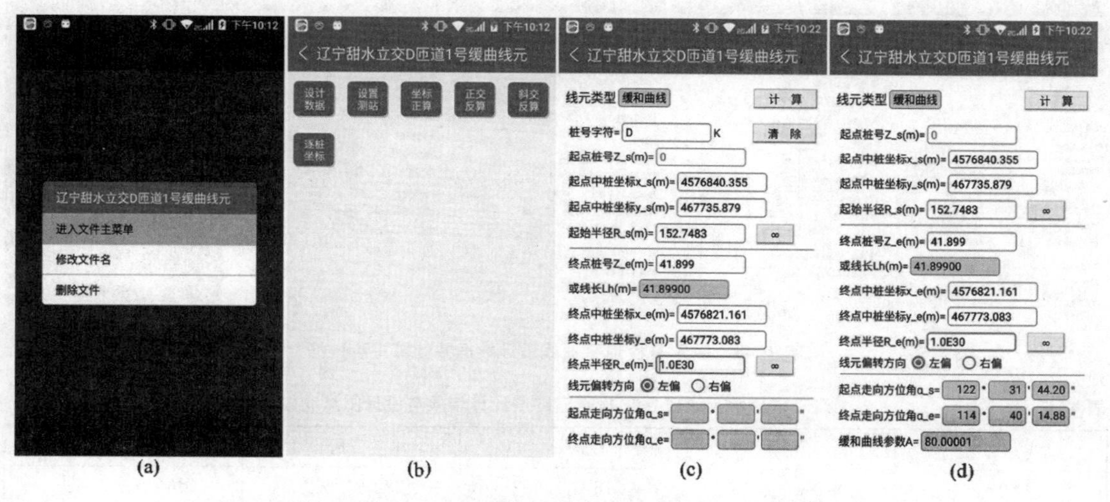

图 4-43 用单平曲线线元程序计算 D 匝道 1 号缓曲线元平曲线主点数据

综合图 4-42 与图 4-43 的计算结果，甜水互通式立交 D 匝道的线元法设计数据列于表 4-16。

表 4-16 辽宁省甜水互通式立交 D 匝道线元法设计数据

点名	设计桩号	x/m	y/m	走向方位角	
QD	DK0+000	4 576 840.355	467 735.879	122°31′44.2″	
ZD	DK0+440.575	4 576 517.989	468 021.386		
序	起点半径/m	终点半径/m	线长/m	偏向	线元类型
1	152.748 3	∞	41.899	左偏	反向完整缓和曲线
2	∞	200	40.5	右偏	正向完整缓和曲线
3	200	200	51.728	右偏	圆曲线
4	200	1 500	43.333	右偏	反向非完整缓和曲线

（续表）

序	起点半径/m	终点半径/m	线长/m	偏向	线元类型
5	1 500	1 500	160.274	右偏	圆曲线
6	1 500	∞	60	右偏	反向完整缓和曲线
7	∞	∞	42.841		直线

3. 输入平曲线设计数据并计算主点数据

(1) 使用**单线元**程序算出的起点走向方位角计算

在**Q2X9线元法**程序文件列表界面，新建"辽宁甜水互通式立交D匝道"文件并进入该文件主菜单，点击设计数据按钮进入平曲线设计数据界面，输入表4-16所列平曲线设计数据，结果如图4-44(a)—(d)所示。点击**计算**按钮计算平曲线主点数据，结果如图4-44(e)所示。与表4-16中的终点设计数据比较，结果列于表4-17。

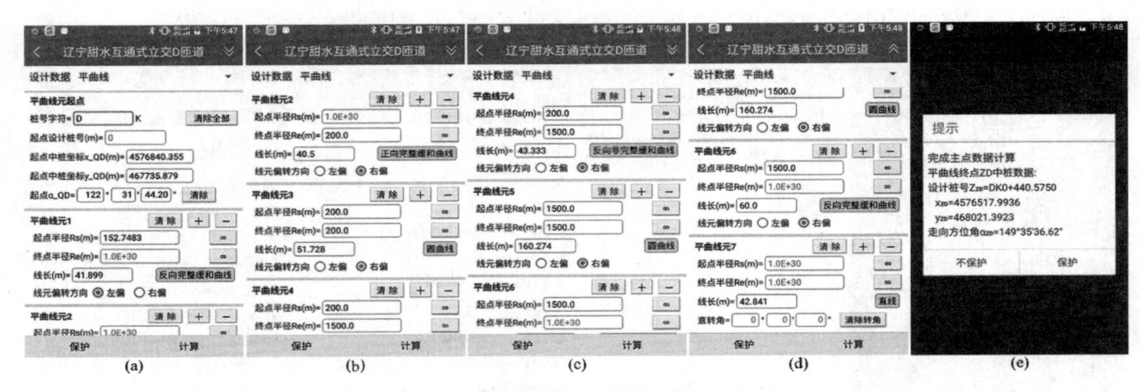

(a) (b) (c) (d) (e)

图4-44 输入D匝道平曲线设计数据并计算主点数据

表4-17 辽宁省甜水互通式立交D匝道终点计算结果与设计图纸比较

终点数据	桩号	x/m	y/m	α
Q2X9程序	DK0+440.575	4 576 517.993 6	468 021.392 3	149°35′36.62″
设计图纸	DK0+440.575	4 576 517.989	468 021.386	
差值	0	0.004 6	0.006 3	

(2) 修正起点走向方位角后重新计算平曲线主点数据

由表4-17可知，**Q2X9线元法**算出的终点平面坐标与设计值相差还是比较大的，这与1号缓曲线元线长取位只到毫米位有关，如果设计图纸能给出取位到0.1 mm的线长值，误差就会小一些。

由于图纸未给出D匝道起点走向方位角的设计值α_{QD}，使用单线元程序反求出的起点走向方位角$\alpha'_{QD}=122°31'44.2''$，如果能对其施加一个方位角改正数$\delta\alpha$，再应用式(4-5)计算改正后的起点走向方位角$\alpha_{QD}$：

$$\alpha_{QD}=\alpha'_{QD}+\delta\alpha \tag{4-5}$$

下面介绍起点方位角改正数$\delta\alpha$的计算方法。

先计算D匝道起点→设计终点坐标的弦长方位角α_{se}，再计算D匝道起点→计算终点坐标的弦长方位角α'_{se}，其方位角差为

$$\delta\alpha = \alpha_{se} - \alpha'_{se} \tag{4-6}$$

使用 fx-5800P 工程机计算 $\delta\alpha$ 的步骤如下：

① 按 SHIFT SETUP 3 键设置角度单位为 Deg，屏幕顶部状态栏显示 D。

② 存起点设计坐标复数到字母变量 S［图 4-45(a)］，存终点设计坐标复数到字母变量 E［图 4-45(b)］，存终点计算坐标复数到字母变量 F［图 4-45(c)］。

(a) (b) (c) (d)

图 4-45 使用 fx-5800P 工程机辐角函数计算 D 匝道起讫点弦长方位角改正数

③ 使用 fx-5800P 工程机辐角函数计算设计起点→设计终点辐角减设计起点→计算终点辐角之差，结果如图 4-45(d)所示，$\delta\alpha = 3.72''$，代入式(4-5)，得改正后的起点走向方位角为

$$\alpha_{QD} = \alpha'_{QD} + \delta\alpha = 122°31'44.2'' + 3.72'' = 122°31'47.92'' \tag{4-7}$$

在"辽宁甜水互通式立交 D 匝道"文件"平曲线"界面［图 4-46(a)］，将起点走向方位角的秒值 44.2″修改为 47.92″［图 4-46(b)］，点击 **计算** 按钮重新计算 D 匝道的平曲线主点数据，结果如图 4-46(c)所示，点击 **保护** 按钮进入保护模式［图 4-46(d)］。与表 4-16 中的终点设计数据比较，结果列于表 4-18。

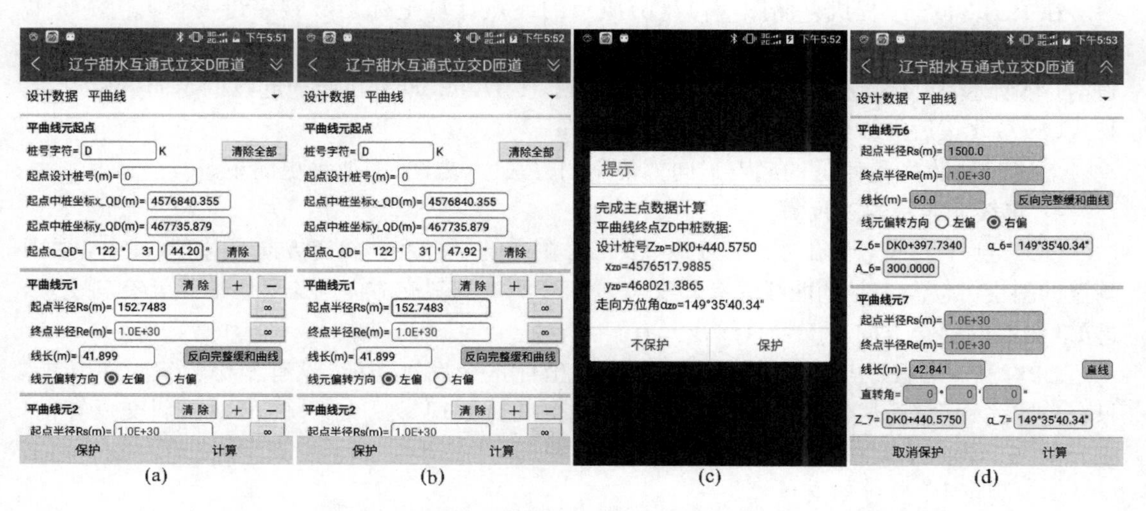

(a) (b) (c) (d)

图 4-46 应用改正后的起点走向方位角重新计算 D 匝道平曲线主点数据

表 4-18 辽宁省甜水互通式立交 D 匝道终点计算结果与设计图纸比较

终点数据	桩号	x/m	y/m	α
Q2X9 程序	DK0+440.575	4 576 517.988 5	468 021.386 5	149°35′40.34″
设计图纸	DK0+440.575	4 576 517.989	468 021.386	
差值	0	−0.000 5	0.000 5	

可见，使用修改后的起点走向方位角计算，其终点坐标与设计值的差值已经比较小了。

(3) 假设 D 匝道起点走向方位角 $\alpha''_{QD}=0$ 计算

建立 D 匝道起点走向方位角为 $\alpha''_{QD}=0°0'0''$ 的假定坐标系，计算 D 匝道的终点坐标。

在“辽宁甜水互通式立交 D 匝道”文件“平曲线”界面，点击起点走向方位角栏右侧的 清除 按钮，恢复起点走向方位角为初始值 0°0′0″[图 4-47(a)]，点击 **计算** 按钮重新计算 D 匝道的平曲线主点数据，结果如图 4-47(b)所示。

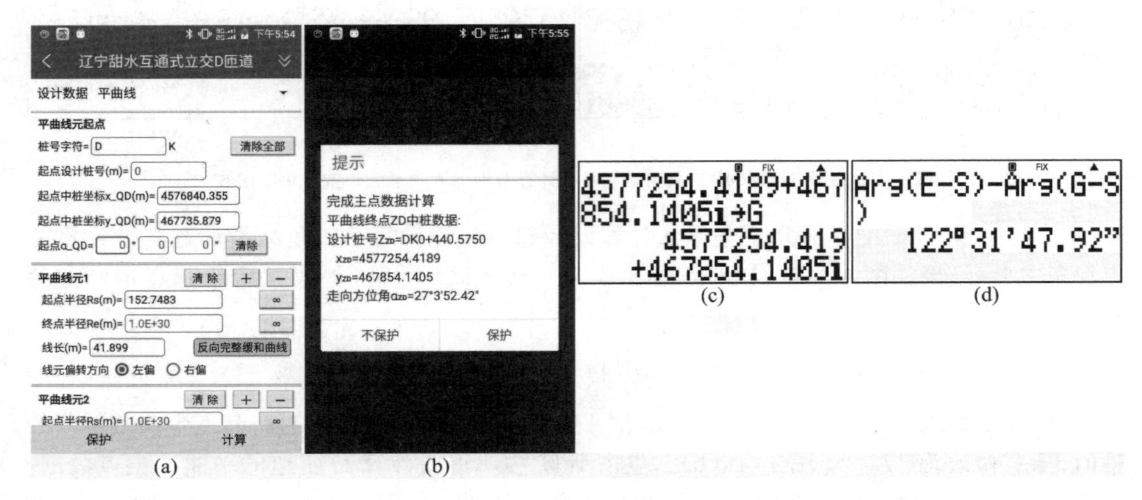

(a) (b) (c) (d)

图 4-47 修改 D 匝道平曲线起点走向方位角为 0°0′0″计算终点假定坐标

在 fx-5800P 工程机存储图 4-47(b)所示的终点计算坐标复数到字母变量 G[图 4-47(c)]，使用辐角函数计算设计起点→设计终点辐角减设计起点→计算终点辐角，结果如图 4-47(d)所示，fx-5800P 屏幕显示的方位角 122°31′47.92″即为 D 匝道起点的走向方位角，它与式(4-7)改正后的方位角相同。

上述三种计算 D 匝道的起点走向方位角的方法中，方法(3)似乎更简单。

4. 单线元坐标斜交反算

图 4-41 中内表 3 给出了 P1，P2，P3 三个测点的坐标及其斜交方向方位角，其中，过 P1 测点的斜交方向与 3 号圆曲线元有斜交点，过 P2 测点的斜交方向与 4 号缓曲线元有斜交点，过 P3 测点的斜交方向与 7 号直线线元有斜交点。

Q2X8交点法 程序与 **Q2X9线元法** 程序只有坐标正交反算功能，没有坐标斜交反算功能，只有单线元程序有斜交坐标反算功能，坐标斜交反算原理参见文献[9][17]。斜交反算前，应先新建单线元平曲线文件并输入设计数据。

(1) 测点 P1 坐标斜交反算

如图 4-41 所示，测点 P1 方向的斜交点位于 3 号圆曲线元，应先创建 3 号圆曲线元文件并输入设计数据。在单线元平曲线程序文件列表新建“辽宁甜水立交 D 匝道 3 号圆曲线元”文件，输入其起点桩号及坐标，输入终点坐标、圆曲线半径，设置◎ **右偏** 单选框，点击 计 算 按钮计算主点数据，结果如图 4-48(a)所示。

点击屏幕标题栏左侧的 < 按钮返回文件主菜单[图 4-48(b)]，点击 斜交反算 按钮，输入图 4-41 内表 1 测点 P1 的坐标及其斜交方位角[图 4-48(c)]，点击 计 算 按钮，结果如图 4-48(d)所示。

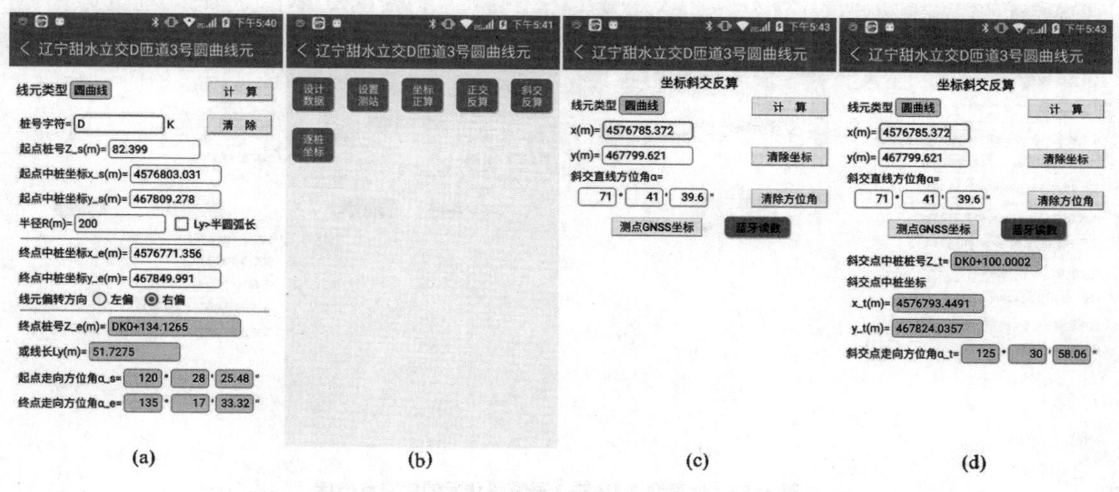

图 4-48　计算测点 P1 在 3 号圆曲线元的斜交点坐标

（2）测点 P2 坐标斜交反算

如图 4-41 所示，测点 P2 方向的斜交点位于 4 号缓曲线元，应先创建 4 号缓曲线元文件并输入设计数据。在单线元平曲线程序文件列表新建“辽宁甜水立交 D 匝道 4 号缓曲线元”文件，输入其起点桩号、中桩坐标及其半径，输入终点桩号、中桩坐标及其半径，设置◎右偏单选框，点击 计 算 按钮计算主点数据，结果如图 4-49(a)所示。

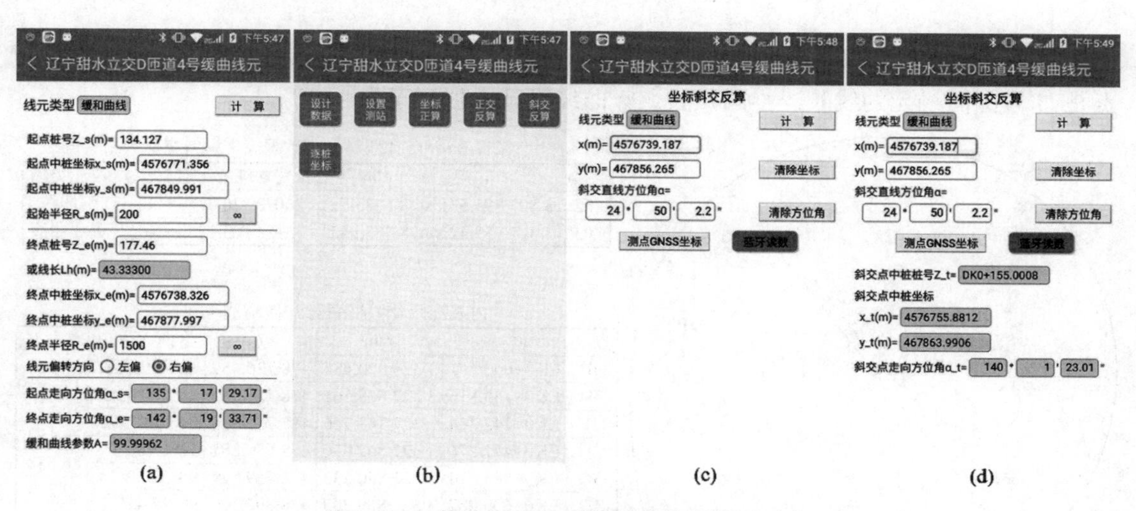

图 4-49　计算测点 P2 在 4 号缓曲线元的斜交点坐标

点击屏幕标题栏左侧的<按钮返回文件主菜单[图 4-49(b)]，点击 斜交反算 按钮，输入图 4-41 内表 1 测点 P2 的坐标及其斜交方位角[图 4-49(c)]，点击 计 算 按钮，结果如图 4-49(d)所示。

（3）测点 P3 坐标斜交反算

如图 4-41 所示，测点 P3 方向的斜交点位于 7 号直线线元，应先创建 7 号直线线元文件并输入设计数据。在单线元平曲线程序文件列表新建“辽宁甜水立交 D 匝道 7 号直线线元”文件，输入其起点桩号、中桩坐标，输入终点桩号、中桩坐标，点击 计 算 按钮计算主点数据，结果如图 4-50(a)所示。

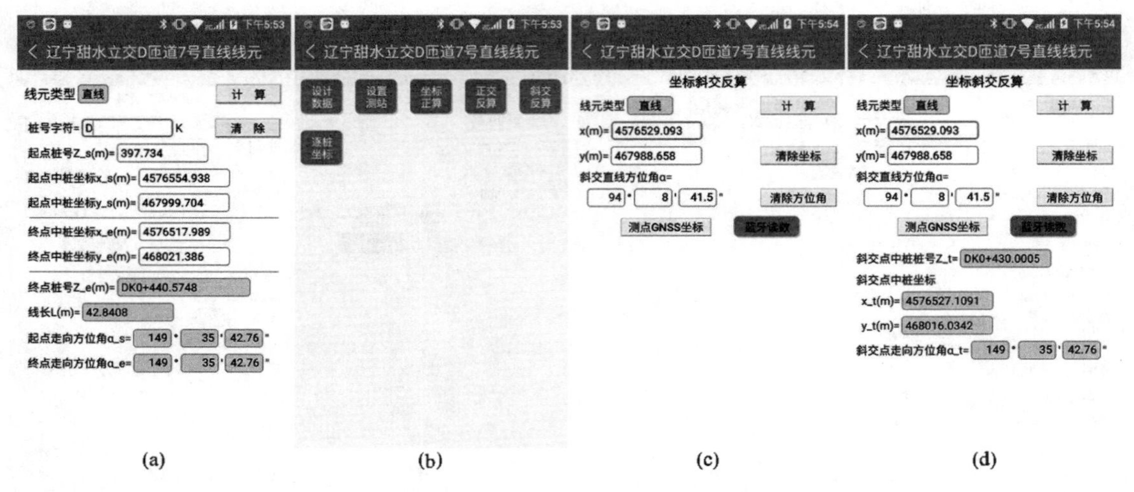

图 4-50　计算测点 P3 在 7 号直线线元的斜交点坐标

点击屏幕标题栏左侧的 < 按钮返回文件主菜单[图 4-50(b)],点击 斜交反算 按钮,输入图 4-41 内表 1 测点 P3 的坐标及其斜交方位角[图 4-50(c)],点击 计 算 按钮,结果如图 4-50(d)所示。

4.10　浙江省沽渚枢纽 E 匝道平竖曲线及坐标斜交反算

图 4-51 所示的 E 匝道,有 5 条平曲线元,其中,2, 4, 5 号线元为缓曲线元。该案例的特点是,3 号圆曲线元的线长>半圆弧长。竖曲线设计数据列于表 4-19。

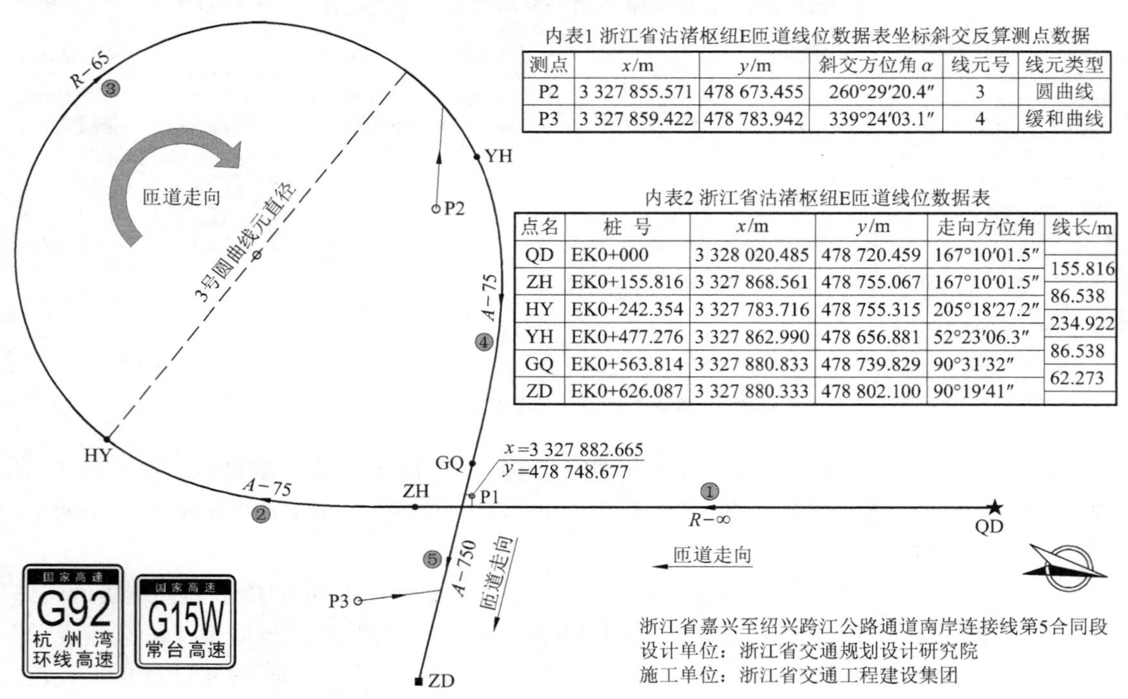

内表1 浙江省沽渚枢纽E匝道线位数据表坐标斜交反算测点数据

测点	x/m	y/m	斜交方位角 α	线元号	线元类型
P2	3 327 855.571	478 673.455	260°29′20.4″	3	圆曲线
P3	3 327 859.422	478 783.942	339°24′03.1″	4	缓和曲线

内表2 浙江省沽渚枢纽E匝道线位数据表

点名	桩 号	x/m	y/m	走向方位角	线长/m
QD	EK0+000	3 328 020.485	478 720.459	167°10′01.5″	
					155.816
ZH	EK0+155.816	3 327 868.561	478 755.067	167°10′01.5″	
					86.538
HY	EK0+242.354	3 327 783.716	478 755.315	205°18′27.2″	
					234.922
YH	EK0+477.276	3 327 862.990	478 656.881	52°23′06.3″	
					86.538
GQ	EK0+563.814	3 327 880.833	478 739.829	90°31′32″	
					62.273
ZD	EK0+626.087	3 327 880.333	478 802.100	90°19′41″	

图 4-51　浙江沽渚枢纽 E 匝道线位数据表线元法设计图、边桩测点坐标及其斜交方向方位角

表 4-19　　浙江省沽渚枢纽 E 匝道竖曲线及纵坡表

点名	桩号	高程 H/m	半径 R/m	纵坡 i/%	切线长 T/m	外距 E/m
SQD	EK0+145	17.066		−1.2		
SJD1	EK0+190	16.526	3 300	−3.91	44.769	0.304
SJD2	EK0+376	9.244	2 500	0.55	55.770	0.622
SZD	EK0+484.973	9.841				

1. 计算缓曲线元起讫半径

(1) 2 号缓曲线元

2 号缓曲线元起点连接直线，终点连接半径 R=65 m 的 3 号圆曲线元，可以设 2 号缓曲线元的终点半径 R_e=65 m，确定 $R_s>R_e$。

在"缓曲线元起讫半径计算器"界面，点击 清除全部数据 按钮，输入 2 号缓曲线元设计数据：参数 A=75，线长 L_h=86.538 m，终点半径 R_e=65 m，设置◎ **Rs>Re**单选框，点击 计 算 按钮，结果如图 4-52(a)所示。

结论：2 号缓曲线元的起点半径 $R_s=\infty$，为完整缓和曲线。

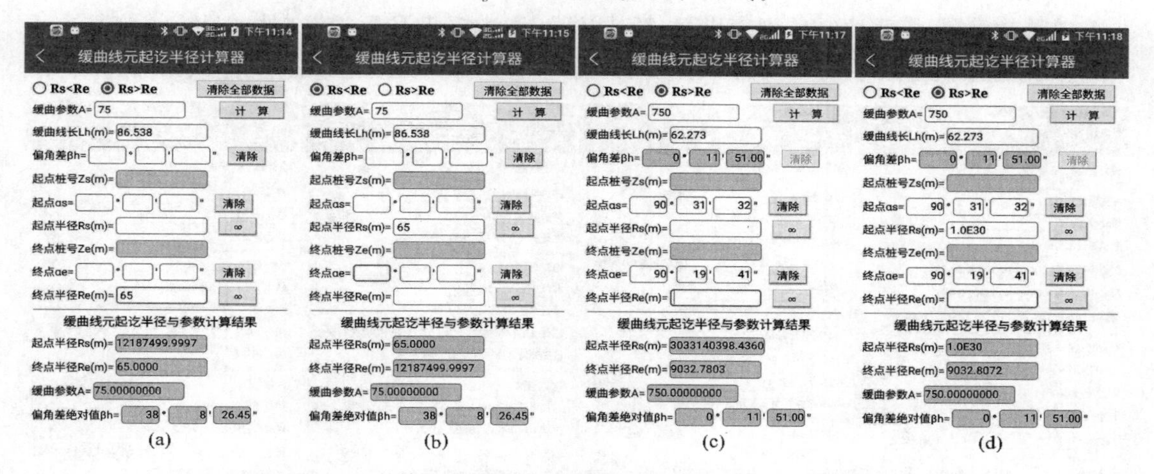

图 4-52　计算浙江沽渚枢纽 E 匝道 2,4,5 号缓曲线元起讫半径

(2) 4 号缓曲线元

4 号缓曲线元起点连接半径 R=65 m 的 3 号圆曲线元，设 4 号缓曲线元的起点半径 R_e=65 m，确定 $R_s<R_e$。

在"缓曲线元起讫半径计算器"界面，点击 清除全部数据 按钮，输入 2 号缓曲线元设计数据：参数 A=75，线长 L_h=86.538 m，终点半径 R_e=65 m，设置◎ **Rs<Re**单选框，点击 计 算 按钮，结果如图 4-52(b)所示。

结论：4 号缓曲线元的终点半径 $R_s=\infty$，为完整缓和曲线。

(3) 5 号缓曲线元

5 号缓曲线元起讫点连接的半径不详，因 4 号缓曲线元的终点半径为∞，可以确定 $R_s>R_e$。

在"缓曲线元起讫半径计算器"界面，点击 清除全部数据 按钮，输入 2 号缓曲线元设计数据：参数 A=750，线长 L_h=62.273 m，起点走向方位角 α_s=90°31′32″，终点走向方位角 α_e=90°19′41″，设置◎ **Rs>Re**单选框，点击 计 算 按钮，结果如图 4-52(c)所示。

可以确定 5 号缓曲线元的起点半径为∞，为了精确计算终点半径，点击起点半径右侧的

∞ 按钮输入指数“1.0E30”，点击 计 算 按钮重新计算，结果如图 4-52(d)所示。

结论：5 号缓曲线元的起点半径 $R_s=\infty$，为完整缓和曲线。

综合图 4-52 的计算结果，将沽渚枢纽 E 匝道的线元法设计数据列于表 4-20。

表 4-20　　浙江省沽渚枢纽 E 匝道线元法设计数据

点名	设计桩号	x/m	y/m	走向方位角	
QD	EK0+000	3 328 020.485	478 720.459	167°10′01.5″	
ZD	EK0+626.087	3 327 880.333	478 802.1	90°19′41″	
序	起点半径/m	终点半径/m	线长/m	偏向	线元类型
1	∞	∞	155.816		直线
2	∞	65	86.538	右偏	正向完整缓和曲线
3	65	65	234.922	右偏	圆曲线
4	65	∞	86.538	右偏	反向完整缓和曲线
5	∞	9 032.807 1	62.273	左偏	正向完整缓和曲线

2. 输入平竖曲线设计数据并计算主点数据

在 Q2X9线元法 程序文件列表界面，新建“浙江沽渚枢纽 E 匝道”文件并进入该文件主菜单，点击 设计数据 按钮进入平曲线设计数据界面，输入表 4-20 所列平曲线设计数据，结果如图

图 4-53　输入浙江沽渚枢纽 E 匝道平曲线设计数据并计算主点数据

4-53(a)—(c)所示。点击设计数据列表框，在弹出的快捷菜单点击“竖曲线”选项[图 4-53(d)]，输入表 4-19 所列两个变坡点的设计数据，结果如图 4-53(e)所示。点击**计算**按钮计算平竖曲线主点数据，结果如图 4-53(f)所示，点击**保护**按钮，进入保护模式[图 4-53(g)，(h)]。与表 4-20 中的终点设计数据比较，结果列于表 4-21。

表 4-21　浙江省沽渚枢纽 E 匝道终点计算结果与设计图纸比较

终点数据	桩号	x/m	y/m	α
Q2X9 程序	EK0+626.087	3 327 880.333 3	478 802.100 1	90°19′41.03″
设计图纸	EK0+626.087	3 327 880.333	478 802.100	90°19′41″
差值	0	0.000 3	0.000 1	0.03″

3. 坐标反算

Q2X9 线元法程序的坐标反算功能只能进行坐标正交反算。如图 4-51 所示，P1 测点在 1 号直线线元和 5 号缓曲线元均有垂点，如果用户不指定平曲线元号，程序自动计算边距绝对值最小的垂点数据，由图 4-51 可知，绝对值最小的垂点应位于 5 号缓曲线元。

点击屏幕标题栏左侧的<按钮，返回文件主菜单；点击坐标反算按钮，输入图 4-51 所注 P1 测点的坐标，“起始搜索线元号”的缺省值为 0[图 4-54(a)]；点击计算坐标按钮，结果如图 4-54(b)所示，屏幕显示的垂点线元号为 5，测点边距为左边距 1.912 9 m。

点击**返回**按钮，在“起始搜索线元号”栏输入 1[图 4-54(c)]，点击计算坐标按钮，结果如图 4-54(d)所示，屏幕显示的垂点线元号为 1，测点边距为右边距 3.097 9 m。

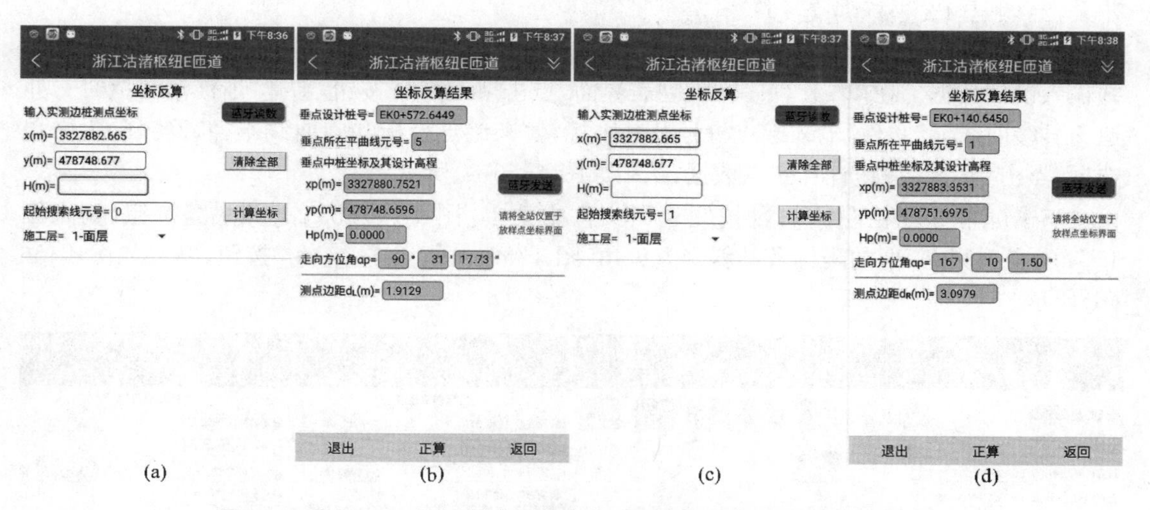

图 4-54　执行 Q2X9 程序的坐标反算功能，分别计算 P1 测点的两个垂点数据

4. 单线元坐标斜交反算

图 4-51 内表 1 给出了 P2，P3 测点的坐标及其斜交方向方位角，其中，过 P2 测点的斜交方向与 3 号圆曲线元有斜交点，过 P3 号测点的斜交方向与 4 号缓曲线元有斜交点。

(1) 测点 P2 坐标斜交反算

如图 4-51 所示，测点 P2 方向的斜交点位于 3 号圆曲线元，应先创建 3 号圆曲线元文件并输入设计数据。在单线元平曲线程序文件列表新建“浙江沽渚枢纽 E 匝道 3 号圆曲线元”文件，输入其起点桩号及其坐标，输入终点坐标和圆曲线半径，设置◎**右偏**单选框。因 3 号圆曲线元的线长大于半圆弧长，应设置☑ **Ly>半圆弧长**复选框。点击 计 算 按钮计算主点数据，结果如图 4-55(a)所示。

点击屏幕标题栏左侧的<按钮返回文件主菜单[图 4-55(b)]，点击 斜交反算 按钮，输入图 4-51 内表 1 测点 P2 的坐标及其斜交方位角[图 4-55(c)]，点击 计 算 按钮，结果如图 4-55(d)所示。

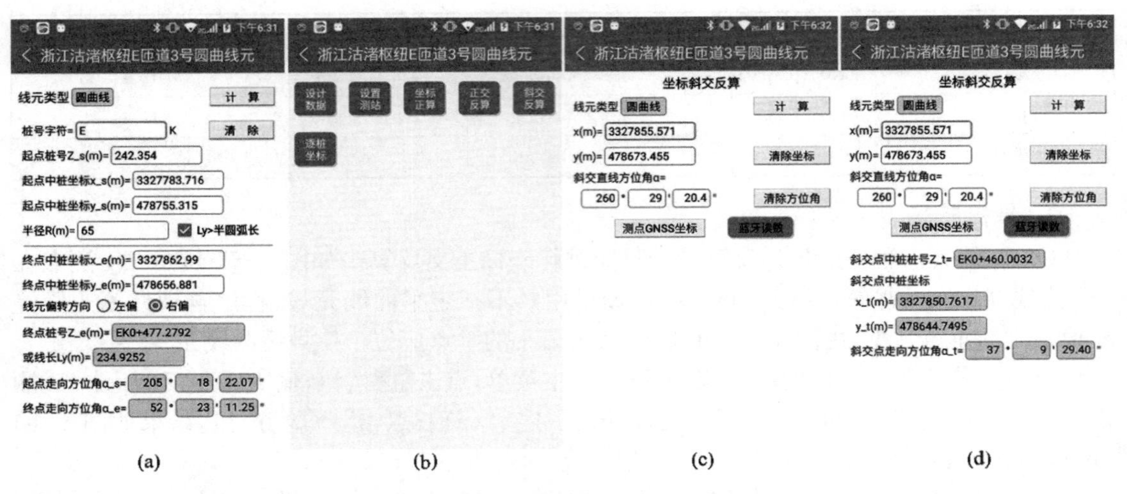

图 4-55　计算测点 P2 在 3 号圆曲线元的斜交点坐标

(2) 测点 P3 坐标斜交反算

如图 4-51 所示，测点 P3 方向的斜交点位于 5 号缓曲线元，应先创建 5 号缓曲线元文件并输入设计数据。在**单线元**程序文件列表界面，点击 **新建文件** 按钮，新建“浙江沽渚枢纽 E 匝道 5 号缓曲线元”文件，输入起点桩号及其坐标，输入终点坐标和圆曲线半径，设置◉ **左偏** 单选框，点击 计 算 按钮计算主点数据，结果如图 4-56(a)所示。

点击屏幕标题栏左侧的<按钮返回文件主菜单[图 4-56(b)]，点击 斜交反算 按钮，输入图 4-51 内表 1 测点 P3 的坐标及其斜交方位角[图 4-56(c)]，点击 计 算 按钮，结果如图 4-56(d)所示。

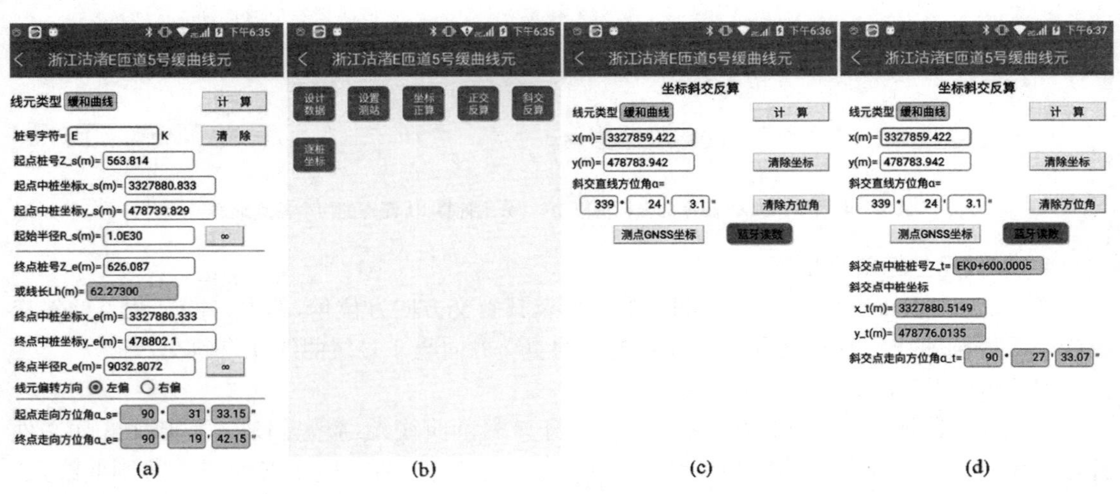

图 4-56　计算测点 P3 在 5 号缓曲线元的斜交点坐标

4.11 福建省永春至永定(闽粤界)高速公路 A13 标右线平竖曲线计算

图 4-57 所示的案例使用交点法设计，使用**Q2X9线元法**计算时，需要先转换为线元法设计数据，其特点是有一个长链，竖曲线设计数据列于表 4-22。

福建省永春至永定(闽粤界)高速公路A13标右线部分直线、曲线及其转角表(局部)
设计单位：福建省交通规划设计院
施工单位：中交第三航务工程局有限公司厦门分公司

交点号	交点桩号及交点坐标		转角	曲线要素/m					
				半径	缓和曲线参数	缓和曲线长	切线长	曲线长	夹直线长
QD	桩	YK207+300	$\alpha_{QD-JD60}$=216°59′50.71″(使用QD与JD60的设计坐标反算)						
	N	2 758 265.864							
	E	488 148.591							225.091
JD60	桩	YK207+859.026	27°27′44.6″(Z)	1 100	378.153 4	130	339.935	657.240	
	N	2 757 819.391			378.153 4	130	339.935		
	E	487 812.181							725.622
ZD	桩	YK208+906.056	$\alpha_{JD60-ZD}$=189°32′06.05″(使用JD60与ZD的设计坐标反算)						
	N	2 756 774.472	断链：YK208+300=YK208+298.102，断链值=1.898 m(长链)						
	E	487 636.665							

图 4-57　福建省永春至永定(闽粤界)高速公路 A13 标右线 JD60 直线、曲线及其转角表

表 4-22　福建省双永高速公路 A13 标右线竖曲线及纵坡表

点名	桩号	高程 H/m	半径 R/m	纵坡 i/%	切线长 T/m	外距 E/m
SQD	YK207+100	304.144		−1.52		
SJD1	YK207+430	299.128	14 000	−2.853	93.264	0.311
SJD2	YK207+900	285.719	8 010	1.3	166.185	1.724
SJD3	YK208+630	295.185	48 000	2.095	191.612	0.382
SZD	YK209+400	311.319				

1. 转换为线元法平曲线设计数据

JD60 为对称基本型平曲线，容易验算其第一、第二缓和曲线均为完整缓和曲线，其线长为整数 $L_{h1}=L_{h2}=130$ m，曲线总长为 $L=657.24$ m，则圆曲线长为 $L_y=L-L_{h1}-L_{h2}=657.24-130-130=397.24$ m。本例有 QD→JD60 夹直线、JD60 第一缓和曲线、圆曲线、第二缓和曲线、JD60→ZD 夹直线共 5 条平曲线元。从图 4-57 的直曲表摘取本例线元法设计数据列于表4-23，因 JD60 的转角为左转角，其 3 条平曲线元均为左偏，故 2，3，4 号线元的偏转系数均为−1。1 号夹直线与 2 号缓曲线元为径相连接，5 号夹直线与 4 号缓曲线元为径相连接。

表 4-23　福建省双永高速公路 A13 标右线 JD60 线元法设计数据

点名	设计桩号	x/m	y/m	走向方位角 α	
QD	YK207+300	2 758 265.864	488 148.591	216°59′50.71″	
ZD	YK208+906.056	2 756 774.472	487 636.665	189°32′06.05″	
序	起点半径/m	终点半径/m	线长/m	偏向	线元类型
1	∞	∞	225.091		QD→JD60 夹直线
2	∞	1 100	130	左偏	正向完整缓和曲线

（续表）

序	起点半径/m	终点半径/m	线长/m	偏向	线元类型
3	1 100	1 100	397.24	左偏	圆曲线
4	1 100	∞	130	左偏	反算完整缓和曲线
5	∞	∞	725.622		JD60→ZD 夹直线

2. 输入平竖曲线与断链桩设计数据

在 **Q2X9线元法** 程序文件列表界面，新建“福建双永高速 A13 标右线 JD60”文件并进入该文件主菜单，点击 设计数据 按钮进入平曲线设计数据界面，输入表 4-23 所列平曲线设计数据，结果如图 4-58(a)—(c)所示。输入表 4-22 所列三个变坡点的设计数据，结果如图 4-58(d)，(e)所示。

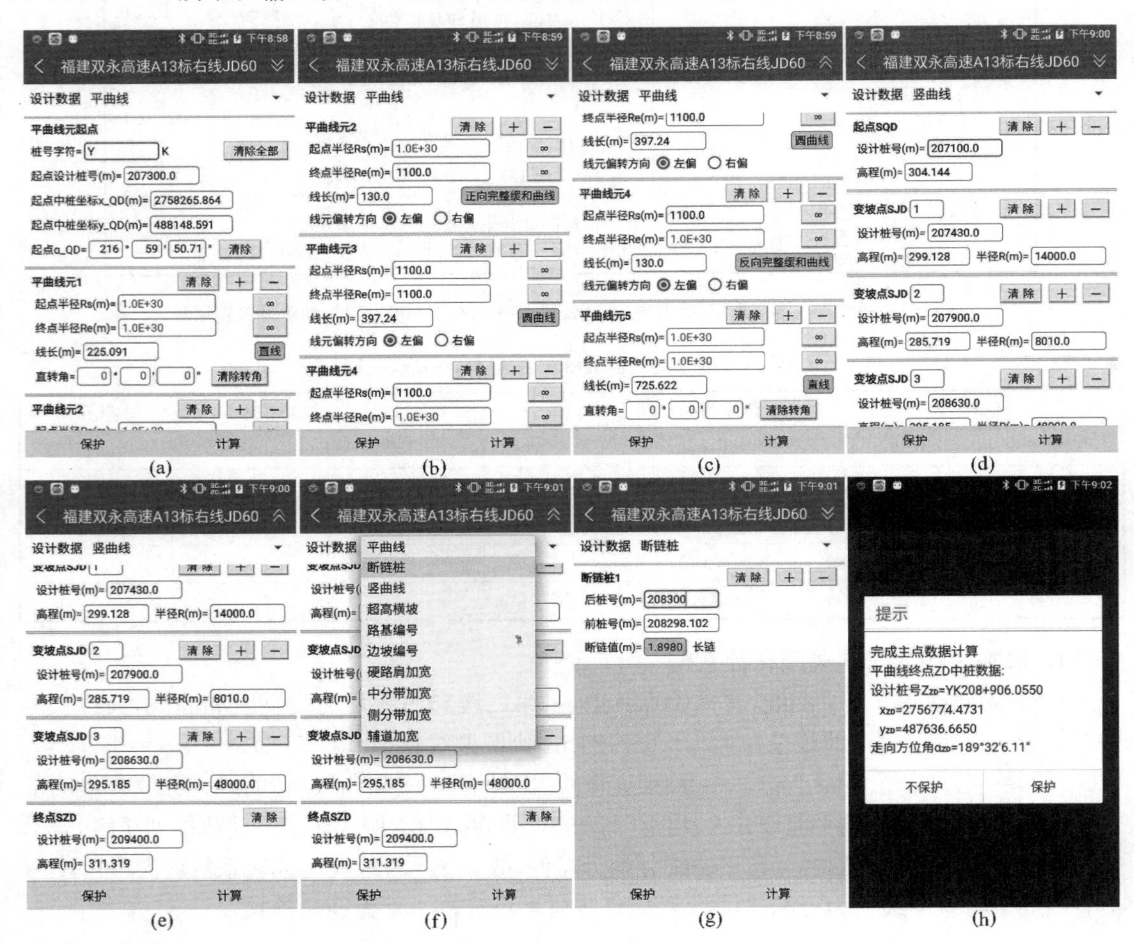

图 4-58　输入平竖曲线与一个断链桩设计数据，计算平竖曲线主点数据

点击设计数据列表框，在弹出的快捷菜单点击“断链桩”选项[图 4-58(f)]，输入图 4-57 所示一个长链桩的设计数据，结果如图 4-58(g)所示。点击 **计算** 按钮计算平竖曲线主点数据，结果如图 4-58(h)所示，与表 4-23 中的终点设计数据比较，结果列于表 4-24。

3. 坐标正算长链桩附近加桩中桩坐标

如图 4-59 所示，本例长链桩位于 5 号直线线元，下面计算长链桩后桩号与前桩号的中桩三维设计坐标。

表 4-24　　福建省双永高速公路 A13 标右线 JD60 终点数据计算结果

终点数据	设计桩号	x/m	y/m	走向方位角 α
Q2X9 计算	YK208+906.055	2 756 774.473 1	487 636.665	189°32′06.11″
设计图纸	YK208+906.056	2 756 774.472	487 636.665	189°32′06.05″
差值	−0.001	0.001 1	0.000	0.06″

（1）计算长链桩后桩号 YK208+298.102 的中桩坐标

长链桩后桩号 YK208+298.102 在路线中线有后重桩区点 2 和前重桩区点1两个点，这两个点的中桩坐标显然是不相等的，输入加桩号后，需要用户预先选择才能开始坐标正算。

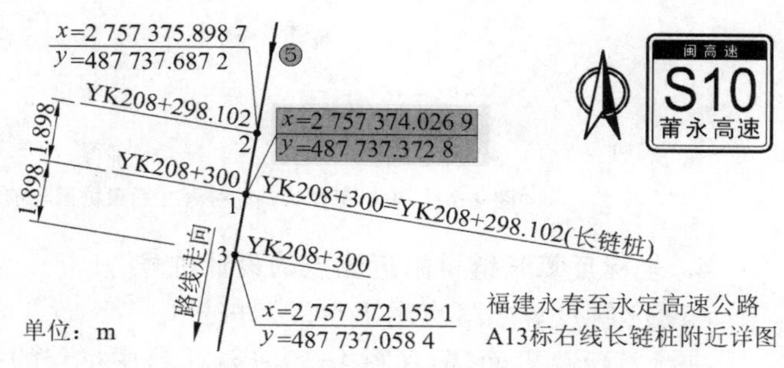

图 4-59　长链桩附近设计点位详图

在坐标正算界面，输入长链桩后桩号 208 298.102 m，程序发现加桩位于长链重桩区后，自动在加桩设计桩号栏右侧显示重桩区列表，缺省设置为“后重桩区”[图 4-60(a)]。点击 计算坐标 按钮，结果如图 4-60(b)所示，加桩中桩坐标与图 4-59 标注的 2 号点坐标相同。

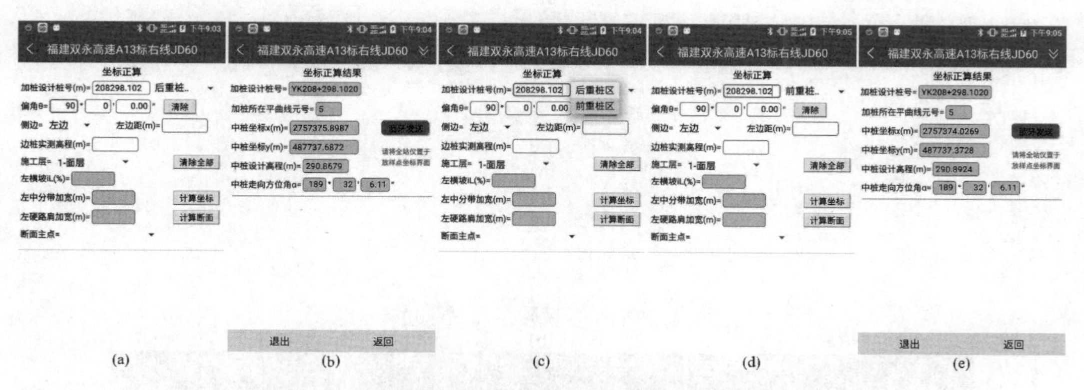

图 4-60　计算长链后桩号在后重桩区与前重桩区两个点的中桩坐标

点击 返回 按钮，点击“后重桩区”列表框，在弹出的快捷菜单点击“前重桩区”选项[图 4-60(c)]，点击 计算坐标 按钮[图 4-60(d)]，结果如图 4-60(e)所示，加桩中桩坐标与图 4-59 标注的 1 号点坐标相同。

（2）计算长链桩前桩号 YK208+300 的中桩坐标

如图 4-59 所示，长链桩前桩号 YK208+300 在路线中线有后重桩区点 1 和前重桩区点 3 两个点，这两个点的中桩坐标是不相等的。在坐标正算界面，点击 清除全部 按钮，输入长链桩前桩号 208 300 m，维持缺省设置的“后重桩区”[图 4-61(a)]。点击 计算坐标 按钮，结果如图 4-61(b)所示，加桩中桩坐标与图 4-59 标注的 1 号点坐标相同。

点击 返回 按钮，点击“后重桩区”列表框，在弹出的快捷菜单点击“前重桩区”选项[图 4-61(c)]，点击 计算坐标 按钮[图 4-61(d)]，结果如图 4-61(e)所示，加桩中桩坐标与图 4-59 标注的 3 号点坐标相同。

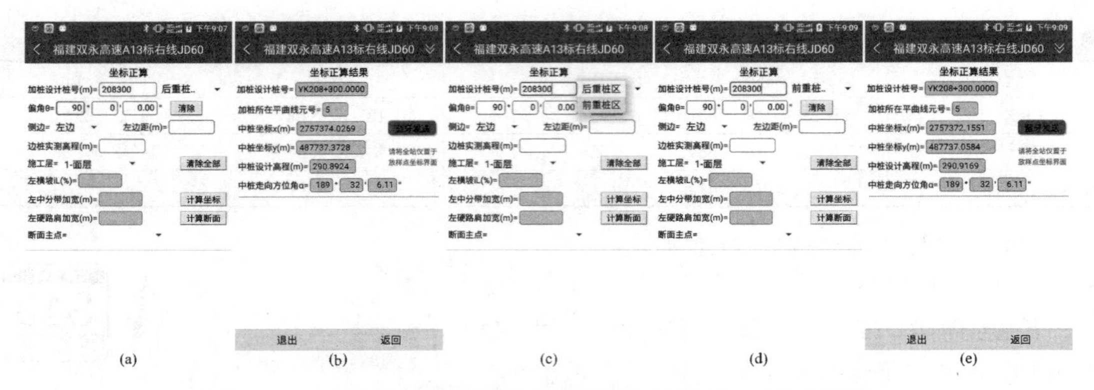

图 4-61　坐标正算长链前桩号在后重桩区与前重桩区两个点的中桩坐标

4. 坐标反算长链桩附近测点的设计桩号

(1) 坐标反算 1 号点的垂点设计桩号

在坐标反算界面，输入图 4-59 所注 1 号中桩点的平面坐标[图 4-62(a)]，点击 计算坐标 按钮，屏幕显示的垂点设计桩号为 YK208＋298.102[图 4-62(b)]。

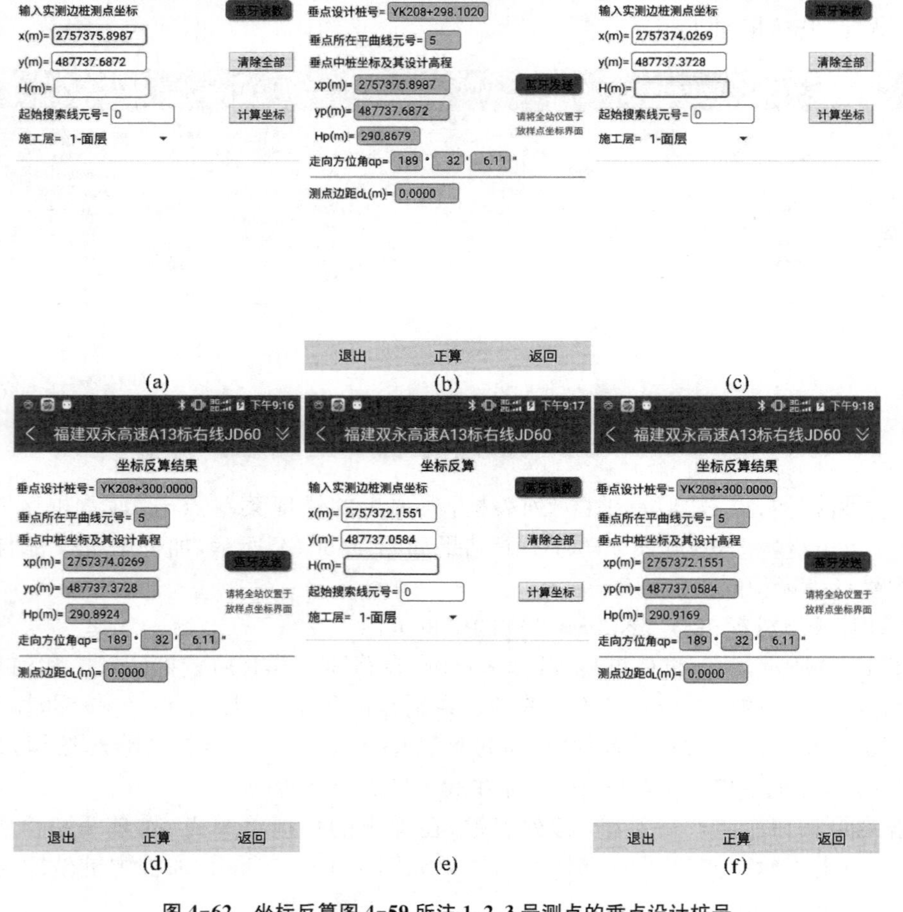

图 4-62　坐标反算图 4-59 所注 1,2,3 号测点的垂点设计桩号

(2) 坐标反算 2 号点的垂点设计桩号

点击**返回**按钮,点击清除全部按钮,输入图 4-59 所注 2 号中桩点的平面坐标[图 4-62(c)],点击计算坐标按钮,屏幕显示的垂点设计桩号为 YK208+300[图 4-62(d)]。

(3) 坐标反算 3 号点的垂点设计桩号

点击**返回**按钮,点击清除全部按钮,输入图 4-59 所注 3 号中桩点的平面坐标[图 4-62(e)],点击计算坐标按钮,屏幕显示的垂点设计桩号为 YK208+300[图 4-62(f)]。

执行坐标反算程序,屏幕只显示垂点设计桩号,当垂点位于长链重桩区时,不会注明垂点所在的重桩区位置。

4.12 江西省昌都县中馆镇二级公路改造工程 JD39—JD43 平竖曲线计算

图 4-63 所示的直曲表有 JD39—JD43 共 5 个交点,其中,JD39 与 JD42 为单圆平曲线,JD40 与 JD43 为对称基本型平曲线,且 JD40 与 JD43 两个交点的第一、第二缓和曲线均为完整缓和曲线,JD41 为直转点。该案例的特点是,JD41 为直转点,有一个短链。竖曲线设计数据列于表 4-25。

江西省都昌县中馆镇二级公路改造工程A3标段JD39—JD43直线、曲线及转角表(局部)

设计单位:江西赣北公路勘察设计院

施工单位:江西赣北公路工程有限公司

交点号	交点桩号及交点坐标		转角	曲线要素/m					
				半径	缓和曲线参数	缓和曲线长	切线长	曲线长	夹直线长
QD	桩	K28+543.561	$\alpha_{QD\text{-}JD39}$=26°32′18.38″(使用QD与JD39的设计坐标反算)						
	N	3 246 012.339							
	E	442 908.051							
JD39	桩	K28+959.588	1°29′14.9″(Y)	3 872.956	0	0	50.276	100.547	353.741
	N	3 246 373.787							
	E	443 088.565 2			0	0	50.276		
JD40	桩	K29+069.848	15°18′36.1″(Z)	260	114.017 5	50	59.992	119.475	0
	N	3 246 471.122							
	E	443 140.375 7			114.017 5	50	59.992		
JD41	桩	K29+420.771	71°23′04.4″(Y)	0	0	0	0	0	291.44
	N	3 246 813.934							
	E	443 217.731 8			0	0	0		
JD42	桩	K30+022.507	0°02′53.5″(Y)	120 000	0	0	50.468	100.936	551.268
	N	2 627 004.034							
	E	50 019.103			0	0	50.468		
JD43	桩	K31+291.423	17°38′48″(Y)	800	309.838 7	120	184.285	366.394	1 034.163
	N	3 247 005.146							
	E	445 078.585 2			309.838 7	120	184.285		
ZD	桩	K31+813.103	$\alpha_{JD43\text{-}ZD}$=101°47′43.21″(使用JD43与ZD的设计坐标反算) 断链:K28+553.99=K28+566,断链值=-12.01m(短链)						339.572
	N	3 246 898.061							
	E	445 591.380 7							

图 4-63 江西省昌都县中馆镇二级公路改造工程 A3 标段 JD39—JD43 平曲线设计图纸

表 4-25 江西省昌都县中馆镇二级公路改造工程竖曲线及纵坡表

点名	桩号	高程 H/m	半径 R/m	纵坡 i/%	切线长 T/m	外距 E/m
SQD	K28+200	25.2		−1.1		
SJD1	K28+650	20.381	8 000	0.6	68.01	0.289

（续表）

点名	桩号	高程 H/m	半径 R/m	纵坡 i/%	切线长 T/m	外距 E/m
SJD2	K29+060	22.841	15 000	0	45	0.068
SJD3	K29+670	22.841	50 000	−0.7	174.998	0.306
SJD4	K30+150	19.481	22 000	0	76.999	0.135
SJD5	K31+300	19.481	20 000	1.5	149.992	0.562
SZD	K32+440	36.581				

1. 转换为线元法平曲线设计数据

如图 4-63 所示，4 号圆曲线元为 JD40 基本型平曲线的圆曲线，其线长为 $L_y = L - L_{h1} - L_{h2} = 119.475 - 50 - 50 = 19.475$ m；11 号圆曲线元为 JD44 基本型平曲线的圆曲线，其线长为 $L_y = L - L_{h1} - L_{h2} = 366.394 - 120 - 120 = 126.394$ m。4 号直线线元为 JD41 的直转点直线，该直线线元的偏转角应输入为 JD41 的转角值，右转角应输入为正数。将图 4-63 所示的直曲表转换为线元法的设计数据列于表 4-26。

表 4-26　　江西省昌都县中馆镇二级公路改造工程 JD39—JD43 线元法设计数据

点名	设计桩号	x/m	y/m	走向方位角 α	
QD	K28+543.561	3 246 012.339	442 908.051	26°32′18.38″	
ZD	K31+813.103	3 246 898.061	445 591.380 7	101°47′43.21″	
序	起点半径/m	终点半径/m	线长/m	偏向	备注
1	∞	∞	353.741		直线
2	3 872.956	3 872.956	100.547	右偏	JD39 单圆曲线
3	∞	260	50	左偏	JD40 第一缓和曲线
4	260	260	19.475	左偏	JD40 圆曲线
5	260	∞	50	左偏	JD40 第二缓和曲线
6	∞	∞	291.44		夹直线
7	∞	∞	551.268	71°23′04.4″	右偏直转直线
8	120 000	120 000	100.936	右偏	JD42 单圆曲线
9	∞	∞	1 034.163		夹直线
10	∞	800	120	右偏	JD43 第一缓和曲线
11	800	800	126.394	右偏	JD43 圆曲线
12	800	∞	120	右偏	JD43 第二缓和曲线
13	∞	∞	339.572		夹直线

2. 输入平竖曲线与断链桩设计数据

在 **Q2X9线元法** 程序文件列表界面，新建“江西昌都二级公路 JD39～JD43”文件并进入该文件主菜单，点击 设计数据 按钮进入平曲线设计数据界面，输入表 4-26 所列平曲线设计数据，结果如图 4-64(h)—(j)所示。因 7 号直线为直转直线，应在其“直转角”栏输入 71°23′4.40″[图 4-64(d)]，点击 **计算** 按钮计算平竖曲线主点数据，结果如图 4-64(k)所示。与表 4-26 中的终点设计数据比较，结果列于表 4-27。

表 4-27　　江西省昌都县中馆镇二级公路改造工程 JD39—JD43 终点数据计算结果

终点数据	设计桩号	x/m	y/m	走向方位角 α
Q2X9 计算	K31+813.107	3 246 898.068 1	445 591.382	101°47′42.86″
设计图纸	K31+813.103	3 246 898.061	445 591.380 7	101°47′43.21″
差值	0.004	0.007 1	0.001 3	−0.35″

图 4-64　输入平曲线、断链桩与竖曲线设计数据

3. 坐标正算直转点 JD41 附近两个点的中桩数据

如图 4-65 所示，直转点 JD41 的设计桩号为 K29＋420.774，K29＋420.774 点的走向方位角为 84°06′01.3″，为 7 号直线线元的起点走向方位角，而 K29＋420.773 点的走向方位角应为 6 号直线线元的起点走向方位角 12°42′56.9″。下面计算这两个相差 1 mm 加桩的中桩数据。

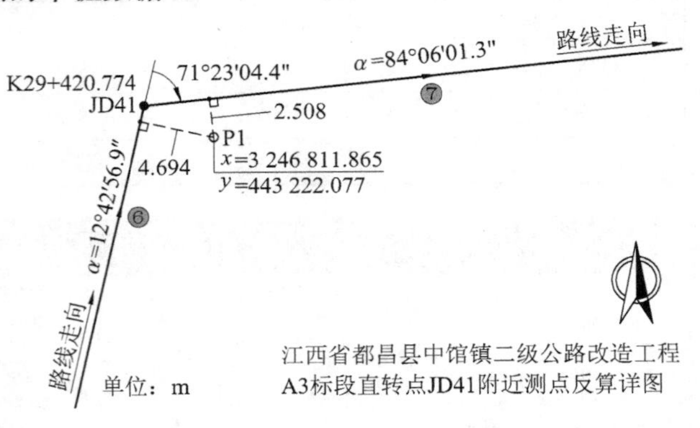

图 4-65　长链桩附近设计点位详图

在文件的坐标正算界面，输入 JD41 的设计桩号 29 420.774 m[图 4-66(a)]，点击 计算坐标 按钮，屏幕显示的中桩走向方位角为 84°06′01.35″[图 4-66(b)]。

点击 返回 按钮，点击 清除全部 按钮，输入加桩号 29 420.773 m[图 4-66(c)]，点击 计算坐标 按钮，屏幕显示的中桩走向方位角为 12°42′56.95″[图 4-66(d)]。

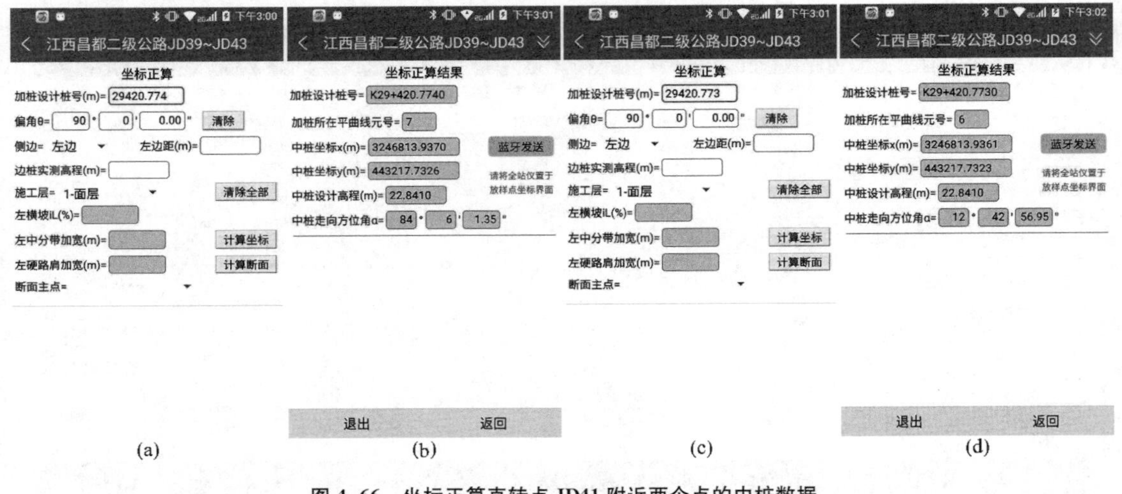

图 4-66　坐标正算直转点 JD41 附近两个点的中桩数据

4. 坐标反算直转点 JD41 附近 P1 测点的垂点数据

如图 4-65 所示，P1 测点在 7 号直线线元的右边距为 2.508 m，在 6 号直线线元的右边距为 4.694 m，坐标反算时，如果“起始搜索线元号”栏维持缺省值 0，程序自动计算 7 号直线线元的垂点数据；在“起始搜索线元号”栏输入垂点线元号 6，程序计算 6 号直线线元的垂点数据。

在文件的坐标反算界面，输入 P1 测点的平面坐标[图 4-67(a)]，点击 计算坐标 按钮，屏幕显示的测点右边距为 2.507 6 m，垂点走向方位角为84°06′01.35″[图 4-67(b)]。

点击 返回 按钮，在“起始搜索线元号”栏输入垂点线元号 6，点击 计算坐标 按钮，屏幕显示的测点右边距为 4.694 m，垂点走向方位角为 12°42′56.95″[图 4-67(d)]。

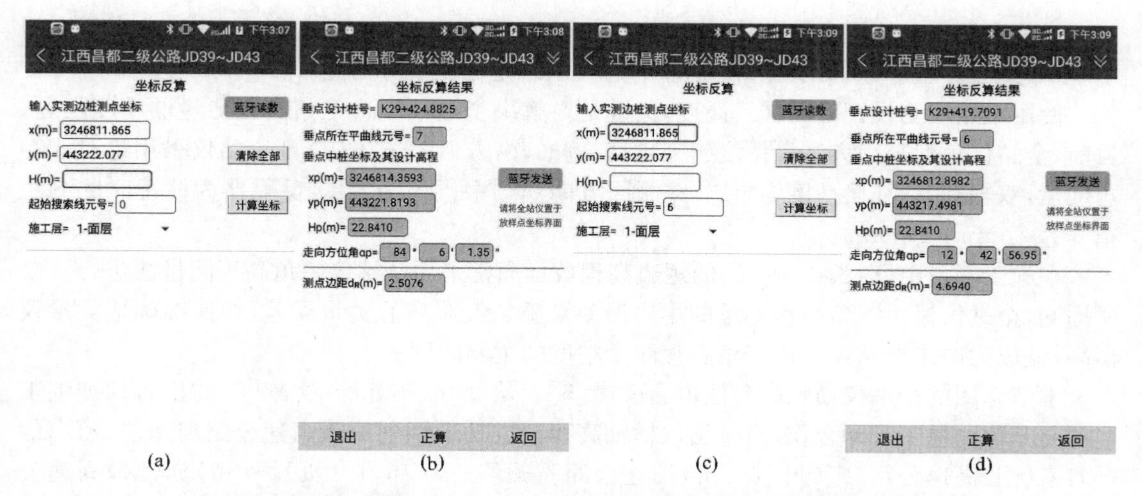

图 4-67　坐标反算图 4-65 所示 P1 测点分别在 7 号直线线元与 6 号直线线元的垂点数据

4.13　全站仪挂线测量原理

如图 4-68 所示，公路路面结构层一般由 4～5 层组成。由于公路对路面设计高程、横坡、平整度指标要求比较高，所以，在路基施工过程中，应从路床开始严格控制每层的铺筑高程。

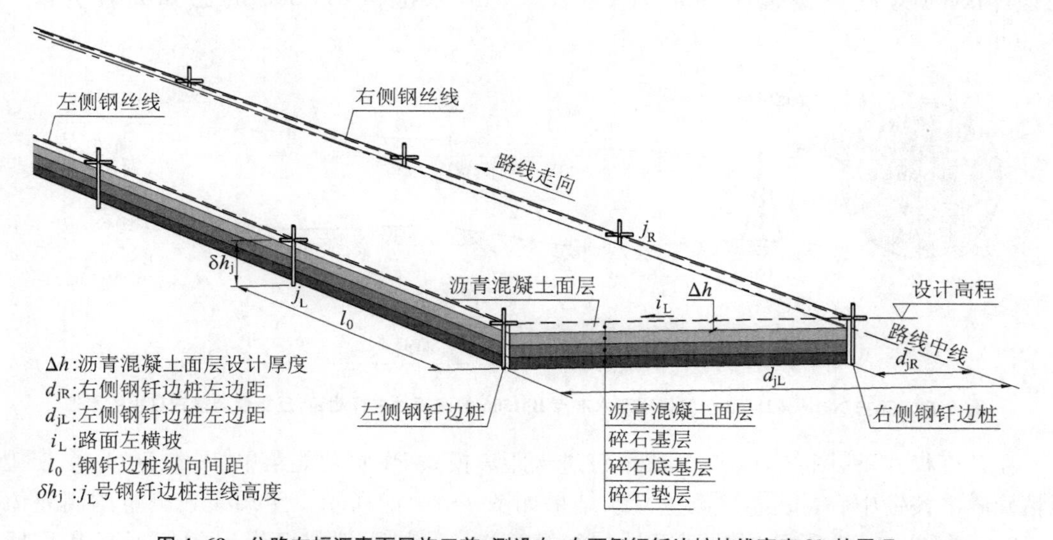

图 4-68　公路左幅沥青面层施工前，测设左、右两侧钢钎边桩挂线高度 δh_j 的原理

各层施工前，测量员应在待施工层的左、右两侧，按相同桩号和桩间距测设钢钎边桩。钢钎边桩的桩间距 l_0，直线段一般为 10 m，曲线段一般为 5 m。钢钎边桩的平面位置使用全站仪测设，为保证施工层的横坡严格等于设计值，钢钎边桩的设计高程通常使用水准仪测设。

使用水准仪测设每个钢钎边桩的挂线高度时，需要单独使用另外编制的水准仪路线竖曲线测设及与路面横坡相互关联的综合程序，当钢钎边桩个数较多时，测设高程的效率非常低下。

本节介绍一种使用全站仪横轴高程法快速测设钢钎边桩挂线高度的方法，它充分应用了 **Q2X8交点法** 程序与 **Q2X9线元法** 程序的边桩三维坐标正反算功能。

使用全站仪测设钢钎的挂线高度，关键是要解决全站仪短边三角高程测量的精度问题。目前，全站仪角度与距离测量精度越来越高，例如，南方 NTS-362LNB 全站仪采用绝对式测角度盘，双轴补偿，补偿精度为±2″，一测回方向观测中误差为±2″，反射器为棱镜时的测距精度为 2 mm+2 ppm。

在施工测量中，边长<300 m 的短边高程放样通常采用全站仪三角高程测量法进行。众所周知，全站仪短边三角高程测量的主要误差来源是仪器高的丈量误差，如何准确地丈量仪器高，就成为决定全站仪短边三角高程测量精度的主要问题。

本节介绍的全站仪横轴高程法取自文献[5]。从 2005 年开始，文献[5]的作者魏加训工程师与几位测量工程师合作，将全站仪横轴高程法成功应用到沪陕高速公路河南段、河南信（阳）南（阳）高速公路、广（州）贺（州）高速公路贺州段、成（都）自（贡）泸（州）赤（水）高速公路、广西贵（港）梧（州）高速公路项目标段的路基与路面层施工中，这些项目的施工实践已证明，全站仪横轴高程法可以显著地提高边桩钢钎三维坐标放样的质量与效率。下面以南方 NTS-362LNB 全站仪为例介绍其操作方法。

1. 测量并计算全站仪的横轴高程

如图 4-69 所示，南方 NTS-362LNB 全站仪安置在已知导线点 G191-1，设 i 为仪器横轴与望远镜视准轴的交点，H_i为横轴高程。不需要用钢尺量取仪器高，棱镜对中杆安置在已知水准点 BM506，假设棱镜高固定为 $v=1.55$ m，水准点 BM506 的已知高程为 $H_B=62.599$ m。

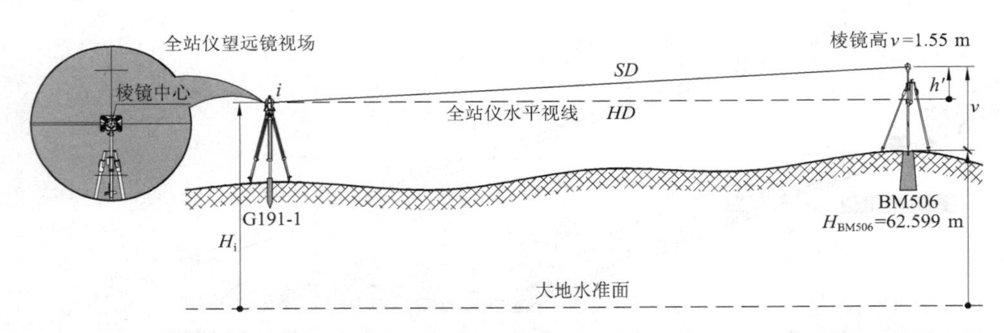

图 4-69 南方 NTS-362LNB 全站仪观测水准点 BM506 的棱镜对中杆测距，反算仪器横轴高程的原理

在角度模式下[图 4-70(a)]，按DIST键进入距离模式 P1 页功能菜单[图 4-70(b)]，使望远镜精确瞄准棱镜中心，按F2（测量）键，结果如图 4-70(c)所示。距离模式测量的高差值=4.553 m 为图 4-69 所示测站至镜站的初算高差 h'，与全站仪已设置的仪器高和目标高无关。

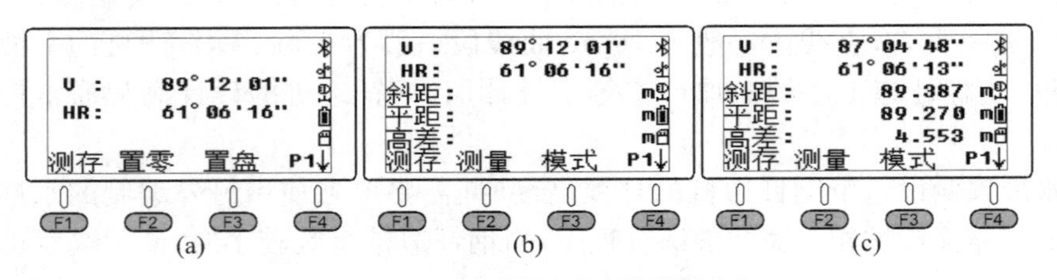

图 4-70 在距离模式下执行“测量”命令

由图 4-69 的几何关系，可以列出高差方程：

$$H_B = H_i + h' - v \tag{4-8}$$

由此求得全站仪的横轴高程为

$$H_i = H_B - h' + v = 62.599 - 4.553 + 1.55 = 59.596\ \text{m} \tag{4-9}$$

2. 输入全站仪横轴高程

按 CORD F4 键进入距离模式 P2 页功能菜单[图 4-71(a)]，按 F3（设站）键，输入测站点 GS191-1 的已知平面坐标，已知高程输入式(4-9)计算出的横轴高程 59.596 m，结果如图 4-71(b)所示；按 F4（确认）键，仪器高输入 0[图 4-71(c)]，按 F4（确认）键，进入设置后视点界面[图 4-71(d)]，按屏幕提示完成后视定向操作后，即可执行“测量”命令实测测点的三维坐标，或执行“放样”命令放样点的三维坐标。

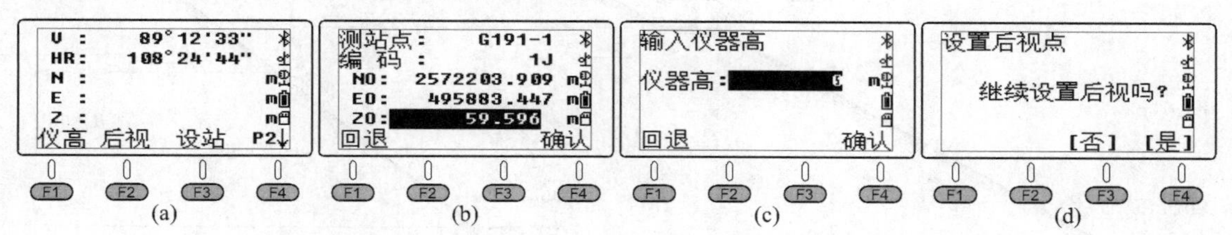

图 4-71 在坐标模式下执行“设站”命令，测站点高程输入为全站仪横轴高程

4.14 广东省湖镇互通式立交 B 匝道三维坐标正反算

图 4-72 所示为使用线位数据表设计的 B 匝道平曲线，图 4-73 所示为路基横断面与边坡设计图纸，图 4-74 和图 4-75 分别为竖曲线起点和终点附近硬路肩加宽设计图纸。竖曲

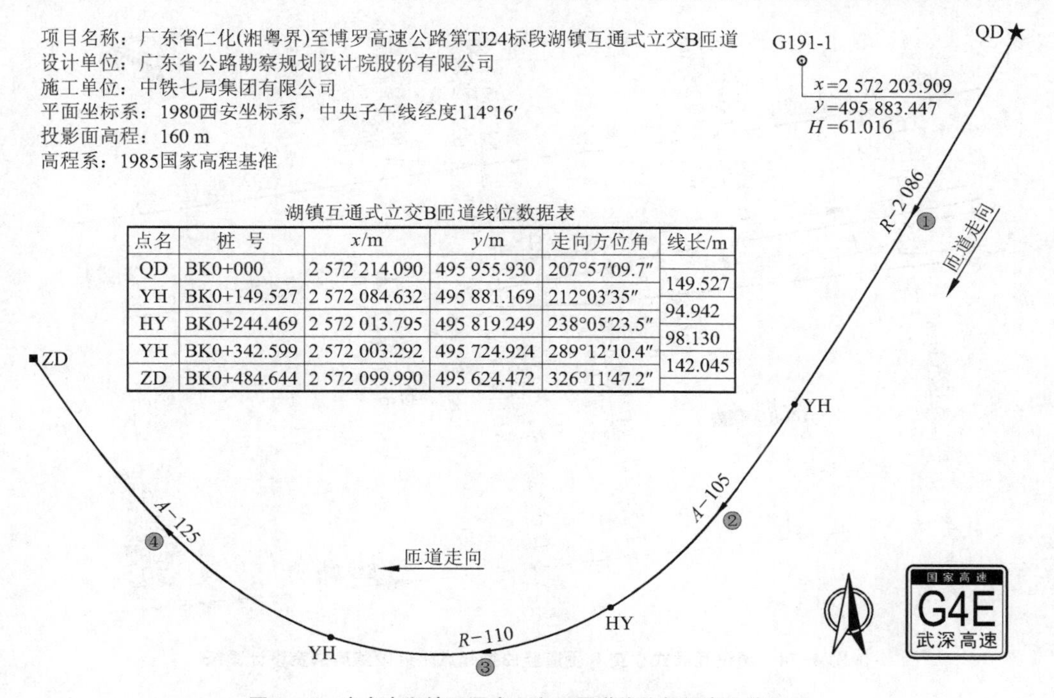

湖镇互通式立交B匝道线位数据表

点名	桩 号	x/m	y/m	走向方位角	线长/m
QD	BK0+000	2 572 214.090	495 955.930	207°57′09.7″	
					149.527
YH	BK0+149.527	2 572 084.632	495 881.169	212°03′35″	
					94.942
HY	BK0+244.469	2 572 013.795	495 819.249	238°05′23.5″	
					98.130
YH	BK0+342.599	2 572 003.292	495 724.924	289°12′10.4″	
					142.045
ZD	BK0+484.644	2 572 099.990	495 624.472	326°11′47.2″	

图 4-72 广东省湖镇互通式立交 B 匝道线位数据表设计图纸

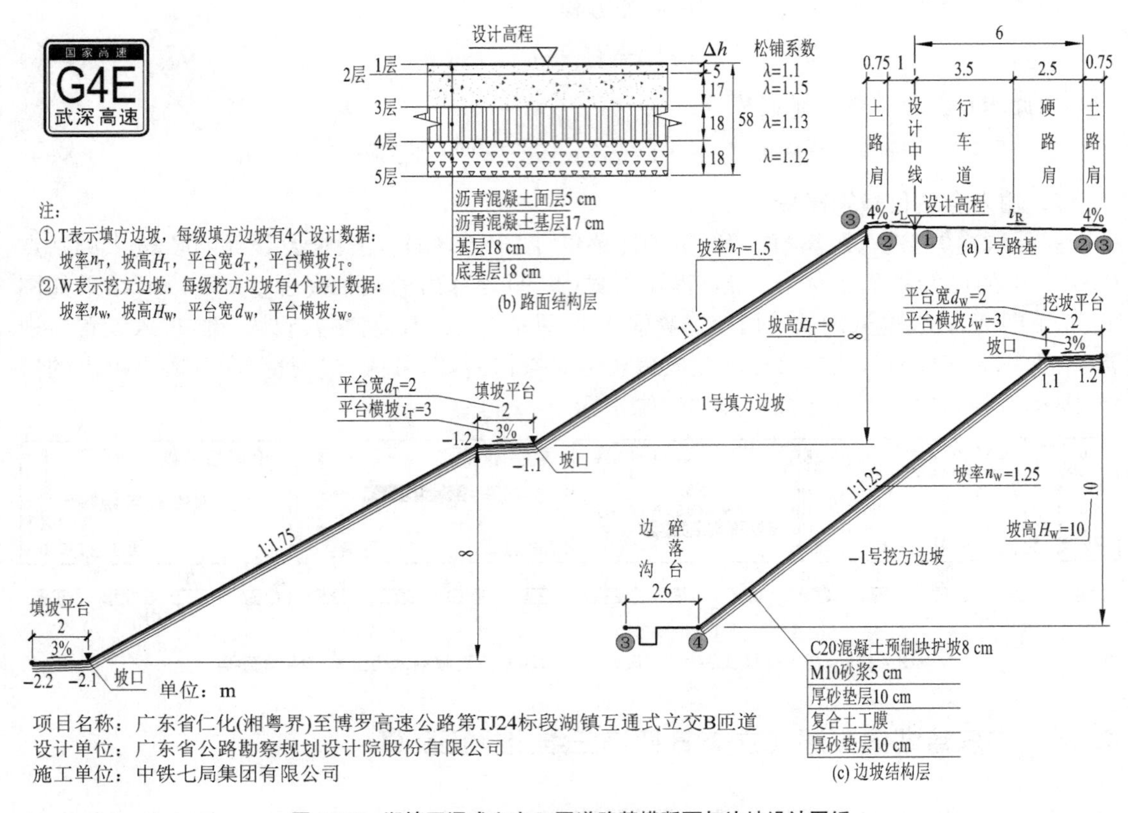

图 4-73　湖镇互通式立交 B 匝道路基横断面与边坡设计图纸

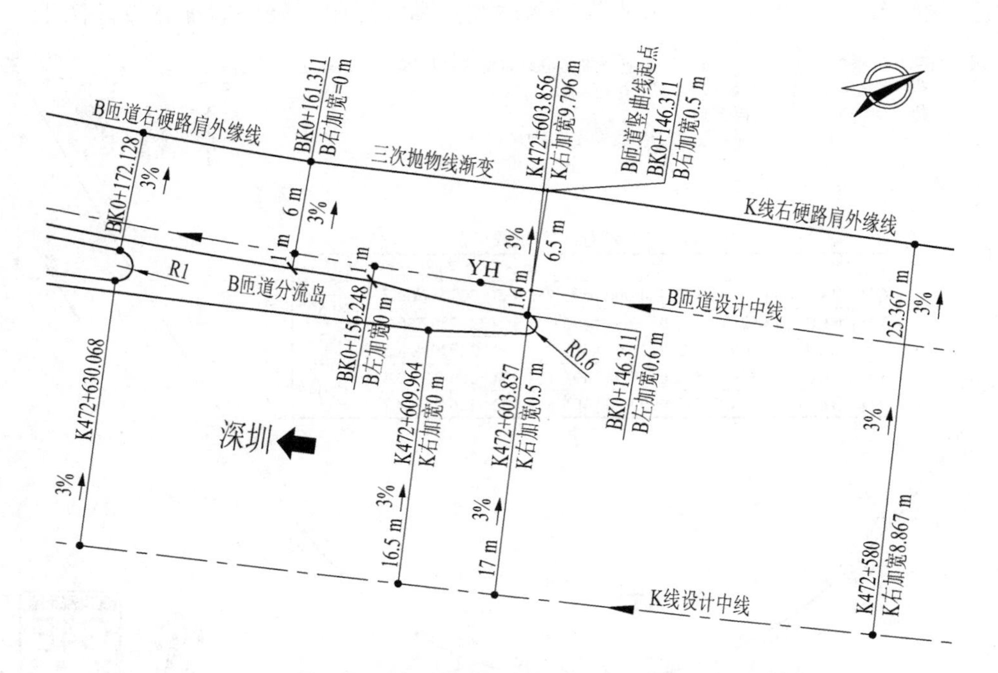

图 4-74　湖镇互通式立交 B 匝道竖曲线起点附近硬路肩加宽设计图纸

线设计数据列于表 4-28，B 匝道超高横坡、路基编号、边坡编号和硬路肩加宽设计数据分别列于表 4-29—表 4-32。

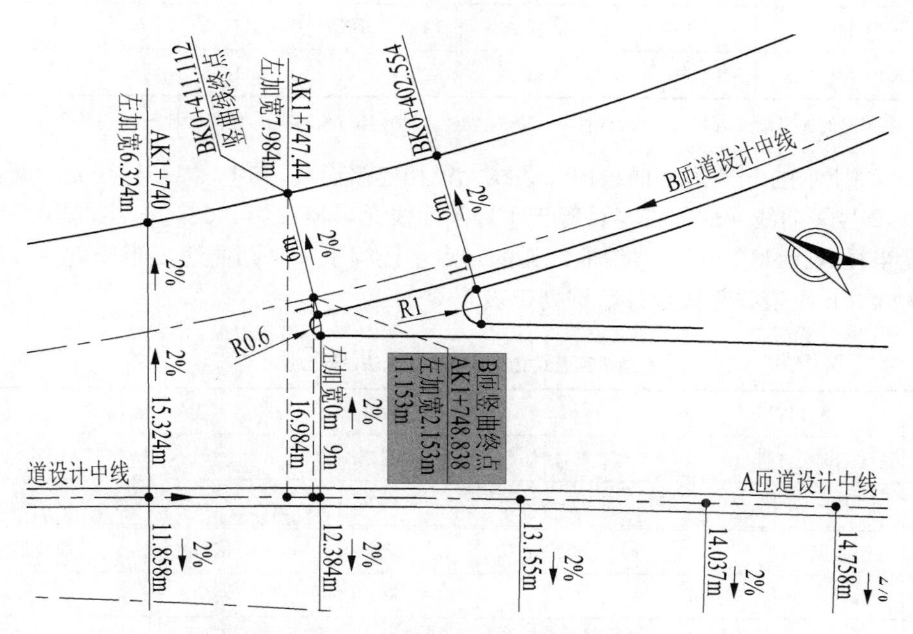

图 4-75　湖镇互通式立交 B 匝道竖曲线终点附近硬路肩加宽设计图纸

表 4-28　广东省湖镇互通式立交 B 匝道竖曲线及纵坡表

点名	设计桩号	高程 H/m	竖曲半径 R/m	纵坡 i/%	切线长 T/m	外距 E/m
SQD	BK0+146.311	55.827		1.121		
SJD1	BK0+187	56.283	3 759.981	3.25	40.017	0.213
SJD2	BK0+360.8	61.932	1 600	−2.934	49.472	0.765
SZD	BK0+411.112	60.456				

表 4-29　广东省湖镇互通式立交 B 匝道超高横坡设计数据(线性渐变)

序	设计桩号	左横坡 i_L/%	右横坡 i_R/%	序	设计桩号	左横坡 i_L/%	右横坡 i_R/%
1	BK0+146.311	−3	3	4	BK0+342.6	−4	4
2	BK0+234.469	−3	3	5	BK0+362.6	−2	2
3	BK0+244.469	−4	4	6	BK0+411.112	−2	2

注：南方 MSMT 规定，超高横坡升坡为负数，降坡为正数。

表 4-30　广东省湖镇互通式立交 B 匝道路基编号设计数据

序	设计桩号	路基号	备注
1	BK0+146.311	1	B 匝道竖曲线起点

表 4-31　广东省湖镇互通式立交 B 匝道边坡编号设计数据

序	设计桩号	左边坡号	右边坡号	序	设计桩号	左边坡号	右边坡号
1	BK0+146.311	0	−1	3	BK0+300	1	1
2	BK0+280	1	−1	4	BK0+400	0	1

表 4-32　　**广东省湖镇互通式立交 B 匝道硬路肩加宽设计数据**

序	设计桩号	左加宽＋w_L/m	渐变方式	序	设计桩号	右加宽＋w_R/m	渐变方式
1	BK0＋146.311	0.6	三次抛物线	1	BK0＋146.311	0.5	三次抛物线
2	BK0＋156.248	0	线性	2	BK0＋161.311	0	线性

注：南方 MSMT 的加宽渐变方式有三种：线性 k、三次抛物线 $k^2(3-2k)$和四次抛物线 $k^3(4-3k)$。

图 4-72 所示的 B 匝道平曲线由 4 条线元径相连接而成，其中，2，4 号线元为缓曲线元，容易验算，2 号缓曲线元的起点半径等于 1 号圆曲线元半径 R_s＝2 086 m，终点半径等于 3 号圆曲线元半径 R_e＝110 m；4 号缓曲线元的起点半径等于 3 号圆曲线元半径 R_s＝110 m，终点半径为∞。B 匝道线元法设计数据列于表 4-33。

表 4-33　　**湖镇互通式立交 B 匝道线元法设计数据**

点名	设计桩号	x/m	y/m	走向方位角 α	
QD	BK0＋000	2 572 214.090	495 955.930	207°57′09.7″	
ZD	BK0＋484.644	2 572 099.990	495 624.472	326°11′47.8″	
序	起点半径/m	终点半径/m	线长/m	偏向	曲线类型
1	2 086	2 086	149.527	右偏	圆曲线
2	2 086	110	94.942	右偏	正向非完整缓和曲线
3	110	110	98.130	右偏	圆曲线
4	110	∞	142.045	右偏	反向完整缓和曲线

1. 输入平竖曲线设计数据

在 **Q2X9线元法** 程序文件列表界面，新建“广东湖镇互通式立交 B 匝道”文件并进入该文件主菜单，点击 设计数据 按钮进入平曲线设计数据界面，输入表 4-33 所列平曲线设计数据[图 4-76(a)，(b)]，输入表 4-28 所列两个变坡点的竖曲线设计数据[图 4-76(c)]；点击 **计算** 按钮计算平竖曲线主点数据，结果如图 4-76(d)所示。

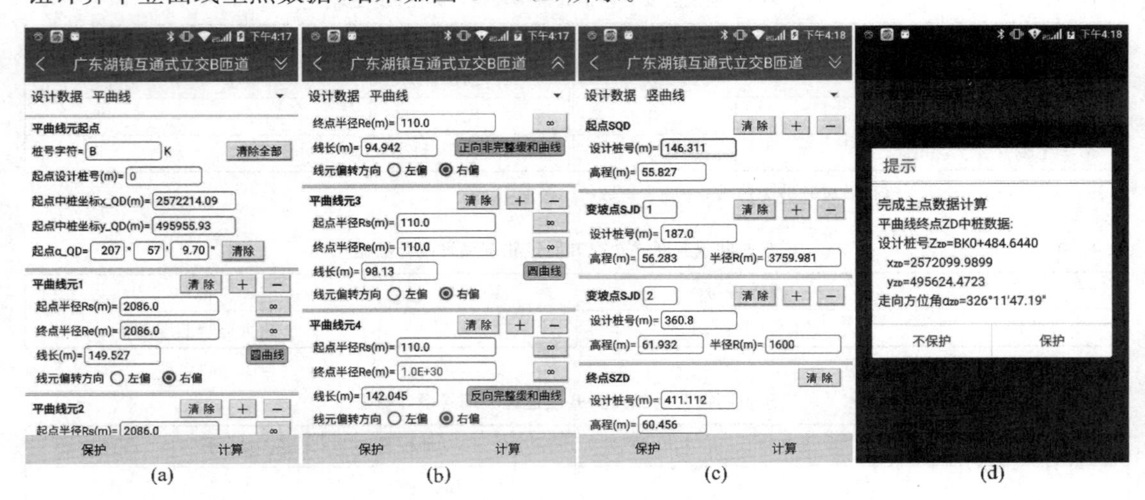

(a)　(b)　(c)　(d)

图 4-76　输入 B 匝道平曲线设计数据并计算平曲线主点数据

与表 4-33 中的终点设计数据比较，结果列于表 4-34。

表 4-34　　广东省湖镇互通式立交 B 匝道终点数据计算结果

终点数据	设计桩号	x/m	y/m	走向方位角 α
Q2X9 程序	BK0+484.644	2 572 099.989 9	495 624.472 3	326°11′47.19″
设计图纸	BK0+484.644	2 572 099.990	495 624.472	326°11′47.8″
差值	0	−0.000 1	0.000 3	−0.61″

2. 输入项目共享设计数据

点击屏幕标题栏左侧的 < 按钮三次，返回项目主菜单[图 4-77(a)]。

(1) 输入路基横断面设计数据

点击 **路基横断面** 按钮，点击 + 按钮新建 1 号路基横断面，缺省设置为 ⊙ **高速公路** 单选框，点击 **确定** 按钮；输入 1 号路基横断面设计数据界面，输入图 4-73(a)所示的路基横断面设计数据，结果如图 4-77(c)，(d)所示。

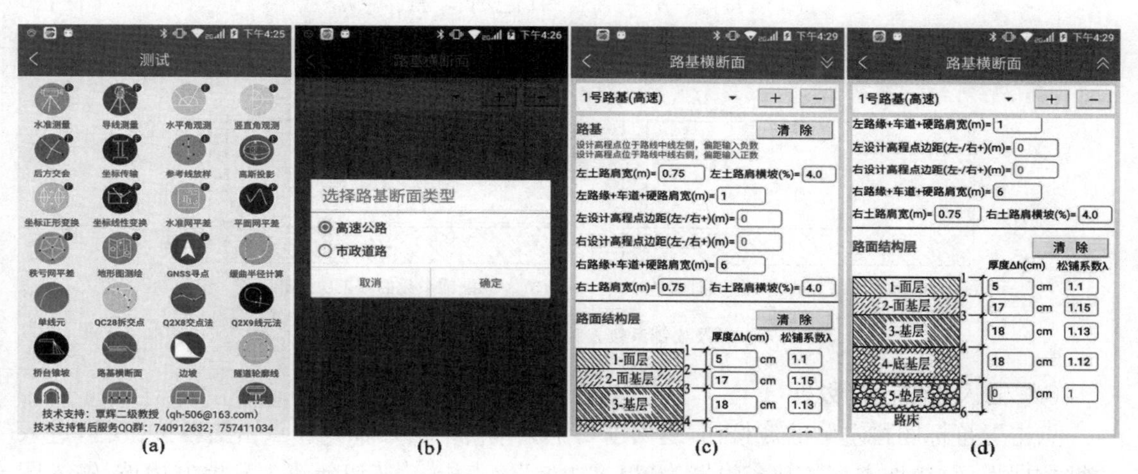

图 4-77　输入图 4-73(a)所示 1 号路基横断面设计数据

(2) 施工层松铺系数

道路是按路面结构层分层铺筑碾压施工的，在输入路基横断面设计数据时，还应输入路面结构层厚度及其松铺系数，最多允许输入 5 层路面结构层设计数据，各结构层厚度 Δh 的缺省值均为 0，松铺系数 λ 的缺省值均为 1。

松铺系数 λ 是指在施工中铺筑材料的松铺厚度 $\Delta h_C'$ 与压实设计厚度 Δh_C 的比值，即

$$\lambda = \frac{\Delta h_C'}{\Delta h_C} \tag{4-10}$$

λ 是一个无量纲且大于 1 的正实数。严格地说，在路基各层施工中，均有不同的松铺系数，它是路基路面施工中一个重要的技术参数。例如，在沥青混凝土路面施工过程中，λ 值受许多因素的影响，具有极强的不稳定性，时大时小，难以控制。如果 λ 值控制得过大，使铺筑层变厚，不仅造成材料、人工、机械台班的浪费，而且还影响压实效果；λ 值控制得过小，使铺筑层厚度不够，影响了该层的抗折、抗压强度，在该处易形成薄弱点，造成早期疲劳破坏，影响整个路面的使用寿命。

如何减少影响松铺系数 λ 的不稳定因素，并及时、正确、合理地控制 λ 值，是沥青路面施工的重要环节。从某种意义上说，松铺系数 λ 值的合适与否，直接反映了施工企业的技术水平和工程质量。

例如，常规石灰土的 λ 在 1.15～1.35 之间，二灰碎石的 λ 在 1.1～1.35 之间，沥青混凝土的 λ 在 1.1～1.3 之间。但是 λ 与所用的原材料、配合比及施工工艺均有关系，不能凭借经验盲目确定，应通过实验确定，即根据实验室出具的配合比经过试验得到相关数据，或通过施工前所做的试验段的经验数据确定，一般在路面施工前，要做一段 200～300 m 长的试验段来确定松铺系数 λ。

如图 4-78 所示，设 H_D 为路面设计高程，h_C 为施工层至设计路面的高度，Δh_C 为施工层设计厚度，考虑施工层松铺系数 λ 时，施工层设计高程 H_C 为

$$H_C = H_D - h_C - \Delta h_C + \lambda \Delta h_C = H_D - h_C + (\lambda - 1)\Delta h_C \tag{4-11}$$

施工层松铺系数 $\lambda = 1$ 时，施工层的设计高程 H_C 为

$$H_C = H_D - h_C + (\lambda - 1)\Delta h_C = H_D - h_C \tag{4-12}$$

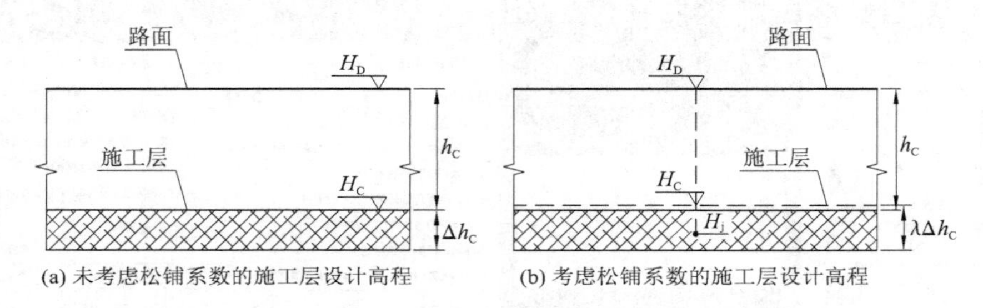

(a) 未考虑松铺系数的施工层设计高程　(b) 考虑松铺系数的施工层设计高程

图 4-78　顾及松铺系数 λ 路基施工层设计高程计算原理

(3) 输入边坡设计数据

点击屏幕标题栏左侧的 按钮，返回项目主菜单[图 4-79(a)]。点击**边坡**按钮，进入边坡数据界面，边坡类型的缺省设置为“填方边坡”。点击 + 按钮新建 1 号填方边坡，输入图 4-73 所示的两级填方边坡设计数据，结果如图 4-79(b)，(c)所示。

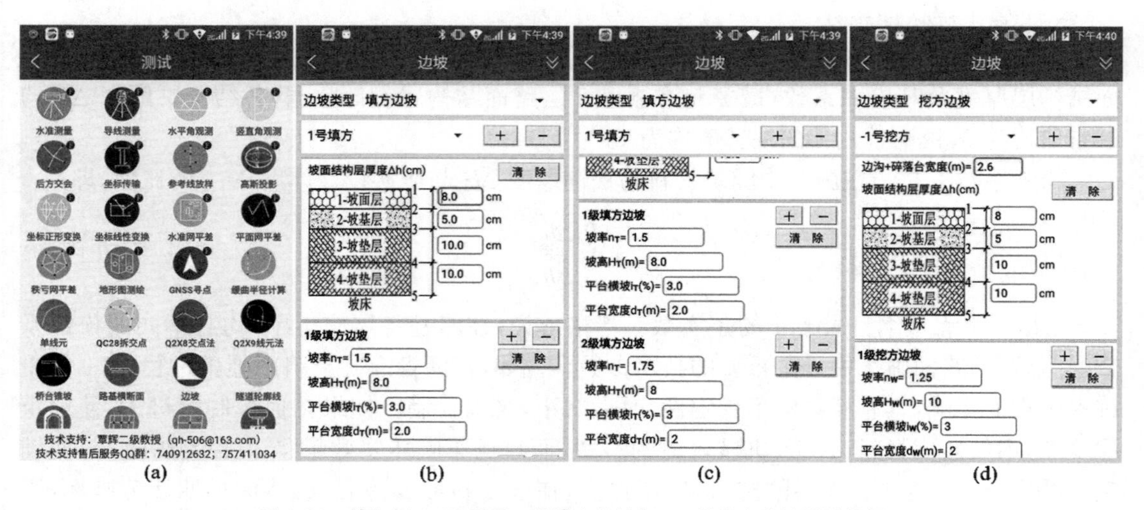

(a)　(b)　(c)　(d)

图 4-79　输入图 4-73 所示 1 号填方边坡与－1 号挖方边坡设计数据

设置边坡类型为“挖方边坡”，点击 + 按钮新建−1号挖方边坡，输入图4-73所示的一级挖方边坡设计数据，结果如图4-79(d)所示。

3. 输入文件其余设计数据

(1) 超高横坡

在**Q2X9线元法**程序文件“广东湖镇互通式立交B匝道”设计数据界面，点击“设计数据”列表框，在弹出的快捷菜单点击“超高横坡”选项[图4-80(a)]，面；输入表4-29所列6个超

图4-80 输入超高横坡、路基编号、边坡编号、硬路肩加宽设计数据

高横坡设计数据，结果如图 4-80(b)，(c)所示。

(2) 路基编号

点击“设计数据”列表框，在弹出的快捷菜单点击“路基编号”选项[图 4-80(d)]，进入路基编号设计数据输入界面；输入表 4-30 所列 1 个路基编号设计数据，结果如图 4-80(e)所示。

(3) 边坡编号

点击“设计数据”列表框，在弹出的快捷菜单点击“边坡编号”选项[图 4-80(f)]，进入边坡编号设计数据输入界面；输入表 4-31 所列 4 个边坡编号设计数据，结果如图 4-80(g)，(h)所示。

(4) 硬路肩加宽

点击“设计数据”列表框，在弹出的快捷菜单点击“硬路肩加宽”选项[图 4-80(i)]，进入硬路肩加宽设计数据输入界面；输入表 4-32 所列两个左、右硬路肩加宽设计数据，结果如图 4-80(j)，(k)所示。完成当前文件全部设计数据输入后，应点击 **计算** 按钮重新计算一次平竖曲线主点数据，结果如图 4-80(l)所示。

4. 三维坐标正算(全站仪挂线测量)

输入边距计算加桩边桩的三维设计坐标。在文件主菜单界面，点击 坐标正算 按钮，进入坐标正算界面，缺省设置的施工层为“1-面层”；输入竖曲线起点加桩号 146.311 m，左边距 1.6 m[图 4-81(a)]，点击 计算坐标 按钮，结果如图 4-81(b)—(d)所示。

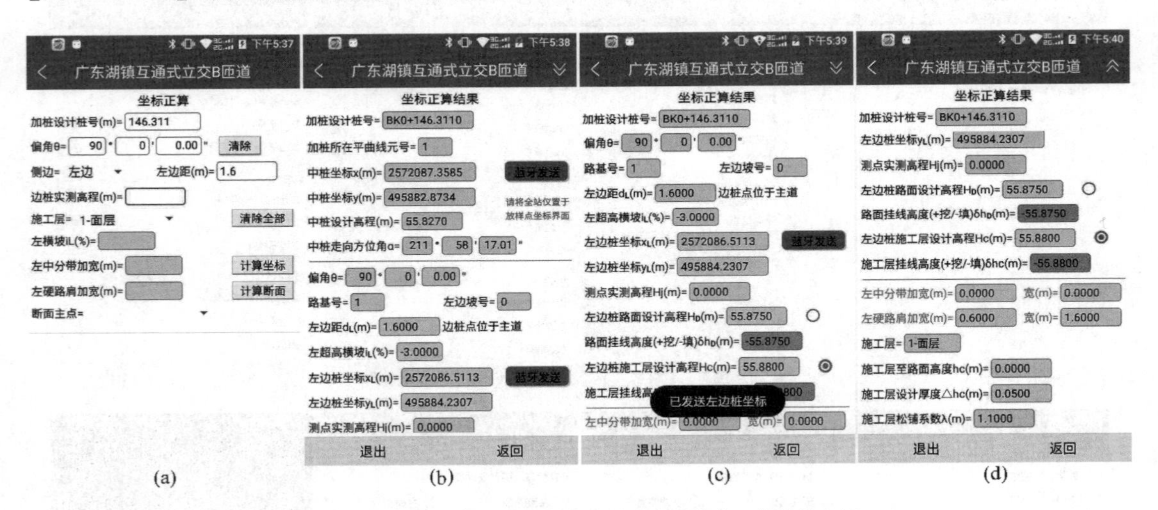

图 4-81　坐标正算竖曲线起点左硬路肩外缘点三维设计坐标

本例输入了竖曲线、路基横断面、超高横坡、硬路肩加宽等设计数据，所以，屏幕显示左边桩路面设计高程 $H_D=55.875$ m，左边桩施工层设计高程 $H_C=55.88$ m。

下面介绍考虑松铺系数施工层设计高程 H_C 的计算过程。

图 4-81(b)中设置的施工层为“1-面层”，则施工层至设计路面的高度 $h_C=0$，施工层厚度为 $\Delta h_C=0.05$ m，施工层松铺系数为 1.1[图 4-77(c)]，将其代入式(4-11)计算施工层设计高程 H_C，得

$$H_C=H_D-h_C+(\lambda-1)\Delta h_C=55.875-0+(1.1-1)\times 0.05=55.88 \text{ m}$$

与程序计算的 H_C 值相等[图 4-81(e)]。

在南方 NTS-362LNB 全站仪坐标模式 P3 页功能菜单，按 F2 (放样)③(设置放样点)键，进入放样点坐标界面；点击左边桩坐标右侧的 蓝牙发送 按钮，发送左边桩三维设计坐标到全站仪[图 4-81(c)]，即可放样钢钎点的平面位置及其施工层挂线高度。

为了验证 **Q2X9线元法** 程序计算出的 B 匝道硬路肩外缘点路面设计高程的正确性，笔者从 B 匝道设计图纸截取了竖曲线起点附近 11 个点位的设计高程布置图，如图 4-82 所示；竖曲线终点附近 6 个点位的设计高程布置图，如图 4-83 所示。

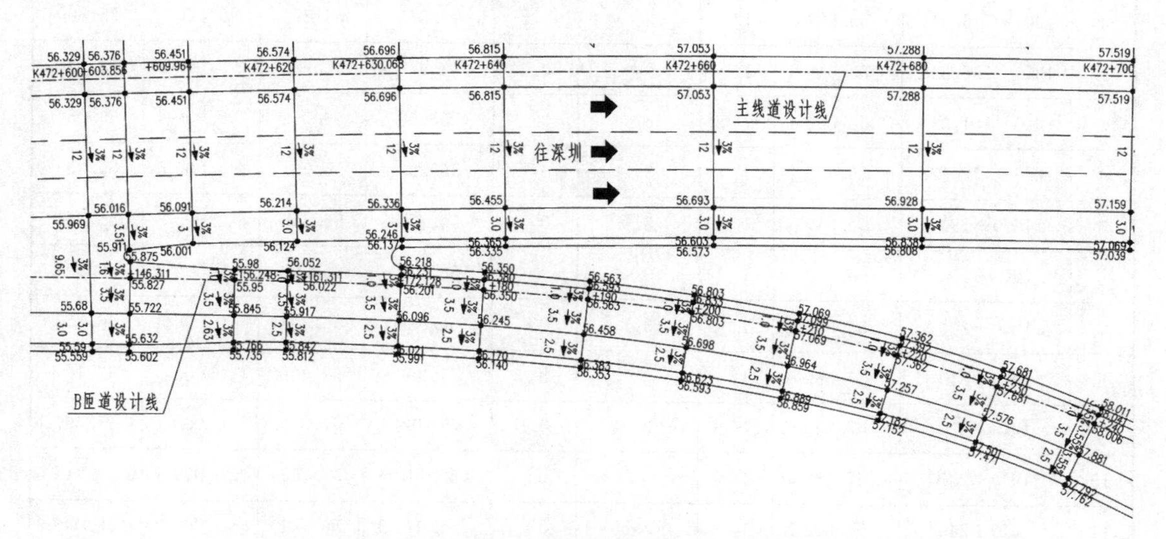

图 4-82　湖镇互通式立交 B 匝道竖曲线起点附近设计高程布置图

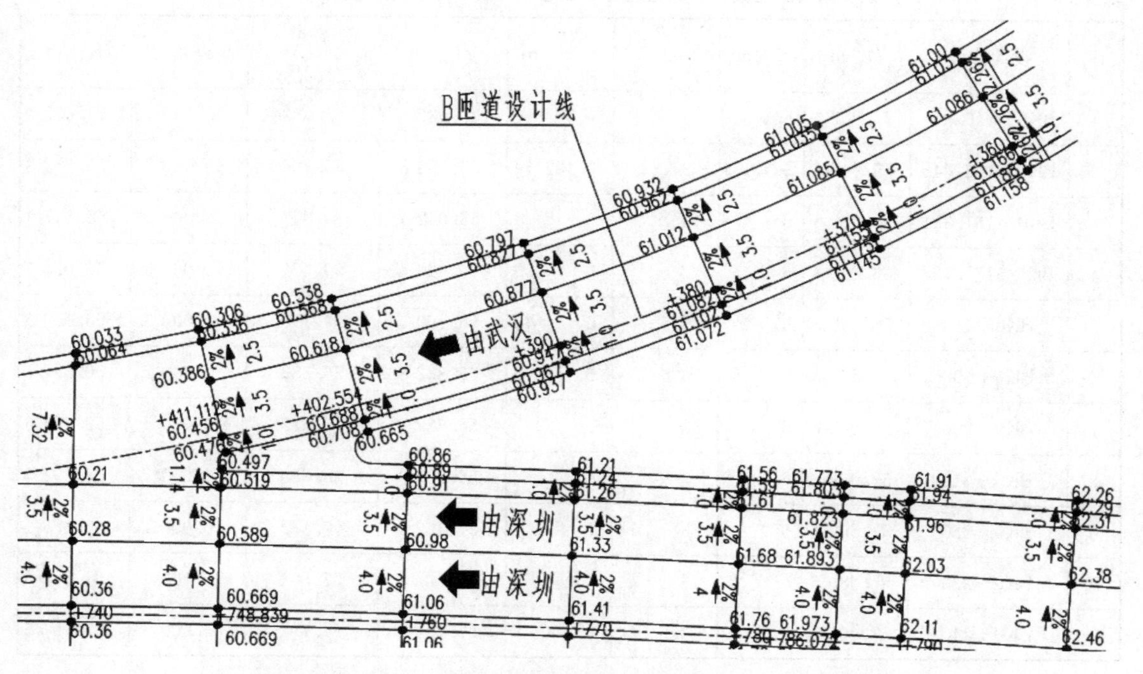

图 4-83　湖镇互通式立交 B 匝道竖曲线终点与 A 匝道连接部设计高程布置图

表 4-35 列出了程序计算的 11 个左硬路肩外缘点设计高程与图纸设计高程的比较结果，表 4-36 列出了程序计算的 11 个右硬路肩外缘点设计高程与图纸设计高程的比较结果，对于同一个硬路肩点，其设计高程的计算值与图纸值最大相差 0.6 mm。

表 4-35　　广东省湖镇互通式立交 B 匝道竖曲线起点附近左硬路肩外缘点设计高程

序	设计桩号	H_j/m	d_L/m	i_L/%	$+w_L$/m	H_D/m	图纸 H_D/m	高程差/m	H_C/m
1	BK0+146.311	55.827	1.6	−3	0.6	55.875	55.875	0.000	55.880
2	BK0+156.248	55.949 8	1	−3	0	55.979 8	55.980	−0.000 2	55.984 8
3	BK0+161.311	56.022 4	1	−3	0	55.052 4	56.052	0.000 4	56.057 4
4	BK0+172.128	56.200 4	1	−3	0	56.230 4	56.231	−0.000 6	56.235 4
5	BK0+180	56.349 5	1	−3	0	56.379 5	56.380	−0.000 5	56.384 5
6	BK0+190	56.562 8	1	−3	0	56.592 8	56.593	−0.000 2	56.597 8
7	BK0+200	56.802 6	1	−3	0	56.832 6	56.833	−0.000 6	56.837 6
8	BK0+210	57.069 0	1	−3	0	57.099	57.099	0.000	57.104
9	BK0+220	57.362 1	1	−3	0	57.392 1	57.392	0.000 1	57.397 1
10	BK0+230	57.680 6	1	−3	0	57.710 6	57.711	−0.000 4	57.715 6
11	BK0+240	58.005 7	1	−3.553 1	0	58.041 2	58.041	0.000 2	58.046 2

表 4-36　　广东省湖镇互通式立交 B 匝道竖曲线起点附近右硬路肩外缘点设计高程

序	设计桩号	H_j/m	d_R/m	i_R/%	$+w_R$/m	H_D/m	图纸 H_D/m	高程差/m	H_C/m
1	BK0+146.311	55.827	6.5	3	0.5	55.632	55.632	0.000	55.637
2	BK0+156.248	55.949 8	6.132 4	3	0.132 4	55.765 8	55.766	−0.000 2	55.770 8
3	BK0+161.311	56.022 4	6	3	0	55.842 4	55.842	0.000 4	55.847 4
4	BK0+172.128	56.200 4	6	3	0	56.020 4	56.021	−0.000 6	56.025 4
5	BK0+180	56.349 5	6	3	0	56.169 5	56.170	−0.000 5	56.174 5
6	BK0+190	56.562 8	6	3	0	56.382 8	56.383	−0.000 2	56.387 8
7	BK0+200	56.802 6	6	3	0	56.622 6	56.623	−0.000 4	56.627 6
8	BK0+210	57.069	6	3	0	56.889 0	56.889	0.000	56.894
9	BK0+220	57.362 1	6	3	0	57.182 1	57.182	0.000 1	57.187 1
10	BK0+230	57.680 6	6	3	0	57.500 6	57.501	−0.000 4	57.505 6
11	BK0+240	58.005 7	6	3.553 1	0	57.792 5	57.792	0.000 5	57.797 5

图 4-84 为计算加桩 BK0+360 右硬路肩外缘点三维设计坐标，计算结果与图纸给出的设计高程相差 0.3 mm。表 4-37 列出了程序计算的 6 个右硬路肩外缘点设计高程与图纸设计高程的比较结果。

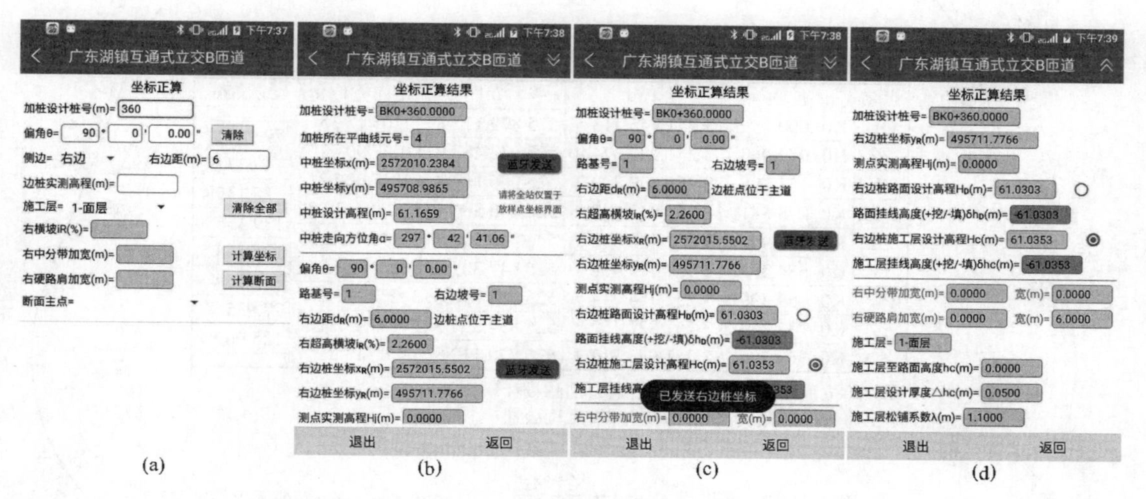

图 4-84　坐标正算加桩 BK0+360 右硬路肩外缘点三维设计坐标

表 4-37　　广东省湖镇互通式立交 B 匝道竖曲线终点附近右硬路肩外缘点设计高程

序	设计桩号	H_j/m	d_R/m	i_R/%	$+w_R$/m	H_D/m	图纸 H_D/m	高程差/m	H_C/m
1	BK0+360	61.165 9	6	2.26	0	61.030 3	61.03	0.000 3	61.035 3
2	BK0+370	61.155 5	6	2	0	61.035 5	61.035	0.000 5	61.040 5
3	BK0+380	61.082 5	6	2	0	60.962 5	60.962	0.000 5	60.967 5
4	BK0+390	60.947 1	6	2	0	60.827 1	60.827	0.000 1	60.832 1
5	BK0+402.55	60.688 6	6	2	0	60.568 6	60.568	0.000 6	60.573 6
6	BK0+411.112	60.456 0	6	2	0	60.336 0	60.336	0	60.341 0

4.15　西藏自治区山南地区阿扎村水库工程三维坐标正反算

图 4-85 所示案例的特点是：水库堤坝中线为起点与终点重合的封闭曲线，8 个平曲线元中的 4 个圆曲线元的半径均为 65 m，竖曲线设计数据列于表 4-38，为一条水平直线，只有起、终点设计桩号及其高程，没有变坡点，也没有竖曲线半径。图 4-86 所示为堤坝路基与边坡横断面设计图纸，水库线元法设计数据列于表 4-39。

表 4-38　　西藏自治区阿扎村水库竖曲线及纵坡表

点名	桩号	高程 H/m	半径 R/m	纵坡 i/%	切线长 T/m	外距 E/m
SQD	K0+000	3 745.2		0		
SZD	K0+863.296	3 745.2				

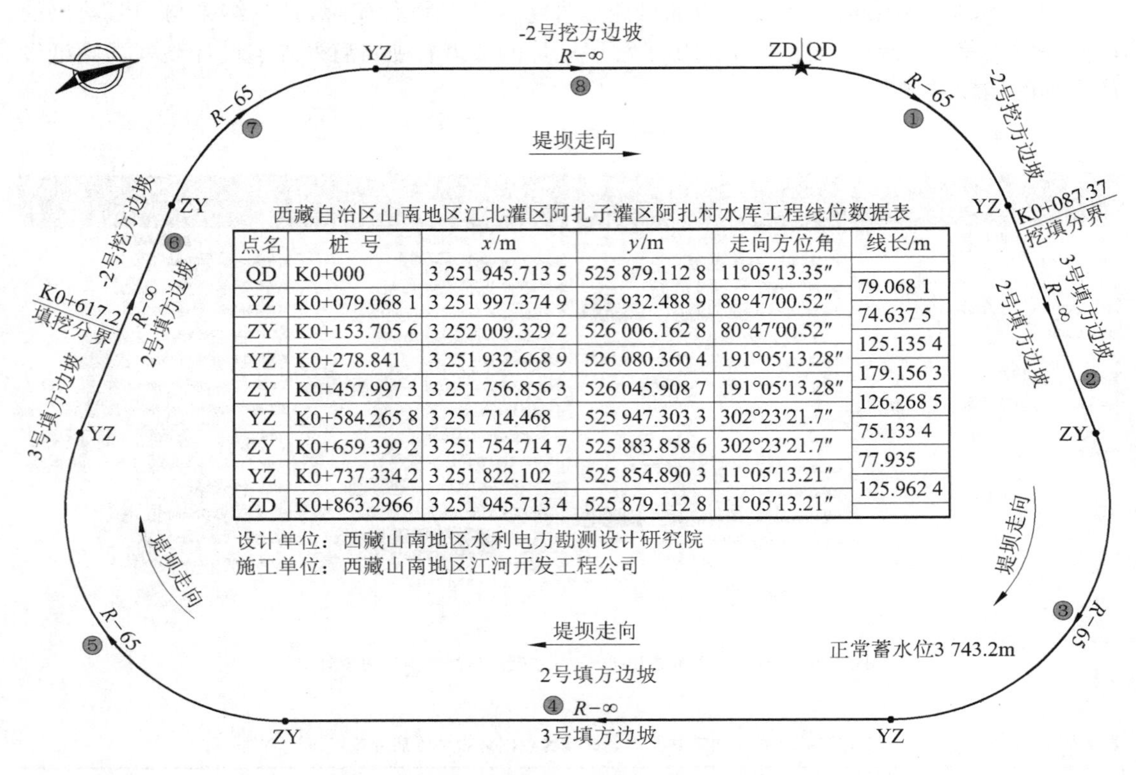

西藏自治区山南地区江北灌区阿扎子灌区阿扎村水库工程线位数据表

点名	桩 号	x/m	y/m	走向方位角	线长/m
QD	K0+000	3 251 945.713 5	525 879.112 8	11°05′13.35″	79.068 1
YZ	K0+079.068 1	3 251 997.374 9	525 932.488 9	80°47′00.52″	74.637 5
ZY	K0+153.705 6	3 252 009.329 2	526 006.162 8	80°47′00.52″	125.135 4
YZ	K0+278.841	3 251 932.668 9	526 080.360 4	191°05′13.28″	179.156 3
ZY	K0+457.997 3	3 251 756.856 3	526 045.908 7	191°05′13.28″	126.268 5
YZ	K0+584.265 8	3 251 714.468	525 947.303 3	302°23′21.7″	75.133 4
ZY	K0+659.399 2	3 251 754.714 7	525 883.858 6	302°23′21.7″	77.935
YZ	K0+737.334 2	3 251 822.102	525 854.890 3	11°05′13.21″	125.962 4
ZD	K0+863.2966	3 251 945.713 4	525 879.112 8	11°05′13.21″	

设计单位：西藏山南地区水利电力勘测设计研究院

施工单位：西藏山南地区江河开发工程公司

图 4-85 西藏自治区山南地区阿扎村水库线元法设计图(8 个平曲线元)

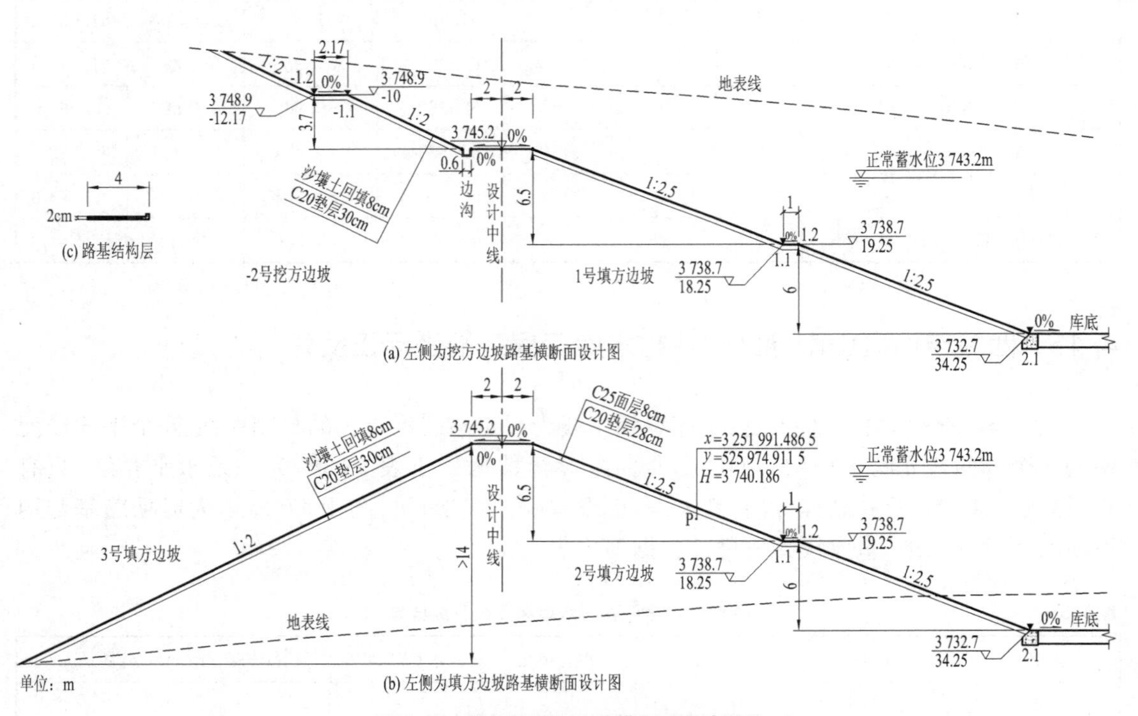

图 4-86 堤坝路基与边坡横断面设计图纸

表 4-39　　西藏自治区山南地区阿扎村水库线元法设计数据

点名	设计桩号	x/m	y/m	走向方位角 α	
QD	K0+000	3 251 945.713 5	525 879.112 8	11°05′13.35″	
ZD	K0+863.296 6	3 251 945.713 5	525 879.112 8	11°05′13.35″	
序	起点半径/m	终点半径/m	线长/m	偏向	曲线类型
1	65	65	79.068 1	右偏	圆曲线
2	∞	∞	74.637 5		直线
3	65	65	125.135 4	右偏	圆曲线
4	∞	∞	179.156 3		直线
5	65	65	126.268 5	右偏	圆曲线
6	∞	∞	75.133 4		直线
7	65	65	77.935	右偏	圆曲线
8	∞	∞	125.962 4		直线

1. 输入平竖曲线设计数据

(1) 输入平曲线设计数据

在 **Q2X9线元法** 程序文件列表界面，新建“西藏山南地区阿扎村水库”文件并进入该文件主菜单，点击设计数据按钮进入平曲线设计数据界面，输入表 4-39 所列平曲线设计数据，结果如图 4-87(a)—(d)所示。

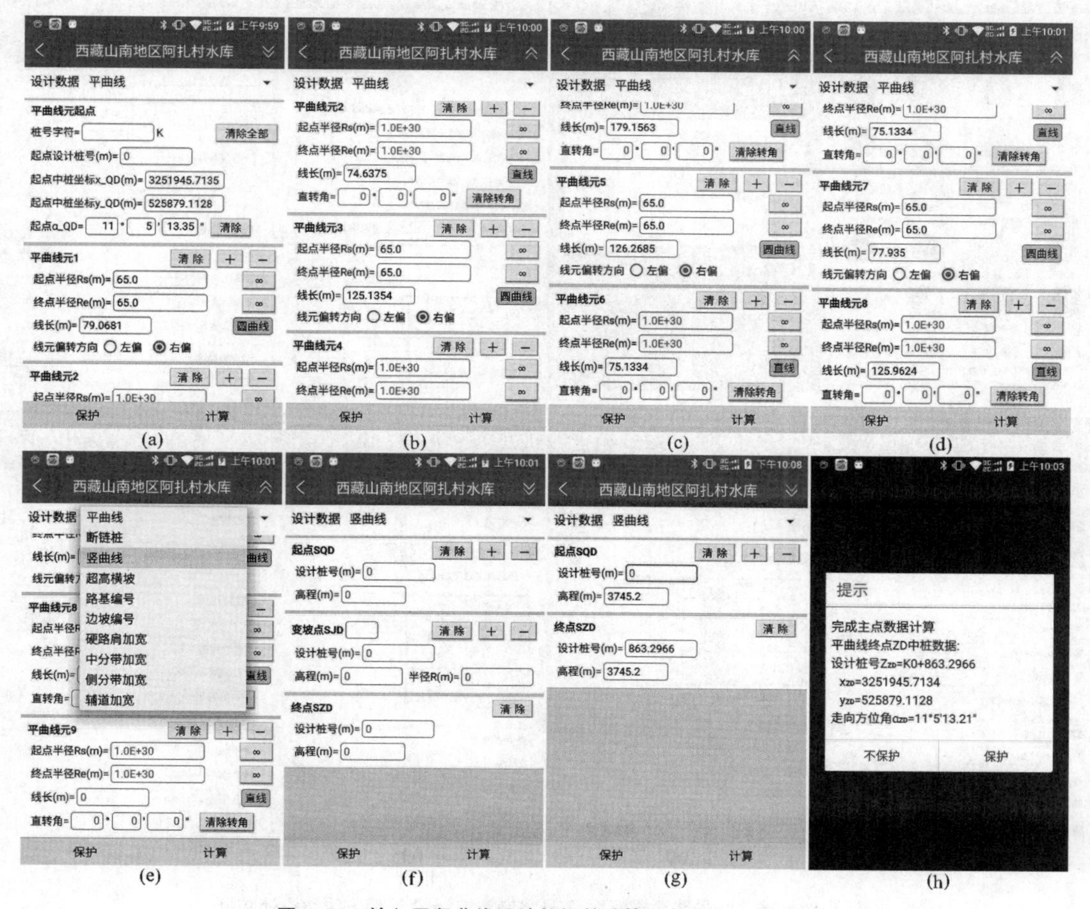

图 4-87　输入平竖曲线设计数据并计算平竖曲线主点数据

(2) 输入竖曲线设计数据

点击“设计数据”列表框，在弹出的快捷菜单点击“竖曲线”选项[图 4-87(e)]，点击**编辑**按钮，创建竖曲线设计数据输入栏[图 4-87(f)]，缺省设置为新建一个变坡点的竖曲线数据栏。

本例只有起点、终点，无变坡点，点击变坡点栏右侧的**-**按钮删除变坡点数据栏；输入表 4-38 所列竖曲线起点、终点设计数据[图 4-87(g)]。点击**计算**按钮计算平竖曲线主点数据，结果如图 4-87(h)所示。与表 4-39 中图纸给出的终点数据比较，结果列于表 4-40。

表 4-40　　西藏自治区山南地区阿扎村水库终点数据计算结果

终点数据	设计桩号	x/m	y/m	走向方位角 α
Q2X9 程序	K0+863.296 6	3 251 945.713 4	525 879.112 8	11°05′13.21″
设计图纸	K0+863.296 6	3 251 945.713 5	525 879.112 8	11°05′13.35″
差值	0	−0.000 1	0	−0.14″

2. 输入项目共享设计数据

(1) 输入堤坝路基设计数据

在项目主菜单[图 4-88(a)]，点击 **路基横断面** 按钮，缺省设置为◉ **高速公路** 单选框，点

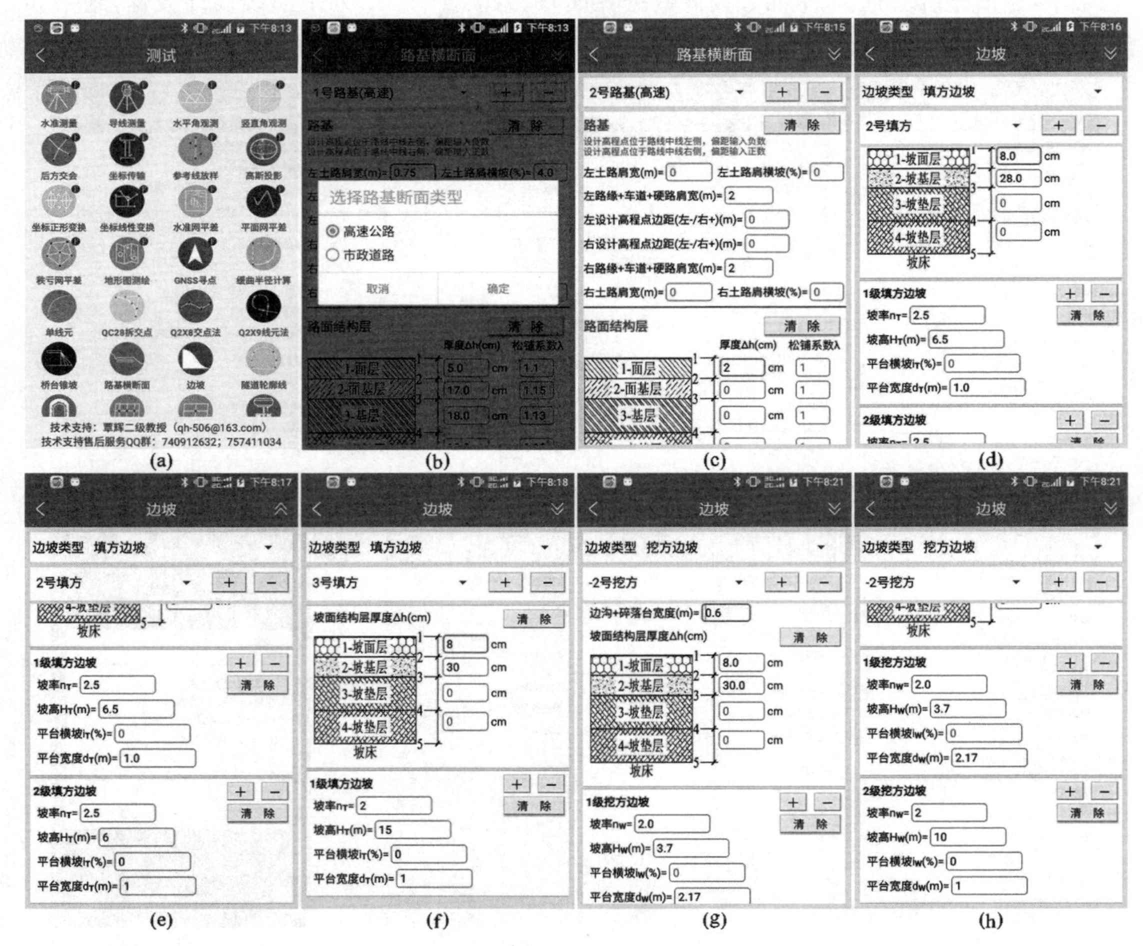

图 4-88　输入 2 号路基横断面、2 号填方边坡、−2 号挖方边坡设计数据

击**确定**按钮进入路基横断面界面。点击[+]按钮新增2号路基数据栏[之前已输入图4-73(a)所示的1号路基]，输入图4-86所示的堤坝路基横断面设计数据，结果如图4-88(c)所示。点击屏幕标题栏左侧的[<]按钮，返回项目主菜单[图4-88(a)]。

(2) 输入边坡设计数据

点击**边坡**按钮，进入边坡界面，缺省设置为"填方边坡"。点击[+]按钮新增2号填方边坡数据栏[之前已输入图4-73(a)所示的1号填方边坡]，输入图4-86所示的1号填方边坡设计数据，结果如图4-88(d)，(e)所示；点击[+]按钮新增3号填方边坡数据栏，输入图4-86所注3号填方边坡设计数据，结果如图4-88(f)所示。

点击"边坡类型"列表框，点击"挖方边坡"选项，点击[+]按钮新增−2号挖方边坡数据栏，输入图4-86所示−2号挖方边坡设计数据，结果如图4-88(g)，(h)所示。

点击屏幕标题栏左侧的[<]按钮或点击手机退出键，返回项目主菜单[图4-88(a)]。

3. 输入文件其余设计数据

在文件主菜单界面，点击[设计数据]按钮，重新进入设计数据界面。

(1) 超高横坡

点击"设计数据"列表框，在弹出的快捷菜单点击"超高横坡"选项，进入超高横坡输入界面，缺省设置为"无超高横坡"。点击**编辑**按钮，创建一个超高横坡设计数据输入栏，因本例堤坝路面为水平面，设计桩号、左横坡、右横坡均使用缺省值0，结果如图4-89(a)所示。

(2) 路基编号

点击"设计数据"列表框，在弹出的快捷菜单点击"路基编号"选项，点击**编辑**按钮，创建一个路基编号输入栏，本例只有一个路基，结果如图4-89(b)所示。

(3) 边坡编号

点击"设计数据"列表框，在弹出的快捷菜单点击"边坡编号"选项，点击**编辑**按钮，创建一个边坡编号输入栏，输入图4-86所示的3个断面边坡编号设计数据，结果如图4-89(c)所示。

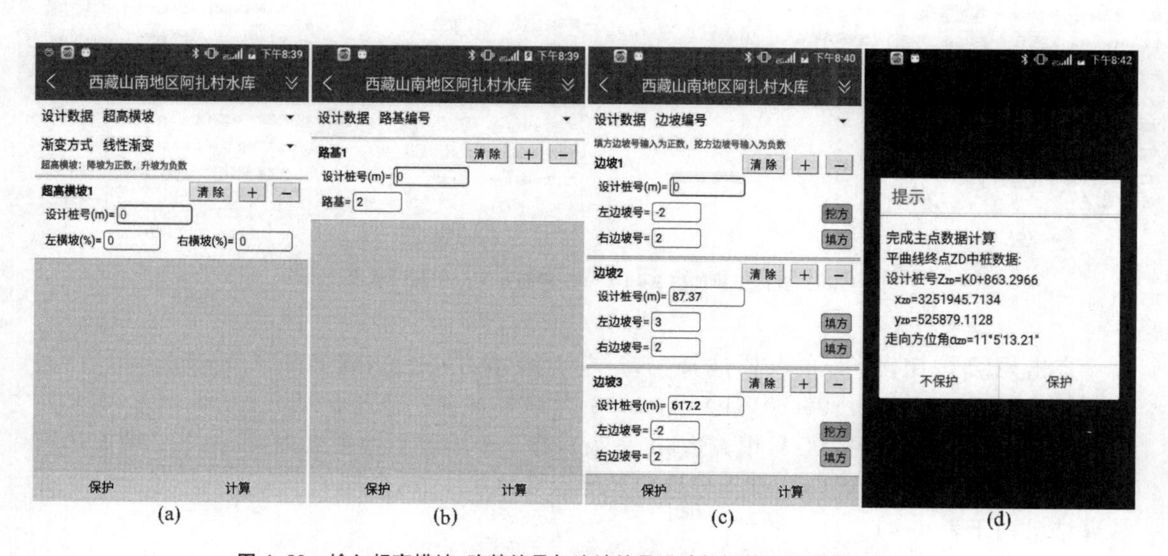

图4-89 输入超高横坡、路基编号与边坡编号设计数据并重新计算主点数据

点击 **计算** 按钮，重新计算平竖曲线主点数据[图 4-89(d)]；点击 **确定** 按钮，进入设计数据保护模式。点击屏幕标题栏左侧的 **<** 按钮，返回文件主菜单。

4. 坐标正算加桩 K0+120 横断面主点三维设计坐标

在坐标正算界面，输入加桩号 120 m，施工层选择“2 -面基层”。点击 **计算断面** 按钮，计算加桩左幅横断面主点数据[图 4-90(a)]，点击“断面主点”列表框，在弹出的快捷菜单点击“左硬路肩外缘点”[图 4-90(b)]，点击 **计算坐标** 按钮，结果如图 4-90(d)，(e)所示。

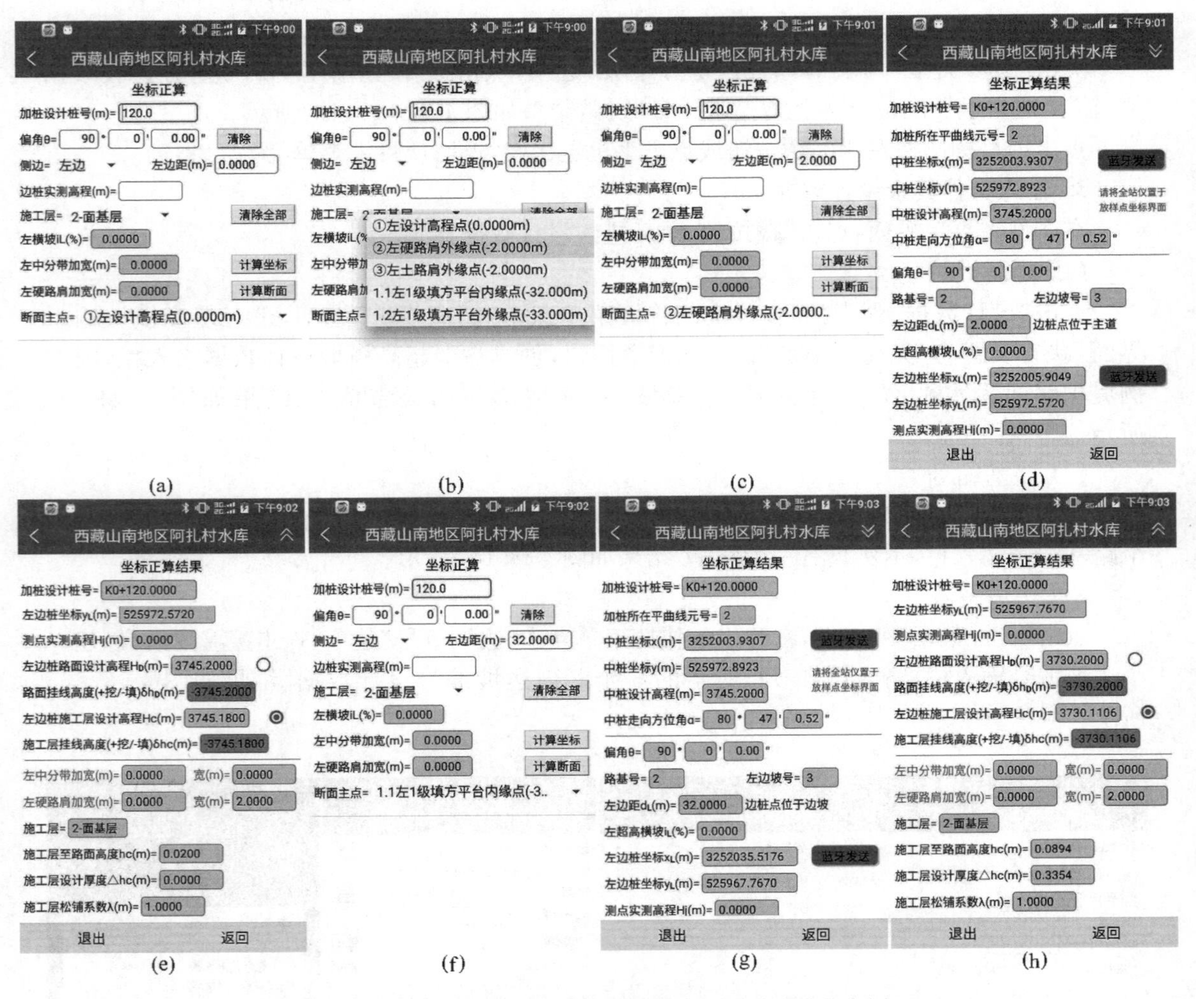

图 4-90　坐标正算加桩 K0+120 左横断面两个主点三维设计坐标

点击 **返回** 按钮，断面主点栏选择“1.1 左 1 级填方平台内缘点”[图 4-90(f)]，点击 **计算坐标** 按钮，结果如图 4-90(g)，(h)所示。

加桩 K0+120 左幅为 2 号填方边坡(一级)，有 2 个填坡平台主点；右幅为 1 号填方边坡(二级)，有 4 个填坡平台主点，加上硬路肩外缘点 2 路基主点，全部 8 个主点的三维设计坐标计算结果列于表 4-41。

表 4-41　　西藏自治区山南地区阿扎村水库加桩 K0+120 横断面主点三维设计坐标　　(单位:m)

(中桩数据:x=3 252 003.930 7, y=525 972.892 3, H=3 745.2, α=80°47′00.52″)

序	主点名	边距 d	x	y	H_D	H_C
1	左硬路肩外缘点	−2	3 252 005.904 9	525 972.572	3 745.2	3 745.180
2	左一级填方平台内缘点	−32	3 252 035.517 6	525 967.767	3 730.2	3 730.110 6
3	左一级填方平台外缘点	−33	3 252 036.504 7	525 967.606 9	3 730.2	3 730.120
4	右硬路肩外缘点	2	3 252 001.956 6	525 973.212 7	3 745.2	3 745.180
5	右一级填方平台内缘点	18.25	3 251 985.916 4	525 975.815 4	3 738.7	3 738.613 8
6	右一级填方平台外缘点	19.25	3 251 984.929 3	525 975.975 5	3 738.7	3 738.620
7	右二级填方平台内缘点	34.25	3 251 970.122 9	525 978.378 0	3 732.7	3 732.613 8
8	右二级填方平台外缘点	35.25	3 251 969.135 8	525 978.538 2	3 732.7	3 732.620

5. 坐标反算测点 P 的挂线测量数据

在坐标反算界面,施工层选择“2-面基层”,输入图 4-86(b)所注 P 点三维坐标[图 4-91(a)],点击 计算坐标 按钮,结果如图 4-91(b)—(d)所示。测点路面挂线高度为−0.771 2 m,施工层挂线高度为−0.685 m,负数表示填高。

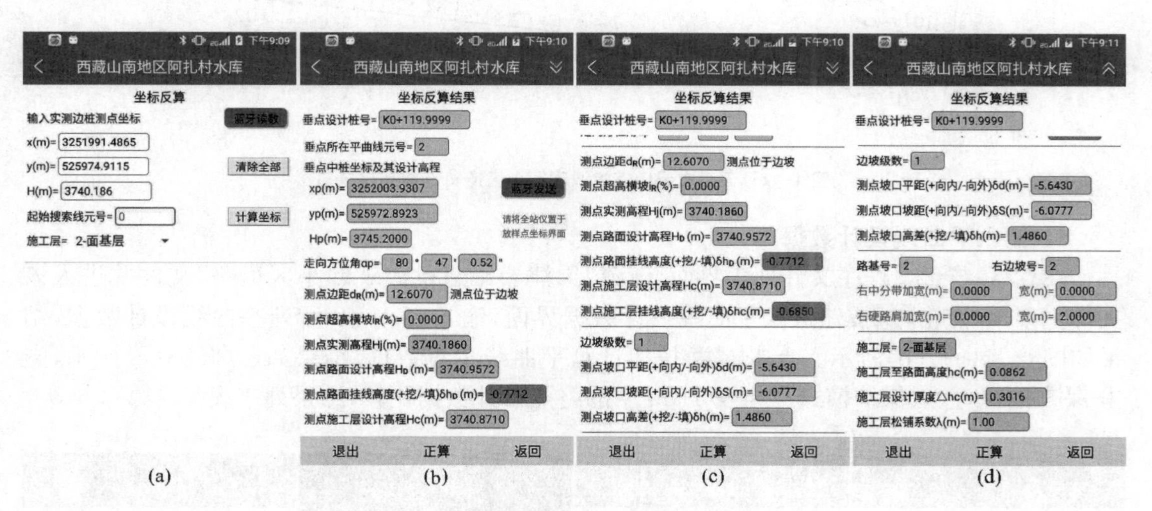

(a)　(b)　(c)　(d)

图 4-91　坐标反算测点 P 的挂线测量数据

4.16 天津市云山道桃源观邸小区道路

图 4-92 所示的直曲表共有 3 条直线线元,其中,2, 3 号直线线元为直转点直线,摘取本例线元法设计数据列于表 4-42,因 JD1 与 JD2 均为左转角,所以,其偏角为负数角。

表 4-42　　天津市云山道桃源观邸小区道路线元法设计数据

点名	设计桩号	x/m	y/m	走向方位角 α
QD	K0+000	292 965.117 9	137 512.918 9	173°21′32.7″
ZD	K0+126.920 4	292 936.730 7	137 586.295 7	353°21′03.9″

（续表）

序	起点半径/m	终点半径/m	线长/m	偏向	备注
1	∞	∞	47		直线
2	∞	∞	69.603	−90°	直转点直线
3	∞	∞	10.317 4	−90°00′28.3″	直转点直线

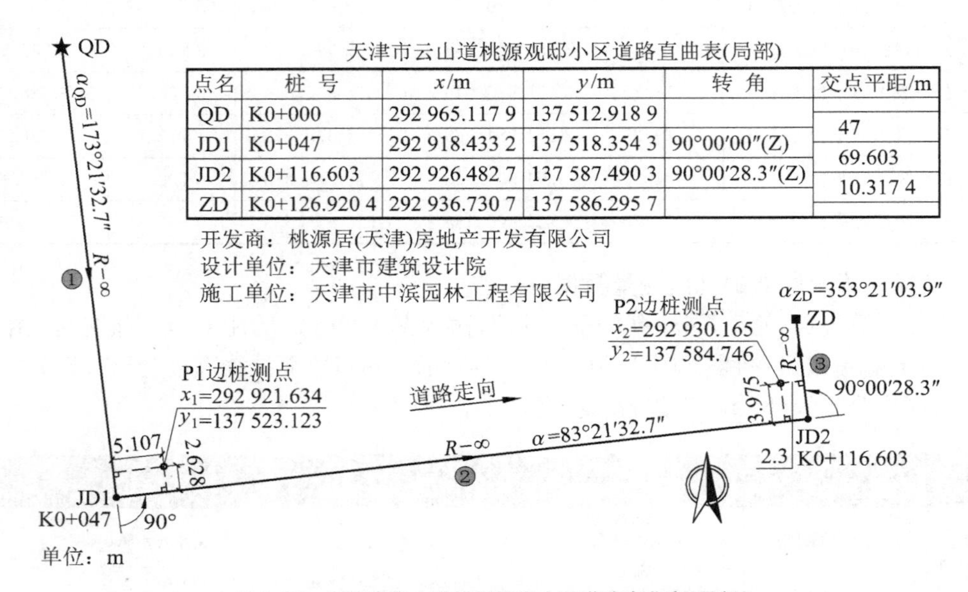

天津市云山道桃源观邸小区道路直曲表(局部)

点名	桩　号	x/m	y/m	转　角	交点平距/m
QD	K0+000	292 965.117 9	137 512.918 9		
					47
JD1	K0+047	292 918.433 2	137 518.354 3	90°00′00″(Z)	
					69.603
JD2	K0+116.603	292 926.482 7	137 587.490 3	90°00′28.3″(Z)	
					10.317 4
ZD	K0+126.920 4	292 936.730 7	137 586.295 7		

开发商：桃源居(天津)房地产开发有限公司
设计单位：天津市建筑设计院
施工单位：天津市中滨园林工程有限公司

图 4-92　天津市云山道桃源观邸小区道路直曲表(局部)

1. 输入平曲线设计数据

在 **Q2X9线元法** 程序文件列表界面，新建“天津云山道桃源观邸小区道路”文件并进入该文件主菜单，点击**设计数据**按钮进入平曲线设计数据界面，输入表 4-42 所列平曲线设计数据，结果如图4-93(a)，(b)所示。点击 **计算** 按钮计算平曲线主点数据，结果如图 4-93(c)所示，点击 **保护** 按钮，进入保护模式。与表 4-42 中的终点设计数据比较，结果列于表 4-43。

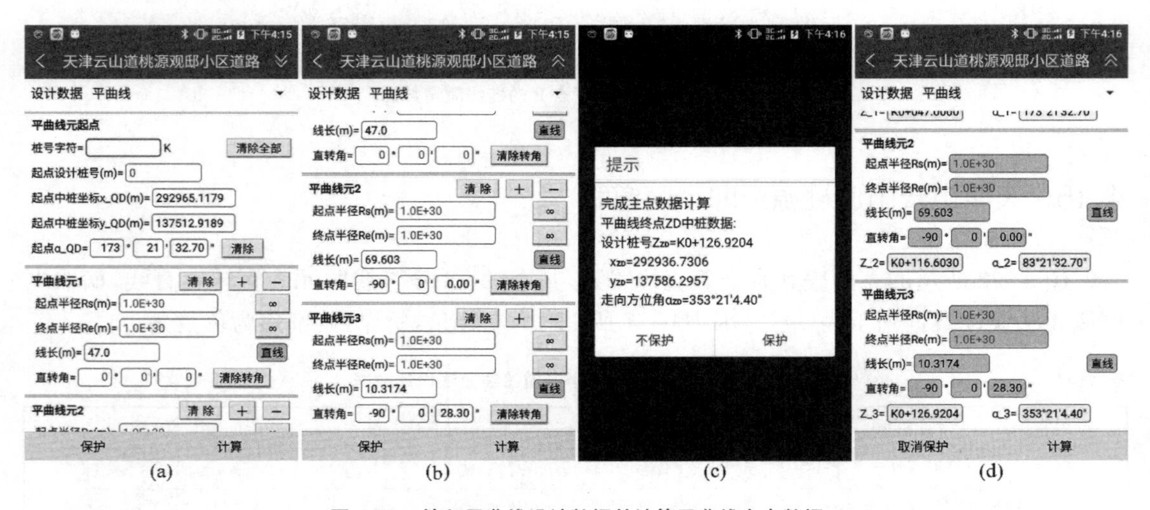

图 4-93　输入平曲线设计数据并计算平曲线主点数据

表 4-43　　天津市云山道桃源观邸小区道路终点数据计算结果

终点数据	设计桩号	x/m	y/m	走向方位角 α
Q2X9 程序	K0+126.920 4	292 936.730 6	137 586.295 7	353°21′03.9″
设计图纸	K0+126.920 4	292 936.730 7	137 586.295 7	353°21′04.4″
差值	0.004	0.000 1	0	−0.5″

2. 坐标正算直转点 JD1 和 JD2 附近四个点的中桩数据

如图 4-92 所示，直转点 JD1 的设计桩号为 K0+047，加桩桩号≤K0+047 的走向方位角为①号直线的走向方位角 173°21′32.7″；加桩桩号>K0+047 加桩的走向方位角为②号直线的方位角 83°21′32.7″。因此，加桩 K0+047.001 点的走向方位角应为②号直线的走向方位角 83°21′32.7″。下面计算这两个相差 1 mm 加桩的中桩数据。

在文件的坐标正算界面，输入 JD1 的设计桩号 47 m[图 4-94(a)]，点击 计算坐标 按钮，屏幕显示的中桩走向方位角为 173°21′32.7″[图 4-94(b)]，等于①号直线的走向方位角。

点击 **返回** 按钮，点击 清除全部 按钮，输入加桩号 47.001 m[图 4-94(c)]，点击 计算坐标 按钮，屏幕显示的中桩走向方位角为 83°21′32.7″[图 4-94(d)]，等于②号直转直线的走向方位角。

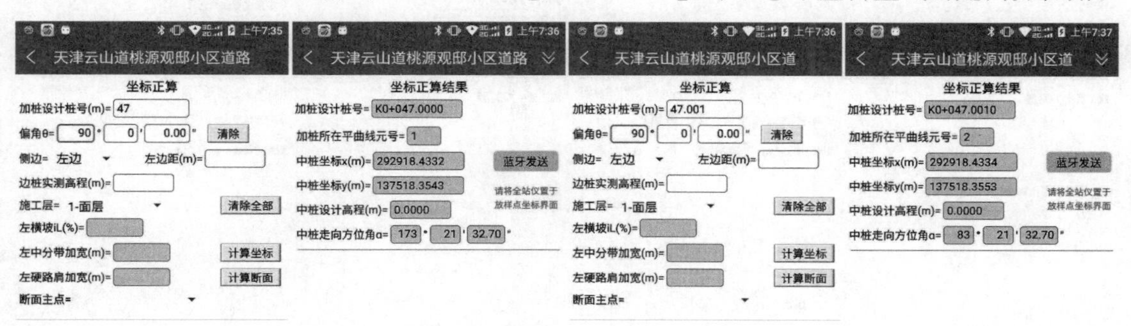

(a)　(b)　(c)　(d)

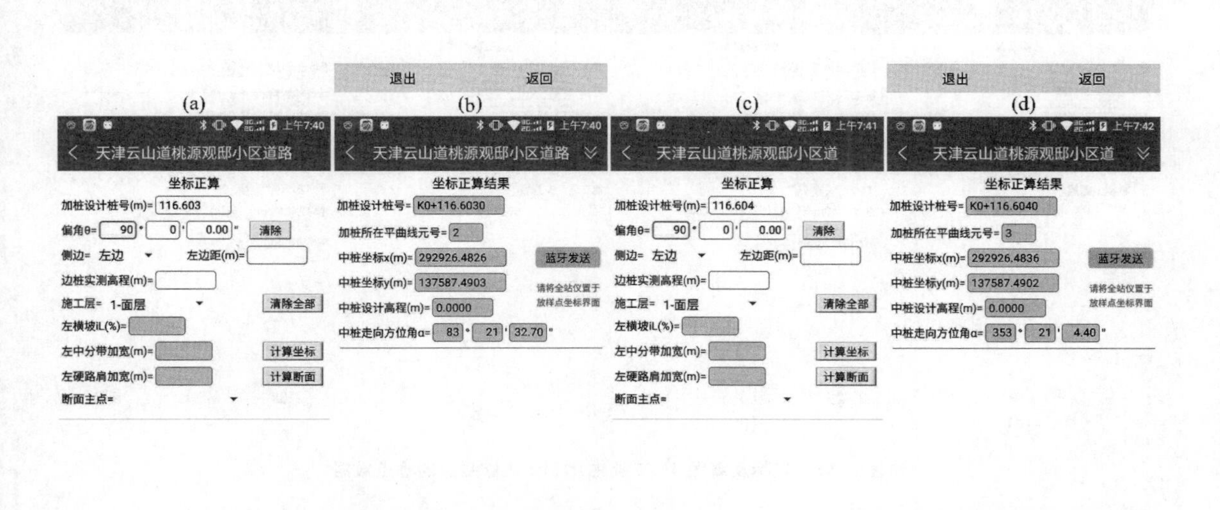

(e)　(f)　(g)　(h)

图 4-94　坐标正算直转点 JD1 与 JD2 附近各两个点的中桩数据

图 4-94(f)所示为计算 JD2 设计桩号 K0＋116.603 的中桩数据，其走向方位角 353°21′03.9″为②号直转直线的走向方位角；图 4-94(h)所示为计算比 JD2 设计桩号大1 mm 的加桩 K0＋116.604 的中桩数据，其走向方位角 353°21′04.4″为③号直转直线的走向方位角。

3. 坐标反算直转点 JD1 和 JD2 附近两个边桩测点的垂点数据

如图 4-92 所示，P1 测点在①号直线线元的左边距为 5.107 m，在②号直线线元的左边距为 2.628 m，坐标反算时，如果“起始搜索线元号”栏维持缺省值 0，程序自动计算②号直线线元的垂点数据；在“起始搜索线元号”栏输入垂点线元号 1，程序计算①号直线线元的垂点数据。

在文件的坐标反算界面，输入 P1 测点的平面坐标[图 4-95(a)]，点击 计算坐标 按钮，屏幕显示的垂点走向方位角为 83°21′32.7″[图 4-95(b)]。

点击 **返回** 按钮，在“起始搜索线元号”栏输入垂点线元号 1，点击 计算坐标 按钮，屏幕显示的垂点走向方位角为 173°21′32.7″[图 4-95(d)]，等于①号直线线元的走向方位角。

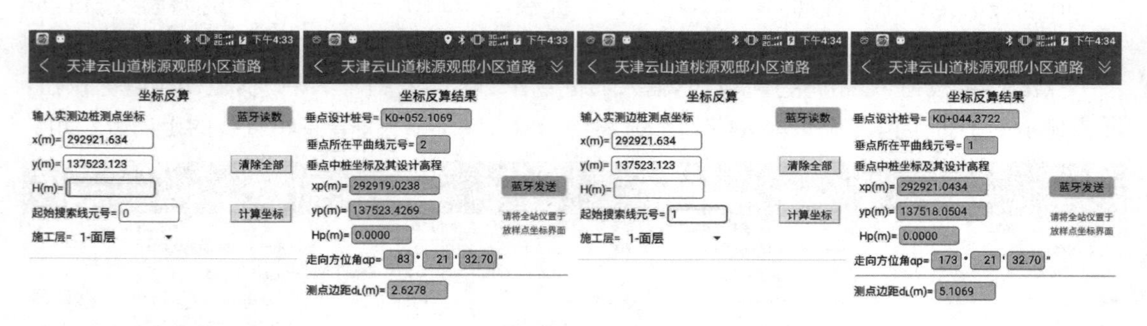

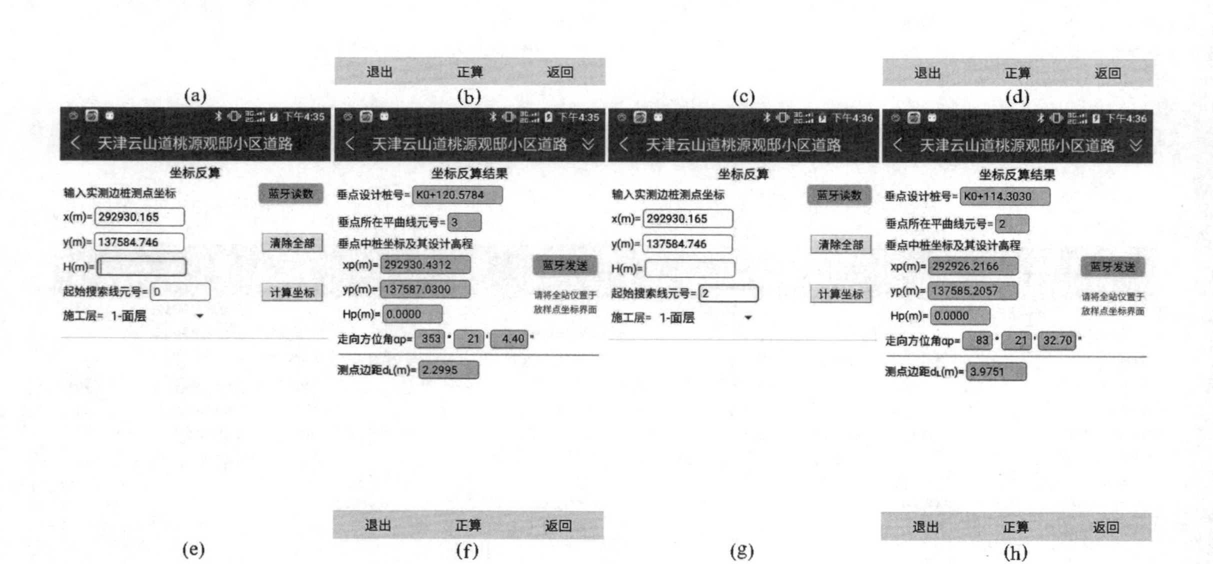

图 4-95 坐标反算图 4-92 所注 P1，P2 边桩测点的垂点数据

图 4-95(f)为计算 P2 测点在③号直转直线的垂点数据，其走向方位角 353°21′04.4″为③号直转直线的走向方位角；图 4-95(h)所示为计算 P2 测点在②号直转直线的垂点数据，其走向方位角 83°21′32.7″为②号直转直线的走向方位角。

4.17 广东省珠海市白藤湖道路改造工程海堤路

图 4-96 所示的海堤路人行道边线设计为圆曲线，其特点是，图纸只给出了圆曲线的起讫点坐标及其半径，未给出线长与起讫点走向方位角，应使用单平曲线元程序计算。

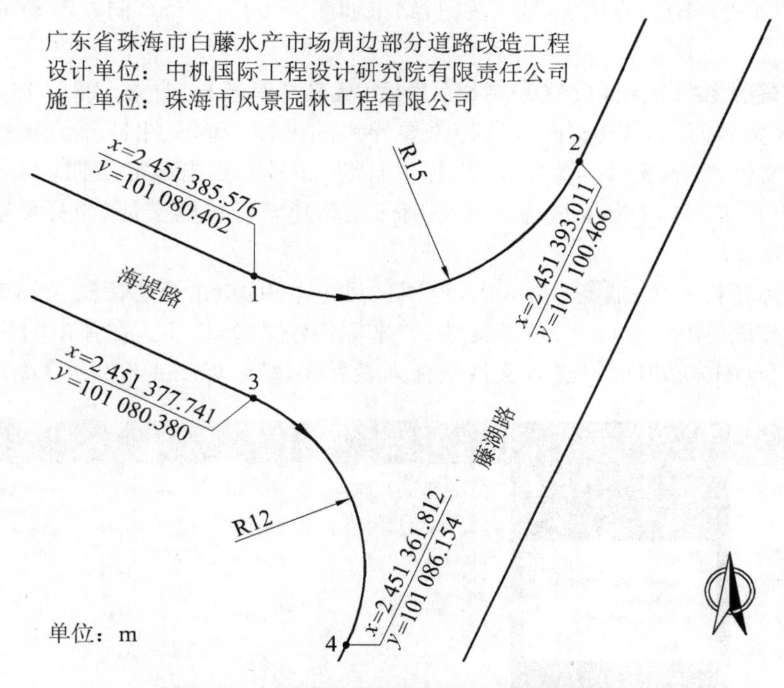

图 4-96 广东省珠海海堤路人行道边线设计图纸

(1) 新建单平曲线元文件

在**单线元**程序文件列表界面，新建“珠海海堤路人行道边线 1→2”圆曲线元文件并进入该文件主菜单[图 4-97(a)]。

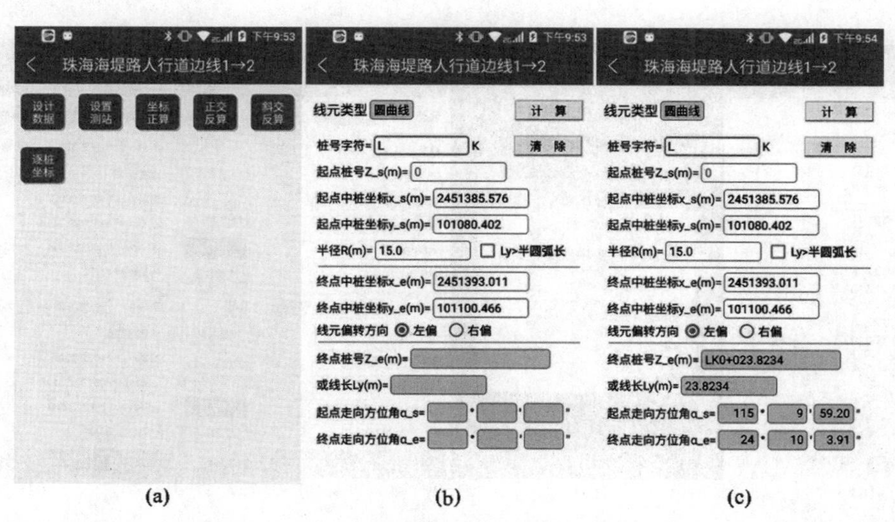

图 4-97 输入 1→2 点单圆曲线元设计数据并计算主点数据

（2）计算 1→2 号人行道边线圆曲线元主点数据

点击设计数据按钮，输入图 4-96 所注 1→2 人行道边线圆曲线设计数据，设置◉左偏单选框［图 4-97(b)］；点击 计 算 按钮，结果如图 4-97(c)所示。

（3）计算 1→2 号人行道边线圆曲线元逐桩坐标

点击屏幕标题栏左侧的＜按钮，返回文件主菜单［图 4-97(a)］；点击逐桩坐标按钮，输入逐桩间距 0.5 m［图 4-97(b)］，点击 计 算 按钮，结果如图 4-98(a)所示，向左滑动屏幕查看逐桩坐标计算结果。

点击 **导出逐桩坐标** 按钮，设置◉ **导出至坐标传输文件** 单选框［图 4-98(b)］，点击 **确定** 按钮，进入文件选择界面［图 4-98(c)］，选择需要导入的坐标传输文件名。点击 **新建文件** 按钮新建坐标传输文件，缺省文件名为字符“坐标＋日期_序号”，点击 **确定** 按钮，点击屏幕标题栏右侧的✓按钮［图 4-98(d)］，完成导出逐桩坐标至新建坐标传输文件“坐标传输 200925_5”的操作［图 4-98(e)］。

点击屏幕标题栏左侧的＜按钮 3 次，返回项目主菜单，点击 **坐标传输** 按钮，进入坐标传输文件列表界面［图 4-99(a)］，点击文件名“坐标传输 200925_5”，在弹出的快捷菜单点击“坐标列表”命令［图 4-99(b)］，进入文件坐标列表界面，结果如图 4-99(c)，(d)所示。

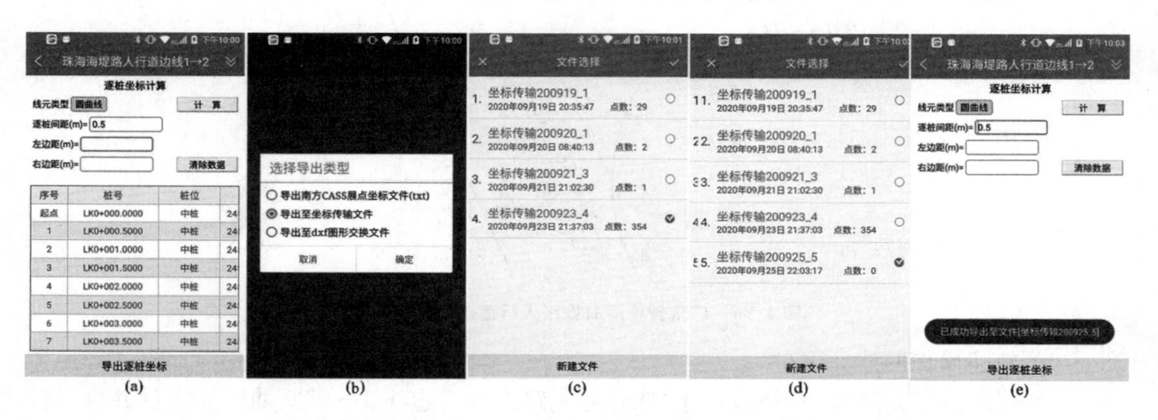

图 4-98 计算“广东珠海海堤路人行道边线 1→2”文件的逐桩坐标并导出到坐标传输文件

图 4-99 计算“广东珠海海堤路人行道边线 1→2”文件的逐桩坐标并导出到坐标传输文件

4.18 使用 Q2X9 线元法程序计算特殊回头曲线

某些回头曲线，因为图纸的原因，使用 **Q2X8交点法** 程序无法计算，此时，需要将其变换为线元法设计数据，采用 **Q2X9线元法** 程序计算。例如，图 4-100 所示为图纸给出的 JD43 与 JD44 的直曲表，其中的 JD43 为回头曲线，图 4-101 所示为 JD43 与 JD44 平曲线展点图。

河南省新增国道G344遥北坡至旧县镇潭头路口公路改建工程
JD43、JD44直线、曲线及转角表(局部)
设计单位：郑州市交通交通规划勘察设计研究院
施工单位：河南森大公路工程有限公司

交点号	交点桩号及交点坐标		转角	曲线要素/m					
				半径	缓和曲线参数	缓和曲线长	切线长	曲线长	夹直线长
QD	桩	K62+077.292	$\alpha_{QD-JD43}$=309°16′51.43″(使用QD与JD43的设计坐标反算)						
	N	3 776 824.017							
	E	481 319.824							68.198
JD43	桩	K62+349.053	196°27′24.8″(Z)	30	32.403 7	35	−203.564	140.365	
	N	3 776 867.195			34.641	40	−201.086		
	E	481 267.035							0
JD44	桩	K62+751.06	162°32′29″(Y)	68	48.785 2	35	465.206	227.908	
	N	3 776 635.864			48.785 2	35	465.206		
	E	481 668.043							80.07
ZD	桩	K62+593.832	$\alpha_{JD44-ZD}$=275°21′54.62″(使用JD44与ZD的设计坐标反算)						
	N	3 776 686.849							
	E	481 125.156							

平面坐标系：1980西安坐标系，中央子午线经度E112°06′。

图 4-100　河南省新增国道 G344 遥北坡至旧县镇潭头路口公路改建工程 JD43,JD44 平曲线设计图纸

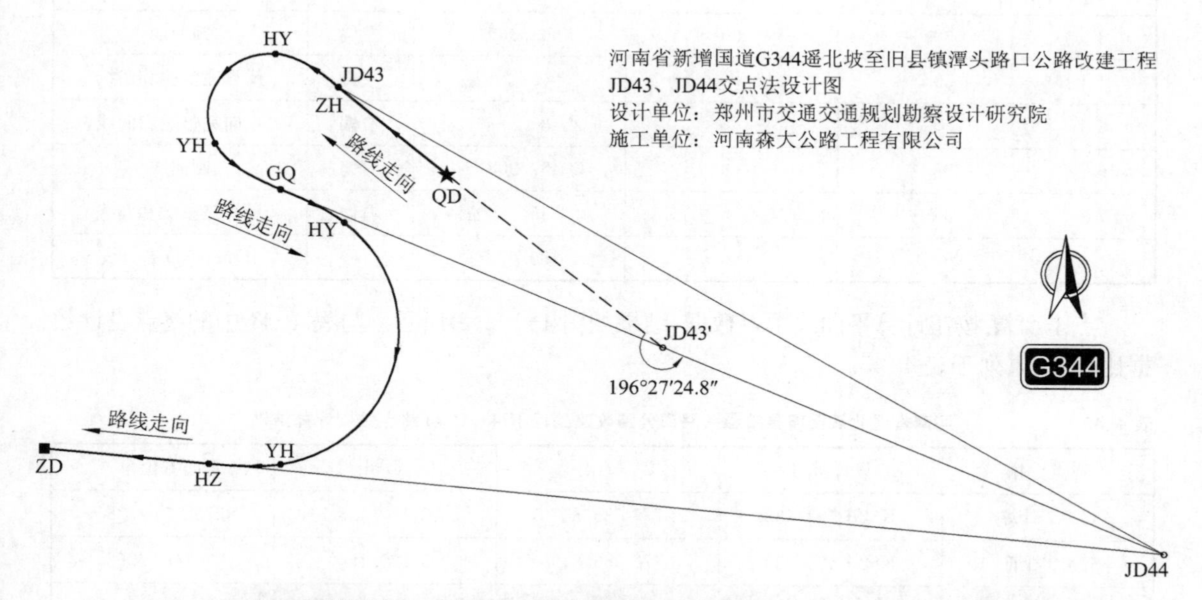

图 4-101　河南省新增国道 344 遥北坡至旧县镇潭头路口公路改建工程 JD43,JD44 平曲线设计图纸

由图 4-101 所示的展点图可知，图纸给出的 JD43 与该交点的 ZH 点重合，按图纸给出的 JD43 转角为 $\Delta_{左}=196°27'24.8''$推算，JD43 的正确位置应为图中 JD43′位置。所以，该案例无法使用 **Q2X8交点法** 程序计算。

1. 转换为线元法平曲线设计数据

QD→JD43 的夹直线长为 68.198 m。JD43 为非对称基本型平曲线，容易验算其第一、第二缓和曲线均为完整缓和曲线，第一缓曲线长 $L_{h1}=35$ m，第二缓曲线长 $L_{h2}=40$ m，曲线总长为 $L=140.365$ m，则圆曲线长为 $L_y=L-L_{h1}-L_{h2}=140.365-35-40=65.365$ m，JD43 的 3 条基本型曲线均为左偏。

JD44 为对称基本型平曲线，容易验算其第一、第二缓和曲线均为完整缓和曲线，第一、第二缓曲线长 $L_{h1}=L_{h2}=35$ m，曲线总长为 $L=227.908$ m，则圆曲线长为 $L_y=L-L_{h1}-L_{h2}=227.908-35-35=157.908$ m，JD44 的 3 条基本型曲线均为右偏，HZ→ZD 的夹直线长为 80.07 m。

2. 输入平曲线设计数据

在 **Q2X9线元法** 程序文件列表界面，新建“河南遥北坡至旧县镇 JD43_44”文件并进入该文件主菜单，点击设计数据按钮进入平曲线设计数据界面，输入表 4-44 所列 8 条平曲线设计数据，结果如图 4-102(a)—(d)所示。

表 4-44　河南省遥北坡至旧县镇潭头路口公路改建工程 JD43，JD44 线元法设计数据

点名	设计桩号	x/m	y/m	走向方位角 α	
QD	K62+077.292	3 776 824.017	481 319.824	309°16′51.43″	
ZD	K62+593.832	3 776 686.849	481 125.156	275°21′54.62″	
序	起点半径/m	终点半径/m	线长/m	偏向	线元类型
1	∞	∞	68.198		QD→JD43 夹直线
2	∞	30	35	左偏	正向完整缓和曲线
3	30	30	65.365	左偏	圆曲线
4	30	∞	40	左偏	反算完整缓和曲线
5	∞	68	35	右偏	正向完整缓和曲线
6	68	68	157.908	右偏	圆曲线
7	68	∞	35	右偏	反算完整缓和曲线
8	∞	∞	80.07		JD44→ZD 夹直线

点击 **计算** 按钮计算平曲线主点数据，结果如图 4-102(e)所示。与表 4-44 中的终点设计数据比较，结果列于表 4-45。

表 4-45　河南省遥北坡至旧县镇潭头路口公路改建工程 JD43，JD44 终点数据计算结果

终点数据	设计桩号	x/m	y/m	走向方位角 α
Q2X9 计算	K62+593.833	3 776 686.847 5	481 125.158 7	275°21′52.78″
设计图纸	K62+593.832	3 776 686.849	481 125.156	275°21′54.62″
差值	0.001	−0.001 5	0.002 7	−1.84″

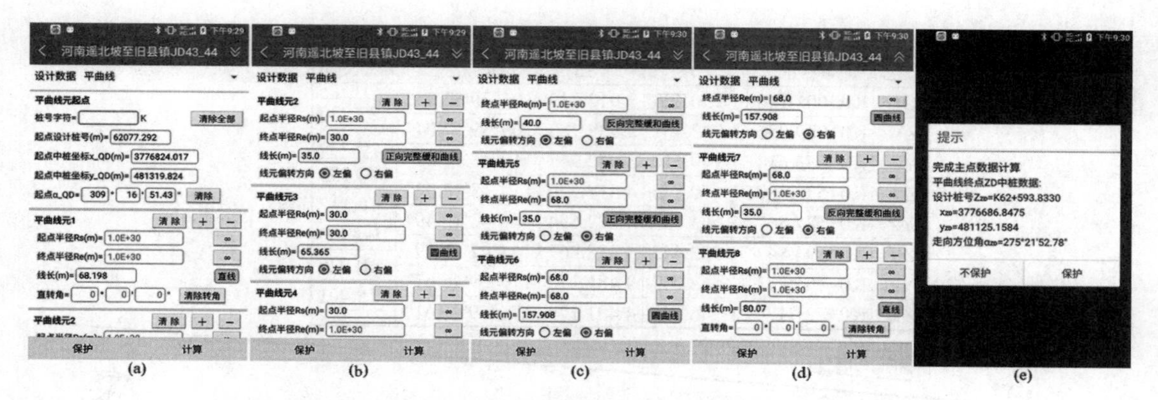

图 4-102　输入表 4-44 所列 8 条平曲线元设计数据并计算平曲线主点数据

4.19　Q2X9 线元法程序计算平曲线主点数据的精度分析

线元法定义的每个平曲线元的 4 个设计数据是:起点半径 R_s,终点半径 R_e,线长 L 和偏转方向。线长 L 的取位精度对平曲线主点数据影响最大。

在设计图纸中,线长 L 一般取位到 0.001 m 位,高速公路主线、设计速度为 100 km/h 的圆曲线半径的一般值是 700 m,极限最小值为 360 m[18],此时,0.001 m 位线长四舍五入取位误差最大为0.000 5 m,由此引起的圆曲线终点走向方位角的最大误差为

$$m_{\alpha_e}=\frac{0.0005}{360}\times\rho''=0.286'' \tag{4-13}$$

式中,$\rho''=206\ 265$ 为弧秒值。此时,应用**Q2X9线元法**程序计算高速公路主线时,其对路线终点数据的影响是比较小的。

对于某些圆曲线半径比较小的特殊工程,线长四舍五入取位误差对终点走向方位角的影响就比较大,应用**Q2X9线元法**程序计算时,其对标段终点数据的影响也比较大,图 4-103 所示的取水隧洞工程案例就属于此例。表 4-46 列出了根据图 4-103 所示的线位数据表编写的线元法设计数据。

表 4-46　　广东深圳市 LNG 接收站取水隧洞工程线元法设计数据(线位数据表)

点名	设计桩号	x/m	y/m	走向方位角 α	
QD	K0+001.136	1 950.408	3 912.039	106°39′52.04″	
ZD	K0+721.174	1 546.651	4 481.179	179°59′46.61″	
序	起点半径 R_s/m	终点半径 R_e/m	线长 L/m	偏向	线元类型
1	∞	∞	27.92		直线
2	20	20	4.558	右偏	圆曲线
3	∞	∞	544.136		直线
4	20	20	10.117	右偏	圆曲线
5	∞	∞	106.98		直线
6	20	20	10.926	右偏	圆曲线
7	∞	∞	15.401		直线

广东省深圳市LNG接收站取水隧洞工程线位数据表

点名	桩号	x/m	y/m	走向方位角	线长/m
QD	K0+001.136	1 950.408	3 912.039	106°39′52.04″	27.920
ZY	K0+029.056	1 942.401	3 938.788	106°39′52.04″	4.558
YZ	K0+033.614	1 940.610	3 942.967	119°43′17.22″	544.136
ZY	K0+577.750	1 670.836	4 415.520	119°43′17.22″	10.117
YZ	K0+587.867	1 663.856	4 422.694	148°42′12.49″	106.980
ZY	K0+694.847	1 572.442	4 478.267	148°42′12.49″	10.926
YZ	K0+705.773	1 562.053	4 481.178	179°59′46.61″	15.401
ZD	K0+721.174	1 546.651	4 481.179	179°59′46.61″	

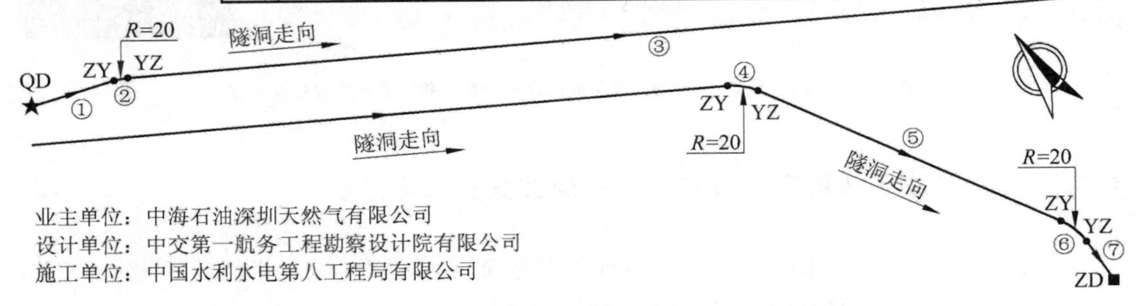

图 4-103　广东省深圳市 LNG 接收站取水隧洞工程线元法设计图

1. 输入平曲线设计数据

在**Q2X9线元法**程序文件列表界面，新建“广东深圳 LNG 接收站取水隧洞”文件并进入该文件主菜单，点击**设计数据**按钮进入平曲线设计数据界面，输入表 4-46 所列 7 条平曲线设计数据，结果如图 4-104(a)—(d)所示。

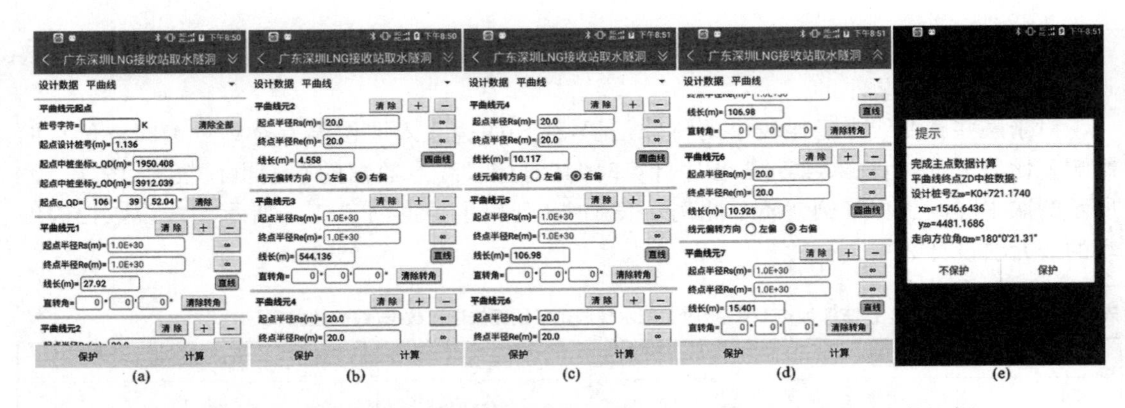

图 4-104　输入表 4-46 所列 7 条平曲线元设计数据并计算平曲线主点数据(线位数据表)

点击**计算**按钮计算平曲线主点数据，结果如图 4-104(e)所示。与表 4-46 中的终点设计数据比较，结果列于表 4-47。

表 4-47　　广东省深圳市 LNG 接收站取水隧洞工程终点数据计算结果

终点数据	设计桩号	x/m	y/m	走向方位角 α
Q2X9 计算	K0+721.174	1 546.643 6	4 481.168 6	180°00′21.31″
设计图纸	K0+721.174	1 546.651	4 481.179	179°59′46.61″
差值	0.001	−0.007 4	−0.010 4	34.7″

2. 终点数据误差分析

与图纸设计值比较，程序算出的终点数据与图纸值相差还是比较大的，下面分析原因。

本例 2，4，6 号圆曲线元的半径均为 20 m，圆曲线长 0.000 5 m 的四舍五入取位误差引起的圆曲线终点走向方位角的误差为

$$m_{\alpha_e}=\frac{0.000\ 5}{20}\times\rho''=5.16'' \tag{4-14}$$

3 号直线线元的走向方位角等于 2 号圆曲线元的终点走向方位角，3 号直线线长为 544.136 m，5.16″的走向方位角误差对应 3 号直线线元终点的横向误差为

$$\delta_u=\frac{5.16\times 544.136}{\rho''}=0.013\ 6\ \text{m} \tag{4-15}$$

这就是本例终点坐标误差的最大来源。

为了获取线长的精确值，施工单位向设计单位索取了 dwg 格式设计文件，笔者在 AutoCAD 中，通过对象特性管理器重新获取了起点走向方位角 α_s、终点走向方位角 α_e、取位到 0.000 1 m 位的 7 个线长值，将其与线位数据表的同名数据比较，结果列于表 4-48。

表 4-48　线位数据表与 dwg 文件的线长及起讫点走向方位角数据比较

序	图纸 L/m	dwg 文件 L/m	差值/m	名称	图纸	dwg 文件	差值
1	27.92	27.920 5	−0.000 5	α_s	106°39′52.04″	106°39′53.87″	−1.83″
2	4.558	4.557 6	0.000 4	α_e	179°59′46.61″	180°00′00″	−13.39″
3	544.136	544.136 1	0.000 1	x_e/m	1 546.651	1 546.650 8	0.000 2
4	10.117	10.116 5	0.000 5	y_e/m	4 481.179	4 481.176 8	0.002 2
5	106.98	106.980 7	−0.000 7				
6	10.926	10.924 6	0.001 4				
7	15.401	15.401	0				

按表 4-48 的起讫点走向方位角及线长数据，修改“广东深圳 LNG 接收站取水隧洞”文件的平曲线设计数据，结果如图 4-105(a)—(d)所示。

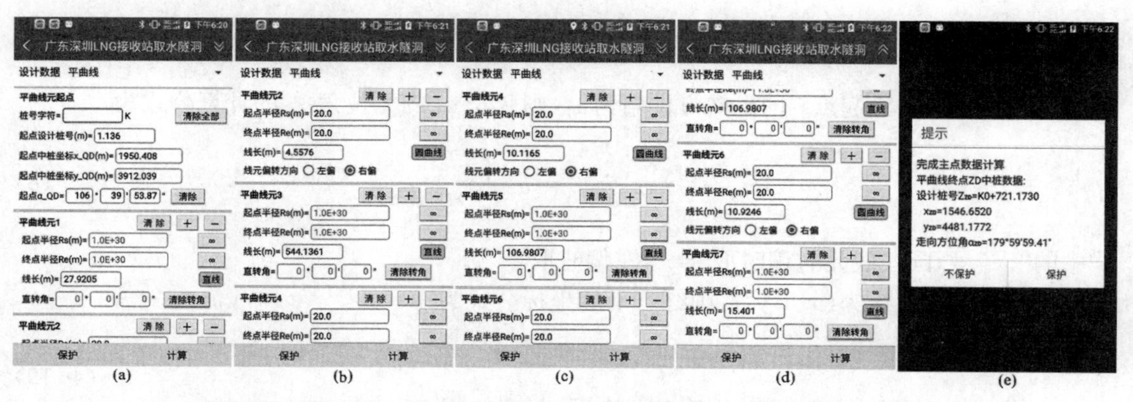

图 4-105　根据 dwg 文件输入表 4-48 所列 7 条平曲线元线长及起讫点走向方位角并计算平曲线主点数据

点击**计算**按钮计算平曲线主点数据，结果如图 4-105(e)所示。与表 4-48 中的 dwg 文件终点设计数据比较，结果列于表 4-49。

表 4-49　　广东省深圳市 LNG 接收站取水隧洞工程终点数据计算结果

终点数据	设计桩号	x/m	y/m	走向方位角 α
Q2X9 计算	K0+721.173	1 546.652	4 481.177 2	179°59′59.41″
dwg 文件	K0+721.174	1 546.650 8	4 481.176 8	180°00′00″
差值	−0.001	−0.001 2	0.000 4	−0.59″

3. 只含直线与圆曲线元时线长取位误差对主点坐标的影响规律

(1) 圆曲线元终点坐标的误差计算公式

如图 4-106(a)所示，设第 i 号圆曲线元的线长为 l_i，半径为 R_i，圆心角为 θ_i，弦切角 γ_i 的计算公式为

$$\gamma_i=\frac{\theta_i}{2}=\frac{l_i}{2R_i} \tag{4-16}$$

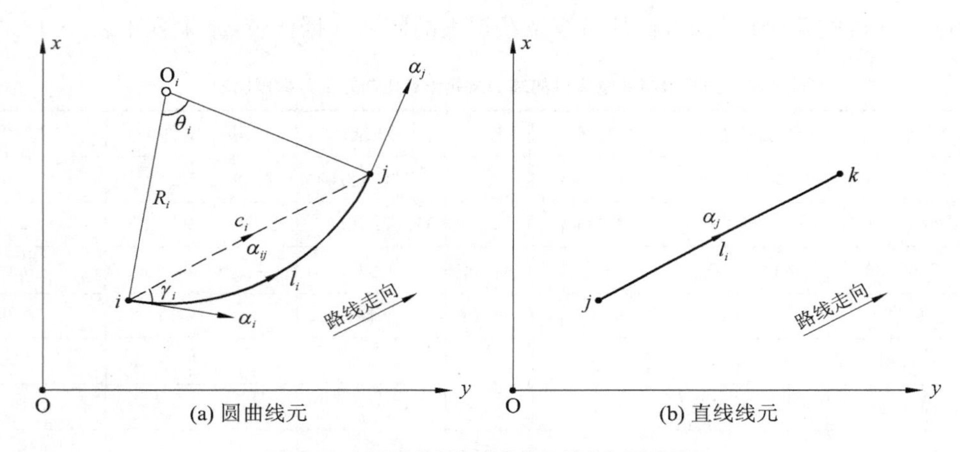

图 4-106　圆曲线元与直线线元的坐标计算原理

弦长 c_i 的计算公式为

$$c_i=2R_i\sin\gamma_i=2R_i\sin\frac{l_i}{2R_i} \tag{4-17}$$

设 i 号圆曲线元起点 i 的走向方位角为 α_i，则弦长 c_i 的方位角 α_{ij} 的计算公式为

$$\alpha_{ij}=\alpha_i\pm\gamma_i=\alpha_i\pm\frac{l_i}{2R_i} \tag{4-18}$$

式中的“±”号，圆曲线元右偏时取“+”，左偏时取“−”。

设起点 i 的坐标为(x_i, y_i)，则终点 j 的坐标公式为

$$\left.\begin{aligned}x_j&=x_i+\Delta x_{ij}=x_i+c_j\cos\alpha_{ij}\\ y_j&=y_i+\Delta y_{ij}=y_i+c_j\sin\alpha_{ij}\end{aligned}\right\} \tag{4-19}$$

将式(4-17)、式(4-18)代入式(4-19),得

$$\left.\begin{aligned} x_j &= x_i + 2R_i \sin\gamma_i \cos(\alpha_i \pm \gamma_i) = x_i + 2R_i \sin\frac{l_i}{2R_i}\cos\left(\alpha_i \pm \frac{l_i}{2R_i}\right) \\ y_j &= y_i + 2R_i \sin\gamma_i \sin(\alpha_i \pm \gamma_i) = y_i + 2R_i \sin\frac{l_i}{2R_i}\sin\left(\alpha_i \pm \frac{l_i}{2R_i}\right) \end{aligned}\right\} \tag{4-20}$$

设计图纸给出的圆曲线元半径 R_i 是没有误差的,只有圆曲线长 l_i 存在取位误差,所以,在式(4-20)中,只有弦切角 γ_i 的误差与线长 l_i 的取位误差有关。

对式(4-20)的第一式取全微分,得

$$\begin{aligned} \mathrm{d}x_j &= \mathrm{d}x_i + [2R_i\cos\gamma_i\cos(\alpha_i \pm \gamma_i) \mp 2R_i \sin\gamma_i \sin(\alpha_i \pm \gamma_i)]\mathrm{d}\gamma_i - \\ &\quad 2R_i \sin\gamma_i \sin(\alpha_i \pm \gamma_i)\mathrm{d}\alpha_i \\ &= \mathrm{d}x_i + (\cot\gamma_i \Delta x_{ij} \mp \Delta y_{ij})\mathrm{d}\gamma_i - \Delta y_{ij}\mathrm{d}\alpha_i \end{aligned} \tag{4-21}$$

对式(4-16)取全微分,得

$$\mathrm{d}\gamma_i = \frac{\mathrm{d}l_i}{2R_i} \tag{4-22}$$

将式(4-22)代入式(4-21),得

$$\mathrm{d}x_j = \mathrm{d}x_i + \frac{\cot\gamma_i \Delta x_{ij} \mp \Delta y_{ij}}{2R_i}\mathrm{d}l_i - \Delta y_{ij}\mathrm{d}\alpha_i \tag{4-23}$$

同理,得 y_j 坐标的全微分为

$$\mathrm{d}y_j = \mathrm{d}y_i + (\cot\gamma_i \Delta y_{ij} \pm \Delta x_{ij})\mathrm{d}\gamma_i = \frac{\cot\gamma_i \Delta y_{ij} \pm \Delta x_{ij}}{2R_i}\mathrm{d}l_i + \Delta x_{ij}\mathrm{d}\alpha_i \tag{4-24}$$

式(4-23)和式(4-24)是在假设 i 号圆曲线元的起点坐标(x_i, y_i)与起点走向方位角 α_i 函数独立的条件下推导出的微分公式,实际上,这个假设只有当 $i=1$ 时才成立。当 $i>1$ 时,i 号圆曲线元的起点坐标(x_i, y_i)与起点走向方位角 α_i 均为 i 点后的线长 $l_1 \sim l_i$ 的函数,(x_i, y_i)与 α_i 函数不独立,理论上,应将微分量 $\mathrm{d}x_i$, $\mathrm{d}y_i$, $\mathrm{d}\alpha_i$ 变换为 $\mathrm{d}l_1 \sim \mathrm{d}l_i$ 的函数,但这将使 $\mathrm{d}x_j$, $\mathrm{d}y_j$ 的微分公式变得非常复杂,所以,当 $i>1$ 时,式(4-23)与式(4-24)为近似微分公式。

应用误差传播定律,考虑到 α_i 的中误差 $m_{\alpha i}$ 是由 i 号线元后(以路线走向为前进方向)的线元取位误差累计而来,与 i 号线元的线长中误差 m_{l_i} 无关,即 $\mathrm{d}l_i$ 与 $\mathrm{d}\alpha_i$ 误差独立,得圆曲线元终点坐标中误差的计算公式为

$$\left.\begin{aligned} m_{x_j} &= \sqrt{m_{x_i}^2 + \frac{(4\cot\gamma_i \Delta x_{ij} \mp \Delta y_{ij})^2}{4R_i^2}m_{l_i}^2 + \Delta y_{ij}^2 m_{\alpha_i}^2} \\ m_{y_j} &= \sqrt{m_{y_i}^2 + \frac{(\cot\gamma_i \Delta y_{ij} \pm \Delta x_{ij})^2}{4R_i^2}m_{l_i}^2 + \Delta x_{ij}^2 m_{\alpha_i}^2} \end{aligned}\right\} \tag{4-25}$$

由图 4-106(a)容易导出圆曲线元终点走向方位角 α_j 的中误差计算公式为

$$\alpha_j = \alpha_i \pm \frac{l_i}{R_i} \tag{4-26}$$

应用误差传播定律，得

$$m_{\alpha_j} = \sqrt{m_{\alpha_i}^2 + \frac{m_{l_i}^2}{R_i^2}} \tag{4-27}$$

(2) 直线线元终点坐标的误差计算公式

如图 4-106(b)所示，设第 j 号直线线元的线长为 l_j，起点 j 的坐标为(x_j，y_j)，j 点的走向方位角为 α_j，则终点 k 的坐标计算公式为

$$\left.\begin{aligned} x_k &= x_j + \Delta x_{jk} = x_j + l_j \cos\alpha_j \\ y_k &= y_j + \Delta y_{jk} = y_j + l_j \sin\alpha_j \end{aligned}\right\} \tag{4-28}$$

同理，假设 x_j，y_j，α_j 的微分函数独立，当 $j>1$ 时，有近似全微分公式：

$$\left.\begin{aligned} \mathrm{d}x_k &= \mathrm{d}x_j + \cos\alpha_j \mathrm{d}l_j - l_j \sin\alpha_j \mathrm{d}\alpha_j = \mathrm{d}x_j + \frac{\Delta x_{jk}}{l_j}\mathrm{d}l_j - \Delta y_{jk}\mathrm{d}\alpha_j \\ \mathrm{d}y_k &= \mathrm{d}y_j + \sin\alpha_j \mathrm{d}l_j + l_j \cos\alpha_j \mathrm{d}\alpha_j = \mathrm{d}y_j + \frac{\Delta y_{jk}}{l_j}\mathrm{d}l_j - \Delta x_{jk}\mathrm{d}\alpha_j \end{aligned}\right\} \tag{4-29}$$

应用误差传播定律，得

$$\left.\begin{aligned} m_{x_k} &= \sqrt{m_{x_j}^2 + \frac{\Delta x_{jk}^2}{l_j^2} m_{l_j}^2 + \Delta y_{jk}^2 m_{\alpha_j}^2} \\ m_{y_k} &= \sqrt{m_{y_j}^2 + \frac{\Delta y_{jk}^2}{l_j^2} m_{l_j}^2 + \Delta x_{jk}^2 m_{\alpha_j}^2} \end{aligned}\right\} \tag{4-30}$$

对于图 4-103 所示的案例，将表 4-48 中第 4 列的 7 条线长的差值列于表 4-50 的 m_1列，m_1列的数值即为 7 条线元线长的取位误差。应用式(4-25)与式(4-29)计算 7 个线元终点的坐标误差列于表 4-50 的 m_x 和 m_y 列。

表 4-50　应用式(4-30)计算图 4-103 所示平曲线主点的坐标误差结果

序	点名	l/m	R/m	m_1/m	m_x/m	m_y/m
1	QD	27.920	∞	−0.000 5	0.000 143	0.000 479
2	ZY	4.558	20	0.000 4	0.000 245	0.000 592
3	YZ	544.136	∞	0.000 1	0.009 454	0.005 429
4	ZY	10.117	20	0.000 5	0.009 465	0.005 437
5	YZ	106.980	∞	−0.000 7	0.009 649	0.006 185
6	ZY	10.926	20	0.001 4	0.009 751	0.006 194
7	YZ	15.401	∞	0	0.009 751	0.006 306
	ZD					

由表 4-50 可知，m_x 和 m_y 列的数值，从第 3 行开始的误差较大，它对应于 3 号长直线线元的终点坐标误差也较大，这也从误差理论验证了式(4-15)的结论是正确的。

本章小结

(1) 路线中线一般由直线、圆曲线、缓和曲线三种线元按需要径相连接而成，作者于2009年首次提出了线元法[9]，将每条线元的设计数据统一为起点半径 R_s、终点半径 R_e、线长 L、偏转系数±1。$R_s=R_e=\infty$ 为直线，$R_s=R_e\neq\infty$ 为圆曲线，$R_s\neq R_e$ 为缓和曲线。平曲线设计图纸为线位数据表时，表示采用线元设计。

(2) 对于缓曲线元，线位数据表一般只给出缓曲参数及其线长，不会给出起讫点半径值，当匝道平曲线出现2条及2条以上缓和曲线径向连接时，会出现其中一条缓和曲线的起点半径 R_s 与终点半径 R_e 均未知的情形，需要列立线长和偏角两个方程才能求出起点半径 R_s 和终点点半径 R_e 两个未知数。计算线元法设计的缓和曲线起讫点半径要比计算交点法设计的第一、第二缓和曲线起讫点半径复杂。

(3) **Q2X9线元法**程序最少能计算一条平曲线元，高速公路隧道左、右洞的联络通道——车行横洞或人行横洞，其平曲线通常为一条直线线元，其超欠挖测量只能使用**Q2X9线元法**程序计算。

(4) **单线元**程序的设计数据不要求输入起点走向方位角，直线线元只需要输入起讫点设计坐标，圆曲线元只需要输入起讫点设计坐标、半径 R 及其偏转方向，缓曲线元只需要输入起讫点设计坐标、起点半径 R_s、终点半径 R_e 及其偏转方向。程序能计算出三种线元的起讫点走向方位角。只有**单线元**程序可以计算斜交坐标反算。

(5) **Q2X9线元法**程序要求输入匝道或路线的起点走向方位角，当匝道的线位数据表未给出主点走向方位角，匝道图纸未给出缓曲线元参数 A 时，可以使用**单线元**程序试算，以逐渐趋近的方法，同时计算匝道起点走向方位角和缓曲线元起讫半径，详见图4-37所示的案例。

(6) **Q2X9线元法**程序能计算任意线形组合的平曲线。当相邻直线线元为折线连接时，等价于交点法的直转点，只需要在相邻直线线元的前线元(以路线走向为前进方向)输入其转角的代数值；采用交点设计的某些回头曲线，使用**Q2X8交点法**程序无法计算时，采用**Q2X9线元法**程序都可以计算。

(7) 与**Q2X8交点法**程序比较，**Q2X9线元法**程序只有平曲线设计数据不同，其余设计数据与**Q2X8交点法**程序完全相同。

(8) **Q2X9线元法**程序计算平曲线主点数据，只要各线元的线长取位精度足够，计算出的主点数据精度完全可以满足施工测量的要求；当圆曲线半径较小时，线长的取位精度最好到0.1 mm。

(9) 影响全站仪短距离三角高程测量精度的主要因素是仪器高的丈量误差，横轴高程法是在已知点安置全站仪，后视测站附近一个等级水准点，反求出测站全站仪的横轴高程，将测站高程输入为全站仪横轴高程，仪器高输入为0。使用全站仪横轴高程法可以高效地放样设计点位的三维设计坐标。

练 习 题

[4-1] 图4-107所示高速公路平曲线直曲表的特点是，有一个短链，每个交点的第一、第二缓和曲线均为完整缓和曲线，缓和曲线长均为整数。①将交点法设计数据转换为线元法设计数据并计算平曲线主点数据；②按20 m间距计算逐桩坐标、导出dxf图形交换文件、在AutoCAD中精确绘制路线中线图；③完成表4-51所列坐标正、反算，结果填入表格的相应单元。

京藏高速西宁南绕城公路工程第三标段主线直线、曲线及转角表(局部)
设计单位：中交第一公路勘察设计研究院有限公司
施工单位：中交第二公路工程局有限公司隧道工程公司

交点号	交点桩号及交点坐标		转角	曲线要素/m 半径	缓和曲线参数	缓和曲线长	切线长	曲线长	切曲差	夹直线长
QD	桩	K11+437.978	α_{QD-JD1}=286°59′58.47″(使用QD与JD1的设计坐标反算)							
	N	45 774.185								
	E	88 165.972								2 758.167
JD1	桩	K15+238.376	44°20′14.3″(Z)	2 250	750	250	1 042.231	1 991.122	93.34	
	N	46 885.287								
	E	84 531.625			750	250	1 042.231			0
JD2	桩	K16+659.727	31°36′50.4″(Y)	1 350	492.950 3	180	472.459	924.887	20.031	
	N	46 189.688								
	E	83 186.102			492.950 3	180	472.459			431.630
JD3	桩	K18+081.465	40°00′50.8″(Y)	1 270	436.463 1	150	537.679	1 036.940	38.419	
	N	46 297.194								
	E	81 748.347			436.463 1	150	537.679			0
JD4	桩	K18+828.810	20°02′15.2″(Z)	900	391.152 1	170	248.084	519.749	3.858	
	N	46 845.889								
	E	81 185.889			464.758	240	295.029			639.978
ZD	桩	K19+743.153	断链：K19+100.475=K19+103.174，断链值=−2.699 m(短链)							
	N	47 221.943 8	α_{JD4-ZD}=294°15′10.05″(使用JD4与ZD的设计坐标反算)							
	E	80 351.186 9								

图 4-107　京藏高速西宁南绕城公路工程第三标段主线直线、曲线及转角表(局部)

表 4-51　京藏高速西宁南绕城公路工程第三标段坐标正反算数据

点号	Z	x/m	y/m	α	加桩位置	
1	K19+100.475				断链后桩号	
2	K19+103.174				断链前桩号	
3	K18+620				JD3 第二缓曲	
点号	x/m	y/m	Z_p	x_p/m	y_p/m	d/m
4	46 453.374 5	83 724.706 9				
5	46 378.003 8	83 516.519 2				
6	47 108.841 6	80 577.889 6				

［4-2］ 图 4-108 所示高速公路匝道有 5 条平曲线元，其中的 4 条为缓曲线元。①计算 4 条缓曲线元的起讫点半径并计算平曲线主点数据；②按 5 m 间距计算逐桩坐标、导出 dxf 图形交换文件、在 AutoCAD 中精确绘制路线中线图；③完成表4-52 所列坐标正、反算，结果填入表格的相应单元。

表 4-52　广东省中山市三乡互通式立交 D 匝道坐标正反算数据

点号	Z	x/m	y/m	α	加桩位置	
1	DK0+005				1 号缓曲线元	
2	DK0+075				2 号缓曲线元	
3	DK0+230				3 号缓曲线元	

（续表）

点号	x/m	y/m	Z_p	x_p/m	y_p/m	d/m
4	2 471 590.406 1	503 994.899 5				
5	2 471 682.137 6	503 989.713 6				
6	2 471 764.861 9	504 100.647 0				

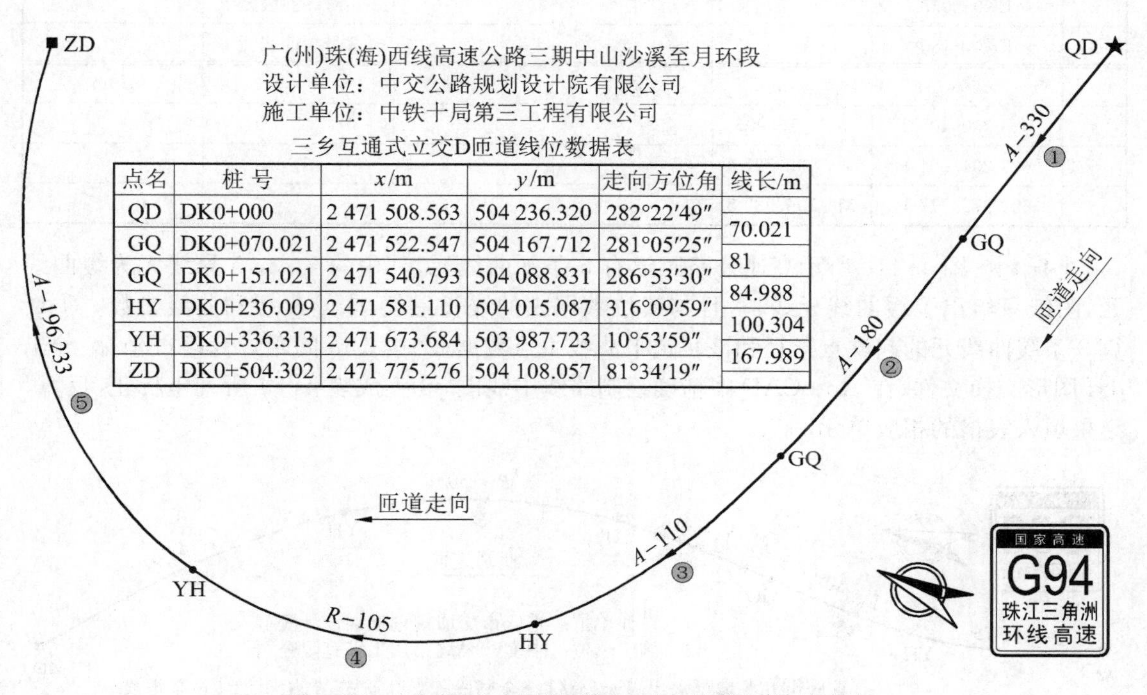

点名	桩 号	x/m	y/m	走向方位角	线长/m
QD	DK0+000	2 471 508.563	504 236.320	282°22′49″	70.021
GQ	DK0+070.021	2 471 522.547	504 167.712	281°05′25″	81
GQ	DK0+151.021	2 471 540.793	504 088.831	286°53′30″	84.988
HY	DK0+236.009	2 471 581.110	504 015.087	316°09′59″	100.304
YH	DK0+336.313	2 471 673.684	503 987.723	10°53′59″	167.989
ZD	DK0+504.302	2 471 775.276	504 108.057	81°34′19″	

图 4-108　广东省中山市三乡互通式立交 D 匝道线元法设计图

［4-3］　图 4-109 所示高速公路匝道有 4 条平曲线元，其中 3 条为缓曲线元。①计算 3 条缓曲线元的起讫点半径并计算主点数据；②按 5 m 间距计算逐桩坐标、导出 dxf 图形交

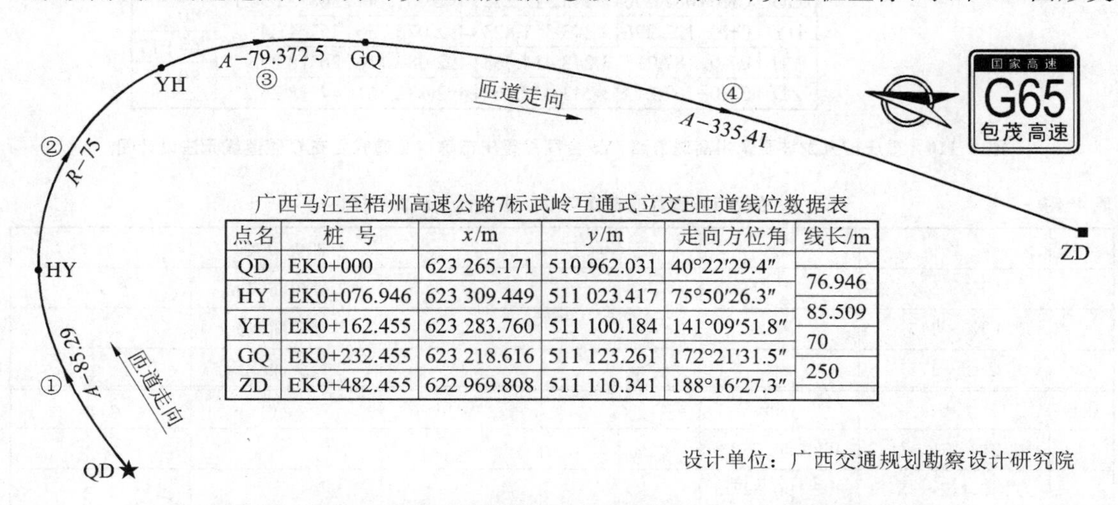

点名	桩 号	x/m	y/m	走向方位角	线长/m
QD	EK0+000	623 265.171	510 962.031	40°22′29.4″	76.946
HY	EK0+076.946	623 309.449	511 023.417	75°50′26.3″	85.509
YH	EK0+162.455	623 283.760	511 100.184	141°09′51.8″	70
GQ	EK0+232.455	623 218.616	511 123.261	172°21′31.5″	250
ZD	EK0+482.455	622 969.808	511 110.341	188°16′27.3″	

图 4-109　广西马江至梧州高速公路 7 标武岭互通式立交 E 匝道线元法设计图

换文件、在AutoCAD中精确绘制路线中线图；③完成表 4-53 所列坐标正、反算，结果填入表格的相应单元。

表 4-53　　广西马江至梧州高速公路 7 标武岭互通式立交 E 匝道坐标正反算数据

点号	Z	x/m	y/m	α	加桩位置	
1	EK0+015				1 号缓曲线元	
2	EK0+075				1 号缓曲线元	
3	EK0+180				2 号缓曲线元	
点号	x/m	y/m	Z_p	x_p/m	y_p/m	d/m
4	623 250.409 2	511 116.906				
5	623 201.904 1	511 132.727 8				
6	622 972.777 1	511 106.982 5				

［**4-4**］　图 4-110 所示高速公路匝道有 5 条平曲线元，其中的 2，3，5 号线元为缓曲线元，图纸只给出了缓曲线元线长，且与线位数据表的线长重复，未给出缓和曲线参数。①计算 3 条缓曲线元的起讫点半径和该匝道平曲线主点数据；②按 5 m 间距计算逐桩坐标、导出 dxf 图形交换文件、在 AutoCAD 中精确绘制路线中线图；③完成表 4-54 所列坐标正、反算，结果填入表格的相应单元。

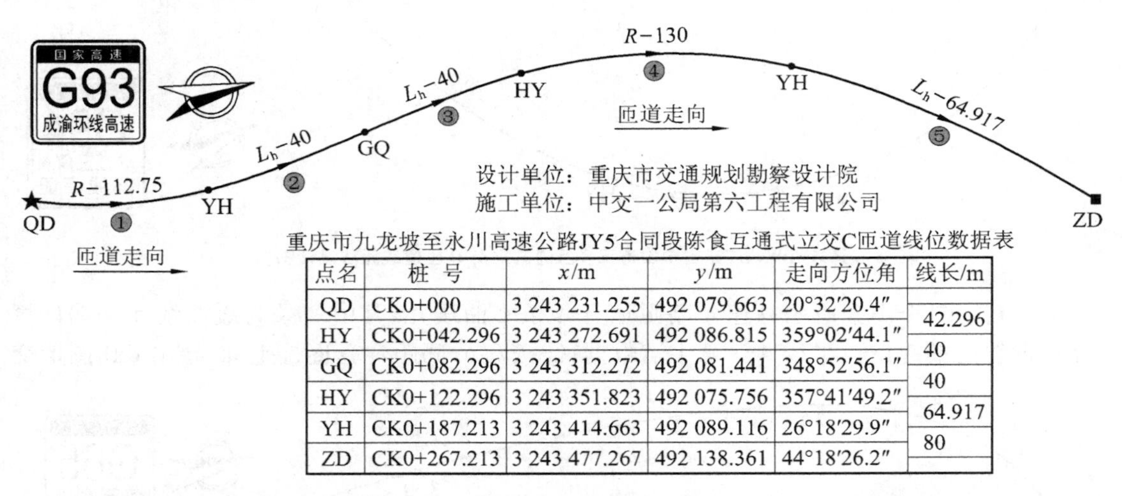

点名	桩　号	x/m	y/m	走向方位角	线长/m
QD	CK0+000	3 243 231.255	492 079.663	20°32′20.4″	
					42.296
HY	CK0+042.296	3 243 272.691	492 086.815	359°02′44.1″	
					40
GQ	CK0+082.296	3 243 312.272	492 081.441	348°52′56.1″	
					40
HY	CK0+122.296	3 243 351.823	492 075.756	357°41′49.2″	
					64.917
YH	CK0+187.213	3 243 414.663	492 089.116	26°18′29.9″	
					80
ZD	CK0+267.213	3 243 477.267	492 138.361	44°18′26.2″	

图 4-110　重庆市九龙坡至永川高速公路 JY5 合同段重庆市陈食互通式立交 C 匝道线元法设计图

表 4-54　　重庆市陈食互通式立交 C 匝道坐标正反算数据

点号	Z	x/m	y/m	α	加桩位置	
1	CK0+055				2 号缓曲线元	
2	CK0+115				3 号缓曲线元	
3	CK0+175				2 号缓曲线元	
点号	x/m	y/m	Z_p	x_p/m	y_p/m	d/m
4	3 243 431.071	492 086.782 8				
5	3 243 417.148 4	492 090.377 5				
6	3 243 472.192 7	492 140.395 9				

[**4-5**]　图 4-111 所示高速公路匝道有 3 条平曲线元，其中的 1，3 号线元为缓曲线元。①计算 3 条缓曲线元的起讫点半径和该匝道平曲线主点数据；②按 5 m 间距计算逐桩坐标、导出 dxf 图形交换文件、在 AutoCAD 中精确绘制路线中线图；③完成表 4-55 所列坐标正、反算，结果填入表格的相应单元。

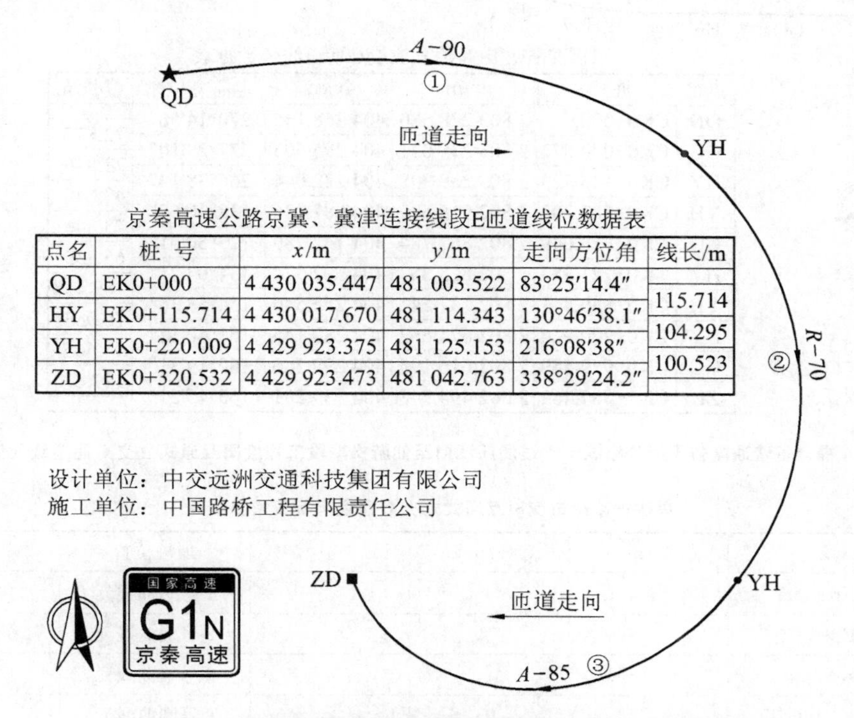

京秦高速公路京冀、冀津连接线段E匝道线位数据表

点名	桩 号	x/m	y/m	走向方位角	线长/m
QD	EK0+000	4 430 035.447	481 003.522	83°25′14.4″	
					115.714
HY	EK0+115.714	4 430 017.670	481 114.343	130°46′38.1″	
					104.295
YH	EK0+220.009	4 429 923.375	481 125.153	216°08′38″	
					100.523
ZD	EK0+320.532	4 429 923.473	481 042.763	338°29′24.2″	

图 4-111　京秦高速公路京冀、冀津连接线段 E 匝道线元法设计图

表 4-55　京秦高速公路京冀、冀津连接线段 E 匝道坐标正反算数据

点号	Z	x/m	y/m	α	加桩位置	
1	EK0+110				1 号缓曲线元	
2	EK0+175				2 号圆曲线元	
3	EK0+315				3 号缓曲线元	
点号	x/m	y/m	Z_p	x_p/m	y_p/m	d/m
4	4 430 037.888 2	481 063.340 6				
5	4 429 943.724 5	481 143.243 7				
6	4 429 902.523 9	481 063.806 9				

[**4-6**]　图 4-112 所示 C 匝道有 9 条平曲线元，其中，1，2，4，5，7 号线元为缓曲线元。①计算 5 条缓曲线元的起讫点半径和该匝道平曲线主点数据；②按 5 m 间距计算逐桩坐标、导出 dxf 图形交换文件、在 AutoCAD 中精确绘制路线中线图；③完成表 4-56 所列坐标正、反算，结果填入表格的相应单元。

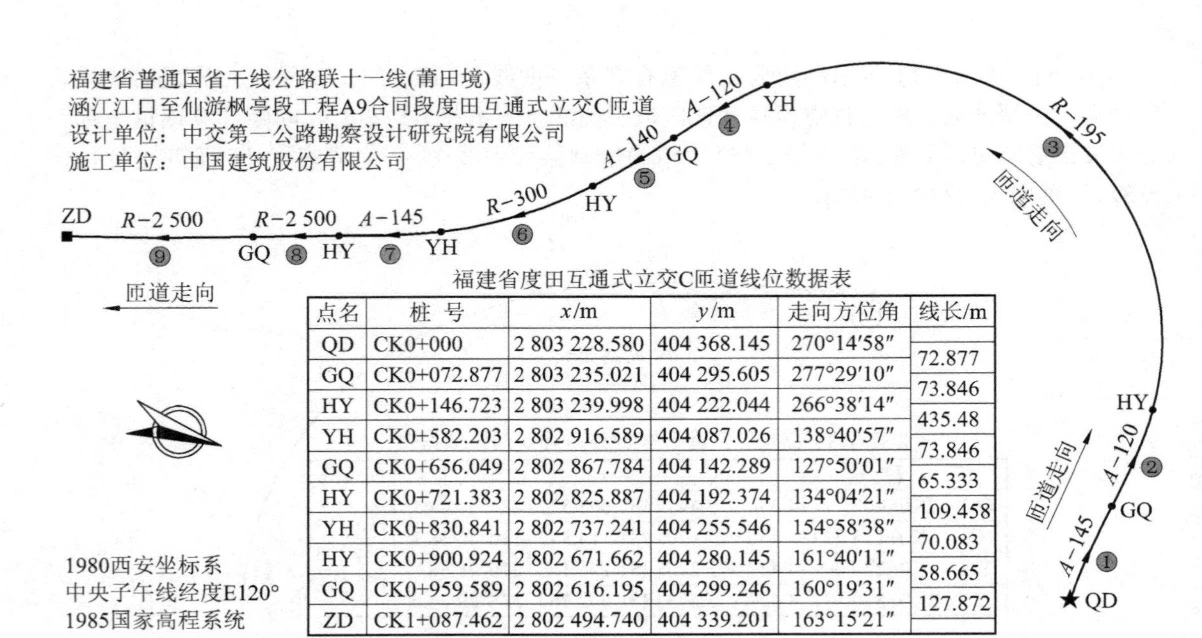

点名	桩 号	x/m	y/m	走向方位角	线长/m
QD	CK0+000	2 803 228.580	404 368.145	270°14′58″	72.877
GQ	CK0+072.877	2 803 235.021	404 295.605	277°29′10″	73.846
HY	CK0+146.723	2 803 239.998	404 222.044	266°38′14″	435.48
YH	CK0+582.203	2 802 916.589	404 087.026	138°40′57″	73.846
GQ	CK0+656.049	2 802 867.784	404 142.289	127°50′01″	65.333
HY	CK0+721.383	2 802 825.887	404 192.374	134°04′21″	109.458
YH	CK0+830.841	2 802 737.241	404 255.546	154°58′38″	70.083
HY	CK0+900.924	2 802 671.662	404 280.145	161°40′11″	58.665
GQ	CK0+959.589	2 802 616.195	404 299.246	160°19′31″	127.872
ZD	CK1+087.462	2 802 494.740	404 339.201	163°15′21″	

图 4-112 福建省普通国省干线公路联十一线涵江江口至仙游枫亭段工程度田互通式立交 C 匝道线元法设计图

表 4-56　　福建省莆田市度田互通式立交 C 匝道坐标正反算数据

点号	Z	x/m	y/m	α	加桩位置	
1	CK0+005				1 号缓曲线元	
2	CK0+075				2 号缓曲线元	
3	CK0+145				2 号缓曲线元	
4	CK0+955				8 号圆曲线元	
5	CK1+025				9 号圆曲线元	
点号	x/m	y/m	Z_p	x_p/m	y_p/m	d/m
6	2 803 229.930 8	404 338.179				
7	2 803 240.091 9	404 223.765 3				
8	2 802 982.150 8	404 046.098 7				

［4-7］ 图 4-113 所示的 F 匝道有 8 条平曲线元，其中的 1，2，4，5，7，8 号线元为缓曲线元，图纸未给出缓曲线元参数和各主点走向方位角。①计算 5 条缓曲线元的起讫半径、起点走向方位角和该匝道平曲线主点数据；②按 5 m 间距计算逐桩坐标、导出 dxf 图形交换文件、在 AutoCAD 中精确绘制匝道中线图；③完成表 4-57 所示坐标正、反算，结果填入表格。

表 4-57　　重庆市嘉陵江大桥至五台山立交段 F 匝道坐标正反算数据

点号	Z	x/m	y/m	α	加桩位置	
1	FK0+023	64 273.468 7	56 339.656 5	155°55′39.45″	1 号缓曲线元	
2	FK0+086	64 223.654 6	56 377.805 7	133°45′37.71″	2 号缓曲线元	
3	FK0+301	64 321.223 2	56 434.246 4	313°27′16.37″	5 号缓曲线元	
4	FK0+394	64 407.423 7	56 421.397 7	13°31′57.69″	8 号缓曲线元	

（续表）

点号	x/m	y/m	Z_p	x_p/m	y_p/m	d/m
6	64 275.508 1	56 344.221 6	FK0＋023.000 9	64 273.467 8	56 339.656 9	−5
7	64 218.237 8	56 372.618 4	FK0＋086.000 2	64 223.654 5	56 377.805 8	7.5
8	64 405.902 7	56 427.717 3	FK0＋394.000 0	64 407.423 7	56 421.397 7	6.5

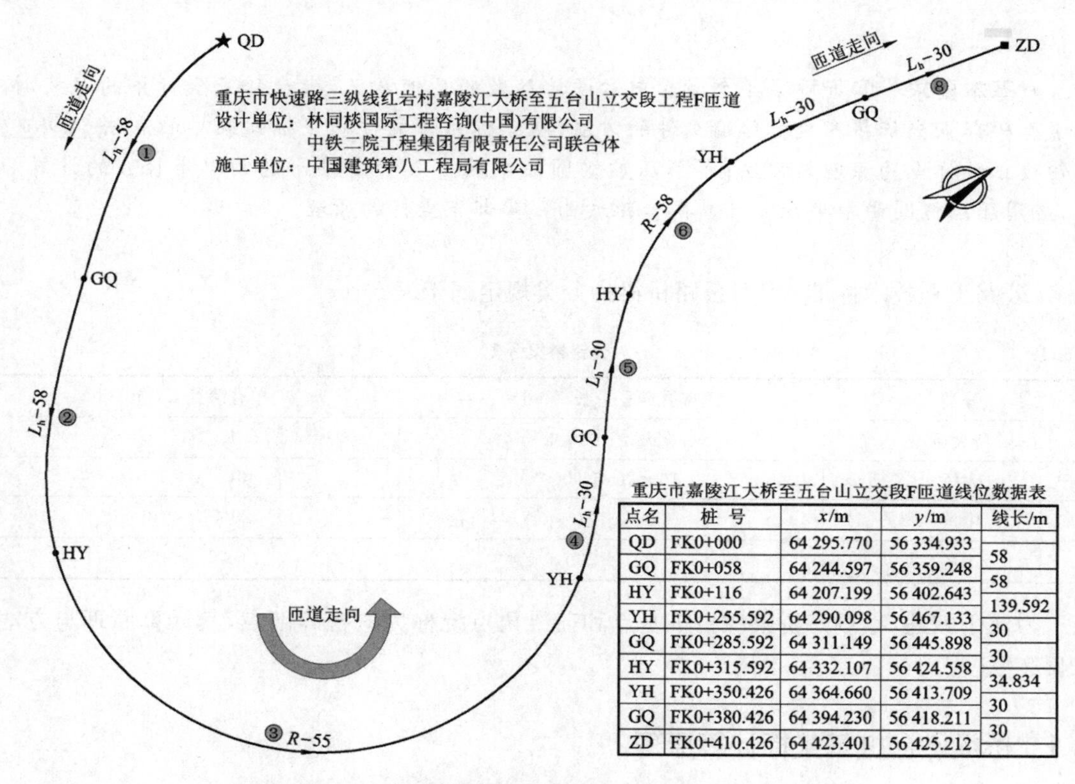

重庆市嘉陵江大桥至五台山立交段F匝道线位数据表

点名	桩 号	x/m	y/m	线长/m
QD	FK0+000	64 295.770	56 334.933	
				58
GQ	FK0+058	64 244.597	56 359.248	
				58
HY	FK0+116	64 207.199	56 402.643	
				139.592
YH	FK0+255.592	64 290.098	56 467.133	
				30
GQ	FK0+285.592	64 311.149	56 445.898	
				30
HY	FK0+315.592	64 332.107	56 424.558	
				34.834
YH	FK0+350.426	64 364.660	56 413.709	
				30
GQ	FK0+380.426	64 394.230	56 418.211	
				30
ZD	FK0+410.426	64 423.401	56 425.212	

图 4-113　重庆市嘉陵江大桥至五台山立交段工程 F 匝道设计图纸

［4-8］　图 4-114 所示为玉湖路与连水街交叉处 1→2 和 3→4 路边圆弧线设计图，试按 5 m间距计算这两条圆弧边线的逐桩坐标。

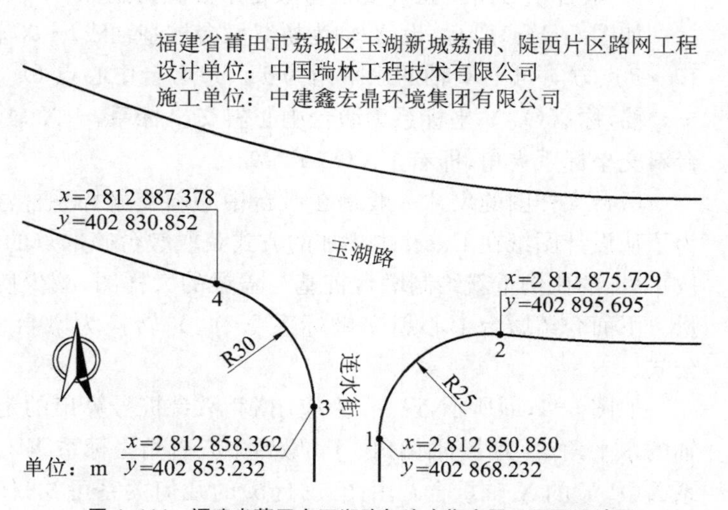

图 4-114　福建省莆田市玉湖路与连水街交叉口平面设计图

第5章 桥梁墩台桩基与斜交涵洞坐标计算原理与工程案例

● **基本要求** 掌握桥梁4个墩台中心设计参数的几何意义，墩台斜交坐标系的定义，桥梁墩台碎部点坐标导入坐标传输文件的方法，在坐标传输文件的坐标列表界面点击 点位校正 按钮校正放样点的原理与方法；了解压缩椭圆短半轴 b 或长半轴 a 的曲率半径 ρ 的计算原理，应用压缩椭圆曲率半径 ρ 计算桥台锥坡曲线碎部点坐标的原理。

《公路工程技术标准》[18]对公路桥梁的分类规定列于表5-1。

表5-1 **公路桥梁分类**

分类	多孔跨径总长 L/m	单孔跨径 L_K/m
特大桥	$L>1\ 000$	$L_K>150$
大桥	$100\leqslant L\leqslant 1\ 000$	$40\leqslant L_K\leqslant 150$
中桥	$30\leqslant L\leqslant 100$	$20\leqslant L_K<40$
小桥	$8\leqslant L\leqslant 30$	$5\leqslant L_K<20$

为便于叙述，本章将桥梁墩台桩基点和盖梁角点统称为墩台碎部点，其计算原理与方法取自文献[5]。

5.1 桥梁墩台桩基坐标计算原理

1. 墩台中心斜交坐标变换为墩台中心直角坐标

如图5-1(a)所示，设 X 轴为桥梁墩台桩基轴线，$+X$ 轴定义为路线走向右侧，盖梁边线10→7点方向与 $+X$ 轴的水平角为 $\theta_{j\#}$，过墩台中心点 $O_{j\#}$ 平行于盖梁边线10→7点方向为 $+Y$ 轴，称 $XO_{j\#}Y$ 坐标系为墩台中心斜交坐标系，$+X$ 轴与 $+Y$ 轴的水平角为 $\theta_{j\#}$，简称墩台斜交坐标系夹角，即有 $\angle XO_{j\#}Y=\theta_{j\#}$。

墩台大样图的尺寸一般是在墩台中心斜交坐标系标注的，建立墩台中心斜交坐标系是为了从设计图纸在Excel中累加的方式获取墩台碎部点的斜交坐标，不需要在AutoCAD中按1∶1的比例重新绘制墩台桩基与盖梁的大样图，减少使用AutoCAD绘制大样图的工作量。下面介绍墩台中心斜交坐标系 $XO_{j\#}Y$ 转换为墩台中心直角坐标系 $X'O'_{j\#}Y'$ 的计算公式。

如图5-1(a)所示，设 $\alpha_{j\#}$ 为应用j#墩台桩号算出的走向方位角，$\alpha_{j\#}$ 方向顺时针到 $+X$ 轴的水平角 $\beta_{j\#}$ 为 X 轴偏角。j#墩台中心直角坐标系 $X'O_{j\#}Y'$ 的 X' 轴与墩台中心斜交坐标系 $XO_{j\#}Y$ 的 X 轴重合。由图5-1(b)的几何关系可知，任意点p的j#墩台中心斜交坐标 $(X_p,\ Y_p)$ 变换为墩台中心直角坐标 $(X'_p,\ Y'_p)$ 的公式为

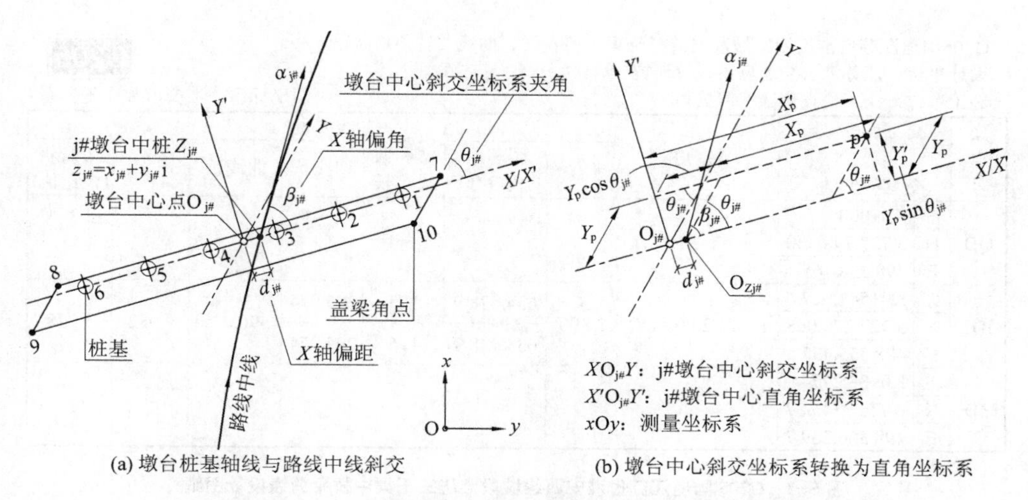

(a) 墩台桩基轴线与路线中线斜交　　(b) 墩台中心斜交坐标系转换为直角坐标系

图 5-1　桥梁墩台中心斜交坐标系、墩台中心直角坐标系与测量坐标系的关系

$$\left.\begin{aligned}X'_{\mathrm{p}}&=X_{\mathrm{p}}+Y_{\mathrm{p}}\cos\theta_{\mathrm{j\#}}\\Y'_{\mathrm{p}}&=Y_{\mathrm{p}}\sin\theta_{\mathrm{j\#}}\end{aligned}\right\}\tag{5-1}$$

将墩台中心 $O_{j\#}$ 沿 $+X$ 轴方向移动至 j#墩台中桩点 $O_{Zj\#}$，等价于将 p 点的 X'_p 坐标加墩台中心 X 轴偏距 $d_{j\#}$，结果为 $X'_p+d_{j\#}$。墩台中心 X 轴偏距 $d_{j\#}$ 的定义为：墩台中心 $O_{j\#}$ 位于路线左侧为负值，墩台中心 $O_{j\#}$ 位于路线右侧为正值，由此可得 p 点墩台中心直角坐标为

$$z'_{\mathrm{p}}=Y'_{\mathrm{p}}+(X'_{\mathrm{p}}+d_{\mathrm{j\#}})\mathrm{i}\tag{5-2}$$

2. 墩台中心直角坐标变换为测量坐标

如图 5-1(a)所示，$+X$ 轴的测量方位角为 $\alpha_{+X}=\alpha_{j\#}+\beta_{j\#}$，故 $+Y'$ 轴的测量方位角为

$$\alpha_{+Y'}=\alpha_{\mathrm{j\#}}+\beta_{\mathrm{j\#}}-90^\circ\tag{5-3}$$

p 点墩台中心直角坐标复数 z'_p 变换为测量坐标复数 z_p 的公式为

$$z_{\mathrm{p}}=z_{\mathrm{Oj\#}}+z'_{\mathrm{p}}\times 1\angle\alpha_{+Y'}=z_{\mathrm{Oj\#}}+z'_{\mathrm{p}}\times 1\angle(\alpha_{\mathrm{j\#}}+\beta_{\mathrm{j\#}}-90^\circ)\tag{5-4}$$

5.2 江苏省淮涟三干渠中桥墩台桩基坐标计算

1. 设计图纸

三干渠中桥有 0#—3#四个墩台，图 5-2 所示为三干渠中桥平曲线设计图纸，竖曲线设计数据列于表 5-2，墩台中心设计参数列于表 5-3，图 5-3 所示为三干渠中桥墩台大样图，图中尺寸是在墩台斜交坐标系标注的，图 5-4 所示为图纸给出的 4 个墩台 24 根桩基的设计坐标，图纸未给出各墩台盖梁角点的设计坐标，只需要验算墩台桩基设计坐标的正确性。

表 5-2　　**江苏省淮安西绕城段淮涟三干渠中桥竖曲线及纵坡表**

点名	设计桩号	高程 H/m	竖曲半径 R/m	纵坡 i/%	切线长 T/m	外距 E/m
SQD	K0+000	14.559		0.3		
SJD1	K0+250	15.309	60 000	−0.17	140.972	0.166
SJD2	K0+785	14.4	80 000	0.012	72.723	0.033
SZD	K1+600	14.497				

G205国道江苏省淮安西绕城段淮涟三干渠中桥直线、曲线及转角表(局部)

设计单位：江苏淮安交通勘察设计研究院

施工单位：泛华建设集团有限公司　　　　平面坐标系：淮安市独立坐标系

交点号	交点桩号及交点坐标		转角	曲线要素/m						
				半径	缓和曲线参数	缓和曲线长	切线长	曲线长	外距	切曲差(校正值)
QD	桩	K0+000								
	N	3 727 798.360								
	E	498 238.765								
JD1	桩	K0+541.027	10°21'22.02"(Y)	2 300	634.428 9	175	295.974	590.721	9.982	1.228
	N	3 727 270.063								
	E	498 355.437			634.428 9	175	295.974			
ZD	桩	K0+835.774								
	N	3 726 974.287								
	E	498 366.269 7								

图 5-2　G205 国道江苏省淮安西绕城段淮涟三干渠中桥平曲线设计图纸

表 5-3　　江苏省淮安西绕城段淮涟三干渠中桥墩台中心设计参数

墩台号	墩类号	设计桩号	X 轴偏距 d/m	X 轴偏角 β	∠XOY 夹角 θ
0#	1	K0+186.346	0.25	45°	45°
1#	2	K0+215.780	0.25	45°	45°
2#	2	K0+245.780	0.25	45°	45°
3#	3	K0+275.214	0.25	45°	45°

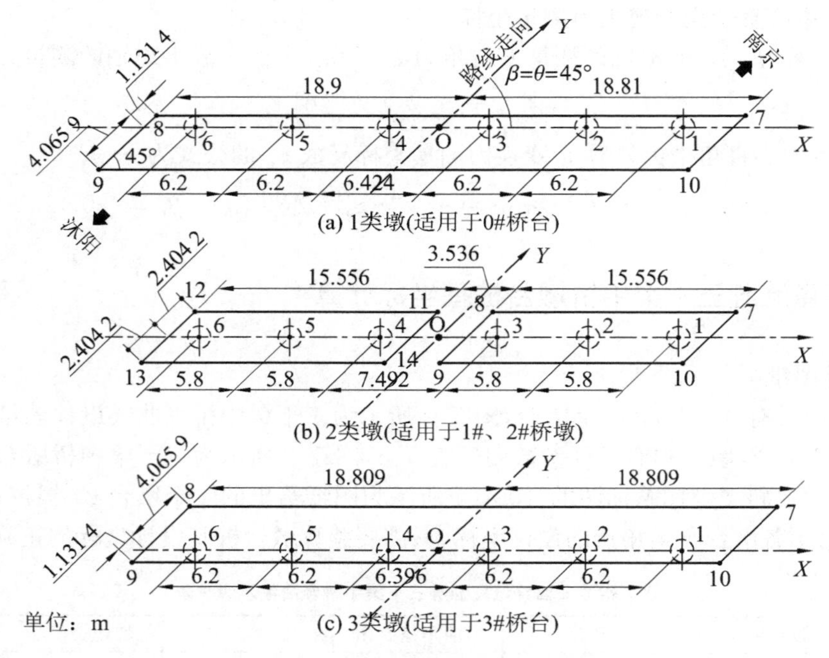

图 5-3　江苏省三干渠中桥墩台桩基与盖梁角点设计尺寸

在 Excel 文件的"墩台桩基斜交坐标"选项卡，参照图 5-3 的标注尺寸，累加墩台碎部点的斜交坐标，结果如图 5-5 所示。

墩号	桩基	x/m	y/m	墩号	桩基	x/m	y/m
0#	1	3 727 603.028	498 270.417	2#	1	3 727 545.216	498 283.377
	2	3 727 608.254	498 273.752		2	3 727 550.105	498 286.497
	3	3 727 613.480	498 277.088		3	3 727 554.995	498 289.618
	4	3 727 618.895	498 280.544		4	3 727 561.310	498 293.648
	5	3 727 624.122	498 283.879		5	3 727 566.199	498 296.769
	6	3 727 629.348	498 287.215		6	3 727 571.088	498 299.889
1#	1	3 727 574.510	498 276.907	3#	1	3 727 516.270	498 289.563
	2	3 727 579.399	498 280.028		2	3 727 521.492	498 292.904
	3	3 727 584.289	498 283.148		3	3 727 526.715	498 296.245
	4	3 727 590.604	498 287.179		4	3 727 532.102	498 299.692
	5	3 727 595.493	498 290.299		5	3 727 537.325	498 303.034
	6	3 727 600.382	498 293.419		6	3 727 542.548	498 306.375

注：1.平面坐标系为淮安市独立坐标系。
　　2.本图提供的数据需经施工单位核实无误后方可施工，并需用桩号和纵横向距离相互校核。

图 5-4　江苏省三干渠中桥墩台桩基设计坐标

2. 输入平竖曲线设计数据

在**Q2X8交点法**程序文件列表界面，新建“205 国道江苏淮涟三干渠中桥”文件，输入图5-2所示 JD1 的平曲线设计数据，结果如图 5-6(a)，(b)所示，输入表5-2所列 2 个变坡点的竖曲线设计数据，结果如图 5-6(c)所示。

点击**计算**按钮计算平竖曲线主点数据，结果如图 5-6(d)所示。与图 5-2 所示的设计图纸比较，程序计算的终点设计桩号与图纸的差值为：(K0＋835.773 6)－(K0 ＋835.774)＝－0.4 mm。点击屏幕标题栏左侧的**<**按钮三次，返回项目主菜单[图 5-7(a)]。

	A	B	C	D	E	F
1	15.612	0	15.346	0	15.598	0
2	9.412	0	9.546	0	9.398	0
3	3.212	0	3.746	0	3.198	0
4	-3.212	0	-3.746	0	-3.198	0
5	-9.412	0	-9.546	0	-9.398	0
6	-15.612	0	-15.346	0	-15.598	0
7	18.81	1.1314	17.324	2.4042	18.809	4.0659
8	-18.9	1.1314	1.768	2.4042	-18.809	4.0659
9	-18.9	-4.0659	1.768	-2.4042	-18.809	-1.1314
10	18.81	-4.0659	17.324	-2.4042	18.809	-1.1314
11			-1.768	2.4042		
12			-17.324	2.4042		
13			-17.324	-2.4042		
14			-1.768	-2.4042		

墩台桩基斜交坐标 / 桩基测量坐标比较 /

图 5-5　在 Excel 中累加桩基墩台中心斜交坐标

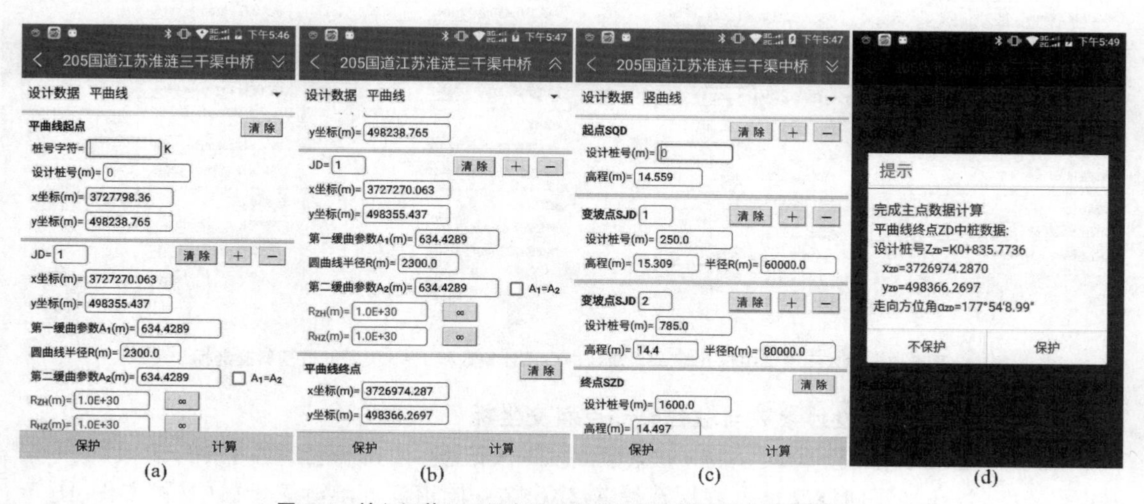

图 5-6　输入江苏三干渠中桥平竖曲线设计数据并计算主点数据

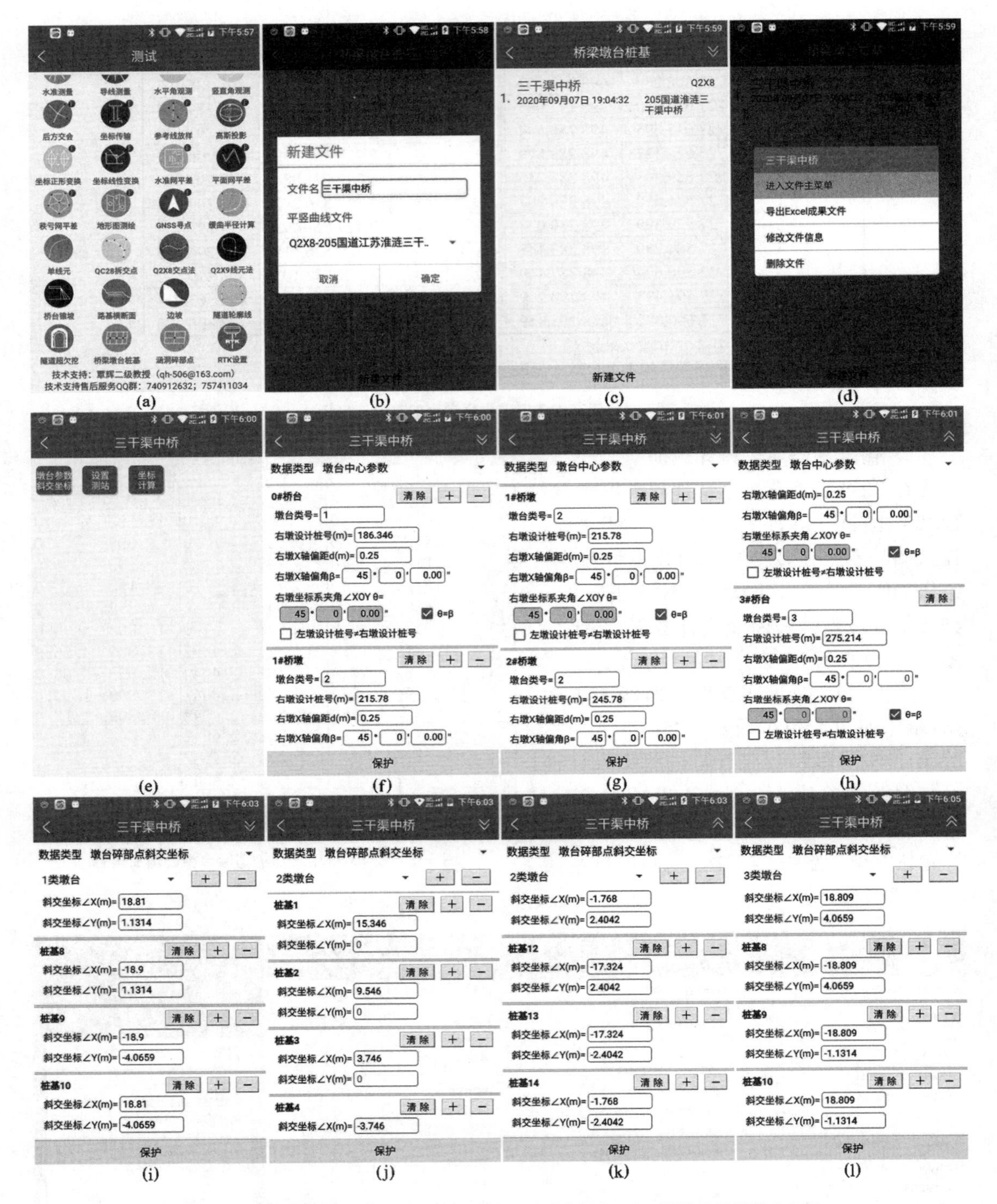

图 5-7　输入三干渠中桥 0#—3#墩台中心设计参数和 1～3 类墩的桩基斜交坐标

3. 输入墩台中心设计参数与墩台碎部点斜交坐标

在项目主菜单[图 5-7(a)]，点击 **桥梁墩台桩基** 按钮，点击 **新建文件** 按钮，输入“三干渠中桥”文件名，在平竖曲线文件列表框选择“Q2X8-205 国道江苏淮涟三干渠中桥”文件[图 5-7(b)]，点击 **确定** 按钮，返回 **桥梁墩台桩基** 文件列表界面[图 5-7(c)]。

点击最近新建的文件名，在弹出的快捷菜单点击“进入文件主菜单”命令[图 5-7(d)]，进入三干渠中桥文件主菜单[图 5-7(e)]。

点击墩台参数斜交坐标按钮，输入表 5-3 所列 0＃—3＃墩台中心设计参数，结果如图 5-7(f)，(g)所示。点击数据类型列表框，在弹出的快捷菜单点击“墩台碎部点斜交坐标”[图 5-7(h)]，输入图 5-3所示 1,2,3 类墩的墩台中心斜交坐标，结果如图 5-7(i)—(l)所示。点击<按钮，返回文件主菜单[图 5-7(e)]。

4. 计算墩台桩基与盖梁角点的测量坐标

在文件主菜单，点击坐标计算按钮，计算 4 个墩台中心的中桩坐标、设计高程、走向方位角及全部桩基与盖梁角点的测量坐标，结果如图 5-8 所示。

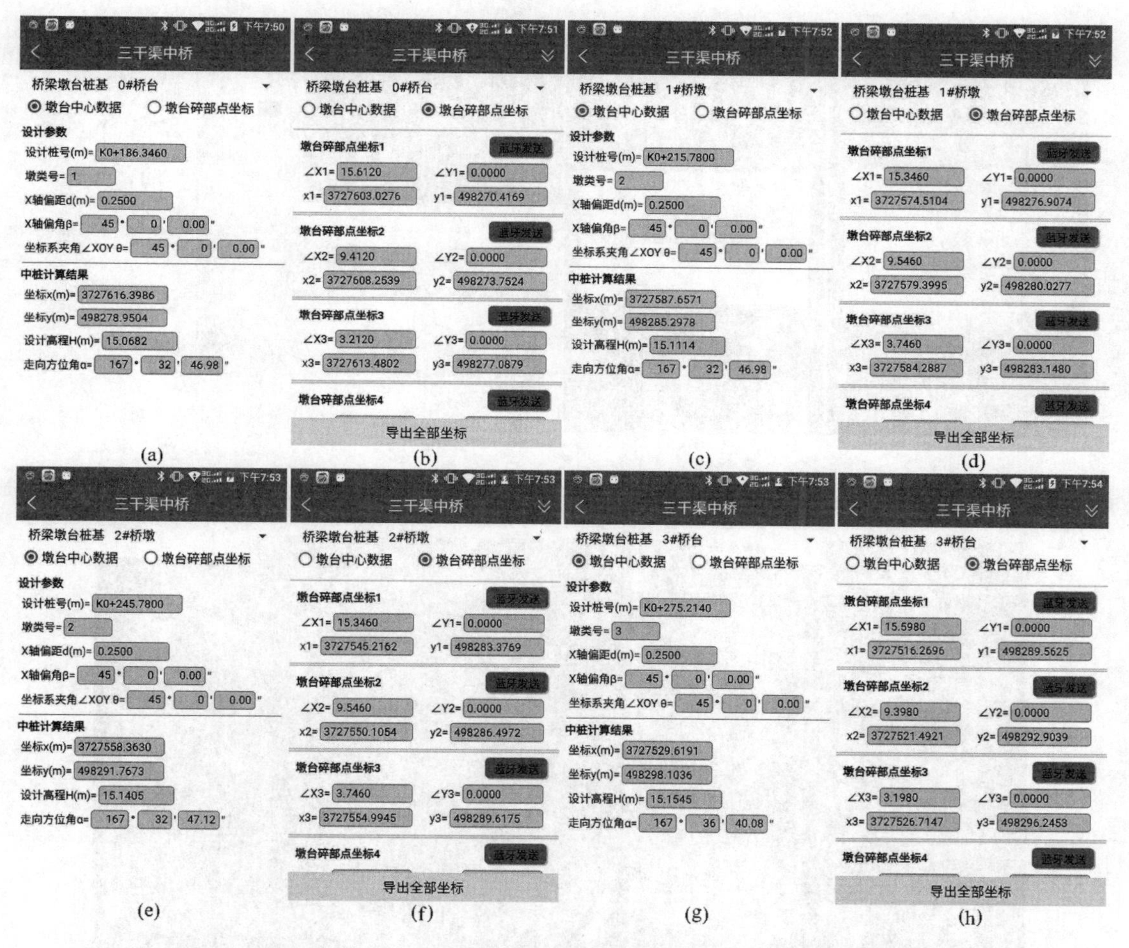

图 5-8 计算三干渠中桥 0＃—3＃墩台中桩坐标、设计高程、走向方位角与全部墩台碎部点的测量坐标

5. 蓝牙发送墩台桩基点的坐标到南方 NTS-362LNB 全站仪

完成手机与南方 NTS-362LNB 全站仪蓝牙连接后，在全站仪按CORD键进入坐标模式，按F4 F4键翻页到 P3 页功能菜单，按F2(放样)③(设置放样点)键进入放样点坐标界面[图 5-9(a)]；在 3＃桥台桩基与盖梁角点坐标界面[图 5-8(h)]，点击桩基坐标 1 右侧的蓝牙发送按钮，发送 3＃_1 号桩基点的测量坐标到全站仪放样点坐标界面，全站仪屏幕显示如图 5-9(b)所示，编码位字符为 pile1。

6. 导出全部桩基点的 dxf 图形交换文件

点击**导出全部坐标**按钮[图 5-8(h)],进入图 5-10(a)所示的界面,设置◎**导出至dxf图形交换文件**单选框;点击**确定**按钮,在手机 SD 卡工作文件夹生成“三干渠中桥.dxf”文件[图 5-10(b)];点击**发送**按钮,点击“发送到我的电脑”按钮,启动手机 QQ 发送到用户电脑,结果如图 5-10(d)所示。图 5-11 所示为在 PC 机启动 AutoCAD 打开“三干渠中桥.dxf”文件的内容。

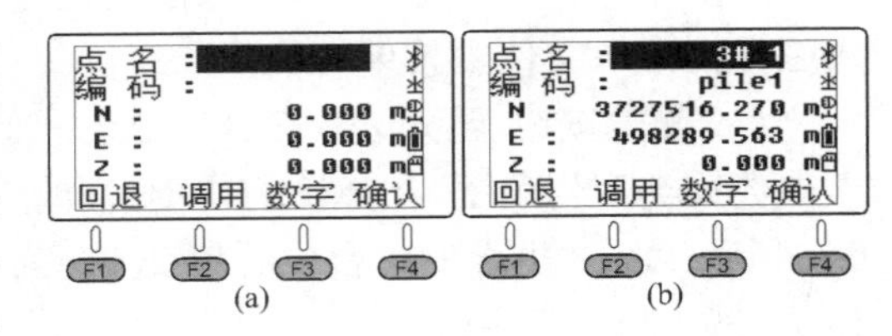

图 5-9 在南方 NTS-362LNB 全站仪的放样点坐标界面通过蓝牙接收手机发送的墩台桩基坐标

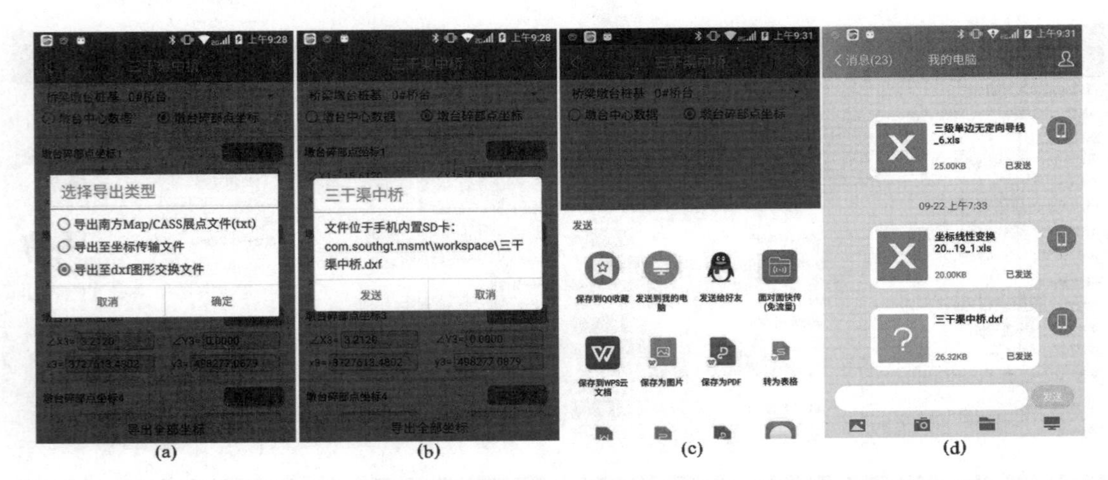

图 5-10 导出三干渠中桥全部桩基与盖梁角点的 dxf 图形交换文件并通过 QQ 发送到电脑

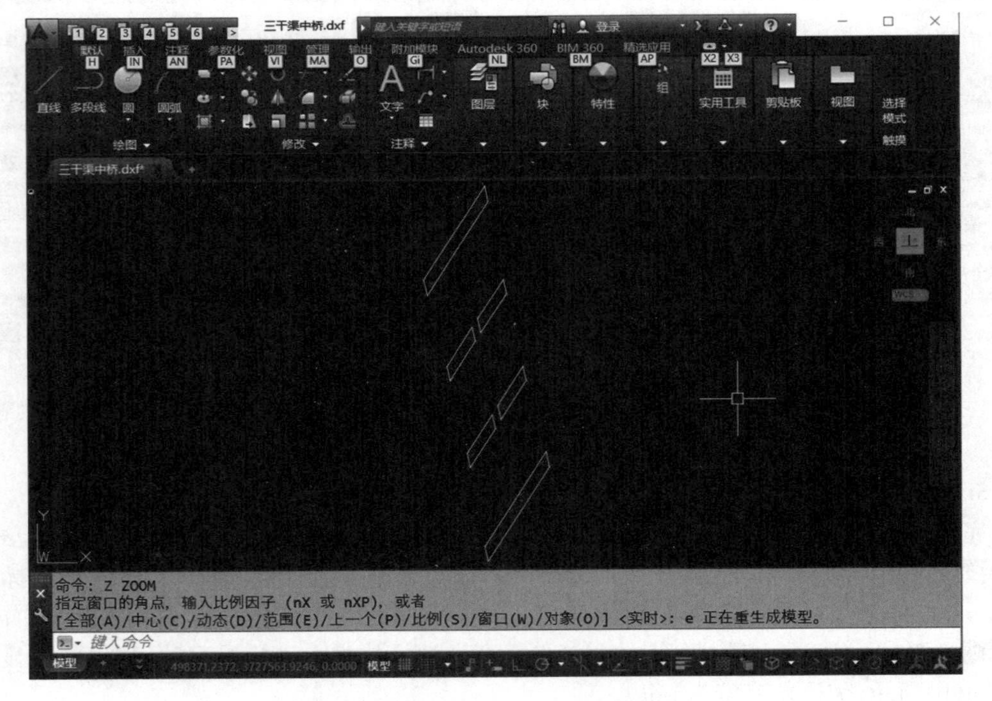

图 5-11 启动 AutoCAD 打开“三干渠中桥.dxf”文件

7. 使用 fx-5800P 工程机手动计算 0#桥台 10 号盖梁角点的测量坐标

(1) 按 SHIFT SETUP 3 键设置角度单位为 Deg,屏幕顶部状态栏显示D。

(2) 由图 5-5 查得 1 类墩 10 号盖梁角点的斜交坐标为 X=18.81 m,Y=−4.065 9 m,分别将其存入字母变量 X 与 Y[图 5-12(a)]。

(3) 应用式(5-1)与式(5-2)计算 10 号盖梁角点在 0#桥台中心的直角坐标复数,结果存入字母变量 P[图 5-12(b)]。

(4) 将图 5-8(a)所示 0#桥台中心中桩坐标复数存入字母变量 O[图 5-12(c)],走向方位角存入字母变量 A[图 5-12(d)]。

(5) 应用式(5-4)计算 10 号盖梁角点的测量坐标[图 5-12(e)],它与 **桥梁墩台桩基** 程序计算出的结果相同[图 5-8(b)]。

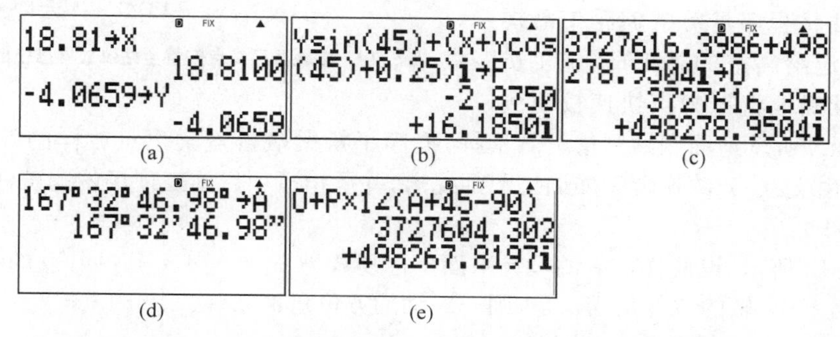

图 5-12　使用 fx-5800P 工程机计算 0#桥台 10 号盖梁角点的测量坐标

8. 在 Excel 中比较桩基点设计坐标与计算坐标的差异

在 Excel 文件的"桩基测量坐标比较"选项卡,比较 24 根桩基设计坐标与程序计算值的差异,结果如图 5-13 所示。

	A	B	C	D	E	F	G	H
1			设计图纸		桥梁墩台桩基程序计算		坐标差	
2	墩号	点号	x/m	y/m	x/m	y/m	△x/m	△y/m
3	0#	1	3727603.028	498270.417	3727603.0276	498270.4169	0.0004	0.0001
4		2	3727608.254	498273.752	3727608.2539	498273.7524	0.0001	-0.0004
5		3	3727613.48	498277.088	3727613.4802	498277.0879	-0.0002	0.0001
6		4	3727618.895	498280.544	3727618.8954	498280.5439	-0.0004	0.0001
7		5	3727624.122	498283.879	3727624.1217	498283.8794	0.0003	-0.0004
8		6	3727629.348	498287.215	3727629.3480	498287.2148	0	0.0002
9	1#	1	3727574.51	498276.907	3727574.5104	498276.9074	-0.0004	-0.0004
10		2	3727579.399	498280.028	3727579.3995	498280.0277	-0.0005	0.0003
11		3	3727584.289	498283.148	3727584.2887	498283.148	0.0003	0
12		4	3727590.604	498287.179	3727590.6041	498287.1786	-0.0001	0.0004
13		5	3727595.493	498290.299	3727595.4932	498290.2989	-0.0002	0.0001
14		6	3727600.382	498293.419	3727600.3824	498293.4192	-0.0004	-0.0002
15	2#	1	3727545.216	498283.377	3727545.2162	498283.3769	-0.0002	0.0001
16		2	3727550.105	498286.497	3727550.1054	498286.4972	-0.0004	-0.0002
17		3	3727554.995	498289.618	3727554.9945	498289.6175	0.0005	0.0005
18		4	3727561.31	498293.648	3727561.3100	498293.648	0	0
19		5	3727566.199	498296.769	3727566.1991	498296.7683	-1E-04	0.0007
20		6	3727571.088	498299.889	3727571.0882	498299.8886	-0.0002	0.0004
21	4#	1	3727516.27	498289.563	3727516.2696	498289.5625	0.0004	0.0005
22		2	3727521.492	498292.904	3727521.4921	498292.9039	-1E-04	0.0001
23		3	3727526.715	498296.245	3727526.7147	498296.2453	0.0003	-0.0003
24		4	3727532.102	498299.692	3727532.1023	498299.6924	-0.0003	-0.0004
25		5	3727537.325	498303.034	3727537.3249	498303.0338	0.0001	0.0002
26		6	3727542.548	498306.375	3727542.5474	498306.3751	0.0006	-0.0001

墩台桩基斜交坐标 / 桩基测量坐标比较

图 5-13　在 Excel 中比较 24 根桩基设计坐标与程序计算结果的差异

9. 墩台盖梁角点纵横坐标校正原理

如图 5-14 所示，由于拼装盖梁模板是在悬停于高空的狭小空间内进行，而全站仪一般安置在地势较低的地面，根据已浇筑完工的墩柱和盖梁设计图纸，施工员可以概略确定盖梁模板四个角点的位置。如果地面测量员通过实测盖梁模板角点的测量坐标，然后计算出该角点在墩柱横轴（墩台中心直角坐标系的 X'轴方向）和纵轴（墩台中心直角坐标系的 Y'轴方向）的偏距值，并将程序计算的偏距值截屏通过微信发送给高空的施工员，施工员就能自主、准确地将该角点快速校正到设计位置，无须听从地面测站测量员的指挥，提高了桥梁墩台盖梁角点放样的效率与质量。该方法最先由文献[5]的作者魏加训工程师提出，并承担了项目施工现场的测试任务。

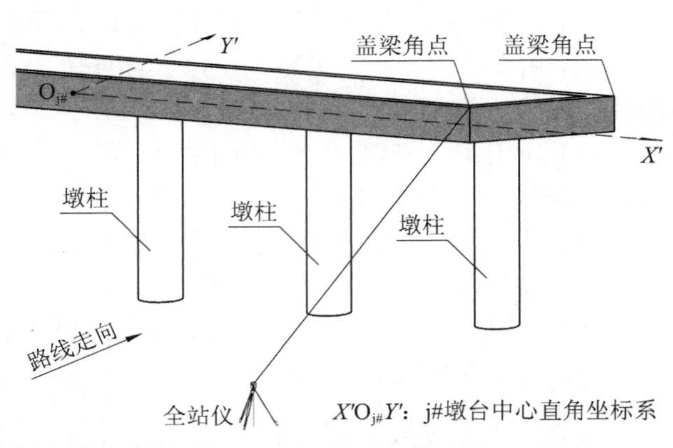

图 5-14　在地面已知点安置全站仪放样悬空的模板角点

(1) 计算原理

如图 5-15 所示，设放样点 p 的设计平面坐标复数为 $z_p=x_p+y_p\mathrm{i}$，过 p 点的纵横向坐标系为 $X'pY'$，$+X'$轴的方位角为 $\alpha_{+X'}$，则$+Y'$轴的方位角 $\alpha_{+Y'}=\alpha_{+X'}-90°$。

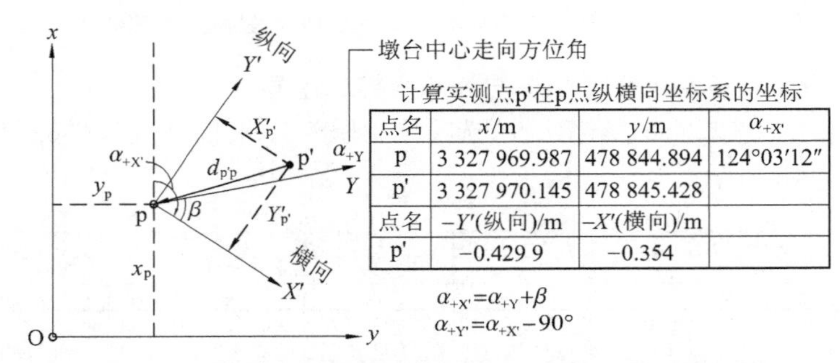

计算实测点p'在p点纵横向坐标系的坐标

点名	x/m	y/m	$\alpha_{+X'}$
p	3 327 969.987	478 844.894	124°03′12″
p'	3 327 970.145	478 845.428	
点名	−Y′(纵向)/m	−X′(横向)/m	
p'	−0.429 9	−0.354	

图 5-15　测点 p′在放样点 p 纵横向坐标系的坐标计算原理及案例

全站仪实测 p 点附近 p′点的平面坐标复数为 $z_{p'}$，将 p′点坐标复数转换为 p 点纵横向坐标系 $X'pY'$的坐标复数为 $z'_{p'}=Y'_{p'}+X'_{p'}\mathrm{i}$，二者的复数关系为

$$z_{p'}=z_p+z'_{p'}\times 1\angle\alpha_{+Y'} \tag{5-5}$$

变换式(5-5)，求得全站仪实测 p′点在 p 点纵横坐标系的坐标复数为

$$z'_{p'}=\frac{z_{p'}-z_p}{1\angle\alpha_{+Y'}} \tag{5-6}$$

因 p 点在纵横向坐标系 $X'pY'$的坐标复数为 0，则 p′→p 点的坐标复数差为

$$\Delta z_{qp}=z'_p-z'_{p'}=0-z'_{p'}=-z'_{p'}=-Y'_{p'}-X'_{p'}\mathrm{i} \tag{5-7}$$

如果$-X'_{p'}>0$，则 p′点应向$+X'$轴方向横向移动其校正值，如果$-X'_{p'}<0$，则 p′点应向$-X'$轴方向横向移动其校正值；如果$-Y'_{p'}>0$，则 p′点应向$+Y'$轴方向纵向移动其校正值，如果$-Y'_{p'}<0$，则 p′点应向$-Y'$轴方向纵向移动其校正值。

(2) 使用卡西欧 fx-5800P 工程机复数功能计算测点 p′的纵横向校正值

下面介绍使用卡西欧 fx-5800P 工程机，应用式(5-6)计算图 5-15 所示 p′点在纵横坐标系 $X'pY'$ 的校正值。

按 SHIFT SETUP 3 键设置角度单位为十进制度 Deg，屏幕顶部的状态栏显示 D。

按 124 °′″ 3 °′″ 12 °′″ SHIFT STO X 键存储 $+X'$ 轴方位角到字母变量 X[图 5-16(a)]，存储放样点 p 的设计坐标到字母变量 J[图 5-16(b)]，存储全站仪实测 p′点的坐标到字母变量 P[图 5-16(c)]，应用式(5-6)计算 p′点在纵横坐标系 $X'pY'$ 的校正值[图 5-16(d)]，结果与图 5-15 内表所示的 AutoCAD 图解结果相同。

图 5-16 采用 fx-5800P 工程机复数功能计算 p′点的横向和纵向移动偏距代数值

(3) 使用**坐标传输**计算

在项目主菜单，点击**坐标传输**按钮，点击**新建文件**按钮，点击**确定**按钮，使用缺省设置文件名新建坐标传输文件“坐标传输 201001_1”并进入该文件的坐标列表界面；输入图 5-15 内表所示放样点 p 的坐标[图 5-17(a)]；点击 点位校正 按钮，输入图 5-15 内表所示横轴 $+X'$ 的方位角[图 5-17(b)]；使全站仪望远镜瞄准放样点 p 附近 p′点的棱镜中心，点击 蓝牙读数 按钮，启动全站仪测量镜站点的坐标[图 5-17(c)]，点击 计 算 按钮，计算测点的纵横坐标校正值，结果如图 5-17(d)所示，与图 5-15 内表所示的 AutoCAD 图解结果相同。

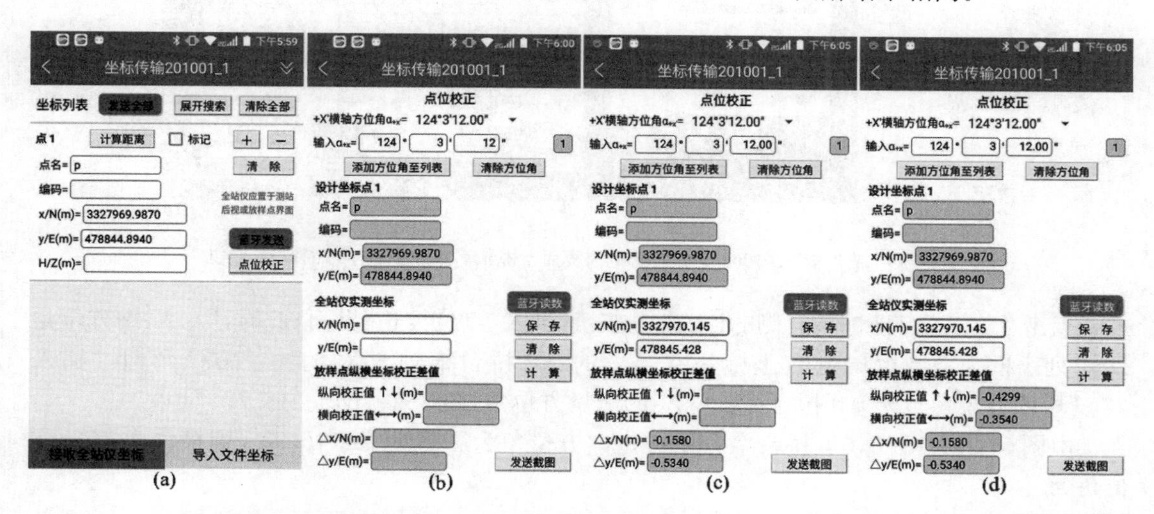

图 5-17 新建坐标传输文件，进入坐标列表界面，输入放样点坐标和 $+X'$ 轴方位角，测量 p′点坐标并计算纵横校正值

(4) 导出墩台碎部点坐标到坐标传输文件

在三干渠中桥墩台碎部点坐标界面，点击**导出全部坐标**按钮，设置◉**导出至坐标传输文件**单选框[图 5-18(a)]，点击**确定**按钮，进入文件选择界面[图 5-18(b)]；点击**新建文件**按钮，点击**确定**按钮，使用缺省设置文件名新建坐标传输文件“坐标 201001_2”[图 5-18(c)]，点击屏幕标题栏右侧的✓按钮，将三干渠中桥全部墩台碎部点的坐标及各墩台 $+X'$ 轴的方位角

导入新建的坐标传输文件，并返回墩台碎部点坐标界面[图 5-18(d)]。

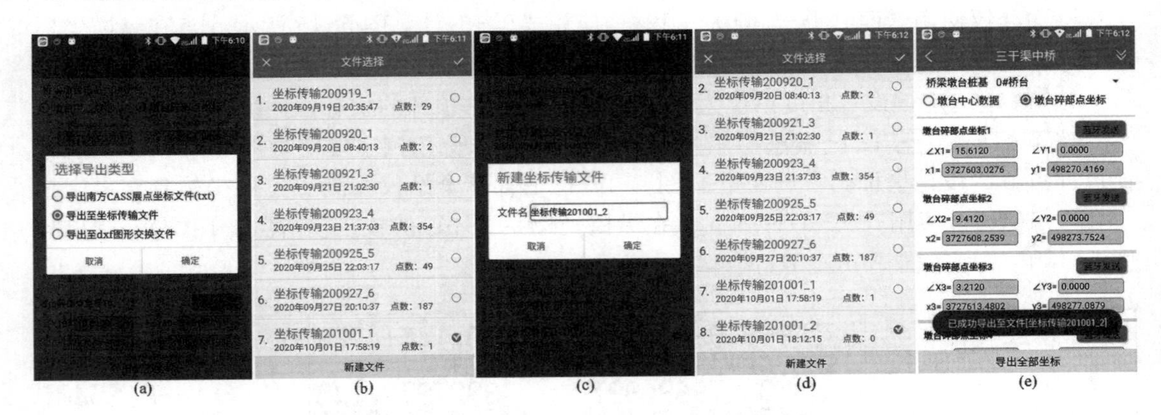

图 5-18　导出三干渠中桥墩台碎部点坐标数据到新建坐标传输文件

在坐标传输文件列表界面[图 5-19(a)]，点击“坐标 201001_2”文件名，在弹出的快捷菜单点击“坐标列表”命令[图 5-19(b)]，进入文件的坐标列表界面[图 5-19(c)]。

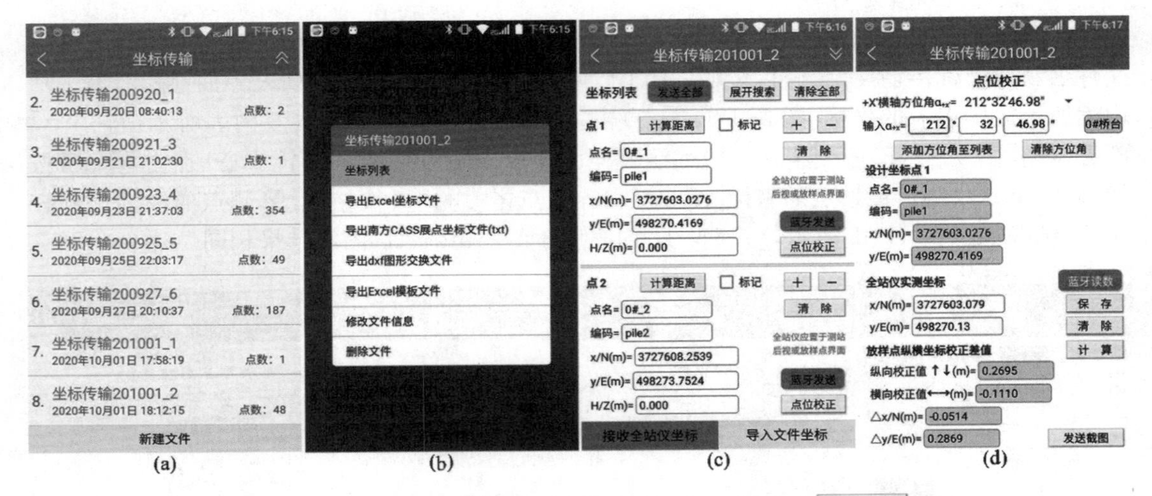

图 5-19　在“坐标 201001_2”的坐标列表界面点击 0＃_1 点右侧的 点位校正 按钮

点击“0＃_1”点坐标栏右侧的 点位校正 按钮，进入“点位校正”界面，此时，“$+X'$轴方位角 $\alpha_{+X'}$”列表框为随墩台碎部点坐标一并导入的 0＃桥台横轴$+X'$的测量方位角，且“输入 $\alpha_{+X'}$”栏的方位角也是 0＃桥台横轴$+X'$的测量方位角[图 5-19(d)]。

由图 5-8(a)可知，0＃桥台墩台中心走向方位角为 $\alpha=167°32'46.98''$，则横轴$+X'$的方位角为

$$\alpha_{+X'}=\alpha+\beta=167°32'46.98''+45°=212°32'46.98''$$

与图 5-19(d)的 $\alpha_{+X'}$ 相同。

使全站仪望远镜瞄准“0＃_1”点附近测点的棱镜中心，点击 蓝牙读数 按钮，启动全站仪测量镜站点的坐标，点击 计 算 按钮，计算测点的纵横坐标校正值，结果如图 5-19(d)所示；点击 发送截图 按钮，将截屏图像通过微信发送给司镜员，由司镜员根据接收到的截屏图像自主校正。

用户也可以点击 清除方位角 按钮清除“输入 $\alpha_{+X'}$”栏的缺省方位角值，重新输入新 $+X'$ 轴的测量方位角，点击 添加方位角至列表 按钮，将其添加到“$+X'$轴方位角”列表中，供以后调用。

5.3 广东省新屋大桥墩台桩基坐标计算

1. 设计图纸

图 5-20 所示为新屋大桥平曲线设计图纸，竖曲线设计数据列于表 5-4。

广东省仁化(湘粤界)至博罗高速公路TJ24标直线、曲线及转角表(局部)
设计单位：广东省公路勘察规划设计院股份有限公司
施工单位：中铁七局集团有限公司

交点号	交点桩号及交点坐标		转角	曲线要素/m						
				半径	缓和曲线参数	缓和曲线长	切线长	曲线长	外距	切曲差(校正值)
QD	桩	K470+710								
	N	2 573 719.861								
	E	496 786.076 1								
JD19	桩	K471+255.315	29°18′05.6″(Z)	1 600	632.455 5	250	543.683	1 068.254	55.454	19.113
	N	2 573 356.510								
	E	496 379.450 2			632.455 5	250	543.683			
ZH	桩	K472+058.493								
	N	2 572 578.624								
	E	496 112.889								

1980西安坐标系，中央子午线经度E114°16′，抵偿投影面高程160 m，1985国家高程基准。

图 5-20　广东省仁化至博罗高速公路 TJ24 标 K 线新屋大桥平曲线设计图纸

表 5-4　广东省仁化至博罗高速公路 TJ24 标 K 线新屋大桥竖曲线及纵坡表

点名	设计桩号	高程 H/m	竖曲半径 R/m	纵坡 i/%	切线长 T/m	外距 E/m
SQD	K470+750	44.561		−1.221		
SJD1	K471+130	39.921	18 000	0.85	186.394	0.965
SJD2	K471+920	46.636	60 000	1.48	188.923	0.297
SZD	K472+500	55.219				

新屋大桥长 105 m，有 0＃—5＃六个墩台，可以将墩台分为 1～3 类墩，图 5-21 为新屋大桥 1～3 类墩台桩基大样图，墩台中心设计参数列于表 5-5。

表 5-5　广东省新屋大桥墩台中心设计参数

墩台号	墩类号	墩台中心设计桩号	X 轴偏距 d/m	X 轴偏角 β	$\angle XOY$ 夹角 θ
0＃	1	K470+978.002	0	120°	90°
1＃	2	K470+998	0	120°	120°
2＃	2	K471+018	0	120°	120°
3＃	2	K471+038	0	120°	120°
4＃	2	K471+058	0	120°	120°
5＃	3	K471+078.038	0	120°	90°

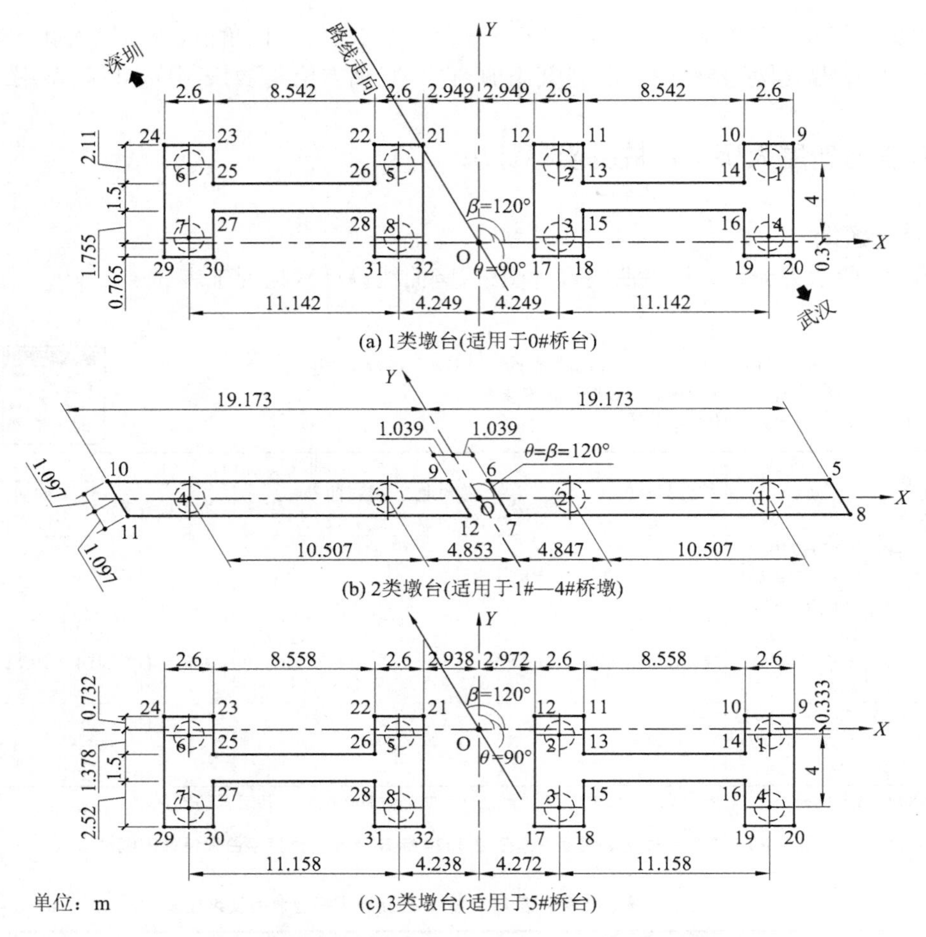

图 5-21　广东省仁化至博罗高速公路 TJ24 标 K 线新屋大桥墩台大样图

新屋大桥 0＃—5＃墩台 32 根桩基的设计坐标位于图 5-26 的 C，D 两列。

在 Excel 文件的“墩台桩基斜交坐标”选项卡，参照图 5-21 的标注尺寸，累加各桩基与盖梁角点的墩台中心斜交坐标，结果如图 5-22 所示。

	A	B	C	D	E	F
1	15.391	4.3	15.354	0	15.43	-0.333
2	4.249	4.3	4.847	0	4.272	-0.333
3	4.249	0.3	-4.853	0	4.272	-4.333
4	15.391	0.3	-15.36	0	15.43	-4.333
5	-4.249	4.3	19.173	1.097	-4.238	-0.333
6	-15.391	4.3	1.039	1.097	-15.396	-0.333
7	-15.391	0.3	1.039	-1.097	-15.396	-4.333
8	-4.249	0.3	19.173	-1.097	-4.238	-4.333
9	16.691	5.365	-1.039	1.097	16.73	0.732
10	14.091	5.365	-19.173	1.097	14.13	0.732
11	5.549	5.365	-19.173	-1.097	5.572	0.732
12	2.949	5.365	-1.039	-1.097	2.972	0.732
13	5.549	3.255			5.572	-1.378
14	14.091	3.255			14.13	-1.378
15	5.549	1.755			5.572	-2.878
16	14.091	1.755			14.13	-2.878
17	2.949	-0.765			2.972	-5.398
18	5.549	-0.765			5.572	-5.398
19	14.091	-0.765			14.13	-5.398
20	16.691	-0.765			16.73	-5.398
21	-2.949	5.365			-2.938	0.732
22	-5.549	5.365			-5.538	0.732
23	-14.091	5.365			-14.096	0.732
24	-16.691	5.365			-16.696	0.732
25	-14.091	3.255			-14.096	-1.378
26	-5.549	3.255			-5.538	-1.378
27	-14.091	1.755			-14.096	-2.878
28	-5.549	1.755			-5.538	-2.878
29	-16.691	-0.765			-16.696	-5.398
30	-14.091	-0.765			-14.096	-5.398
31	-5.549	-0.765			-5.538	-5.398
32	-2.949	-0.765			-2.938	-5.398

墩台桩基斜交坐标 / 桩基测量坐标比较

图 5-22　在 Excel 中累加新屋大桥桩基与盖梁角点的墩台中心斜交坐标

2. 输入平竖曲线设计数据

在 **Q2X8交点法** 程序文件列表界面，新建“广东仁博高速 TJ24 标 K 线”文件，输入图5-20 所示 JD1 的平曲线设计数据，结果如图 5-23(a)，(b)所示，输入表 5-4 所列 2 个变坡点的竖曲线设计数据，结果如图 5-23(c)所示；点击 **计算** 按钮计算平竖曲线主点数据，结果如图 5-23(d)所示。

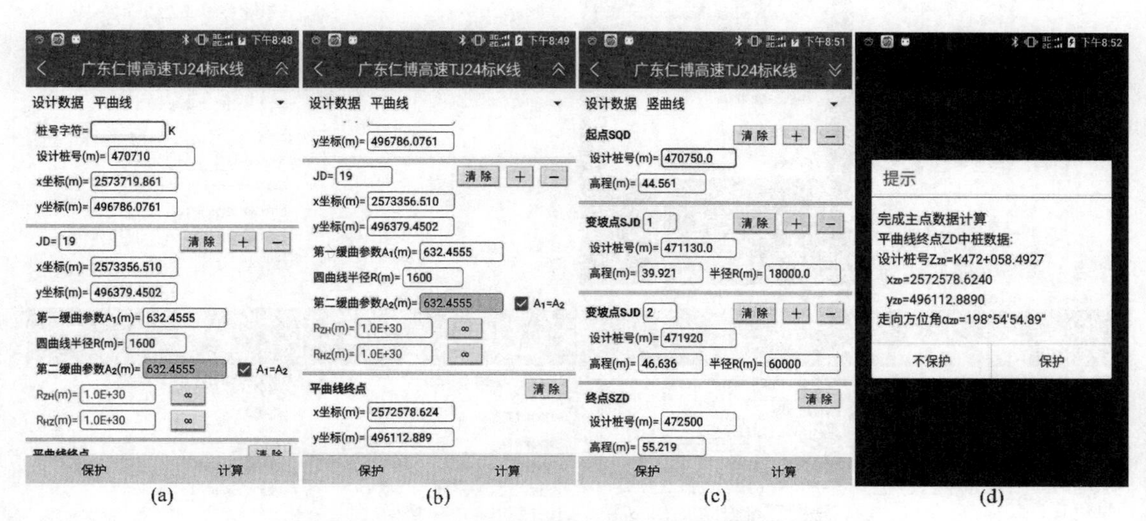

图 5-23　输入广东新屋大桥平竖曲线设计数据并计算主点数据

与图 5-20 所示的设计图纸比较，程序计算的终点设计桩号与图纸的差值为：(K472+058.492 7)−(K472+058.493)=−0.3 mm。点击〈按钮三次，返回项目主菜单。

3. 输入墩台中心设计参数、桩基与盖梁角点的墩台中心斜交坐标

在项目主菜单，点击 **桥梁墩台桩基** 按钮，点击 **新建文件** 按钮，输入“新屋大桥”文件名，在平竖曲线文件列表框选择“Q2X8-广东仁博高速 TJ24 标 K 线”文件，点击 **确定** 按钮，返回桥梁墩台桩基文件列表界面[图 5-24(a)]。

点击最近新建的文件名，在弹出的快捷菜单点击“进入文件主菜单”命令[图 5-24(b)]，进入新屋大桥文件主菜单[图 5-24(c)]。

点击**墩台参数斜交坐标**按钮，输入表 5-5 所列 0#—5#墩台中心设计参数，结果如图 5-24(d)—(g)所示。点击数据类型列表框，在弹出的快捷菜单点击“墩台碎部点斜交坐标”，输入图 5-22 所示 1,2,3 类墩的墩台中心斜交坐标，结果如图 5-24(h)—(l)所示。点击〈按钮，返回文件主菜单。

4. 计算墩台桩基与盖梁角点的测量坐标

在文件主菜单，点击**坐标计算**按钮，计算 6 个墩台中心的中桩坐标、设计高程、走向方位角及全部桩基与盖梁角点的测量坐标，结果如图 5-25 所示。

在 Excel 文件的“桩基测量坐标比较”选项卡，比较 32 根桩基设计坐标与程序计算值的差异，结果如图 5-26 所示。

图 5-24　输入新屋大桥 0＃—5＃墩台中心设计参数和 1～3 类墩台中心斜交坐标

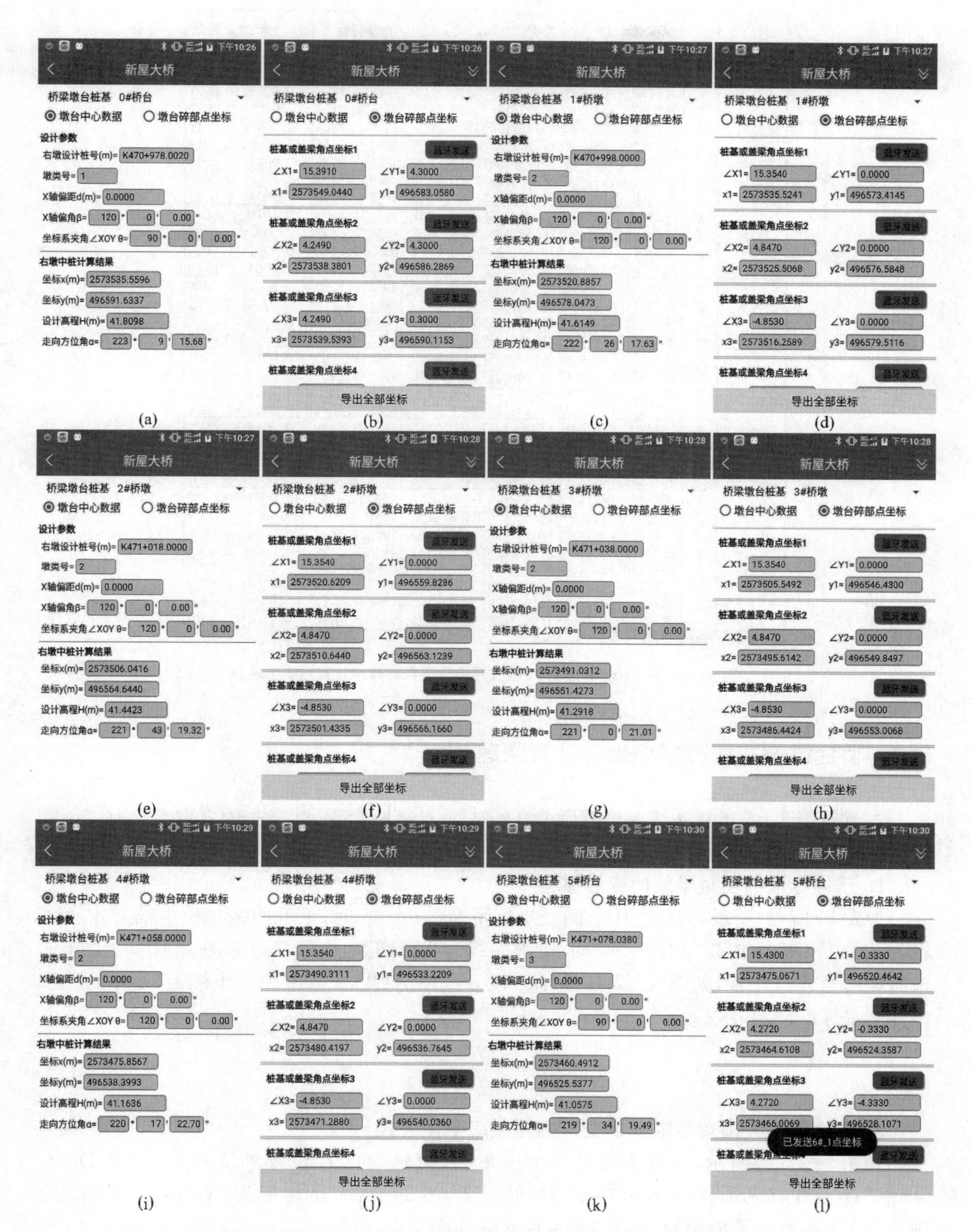

图 5-25　计算新屋大桥 0♯—5♯墩台中桩坐标、设计高程、走向方位角与全部桩基点的测量坐标

	A	B	C	D	E	F	G	H
1	设计图纸				桥梁墩台桩基程序计算		坐标差	
2	墩台	点号	x/m	y/m	x/m	y/m	△x/m	△y/m
3	0#	1	2573549.045	496583.059	2573549.0440	496583.058	0.001	0.001
4		2	2573538.38	496586.289	2573538.3801	496586.2869	-0.0001	0.0021
5		3	2573539.538	496590.116	2573539.5393	496590.1153	-1.3E-03	0.0007
6		4	2573550.204	496586.888	2573550.2032	496586.8864	0.0008	0.0016
7		5	2573530.246	496588.751	2573530.2468	496588.7496	-0.0008	0.0014
8		6	2573519.581	496591.98	2573519.5829	496591.9785	-0.0019	0.0015
9		7	2573520.741	496595.809	2573520.7421	496595.8068	-0.0011	0.0022
10		8	2573531.405	496592.58	2573531.4060	496592.5779	-0.001	0.0021
11	1#	1	2573535.526	496573.414	2573535.5241	496573.4145	0.0019	-0.0005
12		2	2573525.507	496576.585	2573525.5068	496576.5848	0.0002	0.0002
13		3	2573516.259	496579.511	2573516.2589	496579.5116	0.0001	-0.0006
14		4	2573506.242	496582.682	2573506.2416	496582.6819	0.0004	1E-04
15	2#	1	2573520.622	496559.828	2573520.6209	496559.8286	0.0011	-0.0006
16		2	2573510.644	496563.124	2573510.6440	496563.1239	0	0.0001
17		3	2573501.434	496566.166	2573501.4335	496566.166	0.0005	0
18		4	2573491.457	496569.461	2573491.4566	496569.4613	0.0004	-0.0003
19	3#	1	2573505.551	496546.429	2573505.5492	496546.43	0.0018	-0.001
20		2	2573495.614	496549.849	2573495.6142	496549.8497	-0.0002	-0.0007
21		3	2573486.443	496553.006	2573486.4424	496553.0068	0.0006	-0.0008
22		4	2573476.508	496556.426	2573476.5075	496556.4265	0.0005	-0.0005
23	4#	1	2573490.313	496533.22	2573490.3111	496533.2209	0.0019	-0.0009
24		2	2573480.42	496536.764	2573480.4197	496536.7645	0.0003	-0.0005
25		3	2573471.288	496540.036	2573471.2880	496540.036	0	0
26		4	2573461.397	496543.579	2573461.3966	496543.5797	0.0004	-0.0007
27	5#	1	2573475.067	496520.464	2573475.0671	496520.4642	-0.0001	-0.0002
28		2	2573464.611	496524.358	2573464.6108	496524.3587	0.0002	-0.0007
29		3	2573466.007	496528.107	2573466.0069	496528.1071	0.0001	-0.0001
30		4	2573476.463	496524.213	2573476.4632	496524.2127	-0.0002	0.0003
31		5	2573456.636	496527.328	2573456.6360	496527.3289	0	-0.0009
32		6	2573446.18	496531.223	2573446.1797	496531.2234	0.0003	-0.0004
33		7	2573447.576	496534.971	2573447.5758	496534.9718	0.0002	-0.0008
34		8	2573458.032	496531.077	2573458.0321	496531.0774	-1E-04	-0.0004

墩台桩基斜交坐标 桩基测量坐标比较

图 5-26　在 Excel 中比较 32 根桩基设计坐标与程序计算结果的差异

5.4 桥台锥坡曲线碎部点坐标计算原理

本节使用 2004 年林新红提出的压缩椭圆法[19]计算桥台锥坡曲线，内容取自文献[5]，引入本书时，做了适当的修改。

1. 压缩标准椭圆短半轴的变形原理

如图 5-27(a)所示，当桥台中心斜交坐标系夹角 $\theta=90°$时，锥坡曲线是长半轴为 a，短半轴为 b 的 1/4 标准椭圆。当 $\theta\neq 90°$时，锥坡曲线为变形椭圆，变形规则是，标准椭圆上的 p 点被压缩后至 p′点位置，如图 5-27(b)所示。设 p 点在 XOY 坐标系中的坐标为(X_p, Y_p)，其坐标满足标准椭圆方程

$$\frac{X^2}{a^2}+\frac{Y^2}{b^2}=1 \tag{5-8}$$

2. 压缩标准椭圆短半轴 *b* 的变形椭圆曲率半径公式

如图 5-27(b)所示，标准椭圆被压缩变形后，短轴端点 B′位移到了 B 点，要求 OB′= OB=b；p 点位移到了 p′点，p′点在变形后的斜交坐标系 XOY'的坐标为(X_p, Y'_p)，且满足强制条件 $Y'_p=Y_p$。下面推导 p′点曲率半径 ρ 的计算公式。

如图 5-27(b)所示，因 OB//qp′，故有

$$\gamma=\beta \tag{5-9}$$

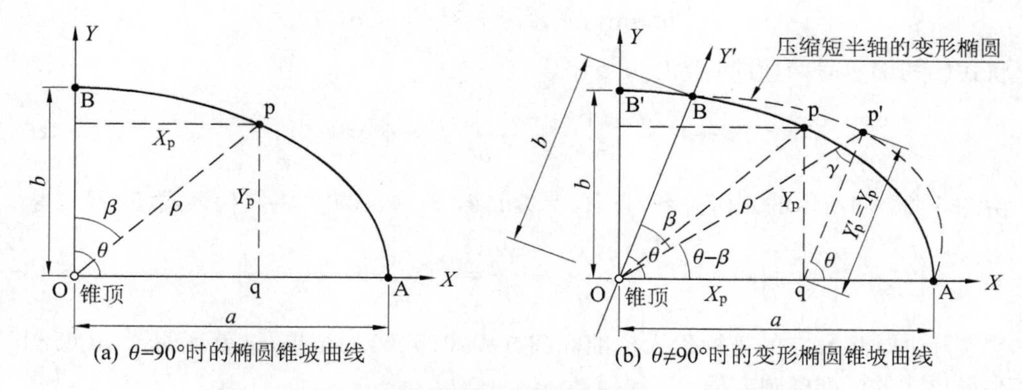

(a) θ=90°时的椭圆锥坡曲线　　(b) $\theta\neq$90°时的变形椭圆锥坡曲线

图 5-27　压缩标准椭圆短半轴 b 的变形椭圆曲率半径计算原理

在△Op′q 中，由正弦定理，顾及 $Y'_p=Y_p$ 及式(5-9)，得

$$\frac{X_p}{\sin\beta}=\frac{\rho}{\sin(180°-\theta)}=\frac{\rho}{\sin\theta} \tag{5-10}$$

$$\frac{Y_p}{\sin(\theta-\beta)}=\frac{\rho}{\sin\theta} \tag{5-11}$$

化简式(5-10)与式(5-11)，得

$$\left.\begin{aligned}X_p&=\frac{\rho\sin\beta}{\sin\theta}\\Y_p&=\frac{\rho\sin(\theta-\beta)}{\sin\theta}\end{aligned}\right\} \tag{5-12}$$

将式(5-12)代入标准椭圆方程式(5-8)，得

$$\frac{\rho^2\sin^2\beta}{a^2\sin^2\theta}+\frac{\rho^2\sin^2(\theta-\beta)}{b^2\sin^2\theta}=1 \tag{5-13}$$

解方程式(5-13)，求得 p′点的曲率半径 ρ 为

$$\rho=\sqrt{\frac{1}{\dfrac{\sin^2\beta}{a^2\sin^2\theta}+\dfrac{\sin^2(\theta-\beta)}{b^2\sin^2\theta}}}=\frac{|ab\sin\theta|}{\sqrt{b^2\sin^2\beta+a^2\sin^2(\theta-\beta)}} \tag{5-14}$$

曲率半径 ρ 是恒大于 0 的正实数，锥坡夹角为逆时针角时有 $\theta<0$，$\sin\theta<0$，所以式(5-14)的分子应取绝对值。

(1) 将 $\beta=0$ 代入式(5-14)，得 $\rho=b$；将 $\beta=\theta$ 代入式(5-14)，得 $\rho=a$。这说明，应用式(5-14)计算变形椭圆曲率半径时，可以直接取 X 轴方向长度作为长半轴 a，Y'轴方向长度作为短半轴 b 进行计算。

(2) 当 $\theta=90°$时，式(5-14)变为

$$\rho=\frac{ab}{\sqrt{b^2\sin^2\beta+a^2\sin^2(90°-\beta)}}=\frac{ab}{\sqrt{b^2\sin^2\beta+a^2\cos^2\beta}} \tag{5-15}$$

将式(5-15)等号两边取平方，得

$$\rho^2 b^2 \sin^2\beta + \rho^2 a^2 \cos^2\beta = a^2 b^2 \tag{5-16}$$

将式(5-16)等号两边同时除以 a^2b^2，得

$$\frac{\rho^2 \sin^2\beta}{a^2} + \frac{\rho^2 \cos^2\beta}{b^2} = 1 \tag{5-17}$$

由图 5-27(a)所示的几何关系，有 $X_p = \rho\sin\beta$，$Y_p = \rho\cos\beta$，将其代入式(5-17)，得

$$\frac{X_p^2}{a^2} + \frac{Y_p^2}{b^2} = 1 \tag{5-18}$$

它实际上是将 p 点的坐标代入标准椭圆方程式(5-8)的结果，这就证明了，式(5-15)为曲率半径形式的标准椭圆方程。

3. 压缩标准椭圆长半轴 *a* 的变形椭圆曲率半径公式

图 5-28(b)所示为压缩标准椭圆长半轴 a 的情形，同理，只需要将式(5-12)代入式(5-19)所示的标准椭圆方程：

$$\frac{Y^2}{a^2} + \frac{X^2}{b^2} = 1 \tag{5-19}$$

并化简，得

$$\rho = \frac{|ab\sin\theta|}{\sqrt{a^2\sin^2\beta + b^2\sin^2(\theta-\beta)}} \tag{5-20}$$

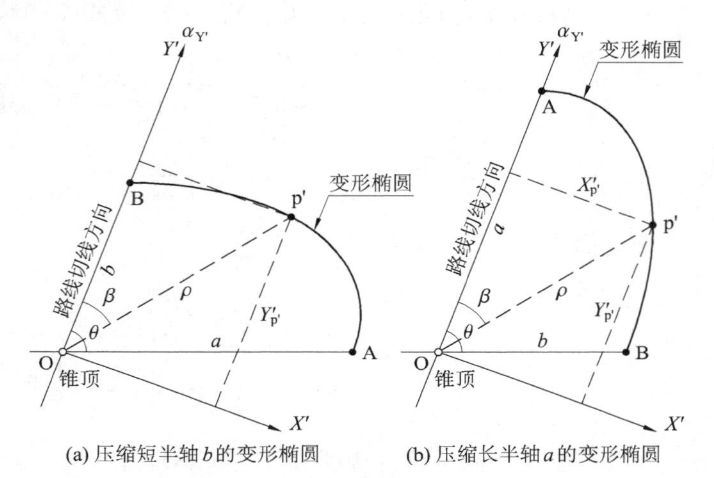

(a) 压缩短半轴 b 的变形椭圆　　(b) 压缩长半轴 a 的变形椭圆

图 5-28　压缩标准椭圆短半轴 *b* 或长半轴 *a* 的变形椭圆曲率半径计算原理

此时，β 仍然是以 $+Y'$ 轴为零方向的顺时针角。将 $\beta=0$ 代入式(5-20)，得 $\rho=a$；将 $\beta=\theta$ 代入式(5-20)，得 $\rho=b$。这说明，应用式(5-20)计算变形椭圆曲率半径时，可以直接取 Y' 轴方向长度作为长半轴 a，X 轴方向长度作为短半轴 b 进行计算。

4. 变形椭圆碎部点坐标公式

应用式(5-14)计算压缩短半轴 b 的变形椭圆[图 5-28(a)]或应用式(5-20)计算压缩长半轴 a 的变形椭圆[图 5-28(b)]上任意点 p′的曲率半径 ρ 后，则 p′点在锥顶中心直角坐标系 $Y'OX'$ 的坐标复数应为

$$z'_{p'} = \rho\angle\beta = Y'_{p'} + X'_{p'}\,\mathrm{i} \tag{5-21}$$

由式(5-21)可知，它不受是短半轴位于 Y' 轴还是长半轴位于 Y' 轴的影响。设锥顶桩号路线走向方位角为 $\alpha_{Y'}$，则 p′点的测量坐标复数为

$$z_{p'} = z_O + z'_{p'} \times 1\angle\alpha_Y{}' \tag{5-22}$$

5. 变形椭圆与包络线的比较

在桥梁施工手册中，桥台锥坡曲线是按包络图法绘制的包络线。如图 5-29(a)所示，将锥坡切线短半轴 AC 等分为 n 段，锥坡切线长半轴 CB 也等分为 n 段，采用直线连接两个线

段上的错位点，即用直线连接AC线段的A点与CB线段的1号点，用直线连接AC线段的1号点与CD线段的2号点，用直线连接AC线段的2号点与CB线段的3号点，……本例的$n=20$，最后用直线连接AC线段的19号点与B点，所有连线组成的包络图称为包络线。

图5-29(a)中的变形椭圆曲线是应用式(5-14)与式(5-20)将θ角20等分通过编程计算变形椭圆碎部点坐标的展点图，由图可知，两条曲线并不重合。在AutoCAD中，通过作图求出两条曲线的最大间距约为1.197 m。这就引出了一个问题，包络线是否准确？施工放样时，是采用变形椭圆还是采用包络线？

由式(5-18)可知，应用式(5-14)计算变形椭圆的曲率半径，当$\theta=90°$时，变形椭圆变成了标准椭圆。图5-29(b)所示标准椭圆的长、短半轴与图5-29(a)所示变形椭圆的长、短半轴相同，它是应用式(5-14)与式(5-20)，设置$\theta=90°$，按20等分编程计算变形椭圆碎部点坐标并展点绘制而得，它与在AutoCAD中执行"ellipse"椭圆命令绘制的椭圆完全重合，但与包络线不重合。在AutoCAD中，通过作图求出两条曲线的最大间距约为1.468 m，由此证明：包络线也是一条近似曲线，当夹角$\theta=90°$时，包络线与标准椭圆曲线不重合。由此验证了变形椭圆更适合用作桥台锥坡曲线。

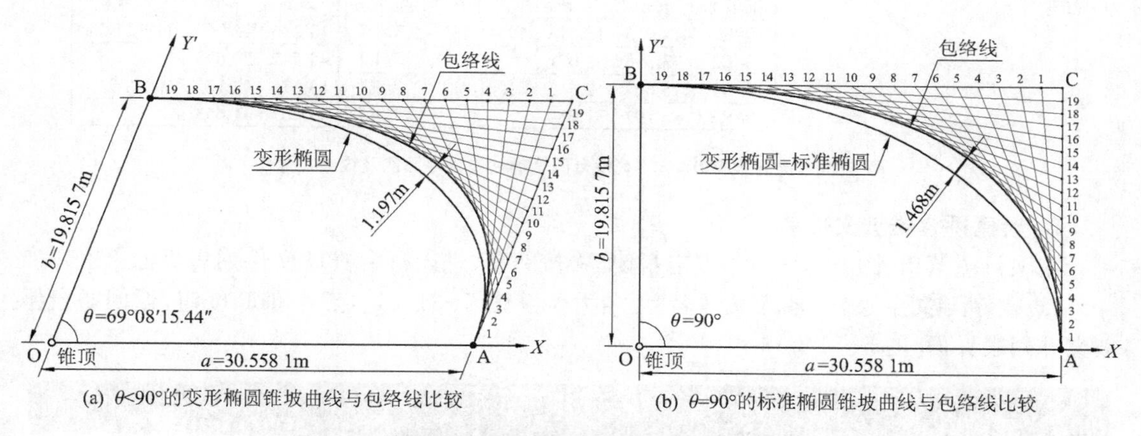

图5-29 变形椭圆坐标计算展点结果与包络线绘图结果比较

使用包络线放样桥台锥坡显然是一个时代的产物。笔者开始读大学的1979年，计算技术还很不发达，卡西欧生产的fx系列采用发光二极管显示，无编程功能的普通函数计算器刚刚面世，测量仪器是经纬仪加钢尺或经纬仪加光电测距仪，美国Autodesk公司也是在1982年12月才推出AutoCAD 1.0版绘图软件，且只能在S-100与Z-80计算机上运行。落后的计算工具、绘图软件与测量仪器，促使一线工程技术人员发明了包络线法放样桥台锥坡曲线。测量员只需要用一把三角尺、一个量角器、一支铅笔就可以方便地在坐标纸上按比例绘制出包络线，基本无计算工作量，满足了计算工具落后条件下的桥台锥坡曲线放样需求。

5.5 无名大桥两级斜交桥台锥坡曲线碎部点坐标计算

图5-30所示的无名大桥0#与7#桥台的锥坡案例取自文献[5]，4个桥台锥坡曲线均为两级，其中，0#桥台左、右锥坡的短半轴b均位于Y'轴方向，7#桥台的左、右锥坡的长半轴a均位于Y'轴方向。

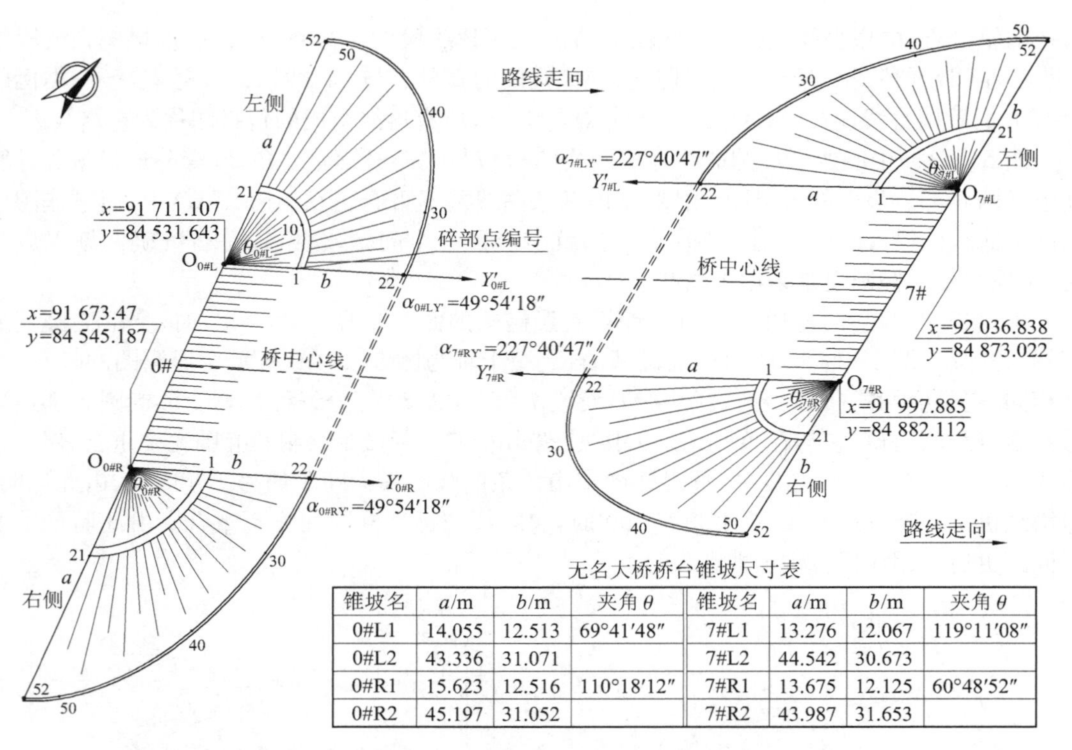

锥坡名	a/m	b/m	夹角 θ	锥坡名	a/m	b/m	夹角 θ
0#L1	14.055	12.513	69°41′48″	7#L1	13.276	12.067	119°11′08″
0#L2	43.336	31.071		7#L2	44.542	30.673	
0#R1	15.623	12.516	110°18′12″	7#R1	13.675	12.125	60°48′52″
0#R2	45.197	31.052		7#R2	43.987	31.653	

图 5-30　无名大桥 0#与 7#桥台四个锥坡设计平面图及锥坡尺寸表

1. 新建桥台锥坡文件名

在项目主菜单[图 5-31(a)],点击 **桥台锥坡** 按钮,进入桥台锥坡文件列表界面[图 5-31(b)];点击 **新建文件** 按钮,输入文件名“无名大桥”[图 5-31(c)],点击 **确定** 按钮,返回桥台锥坡文件列表界面[图 5-31(d)]。

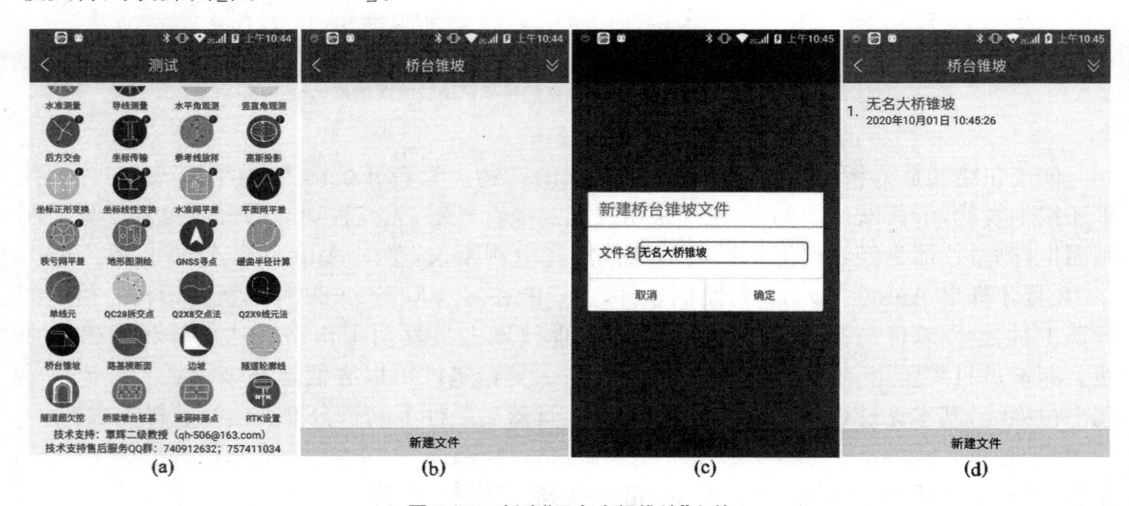

图 5-31　新建“无名大桥锥坡”文件

2. 输入桥台锥坡设计数据

点击新建文件名,在弹出的快捷菜单点击“输入数据及计算”命令[图 5-32(a)],进入桥台锥坡设计数据输入界面[图 5-32(b)],缺省设置的设计数据界面为 0#桥台左侧锥坡。

下午5:11

无名大桥

输入数据及计算

导出Excel成果文件

修改文件信息

删除文件

(a)

下午5:11

无名大桥

桥台基础数据

桥梁起点桥台号=0#　桥梁终点桥台号=　#

桥台号　0#　左/右侧　左

0#桥台左侧锥坡坡顶设计数据

锥坡坡顶O点坐标

xO_0#L(m)=　清　除

yO_0#L(m)=

+Y'轴方位角=　°　'　"

锥坡夹角θ=　°　'　"　顺时针角

注：锥坡夹角θ，是以桥台+Y'轴为0方向的水平角

0#桥台左侧一级锥坡设计数据　+　−

长半轴a1_0#L(m)=

短半轴b1_0#L(m)=　短轴位于Y'轴

一级锥坡等分数=

计算

(b)

下午5:13

无名大桥

桥台基础数据

桥梁起点桥台号=0#　桥梁终点桥台号=　#

桥台号　0#　左/右侧　左

0#桥台左侧锥坡坡顶设计数据

锥坡坡顶O点坐标

xO_0#L(m)= 91711.107　清　除

yO_0#L(m)= 84531.643

+Y'轴方位角= 49 ° 54 ' 18 "

锥坡夹角θ= -69 ° 41 ' 48 "　逆时针角

注：锥坡夹角θ，是以桥台+Y'轴为0方向的水平角

0#桥台左侧一级锥坡设计数据　+　−

长半轴a1_0#L(m)= 14.055

短半轴b1_0#L(m)= 12.513　短轴位于Y'轴

一级锥坡等分数= 20

计算

(c)

下午5:13

无名大桥

0#桥台左侧锥坡坡顶设计数据

锥坡坡顶O点坐标

xO_0#L(m)= 91711.107　清　除

yO_0#L(m)= 84531.643

+Y'轴方位角= 49 ° 54 ' 18 "

锥坡夹角θ= -69 ° 41 ' 48 "　逆时针角

注：锥坡夹角θ，是以桥台+Y'轴为0方向的水平角

0#桥台左侧一级锥坡设计数据　+　−

长半轴a1_0#L(m)= 14.055

短半轴b1_0#L(m)= 12.513　短轴位于Y'轴

一级锥坡等分数= 20

0#桥台左侧二级锥坡设计数据　+　−

长半轴a2_0#L(m)= 43.336

短半轴b2_0#L(m)= 31.071　短轴位于Y'轴

二级锥坡等分数= 30

计算

(d)

下午5:14

无名大桥

桥台基础数据

桥梁起点桥台号=0#　桥梁终点桥台号=　#

桥台号　0#　左/右侧　左　右

0#桥台左侧锥坡坡顶设计数据

锥坡坡顶O点坐标

xO_0#L(m)= 91711.107　清　除

yO_0#L(m)= 84531.643

+Y'轴方位角= 49 ° 54 ' 18 "

锥坡夹角θ= -69 ° 41 ' 48 "　逆时针角

注：锥坡夹角θ，是以桥台+Y'轴为0方向的水平角

0#桥台左侧一级锥坡设计数据　+　−

长半轴a1_0#L(m)= 14.055

短半轴b1_0#L(m)= 12.513　短轴位于Y'轴

一级锥坡等分数= 20

0#桥台左侧二级锥坡设计数据　+　−

计算

(e)

下午5:16

无名大桥

桥台基础数据

桥梁起点桥台号=0#　桥梁终点桥台号=　#

桥台号　0#　左/右侧　右

0#桥台右侧锥坡坡顶设计数据

锥坡坡顶O点坐标

xO_0#R(m)=　清　除

yO_0#R(m)=

+Y'轴方位角=　°　'　"

锥坡夹角θ=　°　'　"　顺时针角

注：锥坡夹角θ，是以桥台+Y'轴为0方向的水平角

0#桥台右侧一级锥坡设计数据　+　−

长半轴a1_0#R(m)=

短半轴b1_0#R(m)=　短轴位于Y'轴

一级锥坡等分数=

计算

(f)

下午5:18

无名大桥

0#桥台右侧锥坡坡顶设计数据

锥坡坡顶O点坐标

xO_0#R(m)= 91673.47　清　除

yO_0#R(m)= 84545.187

+Y'轴方位角= 49 ° 54 ' 18 "

锥坡夹角θ= 110 ° 18 ' 12 "　顺时针角

注：锥坡夹角θ，是以桥台+Y'轴为0方向的水平角

0#桥台右侧一级锥坡设计数据　+　−

长半轴a1_0#R(m)= 15.623

短半轴b1_0#R(m)= 12.516　短轴位于Y'轴

一级锥坡等分数= 20

0#桥台右侧二级锥坡设计数据　+　−

长半轴a2_0#R(m)= 45.197

短半轴b2_0#R(m)= 31.052　短轴位于Y'轴

二级锥坡等分数= 30

计算

(g)

下午5:19

无名大桥

桥台基础数据

桥梁起点桥台号=0#　桥梁终点桥台号= 7 #

桥台号　0#　7#　左/右侧　右

0#桥台右侧锥坡坡顶设计数据

锥坡坡顶O点坐标

xO_0#R(m)= 91673.47　清　除

yO_0#R(m)= 84545.187

+Y'轴方位角= 49 ° 54 ' 18 "

锥坡夹角θ= 110 ° 18 ' 12 "　顺时针角

注：锥坡夹角θ，是以桥台+Y'轴为0方向的水平角

0#桥台右侧一级锥坡设计数据　+　−

长半轴a1_0#R(m)= 15.623

短半轴b1_0#R(m)= 12.516　短轴位于Y'轴

一级锥坡等分数= 20

0#桥台右侧二级锥坡设计数据　+　−

计算

(h)

下午5:25

无名大桥

桥台基础数据

桥梁起点桥台号=0#　桥梁终点桥台号= 7 #

桥台号　7#　左/右侧　右

7#桥台右侧锥坡坡顶设计数据

锥坡坡顶O点坐标

xO_7#R(m)= 91997.885　清　除

yO_7#R(m)= 84882.112

+Y'轴方位角= 227 ° 40 ' 47.00 "

锥坡夹角θ= -60 ° 48 ' 52.00 "　逆时针角

注：锥坡夹角θ，是以桥台+Y'轴为0方向的水平角

7#桥台右侧一级锥坡设计数据　+　−

长半轴a1_7#R(m)= 13.675　长轴位于Y'轴

短半轴b1_7#R(m)= -12.125

一级锥坡等分数= 20

7#桥台右侧二级锥坡设计数据　+　−

计算

(i)

下午5:25

无名大桥

7#桥台右侧锥坡坡顶设计数据

锥坡坡顶O点坐标

xO_7#R(m)= 91997.885　清　除

yO_7#R(m)= 84882.112

+Y'轴方位角= 227 ° 40 ' 47.00 "

锥坡夹角θ= -60 ° 48 ' 52.00 "　逆时针角

注：锥坡夹角θ，是以桥台+Y'轴为0方向的水平角

7#桥台右侧一级锥坡设计数据　+　−

长半轴a1_7#R(m)= 13.675　长轴位于Y'轴

短半轴b1_7#R(m)= -12.125

一级锥坡等分数= 20

7#桥台右侧二级锥坡设计数据　+　−

长半轴a2_7#R(m)= 43.987　长轴位于Y'轴

短半轴b2_7#R(m)= -31.653

二级锥坡等分数= 30

计算

(j)

下午5:27

无名大桥

桥台基础数据

桥梁起点桥台号=0#　桥梁终点桥台号= 7 #

桥台号　7#　左/右侧　左

7#桥台左侧锥坡坡顶设计数据

锥坡坡顶O点坐标

xO_7#L(m)= 92036.838　清　除

yO_7#L(m)= 84873.022

+Y'轴方位角= 227 ° 40 ' 47.00 "

锥坡夹角θ= 119 ° 11 ' 8.00 "　顺时针角

注：锥坡夹角θ，是以桥台+Y'轴为0方向的水平角

7#桥台左侧一级锥坡设计数据　+　−

长半轴a1_7#L(m)= 13.276　长轴位于Y'轴

短半轴b1_7#L(m)= -12.067

一级锥坡等分数= 20

7#桥台左侧二级锥坡设计数据　+　−

计算

(k)

下午11:24

无名大桥

7#桥台左侧锥坡坡顶设计数据

锥坡坡顶O点坐标

xO_7#L(m)= 92036.838　清　除

yO_7#L(m)= 84873.022

+Y'轴方位角= 227 ° 40 ' 47.00 "

锥坡夹角θ= 119 ° 11 ' 8.00 "　顺时针角

注：锥坡夹角θ，是以桥台+Y'轴为0方向的水平角

7#桥台左侧一级锥坡设计数据　+　−

长半轴a1_7#L(m)= 13.276　长轴位于Y'轴

短半轴b1_7#L(m)= -12.067

一级锥坡等分数= 20

7#桥台左侧二级锥坡设计数据　+　−

长半轴a2_7#L(m)= 44.542　长轴位于Y'轴

短半轴b2_7#L(m)= -30.673

二级锥坡等分数= 30

计算

(l)

图 5-32　输入 0＃,7＃桥台左、右侧一、二级锥坡设计数据

每座桥梁的起点桥台号固定为 0＃桥台,用户不能更改,终点桥台号根据桥梁墩台数的不同是变化的,需要用户输入,本例桥梁的终点桥台号为 7＃,应输入 7[图 5-32(h)]。

(1) 输入 0＃桥台左侧锥坡设计数据

先输入锥坡坡顶设计数据,它包括锥坡坡顶 O 点的平面坐标、$+Y'$轴方位角和锥坡夹角

θ。锥坡夹角 θ 是以 $+Y'$ 轴为零方向的水平角，顺时针角输入为正数角值，逆时针角输入为负数角值。0#桥台左侧锥坡角为逆时针角，应输入为负数角[图 5-32(c)]。

再输入一级锥坡设计数据，它包括长半轴 a、短半轴 b、锥坡夹角等分数。短半轴 b 位于 $+Y'$ 轴方向时，短半轴 b 应输入为正数值；长半轴 a 位于 $+Y'$ 轴方向时，短半轴 b 应输入为负数值。本例 0#桥台左侧锥坡为短半轴 b 位于 $+Y'$ 轴方向，短半轴 b 应输入正数，一级锥坡等分数输入 20[图 5-32(c)]。

点击 + 按钮新增 0#桥台左侧二级锥坡设计数据栏，输入 0#桥台左侧二级锥坡设计数据，二级锥坡等分数输入 30，结果如图 5-32(d)所示。

(2) 输入 0#桥台右侧锥坡设计数据

点击“桥台基础数据”区右下角的“左/右侧”列表框，在弹出的快捷菜单点击“右”[图 5-32(e)]，进入 0#桥台右侧锥坡设计数据界面，输入图 5-30 所示 0#桥台右侧锥坡设计数据，结果如图 5-32(f)，(g)所示。

(3) 输入 7#桥台右侧锥坡设计数据

点击“桥台号”列表框，在弹出的快捷菜单点击“7#”[图 5-32(h)]，进入 7#桥台右侧锥坡设计数据界面。

如图 5-30 所示，7#桥台右侧锥坡角为逆时针角，应输入为负数角；7#桥台右侧锥坡曲线的长半轴 a 位于 $+Y'_{\#7R}$ 轴方向，右侧一、二级锥坡的短半轴 b 均应输入负数，结果如图 5-32(i)，(j)所示。

(4) 输入 7#桥台左侧锥坡设计数据

点击“桥台基础数据”区右下角的“左/右侧”列表框，在弹出的快捷菜单点击“左”，进入 7#桥台左侧锥坡设计数据界面。

7#桥台左侧锥坡曲线的长半轴 a 位于 $+Y'_{\#7L}$ 轴方向，左侧一、二级锥坡的短半轴 b 应输入为负数，结果如图 5-32(k)，(l)所示。

3. 计算与桥台锥坡曲线碎部点坐标

点击 **计算** 按钮，计算两个桥台全部锥坡曲线碎部点的平面坐标，缺省设置是显示 0#桥台左侧一级锥坡点的坐标[图 5-33(a)]，点击“级数”列表框切换显示 0#桥台左侧二级锥坡

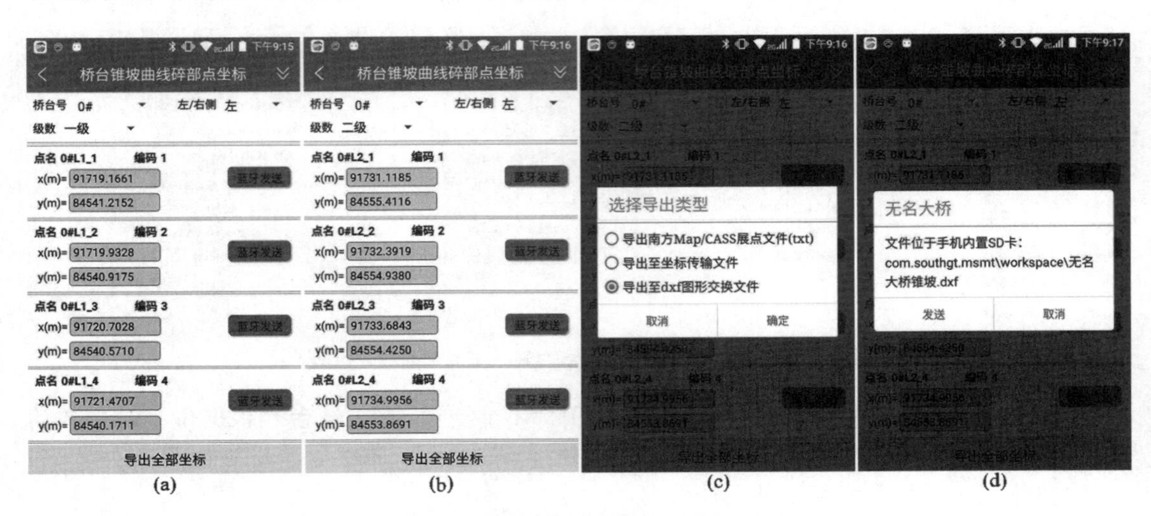

图 5-33 计算桥台锥坡曲线碎部点坐标，导出 dxf 图形交换文件

碎部点坐标[图 5-33(b)];点击 **导出全部坐标** 按钮,设置 ◉ **导出至dxf图形交换文件** 单选框[图 5-33(c)],点击 **确定** 按钮,在手机内置 SD 卡工作文件夹创建 dxf 图形交换文件[图 5-33(d)],图 5-34 为启动 AutoCAD 打开该文件的界面。

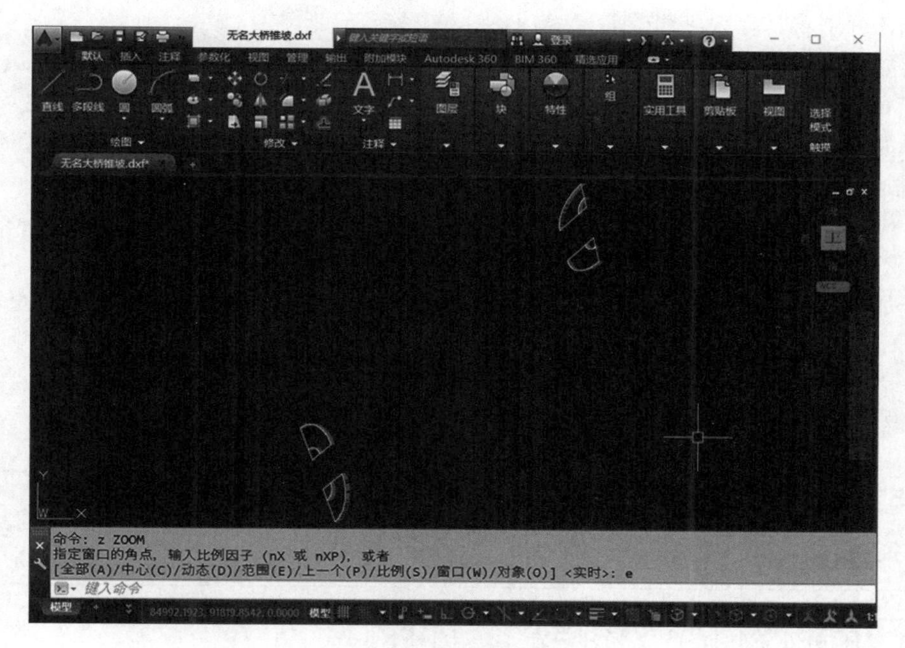

图 5-34　启动 AutoCAD 打开“无名大桥锥坡.dxf”文件

点击任意一个碎部点右侧的 蓝牙发送 按钮,蓝牙发送该点坐标到南方 NTS-362LNB 全站仪的放样点坐标界面,应先在南方 NTS-362LNB 全站仪按 CORD F4 F4 键进入坐标模式 P3 页功能菜单,按 F2 (放样)③(设置放样点)键,进入放样点坐标输入界面[图 5-35(b)];在手机界面点击“7＃L2_31”点右侧的 蓝牙发送 按钮[图 5-35(b)],全站仪屏幕显示如图 5-35(c)所示。

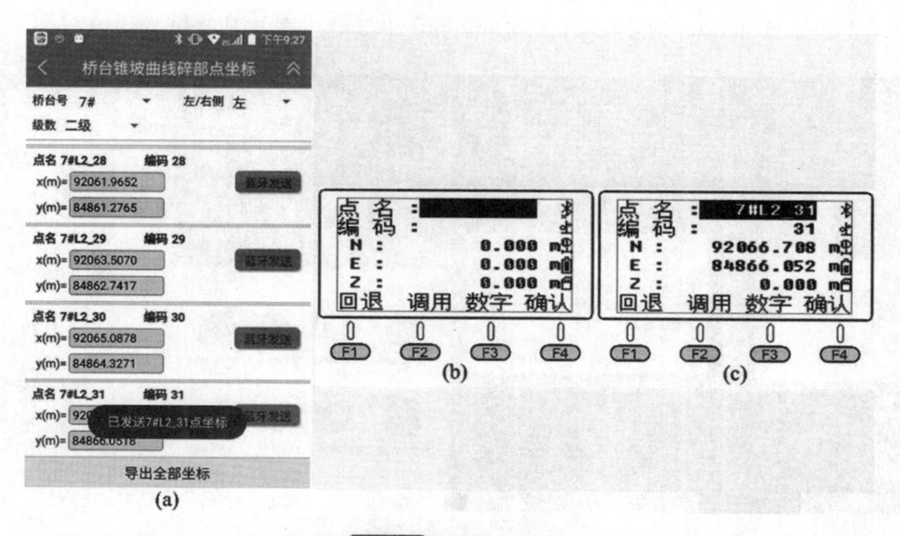

图 5-35　点击“7＃L2_31”点右侧 蓝牙发送 按钮蓝牙发送该点坐标到 NTS-362LNB 全站仪

4. 使用 fx-5800P 工程机手动计算 0#桥台左侧一级锥坡 2 号碎部点的测量坐标

(1) 按 SHIFT SETUP 3 键设置角度单位为 Deg,屏幕顶部状态栏显示 D。

(2) 由图 5-30 内表查得 0#桥台左侧一级锥坡长半轴 $a=14.055$ m,短半轴 $b=12.513$ m,分别将其存入字母变量 A 与 B[图 5-36(a)]。

(3) 如图 5-30 所示,0#桥台左侧锥坡角 $\theta=69°41'48''$,为逆时针角,应输入为负数角,将其存入字母变量 C,将 C 除以 20 存入字母变量 F[图 5-36(b)]。

(4) 如图 5-30 所示,0#桥台左侧锥坡曲线为压缩短半轴的变形椭圆,采用式(5-14)计算变形椭圆的曲率半径,结果存入字母变量 R[图 5-36(c)]。

(5) 应用式(5-21)计算 0#桥台左侧一级锥坡 2 号碎部点在锥顶中心直角坐标系 $Y'OX'$ 的坐标复数,结果存入字母变量 P[图 5-36(d)]。

(6) 如图 5-30 所示,存储 0#桥台左侧锥顶 $O_{0\#L}$ 的测量坐标复数到字母变量 O[图 5-36(e)],$+Y'_{0\#L}$ 轴的方位角存入字母变量 Y[图 5-36(f)]。

(7) 应用式(5-22)计算 0#桥台左侧一级锥坡 2 号碎部点的测量坐标复数[图 5-36(g)],它与图 5-33(a)所示 0#L1_2 点的坐标相同。

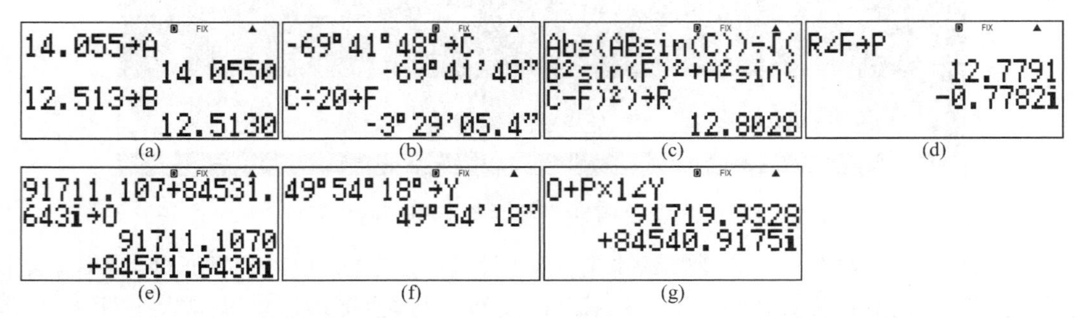

图 5-36 使用 fx-5800P 工程机手动计算 0#桥台左侧一级锥坡 2 号碎部点的测量坐标

5. 导出 Excel 成果文件

点击标题栏左侧的 < 按钮两次,返回桥台锥坡文件列表界面。点击文件名,在弹出的快捷菜单点击"导出项目 Excel 成果文件"命令[图 5-37(a)],在手机 SD 卡工作文件夹导出"无

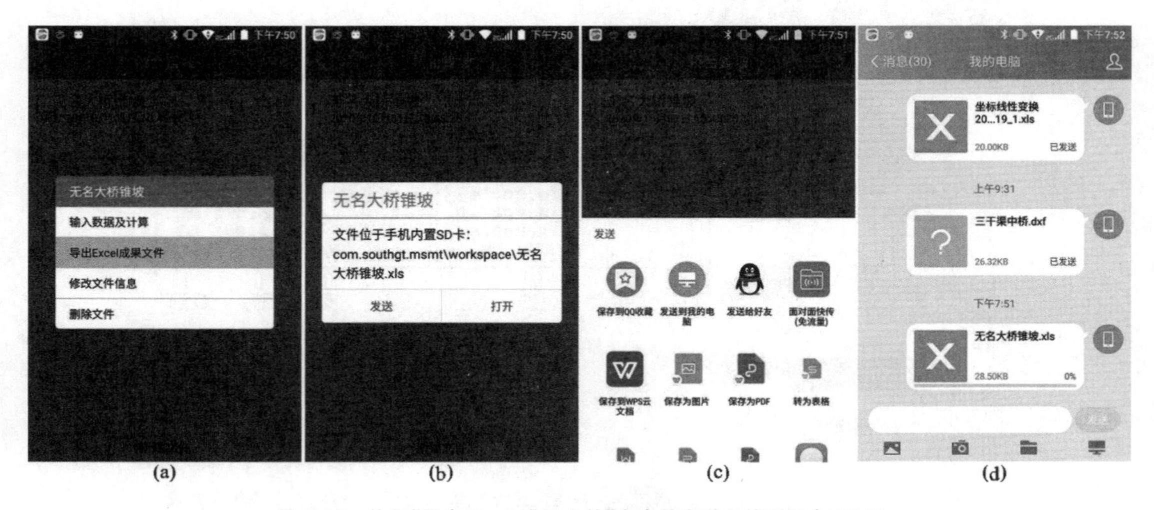

图 5-37 执行"导出 Excel 成果文件"命令并发送文件到用户 PC 机

名大桥.xls”文件[图 5-37(b)]，点击 **发送** 按钮，点击“发送到我的电脑”按钮，启动手机 QQ 发送到用户电脑，结果如图 5-37(d)所示。

在 PC 机启动 Excel 打开“无名大桥.xls”文件，该文件共有四个选项卡：0＃桥台左侧锥坡、0＃桥台右侧锥坡、7＃桥台左侧锥坡、7＃桥台右侧锥坡，缺省设置为显示“0＃桥台左侧锥坡”选项卡的数据内容，如图 5-38 所示。

	A	B	C	D	E	F
1	二级锥坡无名大桥0#桥台左侧锥坡曲线计算成果					
2	0#桥台左侧锥坡坡顶坐标：xO_0#L(m)=91711.107 yO_0#L(m)=84531.643					
3	+Y'轴方位角：α_0#LY'=49°54'18"					
4	锥坡夹角：θ_0#L=-69°41'48"					
5	长半轴：a1_0#L(m)=14.055			长半轴：a2_0#L(m)=43.336		
6	短半轴：b1_0#L(m)=12.513			短半轴：b2_0#L(m)=31.071		
7	0#桥台左侧一级锥坡碎部点坐标			0#桥台左侧二级锥坡碎部点坐标		
8	点号	x_0#L(m)	y_0#L(m)	点号	x_0#L(m)	y_0#L(m)
9	0#L1_1	91719.1661	84541.2152	0#L2_1	91731.1185	84555.4116
10	0#L1_2	91719.9328	84540.9175	0#L2_2	91732.3919	84554.9380
11	0#L1_3	91720.7028	84540.5710	0#L2_3	91733.6843	84554.4250
12	0#L1_4	91721.4707	84540.1711	0#L2_4	91734.9956	84553.8691
13	0#L1_5	91722.2289	84539.7133	0#L2_5	91736.3253	84553.2670
14	0#L1_6	91722.9680	84539.1937	0#L2_6	91737.6724	84552.6147
15	0#L1_7	91723.6766	84538.6093	0#L2_7	91739.0349	84551.9082
16	0#L1_8	91724.3412	84537.9585	0#L2_8	91740.4102	84551.1433
17	0#L1_9	91724.9470	84537.2421	0#L2_9	91741.7947	84550.3155
18	0#L1_10	91725.4784	84536.4632	0#L2_10	91743.1833	84549.4203
19	0#L1_11	91725.9200	84535.6278	0#L2_11	91744.5699	84548.4532
20	0#L1_12	91726.2584	84534.7454	0#L2_12	91745.9464	84547.4099
21	0#L1_13	91726.4827	84533.8277	0#L2_13	91747.3033	84546.2866
22	0#L1_14	91726.5865	84532.8890	0#L2_14	91748.6288	84545.0801
23	0#L1_15	91726.5681	84531.9445	0#L2_15	91749.9096	84543.7880
24	0#L1_16	91726.4309	84531.0094	0#L2_16	91751.1300	84542.4096
25	0#L1_17	91726.1826	84530.0978	0#L2_17	91752.2728	84540.9454
26	0#L1_18	91725.8346	84529.2214	0#L2_18	91753.3194	84539.3982
27	0#L1_19	91725.4005	84528.3898	0#L2_19	91754.2501	84537.7732
28	0#L1_20	91724.8948	84527.6094	0#L2_20	91755.0453	84536.0780
29	0#L1_21	91724.3318	84526.8840	0#L2_21	91755.6861	84534.3232
30				0#L2_22	91756.1556	84532.5216
31				0#L2_23	91756.4398	84530.6888
32				0#L2_24	91756.5287	84528.8417
33				0#L2_25	91756.4171	84526.9988
34				0#L2_26	91756.1052	84525.1783
35				0#L2_27	91755.5983	84523.3980
36				0#L2_28	91754.9066	84521.6743
37				0#L2_29	91754.0447	84520.0211
38				0#L2_30	91753.0303	84518.4500
39				0#L2_31	91751.8831	84516.9694

0#桥台左侧锥坡 / 0#桥台右侧锥坡 / 7#桥台左侧锥坡 / 7#桥台右侧锥坡

图 5-38 “0＃桥台左侧锥坡”选项卡锥坡点坐标成果

5.6 广东省新屋大桥斜交桥台锥坡曲线碎部点坐标计算

如图 5-39 所示，新屋大桥位于中线平曲线半径 $R=1\ 600$ m 的圆曲线元，0＃与 5＃桥台

的墩台横轴 X 与墩台中心走向方向的水平角 $\theta=120°$，4 个桥台锥坡曲线均为一级，且短半轴 b 均位于 Y' 轴方向。

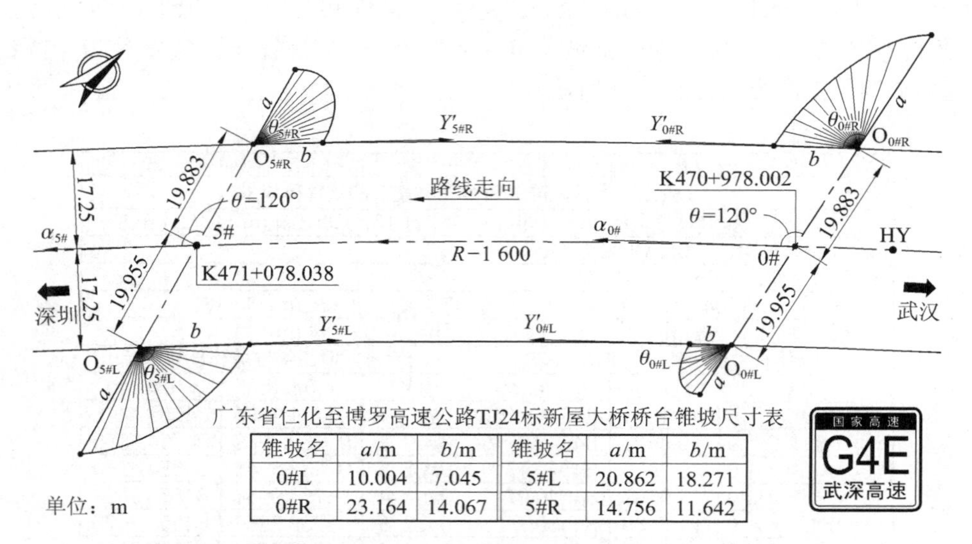

锥坡名	a/m	b/m	锥坡名	a/m	b/m
0#L	10.004	7.045	5#L	20.862	18.271
0#R	23.164	14.067	5#R	14.756	11.642

图 5-39　广东省新屋大桥 0＃和 5＃桥台 4 个锥坡设计平面图及锥坡尺寸表

与图 5-30 所示的无名大桥比较，图 5-39 并未给出 4 个锥顶的平面坐标、锥坡夹角及 $+Y'$ 轴的方位角，这些锥坡数据需要应用 0＃、5＃桥台的墩台中心设计桩号和路线平曲线文件计算求得。

1. 坐标正算 4 个锥顶的平面坐标

在项目主菜单，点击 **Q2X8交点法** 按钮，进入 **Q2X8交点法** 程序文件列表界面，点击“广东仁博高速公路 TJ24 标 K 线”文件名，在弹出的快捷菜单点击“进入文件主菜单”命令；点击 坐标正算 按钮，在加桩设计桩号栏输入新屋大桥 0＃桥台墩台中心桩号，偏角栏 θ 输入 120°，输入 0＃桥台左锥顶 $O_{0\#L}$ 的边距[图 5-40(a)]，点击 计算坐标 按钮，计算 0＃桥台左锥顶 $O_{0\#L}$ 的坐标[图5-40(b)]。图 5-40(c)，(d)所示为计算 0＃桥台右锥顶 $O_{0\#R}$ 的坐标，图 5-40(e)，(f)所示为计算 5＃桥台左锥顶 $O_{5\#L}$ 的坐标，图 5-40(g)，(h)所示为计算 5＃桥台右锥顶 $O_{5\#R}$ 的坐标。将图 5-40 的计算结果列于表 5-6。

表 5-6 的中桩→边桩直线方位角用于后面计算 0＃，5＃桥台 4 个锥坡角。

表 5-6　　广东省仁化至博罗高速公路 TJ24 标 K 线新屋大桥 0＃，5＃桥台锥顶坐标计算

（0＃桥台墩台中心走向方位角 $\alpha_{0\#}=223°09'15.68''$，5＃桥台墩台中心走向方位角 $\alpha_{5\#}=219°34'19.49''$）

锥顶名	墩台中心桩号	偏角 θ	边距 d/m	边桩坐标 x/m	边桩坐标 y/m	中桩→边桩直线方位角	
0＃L	K470＋978.002	120°	19.955	2 573 516.460 9	496 597.416 6	0＃→0＃L	163°09′15.68″
0＃R	K470＋978.002	120°	19.883	2 573 554.589 4	496 585.871 8	0＃→0＃R	343°09′15.68″
5＃L	K471＋078.038	120°	19.955	2 573 441.791 2	496 532.502 6	5＃→5＃L	159°34′19.49″
5＃R	K471＋078.038	120°	19.883	2 573 479.123 8	496 518.598	5＃→5＃R	339°34′19.49″

中桩→边桩直线方位角是用中桩走向方位角加偏角 θ 得中桩→右边桩直线的方位角，再

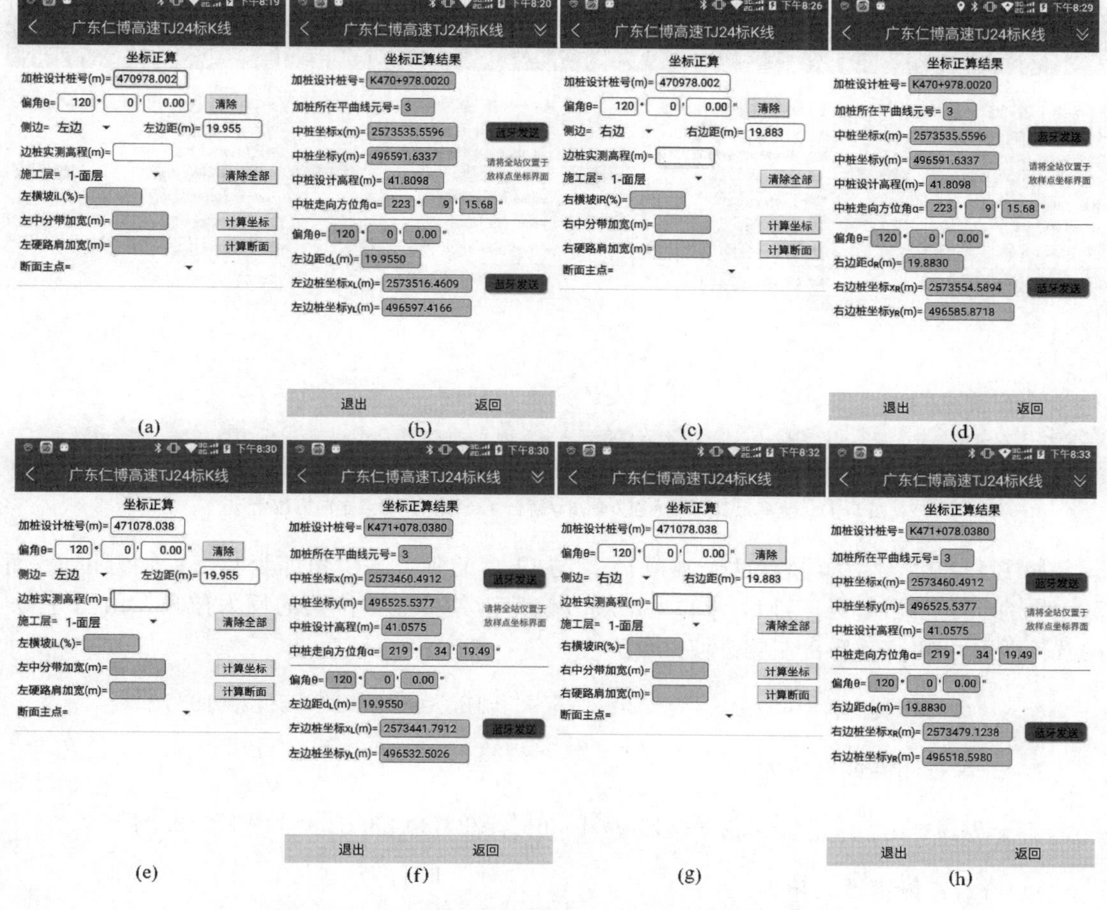

图 5-40　坐标正算新屋大桥 0＃,5＃桥台 4 个锥顶的平面坐标

减 180°得中桩→左边桩直线的方位角。例如,0＃桥台中桩的走向方位角为 $\alpha_{0\#}=223°09'15.68''$,偏角 $\theta=120°$为右偏角,则 0＃桥台右边桩直线方位角 $\alpha_{0\#\to 0\#R}=223°09'15.68''+120°=343°09'15.68''$,0＃桥台左边桩直线方位角 $\alpha_{0\#\to 0\#L}=343°09'15.68''-180°=163°09'15.68''$。表 5-6 中,灰底色两列数据为桥台锥坡锥顶设计坐标。

2. 坐标反算 0＃,5＃桥台 4 个锥顶垂点走向方位角

在"广东仁博高速公路 TJ24 标 K 线"文件主菜单,点击坐标反算按钮,计算表 5-6 所列 4 个锥顶的坐标反算,结果如图 5-41 所示,4 个锥顶垂点走向方位角列于表 5-7。

表 5-7　　广东省仁化至博罗高速公路 TJ24 标 K 线新屋大桥 0＃,5＃桥台锥坡夹角计算

锥顶名	α_P	$\alpha_{+Y'}$	中桩→边桩直线方位角		锥坡夹角 θ
0＃L	222°47′35.4″	222°47′35.4″	0＃→0＃L	163°09′15.68″	59°38′19.72″
0＃R	223°30′23.64″	223°30′23.64″	0＃→0＃R	343°09′15.68″	119°38′52.04″
5＃L	219°12′39.21″	39°12′39.21″	5＃→5＃L	159°34′19.49″	120°21′40.28″
5＃R	219°55′27.44″	39°55′27.44″	5＃→5＃R	339°34′19.49″	60°21′07.95″

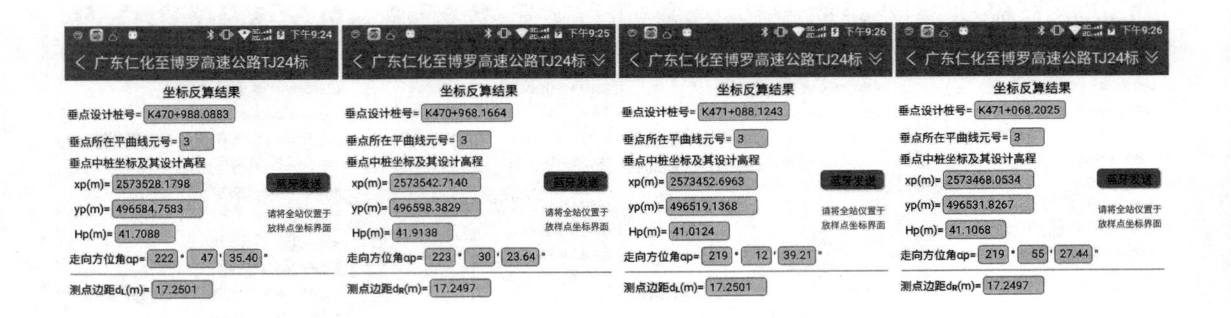

图 5-41　坐标反算新屋大桥 0＃,5＃桥台 4 个锥顶的垂点走向方位角 α_p

如图 5-39 所示,0＃桥台两个锥顶 $O_{0\#L}$ 与 $O_{0\#R}$ 的垂点方位角即为其 $+Y'$ 轴方位角,而 5＃桥台的两个锥顶 $O_{5\#L}$ 与 $O_{5\#R}$ 的 $+Y'$ 轴方位角为其垂点方位角的反方位角。由图 5-39 的几何关系可知,0＃桥台左侧锥坡夹角为

$$\theta_{0\#L}=\alpha_{0\#LY'}-\alpha_{0\#\to 0\#L}=222°47'35.4''-163°09'15.68''=59°38'19.72''$$

0＃桥台右侧锥坡夹角为

$$\theta_{0\#R}=\alpha_{0\#\to 0\#R}-\alpha_{0\#RY'}=343°09'15.68''-223°30'23.64''=119°38'52.04''$$

5＃桥台左侧锥坡夹角为

$$\theta_{5\#L}=\alpha_{5\#\to 5\#L}-\alpha_{5\#LY'}=159°34'19.49''-39°12'39.21''=120°21'40.28''$$

5＃桥台右侧锥坡夹角为

$$\theta_{5\#R}=\alpha_{5\#RY'}-\alpha_{5\#\to 5\#R}=39°55'27.44''-339°34'19.49''+360°=60°21'07.95''$$

上述 0＃,5＃桥台的 4 个锥坡夹角计算结果列于表 5-7,表中灰底色两列数据为桥台锥坡设计数据。

3. 新建桥台锥坡文件计算新屋大桥桥台锥坡曲线碎部点的坐标

在项目主菜单[图 5-31(a)],点击 **桥台锥坡** 按钮进入桥台锥坡文件列表界面;点击 **新建文件** 按钮,输入文件名“新屋大桥”,点击 **确定** 按钮,返回桥台锥坡文件列表界面。点击新建文件名,在弹出的快捷菜单中点击“输入数据及计算”命令,进入桥台锥坡设计数据界面。

输入表 5-6、表 5-7 与图 5-39 所示 0＃,5＃桥台的 4 个锥坡设计数据,结果如图 5-42(a),(b)所示。如图 5-39 所示,0＃桥台左侧锥坡夹角与 5＃桥台右侧锥坡夹角均为逆时针角,应输入为负数角[图 5-42(a),(c)]。点击 **计算** 按钮,计算两个桥台全部锥坡曲线碎部点的平面坐标,结果如图 5-42(e)—(l)所示。

新屋大桥

桥台基础数据

桥梁起点桥台号=0#　桥梁终点桥台号= 5 #

桥台号 0#　左/右侧 左

0#桥台左侧锥坡坡顶设计数据

锥坡坡顶O点坐标

xO_0#L(m)= 2573516.4609　清 除

yO_0#L(m)= 496597.4166

+Y'轴方位角= 222 ° 47 ' 35.40 "

锥坡夹角θ= -59 ° 38 ' 19.72 " 逆时针角

注：锥坡夹角θ，是以桥台+Y'轴为0方向的水平角

0#桥台左侧一级锥坡设计数据　+　−

长半轴a1_0#L(m)= 10.004

短半轴b1_0#L(m)= 7.045　短轴位于Y'轴

一级锥坡等分数= 10

计算

(a)

新屋大桥

桥台基础数据

桥梁起点桥台号=0#　桥梁终点桥台号= 5 #

桥台号 0#　左/右侧 右

0#桥台右侧锥坡坡顶设计数据

锥坡坡顶O点坐标

xO_0#R(m)= 2573554.5894　清 除

yO_0#R(m)= 496585.8718

+Y'轴方位角= 223 ° 30 ' 23.64 "

锥坡夹角θ= 119 ° 38 ' 52.04 " 顺时针角

注：锥坡夹角θ，是以桥台+Y'轴为0方向的水平角

0#桥台右侧一级锥坡设计数据　+　−

长半轴a1_0#R(m)= 23.164

短半轴b1_0#R(m)= 14.067　短轴位于Y'轴

一级锥坡等分数= 15

计算

(b)

新屋大桥

桥台基础数据

桥梁起点桥台号=0#　桥梁终点桥台号= 5 #

桥台号 5#　左/右侧 右

5#桥台右侧锥坡坡顶设计数据

锥坡坡顶O点坐标

xO_5#R(m)= 2573479.1238　清 除

yO_5#R(m)= 496518.598

+Y'轴方位角= 39 ° 55 ' 27.44 "

锥坡夹角θ= -60 ° 21 ' 7.95 " 逆时针角

注：锥坡夹角θ，是以桥台+Y'轴为0方向的水平角

5#桥台右侧一级锥坡设计数据　+　−

长半轴a1_5#R(m)= 14.756

短半轴b1_5#R(m)= 11.642　短轴位于Y'轴

一级锥坡等分数= 10

计算

(c)

新屋大桥

桥台基础数据

桥梁起点桥台号=0#　桥梁终点桥台号= 5 #

桥台号 5#　左/右侧 左

5#桥台左侧锥坡坡顶设计数据

锥坡坡顶O点坐标

xO_5#L(m)= 2573441.7912　清 除

yO_5#L(m)= 496532.5026

+Y'轴方位角= 39 ° 12 ' 39.21 "

锥坡夹角θ= 120 ° 21 ' 40.28 " 顺时针角

注：锥坡夹角θ，是以桥台+Y'轴为0方向的水平角

5#桥台左侧一级锥坡设计数据　+　−

长半轴a1_5#L(m)= 20.862

短半轴b1_5#L(m)= 18.271　短轴位于Y'轴

一级锥坡等分数= 15

计算

(d)

桥台锥坡曲线碎部点坐标

桥台号 0#　左/右侧 左

级数 一级

点名 0#L1_1　编码 1　x(m)= 2573511.2912　y(m)= 496592.6306　蓝牙发送

点名 0#L1_2　编码 2　x(m)= 2573510.4464　y(m)= 496592.9124　蓝牙发送

点名 0#L1_3　编码 3　x(m)= 2573509.5401　y(m)= 496593.2802　蓝牙发送

点名 0#L1_4　编码 4　x(m)= 2573508.5855　y(m)= 496593.7607　蓝牙发送

蓝牙发送全部坐标

(e)

桥台锥坡曲线碎部点坐标

桥台号 0#　左/右侧 左

级数 一级

点名 0#L1_8　编码 8　x(m)= 2573505.6189　y(m)= 496597.2186　蓝牙发送

点名 0#L1_9　编码 9　x(m)= 2573505.6546　y(m)= 496598.3464　蓝牙发送

点名 0#L1_10　编码 10　x(m)= 2573506.1116　y(m)= 496599.4062　蓝牙发送

点名 0#L1_11　编码 11　x(m)= 2573506.8862　y(m)= 496600.3157　蓝牙发送

蓝牙发送全部坐标

(f)

桥台锥坡曲线碎部点坐标

桥台号 0#　左/右侧 右

级数 一级

点名 0#R1_1　编码 1　x(m)= 2573544.3867　y(m)= 496576.1875　蓝牙发送

点名 0#R1_2　编码 2　x(m)= 2573546.4305　y(m)= 496575.6209　蓝牙发送

点名 0#R1_3　编码 3　x(m)= 2573548.2877　y(m)= 496575.1908　蓝牙发送

点名 0#R1_4　编码 4　x(m)= 2573550.0130　y(m)= 496574.8582　蓝牙发送

蓝牙发送全部坐标

(g)

桥台锥坡曲线碎部点坐标

桥台号 0#　左/右侧 右

级数 一级

点名 0#R1_13　编码 13　x(m)= 2573567.3105　y(m)= 496574.9009　蓝牙发送

点名 0#R1_14　编码 14　x(m)= 2573570.3776　y(m)= 496575.6975　蓝牙发送

点名 0#R1_15　编码 15　x(m)= 2573573.6820　y(m)= 496577.0408　蓝牙发送

点名 0#R1_16　编码 16　x(m)= 2573576.7594　y(m)= 496579.1590　蓝牙发送

蓝牙发送全部坐标

(h)

桥台锥坡曲线碎部点坐标

桥台号 5#　左/右侧 右

级数 一级

点名 5#R1_1　编码 1　x(m)= 2573488.0520　y(m)= 496526.0695　蓝牙发送

点名 5#R1_2　编码 2　x(m)= 2573489.4107　y(m)= 496525.5076　蓝牙发送

点名 5#R1_3　编码 3　x(m)= 2573490.8260　y(m)= 496524.7819　蓝牙发送

点名 5#R1_4　编码 4　x(m)= 2573492.2493　y(m)= 496523.8528　蓝牙发送

蓝牙发送全部坐标

(i)

桥台锥坡曲线碎部点坐标

桥台号 5#　左/右侧 右

级数 一级

点名 5#R1_8　编码 8　x(m)= 2573495.5682　y(m)= 496517.9311　蓝牙发送

点名 5#R1_9　编码 9　x(m)= 2573495.1422　y(m)= 496516.2448　蓝牙发送

点名 5#R1_10　编码 10　x(m)= 2573494.2149　y(m)= 496514.7253　蓝牙发送

点名 5#R1_11　编码 11　x(m)= 2573492.9518　y(m)= 496513.4477　蓝牙发送

蓝牙发送全部坐标

(j)

桥台锥坡曲线碎部点坐标

桥台号 5#　左/右侧 左

级数 一级

点名 5#L1_1　编码 1　x(m)= 2573455.9480　y(m)= 496544.0531　蓝牙发送

点名 5#L1_2　编码 2　x(m)= 2573453.2643　y(m)= 496544.9076　蓝牙发送

点名 5#L1_3　编码 3　x(m)= 2573450.7865　y(m)= 496545.4737　蓝牙发送

点名 5#L1_4　编码 4　x(m)= 2573448.5017　y(m)= 496545.8351　蓝牙发送

蓝牙发送全部坐标

(k)

桥台锥坡曲线碎部点坐标

桥台号 5#　左/右侧 左

级数 一级

点名 5#L1_13　编码 13　x(m)= 2573430.0946　y(m)= 496543.9969　蓝牙发送

点名 5#L1_14　编码 14　x(m)= 2573427.5875　y(m)= 496543.0036　蓝牙发送

点名 5#L1_15　编码 15　x(m)= 2573424.9291　y(m)= 496541.6397　蓝牙发送

点名 5#L1_16　编码 16　x(m)= 2573422.2412　y(m)= 496539.7840　蓝牙发送

蓝牙发送全部坐标

(l)

图 5-42　输入 0＃,5＃桥台左、右侧一级锥坡设计数据并计算碎部点坐标

5.7 斜交涵洞碎部点坐标计算原理

斜交涵洞碎部点坐标与桥梁墩台桩基坐标计算原理相同。如图 5-43 所示，以斜交涵洞轴线为 X 轴，涵洞中心走向方向为 Y 轴，涵洞中心的 X 轴偏距固定为 $d_X=0$ m，X 轴偏角 β 一般等于斜交坐标系夹角 θ，也即有 $\beta=\theta$。斜交涵洞碎部点坐标计算等价于只计算一个墩台的碎部点坐标。

1. 涵洞平面设计图纸

图 5-43 为 K471＋935 涵洞平面设计图，有 1～14 号碎部点，各个碎部点的尺寸均按涵洞中心斜交坐标系∠XOY 标注，从该图摘取的 14 个涵洞碎部点的斜交坐标列于表 5-8。

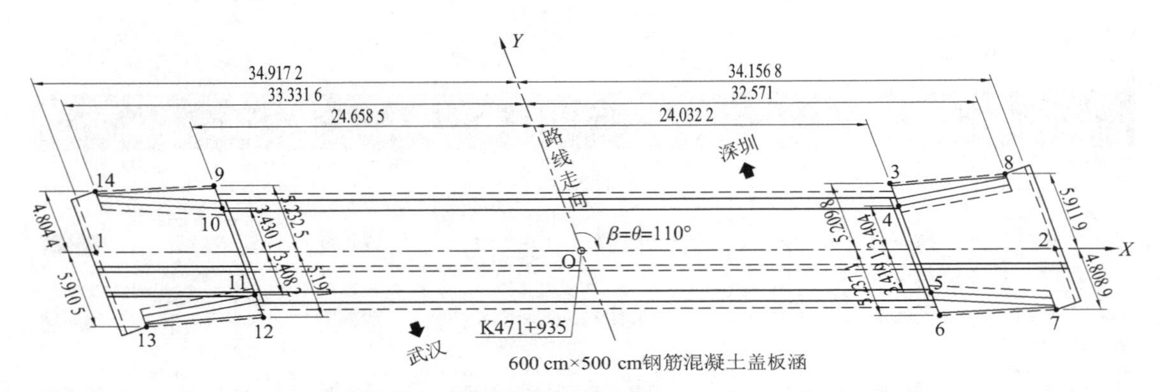

图 5-43　广东省仁化至博罗高速公路 TJ24 标 K 线 K471＋935 涵洞碎部点设计数据

表 5-8　　广东省仁化至博罗高速公路 TJ24 标 K 线 K471＋935 涵洞碎部点的斜交坐标

序	∠X/m	∠Y/m	序	∠X/m	∠Y/m	序	∠X/m	∠Y/m
1	−34.917 2	0	3	24.032 2	5.209 8	9	−24.658 5	5.232 5
2	34.156 8	0	4	24.032 2	3.404	10	−24.658 5	3.430 1
			5	24.032 2	−3.419 1	11	−24.658 5	−3.408 2
			6	24.032 2	−5.237 1	12	−24.658 5	−5.197
			7	32.571	−4.808 9	13	−33.331 6	−5.910 5
			8	32.571	5.911 9	14	−33.331 6	4.804 4

2. 新建涵洞碎部点文件

在项目主菜单[图 5-44(a)]，点击**涵洞碎部点**按钮，进入**涵洞碎部点**程序文件列表界面[图5-44(b)]；点击**新建文件**按钮，输入“广东 TJ24 标 K471＋935 涵洞”文件名，在平竖曲线文件列表框选择“Q2X8-广东仁博高速公路 TJ24 标 K 线”文件[图 5-44(c)]，点击**确定**按钮，返回文件列表界面[图 5-44(d)]。

3. 输入涵洞设计数据

点击最近新建的涵洞文件名，在弹出的快捷菜单点击“进入文件主菜单”命令[图 5-45

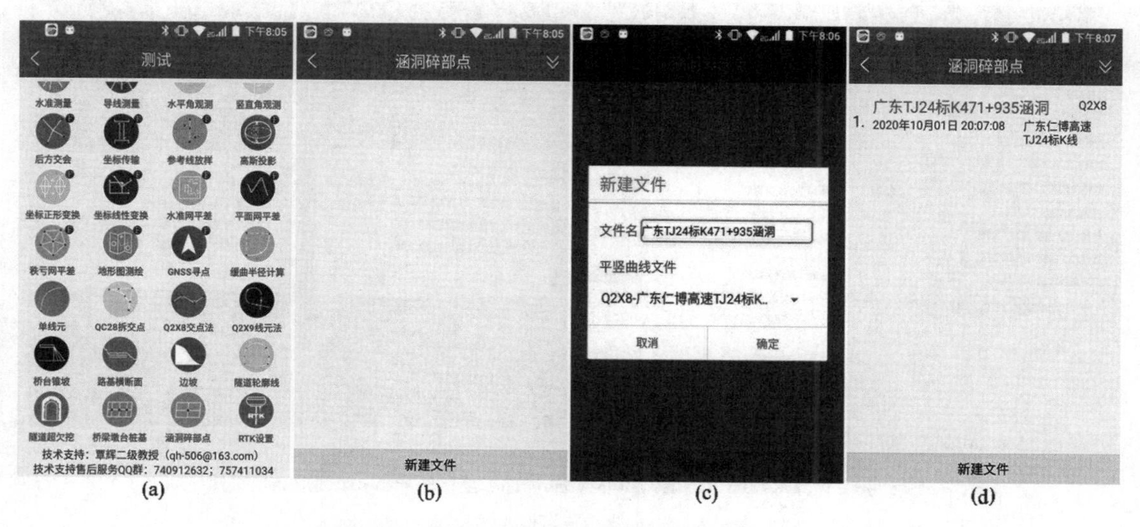

图 5-44　新建“广东 TJ24 标 K471＋935”涵洞文件

(a)]，进入涵洞文件主菜单[图 5-45(b)]；点击涵洞参数斜交坐标按钮，进入涵洞中心参数及碎部点斜交坐标界面，缺省设置为◎ **涵洞中心参数**单选框，输入涵洞中心设计参数，结果如图 5-45(c)所示。设置◎ **涵洞碎部点斜交坐标**单选框，输入表 5-8 所列的 14 个涵洞碎部点的斜交坐标，结果如图5-45(d)，(e)所示。

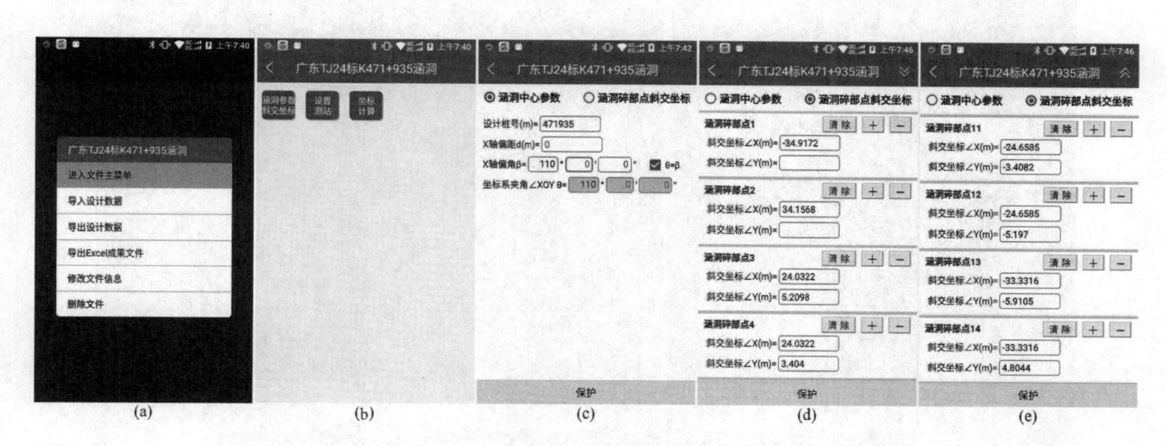

图 5-45　输入 K471＋935 涵洞中心设计参数及其碎部点斜交坐标数据

4. 计算涵洞碎部点坐标

点击<按钮，返回文件主菜单[图 5-45(b)]；点击坐标正算按钮，结果如图 5-46(a)所示，缺省设置为◎ **涵洞中心数据**单选框；设置◎ **涵洞碎部点坐标**单选框，结果如图 5-46(b)所示。

点击**导出全部坐标**按钮，设置◎ **导出至dxf图形交换文件**单选框[图 5-56(c)]，点击**确定**按钮，导出涵洞碎部点坐标的 dxf 图形交换文件到手机内置 SD 卡工作文件夹，图 5-47 为启动 AutoCAD 打开该文件的界面。

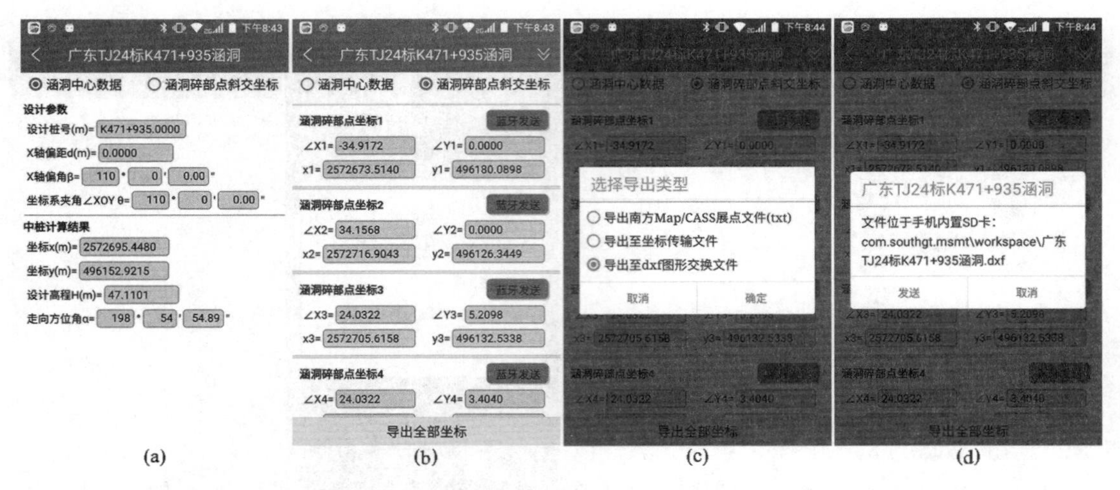

图 5-46　计算 K471＋935 涵洞中心数据、碎部点坐标并导出 dxf 图形交换文件

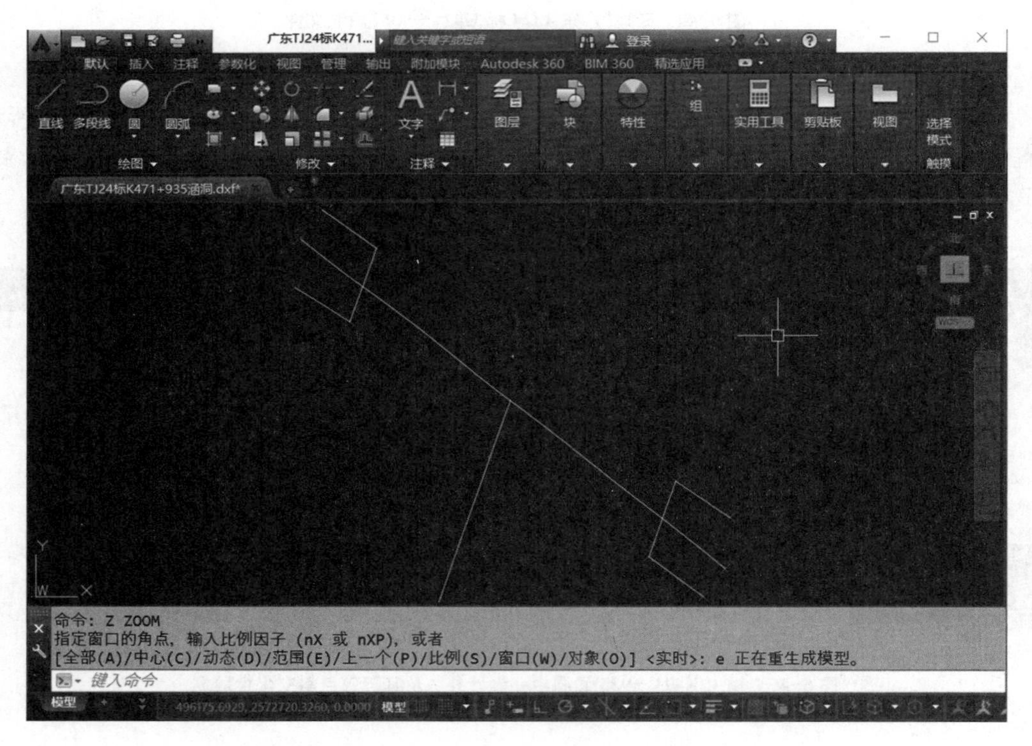

图 5-47　启动 AutoCAD 打开“广东 TJ24 标 K471＋935 涵洞.dxf”文件

本 章 小 结

(1) 桥梁属于道路的重要构筑物之一，其墩台桩基是按路线平曲线的中线为基准设计的，设计图纸一定会给出每个桩基点的平面坐标，需要施工单位按路线平曲线中线的设计数据，验算全部墩台桩基设计坐标的正确性。

(2) 每个墩台中心有 4 个设计参数：墩台中心设计桩号 $Z_{j\#}$、X 轴偏距 $d_{j\#}$、X 轴偏角 $\beta_{j\#}$

和斜交坐标系$\angle XOY$夹角$\theta_{j\#}$。墩台桩基点的斜交坐标可以应用桥梁墩台大样图标注的尺寸在Excel中累加获取。

(3) 点击**桥梁墩台桩基**按钮，新建桥梁墩台桩基文件时，需要从**Q2X8交点法**程序或**Q2X9线元法**程序文件列表中关联一个平曲线设计文件；进入桥梁文件主菜单，点击**墩台参数 斜交坐标**按钮，输入桥梁墩台中心设计参数，各类墩台碎部点斜交坐标，点击屏幕标题栏左侧的**<**按钮，返回桥梁文件主菜单；点击**坐标 计算**按钮，计算全部墩台碎部点的坐标。点击**蓝牙发送**按钮为发送单点碎部点坐标到南方NTS-362LNB全站仪放样点坐标界面。

点击**导出全部坐标**按钮，设置◉ **导出南方Map/CASS展点文件(txt)**单选框，在手机内置SD卡工作文件夹创建南方Map展点坐标文件；设置◉ **导出至坐标传输文件**单选框，将墩台碎部点坐标及墩台$+X'$横轴测量方位角导入已有或新建的坐标传输文件；设置◉ **导出至dxf图形交换文件**单选框，由墩台中心坐标和墩台碎部点坐标生成dxf图形交换文件，用户可以在PC机启动AutoCAD打开dxf文件。

(4) 在坐标传输文件坐标列表界面，点击**点位校正**按钮，输入全站仪实测放样点p附近的p′点的坐标，或点击**蓝牙读数**按钮，蓝牙启动全站仪测量p′点的坐标，点击**计 算**按钮计算测点p′在墩台纵横向坐标系$X'pY'$的校正值，点击**发送截图**按钮，通过微信将截屏图像发送给司镜员，由司镜员根据接收到的截屏图像自主校正。

(5) 设标准椭圆的长半轴为a，短半轴为b，压缩标准椭圆短半轴b的变形椭圆曲率半径计算公式为

$$\rho=\frac{|ab\sin\theta|}{\sqrt{b^2\sin^2\beta+a^2\sin^2(\theta-\beta)}}$$

压缩标准椭圆长半轴a的变形椭圆曲率半径计算公式为

$$\rho=\frac{|ab\sin\theta|}{\sqrt{a^2\sin^2\beta+b^2\sin^2(\theta-\beta)}}$$

(6) 计算桥台锥坡曲线压缩轴$+Y'$方位角$\alpha_{+Y'}$的方法是：在桥梁平曲线文件执行坐标正算程序，输入桥台锥顶设计桩号、偏角θ及边距算出锥顶坐标，在桥梁平曲线文件执行坐标反算程序，计算锥顶点的中桩走向方位角α_P，压缩轴$+Y'$与路线走向相同时，$\alpha_{+Y'}=\alpha_P$；压缩轴$+Y'$与路线走向相反时，$\alpha_{+Y'}=\alpha_P\pm180°$。

(7) 斜交涵洞碎部点坐标与桥梁墩台桩基坐标计算原理相同。点击**涵洞碎部点**按钮，新建涵洞文件时，需要从**Q2X8交点法**程序或**Q2X9线元法**程序文件列表中关联一个平曲线设计文件；进入涵洞文件主菜单，点击**涵洞参数 斜交坐标**按钮，输入涵洞中心设计参数与碎部点斜交坐标，点击屏幕标题栏左侧的**<**按钮，返回涵洞文件主菜单；点击**坐标 计算**按钮，计算全部涵洞碎部点的坐标。点击**蓝牙发送**按钮，发送单点碎部点坐标到南方NTS-362LNB全站仪放样点坐标界面；点击**导出全部坐标**按钮，可在手机内置SD卡工作文件夹创建南方Map展点坐标文件或dxf图形交换文件，也可以将涵洞碎部点坐标导入至已有或新建的坐标传输文件，再在该坐标传输文件的坐标列表界面，点击**发送全部**按钮，蓝牙发送涵洞全部碎部点的设计坐标到南方NTS-362LNB全站仪的指定内存文件。

练　习　题

[**5-1**]　图5-48所示为ZK26+581茶庄路分离式立交桥的平曲线设计图纸，表5-9为

0＃—6＃墩台中心设计参数，图 5-49 所示为墩台桩基大样图，图 5-50 所示为 22 个桩基的设计坐标。①计算平曲线主点数据；②按 10 m 间距计算逐桩坐标、导出 dxf 图形交换文件、在 AutoCAD 中精确绘制路线中线图；③计算桥梁 22 个桩基的坐标，在 Excel 中比较 22 个桩基坐标设计值与计算值的差异；④输出 22 个桩基的南方 Map 展点坐标文件，在南方 Map 展绘输出的桩基点坐标文件。

河北省石家庄至磁县(冀豫界)公路改扩建工程第XJ-8标段
ZK26+581茶桩路分离式立交桥直线、曲线及转角表
设计单位：中交第一勘察设计研究院有限公司，河北省交通规划设计院
施工单位：中交一公局桥隧工程有限公司

交点号	交点桩号及交点坐标		转角	曲线要素/m						
				半径	缓和曲线参数	缓和曲线长	切线长	曲线长	外距	切曲差(校正值)
QD	桩	ZK26+466.282								
	N	4 032 504.203								
	E	474 678.866								
JD1	桩	ZK27+715.139	24°26′23.4″(Y)	5 600	0	0	1 212.801	2 388.712	129.824	36.890
	N	4 032 158.675			0	0	1 212.801			
	E	473 478.760								
JD2	桩	ZK31+341.637								
	N	4 032 692.440								
	E	469 854.466								

图 5-48　河北石家庄至磁县公路改扩建工程第 XJ-8 标段 ZK26＋581 茶桩路分离式立交桥直线、曲线及转角表

表 5-9　河北省 ZK26＋581 茶桩路分离式立交桥墩台中心设计参数

墩台号	墩类号	设计桩号	X 轴偏距 d/m	X 轴偏角 β	$\angle XOY$ 夹角 θ
0＃	1	ZK26＋487.46	0	70°	90°
1＃	2	ZK26＋521	0	70°	70°
2＃	2	ZK26＋551	0	70°	70°
3＃	2	ZK26＋581	0	70°	70°
4＃	2	ZK26＋611	0	70°	70°
5＃	2	ZK26＋641	0	70°	70°
6＃	3	ZK26＋674.54	0	69°57′55.7″	90°

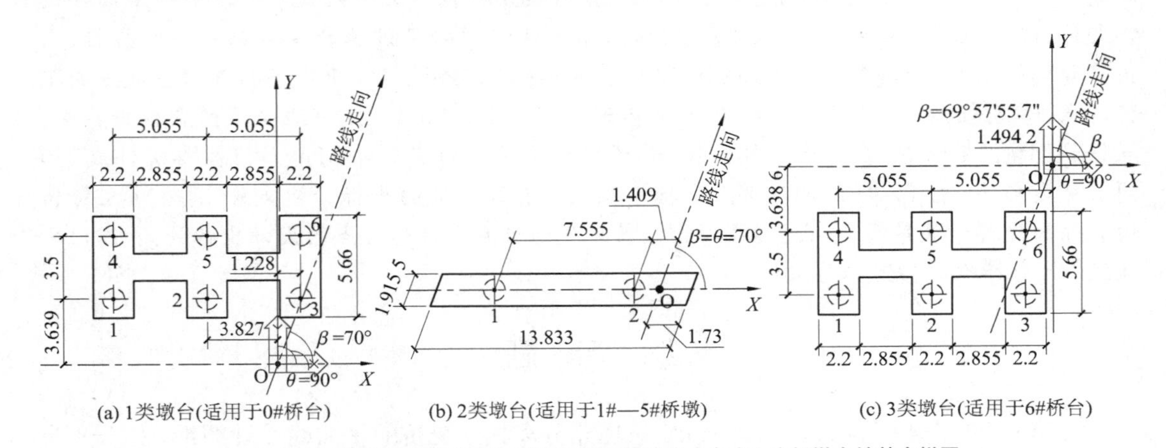

图 5-49　河北省石家庄至磁县 ZK26＋581 茶桩路分离式立交桥墩台桩基大样图

墩号	桩基	x/m	y/m	墩号	桩基	x/m	y/m
0#	1	4 032 489.022	474 660.801	4#	1	4 032 457.830	474 544.648
	2	4 032 493.108	474 657.826		2	4 032 464.023	474 540.319
	3	4 032 497.194	474 654.850	5#	1	4 032 450.141	474 515.603
	4	4 032 486.961	474 657.972		2	4 032 456.357	474 511.308
	5	4 032 491.048	474 654.996	6#	1	4 032 443.579	474 490.471
	6	4 032 495.134	474 652.021		2	4 032 447.753	474 487.620
1#	1	4 032 481.829	474 631.528		3	4 032 451.927	474 484.769
	2	4 032 487.952	474 627.101		4	4 032 441.605	474 487.581
2#	1	4 032 473.674	474 602.611		5	4 032 445.779	474 484.730
	2	4 032 479.820	474 598.217		6	4 032 449.953	474 481.878
3#	1	4 032 465.674	474 573.651	注：本图提供的数据需经施工单位核实无误后方可施工，需用桩号和纵横向距离相互校核。			
	2	4 032 471.844	474 569.289				

图 5-50　河北省石家庄至磁县 ZK26＋581 茶桩路分离式立交桥墩台桩基设计坐标

［5-2］　图 5-51 所示为河北省 ZK26＋581 茶庄路分离式立交桥 0＃和 6＃桥台锥坡曲线设计图。①正、反算表 5-10 所列 0＃和 6＃桥台左、右侧锥顶坐标，中桩走向方位角，4 个锥顶垂点走向方位角，结果填入表 5-10；②计算图 5-51 所注 4 个锥坡夹角 $\theta_{0\#L}$，$\theta_{0\#R}$，$\theta_{6\#L}$，$\theta_{6\#R}$及 Y' 轴方位角，结果填入表 5-11；③按 25 等分计算锥坡曲线碎部点坐标、导出 dxf 图形交换文件、在 AutoCAD 中精确绘制锥坡曲线图。

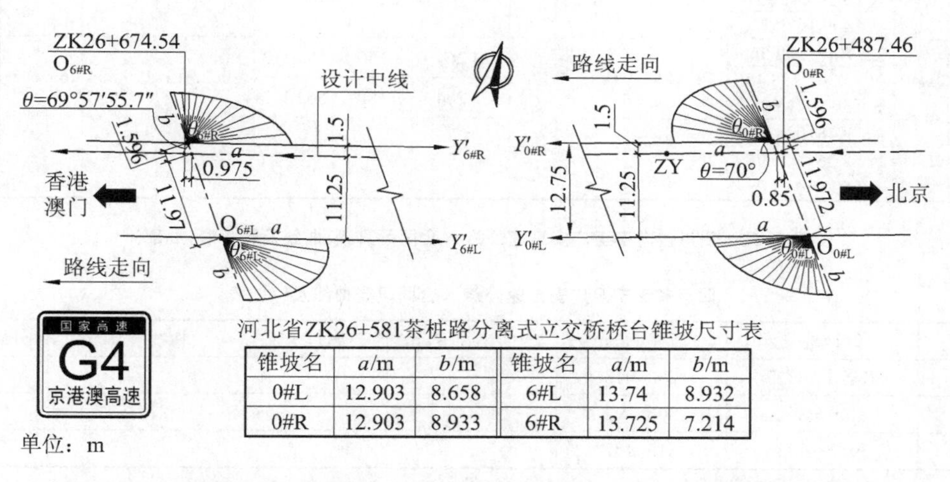

锥坡名	a/m	b/m	锥坡名	a/m	b/m
0#L	12.903	8.658	6#L	13.74	8.932
0#R	12.903	8.933	6#R	13.725	7.214

图 5-51　ZK26＋581 茶桩路分离式立交桥 0＃和 6＃桥台 4 个锥坡设计平面图及锥坡尺寸表

表 5-10　河北省 ZK26＋581 茶桩路分离式立交桥 0＃和 6＃桥台锥坡顶坐标及垂点走向方位角

锥坡名	桩号	x_O/m	y_O/m	α	$α_p$
0＃L	ZK26＋487.46＋0.85 ＝ZK26＋488.31				
0＃R					
6＃L	ZK26＋674.54－0.975 ＝ZK26＋673.565				
6＃R					

表 5-11　　河北省 ZK26+581 茶桩路分离式立交桥 0#和 6#桥台锥坡夹角和 Y' 轴方位角

锥坡名	$\alpha_{Y'}$	θ
0#L		
0#R		
6#L		
6#R		

［5-3］ 图 5-52 所示为四川省 K46+468 涵洞平曲线设计图纸，表 5-12 为竖曲线设计数据，图 5-53 所示为涵洞平面布置图。①新建 Q2X8 交点法文件，输入平竖曲线设计数据并计算主点数据，按 20 m 间距导出逐桩坐标文件并在南方 Map 展绘坐标文件；②在 Excel 中累加涵洞碎部点斜交坐标；③新建涵洞碎部点文件，输入涵洞中心参数和碎部点斜交坐标并计算测量坐标；④导出 dxf 图形交换文件、在 AutoCAD 中精确绘制涵洞展点图。

四川省遂宁至广安高速公路A合同段直线、曲线及转角表(局部)
设计单位：四川省交通运输厅公路规划勘察设计研究院
施工单位：四川交投建设工程股份有限公司

交点号	交点桩号及交点坐标		转角	曲线要素/m						
				半径	缓和曲线参数	缓和曲线长	切线长	曲线长	外距	切曲差(校正值)
QD	桩	K45+591.653								
	N	3 365 413.31								
	E	499 162.51								
JD40	桩	K46+509.568	50°34′53.3″(Y)	1 000	424.264 1	180	563.113	1 062.813	129.824	63.414
	N	3 365 288.486			424.264 1	180	563.113			
	E	500 071.898								
JD41	桩	K48+034.385								
	N	3 363 935.789								
	E	500 904.176								

图 5-52　四川省遂宁至广安高速公路 A 合同段直线、曲线及转角表(局部)

表 5-12　　四川省遂宁至广安高速公路 A 合同段竖曲线及纵坡表

点名	设计桩号	高程 H/m	竖曲半径 R/m	纵坡 i/%	切线长 T/m	外距 E/m
SQD	K45+562.5	293.042		2		
SJD1	K46+350	308.792	80 000	1.302	278.942	0.486
SZD	K47+165	319.407				

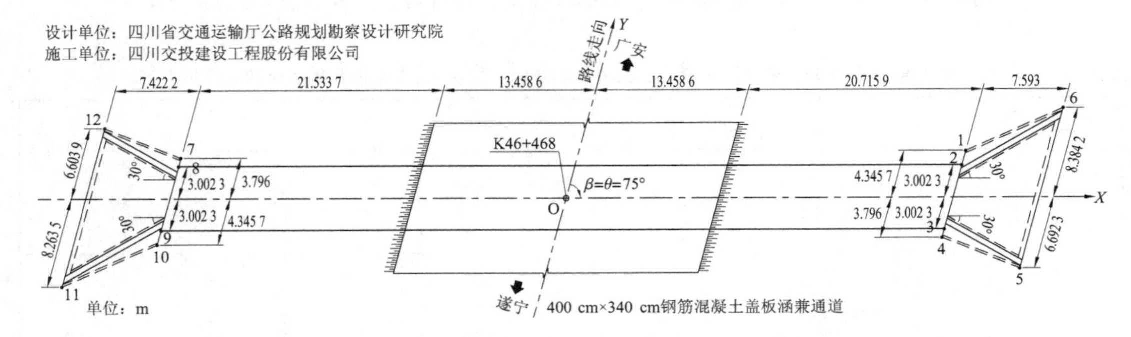

图 5-53　四川省遂宁至广安高速公路 A 合同段 K46+468 涵洞碎部点设计数据

［5-4］ 图 5-54 所示为 K203＋554 铁下分离式立交桥的平曲线设计图纸，表 5-13 为竖曲线及纵坡信息，图 5-55 为墩台桩基大样图，表 5-14 为 0＃—10＃墩台中心设计参数，图 5-56所示为 80 个桩基的设计坐标。①计算平曲线主点数据；②按 20 m 间距计算逐桩坐标、输出南方 Map 展点坐标文件、在南方 Map 展绘逐桩坐标文件并精确绘制路线中线图；③计算桥梁 80 个桩基的坐标，在 Excel 中比较 80 个桩基坐标设计值与计算值的差异；④导出 dxf 图形交换文件、在 AutoCAD 中精确绘制桩基图。

浙江省乐清湾大桥及连接线工程第YS01合同段
整体式路基直线、曲线及转角表
设计单位：浙江省交通规划设计研究院
施工单位：中交第一公路工程局有限公司

交点号	交点桩号及交点坐标		转角	曲线要素/m						
				半径	缓和曲线参数	缓和曲线长	切线长	曲线长	外距	切曲差(校正值)
QD	桩	K201+800								
	N	3 130 164.363								
	E	520 175.141 9								
JD1	桩	K202+618.824			784.856 7	280	466.145			
	N	3 129 439.600	16°51′17.5″(Z)	2 200				927.180	25.515	5.110
	E	519 794.102 3			784.856 7	280	466.145			
JD2	桩	K203+954.731			0	0	489.953			
	N	3 128 122.680	9°54′44.2″(Z)	5 650				977.460	21.204	2.445
	E	519 541.027 6			0	0	489.953			
JD3	桩	K204+991.673			602.494 8	220	549.435			
	N	3 127 083.440	29°48′22.2″(Y)	1 650				1 078.356	58.699	20.514
	E	519 523.509 2			602.494 8	220	549.435			
ZD	桩	K208+808								
	N	3 123 786.785								
	E	517 560.498 4								

1980西安坐标系，中央子午线经度E121°12′，1985国家高程基准。

图 5-54 浙江省乐清湾大桥及连接线工程第 YS01 合同段直线、曲线及转角表(局部)

表 5-13 浙江省乐清湾大桥及连接线工程第 YS01 合同段竖曲线及纵坡表

点名	设计桩号	高程 H/m	竖曲半径 R/m	纵坡 i/%	切线长 T/m	外距 E/m
SQD	K201＋600	26.669		−2.75		
SJD1	K202＋386.672	5.035	12 000	0.3	182.977	1.395
SJD2	K202＋850	6.425	16 000	2.7	191.957	1.151
SJD3	K203＋950	36.125	15 000	−2.2	367.498	4.501
SJD4	K204＋900	15.225	15 000	0.45	198.735	1.317
SJD5	K205＋800	19.275	20 000	−2	244.985	1.500
SJD6	K206＋635	2.575	15 603.375	2	312.068	3.120
SJD7	K207＋300	15.875	25 000	−0.823	352.913	2.491
SJD8	K207＋800	11.758	23 774.056	0.414	147.060	0.455
SJD9	K208＋200	13.413	30 000	−0.4	122.063	0.248
SZD	K208＋800	11.013				

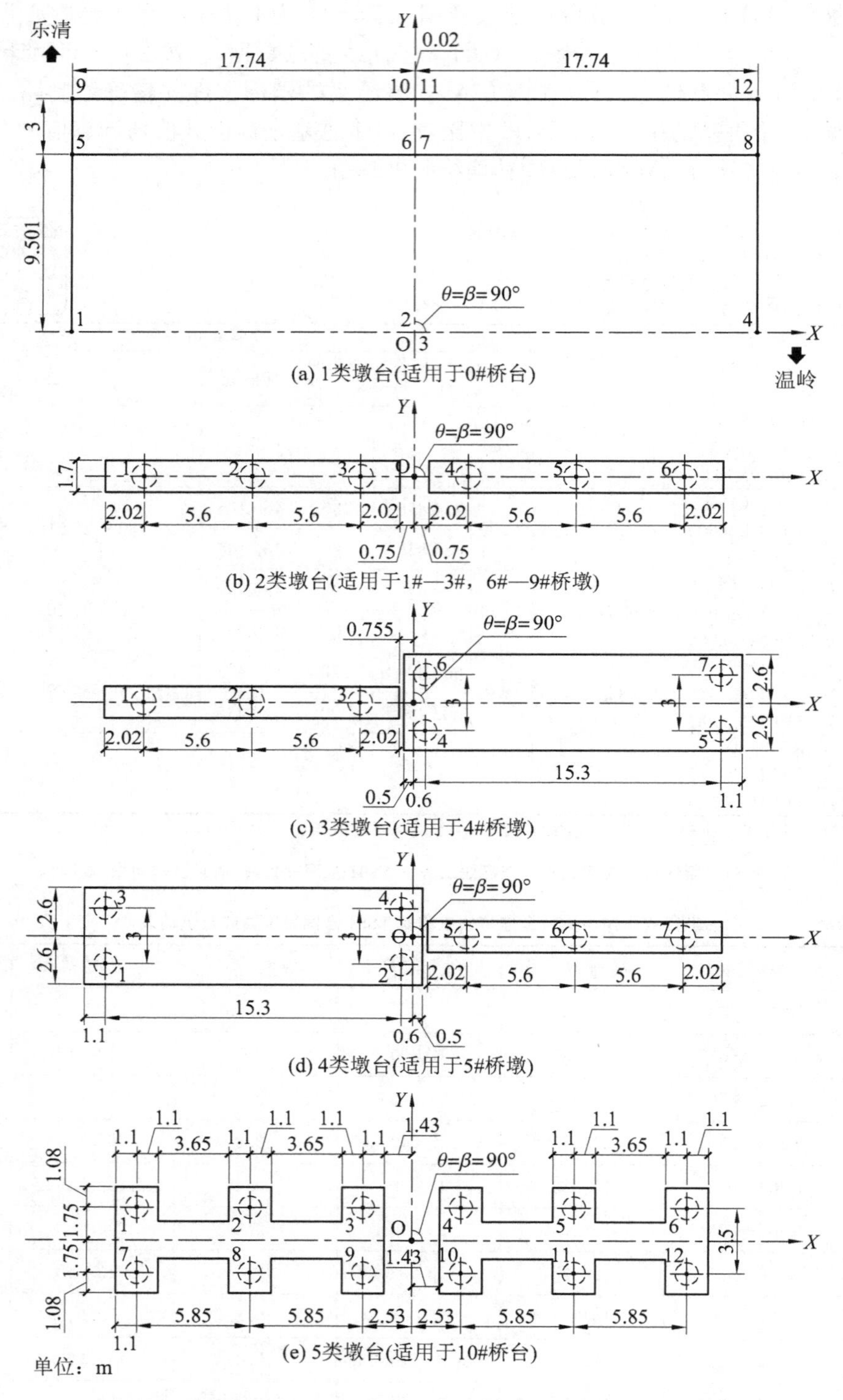

图 5-55　浙江省 K203＋554 铁下分离式立交桥墩台桩基设计坐标

墩号	桩基	x/m	y/m	墩号	桩基	x/m	y/m
0#	1	3 128 620.394	519 654.749	5#	4	3 128 514.500	519 617.677
	2	3 128 623.742	519 637.328		5	3 128 516.561	519 614.612
	3	3 128 623.745	519 637.308		6	3 128 517.531	519 609.097
	4	3 128 627.093	519 619.887		7	3 128 518.501	519 603.582
	5	3 128 611.063	519 652.956	6#	1	3 128 494.005	519 627.689
	6	3 128 614.411	519 635.535		2	3 128 494.956	519 622.170
	7	3 128 614.415	519 635.515		3	3 128 495.906	519 616.651
	8	3 128 617.763	519 618.094		4	3 128 496.848	519 611.182
	9	3 128 608.118	519 652.390		5	3 128 497.798	519 605.663
	10	3 128 611.465	519 634.968		6	3 128 498.748	519 600.144
	11	3 128 611.469	519 634.949	7#	1	3 128 474.338	519 624.338
	12	3 128 614.817	519 617.528		2	3 128 475.269	519 618.816
1#	1	3 128 592.156	519 645.486		3	3 128 476.200	519 613.294
	2	3 128 593.204	519 639.985		4	3 128 477.122	519 607.821
	3	3 128 594.252	519 634.484		5	3 128 478.053	519 602.299
	4	3 128 595.290	519 629.032		6	3 128 478.984	519 621.057
	5	3 128 596.338	519 623.531	8#	1	3 128 454.659	519 615.531
	6	3 128 597.386	519 618.030		2	3 128 455.571	519 615.531
2#	1	3 128 572.551	519 641.788		3	3 128 456.482	519 610.006
	2	3 128 573.580	519 636.283		4	3 128 457.385	519 604.530
	3	3 128 574.608	519 630.778		5	3 128 458.296	519 599.005
	4	3 128 575.627	519 625.322		6	3 128 459.207	519 593.479
	5	3 128 576.656	519 619.818	9#	1	3 128 434.969	519 617.845
	6	3 128 577.684	519 614.313		2	3 128 435.861	519 612.317
3#	1	3 128 552.934	519 638.159		3	3 128 436.752	519 606.788
	2	3 128 553.943	519 632.650		4	3 128 437.636	519 601.309
	3	3 128 554.952	519 627.142		5	3 128 438.528	519 595.780
	4	3 128 555.951	519 621.683		6	3 128 439.419	519 590.252
	5	3 128 556.960	519 616.174	10#	1	3 128 415.055	519 614.928
	6	3 128 557.969	519 610.666		2	3 128 415.966	519 609.150
4#	1	3 128 533.303	519 634.599		3	3 128 416.877	519 603.371
	2	3 128 534.293	519 629.087		4	3 128 417.665	519 598.373
	3	3 128 535.282	519 623.575		5	3 128 418.576	519 592.594
	4	3 128 537.355	519 620.519		6	3 128 419.487	519 586.815
	5	3 128 540.058	519 605.459		7	3 128 418.512	519 615.473
	6	3 128 534.402	519 619.989		8	3 128 419.423	519 609.695
	7	3 128 537.105	519 604.929		9	3 128 420.334	519 603.916
5#	1	3 128 514.805	519 633.265		10	3 128 421.122	519 598.918
	2	3 128 517.454	519 618.196		11	3 128 422.033	519 593.139
	3	3 128 511.850	519 632.745		12	3 128 422.944	519 587.361

注：桩位坐标放样前，必须进行桩位坐标复核，确认无误后方可放样，若有问题请及时与设计单位联系。

图 5-56　浙江省 K203+554 铁下分离式立交桥墩台桩基设计坐标

[5-5]　图 5-57 所示为浙江省 K203+554 铁下分离式立交桥 0# 和 10# 桥台锥坡曲线设计图。①正、反算表 5-15 所列 0# 和 10# 桥台左、右侧锥顶坐标，中桩走向方位角，4 个锥顶垂点走向方位角，结果填入表 5-15；②计算图 5-57 所注 4 个锥坡夹角 $\theta_{0\#L}$，$\theta_{0\#R}$，$\theta_{10\#R}$，$\theta_{10\#L}$ 及 Y' 轴方位角，结果填入表 5-16；③按 20 等分计算锥坡曲线碎部点坐标；④导出 dxf 图形交换文件、在 AutoCAD 中精确绘制锥坡曲线图。

表 5-14　　　　浙江省 K203+554 铁下分离式立交桥墩台中心设计参数

墩台号	墩类号	墩台中心设计桩号	X 轴偏距 d/m	X 轴偏角 β	$\angle XOY$ 夹角 θ
0#	1	K203+444.498	0	90°	90°
1#	2	K203+474	0	90°	90°
2#	2	K203+494	0	90°	90°
3#	2	K203+514	0	90°	90°
4#	3	K203+534	0	90°	90°
5#	4	K203+554	0	90°	90°
6#	2	K203+574	0	90°	90°
7#	2	K203+594	0	90°	90°
8#	2	K203+614	0	90°	90°
9#	2	K203+634	0	90°	90°
10#	5	K203+652.425	0	90°	90°

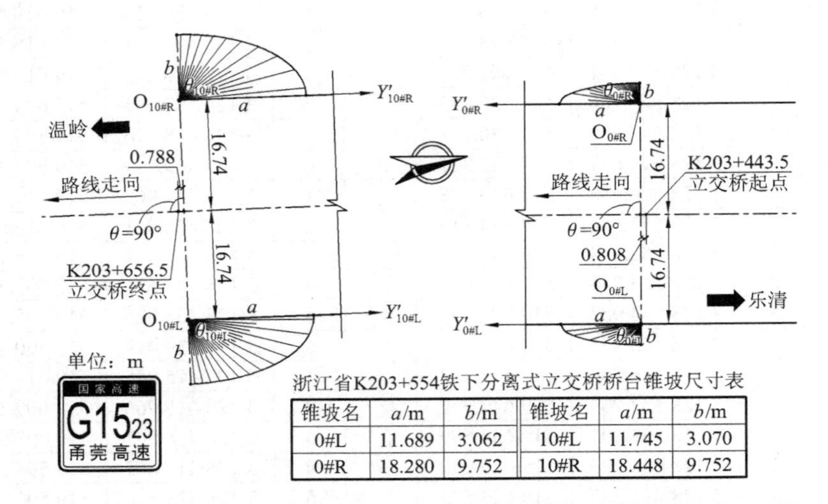

浙江省K203+554铁下分离式立交桥桥台锥坡尺寸表

锥坡名	a/m	b/m	锥坡名	a/m	b/m
0#L	11.689	3.062	10#L	11.745	3.070
0#R	18.280	9.752	10#R	18.448	9.752

图 5-57　浙江省 K203+554 铁下分离式立交桥桥台锥坡设计平面图及锥坡尺寸表

表 5-15　　浙江省 K203+554 铁下分离式立交桥 0# 和 10# 桥台锥坡顶坐标及垂点走向方位角

锥坡名	桩号	x_O/m	y_O/m	α	α_P
0#L	K203+443.5+0.808 =K203+444.308				
0#R					
6#L	K203+656.5−0.788 =K203+655.712				
6#R					

表 5-16　　浙江省 K203+554 铁下分离式立交桥 0# 和 10# 桥台锥坡夹角和 Y' 轴方位角

锥坡名	$\alpha_{Y'}$	θ	锥坡名	$\alpha_{Y'}$	θ
0#L			10#L		
0#R			10#R		

第6章　隧道超欠挖测量计算原理与工程案例

● **基本要求**　熟练掌握AutoCAD精确绘制隧道轮廓线的原理与方法，隧道轮廓线主点数据的定义及其采集方法，掌握轮廓线直线虚拟圆心的定义、原理与确定方法；掌握项目共享数据——隧道轮廓线主点数据的输入方法，在AutoCAD采集模拟测点的隧中坐标测试轮廓线主点数据正确性的方法，掌子面测点超欠挖值δ_r、水平移距δ_h、垂直移距δ_v的几何意义及其相互关系；理解隧道断面轮廓线与路线平曲线和竖曲线的相对关系，隧道洞身支护参数的几何意义；掌握矿山法隧道超欠挖测量计算的步骤，三种轮廓线的适用范围。

● **重点**　AutoCAD精确绘图方法与技巧，确定隧道轮廓线直线线元虚拟圆心的方法，隧中坐标系的构成，隧道三种轮廓线的适用范围。

● **难点**　AutoCAD精确绘图方法与技巧。

隧道属于路线的重要构筑物，其平面位置由平曲线设置，高程由竖曲线设置，开挖断面由各型衬砌横断面图与隧道地质纵断面图设置。按开挖方式，隧道施工可以分为矿山法与盾构法[20-22]，矿山法施工需要进行超欠挖测量计算，盾构法施工需要根据隧道超欠挖测量结果准确放样进、出口门洞构筑物。

在无棱镜测距全站仪商业化生产之前，隧道施工测量的主要工作内容是放样隧道的中线与腰线，中线控制隧道的平面位置，腰线控制隧道的高程，但断面开挖形状的控制就比较麻烦。无棱镜测距全站仪出现以后，使测量隧道掌子面任意点的三维坐标得以实现，再应用隧道超欠挖测量计算程序，就可以快速便携地同时控制隧道掘进的平面位置、高程及其断面形状。

6.1　隧道轮廓线的分类和主点数据的采集方法

隧道超欠挖测量是使用无棱镜测距全站仪，实测隧道掌子面边缘测点的三维坐标，反算出测点至施工轮廓线的垂直距离δ_r，测点位于施工轮廓线以外时，$\delta_r>0$为超挖；测点位于施工轮廓线以内时，$\delta_r<0$为欠挖。根据隧道断面的形状，每个断面一般需要测量10～20个测点并计算出每个测点的超欠挖值，用红油漆标注在隧道掌子面，以指导施工员在掌子面精确地布置炮眼位置，达到同时控制隧道掘进的平面位置、高程及断面形状的目的。

隧道超欠挖测量需要解决的关键技术问题是隧道轮廓线图形的数字化。2011年，笔者首次提出了使用隧道轮廓线主点数据法数字化隧道轮廓线图形的原理与方法[15]，并使用卡西欧中文图形机fx-CG20为编程工具，实现了隧道超欠挖测量的现场快速便携计算。

笔者根据工程用户反馈的意见，在其后出版的专著[5][8][16][23][24]中，又对超欠挖测量计算的原理、方法与程序进行了持续升级和完善，**隧道超欠挖**程序是在专著[5]的基础上，再根据工程用户的细节需求，经过6年研发与工程测试，使用全新算法重新编写代码而成，能精确计算任意复杂对称型隧道轮廓线测点的超欠挖值δ_r、水平移距δ_h和垂直移距δ_v。

1. 轮廓线分类

如图 6-1 所示，隧道施工过程中，需要根据施工进度放样三种轮廓线：①开挖轮廓线，简称开挖线；②初期支护轮廓线，简称初支线；③二衬轮廓线，简称二衬线。

图 6-1 所示隧道断面的三种轮廓线为相似图形，其关系为：二衬线外偏“二衬厚＋预留变形量”δ_1 得到初支线，初支线外偏喷射层厚 δ_2 得到开挖线。隧道设计规范[18, 22]规定，设计院应根据穿越山体的地质钻探资料进行优化设计，不同等级围岩区间的断面，应使用不同的 δ_1 和 δ_2 值。

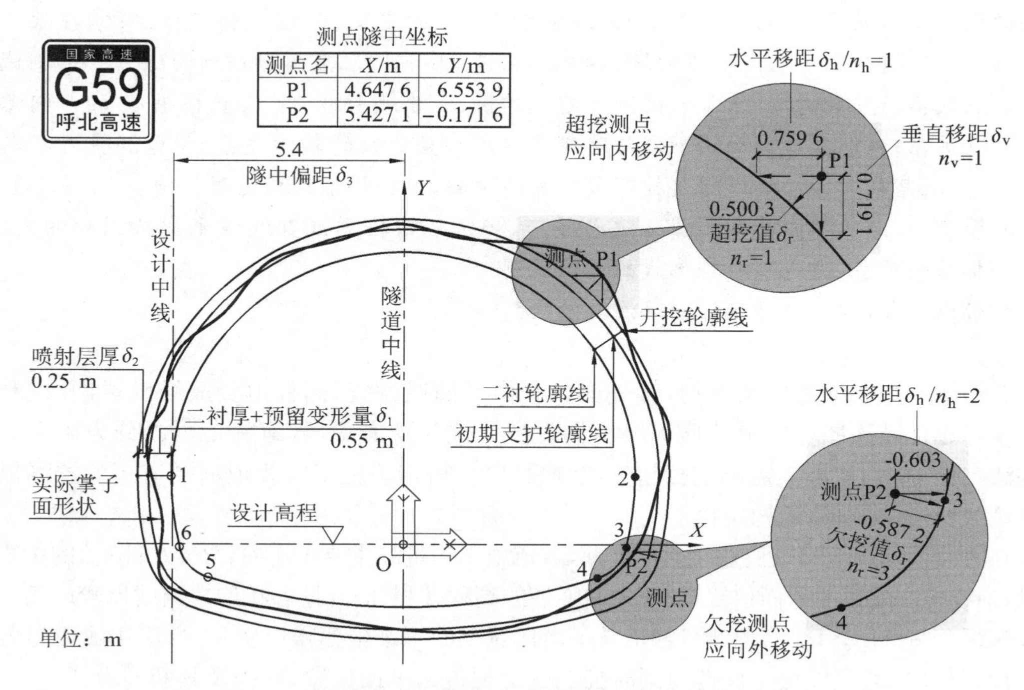

测点名	X/m	Y/m
P1	4.647 6	6.553 9
P2	5.427 1	−0.171 6

图 6-1　山西省蒿地岭隧道轮廓线设计图与超欠挖测量计算内容

隧道是按路线中线设置的线状构造物，其平面位置由路线平曲线设置，图 6-1 标注的设计高程位置由路线竖曲线设置，隧道中线偏离路线中线的距离 δ_3 称为隧中偏距，围岩起始桩号、δ_1、δ_2 和 δ_3 统称为隧道洞身支护参数。

(1) 开挖线放样

地表建筑施工测量是在完成三通一平后的平整场地进行，建筑物的轴线控制桩、管桩、模板边线桩可以直接放样到实地，而隧道掌子面的形状各异，开挖轮廓线的某些点在掌子面可能并未露出(如图 6-1 中的 P2 点)，无法使用地面放样的方法放样隧道断面轮廓线的碎部点。通常是采用无棱镜测距全站仪，实测掌子面边缘测点的三维坐标，再应用路线平竖曲线设计数据和测点断面的洞身支护参数，反算出测点距离施工轮廓线(简称施工线)的垂距 δ_r、水平移距 δ_h 和垂直移距 δ_v。当施工线选择为开挖线时，需要在掌子面用红油漆标注每个测点的 δ_r，δ_h，δ_v 值，作为钻孔台车布置炮眼位置的参考基准。

(2) 初支线放样

开挖断面成形后的施工内容是安装隧道初期支护钢网架，再喷射厚度为 δ_2 的混凝土。初支钢网架是按初支线的设计图纸在洞外分段加工好，再运送至掌子面现场焊接，拼焊初支钢网架并准确地安装到设计位置，也是使用隧道超欠挖测量方法实施。方法是：采用无棱镜测距全站仪实测初支钢网架测点的三维坐标，计算出测点的 δ_r，δ_h，δ_v 值，安装人员依据测点的这三个数值调整初支钢网架的空间位置，根据初支线的复杂程度，一般测量 10～20 个钢网架测点即可将初支钢网架准确地安装到设计位置。如果开挖线出现超挖（如图 6-1 中的 P_1 点），就会增加喷射混凝土的成本支出。这种超图纸施工的现象在地面建筑施工中是很少发生的，但在隧道施工中，如果测量员没有掌握隧道超欠挖测量的方法，就很容易发生，这也是隧道施工企业一般都会高薪招聘熟练隧道测量员的重要原因。

（3）二衬线放样

二衬施工是使用二衬钢模板台车，台车上的钢模板已按设计图纸制造成形，无须拼焊，使用无棱镜测距全站仪实测二衬钢模板面测点的三维坐标，计算面测点的 δ_r，δ_h，δ_v 值，施工员使用液压纠偏装置调整二衬钢模板至设计位置即可，一般测量 4～5 个二衬钢模板面测点即可将二衬钢模板准确调整到设计位置。

2. 轮廓线主点数据的采集方法

下面以图 6-2 所示的二衬线为例，说明隧道轮廓线主点数据的定义及其采集方法。

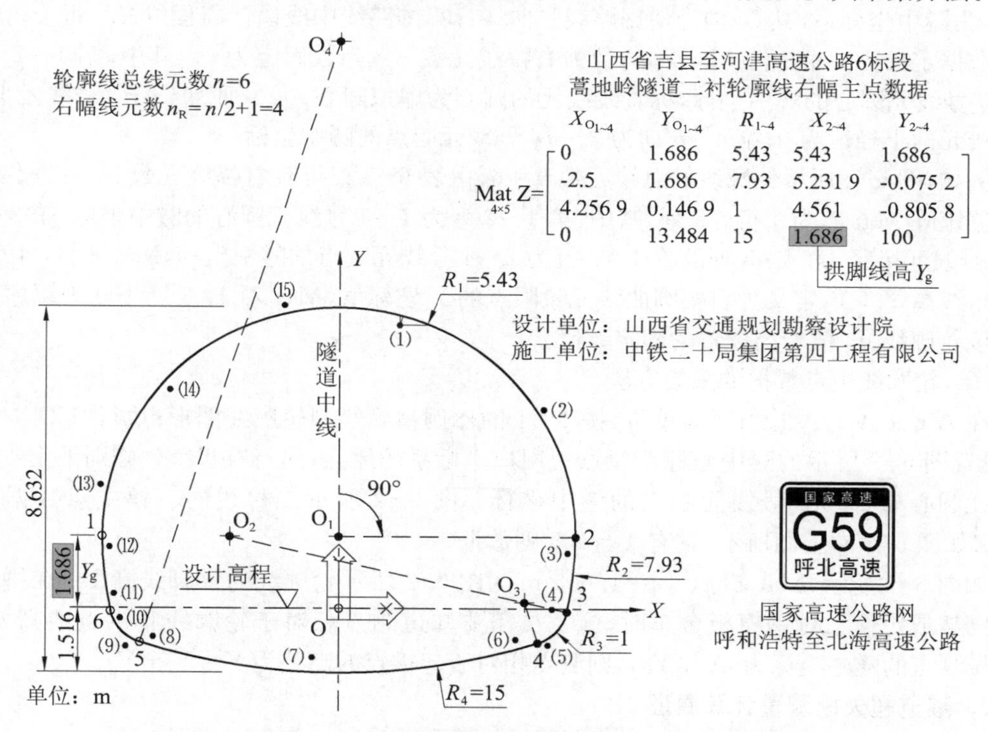

图 6-2 山西省蒿地岭隧道二衬轮廓线设计图及右幅主点数据案例

（1）轮廓线主点数据的定义

图 6-2 所示的二衬线是由 6 个圆曲线元径相连接组成，它是我国高速公路两车道隧道二衬线的主流设计图纸。

隧道轮廓线的编号规则是：拱顶线元为 1 号线元，其余线元按顺时针方向依次编号。轮廓线元主点的编号规则是：拱顶 1 号线元左侧端点为其起点，编为 1 号主点，其余线元的起点号按顺时针方向依次编号。设对称型轮廓线的总线元数为 n，则右幅线元数的计算公式为

$$n_{R}=\frac{n}{2}+1 \tag{6-1}$$

n_R 分别取 2～7 时对应的 n 值列于表 6-1。

表 6-1　对称型隧道轮廓线右幅线元数 n_R 与总线元数 n 的关系

序	右幅线元数 n_R	总线元数 n	序	右幅线元数 n_R	总线元数 n
1	2	2	4	5	8
2	3	4	5	6	10
3	4	6	6	7	12

轮廓线是以隧道中线 Y 轴为对称轴的图形，为减小用户采集轮廓线主点数据的工作量，只需定义 Y 轴右幅线元的主点数据，简称轮廓线右幅主点数据，程序根据对称原理自动计算出全部 n 个线元的主点数据。

轮廓线主点数据是在以图 6-2 所示的隧道中线为 Y 轴的直角坐标系 XOY 中定义的，称 XOY 为隧中坐标系，其 X 轴为使用路线竖曲线计算的路线中线设计高程位置。每个轮廓线主点数据定义为一个矩阵 Mat **Z**，行数为右幅线元数 n_R，列数固定为 5。其中，第 1～2 列为 1～n_R 号线元圆心的隧中坐标，称直线线元的圆心为虚拟圆心；第 3 列为 1～n_R 号线元半径，直线线元的半径恒为 0；第 4～5 列为 2～n_R 号线元起点的隧中坐标。

例如，图 6-2 所示轮廓线的总线元数 $n=6$，由表 6-1 查得其右幅线元数 $n_R=4$，右幅主点数据矩阵 Mat **Z** 为 4 行×5 列，其中，第 1～2 列为 1～4 号线元圆心的隧中坐标，第 3 列为 1～4 号线元半径，第 4～5 列的第 1～3 行为 2～4 号线元起点的隧中坐标，Mat **Z**[4，4]单元为拱角线高 Y_g，Y_g定义为右幅圆曲线元象限点的 Y 坐标值，Mat **Z**[4，5]＝100 为程序内部反算该轮廓线 n_R 值专门设置的固定数值。

（2）轮廓线主点数据的采集方法

在 AutoCAD 中，以“m”为单位，按 1：1 的比例精确绘制轮廓线图形；执行“UCS/N”命令，设置图 6-2 所示的隧中坐标系原点为用户坐标系的原点；执行“id”命令分别采集 1～n_R 号线元圆心与 2～n_R 号线元起点的隧中坐标。图 6-2 所示二衬线的右幅主点数据矩阵 Mat **Z**如图 6-2 右上图所示，它有 4 行×5 列数据。

如图 6-2 所示，Mat **Z**[4，4]＝1.686 m 为图 6-2 所示轮廓线的拱脚线高 Y_g，在拼焊初支钢网架或定位二衬钢模板台车时，施工员需要知道测点相对于轮廓线起拱点的高差值。设 i 号测点的隧中坐标为(X_i，Y_i)，则测点相对于起拱点的高差为 $Y_i'=Y_i-Y_g$。

3. 隧道超欠挖测量计算原理

（1）生成轮廓线全幅主点数据复数矩阵

程序使用 Mat **Z** 矩阵的数据，自动生成轮廓线全幅主点数据复数矩阵 Mat **T**，它是 n 行×4 列的复数矩阵，其中，第 1 列为 1～n 号线元圆心隧中坐标复数，第 2 列为 1～n 号线元半径，第 3 列为 1～n 号线元起点隧中坐标复数，第 4 列为 1～n 号线元圆心→线元起点的径向边隧中方位角。

径向边隧中方位角定义为隧中坐标系纵轴 Y 为零方向的顺时针角，取值范围为 0°～360°，所以，Mat **T** 矩阵第 1、第 3 两列的隧中坐标复数是将 Mat **Z** 矩阵的隧中坐标 X，Y 位置互换后的结果，图 6-2 所示轮廓线的 Mat **T** 矩阵的内容列于图 6-3 左上角。

(2) 测点垂点所在轮廓线元号的判断原理

如图 6-3 所示，全站仪实测 P1 点的三维测量坐标(x, y, H)，执行坐标反算程序将其变换为隧中坐标(X, Y)，分别计算 6 个圆曲线元圆心 O_i→P1 点的隧中方位角 $\alpha_{Oi-P1}$$(i=1\sim6)$，并与 Mat ***T*** 矩阵第 4 列的隧中方位角比较来判断测点所在的轮廓线元号 i。

例如，测点 P1 的垂点落在 1 号拱顶线元应满足的隧中方位角条件是：$270°\leqslant\alpha_{O1-P1}<360°$或$0°\leqslant\alpha_{O1-P1}\leqslant90°$，本例 $\alpha_{O1-P1}=43°40'24''$，显然，$\alpha_{O1-P1}$的值满足后一个条件。测点 P1 的隧道超欠挖值计算公式为 $\delta_r=r_{O1-P1}-R_1$，其中 r_{O1-P1}为圆心 O_1→测点 P1 的距离，R_1 为 1 号圆曲线元的半径。$\delta_r>0$ 表示测点 P1 为超挖，$\delta_r<0$ 表示测点 P1 为欠挖。

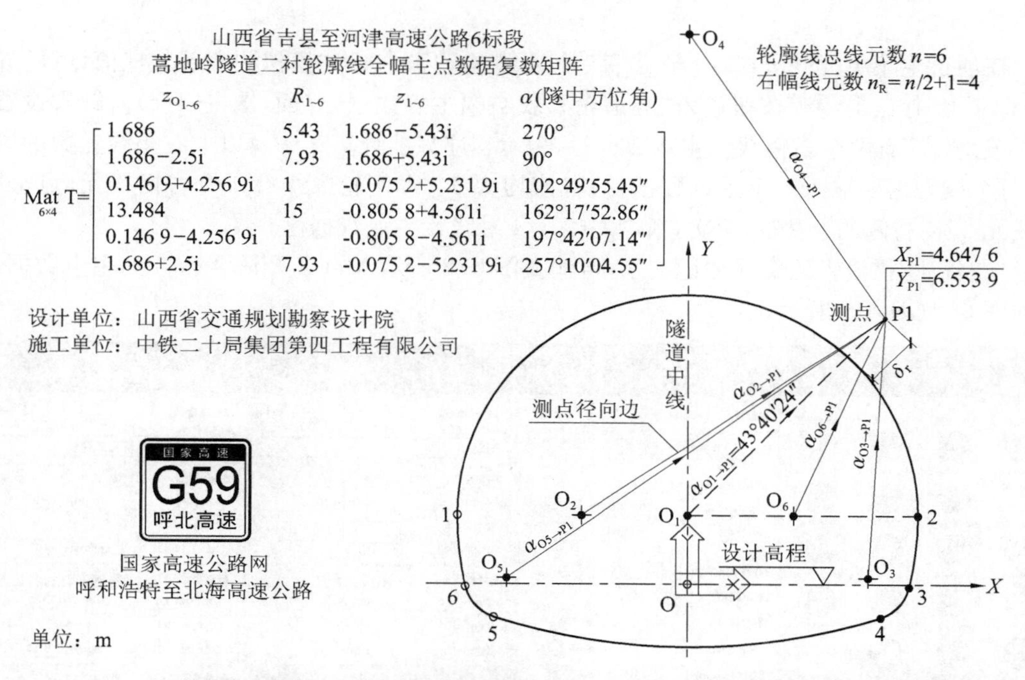

图 6-3 山西省蒿地岭隧道二衬线全幅主点数据复数矩阵 Mat ***T*** 与测点所在轮廓线元号的判断原理

图 6-1 所示的初支线和开挖线图形与二衬线图形相似，用户只需采集和输入二衬线的主点数据。当用户选择开挖线为施工线时，程序先算出测点相对于二衬线的超欠挖值 δ_r，再使用 $\delta_1+\delta_2$ 的值将 δ_r 改正为相对于开挖线的超欠挖值；当用户选择初支线为施工线时，程序使用 δ_1 的值将 δ_r 改正为相对于初支线的超欠挖值。

隧道属于地下构造物，隧道掌子面无任何参照物，当轮廓线含有倾斜直线时，测量员不易准确地判断测点所在位置的轮廓线法线方向，因此，还需要使用 δ_r 计算测点的水平移距 δ_h 和垂直移距 δ_v，二者的几何意义如图 6-1 所示。隧道测量员使用装有管水准器的水平尺，就能准确地在掌子面标注测点的水平移距 δ_h 和垂直移距 δ_v。δ_h 和 δ_v 的计算原理比较复杂，本节不再叙述。

6.2 隧道轮廓线的模拟测试

为便于用户检核已采集和输入的轮廓线右幅主点数据的正确性，**隧道轮廓线** 程序模

块设置了模拟测点的超欠挖计算功能。用户完成某个轮廓线右幅主点数据输入后，可以先在 AutoCAD 执行“id”命令，采集轮廓线附近模拟测点 P 的隧中坐标，执行“di”命令，测量 P 点至轮廓线的垂距 δ'_r。在“模拟测点超欠挖值计算”界面，输入模拟测点 P 的隧中坐标并计算 P 点的 δ_r，δ_h，δ_v 值，如果用户输入的轮廓线主点数据正确，应有 $\delta_r=\delta'_r$。一般在每个轮廓线附近均匀计算 10～20 个模拟测点的超欠挖值，即可完成轮廓线右幅主点数据正确性的测试。下面以图 6-2 所示的二衬线为例，介绍使用模拟测点测试轮廓线主点数据正确性的方法。

1. 输入隧道轮廓线右幅主点数据

隧道轮廓线右幅主点数据为项目共享数据，应在项目主菜单点击 **隧道轮廓线** 按钮输入。

在项目主菜单[图 6-4(a)]，点击 **隧道轮廓线** 按钮，进入“模拟测点超欠挖值计算”界面[图 6-4(b)]；点击 编辑 按钮进入“隧道轮廓线右幅主点数据”界面[图 6-4(c)]，缺省设置的“1 号轮廓线”有两个右幅线元主点数据栏，表示程序只能计算 2 个及以上右幅线元数的轮廓线，每个线元需要输入 5 个主点数据，缺省值均为 0。本例轮廓线有 4 个右幅线元，点击“右幅线元 2”栏右侧的 + 按钮两次，新增右幅 3，4 号线元主点数据栏。

在“备注”栏输入轮廓线注记文字，再输入图 6-2 所示 Mat **Z** 矩阵 4 行 5 列主点数据，结果如图 6-4(d)，(e)所示。

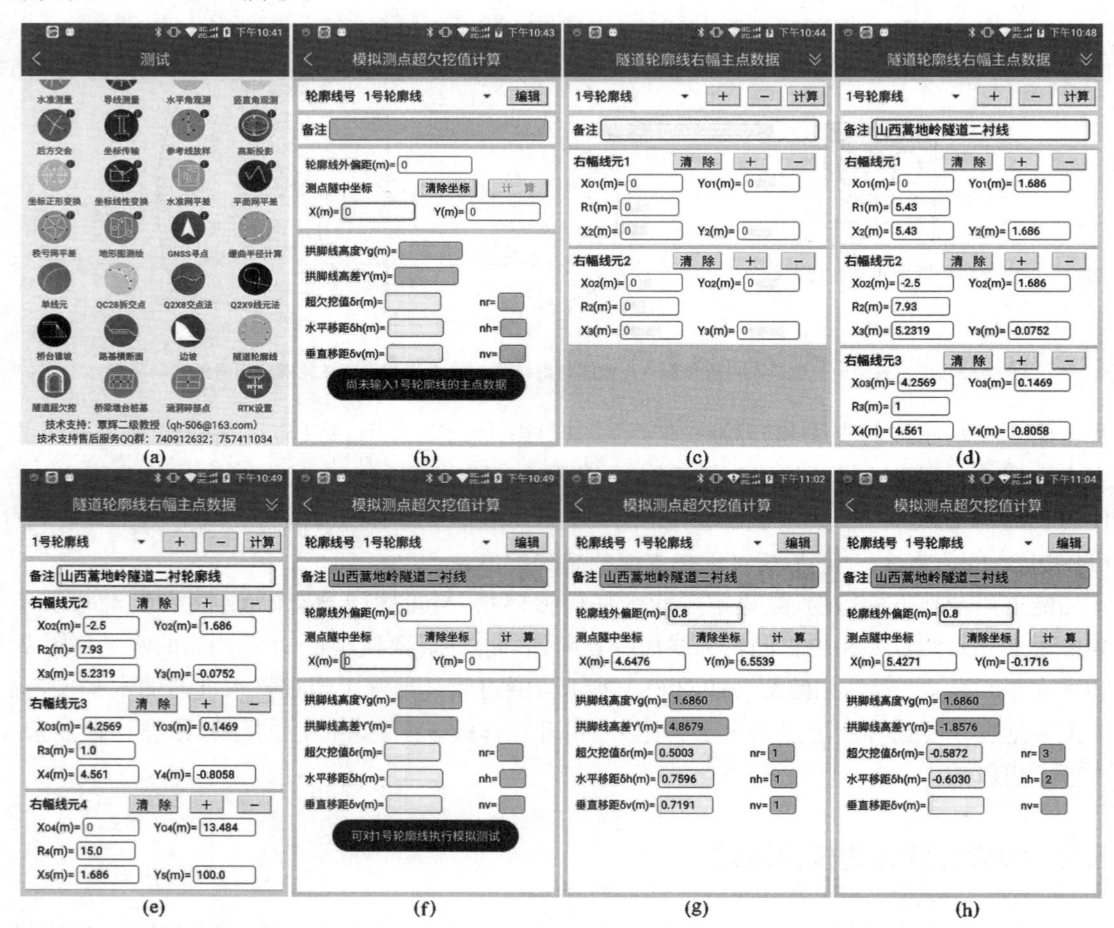

图 6-4　计算图 6-1 内表 P1，P2 两个模拟测点的超欠挖值（1 号轮廓线外偏 0.8 m 设置开挖线）

2. 开挖线测试案例

(1) 计算两个模拟测点的超欠挖值

图 6-1 内表列出了两个模拟测点 P1,P2 的隧中坐标,施工线为开挖线,即需要将二衬线外偏 $\delta_1+\delta_2=0.55+0.25=0.8$ m。下面计算这两个模拟测点的超欠挖值。

点击[计算]按钮[图 6-4(e)],进入"模拟测点超欠挖值计算"界面[图 6-4(f)],在轮廓线外偏距栏输入 0.8 m,设置开挖线为施工线。

在隧中坐标栏输入图 6-1 内表模拟测点 P1 的隧中坐标值,点击[计 算]按钮,结果如图 6-4(g)所示;点击[清除坐标]按钮,输入图 6-1 内表模拟测点 P2 的隧中坐标值,点击[计 算]按钮,结果如图 6-4(h)所示,两个模拟测点的超欠挖值计算结果列于表 6-2。

表 6-2　　山西省蒿地岭隧道开挖线两个模拟测点超欠挖值计算结果($\delta_1+\delta_2=0.8$ m)

列号	1	2	3	4	5	6	7	8	9
测点名	X/m	Y/m	Y'/m	δ_r/m	n_r	δ_h/m	n_h	δ_v/m	n_v
P_1	4.647 6	6.553 9	4.867 9	0.500 3	1	0.759 6	1	0.719 1	1
P_2	5.427 1	−0.171 6	−1.857 6	−0.587 2	3	−0.603	2		

(2) 两个模拟测点超欠挖值的几何意义

① 程序算出模拟测点 P1 的超欠挖值 $\delta_r=0.500\,3$ m>0,为超挖,垂点线元号 $n_r=1$,表示模拟测点 P1 在轮廓线的垂点位于拱顶 1 号线元;其水平移距 $\delta_h=0.759\,6$ m,线元号 $n_h=1$,表示应向轮廓线内水平移动 0.759 6 m 才能到 1 号线元;其垂直移距 $\delta_v=0.719\,1$ m,线元号 $n_v=1$,表示应垂直下移 0.719 1 m 才能到 1 号线元。几何意义如图 6-1 右上部灰底色圆圈内注记所示。

② 程序算出模拟测点 P2 的超欠挖值 $\delta_r=-0.587\,2$ m<0,为欠挖,垂点线元号 $n_r=3$,表示模拟测点 P2 在轮廓线的垂点位于 3 号线元;其水平移距 $\delta_h=-0.603$ m,线元号 $n_h=2$,表示应向轮廓线外水平移动 0.603 m 才能到 2 号线元,因垂点所在 3 号线元不是拱顶线元,也不是仰拱线元,所以,程序只计算 P2 测点的水平移距,不计算其垂直移距。几何意义如图 6-1 右下部灰底色圆圈内注记所示。

为了更好地理解程序超欠挖值计算结果的几何意义,建议读者按图 6-2 中标注的尺寸,以"m"为单位,在 AutoCAD 中按 1∶1 的比例精确绘制山西蒿地岭隧道二衬线图形。再执行偏移复制命令"offset"将二衬轮廓线外偏 0.8 m,执行"UCS/N"命令将用户坐标系原点设置为隧中坐标系原点,执行"point"命令精确展绘 P1,P2 两个模拟测点的隧中坐标,分别执行"di"命令测量这两点的超欠挖值 δ_r、水平移距 δ_h 和垂直移距 δ_v,然后与程序计算结果比较。

3. 初支线测试案例

在 AutoCAD 中执行"point"命令,绘制编号为(1)—(15)的 15 个模拟测点,位置如图6-2所示,执行"id"命令采集这 15 个模拟测点的隧中坐标,结果列于表 6-3 的第 1~2 列。下面计算这 15 个模拟测点的超欠挖值。

如图 6-1 所示,将二衬线外偏 $\delta_1=0.55$ m 得到初支线。下面使用表 6-3 所列 15 个模拟测点的隧中坐标,计算其相对于初支线的超欠挖值。

在"轮廓线外偏距"栏输入 0.55 设置初支线,点击[清除坐标]按钮,分别输入表 6-3 第(1)—(4)号模拟测点的隧中坐标值计算,结果如图 6-5 所示。剩余 11 个模拟测点的超欠挖值请读者自行计算,全部 15 个模拟测点的超欠挖值计算结果列于表 6-3 的第 3~9 列。

表 6-3　　山西省蒿地岭隧道初支线 15 个模拟测点超欠挖值计算结果(δ_1=0.55 m)

列号	1	2	3	4	5	6	7	8	9
测点名	X/m	Y/m	Y'/m	δ_r/m	n_r	δ_h/m	n_h	δ_v/m	n_v
(1)	1.378 9	6.696 2	5.010 2	−0.783 5	1	−1.885 8	1	−0.808 7	1
(2)	4.689 1	4.705 8	3.019 8	−0.402 6	1	−0.472 4	1	−0.691 4	1
(3)	5.246	1.306 4	−0.379 6	−0.724 7	2	−0.725 5	2		
(4)	4.889	−0.01	−1.696	−0.898 7	3	−0.919 7	2		
(5)	4.793	−0.858 8	−2.544 8	−0.410 8	3	−0.643 3	3		
(6)	4.058 1	−0.725 7	−2.411 7	−0.772 2	4	−1.479 8	3	−0.801 4	4
(7)	−0.599 1	−1.155 5	−2.841 5	−0.898 2	4	−4.498 2	5	−0.899	4
(8)	−4.252 9	−0.667 5	−2.353 5	−0.773 3	4	−1.322 8	5	−0.805 6	4
(9)	−4.881 3	−0.896 5	−2.582 5	−0.334	5	−0.521 8	5		
(10)	−5.010 1	−0.235 7	−1.921 7	−0.705 2	5	−0.748 8	5		
(11)	−5.149 6	0.338	−1.348	−0.712 5	6	−0.722 6	6		
(12)	−5.252 5	1.434 9	−0.251 1	−0.723 4	6	−0.723 8	6		
(13)	−5.460 4	2.894	1.208	−0.387 6	1	−0.396 3	1	−1.230 1	1
(14)	−3.870 6	5.155 9	3.469 9	−0.781 8	1	−0.999 7	1	−1.088 5	1
(15)	−1.257 9	7.167 9	5.481 9	−0.355 6	1	−1.131 5	1	−0.364 3	1

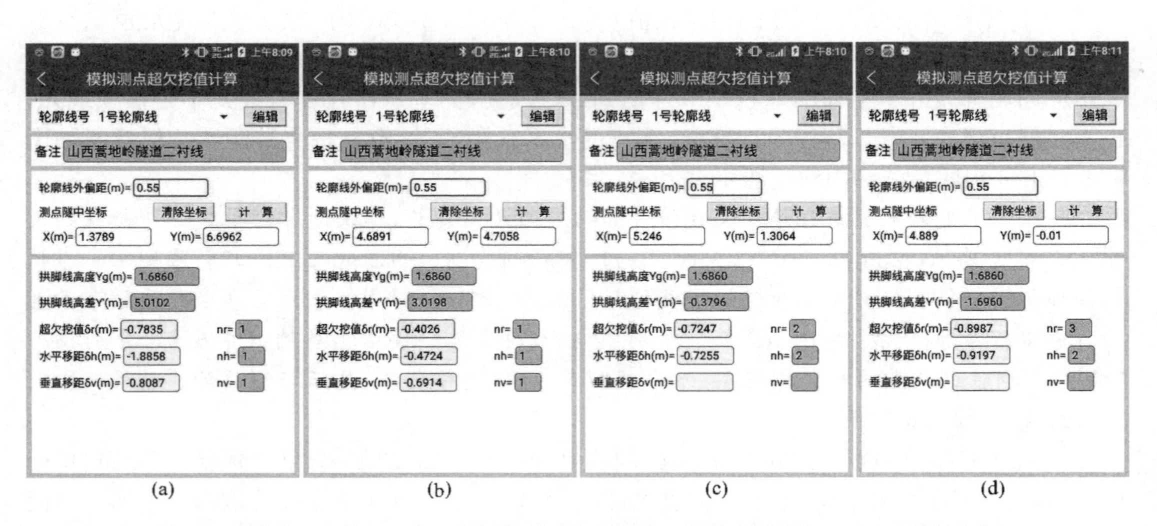

图 6-5　计算表 6-3 第(1)—(4)号模拟测点的超欠挖值(1 号轮廓线外偏 0.55 m 设置初支线)

4. 二衬线测试案例

二衬线的测试测点仍然使用表 6-3 所列的 15 个模拟测点。在"轮廓线外偏距"栏输入 0 设置二衬线;点击 清除坐标 按钮,分别输入表 6-4 第(1)—(4)号模拟测点的隧中坐标值计算,结果如图 6-6 所示。剩余 11 个模拟测点的超欠挖值请读者自行计算,全部 15 个模拟测点的超欠挖值计算结果列于表 6-4 的第 3～9 列。

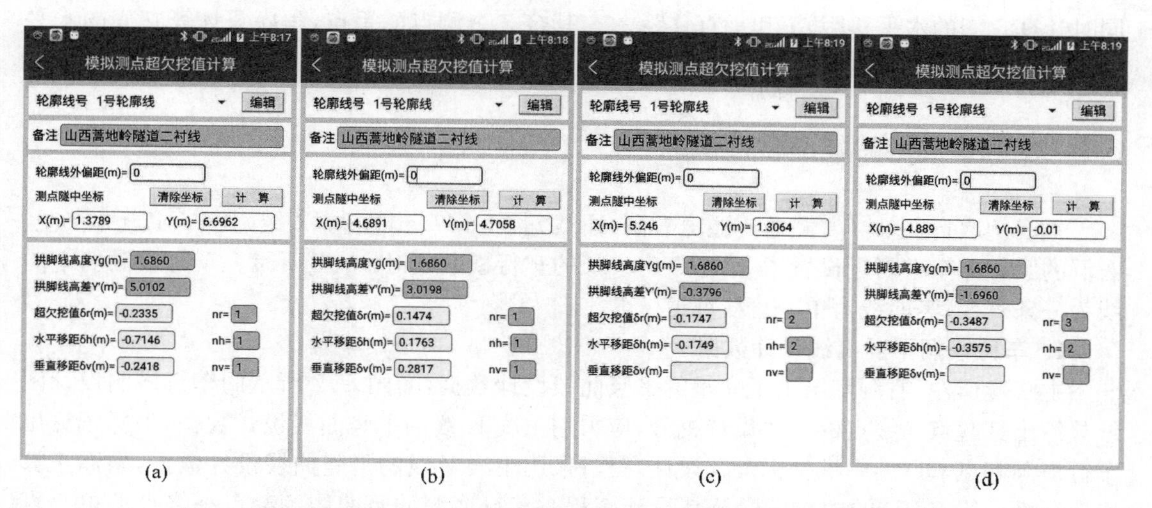

(a) (b) (c) (d)

图 6-6 计算表 6-4 第(1)～(4)号模拟测点的超欠挖值(轮廓线外偏 0 m 设置二衬线)

表 6-4 山西省蒿地岭隧道二衬线 15 个模拟测点超欠挖值计算结果

列号	1	2	3	4	5	6	7	8	9
测点名	X/m	Y/m	Y'/m	δ_r/m	n_r	δ_h/m	n_h	δ_v/m	n_v
(1)	1.378 9	6.696 2	5.010 2	−0.233 5	1	−0.714 6	1	−0.241 8	1
(2)	4.689 1	4.705 8	3.019 8	0.147 4	1	0.176 3	1	0.281 7	1
(3)	5.246	1.306 4	−0.379 6	−0.174 7	2	−0.174 9	2		
(4)	4.889	−0.01	−1.696	−0.348 7	3	−0.357 5	2		
(5)	4.793	−0.858 8	−2.544 8	0.139 7	3	0.401 6	4		
(6)	4.058 1	−0.725 7	−2.411 7	−0.222 2	4	−0.687 2	3	−0.230 9	4
(7)	−0.599 1	−1.155 5	−2.841 5	−0.348 2	4	−2.669 7	4	−0.348 5	4
(8)	−4.252 9	−0.667 5	−2.353 5	−0.223 3	4	−0.584 3	5	−0.233	4
(9)	−4.881 3	−0.896 5	−2.582 5	0.216	5	0.615	4		
(10)	−5.010 1	−0.235 7	−1.921 7	−0.155 2	5	−0.170 7	5		
(11)	−5.149 6	0.338	−1.348	−0.162 5	6	−0.165	6		
(12)	−5.252 5	1.434 9	−0.251 1	−0.173 4	6	−0.173 5	6		
(13)	−5.460 4	2.894	1.208	0.162 4	1	0.166 5	1		
(14)	−3.870 6	5.155 9	3.469 9	−0.231 8	1	−0.306 1	1	−0.338 4	1
(15)	−1.257 9	7.167 9	5.481 9	0.194 4	1			0.199 6	1

图 6-2 所示的二衬线共有 6 个线元，1 号线元为拱顶线元，4 号线元为仰拱线元，程序计算每个测点的超欠挖值 δ_r 及其垂点线元号 n_r；当测点垂点位于拱顶或仰拱线元时，同时计算测点的水平移距 δ_h 及其线元号 n_h 和垂直移距 δ_v 及其线元号 n_v。

在表 6-4 中，(1)，(2)，(13)，(14)，(15)等 5 个测点位于拱顶 1 号线元，程序同时计算它们的水平移距 δ_h 和垂直移距 δ_v。如图 6-2 所示，因过(15)号测点的水平线与 1 号线元无交点，因此，程序不计算该测点的水平移距。(6)，(7)，(8)号 3 个测点位于仰拱 4 号线元，程序同时计算它们的水平移距 δ_h 和垂直移距 δ_v。其余 7 个测点的垂点，程序只计算它们的水平移距 δ_h。

6.3 山西省蒿地岭隧道车行横洞

本案例取自文献[5]，蒿地岭隧道右洞(K 线)长 1 787 m，左洞(Z 线)长 1 742 m，在左、右洞的紧急停车带附近设置了 35.212 5 m 长的车行横洞，如图 6-7 所示。车行横洞的平曲线为一条直线，竖曲线为单一直线坡道。

1. 车行横洞平竖曲线设计数据

主线隧道左、右洞都给出了完整的平竖曲线设计数据，而图 6-7 所示的车行横洞设计图纸只给出其起点与终点的主线设计桩号，应采用主线 K 线的平竖曲线设计数据，坐标正算出车行横洞起点 QD 的中桩坐标及其设计高程；采用主线 Z 线的平竖曲线设计数据，坐标正算出车行横洞终点 ZD 的中桩坐标及其设计高程。车行横洞的竖曲线为起点→终点的单一直线坡道，没有变坡点及其竖曲线半径。

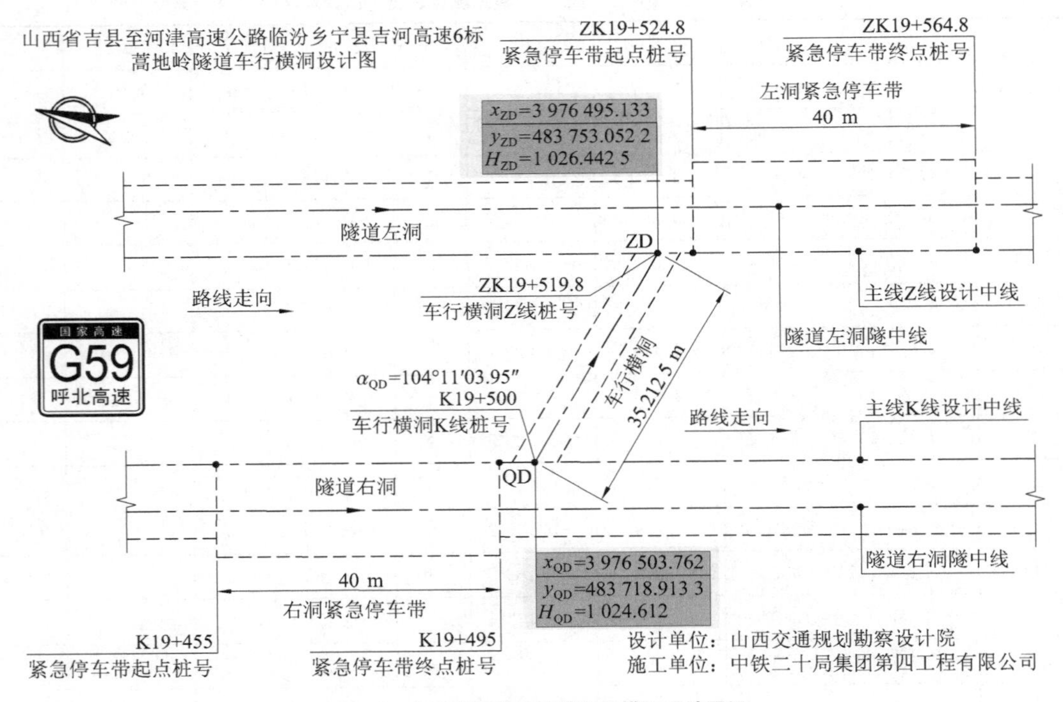

图 6-7　山西省蒿地岭隧道车行横洞设计图纸

(1) 车行横洞平曲线设计数据

如图 6-7 所示，车行横洞起点 QD 位于主线 K 线，设计桩号为 K19＋500，使用 K 线平竖曲线文件，坐标正算出加桩 K19＋500 的中桩三维设计坐标，结果如图 6-7 灰底色背景数据所示；车行横洞终点 ZD 位于主线 Z 线，设计桩号为 ZK19＋519.8，使用 Z 线平竖曲线文件，坐标正算出加桩 ZK19＋519.8 的中桩三维设计坐标，结果如图 6-7 灰底色背景数据所示。由图 6-7 编写的车行横洞平曲线元法设计数据列于表 6-5。

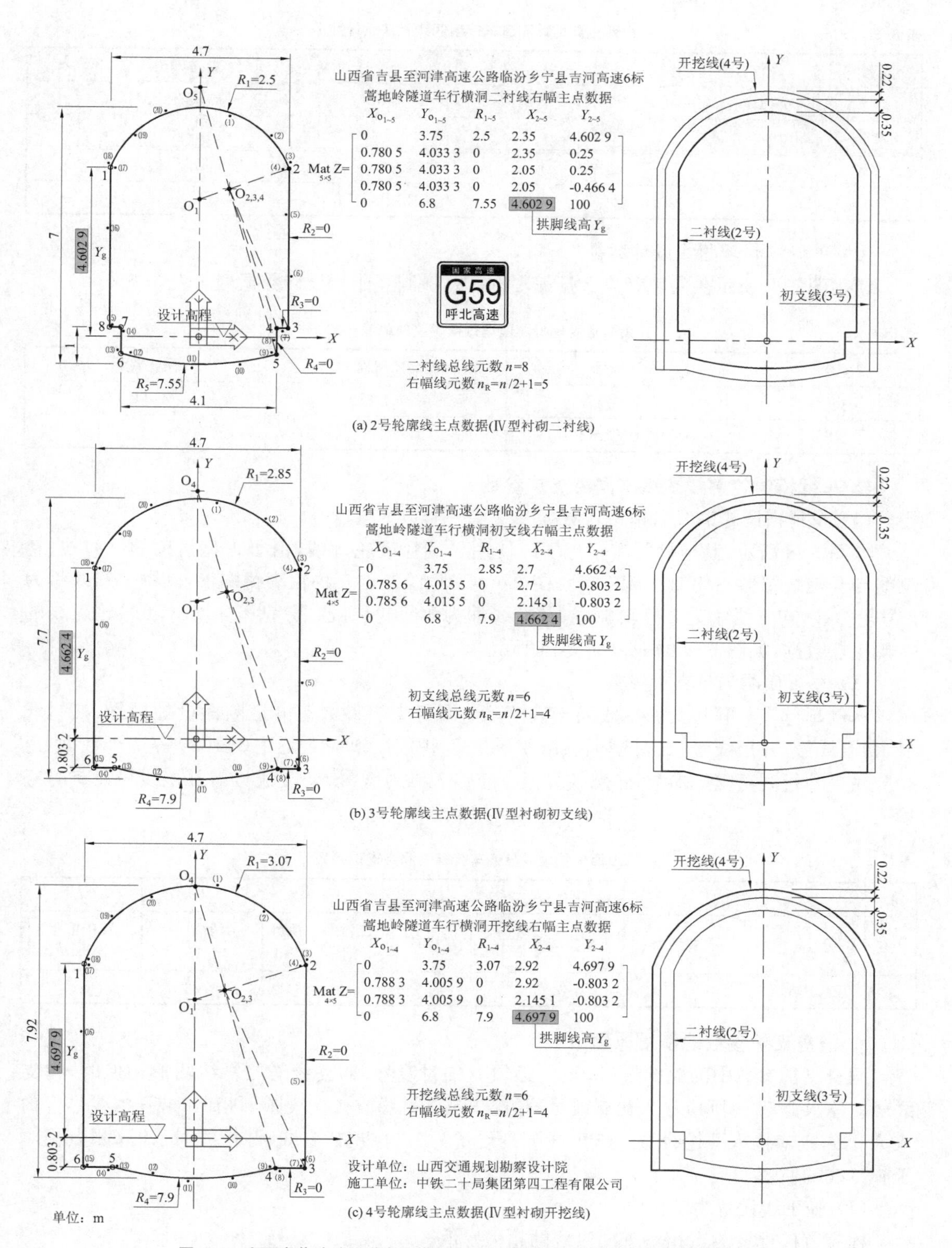

图 6-8 山西省蒿地岭隧道车行横洞 1,2,3 号轮廓线设计图纸及右幅主点数据

表 6-5　　山西省蒿地岭隧道车行横洞线元法设计数据

点名	设计桩号	x/m	y/m	走向方位角 α	
QD	CK0+000	3 976 503.762	483 718.913 3	104°11′03.95″	
ZD	CK0+035.212 5	3 976 495.133	483 753.052 2	104°11′03.95″	
序	起点半径/m	终点半径/m	线长/m	偏向	线元类型
7	∞	∞	35.212 5		直线

(2) 车行横洞竖曲线设计数据

使用图 6-7 所示灰底色背景数据编写的车行横洞竖曲线设计数据列于表 6-6。

表 6-6　　山西省蒿地岭隧道车行横洞竖曲线设计数据

点名	设计桩号	中桩设计高程 H/m	纵坡 i/%
QD	CK0+000	1 024.612	5.198 4
ZD	CK0+035.212 5	1 026.442 5	

2. 车行横洞轮廓线图纸与洞身支护参数

(1) 车行横洞轮廓线右幅主点数据

如图 6-8 所示，蒿地岭隧道车行横洞使用Ⅳ型衬砌轮廓线，由于Ⅳ型衬砌的二衬线、初支线与开挖线图形不相似，所以，需要在 AutoCAD 绘制这三种轮廓线图形，其中二衬线编为 2 号轮廓线，初支线编为 3 号轮廓线，开挖线编为 4 号轮廓线。分别采集 2，3，4 号轮廓线的右幅主点数据，如图 6-8 的 Mat **Z** 矩阵所示。

(2) 车行横洞洞身支护参数

本例车行横洞洞身支护参数列于表 6-7。洞身支护参数有隧道断面设计桩号、二衬线号、初支线号、开挖线号、二衬厚+预留变形量 δ_1、喷射层厚 δ_2、隧中偏距 δ_3 等 7 个数据，至少应输入一行洞身支护参数，轮廓线号至少应输入二衬线号，初支线号与开挖线号没有时应输入 0。

表 6-7　　山西省蒿地岭隧道车行横洞洞身支护参数

列号	1	2	3	4	5	6	7
点名	设计桩号	二衬线号	初支线号	开挖线号	二衬厚+预留变形量 δ_1/m	喷射层厚 δ_2/m	隧中偏距 δ_3/m
QD	CK0+000	2	3	4	0.35	0.22	0

3. 洞身支护参数的使用原理

洞身支护参数中的轮廓线号，至少必须有二衬线号；初支线与二衬线图形相似时，初支线号应输入为 0，否则应输入初支线号；开挖线与二衬线或初支线图形相似时，开挖线号应输入为 0，否则应输入开挖线号。施工线分别设置为二衬线、初支线、开挖线时，计算测点相对于施工线的原理如下：

(1) 施工线设置为二衬线

程序直接计算测点相对于二衬线的超欠挖值。

(2) 施工线设置为初支线

有下列两种情形：

① 初支线号＝0，先算出测点相对于二衬线的超欠挖值，再使用外偏距 δ_1 改正为初支线的超欠挖值。

② 初支线号＞0，直接计算测点相对于初支线的超欠挖值，此时，洞身支护参数中的 δ_1 值实际上并没有被使用，蒿地岭隧道车行横洞就属于这种情形。

(3) 施工线设置为开挖线

有下列三种情形：

① 开挖线号＝0，初支线号＝0 时，先算出测点相对于二衬线的超欠挖值，再使用外偏距 $\delta_1+\delta_2$ 改正为开挖线的超欠挖值。

② 开挖线号＝0，初支线号＞0 时，先算出测点相对于初支线的超欠挖值，再使用外偏距 δ_2 改正为开挖线的超欠挖值，此时，洞身支护参数中的 δ_1 值实际上并没有被使用。

③ 开挖线号＞0 时，直接计算测点相对于开挖线的超欠挖值，此时，洞身支护参数中的 δ_1 与 δ_2 值实际上并没有被使用，蒿地岭隧道车行横洞就属于这种情形。

4. 输入隧道轮廓线右幅主点数据

隧道轮廓线右幅主点数据属于项目共享数据，应在项目主菜单，点击 **隧道轮廓线** 按钮，点击 编辑 按钮，进入图 6-9(a)所示的隧道轮廓线右幅主点数据输入界面。

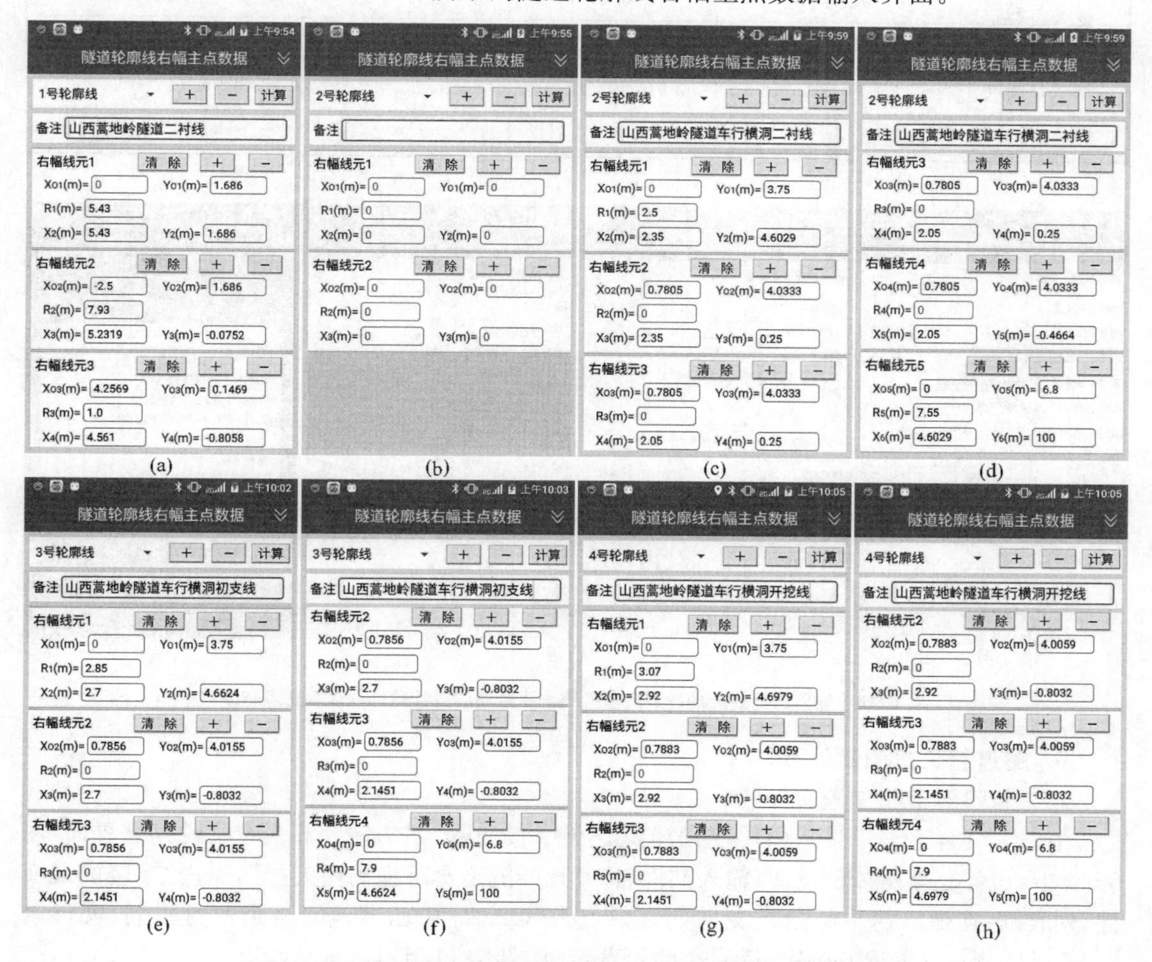

图 6-9 输入山西省蒿地岭隧道车行横洞 2，3，4 号轮廓线右幅主点数据

点击轮廓线列表右侧的 + 按钮，新增 2 号轮廓线主点数据栏；输入图 6-8(a)所示 2 号轮廓线的 5 行右幅主点数据，结果如图 6-9(c)，(d)所示。同法，分别输入 3,4 号轮廓线的右幅主点数据，结果如图 6-9(e)—(h)所示。

5. 输入平竖曲线主点数据

车行横洞平曲线只有一条直线线元，只能使用**Q2X9线元法**程序计算。

在**Q2X9线元法**程序文件列表界面，新建“山西蒿地岭隧道车行横洞”文件并进入该文件主菜单，点击设计数据按钮进入平曲线设计数据界面，输入表 6-5 所列平曲线设计数据，结果如图 6-10(a)所示。

点击设计数据列表框，在弹出的快捷菜单点击“竖曲线”选项；点击**编辑**按钮，缺省设置为一个变坡点的竖曲线栏，结果如图 6-10(b)所示。因本例竖曲线为直线坡道，无变坡点数据，点击变坡点栏右侧的 − 按钮，删除变坡点栏。输入表 6-6 所列直线坡道的竖曲线设计数据，结果如图 6-10(c)所示。点击**计算**按钮计算平竖曲线主点数据，结果如图 6-10(d)所示。与表 6-5 中的图纸给出的平曲线终点数据比较，结果列于表 6-8。

表 6-8　　山西省蒿地岭隧道车行横洞终点数据计算结果

终点数据	设计桩号	x/m	y/m	走向方位角 α
Q2X9 程序	CK0+035.212 5	3 976 495.133 4	483 753.052 2	104°11′03.95″
设计图纸	CK0+035.212 5	3 976 495.133	483 753.052 2	104°11′03.95″
差值	0	0.000 4	0	0″

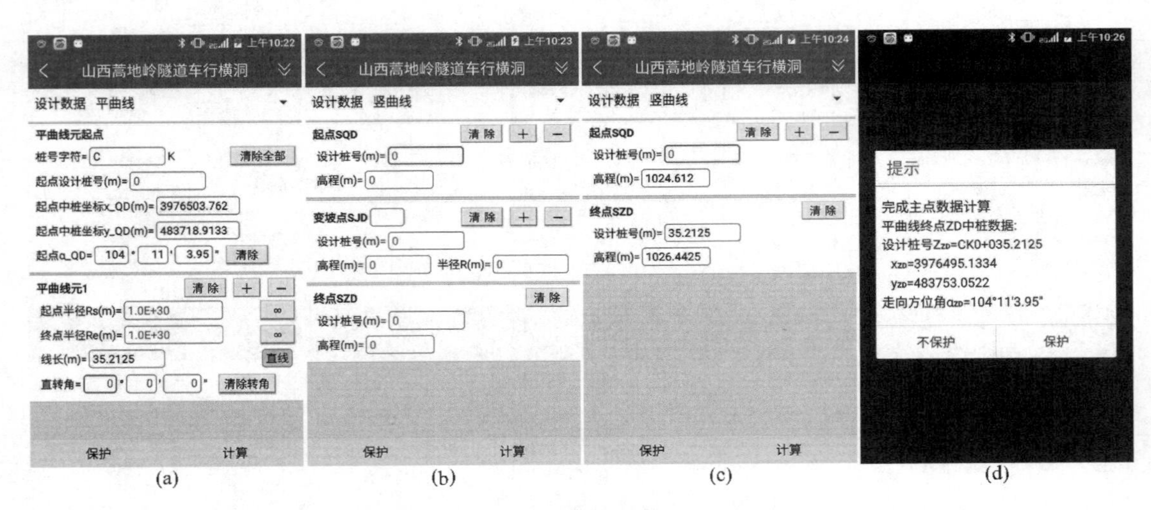

图 6-10　输入山西省蒿地岭隧道车行横洞平竖曲线设计数据并计算主点数据

6. 隧道超欠挖测量计算

(1) 新建隧道超欠挖文件

在项目主菜单[图 6-11(a)]，点击**隧道超欠挖**按钮，进入隧道超欠挖文件列表界面[图 6-11(b)]；点击**新建文件**按钮，输入文件名“蒿地岭隧道车行横洞超欠挖”，点击“平竖曲线文件”列表框，在弹出的平竖曲线文件列表中点击“Q2X9-山西蒿地岭隧道车行横洞”文件名[图 6-11(c)]，点击**确定**按钮，返回文件列表界面[图 6-11(d)]。

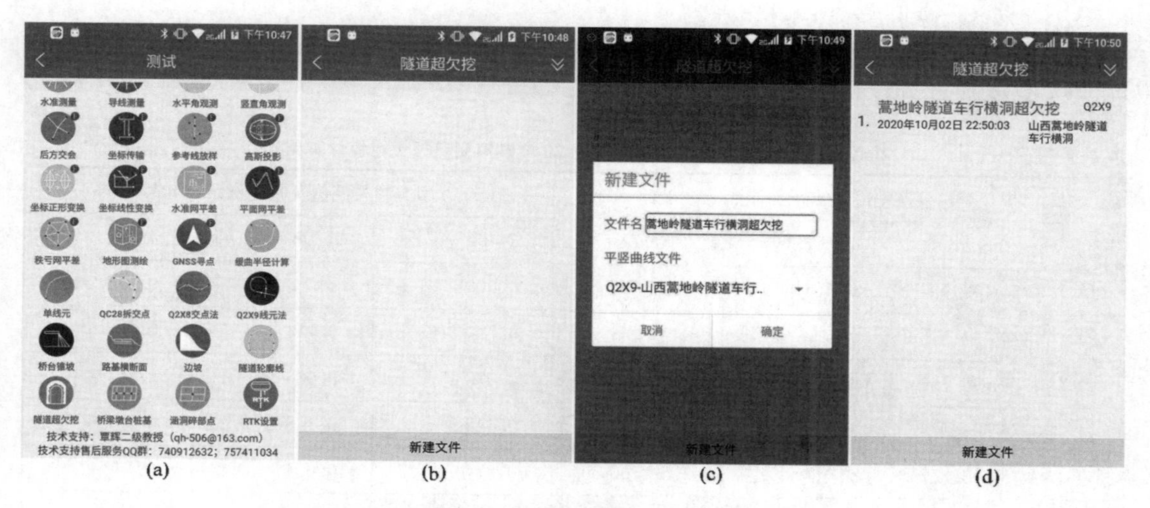

图 6-11　新建隧道超欠挖文件并链接平竖曲线设计文件

(2) 输入隧道洞身支护参数

在隧道超欠挖文件列表界面，点击新建文件名，在弹出的快捷菜单点击“进入文件主菜单”命令[图 6-12(a)]，进入文件主菜单[图 6-12(b)]。点击洞身支护参数按钮，点击取消保护按钮，输入表 6-7 所列的 1 行洞身支护参数，结果如图 6-12(c)所示。点击屏幕标题栏左侧的<按钮，返回文件主菜单[图 6-12(d)]。

本例因在二衬线、初支线、开挖线栏均输入了轮廓线号，因此，“二衬厚+预留变形量 δ_1”栏与“喷射层厚 δ_2”栏变成了灰底色，不允许用户再输入数值。

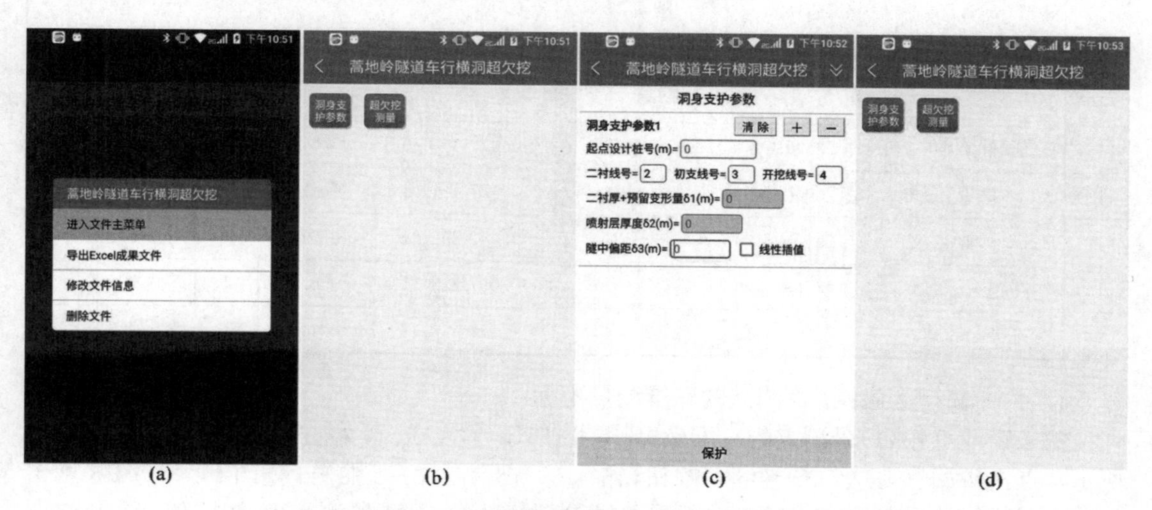

图 6-12　输入山西省嵩地岭隧道车行横洞洞身 1 行支护参数

(3) 隧道超欠挖测量计算

在隧道超欠挖文件主菜单界面[图 6-12(d)]，点击超欠挖测量按钮，进入隧道超欠挖测量界面，施工线的缺省设置为“开挖线”[图 6-13(a)]。下面介绍计算 CK0+017 断面三种轮廓线各 20 个测点超欠挖值的方法。

① 设置施工线为开挖线

如图 6-8(c)所示，在开挖线附近设置 20 个模拟测点，并将其转换为测量坐标，结果列于表 6-9 灰底色列。

表 6-9　　山西省蒿地岭隧道车行横洞开挖线 20 个模拟测点超欠挖值计算结果

测点名	全站仪实测隧道掌子面测点三维坐标			测点超欠挖值及其轮廓线线元号					
	x/m	y/m	H/m	δ_r/m	n_r	δ_h/m	n_h	δ_v/m	n_v
(1)	3 976 499.028 7	483 735.251 6	1 032.337 7	0.076 9	1			0.078 3	1
(2)	3 976 497.843 9	483 734.952 1	1 031.639 8	−0.070 3	1	−0.114 4	1	−0.087 5	1
(3)	3 976 496.735	483 734.671 8	1 030.341 6	0.078 1	1	0.083 5	1		
(4)	3 976 496.909 7	483 734.715 9	1 030.171 6	−0.148 4	1	−0.148 9	2	−0.395 6	1
(5)	3 976 496.837	483 734.697 6	1 027.050 2	−0.074	2	−0.074	2		
(6)	3 976 496.807 6	483 734.690 1	1 024.922 2	−0.043 6	2	−0.043 6	2		
(7)	3 976 496.864 9	483 734.704 6	1 024.755 4	−0.062 9	3	−0.102 7	2		
(8)	3 976 497.404 5	483 734.841	1 024.611 7	0.080 8	3	0.426 1	4		
(9)	3 976 497.654 7	483 734.904 3	1 024.732 6	−0.076 2	4			−0.078 8	4
(10)	3 976 498.602 9	483 735.143 9	1 024.408 7	0.053 3	4	0.572 1	4	0.053 8	4
(11)	3 976 499.745 1	483 735.432 6	1 024.319 2	0.078	4			0.078	4
(12)	3 976 500.642 8	483 735.659 5	1 024.538 3	−0.067 8	4	−0.414 6	4	−0.068 5	4
(13)	3 976 501.556 3	483 735.890 4	1 024.727 8	−0.066 7	4			−0.069	4
(14)	3 976 501.777 9	483 735.946 4	1 024.613 7	0.078 8	5	0.407 3	4		
(15)	3 976 502.318 7	483 736.083 1	1 024.749 5	−0.057 8	5	−0.111 9	6		
(16)	3 976 502.495 1	483 736.127 7	1 028.368 4	0.07	6	0.07	6		
(17)	3 976 502.303 7	483 736.079 3	1 030.168 7	−0.127 4	6	−0.127 4	6		
(18)	3 976 502.314 2	483 736.082	1 030.321 4	−0.067 3	1	−0.072	1	−0.175 6	1
(19)	3 976 501.724 4	483 735.932 9	1 031.487 3	0.067 3	1	0.097 4	1	0.095 3	1
(20)	3 976 500.712 5	483 735.677 1	1 032.014 9	−0.071	1	−0.174	1	−0.076 8	1

a. 手动输入隧道掌子面测点的三维测量坐标

输入表 6-9 第(1)号测点的三维坐标[图 6-13(a)]，点击 计 算 按钮，结果如图 6-13(b)所示。点击 **返回** 按钮，点击 清除全部 按钮，输入(2)号测点的三维坐标[图 6-13(c)]，点击 计 算 按钮，结果如图 6-13(d)所示。同法计算(3)，(4)号测点超欠挖值，结果如图 6-13(e)—(h)所示。剩余 16 个测点超欠挖值请用户自行计算，全部 20 个测点的超欠挖值计算结果列于表 6-9。

图 6-8(c)所示的开挖线共有 6 个线元，程序只计算拱顶 1 号线元及仰拱 4 号线元测点的水平移距 δ_h 和垂直移距 δ_v，其余线元测点只计算水平移距 δ_h。

b. 蓝牙启动全站仪测距，自动读取隧道掌子面测点三维测量坐标

在隧道超欠挖测量界面[图 6-14(a)]，点击粉红色 蓝牙读数 按钮，进入蓝牙连接全站仪界

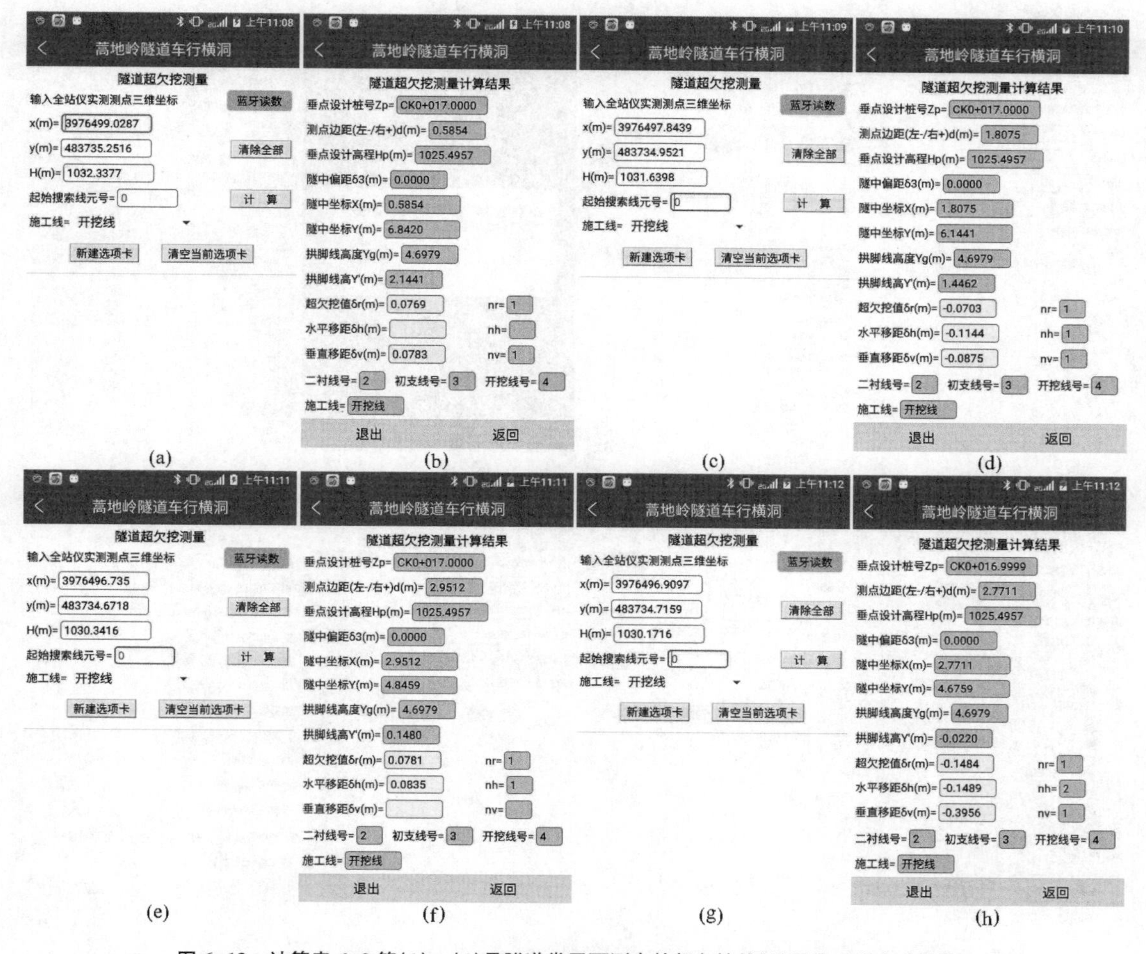

图 6-13　计算表 6-9 第(1)—(4)号隧道掌子面测点的超欠挖值(设置施工线为开挖线)

面,缺省设置的全站仪为南方 NTS-360/380[图 6-14(b)],点击已配对的 NTS-362LNB 全站仪蓝牙设备名“S131805”,启动手机蓝牙连接[图 6-14(c)],进入蓝牙测试界面[图 6-14(d)]。使全站仪望远镜瞄准隧道掌子面测点,点击 测坐标 按钮,启动全站仪测距并返回测点三维坐标值[图 6-14(e)]。

点击屏幕标题栏左侧的 < 按钮,返回隧道超欠挖测量界面[图 6-14(f)],点击 蓝牙读数 按钮,启动全站仪测距,测点三维坐标自动填入测点坐标栏[图 6-14(g)];点击 计 算 按钮,结果如图 6-14(h)所示。

② 设置施工线为初支线

如图 6-8(b)所示,在初支线附近设置 20 个模拟测点,并将其转换为测量坐标,结果列于表 6-10 灰底色列。

设置施工线为初支线,输入表 6-10 第(1)号测点的三维坐标[图 6-15(a)],点击 计 算 按钮,结果如图 6-15(b)所示。点击 返回 按钮,点击 清除全部 按钮,输入(2)号测点的三维坐标[图 6-15(c)],点击 计 算 按钮,结果如图 6-15(d)所示。剩余 18 个测点超欠挖值请用户自行计算,全部 20 个测点的超欠挖值计算结果列于表 6-10。

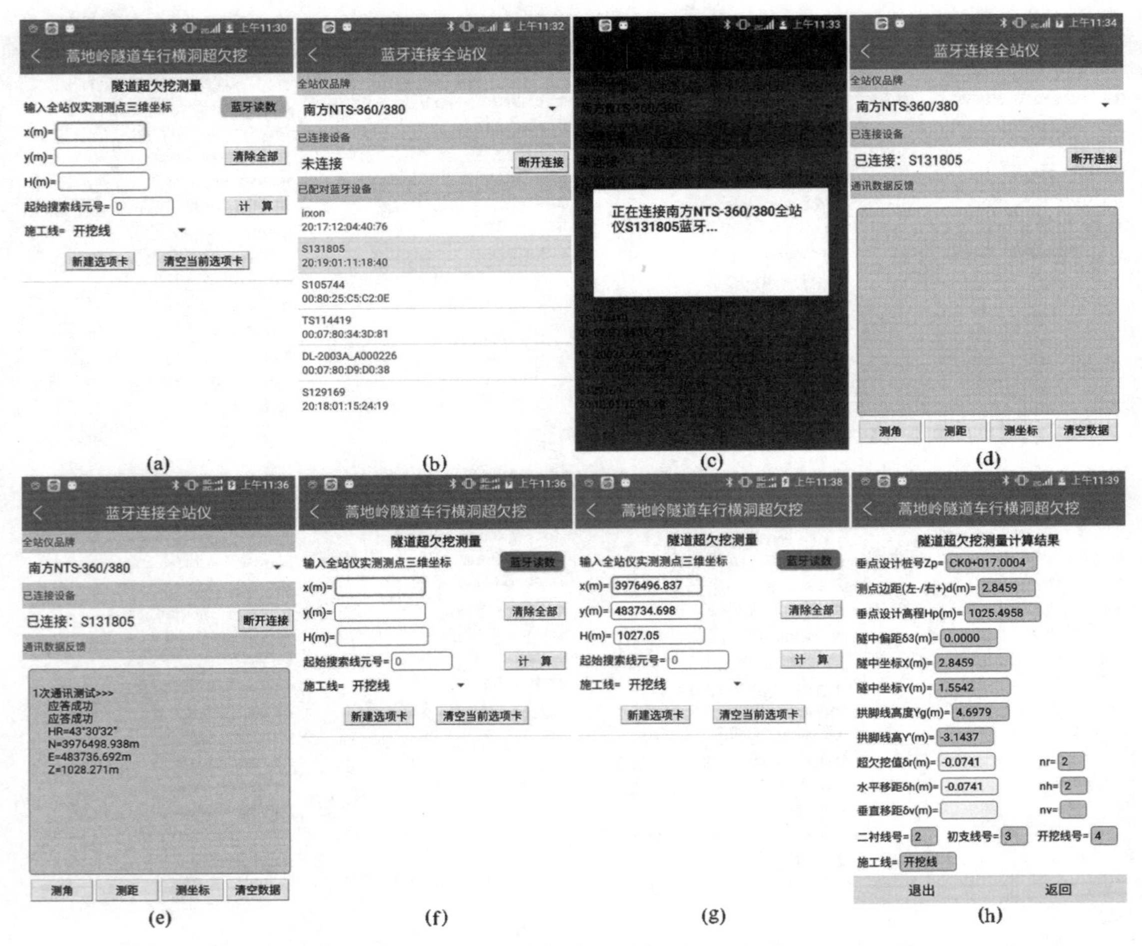

图 6-14　蓝牙启动南方 NTS-362LNB 全站仪测距并自动读取测点坐标进行超欠挖计算(设置施工线为开挖线)

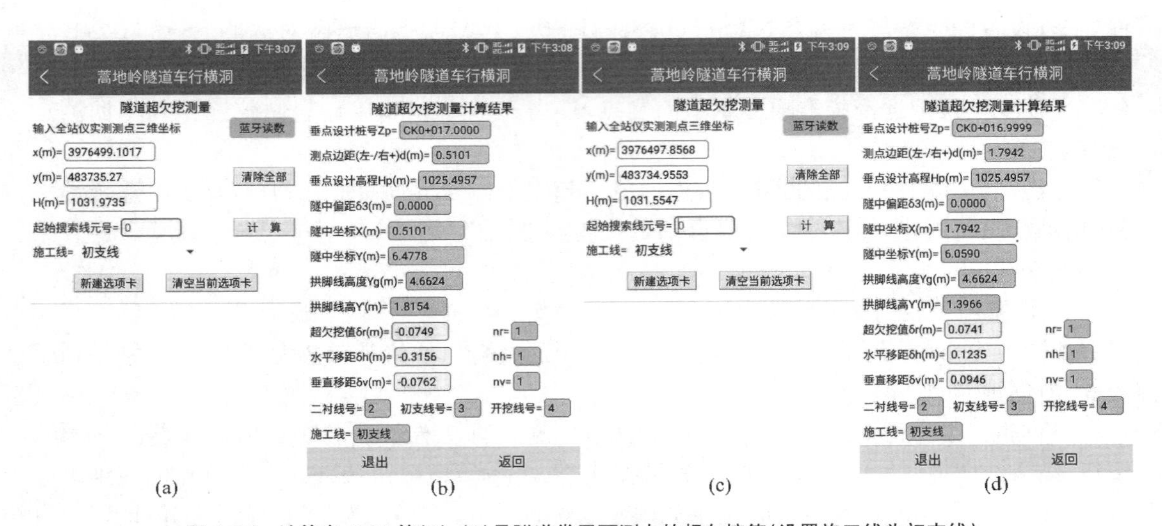

图 6-15　计算表 6-10 第(1),(2)号隧道掌子面测点的超欠挖值(设置施工线为初支线)

表 6-10　山西省蒿地岭隧道车行横洞初支线 20 个模拟测点超欠挖值计算结果

测点名	全站仪实测隧道掌子面测点三维坐标			测点超欠挖值及其轮廓线线元号					
	x/m	y/m	H/m	δ_r/m	n_r	δ_h/m	n_h	δ_v/m	n_v
(1)	3 976 499.101 7	483 735.27	1 031.973 5	−0.074 9	1	−0.315 6	1	−0.076 2	1
(2)	3 976 497.856 8	483 734.955 3	1 031.554 7	0.074 1	1	0.123 5	1	0.094 6	1
(3)	3 976 496.924 3	483 734.719 6	1 030.316 9	0.106 8	1	0.115	1		
(4)	3 976 497.101 1	483 734.764 3	1 030.135 2	−0.126 4	2	−0.126 4	2		
(5)	3 976 496.902 5	483 734.714 1	1 027.041 6	0.078 5	2	0.078 5	2		
(6)	3 976 497.020 9	483 734.744	1 024.951 1	−0.043 6	2	−0.043 6	2		
(7)	3 976 497.072 4	483 734.757 1	1 024.766 9	−0.074 4	3	−0.096 8	2		
(8)	3 976 497.423 4	483 734.845 8	1 024.631 2	0.061 3	3	0.326 8	4		
(9)	3 976 497.667 3	483 734.907 4	1 024.748 8	−0.095 2	4			−0.098 4	4
(10)	3 976 498.546 4	483 735.129 6	1 024.545 5	−0.074 5	4	−0.448 1	4	−0.075 2	4
(11)	3 976 499.434 3	483 735.354 1	1 024.305 3	0.092 2	4			0.092 2	4
(12)	3 976 500.586 1	483 735.645 2	1 024.399 3	0.062 2	4	0.783 7	4	0.062 7	4
(13)	3 976 501.556 3	483 735.890 4	1 024.727 8	−0.066 7	4			−0.069	4
(14)	3 976 501.777 9	483 735.946 4	1 024.613 7	0.078 8	5	0.407 3	4		
(15)	3 976 502.129 7	483 736.035 4	1 024.760 8	−0.068 3	5	−0.086 9	6		
(16)	3 976 502.153 1	483 736.041 3	1 028.609 7	−0.062 7	6	−0.062 7	6		
(17)	3 976 502.080 8	483 736.023	1 030.155	−0.130 8	1	−0.137 3	6	−0.337 8	1
(18)	3 976 502.270 2	483 736.070 9	1 030.301 5	0.103 2	1	0.110 8	1		
(19)	3 976 501.574 5	483 735.895	1 031.112 8	−0.084 2	1	−0.112 8	1	−0.122 7	1
(20)	3 976 500.783 6	483 735.695 1	1 031.909	0.081 4	1	0.21	1	0.089 8	1

③ 设置施工线为二衬线

如图 6-8(a)所示，在二衬线附近设置 20 个模拟测点，并将其转换为测量坐标，结果列于表 6-11 灰底色列。

设置施工线为二衬线，输入表 6-11 第(1)号测点的三维坐标[图 6-16(a)]，点击 计算 按钮，结果如图 6-16(b)所示。点击 **返回** 按钮，点击 **清除全部** 按钮，输入(2)号测点的三维坐标[图 6-16(c)]，点击 计算 按钮，结果如图 6-16(d)所示。剩余 18 个测点超欠挖值请用户自行计算，全部 20 个测点的超欠挖值计算结果列于表 6-11。

表 6-11　山西省蒿地岭隧道车行横洞二衬线 20 个模拟测点超欠挖值计算结果

测点名	全站仪实测隧道掌子面测点三维坐标			测点超欠挖值及其轮廓线线元号					
	x/m	y/m	H/m	δ_r/m	n_r	δ_h/m	n_h	δ_v/m	n_v
(1)	3 976 498.832 9	483 735.202 1	1 031.523 3	−0.090 2	1	−0.243 5	1	−0.095 2	1
(2)	3 976 497.770 2	483 734.933 4	1 031.003 2	0.076 1	1	0.105 5	1	0.113 6	1
(3)	3 976 497.282 6	483 734.810 2	1 030.276 2	0.099 4	1	0.108 7	1		
(4)	3 976 497.476 7	483 734.859 3	1 030.084 1	−0.158 6	1	−0.163 8	2	−0.374 3	1

（续表）

测点名	全站仪实测隧道掌子面测点三维坐标			测点超欠挖值及其轮廓线线元号					
	x/m	y/m	H/m	δ_r/m	n_r	δ_h/m	n_h	δ_v/m	n_v
(5)	3 976 497.388 6	483 734.837	1 028.843 3	−0.072 9	2	−0.072 9	2		
(6)	3 976 497.242 8	483 734.800 1	1 027.152 4	0.077 5	2	0.077 5	2		
(7)	3 976 497.460 7	483 734.855 2	1 025.666 7	0.079	3				
(8)	3 976 497.674	483 734.909 1	1 025.421 1	−0.067 3	4	−0.067 3	4		
(9)	3 976 497.733 4	483 734.924 1	1 025.084 5	−0.087 2	5	−0.128 5	4	−0.090 2	5
(10)	3 976 498.536 8	483 735.127 2	1 024.751 7	0.072 8	5	0.792 7	5	0.073 5	5
(11)	3 976 499.769 8	483 735.438 9	1 024.648 6	0.099 2	5			0.099 3	5
(12)	3 976 501.332	483 735.833 7	1 025.057 8	−0.093 9	5	−0.259 7	6	−0.096 7	5
(13)	3 976 501.665 2	483 735.918	1 025.127	0.084	6	0.084	6		
(14)	3 976 501.518 6	483 735.880 9	1 025.639 7	−0.067 2	6	−0.067 2	6		
(15)	3 976 501.803 4	483 735.952 9	1 025.811 7	−0.066	7	−0.073 4	8		
(16)	3 976 501.938 6	483 735.987 1	1 028.441 7	0.066	8	0.066	8		
(17)	3 976 501.752 6	483 735.940 1	1 030.091 3	−0.120 5	1	−0.125 8	8	−0.295 9	1
(18)	3 976 501.924 2	483 735.983 4	1 030.217 5	0.090 3	1	0.097 8	1		
(19)	3 976 501.245 6	483 735.811 9	1 030.979 7	−0.070 8	1	−0.099 7	1	−0.097 9	1
(20)	3 976 500.477 4	483 735.617 7	1 031.654 6	0.074 6	1	0.24	1	0.079 9	1

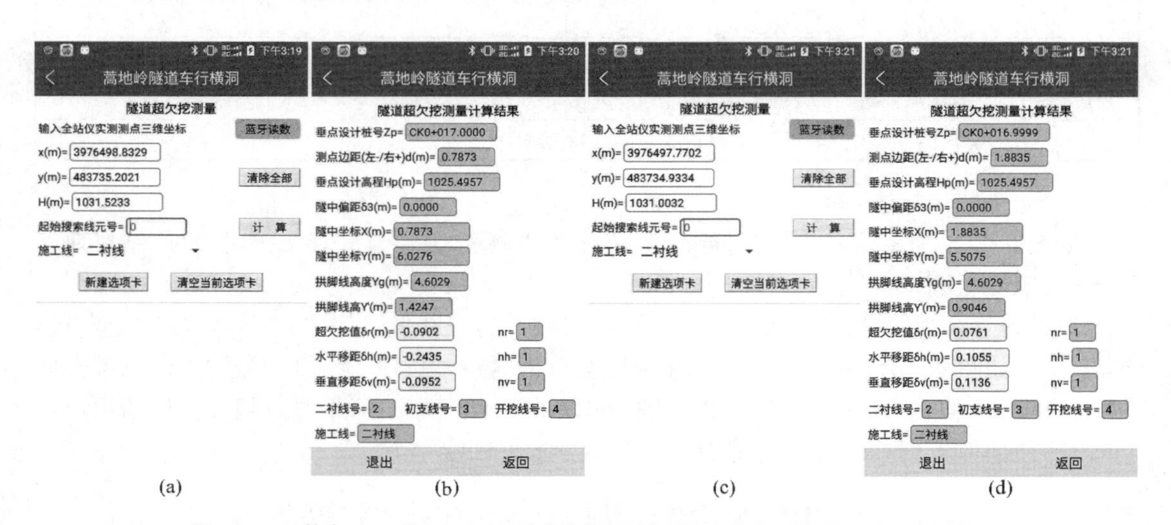

图 6-16　计算表 6-11 第(1),(2)号隧道掌子面测点的超欠挖值(设置施工线为二衬线)

6.4　典型隧道轮廓线图形主点数据的编辑与模拟测试

由本书 6.3 节山西嵩地岭隧道车行横洞超欠挖测量计算案例可知,使用**隧道超欠挖**程序模块进行隧道超欠挖测量计算,最麻烦的是如何正确确定轮廓线直线线元的虚拟圆心。如果轮廓线主点数据出现错误,将无法正确计算轮廓线直线线元测点的超欠挖值。为提高读者编辑轮廓线主点数据的技能，本节编写了 15 种典型轮廓线图形的主点数据，对每个轮廓线都计算了 15～20 个模拟测点的超欠挖值，以检验轮廓线主点数据的正确性。这 15 种轮廓线图形，是笔者 2011 年首次提出主点数据法数字化轮廓线后，历时 7 年，与一线工程用户交流收集到的典型轮廓线图形，掌握了这 15 种轮廓线图形主点数据的采集方法，基本可以从容应对其他任意形状的轮廓线图形。

为了节省图书篇幅，本节只介绍了 4 种典型轮廓线图形，剩余 11 种轮廓线图形以 PDF 文件的形式发布在本书课程网站，供读者免费获取。

6.4.1 贵阳市白岩脚隧道Ⅳa＋30 型衬砌二衬线

图 6-17 所示为我国单线铁路隧道经常采用的一种轮廓线图形，轮廓线总线元数 $n=10$，由表 6-1 查得其右幅线元数 $n_R=6$，右幅主点数据矩阵 Mat $\boldsymbol{Z}$ 为 6 行×5 列。

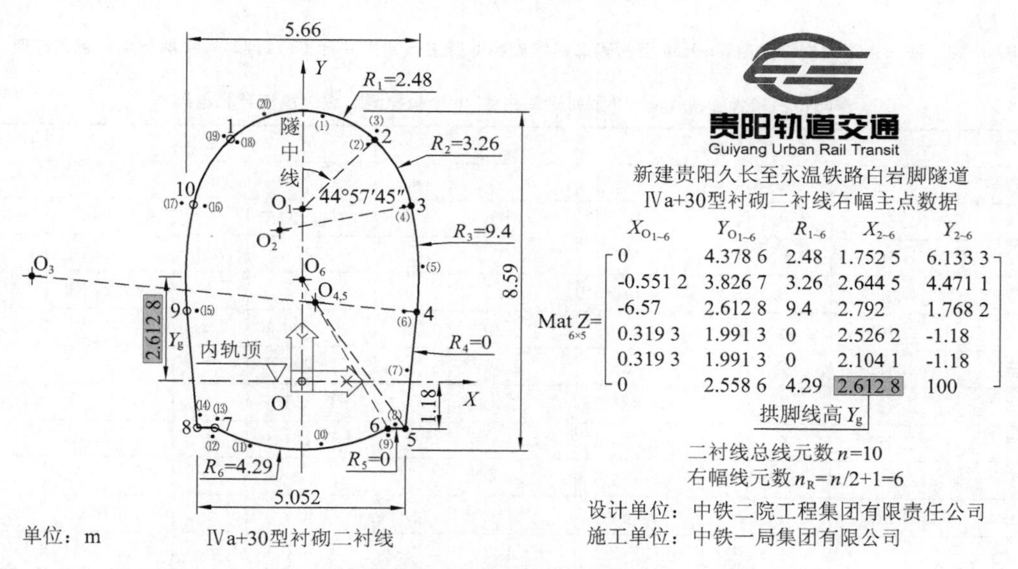

图 6-17 贵阳市白岩脚隧道Ⅳa＋30 型衬砌二衬线(1 号轮廓线)

如图 6-17 所示，在轮廓线右幅 6 个线元中，1，2，3 号线元为径相连接的圆曲线元，4 号线元为倾斜直线线元，5 号线元为水平直线线元，两条直线线元共一个虚拟圆心 $O_{4,5}$，它定义为主点 4→O_3 点连线与主点 6→O_6 点连线的交点。

(1) 输入轮廓线右幅主点数据

在项目主菜单，点击 **隧道轮廓线** 按钮，点击 编辑 按钮，输入图 6-17 所示 6 行轮廓线右幅主点数据(1 号轮廓线)，结果如图 6-18(a)，(b)所示。

(2) 计算模拟测点的超欠挖值

在 AutoCAD 中绘制的 20 个模拟测点的位置如图 6-17 所示，执行“id”命令采集的隧中坐标列于表 6-12 第 1～2 列。点击 计算 按钮，输入表 6-12 所列(1)号模拟测点的隧中坐标，点击 计 算 按钮，结果如图 6-18(c)所示；点击 清除坐标 按钮清除最近输入的隧中坐标，输入表 6-12 所列(2)号测点的隧中坐标，点击 计 算 按钮，结果如图 6-18(d)所示。其余 18 个模拟测点的超欠挖值请读者自行计算。全部 20 个模拟测点的超欠挖值计算结果列于表 6-12。

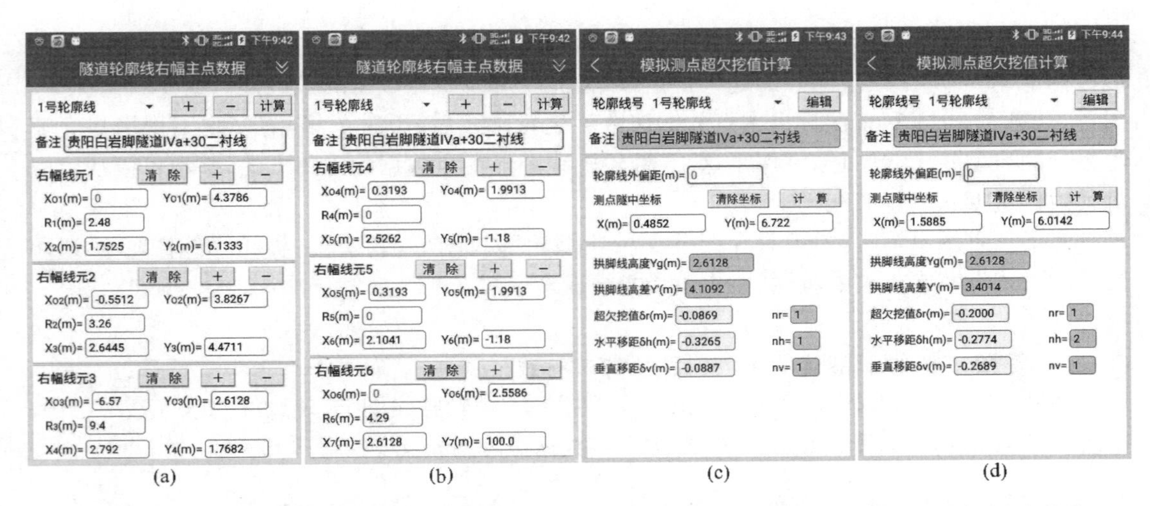

图 6-18 输入贵阳白岩脚隧道Ⅳa+30 型衬砌二衬线右幅 6 行主点数据并计算(1),(2)号模拟测点的超欠挖值

表 6-12 贵阳市白岩脚隧道Ⅳa+30 型衬砌二衬线 20 个模拟测点超欠挖值计算结果

列号	1	2	3	4	5	6	7	8	9
点号	X/m	Y/m	Y'/m	δ_r/m	n_r	δ_h/m	n_h	δ_v/m	n_v
(1)	0.485 2	6.722	4.109 2	−0.086 9	1	−0.326 5	1	−0.088 7	1
(2)	1.588 5	6.014 2	3.401 4	−0.2	1	−0.277 4	2	−0.268 9	1
(3)	1.8	6.361 1	3.748 3	0.197 7	1	0.31	1	0.276 2	2
(4)	2.462 6	4.447 7	1.834 9	−0.182 9	2	−0.186 6	3		
(5)	2.925 5	2.901 7	0.288 9	0.099 9	3	0.099 9	3		
(6)	2.481 8	1.781 6	−0.831 2	−0.310 2	4	−0.311 4	3		
(7)	2.557 3	0.286 2	−2.326 6	−0.100 7	4	−0.101 1	4		
(8)	2.282 4	−1.071 5	−3.684 3	−0.108 5	5				
(9)	2.113 2	−1.348 9	−3.961 7	0.152 3	6	0.342 5	6	0.168 9	5
(10)	0.489 9	−1.579 9	−4.192 7	−0.122 6	6	−0.640 1	6	−0.123 4	6
(11)	−1.246 9	−1.636 7	−4.249 5	0.086 7	6	0.350 5	6	0.090 5	6
(12)	−2.151 4	−1.401 4	−4.014 2	0.216 7	6	0.501 4	6	0.221 4	7
(13)	−2.036 6	−0.952 1	−3.564 9	−0.227 9	7				
(14)	−2.460 9	−0.855 5	−3.468 3	−0.094 2	8	−0.094 6	8		
(15)	−2.548 1	1.773 7	−0.839 1	−0.243 4	8	−0.244 4	9		
(16)	−2.367 4	4.435 2	1.822 4	−0.278 6	10	−0.284 3	9		
(17)	−2.932 4	4.504 1	1.891 3	0.288 8	9	0.294 8	10		
(18)	−1.594 3	6.049 9	3.437 1	−0.170 2	1	−0.238 8	10	−0.228 3	1
(19)	−1.912 3	6.208 2	3.595 4	0.166 4	10	0.238 1	1		
(20)	−0.941	6.770 5	4.157 7	0.090 3	1	0.285 9	1	0.097 4	1

6.4.2 贵州段麻龙村隧道Ⅲa 型复合式衬砌开挖线

图 6-19 所示为我国高铁隧道常用的一种轮廓线图形,轮廓线总线元数 $n=4$,由表 6-1 查得其右幅线元数 $n_R=3$,右幅主点数据矩阵 Mat $\boldsymbol{Z}$ 为 3 行×5 列。该轮廓线图形的特点是,2 号线元为倾斜直线,其虚拟圆心 O_2 定义为主点 2→O_1 点连线与主点 3→O_3 点连线的交点。

（1）输入轮廓线右幅主点数据

点击 编辑 按钮返回“隧道轮廓线右幅主点数据”界面，点击轮廓线列表框右侧的 + 按钮新增2号轮廓线数据栏。输入图6-19所示3行轮廓线右幅主点数据，结果如图6-20(a)所示。

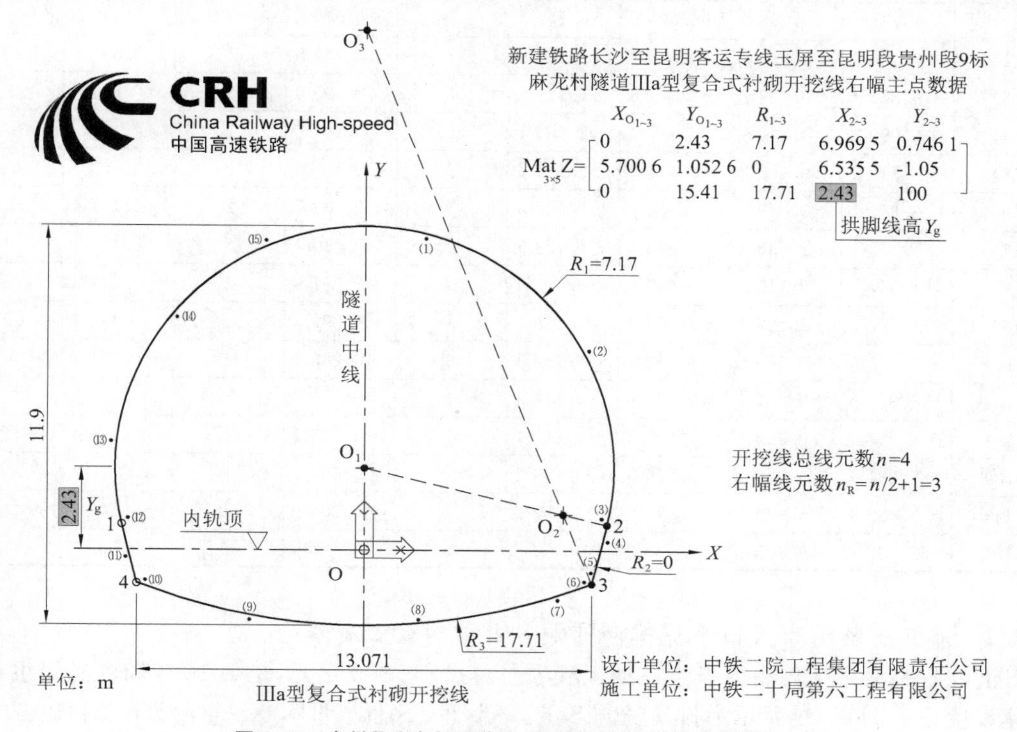

图6-19 贵州段麻龙村隧道Ⅲa型衬砌开挖线(2号轮廓线)

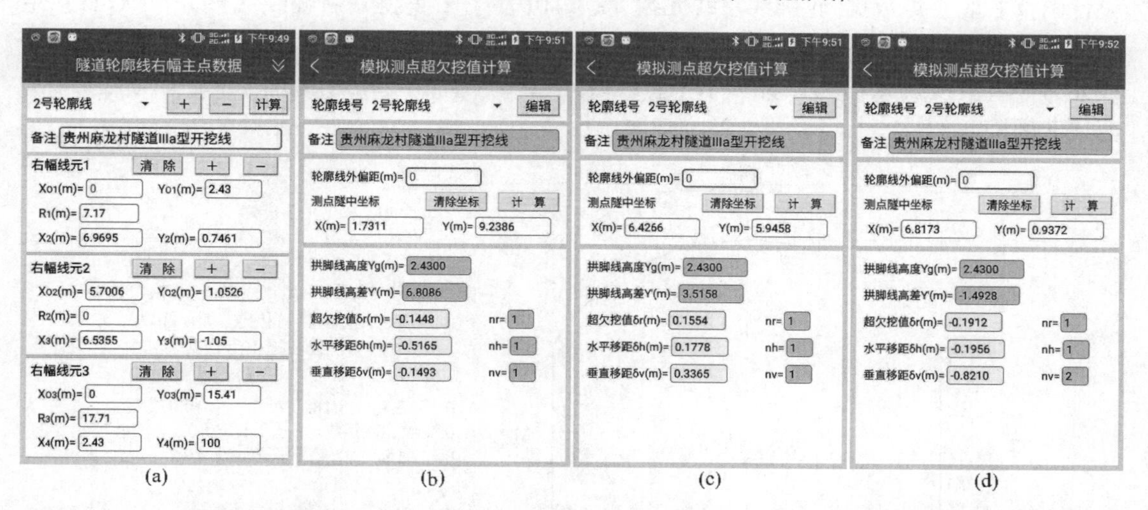

图6-20 输入贵州段麻龙村隧道Ⅲa型复合式衬砌开挖线右幅3行主点数据并计算(1)—(3)号模拟测点的超欠挖值

（2）计算模拟测点的超欠挖值

点击 计算 按钮，输入表6-13所列(1)号模拟测点的隧中坐标，点击 计 算 按钮，结果如图6-20(b)所示；同理，(2)，(3)号模拟测点的计算结果如图6-20(c)，(d)所示。全部15个模拟测点的超欠挖值计算结果列于表6-13。

表 6-13　贵州段麻龙村隧道Ⅲa 型复合式衬砌开挖线 15 个模拟测点超欠挖值计算结果

列号	1	2	3	4	5	6	7	8	9
点号	X/m	Y/m	Y'/m	δ_r/m	n_r	δ_h/m	n_h	δ_v/m	n_v
(1)	1.731 1	9.238 6	6.808 6	−0.144 8	1	−0.516 5	1	−0.149 3	1
(2)	6.426 6	5.945 8	3.515 8	0.155 4	1	0.177 8	1	0.336 5	1
(3)	6.817 3	0.937 2	−1.492 8	−0.191 2	1	−0.195 6	1	−0.821	2
(4)	6.990 3	0.252 6	−2.177 4	0.136 1	2	0.14	2		
(5)	6.514 8	−0.696 2	−3.126 2	−0.103 2	2	−0.106 2	2		
(6)	6.314 1	−0.978 4	−3.408 4	−0.147 3	3	−0.238 7	2	−0.157 8	3
(7)	5.555	−1.536 3	−3.966 3	0.123 5	3	0.410 4	3	0.130 1	3
(8)	1.564 1	−2.119 5	−4.549 5	−0.110 9	3	−0.957 9	3	−0.111 3	3
(9)	−3.287 1	−2.129 7	−4.559 7	0.135 1	3	0.837	3	0.137 4	3
(10)	−6.292 8	−0.962 4	−3.392 4	−0.169 9	3	−0.263 9	4	−0.181 9	3
(11)	−6.851 8	−0.241 1	−2.671 1	0.117 5	4	0.120 8	4		
(12)	−6.793 4	0.922 7	−1.507 3	−0.211 4	1	−0.216 4	1	−0.905 4	4
(13)	−7.281 9	3.206 5	0.776 5	0.153 2	1	0.154 1	1		
(14)	−5.399 9	6.900 2	4.470 2	−0.159 9	1	−0.206	1	−0.246 8	1
(15)	−2.858 5	9.175 3	6.745 3	0.156	1	0.427 5	1	0.169 7	1

6.4.3　浙江省临海市大田平原排涝隧洞 S-Ⅱ型衬砌二衬线

浙江省临海市大田平原排涝一期工程项目总投资 13.3 亿元，是 2016 年浙江省级重点水利建设项目。图 6-21 所示为排涝隧洞 S-Ⅱ，SX-Ⅱ，S-Ⅲa/Ⅲb，XS-Ⅲa/Ⅲb 型衬砌二衬线设计图及右幅主点数据，轮廓线总线元数 $n=4$，由表 6-1 查得其右幅线元数 $n_R=3$，右幅主点数据矩阵 Mat $\boldsymbol{Z}$ 为 3 行×5 列。该轮廓线的右幅 3 个线元，只有 1 号线元为圆曲线元，2 号线元为竖直直线线元，3 号线元为水平直线线元，2，3 号直线线元的虚拟圆心定义均为 1 号圆曲线元的圆心 O_1。

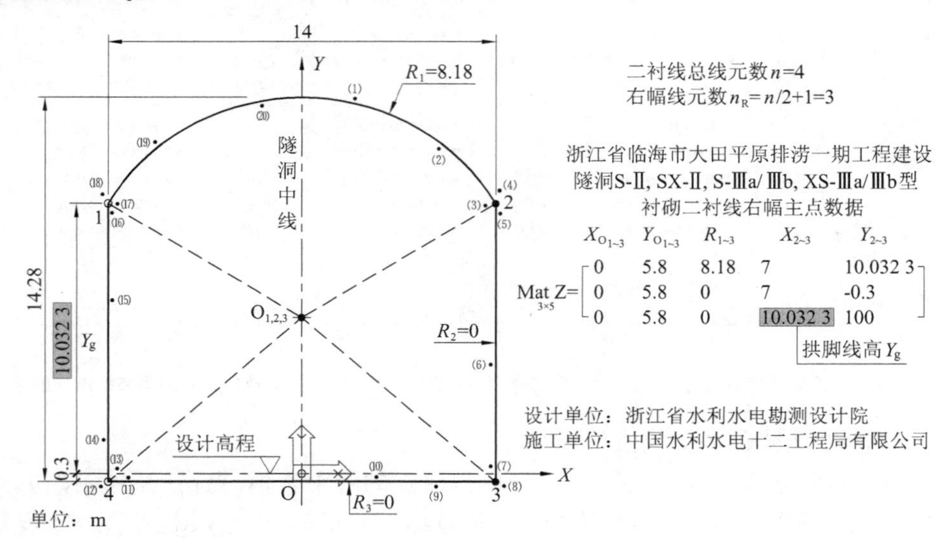

图 6-21　浙江省临海市大田平原排涝隧洞 S-Ⅱ，SX-Ⅱ，S-Ⅲa/Ⅲb，XS-Ⅲa/Ⅲb 型衬砌二衬线(3 号轮廓线)

因拱顶 1 号圆曲线元与 2 号竖直直线线元为非径相连接，1 号圆曲线元的象限点不在轮廓线上，所以，拱脚线高 Y_g 只能定义为 1 号或 2 号主点的隧中 Y 坐标。

（1）输入轮廓线右幅主点数据

点击 编辑 按钮返回“隧道轮廓线右幅主点数据”界面，点击轮廓线列表框右侧的 + 按钮新增 3 号轮廓线数据栏。输入图 6-21 所示 3 行轮廓线右幅主点数据，结果如图 6-22(a)所示。

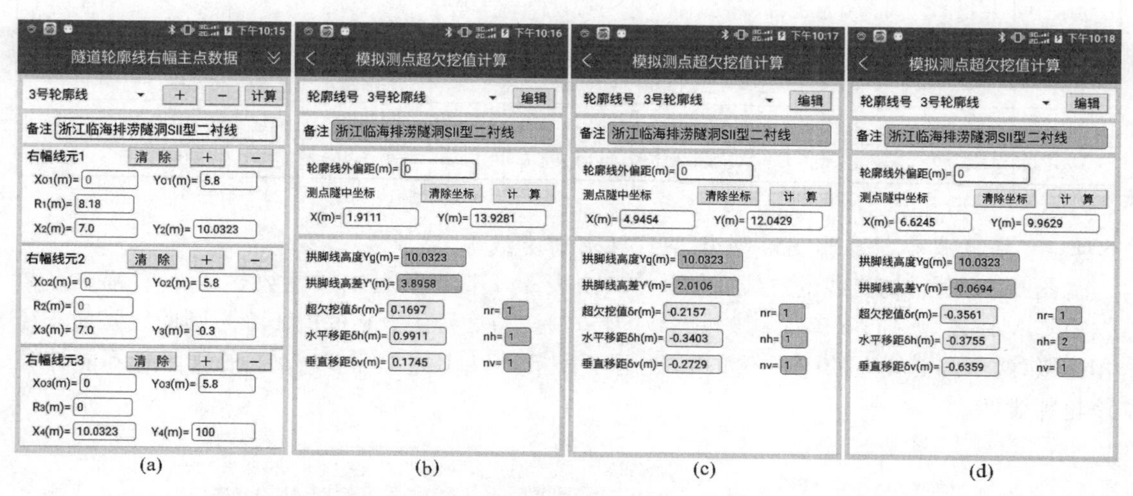

图 6-22 输入浙江省临海大田平原排涝隧洞 S-II 型衬砌二衬线右幅主点数据并计算(1)—(3)号模拟测点的超欠挖值

（2）计算模拟测点的超欠挖值

点击 计算 按钮，进入“模拟测点超欠挖值计算”界面，输入表 6-14 所列(1)号模拟测点的隧中坐标，点击 计 算 按钮，结果如图 6-22(b)所示；同理，(2)，(3)号模拟测点的计算结果如图 6-22(c)，(d)所示。全部 20 个模拟测点的超欠挖值计算结果列于表 6-14。

表 6-14 浙江省临海市排涝隧洞 S-Ⅱ 型衬砌二衬线 20 个模拟测点超欠挖值计算结果

列号	1	2	3	4	5	6	7	8	9
点号	X/m	Y/m	Y'/m	δ_r/m	n_r	δ_h/m	n_h	δ_v/m	n_v
(1)	1.911 1	13.928 1	3.895 8	0.169 7	1	0.991 1	1	0.174 5	1
(2)	4.945 4	12.042 9	2.010 6	−0.215 7	1	−0.340 3	1	−0.272 9	1
(3)	6.624 5	9.962 9	−0.069 4	−0.356 1	1	−0.375 5	2	−0.635 9	1
(4)	7.139 1	10.519 3	0.487	0.378	1	0.457 7	1		
(5)	7.166 6	9.667 9	−0.364 4	0.166 6	2	0.166 6	2		
(6)	6.825	4.064 4	−5.967 9	−0.175	2	−0.175	2		
(7)	6.817 8	0.273 2	−9.759 1	−0.182 2	2	−0.182 2	2		
(8)	7.307 2	−0.461 6	−10.493 9	0.307 2	2				
点号	X/m	Y/m	Y'/m	δ_r/m	n_r	δ_h/m	n_h	δ_v/m	n_v
(9)	4.853 2	−0.478 7	−10.511	0.178 7	3			0.178 7	3
(10)	2.692 5	−0.127 7	−10.16	−0.172 3	3	−4.307 5	2	−0.172 3	3
(11)	−6.252 3	−0.142 9	−10.175 2	−0.157 1	3	−0.747 7	4	−0.157 1	3
(12)	−7.256 3	−0.482	−10.514 3	0.256 3	4				

（续表）

列号	1	2	3	4	5	6	7	8	9
(13)	−6.677 2	0.190 2	−9.842 1	−0.322 8	4	−0.322 8	4		
(14)	−7.159 2	1.258 4	−8.773 9	0.159 2	4	0.159 2	4		
(15)	−6.842 5	6.441 9	−3.590 4	−0.157 5	4	−0.157 5	4		
(16)	−6.855 2	9.688	−0.344 3	−0.144 8	4	−0.144 8	4		
(17)	−6.665 3	10.022 4	−0.009 9	−0.289 8	1	−0.334 7	4	−0.519 6	1
(18)	−7.202 3	10.375 9	0.343 6	0.353	1	0.421 9	1		
(19)	−5.289	12.289 2	2.256 9	0.191 6	1	0.308 8	1	0.249 1	1
(20)	−1.427 1	13.656 8	3.624 5	−0.194 6	1	−0.849 5	1	−0.197 8	1

6.4.4 福建省小杞隧道 S5a 型复合式衬砌初支线

图 6-23 所示初支线的总线元数 $n=2$，由表 6-1 查得其右幅线元数 $n_R=2$，右幅主点数据矩阵 Mat **Z** 为 2 行×5 列。该轮廓线的特点是：与 2 号主点相邻的 1，2 号圆曲线元为非径相连接，两个圆曲线元的圆心不重合，使用专著[5][8][15][16][23][24]的程序都不能计算该轮廓线型。

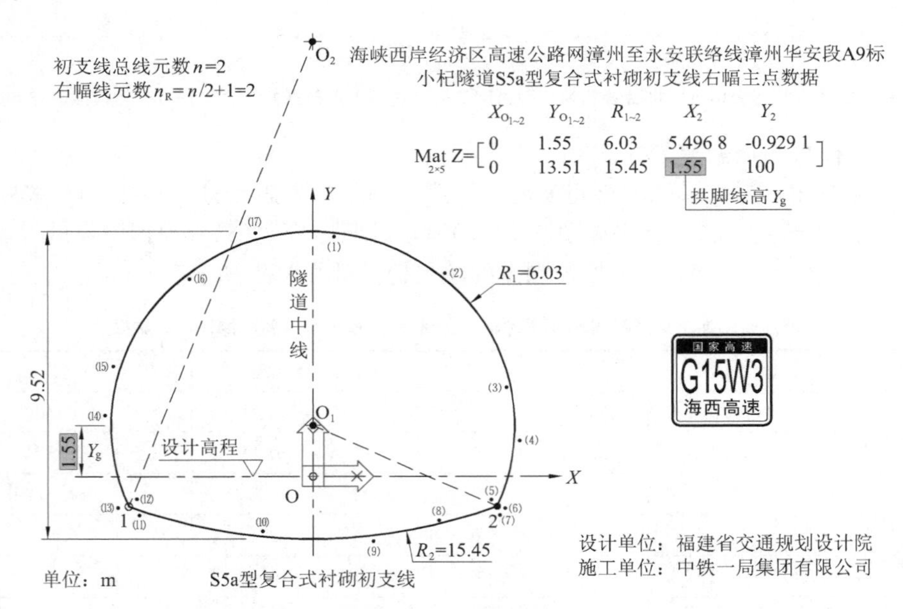

图 6-23 福建省小杞隧道 S5a 型复合式衬砌初支线（4 号轮廓线）

(1) 输入轮廓线右幅主点数据

点击 编辑 按钮返回“隧道轮廓线右幅主点数据”界面，点击轮廓线列表框右侧的 + 按钮新增 4 号轮廓线数据栏。输入图 6-23 所示 2 行轮廓线右幅主点数据，结果如图 6-24(a)所示。

(2) 计算模拟测点的超欠挖值

点击 计算 按钮，进入“模拟测点超欠挖值计算”界面，输入表 6-15 所列(1)号模拟测点的隧中坐标，点击 计 算 按钮，结果如图 6-24(b)所示；同理，(2)，(3)号模拟测点的计算结果如图 6-24(c)，(d)所示。全部 17 个模拟测点的超欠挖值计算结果列于表 6-15。

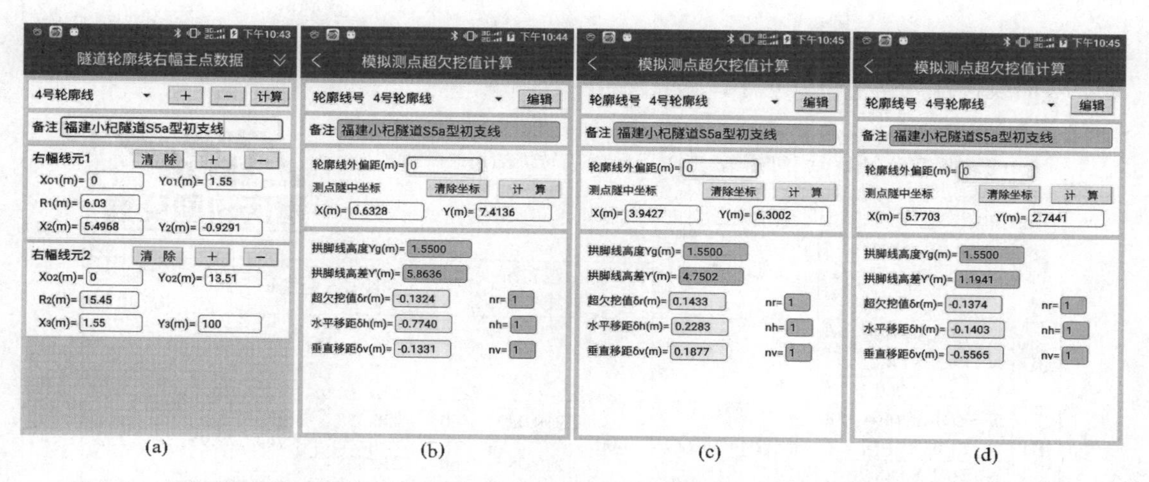

图 6-24　输入福建省小杞隧道 S5a 型复合式衬砌二衬线右幅主点数据并计算(1)—(3)号模拟测点的超欠挖值

表 6-15　　福建省小杞隧道 S5a 型复合式衬砌初支线 17 个模拟测点超欠挖值计算结果

列号	1	2	3	4	5	6	7	8	9
点号	X/m	Y/m	Y'/m	δ_r/m	n_r	δ_h/m	n_h	δ_v/m	n_v
(1)	0.632 8	7.413 6	5.863 6	−0.132 4	1	−0.774	1	−0.133 1	1
(2)	3.942 7	6.300 2	4.750 2	0.143 3	1	0.228 3	1	0.187 7	1
(3)	5.770 3	2.744 1	1.194 1	−0.137 4	1	−0.140 3	1	−0.556 5	1
(4)	6.171	1.086 5	−0.463 5	0.158 4	1	0.158 8	1		
(5)	5.319 7	−0.721 7	−2.271 7	−0.245 6	1	−0.266	1	−0.273 6	2
(6)	5.733 6	−0.984 2	−2.534 2	0.238 7	1	0.383 8	2	0.666 9	1
(7)	5.571 3	−1.201 6	−2.751 6	0.281 2	2	0.852	2	0.444 8	1
(8)	3.758 7	−1.368 1	−2.918 1	−0.104 5	2	−0.406	2	−0.107 7	2
(9)	1.804 6	−2.001 8	−3.551 8	0.166 4	2			0.167 6	2
(10)	−1.499 3	−1.699 5	−3.249 5	−0.166 8	2	−1.216 1	2	−0.167 6	2
(11)	−5.177 4	−1.203 6	−2.753 6	0.147 9	2	0.464 4	2	0.156 9	2
(12)	−5.252 7	−0.694	−2.244	−0.305 9	2	−0.344 2	1	−0.325 7	2
(13)	−5.814 6	−0.966 6	−2.516 6	0.305 8	1	0.417 3	2	0.919 3	1
(14)	−6.202 1	1.868 6	0.318 6	0.180 3	1	0.180 5	1		
(15)	−5.949 8	3.411 4	1.861 4	0.204 2	1	0.214 3	1	0.881 2	1
(16)	−3.679 6	6.124 3	4.574 3	−0.159 4	1	−0.249 4	1	−0.202 9	1
(17)	−1.702 1	7.525 2	5.975 2	0.182 9	1	0.891	1	0.190 4	1

6.5 重庆市轨道交通六号线二期金山寺至嘉陵江南桥头区间隧道 Z 线

该案例取自文献[4],其特点是:路线平曲线含 2 个断链桩,JD2—JD4 缓和曲线段的隧中偏距需要按设计桩号线性内插计算获得。

1. 设计数据

(1) 平竖曲线设计数据

如图 6-25 所示,Z 线共有 4 个交点,4 个交点均为基本型曲线,容易验算,4 个交点的第一、第二缓和曲线均为完整缓和曲线。一般地,铁路平曲线各交点的第一、第二缓和曲线均为完整缓和曲线，且缓和曲线长一般设计为整数，而公路平曲线较少将缓和曲线长设计为整数。竖曲线设计数据列于表 6-16。

重庆市轨道交通六号线二期工程
金山寺站至嘉陵江南桥头区间隧道左洞直线、曲线及转角表(局部)
设计单位：重庆市轨道交通设计研究院
施工单位：重庆建工集团股份有限公司市政二公司

交点号	交点桩号及交点坐标		转角	曲线要素/m						
				半径	缓和曲线参数	缓和曲线长	切线长	曲线长	外距	切曲差(校正值)
QD	桩	ZDK34+400								
	N	80 558.088 2								
	E	55 820.269 3								
JD1	桩	ZDK35+664.838	35°12′44.58″(Z)	600	219.089	80	230.538	448.743	29.953	12.332
	N	81 637.919 7			219.089	80	230.538			
	E	56 478.888 7								
JD2	桩	ZDK36+784.447	45°10′16.89″(Z)	600	219.089	80	289.759	553.033	50.320	26.484
	N	82 748.964 3			219.089	80	289.759			
	E	56 404.466								
JD3	桩	ZDK37+460.405	52°47′00.14″(Y)	550	203.101	75	310.628	581.684	64.468	39.573
	N	83 209.775 6			203.101	75	310.628			
	E	55 874.296 7								
JD4	桩	ZDK37+995.567	42°18′41.6″(Y)	550	203.101	75	250.502	481.162	40.204	19.842
	N	83 792.138 4			203.101	75	250.502			
	E	55 912.771 1								
ZD	桩	ZDK38+968.466	断链1：ZDK36+181.594=ZDK36+200，断链值=-18.406 断链2：ZDK37+738.898=ZDK37+730，断链值=8.898 m							
	N	84 480.614 7								
	E	56 627.988 1								

图 6-25　重庆市金山寺站至嘉陵江南桥头区间隧道左洞平曲线设计图纸(局部)

表 6-16　重庆市金山寺站至嘉陵江南桥头区间隧道左洞竖曲线及纵坡表

点名	设计桩号	高程 H/m	竖曲半径 R/m	纵坡 i/%	切线长 T/m	外距 E/m
SQD	ZDK34＋800	260.912		0.2		
SJD1	ZDK35＋050	261.412	3 000	2.945	41.167	0.282
SJD2	ZDK36＋250	296.212	3 000	−0.2	47.169	0.371
SJD3	ZDK36＋550	295.612	3 000	−2.525	34.869	0.203
SJD4	ZDK37＋150	280.462	5 000	−0.595	48.246	0.233
SJD5	ZDK38＋150	274.462	5 000	0	14.868	0.022
SZD	ZDK39＋400	274.462				

(2) 洞身支护参数

隧道左洞洞身支护参数列于表 6-17。由于金山寺至嘉陵江南桥头区间隧道位于 JD2—JD4 三个交点的平曲线段，当隧道位于交点之间的夹直线段时，隧中偏距 $\delta_3=0$；当隧道位于交点的圆曲线段时，隧中偏距 δ_3 等于固定值；当隧道位于交点的缓和曲线段时，隧中偏距需要在各交点平曲线主点 ZH—HY，YH—HZ 之间按测点垂点的缓和曲线长线性内插获得。各交点圆曲线段的隧中偏距 δ_3 的设计值如图 6-26 所示。

在表 6-17 中，第 14 行为ⅤD 型衬砌的洞身支护参数，其起点桩号为 ZDK37＋776，位于 ZH4—HY4 的第一缓和曲线段，缓和曲线长为 75 m，其隧中偏距 δ_3 应在 0～−0.156 m 之间，需要进行线性内插计算：

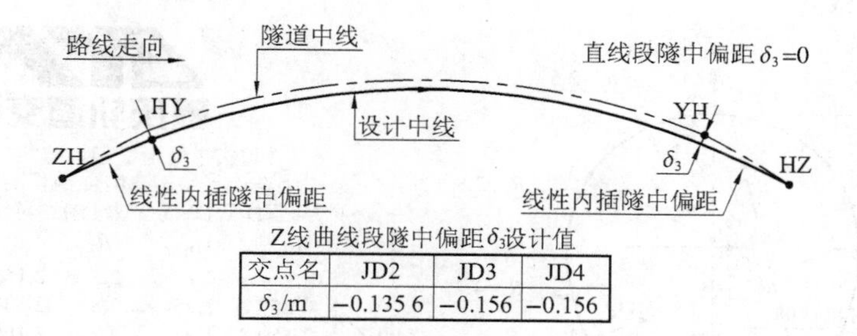

Z线曲线段隧中偏距δ_3设计值

交点名	JD2	JD3	JD4
δ_3/m	−0.135 6	−0.156	−0.156

图 6-26　隧道位于曲线段的隧中偏距设计图

$$\delta_3 = \frac{-0.156}{75} \times (37\,776 - 37\,745.064\,9)$$

$$= -0.064\,3\ \text{m}$$

表 6-17　　重庆市金山寺至嘉陵江南桥头区间隧道左洞衬砌洞身支护参数

行号	平曲主点	设计桩号	内部计算连续桩号	衬砌类型	二衬线号	初支线号	开挖线号	δ_1/m	δ_2/m	δ_3/m
1	直线	ZDK36+472.24	ZDK36+453.834	ⅣD	1	2	0	0.35	0.22	0
2	直线	ZDK36+477.5	ZDK36+459.094	ⅣE	5	6	0	0.52	0.24	0
3	直线	ZDK36+493.5	ZDK36+475.094	ⅣD	1	2	0	0.35	0.22	0
4	ZH2	ZDK36+494.688	ZDK36+476.282	ⅣD	1	2	0	0.35	0.22	0
5	HY2	ZDK36+574.688	ZDK36+556.282	ⅣD	1	2	0	0.35	0.22	−0.135 6
6	YH2	ZDK36+967.721	ZDK36+949.315	ⅣD	1	2	0	0.35	0.22	−0.135 6
7	HZ2	ZDK37+047.721	ZDK37+029.315	ⅣD	1	2	0	0.35	0.22	0
8	ZH3	ZDK37+149.777	ZDK37+131.371	ⅣD	1	2	0	0.35	0.22	0
9	HY3	ZDK37+224.777	ZDK37+206.371	ⅣD	1	2	0	0.35	0.22	−0.156
10	YH3	ZDK37+656.461	ZDK37+638.055	ⅣD	1	2	0	0.35	0.22	−0.156
11	HZ3	ZDK37+731.461	ZDK37+713.055	ⅣD	1	2	0	0.35	0.22	0
12	直线	ZDK37+737	ZDK37+718.594	ⅣD+	1	3	0	0.47	0.26	0
13	ZH4	ZDK37+745.065	ZDK37+735.557	ⅣD+	1	3	0	0.47	0.26	0
14	缓曲	ZDK37+776	ZDK37+766.492	ⅤD	1	4	0	0.68	0.28	−0.0643
15	HY4	ZDK37+820.065	ZDK37+810.557	ⅤD	1	4	0	0.68	0.28	−0.156
16	圆曲	ZDK37+860	ZDK37+850.492	ⅣD	1	2	0	0.35	0.22	−0.156
17	圆曲	ZDK37+897	ZDK37+887.492	ⅣC	7	8	0	0.42	0.24	−0.156
18	圆曲	ZDK37+927	ZDK37+917.492	ⅣD	1	2	0	0.35	0.22	−0.156
19	圆曲	ZDK37+963	ZDK37+953.492	ⅤC	7	9	0	0.53	0.26	−0.156

注：表中第 4 列的连续桩号，不属于洞身支护参数数据，列于此的目的是便于手动检核程序计算的模拟测点断面的隧中偏距 δ_3。

（3）隧道轮廓线

隧道左洞使用了ⅣD，ⅣD+，ⅣE，ⅤD，ⅣC，ⅤC 等六种衬砌，六种衬砌的初支线与开挖线图形相似，但与二衬线的图形不相似，ⅣD，ⅣD+型衬砌的二衬线相同，ⅣC，ⅤC型衬砌的二衬线相同。各型衬砌轮廓线设计图及右幅主点数据如图 6-27—图 6-29 所示。

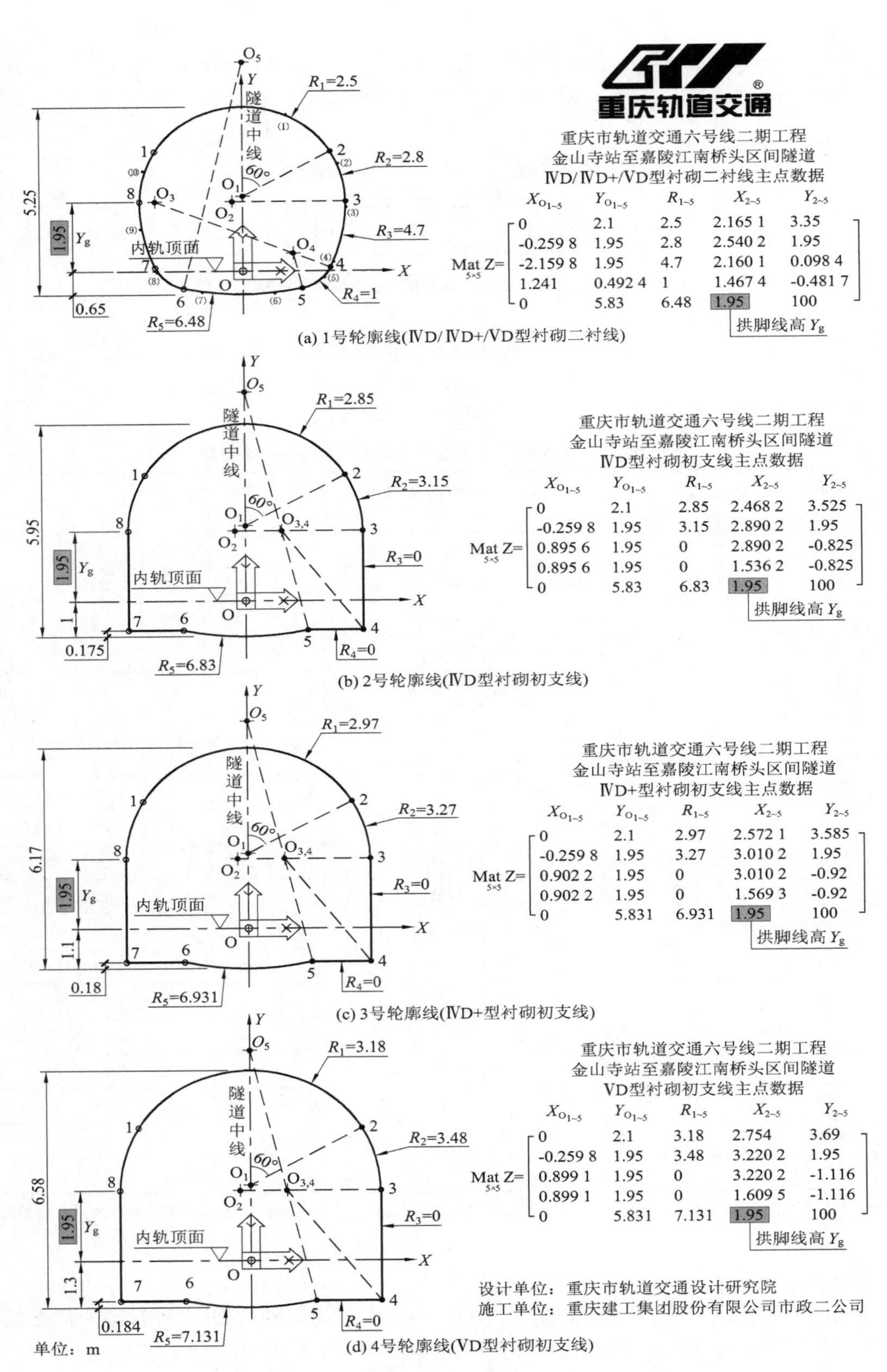

图 6-27　重庆市金山寺站至嘉陵江南桥头区间隧道 1～4 号轮廓线

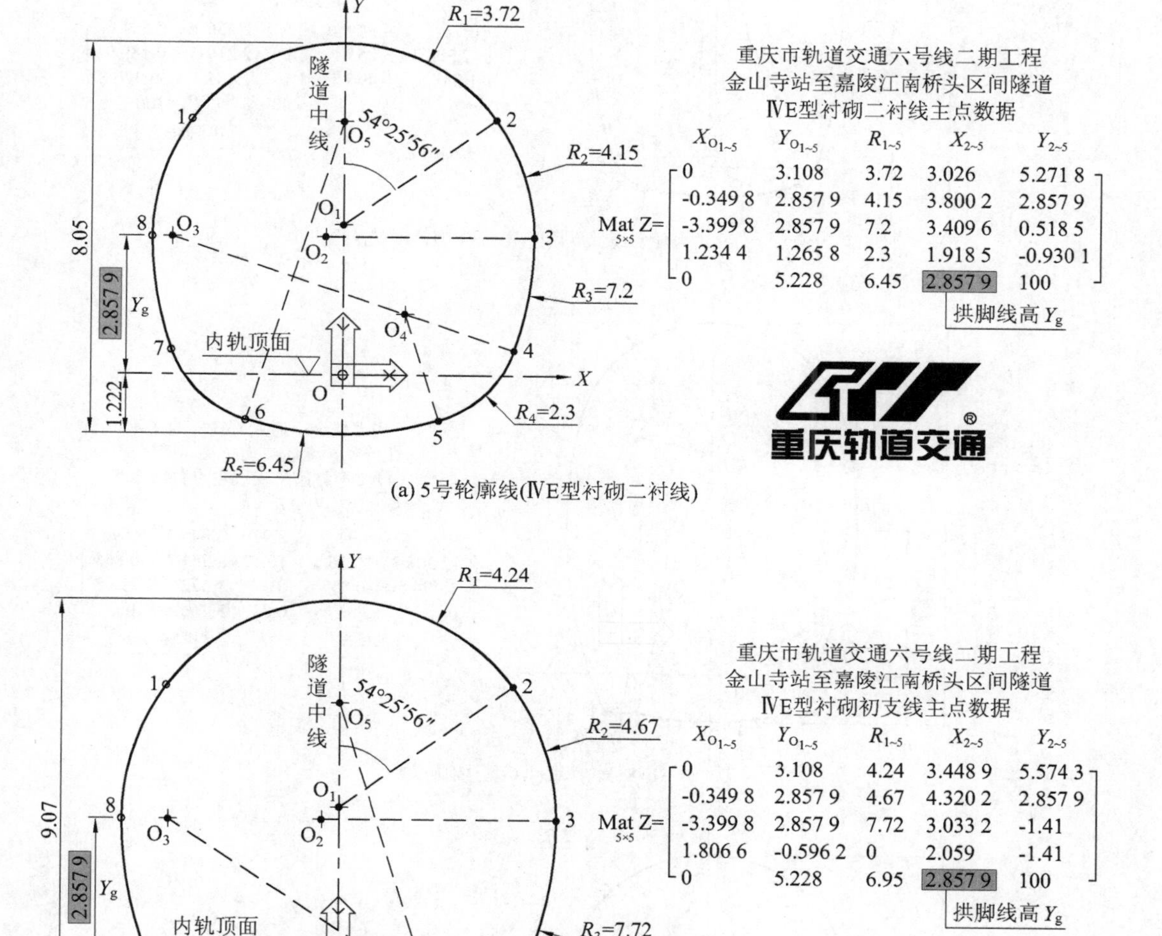

(b) 6号轮廓线(ⅣE型衬砌初支线)

图 6-28　重庆市金山寺站至嘉陵江南桥头区间隧道 5，6 号轮廓线

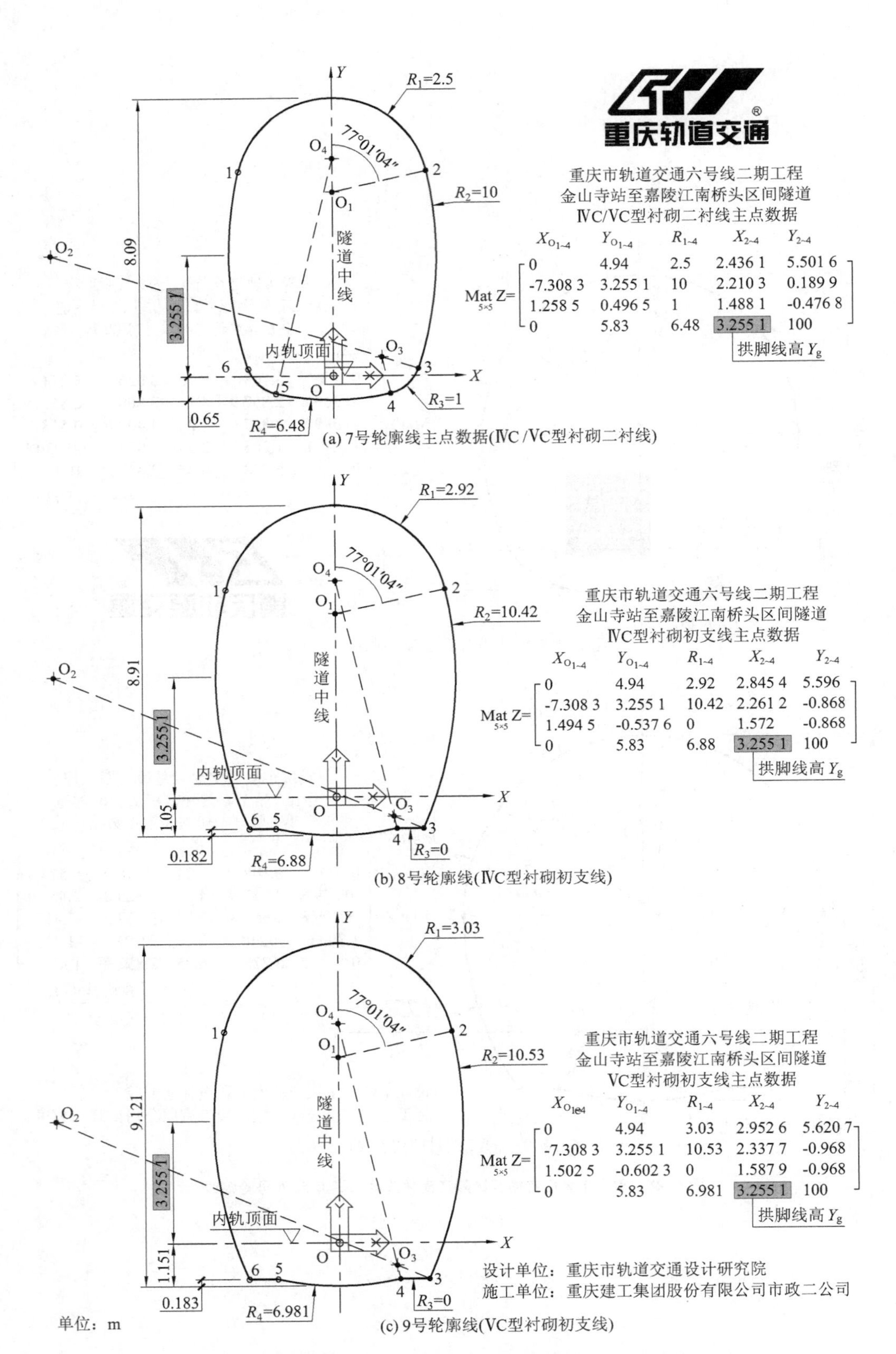

图 6-29　重庆市金山寺站至嘉陵江南桥头区间隧道 7～9 号轮廓线

2. 输入平竖曲线设计数据

为了不与本书 6.2 节的隧道轮廓线数据重叠，新建“重庆市轨道交通六号线二期”项目，并进入项目主菜单[图 6-30(a)]。

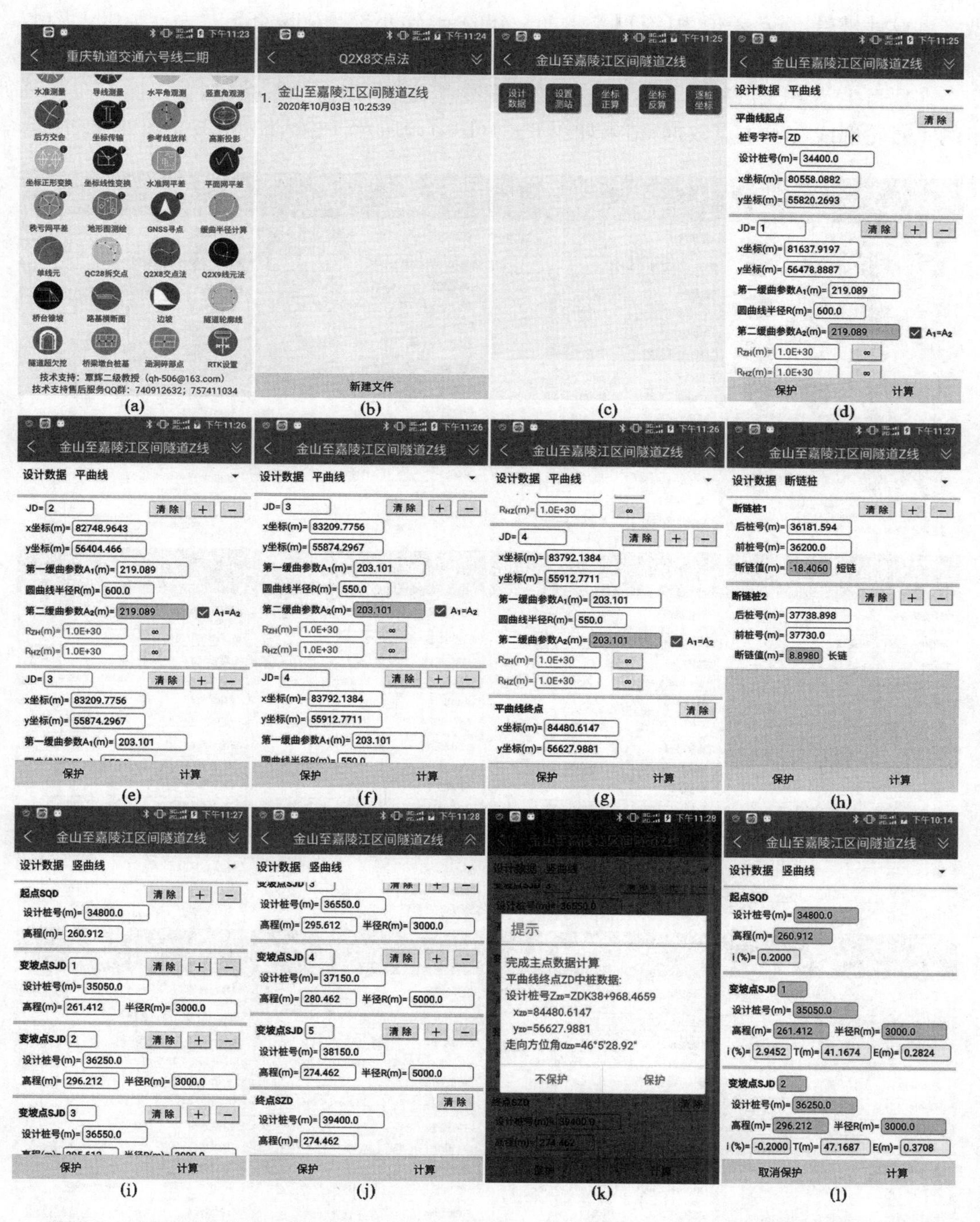

图 6-30 输入重庆市金山寺站至嘉陵江南桥头区间隧道平曲线、断链桩和竖曲线设计数据并计算主点数据

点击 **Q2X8交点法** 按钮，点击 **新建文件** 按钮，新建“金山至嘉陵江区间隧道 Z 线”文件，进入文件主菜单[图 6-30(c)]；点击 设计数据 按钮，输入图 6-25 所示的平曲线设计数据，结果如图

6-30(d)—(g)所示；输入 2 个断链桩设计数据，结果如图 6-30(h)所示；输入表 6-16 所列 5 个变坡点的竖曲线设计数据，结果如图 6-30(i)，(j)所示。点击**计算**按钮计算平竖曲线主点数据[图 6-30(k)]，点击**保护**按钮，进入设计数据保护模式[图6-30(l)]。与图 6-25 的图纸终点设计桩号比较，差值为(ZDK38+968.466)−(ZDK38+968.465 9)=−0.000 1 m。

3. 输入 1～9 号隧道轮廓线右幅主点数据

在项目主菜单[图 6-31(a)]，点击**隧道轮廓线**按钮，点击编辑按钮，输入图 6-27(a)所示的 1 号轮廓线右幅主点数据，结果如图 6-31(b)，(c)所示。输入图 6-27—图 6-29 所示全

图 6-31　输入 1～9 号轮廓线右幅主点数据

部9个右幅轮廓线主点数据，结果如图 6-31(b)—(l)所示。

4. 隧道超欠挖测量计算

(1) 新建隧道超欠挖文件

在项目主菜单，点击**隧道超欠挖**按钮，点击**新建文件**按钮，新建“区间隧道左洞”文件名，并关联“Q2X8-金山至嘉陵江区间隧道”平竖曲线文件[图 6-32(a)]，点击**确定**按钮，返回隧道超欠挖文件列表界面。

图 6-32 新建“区间隧道左洞”隧道超欠挖文件并输入表 6-17 所列 1～19 行洞身支护参数结果

(2) 输入洞身支护参数

点击最近新建的文件名，在弹出的快捷菜单点击“进入文件主菜单”命令，点击洞身支护参数按钮[图 6-32(b)]，输入表6-17所列第 1～19 行洞身支护参数，结果如图 6-32(c)—(l)所示。

(3) 计算 10 个断面模拟测点的超欠挖值

为了验证隧道超欠挖程序的正确性，笔者在每个断面(一共 10 个断面)设置了 1 个模拟测点，通过 AutoCAD 图解出了这 10 个测点的三维测量坐标，结果列于表 6-18 的第 1～3 列。

表 6-18　重庆市金山寺站至嘉陵江南桥头区间隧道 10 个断面模拟测点超欠挖值计算结果(初支线)

列号	1	2	3	4	5	6	7	8
点号	x/m	y/m	H/m	Z	δ_3/m	δ_r/m	δ_h/m	δ_v/m
(1)	82 440.309 8	56 426.640 8	300.377 6	ZDK36+475	0	0.077	0.156 9	0.09
(2)	82 450.005	56 421.756 4	294.190 9	ZDK36+485	0	0.141 1		
(3)	82 524.771	56 416.970 7	299.919	ZDK36+560	−0.110 7	0.084 9	0.183 4	0.097 7
(4)	82 916.299 5	56 216.029 7	284.723 5	ZDK37+010	−0.063 9	0.040 2	0.040 2	
(5)	83 033.454 6	56 079.346 2	279.369 3	ZDK37+190	−0.083 7	−0.021 2	−0.110 3	−0.021 6
(6)	83 488.398 9	55 891.517 1	276.419 7	ZDK37+700	−0.065 4	−0.111 2		−0.114 2
(7)	83 557.251 7	55 894.806 7	280.397 7	ZDK37+760	−0.031 0	−0.111 2	−0.130 3	−0.200 5
(8)	83 597.301 1	55 897.093 3	277.526 9	ZDK37+800	−0.114 2	0.137 2	0.137 2	
(9)	83 699.006	55 923.489 1	280.694 8	ZDK37+905	−0.156	0.063 6	0.064 3	
(10)	83 789.209 6	55 953.264 4	282.391 7	ZDK38+000	−0.156	0.070 4	0.096 5	0.105 5

① 设置施工线为初支线

点击屏幕标题栏左侧的<按钮，返回文件主菜单界面；点击超欠挖测量按钮，进入“隧道超欠挖测量”界面，点击**新建选项卡**按钮新建以当前日期+序号命名的选项卡名[图 6-33(a)]，点击**确定**按钮，新建“201003_1”选项卡[图 6-33(b)]。新建选项卡自动设置为当前选项卡，用于存储测点数据。

设置施工线为“初支线”，输入表 6-18 的第 1～3 列(1)号模拟测点的三维坐标[图 6-33(c)]，点击计 算按钮计算测点的超欠挖测量结果[图 6-33(d)]；点击保 存按钮，点击**确定**按钮[图 6-33(e)]，存储(1)号测点的超欠挖测量结果到当前选项卡[图 6-33(f)]。

点击**返回**按钮，点击清除全部按钮，输入表 6-18 第 1～3 列(2)号模拟测点的三维坐标[图 6-33(g)]，点击计 算按钮，结果如图 6-33(h)所示，点击保 存按钮，点击**确定**按钮，存储(2)号测点的超欠挖测量成果到当前选项卡。第(3)—(10)号模拟测点的超欠挖值请读者自行计算。全部10 个测点的超欠挖值计算结果列于表 6-18 的第 4～8 列。

下面介绍(6)号模拟测点隧中偏距线性内插的计算原理。(6)号模拟测点垂点的设计桩号为 ZDK37+700，连续桩号为 37 700−18.406=37 681.594 m，该断面的隧中偏距需要由表 6-17 的第 10 行和第 11 行的隧中偏距 δ_3 线性内插计算，方法如下：

$$
\begin{aligned}
\delta_3 &= -0.156 + \frac{37\,681.594 - 37\,638.055}{37\,713.055 - 37\,638.055} \times [0 - (-0.156)] \\
&= -0.156 + \frac{43.539}{75} \times 0.156 \\
&= -0.065\,4\ \text{m}
\end{aligned}
$$

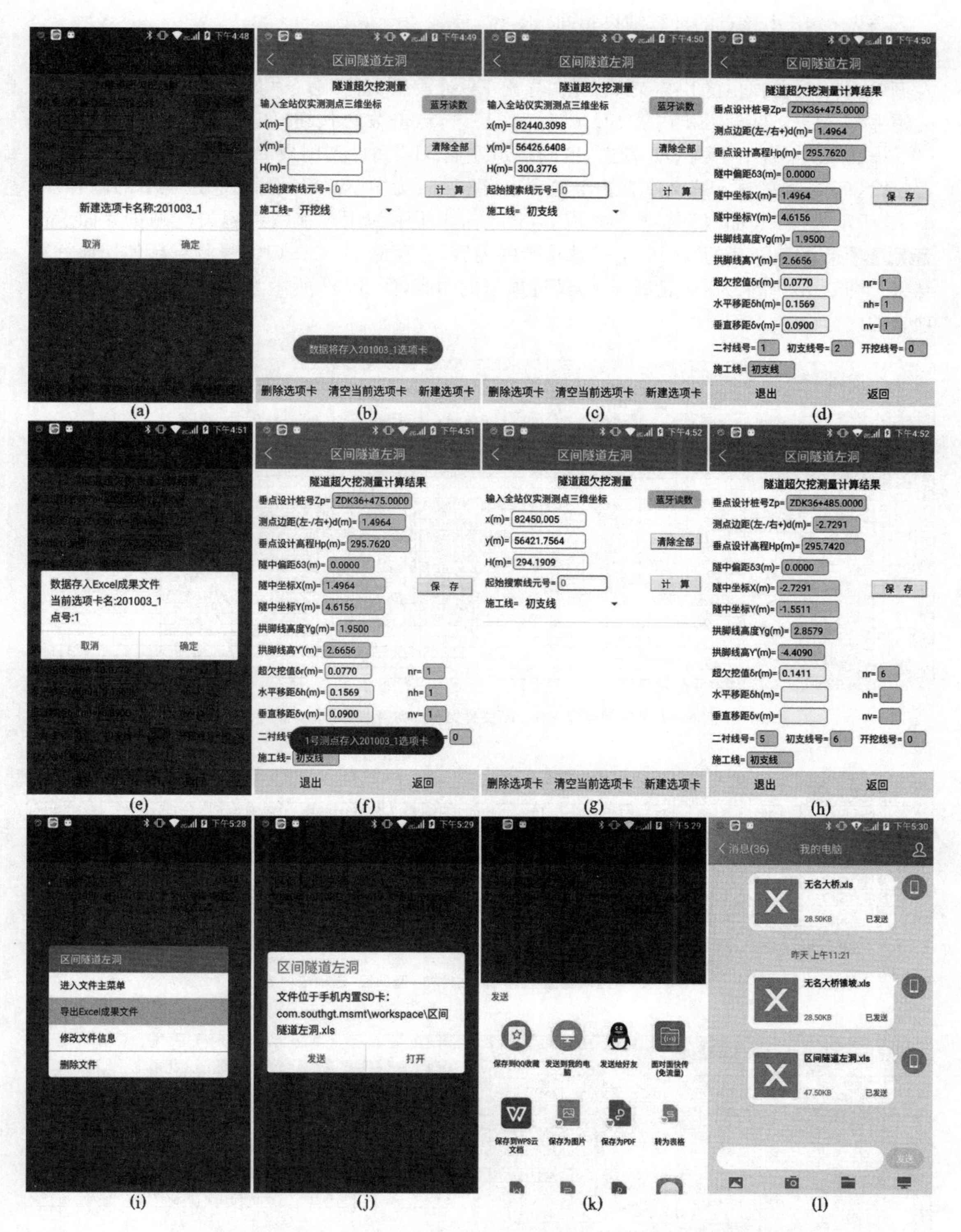

图 6-33　计算表 6-18 所列(1)—(4)号模拟测点的超欠挖值(设置施工线为初支线)

与表 6-18 中该点的计算结果相同。

点击屏幕标题栏左侧的<按钮 2 次，返回隧道超欠挖文件列表界面，点击“区间隧道左洞”文件名，在弹出的快捷菜单点击“导出 Excel 成果文件”命令[图 6-33(i)]，导出“区间隧道左洞.xls”文件到手机内置 SD 卡的工作目录，点击 **发送** 按钮[图 6-33(j)]，点击按钮[图 6-33(k)]，启动手机 QQ 发送“区间隧道左洞.xls”文件到用户 PC 机[图 6-33(l)]。

“区间隧道左洞.xls”文件有 4 个选项卡，图6-34 为“1-Q2X8 平曲线”选项卡的内容，图 6-35 所示为“2-竖曲线”选项卡的内容，图 6-36 所示为用户在隧道超欠挖测量界面点击 **新建选项卡** 按钮新建的“201003_1”选项卡的内容，已存储了(1)—(10)号测点超欠挖值计算结果。图 6-37 所示为“3-轮廓线主点”选项卡的内容，图 6-38 所示为“4-洞身支护参数”选项卡的内容。

Q2X8_金山至嘉陵江区间隧道Z线_直线、曲线及转角表

交点号		交点桩号及交点坐标	交点转角 -左/+右	曲线要素					曲线主点数据								断链数据		
				第一缓曲参数 A1	圆曲线半径 R	第二缓曲参数 A2	切线长 T1	外距 E	第一缓曲起点 ZH		第一缓曲终点 HY		第二缓曲起点 YH		第二缓曲终点 HZ		断链后桩号	断链前桩号	断链值(m)
				第一缓曲起点半径RZH		第二缓曲终点半径 RHZ													
				第一缓曲线长 Lh1	圆曲线长 Ly	第二缓曲线长 Lh2	切线长 T2	切曲差 J											
起点	桩	ZDK34+400.0000															36181.59	36200	-18.4060
	N	80558.0882															37738.9	37730	8.8980
	E	55820.2693																	
JD1	桩	ZDK35+664.8382	-35°12′44.58″	219.089	600.0	219.089	230.5377	29.9526	桩	ZDK35+434.3005	桩	ZDK35+514.3005	桩	ZDK35+803.0437	桩	ZDK35+883.0437			
	N	81637.9197		1.0E30		1.0E30			N	81441.1026	N	81510.2961	N	81788.0375	N	81867.9419			
	E	56478.8887		80.0000	288.7432	80.0000	230.5377	12.3321	E	56358.8444	E	56398.9658	E	56467.0519	E	56463.4808			
JD2	桩	ZDK36+784.4464	-45°10′16.89″	219.089	600.0	219.089	289.7589	50.3199	桩	ZDK36+494.6876	桩	ZDK36+574.6875	桩	ZDK36+967.7209	桩	ZDK37+047.7209			
	N	82748.9643		1.0E30		1.0E30			N	82459.8533	N	82539.5202	N	82885.2506	N	82939.0496			
	E	56404.466		80.0000	393.0334	80.0000	289.7589	26.4844	E	56423.8319	E	56416.7143	E	56244.9577	E	56185.7704			
JD3	桩	ZDK37+460.4053	52°47′0.14″	203.101	550.0	203.101	310.6285	64.4682	桩	ZDK37+149.7768	桩	ZDK37+224.7768	桩	ZDK37+656.4608	桩	ZDK37+731.4608			
	N	83209.7756		1.0E30		1.0E30			N	83005.9995	N	83056.4637	N	83444.8140	N	83519.7284			
	E	55874.2967		75.0000	431.6840	75.0000	310.6285	39.5730	E	56108.7437	E	56053.2815	E	55891.5325	E	55894.7741			
JD4	桩	ZDK37+995.5666	42°18′41.60″	203.101	550.0	203.101	250.5018	40.2043	桩	ZDK37+745.0648	桩	ZDK37+820.0648	桩	ZDK38+151.2266	桩	ZDK38+226.2266			
	N	83792.1384		1.0E30		1.0E30			N	83542.1815	N	83616.8713	N	83912.6472	N	83965.8640			
	E	55912.7711		75.0000	331.1617	75.0000	250.5018	19.8418	E	55896.2574	E	55902.8996	E	56040.4176	E	56093.2443			
终点	桩	ZDK38+968.4659																	
	N	84480.6147																	
	E	56627.9881																	

广州南方测绘科技股份有限公司:http://www.com.southgt.msmt

技术支持，覃辉二级教授(qh-506@163.com)

1-Q2X8平曲线 / 2-竖曲线 / 3-轮廓线主点 / 4-洞身支护参数 / 201003_1

图 6-34 “区间隧道左洞.xls”文件“1-Q2X8 平曲线”选项卡内容

竖曲线及纵坡表_金山至嘉陵江区间隧道Z线

点名	设计桩号	H(m)	R(m)	T(m)	E(m)	纵坡(%)	SZY设计桩号	SZY高程(m)	SYZ设计桩号	SYZ高程(m)
竖曲线起点SQD	ZDK34+800.0000	260.912								
变坡点SJD1	ZDK35+050.0000	261.412	3000.0000	41.1674	0.2824	2.9452	ZDK35+008.8327	261.3297	ZDK35+091.1496	262.6239
变坡点SJD2	ZDK36+250.0000	296.212	3000.0000	47.1687	0.3708	-0.2000	ZDK36+202.8517	294.8234	ZDK36+297.1686	296.1177
变坡点SJD3	ZDK36+550.0000	295.612	3000.0000	34.8685	0.2026	-2.5250	ZDK36+515.1315	295.6817	ZDK36+584.8574	294.7319
变坡点SJD4	ZDK37+150.0000	280.462	5000.0000	48.2456	0.2328	-0.5947	ZDK37+101.7698	281.6798	ZDK37+198.2447	280.1751
变坡点SJD5	ZDK38+150.0000	274.462	5000.0000	14.8676	0.0221	0.0000	ZDK38+135.1327	274.5504	ZDK38+164.8676	274.4620
竖曲线终点SZD	ZDK39+400.0000	274.462								

1-Q2X8平曲线 / 2-竖曲线 / 3-轮廓线主点 / 4-洞身支护参数 / 201003_1

图 6-35 “区间隧道左洞.xls”文件“2-竖曲线”选项卡内容

隧道超欠挖测量成果_金山至嘉陵江区间隧道Z线

序号	全站仪实测测点三维坐标			测点垂直数据			施工线	轮廓线号	隧中偏距	测点隧中坐标		拱脚线高度	测点拱脚线高差	测点超欠挖计算结果			测量日期与时间
	x(m)	y(m)	H(m)	设计桩号	Hp(m)	边距d(m)				X(m)	Y(m)			δr(m)	δH(m)	δV(m)	
1	82440.3098	56426.6408	300.3776	ZDK36+475.0000	295.7620	1.4964	初支线	2	0	1.4964	4.6156	1.9500	2.6656	0.0770	0.1569	0.0900	2020/10/03 16:51
2	82450.005	56421.7564	294.1909	ZDK36+485.0000	295.7420	-2.7291	初支线	6	0	-2.7291	-1.5511	2.8579	-4.4090	0.1411	0.0000	0.0000	2020/10/03 17:04
3	82524.771	56416.9707	299.919	ZDK36+560.0000	295.2564	-1.5414	初支线	2	-0.1107	-1.4307	4.6626	1.9500	2.7126	0.0849	0.1834	0.0977	2020/10/03 17:05
4	82916.2995	56216.0297	284.7235	ZDK37+010.0000	283.9970	2.8665	初支线	2	-0.0639	2.9304	0.7265	1.9500	-1.2235	0.0402	0.0402	0.0000	2020/10/03 17:22
5	83033.4546	56079.3462	279.3693	ZDK37+190.0000	280.2309	1.1739	初支线	2	-0.0837	1.2576	-0.8616	1.9500	-2.8116	-0.0212	-0.1103	-0.0216	2020/10/03 17:23
6	83488.3989	55891.5171	276.4197	ZDK37+700.0000	277.1911	-1.3105	初支线	2	-0.0654	-1.2450	-0.7714	1.9500	-2.7214	-0.1122	0.0000	-0.1142	2020/10/03 17:24
7	83557.2517	55894.8067	280.3977	ZDK37+760.0000	276.7814	-2.4545	初支线	3	-0.031	-2.4235	3.6163	1.9500	1.6663	-0.1112	-0.1303	-0.2005	2020/10/03 17:24
8	83597.3011	55897.0933	277.5269	ZDK37+800.0000	276.5435	-3.4717	初支线	4	-0.1142	-3.3574	0.9834	1.9500	-0.9666	0.1372	0.1372	0.0000	2020/10/03 17:25
9	83699.006	55923.4891	280.6948	ZDK37+905.0000	275.9190	2.9085	初支线	8	-0.156	3.0645	4.7758	3.2551	1.5207	0.0636	0.0643	0.0000	2020/10/03 17:26
10	83789.2096	55953.2644	282.3917	ZDK37+999.9998	275.3541	-2.4390	初支线	9	-0.156	-2.2830	7.0376	3.2551	3.7825	0.0704	0.0965	0.1055	2020/10/03 17:26

1-Q2X8平曲线 / 2-竖曲线 / 3-轮廓线主点 / 4-洞身支护参数 / 201003_1

图 6-36 “区间隧道左洞.xls”文件“201003_1”选项卡隧道超欠挖测量成果内容

	A	B	C	D	E	F	G	H	I	J
1	隧道轮廓线主点数据									
2	1号隧道轮廓线					2号隧道轮廓线				
3	Xo(m)	Yo(m)	R(m)	X(m)	Y(m)	Xo(m)	Yo(m)	R(m)	X(m)	Y(m)
4	0.0	2.1	2.5	2.1651	3.35	0.0	2.1	2.85	2.4682	3.525
5	-0.2598	1.95	2.8	2.5402	1.95	-0.2598	1.95	3.15	2.8902	1.95
6	-2.1598	1.95	4.7	2.1601	0.0984	0.8956	1.95	0.0	2.8902	-0.825
7	1.241	0.4924	1.0	1.4674	-0.4817	0.8956	1.95	0.0	1.5362	-0.825
8	0.0	5.83	6.48	1.95	100.0	0.0	5.83	6.83	1.95	100.0
9	3号隧道轮廓线					4号隧道轮廓线				
10	Xo(m)	Yo(m)	R(m)	X(m)	Y(m)	Xo(m)	Yo(m)	R(m)	X(m)	Y(m)
11	0.0	2.1	2.97	2.5721	3.585	0.0	2.1	3.18	2.754	3.69
12	-0.2598	1.95	3.27	3.0102	-0.92	-0.2598	1.95	3.48	3.2202	1.95
13	0.9022	1.95	0.0	3.0102	-0.92	0.8991	1.95	0.0	3.2202	-1.116
14	0.9022	1.95	0.0	1.5693	-0.92	0.8991	1.95	0.0	1.6095	-1.116
15	0.0	5.831	6.931	1.95	100.0	0.0	5.831	7.131	1.95	100.0
16	5号隧道轮廓线					6号隧道轮廓线				
17	Xo(m)	Yo(m)	R(m)	X(m)	Y(m)	Xo(m)	Yo(m)	R(m)	X(m)	Y(m)
18	0.0	3.108	3.72	3.026	5.2718	0.0	3.108	4.24	3.4489	5.5743
19	-0.3498	2.8579	4.15	3.8002	2.8579	-0.3498	2.8579	4.67	4.3202	2.8579
20	-3.3998	2.8579	7.2	3.4096	0.5185	-3.3998	2.8579	7.72	3.0332	-1.41
21	1.2344	1.2658	2.3	1.9185	-0.9301	1.8066	-0.5962	0.0	2.059	-1.41
22	0.0	5.228	6.45	2.8579	100.0	0.0	5.228	6.95	2.8579	100.0
23	7号隧道轮廓线					8号隧道轮廓线				
24	Xo(m)	Yo(m)	R(m)	X(m)	Y(m)	Xo(m)	Yo(m)	R(m)	X(m)	Y(m)
25	0.0	4.94	2.5	2.4361	5.5016	0.0	4.94	2.92	2.8454	5.596
26	-7.3083	3.2551	10.0	2.2103	0.1899	-7.3083	3.2551	10.42	2.2612	-0.868
27	1.2585	0.4965	1.0	1.4881	-0.4768	1.4945	-0.5376	0.0	1.572	-0.868
28	0.0	5.83	6.48	3.2551	100.0	0.0	5.83	6.88	3.2551	100.0
29	9号隧道轮廓线									
30	Xo(m)	Yo(m)	R(m)	X(m)	Y(m)					
31	0.0	4.94	3.03	2.9526	5.6207					
32	-7.3083	3.2551	10.53	2.3377	-0.968					
33	1.5025	-0.6023	0.0	1.5879	-0.968					
34	0.0	5.83	6.981	3.2551	100.0					

1-Q2X8平曲线 / 2-竖曲线 / 3-轮廓线主点 / 4-洞身支护参数 / 201003_1

图 6-37 "区间隧道左洞.xls"文件"3-轮廓线主点"选项卡内容

	A	B	C	D	E	F	G	H	I
1	隧道衬砌洞身支护参数_金山至嘉陵江区间隧道Z线								
2	序号	起始设计桩号	二衬线号	初支线号	开挖线号	δ1(m)	δ2(m)	δ3(m)	线性内插
3	1	ZDK36+472.2400	1	2	0	0	0.22	0	
4	2	ZDK36+477.5000	5	6	0	0	0.24	0	
5	3	ZDK36+493.5000	1	2	0	0	0.22	0	
6	4	ZDK36+494.6880	1	2	0	0	0.22	0	内插
7	5	ZDK36+574.6880	1	2	0	0	0.22	-0.1356	
8	6	ZDK36+967.7210	1	2	0	0	0.22	-0.1356	内插
9	7	ZDK37+047.7210	1	2	0	0	0.22	0	
10	8	ZDK37+149.7770	1	2	0	0	0.22	0	内插
11	9	ZDK37+224.7770	1	2	0	0	0.22	-0.156	
12	10	ZDK37+656.4610	1	2	0	0	0.22	-0.156	内插
13	11	ZDK37+731.4610	1	2	0	0	0.22	0	
14	12	ZDK37+737.0000	1	3	0	0	0.26	0	
15	13	ZDK37+745.0650	1	3	0	0	0.26	0	内插
16	14	ZDK37+776.0000	1	4	0	0	0.28	-0.0643	内插
17	15	ZDK37+820.0650	1	4	0	0	0.28	-0.156	
18	16	ZDK37+860.0000	1	2	0	0	0.22	-0.156	
19	17	ZDK37+897.0000	7	8	0	0	0.24	-0.156	
20	18	ZDK37+927.0000	1	2	0	0	0.22	-0.156	
21	19	ZDK37+963.0000	7	9	0	0	0.26	-0.156	

1-Q2X8平曲线 / 2-竖曲线 / 3-轮廓线主点 / 4-洞身支护参数 / 201003_1

图 6-38 "区间隧道左洞.xls"文件"4-洞身支护参数"选项卡内容

② 设置施工线为开挖线

仍然使用表 6-18 所列 10 个测点的三维测量坐标，设置施工线为开挖线，图 6-39 所示为计算(1)，(2)号模拟测点的超欠挖值界面，全部 10 个模拟测点的超欠挖值计算结果列于表 6-19的第 4～8 列。

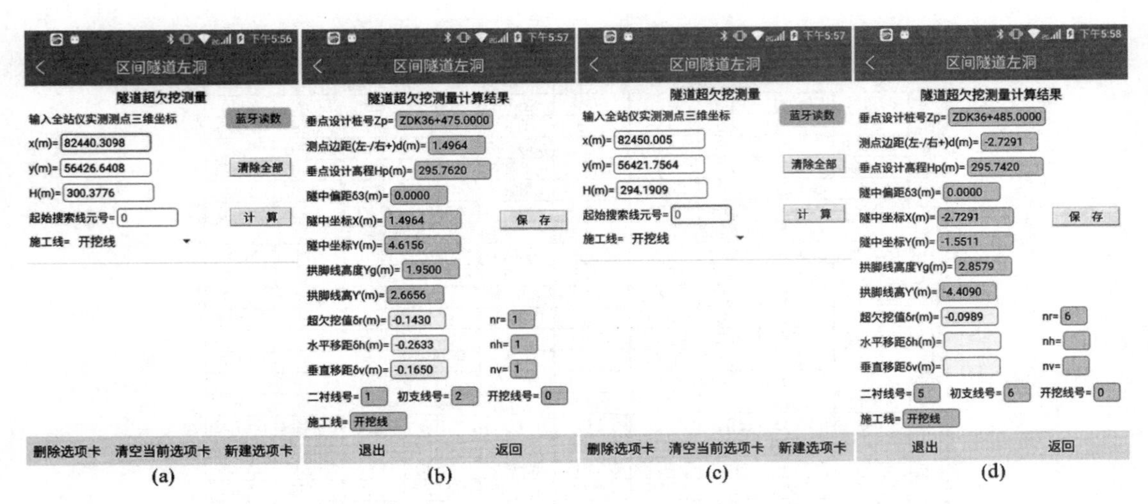

图 6-39 计算表 6-19 所列(1),(2)号模拟测点的超欠挖值(设置施工线为开挖线)

表 6-19 重庆市金山寺站至嘉陵江南桥头区间隧道 10 个断面模拟测点超欠挖值计算结果(开挖线)

列号	1	2	3	4	5	6	7	8
点号	x/m	y/m	H/m	Z	δ_3/m	δ_r/m	δ_h/m	δ_v/m
(1)	82 440.309 8	56 426.640 8	300.377 6	ZDK36+475	0	−0.143	−0.263 3	−0.165
(2)	82 450.005	56 421.756 4	294.190 9	ZDK36+485	0	−0.098 9		
(3)	82 524.771	56 416.970 7	299.919	ZDK36+560	−0.110 7	−0.135 1	−0.259 9	−0.153 7
(4)	82 916.299 5	56 216.029 7	284.723 5	ZDK37+010	−0.063 9	−0.179 8	−0.179 8	
(5)	83 033.454 6	56 079.346 2	279.369 3	ZDK37+190	−0.083 7	−0.241 2		−0.245 3
(6)	83 488.398 9	55 891.517 1	276.419 7	ZDK37+700	−0.065 4	−0.332 2		−0.337 8
(7)	83 557.251 7	55 894.806 7	280.397 7	ZDK37+760	−0.031 0	−0.371 2	−0.428 7	−0.619
(8)	83 597.301 1	55 897.093 3	277.526 9	ZDK37+800	−0.114 2	−0.142 8	−0.142 8	
(9)	83 699.006	55 923.489 1	280.694 8	ZDK37+905	−0.156	−0.176 4	−0.178 2	
(10)	83 789.209 6	55 953.264 4	282.391 7	ZDK38+000	−0.156	−0.189 6	−0.251 5	−0.271 3

③ 设置施工线为二衬线

由表 6-17 的洞身支护参数可知,加桩 ZDK36+534.687 7 断面使用 1 号轮廓线为二衬线,在该加桩断面轮廓线设置(1)—(10)号模拟测点,测点在轮廓线的分布如图 6-27(a)所示,将其转换为三维测量坐标,列于表 6-20 的第 1～3 列。设置施工线为二衬线,图 6-40 为计算(1),(2)号模拟测点的超欠挖值的界面,全部 10 个模拟测点的超欠挖值计算结果列于表 6-20的第 4～10 列。

表 6-20 区间隧道 ZDK36+534.687 7 断面 10 个模拟测点超欠挖值计算结果(二衬线)

列号	1	2	3	4	5	6	7	8	9	10
点号	x/m	y/m	H/m	δ_3/m	δ_r/m	n_r	δ_h/m	n_h	δ_v/m	n_v
(1)	82 499.832 9	56 421.950 9	299.954 5	−0.067 8	0.021 2	1	0.050 2	1	0.023 5	1
(2)	82 499.939 7	56 423.225 8	298.583 9	−0.067 8	0.028 6	2	0.030 9	2		
(3)	82 499.955 5	56 423.414 6	297.359 9	−0.067 8	0.017	3	0.017	3		
(4)	82 499.929 8	56 423.107 3	295.826 7	−0.067 8	0.023	3	0.024 7	3		
(5)	82 499.910 5	56 422.876 9	295.395 2	−0.067 8	0.027 4	4	0.036 8	4		

（续表）

列号	1	2	3	4	5	6	7	8	9	10
点号	x/m	y/m	H/m	δ_3/m	δ_r/m	n_r	δ_h/m	n_h	δ_v/m	n_v
(6)	82 499.808 4	56 421.658 2	294.957 5	−0.067 8	0.019 8	5	0.183 3	5	0.019 9	5
(7)	82 499.658 7	56 419.872	294.991 6	−0.067 8	0.014 9	5	0.101 5	5	0.015	5
(8)	82 499.566	56 418.764 8	295.544 8	−0.067 8	0.017 7	6	0.020 7	6		
(9)	82 499.532 3	56 418.362 3	296.760 1	−0.067 8	0.038 4	7	0.038 9	4		
(10)	82 499.537 8	56 418.427 3	298.393 1	−0.067 8	0.044 8	8	0.047 1	4		

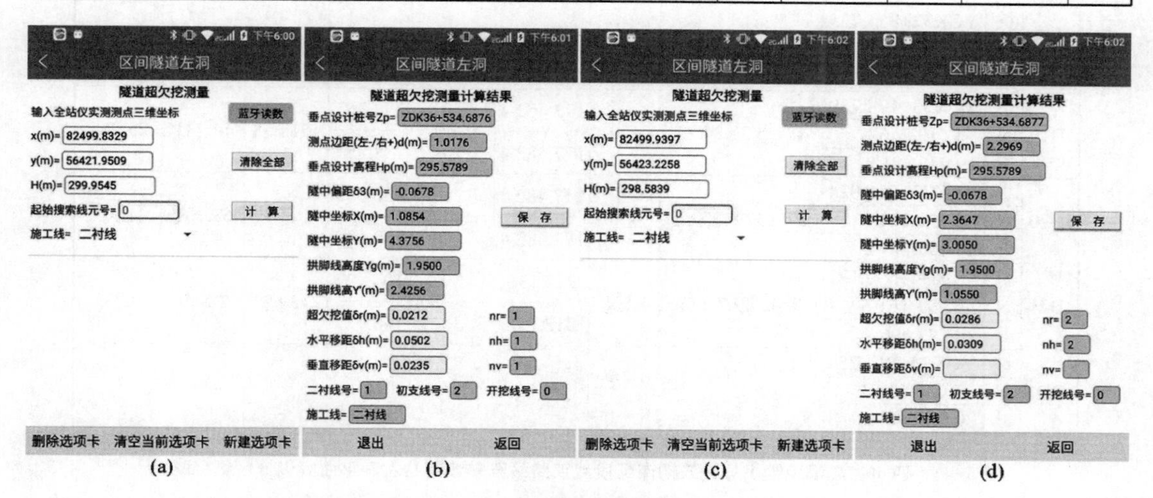

图 6-40　计算表 6-20 所列(1),(2)号模拟测点的超欠挖值(设置施工线为二衬线)

加桩 ZDK36＋534.687 7 的连续桩号为 36 534.687 7－18.406＝36 516.281 7 m,该断面的隧中偏距需要由表 6-17 的第 4 行和第 5 行的隧中偏距 δ_3 线性内插计算,方法如下:

$$\begin{aligned}\delta_3 &= 0+\frac{36\ 516.281\ 7-36\ 476.282}{36\ 556.282-36\ 476.282}\times(-0.135\ 6-0)\\ &=\frac{39.999\ 7}{80}\times(-0.135\ 6)\\ &=-0.067\ 8\text{m}\end{aligned}$$

与图 6-40(b)的计算结果相同。

6.6　四川省成都地铁 1 号线三期南延段武汉路站至宁波路站右洞

成都地铁 1 号线武汉路站至宁波路站区间隧道使用盾构机掘进,虽然盾构法施工不需要超欠挖测量,但在盾构机进、出洞口位置,需要用混凝土预先砌筑洞门并安装洞门钢环,一般使用超欠挖测量精确方法安装进、出洞门钢环。

1. 设计数据

(1) 平竖曲线设计数据

如图 6-41 所示,Y 线共有 3 个交点,这 3 个交点均为基本型曲线,容易验算,3 个交点的第一、第二缓和曲线均为完整缓和曲线。竖曲线设计数据列于表 6-21，进、出洞门钢环的安装位置列于表 6-22。

四川省成都地铁1号线三期南延段
武汉路站至宁波路站区间隧道左洞直线、曲线及转角表(局部)
设计单位：中铁工程设计咨询集团有限公司
施工单位：中铁隧道集团北京五处有限公司

交点号	交点桩号及交点坐标		转角	曲线要素/m						
				半径	缓和曲线参数	缓和曲线长	切线长	曲线长	外距	切曲差(校正值)
QD	桩	YCK32+854.725								
	N	−5 188.859 7								
	E	19 966.372 9								
JD19	桩	YCK33+178.739	48°35′39.3″(Z)	450	177.482 4	70	238.353	451.658	44.231	25.048
	N	−5 512.746			177.482 4	70	238.353			
	E	19 975.481 8								
JD20	桩	YCK33+715.024	57°13′08.3″(Y)	450	177.482 4	70	280.685	519.397	63.101	41.973
	N	−5 872.021 8			177.482 4	70	280.685			
	E	20 406.777 2								
JD21	桩	YCK34+599.121	7°00′49.7″(Z)	1 500	212.132	30	106.927	213.621	2.839	0.233
	N	−6 791.161 6			212.132	30	106.927			
	E	20 293.696 2								
ZD	桩	YCK34+814.254								
	N	−7 006.528 3								
	E	20 293.696 2								

图 6-41 四川省成都地铁 1 号线三期南延段武汉路站至宁波路站右洞平曲线设计图纸(局部)

表 6-21 四川省成都地铁 1 号线三期南延段武汉路站至宁波路站右洞竖曲线及纵坡表

点名	设计桩号	高程 H/m	竖曲半径 R/m	纵坡 i/%	切线长 T/m	外距 E/m
SQD	YCK32+600	482.491		0.2		
SJD1	YCK32+975	483.241	3 000	−2.8	44.992	0.337
SJD2	YCK33+390	471.621	5 000	0.5	82.489	0.680
SJD3	YCK33+660	472.971	5 000	1.285	19.618	0.038
SJD4	YCK33+870	475.669	3 000	0.2	16.271	0.044
SJD5	YCK34+150	476.229	3 000	−2.06	36.104	0.217
SZD	YCK34+402	470.667				

表 6-22 四川省成都地铁 1 号线三期南延段武汉路站至宁波路站右洞洞身支护参数

行号	位置	设计桩号	二衬线号	初支线号	开挖线号	δ_1/m	δ_2/m	δ_3/m
1	进洞	YCK32+926.7	10	0	0	0.25	0	0
2	出洞	YCK33+912.6	10	0	0	0.25	0	0

(2) 洞门钢环轮廓线与洞身支护参数

如图 6-42 所示，洞门钢环为内缘线为半径 $R=3$ m 的圆，即 $n=1$，代入式(6-1)，得$n_R=n/2+1=1.5$，n_R 不等于整数，这说明，轮廓线主点数据法不能计算一个单圆轮廓线的超欠挖值。

如果沿单圆轮廓线的象限点位置水平切割，将其拆分为半径相同的上、下两个半圆线元，此时的轮廓线总线元数 $n=2$，右幅轮廓线线元数为 $n_R=n/2+1=2$，右幅轮廓线主点数据矩阵 Mat $\boldsymbol{Z}$ 为 2 行×5 列。

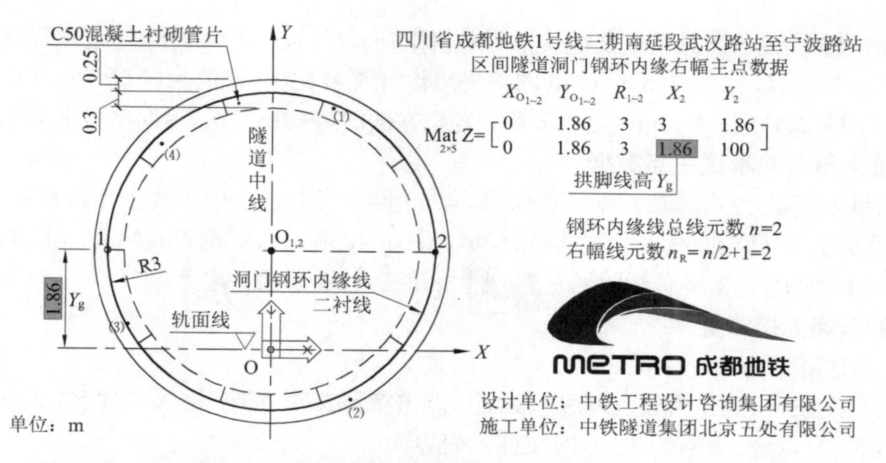

图 6-42 四川省成都地铁 1 号线武汉路站至宁波路站区间隧道洞门钢环(10 号轮廓线)

2. 输入平竖曲线设计数据

在 **Q2X8交点法** 文件列表界面，新建“武汉至宁波路站区间隧道 Y 线”文件并进入设计数据输入界面。输入图 6-41 所示 3 个交点的平曲线设计数据，结果如图 6-43(a)—(c)所示；切换到竖曲线界面，输入表 6-21 所列 5 个变坡点的竖曲线设计数据，结果如图 6-43(d)，(e)

图 6-43 输入四川省成都地铁 1 号线武汉路站至宁波路站区间隧道平竖曲线设计数据并计算主点数据

所示；点击**计算**按钮，计算平竖曲线主点数据[图 6-43(f)]，点击**保护**按钮进入设计数据保护模式[图 6-43(g)，(h)]。与图 6-41 的图纸终点设计桩号比较，差值为(YCK34+814.254 8)−(YCK34+814.254)=0.8 mm。点击屏幕标题栏左侧的<按钮三次，返回项目主菜单。

3. 输入隧道轮廓线主点数据

在项目主菜单，点击**隧道轮廓线**按钮，点击**编辑**按钮，进入轮廓线主点数据输入界面；点击**+**按钮新建 10 号轮廓线主点数据界面，输入图 6-42 所示右幅轮廓线的两行主点数据，结果如图 6-44(b)所示；点击屏幕标题栏左侧的<按钮三次，返回项目主菜单。

4. 隧道超欠挖测量

(1) 新建隧道超欠挖文件

在项目主菜单，点击**隧道超欠挖**按钮，点击**新建文件**按钮，输入文件名“武汉宁波路站区间隧道右洞”，点击**确定**按钮，返回文件列表界面。

(2) 输入洞身支护参数

点击最近新建的文件名，在弹出的快捷菜单点击“进入文件主菜单”命令，进入新建文件主菜单[图 6-44(c)]；点击**洞身支护参数**按钮，输入表 6-22 所列两行洞身支护参数，结果如图 6-44(d)所示。点击屏幕标题栏左侧的<按钮，返回文件主菜单。

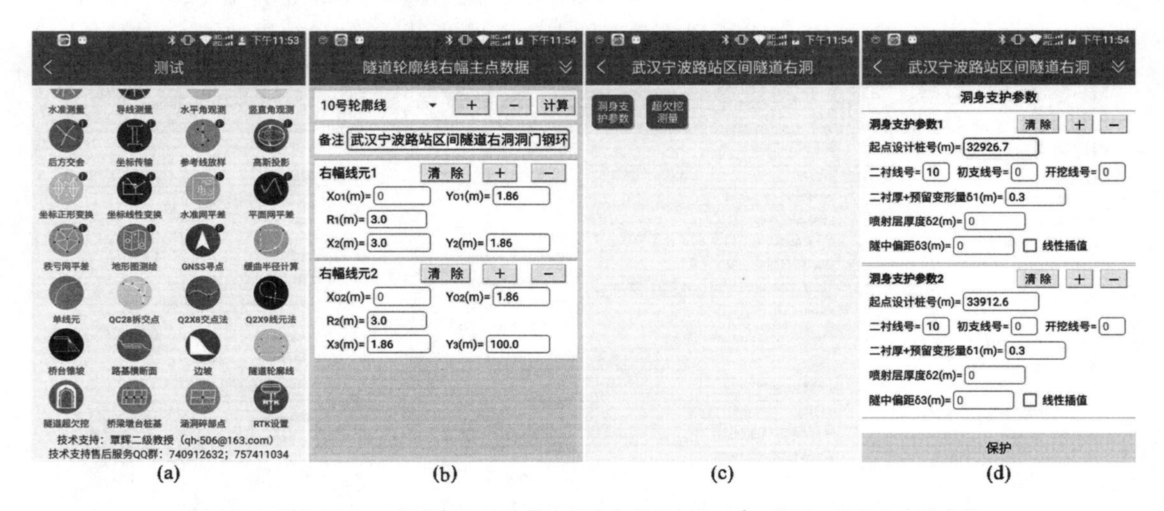

图 6-44 输入图 6-42 洞门钢环内缘线右幅主点数据与表 6-22 所列 2 行洞身支护参数

(3) 隧道超欠挖测量

如图 6-42 所示，在 AutoCAD 设置了(1)—(4)号模拟测点，将其转换为测量三维坐标，结果列于表 6-23。

表 6-23 成都地铁 1 号线三期南延段武汉路站至宁波路站右洞 4 个模拟测点超欠挖值计算结果

列号	1	2	3	4	5	6	7	8
点号	x/m	y/m	H/m	Z_p	δ_3/m	δ_r/m	δ_h/m	δ_v/m
(1)	−5 260.863	19 967.279	487.707	YCK32+926.725 3	0	−0.075 2	−0.183 9	−0.081 2
(2)	−5 260.872	19 966.933	482.216	YCK32+926.724 6	0	0.149 7	0.358 0	0.170 2
(3)	−5 260.758	19 971.017	483.618	YCK32+926.725 4	0	−0.034 9	−0.039 4	−0.073 1
(4)	−5 260.775	19 970.416	487.012	YCK32+926.725 5	0	−0.152 2	−0.209 5	−0.210 7

在文件主菜单界面，点击超欠挖测量按钮，设置施工线为“二衬线”，点击蓝牙读数按钮，完成手机与南方 NTS-362LNB 全站仪的蓝牙连接，使望远镜瞄准(1)号模拟测点，点击蓝牙读数按钮启动全站仪测距[图 6-45(a)]并读取测点的三维坐标[图 6-45(b)]，点击计 算按钮，结果如图 6-45(c)所示。

点击返回按钮，使望远镜瞄准(2)号模拟测点，点击蓝牙读数按钮启动全站仪测距[图 6-45(d)]并读取测点的三维坐标[图 6-45(e)]，点击计 算按钮，结果如图 6-45(f)所示。同理，测量并计算(3)号模拟测点的超欠挖结果如图 6-45(g)，(h)所示，(4)号模拟测点的超欠挖值请读者自行计算。全部 4 个模拟测点的超欠挖测量计算结果列于表 6-23。

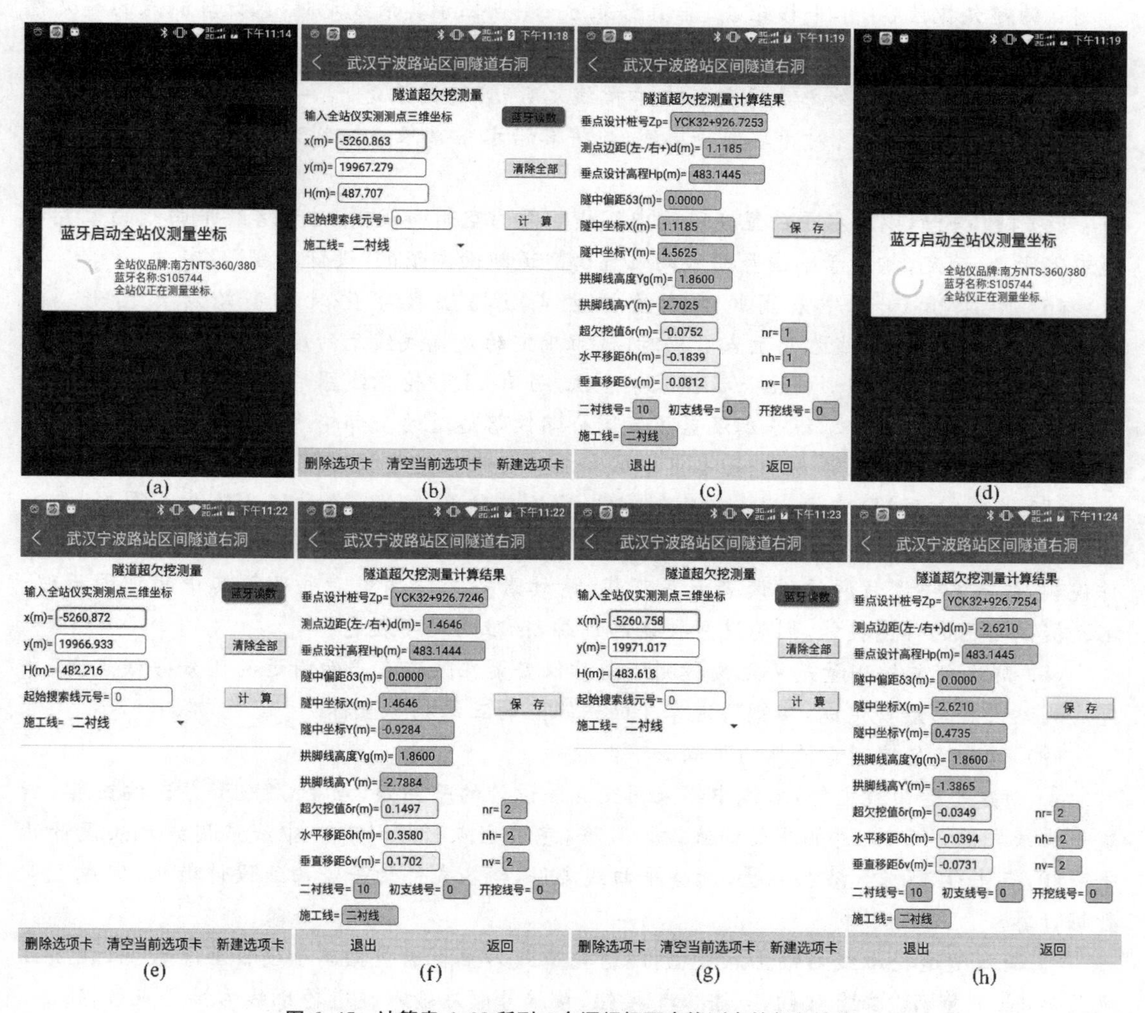

图 6-45　计算表 6-23 所列 4 个洞门钢环内缘测点的超欠挖值

本例轮廓线的 1，2 号线元是由一个单圆拆分为两个半圆而成，1 号线元为拱顶线元，2 号线元仰拱线元，所以，每个测点程序都能算出其水平移距 δ_h 和垂直移距 δ_v。洞门钢环是整体加工而成的构件，根据三个不在同一直线上的点决定一个平面的原理，安装时，只需要测量 3 个洞门钢环内缘线点的坐标，即可将其准确地安装到设计位置。

本章小结

(1) 隧道属于道路的重要构筑物之一，采用路线平曲线设置隧道的平面位置，竖曲线设置隧道的高程位置，隧道断面设计图的“设计高程”位置为竖曲线计算出的中线设计高程。

(2) 隧道每个断面有三种轮廓线：开挖线、初支线和二衬线，隧道施工时，应根据需要选择其中的一条轮廓线作为施工线，它是隧道超欠挖测量计算的基准线。

(3) 当隧道掌子面测点位于轮廓线的拱顶或仰拱线元时，隧道超欠挖测量程序能同时计算测点的超欠挖值δ_r、水平移距δ_h、垂直移距δ_v；测点位于其余线元时，只计算测点的超欠挖值δ_r和水平移距δ_h。

(4) 对称隧道轮廓线总线元数n与右幅线元数n_R的关系是$n_R=n/2+1$，轮廓线总线元数应满足$n\geqslant 2$的要求。对于单圆轮廓线，应将其沿水平象限点切割为上半圆与下半圆两个线元才能计算。

(5) 隧道轮廓线是水平放置在路线中线横断面的空间曲线，相对于路线平曲线的位置由隧中偏距δ_3确定，相对于路线竖曲线的位置由隧道断面图纸的“设计高程”确定。

(6) **隧道轮廓线**程序采用轮廓线右幅主点数据法数字化对称型轮廓线图形。在AutoCAD中采集轮廓线右幅主点数据时，最难确定的是直线线元的虚拟圆心，本书6.4节介绍了4种典型轮廓线图形的主点数据采集方法，另有11种轮廓线图形以PDF文件发布在本书课程网站，这15种轮廓线基本涵盖了我国公路铁路隧道的全部轮廓线。掌握了这15种轮廓线图形主点数据的采集方法，基本可以从容应对其他任意形状的隧道轮廓线图形。

(7) 在AutoCAD中按1：1的比例，以“m”为单位精确绘制各种隧道轮廓线图形，要求读者熟练掌握AutoCAD精确绘图的原理和方法，笔者为本章全部隧道轮廓线图形录制了操作视频，放入本书课程网站供读者免费下载，请读者务必仔细观看并理解其中的作图原理，不断提高自己的作图技能，因为这种技能的训练，很难用文字表达。

(8) 隧道超欠挖测量是将无棱镜测距全站仪安置在隧道掌子面附近的已知导线点上，并完成测站设置与后视定向，实测隧道掌子面边缘点的三维测量坐标。

(9) 隧道超欠挖测量计算的步骤如下：

① 新建平竖曲线文件：路线中线采用交点法设计的平曲线，点击**Q2X8交点法**按钮，新建平曲线文件，输入文件的平竖曲线设计数据，完成主点数据计算。中线采用线元法设计的平曲线，点击**Q2X9线元法**按钮，新建平曲线文件，输入文件的平竖曲线设计数据，完成主点数据计算。

② 输入隧道轮廓线右幅主点数据：隧道轮廓线右幅主点数据属于项目共享数据，在项目主菜单，点击**隧道轮廓线**按钮，点击 编辑 按钮，按编号顺序输入隧道轮廓线右幅主点数据。

③ 新建隧道超欠挖文件：在项目主菜单，点击**隧道超欠挖**按钮，新建隧道超欠挖文件，关联一个已完成主点数据计算的**Q2X8交点法**或**Q2X9线元法**平竖曲线文件，输入隧道洞身支护参数，点击屏幕标题栏左側的按钮返回隧道超欠挖文件主菜单。

④ 隧道超欠挖测量计算：在隧道超欠挖测量文件主菜单，点击 超欠挖测量 按钮，设置施工线，输入免棱镜全站仪实测的掌子面边缘点的三维测量坐标，点击 计 算 按钮计算测点至施工线的超欠挖值。也可以点击 蓝牙读数 按钮，启动全站仪测距，程序自动读取测点三维坐标。

练习题

[6-1] 按图 6-46 所注尺寸，在 AutoCAD 中精确绘制二衬线图形；采集二衬线右幅主点数据，结果填入表 6-24；计算表 6-25 所注 10 个模拟测点的超欠挖值，结果填入表 6-25。

表 6-24　　云桂铁路客运专线孟合山隧道二衬线右幅主点数据

序	$X_{O1\sim3}$/m	$Y_{O1\sim3}$/m	$R_{1\sim3}$/m	$X_{2\sim3}$/m	$Y_{2\sim3}$/m
1					
2					
3					

表 6-25　　云桂铁路客运专线孟合山隧道二衬线 10 个模拟测点超欠挖值计算结果

列号	1	2	3	4	5	6	7	8	9
点号	X/m	Y/m	Y'/m	δ_r/m	n_r	δ_h/m	n_h	δ_v/m	n_v
(1)	1.730 4	8.565 6							
(2)	6.015 8	3.954 6							
(3)	5.985 9	−0.281 3							
(4)	4.395 1	−1.055 9							
(5)	−0.479 2	−1.758 9							
点号	X/m	Y/m	Y'/m	δ_r/m	n_r	δ_h/m	n_h	δ_v/m	n_v
(6)	−4.359 6	−1.059 1							
(7)	−6.028 2	−0.257 2							
(8)	−6.040 1	0.773 4							
(9)	−5.381 7	6.021 6							
(10)	−2.419 7	8.043 3							

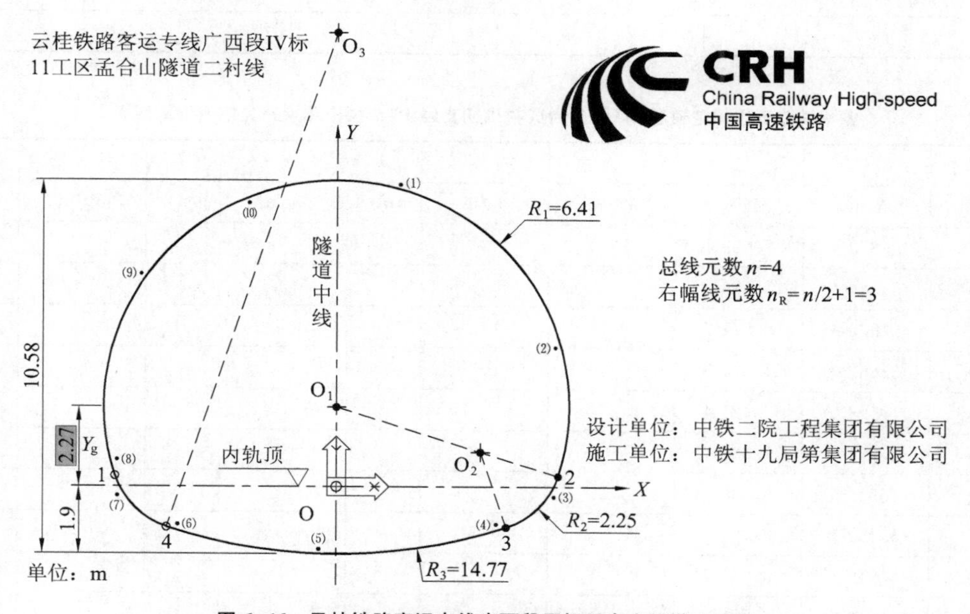

图 6-46　云桂铁路客运专线广西段Ⅳ标孟合山隧道二衬线

［6-2］ 按图 6-47 所注尺寸，在 AutoCAD 中精确绘制初支线图形；采集初支线右幅主点数据，结果填入表 6-26；计算表 6-27 所注 10 个模拟测点的超欠挖值，结果填入表 6-27。

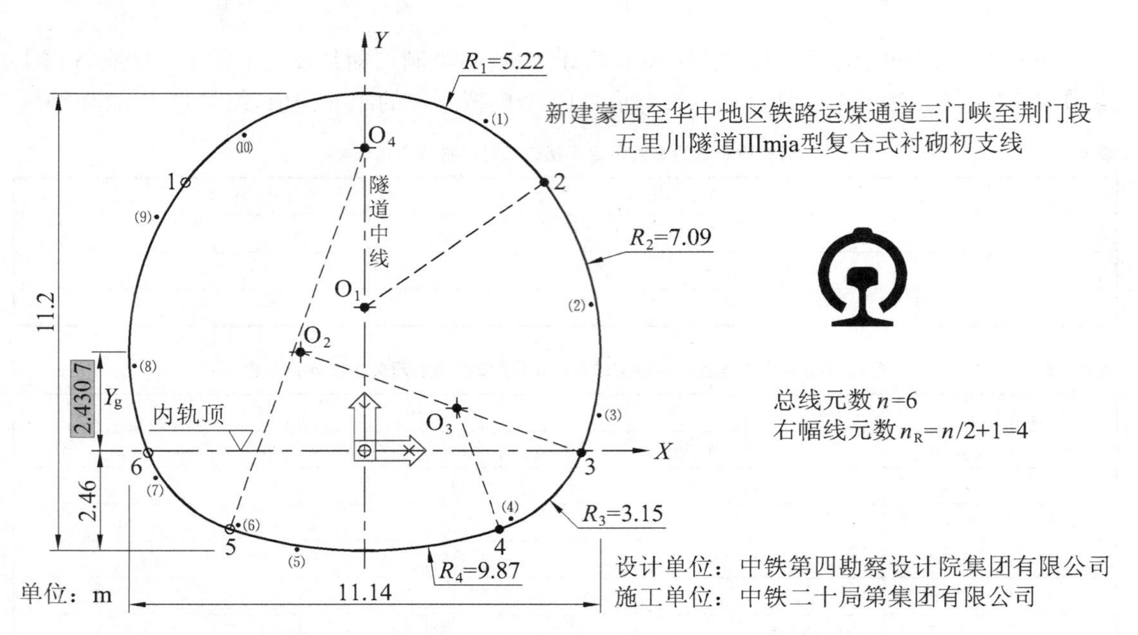

图 6-47 新建蒙西至华中地区铁路运煤通道三门峡至荆门段五里川隧道Ⅲmja 型衬砌初支线

表 6-26 蒙华铁路五里川隧道Ⅲmja 型复合式衬砌初支线右幅主点数据

序	$X_{O1\sim4}$/m	$Y_{O1\sim4}$/m	$R_{1\sim4}$/m	$X_{2\sim4}$/m	$Y_{2\sim4}$/m
1					
2					
3					
4					

表 6-27 蒙华铁路五里川隧道Ⅲmja 型复合式衬砌初支线 10 个模拟测点超欠挖值计算结果

列号	1	2	3	4	5	6	7	8	9
点号	X/m	Y/m	Y'/m	δ_r/m	n_r	δ_h/m	n_h	δ_v/m	n_v
(1)	2.853 6	8.063 1							
(2)	5.349 4	3.586 4							
(3)	5.535 4	0.871 7							
(4)	3.462 2	−1.671 9							
(5)	−1.598 0	−2.421 4							
(6)	−2.984 0	−1.828 1							
(7)	−4.941 9	−0.668 4							
(8)	−5.442 1	2.094 2							
(9)	−4.916 7	5.725 7							
(10)	−2.846 4	7.727 8							

[6-3] 按图 6-48 所注尺寸，在 AutoCAD 中精确绘制初支线图形；采集初支线右幅主点数据，结果填入表 6-28；计算表 6-29 所注 11 个模拟测点的超欠挖值，结果填入表 6-29。

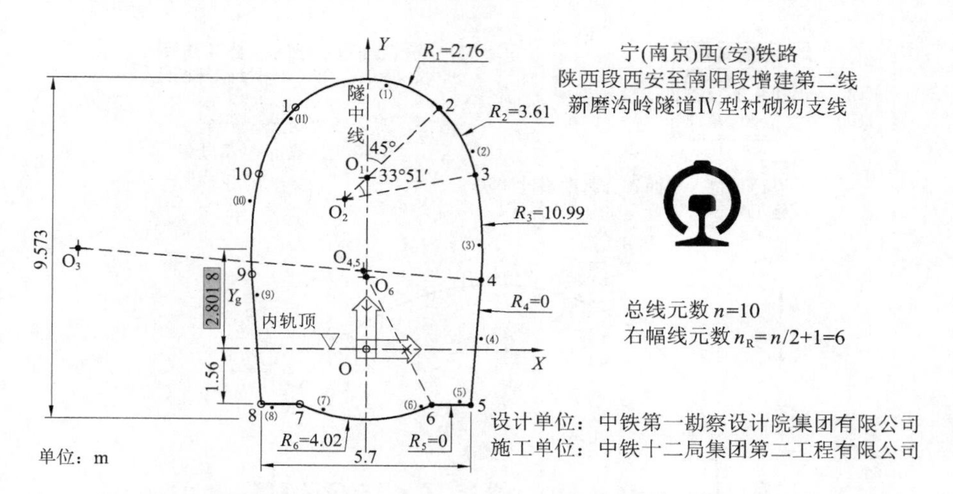

图 6-48 宁西铁路陕西段西安至南阳段增建第二线新磨沟岭隧道Ⅳ型衬砌初支线

表 6-28 宁西铁路新磨沟岭隧道Ⅳ型衬砌初支线右幅主点数据

序	$X_{O1\sim6}$/m	$Y_{O1\sim6}$/m	$R_{1\sim6}$/m	$X_{2\sim6}$/m	$Y_{2\sim6}$/m
1					
2					
3					
4					
5					
6					

表 6-29 宁西铁路新磨沟岭隧道Ⅳ型衬砌初支线 11 个模拟测点超欠挖值计算结果

列号	1	2	3	4	5	6	7	8	9
点号	X/m	Y/m	Y'/m	δ_r/m	n_r	δ_h/m	n_h	δ_v/m	n_v
(1)	0.501 8	7.406 9							
(2)	2.864 5	5.583 8							
(3)	3.053 6	2.955 6							
(4)	3.121 1	0.309 9							
(5)	2.548 6	−1.464							
(6)	1.505 7	−1.604 6							
(7)	−1.151 8	−1.705 7							
(8)	−2.551 0	−1.658 8							
(9)	−2.968 8	1.519 1							
(10)	−3.182 3	4.164 2							
(11)	−2.073 7	6.463 6							

［6-4］ 按图 6-49 所注尺寸，在 AutoCAD 中精确绘制开挖线图形；采集开挖线右幅主点数据，结果填入表 6-30；计算表 6-31 所注 10 个模拟测点的超欠挖值，结果填入表 6-31。

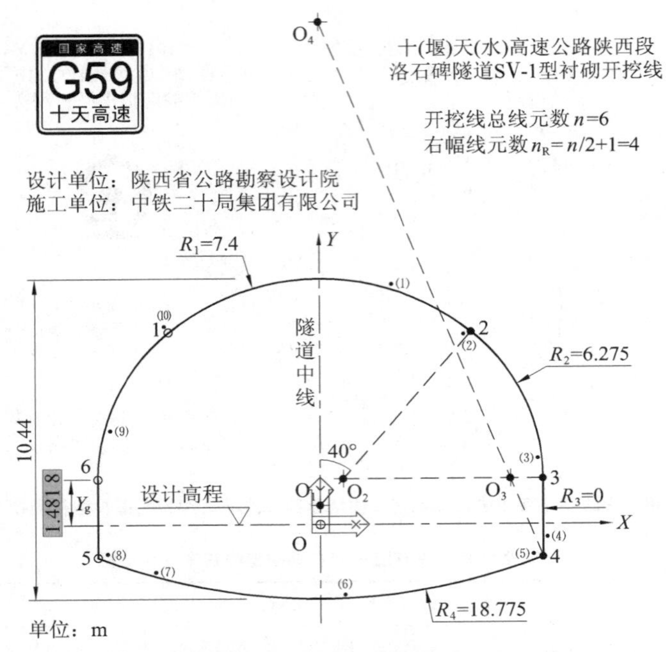

图 6-49 十天高速公路陕西段洛石碑隧道 SⅤ-1 型衬砌开挖线

表 6-30 十天高速陕西段洛石碑隧道 SⅤ-1 型衬砌开挖线右幅主点数据

序	$X_{O1\sim4}$/m	$Y_{O1\sim4}$/m	$R_{1\sim4}$/m	$X_{2\sim4}$/m	$Y_{2\sim4}$/m
1					
2					
3					
4					

表 6-31 十天高速陕西段洛石碑隧道 SⅤ-1 型衬砌开挖线 10 个模拟测点超欠挖值计算结果

列号	1	2	3	4	5	6	7	8	9
点号	X/m	Y/m	Y'/m	δ_r/m	n_r	δ_h/m	n_h	δ_v/m	n_v
(1)	2.262 9	7.835 9							
(2)	4.518 8	6.209 1							
(3)	6.835 4	2.145 4							
(4)	7.143 3	−0.416 2							
(5)	6.699 2	−0.977							
(6)	0.782 0	−2.281 1							
(7)	−5.160 8	−1.546 6							
(8)	−6.687 8	−0.949 7							
(9)	−6.598 1	3.088 5							
(10)	−4.889 7	6.482 8							

［6-5］ 按图 6-50 所注尺寸，在 AutoCAD 中精确绘制初支线图形；采集初支线右幅主点数据，结果填入表 6-32；计算表 6-33 所注 9 个模拟测点的超欠挖值，结果填入表 6-33。

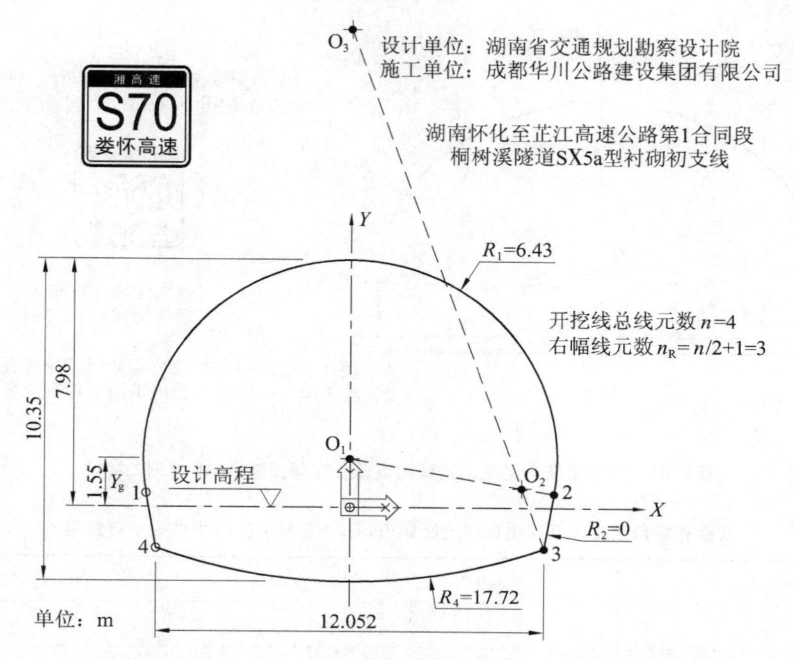

图 6-50 湖南省怀化至芷江高速公路桐树溪隧道 SX5a 型衬砌初支线

表 6-32 湖南省怀芷高速公路桐树溪隧道 SX5a 型衬砌初支线右幅主点数据

序	$X_{O1\sim3}$/m	$Y_{O1\sim3}$/m	$R_{1\sim3}$/m	$X_{2\sim3}$/m	$Y_{2\sim3}$/m
1					
2					
3					

表 6-33 湖南省怀芷高速公路桐树溪隧道 SX5a 型衬砌初支线 9 个模拟测点超欠挖值计算结果

列号	1	2	3	4	5	6	7	8	9
点号	X/m	Y/m	Y′/m	δ_r/m	n_r	δ_h/m	n_h	δ_v/m	n_v
(1)	1.602 7	7.643 8							
(2)	6.277 0	0.857 4							
(3)	6.317 9	−0.416 5							
(4)	5.727 0	−1.206 8							
(5)	1.125 6	−2.450 3							
(6)	−5.769 3	−1.235 4							
(7)	−6.096 7	−0.215 0							
(8)	−6.410 9	2.843 3							
(9)	−3.325 8	7.274 8							

[6-6] 按图 6-51 所注尺寸，在 AutoCAD 中精确绘制二衬线图形；采集二衬线右幅主点数据，结果填入表 6-34；计算表 6-35 所注 8 个模拟测点的超欠挖值，结果填入表 6-35。

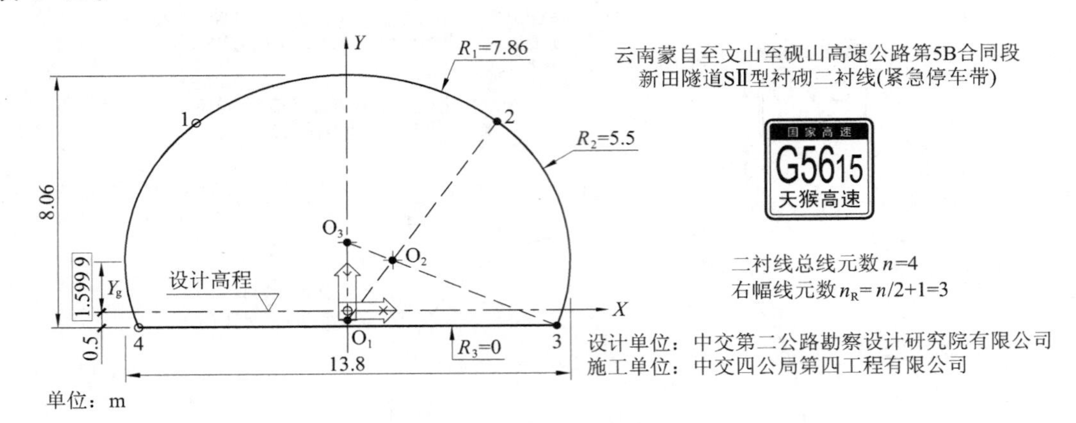

图 6-51　云南省蒙自至文山至砚山高速公路新田隧道 SⅡ 衬砌二衬线

表 6-34　　云南省蒙自至文山至砚山高速公路新田隧道 SⅡ 衬砌二衬线右幅主点数据

序	$X_{O1\sim3}$/m	$Y_{O1\sim3}$/m	$R_{1\sim3}$/m	$X_{2\sim3}$/m	$Y_{2\sim3}$/m
1					
2					
3					

表 6-35　　云南省蒙自至文山至砚山高速公路新田隧道 SⅡ 衬砌二衬线 9 个模拟测点超欠挖值计算结果

列号	1	2	3	4	5	6	7	8	9
点号	X/m	Y/m	Y'/m	δ_r/m	n_r	δ_h/m	n_h	δ_v/m	n_v
(1)	1.345 2	7.305 1							
(2)	4.419 2	5.939 0							
(3)	6.592 0	3.005 3							
(4)	5.993 1	−0.390 4							
(5)	−1.437 8	−0.642 2							
(6)	−6.185 4	−0.371 7							
(7)	−6.785 9	1.407 6							
(8)	−4.000 7	6.619 7							

[6-7] 京新高速公路巴里坤至木垒段大石头隧道右洞平曲线设计图纸如图 6-52 所示，竖曲线设计数据列于表 6-36，左洞平曲线设计图纸如图 6-53 所示，竖曲线设计数据列于表 6-37，左、右洞联络通道设计有 1# 和 2# 两个人行横道，两个人行横道的起点位于 Z 线，终点位于 K 线，起讫点的设计桩号列于表 6-38，两个人行横道的平曲线均为直线线元，竖曲线均为单直线坡道。试完成下列计算：

京新高速巴里坤至木垒公路建设项目K线直线、曲线及转角表(局部)
设计单位：苏交科集团股份有限公司
施工单位：中铁十一局集团有限公司

交点号	交点桩号及交点坐标		转角	曲线要素/m						
				半径	缓和曲线参数	缓和曲线长	切线长	曲线长	外距	切曲差(校正值)
QD	桩	K231+818.857								
	N	4 845 687.794 7								
	E	505 254.854 1								
JD27	桩	K232+296.651	22°10′38″(Y)	1 850	652.303 6	230	477.794	946.074	36.409	9.514
	N	4 845 831.171			652.303 6	230	477.794			
	E	504 799.080								
JD28	桩	K234+231.579	55°48′54″(Z)	1 850	652.303 6	230	1 095.453	2 032.191	244.809	158.715
	N	4 847 071.644			652.303 6	230	1 095.453			
	E	503 301.720								
ZD	桩	K235+168.319								
	N	4 846 766.474 6								
	E	502 249.632 6								

1980西安坐标系，中央子午线经度为E91°10′，抵偿投影面高程为1 500 m，1985国家高程基准。

图 6-52　京新高速巴里坤至木垒公路建设项目 K 线直线、曲线及转角表(局部)

表 6-36　京新高速巴里坤至木垒公路建设项目 K 线竖曲线及纵坡设计数据

点名	桩号	高程 H/m	纵坡 i/%	半径 R/m	切线长 T/m	外距 E/m
SJD45	K231＋580	1 503.655	−2.78			
SJD46	K232＋600	1 475.299	−0.5	20 000	227.939	1.299
SJD47	K233＋880	1 468.899	−2.96	20 000	245.926	1.512
SJD48	K234＋660	1 445.811	−0.5	14 000	172.148	1.058
SJD49	K235＋400	1 442.111				

京新高速巴里坤至木垒公路建设项目Z线直线、曲线及转角表(局部)
设计单位：苏交科集团股份有限公司
施工单位：中铁十一局集团有限公司

交点号	交点桩号及交点坐标		转角	曲线要素/m						
				半径	缓和曲线参数	缓和曲线长	切线长	曲线长	外距	切曲差(校正值)
QD	桩	ZK231+818.855								
	N	4 845 687.795								
	E	505 254.854								
JD1	桩	ZK232+321.125	21°04′34″(Y)	1 850	652.303 6	230	459.358	910.523	32.95	8.193
	N	4 845 839.116			652.303 6	230	459.358			
	E	504 773.824								
JD2	桩	ZK234+244.986	53°49′21″(Z)	1 900	661.059 8	230	1 079.966	2 014.817	232.04	145.115
	N	4 847 041.621			661.059 8	230	1 079.966			
	E	503 264.159								
ZD	桩	ZK235+179.837								
	N	4 846 756.943								
	E	502 222.389								

1980西安坐标系，中央子午线经度为E91°10′，抵偿投影面高程为1 500 m，1985国家高程基准。

图 6-53　京新高速巴里坤至木垒公路建设项目 Z 线直线、曲线及转角表(局部)

表 6-37　　京新高速巴里坤至木垒公路建设项目 Z 线竖曲线及纵坡设计数据

点名	桩号	高程 H/m	纵坡 i/%	半径 R/m	切线长 T/m	外距 E/m
SQD	ZK231+580	1 503.655	−2.78			
SJD1	ZK232+580	1 475.855	−0.45	14 000	163.058	0.950
SJD2	ZK233+880	1 470.005	−2.96	20 000	250.931	1.574
SJD3	ZK234+708.47	1 445.482	−0.5	14 000	172.154	1.058
SJD4	ZK235+382.731	1 442.111	−1.5	30 000	149.991	0.375
SZD	ZK235+920	1 434.052				

表 6-38　　京新高速大石头隧道 1＃和 2＃人行横道起讫点设计桩号

横道名		1＃人行横道		2＃人行横道	
设计桩号		ZK233+283	K233+275	ZK233+530	K233+530
中桩坐标	x/m				
	y/m				
	H/m				

① 新建 Q2X8 交点法文件“京新高速巴里坤至木垒 K 线”，输入图 6-52 与表 6-36 所示的 K 线平竖曲线设计数据并计算平竖曲线主点数据，计算 1＃和 2＃人行横道终点中桩三维坐标，结果填入表 6-38。

② 新建 Q2X8 交点法文件“京新高速巴里坤至木垒 Z 线”，输入图 6-53 与表 6-37 所示的 Z 线平竖曲线设计数据并计算平竖曲线主点数据，计算 1＃和 2＃人行横道起点中桩三维坐标，结果填入表 6-38。

③ 编写 1＃和 2＃人行横道 Q2X9 线元法设计数据，结果填入表 6-39。

④ 新建 Q2X9 线元法文件“京新高速大石头隧道 1＃人行横道”，输入表 6-39 所列 1＃人行横道平竖曲线设计数据并计算主点数据。

⑤ 新建 Q2X9 线元法文件“京新高速大石头隧道 2＃人行横道”，输入表 6-39 所列 2＃人行横道平竖曲线设计数据并计算主点数据。

表 6-39　　京新高速大石头隧道 1＃和 2＃人行横道线元法平竖曲线设计数据

点名	桩号	x/m	y/m	走向方位角 α	H/m	线长/m	纵坡 i/%
1＃QD	1＃K0+000						
1＃ZD	1＃K0+28.536 5						
2＃QD	2＃K0+000						
2＃ZD	2＃K0+28.949 2						

⑥ 输入图 6-54 所示 1～4 号轮廓线右幅主点数据(项目共享数据)。

⑦ 新建隧道超欠挖文件“大石头隧道 1＃人行横道”，关联“京新高速大石头隧道 1＃人行横道”Q2X9 线元法平竖曲线文件，输入表 6-40 所列洞身支护参数。

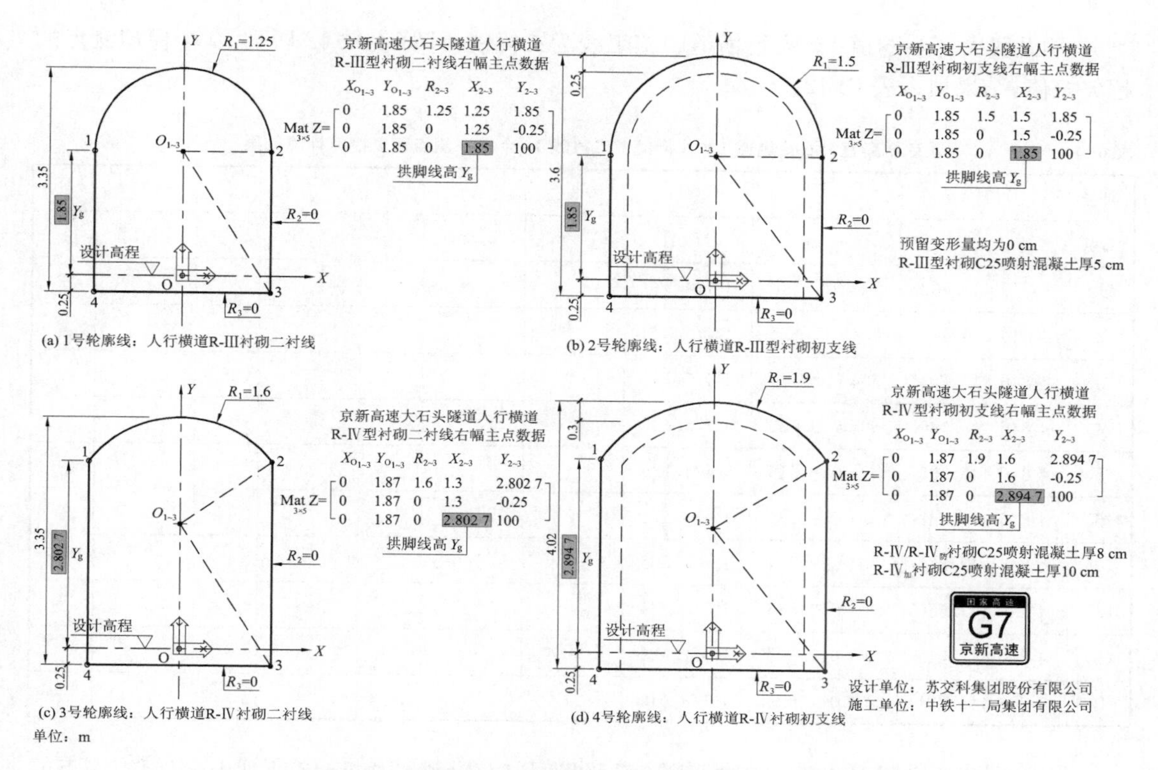

图 6-54　京新高速大石头隧道人行横道二衬线和初支线设计图纸及右幅主点数据

表 6-40　　大石头隧道 1＃人行横道围岩洞身支护参数(洞长 28.536 5 m)

行号	设计桩号	衬砌类型	二衬线号	初支线号	开挖线号	二衬＋预留变形 δ_1/m	喷射混凝土厚 δ_2/m	隧中偏距 δ_3/m
1	1＃K0＋000	R-Ⅲ	1	2	0	0	0.05	0
2	1＃K0＋003.899 2	R-Ⅳ	3	4	0	0	0.08	0
3	1＃K0＋005.899 2	R-Ⅲ	1	2	0	0	0.05	0
4	1＃K0＋022.637 3	R-Ⅳ	3	4	0	0	0.08	0
5	1＃K0＋024.637 3	R-Ⅲ	1	2	0	0	0.05	0

⑧ 新建隧道超欠挖文件“大石头隧道 2＃人行横道”，关联“京新高速大石头隧道 2＃人行横道”Q2X9 线元法平竖曲线文件，输入表 6-41 所列洞身支护参数。

表 6-41　　大石头隧道 2＃人行横道围岩洞身支护参数(洞长 28.949 2 m)

行号	设计桩号	衬砌类型	二衬线号	初支线号	开挖线号	二衬＋预留变形 δ_1/m	喷射混凝土厚 δ_2/m	隧中偏距 δ_3/m
1	2＃K0＋000	R-Ⅲ	1	2	0	0	0.05	0
2	2＃K0＋003.899 2	R-Ⅳ	3	4	0	0	0.08	0
3	2＃K0＋005.899 2	R-Ⅲ	1	2	0	0	0.05	0
4	2＃K0＋022.637 3	R-Ⅳ	3	4	0	0	0.08	0
5	2＃K0＋024.637 3	R-Ⅲ	1	2	0	0	0.05	0

⑨ 设置大石头隧道 1＃人行横道的施工线为二衬线，计算表 6-42 所列 10 个模拟测点的超欠挖值，结果填入表 6-42。

表 6-42　京新高速大石头隧道 1＃人行横道二衬线 10 个模拟测点超欠挖值计算结果

列号	1	2	3	4	5	6	7	8	9	10
测点	x/m	y/m	H/m	Y'/m	δ_r/m	n_r	δ_h/m	n_h	δ_v/m	n_v
(1)	4 846 444.702	504 017.646	1 474.533							
(2)	4 846 444.417	504 017.895	1 475.288							
(3)	4 846 443.794	504 018.441	1 475.736							
(4)	4 846 443.130	504 019.023	1 475.425							
(5)	4 846 442.795	504 019.316	1 474.525							
(6)	4 846 442.832	504 019.284	1 473.475							
(7)	4 846 442.870	504 019.251	1 472.383							
(8)	4 846 443.666	504 018.553	1 472.324							
(9)	4 846 444.643	504 017.698	1 472.429							
(10)	4 846 444.721	504 017.629	1 473.440							

⑩ 设置大石头隧道 2＃人行横道的施工线为开挖线，计算表 6-43 所列 10 个模拟测点的超欠挖值，结果填入表 6-43。

表 6-43　京新高速大石头隧道 2＃人行横道开挖轮廓线 10 个模拟测点超欠挖值计算结果

列号	1	2	3	4	5	6	7	8	9	10
测点	x/m	y/m	H/m	Y'/m	δ_r/m	n_r	δ_h/m	n_h	δ_v/m	n_v
(1)	4 846 587.045	503 814.344	1 474.330							
(2)	4 846 586.652	503 814.956	1 475.061							
(3)	4 846 586.052	503 815.891	1 475.239							
(4)	4 846 585.500	503 816.751	1 474.876							
(5)	4 846 585.289	503 817.080	1 474.326							
(6)	4 846 585.257	503 817.130	1 472.721							
(7)	4 846 585.281	503 817.093	1 471.124							
(8)	4 846 586.212	503 815.641	1 471.055							
(9)	4 846 587.028	503 814.371	1 471.118							
(10)	4 846 587.038	503 814.355	1 472.575							

参考文献

[1] 中华人民共和国国家质量监督检验检疫总局，中国国家标准化管理委员会. 国家一、二等水准测量规范：GB/T 12897—2006[S].北京：中国标准出版社，2006.

[2] 中华人民共和国国家质量监督检验检疫总局，中国国家标准化管理委员会. 国家三、四等水准测量规范：GB/T 12898—2009[S].北京：中国标准出版社，2009.

[3] 中华人民共和国住房和城乡建设部.城市测量规范：CJJ/T 8—2011[S].北京：中国建筑工业出版社，2012.

[4] 中华人民共和国交通部.公路勘测规范：JTJ C10—2007[S].北京：人民交通出版社，2007.

[5] 覃辉，段长虹，魏加训.CASIO fx-FD10Pro 中文图形机道路桥梁隧道测量程序与案例[M].广州：华南理工大学出版社，2014.

[6] 国家技术监督局.国家基本比例尺地形图分幅和编号：GB/T 13989—92[S].北京：中国标准出版社，1993.

[7] 中华人民共和国国家质量监督检验检疫总局，中国国家标准化管理委员会.国家基本比例尺地形图分幅和编号：GB/T 13989—2012[S].北京：中国标准出版社，2012.

[8] 覃辉，段长虹.CASIO fx-9750GⅡ图形机编程原理与路线施工测量程序[M].郑州：黄河水利出版社，2012.

[9] 覃辉.CASIO fx-5800P 编程计算器公路与铁路施工测量程序[M].上海：同济大学出版社，2009.

[10] 吴俊昶，等.PC-1500 机 BASIC 程序设计与测量计算程序[M].北京：测绘出版社，1986.

[11] 武汉大学测绘学院测量平差学科组.误差理论与测量平差基础[M].3 版.武汉：武汉大学出版社，2014.

[12] 中华人民共和国国家质量监督检验检疫总局.国家三角测量规范：GB/T 17942—2000[S].北京：中国标准出版社，2000.

[13] 西安交通大学高等数学教研室编.复变函数[M].北京：人民教育出版社，1979.

[14] 中华人民共和国交通运输部.公路路线设计规范：JTG D20—2017[S].北京：人民交通出版社，2017.

[15] 覃辉，段长虹，覃楠.CASIO fx-CG20 中文图形编程计算器电子手簿与隧道超欠挖程序[M].上海：同济大学出版社，2011.

[16] 覃辉，段长虹，覃楠.CASIO fx-9860GⅡ图形机原理与道路桥梁隧道测量工程案例[M].广州：华南理工大学出版社，2013.

[17] 覃辉. CASIO fx-9750GⅡ图形编程计算器公路与铁路测量程序[M].北京：人民交通出版社，2009.

[18] 中华人民共和国交通运输部.公路工程技术标准：JTG B01—2014[S].北京：人民交通出版社，2014.

[19] 林新红.桥台锥坡基础曲线方程的推导及应用[J].建筑科技情报，2004(2)：70-71.

[20] 中华人民共和国交通运输部.公路隧道施工技术规范：JTG F60—2009[S].北京：人民交通出版社，2009.

[21] 中华人民共和国交通运输部.公路隧道施工技术细则：JTG/T F60—2009[S].北京：人民交通出版社，2009.

[22] 国家铁路局.铁路隧道设计规范：TB 10003—2016/J449—2016[S].北京：人民交通出版社，2009.

[23] 覃辉.CASIO fx-5800P 编程计算器公路与铁路施工测量程序[M].2 版.上海：同济大学出版社，2011.

[24] 覃辉.CASIO fx-5800P 工程编程机道路桥梁隧道测量程序与案例[M].上海：同济大学出版社，2015.

[25] 武汉测绘学院，同济大学.控制测量学(下册)[M].北京：测绘出版社，1988.

[26] 中华人民共和国国家质量监督检验检疫总局，中国国家标准化管理委员会.国家基本比例尺地形图图式 第 1 部分：1∶500 1∶1 000 1∶2 000 地形图图式：GB/T 20257.1—2017[S].北京：中国标准出版社，2017.

致读者：

第1章的“1.14 单一导线测量及近似平差”已升级为三维导线测量案例。

1.14 单一导线测量及近似平差

南方MSMT **导线测量** 程序能对图2-13所示的五种类型单一导线，用测回法观测水平角、中丝法观测竖直角、平距，自动从测量文件中提取观测数据进行近似平差计算。本节以图2-27所示含4个未知点的单一闭合导线为例，介绍 **导线测量** 程序的使用方法。

(1) 新建导线测量文件

在项目主菜单[图1-102(a)]，点击 **导线测量** 按钮；进入导线测量文件列表界面；点击 **新建文件** 按钮，用户可以选择的单一导线类型有五种：闭合导线、附合导线、单边无定向导线、双边无定向导线及支导线[图1-102(b)]，缺省设置的导线类型为“闭合导线”；缺省设置的未知点数为1，点击 + 按钮3次，设置未知点数为“4”，输入其余观测信息，点击 **确定** 按钮，使用缺省文件名新建一个导线测量文件，返回导线测量文件列表界面[图1-102(c)]。

(2) 输入已知点名及其坐标

点击最近新建的文件名，在弹出的快捷菜单点击“测量”命令[图1-102(d)]，进入文件测量界面，缺省设置为 **已知点** 选项卡。输入图2-27所注A,B点的已知点名及其三维坐标，结果如图1-102(e)所示。如图2-13(a)所示，单一闭合导线已知点名的缺省值为A,B,用户必须输入已知点坐标，当不输入已知点名时，程序自动使用缺省设置的A,B作为已知点名。

(3) 输入未知点名

点击 **未知点** 选项卡，输入4个未知点名，结果如图1-102(f)所示。如图2-13(a)所示，单一闭合导线未知点名的缺省值为1,2,…,用户不输入未知点名时，程序自动使用缺省设置的未知点名。本例是含4个未知点的单一闭合导线，程序自动定义的坐标推算路线为：A→B→1→2→3→4→B→A，并自动创建B,1,2,3,4五个测站的水平角与平距观测手簿。

(4) 测回法观测各站点的水平角与平距

点击 **观测数据** 选项卡，进入测站点观测界面[图1-102(g)]，程序按坐标推算路线自动创建了IVG57,F4,Q79,Q80,A7五个测站，只有1号测站有3个观测方向，其余4个测站只有2个观测方向，每个测站的零方向均固定为本站坐标推算路线的后视点方向，用户不能更改。

在1号测站IVG57安置全站仪，使全站仪望远镜盘左瞄准后视点IVG56的照准标志，设置其水平度盘读数为0°00′20″。

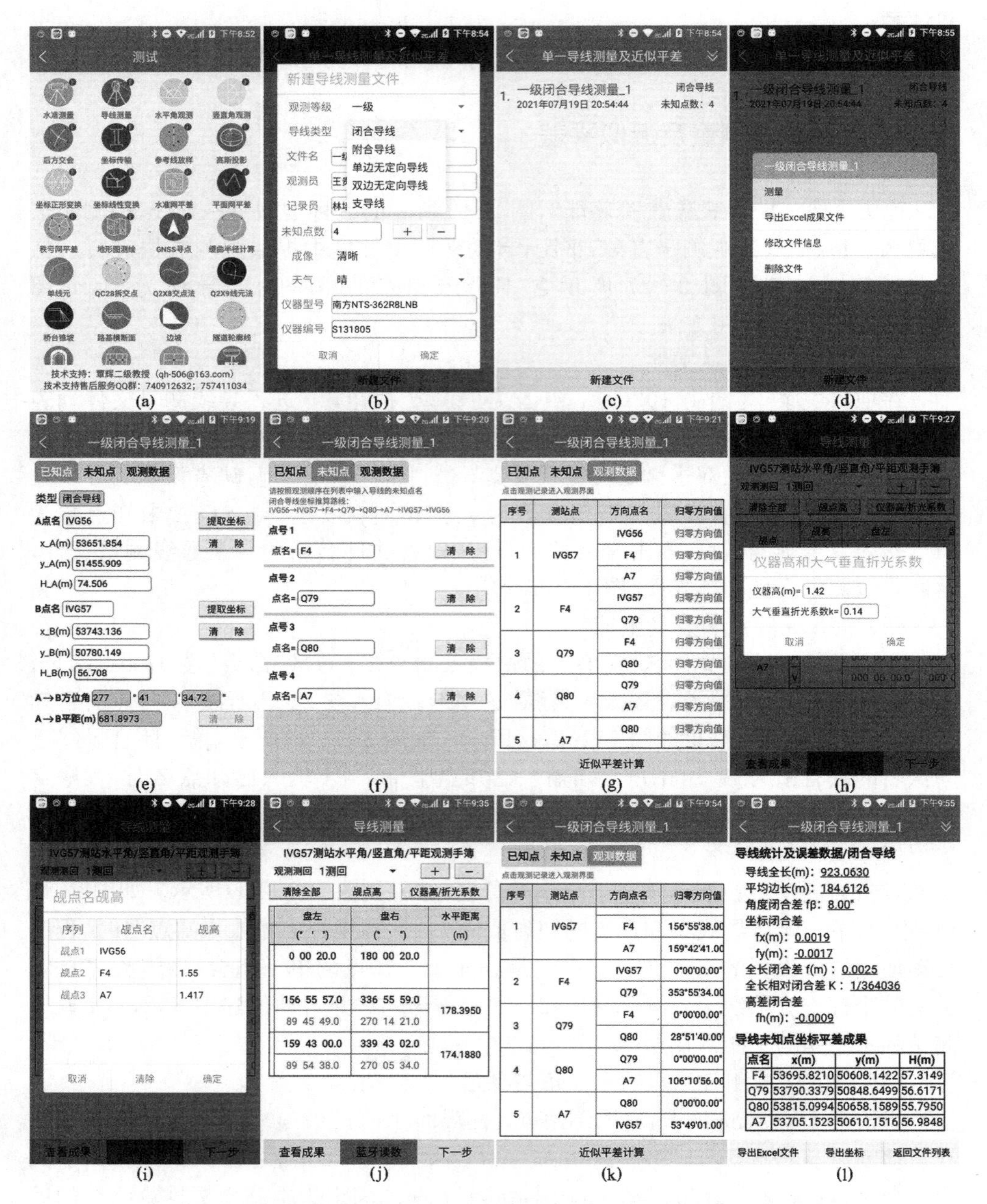

图 1-102　使用南方 NTS-362R8LNB 全站仪测量含 4 个未知点的单一闭合导线

在手机点击测站点 IVG57，进入“IVG57 测站水平角/竖直角/平距观测手簿”界面，点击 仪器高/折光系数 按钮，输入量取的仪器高[图 1-102(h)]，点击确定按钮；点击 觇点高 按钮，依次输入量取的 F4 点和 A7 点的棱镜高[图 1-102(i)]，点击**确定**按钮。IVG56 为已知点，不需要观测该方向的竖直角，可以不输入该点的觇标高。

IVG57 站盘左顺时针旋转照准部观测觇点的顺序为 IVG56→F4→A7，盘左每个觇点分别需要观测水平盘读数、竖盘读数和平距值，需要点击**蓝牙读数**按钮三次分别读取读数。这样设计程序的原因是：导线测量时，如果觇点使用棱镜对中杆作为照准标志，水平角观测时，为避免棱镜对中杆不竖直对水平角测量误差的影响，应尽量瞄准对中杆底部尖头处，测量竖直角时，才抬起望远镜瞄准棱镜中心。

IVG57 站不需要观测 IVG56 点的竖盘读数与平距值，完成该点水平盘观测后，点击**下一步**按钮，光标下移至竖盘读数栏，点击**下一步**按钮两次，跳过 IVG56 点的竖盘观测及读数，光标右移至平距栏，再点击**下一步**按钮两次，跳过 IVG56 点的平距观测，光标下移至 F4 点水平读数栏。

IVG57 站盘右逆时针旋转照准部观测觇点的顺序为 A7→F4→IVG56。完成 IVG57 站一测回观测后的结果如图 1-102(j)所示，点击**查看成果**按钮可查看该站的观测成果，点击标题栏左側的<按钮，返回观测数据界面。继续完成 F4，Q79，Q80，A7 四站观测后的观测数据界面如图 1-102(k)所示。

每站观测手簿仪器高的缺省值为 0，用户未输入仪器高，完成本站观测后，程序不计算本站至各方向的高差值。只要有一站的仪器高为 0，程序就不对该导线进行三角高程近似平差计算。

(5) 近似平差

点击**近似平差计算**按钮，分别进行平面坐标和三角高程近似平差，结果如图 1-102(l)所示，其中，平面坐标近似平差成果与使用**平面网平差**程序计算的结果相同[图 2-28(d)]。点击**导出Excel文件**按钮，系统在手机内置 SD 卡工作文件夹创建"一级闭合导线测量_1.xls"文件，图 1-103(a)为该文件"平面坐标"选项卡内容，图 1-103(b)为该文件"三角高程"选项卡内容，图 1-103(c)为该文件"成果表"选项卡内容。

由于程序每站固定设置后视点为零方向，所以，本例前 5 个水平角均位于坐标推算路线的左侧，为左角，程序自动填入正数角度值，如图 1-103 的 B6～B10 单元所示；最后一个水平角固定为右角，程序自动填入负数角度值，如图 1-103 的 B11 单元所示。

图 1-104 为该文件 5 个测站点选项卡水平角、竖直角与平距观测手簿内容，其中，灰底色单元为原始观测数据，其余单元为计算结果。

一级闭合导线平面坐标近似平差计算成果													
测量员：王贵满 记录员：林培效 成像：清晰 天气：晴 仪器型号：南方NTS-362R8LNB 仪器编号：S131805 日期：2021-07-19 起始时间：20:54:44 结束时间：22:24:52													
点名	水平角β	水平角β	水平角β	导线边方位角	平距D(m)	坐标增量		坐标增量改正数		改正后坐标增量		坐标平差值	
	+左角/-右角	改正数vβ	平差值			Δx(m)	Δy(m)	δΔx(m)	δΔy(m)	Δx(m)	Δy(m)	x(m)	y(m)
IVG56				277°41'34.72"								53651.8540	51455.9090
IVG57	156°55'38.00"	-1.33"	156°55'36.67"	254°37'11.39"	178.3960	-47.3146	-172.0071	-0.0004	0.0003	-47.315	-172.0068	53743.1360	50780.1490
F4	353°55'34.00"	-1.33"	353°55'32.67"	68°32'44.05"	258.4130	94.5174	240.5072	-0.0005	0.0005	94.5169	240.5077	53695.8210	50608.1422
Q79	28°51'40.00"	-1.33"	28°51'38.67"	277°24'22.72"	192.0940	24.7618	-190.4914	-0.0003	0.0004	24.7615	-190.491	53790.3379	50848.6499
Q80	106°10'56.00"	-1.33"	106°10'54.67"	203°35'17.39"	119.9710	-109.9469	-48.0076	-0.0002	0.0003	-109.9471	-48.0073	53815.0994	50658.1589
A7	53°49'1.00"	-1.33"	53°48'59.67"	77°24'17.05"	174.1890	37.9841	169.9971	-0.0004	0.0003	37.9837	169.9974	53705.1523	50610.1516
IVG57	159°42'41.00"	-1.33"	-159°42'42.33"	97°41'34.72"	ΣD(m)	ΣΔx(m)	ΣΔy(m)	ΣδΔx(m)	ΣδΔy(m)	ΣΔx(m)	ΣΔy(m)	53743.1360	50780.1490
IVG56	Σvβ	-8.00"			923.0630	0.0018	-0.0018	-0.0018	0.0018	0	-2.84E-14	53651.8540	51455.9090
	角度闭合差fβ		全长闭合差f(m)	全长相对闭合差	平均边长(m)	fx(m)	fy(m)						
	8.00"		0.0025	1/364036	184.6126	0.0019	-0.0017						

(a)"平面坐标"选项卡内容

一级闭合导线高程近似平差计算成果								
点名	平距(m)	往测h(m)	返测h(m)	较差(m)	往均值h(m)	改正数V(mm)	h+V(m)	高程H(m)
IVG57	178.3960	0.6125	-0.6010	0.0115	0.6067	0.1798	0.6069	56.7080
F4	258.4130	-0.6905	0.7056	0.0151	-0.6981	0.2604	-0.6978	57.3149
Q79	192.0940	-0.8189	0.8258	0.0069	-0.8223	0.1936	-0.8221	56.6171
Q80	119.9710	1.1906	-1.1888	0.0018	1.1897	0.1209	1.1898	55.7950
A7	174.1890	-0.2720	0.2820	0.0101	-0.2770	0.1756	-0.2768	56.9848
IVG57								56.7080
∑D(m)	923.0630			∑h(m)	-0.0009	0.9303		56.7080
			高差闭合差fh(mm)		-0.9303			

(b)"三角高程"选项卡内容

x(m)	y(m)	H(m)
53651.8540	51455.9090	74.5060
53743.1360	50780.1490	56.7080
53695.8210	50608.1422	57.3149
53790.3379	50848.6499	56.6171
53815.0994	50658.1589	55.7950
53705.1523	50610.1516	56.9848

(c)"成果表"选项卡内容

图 1-103 成果文件"一级闭合导线_1.xls"平面坐标、三角高程、成果表选项卡内容

IVG57站水平角、竖直角与平距观测手簿 仪器高(m)：1.420									
测回数	觇点	盘左	盘右	水平距离	觇高	2C(")	平均值	归零值	各测回平均值	保存时间
		(° ′ ″)	(° ′ ″)	(m)	(m)	指标差(")	竖直角	高差(m)	高差平均值(m)	
1测回	IVG56	0 00 20.00	180 00 20.00			0	0 00 20.00	0 00 00.00	0 00 00.00	2021-07-19 22:23:39
	F4	156 55 57.00	336 55 59.00	178.3950	1.550	-2.0	156 55 58.00	156 55 38.00	156 55 38.00	
		89 45 49.00	270 14 21.00			+5.0	0 14 16.00	0.6125	0.6125	
	A7	159 43 00.00	339 43 02.00	174.1880	1.417	-2.0	159 43 01.00	159 42 41.00	159 42 41.00	
		89 54 38.00	270 05 34.00			+6.0	0 05 28.00	0.2820	0.2820	

F4站水平角、竖直角与平距观测手簿 仪器高(m)：1.430										
测回数	觇点	盘左	盘右	水平距离	觇高	2C(")	平均值	归零值	各测回平均值	保存时间
		(° ′ ″)	(° ′ ″)	(m)	(m)	指标差(")	竖直角	高差(m)	高差平均值(m)	
1测回	IVG57	0 00 20.00	180 00 20.00	178.3970	1.650	0	0 00 20.00	0 00 00.00	0 00 00.00	2021-07-19 21:43:11
		90 07 26.00	269 52 40.00			+3.0	-0 07 23.00	-0.6010	-0.6010	
	Q79	353 55 53.00	173 55 55.00	258.4120	1.550	-2.0	353 55 54.00	353 55 34.00	353 55 34.00	
		90 07 41.00	269 52 23.00			+2.0	-0 07 39.00	-0.6905	-0.6905	

Q79站水平角、竖直角与平距观测手簿 仪器高(m)：1.415										
测回数	觇点	盘左	盘右	水平距离	觇高	2C(")	平均值	归零值	各测回平均值	保存时间
		(° ′ ″)	(° ′ ″)	(m)	(m)	指标差(")	竖直角	高差(m)	高差平均值(m)	
1测回	F4	0 00 20.00	180 00 20.00	258.4140	1.750	0	0 00 20.00	0 00 00.00	0 00 00.00	2021-07-19 21:45:45
		89 46 15.00	270 13 49.00			+2.0	0 13 47.00	0.7056	0.7056	
	Q80	28 51 59.00	208 52 01.00	192.0930	1.550	-2.0	28 52 00.00	28 51 40.00	28 51 40.00	
		90 12 20.00	269 47 46.00			+3.0	-0 12 17.00	-0.8189	-0.8189	

Q80站水平角、竖直角与平距观测手簿 仪器高(m)：1.416										
测回数	觇点	盘左	盘右	水平距离	觇高	2C(")	平均值	归零值	各测回平均值	保存时间
		(° ′ ″)	(° ′ ″)	(m)	(m)	指标差(")	竖直角	高差(m)	高差平均值(m)	
1测回	Q79	0 00 20.00	180 00 20.00	192.0950	1.660	0	0 00 20.00	0 00 00.00	0 00 00.00	2021-07-19 21:51:48
		89 40 53.00	270 19 05.00			-1.0	0 19 06.00	0.8258	0.8258	
	A7	106 11 15.00	286 11 17.00	119.9700	1.417	-2.0	106 11 16.00	106 10 56.00	106 10 56.00	
		89 25 51.00	270 34 05.00			-2.0	0 34 07.00	1.1906	1.1906	

A7站水平角、竖直角与平距观测手簿 仪器高(m)：1.417										
测回数	觇点	盘左	盘右	水平距离	觇高	2C(")	平均值	归零值	各测回平均值	保存时间
		(° ′ ″)	(° ′ ″)	(m)	(m)	指标差(")	竖直角	高差(m)	高差平均值(m)	
1测回	Q80	0 00 20.00	180 00 20.00	119.9720	1.650	0	0 00 20.00	0 00 00.00	0 00 00.00	2021-07-19 21:54:18
		90 27 27.00	269 32 37.00			+2.0	-0 27 25.00	-1.1888	-1.1888	
	IVG57	53 49 20.00	233 49 22.00	174.1900	1.550	-2.0	53 49 21.00	53 49 01.00	53 49 01.00	
		90 02 48.00	269 57 14.00			+1.0	-0 02 47.00	-0.2720	-0.2720	

图 1-104 成果文件"一级闭合导线_1.xls"5 个测站点选项卡水平角、竖直角及平距观测手簿